Harro Heuser

Gewöhnliche Differentialgleichungen

Harro Heuser

Gewöhnliche Differentialgleichungen

Einführung in Lehre und Gebrauch

6., aktualisierte Auflage

STUDIUM

VIEWEG+
TEUBNER

Bibliografische Information der Deutschen Nationalbibliothek
Die Deutsche Nationalbibliothek verzeichnet diese Publikation in der Deutschen Nationalbibliografie; detaillierte bibliografische Daten sind im Internet über <http://dnb.d-nb.de> abrufbar.

1. Auflage 1989
3. Auflage 1995
4. Auflage 2004
5., durchgesehene Auflage 2006
6., aktualisierte Auflage 2009

Dieses Werk ist ein Teil der Reihe Mathematische Leitfäden
(herausgegeben von Prof. Dr. Dr. h. c. mult. Gottfried Köthe; Prof. Dr. Klaus-Dieter Bierstedt, Universität Paderborn; Prof. Dr. Günther Trautmann, Universität Kaiserslautern)

Lektorat: Ulrike Schmickler-Hirzebruch | Nastassja Vanselow

Vieweg+Teubner ist Teil der Fachverlagsgruppe Springer Science+Business Media.
www.viewegteubner.de

Umschlaggestaltung: KünkelLopka Medienentwicklung, Heidelberg
Druck und buchbinderische Verarbeitung: STRAUSS GMBH, Mörlenbach
Gedruckt auf säurefreiem und chlorfrei gebleichtem Papier.

ISBN 978-3-8348-0705-2

A Sally et Rémy avec ma plus grande espérance,
für Katharina und Lisa voller Hoffnung.

Wie verstanden die Alten das Naturgesetz? Für sie war es eine innere Harmonie, sozusagen statisch und unveränderlich; oder es war ein Idealbild, dem nachzustreben die Natur sich bemühte. Für uns hat ein Gesetz nicht mehr diese Bedeutung; es ist eine unveränderliche Beziehung zwischen der Erscheinung von heute und der von morgen; mit einem Wort: es ist eine Differentialgleichung.

Henri Poincaré, „Der Wert der Wissenschaft"

Vorwort

Dieses Buch ist aus Vorlesungen und Übungen entstanden, die ich mehrfach an der Universität Karlsruhe für Mathematiker, Physiker, Ingenieure und Informatiker gehalten habe. Es ist so geschrieben, daß es zum *Selbststudium* dienen kann: Die Gedankengänge sind ausgiebig *motiviert*, die Beweise *detailliert*, und an durchgerechneten *Beispielen* und gelösten *Aufgaben* herrscht kein Mangel.

Bei der Abfassung schwebte mir vor, nicht nur ein *theoretisches* Gerüst aufzubauen, sondern auch eine Brücke zu den *Anwendungen* zu schlagen. Damit wollte ich zweierlei erreichen: erstens wollte ich ganz nüchtern und pragmatisch den Studenten der Mathematik auf seine spätere Zusammenarbeit mit Naturwissenschaftlern und Ingenieuren einstimmen und im gleichen Atemzug auch dem „Anwender" den Zugang zu den Differentialgleichungen erleichtern. Zweitens wollte ich - weniger nüchtern und weniger pragmatisch - den Leser auf etwas hinweisen, das zu den Wundern und Kraftquellen unserer Kultur gehört: auf die Tatsache, daß „reines" Denken, „Hirn-Gespinst" - eben *Mathematik* - die reale Welt nachzeichnen und umgestalten kann. Das Staunen hierüber hat denn auch alle Philosophen ergriffen, die nicht bloß Schwadroneure waren. Und noch Einstein fragte verwundert: „Wie ist es möglich, daß die Mathematik, letztlich doch ein Produkt menschlichen Denkens, unabhängig von der Erfahrung, den wirklichen Gegebenheiten so wunderbar entspricht?" Die wissenschaftliche Revolution, die uns noch immer treibt und drängt und drückt, diese sehr revolutionäre Revolution, hat im 17. Jahrhundert begonnen, und ihre Bastillestürmer waren „Hirngespinste" *par excellence*: Newtonsche Fluxionen und Leibnizsche Differentiale. Am Anfang der „Fluxionsrechnung" (der Differential- und Integralrechnung) aber stand - in unserer Sprache gesagt - das Problem, Bewegungsvorgänge als *Differentialgleichungen* zu formulieren und so zu beherrschen. Als dem dreiundzwanzigjährigen Newton dieses Problem aufgeht, da schreibt er im *October* 1666 *tract on fluxions* ahnungsvoll: *„Could this ever bee done all problems whatever might bee resolved."* Man kann die moderne Zivilisation sehr gut mit diesem programmatisch-prophetischen Satz eines jungen Studenten beginnen lassen.

Henry Pollak hat einmal verärgert gefragt: *„If everybody agrees that connecting mathematics with the real world is a good thing, why doesn't it happen in the classroom?"* Die Antwort darauf muß wohl lauten: „Weil man in der beschränkten Zeit einer Vorlesung noch nicht einmal die Stoffmassen der *Theorie* bewältigen kann." Ein Buch bietet glücklicherweise einen weiteren Rahmen, und so habe ich denn versucht, das hier vorliegende mit soviel Wirklichkeit zu sättigen, wie für ein *mathematisches* Werk irgend angängig ist. Diesem Zweck dienen zahlreiche Beispiele und Aufgaben aus ganz verschiedenen Wissens- und Lebensbereichen: aus Physik, Chemie, Biologie und Ökologie, aus den Ingenieur- und Wirtschaftswissenschaften und aus der Medizin. Sie untersuchen so weit auseinanderliegende Dinge wie die Kumulationsgefahr bei Dauereinnahme von Medikamenten und die Frage, wie denn Alexander der Große in den heißen Wüsten Asiens seinen Wein kühlte, sie analysieren die Dynamik eines Geschosses und die einer Seuche, die Schwingungen in elektrischen Netzwerken und in den Beständen von Raub- und Beutetieren, sie handeln von Hängebrücken und Sonnenblumen, vom Raucherbein und vom Wettrüsten. Sie zeigen, wie man Differentialgleichungen nicht nur *löst*, sondern auch *aufstellt*, und wie die „prominenten" Differentialgleichungen - die logistische, Besselsche, Legendresche usw. - aus konkreten naturwissenschaftlichen Fragestellungen herauswachsen und dann umgekehrt wieder helfen, die allerverschiedensten Probleme zu klären, Probleme, mit denen sie ursprünglich rein gar nichts zu tun hatten. Mit all dem möchte ich den Leser erleben lassen, daß Differentialgleichungen keineswegs tote Haufen mathematischer Symbole, sondern quicklebendige Wesen sind, die ein Herkommen und viele Wirkungskreise haben. Auch die historischen Anmerkungen und biographischen Skizzen sollen zu dieser „Verlebendigung" beitragen.

Einer guten Tradition folgend habe ich die „elementar-lösbaren" Typen von Differentialgleichungen erster Ordnung mitsamt den zugehörigen Existenzbeweisen an den Anfang des systematischen Aufbaues gestellt. Im Geiste dieses Vorgehens habe ich dann auch die linearen Differentialgleichungen höherer Ordnung weit nach vorne gezogen und mit passenden Existenzbeweisen versehen: Ich wollte diese theoretisch interessanten und für die Anwendungen so wichtigen Typen möglichst früh - aber auf festem Fundament - verfügbar machen. Gleichzeitig schien es mir reizvoll und instruktiv, das Existenz- und Eindeutigkeitsproblem von *verschiedenen* Seiten und auf *verschiedenen* Höhenlagen anzugehen. Die allgemeinen Existenzsätze von Peano und Picard-Lindelöf fließen ohne Kunstgriffe aus den Fixpunktsätzen von Schauder und Weissinger; ich habe diesen Weg gewählt, um den Leser frühzeitig mit einigen der mächtigsten Instrumente höherer Analysis vertraut zu machen.

Die „elementar lösbaren" Differentialgleichungen erster Ordnung verdienen ihren Namen nur sehr eingeschränkt: in der Regel nämlich sind sie *explizit* überhaupt nicht lösbar. Aus diesem betrüblichen Grunde habe ich schon sehr früh *numerische* Verfahren ins Spiel gebracht. Ich wollte so dem Leser das beruhigende Gefühl vermitteln, einer „vernünftigen" Differentialgleichung immer irgendwie beikommen zu können. Einem ähnlichen Zweck dienen die Abschnitte über Eigenwertberechnungen und -abschätzungen.

Physiker und Ingenieure benutzen zur Lösung linearer Anfangswertaufgaben gerne die *Laplacetransformation*. Der Mathematiker sollte diese Methode kennen, um mitreden zu können, und so habe ich sie denn vorgeführt. Um den Gebrauchswert des Buches zu erhöhen, habe ich überdies im Anhang 2 eine umfangreiche, den meisten praktischen Zwecken genügende Tabelle von Laplacetransformierten aufgenommen (Anhang 1 enthält eine nicht minder nützliche Tabelle unbestimmter Integrale).

Auch ein Mathematiker sollte frühzeitig einüben, das Differentialgleichungsmodell eines Naturprozesses anhand empirischen Materials kritisch zu diskutieren, konkrete Folgerungen aus ihm zu ziehen und sich den Lösungsverlauf so deutlich wie möglich vor Augen zu stellen, wie es Naturwissenschaftler und Ingenieure von alters her tun. Viel Text und viele Bilder sind gerade diesem Zweck gewidmet. Zu seinen Gunsten habe ich, wenn auch nicht leichten Herzens, auf manche theoretische Finesse verzichtet.

Lösungsmethoden habe ich immer durchgerechnete Beispiele beigefügt und diese, wo tunlich, streng schematisch organisiert, nach dem Muster „1. Schritt, 2. Schritt, ...". Vielleicht habe ich mit der Fülle derartiger Beispiele des Guten etwas zuviel getan; allein, ich habe mich von dem banalen Gedanken leiten lassen, es falle dem Leser leichter, ein vorhandenes Beispiel zu *übergehen* als ein nichtvorhandenes zu *erfinden*. Überdies stand mir Eulers Vorgehen vor Augen: *Aliquot exempla adiungam, ex quibus regulae huius usus facilius perspicietur* (Ich füge einige Beispiele an, aus denen der Gebrauch der obigen Regel leichter zu ersehen ist; Opera (1), 22, S. 211 oben).

Alles in allem habe ich versucht, mich nach dem schönen Satz im Zweiten Buch der Makkabäer, 2,25 zu richten:

> So nahmen wir uns vor, diejenigen, die gerne lesen, zu unterhalten, denen, die mit Eifer auswendig lernen, zu helfen, allen aber, die das Buch auf irgendeine Weise in die Hand bekommen, zu nützen.

Es gehört zu den angenehmsten Pflichten eines Autors, all denen Dank zu sagen, ohne deren Hilfe er schwerlich zu Rande gekommen wäre. Ich tue es aus ganzem Herzen. Herr Dipl.-Math. H.-M. Lingenberg hat das Maschinenskript sorgfältig überprüft, viele wertvolle Anregungen gegeben und alle Aufgaben noch einmal durchgerechnet (und das war gut so!). Herr Dipl.-Math. Chr. Schmoeger hat das wenig erquickliche Auszeichnen übernommen. Beide Herren haben darüber hinaus auch noch gewissenhaft das mühselige Korrekturlesen besorgt. Herr Akad. Dir. Dr. E. Gauß hat mich reichlich von seiner reichen Erfahrung in der mathematischen Ausbildung der Ingenieure profitieren lassen und manche Unebenheiten geglättet. Herr Dr. H.-D. Wacker hat zu mehreren diffizilen Fragen seinen gediegenen Rat beigesteuert. Die Herren Stud.-Assessor D. Buksch und Dipl.-Math. M. Müller haben mir tatkräftig bei der Anfertigung der vielen Figuren geholfen, ohne die der Wert des Buches beträchtlich geringer wäre. Herr Müller hat darüber hinaus auf einem PC des Instituts für Praktische Mathematik mit ansteckendem Enthusiasmus alle numerischen Lösungen hergestellt, die man in diesem Buch findet. Viele natur- und ingenieurwissenschaftliche Institute der Universität haben mich beraten und mit realistischen Daten versorgt: unmöglich, sie alle aufzuführen. Frau K. Zeder schließlich hat mit unversieglicher Geduld wieder einmal den Kampf mit meiner Handschrift aufgenommen und ihn wieder einmal – falschen Propheten zum Trotz – mit einem perfekten Maschinenskript beendet. Ihnen allen danke ich auf das herzlichste. Dem Teubner-Verlag danke ich für seine vielfach bewährte Bereitschaft zur Kooperation und für die vorzügliche Ausstattung auch dieses Buches.

Ein Dank, der zu spät kommt, aber tief empfunden ist, geht an meinen verstorbenen akademischen Lehrer E. Kamke: Er führte mich mit jener gelassenen Präzision, die sein persönlicher Besitz war, in das große Reich der Differentialgleichungen ein. Das war im Sommer 1950.

Karlsruhe, im Juni 1988 Harro Heuser

Vorwort zur sechsten Auflage

In der hier vorliegenden sechsten Auflage wurde der Text der fünften an mehreren Stellen aktualisiert und verbessert.

Karlsruhe, im Oktober 2008 Harro Heuser

Inhalt

Einleitung

In diesem Abschnitt sollen einige ständig benutzte Bezeichnungen und Sachverhalte dargelegt werden, um den Gebrauch des Buches zu erleichtern.

Allgemeine Bezeichnungen $\mathbf{N}$, $\mathbf{Z}$, $\mathbf{R}$, $\mathbf{C}$ bedeuten der Reihe nach die Mengen der natürlichen, ganzen, reellen, komplexen Zahlen; $\mathbf{N}_0$ ist die Menge $\{0, 1, 2, \ldots\}$.

$\operatorname{Re} a$ bzw. $\operatorname{Im} a$ ist der Real- bzw. Imaginärteil der komplexen Zahl a, $\bar{a}$ die zu a konjugiert komplexe Zahl.

Die Determinante einer (quadratischen) Matrix A wird mit $\det A$ bezeichnet.

In Definitionsgleichungen benutzen wir das Zeichen „:=" bzw. „=:", wobei der Doppelpunkt bei dem zu definierenden Objekt steht. Beispielsweise wird das vielbenutzte Kroneckersymbol δ_{jk} erklärt durch

$$\delta_{jk} := \begin{cases} 1 & \text{für } j=k \\ 0 & \text{für } j \neq k. \end{cases}$$

$A \Rightarrow B$ bedeutet, daß aus der Aussage A die Aussage B folgt; $A \Longleftrightarrow B$ besagt, daß A und B äquivalent sind. $A :\Longleftrightarrow B$ drückt aus, daß wir A durch B definieren.

$\emptyset$ ist die leere Menge. $x \in M$ bedeutet, daß x ein Element der Menge M ist. Besteht M aus all denjenigen Elementen einer Menge E, die eine gewisse Eigenschaft P besitzen, so schreiben wir

$$M = \{x \in E : x \text{ besitzt die Eigenschaft } P\}.$$

Beispielsweise ist

$[a, b] = \{x \in \mathbf{R} : a \leqslant x \leqslant b\}$ das *abgeschlossene*,

$(a, b) = \{x \in \mathbf{R} : a < x < b\}$ das *offene* Intervall mit den Endpunkten a, b.

Für Ableitungen nach der Zeit benutzen wir die Newtonsche Punktschreibweise. Es ist also $\dot{u} := \mathrm{d}u/\mathrm{d}t$, $\ddot{u} := \mathrm{d}^2u/\mathrm{d}t^2$ usw.

Die *Eulersche Zahl* wird mit einem steilen e, die *Kreismessungszahl* mit einem steilen π und die *imaginäre Einheit* mit einem steilen i geschrieben.

Verweistechnik, Literaturangaben Die *Kapitel* dieses Buches werden mit römischen, die *Nummern* (*Abschnitte*) durchlaufend mit arabischen Zahlen bezeichnet. Sätze, Hilfssätze und Beispiele werden in jedem einzelnen Abschnitt unterschiedslos *durchnumeriert* und zur leichteren Auffindbarkeit mit einer vorangestellten *Doppelzahl* versehen (z. B.: 4.1 Satz, 4.2 Beispiel): die erste Zahl gibt die Nummer des Abschnitts, die zweite die des Satzes (Beispiels) an. Bei Verweisen werden aus sprachlichen Gründen die Zahlen nachgestellt (z. B.: „wegen Satz 4.1 ..." oder

„Beispiel 4.2 zeigt ..."). Entscheidend sind allein die *Zahlen*; mit ihrer Hilfe kann sich der Leser, ohne auf „Satz" oder „Beispiel" achten zu müssen, bequem orientieren.

Die *Aufgaben* stehen am Ende eines Abschnitts und werden in jedem Abschnitt durchnumeriert (ohne Doppelzahl, also ohne Abschnittsangabe). Wird in einem Abschnitt auf die „Aufgabe 2" verwiesen, so ist damit die Aufgabe 2 in ebendiesem Abschnitt gemeint. Für Verweise auf Aufgaben in anderen Abschnitten werden Wendungen benutzt wie „siehe Aufgabe 2 in Nr. 4" oder kürzer: „siehe A 4.2" (die erste Zahl gibt die Nummer des Abschnitts, die zweite die Nummer der Aufgabe in dem Aufgabenanhang dieses Abschnitts an).

Auf das Literaturverzeichnis wird durch den Namen des Autors und eine in runden Klammern eingefügte Jahreszahl - das Erscheinungsjahr des betreffenden Werkes - verwiesen. Für Grundtatsachen der klassischen Analysis ziehe ich meistens mein zweibändiges „Lehrbuch der Analysis" heran und zitiere seine einzelnen Teile unter der Bezeichnung „Heuser I" bzw. „Heuser II". Literaturangaben von eher historischem Belang habe ich in den Haupttext eingearbeitet.

Aufgaben (oder: „Man kann die Pferde an die Tränke führen - saufen müssen sie selber") Die rund 700 Aufgaben bilden einen wesentlichen Bestandteil dieses Buches, sind aber ohne Eigenleistung des Lesers in den Wind geschrieben. Man täusche sich nicht: nur durch das Lösen *vieler* Aufgaben erwirbt man sich ein *aktives* Wissen - etwas, das im Englischen mit einer glücklichen Wendung *working knowledge* genannt wird. Der Leser stärke sich durch den Gedanken, daß selbst der große Gauß als junger Student brav seine Aufgaben rechnete.

Einige Aufgaben werden im Fortgang des Haupttextes benötigt; sie sind mit einem Stern vor der Aufgabennummer markiert (z. B. *7). Diejenigen ungesternten Aufgaben, die besonders interessante mathematische Tatsachen enthalten, tragen ein Pluszeichen (z. B. $^+3$). Alle Aufgaben, deren Resultat eine Zahl oder eine Funktion ist, sind zur Selbstkontrolle des Lesers mit einer Lösung versehen (s. den Abschnitt „Lösungen ausgewählter Aufgaben" am Ende des Buches).

Physikalische Maßeinheiten In der Regel messen wir Längen in Meter (m), Massen in Kilogramm (kg) und Zeiten in Sekunden (s), wie es im sogenannten MKS-System üblich ist. Gelegentlich werden wir aber auch Angaben in Zentimeter (cm), Gramm (g), Minuten (min) oder Stunden (h, von lat. *hora* = Stunde) machen. Im MKS-System ist die Dimension der Geschwindigkeit $\mathrm{m \cdot s^{-1}}$, der Beschleunigung $\mathrm{m \cdot s^{-2}}$, der Kraft $\mathrm{kg \cdot m \cdot s^{-2}}$ (denn nach dem Newtonschen Kraftgesetz ist Kraft = Masse × Beschleunigung). Die Einheit der Kraft ist 1 Newton (1 N); das ist diejenige Kraft, die einer Masse von 1 kg die Beschleunigung $1\,\mathrm{m \cdot s^{-2}}$ erteilt.

Die Konstante der Erdbeschleunigung ($9{,}81\,\mathrm{m \cdot s^{-2}}$) wird, wie üblich, mit g bezeichnet; dieses g setzen wir kursiv, um es von dem (steilen) g des Grammes zu unterscheiden.

Temperaturen messen wir in Celsiusgraden (°C). Andere Maßeinheiten (wie Volt, Ohm usw.) werden bei ihrem ersten Auftreten erläutert.

Lebensdaten der in diesem Buch vorkommenden Gelehrten habe ich angegeben, soweit ich sie ausfindig machen konnte. Hinter einem Semikolon habe ich noch das Lebensalter angefügt (genauer: die Differenz zwischen Todes- und Geburtsjahr). Beispiel: Daniel Bernoulli (1700–1782; 82). Der Leser kann so aufs bequemste erkennen, daß Mathematik die Langlebigkeit zwar nicht *garantiert*, ihr aber keineswegs unzuträglich ist.

I Zur Einstimmung

Es gibt keine Wissenschaft, die sich nicht an der Kenntnis der Phänomene entwickelte, aber um Gewinn aus den Kenntnissen ziehen zu können, ist es unerläßlich, Mathematiker zu sein.

Daniel Bernoulli

[The Mathematick professor should teach] first some easy & usefull practicall things.

Isaac Newton

1 Beispiele von Differentialgleichungen in der Praxis

Eine Gleichung zwischen einer gesuchten Funktion und einigen ihrer Ableitungen heißt eine Differentialgleichung. Differentialgleichungen gehören zu unseren mächtigsten Mitteln, Natur- und Kunstvorgänge zu beschreiben und zu beherrschen. Wir wollen diese Behauptung sofort durch Beispiele belegen und dabei auch sehen, wie man in konkreten Fällen Differentialgleichungen überhaupt *aufstellt* und welche interessanten und manchmal sogar vital wichtigen Erkenntnisse sich aus ihnen gewinnen lassen.

Leibnizens silberne Taschenuhr oder die Traktrix Gottfried Wilhelm Leibniz (1646–1716; 70) behandelte 1693 in den Leipziger Acta eruditorum das folgende Problem (s. Fig. 1.0): In der xy-Ebene ziehe man einen Punkt P an einer straff gespannten Schnur PZ der Länge a. Der „Zugpunkt" Z soll auf der positiven y-Achse fortrücken, und zu Beginn des Vorgangs befinde sich P in $(a, 0)$ („Anfangsbedingung"). Welche Kurve beschreibt P?

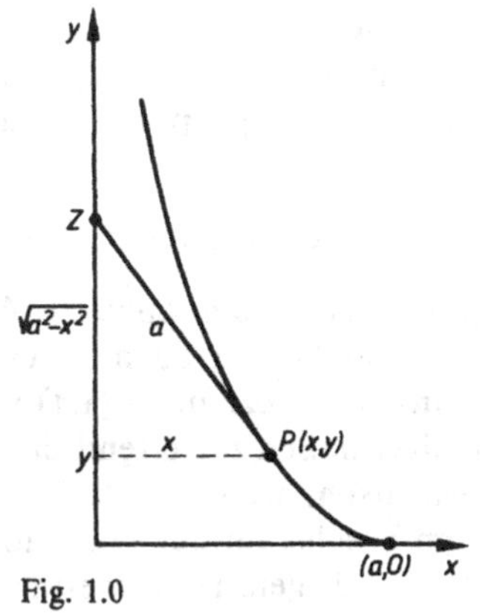

Fig. 1.0

Des „Verständnisses wegen“ imaginierte Leibniz eine *horologio portatili suae thecae argenteae*, die an ihrem Kettchen *per tabulam* gezogen wird. Erfinder des Problems sei *Claudius Perraltus, Medicus Parisinus insignis, tum et Mechanicis atque Architectonicis studiis egregius* ... Gemeint ist der Pariser Architekt Claude Perrault (1613–1688; 75), der die berühmte Säulenfassade an der Ostfront des Louvre entworfen hat; die Heilkünste des Mannes dürfen wir auf sich beruhen lassen.

Da die Zugschnur PZ zur gesuchten „Zugkurve“ oder „Traktrix“ $y=y(x)$ offenbar immer *tangential* ist, können wir aus Fig. 1.0 sofort die Gleichung

$$y' = -\frac{\sqrt{a^2-x^2}}{x}$$

ablesen. Da in ihr die Ableitung y' der gesuchten Funktion y auftritt, ist sie eine *Differential*gleichung, wenn auch nur von der extrem einfachen Form $y'=f(x)$. Bereits die elementare Integralrechnung lehrt, daß alle Funktionen

$$y(x):=-\int \frac{\sqrt{a^2-x^2}}{x}\,\mathrm{d}x+C=a\ln\left(\frac{a+\sqrt{a^2-x^2}}{x}\right)-\sqrt{a^2-x^2}+C$$

und keine anderen dieser Differentialgleichung genügen ($C\in\mathbf{R}$ beliebig; s. Formel Nr. 9 im Anhang 1). Wegen der Anfangsbedingung $y(a)=0$ muß $C=0$ sein. Die gesuchte Gleichung der Traktrix ist also

$$y(x)=a\ln\left(\frac{a+\sqrt{a^2-x^2}}{x}\right)-\sqrt{a^2-x^2}.$$

Was aber weder *Claudius Perraltus* noch *Gothofredus Guilielmus Leibnitius* im entferntesten ahnen konnten: Wenn man ihre verspielte Traktrix um die y-Achse rotieren läßt, entsteht eine Fläche mit konstanter Gaußscher Krümmung <0 – und diese „Pseudosphäre“ ist nichts weniger als ein Modell für die *nichteuklidische Geometrie Lobatschewskis* (1792–1856; 64).

Exponentielles Wachstum Eine Bakterienpopulation befinde sich in einer Nährflüssigkeit und habe zur Zeit t die Größe $P(t)$. Nach Ablauf der Zeitspanne Δt wird sie sich um $\Delta P:=P(t+\Delta t)-P(t)$ Mitglieder vermehrt haben. Es ist nicht unvernünftig anzunehmen, daß bei *kleinen* Zeitspannen Δt diese Vermehrung näherungsweise proportional zu dem Anfangsbestand $P(t)$ und zu der Zeitspanne Δt sein wird:

$$\Delta P \approx \alpha P(t)\Delta t \quad \text{mit einer positiven Konstanten } \alpha \tag{1.1}$$

(grob gesagt: der Zuwachs ΔP wird sich sowohl bei einer Verdoppelung der Population $P(t)$ als auch bei einer Verdoppelung der Zeitspanne Δt jeweils verdoppeln). Die Beziehung (1.1) wird allerdings, wie schon gesagt, nur bei *kleinem* Δt einigermaßen zutreffend die Vermehrung beschreiben; bei *großem* Δt wird sie unrealistisch, weil die ständig neu hinzukommenden Bakterien ihrerseits ständig zum Wachstum der Population beitragen. Derartiges wird jedoch von der Beziehung (1.1) gerade *nicht* erfaßt: sie räumt ja einzig und allein den zur Zeit t vorhandenen $P(t)$ Bakterien das Recht zur Vermehrung in der Zeitspanne Δt ein. Da man kaum wissen kann, *wie* klein denn nun Δt sein muß, damit (1.1) halbwegs genau zutrifft, „Kleinheit" überdies ein elender Begriff ist, den wir subjektiv und künstlich in die Natur hineintragen - da dies alles so ist, wird man kaum anders vorgehen können als folgendermaßen: man schreibt (1.1) in der Form

$$\frac{\Delta P}{\Delta t} \approx \alpha P(t), \tag{1.2}$$

läßt $\Delta t \to 0$ streben (womit man sich denn auch den unfruchtbaren Streit um „Kleinheit" vom Halse schafft) und hofft nun, in

$$\frac{\mathrm{d}P}{\mathrm{d}t} = \alpha P(t) \quad \text{oder kürzer} \quad \frac{\mathrm{d}P}{\mathrm{d}t} = \alpha P \tag{1.3}$$

das *exakte* Wachstumsgesetz der Bakterienpopulation gefunden zu haben. Dieses Wachstumsgesetz ist eine *Differentialgleichung: es verknüpft die zur Zeit t vorliegende Wachstumsgeschwindigkeit oder Änderungsrate* $\mathrm{d}P/\mathrm{d}t$ *der Population mit der zu ebendieser Zeit vorhandenen Populationsgröße* $P(t)$. Es beschreibt also, wie man auch sagt, das Änderungsverhalten der Population „im kleinen" (was durch seine Herleitung aus (1.1) noch sinnfälliger wird).

Das „lokale Wachstumsgesetz" (1.3) ist im wesentlichen die Frucht *naturwissenschaftlicher* Betrachtungen. Die eigentlich *mathematische* Aufgabe setzt erst *nach* seiner Formulierung ein und besteht darin, die Differentialgleichung (1.3) zu *lösen*, d.h., alle Funktionen zu finden, die ihr genügen. Nun sieht man aber sofort, daß jede Funktion der Form

$$P(t) := C\mathrm{e}^{\alpha t} \quad \text{mit einer } \textit{beliebigen} \text{ reellen Konstanten } C \tag{1.4}$$

eine Lösung von (1.3) auf ganz $\mathbf{R}$ ist; denn für alle $t \in \mathbf{R}$ gilt $\mathrm{d}P/\mathrm{d}t = \alpha C\mathrm{e}^{\alpha t} = \alpha P(t)$.

In Satz 4.1 werden wir sehen, daß umgekehrt auch *jede* Lösung von (1.3) die Form (1.4) hat. Man sagt deshalb, (1.4) liefere die „allgemeine Lösung" von (1.3).

Die Bakterienpopulation möge anfänglich, etwa zum Zeitpunkt $t_0 = 0$, die Größe P_0 haben. Aus (1.4) folgt dann $P_0 = P(0) = C\mathrm{e}^{\alpha \cdot 0} = C$, und somit ist notwendigerweise

$$P(t) = P_0 \mathrm{e}^{\alpha t} \quad \text{für alle } t \geqslant 0. \tag{1.5}$$

Die *Anfangsgröße* P_0 der Population und ihr *lokales Wachstumsgesetz* (1.3) legen also eindeutig ihre Größe in jedem Zeitpunkt $t \geqslant 0$ fest: sie liefern uns das *globale Wachstumsgesetz* (1.5), das Wachstumsgesetz „im großen". Aus offensichtlichen Gründen nennt man es ein exponentielles Wachstumsgesetz. (Exponentielle *Zerfalls*prozesse werden in den Aufgaben 10 bis 19 behandelt.)

Wir können bereits an diesem Beispiel sehen, warum Differentialgleichungen eine so beherrschende Rolle bei der Beschreibung von Naturvorgängen spielen. Das entscheidende Faktum ist, daß wir häufig in der Lage sind, uns realitätsnahe Vorstellungen über den Verlauf eines Vorgangs „im kleinen" zu machen, und zwar deshalb, weil wir, zugespitzt formuliert, „im kleinen" davon absehen dürfen, *daß eine Änderung selbst eine Änderung bewirkt*. Bei der Beziehung (1.1) berücksichtigen wir z. B. nicht, daß die innerhalb der Zeitspanne Δt entstehenden Bakterien ihrerseits zum Wachstum der Population beitragen. Diese Vorstellungen über den Verlauf des Vorgangs „im kleinen" führen nun nach einem auf der Hand liegenden Grenzprozeß sofort zu einer Differentialgleichung, der mathematischen Kristallisation naturwissenschaftlicher Überlegungen. Die *Auflösung* dieser Gleichung fällt dann ganz in die Domäne der Mathematik. Aus diesem Zusammenspiel naturwissenschaftlicher Argumentation „im kleinen" und mathematischer Technik entsteht so das Gesetz des Vorgangs „im großen", des *Gesamtvorgangs*. Die Mathematik liefert gewissermaßen das Verfahren, diesen *Gesamt*vorgang aus den winzigen *Teil*vorgängen, in die ihn der Naturwissenschaftler gedanklich zerstückelt hatte, wiederherzustellen, zu „integrieren" (lat. *integrare* = wiederherstellen). Deshalb sagt man auch, man integriere eine Differentialgleichung (statt zu sagen, man löse sie), und nennt eine Lösung auch ein Integral, obwohl das Integralzeichen $\int$ dabei gar nicht aufzutauchen braucht.

Diese Überlegungen bieten der Kritik allerdings sofort eine offene Flanke dar. Bei der Beschreibung des Vorgangs im kleinen vernachlässigt der Naturwissenschaftler nämlich gewisse Einflüsse, er „idealisiert". Wenn er dabei die Grenze des Erträglichen überschreitet, so wird seine Differentialgleichung nicht mehr ein getreues „Modell" des Vorgangs im kleinen sein, und ihre Integration wird dann auch keine zutreffende Beschreibung des Vorgangs im großen liefern können. Überdies schleicht sich eine weitere Idealisierung dadurch ein, daß wir stillschweigend annehmen, der Vorgang könne durch eine *differenzierbare* Funktion dargestellt werden (ohne diese Annahme ist ja der Versuch, seine Differentialgleichung aufzustellen, von vornherein sinnlos). Aber nicht jeder Vorgang läßt sich exakt durch eine differenzierbare Funktion beschreiben! Die reale Populationsfunktion $P(t)$ ist z. B. ihrer Natur nach nur *ganzzahliger* Werte fähig und daher *nicht* differenzierbar. Von der Formel (1.5) darf man deshalb von vornherein nur eine *approximative* Beschreibung der wahren Populationsgröße erwarten.

Aus all diesen Gründen wird sich der Naturwissenschaftler nicht damit begnügen, eine Differentialgleichung aufzustellen und ihre Lösung aus den Händen des Mathematikers entgegenzunehmen. Er wird vielmehr prüfen müssen, ob diese Lösung hinreichend gut mit der Wirklichkeit, d. h. mit seinen Meßwerten, übereinstimmt. Ist dies nicht der Fall, so wird er die Differentialgleichung nicht als ein angemessenes mathematisches Modell des Vorgangs ansehen dürfen und wird die Überlegungen, die zu ihr geführt haben, *verfeinern* oder auch ganz *verwerfen* müssen: „Durch die Experientz kann man also leicht determinieren, welche Theorie mit der Wahrheit übereinkommt" (Euler).

Wir kehren noch einmal zu unseren Bakterien zurück. Von der Beziehung

$$\Delta P \approx \alpha P(t) \Delta t \quad \text{oder} \quad \frac{\Delta P}{\Delta t} \approx \alpha P(t)$$

sind wir durch den Grenzübergang $\Delta t \to 0$ zu der Differentialgleichung

$$\frac{\mathrm{d}P}{\mathrm{d}t} = \alpha P(t) \tag{1.6}$$

gekommen. In den Natur- und Ingenieurwissenschaften pflegt man sich die explizite Durchführung dieses Grenzüberganges zu ersparen: Statt der Differenzen ΔP und Δt benutzt man die Leibnizschen Differentiale $\mathrm{d}P$ und $\mathrm{d}t$, schreibt statt $\Delta P \approx \alpha P(t)\Delta t$ sofort $\mathrm{d}P = \alpha P(t)\mathrm{d}t$

und erhält daraus nach Division durch $\mathrm{d}t$ unmittelbar die Differentialgleichung (1.6). Der Grenzübergang $\Delta t \to 0$ wird hier gewissermaßen schon *in die differentielle Schreibweise hineingesteckt.* Der Mathematiker, der weiß, was hinter dieser Prozedur steht, sollte sich nicht an ihr stoßen, sondern sie einfach als eine bequeme Kurzschreibweise hinnehmen. Auch wir werden sie in diesem Buch benutzen, um dem Mathematiker die Denk- und Ausdrucksweise des Naturwissenschaftlers vertraut zu machen.

Das Exponentialgesetz (1.5) wird man nicht nur auf Bakterien anwenden, sondern auf alle Populationen von Menschen, Tieren oder Pflanzen, bei denen man die Beziehung (1.1) unterstellen darf, auf alle Populationen also, die sich *unbeeinflußt von der Umwelt allein dank ihrer inneren Wachstumskräfte vermehren.* In diesen Fällen kann man die entscheidende Wachstumskonstante α in (1.5) bestimmen, indem man den Anfangszustand $P_0 := P(0)$ mit einem späteren Zustand $P_1 := P(t_1)$ vergleicht: es ist nämlich $P_1/P_0 = \mathrm{e}^{\alpha t_1}$, also

$$\alpha = \frac{1}{t_1} \ln \frac{P_1}{P_0}. \tag{1.7}$$

Wir fragen nun nach der Zeit δ, innerhalb derer sich $P(t)$ *verdoppelt*, für die also $P(t+\delta) = 2P(t)$ ist. Mit (1.5) folgt sofort

$$2 = \frac{P(t+\delta)}{P(t)} = \frac{P_0 \mathrm{e}^{\alpha(t+\delta)}}{P_0 \mathrm{e}^{\alpha t}} = \mathrm{e}^{\alpha\delta},$$

also $$\delta = \frac{\ln 2}{\alpha}. \tag{1.8}$$

Bemerkenswerterweise ist δ unabhängig von $P(t)$: *die Population braucht, gleichgültig wie groß sie gerade ist, immer dieselbe Zeit δ, um sich zu verdoppeln.* Man nennt δ deshalb ihre Verdoppelungszeit. Kennt man sie, so kann man die Wachstumskonstante α bestimmen; denn wegen (1.8) ist

$$\alpha = \frac{\ln 2}{\delta}. \tag{1.9}$$

Eine exponentiell wachsende Population nimmt nicht nur ständig zu - sie überschreitet wegen

$$\lim_{t\to\infty} P(t) = \lim_{t\to\infty} P_0 \mathrm{e}^{\alpha t} = \infty$$

schließlich jede vorgegebene Größe, und überdies wird mit zunehmendem Wachstum auch noch ihre Wachstums*geschwindigkeit* $\mathrm{d}P/\mathrm{d}t = \alpha P(t)$ fortlaufend größer und überschreitet ihrerseits jede Schranke: *die Population wächst um so rascher, je größer sie schon ist.* Keine empirische Population kann eine derartig hemmungslose und hemmungslos beschleunigte Vermehrung auf Dauer durchhalten. Zur Illustration wollen wir ein besonders brisantes **Beispiel** betrachten.

Seit geraumer Zeit hat sich die Erdbevölkerung etwa alle 35 Jahre verdoppelt. Nimmt man für sie das exponentielle Wachstumsgesetz an, so ergibt sich aus (1.9) für ihre Wachstumskonstante α näherungsweise der Wert 0,02/Jahr. Nach Schätzungen der Vereinten Nationen lebten Ende 1986 etwa 5 Milliarden Menschen. t Jahre nach 1986 müßte also die Erde von

$$P(t)=5\cdot 10^9\cdot e^{0,02t} \tag{1.10}$$

Menschen bevölkert sein. Daraus erhält man die folgende Tabelle (mit gerundeten Zahlen):

Jahr	Erdbevölkerung
2000	6,6 Milliarden
2050	18,0 Milliarden
2100	48,9 Milliarden
2300	2,7 Billionen
2501	148,7 Billionen

Da der feste Teil der Erdoberfläche ungefähr 149 Billionen Quadratmeter beträgt, würde bei dieser Entwicklung im Jahre 2501 auf *einen* Menschen gerade noch *ein* Quadratmeter fester Erde entfallen. Das Ergebnis ist absurd genug, um unser Vertrauen in das exponentielle Wachstumsgesetz zu erschüttern. In der Tat beschreibt dieses Gesetz nur die Entwicklung einer *kleinen* Population innerhalb einer *kleinen* Zeitspanne einigermaßen zutreffend. Hat die Population jedoch eine gewisse Größe überschritten, so treten entwicklungshemmende Faktoren auf, die in dem simplen Modell (1.1) bzw. (1.3) nicht berücksichtigt sind, etwa Nahrungsmangel, Seuchen oder Zeugungsunlust (letztere hat man besonders deutlich bei Ratten beobachten können). Wir stehen also jetzt dem oben schon angedeuteten Fall gegenüber, daß uns der empirische Befund dazu zwingt, unser mathematisches Modell zu *revidieren*. Diese Revision nehmen wir nun in Angriff.

Logistisches Wachstum Die Wachstumskonstante α in der Differentialgleichung (1.3) ist der Überschuß der Geburtsrate γ über die Todesrate τ der betrachteten Population: $\alpha=\gamma-\tau$. (1.3) läßt sich also in der Form

$$\frac{dP}{dt}=\gamma P-\tau P \tag{1.11}$$

schreiben. 1838 schlug der belgische Mathematiker Pierre-François Verhulst (1804–1849; 45) vor, das „Todesglied" τP durch τP^2 zu ersetzen, um hemmenden Einflüssen bei der Entwicklung großer Populationen besser Rechnung zu tragen[1])

[1]) Notice sur la loi que la population suit dans son accroissement. Correspondances Math. et Physiques **10** (1838) 113–121. Diese Arbeit, der 1845 und 1847 noch zwei weitere folgten, blieb

(γ bzw. τ ist dann natürlich nicht mehr die gewöhnliche Geburts- bzw. Todesrate). Er geriet so auf die logistische Differentialgleichung

$$\frac{dP}{dt} = \gamma P - \tau P^2 \qquad (\gamma, \tau > 0 \text{ konstant}) \tag{1.12}$$

(„*Nous donnerons le nom logistique à la courbe caractérisée par l'équation précédente*"). Man kann (1.12) auch durch die folgende Argumentation gewinnen. Der beschränkten Ressourcen wegen kann die Population eine gewisse Maximalgröße K - die Trägerkapazität ihres Lebensraumes - nicht überschreiten. Ihre Wachstumsrate zur Zeit t wird also wohl proportional zur gerade vorhandenen Populationsgröße $P(t)$ und dem noch verbleibenden „Spielraum" $K-P(t)$ sein, d.h., P wird vermutlich einer Differentialgleichung der Form

$$\frac{dP}{dt} = \lambda P(K-P) \qquad (\lambda, K > 0 \text{ konstant}) \tag{1.12a}$$

genügen - das aber ist gerade (1.12) mit $\gamma = \lambda K$ und $\tau = \lambda$ (so daß also $K = \gamma/\tau$ ist). Die Population stellt ihr Wachstum ein - sie *stagniert* oder wird *stabil* -, wenn dP/dt verschwindet. Nach (1.12a) geschieht dies für $P=K$ (den belanglosen Fall $P=0$ abgerechnet), und das wiederum stimmt aufs beste mit unseren Ausgangsvorstellungen überein.

Wir gehen jetzt zum eigentlich *mathematischen* Teil über. Durch bloßes Einsetzen verifiziert man, daß

$$P(t) := \frac{\gamma}{\tau + \left(\frac{\gamma}{P_0} - \tau\right) e^{-\gamma t}} \tag{1.13}$$

$$(t \geqslant 0,\ P_0 > 0)$$

bzw.
$$P(t) := \frac{K}{1 + \left(\frac{K}{P_0} - 1\right) e^{-\lambda K t}} \tag{1.13a}$$

die Gl. (1.12) bzw. (1.12a) befriedigt und zur Zeit $t_0 = 0$ den Wert P_0 besitzt. In A 4.27 werden wir sehen, daß *keine andere* Funktion dasselbe leistet. Das aber bedeutet: *Sofern eine Population mit dem Anfangsbestand P_0 sich im kleinen über-*

weitgehend unbeachtet; erst 1921 wurde ihr durch eine Fußnote in R. Pearl's The biology of death V (Sci. Month. **13** (1921) 193-213) neues Leben eingeblasen. - Verhulst lehrte Mathematik an der Brüsseler *Ecole militaire*. Seine Tuberkulose zwang ihn zu Reisen nach Italien, sein kecker Geist gab ihm dort nichts Geringeres als einen Verfassungsvorschlag für den Kirchenstaat ein, und daraufhin wurde er als gefährliches Subjekt der römischen Lande verwiesen. In seiner Heimat wurde er Mitglied einer eher staatserhaltenden Regierungskommission zur Linderung der Armut.

haupt gemäß dem logistischen Gesetz (1.12) *ändert, wird ihre Größe* $P(t)$ *zur Zeit* $t \geqslant 0$ *notwendigerweise durch* (1.13) *gegeben.* Für $t \to \infty$ strebt $P(t)$ übrigens, wie wir erwarten dürfen, tatsächlich gegen die Trägerkapazität $K = \gamma/\tau$. In tiefgreifendem Unterschied zum *exponentiellen* Wachstum wird hier also die Population nach hinreichend langer Zeit im wesentlichen *stabil.*

Wir wollen nun noch etwas tiefer in die Struktur des logistischen Wachstums eindringen.

Da $e^{-\lambda K t}$ wegen $\lambda K > 0$ streng abnimmt, lehrt ein Blick auf (1.13 a), daß die logistische Funktion $P(t)$

streng wächst, wenn $P_0 < K$ ist (*kleine* Anfangspopulation),
streng abnimmt, wenn $P_0 > K$ ist (*große* Anfangspopulation);

im Falle $P_0 = K$ ist sie konstant (diesen Fall werden wir hinfort beiseite lassen). Um die Änderungs*rate* $\dot{P}$ zu untersuchen, betrachten wir $\ddot{P}$. Aus (1.12 a) folgt

$$\ddot{P} = \lambda (K - 2P)\dot{P}. \tag{1.14}$$

Ist nun

$$P_0 < \frac{K}{2} \quad (\textit{sehr kleine}\ \text{Anfangspopulation}), \tag{1.15}$$

so ist zunächst auch $P < K/2$, also $K - 2P > 0$ und wegen (1.14) somit auch $\ddot{P} > 0$.[1] Überschreitet P den Wert $K/2$, so wird und bleibt $\ddot{P}$ negativ. *Die Zuwachsrate* $\dot{P}$ *nimmt also zu, bis die Population die Größe* $K/2$, *die Hälfte ihres möglichen Maximalbestandes* K, *erreicht hat* (Periode beschleunigten Wachstums), *dann nimmt* $\dot{P}$ *ständig ab* (Periode verzögerten Wachstums). Beim Überschreiten der halben Trägerkapazität $K/2$ erleidet die Population also einen „Vitalitätsknick": zwar wächst sie noch, tut es aber zunehmend lustloser: ihre Wachstums*geschwindigkeit* wird ständig kleiner.

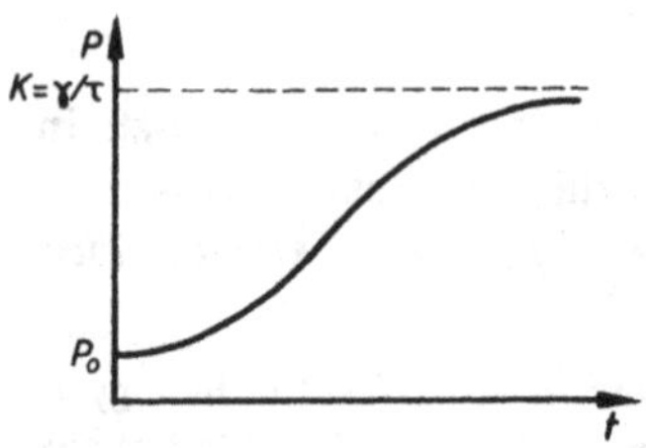

Fig. 1.1

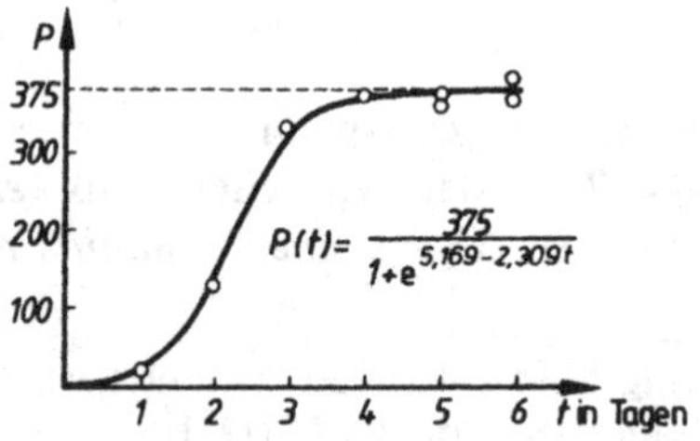

Fig. 1.2

[1] Beachte, daß im Fall (1.15) die Ableitung $\dot{P}$ ständig positiv bleibt; denn nach dem oben Festgestellten ist sie bereits dann >0, wenn P_0 bloß $<K$ ausfällt.

Der Anfangszustand (1.15) ist der weitaus wichtigste. In diesem Fall stellt sich die logistische Funktion (1.13a) graphisch als eine „S-Kurve" wie in Fig. 1.1 dar.

Die Trägerkapazität der Erde für die menschliche Bevölkerung wird von Demographen auf 10 Milliarden geschätzt.[1)] Die Menschheit sollte demnach bereits 1994 einen Vitalitätsknick erlitten haben, denn in diesem Jahr erreichte sie die 5-Milliarden-Grenze. Man wird abwarten müssen. R. Pearl, L. J. Reed und J. F. Kish fanden 1940 anhand von Volkszählungsdaten ein perfekt logistisches Wachstum der US-Bevölkerung bis einschließlich 1940 - aber ausgerechnet ab 1940 vermehrten sich die US-Menschen dem druckfrischen Gesetz zum Hohn viel stärker als sie eigentlich durften. Eine vielsagende Grafik hierzu findet man in Hutchinson (1978) auf S. 22.

Ganz anders liegen die Dinge bei einfach strukturierten Lebewesen. Hier gibt es eindrucksvolle Beispiele für logistisches Wachstum. So konnte Gause (1934) die Vermehrung von *Paramecium caudatum*, einer Infusorienart, in einem Reagenzglas angemessen durch eine logistische Funktion beschreiben (s. Fig. 1.2). Eine Fülle weiterer Belege bringt Hutchinson (1978), S. 23ff. Siehe auch Aufgabe 7.

Ein *Organismus* kann als eine Population von Zellen unter beengten Verhältnissen aufgefaßt werden, und man wird deshalb für sein Wachstum - gemessen durch geeignete Größen - logistische Konturen erwarten. Solche sind z. B. für die Gewichtszunahme bei Ratten von H. H. Donaldson gefunden worden (Boas Memorial Volume, 1906, S. 5). Eine noch überzeugendere Sprache sprechen die Beobachtungen des Höhenwachstums von Sonnenblumen, die H. S. Reed und R. H. Holland durchgeführt haben (Proc. Nat. Acad. Sci. **5** (1919) 135–144). Für die Sonnenblumenhöhe $h(t)$ zur Zeit $t \geqslant 0$ wird man analog zu (1.12a) die Differentialgleichung $dh/dt = \lambda h(H-h)$ ($\lambda > 0$; H die Maximalhöhe) ansetzen. Ist $h_0 := h(0)$ die anfängliche Höhe, so liefert (1.13a) sofort

$$h(t) = \frac{H}{1 + \left(\frac{H}{h_0} - 1\right) e^{-\lambda H t}},$$

und gerade dieses Wachstumsgesetz konnte empirisch bestätigt werden.

Cesare Marchetti hat 1983 eine Untersuchung über die Zulassungszahlen von Automobilen in den letzten Jahrzehnten und in verschiedenen Ländern veröffentlicht: The Automobile in a System Context (Technological Forecasting and Social Change **23** (1983) 3-23). Sein Resultat:

Three parameter logistic equations fit the evolution of the car population perfectly. The behavior suggests a quasi-biological, internally generated determinism that belies the significance of engineering, economics, marketing, and media as diffusion stimuli. Their role is seen to be more a response to, than an initiator of, change.

Das wären brisante Sätze - falls man aus einem logistischen *Verlauf* von Daten unbesehen auf einen logistischen *Mechanismus* ihrer Erzeugung schließen dürfte.

---

1) Roger Revell (*Food and Population*, Scientific American **231,** Nr. 3 (1974) 161–170, dort S. 168) meint, daß bei Einsatz aller wissenschaftlichen und technischen Mittel zwischen 38 und 48 Milliarden Menschen ernährt werden könnten. Abschätzungen der Trägerkapazität sind freilich notorisch unsicher.

Contra: W. Feller in Acta Biotheoretica **5** (1939-41) 51-65. (Diesen Hinweis verdanke ich Herrn G. Stein, Darmstadt.)

Verbreitung von Gerüchten In einer menschlichen Population der festen Größe N werde ein Gerücht durch *Mundpropaganda* verbreitet, d. h., ein Mitglied der Population erfahre das Gerücht dadurch - und *nur* dadurch -, daß ein anderes Mitglied es ihm erzählt. $I(t)$ sei die Anzahl der zur Zeit t schon über das Gerücht informierten Mitglieder. Wir wollen nun unter gewissen Annahmen eine Differentialgleichung für I aufstellen.

Jeder Informierte habe in der Zeiteinheit $k>0$ Kontakte mit Mitgliedern der Population und erzähle jedesmal das Gerücht weiter. Ist q der Bruchteil der *Nicht*informierten, so hat also jeder Informierte in der Zeiteinheit qk Kontakte mit Nichtinformierten. Zur Zeit t ist

$$q=\frac{N-I(t)}{N},$$

in der (kleinen) Zeitspanne $\mathrm{d}t$ hat also jeder einzelne Informierte gerade

$$qk\,\mathrm{d}t=\frac{N-I(t)}{N}k\,\mathrm{d}t$$

Kontakte mit Nichtinformierten, und dies ist gleichzeitig die Anzahl derjenigen, die er *neu* informiert. Die zur Zeit t vorhandenen $I(t)$ Informierten erzeugen also im Zeitraum $\mathrm{d}t$ insgesamt

$$\mathrm{d}I=I(t)\frac{N-I(t)}{N}k\,\mathrm{d}t$$

Neuinformierte, so daß wir nun für I die Differentialgleichung

$$\frac{\mathrm{d}I}{\mathrm{d}t}=I(t)\frac{N-I(t)}{N}k \tag{1.16}$$

erhalten, die wir auch in der Form

$$\frac{\mathrm{d}I}{\mathrm{d}t}=kI-\frac{k}{N}I^2=\frac{k}{N}I(N-I) \tag{1.17}$$

schreiben können. Das ist aber genau die *logistische Differentialgleichung* (1.12a), wenn wir in ihr nur P durch I, K durch N und λ durch k/N ersetzen. Infolgedessen können wir unbesehen ihre Lösung (1.13a) übernehmen. Setzen wir noch voraus, das Gerücht sei von genau *einem* Mitglied der Population aufgebracht worden ($I(0)=1$), so erhalten wir also

$$I(t)=\frac{N}{1+(N-1)\mathrm{e}^{-kt}}\qquad (t\geqslant 0). \tag{1.18}$$

Für $t\to\infty$ strebt $I(t)\to N$: unter unseren Voraussetzungen erfährt schließlich *jedes* Mitglied der Population von dem Gerücht. Diese theoretische „Totalverbreitung" verrät, daß unser Modell nicht ganz realistisch ist; denn sie wird selbst in einer sehr mitteilungsfreudigen Gesellschaft kaum vorkommen.

Die Ungleichung (1.15) bedeutet hier $1<N/2$. Da sie in der Praxis immer erfüllt ist, wird die Verbreitungsfunktion (1.18) durch eine S-Kurve dargestellt (s. Fig. 1.1).

Unsere Untersuchung des Bevölkerungswachstums bei beschränkten Ressourcen und der Verbreitung von Gerüchten durch Mundpropaganda hat uns zum ersten Mal mit dem merkwürdigen Phänomen konfrontiert, daß zwei ganz verschiedene Prozesse durch ein und dieselbe Differentialgleichung beschrieben werden, ein Phänomen, das uns später noch oft begegnen wird. Rein arbeitsökonomisch (und gewiß sehr oberflächlich) gesehen ist dies deshalb so bedeutungsvoll, weil wir in solchen Fällen nur eine *einzige Differentialgleichung* zu lösen brauchen, um *mehrere Prozesse* beherrschen zu können. Gerade von diesem Umstand haben wir oben schon Gebrauch gemacht.

Freier und verzögerter Fall Wir machen zunächst einige physikalische Vorbemerkungen, auf die wir auch später noch häufig zurückgreifen werden.

Bewegt sich ein Massenpunkt längs der x-Achse und ist $x(t)$ seine Ortskoordinate zur Zeit t, so ist seine Geschwindigkeit $v(t)$ bzw. seine Beschleunigung $b(t)$ zur Zeit t die erste bzw. zweite Ableitung des Weges nach der Zeit:

$$v(t)=\dot{x}(t), \quad b(t)=\ddot{x}(t). \tag{1.19}$$

Besitzt der Punkt die konstante Masse m und bewegt er sich unter dem Einfluß einer Kraft, die mit der Stärke K längs der x-Achse wirkt, so ist nach dem Newtonschen Kraftgesetz

$$K=m\ddot{x}.\ ^{1)} \tag{1.20}$$

In vielen Fällen können wir die Kraft K als eine Funktion $f(t,x,\dot{x})$ der Zeit t, des Ortes x und der Geschwindigkeit $\dot{x}$ beschreiben, so daß (1.20) in die Differentialgleichung

$$m\ddot{x}=f(t,x,\dot{x}) \tag{1.21}$$

für die Funktion $x(t)$ übergeht. Aus physikalischen Gründen wird man erwarten, daß die Lage $x(t)$ des Massenpunktes eindeutig bestimmt ist, wenn man sein

[1] Isaac Newton (1642–1727; 85) war einer der ganz Großen im Reiche des Geistes. Noch als Student konzipierte er die mathematische Mechanik, die auf seinen drei berühmten Gesetzen und seinem noch berühmteren Gravitationsgesetz beruht, und obendrein die Grundzüge der „Fluxionsrechnung" (Differential- und Integralrechnung). Sein Hauptwerk, die „Mathematischen Prinzipien der Naturphilosophie", darf man ohne Zögern ein Jahrtausendbuch nennen.

Bewegungsgesetz im kleinen (die Differentialgleichung (1.21)), seine Anfangslage $x_0 := x(t_0)$ und seine Anfangsgeschwindigkeit $v_0 := \dot{x}(t_0)$ kennt. Der Mathematiker darf also hoffen (muß es aber - unter gewissen Voraussetzungen über f - *beweisen*), daß es eine und nur eine Funktion $x(t)$ gibt, die der Differentialgleichung (1.21) und den „Anfangsbedingungen" $x(t_0) = x_0$, $\dot{x}(t_0) = v_0$ mit vorgegebenen Werten t_0, x_0 und v_0 genügt, mit anderen Worten: daß das sogenannte Anfangswertproblem

$$m\ddot{x} = f(t, x, \dot{x}), \quad x(t_0) = x_0, \quad \dot{x}(t_0) = v_0$$

eindeutig lösbar ist. Die *Eindeutigkeit* der Lösung ist das mathematische Gegenstück zur *Determiniertheit* des physikalischen Prozesses. Auf diesem Hintergrund muß man die später auftretenden Eindeutigkeitssätze sehen. Wir wollen nun einige Bewegungsvorgänge mittels Differentialgleichungen beschreiben und analysieren.

Ein Körper der Masse m falle aus geringer Höhe ohne Luftwiderstand zur Erde (freier Fall). Im Zeitpunkt $t_0 = 0$ (Beginn der Messung) habe er die Geschwindigkeit v_0. Wir fragen, welchen Weg er in der Zeit t zurücklegt.

Zweckmäßigerweise machen wir die Stelle, an der sich der Körper zur Anfangszeit $t_0 = 0$ befindet, zum Nullpunkt einer senkrecht auf die Erdoberfläche weisenden x-Achse (s. Fig. 1.3). Die an dem Körper angreifende Schwerkraft hat in der Nähe der Erdoberfläche bekanntlich die Größe mg (g ist die sogenannte Erdbeschleunigung und hat näherungsweise den Wert $9{,}81\ \mathrm{m \cdot s^{-2}}$). Nach (1.20) ist somit

$$mg = m\ddot{x} \quad \text{oder also} \quad \ddot{x} = g, \tag{1.22}$$

womit wir bereits die überaus einfache *Differentialgleichung des freien Falles* gefunden haben. Durch unbestimmte Integration folgt aus ihr

$$v(t) = \dot{x}(t) = gt + C_1 \quad \text{mit einer freien Konstanten } C_1.$$

Aus der Anfangsbedingung $\dot{x}(0) = v_0$ ergibt sich $C_1 = v_0$, und damit erhalten wir nun

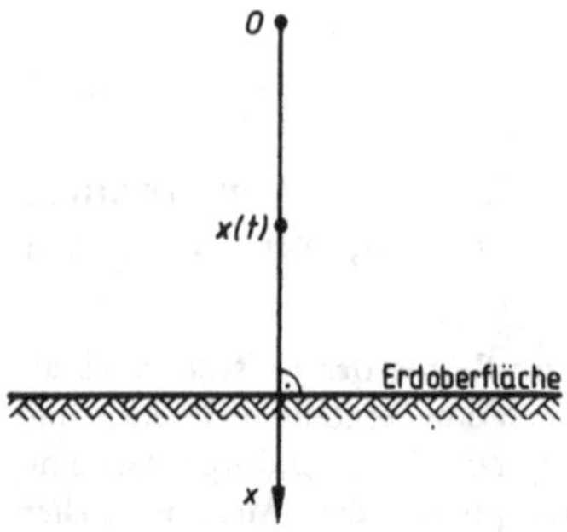

Fig. 1.3

$$v(t) = gt + v_0. \tag{1.23}$$

Daraus folgt, wiederum durch unbestimmte Integration,

$$x(t) = \frac{1}{2} g t^2 + v_0 t + C_2 \quad \text{mit einer freien Konstanten } C_2.$$

Aus der Anfangsbedingung $x(0) = 0$ ergibt sich $C_2 = 0$ und damit

$$x(t) = \frac{1}{2} g t^2 + v_0 t. \tag{1.24}$$

Dieses Gesetz beantwortet die oben aufgeworfene Frage nach dem Weg, den der Körper in der Zeit t zurücklegt. Für $v_0 = 0$ (Fall aus der *Ruhelage*) gehen (1.23) und (1.24) über in die Fallgesetze

$$v(t) = gt, \quad x(t) = \frac{1}{2} g t^2, \tag{1.25}$$

die nach ihrem Entdecker Galileo Galilei (1564–1642; 78) benannt sind und mit denen die moderne Physik beginnt („Über einen sehr alten Gegenstand bringen wir eine ganz neue Wissenschaft").
Nun berücksichtigen wir den *Luftwiderstand* (verzögerter Fall). Er ist proportional zu der Geschwindigkeit des fallenden Körpers, solange diese nicht zu groß ist. Die Newtonsche Bewegungsgleichung sieht nun so aus:

$$m\ddot{x} = mg - \varrho \dot{x} \quad \text{mit einem Widerstandskoeffizienten } \varrho > 0. \tag{1.26}$$

Das negative Zeichen bei $\varrho \dot{x}$ berücksichtigt, daß der Luftwiderstand $\varrho \dot{x}$ der Schwerkraft mg *entgegengerichtet* ist. Wegen $\dot{x} = v$ geht (1.26) in die Differentialgleichung

$$m\dot{v} = mg - \varrho v \quad \text{oder also} \quad \dot{v} = -\frac{\varrho}{m} v + g \tag{1.27}$$

für die Geschwindigkeit v über. Sie ist vom Typ

$$\dot{v} = \alpha v + \beta \quad \text{mit gewissen Konstanten } \alpha, \beta. \tag{1.28}$$

Eine solche Differentialgleichung hat im Falle $\alpha \neq 0$ immer die Lösungen

$$v(t) := C e^{\alpha t} - \frac{\beta}{\alpha} \quad \text{mit beliebigem } C \in \mathbf{R}, \tag{1.29}$$

denn es ist $\dot{v}(t) = \alpha C e^{\alpha t} = \alpha \left(C e^{\alpha t} - \frac{\beta}{\alpha} \right) + \beta = \alpha v + \beta$. In Nr. 4 werden wir sehen, daß durch (1.29) sogar *alle* Lösungen von (1.28) gegeben werden. (1.29) stellt also die „allgemeine Lösung" der Differentialgleichung (1.28) dar. Infolgedessen hat *jede* Lösung von (1.27) notwendigerweise die Gestalt

$$v(t) = C_1 e^{-\frac{\varrho}{m}t} + \frac{mg}{\varrho}$$

(wir schreiben C_1 statt C, weil später noch eine zweite freie Konstante auftaucht). Wegen $v_0 = v(0) = C_1 + \frac{mg}{\varrho}$ ist $C_1 = v_0 - \frac{mg}{\varrho}$, also

$$v(t) = \left(v_0 - \frac{mg}{\varrho}\right) e^{-\frac{\varrho}{m}t} + \frac{mg}{\varrho}. \tag{1.30}$$

Daraus folgt durch unbestimmte Integration

$$x(t) = \left(v_0 - \frac{mg}{\varrho}\right)\left(-\frac{m}{\varrho}\right) e^{-\frac{\varrho}{m}t} + \frac{mg}{\varrho}t + C_2.$$

Aus der Anfangsbedingung $x(0) = 0$ ergibt sich $C_2 = \left(v_0 - \frac{mg}{\varrho}\right)\frac{m}{\varrho}$, so daß wir nun endlich in

$$x(t) = \frac{m}{\varrho}\left(v_0 - \frac{mg}{\varrho}\right)\left(1 - e^{-\frac{\varrho}{m}t}\right) + \frac{mg}{\varrho}t \tag{1.31}$$

das Weg-Zeitgesetz des Körpers in Händen haben.

Aus (1.30) folgt $v(t) \to mg/\varrho$ für $t \to \infty$, die Fallgeschwindigkeit *stabilisiert* sich also schließlich. Von dieser Tatsache profitiert der Fallschirmspringer. Bei geöffnetem Schirm beträgt die Sinkgeschwindigkeit etwa 15 bis 20 km/h.

Fluchtgeschwindigkeit einer Rakete Eine Weltraumrakete starte senkrecht zur Erdoberfläche (Vertikalstart). Nach einer gewissen Zeit ist ihr Treibstoff verbrannt: Es tritt der sogenannte Brennschluß ein. Die beim Brennschluß erreichte Höhe h_b über der Erdoberfläche heißt die Brennschlußhöhe, die dann erlangte Geschwindigkeit v_b die Brennschlußgeschwindigkeit. Nach dem Brennschluß be-

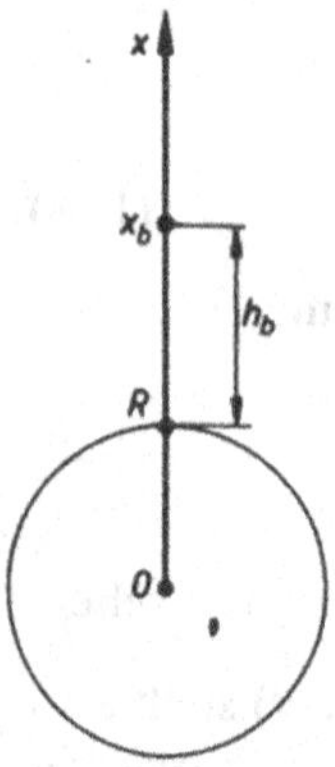

Fig. 1.4

ginnt die Rakete ihren antriebslosen Aufstieg mit der Anfangsgeschwindigkeit v_b. Wäre die Schwerkraft entfernungs*unabhängig*, so müßte die Rakete wie ein nach oben geworfener Stein schließlich wieder auf die Erde zurückfallen. Die Schwerkraft nimmt jedoch mit wachsender Entfernung rasch ab, und dies gibt der Rakete die Möglichkeit, immer weiter zu steigen (dem Schwerefeld der Erde zu „entfliehen") - wenn nur die Brennschlußgeschwindigkeit v_b groß genug ist. Die *kleinste* Brennschlußgeschwindigkeit, die hierzu ausreicht, heißt die Fluchtgeschwindigkeit der Rakete, und um deren Bestimmung geht es uns hier.

Die Rakete bewege sich längs einer x-Achse, deren Nullpunkt der Erdmittelpunkt sei (s. Fig. 1.4). Als Nullpunkt der Zeitmessung wählen wir den Brennschluß. Ist R der Erdradius, so haben wir also

$$x(0)=R+h_b=:x_b \quad \text{und} \quad \dot{x}(0)=v_b. \tag{1.32}$$

Gemäß dem Newtonschen Gravitationsgesetz greift an der Rakete die Schwerkraft

$$K=-\gamma\frac{m(x)}{x^2} \tag{1.33}$$

an, wobei $m(x)$ die (wegen des Treibstoffverbrauches variable) Masse der Rakete in der Höhe x und $\gamma :=$ Gravitationskonstante × Erdmasse ist; das Minuszeichen trägt dem Umstand Rechnung, daß K entgegengesetzt zur x-Richtung wirkt. Ist $M:=m(R)$ die Bruttomasse der Rakete (Masse mit voller Treibstoffladung), so folgt aus (1.33), da auf der Erdoberfläche die Schwerkraft $-Mg$ herrscht, daß

$$-Mg=-\gamma\frac{M}{R^2}, \quad \text{also} \quad \gamma=gR^2$$

ist. Mit $m:=m(x_b)$ = Nettomasse der Rakete (Masse ohne den Treibstoff) ergibt sich also aus (1.33)

$$K=-gR^2\frac{m}{x^2} \quad \text{für } x\geqslant x_b,$$

und aus dem Newtonschen Kraftgesetz (1.20) gewinnen wir nun sofort die Differentialgleichung der antriebslosen Raketenbewegung:

$$m\ddot{x}=-gR^2\frac{m}{x^2} \quad \text{oder also} \quad \ddot{x}=-gR^2\frac{1}{x^2}.^{1)} \tag{1.34}$$

Um aus ihr die Geschwindigkeit $v=\dot{x}$ zu erhalten, wenden wir einen „Trick" an: wir multiplizieren (1.34) mit $2\dot{x}$, erhalten so die Beziehung

[1] Den Luftwiderstand haben wir hierbei nicht berücksichtigt, weil in der Brennschlußhöhe die Atmosphäre bereits sehr dünn ist.

$$2\dot{x}\ddot{x} = -2gR^2\frac{\dot{x}}{x^2}, \quad \text{also} \quad \frac{d}{dt}(\dot{x}^2) = \frac{d}{dt}\left(2gR^2\frac{1}{x}\right),$$

und daher ist notwendigerweise

$$v^2 = 2gR^2\frac{1}{x} + C \quad \text{mit einer Konstanten } C.$$

Wegen (1.32) ergibt sich daraus (für $t=0$) $v_b^2 = 2gR^2\frac{1}{x_b} + C$, und daher ist schließlich

$$v^2 = 2gR^2\frac{1}{x} + v_b^2 - 2gR^2\frac{1}{x_b}.$$ [1]

Genau dann, wenn $v_b^2 - 2gR^2/x_b \geqslant 0$ ist, haben wir durchweg $v > 0$, genau in diesem Falle also steigt die Rakete immer weiter und entflieht so dem Schwerefeld der Erde. Die Fluchtgeschwindigkeit der Rakete ergibt sich nun aus der Gleichung $v_b^2 - 2gR^2/x_b = 0$ zu $\sqrt{2gR^2/x_b}$. Ersetzen wir x_b näherungsweise durch den Erdradius R und bedeutet D den Erddurchmesser ($D = 12{,}757 \cdot 10^6$ m), so erhalten wir für die Fluchtgeschwindigkeit den Näherungswert $\sqrt{gD} = 11{,}19$ km/s, ein kaum noch vorstellbares Tempo.

Äquipotential- und Kraftlinien eines elektrischen Feldes Ein ebenes elektrisches Feld habe im Punkte (x, y) das Potential $U(x, y)$. Die Punkte, in denen ein und dasselbe Potential c herrscht, schließen sich zu einer „Kurve gleichen Potentials", einer sogenannten Äquipotentiallinie zusammen, die durch die Gleichung

$$U(x, y) = c \tag{1.35}$$

gegeben wird. Läßt man hierin c alle zulässigen Werte durchlaufen, so erhält man eine Kurvenschar, die Schar der Äquipotentiallinien. Die Kraftlinien des Feldes sind nun diejenigen Kurven, welche die Schar der Äquipotentiallinien *senkrecht durchsetzen.* Sind die Äquipotentiallinien etwa die Kreise um den Nullpunkt (Fall der *Punktladung* in einem homogenen Medium), so sind die Kraftlinien genau die Geraden durch ihn (s. Fig. 1.5).

Bekanntlich wird die Steigung der Kurve (1.35) im Punkte (x, y) gegeben durch

$$-\frac{U_x(x, y)}{U_y(x, y)}. \tag{1.36}$$ [2]

---

[1] Diese Gleichung ist nichts anderes als der Energiesatz: $\frac{1}{2}mv^2 - \frac{1}{2}mv_b^2 = \frac{mgR^2}{x} - \frac{mgR^2}{x_b}$ („Änderung der kinetischen Energie = Änderung der potentiellen Energie"). Ein vollblütiger Physiker hätte sich nicht mit unserem Multiplikationskunststück abgemüht, sondern ohne viel Federlesen den Energiesatz hingeschrieben.

[2] U_x, U_y sind die partiellen Ableitungen $\partial U/\partial x$, $\partial U/\partial y$.

Da die Kraftlinie durch den Punkt $P:=(x, y)$ dort die Äquipotentiallinie senkrecht durchsetzt, muß ihre Steigung in P das negativ Reziproke der Steigung (1.36) sein, also den Wert $U_y(x, y)/U_x(x, y)$ haben. Denken wir uns die Kraftlinie explizit

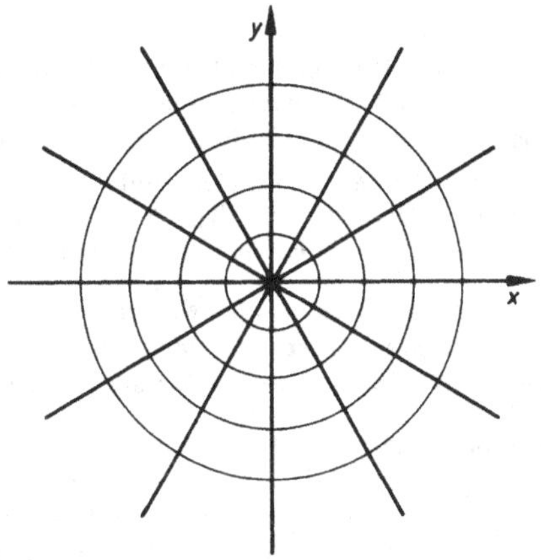

Fig. 1.5

durch $y=y(x)$ gegeben, so ist also notwendigerweise $y'(x)=U_y(x, y(x))/U_x(x, y(x))$, und *somit genügen die Kraftlinien der Differentialgleichung*

$$\frac{dy}{dx}=\frac{U_y(x, y)}{U_x(x, y)}. \tag{1.37}$$

Mittels (1.37) lassen sich also die *Kraftlinien* eines ebenen elektrischen Feldes aus seinem *Potential* bestimmen.

Als Beispiel greifen wir noch einmal das Punktladungsfeld in Fig. 1.5 auf. Hier werden die Äquipotentiallinien gegeben durch

$$U(x, y)=c \quad \text{mit} \quad U(x, y):=x^2+y^2,$$

die Differentialgleichung der Kraftlinien ist also

$$\frac{dy}{dx}=\frac{y}{x} \quad (x \neq 0). \tag{1.38}$$

Mittels der naheliegenden und schon von Leibniz benutzten Substitution $y/x=z$ oder also $y=xz$ geht sie über in die Differentialgleichung $x\frac{dz}{dx}+z=z$ für z, d.h. in

$$\frac{dz}{dx}=0. \tag{1.38a}$$

Die Lösungen von (1.38a) sind genau die *konstanten* Funktionen, die Lösungen von (1.38) also die Funktionen

$$y(x):=Cx \quad \text{für } x \gtrless 0 \quad \text{mit beliebigem } C \in \mathbf{R},$$

d. h., die Schar der vom Nullpunkt ausgehenden Halbgeraden. Anschaulich ist das natürlich von vornherein klar; für uns war es eine „Übung im Kalkül" (Lagrange).

Aufgaben

1. Cholera wird durch den von Robert Koch (1843–1910; 67) entdeckten kommaförmigen Bazillus *Vibrio cholerae* hervorgerufen. Zur Zeit $t_0=0$ werde eine Kolonie dieses Bazillus in eine Nährflüssigkeit gebracht. 30 Minuten später bestehe sie aus 329 Mitgliedern und 60 Minuten darauf aus 2684. Wie groß ist die Verdoppelungszeit von *Vibrio cholerae*? Wieviel Mitglieder hat die Kolonie 5 Stunden nach Beginn des Experimentes? Die Ergebnisse lassen verstehen, warum in früheren Zeiten ein Cholerakranker sehr rasch seinen Leiden erlag.

2. Wundinfektionen und Gewebsnekrosen Hier tritt ein Bazillus (*Pseudomonas*) auf, dessen Verdoppelungszeit nur etwa 9,8 Minuten beträgt und der einer der gefürchtetsten Feinde des Chirurgen ist. Wie lange dauert es, bis aus hundert dieser Bazillen eine Million geworden sind?

3. Kolibakterien Im Dickdarm befinden sich *E*-Kolibakterien. Bei schwacher körperlicher Verfassung können sie in eine Niere vordringen und Nierenbeckenentzündung verursachen. Die Infektion macht sich bemerkbar, sobald etwa 10^8 Kolibakterien in der Niere sind. Kolibakterien verdoppeln ihre Anzahl etwa alle 20 Minuten. Angenommen, 100000 Kolibakterien seien in die linke Niere gelangt. Wieviel Stunden dauert es, bis sie die kritische Größe (10^8) erreicht haben? Dabei soll angenommen werden, daß keine Bakterien durch Harnableitung entfernt werden.

4. Ernährung der Weltbevölkerung Auf der Erde gibt es rund 3,2 Milliarden Hektar landwirtschaftlich brauchbare Flächen (eine Hälfte davon wird bereits genutzt, die andere erfordert zu ihrer Erschließung erhebliche Kapitalinvestitionen).[1] Gegenwärtig werden durchschnittlich 0,4 Hektar Ackerfläche benötigt, um *einen* Menschen zu ernähren.[2] Im Jahre 1980 gab es rund 4,4 Milliarden Menschen. Wann werden *alle* landwirtschaftlich nutzbaren Flächen zur Ernährung der Weltbevölkerung benötigt werden, wenn diese exponentiell mit einer Verdoppelungszeit von 35 Jahren wächst?

5. Nochmals die Ernährung der Weltbevölkerung Ein Bericht der Vereinten Nationen aus dem Jahre 1981 hat geschätzt, daß die Weltbevölkerung im Jahre 2010 aus rund 7 Milliarden Menschen bestehen wird (frühere Schätzungen der UNO haben sich als zu niedrig erwiesen). Bestimme unter Annahme exponentiellen Wachstums der Menschheit und unter Benutzung der Daten aus Aufgabe 4 die daraus sich ergebende Verdoppelungszeit der Weltbevölkerung und den Zeitpunkt, zu dem alle landwirtschaftlich nutzbaren Flächen zur Ernährung der Menschen benötigt werden. Vgl. Ergebnis der Aufgabe 4.

$^+$**6.** Eine Population habe zur Zeit $t_0=0$ die Größe P_0 und wachse gemäß dem Gesetz (1.1). Um ihre Größe $P(t)$ zur Zeit $t>0$ zu bestimmen, gehe man folgendermaßen vor: Man unterteile das Zeitintervall $[0, t]$ in n gleiche Teile der Länge $\Delta t := t/n$, wobei n eine „große" natürliche Zahl sei, setze $t_k := kt/n \quad (k=0, 1, 2, \ldots, n)$ und $P_k := P(t_k)$. Zeige nun sukzessiv

---

[1] Bericht des *Science Advisory Committee* des US-Präsidenten Johnson über *The World Food Problem* (1967). Differenzierter äußert sich Roger Revell in *Food and Population* (Scientific American **231**, Nr. 3 (1974) 161–170; dort S. 168).

[2] S. den Bericht des *Club of Rome* „Die Grenzen des Wachstums" von D. Meadows (Stuttgart 1972), S. 36ff.

$$P_1 \approx \left(1+\alpha\frac{t}{n}\right)P_0,\ P_2 \approx \left(1+\alpha\frac{t}{n}\right)^2 P_0, \ldots,\ P_n = P(t) \approx \left(1+\alpha\frac{t}{n}\right)^n P_0$$

und gewinne daraus durch den Grenzübergang $n \to \infty$ (also $\Delta t \to 0$) das Wachstumsgesetz (1.5).

7. Vermehrung von Fruchtfliegen Um 1920 stellte R. Pearl experimentell fest, daß die Änderungsrate $\mathrm{d}P/\mathrm{d}t$ einer Population von Fruchtfliegen (*Drosophila*) mit der Populationsgröße $P(t)$ vermittels der Gleichung

$$\frac{\mathrm{d}P}{\mathrm{d}t} = \frac{1}{5}P - \frac{1}{5175}P^2 \quad (t \text{ in Tagen gemessen}) \tag{1.39}$$

zusammenhängt. Anfänglich seien 10 Fruchtfliegen vorhanden. Zeige, daß die Population ständig wächst, aber niemals mehr als 1035 Mitglieder hat. Wie groß ist sie nach 12 Tagen? Bei welcher Populationsgröße und am wievielten Tag beginnt die Wachstumsrate abzunehmen?

8. Kriegslust In einem Land mit N Einwohnern mögen zur Zeit $t \geqslant 0$ insgesamt $K(t)$ Einwohner energisch einen gewissen Krieg propagieren. L. F. Richardson hat 1948 für die Ausbreitung der Kriegslust das Modell

$$\frac{\mathrm{d}K}{\mathrm{d}t} = \lambda K(N-K) \quad (\lambda \text{ eine positive Konstante}) \tag{1.40}$$

vorgeschlagen[1]: Das ist genau die Differentialgleichung (1.17) der Gerüchteverbreitung durch Mundpropaganda. Leite (1.40) durch entsprechende Überlegungen her und zeige, daß die korrespondierende Differentialgleichung für den *Bruchteil* $k := K/N$ der Kriegslüsternen so lautet:

$$\frac{\mathrm{d}k}{\mathrm{d}t} = \mu k(1-k) \quad (\mu \text{ eine positive Konstante})\,; \tag{1.41}$$

sie hat die Lösung

$$k(t) = \frac{1}{1+\left(\frac{1}{k_0}-1\right)\mathrm{e}^{-\mu t}} \quad \text{mit } k_0 = k(0)\,. \tag{1.42}$$

Ein Zahlenbeispiel: 5% einer Nation befürworte einen Krieg und beginne eine aufpeitschende Kriegshetze. Nach einem Monat seien weitere 5% für den Kriegsgedanken gewonnen. Wieviel Prozent der Nation werden nach einem halben Jahr den Krieg befürworten?

9. Grippeepidemie In einer Population der festen Größe N breche zur Zeit $t_0 = 0$ eine Grippe aus. Um ihre Ausbreitung zu studieren, machen wir folgende Annahmen:

(a) *Jedes* Mitglied der Population kann angesteckt werden, ist also weder durch natürliche Immunität noch durch Schutzimpfung gegen Grippe gefeit;

(b) die Krankheit ist so langwierig, daß in dem betrachteten Zeitraum keine Heilungen erfolgen, sie ist aber nicht tödlich;

(c) jedes angesteckte Mitglied ist ansteckend, darf sich aber dennoch frei in der Population bewegen;

---

[1] „War-Moods: I" in Psychometrica (1948).

(d) pro Zeiteinheit hat jeder Angesteckte k Kontakte mit anderen Mitgliedern der Population, und jeder Kontakt mit einem noch Gesunden führt zu dessen Erkrankung.

Zeige, daß unter diesen Voraussetzungen die *Ausbreitung der Grippe* genau der *Verbreitung eines Gerüchtes durch Mundpropaganda* entspricht und daß die Anzahl $E(t)$ der zur Zeit t Erkrankten gegeben wird durch

$$E(t) = \frac{N}{1 + \left(\frac{N}{E_0} - 1\right) e^{-kt}} \quad \text{mit } E_0 := E(0).$$

Krankheitserreger, die nicht mehr auf Antibiotika reagieren, breiten sich immer weiter aus. Daren J. Austin hat in den Proceedings of The National Academy of Sciences (vol. 96, p. 6908) mathematische Modelle entwickelt, mit denen sich der Verlauf einer von Vancomycin-resistenten Enterokokken hervorgerufenen Epidemie verfolgen läßt.

10. Radioaktiver Zerfall (exponentielle Zerfallsprozesse) Zur Zeit $t \geqslant 0$ seien $n(t)$ Atome einer radioaktiven Substanz vorhanden. Es ist *a priori* plausibel, daß die Zahl $\mathrm{d}n$, die in der (kleinen) Zeitspanne $\mathrm{d}t$ zerfällt, der gerade vorhandenen Zahl $n(t)$ und der Zerfallszeit $\mathrm{d}t$ proportional sein wird: $\mathrm{d}n = -\lambda n(t)\mathrm{d}t$ mit einer positiven Konstanten λ, der sogenannten Zerfallskonstanten der Substanz (das negative Vorzeichen trägt der Tatsache Rechnung, daß $\mathrm{d}n = n(t + \mathrm{d}t) - n(t) < 0$ ist). Daraus ergibt sich sofort die *Differentialgleichung des radioaktiven Zerfalls*:

$$\frac{\mathrm{d}n}{\mathrm{d}t} = -\lambda n. \tag{1.43}$$

Ihre allgemeine Lösung wird durch $n(t) = C\mathrm{e}^{-\lambda t}$ mit einer willkürlichen Konstanten C gegeben. Sind anfänglich n_0 Atome vorhanden ($n_0 = n(0)$), so ist also

$$n(t) = n_0 \mathrm{e}^{-\lambda t} \quad \text{für } t \geqslant 0 \tag{1.44}$$

(vgl. (1.3) bis (1.5)). Man sagt deshalb, die radioaktive Substanz *zerfalle exponentiell*. Das Zerfallsgesetz (1.44) ist empirisch gut bestätigt. Zeige, daß die Zeit τ, innerhalb derer sich $n(t)$ um die Hälfte vermindert, durch

$$\tau = \frac{\ln 2}{\lambda} \tag{1.45}$$

gegeben wird. Sie ist unabhängig von $n(t)$, heißt die Halbwertszeit der betreffenden Substanz und ist das Gegenstück zur Verdoppelungszeit (1.8) eines exponentiellen Wachstumsprozesses.

Zur Lösung der Aufgaben 11 *bis* 15 *benutze man Aufgabe* 10.

11. Das radioaktive Cäsium-137 verliert durch Zerstrahlung etwa 2,3% seiner Masse pro Jahr. Wie groß ist seine Zerfallskonstante und seine Halbwertszeit?

12. Die Halbwertszeit von Kalium-42 beträgt 12,45 Stunden.

a) Wieviel Prozent der Ausgangsmasse u_0 werden nach 10 Stunden noch vorhanden sein?

b) Nach wieviel Stunden werden 5% der Ausgangsmasse zerstrahlt sein?

13. Lagerung radioaktiver Abfälle Radioaktive Abfälle werden in Behältern aus rostfreiem Stahl oder Beton unter der Erde gelagert. Nach Meinung von Experten sollen die Behälter intakt bleiben, bis 99,99% des Abfalls zerstrahlt sind. Wie lang muß die Mindestlebenszeit der Behälter sein, wenn in ihnen gelagert werden soll: a) Strontium-90 (Halbwertszeit 28 Jahre), b) Radium-226 (Halbwertszeit 1620 Jahre), c) Plutonium-239 (Halbwertszeit 24360 Jahre; dieses Element wird in Atombomben und Kernreaktoren verwendet).

Hinweis: Zeige, daß die gesuchte Zeit T (in Jahren) gegeben wird durch

$$T=\tau\frac{\ln 10000}{\ln 2}=\tau\cdot 13{,}28\ldots \qquad (\tau=\text{Halbwertszeit; s. (1.45)})$$

und rechne dann mit der Sicherheitsfaustformel $T=13{,}3\,\tau$.

14. Radioaktive Verseuchung durch Strontium-90 Das radioaktive Strontium-90 wird bei Atombombenexplosionen frei und verseucht die pflanzliche Nahrung von Menschen und Tieren. Es ist deshalb so heimtückisch, weil es chemisch mit Kalzium verwandt ist und daher über die pflanzliche Nahrung in die Knochen von Menschen und Tieren aufgenommen wird. Erschwerend kommt hinzu, daß seine Halbwertszeit recht lang ist, nämlich 28 Jahre. Angenommen, nach einer Atombombenexplosion sei der Gehalt an Strontium-90 in dem betroffenen Gebiet hundertmal höher als normal. Wie lange wird es dauern, bis dieses Gebiet wieder für Menschen bewohnbar ist?

15. Die Radiokarbonmethode zur Datierung fossiler Objekte Sie wurde von dem amerikanischen Chemiker W. F. Libby entwickelt, der für diese Leistung 1960 den Nobelpreis erhielt. Ihre Grundlagen sind die folgenden: a) Neben dem nichtradioaktiven Kohlenstoff C^{12} gibt es den radioaktiven Kohlenstoff C^{14} mit der Zerfallskonstanten $\lambda=0{,}00012/\text{Jahr}$. b) Das Verhältnis von C^{12} zu C^{14} in der Atmosphäre ist im wesentlichen konstant (C^{14} zerfällt zwar laufend, wird aber durch die Weltraumstrahlung auch ständig neu erzeugt). c) Lebende Pflanzen und Tiere unterscheiden nicht zwischen C^{12} und C^{14}; das Verhältnis von C^{12} zu C^{14} in einem *lebenden* Organismus ist also dasselbe wie in der Atmosphäre. d) Sobald der Organismus gestorben ist, beginnt sich dieses Verhältnis zu *ändern*, weil C^{14} zerfällt, aber nicht mehr aufgenommen wird. e) Das Verhältnis von C^{14} zu C^{12} in dem toten Organismus kann durch eine radiochemische Analyse bestimmt werden. Ist es das p-fache ($0<p<1$) des Verhältnisses von C^{14} zu C^{12}, das man in heute lebenden Organismen findet, so bedeutet dies, daß in dem toten Organismus nur noch das p-fache der C^{14}-Menge vorhanden ist, die im Augenblick seines Todes in ihm war, so daß also $u(t)=pu(0)$ ist, wenn t die seit seinem Tod verstrichene Zeit bedeutet. Zeige, daß

$$t=-\frac{\ln p}{0{,}00012}\ \text{Jahre}$$

ist. Diese Methode hat z. B. ergeben, daß die berühmten Schriftrollen vom Toten Meer etwa aus der Zeit von Christi Geburt stammen.

Zahlenbeispiel: Bei Ausgrabungen einer Hausruine in Mesopotamien wurde verkohltes Holz gefunden, bei dem das Verhältnis von C^{14} zu C^{12} nur 60% des Verhältnisses war, das in heute wachsenden Bäumen angetroffen wird. Wie alt ist die Ruine etwa?

16. Verkaufsrückgang nach Werbungsstop Marktanalytische Untersuchungen von M. Vidale und H. Wolfe haben 1957 folgendes ergeben: Wenn zur Zeit $t_0=0$ die Werbung für ein gewisses Produkt völlig eingestellt wird, nehmen die wöchentlichen Verkäufe dieses Produktes proportional zu den in der Vorwoche getätigten Verkäufen ab. Zeige, daß die Zahl $v(t)$ der Verkäufe in der t-ten Woche nach dem Werbungsstop (näherungsweise) durch

$$v(t)=v_0\,e^{-\lambda t}$$

gegeben wird; dabei ist v_0 die Zahl der Verkäufe in der Woche vor dem Ende der Werbung und λ eine positive Konstante, die sogenannte Verkaufszerfallskonstante (*sales decay constant*). Siehe dazu auch A 5.32.

17. Funktionstest der Bauchspeicheldrüse Um die Funktionsfähigkeit der Bauchspeicheldrüse zu testen, wird ein bestimmter Farbstoff in sie eingespritzt und dessen Ausscheiden gemessen. Eine gesunde Bauchspeicheldrüse scheidet pro Minute etwa 4% des jeweils noch vorhandenen Farbstoffs aus. Wir nehmen an, daß 0,2 Gramm des Farbstoffs injiziert werden und nach 30 Minuten noch 0,1 Gramm vorhanden sind. Funktioniert die Bauchspeicheldrüse normal?

18. „Da unten aber ist's fürchterlich" klagt Schillers Taucher; denn in der Tiefe des Meeres wimmelt es von Ungeheuern - und obendrein ist es noch dunkel. Letzteres, weil die Intensität des Lichtes beim Durchgang durch Wasser wegen Absorption ständig geringer wird. Sei $I(x)$ die Lichtintensität x Meter unter der Wasseroberfläche. Dann wird man für die Intensitätsabnahme den Ansatz $\mathrm{d}I = -\lambda I(x)\mathrm{d}x$ mit einem positiven Absorptionskoeffizienten λ machen (warum?). Gewinne daraus das *Lambertsche Absorptionsgesetz*[1]

$$I(x) = I_0 \mathrm{e}^{-\lambda x} \quad \text{mit } I_0 := I(0).$$

I_0 ist die Lichtintensität an der Wasseroberfläche. Für Tageslicht und halbwegs sauberes Seewasser ist $\lambda \approx 1{,}4\,\mathrm{m}^{-1}$. Wieviel Prozent der Tageslichtintensität I_0 sind in 1, 2, 3, 4 Meter unter der Wasseroberfläche noch vorhanden? Man beantworte dieselbe Frage für etwas trüberes Seewasser ($\lambda \approx 2\,\mathrm{m}^{-1}$). Was wird man unter der „Halbwertslänge" verstehen, und wie groß ist sie in den vorliegenden Fällen?

19. Ein Verdünnungsproblem Ein Tank enthalte 1000 Liter Wasser, in dem anfänglich 50 Kilogramm eines Salzes gelöst seien. Pro Minute mögen 2 Liter der Salzlösung aus dem Tank auslaufen und 2 Liter reines Wasser zulaufen, die durch ein Superrührgerät sofort und vollständig mit der Salzlösung vermischt werden. Wieviel Kilogramm Salz sind t Minuten nach Beginn des Auslaufens noch in dem Tank vorhanden?

20. Sauerstoffverbrauch in geschlossenem Zimmer Ein ruhig atmender erwachsener Mensch macht etwa 16 Atemzüge in der Minute. Bei jedem Atemzug dringt ungefähr ein halber Liter Luft in die Lungen ein. Die ausgeatmete Luft enthält näherungsweise 20% weniger Sauerstoff als die eingeatmete; sie möge sich mit der Zimmerluft sofort und vollständig vermischen. Nun nehmen wir an, in einem geschlossenen Zimmer mit V Liter Luftinhalt befinde sich ein und nur ein ruhig atmender Erwachsener. t Minuten nach der Zeit $t_0 = 0$ seien $S(t)$ Liter Sauerstoff in dem Zimmer vorhanden, und es sei $S(0) = S_0$.

a) Bestimme $S(t)$. b) Das Zimmer enthalte 40 Kubikmeter Luft. Wieviel Prozent des ursprünglich vorhandenen Sauerstoffs sind nach 8 Stunden verbraucht? Wieviel Prozent Sauerstoff enthält die Zimmerluft noch, wenn ihr ursprünglicher Sauerstoffgehalt mit dem der Frischluft (21%) übereinstimmte? c) In dem eben genannten Zimmer erhöhe man durch Lüften den ursprünglich vorhandenen Sauerstoff S_0 um 1% (1,5%, 2%), dann schließe man es. Nach wieviel Stunden ist der

---

[1] So benannt nach dem elsässischen Physiker, Mathematiker und Philosophen Johann Heinrich Lambert (1728–1777; 49), der u.a. die Irrationalität von π entdeckte. Das Mathematische Wörterbuch von Naas-Schmid (Berlin-Stuttgart 1961) läßt den wackeren Mann überdies noch im Jahre 1786 unexhumiert erkennen, daß ein gewisser Typ der nichteuklidischen Geometrie auf der Kugel verwirklicht ist.

Sauerstoffgehalt auf S_0 „heruntergeatmet"? Das Ergebnis zeigt, wie wichtig es ist, ein Zimmer vor dem Schließen gut durchzulüften.

21. Diastolischer Blutdruck Während der *Systole* (Herzkontraktion) wird Blut aus dem Herzen in die Aorta und von dort in die Adern gedrückt; während der *Diastole* (Herzerweiterung) fließt Blut aus der Aorta in das Herz zurück. V sei das Volumen, P der Druck des Blutes in der Aorta. Für die diastolische Phase kann man über die Beziehungen zwischen P und V die folgenden Annahmen machen:

a) $P=\alpha V$ mit einer positiven Konstanten α.

b) Die Volumänderung $\mathrm{d}V$ während der (kleinen) Zeitspanne $\mathrm{d}t$ wird gegeben durch $\mathrm{d}V=-\frac{P}{\varrho}\,\mathrm{d}t$, wobei die positive Konstante ϱ dem Strömungswiderstand Rechnung trägt, den das Blut überwinden muß.

Die diastolische Phase beginne zur Zeit $t_0=0$ mit einem Druck P_0. Zeige, daß in ihrem Verlauf der Druck $P(t)$ zur Zeit t durch $P(t)=P_0\,\mathrm{e}^{-\frac{\alpha}{\varrho}t}$ gegeben wird, also exponentiell abnimmt.

22. Wäsche auf der Leine trocknet mit einer zeitlichen Rate, die proportional zu der noch vorhandenen Feuchtigkeit F ist: $\mathrm{d}F/\mathrm{d}t=-\lambda F$ $(\lambda>0$ konstant). Für Bettwäsche, in einem warmen Heizungskeller aufgehängt, kann man $\lambda=0{,}57$/Stunde nehmen. Wieviel Stunden dauert es in diesem Fall, bis ein Laken nur noch ein Tausendstel seiner ursprünglichen Feuchtigkeit hat?

23. Schneebälle, Mottenkugeln und Bonbons haben wenigstens *eines* gemeinsam: ihre Volumina V vermindern sich beim Abschmelzen, Verdunsten bzw. Lutschen mit einer zeitlichen Rate, die proportional zu der jeweils noch vorhandenen Oberfläche F ist: $\mathrm{d}V/\mathrm{d}t=-\lambda F$ $(\lambda>0$ konstant). Sei etwa r_0 der Radius einer gerade ausgelegten Mottenkugel, $r(t)$ ihr Radius nach Ablauf der Zeit t. a) Wie groß ist $r(t)$? b) Angenommen, die Mottenkugel habe nach 60 Tagen ihr halbes Gewicht verloren. Nach wieviel Tagen ist ihr Radius auf ein Zehntel seiner Anfangsgröße geschrumpft? (Es handelt sich hier *nicht* um einen Exponentialprozeß!)

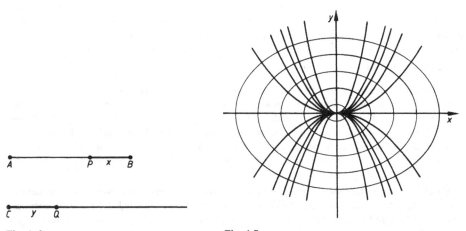

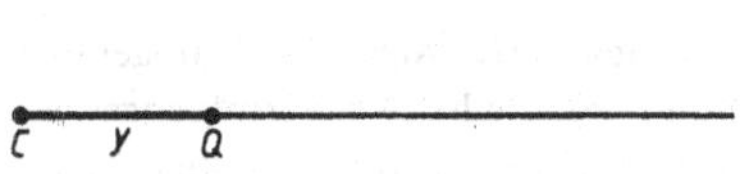

Fig. 1.6

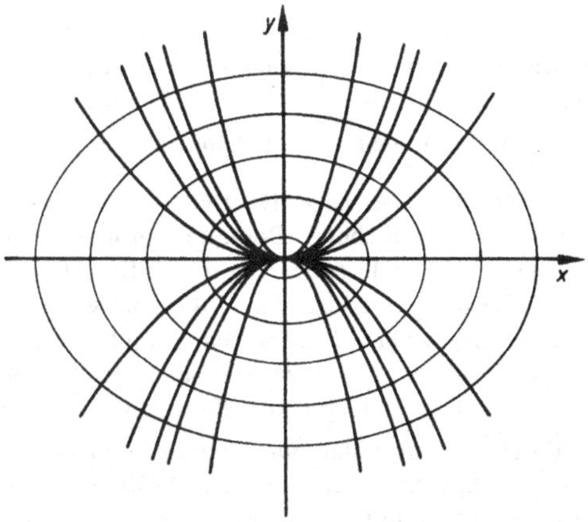

Fig. 1.7

24. Die Napierschen Logarithmen John Napier (1550–1617; 67) bewies 1593 in seinem Traktat *A Plaine Discovery of the Whole Revelation of Saint John* zwingend, nämlich in euklidischer Manier, der Papst sei der Antichrist und die Welt werde im Jahre 1786 untergehen. Dieses Buch sah er als sein wichtigstes an. Wir wissen heute, daß seine Leistungsbewertung irrig und sein Prophetentum nicht von der besten Sorte war. Sein Ruhm gründet sich weit weniger auf das Revelationspamphlet von 1593 als auf die Entdeckung der „Napierschen Logarithmen" von 1594. Er definiert sie folgendermaßen:

Ein Punkt P bewege sich von dem Anfangspunkt A einer Strecke AB der Länge 10^7 in Richtung auf ihren Endpunkt B. Die Geschwindigkeit von P sei immer gleich der noch verbleibenden Entfernung $\overline{PB}$ (s. Fig. 1.6). Ein zweiter Punkt Q bewege sich mit *konstanter* Geschwindigkeit 10^7 von C aus auf einer Halbgeraden nach rechts (s. wieder Fig. 1.6). Und nun nennt Napier die Distanz $y := \overline{CQ}$ den Logarithmus der Distanz $x := \overline{PB}$. Wir schreiben kurz $y = \operatorname{Nog} x$. Zeige:

a) $x(t) = 10^7 e^{-t}$. Hinweis: $\dfrac{dx}{dt} = -x, \quad x(0) = 10^7$.

b) $y(t) = 10^7 \ln \dfrac{10^7}{x(t)}$, also $\operatorname{Nog} x = -10^7 \ln 10^{-7} x$.

c) $\operatorname{Nog} ab = \operatorname{Nog} a + \operatorname{Nog} b - 10^7 \ln 10^7$. d) $\operatorname{Nog} a^\varrho = \varrho \operatorname{Nog} a + (1-\varrho)\, 10^7 \ln 10^7$.

25. Die *Äquipotentiallinien* eines ebenen Feldes seien die Ellipsen $x^2 + 2y^2 = a^2$ $(a > 0)$. Verifiziere, daß die *Kraftlinien* die Parabeln $y = cx^2$ mit beliebigem reellen c sind (für $c = 0$ erhält man natürlich keine eigentliche Parabel, sondern die x-Achse). S. Fig. 1.7.

26. Die Gesetze (1.30) bzw. (1.31) des reibungsverzögerten Falles gehen für $\varrho \to 0$ in die Gesetze (1.23) bzw. (1.24) des freien Falles über.

27. Galileis ursprüngliche Fallgeschwindigkeitshypothese Galilei hat das Fallgesetz $x(t) = \dfrac{1}{2} g t^2$ aus der Annahme hergeleitet, die Geschwindigkeit eines aus der Ruhelage frei fallenden Körpers sei proportional zur Fall*zeit*: $v(t) = gt$ (s. (1.25)). Anfänglich hatte er jedoch vermutet, $v(t)$ sei proportional zum Fall*weg*. Formuliere diese Hypothese als Differentialgleichung für $x(t)$ und zeige, daß wegen der Anfangsbedingung $x(0) = 0$ eine absurde Konsequenz herauskommt.

28. Steighöhe eines Geschosses Ein Geschoß werde senkrecht zur Erdoberfläche mit einer Anfangsgeschwindigkeit v_0 abgefeuert, die kleiner ist als seine Fluchtgeschwindigkeit. Es steige aber so hoch, daß man die Schwerkraft der Erde nicht mehr als konstant ansehen darf, sondern das Newtonsche Gravitationsgesetz (1.33) heranziehen muß. Der Luftwiderstand soll hingegen nicht berücksichtigt werden. Bis zu welcher Höhe H über der Erdoberfläche steigt das Geschoß?

Hinweis: Man benutze das Koordinatensystem in Fig. 1.4.

29. Verfolgung eines U-Boots Der Kommandant eines Zerstörers entdeckt in 5 Seemeilen Entfernung ein feindliches U-Boot, das sofort wegtaucht. Er fährt 4 Seemeilen geradlinig auf den Tauchpunkt zu, stellt dabei eilig eine Differentialgleichung für einen Verfolgungsweg auf, der ihn mit Sicherheit genau über das U-Boot bringen wird, und löst sie. Dabei macht er die Annahme, daß der Gegner *geradlinig* (in unbekannter Richtung) zu entfliehen versucht und daß die Geschwindigkeit des Zerstörers viermal so groß ist wie die des U-Boots. Welchen Weg schlägt er, 1 Seemeile vom Tauchpunkt entfernt, ein?

Hinweis: Führe Polarkoordinaten r, φ ein (Nullpunkt = Tauchpunkt, Achse = Halbgerade vom Tauchpunkt zur anfänglichen Position des Zerstörers) und beschreibe den Verfolgungsweg durch eine Gleichung der Form $r = r(\varphi)$. Die Länge einer solchen Kurve wird bekanntlich gegeben durch

$$\int_0^{\varphi} \sqrt{r^2 + \left(\frac{\mathrm{d}r}{\mathrm{d}\tau}\right)^2}\, \mathrm{d}\tau .$$

30. Das „inverse Tangentenproblem“ des Juristen Florimond de Beaune (1601–1652; 51) lautet so: Bestimme alle Kurven $y = y(x)$, deren Subtangenten s der Gleichung

$$\frac{y}{s} = \frac{x-y}{a} \qquad (a \neq 0 \text{ fest})$$

genügen. De Beaune teilte es 1638 seinem Freund René Descartes (1596–1650; 54) mit.
Hinweis: Dank der Definition der Subtangente ist $y/s = \mathrm{d}y/\mathrm{d}x$. Descartes löste das Problem vermutlich mittels der Transformation $x = u/\sqrt{2}$, $y = v + u/\sqrt{2} - a$. Tue desgleichen!

2 Grundbegriffe

In Nr. 1 haben wir nur Differentialgleichungen für Funktionen einer *einzigen* Veränderlichen vor uns gehabt. Solche Gleichungen nennt man gewöhnliche Differentialgleichungen. Hingegen liegt eine partielle Differentialgleichung vor, wenn die gesuchte Funktion von *mehreren* Veränderlichen abhängt und somit *partielle* Ableitungen ins Spiel kommen. Beispiele hierfür sind etwa die Gleichungen

$$\frac{\partial y}{\partial x} + \frac{\partial y}{\partial t} = y, \quad \frac{\partial^2 y}{\partial x^2} = 2\frac{\partial y}{\partial t}, \quad \frac{\partial^2 y}{\partial x_1^2} + \frac{\partial^2 y}{\partial x_2^2} + \frac{\partial^2 y}{\partial x_3^2} = 0.$$

In diesem Buch werden wir uns im wesentlichen nur mit *gewöhnlichen* Differentialgleichungen beschäftigen. Die Ordnung der höchsten vorkommenden Ableitung wird die Ordnung der Differentialgleichung genannt. Die Differentialgleichungen

$$\frac{\mathrm{d}P}{\mathrm{d}t} = \alpha P, \quad \frac{\mathrm{d}^2 y}{\mathrm{d}x^2} + 3y^2 = \sin x, \quad \frac{\mathrm{d}^3 u}{\mathrm{d}x^3} = \frac{\mathrm{d}^2 u}{\mathrm{d}x^2} + \sqrt{u}$$

haben also der Reihe nach die Ordnungen 1, 2, 3.
Eine Differentialgleichung n-ter Ordnung hat die Gestalt

$$F\left(x, y, \frac{\mathrm{d}y}{\mathrm{d}x}, \ldots, \frac{\mathrm{d}^n y}{\mathrm{d}x^n}\right) = 0 \quad \text{oder also} \quad F(x, y, y', \ldots, y^{(n)}) = 0 \tag{2.1}$$

mit einer reellwertigen Funktion F von $n+2$ reellen Veränderlichen. Die reellwertige Funktion $y(x)$ wird eine Lösung oder ein Integral von (2.1) auf dem Intervall I genannt, wenn sie auf I n-mal differenzierbar ist und

$$F(x, y(x), y'(x), \ldots, y^{(n)}(x)) = 0 \quad \text{für alle } x \in I$$

gilt. Das Schaubild (der Graph) einer solchen Lösung heißt eine Lösungs- oder Integralkurve von (2.1).

(2.1) nennt man auch genauer eine implizite Differentialgleichung. Unter einer expliziten Differentialgleichung (n-ter Ordnung) versteht man dagegen eine Gleichung der Form

$$y^{(n)} = f(x, y, y', \ldots, y^{(n-1)})\,; \tag{2.2}$$

hier tritt also die *höchste* vorkommende Ableitung *isoliert* auf einer Seite auf. Explizite Differentialgleichungen sind in der Regel einfacher zu behandeln als implizite, und deshalb wird man versuchen, eine implizit gegebene Differentialgleichung auf explizite Form zu bringen – freilich wird dies nicht immer gelingen.

Eine Differentialgleichung braucht keine Lösung zu haben (Beispiel: $(y')^2+1=0$); ferner kann es vorkommen, daß sie nur *eine* Lösung hat (Beispiel: $(y')^2+y^2=0$). In der Regel aber wird sie *unendlich viele* Integrale besitzen. Dieser Fall ist uns bei allen Differentialgleichungen der Nr. 1 begegnet, denn dort traten in den Lösungen „freie" oder „willkürliche" Konstanten auf, so daß wir immer eine ganze *Schar* von Lösungen erhielten. Durch geeignete Festlegung dieser Konstanten konnten wir dann aus den unendlich vielen Lösungen diejenige aussondern, die einer vorgegebenen Anfangsbedingung genügte (die also z. B. das Wachstum einer Population von vorgegebener *Anfangsgröße* P_0 oder den Fall eines Körpers aus vorgegebener *Anfangshöhe* x_0 mit vorgegebener *Anfangsgeschwindigkeit* $\dot{x}_0$ beschrieb). Und außerdem konnten wir feststellen, daß es immer nur eine *einzige* Lösung dieser Art gab – ein mathematisches Resultat, das in unseren naturwissenschaftlichen Beispielen aus intuitiven Gründen zu erwarten, ja geradezu unabdingbar war, wenn man von der strengen Determiniertheit der Naturprozesse ausgeht. Allgemein nun versteht man unter einem Anfangswertproblem für die Differentialgleichung (2.1) die Aufgabe, eine Lösung $y(x)$ derselben zu bestimmen, die mitsamt ihren Ableitungen bis zur $(n-1)$-ten Ordnung an einer vorgeschriebenen Stelle x_0 vorgeschriebene Werte $y_0, y_0', \ldots, y_0^{(n-1)}$ annimmt, eine Lösung $y(x)$ also, für die

$$y(x_0)=y_0,\; y'(x_0)=y_0', \ldots,\; y^{(n-1)}(x_0)=y_0^{(n-1)}$$

ist. Ein solches Anfangswertproblem schreibt man kurz in der Form

$$F(x, y, y', \ldots, y^{(n)})=0, \quad y(x_0)=y_0, \quad y'(x_0)=y_0', \ldots, \; y^{(n-1)}(x_0)=y_0^{(n-1)}. \tag{2.3}$$

Ganz abgesehen von der Befriedigung des mathematischen Erkenntnistriebes drängen uns allein schon die Naturwissenschaften unabweisbar die Frage auf, ob oder unter welchen Voraussetzungen derartige Anfangswertprobleme lösbar, ja sogar *eindeutig* lösbar sind – die ganze Nr. 1 ist von dieser Frage durchzogen. Wir werden sie zunächst nur in speziellen, aber gerade für die Anwendungen wichtigen Fällen beantworten und sie erst später auf breiter Front angreifen. Es sei aber hier schon warnend gesagt, daß ein Anfangswertproblem durchaus mehrere, sogar unendlich viele Lösungen zulassen kann (s. Aufgabe 12). In der Mathematik geht es eben nicht immer so zu wie in den mathematisierten Naturwissenschaften.

Für jeden, der beruflich mit gewöhnlichen Differentialgleichungen zu tun hat, ist „der Kamke" (1983) ein gar nicht hoch genug zu schätzendes Hilfsmittel. Neben einer umfangreichen Zusammenfassung der Theorie (ohne Beweise) enthält dieses formidable Werk „rund 1500 Einzel-Differentialgleichungen in lexikographischer Anordnung mit ihren (nachgeprüften) Lösungen, Hinweisen für die Aufstellung der Lösungen und Literaturangaben". Die Aufgaben 14 bis 19 sollen den Leser an dieses Tröstungsmittel heranführen.

Aufgaben

In den Aufgaben 1 bis 11 ist zu zeigen, daß die angegebenen Funktionen Lösungen der jeweiligen Differentialgleichungen bzw. Anfangswertprobleme auf den Intervallen I sind. C, C_1, C_2, C_3 bedeuten dabei willkürliche reelle Konstanten.

1. $y'=x+\cos x;\quad y(x):=\frac{1}{2}x^2+\sin x+C$ auf $I:=(-\infty,+\infty)$.

2. $y'=2xy;\quad y(x):=Ce^{x^2}$ auf $I:=(-\infty,+\infty)$.

3. $y'=2xy+1;\quad y(x):=Ce^{x^2}+e^{x^2}\int\limits_0^x e^{-u^2}du$ auf $I:=(-\infty,+\infty)$.

(Das hier auftretende Integral ist nicht durch elementare Funktionen ausdrückbar.)

4. $y'+4xy-8x=0;\quad y(x):=Ce^{-2x^2}+2$ auf $I:=(-\infty,+\infty)$.

5. $y'=xy^2,\ y(0)=1;\quad y(x):=\frac{2}{2-x^2}$ auf $I:=(-\sqrt{2},\sqrt{2})$.

6. $y^2y'-x^2=0,\ y(0)=2;\quad y(x):=(x^3+8)^{1/3}$ auf $I:=(-2,+\infty)$.

7. $y''+y=0;\quad y(x):=C_1\cos x+C_2\sin x$ auf $I:=(-\infty,+\infty)$.

8. $y''-y=0;\quad y(x):=C_1e^x+C_2e^{-x}$ auf $I:=(-\infty,+\infty)$.

9. $x^2y''-2xy'+2y=0;\quad y(x):=C_1x+C_2x^2$ auf $I:=(-\infty,+\infty)$.

10. $x^2y''-xy'+y=0,\ y(1)=1,\ y'(1)=0;\quad y(x)=x-x\ln x$ auf $I:=(0,+\infty)$.

11. $y''-4y'+4y+8\sin 2x=0,\ y(0)=2,\ y'(0)=4;\quad y(x):=3e^{2x}-2xe^{2x}-\cos 2x$ auf $I:=(-\infty,+\infty)$.

⁺12. Das Anfangswertproblem $y'=\sqrt{y},\ y(0)=0$, hat die Lösung $y(x)\equiv 0$ auf $I:=[0,\infty)$ und dazu noch für jedes feste $\lambda\geqslant 0$ die Lösung

$$y_\lambda(x):=\begin{cases}0 & \text{für } 0\leqslant x\leqslant\lambda,\\ \frac{1}{4}(x-\lambda)^2 & \text{für } \lambda<x<\infty.\end{cases}\qquad\text{(S. Fig. 2.1)}$$

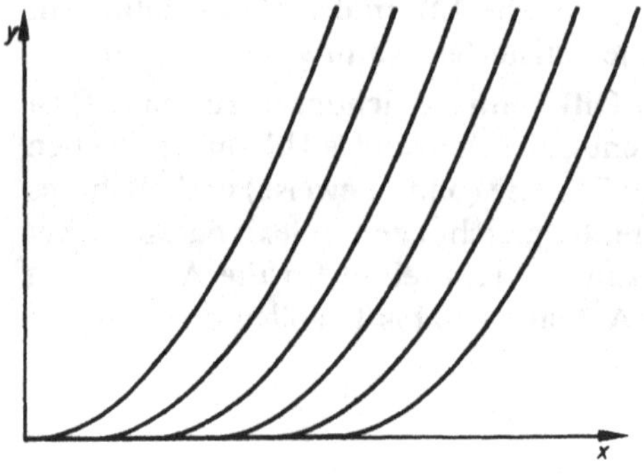

Fig. 2.1

Es ist also *nicht eindeutig* lösbar.

***13.** Die Differentialgleichung

$$a_n(x)y^{(n)}+a_{n-1}(x)y^{(n-1)}+\cdots+a_1(x)y'+a_0(x)y=0 \tag{2.4}$$

habe auf dem Intervall I die Lösungen y_1, y_2. Dann ist auch jede Linearkombination $C_1y_1+C_2y_2$ mit beliebigen reellen Konstanten C_1, C_2 eine Lösung auf I. – Welche Differentialgleichungen in den Aufgaben 1 bis 11 haben die Form (2.4)?

Die Lösungen der Aufgaben 14 bis 19 sind durch Nachschlagen im „Kamke" (1983) zu bestimmen.

14. $y'+2xy=x\mathrm{e}^{-x^2}$.

15. $y'+y\tan x=\sin 2x$.

16. $y'=(y+x)^2$.

17. $y'-\mathrm{e}^{x-y}+\mathrm{e}^x=0$.

18. $x^2y'-y^2-xy=x^2$.

19. $(x^2-1)y'-y(y-x)=0$.

Historische Anmerkung. Newton und Leibniz

Differentialgleichungen waren schon da, als es sie noch gar nicht gab. Sie waren lange vor der Differentialrechnung da in *geometrischer* Gestalt als „inverse Tangentenprobleme" (siehe etwa A 1.30), und sie waren da in *kinematischer* Gestalt bei Galilei, ja sogar schon vierzig Jahre früher bei Napier. Bei Galilei ging es 1638 (immer in *unserer* Ausdrucksweise) um das Problem, aus dem

Geschwindigkeitsgesetz $\dot{x}=at$ der „natürlich" beschleunigten Bewegung den Weg $x(t)$ zu finden[1], bei Napier war die Differentialgleichung $\dot{x}=-x$ der Hintergrund seiner kinematischen Logarithmenkonstruktion.[2]

In ihrer *wahren* Gestalt konnten die Differentialgleichungen freilich erst auftreten, nachdem die Differentialrechnung geschaffen war oder vielmehr *während* sie geschaffen wurde. Denn etwas zugespitzt kann man sagen: Newton kreierte die „Fluxionsrechnung", um Bewegungsprobleme im Himmel und auf Erden als Differentialgleichungen formulieren und lösen zu können. Als Leibniz den *calculus* wiedererfand, als er seine potente Symbolik der Differentiale und Integrale schuf: da allerdings zogen die Differentialgleichungen um und hielten Hof auf dem Kontinent. Jetzt erst wurden sie zu Gleichungen zwischen (Leibnizschen) *Differentialen*, und jetzt erst wurden sie das mächtigste Instrument der neuen Physik. So jäh und überwältigend waren die Erfolge der Fusion zwischen Naturforschung und Differentialgleichungen, daß man sehr bald im Kosmos nichts anderes mehr sah als die Lösung einer riesigen Anfangswertaufgabe. Der „Laplacesche Dämon" von 1814 ist zum Symbol dieser neuen Sicht der Dinge geworden:

> Eine Intelligenz, welche für einen gegebenen Augenblick alle in der Natur wirkenden Kräfte sowie die gegenseitige Lage der sie zusammensetzenden Elemente kennte, und überdies umfassend genug wäre, um diese gegebenen Größen der Analysis zu unterwerfen, würde in derselben Formel die Bewegungen der größten Weltkörper wie des leichtesten Atoms umschließen; nichts würde ihr ungewiß sein und Zukunft wie Vergangenheit würden ihr offen vor Augen liegen. Der menschliche Geist bietet in der Vollendung, die er der Astronomie zu geben verstand, ein schwaches Abbild dieser Intelligenz dar. Seine Entdeckungen auf dem Gebiete der Mechanik und Geometrie, verbunden mit der Entdeckung der allgemeinen Gravitation, haben ihn in Stand gesetzt, in demselben analytischen Ausdruck die vergangenen und zukünftigen Zustände des Weltsystems zu umfassen.[3]

Die Aufklärungsphilosophie des 18. Jahrhunderts sog Honig aus diesem mechanistisch-mathematischen Weltbild. Voltaire (1694–1778; 84) notierte den Satz „Es ist uns gegeben zu rechnen, zu wiegen, zu messen, zu beobachten; das ist Naturwissenschaft, fast der ganze Rest ist Chimäre", der Baron v. Holbach (1723–1789; 66), ein Pfälzer in Paris, schrieb das radikal-materialistische *Système de la nature ou des lois du monde physique et du monde moral.* In „Dichtung und Wahrheit" erinnert sich der alte Goethe schaudernd an die Begegnung mit diesem Hauptbuch der Aufklärung in seinen Studententagen:

> Wie hohl und leer ward uns in dieser tristen atheistischen Halbnacht zumute, in welcher die Erde mit allen ihren Gebilden, der Himmel mit allen seinen Gestirnen verschwand. Eine Ma-

---

[1] Galilei untersucht und löst dieses Problem in seinen berühmten *Discorsi e dimostrazioni matematiche intorno a due nuove scienze* (1638). Dieses Buch, Anfang und Wegweiser der neuzeitlichen Physik, ist 1973 in deutscher Übersetzung („Unterredungen und mathematische Demonstrationen über zwei neue Wissenszweige") von der Wissenschaftlichen Buchgesellschaft Darmstadt neu herausgegeben worden. Die einschlägigen Passagen stehen dort auf den Seiten 146–160. Die in A 1.27 erwähnte Hypothese $\dot{x}=ax$ wird auf S. 153f diskutiert und verworfen.

[2] Siehe A 1.24. Napier entwickelte diese Ideen um 1594 und legte sie 1614 dar in seinem Buch *Mirifici Logarithmorum Canonis Descriptio.* Seine Logarithmentafeln können als frühe *numerische* Lösung einer Anfangswertaufgabe angesehen werden.

[3] P. S. de Laplace: Philosophischer Versuch über die Wahrscheinlichkeit. Ostwalds Klassiker der exakten Wissenschaften 233. Leipzig 1932. S. 1f.

> terie sollte sein von Ewigkeit, und von Ewigkeit her bewegt, und sollte nun mit dieser Bewegung rechts und links und nach allen Seiten, ohne weiteres, die unendlichen Phänomene des Daseins hervorbringen.

Den tiefreligiösen Newton hätte eher noch mehr vor den Holbachschen Früchten seiner mathematischen Physik gegraust. Auf ihn und Leibniz wollen wir nun, vorderhand nur biographisch, zu sprechen kommen.

Newton gehört zu den wenigen überragenden Geistern der Menschheit und hat vielleicht den mächtigsten Einfluß auf den Gang ihrer Geschichte ausgeübt: neben *seiner* Revolution sinken die französische und die russische zu blutrünstigen Salonaffären vom Range des „Grafen von Monte Christo" herab. Geboren wurde er als todgeweihtes Siebenmonatskind in dem gottverlassenen Weiler Woolsthorpe im östlichen Mittelengland; wie aus Trotz starb der Bauernsohn erst im Alter von 85 Jahren, geadelt von der Königin Anna, als Monarch anerkannt von der ganzen wissenschaftlichen Welt. Mit fürstlichen Ehren wurde er in Westminster Abbey begraben, und dort liest man:

> Hier ruht Sir Isaac Newton, der als erster mit nahezu göttlicher Geisteskraft die Bewegungen und Gestalten der Planeten, die Bahnen der Kometen und die Fluten des Meeres durch die von ihm entwickelten mathematischen Methoden erklärte, die Verschiedenheit der Lichtstrahlen sowie die daraus hervorgehenden Eigentümlichkeiten der Farben, welche vor ihm niemand auch nur geahnt hatte, erforschte, die Natur, die Geschichte und die Heilige Schrift fleißig, scharfsinnig und zuverlässig deutete, die Majestät des höchsten Gottes durch seine Philosophie darlegte und in evangelischer Einfachheit der Sitten sein Leben vollbrachte. Es dürfen sich alle Sterblichen beglückwünschen, daß ihnen diese Zierde des menschlichen Geschlechts geworden ist. Er wurde am 25. Dezember 1642 geboren und starb am 20. März 1727.

Seine Jugend war von dem ganzen Getöse erfüllt, das der Weltgeist vorrätig hat: Bürgerkrieg, Königsmord und Oliver Cromwell. Erst als er mit achtzehn Jahren sein Studium in Cambridge aufnahm, gab die erschöpfte Geschichte vorübergehend Ruhe.

Doch schon vier Jahre später brach die furchtbare Pest zu London aus. Ihretwegen wurde die Universität Cambridge im Sommer 1665 geschlossen. Der zweiundzwanzigjährige Newton flüchtete nach Woolsthorpe und blieb dort knapp zwei Jahre. Und hier, wo Fuchs und Hase sich Gute Nacht sagen, vollzog und erlebte der junge Student den großartigsten Durchbruch, den die Wissenschaftsgeschichte kennt: hier schuf er die „Fluxionsrechnung" (seine Version der Differential- und Integralrechnung), hier legte er die Fundamente seiner Mechanik und gewann aus den Keplerschen Planetengesetzen zu allem Überfluß auch noch das Gravitationsgesetz, und hier entdeckte er mit Hilfe eines Prismas, preiswert auf einem Jahrmarkt erstanden, daß weißes Licht eine Mischung von farbigen Lichtern ist. Jede einzelne dieser Leistungen hätte für eine dauerhafte Unsterblichkeit ausgereicht. „Dies alles", erzählt später der Greis, „geschah in den zwei Pestjahren 1665 und 1666; denn in diesen Jahren war meine Erfindungskraft auf ihrem Höhepunkt, und niemals wieder lagen mir Mathematik und Naturwissenschaft so sehr am Herzen wie damals".

Der introvertierte Student machte kein Aufhebens von seinen revolutionären Erkenntnissen. Er veröffentlichte nichts, beendete 1668 still sein Studium, wurde aber schon ein Jahr später Nachfolger seines Lehrers Barrow: Barrow hatte seinen Lehrstuhl freiwillig für Newton, „ein unvergleichliches Genie", geräumt.

Siebenundzwanzig Jahre lang wirkte und wohnte nun Newton im Cambridger *Trinity College*. Als erstes baute der geschickte Bastler eigenhändig ein Spiegelteleskop, und die *Royal Society* ernannte ihn dieser Leistung wegen 1671 zu ihrem Mitglied. Ein Jahr später rückte er mit seiner ersten Publikation heraus, einer Arbeit über seine Licht- und Farbentheorie. Die heftige Kritik an ihr kränkte ihn tief und machte ihn noch publikationsscheuer, als er ohnehin schon war. Hinfort mußten ihm seine Schriften von Freunden entlockt und entwunden werden.

Keiner hat das so erfolgreich getan wie Edmond Halley (1656–1742; 86), der Namenspatron des Halleyschen Kometen. Durch ständiges Zureden, Drängen und Begütigen brachte der kaum dreißigjährige Astronom den verschlossenen und verletzlichen Newton dazu, endlich Epoche zu machen und die *Philosophiae naturalis principia mathematica* zu schreiben, die „Mathematischen Prinzipien der Naturphilosophie", ein Werk, das neben Homer und der Bibel zu den drei Grundbüchern unserer Welt gehört. Die Arbeit daran war unsäglich:

> Newton [so berichtet sein Gehilfe] schien kaum noch wie ein menschliches Wesen zu sein ... Er gestattete sich keine Erholung oder Pause, ritt nie aus, ging nicht spazieren ...; er hielt jede Stunde für verloren, die nicht dem Studium gewidmet war. Selten verließ er sein Zimmer, ausgenommen, wenn er ... Vorlesungen halten mußte ... Er wurde so sehr von seinen Studien mitgerissen, daß er oft vergaß, zu Mittag zu essen ... Selten ging er vor zwei bis drei Uhr nachts schlafen, und oft schlief er erst um fünf oder sechs Uhr morgens ein.

Das Werk erschien 1687; Newton zählte 44 Jahre. Halley finanzierte den Druck, und Jahre später schrieb Pope (1688–1744; 56) den funkelnden Zweizeiler

> Nature and Nature's laws lay hid in night;
> God said, „Let Newton be", and all was light.

Newtons Genie scheint darin bestanden zu haben, ein Problem schraubstockartig ganze Stunden, Tage und Wochen lang mit höchster Konzentration festhalten zu können. „Ich halte", so sagt er selbst, „den Gegenstand meiner Untersuchung ständig vor mir und warte, bis das erste Dämmern langsam, nach und nach, in ein volles und klares Licht übergeht". Auf die Frage, wie er auf sein Gravitationsgesetz gekommen sei, gab er denn auch die Antwort: „Indem ich Tag und Nacht darüber gebrütet habe."

Die *Principia* besiegelten das unendlich fruchtbare und weltverändernde Bündnis zwischen Physik und Mathematik, das Galilei angestrebt hatte. Aus drei Bewegungsaxiomen und dem einen Gravitationsgesetz erklärten sie durch mathematische Deduktionen den Fall des Apfels auf der Erde und die Bahnen der Planeten im Himmel, die Gezeiten der Ozeane und die Polabplattung des Globus, sie berechneten die Massen der Sonne und der Planeten mit Monden und brachten die Hydrodynamik auf den Weg. Ewig merkwürdig wird bleiben, daß Newton bei all dem nicht seine Fluxionsrechnung einsetzte, sondern die klassische Geometrie (angereichert durch einige Grenzbetrachtungen). In den *Principia* löst Newton „Differentialgleichungen" - aber er tut es geometrisch.

Noch merkwürdiger ist, daß Newton sein umfangreiches (und vergessenes) theologisches Werk weit höher schätzte als sein mathematisch-physikalisches. Er war zutiefst religiös, selbst die Erforschung der Natur war ihm ein Dienst an Gott. Im dritten Buch der *Principia* („Vom Weltsystem") beendet er einen großen Exkurs über den Pantokrator, den Allesbeherrscher, mit dem Satz: „Dies hatte ich von Gott zu sagen, dessen Werke zu untersuchen, die Aufgabe der Naturlehre ist." [1] Wenig mehr als 100 Jahre später wird der „Newton Frankreichs", Laplace, ganz an-

---

[1] Die *Principia* sind in deutscher Übersetzung noch einmal 1963 von der Wissenschaftlichen Buchgesellschaft Darmstadt herausgebracht worden („Mathematische Prinzipien der Naturlehre"). Der zitierte Satz steht dort auf S. 511.

ders reden. Sehr gegen seinen Willen hat der gottselige Professor am *Trinity College* dem gottlosen Denken in Paris die Wege bereitet.

Das Merkwürdigste aber ist die mystische Seite im Wesen des mathematischen Physikers Newton. Eifrig studierte er unseren Jakob Böhme (1575–1624; 49), den mystischen Schuhmacher aus Görlitz, damals in Cambridge *en vogue*, mit Hingabe las er das dunkel prophezeiende Buch Daniel des Alten Testaments und die geheimnisvoll offenbarende Apokalypse des Neuen und versuchte, in ihrem flackernden Licht das große Rätsel der Welt zu lösen. In einem kleinen Laboratorium spekulierte er die Elemente, suchte wie ein ausstudierter Alchimist den Stein der Weisen und schrieb fatale Notizen, die sich in deutscher Übersetzung etwa so anhören:

> Löse den grünen geflügelten Löwen in sale Centrale der Venus auf, und das Destillierte ist der Geist des grünen Löwen, das Blut des grünen Löwen ist Venus; der babylonische Drache, der alles durch sein Gift tötet, ist dennoch von den Tauben der Diana durch Besänftigung besiegt, ist Quecksilber.[1]

Zu dem Ganzen paßt denn auch sein raunendes Wort: „Mir aber ist es offenbar durch die Quelle, aus der ich es schöpfe, es anderen zu beweisen, werde ich mich nicht unterfangen.“[2]

Lord Keynes, der große Nationalökonom und Newtonkenner, nennt den Grübler von Cambridge nicht den ersten der Aufklärer, sondern „den letzten der Babylonier und Sumerer“.[3] Es ist, als habe dieser rätselhafte Mensch die Tür zur Neuzeit mit dem Rücken zu ihr aufgestoßen.

Newton – auch das gehört zu den Spannungen seines Wesens – hatte immer wieder lange Anfälle von Widerwillen gegen die Naturwissenschaften. 1696 verließ er nach einem schweren Nervenzusammenbruch Cambridge für immer und übernahm in London das Amt des Aufsehers der Münze (*Warden of the Mint*); drei Jahre später wurde er zum *Master of the Mint* befördert. Äußeren Ehren konnte und wollte er nun nicht mehr widerstehen. 1703 wählte ihn die Royal Society zu ihrem Präsidenten und bestätigte ihn bis zu seinem Tod Jahr für Jahr in diesem Amt; 1705 erhob ihn die Königin Anna als ersten Naturforscher in den Adelsstand; in der Londoner Gesellschaft war er ein geschätzter Gast. Sofern man ein Staatsbegräbnis zur Lebenserfüllung rechnen kann, war es auch in diesem Punkt mit dem Mystiker von ehedem aufs beste bestellt. Der junge Voltaire war Augenzeuge der pompösen Funeralien und schreibt:

> Il a vécu honoré de ses compatriotes et a été enterré comme un roi.

Für einen tieferen Blick in das Wurzelgeflecht des Newtonschen Geistes s. Harro Heuser: Der Physiker Gottes. Newton und die Revolution des Denkens, Freiburg-Basel-Wien 2005.

Leibniz wurde rund zehn Jahre vor Newtons Großbeerdigung wie ein Hund verscharrt: an einem Novembertag des Jahres 1716 in Hannover, ohne Pfarrer, ohne Frau und ohne Freund, 70 Jahre alt. Diese Lichtgestalt der Geistesgeschichte hatte sich in den letzten, gichtgeplagten Lebensjahren völlig in die Arbeit vergraben („er studierte in einem fort“) und den störenden Verkehr mit Menschen abgebrochen. Dem Volk von Hannover war der „Glaubenichts“ ohnehin suspekt: hatte der unberatene Mann nicht versucht, die Katholiken mit den Protestanten, ja sogar

---

[1] Zitiert nach J. Wickert: Isaac Newton. München 1983, S. 146.

[2] H. W. Turnbull, ed.: The Correspondence of Isaac Newton. Cambridge-New York, 1959–1961. Siehe dort Item 193.

[3] Newton, the Man. In: The World of Mathematics, vol. I, ed. by J. R. Newman. London 1956. Siehe dort S. 277.

die Lutheraner mit den Calvinisten auszusöhnen? Daß dergleichen nicht ohne Beschädigung hochwichtiger Glaubensartikel abgehen konnte, wußte jeder Gimpel in jedem Hannoveraner Hinterhof. Die Theologen von Profession wußten noch mehr: in seinen *Essais de Théodicée*[1] *sur la bonté de Dieu, la liberté de l'homme et l'origine du mal* von 1710 hatte sich der arrogante Denker gar zum Verteidiger Gottes aufgeworfen - ganz so, als sei dessen unendliche Güte trotz der Misere einer bankrottierenden Welt nicht mit Händen zu greifen -, hatte sich dabei aber unterfangen, dem Allmächtigen ein weniges von seiner Allmacht abzuzwacken: auch er, der Allmächtige sollte, wie wir, die weniger Potenten, nichts gegen die *vérités éternelles*, die ewigen Wahrheiten der Logik und Mathematik, ausrichten können. Ein solcher Tor mußte ein schlimmes Ende nehmen; 6 Jahre später nahm er es.

Sein Anfang hatte sich besser angelassen. 1646, vier Jahre nach Newtons Geburt und zwei vor Ende des Dreißigjährigen Krieges, kam Gottfried Wilhelm als Sohn eines Professors der Moralphilosophie in Leipzig zur Welt. Er hütete keine Schafe, wie der englische Bauernjunge, sondern verschlang die Bücher der wohlbestellten väterlichen Bibliothek. Bereits mit 15 Jahren (1661) begann er, Philosophie und Rechtswissenschaft an der Universität Leipzig zu studieren (Newton trat im gleichen Jahr in das *Trinity College* ein). 1666 schrieb er seine erste mathematisch-logische Abhandlung *De arte combinatoria*; Newton hatte gerade die Woolsthorper Erkenntnisräusche von 1665/66 hinter sich gebracht und war schon im Besitz der Fluxionsrechnung. Ein Jahr später promovierte der zwanzigjährige Leibniz in Altdorf bei Nürnberg zum Doktor beider Rechte, ließ sich mit dem mystischen Geheimbund der Nürnberger Rosenkreuzer ein und gewann dabei, wie Newton, einen bedenklichen Geschmack an der Alchimie. Spuren dieser mystischen Ausschweifungen finden sich noch in seiner „Monadologie" und - von dort her - in seiner Differentialrechnung. Die Rosenkreuzerei war nur von kurzer Dauer: schon 1667 trat der junge Jurist in den Dienst des Kurfürsten von Mainz, Johann Philipp von Schönborn. In einem geglückten Vorgriff auf den späteren Karnevalsgeist der Bischofsstadt kam er mit dem Plan nieder, den beunruhigenden Eroberungsdrang Ludwigs XIV vom nahen Deutschland auf das ferne Ägypten abzulenken (Leibniz hat es nie an Fantasie gemangelt). 1672 zog er nach Paris, um den drei Jahre älteren Sonnenkönig für das *Consilium Aegyptiacum* zu erwärmen. An der Seine aber konnte man den Nilplänen des teutonischen Globalstrategen keinen Geschmack abgewinnen. Das hinderte Leibniz keineswegs daran, Paris faszinierend zu finden und bis 1676 dort zu bleiben. Die vier Jahre in dieser lärmenden Stadt hatten für Leibniz eine ähnliche Bedeutung wie die zwei Jahre 1665/66 in dem stillen Woolsthorpe für Newton. Auch seine Erfindungskraft war damals auf ihrem Höhepunkt, mächtig beflügelt durch die Begegnung mit dem großen holländischen Physiker und Mathematiker Christian Huygens (1629-1695; 66). Leibniz drang tief in die Mathematik seiner Zeit ein und wurde in kurzem fündig: 1675/76, zehn Jahre nach Newton, schuf er seinen *calculus* (erste Veröffentlichung 1684). Es war, als hätte die langgesuchte Differentialrechnung in jenen Jahren plötzlich in der Luft gelegen.

Im Januar 1673 reiste Leibniz in diplomatischer Mission nach London, führte der *Royal Society* seine neue Rechenmaschine vor und wurde Mitglied dieser illustren Gesellschaft. Newton lernte Leibniz zwar nicht persönlich kennen, hatte aber dennoch ein Urteil parat: der Deutsche sei ein Dilettant mit unsoliden Kenntnissen.

1676 trat Leibniz in Hannover eine Stelle als Rechtsberater und Bibliothekar des Herzogs von Braunschweig-Lüneburg an und verbrachte die restlichen vierzig Jahre seines Lebens in diesem mediokren Amt, nicht zugeschnitten auf einen Mann, dessen Korrespondenz bis nach China ging und den Friedrich der Große eine ganze Akademie in einer Person genannt hat. Ein Höhepunkt

[1] Théodicée bedeutet „Rechtfertigung Gottes".

seines Lebens mag die Gründung der „Sozietät der Wissenschaften“ 1700 in Berlin gewesen sein, der späteren „Preußischen Akademie der Wissenschaften“. Er selbst hatte diese Institution propagiert und geplant und wurde denn auch ihr erster Präsident. Peter dem Großen schlug er vor, eine Akademie in St. Petersburg zu gründen; sie wurde 1725 verwirklicht. Leibniz war geradezu süchtig nach Akademien. An den Berliner und Petersburger Instituten sollte später Euler 56 fruchtbare Jahre verbringen.

Leibniz hat sich in vielen Wissenschaften umgetan, in erster Linie aber war er Philosoph und Mathematiker. Die metaphysische und mißliche Grundlage seiner Philosophie - in gewissem Maße auch seiner Mathematik - ist die Lehre von den *Monaden*. Was eine Monade in Tat und Wahrheit ist, das läßt sich nicht leicht verstehen - und vielleicht läßt es sich überhaupt nicht verstehen. *Monás* ist im Altgriechischen die „Einheit“, im Neugriechischen die Gebühreneinheit beim Telefonieren. So ziemlich das einzig Gewisse, das man über die Leibnizschen Monaden sagen kann, ist, daß sie keine Gebühreneinheiten sind. Aber sobald man diesen schmalen Bezirk gesicherter Erkenntnis verläßt, steht man auf schwankendem Boden. Die Monaden sind, so Leibniz, „die wahren Atome der Natur“. Keineswegs aber sind sie Atome im Sinne der antiken Atomistik, also keine zwar winzigen, aber immer noch ausgedehnten und dennoch unteilbaren Körper. Alles Körperliche nämlich, meint Leibniz, sei auch teilbar und somit nichts Letztes. Das Letzte muß unteilbar, also auch unkörperlich sein, und deshalb sind seine Monaden keine materiellen Partikel, sondern immaterielle Kraftpunkte, Seeleneinheiten. Als Seelen sind sie ausgestattet mit innerem Leben; als Einheiten ruhen sie autark in sich selbst und wirken in keiner Weise aufeinander ein. „Die Monaden“, sagt Leibniz in einem berühmten Gleichnis, „die Monaden haben keine Fenster, durch die etwas in sie hinein- oder aus ihnen heraustreten könnte“.

Leibniz hat die Monade weder dem Wort noch der Sache nach selbst erfunden, sondern aus der kabbalistischen Mystik übernommen, und nichts weniger als mystisch ist denn auch der folgende Satz seiner „Monadologie“:

> Jedes Stück Materie kann gleichsam als ein Garten voller Pflanzen oder als ein Teich voller Fische aufgefaßt werden. Aber jeder Zweig der Pflanze, jedes Glied des Tieres, jeder Tropfen seiner Säfte ist wieder ein solcher Garten und ein solcher Teich.

Der satirische Swift (1667–1745; 78), Verfasser von „Gullivers Reisen“, hat denselben Gedanken ein gutes Stück derber ausgedrückt:

> Die Forscher der Natur beweisen:
> Ein Floh hat Flöhe, die ihn beißen,
> An diesen saugen kleinre heiter,
> So geht's *ad infinitum* weiter.

Die Monadenlehre hat den großen Logiker Leibniz dazu disponiert, in seiner Mathematik die obskure Lehre von den Indivisiblen oder Infinitesimalien zu akzeptieren, jene Vorstellung also, mathematische Gebilde seien aufgebaut aus Teilen, die in schwer begreiflicher Weise *etwas* und *nichts* zur gleichen Zeit sind. Kein Wunder, daß diese Art von Atomistik heftig umstritten war. Die Griechen und Newton haben sie abgelehnt, Leibniz aber hat aus ihr seine Differentiale destilliert und aus der oben zitierten Garten- und Teich-Fantasmagorie (oder Flöhehierarchie) gleich noch die *höheren* Differentiale. In diesen *ordre d'idées* gehört auch, daß Johann Bernoulli die Infinitesimalien mit den Kleinstlebewesen verglich, die man vor kurzem unter dem Mikroskop entdeckt hatte. Und doch: Mit seinen Differentialen (ursprünglich „Differenzen“ genannt) und dem zugehörigen Bezeichnungsapparat dy/dx und $\int y\,dx$ (d = „Differenz“, $\int$ = „Summe“) war Leibniz ein Geniestreich gelungen, der freilich weniger ein „Streich“ als vielmehr die Frucht langen Nachdenkens war. Keinem lagen suggestive, die Denkoperationen gewissermaßen widerspiegelnde Bezeichnungen so sehr am Herzen wie ihm. Durch sie, meint er, „wird nämlich auf wunderbare Weise die Denkarbeit vermindert“. Daß der Leibnizsche *calculus differentialis et integralis* so unerhört leistungsfähig war, liegt nicht zuletzt an der Leibnizschen Symbolik, in der die Regeln des Kalküls sich so einfach formulieren lassen und sich von selbst verstehen. Man denke etwa an die Regel zur Differentiation der Umkehrfunktion, an die Kettenregel oder die Substitutionsregel:

$$\frac{\mathrm{d}y}{\mathrm{d}x}=\frac{1}{\dfrac{\mathrm{d}x}{\mathrm{d}y}}, \quad \frac{\mathrm{d}y}{\mathrm{d}x}=\frac{\mathrm{d}y}{\mathrm{d}u}\frac{\mathrm{d}u}{\mathrm{d}x}, \quad \int f(x)\,\mathrm{d}x=\int f(\varphi(t))\frac{\mathrm{d}\varphi}{\mathrm{d}t}\,\mathrm{d}t.$$

Überdies kommt die differentielle Schreib- und Denkweise den Bedürfnissen der Naturwissenschaft aufs glücklichste entgegen; wir haben in diesem Kapitel schon Proben davon gesehen und weitere werden folgen. Carl Friedrich Gauß (1777–1855; 78), der *princeps mathematicorum*, hat zwar gemeint, es käme mehr auf die *notiones* als auf die *notationes* an, aber ein anderer *princeps*, Henri Poincaré (1854–1912; 58) hat gesagt:

> Qu'on ne s'y trompe pas: dans les Sciences mathématiques, une bonne notation a la même importance philosophique qu'une bonne classification dans les Sciences naturelles.[1]

Leibniz selbst hatte schon 1694 in voller Klarheit den Punkt getroffen:[2]

> Comme la caractéristique [Bezeichnung] même est, pour ainsi dire, une grande part de l'act d'inventer, je crois que les notres [unsere Bezeichnungen] donnent plus d'ouverture [als die Newtonschen].

Die Newtonschen Fluxionen waren gesünder, aber steifer als die Leibnizschen Differentiale. Als nun der unselige Prioritätsstreit zwischen Newton und Leibniz ausbrach und die Engländer sich mehr patriotisch als intelligent vor dem Leibnizschen Kalkül bekreuzigten, da zogen die restlichen Mathematiker ironisch an ihnen vorüber und verwiesen sie auf die Plätze. Die Analysis feierte ihre Feste auf dem Kontinent, die Insel lag im Nebel. Es gab keine englischen Bernoullis und keinen englischen Euler, es gab keine *Fluxions*gleichungen, aber es gab *Differential*gleichungen,[3] und so wurde den Engländern schließlich auch noch die mathematische Physik, die Schöpfung ihres Newton, aus den vaterländischen Händen genommen. „Qu'on ne s'y trompe pas...“

Die Jahre von 1684 bis 1686 werden in der Geschichte des Geistes immer denkwürdig sein. 1684 erschien Leibnizens erste Arbeit zur Differential-, 1686 seine erste zur Integralrechnung; am 8. Mai 1686 schrieb Newton das Vorwort seiner *Principia* und begann mit den programmatischen Worten:

> Die Alten hielten... die Mechanik für sehr wichtig bei der Erforschung der Natur, und die Neuern haben, nachdem sie die [scholastische] Lehre von den substantiellen Formen und den

---

[1] Vorwort zu den Oeuvres de Laguerre I. Paris 1898. Nachdruck New York 1972. Siehe dort S. X.

[2] Journal des Sçavans von 1694 = Math. Schriften V, S. 307.

[3] Dieser Terminus wurde, wie es sich gehört, 1676 von Leibniz selbst in einem Brief – ausgerechnet an Newton – eingeführt. Newton mag dabei ähnlich empfunden haben wie Gauß, wenn jüngere Mathematiker ihm Resultate vorlegten, die er schon längst besaß.

> verborgenen Eigenschaften aufgegeben, angefangen die Erscheinungen der Natur auf mathematische Gesetze zurückzuführen. Es erschien daher zweckmäßig, im vorliegenden Werke die Mathematik so weit auszuführen, als sie sich auf die Physik bezieht.

Und schließlich war kurz vorher, am 4. März 1686, im *Journal des Sçavans* [*Savants*] ein Artikel erschienen, der ironisch den Geist eines werdenden mathematischen Zeitalters widerspiegelte:[1]

> Seitdem die Mathematiker das Geheimnis entdeckt haben, durch das sie bis in die *ruelles*[2] gelangen, und in den Privatgemächern der Damen die Fachausdrücke einer so soliden und ernsthaften Wissenschaft wie der Mathematik eingebürgert haben, behauptet man, die Galanterie sei in Verfall, man spreche dort nur von Problemen, Korollarien, Lehrsätzen, rechten Winkeln, stumpfen Winkeln, Rhomboiden usw., und vor kurzem hätten sich in Paris zwei Fräulein gefunden, denen diese Art von Kenntnissen den Verstandeskasten so durcheinandergebracht hätte, daß die eine nicht von Heirat reden hören wollte, wenn derjenige, der sich um sie bemühte, nicht vorher die Kunst, Brillen zu schleifen erlernte, von welcher der *Mercure galant* so viel gesprochen habe, während die andere einen höchst ehrenwerten Mann zurückgewiesen hat, weil er innerhalb der von ihr gesetzten Frist nichts Neues über die Quadratur des Kreises hatte zutage fördern können.

---

[1] Zitiert nach P. Hazard: Die Krise des europäischen Geistes. Hamburg 1939, S. 352f. – Fast genau vierzehn Jahre früher, am 11. März 1672, waren übrigens Molières *Femmes savantes* uraufgeführt worden.

[2] *La ruelle* (das Gäßchen) ist der Gang zwischen Bett und Wand; dort durften sich intimere Besucher aufhalten.

II Differentialgleichungen erster Ordnung

Auf der Genauigkeit, mit welcher wir die Erscheinungen in's Unendlichkleine verfolgen, beruht wesentlich die Erkenntnis ihres Causalzusammenhangs.

Bernhard Riemann

The unreasonable effectiveness of mathematics in the natural sciences.

Eugene Wigner,
Nobelpreisträger für Physik 1963

3 Das Richtungsfeld und der Euler-Cauchysche Polygonzug. Das Runge-Kutta-Verfahren

Wir betrachten im folgenden die explizite Differentialgleichung erster Ordnung

$$y'=f(x,y). \tag{3.1}$$

Für eine Lösung $y(x)$ auf dem Intervall I ist definitionsgemäß

$$y'(x)=f(x,y(x)) \quad \text{für alle } x\in I,$$

die Steigung $y'(x)$ der Lösungskurve $y=y(x)$ wird also in jedem ihrer Punkte $(x, y(x))$ gegeben durch $f(x, y(x))$. Grob anschaulich können wir diese Tatsache so interpretieren: Ist die Lösungskurve im Punkt (x, y) „angekommen", so wird sie dort mit der Steigung $f(x, y)$ „weitergeschickt". Die Differentialgleichung (3.1) *dirigiert* gewissermaßen die Lösungskurve mittels ständiger *Richtungsanweisungen* von ihrem Anfangs- zu ihrem Endpunkt. Eine Richtungsanweisung im Punkt (x, y) können wir uns veranschaulichen, indem wir durch diesen Punkt ein kleines Geradenstück mit der dort vorgeschriebenen Steigung $f(x, y)$ legen; eine solche Konfiguration nennen wir ein Linienelement. Die Gesamtheit der Linienelemente der Differentialgleichung (3.1) heißt ihr Richtungsfeld. Fig. 3.1 deutet das Richtungsfeld von $y'=x+y$ an.[1] Eine Lösungskurve $y=y(x)$ läuft so durch das Richtungsfeld, daß das Geradenstück des Linienelements in jedem Punkt $(x, y(x))$ *tangential* zu ihr ist; man sagt wohl auch, die Lösungskurve „passe auf das Richtungsfeld". Das Anfangswertproblem

$$y'=f(x,y), \quad y(x_0)=y_0 \tag{3.2}$$

[1] Seine Konstruktion ist sehr einfach; denn die Differentialgleichung schreibt in allen Punkten der Geraden $x+y=c$ ein und dieselbe Steigung c vor. Diese Geraden sind in Fig. 3.1 ebenfalls eingetragen.

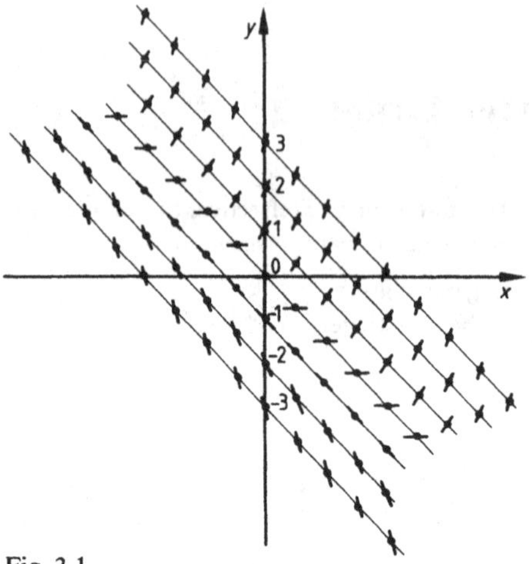

Fig. 3.1

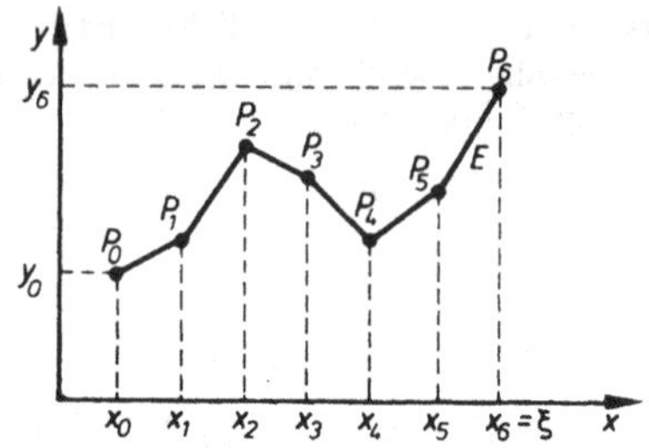

Fig. 3.2

zu lösen, bedeutet in dieser Sprechweise, eine Kurve zu finden, die vom Punkt (x_0, y_0) ausgeht und in ihrem ganzen Verlauf auf das Richtungsfeld paßt. Diese geometrische Interpretation regt dazu an, die Aufgabe (3.2) *näherungsweise* wie folgt zu lösen. Um den Wert $y(\xi)$ der exakten Lösung an der Stelle $\xi > x_0$ zu approximieren, zerlege man das Intervall $[x_0, \xi]$ in n Teile der gleichen Länge $h := (\xi - x_0)/n$; die Teilpunkte x_k werden dann gegeben durch

$$x_k = x_0 + kh \quad \text{für } k = 0, 1, \ldots, n \quad \text{mit } x_n = \xi$$

(s. Fig. 3.2, in der $n = 6$ gewählt wurde). Nun schreite man von dem Anfangspunkt $P_0 := (x_0, y_0)$ mit der dort vorgeschriebenen Steigung $f(x_0, y_0)$ *geradlinig* fort, bis man zu dem Punkt $P_1 := (x_1, y_1)$ über x_1 kommt; offenbar ist $y_1 = y_0 + hf(x_0, y_0)$. In P_1 ist die Steigung $f(x_1, y_1)$ vorgeschrieben, und mit ihr schreitet man wieder *geradlinig* fort, bis man zu dem Punkt $P_2 := (x_2, y_2)$ über x_2 gelangt; es ist $y_2 = y_1 + hf(x_1, y_1)$. Es dürfte nun klar sein, wie es weitergeht. Man erhält so die Punkte $P_k := (x_k, y_k)$, deren Ordinaten sich sukzessiv gemäß der Formel

$$y_k = y_{k-1} + hf(x_{k-1}, y_{k-1}) \quad \text{für } k = 1, 2, \ldots, n \tag{3.3}$$

berechnen. *y_n ist der gesuchte Näherungswert für $y(\xi)$.*

Den Polygonzug E durch die Punkte $P_0, P_1, \ldots, P_n$ nennt man einen Euler-Cauchyschen Polygonzug mit der Schrittweite h.[1] In Fig. 3.3 sind drei solcher Polygonzüge mit Schrittweiten $h = 1/2$, $1/4$, $1/10$ für das Anfangswertproblem

[1] Leonhard Euler (1707–1783; 76), in Basel geboren und in Petersburg gestorben, war der bedeutendste Mathematiker des 18. Jahrhunderts und einer der produktivsten Forscher aller Zeiten. Der Franzose Augustin Louis Cauchy (1789–1857; 68) war eine zentrale Figur in der Entwicklung und Fundamentierung der Analysis im 19. Jahrhundert.

$$y' = x + y, \quad y(0) = 0 \tag{3.4}$$

gezeichnet, dazu - als oberste Kurve - die *exakte* Lösung $y(x) := e^x - x - 1$. Man sieht deutlich, *wie sich die Approximationsgüte mit sinkender Schrittweite verbessert.* Derartiges ist von vornherein zu erwarten, denn je kleiner die Schrittweite ist,

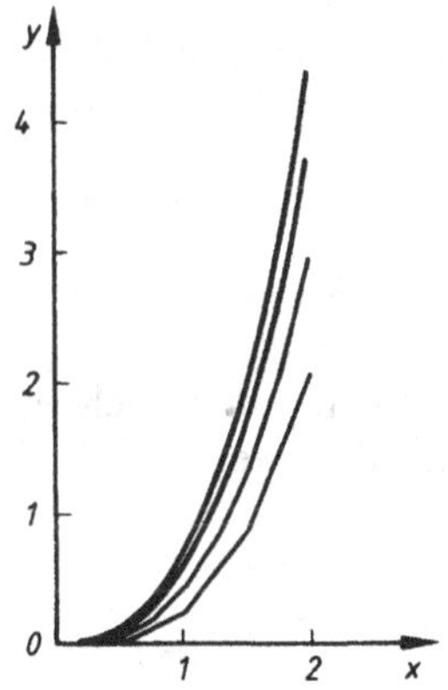

Fig. 3.3

um so häufiger und in um so kleineren Abständen beachtet man die „Fahrbefehle" des Richtungsfeldes - um so kleiner also wird die Gefahr, sich dramatisch zu „verfahren". Zerlegt man nun im Falle der Aufgabe (3.2) für jedes $n \in \mathbf{N}$ das Intervall $[x_0, \xi]$ in n gleichlange Teile und konstruiert den zugehörigen Polygonzug E_n, so wird man sich dank dieser intuitiven Überlegungen in der Hoffnung wiegen, daß $E_n(\xi) \to y(\xi)$ strebt für $n \to \infty$. Unter gewissen Voraussetzungen geht diese Hoffnung tatsächlich in Erfüllung, und es konvergiert sogar $E_n(x) \to y(x)$ für $n \to \infty$ und alle $x \in [x_0, \xi]$, die Polygonzugfolge (E_n) liefert dann also *via* Grenzübergang die exakte Lösung in dem ganzen Intervall $[x_0, \xi]$. Wir haben hier gewissermaßen anschaulich vor Augen, was wir in dem ersten Absatz nach (1.5) etwas grob die „Wiederherstellung des Gesamtvorganges - der exakten Lösung - aus winzigen Teilvorgängen" nannten. Auf die erwähnten Voraussetzungen wollen wir allerdings nicht eingehen, weil das Euler-Cauchysche Polygonzugverfahren viel zu rechenaufwendig ist, um für die Praxis interessant zu sein. Ungleich potenter ist das

Näherungsverfahren von Runge und Kutta [1] Wir wollen es hier schon beschreiben, um dem Leser von vornherein das bedrückende Gefühl zu nehmen, einer nicht geschlossen lösbaren Anfangswertaufgabe - und deren gibt es viel zu viele - hilflos gegenüber zu stehen. Auf seine *Herleitung* freilich und auf *Fehlerabschätzun-*

---

[1] So genannt nach C. Runge (1856–1927; 71) und W. Kutta (1867–1944; 77). Siehe Runge in Math. Ann. **46** (1895) 167–178, Kutta in Zeitschr. f. Math. u. Physik **46** (1901) 435–453.

gen können wir uns nicht einlassen. Für diese Dinge müssen wir notgedrungen auf die einschlägige Spezialliteratur verweisen.[1)]

Das Runge-Kuttasche Verfahren orientiert sich an den Methoden der numerischen Integration, insbesondere an der Keplerschen Faßregel (s. Aufgabe 12) und läuft für das Anfangswertproblem (3.2) folgendermaßen ab.

Man unterteilt das Intervall $[x_0, x_0+a]$ $(a>0)$, in dem eine Näherungslösung bestimmt werden soll, in n gleiche Teile der Länge (oder Schrittweite) $h:=a/n$; die Teilpunkte sind dann

$$x_\nu := x_0 + \nu h, \quad \nu = 0, 1, \ldots, n.$$

Als Wert der Näherungslösung an der Stelle x_0 nimmt man den dort vorgeschriebenen Anfangswert y_0. Ist nun der Näherungswert y_ν an der Stelle x_ν $(\nu \geqslant 0)$ schon bestimmt, so berechnet man den Näherungswert $y_{\nu+1}$ an der Stelle $x_{\nu+1}$ in folgenden Schritten:

$$\begin{aligned}
k_{\nu 1} &:= f(x_\nu, y_\nu),\\
k_{\nu 2} &:= f\left(x_\nu + \frac{1}{2}h, y_\nu + \frac{1}{2}h k_{\nu 1}\right),\\
k_{\nu 3} &:= f\left(x_\nu + \frac{1}{2}h, y_\nu + \frac{1}{2}h k_{\nu 2}\right),\\
k_{\nu 4} &:= f(x_\nu + h, y_\nu + h k_{\nu 3}),\\
k_\nu &:= \frac{h}{6}(k_{\nu 1} + 2k_{\nu 2} + 2k_{\nu 3} + k_{\nu 4}),\\
y_{\nu+1} &:= y_\nu + k_\nu .
\end{aligned}$$

Der Fehler ist etwa proportional zu h^4.

Es versteht sich von selbst, daß man das Runge-Kutta-Verfahren nur dann anwenden kann, wenn die Aufgabe (3.2) überhaupt *lösbar* ist. Aber mehr noch: die Lösung muß auch *eindeutig bestimmt* sein. Ansonsten läuft man Gefahr, bei jedem Näherungsschritt in eine andere Lösung von (3.2) hineinzustolpern - und dann geschehen sonderbare Dinge. Man sieht, daß „bloß theoretische" Existenz- und Eindeutigkeitssätze auch für den Praktiker unentbehrlich sind.

3.1 Beispiel Die Anfangswertaufgabe (3.4) hat die Lösung $y(x) := e^x - x - 1$, also ist (gerundet)

$$y(2) = 4{,}38905609893 .$$

Die untenstehende Tabelle gibt die Runge-Kutta-Näherung $y(2; h)$ an der Stelle $x=2$ an, wobei man in $x_0=0$ mit der Schrittweite h startet; die letzte Spalte enthält den prozentualen Fehler

[1)] S. etwa Collatz (1966), Stoer (1989) oder Hairer-Nørsett-Wanner (1987). Naturwissenschaftler und Ingenieure werden gerne Zurmühl (1965) in die Hand nehmen.

gegenüber dem wahren Wert $y(2)$. Die Rechnungen lassen sich bequem mit einem programmierbaren Taschenrechner ausführen. Man sieht, wie sehr das Runge-Kutta-Verfahren das Euler-Cauchysche in den Schatten stellt. In Fig. 3.4 findet man die „Runge-Kutta-Lösung" mit $h=0,1$ im Intervall $0 \leqslant x \leqslant 2$; mit unbewaffnetem Auge ist sie von der exakten Lösung in Fig. 3.3 nicht mehr unterscheidbar.

h	$y(2;h)$	Proz. Fehler
1	4,33506944446	1,23002880923%
0,5	4,38397032396	0,11587400241%
0,25	4,38866527358	0,00890454214%
0,1	4,38904476742	0,00025817647%
0,05	4,38905536063	0,00001682138%
0,01	4,38905609777	0,00000002643%

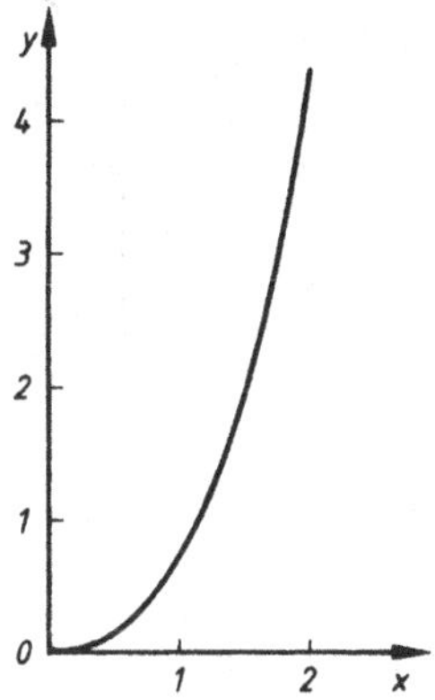

Fig. 3.4

Aufgaben

In den Aufgaben 1 bis 5 sind die Richtungsfelder der angegebenen Differentialgleichungen und mit ihrer Hilfe einige approximative Integralkurven zu skizzieren.

1. $y'=x$. Hinweis: In allen Punkten der Vertikalen $x=c$ ist ein und dieselbe Steigung vorgeschrieben. *Entsprechendes gilt für jede Differentialgleichung der Form $y'=f(x)$.*

2. $y'=y$. Hinweis: In allen Punkten der Horizontalen $y=c$ ist ein und dieselbe Steigung vorgeschrieben. *Entsprechendes gilt für jede Differentialgleichung der Form $y'=f(y)$.*

3. $y'=\frac{y}{x}$ für $x>0$. Hinweis: In allen Punkten der Halbgeraden $y=cx$ $(x>0)$ ist ein und dieselbe Steigung vorgeschrieben. *Entsprechendes gilt für jede Differentialgleichung der Form*

$$y'=f\left(\frac{y}{x}\right).$$

4. $y'=x^2+y^2$. Hinweis: In allen Punkten des Kreises $x^2+y^2=r^2$ $(r>0)$ ist ein und dieselbe Steigung vorgeschrieben (s. Fig. 3.5).

5. $y'=y/x^2$ für $x>0$. Hinweis: Ziehe die Parabeln $y=cx^2$ heran.

$^+$**6. Isoklinen** Die Kurven $f(x,y)=c$ nennt man die Isoklinen („Kurven gleicher Steigung") der Differentialgleichung $y'=f(x,y)$. Diskutiere anhand der in den Aufgaben 1 bis 5 gesammelten Erfahrungen ihre Bedeutung für die Konstruktion des Richtungsfeldes. Was kann man über die Isoklinen von Differentialgleichungen der Bauart $y'=f(\varphi(x,y))$ aussagen, wobei φ fest und f beliebig sein soll?

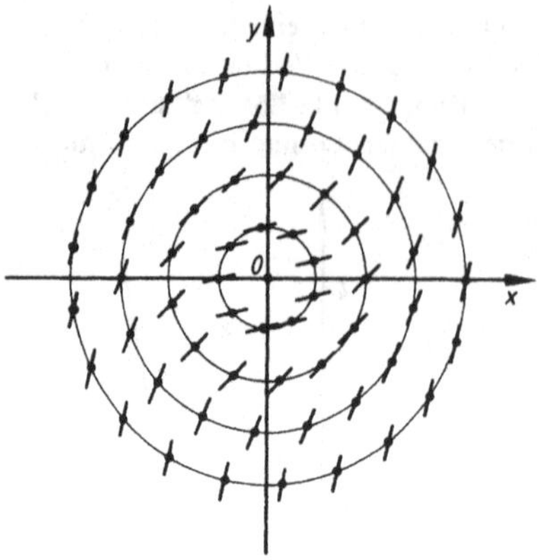

Fig. 3.5

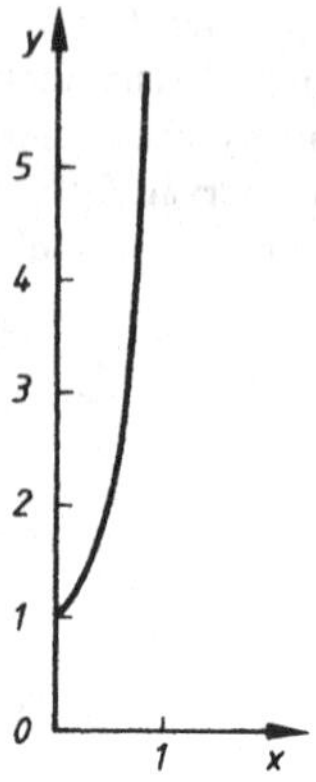

Fig. 3.6

7. Vorgelegt sei das Anfangswertproblem $y'=x^2+y$, $y(0)=1$. Verifiziere, daß es von $y(x):=3\mathrm{e}^x-x^2-2x-2$ gelöst wird und bestimme vermöge des Euler-Cauchyschen Verfahrens mit Schrittweite 0,2 einen Näherungswert $E(1)$ für $y(1)$. Was ist der prozentuale Fehler?

+8. Konstruiere zu dem Anfangswertproblem $y'=\alpha y$, $y(0)=y_0$ den Euler-Cauchyschen Polygonzug E_n mit der Schrittweite $h:=\xi/n$ $(n\in\mathbf{N})$ auf dem Intervall $[0,\xi]$ $(\xi>0)$ und zeige, daß $E_n(\xi)\to y_0\mathrm{e}^{\alpha\xi}$ für $n\to\infty$ strebt. Vgl. A 1.6.

+9. Wir betrachten das besonders einfache Anfangswertproblem $y'=f(x)$, $y(x_0)=y_0$, wobei f auf dem Intervall $[x_0,\xi]$ stetig sei. Es hat dort offensichtlich die Lösung

$$y(x):=y_0+\int_{x_0}^{x} f(t)\,\mathrm{d}t.$$

Konstruiere den Euler-Cauchyschen Polygonzug E_n mit der Schrittweite $h:=(\xi-x_0)/n$ auf $[x_0,\xi]$ und zeige, daß $E_n(\xi)\to y(\xi)$ strebt, wenn $n\to\infty$ geht.

Hinweis: $\sum_{k=1}^{n}[E_n(x_k)-E_n(x_{k-1})]$ ist eine Riemannsche Zerlegungssumme des Integrals $\int_{x_0}^{\xi} f(t)\,\mathrm{d}t$.

10. Berechne vierstellige Runge-Kutta-Näherungswerte y_1, y_2 für die Lösung der Anfangswertaufgabe $y'=y^2-x^2$, $y(0)=1$, an den Stellen $x_1:=0{,}1$ und $x_2:=0{,}2$.

11. Berechne vierstellige Runge-Kutta-Näherungswerte $y_1,\ldots,y_4$ für die Lösung der Anfangswertaufgabe $y'=x^2+y^2$, $y(0)=1$, an den Stellen $x_\nu:=\nu\cdot 0{,}2$ $(\nu=1,\ldots,4)$. Eine „Runge-Kutta-Lösung" mit $h=0{,}05$ für $0\leqslant x\leqslant 0{,}8$ ist in Fig. 3.6 zu sehen; das zugehörige numerische Material findet sich in A 28.27.

+12. Die Lösung der Anfangswertaufgabe $y'=f(x)$, $y(x_0)=0$, ist $y(x)=\int_{x_0}^{x} f(t)\,\mathrm{d}t$. Berechnet man ihren Runge-Kutta-Näherungswert an der Stelle x_0+h, so erhält man

$$\frac{h}{6}\left[f(x_0)+4f\left(x_0+\frac{h}{2}\right)+f(x_0+h)\right],$$

also gerade die *Keplersche Faßregel* für $\int_{x_0}^{x_0+h} f(t)\,\mathrm{d}t$.

4 Lineare, Bernoullische, Riccatische Differentialgleichung

In Nr. 1 und den zugehörigen Aufgaben haben wir gesehen, daß die Differentialgleichung $\dot{u}=\alpha u$ mit konstantem α die Veränderung einer Population oder Substanz beschreibt, die unbeeinflußt von der Umwelt allein der Wirkung ihrer *inneren* Wachstums- oder Zerstörungskräfte unterliegt. Im Laufe der Zeit können aber *äußere* Umstände durchaus eine Änderung des „Entwicklungskoeffizienten" α erzwingen. Um 1650 betrug z. B. die jährliche Wachstumsrate der Weltbevölkerung etwa 0,3% ($\alpha \approx 0{,}003$/Jahr), heute beläuft sie sich auf rund 2% ($\alpha \approx 0{,}02$/Jahr). Dieser Anstieg ist hauptsächlich auf reichlichere Ernährung und verbesserte medizinische Fürsorge zurückzuführen. Umgekehrt kann die Wachstumsrate einer Bakterienkolonie sinken, wenn man der Nährflüssigkeit ständig ein geeignetes Toxin zuführt. Wir müssen uns also mit dem Fall auseinandersetzen, daß der Entwicklungskoeffizient α *zeitabhängig* ist und wir es daher mit der Differentialgleichung

$$\dot{u}=\alpha(t)u \tag{4.1}$$

zu tun haben. Ja noch mehr! Eine Population läßt sich auch dadurch quantitativ beeinflussen, daß man ihr neue Mitglieder *von außen zuführt* („Immigration") oder schon vorhandene Mitglieder *aus ihr entfernt* („Emigration"). Ändert sich in dem (kleinen) Zeitraum von t bis $t+\mathrm{d}t$ die Population durch solche Einwirkungen um $s(t)\,\mathrm{d}t$ Mitglieder, so wird ihre Gesamtänderung $\mathrm{d}u$ in diesem Zeitraum durch $\mathrm{d}u=\alpha(t)u\,\mathrm{d}t+s(t)\,\mathrm{d}t$ gegeben; die Entwicklung der Population unterliegt dann also der Differentialgleichung

$$\dot{u}=\alpha(t)u+s(t). \tag{4.2}$$

Notgedrungen werden wir uns daher mit Gleichungen der Form (4.2) befassen müssen. Bezeichnen wir im folgenden die gesuchte Funktion bzw. die unabhängige Veränderliche mit y bzw. x (anstelle von u bzw. t), so haben wir es also zu tun mit den Differentialgleichungen

$$y'=\alpha(x)y \tag{4.3}$$

und
$$y'=\alpha(x)y+s(x). \tag{4.4}$$

Die Gl. (4.4) heißt **lineare Differentialgleichung erster Ordnung**. Ist $s(x)\equiv 0$ – das ist der Fall (4.3) –, so wird sie **homogen** genannt, andernfalls **inhomogen**. Man sagt auch, (4.3) sei die zu (4.4) gehörende homogene Gleichung. Die Funktion $s(x)$ nennt man **Störfunktion**.

Wir fassen zuerst die ***homogene*** Gleichung (4.3) ins Auge. Offenbar ist mit y auch jedes Vielfache Cy eine Lösung von (4.3). Nun sei die Funktion $\alpha(x)$ auf dem (endlichen oder unendlichen) Intervall I *stetig*. Dann besitzt sie dort eine Stammfunktion, z. B.

$$A(x):=\int_{x_0}^{x}\alpha(t)\,\mathrm{d}t \quad \text{für alle } x\in I, \text{ wobei } x_0\in I \text{ fest ist.} \tag{4.5}$$

Mit $\int\alpha(x)\,\mathrm{d}x$ bezeichnen wir, wie üblich, irgendeine feste Stammfunktion von $\alpha(x)$ auf I. Wegen

$$\frac{d}{dx} e^{\int \alpha(x)dx} = \alpha(x) e^{\int \alpha(x)dx}$$

ist

$$z(x) := e^{\int \alpha(x)dx}, \quad \text{also auch jedes Vielfache } Cz(x) \quad (C \in \mathbf{R})$$

eine Lösung von (4.3). Diese Vielfachen sind aber auch bereits *alle* Lösungen. Ist nämlich y ein beliebiges Integral von (4.3), so haben wir

$$\frac{d}{dx}\frac{y}{z} = \frac{zy' - z'y}{z^2} = \frac{z \cdot \alpha y - \alpha z \cdot y}{z^2} = 0 \quad \text{auf } I,$$

also ist y/z auf I konstant, etwa $= C$, und somit $y = Cz$. ■

Die Konstante C kann dazu dienen, die „allgemeine Lösung" Cz einer vorgegebenen Anfangsbedingung $y(x_0) = y_0$ mit $x_0 \in I$ und beliebigem y_0 anzupassen: man braucht C nur aus der Gleichung $Cz(x_0) = y_0$ zu bestimmen. Nimmt man für $z(x)$ speziell die Funktion $A(x)$ aus (4.5), so ist $z(x_0) = 1$, also $C = y_0$, und somit erweist sich

$$y(x) := y_0 \exp\left(\int_{x_0}^{x} \alpha(t)\,dt\right) \qquad (x \in I)^{1)} \tag{4.6}$$

als die eindeutig bestimmte Lösung des Anfangswertproblems $y' = \alpha(x)y$, $y(x_0) = y_0$. Wir fassen zusammen:

4.1 Satz *Die Funktion* $\alpha(x)$ *sei auf dem Intervall* I stetig. *Dann sind genau die Funktionen*

$$y(x) := C e^{\int \alpha(x)dx} \qquad (C \text{ eine beliebige Konstante}) \tag{4.7}$$

Integrale der Differentialgleichung $y' = \alpha(x)y$. *Die Anfangswertaufgabe*

$$y' = \alpha(x)y, \; y(x_0) = y_0 \qquad (x_0 \in I, \; y_0 \text{ beliebig}) \tag{4.8}$$

besitzt eine und nur eine Lösung. Man gewinnt sie direkt in der Gestalt (4.6) *oder indem man die freie Konstante C in* (4.7) *der Anfangsbedingung* $y(x_0) = y_0$ *anpaßt. Insbesondere hat die Anfangswertaufgabe*

$$y' = \alpha y, \; y(x_0) = y_0 \quad \textit{mit } \text{konstantem } \alpha \textit{ und beliebigem } x_0, y_0 \tag{4.9}$$

die Lösung $y(x) := y_0 e^{\alpha \cdot (x - x_0)}$ $(x \in \mathbf{R})$ – *und keine andere.* (4.10)

4.2 Beispiel $y' = (\sin x)y$, $y(0) = 1$.
Mit $\int \sin x\,dx = -\cos x$ auf $I := \mathbf{R}$ ist

$$y(x) := Ce^{-\cos x} \quad \text{die } \textit{allgemeine} \text{ Lösung der Differentialgleichung auf } \mathbf{R}.$$

---

1) Es ist $\exp(a) := e^a$.

Einarbeitung der Anfangsbedingung: $y(0) = Ce^{-\cos 0} = Ce^{-1} = 1 \Rightarrow C = e$. Also ist $y(x) = e^{1-\cos x}$ die Lösung der Anfangswertaufgabe.

4.3 Beispiel $y' = \frac{1}{x} y$, $y(1) = 2$.

Die Koeffizientenfunktion $1/x$ ist auf jedem der Intervalle $(-\infty, 0)$ und $(0, +\infty)$ stetig. Wegen der Anfangsbedingung legen wir das Intervall $I := (0, +\infty)$ zugrunde. Mit $\int dx/x = \ln x$ für $x > 0$ ist

$y(x) := Ce^{\ln x} = Cx$ die *allgemeine* Lösung der Differentialgleichung auf I.

Einarbeitung der Anfangsbedingung: $y(1) = C \cdot 1 = 2 \Rightarrow C = 2$. Also ist $y(x) = 2x$ die Lösung der Anfangswertaufgabe auf I.

Nun nehmen wir uns die *inhomogene* Gleichung (4.4) vor. Die Funktionen α und s seien auf dem Intervall I definiert, und α sei dort *stetig*. Ist nun y_p eine partikuläre (d.h. irgendeine feste) Lösung von (4.4) auf I, so haben wir für jedes andere Integral y gewiß

$$(y - y_p)' = y' - y_p' = \alpha y + s - (\alpha y_p + s) = \alpha(y - y_p),$$

d.h., $y - y_p$ löst die zu (4.4) gehörende homogene Gleichung (4.3). Infolgedessen muß y nach Satz 4.1 notwendigerweise die Gestalt

$$y(x) = y_p(x) + Ce^{\int \alpha(x)dx} \qquad (x \in I) \tag{4.11}$$

haben, und da umgekehrt jede Funktion dieser Bauart offenbar ein Integral von (4.4) ist, liefert uns (4.11) die allgemeine Lösung von (4.4), wenn wir C durch ganz $\mathbf{R}$ laufen lassen.

Das Problem, *alle* Lösungen der inhomogenen Gleichung (4.4) zu finden, spitzt sich also schließlich auf die Aufgabe zu, *irgendeine* Lösung y_p von (4.4) zu bestimmen. Wenn die Störfunktion s auf I stetig ist, kann dies mittels der sogenannten Methode der Variation der Konstanten geschehen: *Man faßt die Konstante C in der allgemeinen Lösung* (4.7) *der ungestörten Gleichung als eine differenzierbare Funktion von x auf* (man „variiert" also die Konstante) *und sucht diese nun so zu bestimmen, daß*

$$y_p(x) := C(x) \exp(\textstyle\int \alpha(x)dx) \tag{4.12}$$

der gestörten Gleichung (4.4) *genügt.* Dazu muß man mit diesem Ansatz in (4.4) eingehen. Es ergibt sich

$$C(x)\alpha(x)\exp(\textstyle\int \alpha(x)dx) + C'(x)\exp(\int \alpha(x)dx)$$
$$= \alpha(x)C(x)\exp(\textstyle\int \alpha(x)dx) + s(x),$$

also $C'(x)\exp(\int \alpha(x)dx) = s(x)$, und damit die Beziehung

$$C'(x) = s(x)e^{-\int \alpha(x)dx},$$

aus der nun $C(x)$ zu bestimmen ist. Da die rechtsstehende Funktion auf I stetig ist, besitzt sie dort eine Stammfunktion, und mit einer solchen, also mit

$$C(x) := \int s(x)\, e^{-\int \alpha(x)\,dx}\, dx \qquad (x \in I) \tag{4.13}$$

haben wir tatsächlich eine Funktion $C(x)$, die (4.12) zu einer Lösung der inhomogenen Gleichung (4.4) macht. Natürlich wird man nicht versuchen, (4.13) zu memorieren - man wird sich vielmehr nur das *Rezept* einprägen, die freie Konstante C in der allgemeinen Lösung der ungestörten Gleichung durch eine Funktion $C(x)$ zu ersetzen und mit diesem Ansatz in die gestörte Gleichung einzugehen. Wir fassen zusammen:

4.4 Satz *Sind die Funktionen $\alpha(x)$ und $s(x)$ auf dem Intervall I* stetig, *so kann eine partikuläre Lösung $y_p(x)$ der inhomogenen Gleichung*

$$y' = \alpha(x) y + s(x) \tag{4.14}$$

durch Variation der Konstanten gefunden werden. Die allgemeine Lösung von (4.14) *auf I hat dann die Gestalt* (4.11), *in Worten:*

allgemeine Lösung der inhomogenen Gleichung =
partikuläre Lösung der inhomogenen Gleichung +
allgemeine Lösung der zugehörigen homogenen Gleichung.

Unter den Voraussetzungen des Satzes 4.4 betrachten wir jetzt das Anfangswertproblem

$$y' = \alpha(x) y + s(x), \quad y(x_0) = y_0 \qquad (x_0 \in I, y_0 \text{ beliebig}). \tag{4.15}$$

Es springt in die Augen, daß man die freie Konstante C in der allgemeinen Lösung (4.11) der Differentialgleichung $y' = \alpha(x) y + s(x)$ stets und unzweideutig so bestimmen kann, daß $y(x_0) = y_0$ ist. Also gilt der

4.5 Satz *Unter den Voraussetzungen des Satzes* 4.4 *besitzt das Anfangswertproblem* (4.15) *genau eine Lösung auf I.*

4.6 Beispiel $y' = (\sin x) y + \sin x, \; y(0) = 0.$ (4.16)

Erster Schritt: *Bestimmung der allgemeinen Lösung y_h der zugehörigen homogenen Gleichung $y' = (\sin x) y$.* Nach Beispiel 4.2 wird sie gegeben durch

$$y_h(x) := C e^{-\cos x} \qquad (x \in \mathbf{R}). \tag{4.17}$$

Zweiter Schritt: *Bestimmung einer partikulären Lösung y_p der inhomogenen Gleichung.* Dazu fassen wir C in (4.17) als Funktion von x auf, machen also den Ansatz

$$y_p(x) := C(x)\, e^{-\cos x}.$$

Geht man damit in die inhomogene Gleichung ein, so findet man:

$$C(x) e^{-\cos x} \sin x + C'(x)\, e^{-\cos x} = \sin x \cdot C(x)\, e^{-\cos x} + \sin x, \quad \text{also}$$
$$C'(x) = \sin x \cdot e^{\cos x} \quad \text{und damit} \quad C(x) = \int \sin x \cdot e^{\cos x}\, dx = -e^{\cos x}.$$

Also ist $y_p(x) = -1$.

Dritter Schritt: *Bestimmung der allgemeinen Lösung der inhomogenen Gleichung.* Nach Satz 4.4 wird sie gegeben durch

$$y(x) := y_p(x) + y_h(x) = -1 + C\mathrm{e}^{-\cos x} \qquad (x \in \mathbf{R}).$$

Vierter Schritt: *Anpassung der freien Konstanten C an die Anfangsbedingung.* Aus $y(0) = -1 + C\mathrm{e}^{-1} = 0$ folgt $C = \mathrm{e}$. Die Lösung von (4.16) ist also

$$y(x) = -1 + \mathrm{e}\,\mathrm{e}^{-\cos x} = -1 + \mathrm{e}^{1-\cos x} \qquad (x \in \mathbf{R}).$$

Die bei der Variationsmethode anfallenden Integrationen können mitunter abstoßend aufwendig und oft genug sogar (elementar) unausführbar sein. Glücklicherweise kann man aber gelegentlich - und gerade in praktisch besonders wichtigen Fällen - durch *spezielle Ansätze*, die der besonderen Bauart der Störfunktion Rechnung tragen, den lästigen Integrationen *völlig* aus dem Weg gehen. Wir stellen hier eine nützliche Ansatzliste für den Fall zusammen, daß der Koeffizient $\alpha(x)$ von y in (4.4) in Wirklichkeit gar nicht veränderlich, sondern eine Konstante ist. Den Beweis dafür, daß diese Ansätze immer zum Ziele führen, werden wir in allgemeinerem Zusammenhang in Nr. 16 erbringen.

Tab. 4.1 *Ansätze für eine partikuläre Lösung der Differentialgleichung* $y' = \alpha y + s(x)$ *mit* konstantem α.

Störfunktion $s(x)$	Lösungsansatz
$b_0 + b_1 x + \cdots + b_m x^m$	$A_0 + A_1 x + \cdots + A_m x^m$, falls $\alpha \neq 0$
$(b_0 + b_1 x + \cdots + b_m x^m)\mathrm{e}^{ax}$	$(A_0 + A_1 x + \cdots + A_m x^m)\mathrm{e}^{ax}$, falls $\alpha \neq a$ $x(A_0 + A_1 x + \cdots + A_m x^m)\mathrm{e}^{ax}$, falls $\alpha = a$
$(b_0 + b_1 x + \cdots + b_m x^m)\cos bx$ $(b_0 + b_1 x + \cdots + b_m x^m)\sin bx$ $\quad (b \neq 0)$	$(A_0 + A_1 x + \cdots + A_m x^m)\cos bx$ $+ (B_0 + B_1 x + \cdots + B_m x^m)\sin bx$
$(b_0 + b_1 x + \cdots + b_m x^m)\mathrm{e}^{ax}\cos bx$ $(b_0 + b_1 x + \cdots + b_m x^m)\mathrm{e}^{ax}\sin bx$ $\quad (b \neq 0)$	$(A_0 + A_1 x + \cdots + A_m x^m)\mathrm{e}^{ax}\cos bx$ $+ (B_0 + B_1 x + \cdots + B_m x^m)\mathrm{e}^{ax}\sin bx$

Man sieht, daß die Lösungsansätze den Störfunktionen immer „gleichartig" sind. Das Lösungsverfahren selbst besteht einfach darin, mit dem Ansatz in die Differentialgleichung einzugehen und die Koeffizienten A_k, B_k durch Koeffizientenvergleich zu bestimmen (Methode der unbestimmten Koeffizienten). Wir erläutern das Vorgehen durch einige Beispiele.

4.7 Beispiel $y' = \alpha y + \beta$ mit konstantem $\alpha \neq 0$ und β. (4.18)

Ansatz: $y_p(x) := A$.

Eingehen in die Gleichung: $0 = \alpha A + \beta$, also $A = -\beta/\alpha$.

Die allgemeine Lösung von (4.18) ist somit

$$Ce^{\alpha x} - \frac{\beta}{\alpha}. \tag{4.19}$$

Daß die konstante Funktion $y(x) := -\beta/\alpha$ eine partikuläre Lösung ist, erkennt man übrigens auch unmittelbar, indem man (4.18) in der Form $y' = \alpha\left(y + \frac{\beta}{\alpha}\right)$ schreibt: für $y(x) := -\beta/\alpha$ verschwindet nämlich sowohl die rechte als auch die linke Seite.

4.8 Beispiel $y' = 2y + 1 + x^2$. (4.20)

Ansatz: $y_p(x) := A_0 + A_1 x + A_2 x^2$.

Eingehen in die Gleichung:

$$A_1 + 2A_2 x = 2(A_0 + A_1 x + A_2 x^2) + 1 + x^2 = 2A_0 + 1 + 2A_1 x + (2A_2 + 1)x^2.$$

Koeffizientenvergleich:

$$\begin{aligned} A_1 &= 2A_0 + 1 \\ 2A_2 &= 2A_1 \\ 0 &= 2A_2 + 1. \end{aligned}$$

Es folgt der Reihe nach $A_2 = -\frac{1}{2}$, $A_1 = A_2 = -\frac{1}{2}$, $A_0 = \frac{1}{2}(A_1 - 1) = -\frac{3}{4}$, also

$$y_p(x) = -\frac{3}{4} - \frac{1}{2}x - \frac{1}{2}x^2. \quad \text{(Probe!)}$$

Die allgemeine Lösung von (4.20) ist somit $Ce^{2x} - \frac{1}{4}(3 + 2x + 2x^2)$.

4.9 Beispiel $y' = 3y + e^{2x}$. (4.21)

Ansatz: $y_p(x) := Ae^{2x}$ (da $\alpha = 3 \neq a = 2$).

Eingehen in die Gleichung: $2Ae^{2x} = 3Ae^{2x} + e^{2x} = (3A + 1)e^{2x}$.

Koeffizientenvergleich: $2A = 3A + 1$.

Es folgt $A = -1$, also $y_p(x) = -e^{2x}$ (Probe!).

Die allgemeine Lösung von (4.21) ist somit $Ce^{3x} - e^{2x}$.

4.10 Beispiel $y' = 3y + e^{3x}$. (4.22)

Ansatz: $y_p(x) := Axe^{3x}$ (da $\alpha = 3 = a$).

Eingehen in die Gleichung: $3Axe^{3x} + Ae^{3x} = 3Axe^{3x} + e^{3x}$, also

$$3Ax + A = 3Ax + 1.$$

Koeffizientenvergleich: $3A = 3A$, $A = 1$, also $y_p(x) = xe^{3x}$ (Probe!).

Die allgemeine Lösung von (4.22) ist somit $Ce^{3x} + xe^{3x}$.

4.11 Beispiel $y' = y + x\cos 2x$. (4.23)

Ansatz: $y_p(x) := (A_0 + A_1 x)\cos 2x + (B_0 + B_1 x)\sin 2x$.

Eingehen in die Gleichung:

$$\begin{aligned} &-2(A_0 + A_1 x)\sin 2x + A_1\cos 2x + 2(B_0 + B_1 x)\cos 2x + B_1\sin 2x \\ &= (A_0 + A_1 x)\cos 2x + (B_0 + B_1 x)\sin 2x + x\cos 2x, \end{aligned}$$

also

$$\begin{aligned} &-2A_1 x\sin 2x + (-2A_0 + B_1)\sin 2x + 2B_1 x\cos 2x + (A_1 + 2B_0)\cos 2x \\ &= B_1 x\sin 2x + B_0\sin 2x + (A_1 + 1)x\cos 2x + A_0\cos 2x. \end{aligned}$$

Koeffizientenvergleich:

$$\begin{aligned} -2A_1 &= B_1 \\ -2A_0+B_1 &= B_0 \\ 2B_1 &= A_1+1 \\ A_1+2B_0 &= A_0. \end{aligned}$$

Auflösung dieses Gleichungssystems liefert

$$A_0=\frac{3}{25},\quad A_1=-\frac{1}{5},\quad B_0=\frac{4}{25},\quad B_1=\frac{2}{5},$$

also ist

$$y_p(x)=\frac{1}{25}(3-5x)\cos 2x+\frac{2}{25}(2+5x)\sin 2x \quad \text{(Probe!)}.$$

Die allgemeine Lösung von (4.23) ist also

$$C\mathrm{e}^x+\frac{1}{25}(3-5x)\cos 2x+\frac{2}{25}(2+5x)\sin 2x.$$

Wir machen zum Schluß noch eine allgemeine Bemerkung über die Differentialgleichung $y'=\alpha(x)y+s(x)$. Ist das Störglied eine *Summe* von Funktionen, hat also unsere Gleichung die Form

$$y'=\alpha(x)y+s_1(x)+s_2(x)+\cdots+s_m(x), \tag{4.24}$$

so bestimme man zu jeder Gleichung

$$y'=\alpha(x)y+s_k(x) \qquad (k=1,\ldots,m)$$

eine partikuläre Lösung y_{pk}. *Die Summe*

$$y_p:=y_{p1}+y_{p2}+\cdots+y_{pm}$$

ist dann offenbar eine Lösung von (4.24).

4.12 Beispiel $y'=2y+1+x^2+\mathrm{e}^x$. (4.25)

Wir betrachten die beiden Gleichungen

$$y'=2y+1+x^2 \quad \text{und} \quad y'=2y+\mathrm{e}^x. \tag{4.26}$$

Eine Lösung der ersten ist $y_{p1}(x):=-\frac{3}{4}-\frac{1}{2}x-\frac{1}{2}x^2$ (s. Beispiel 4.8); eine Lösung der zweiten $y_{p2}(x):=-\mathrm{e}^x$ (man mache den Ansatz $A\mathrm{e}^x$). Also ist

$$y_p(x):=-\frac{3}{4}-\frac{1}{2}x-\frac{1}{2}x^2-\mathrm{e}^x \quad \text{eine Lösung von (4.25).} \tag{4.27}$$

Die lineare Differentialgleichung erster Ordnung wird sich häufig in der Form

$$a(x)y'=b(x)y+c(x) \tag{4.28}$$

präsentieren. Man wird sie dann durch $a(x)$ dividieren, um sie auf die „Normalform" (4.4) zu bringen, für die wir unsere Theorie entwickelt haben. Man muß sich dabei allerdings auf Intervalle beschränken, in denen $a(x)$ nullstellenfrei ist.

Aufs engste mit der linearen Differentialgleichung hängt die Bernoullische zusammen und mit dieser wiederum die Riccatische. Diese beiden Differentialgleichungen sparen wir uns für die Aufgaben 26 und 33 auf.

Aufgaben

In den Aufgaben 1 bis 10 sind die allgemeinen Lösungen der angegebenen Differentialgleichungen zu bestimmen.

1. $xy'=4y+x^5$ für $x>0$.

2. $y'=y\tan x-2\sin x$ für $-\pi/2<x<\pi/2$.

3. $x^2y'=1-y$ für $x<0$.

4. $xy'=-y+e^x$ für $x>0$.

5. $y'=1-2\cot x\cdot y$ für $0<x<\pi$.

6. $y'=-2y+x+\sin x$.

7. $y'=-y+xe^{-x}+1$.

8. $y'=2y+x^2e^{2x}$.

9. $y'=3y+e^x\sin x$.

10. $y'=y+xe^x\cos x$.

In den Aufgaben 11 bis 22 sind die Lösungen der angegebenen Anfangswertprobleme zu bestimmen.

11. $y'=2xy+x,\ y(0)=1$.

12. $y'=\dfrac{1}{1-x}y+x-1,\ y(2)=0$.

13. $(x+1)y'=-(x+2)y+2\sin x,\ y(0)=2$.

14. $y'=\dfrac{x-4xy}{1+x^2},\ y(1)=1$.

15. $y'=\dfrac{2}{x}y+2x^3,\ y(2)=20$.

16. $(1+x)y'+2y=2x,\ y(0)=1$.

17. $y'=\dfrac{y}{x}+x^2,\ y(1)=1$.

18. $y' = \left(x^2 + \dfrac{\sinh x}{1+x^4}\right) y, \; y(0) = 0.$

19. $xy' = x - y - xy \cot x, \; y(\pi/2) = 0.$

20. $y' = \dfrac{1}{x-1} y - x + x^2, \; y(0) = 3.$

21. $x^3 y' = -x^2 y + \cos x, \; y(\pi) = 0.$

22. $y' = 2xy + 1, \; y(0) = 0.$

23. Löse das Anfangswertproblem

$$y' = -y + \frac{1}{1+x^2}, \; y(0) = 0. \tag{4.29}$$

Drücke die Lösung in der Form

$$y(x) = \mathrm{e}^{-x} \int_0^x (\cdots)\, \mathrm{d}t$$

aus (das Integral ist *nicht* elementar auswertbar) und gewinne damit eine Darstellung von $y(x)$ in der Form

$$y(x) = \mathrm{e}^{-x} \left(\sum_{k=0}^{\infty} a_k x^{2k+1} + \sum_{k=0}^{\infty} b_k x^{2k+2} \right). \tag{4.30}$$

Wäge die Vor- und Nachteile beider Darstellungen gegeneinander ab. Skizziere den Verlauf von $y(x)$ für $0 \leqslant x \leqslant 0{,}8$. Berechne dazu $y(x)$ an den Stellen $k \cdot 0{,}2$ $(k = 1, \ldots, 4)$ einerseits mit Hilfe der Keplerschen Faßregel, andererseits (zum Vergleich) mit Hilfe der nach der dritten Potenz abgebrochenen obigen Reihendarstellung.

24. Bestimme die allgemeine Lösung der Differentialgleichung $y' = -y + \dfrac{1}{x}$ für $x > 0$. Die Variationsmethode führt auf das elementar nicht berechenbare Integral $\int (\mathrm{e}^x/x)\,\mathrm{d}x$. Werte es mit Hilfe der Exponentialreihe aus.

⁺25. y_1, y_2, y_3 seien 3 Lösungen der linearen Differentialgleichung (4.4) auf dem Stetigkeitsintervall I der Funktionen $\alpha(x)$, $s(x)$. Ferner sei ξ ein Punkt aus I und $\eta_k := y_k(\xi)$ für $k = 1, 2, 3$. Dann ist (geometrische Deutung?)

$$\frac{y_3(x) - y_2(x)}{y_2(x) - y_1(x)} = \frac{\eta_3 - \eta_2}{\eta_2 - \eta_1} = \text{const} \quad \text{für alle } x \in I. \tag{4.31}$$

⁺26. Die Bernoullische Differentialgleichung hat die Gestalt

$$y' = \alpha(x) y + \beta(x) y^{\varrho} \qquad (\varrho \in \mathbf{R} \text{ fest}). \tag{4.32}$$

Ihren Namen hat sie von Jakob Bernoulli (1654–1705; 51). Für $\varrho = 0,1$ ist sie *linear*; diese Fälle dürfen wir daher ausschließen. Die wichtige logistische Differentialgleichung (1.12) ist eine Bernoullische. Zeige: Sind die Funktionen $\alpha(x)$ und $\beta(x)$ auf dem Intervall I *stetig*, so besitzt die B e r n o u l l i s c h e A n f a n g s w e r t a u f g a b e

$$y' = \alpha(x) y + \beta(x) y^{\varrho}, \; y(x_0) = y_0 > 0 \qquad (x_0 \in I, \varrho \neq 0,1) \tag{4.33}$$

genau eine Lösung auf einem x_0 enthaltenden Teilintervall von I. Man erhält sie, indem man (4.32) durch die Substitution $z := y^{1-\varrho}$ in eine *lineare* Differentialgleichung für z überführt, diese unter der Anfangsbedingung $z(x_0) = y_0^{1-\varrho}$ löst und die Lösung z der Rücktransformation $y := z^{1/(1-\varrho)}$ unterwirft. y ist in dem größten, x_0 enthaltenden Teilintervall von I definiert, auf dem $z(x)$ durchweg positiv ist.

$^+$**27. Die verallgemeinerte logistische Gleichung** Wir schreiben die logistische Gleichung (1.12) in der Form

$$\dot{P} = \gamma P\left[1 - \frac{P}{K}\right] \quad \text{mit } K := \frac{\gamma}{\tau}.$$

M. E. Gilpin und F. J. Ayala haben in *Global models of growth and competition* (Proc. Nat. Acad. Sci. **70** (1973) 3590-3593) vorgeschlagen, sie zu ersetzen durch

$$\dot{P} = \gamma P\left[1 - \left(\frac{P}{K}\right)^{\vartheta}\right] \qquad (\vartheta > 0 \text{ konstant}),$$

wobei $\vartheta \leqslant 1$ bzw. >1 zu wählen sei, je nachdem, ob die Population aus wirbellosen oder aus Wirbeltieren besteht. Zeige, daß diese verallgemeinerte logistische Gleichung unter der Anfangsbedingung $P_0 > 0$ für $t \geqslant 0$ die eindeutig bestimmte Lösung

$$P(t) = \frac{K}{\left\{1 + \left[\left(\frac{K}{P_0}\right)^{\vartheta} - 1\right] e^{-\gamma\vartheta t}\right\}^{1/\vartheta}}$$

besitzt. Gewinne daraus, daß (1.13) die eindeutig bestimmte Lösung von (1.12) unter der Anfangsbedingung $P_0 > 0$ ist. Für $t \to \infty$ strebt offenbar $P(t) \to K$, so daß K wieder als *Trägerkapazität* zu deuten ist.

Hinweis: Aufgabe 26.

In den Aufgaben 28 bis 32 sind die angegebenen Bernoullischen Anfangswertprobleme zu lösen.

28. $dP/dt = \gamma P - \tau P^3$, $P(0) = P_0 > 0$ (γ, τ positive Konstanten). Wie verhält sich $P(t)$ für $t \to \infty$?

29. $dP/dt = \gamma\sqrt{P} - \tau P$, $P(0) = P_0 > 0$ (γ, τ positive Konstanten). Wie verhält sich $P(t)$ für $t \to \infty$?

30. $\dot{u} = t(u + u^2)$, $u(0) = 1$.

31. $y' + \left(x - \frac{1}{x}\right)y + \frac{x e^{-x^2}}{y} = 0$, $y(1) = 1$.

32. $y^3 - x^2 + xy^2y' = 0$, $y(1) = 1$.

$^+$**33. Die Riccatische Differentialgleichung** hat die Gestalt

$$y' = f(x)y^2 + g(x)y + h(x) \tag{4.34}$$

und ist somit eine naheliegende Verallgemeinerung sowohl der speziellen *Bernoullischen* Differentialgleichung $y' = f(x)y^2 + g(x)y$ als auch der *linearen* Differentialgleichung $y' = g(x)y + h(x)$. In der Regel ist sie nicht geschlossen lösbar. Zeige:

y_p sei eine (irgendwoher bekannte) partikuläre Lösung von (4.34). Dann erhält man *alle* Lösungen von (4.34) in der Form

$$y := y_p + u,$$

wobei u die Integrale der *Bernoullischen* Differentialgleichung

$$u' = [2f(x)y_p(x) + g(x)]u + f(x)u^2 \tag{4.35}$$

durchläuft.

Hinweis: $y^2 - y_p^2 = (y - y_p)(y + y_p) = u(u + 2y_p)$.

Bemerkung: Nach Aufgabe 26 kann man (4.35) durch die Substitution $z := 1/u$ in eine *lineare* Differentialgleichung transformieren.

In den Aufgaben 34 bis 37 sind die angegebenen Riccatischen Differentialgleichungen zu lösen. Ein partikuläres Integral ist leicht zu erraten.

34. $y' = (1-x)y^2 + (2x-1)y - x$.

35. $y' = y^2 - (2x+1)y + 1 + x + x^2$.

36. $y' = e^{-x}y^2 + y - e^x$.

37. $y' = x^3y^2 + \dfrac{y}{x} - x^5$.

Historische Anmerkung Die erste Riccatische Differentialgleichung, nämlich

$$y' = x^2 + y^2, \tag{4.36}$$

tritt in einer Arbeit Johann Bernoullis (1667–1748; 81) in den Acta eruditorum vom November 1694 auf (ihr Richtungsfeld ist in Fig. 3.5, eine „Runge-Kutta-Lösung" in Fig. 3.6 angedeutet). Aber: *Esto proposita aequatio differentialis haec* $xxdx + yydx = aady$, *quae, an per separationem indeterminatarum construi possit, non dum tentavi* (s. Opera omnia I, S. 124) – was in Wirklichkeit wohl heißen wird, daß er trotz aller Anstrengung keine geschlossene Lösung gewinnen konnte. Ersatzweise entwickelte er in der genannten Arbeit die *Isoklinenmethode* und „konstruierte" („löste") (4.36) mit diesem „allgemeinen Verfahren". Sein 13 Jahre älterer Bruder Jakob mag durch das erfreuliche Scheitern des penetrant selbstgefälligen Johann dazu verlockt worden sein, sich der Gleichung (4.36) nun seinerseits anzunehmen. Auch für ihn war sie eine harte Nuß. Erst am 15. November 1702 kann er Leibniz mitteilen, er sei ihrer Herr geworden. Am 3. Oktober 1703 schreibt er genauer: *Reductio Aequationis* $dy = yydx + xxdx$ *ad aliam differentio-differentialem nihil habet mysterii; pono solummodo* $y = -dz : zdx$ (Substitution $y = -z'/z$). Er gewinnt die Lösung mittels gewisser Reihen, die wir heute Besselsche Funktionen nennen (s. A 28.27). 1841 hat dann J. Liouville in seinen *Remarques nouvelles sur l'équation de Riccati* im J. de Math. pures et appl. **6**, S. 1–13 gezeigt, daß (4.36) nicht durch elementare Funktionen lösbar ist. An der ausnehmend hübschen und ausnehmend störrischen Gleichung $y' = x^2 + y^2$ hängt also ein gutes Stück Mathematikgeschichte.

Ihren Namen hat die Riccatische Differentialgleichung von dem weltläufigen venezianischen Grafen Jacopo Francesco Riccati (1676–1754; 78), der 1724 in den Acta Eruditorum (Suppl. VIII) eine leichte Verallgemeinerung von (4.36) hinschrieb, aber nicht löste. Riccatis wahrer Ruhm beruht weniger auf seiner Differentialgleichung, als darauf, die Newtonsche Physik in Italien heimisch gemacht zu haben.

Die oben geschilderte Reduktion der Riccatischen Differentialgleichung (4.34) auf eine *Bernoullische* und schließlich auf eine *lineare* wurde von Euler angegeben (Novi Comm. Acad. Petrop. **9** (1762/63), veröffentlicht 1764; s. Opera (1), 22, Problema 2 auf S. 412ff).

38. Noch einmal das „inverse Tangentenproblem" von de Beaune Löse A 1.30 viel rascher und ungekünstelter als damals mit den Methoden der gegenwärtigen Nummer.

5 Anwendungen

Diese Nummer wird uns einen nachhaltigen Eindruck von der breiten Anwendbarkeit der linearen Differentialgleichungen erster Ordnung vermitteln.

Die Gompertzschen Überlebens- und Wachstumsfunktionen Wir fassen eine (große) Gruppe G von Menschen ins Auge, die im Zeitpunkt $t_0=0$ aus N_0 Mitgliedern ein und desselben Alters A bestehen soll (G ist also eine „Altersgruppe"). $N(t)$ bedeute die Anzahl der zur Zeit $t \geqslant 0$ noch lebenden Mitglieder von G. Von Kriegen und Katastrophen sehen wir dabei ab; die Gruppe soll also nur „natürlichen Todesursachen" ausgesetzt sein. $-\dot{N}(t)\,\mathrm{d}t$ gibt die Anzahl der Gruppenmitglieder an, die in dem (kleinen) Zeitraum von t bis $t+\mathrm{d}t$ wegsterben (das Minuszeichen ist erforderlich, weil $\dot{N}(t)$ der Natur der Sache nach ständig negativ ist). $-\dot{N}(t)$ könnte man also die *Absterbegeschwindigkeit* und

$$\alpha(t) := -\frac{\dot{N}(t)}{N(t)} \tag{5.1}$$

die *durchschnittliche Absterbegeschwindigkeit* (zur Zeit t) nennen. In der Versicherungsmathematik zieht man die Bezeichnung Sterbeintensität vor. Diese Sterbeintensität $\alpha(t)$ wird man auch als ein Maß für die durchschnittliche *Hinfälligkeit* der Gruppenmitglieder zur Zeit t interpretieren dürfen, und da eine trübe Lebenserfahrung besagt, daß die Hinfälligkeit umso rascher wächst, je größer sie schon ist, wird man für $\alpha(t)$ nicht ohne Mißbehagen die Differentialgleichung

$$\dot{\alpha} = \mu\alpha \qquad (\mu \text{ eine positive Konstante})$$

ansetzen. Mit der anfänglichen Sterbeintensität $\lambda := \alpha(0)$ ist ihre Lösung

$$\alpha(t) = \lambda \mathrm{e}^{\mu t}, \tag{5.2}$$

und aus (5.1) ergibt sich nun für $N(t)$ die Differentialgleichung

$$\dot{N} = -\lambda \mathrm{e}^{\mu t} N \qquad (\lambda, \mu \text{ positive Konstanten}). \tag{5.3}$$

Mit Satz 4.1 und der Anfangsbedingung $N(0)=N_0$ erhalten wir daraus

$$N(t) = N_0 \mathrm{e}^{-\frac{\lambda}{\mu}(\mathrm{e}^{\mu t}-1)} \qquad (t \geqslant 0). \tag{5.4}$$

Diese Funktion nennt man nach dem zählebigen englischen Versicherungsmathematiker Benjamin Gompertz (1779–1865; 86) die Gompertzsche Überlebensfunktion. In dem für die Praxis allein belangvollen Falle $\mu>\lambda$ ist ihr Schaubild in $[0, \infty)$ eine fallende S-Kurve mit einem Wendepunkt in $t_w := (1/\mu)\ln(\mu/\lambda)$; s. Fig. 5.1.

Einige zeitabhängige Größen *wachsen* gemäß einem *Gegenstück* zu (5.3), nämlich nach der Differentialgleichung

$$\dot{u} = \lambda e^{-\varrho t} u \qquad (\lambda, \varrho \text{ positive Konstanten}). \tag{5.5}$$

Ihre Lösung mit der Anfangsbedingung $u(0)=u_0$ ist

$$u(t) = u_0 e^{\frac{\lambda}{\varrho}(1-e^{-\varrho t})} \quad \text{für } t \geqslant 0. \tag{5.6}$$

Man nennt sie die Gompertzsche Wachstumsfunktion. Sie beschreibt z. B. sehr genau das Volumenwachstum harter Tumore und spielt deshalb in der medizinischen Forschung eine große Rolle.[1] Im praktisch allein interessierenden Fall $\lambda>\varrho$ ist sie eine ansteigende S-Kurve mit einem Wendepunkt in $t_w := (1/\varrho)\ln(\lambda/\varrho)$; s. Fig. 5.2.

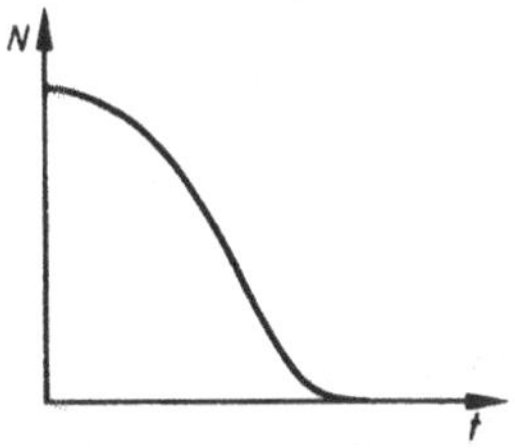

Fig. 5.1

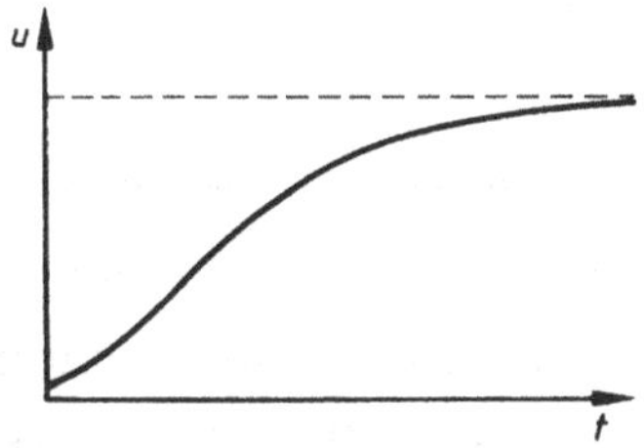

Fig. 5.2

Sättigungsprozesse liegen vor, wenn eine Größe $u(x)$ mit zunehmenden Werten ihres Argumentes x sich einem Wert S wachsend beliebig nähert, ohne ihn jemals zu übertreffen; S wird der Sättigungswert dieser Größe genannt. In vielen Fällen bedeutet x die Zeit, und wir werden dann lieber den Buchstaben t verwenden. Wichtige Sättigungsprozesse haben wir schon mit der logistischen Funktion (1.13) und der Gompertzschen Wachstumsfunktion (5.6) kennengelernt. Beide Prozesse sind, kurz gesagt, *S-förmig* (s. Figuren 1.1 und 5.2).

Ein anderer Typ von Sättigungsprozessen liegt vor, wenn der in der (kleinen) Argumentspanne $\mathrm{d}x$ erfolgende Zuwachs $\mathrm{d}u$ proportional zu $\mathrm{d}x$ und dem noch verbleibenden Spielraum zwischen Sättigung und schon erreichtem Zustand ist, d. h., wenn $\mathrm{d}u = k(S-u)\,\mathrm{d}x$ oder also

[1] S. etwa *Tumor Growth and Chemotherapy*, Math. Biosciences 17 (1973), 243-300.

$$\frac{du}{dx} = k(S-u) \quad \text{mit einer positiven Konstanten } k \tag{5.7}$$

gilt. Diese Differentialgleichung hat die Form $du/dx = \alpha u + \beta$ mit $\alpha := -k, \beta := kS$ und besitzt daher nach Beispiel 4.7 die allgemeine Lösung

$$u(x) := Ce^{-kx} + S.$$

Ist der Anfangszustand durch $u_0 := u(0)$ gegeben, so muß $C = u_0 - S$, also

$$u(x) = (u_0 - S)e^{-kx} + S = S\left(1 - \frac{S-u_0}{S}e^{-kx}\right) \quad \text{für alle } x \geqslant 0 \tag{5.8}$$

sein. Der typische Verlauf eines solchen Prozesses ist in Fig. 5.3 dargestellt: Für $x \to \infty$ strebt er wachsend und - sehr im Unterschied zu den S-förmigen Sättigungsprozessen - *wendepunktfrei* gegen seinen Sättigungswert S;[1] seine Wachstums*rate* nimmt ständig ab.

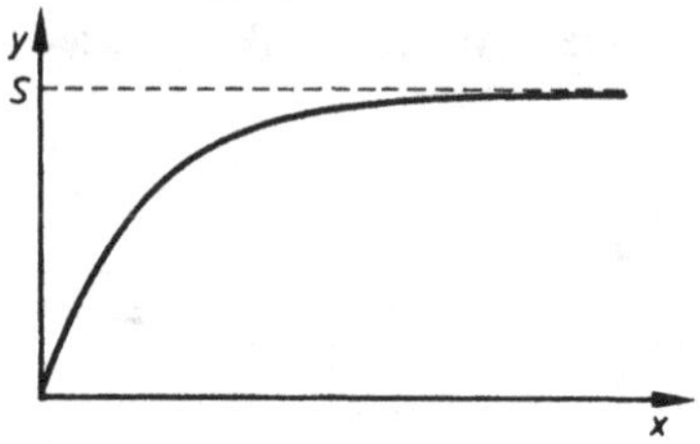

Fig. 5.3

Wir bringen nun einige konkrete Sättigungsprozesse der Form (5.7).

a) Ertragssteigerung durch Düngung: x sei die pro Hektar Ackerfläche ausgestreute Menge eines Düngers, $E(x)$ der resultierende Hektarertrag einer gewissen Frucht. Vermehrte Düngung wird den Ertrag verbessern, allerdings nicht unbeschränkt: es wird schließlich ein Maximalertrag E_m erreicht werden, der durch weitere Düngung nicht mehr gesteigert werden kann (bei Überdüngung tritt sogar eine Ertrags*minderung* ein). Für die Phase der Ertragssteigerung gilt das *a priori* plausible Mitscherlichsche Gesetz[2]

$$\frac{dE}{dx} = k(E_m - E), \quad k \text{ eine positive Konstante.} \tag{5.9}$$

Der Hektarertrag wächst also gemäß der Formel

$$E(x) = E_m\left(1 - \frac{E_m - E_0}{E_m}e^{-kx}\right) \quad \text{mit } E_0 := E(0) = \text{Ertrag } \textit{ohne} \text{ Düngung,}$$

[1] Wachstum liegt wegen $S > u_0$ vor. Eine Funktion (5.8) mit $S < u_0$ nimmt hingegen ständig ab.

[2] So genannt nach dem deutschen Chemiker Eilhard Mitscherlich (1794–1863; 69).

der Ertrags*zuwachs* pro zusätzlich ausgebrachter Düngereinheit nimmt aber ständig ab. Es ist dies nur ein Spezialfall des berühmten volkswirtschaftlichen Gesetzes vom abnehmenden Ertrag: *Der zunehmende Einsatz eines variablen Produktionsfaktors* (etwa Dünger) *auf einem fixen Produktionsfaktor* (etwa Ackerboden) *führt zu abnehmenden Ertragszuwächsen.* Die quantitative Formulierung dieses Gesetzes wird in vielen Fällen gerade durch (5.9) gegeben.

b) Lernprozesse: Sei $L(t)$ die Menge eines Lernstoffes, der in t Zeiteinheiten von einer gewissen Person aufgenommen wird. Trivialerweise ist $L(0)=0$, und jeder hat schon erfahren und erlitten, daß er zunächst sehr rasch, dann immer langsamer lernt und nach geraumer Zeit kaum noch zusätzlichen Stoff aufnehmen kann:[1] $L(t)$ nähert sich wachsend, aber mit abnehmender Lerngeschwindigkeit $\mathrm{d}L/\mathrm{d}t$ einem praktisch nicht mehr übersteigbaren Maximalwert L_m. Schon diese Alltagserfahrung läßt uns vermuten, daß der Lernprozeß durch die Differentialgleichung

$$\frac{\mathrm{d}L}{\mathrm{d}t}=k(L_m-L) \qquad (k \text{ eine positive Konstante, } L(0)=0) \tag{5.10}$$

und damit durch die Lernfunktion

$$L(t):=L_m(1-\mathrm{e}^{-kt}) \qquad (t\geqslant 0) \tag{5.11}$$

beschrieben wird. Durch Experimente, in denen Versuchspersonen bis zur Erschöpfung sinnlose Silben memorierten, ist die Lernfunktion empirisch gut bestätigt worden.[2]

Ausgleichsprozesse Wir erläutern durch zwei interessante Beispiele, was damit gemeint ist.

a) Diffusion: Eine Zelle mit Oberfläche F und Volumen V werde zum Zeitpunkt $t_0=0$ in eine Salzlösung der Konzentration c_A gebracht. Die Zelle enthalte anfänglich das fragliche Salz in einer schwächeren Konzentration $c_0<c_A$. Dann wird sie durch ihre Wände Salz aus der umgebenden Lösung aufnehmen und so ihren Salzgehalt erhöhen, bis dessen Konzentration den „Außenwert“ c_A erreicht hat. Dann hört dieser „Diffusionsprozeß“ auf. Die Außenlösung sei dabei so groß, daß wir c_A als konstant denken dürfen.

Zur Zeit t möge sich die Salzmasse $m(t)$ in der Zelle befinden; die Konzentration $c(t)$ ist dann also

$$c(t)=\frac{m(t)}{V}. \tag{5.12}$$

---

[1] Schon der weise König Salomon wußte um diese Mißlichkeit. „Laß dich warnen, mein Sohn“, mahnte er, „das viele Studieren ermüdet den Leib“ (Prediger Salomon 12,12).

[2] Vgl. James S. Coleman: Introduction to Mathematical Sociology; The Free Press, New York 1964.

In der (kleinen) Zeitspanne von t bis $t+\mathrm{d}t$ dringt eine Salzmenge $\mathrm{d}m$ in die Zelle ein, die proportional sein wird zur Zelloberfläche F, zur Konzentrationsdifferenz $c_A-c(t)$ und zu dem Zeitraum $\mathrm{d}t$ selbst: $\mathrm{d}m=kF[c_A-c(t)]\mathrm{d}t$; dabei ist k eine positive Konstante, die sogenannte Permeabilität (Durchlässigkeit) der Zellwände. Für die „Massenflußgeschwindigkeit" $\mathrm{d}m/\mathrm{d}t$ ergibt sich also die Gleichung $\mathrm{d}m/\mathrm{d}t=kF[c_A-c(t)]$, und da wegen (5.12) $\mathrm{d}m/\mathrm{d}t=V\mathrm{d}c/\mathrm{d}t$ ist, erhalten wir daraus das Ficksche Diffusionsgesetz[1)]

$$\frac{\mathrm{d}c}{\mathrm{d}t}=\frac{kF}{V}(c_A-c). \tag{5.13}$$

Nach Beispiel 4.7 ist also

$$c(t)=c_A-(c_A-c_0)\,\mathrm{e}^{-\frac{kF}{V}t}=c_A\left(1-\frac{c_A-c_0}{c_A}\,\mathrm{e}^{-\frac{kF}{V}t}\right)\qquad (t\geqslant 0). \tag{5.14}$$

Warum die Diffusion ein *Ausgleichsprozeß* genannt wird, dürfte klar sein. Unter rein mathematischen Gesichtspunkten kann man sie natürlich auch als einen *Sättigungsprozeß* ansehen; man werfe nur einen Blick auf die Differentialgleichungen (5.7) und (5.13). Aus naturwissenschaftlichen Gründen lohnt es sich aber, Sättigungs- und Ausgleichsprozesse auseinanderzuhalten.

Ist $c_0>c_A$, so gibt die Zelle Salz an die Außenlösung ab, der Prozeß wird aber nach wie vor von dem Diffusionsgesetz (5.14) beherrscht. Nur strebt jetzt $c(t)$ für $t\to\infty$ *abnehmend* gegen c_A. Ist $c_A=0$ oder sehr klein, so resultiert ein starker und rascher Salzverlust der Zelle, der katastrophale Folgen haben kann. Vor wenigen Jahren starb eine junge Amerikanerin am bloßen Wassertrinken. Sie hatte die fixe Idee, sich durch eine riesige und jähe H_2O-Dosis innerlich reinigen zu müssen. Daraufhin brach der Salzhaushalt ihres Körpers zusammen, und sie ging mit Tod ab.

b) Temperaturausgleich: Ein Körper mit der Anfangstemperatur $\vartheta(0)=\vartheta_0$ befinde sich in einem Medium mit konstant gehaltener Temperatur ϑ_A (Außentemperatur). Je nachdem, ob $\vartheta_0>\vartheta_A$ oder $\vartheta_0<\vartheta_A$ ist, gibt er so lange Wärme an das Medium ab oder nimmt Wärme aus ihm auf, bis ein Temperaturausgleich erreicht ist. Ist $\vartheta(t)$ die Temperatur des Körpers zur Zeit $t\geqslant 0$, so verläuft dieser Ausgleichsprozeß nach dem Newtonschen Abkühlungsgesetz

$$\frac{\mathrm{d}\vartheta}{\mathrm{d}t}=-k(\vartheta-\vartheta_A)\qquad (k \text{ eine positive Konstante}), \tag{5.15}$$

das nach allem schon Gesagten plausibel genug sein dürfte.[2)] Die Temperatur des Körpers wird also nach Beispiel 4.7 gegeben durch

$$\vartheta(t)=\vartheta_A+(\vartheta_0-\vartheta_A)\,\mathrm{e}^{-kt}\qquad (t\geqslant 0). \tag{5.16}$$

---

1) So genannt nach dem deutschen Physiologen Adolf Fick (1829–1901; 72).

2) Das Abkühlungsgesetz könnte ebenso gut Erwärmungsgesetz heißen. Man wird subjektiv den einen oder den anderen Namen wählen, je nachdem, ob man öfter in die Lage kommt, eine heiße Tasse Tee sich abkühlen oder eine eisige Flasche Bier sich aufwärmen zu lassen.

Ist die Außentemperatur ϑ_A zeitlich *variabel*, so wird der Temperaturausgleich nach wie vor von der Differentialgleichung (5.15) beherrscht. Ihre Lösung kann man allerdings nur noch in der Form

$$\vartheta(t)=\left(\vartheta_0+k\int_0^t \vartheta_A(\tau)\mathrm{e}^{k\tau}\mathrm{d}\tau\right)\mathrm{e}^{-kt} \qquad (t\geqslant 0) \tag{5.17}$$

darstellen (s. Satz 4.4). Jede weitere Auswertung setzt eine explizite Kenntnis der Funktion $\vartheta_A(t)$ voraus.

Exponentielle Zerfallsprozesse mit zeitlich konstanter Zufuhr Wir nehmen uns eine Substanz vor, die nach dem exponentiellen Zerfallsgesetz

$$\dot{u}=-\lambda u \quad \text{mit konstantem } \lambda>0 \tag{5.18}$$

abgebaut wird (s. A 1.10). Es sollen aber auch pro Zeiteinheit ständig β Einheiten ebenderselben Substanz dem vorhandenen Vorrat zugeführt werden. In dem (kleinen) Zeitraum von t bis $t+\mathrm{d}t$ ändert sich also die Substanzmenge um $\mathrm{d}u=-\lambda u(t)\mathrm{d}t+\beta\mathrm{d}t$ und genügt somit der Differentialgleichung

$$\dot{u}=-\lambda u+\beta. \tag{5.19}$$

Ihre Lösung unter der Anfangsbedingung $u(0)=u_0$ ist

$$u(t)=\frac{\beta}{\lambda}+\left(u_0-\frac{\beta}{\lambda}\right)\mathrm{e}^{-\lambda t} \qquad (t\geqslant 0) \tag{5.20}$$

(s. Beispiel 4.7). Wie bei den Sättigungs- und Ausgleichsprozessen strebt auch hier $u(t)$ im Laufe der Zeit gegen einen „Gleichgewichtszustand":

$$u(t)\to\frac{\beta}{\lambda} \quad \text{für } t\to\infty. \tag{5.21}$$

Die Substanzmenge β/λ bleibt „stabil": sie verliert ebensoviel durch Zerfall wie sie durch Zufuhr gewinnt. Solche Gleichgewichte sind manchmal erwünscht und manchmal bedrohlich. Wir bringen zum Beleg zwei Beispiele.

a) Künstliche Ernährung: Sie erfolgt durch Tropfinfusion von Glukose in die Blutbahn mit einer festen Rate von (sagen wir) β Gramm pro Minute. Da Glukose im Körper nach dem Gesetz (5.18) abgebaut wird, nähert sich ihre Menge im Blut bereits nach kurzer Zeit dem stabilen Wert β/λ, der durch Regulierung der Zufuhr leicht auf die gewünschte Größe gebracht werden kann.

b) Ansammlung radioaktiven Cäsiums in der Atmosphäre: Das für Menschen schädliche radioaktive Cäsium-137 wird als Nebenprodukt radioaktiven Zerfalls in die Atmosphäre entlassen. Seine Zerfallskonstante ist etwa 0,023/Jahr. Wenn ständig β Gramm Cäsium pro Jahr in die Atmosphäre ausgestoßen werden, sammelt sich dort schließlich ein stabiler Vorrat von

$$\frac{\beta}{\lambda}=\frac{\beta}{0{,}023}\approx 43{,}5\beta \text{ Gramm}$$

Cäsium-137 an, also knapp das 44fache des jährlichen Ausstoßes.

Mischungsprozesse Die jetzt anstehenden Sachverhalte sind *a prima vista* gewiß nicht erregend, können aber bei vielen naturwissenschaftlichen Fragen als hilfreiche *Modelle* dienen.

a) Ein Tank enthalte 1000 Liter Wasser, in dem 50 kg Salz gelöst sind. Beginnend mit der Zeit $t_0=0$ sollen ständig pro Minute 10 Liter der Lösung ausfließen, aber auch 10 Liter Wasser mit einem Salzgehalt von 2 kg zufließen (Zufluß = Abfluß!). Ein Superrührgerät mische das Ganze sofort und vollständig durcheinander. Wie groß ist der Salzgehalt $u(t)$ im Tank zur Zeit $t\geqslant 0$?

Da ständig 1000 Liter Salzlösung in dem Tank vorhanden sind, enthält zur Zeit t jeder Liter $u(t)/1000$ kg Salz. In dem (kleinen) Zeitraum von t bis $t+\mathrm{d}t$ fließen $10\,\mathrm{d}t$ Liter aus, die also

$$10\cdot\frac{u(t)}{1000}\,\mathrm{d}t=\frac{1}{100}\,u(t)\,\mathrm{d}t \text{ kg}$$

Salz aus dem Tank entfernen. In demselben Zeitraum werden aber durch die zufließende Lösung $2\,\mathrm{d}t$ kg Salz in den Tank gebracht. Der Salzgehalt ändert sich daher in dieser Zeitspanne um $\mathrm{d}u=-\frac{1}{100}\,u(t)\,\mathrm{d}t+2\,\mathrm{d}t$ kg, genügt also der Differentialgleichung

$$\frac{\mathrm{d}u}{\mathrm{d}t}=-\frac{1}{100}\,u+2 \tag{5.22}$$

– und diese wiederum ist nichts anderes als die Differentialgleichung (5.19) des exponentiellen Zerfalls mit zeitlich konstanter Zufuhr. Ihre Lösung unter der Anfangsbedingung $u(0)=50$ ist also nach (5.20) (mit $\beta=2$, $\lambda=1/100$)

$$u(t)=200-150\,e^{-t/100}\text{ kg} \quad \text{für } t\geqslant 0. \tag{5.23}$$

Wichtiger als dieses Ergebnis ist die aus ihm folgende Tatsache, daß $u(t)\to 200$ strebt für $t\to\infty$: Der Salzgehalt des Tanks stabilisiert sich schließlich – und noch aufschlußreicher: die Salzkonzentration $u(t)/1000$ kg/Liter der Lösung im Tank spielt sich nach einiger Zeit auf die Salzkonzentration 2/10 kg/Liter der zufließenden Lösung ein.

b) Nun ändern wir die eben behandelte Aufgabe ein wenig ab. Der Tank enthalte wieder 1000 Liter Wasser mit 50 kg Salz, und nach wie vor sollen 10 Liter/Minute ausfließen. Aber dieses Mal mögen pro Minute nicht 10, sondern 15 Liter Wasser mit einem Salzgehalt von 3 kg zufließen (die Salzkonzentration des Zuflusses ist also dieselbe wie die des Zuflusses in dem obigen Problem, der einzige Unterschied ist, daß jetzt mehr Flüssigkeit ein- als ausströmt: Zufluß > Abfluß). Wir fragen wieder nach dem Salzgehalt $u(t)$ im Tank zur Zeit $t \geqslant 0$. Dabei nehmen wir an, der Tank sei so groß, daß er nicht überläuft.

Da pro Minute 5 Liter mehr zu- als abfließen, sind in dem Tank nach t Minuten $1000+5t$ Liter vorhanden. Jeder Liter enthält somit $\frac{u(t)}{1000+5t}$ kg Salz. In dem (kleinen) Zeitraum von t bis $t+\mathrm{d}t$ fließen $10\,\mathrm{d}t$ Liter aus, die also $10 \cdot \frac{u(t)}{1000+5t}\,\mathrm{d}t$ kg Salz aus dem Tank entfernen. In demselben Zeitraum werden aber auch $3\,\mathrm{d}t$ kg Salz zugeführt. In der Zeit von t bis $t+\mathrm{d}t$ ändert sich also der Salzgehalt im Tank um

$$\mathrm{d}u = -\frac{10}{1000+5t}u(t)\,\mathrm{d}t + 3\,\mathrm{d}t = -\frac{1}{100+0{,}5t}u(t)\,\mathrm{d}t + 3\,\mathrm{d}t \text{ kg},$$

er genügt somit der Differentialgleichung

$$\frac{\mathrm{d}u}{\mathrm{d}t} = -\frac{1}{100+0{,}5t}u + 3. \tag{5.24}$$

Der Koeffizient von u ist diesmal zeitlich veränderlich. Die Integration von (5.24) geschieht mit Hilfe des Satzes 4.4 und liefert unter der Anfangsbedingung $u(0)=50$ die Lösung

$$u(t) = 200 + t - \frac{150}{\left(1+\frac{1}{200}t\right)^2} \quad \text{für } t \geqslant 0.$$

Der Salz*gehalt* im Tank nimmt also diesmal unbeschränkt zu, aber die Salz*konzentration* $u(t)/(1000+5t)$ stabilisiert sich auch hier wieder auf dem Konzentrationsniveau der zufließenden Lösung (1/5 kg/Liter).

Wurfbahnen Ein punktförmiger Körper der Masse m (kurz „Projektil" genannt) werde zur Zeit $t_0=0$ aus dem Nullpunkt eines xy-Koordinatensystems mit horizontaler x-Achse und vertikaler y-Achse geworfen, und zwar mit einer Anfangsgeschwindigkeit vom Betrage v_0 und unter dem Winkel φ $\left(0<\varphi\leqslant\frac{\pi}{2}\right)$ gegen die x-Achse (s. Fig. 5.4). Wir wollen die Wurfbahn bestimmen und dabei einen *geschwindigkeitsproportionalen Luftwiderstand* in Rechnung stellen.

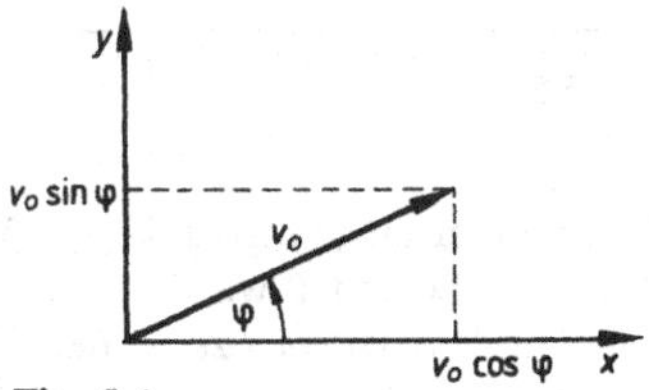

Fig. 5.4

Zur Zeit t befinde sich das Projektil im Punkte $(x(t), y(t))$. In der horizontalen Richtung wirkt keine andere Kraft als der verzögernde Luftwiderstand, in der vertikalen neben dem Luftwiderstand noch die Schwere. Nach dem Newtonschen Gesetz (1.20) ist also[1]

$$m\ddot{x} = -\varrho\dot{x}, \quad m\ddot{y} = -mg - \varrho\dot{y} \quad (\varrho > 0 \text{ der Widerstandskoeffizient}). \tag{5.25}$$

Indem man diese Gleichungen nun zunächst als Differentialgleichungen

$$\frac{d\dot{x}}{dt} = -\frac{\varrho}{m}\dot{x}, \quad \frac{d\dot{y}}{dt} = -\frac{\varrho}{m}\dot{y} - g$$

für die Horizontal- bzw. Vertikalgeschwindigkeit $\dot{x}$ bzw. $\dot{y}$ auffaßt und unter den Anfangsbedingungen $\dot{x}(0) = v_0\cos\varphi$ bzw. $\dot{y}(0) = v_0\sin\varphi$ löst (s. Fig. 5.4), erhält man

$$\dot{x}(t) = (v_0\cos\varphi)\,e^{-\frac{\varrho}{m}t}, \quad \dot{y}(t) = \left(v_0\sin\varphi + \frac{mg}{\varrho}\right)e^{-\frac{\varrho}{m}t} - \frac{mg}{\varrho}. \tag{5.26}$$

Daraus folgt mit den Anfangsbedingungen $x(0) = 0$, $y(0) = 0$ sofort

$$x(t) = \frac{mv_0\cos\varphi}{\varrho}\left(1 - e^{-\frac{\varrho}{m}t}\right), \quad y(t) = \frac{m}{\varrho}\left(v_0\sin\varphi + \frac{mg}{\varrho}\right)\left(1 - e^{-\frac{\varrho}{m}t}\right) - \frac{mg}{\varrho}t. \tag{5.27}$$

Für $\varrho = 0$ hat man die Wurfdifferentialgleichungen $\ddot{x} = 0$, $\ddot{y} = -g$, und aus ihnen - oder auch aus (5.27) für $\varrho \to 0$ - erhält man mühelos die Parameterdarstellung der Wurfbahn *ohne Luftwiderstand*:

$$x(t) = (v_0\cos\varphi)t, \quad y(t) = (v_0\sin\varphi)t - \frac{1}{2}gt^2. \tag{5.28}$$

Im Falle $\varphi \neq \pi/2$ kann man t eliminieren und gelangt so zu der Gleichung

$$y = \frac{\sin\varphi}{\cos\varphi}x - \frac{g}{2v_0^2\cos^2\varphi}x^2 \quad (x \geqslant 0). \tag{5.29}$$

Die Wurfbahn *ohne* Luftwiderstand ist also ein *Parabelstück.*[2]

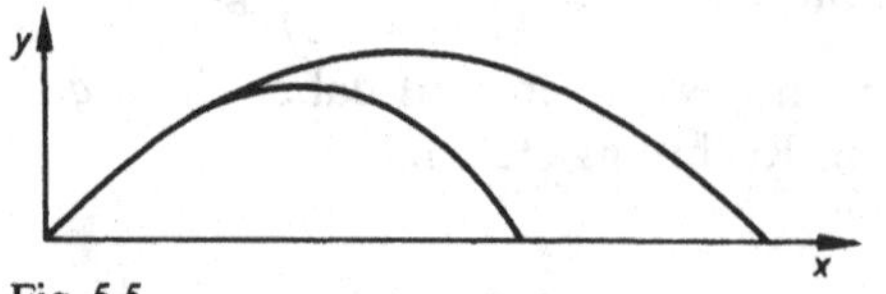

Fig. 5.5

[1] Der Leser möge hierzu die Ausführungen über den verzögerten Fall ab (1.26) vergleichen und dabei beachten, daß wir dort eine vertikal nach *unten* weisende *x-Achse* anstelle der hier benutzten vertikal nach *oben* zeigenden *y-Achse* angenommen haben.

[2] Dieses Ergebnis hatte bereits Galilei gefunden.

Fig. 5.5 zeigt die „Wurfparabel" (5.29) und die (kürzere) „ballistische Kurve" (5.27).

Setzt man in (5.27) und (5.28) $\varphi=\pi/2$, so erhält man die Gleichungen des „vertikalen Wurfs nach oben" ($x(t)\equiv 0$ wird dabei nicht mitgeschleppt):

$$y(t)=\frac{m}{\varrho}\left(v_0+\frac{mg}{\varrho}\right)\left(1-e^{-\frac{\varrho}{m}t}\right)-\frac{mg}{\varrho}t \quad \text{(mit Luftwiderstand)}, \tag{5.30}$$

$$y(t)=v_0 t-\frac{1}{2}gt^2 \quad \text{(ohne Luftwiderstand)}. \tag{5.31}$$

Bei schnellen Projektilen, etwa Geschützgranaten, ist der Luftwiderstand nicht mehr der Geschwindigkeit selbst proportional, sondern mindestens ihrem *Quadrat*. Die Bahngleichungen (5.27) sind also keineswegs das *non plus ultra* der Ballistik. Siehe dazu A 10.20.

Stromkreise Ein Strom J entsteht, wenn eine elektromotorische Kraft, die in der Regel von einer Batterie oder einem Generator geliefert wird, eine Elektrizitätsmenge (elektrische Ladung) Q durch einen Leiterkreis treibt. Definitionsgemäß ist

$$J=\frac{dQ}{dt}, \tag{5.32}$$

wobei Q gewöhnlich in Coulomb und J in Ampere gemessen wird.[1] Besteht ein Stromkreis nur aus einer elektromotorischen Kraft von E Volt und einem Widerstand von R Ohm (s. Fig. 5.6), so ist nach dem *Ohmschen Gesetz*

$$J=\frac{E}{R} \quad \text{oder also} \quad E=RJ. \tag{5.33}$$

Enthält der Stromkreis noch eine Induktivität (Spule) von L Henry (s. Fig. 5.7), so entsteht durch die sogenannte *Selbstinduktion* eine elektromotorische Kraft E_i, die E entgegengerichtet ist und durch

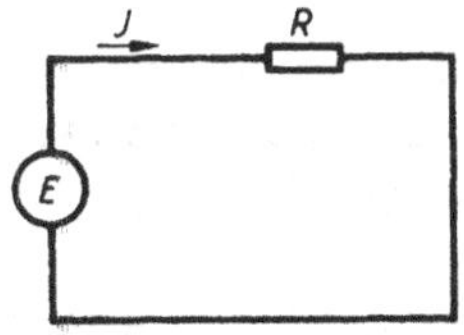

Fig. 5.6

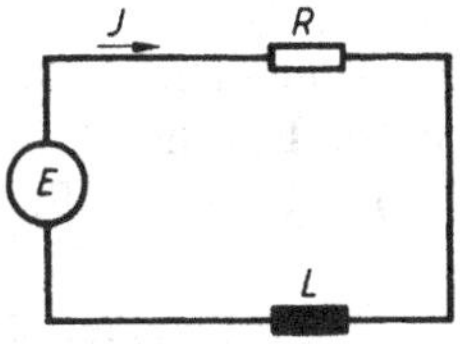

Fig. 5.7

[1] Diese und die folgenden elektrischen Maßeinheiten werden genannt nach Charles Augustin Coulomb (1736–1806; 70), André-Marie Ampère (1775–1836; 61), Alessandro Volta (1745–1827; 82), Georg Simon Ohm (1789–1854; 65) und Josef Henry (1797–1878; 81).

$$E_i = -L\frac{\mathrm{d}J}{\mathrm{d}t} \tag{5.34}$$

gegeben wird.[1] Nach dem Kirchhoffschen Spannungssatz[2] ist $E+E_i=RJ$, und mit (5.34) erhält man daraus für den Strom J die lineare Differentialgleichung

$$L\frac{\mathrm{d}J}{\mathrm{d}t}+RJ=E. \tag{5.35}$$

Wir betrachten nun zwei besonders einfache Fälle.

a) Zur Zeit $t_0=0$ werde eine Batterie der konstanten elektromotorischen Kraft E eingeschaltet. Mit $J(0)=0$ ergibt sich dann aus (5.35) in gewohnter Weise

$$J(t)=\frac{E}{R}\left(1-\mathrm{e}^{-\frac{R}{L}t}\right) \quad \text{für } t\geqslant 0. \tag{5.36}$$

Wegen der Selbstinduktion stellt sich also nicht sofort der dem Ohmschen Gesetz entsprechende Strom $J=E/R$ ein; dieser bildet sich vielmehr erst nach einer gewissen *Anlaufzeit* aus, nämlich dann, wenn $\mathrm{e}^{-(R/L)t}$ „unmeßbar klein" geworden ist.

Die gewissermaßen umgekehrte Situation haben wir, wenn in dem Stromkreis bereits ein konstanter Strom J_0 fließt und zur Zeit $t_0=0$ die Stromquelle abgeschaltet wird, der Stromkreis aber geschlossen bleibt. Es ist dann $E=0$, und aus (5.35) folgt nun

$$J(t)=J_0\mathrm{e}^{-\frac{R}{L}t} \quad \text{für } t\geqslant 0. \tag{5.37}$$

Dank der Selbstinduktion verschwindet der Strom also nicht mit einem Schlag, sondern klingt exponentiell ab.

b) Zur Zeit $t_0=0$ werde ein Generator eingeschaltet, der eine Wechselspannung $E=E_0\sin\omega t$ der Frequenz $\omega/2\pi$ liefert. Wegen (5.35) ist dann der Stromverlauf die Lösung der Anfangswertaufgabe

$$\frac{\mathrm{d}J}{\mathrm{d}t}=-\frac{R}{L}J+\frac{E_0}{L}\sin\omega t, \quad J(0)=0. \tag{5.38}$$

Die allgemeine Lösung der *homogenen* Gleichung ist $C\exp(-Rt/L)$; eine partikuläre Lösung J_p der *inhomogenen* Gleichung erhalten wir aus dem Ansatz $J_p(t):=A\cos\omega t+B\sin\omega t$ (s. Tab. 4.1) nach einfacher Rechnung zu

$$J_p(t)=\frac{E_0}{R^2+\omega^2L^2}(R\sin\omega t-\omega L\cos\omega t). \tag{5.39}$$

---

[1] E_i tritt also nur bei *zeitlich sich änderndem* Strom auf.

[2] So genannt nach Gustav Robert Kirchhoff (1824–1887; 63). Die Kirchhoffschen Sätze findet der Leser direkt vor A 55.8 in vollem Wortlaut.

Um J_p übersichtlicher darzustellen, bestimmen wir einen Winkel γ, der den Forderungen

$$\cos\gamma = \frac{R}{\sqrt{R^2+\omega^2 L^2}}, \quad \sin\gamma = \frac{\omega L}{\sqrt{R^2+\omega^2 L^2}}, \quad 0<\gamma<\frac{\pi}{2} \tag{5.40}$$

genügt; dies ist wegen

$$\left(\frac{R}{\sqrt{R^2+\omega^2 L^2}}\right)^2 + \left(\frac{\omega L}{\sqrt{R^2+\omega^2 L^2}}\right)^2 = 1$$

stets und auf nur eine Weise möglich (s. Fig. 5.8; die präzise Begründung liefert der Satz 57.1 in Heuser I). Wegen $\tan\gamma = \sin\gamma/\cos\gamma = \omega L/R$ ist $\gamma = \arctan(\omega L/R)$. Aus (5.39) und (5.40) erhalten wir nun mit dem Additionstheorem des Sinus sofort die Darstellung

$$J_p(t) = \frac{E_0}{\sqrt{R^2+\omega^2 L^2}} \sin(\omega t - \gamma).$$

Die *allgemeine* Lösung der Differentialgleichung in (5.38) ist also

$$J(t) = C e^{-\frac{R}{L}t} + \frac{E_0}{\sqrt{R^2+\omega^2 L^2}} \sin(\omega t - \gamma), \tag{5.41}$$

und die gesuchte Lösung der *Anfangswertaufgabe* (5.38) ergibt sich nun zu

$$J(t) = \frac{\omega L E_0}{R^2+\omega^2 L^2} e^{-\frac{R}{L}t} + \frac{E_0}{\sqrt{R^2+\omega^2 L^2}} \sin(\omega t - \gamma). \tag{5.42}$$

Das erste Glied auf der rechten Seite von (5.42) klingt rasch ab; nach einer kurzen Anlaufzeit ist daher

$$J(t) \approx \frac{E_0}{\sqrt{R^2+\omega^2 L^2}} \sin(\omega t - \gamma). \tag{5.43}$$

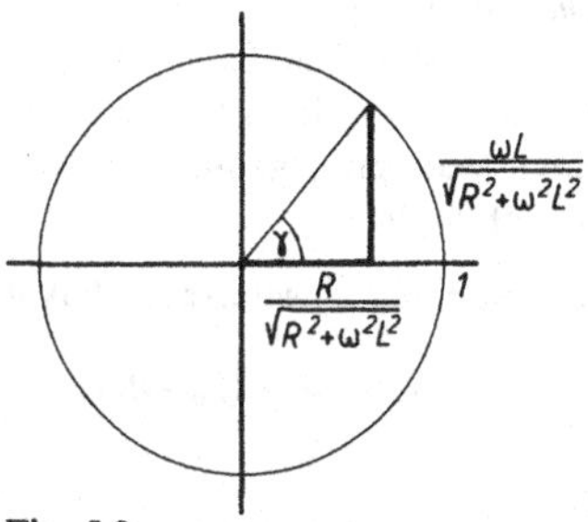

Fig. 5.8

Aufgaben

1. Das Ebbinghaussche Modell des Vergessens Ein Student hat sich einen gewissen Wissensstoff eingeprägt (etwa für ein Examen). Mit der Zeit wird er einiges davon vergessen. $p(t)$ bedeute den Prozentsatz des Stoffes, den er t Zeiteinheiten nach dessen voller Meisterung noch im Gedächtnis hat; es ist also $p(0)=100$. Optimistischerweise wird man annehmen dürfen, daß er einen gewissen Prozentsatz b $(0<b<100)$ des Stoffes nie vergißt, ferner wird man den Ansatz wagen, daß zur Zeit t die Vergessensrate $\dot{p}(t)$ proportional zu dem Prozentsatz des noch zu vergessenden Stoffes, also zu $p(t)-b$, ist. Formuliere das zugehörige Anfangswertproblem, löse es und skizziere die Lösung. Sie wird nach dem deutschen Psychologen Hermann Ebbinghaus (1850–1909; 59) das Ebbinghaussche Vergessensmodell genannt. Das klassische Buch „Über das Gedächtnis" von Ebbinghaus hat die Wissenschaftliche Buchgesellschaft Darmstadt 1971 neu aufgelegt.

2. Gurtmuffel Zur Zeit $t_0=0$ wird das Anlegen des Sicherheitsgurtes im Auto zur Pflicht gemacht; die wackeren Bürger kommen jedoch diesem Gesetz nicht sofort nach. $b(t)$ sei der Bruchteil derjenigen, der es zur Zeit $t\geqslant 0$ befolgt. Man wird annehmen, daß die Anzahl der Gurtbenutzer mit einer Geschwindigkeit wächst, die proportional zur Anzahl der noch vorhandenen Gurtmuffel ist. Formuliere das entsprechende Anfangswertproblem für $b(t)$ und löse es.

3. Verbreitung einer Information durch Massenmedien[1] Eine Information, etwa eine Katastrophenmeldung oder eine Werbung, werde durch Massenmedien (Radio, Fernsehen, Zeitungen) in kurzen Abständen, also praktisch „kontinuierlich" einer gewissen Bevölkerung der Größe N mitgeteilt. Die Mitteilungen sollen zur Zeit $t_0=0$ beginnen, und $I(t)$ sei die Anzahl der zur Zeit $t\geqslant 0$ informierten Mitglieder der Bevölkerung, insbesondere sei $I(0)=0$. Mache für die Informationsrate $\mathrm{d}I/\mathrm{d}t$ einen „vernünftigen" Proportionalitätsansatz und löse das so entstehende Anfangswertproblem. Wie lautet die entsprechende Aufgabe für den Bruchteil $b(t)$ der zur Zeit t Informierten und wie sieht deren Lösung aus. Napoleon muß etwas von diesem Ergebnis vorausgeahnt haben, als er meinte, die *Wiederholung* sei die beste Redefigur.

4. Verbreitungstypen von Innovationen In ihrer Studie *The Diffusion of an Innovation Among Physicians* (Sociometry **20** (1957), 253–270) untersuchten J. S. Coleman, E. Katz und H. Menzel, wie sich die Kenntnis eines neuen Medikamentes unter Ärzten verbreitet. Die betrachtete Ärztepopulation wurde in zwei Gruppen eingeteilt. Die Ärzte in der ersten Gruppe lebten isoliert und erhielten den größten Teil ihrer Informationen durch Massenmedien, die der zweiten Gruppe hatten intensiven Umgang miteinander und wurden überwiegend durch „Mundpropaganda" informiert. Für jede Gruppe sei $u(t)$ die Anzahl ihrer Mitglieder, die nach t Tagen von dem neuen Medikament erfahren haben. Die Funktionen $u(t)$ zeigten die in Fig. 5.9 wiedergegebenen Verlaufstypen. Erkläre dies mit Hilfe der Aufgabe 3 und der Diskussion der Gerüchteverbreitung in Nr. 1 (s. (1.17), (1.18) und Fig. 1.1). Den zweiten Verlaufstyp fand auch E. Mansfield (*Technical Change and the Rate of Imitation;* Econometrica **29** (1961), 741–766), als er untersuchte, mit welcher Geschwindigkeit sich der 1894 eingeführte Destillationsofen (*byproduct coke oven*) in der Eisen- und Stahlindustrie durchsetzte. Auch hier war der Mechanismus der „Gerüchteverbreitung durch Mundpropaganda" am Werk. S. dazu auch die Aufgaben 8 (Kriegslust) und 9 (Grippeepidemie) in Nr. 1.

5. Es sei ein Newtonscher Abkühlungsprozeß gegeben:

$$\vartheta(t)=\vartheta_A+(\vartheta_0-\vartheta_A)\mathrm{e}^{-kt} \quad \text{mit } \vartheta_A<\vartheta_0 \qquad (\text{s. } (5.16)).$$

[1] Vgl. James S. Coleman: Introduction to Mathematical Sociology, New York 1964, S. 43.

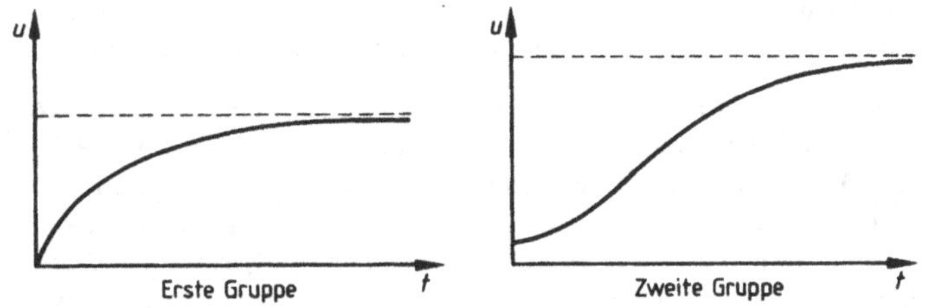

Fig. 5.9

Auf welche Temperatur sinkt $\vartheta(t)$ nach Ablauf der Zeit $\tau := \frac{\ln 2}{k}$? Vgl. dies mit der Halbwertszeit (1.45) bei radioaktivem Zerfall.

6. Bier Alamagunther Tropfloch holt eine Flasche Bier aus seinem 7-°C-Kühlschrank, in dem sie schon seit zwei Tagen steht. Er hat sie noch nicht geöffnet, da stürzt sein derangierter Bruder Almansor ins Haus und verstrickt ihn ganze 90 Minuten lang in eine hitzige Diskussion über die Zukunft des Ackerbaus am Nordpol. All das spielt sich in dem Wohnzimmer ab, das der energiebewußte Alamagunther auf der patriotischen Temperatur von 19 °C hält. Dem Hausherrn schwant, daß sein vereinsamtes Bier für Christenmenschen zu warm werden wird. Kaum hat Almansor die Haustür zugeschlagen, mißt Alamagunther die Temperatur des Gerstensaftes und stellt eine betrübliche Überhitzung desselben auf 15 °C fest. Da er, wie jeder passionierte Biertrinker, das Newtonsche Abkühlungsgesetz kennt, schließt er daraus, daß er Bier mit Zimmertemperatur (19 °C) etwa 3 Stunden lang in seinen Kühlschrank stellen muß, um es auf annehmbare 8 °C zu bringen. Hat er recht?

In Fig. 5.10 ist die theoretische Erwärmungskurve von Bier unter Tropflochschen Bedingungen gezeichnet, dazu einige Meßwerte. Man muß zugeben, daß Bier Differentialgleichungen integrieren kann.

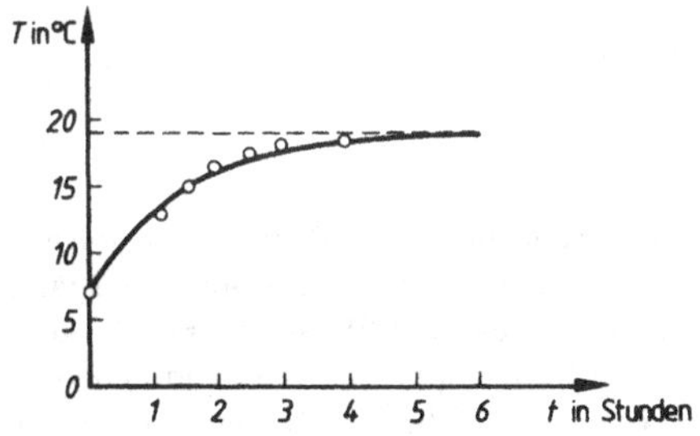

Fig. 5.10

7. Schottische Wasserleitungen Von den Schotten erzählt man, sie montierten ihre Wasserleitungen an den Außenwänden der Häuser, weil sie dann billiger zu reparieren seien. Wir wollen zeigen, daß diese Bauweise nicht mit nachhaltigem Beifall bedacht werden kann.

Das Newtonsche Abkühlungsgesetz (5.15) gilt, wie schon bemerkt, auch im Falle zeitlich *veränderlicher* Außentemperatur ϑ_A. An einem sonnigen Herbsttag habe um 18 Uhr die Lufttemperatur und die Wassertemperatur in der Außenwandleitung 5 °C betragen, während der Nacht aber sei die Lufttemperatur bei klarem Himmel *linear* (das ist eine realistische Annahme) auf −2 °C um 6 Uhr morgens gefallen. a) Wie fällt die Wassertemperatur ab, wenn man die (sehr geringe) isolierende Wirkung der Rohrwände außer Betracht läßt und für die Konstante k in (5.15) den wirklichkeitsnahen Wert 0,73/Stunde nimmt? b) Zeige, daß sie etwa um 4 Uhr den Gefrierpunkt erreicht hat. c) Wie hoch ist sie zu dem Zeitpunkt, da die Lufttemperatur auf 0 °C gesunken ist?

8. Säulenkonstruktion Eine Säule habe die Gestalt eines Rotationskörpers mit der nach unten gerichteten x-Achse als Rotationsachse. Der Nullpunkt der x-Achse liege auf der oberen Säulenbasis. Diese habe den Radius r_0 und trage eine gleichmäßig verteilte Last von G_0 kg. Das spezifische Gewicht des Säulenmaterials sei σ kg/m^3. Wie groß muß der Säulenradius $r(x)$ an der Stelle x gewählt werden, damit jeder Säulenquerschnitt pro Quadratmeter dieselbe Belastung trägt? Der Längsschnitt einer solchen Säule ist in Fig. 5.11 wiedergegeben. Vgl. damit den Eiffelturm in Fig. 5.12, vor allem den Teil über dem „ersten Stock".

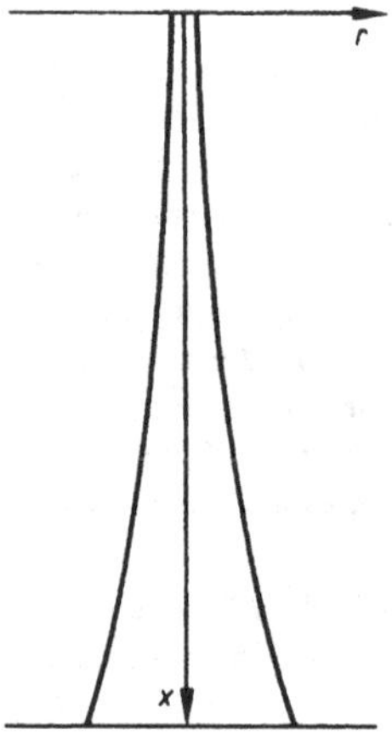

Fig. 5.11

Fig. 5.12

9. Nervenreizung H. A. Blair hat im Journal of General Physiology **15** (1932), 7-9, ein Modell der Nervenreizung vorgeschlagen, das später von N. Rashevski in seinem Buch *Mathematical Biophysics* (New York 1960) weiter entwickelt wurde. Danach wird ein Nerv durch gewisse stimulierende Kationen gereizt, während andere, hemmende Kationen der Reizung entgegenwirken. $s(t)$ bzw. $h(t)$ sei die Konzentration der stimulierenden bzw. der hemmenden Kationen in einer Nervenzelle zur Zeit t. Dann gibt es nach der Rashevskischen Theorie einen *Schwellenwert* $\varrho>0$, so daß die Nervenzelle gereizt wird, wenn $s(t)/h(t)\geqslant\varrho$ ist, während sie andernfalls ungereizt bleibt. Wird ab dem Zeitpunkt $t_0=0$ ein Strom der konstanten Stärke J durch die Nervenzelle geschickt, so genügen, wiederum nach dieser Theorie, die Kationenkonzentrationen $s(t)$ und $h(t)$ den Differentialgleichungen

$$\frac{\mathrm{d}s}{\mathrm{d}t}=SJ-\sigma(s-\bar{s}) \quad \text{bzw.} \quad \frac{\mathrm{d}h}{\mathrm{d}t}=HJ-\eta(h-\bar{h});$$

dabei sind S, σ, H, η positive Konstanten und $\bar{s}$, $\bar{h}$ die *Normalkonzentrationen* der beiden Kationenwerte, also $\bar{s}=s(0)$, $\bar{h}=h(0)$. Wie ist der Verlauf der Kationenkonzentrationen nach dem Einschalten des Stromes? Zeige, daß nach hinreichend langem Stromdurchgang eine Reizung gewiß dann eintritt, wenn

$$\frac{\bar{s}\sigma + SJ}{\bar{h}\eta + HJ} > \frac{\sigma}{\eta}\varrho$$

ausfällt. Die Theorie von Rashevski ist empirisch gut bestätigt.

10. Hinschwinden der Alten Eine Altersgruppe vermindere sich gemäß der Gompertzschen Überlebensfunktion (5.4). Berechne die Zeit τ, nach deren Ablauf $N(t)$ sich auf $N(t)/2$ reduziert hat. τ ist von t und damit von $N(t)$ abhängig: der Gompertzsche Überlebensprozeß hat keine Halbwertszeit. Es strebt $\tau(t) \to 0$ für $t \to \infty$; fatalerweise schrumpft also die Gruppe der Überlebenden um so rascher auf die Hälfte ihres Bestandes, je kleiner sie schon ist.

11. Verfaulende Vegetation In tropischen Wäldern verfault die abgestorbene Vegetation mit einer Rate von 80% pro Jahr. Gleichzeitig sammelt sich aber neuer „Abfall" an, sagen wir 7 Gramm pro Quadratzentimeter und Jahr. Stelle eine Differentialgleichung für die Menge $u(t)$ des Abfalls auf einem Quadratzentimeter auf und zeige, daß sich diese Menge im Laufe der Zeit stabilisiert.

12. Belüftung Nachdem sich 20 Personen längere Zeit in einem 150 Kubikmeter Luft enthaltenden Raum bei geschlossenen Fenstern und Türen aufgehalten haben, ist der Gehalt der Luft an Kohlendioxyd (CO_2) auf 0,3% angestiegen. Jeder Anwesende atmet pro Minute etwa 1/4 Liter CO_2 aus. Nun wird eine Belüftungsanlage eingeschaltet, die pro Minute 30 Kubikmeter Frischluft mit 0,03% CO_2 in den Raum bläst, sofort mit der verbrauchten Luft vermischt und pro Minute 30 Kubikmeter dieser Mischung aus dem Raum entfernt. a) Wie groß ist der Kohlendioxydgehalt $K(t)$ der Raumluft t Minuten nach dem Einschalten der Belüftungsanlage? b) Auf welchen (ungefähren) Bruchteil der ursprünglichen Menge wird er schließlich reduziert?

13. Durchlüftung Die Luft einer Fabrikhalle von 17600 Kubikmeter enthalte 0,15% Kohlendioxyd (CO_2). Wieviel Kubikmeter Frischluft mit 0,03% Kohlendioxyd muß pro Minute zugeführt werden, damit nach 10 Minuten der CO_2-Gehalt der Hallenluft auf 0,05% gesunken ist? Die zugeführte Frischluft soll sich mit der Hallenluft sofort vermischen, und diese Mischung soll in derselben Quantität abgeführt werden, wie die Frischluft zugeführt wird.

14. Sauerstoffgehalt eines belüfteten Zimmers In einem Zimmer mit einer Luftmenge von V Liter befinde sich ein und nur ein ruhig atmender (etwa schlafender) Erwachsener. Durch ein mehr oder weniger geöffnetes Fenster mögen pro Minute k Liter Frischluft (21% Sauerstoffgehalt) in das Zimmer ein- und ebendieselbe Menge Zimmerluft ausströmen. Die Frischluft vermische sich sofort und vollständig mit der Zimmerluft. Anfänglich ($t_0 = 0$) sei in dem Zimmer nur Frischluft vorhanden. a) Wie groß ist der Sauerstoffgehalt $S(t)$ (in Liter) eines 40 Kubikmeter Luft enthaltenden Zimmers nach t Minuten? b) Wieviel Prozent Sauerstoff enthält die Luft dieses Zimmers nach 8 Stunden, wenn $k = 1/10$, 10 oder 100 ist? Hinweis: Benutze die Daten in A 1.20. Vgl. auch die dort gefundenen Ergebnisse!

15. Luftverschmutzung durch Zigarettenrauch In einem Zimmer sitzen vier Skatbrüder, sie sitzen wie angenagelt, spielen und spielen, rauchen und rauchen. Zigarettenrauch enthält etwa 4 Volumprozent Kohlenmonoxyd (CO). Dieses Gas ist ungemein giftig (gleichzeitig billig zu beschaffen und wird deshalb von preisbewußten Selbstmördern hoch geschätzt). Das Zimmer enthalte V Liter Luft, die Skatbrüder mögen Z Liter Zigarettenrauch pro Minute ausstoßen, der Rauch vermische sich sofort und vollständig mit der Zimmerluft, und diese Mischung ziehe mit der Ausstoßrate des Rauches, also mit Z Liter/Minute, aus dem Zimmer ab. a) Was ist t Minuten nach Beginn der Skatrunde die Kohlenmonoxydkonzentration $c(t)$ in dem Zimmer (das anfänglich frei von CO gewesen sein soll)? b) Nach welcher Zeit T wird eine CO-Konzentration von 0,012% erreicht?[1] c) Berechne T in den Fällen $V=30$ bzw. 40 Kubikmeter und $Z=1/2$, 1, 2, 3 Liter/Minute.

16. Verschmutzung eines Sees Ein See enthalte eine konstante Wassermenge von $V\,\mathrm{m}^3$. Pro Jahr mögen ihm durch einmündende Flüsse $r\,\mathrm{m}^3$ Wasser mit einer festen Konzentration $k\,\mathrm{kg/m}^3$ chemischer und biologischer Schadstoffe zuströmen, und durch abführende Flüsse sollen ihm $r\,\mathrm{m}^3$ Wasser pro Jahr entströmen. Ferner sollen dem See pro Jahr noch unmittelbar s kg Schadstoffe zugeführt werden (etwa durch anliegende chemische Fabriken). Wir nehmen an, daß die Schadstoffe sich sofort und gleichmäßig im ganzen See verteilen.[2] c_0 sei die Schadstoffkonzentration zur Zeit $t_0=0$. a) Wie groß ist die Konzentration $c(t)$ zur Zeit $t \geqslant 0$ (t in Jahren)? b) Welcher Konzentration nähert sich die Verschmutzung im Laufe der Zeit? c) Angenommen, zur Zeit $t_0=0$ werde die Zufuhr von Schadstoffen gestoppt ($k=s=0$ für $t \geqslant 0$). Wie lange dauert es dann, bis die anfängliche Schadstoffkonzentration c_0 auf die Hälfte bzw. auf ein Zehntel reduziert ist? d) Man berechne diese Zeiten für den Chiemsee und den Bodensee mit Hilfe der folgenden Angaben:

	Volumen in km³	Zufluß (Abfluß) in km³/Jahr
Chiemsee	2,053	1,482
Bodensee[3]	50	12,349

17. Auflösung eines Salzes Man denke sich einen zylindrischen Tank, der so aufgestellt ist, daß die Mantelfläche vertikal steht. Sein Boden sei mit einer dicken, festen Salzschicht bedeckt, auf die im Zeitpunkt $t_0=0$ 100 Liter reines Wasser gegossen werden. Ab derselben Zeit sollen ständig 20 Liter reines Wasser pro Minute zufließen und Salzlösung mit derselben Geschwindigkeit abfließen. Der Salzgehalt des Abflusses kommt natürlich dadurch zustande, daß sich das Salz auf dem Tankboden auflöst. Unter den obwaltenden Umständen darf man annehmen, daß die Auflösungsgeschwindigkeit des Salzes proportional zu dem Unterschied zwischen der Sättigungskonzentration c_s und der zur Zeit t schon erreichten Konzentration $c(t)$, also $=k(c_s-c(t))$ mit einer positiven Konstanten k ist. c_s sei 0,2 kg/Liter. Ferner sei die Auflösungsgeschwindigkeit bei reinem Wasser als Lösungsmittel (im vorliegenden Fall also zur Zeit $t_0=0$) 1 kg/Minute. Wie groß ist der Salzgehalt $u(t)$ der Lösung zur Zeit $t \geqslant 0$? Auf welchen Wert spielt sich $u(t)$ ein?

Hinweis: Stelle die Differentialgleichung auf und bestimme dann zuerst k aus den Bedingungen $u(0)=0$ und $\dot{u}(0)=1$.

18. Kumulationsgefahr bei Beruhigungsmitteln Viele Medikamente, auch Beruhigungsmittel, werden im Körper durch Metabolismus und Exkretion nach dem exponentiellen Zerfallsgesetz $\dot{u}=-\lambda u$ abgebaut. Ihre Halbwertszeiten (s. A 1.10) hängen von vielen Faktoren ab, z. B. von der Darreichungsform, der Dosierung, der individuellen Resorption usw. und können deshalb nur in mehr oder weniger enge Schranken eingeschlossen werden. Diazepam z. B., der Wirkstoff in dem Beruhigungsmittel Valium, hat bei einmaliger Gabe eine Halbwertszeit τ von nur 9 bis 24 Stun-

---

[1] Wenn ein Mensch längere Zeit dieser Konzentration ausgesetzt ist, treten Schädigungen ein, eine Konzentration von 0,15% führt zu schweren Vergiftungserscheinungen.

[2] Diese Annahme ist natürlich nicht ganz realistisch. Auch andere Umstände (wie etwa Vermehrung des Wassergehalts durch Regenfälle, Verminderung durch Verdunstung, biologischer Abbau der Schadstoffe) ziehen wir hier nicht in Betracht.

[3] Das Volumen des Bodensees ist nicht sehr genau bekannt. 1994 schätzte man es auf 49 km³.

den, bei Dauertherapie jedoch von 2 bis 6 Tagen (s. H. P. T. Ammon: Arzneimittelneben- und wechselwirkung, Stuttgart 1981, S. 93). Bei derart langen Halbwertszeiten besteht die sogenannte *Kumulationsgefahr*, die wir nun genauer untersuchen wollen. Um unsere Vorstellungen zu fixieren, nehmen wir im folgenden $\tau=50$ Stunden an. Zur Zeit $t_0=0$ beginne ein Patient, alle 24 Stunden (etwa immer um 22 Uhr) eine Tablette Valium mit 5 Milligramm Diazepam einzunehmen.

a) Zeige (ohne Differentialgleichungen): n Tage nach Beginn der Einnahme enthält der Körper $W_n:=5\,\dfrac{1-q^{n+1}}{1-q}$ Milligramm des Wirkstoffs, wobei $q:=\mathrm{e}^{-(24\ln 2)/50}=\mathrm{e}^{-0{,}48\cdot\ln 2}$ ist. Gegen welchen Grenzwert W streben diese Mengen für $n\to\infty$? Welcher Wirkstoffgehalt ist in dem Körper nach 10 Tagen aufgebaut? Nach wieviel Tagen sind 90% bzw. 99% des Endwertes W in dem Körper vorhanden?

b) Studiere denselben Prozeß mittels der Lösung der Anfangswertaufgabe $\dot{u}=-\lambda u+\beta$, $u(0)=5$ Milligramm, wobei $\beta=5/24$ Milligramm/Stunde zu setzen ist (s. (5.19) und (5.20)). Wie groß ist $U:=\lim\limits_{t\to\infty}u(t)$? Vgl. mit dem entsprechenden Ergebnis in a). Wie ist die Diskrepanz zu erklären? (Sie beläuft sich auf den Wirkstoffgehalt etwa einer halben Tablette.) S. dazu Teil d).

c) Berechne $W_n, u_n:=u(24n)$ und den prozentualen Fehler $\dfrac{W_n-u_n}{W_n}\,100\%$ für $n=1,2,\ldots,10$, ferner den prozentualen Fehler $\dfrac{W-U}{W}\,100\%$.

d) Angenommen, der Patient nimmt nicht alle 24 Stunden 5 Milligramm Wirkstoff ein, sondern alle 12 Stunden 2,5 Milligramm (eine halbe Tablette) bzw. alle 6 Stunden 1,25 Milligramm (eine viertel Tablette). Was sind in diesen Fällen die Endwerte W und die prozentualen Fehler $\dfrac{W-U}{W}\,100\%$? Man sieht, wie rasch sich diese Fehler verkleinern, wenn die Einnahme „kontinuierlicher" wird.

e) Welche Endwerte W und U ergeben sich bei regelmäßiger Einnahme einer 5-Milligramm-Tablette Valium pro Tag, wenn man eine Halbwertszeit von 100 Stunden ansetzt? Wie groß ist diesmal der prozentuale Fehler $\dfrac{W-U}{W}\,100\%$?

19. Elimination eines Medikaments Ein Medikament M werde im Körper exponentiell mit der Halbwertszeit τ abgebaut (s. Anfang der Aufgabe 18). Wieviel Halbwertszeiten dauert es, bis von einer einmaligen Gabe von M nur noch 1% im Körper vorhanden, M also praktisch eliminiert ist?

20. Steigzeit und Steighöhe beim Wurf mit Luftwiderstand Ein Körper mit der Masse m werde zur Zeit $t_0=0$ mit der Anfangsgeschwindigkeit v_0 unter dem Winkel φ $\left(0<\varphi\leqslant\dfrac{\pi}{2}\right)$ gegen die Erdoberfläche abgeworfen. Sein Weg-Zeitgesetz wird dann durch (5.27) gegeben, wenn man den Luftwiderstand in Rechnung stellt. a) Was ist seine Steigzeit T, d.h. die Zeit, welche er benötigt, um seine größte Höhe (die Steighöhe H) zu erreichen. b) Wie groß ist H? c) Gegen welche Werte streben T und H für $\varrho\to 0$, wenn alle anderen Daten unverändert bleiben? Zeige, daß man diese Werte auch als Steigzeit und Steighöhe eines Körpers erhält, wenn man den Luftwiderstand nicht berücksichtigt.

21. Sinken Eine homogene Kugel mit Radius r und Dichte δ_K sinke unter dem Einfluß der Schwerkraft in einer Flüssigkeit mit Dichte δ_F und Viskosität η (η ist ein Maß für die innere

Reibung oder Zähigkeit der Flüssigkeit). Die Bewegung erfolge längs einer vertikal nach unten gerichteten x-Achse, deren Nullpunkt auf der Flüssigkeitsoberfläche liege, die Kugel befinde sich zur Zeit $t \geqslant 0$ an der Stelle $x(t)$, und ihre Anfangsgeschwindigkeit $\dot{x}(0)$ sei 0. Auf die Kugel wirkt die Schwerkraft $mg = \frac{4\pi}{3} r^3 \delta_K g$ (nach unten), ferner der Reibungswiderstand der Flüssigkeit (nach oben), der nach dem Stokesschen Gesetz[1] durch $6\pi\eta r\dot{x}$ gegeben wird, und schließlich der Auftrieb (nach oben), der nach Archimedes[2] gleich dem Gewicht der von der Kugel verdrängten Flüssigkeit, also $= \frac{4\pi}{3} r^3 \delta_F g$ ist. a) Was ist die Grenzgeschwindigkeit der Kugel? b) Wie lautet ihr Weg-Zeitgesetz? c) Glyzerin hat bei 20 °C die Dichte 1,26 Gramm/cm^3 und die Viskosität 14,99 Gramm/(cm·s); Stahl bzw. Blei hat bei denselben Temperaturen die Dichte 7,8 Gramm/cm^3 bzw. 11,35 Gramm/cm^3. Was ist die Grenzgeschwindigkeit einer in Glyzerin sinkenden Stahl- bzw. Bleikugel mit dem Radius 1 cm. Was ist die Grenzgeschwindigkeit, wenn der Radius 2 cm beträgt? d) Wann hat die Stahl- bzw. Bleikugel mit Radius 1 cm 99% ihrer Grenzgeschwindigkeit erreicht?

22. Die „dicke Berta" war die monströse 42-cm-Haubitze der Firma Krupp, die u.a. bei der Schlacht um Verdun (1916) ihr Vernichtungswerk tat; mit der feinsinnigen Galanterie des Kasinos hatte man das massige Ding nach Frau Berta Krupp von Bohlen und Halbach genannt. Ihre Mündungsgeschwindigkeit betrug etwa 370 m/s. Vernachlässige bei der Beantwortung der folgenden Fragen den Luftwiderstand: a) Bei welchem Anstellwinkel erreichte die „dicke Berta" ihre maximale Reichweite und wie groß war diese? b) Bis zu welcher Höhe stieg bei maximaler Reichweite das Geschoß und wie lange dauerte seine Flugzeit?

Hinweis: (5.28), (5.29) und Aufgabe 20c.

23. Herleitung des Ohmschen Gesetzes In einem Leiter L fließt ein elektrischer Strom, wenn sich in ihm Elektronen unter der Wirkung eines elektrischen Feldes bewegen. L selbst setzt dieser Bewegung einen Reibungswiderstand entgegen, den wir uns proportional zur Elektronengeschwindigkeit denken. e sei die Ladung, m die Masse eines Elektrons und F die Stärke eines konstanten elektrischen Feldes; L sei linear und homogen. Dann unterliegt die Bewegung eines Elektrons der Differentialgleichung

$$m\ddot{x} = eF - \varrho\dot{x} \qquad (\varrho > 0 \text{ konstant});$$

dabei ist ϱ/m sehr groß. Zeige, daß die Elektronengeschwindigkeit $v = \dot{x}$ bereits kurze Zeit nach dem Anlegen des Feldes praktisch konstant, nämlich $=(e/\varrho)F$ ist. Hat L die Länge l und herrscht zwischen den Enden von L die Spannung U, so ist bekanntlich $F = U/l$, also gilt $v = (eU)/(\varrho l)$. Gewinne daraus das Ohmsche Gesetz $J = U/R$ (J = Stromstärke, R = Widerstand des Leiters).

24. Ein Stromkreis habe einen Widerstand von 0,8 Ohm und eine Selbstinduktion von 4 Henry. Bis zur Zeit $t_0 = 0$ sei er stromfrei, dann werde eine 5-Volt-Batterie eingeschaltet. Nach 5 Sekun-

---

[1] So genannt nach dem englischen Physiker George Gabriel Stokes (1819–1903; 84).

[2] Archimedes (287–212 v. Chr.; 75) lebte und wirkte in dem damals griechischen Syrakus auf Sizilien. Er war der größte Mathematiker der Antike und wird mit Newton und Gauß auf eine Stufe gestellt. Sein Auftriebsgesetz soll er im Bad entdeckt haben (ein dafür nicht unpassender Ort) und soll daraufhin in größter Begeisterung und dürftigster Bekleidung, nämlich gar keiner, durch die Straßen von Syrakus gerannt sein mit dem Ruf *„Heureka! Heureka!"* (Ich hab's gefunden! Ich hab's gefunden!)

den werde die Batterie abgeschaltet, gleichzeitig aber der Stromkreis kurzgeschlossen. Was ist der Stromverlauf in dem Zeitraum $0 \leqslant t \leqslant 5$ und für $t \geqslant 5$?

25. Auf einen Stromkreis mit dem Widerstand 10 Ohm und der Selbstinduktion 5 Henry wirke ab dem Zeitpunkt $t_0 = 0$ eine elektromotorische Kraft von $220 \sin(100\pi t)$ Volt (das entspricht dem in Deutschland üblichen Wechselstrom, wenn t in Sekunden gemessen wird). Bestimme den Stromverlauf.

26. Elektrischer Dipol Im Nullpunkt eines xy-Koordinatensystems befinde sich ein elektrischer Dipol, dessen Achse in der x-Richtung liege. Führt man Polarkoordinaten (r, φ) ein, so genügen seine Feldlinien der Differentialgleichung $\mathrm{d}r/\mathrm{d}\varphi = 2r\cot\varphi$ (s. A 33.2). Bestimme die Gleichung $r = r(\varphi)$ dieser Linien und skizziere einige von ihnen.

27. Adrenalingehalt des Blutes Adrenalin ist ein Hormon, das von den Nebennieren in das Blut ausgeschüttet (sekretiert) und dort durch gewisse Enzyme abgebaut wird. Die Adrenalinsekretion erfolgt in einem 24stündigen Rhythmus, wobei sie gegen 8 Uhr am stärksten, gegen 20 Uhr am schwächsten ist. Man wird die zeitliche Sekretionsrate deshalb in erster Näherung durch

$$a + b\cos\frac{\pi}{12}(t-8) \qquad (a > b > 0 \text{ konstant}, \quad 0 \leqslant t \leqslant 24)$$

beschreiben. Die Abbaurate ist proportional zu dem gerade vorhandenen Adrenalingehalt $A(t)$. Stelle eine Differentialgleichung für A auf, bestimme ihre allgemeine Lösung und zeige, daß A im wesentlichen eine Funktion mit 24stündiger Periode ist. Interpretiere die Aufgabe auch als ein Mischungsproblem.

Hinweis: S. die Überlegungen nach (5.38).

In Streßsituationen wird die Adrenalinausschüttung über das normale Maß hinaus gesteigert. Das hat den wohltätigen Effekt, daß man z. B. selbst nach einer unruhigen Nacht in einer Prüfung immer noch fit ist.

28. Verkaufseinbuße bei steigenden Preisen $v(p)$ bezeichne den wöchentlichen Verkauf eines gewissen Produktes zum Stückpreis von p DM. Erfahrungsgemäß nimmt der Verkauf ab, wenn der Preis angehoben wird. Die durchschnittliche Abnahmerate des Verkaufs (Abnahmerate pro Stück), also die Größe $(\mathrm{d}v/\mathrm{d}p)/v$, wird man versuchsweise umgekehrt proportional zu dem Preis ansetzen:

$$\frac{\mathrm{d}v/\mathrm{d}p}{v} = -\frac{\lambda}{p} \quad \text{oder also} \quad \frac{\mathrm{d}v}{\mathrm{d}p} = -\lambda\frac{v}{p} \quad (\lambda > 0 \text{ konstant}). \tag{5.44}$$

Bestimme die allgemeine Lösung dieser Gleichung für $p > 0$. Warum ist der Ansatz

$$\frac{\mathrm{d}v}{\mathrm{d}p} = -\lambda\frac{v}{p+\gamma} \quad \text{mit einer positiven Konstanten } \gamma$$

realistischer?

29. Allometrisches Grundgesetz Ein Körperteil K habe zur Zeit $t \geqslant 0$ die „Größe" $x(t)$; diese „Größe" kann das Gewicht, das Volumen, der mittlere Durchmesser oder ähnliches sein. Da das Wachstum von K wie das einer Bakterienkultur auf Zellteilung beruht, wird man für die Wachstumsrate den Ansatz $\dot{x} = \alpha x$ mit einer positiven Konstanten α machen. Ein zweiter Körperteil L

wachse ganz entsprechend gemäß dem Gesetz $\dot{y}=\beta y$ ($\beta>0$ fest). Dann ist die Wachstumsrate von L bezüglich K gegeben durch

$$\frac{dy}{dx}=\frac{dy/dt}{dx/dt}\,{}^{1)},\quad \text{also durch}\quad \frac{dy}{dx}=k\frac{y}{x}\quad (k>0 \text{ konstant}). \tag{5.45}$$

Diese Differentialgleichung oder ihre Lösung (bestimme sie!) bezeichnet man als allometrisches Grundgesetz.[2)]

30. Wachstum des Säuglingskopfs und Säuglingskörpers Jedermann weiß, daß der Kopf eines Säuglings, verglichen mit seinem Körper, größer ist als der eines Erwachsenen. Um dieses Mißverhältnis auszugleichen, muß der Körper schneller wachsen als der Kopf. Tabelle 5.1 gibt die durchschnittlichen Körperlängen und Kopfumfänge männlicher Säuglinge im Alter von 3, 6, ..., 15 Monaten (nach Stuart, H. C. und S. S.: *Physical Growth and Development*, in Mitchell-Nelson: *Textbook of Pediatrics*, Philadelphia 1950). Da der Leser inzwischen selbst herausgebracht haben wird, daß (5.45) in Aufgabe 29 die allgemeine Lösung $y(x)=Cx^k$ besitzt, also $\ln y(x)=\ln C+k\ln x$ ist, müssen die Meßpunkte $(\ln x, \ln y)$ (x Kopfumfang, y Körperlänge gemäß Tab. 5.1) auf einer Geraden der Steigung k liegen, wenn x und y nach dem allometrischen Grundgesetz miteinander verbunden sind. Eine Zeichnung (stelle sie her!) führt auf den Ansatz $\ln y=-1{,}465+1{,}5\ln x$ (genauer würde man die sogenannte Ausgleichs- oder Regressionsgerade durch die Punkte $(\ln x, \ln y)$ bestimmen), also auf die allometrische Beziehung $y(x)=0{,}2311x^{3/2}$ (man sieht, wie hilfreich es ist, von vornherein die *Form* der allometrischen Gleichung zu kennen).

Man berechne $y(x)$ für die Kopfumfänge x der Tabelle 5.1 und bestimme die prozentualen Fehler, mit denen die berechneten Körperlängen behaftet sind.

Tab. 5.1

Alter in Monaten	Kopfumfang x in cm	Körperlänge y in cm
3	40,9	60,4
6	43,9	66,4
9	46	71,2
12	47,3	75,2
15	48	78,5

Tab. 5.2

Alter in Jahren	Unterlänge x in cm	Oberlänge y in cm
6	55	65,2
8	60	70
10	66,4	73,9
12	72,4	77,2
14	79,8	82,9

31. Wachstum des Ober- und Unterkörpers Aus der Tabelle 5.2, die auf der in Aufgabe 30 genannten Quelle basiert, gewinne man eine allometrische Beziehung zwischen der Länge y des menschlichen Oberkörpers und der Länge x des Unterkörpers. Man berechne die Oberlängen gemäß der so gewonnenen Formel und bestimme die prozentualen Fehler dieser theoretischen Werte.

[1)] Die Beweiskraft dieses Schlusses bedarf der Stärkung. Man kehre zu diesem Zweck die Funktion $x(t)$ um, fasse also t als abhängig von x auf: $t=t(x)$. Dann wird $y(t)$ eine Funktion $y(t(x))$ von x. Diese differenziere man gemäß der Kettenregel und der Ableitungsformel für Umkehrfunktionen.

[2)] Allometrie ist die Messung einer Größe durch eine andere, „fremde" (griech. *allos* = fremd).

32. Werbung M. L. Vidale und H. B. Wolfe haben in Operations Research **5** (1957) 370–381 das folgende Differentialgleichungsmodell für die Verkaufsrate $S(t)$ eines gegebenen Produkts unter der Wirkung einer konstanten Rate A der Aufwendungen für Werbung angegeben:

$$\frac{\mathrm{d}S}{\mathrm{d}t} = rA\,\frac{M-S}{M} - \lambda S\,;$$

dabei ist λ die *Verkaufszerfallskonstante* (s. A 1.16), M das *Sättigungsniveau* bei der Werbungsrate A und r ein Maß für die *Wirkung der Werbung*. Löse die Differentialgleichung unter der Anfangsbedingung $S(0)=S_0$.

6 Die exakte Differentialgleichung

Zur Motivation der nun folgenden Dinge bringen wir zuerst ein physikalisch wichtiges und mathematisch instruktives

6.1 Beispiel Sei $E := (P, Q)$ ein elektrisches Feld in der xy-Ebene. E hat ein Potential U, mit dem

$$E = -\operatorname{grad} U \quad \text{oder also} \quad P = -U_x,\; Q = -U_y \tag{6.1}$$

ist. Die Punkte (x, y), in denen ein und dasselbe Potential c besteht, bilden eine Äquipotentiallinie L; ihre Gleichung ist

$$U(x, y) = c.$$

Unter normalen Verhältnissen kann man L aus Stücken zusammensetzen, die sich durch explizite Gleichungen $y = y(x)$ bzw. $x = x(y)$ beschreiben lassen, so daß also in gewissen Intervallen

$$U(x, y(x)) = c \quad \text{bzw.} \quad U(x(y), y) = c$$

gilt. Durch Differentiation nach x bzw. y folgt daraus

$$U_x(x, y(x)) + U_y(x, y(x))\,\frac{\mathrm{d}y}{\mathrm{d}x} = 0 \quad \text{bzw.} \quad U_x(x(y), y)\,\frac{\mathrm{d}x}{\mathrm{d}y} + U_y(x(y), y) = 0,$$

und nun lehrt ein Blick auf (6.1), daß die Funktionen $y(x)$ und $x(y)$ den Differentialgleichungen

$$P(x, y) + Q(x, y)\,\frac{\mathrm{d}y}{\mathrm{d}x} = 0 \quad \text{bzw.} \quad P(x, y)\,\frac{\mathrm{d}x}{\mathrm{d}y} + Q(x, y) = 0$$

genügen; diese Gleichungen stellen also *eine Beziehung zwischen den Äquipotentiallinien und den Feldkomponenten P, Q her.*

Nach diesen physikalischen Überlegungen betrachten wir nun ganz allgemein die Differentialgleichungen

$$P(x, y) + Q(x, y)\,\frac{\mathrm{d}y}{\mathrm{d}x} = 0 \tag{6.2}$$

und $$P(x,y)\frac{dx}{dy}+Q(x,y)=0 \tag{6.3}$$

mit irgendwelchen reellwertigen Funktionen P, Q, die auf einem (endlichen oder unendlichen) Rechteck R der xy-Ebene definiert sein sollen.[1] Aus Symmetriegründen faßt man diese beiden Differentialgleichungen gerne formal zu der einen Gleichung

$$P(x,y)\,dx+Q(x,y)\,dy=0 \tag{6.4}$$

zusammen, aus der man (6.2) bzw. (6.3) mittels „Division" durch dx bzw. dy erhält. (6.4) soll als Aufforderung verstanden werden, (6.2) durch eine Funktion $y(x)$ oder (6.3) durch eine Funktion $x(y)$ zu lösen.[2]

Die physikalischen Betrachtungen in Beispiel 6.1 verlocken uns dazu, (6.4) als Differentialgleichung der „Äquipotentiallinien" eines „Feldes" (P, Q) aufzufassen, dementsprechend also eine Funktion $F(x,y)$ mit

$$F_x=P,\quad F_y=Q \quad \text{auf } R \tag{6.5}$$

zu suchen und zu hoffen, daß man die Lösungen von (6.4) erhält, indem man die Gleichung

$$F(x,y)=C \qquad (C \text{ eine willkürliche Konstante})$$

nach y oder x auflöst.[3] Ist eine solche Funktion F tatsächlich vorhanden und sind überdies ihre partiellen Ableitungen F_x, F_y auch noch auf R stetig, so wollen wir sagen, (6.4) sei eine exakte Differentialgleichung (auf R) und F eine ihrer Stammfunktionen.[4] Dieselbe Terminologie benutzen wir auch für die Differentialgleichungen (6.2) und (6.3). Ist nun im „Exaktheitsfalle" $y(x)$ eine Lösung von (6.4) - also von (6.2) - auf dem Intervall I, so muß für alle $x \in I$

---

[1] Nur der Bequemlichkeit wegen beschränken wir uns auf *Rechtecke*, obgleich man die nun folgenden Betrachtungen *mutatis mutandis* auch für *einfach zusammenhängende Gebiete* durchführen könnte.

[2] (6.4) ist eine „Differentialgleichung" in der *ursprünglichen* Bedeutung dieses Wortes, nämlich eine Gleichung zwischen den *Differentialen* dx, dy.

[3] F entspricht der Funktion $-U$ in (6.1).

[4] Zwei Stammfunktionen von (6.4) unterscheiden sich nur um eine additive Konstante (s. Heuser II, Satz 181.1; der Definitionsbereich der Funktionen P, Q wird dort als *offen* vorausgesetzt, um zu gewährleisten, daß man ihre partiellen Ableitungen überall bilden kann. Bei einem rechteckigen Definitionsbereich R kann man auf die Offenheit verzichten, wenn man die partiellen Ableitungen in den Randpunkten von R als einseitige Ableitungen nimmt. Entsprechendes ist auch im folgenden zu beachten).

$$\begin{aligned}\frac{\mathrm{d}F(x,y(x))}{\mathrm{d}x} &= F_x(x,y(x))+F_y(x,y(x))\frac{\mathrm{d}y}{\mathrm{d}x}\\ &= P(x,y(x))+Q(x,y(x))\frac{\mathrm{d}y}{\mathrm{d}x}=0\end{aligned} \tag{6.6}$$

und somit $F(x,y(x))$ konstant sein. Ist umgekehrt $y(x)$ eine auf I differenzierbare Funktion, für die $F(x,y(x))$ konstant ist, so wird $\mathrm{d}F(x,y(x))/\mathrm{d}x$ auf I verschwinden, und nun sieht man wie in (6.6), daß

$$P(x,y(x))+Q(x,y(x))\frac{\mathrm{d}y}{\mathrm{d}x}=0 \quad \text{für alle } x\in I,$$

also $y(x)$ eine Lösung von (6.4) auf I ist. Wir fassen zusammen:

6.2 Satz *Die Differentialgleichung* (6.4) *sei auf dem Rechteck R* exakt; *F sei eine Stammfunktion. Dann sind die von x abhängigen Lösungen von* (6.4) *genau diejenigen differenzierbaren Funktionen y(x), für die F(x, y(x)) auf einem gewissen Intervall* konstant *ist. Und eine entsprechende Aussage gilt für die von y abhängigen Lösungen x(y) von* (6.4).

Aus Symmetriegründen reicht es offenbar aus, wenn wir uns im folgenden nur mit den von x abhängigen Lösungen $y(x)$ von (6.4) beschäftigen. Nach Satz 6.2 erhält man sie, indem man die Gleichung

$$F(x,y)=C \tag{6.7}$$

differenzierbar nach y (d.h. durch eine differenzierbare Funktion $y(x)$) auflöst. Dabei ist C eine willkürliche Konstante, die nur der selbstverständlichen Beschränkung unterliegt, zum Wertebereich von F zu gehören. C wird natürlich in irgendeiner Form in der Lösung auftreten (die man dann die „allgemeine Lösung" nennt) und kann dazu dienen, diese einer vorgegebenen Anfangsbedingung $y(x_0)=y_0$ mit $(x_0,y_0)\in R$ anzupassen. Die Anpassung kann auch dadurch erfolgen, daß man in (6.7) schon *vor* der Auflösung $C:=F(x_0,y_0)$ setzt.

6.3 Beispiel $2x\sin y\,\mathrm{d}x+x^2\cos y\,\mathrm{d}y=0,\ y(1)=\frac{\pi}{4}.$

Die Differentialgleichung ist auf $R:=\mathbf{R}^2$ exakt, denn sie hat dort die Stammfunktion $F(x,y):=x^2\sin y$. Infolgedessen geht es nur noch darum, die Gleichung

$$x^2\sin y=F\left(1,\frac{\pi}{4}\right)=\frac{1}{\sqrt{2}}$$

differenzierbar nach y aufzulösen. Die Lösung ist offenbar

$$y(x):=\arcsin\frac{1}{\sqrt{2}\,x^2} \quad \text{für } x>\frac{1}{\sqrt[4]{2}}=0{,}840\ldots$$

(wir müssen uns auf diese x-Werte beschränken, weil $x_0=1$ ist).

Der gegenwärtige Stand der Dinge drängt uns nun sofort drei Fragen auf:

1. Wie kann man es der Differentialgleichung (6.4) ansehen, *ob sie exakt ist*?
2. Wie kann man, falls sie exakt ist, *eine Stammfunktion bestimmen*?
3. Unter welchen Voraussetzungen kann man (6.7) *differenzierbar nach y auflösen*?

Die erste Frage beantwortet ein Satz der Analysis, der im vorliegenden Zusammenhang so zu formulieren ist:

6.4 Satz *Sind die partiellen Ableitungen von P und Q auf dem Rechteck R vorhanden und stetig, so ist die Differentialgleichung*

$$P(x,y)\,\mathrm{d}x+Q(x,y)\,\mathrm{d}y=0 \tag{6.8}$$

genau dann exakt, wenn die Integrabilitätsbedingung

$$P_y=Q_x \quad \text{auf } R \tag{6.9}$$

erfüllt ist. [1]

Sind die Voraussetzungen dieses Satzes gegeben, so läßt sich die zweite Frage folgendermaßen angehen. Da die (gewiß existierende) Stammfunktion F den Gleichungen (6.5) genügt, muß wegen der ersten derselben

$$F(x,y)=\int P(x,y)\,\mathrm{d}x+\varphi(y) \tag{6.10}$$

mit einer differenzierbaren Funktion $\varphi(y)$ sein ($\varphi(y)$ ist hier die „Integrationskonstante", d.h. eine nicht mehr von der Integrationsveränderlichen x abhängige Größe). Aus (6.10) und der zweiten Gleichung in (6.5) folgt nun

$$\frac{\partial}{\partial y}\int P(x,y)\,\mathrm{d}x+\frac{\mathrm{d}}{\mathrm{d}y}\varphi(y)=Q(x,y),$$

also
$$\frac{\mathrm{d}}{\mathrm{d}y}\varphi(y)=Q(x,y)-\frac{\partial}{\partial y}\int P(x,y)\,\mathrm{d}x,$$

woraus man nun durch nochmalige unbestimmte Integration $\varphi(y)$ gewinnt und damit schließlich auch $F(x,y)$ in Händen hat (s. (6.10)). Bei dieser letzten Integration ist die – diesmal „echte" – Integrationskonstante C unerheblich, weil wir nur *irgendeine* Stammfunktion benötigen, nicht eine bestimmte und schon gar nicht jede.

Die dritte Frage schließlich kann man mit Hilfe der bekannten Sätze über implizite Funktionen beantworten, wobei wir von vornherein $C=F(x_0,y_0)$ wählen, um die Anfangsbedingung $y(x_0)=y_0$ einzuarbeiten.

---

[1] Vgl. Heuser II, Satz 182.2.

6.5 Satz *Ist* (6.8) *eine* e x a k t e *Differentialgleichung mit der Stammfunktion F auf dem Rechteck* $R := I_x \times I_y$ (I_x, I_y *Intervalle der x- bzw. y-Achse) und ist* $Q(x_0, y_0) \neq 0$ *für ein* x_0 *aus* I_x *und ein* y_0 *aus dem Innern von* I_y, *so besitzt die Gleichung*

$$F(x, y) = F(x_0, y_0) \tag{6.11}$$

in einer hinreichend kleinen Umgebung von x_0 *genau eine stetig differenzierbare Lösung* $y(x)$ *mit* $y(x_0) = y_0$.[1]

Aus den Sätzen 6.2 und 6.5 folgt nun mit einem Schlag der entscheidende

6.6 Satz *Unter den Voraussetzungen des Satzes* 6.5 *ist die Anfangswertaufgabe*

$$P(x, y)\,\mathrm{d}x + Q(x, y)\,\mathrm{d}y = 0, \quad y(x_0) = y_0 \tag{6.12}$$

in einer hinreichend kleinen Umgebung von x_0 e i n d e u t i g l ö s b a r, *und zwar dadurch, daß man die Gleichung* (6.11) *nach y auflöst.*

Ein entsprechender Satz gilt natürlich auch für das Anfangswertproblem

$$P(x, y)\,\mathrm{d}x + Q(x, y)\,\mathrm{d}y = 0, \quad x(y_0) = x_0, \tag{6.13}$$

wenn $P(x_0, y_0) \neq 0$ *ist.* Verschwindet weder $P(x_0, y_0)$ noch $Q(x_0, y_0)$, so sieht man leicht, daß die Lösung $x(y)$ der Anfangswertaufgabe (6.13) die *Umkehrung* der Lösung $y(x)$ der Anfangswertaufgabe (6.12) ist. Diese Bemerkung ist von erheblicher praktischer Bedeutung. Hat man es nämlich mit der Anfangswertaufgabe (6.12) zu tun (immer unter den Voraussetzungen des Satzes 6.5), so wird die geforderte und theoretisch mögliche Auflösung der Gleichung (6.11) nach y *in praxi* nicht immer ausführbar sein. Darüber braucht man sich aber jedenfalls dann nicht zu betrüben, wenn $P(x_0, y_0) \neq 0$ ist und man (6.11) effektiv *nach x auflösen* kann. Denn dann hat man die Umkehrung $x(y)$ der gesuchten Lösung $y(x)$ in Händen, und die Lösungsumkehrung ist fast ebenso wertvoll wie die Lösung selbst; z. B. hat man mit dem Schaubild von $x(y)$ sofort auch das Schaubild von $y(x)$ vor Augen.

Unangenehmer wird die Lage, wenn auch die Auflösung der Gleichung (6.11) nach x nicht praktikabel ist. In diesem Falle bleibt gar nichts anderes übrig, als diese Gleichung einfach *stehenzulassen* und etwas verlegen zu sagen, durch sie werde die Lösung von (6.12) i m p l i z i t gegeben oder auch, sie sei die i m p l i z i t e L ö s u n g von (6.12). Aber selbst dann fällt der Himmel nicht gänzlich ein, denn in der Regel wird man auch aus (6.11) noch wertvolle Informationen über die eigentlich gesuchte, die e x p l i z i t e Lösung gewinnen können.

Alle diese Bemerkungen gelten *mutatis mutandis* auch für die Anfangswertaufgabe (6.13) und auch für das Problem, die allgemeine Lösung von (6.4) durch Auflösung der Gleichung $F(x, y) = C$ nach y oder x zu gewinnen.

---

[1] Vgl. Heuser II, Sätze 169.2 und 170.2. Ist x_0 ein Randpunkt von I_x, so ist unter „Umgebung von x_0" eine *einseitige* Umgebung zu verstehen.

6.7 Beispiel $(12xy+3)\,dx+6x^2\,dy=0,\ y(1)=1.$

Erster Schritt: *Prüfung auf Exaktheit:*

$$\frac{\partial}{\partial y}(12xy+3)=12x, \quad \frac{\partial}{\partial x}(6x^2)=12x \quad \text{auf } R:=\mathbf{R}^2,$$

die Differentialgleichung ist also auf $\mathbf{R}^2$ exakt (s. Satz 6.4).

Zweiter Schritt: *Konstruktion einer Stammfunktion* $F(x,y)$: Für sie ist

$$F_x(x,y)=12xy+3, \quad F_y(x,y)=6x^2.$$

Aus der ersten Gleichung folgt

$$F(x,y)=\int(12xy+3)\,dx+\varphi(y)=6x^2y+3x+\varphi(y),$$

daraus ergibt sich mit der zweiten

$$F_y(x,y)=6x^2+\frac{d\varphi}{dy}=6x^2, \quad \text{also} \quad \frac{d\varphi}{dy}=0,$$

so daß wir $\varphi(y)\equiv 0$ nehmen können. Somit ist

$$F(x,y)=6x^2y+3x \quad \text{eine Stammfunktion.}$$

Dritter Schritt: *Auflösung von* $F(x,y)=F(1,1)$, *also von* $6x^2y+3x=9$ *nach* y. Man erhält sofort

$$y(x)=\frac{3-x}{2x^2} \quad \text{für } x>0.$$

6.8 Beispiel $(2xe^y-1)\,dx+(x^2e^y+1)\,dy=0,\ y(1)=0.$

Erster Schritt: *Prüfung auf Exaktheit:*

$$\frac{\partial}{\partial y}(2xe^y-1)=2xe^y, \quad \frac{\partial}{\partial x}(x^2e^y+1)=2xe^y,$$

die Differentialgleichung ist also auf $R:=\mathbf{R}^2$ exakt.

Zweiter Schritt: *Konstruktion einer Stammfunktion* $F(x,y)$: Für sie ist

$$F_x(x,y)=2xe^y-1, \quad F_y(x,y)=x^2e^y+1.$$

Es folgt

$$F(x,y)=\int(2xe^y-1)\,dx+\varphi(y)=x^2e^y-x+\varphi(y),$$

$$F_y(x,y)=x^2e^y+\frac{d\varphi}{dy}=x^2e^y+1, \quad \text{also} \quad \frac{d\varphi}{dy}=1,$$

so daß wir $\varphi(y)\equiv y$ nehmen können. Damit ist

$$F(x,y)=x^2e^y-x+y \quad \text{eine Stammfunktion.}$$

Dritter Schritt: *Auflösung von* $F(x,y)=F(1,0)$, *also von*

$$x^2e^y-x+y=0 \tag{6.14}$$

nach y. Sie ist wegen $Q(1,0) \neq 0$ zwar theoretisch möglich (s. Satz 6.5), praktisch aber nicht zu bewerkstelligen. Dagegen läßt sich (6.14) ohne weiteres *nach x* auflösen:

$$x(y) = \frac{1}{2} e^{-y}(1+\sqrt{1-4ye^y}) \quad \text{für } y \leqslant \eta := 0{,}203888\ldots$$

(das positive Zeichen vor der Wurzel muß wegen $x(0)=1$ gewählt werden). η ist die Lösung der Gleichung $1-4ye^y=0$ (bringt man sie auf die Form $y=e^{-y}/4$, so kann man η sehr bequem *iterativ* gewinnen; s. Heuser I, Satz 35.2). $x(y)$ ist die Umkehrung der gesuchten Lösung $y(x)$. In Fig. 6.1 ist das Schaubild von $x(y)$ über der vertikalen y-Achse gezeichnet. Es ist gleichzeitig das Schaubild von $y(x)$ über der horizontalen x-Achse.

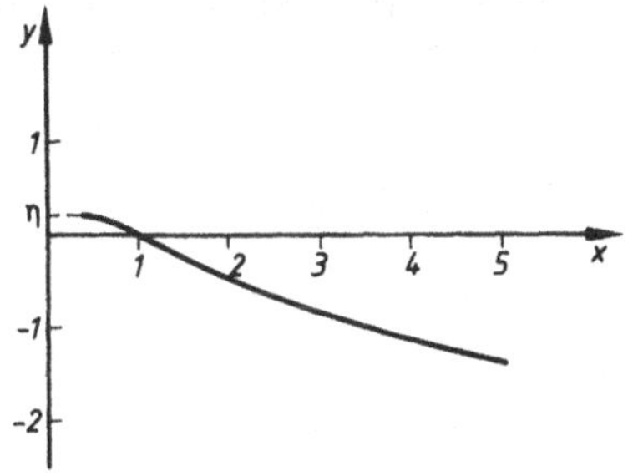

Fig. 6.1

6.9 Beispiel Zu bestimmen sei die allgemeine Lösung von

$$e^x \sin x + e^y \cos y \cdot \frac{dy}{dx} = 0.$$

Erster Schritt: *Prüfung auf Exaktheit:*

$$\frac{\partial}{\partial y}(e^x \sin x) = 0, \quad \frac{\partial}{\partial x}(e^y \cos y) = 0,$$

die Differentialgleichung ist also auf $R := \mathbf{R}^2$ exakt.

Zweiter Schritt: *Konstruktion einer Stammfunktion $F(x,y)$*: Für sie ist

$$F_x(x,y) = e^x \sin x, \quad F_y(x,y) = e^y \cos y.$$

Mit den Formeln Nr. 61 und 63 im Anhang 1 folgt

$$F(x,y) = \int e^x \sin x \, dx + \varphi(y) = \frac{\sin x - \cos x}{2} e^x + \varphi(y),$$

$$F_y(x,y) = \frac{d\varphi}{dy} = e^y \cos y, \quad \text{also} \quad \varphi(y) = \frac{\sin y + \cos y}{2} e^y$$

(die Integrationskonstante setzen wir $=0$). Damit ist

$$F(x,y) = \frac{\sin x - \cos x}{2} e^x + \frac{\sin y + \cos y}{2} e^y \quad \text{eine Stammfunktion.}$$

Dritter Schritt: *Auflösung von $F(x, y)=C$, also von*

$$(\sin x-\cos x)\mathrm{e}^x+(\sin y+\cos y)\mathrm{e}^y=c\ (:=2C) \tag{6.15}$$

nach y (dabei ist c ebenso willkürlich wie C selbst). Diese Auflösung (in geschlossener Form) ist nicht praktikabel, und die „Ersatzauflösung" nach x ist es ebensowenig. Man muß also (6.15) stehen lassen und als allgemeine Lösung in *impliziter* Form ansehen.
Gibt man noch die Anfangsbedingung $y(0)=0$ vor, so ist in (6.15) $c=0$ zu setzen. Das Anfangswertproblem hat dann die implizite Lösung

$$(\sin x-\cos x)\mathrm{e}^x+(\sin y+\cos y)\mathrm{e}^y=0.$$

Mit Hilfe numerischer Methoden kann man sich nun eine Wertetabelle der Lösungsfunktion $y(x)$ in der Nähe von $x=0$ herstellen. Das grafische Resultat ist in Fig. 6.2 zu sehen.

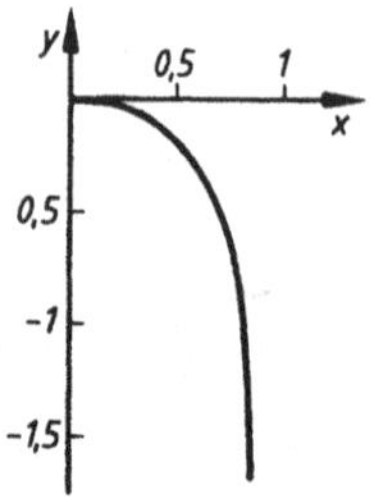

Fig. 6.2

6.10 Beispiel $2xy^2\dfrac{\mathrm{d}x}{\mathrm{d}y}+2x^2y+\sqrt{x}=0 \quad (x>0,\ -\infty<y<+\infty).$

Erster Schritt: *Prüfung auf Exaktheit:*

$$\frac{\partial}{\partial y}(2xy^2)=4xy,\quad \frac{\partial}{\partial x}(2x^2y+\sqrt{x})=4xy+\frac{1}{2\sqrt{x}},$$

die Differentialgleichung ist also *nicht* exakt und daher mit den Methoden dieser Nummer *nicht* zu bewältigen.

Aufgaben

In den Aufgaben 1 bis 10 ist zunächst zu prüfen, ob die angegebenen Differentialgleichungen exakt sind. Im Falle der Exaktheit sind die Lösungen der Anfangswertaufgaben bzw. die allgemeinen Lösungen der Differentialgleichungen in expliziter oder impliziter Form anzugeben.

1. $xy^2+y-x\dfrac{\mathrm{d}y}{\mathrm{d}x}=0.$

2. $(3x^2y^2+2y-1)\mathrm{d}x+(2x^3y+2x+2y)\mathrm{d}y=0,\quad y(0)=1 \quad \text{bzw.} \quad y(0)=-1.$

3. $\left(\dfrac{1}{xy}+2x\right)\dfrac{\mathrm{d}x}{\mathrm{d}y}+y^2-\dfrac{\ln x}{y^2}=0.$

4. $(x^2+y)\mathrm{d}x-x\mathrm{d}y=0.$

5. $2xy+x^2-\frac{\tan y}{x^2}+\left(x^2+y^2+\frac{1}{x\cos^2 y}\right)y'=0, \quad y(1)=1.$

6. $(\cos y+2xy)\,\mathrm{d}x+(x^2-y-x\sin y)\,\mathrm{d}y=0, \quad y(0)=\sqrt{2}.$

7. $3x^2+2xy+1+2x^2y\frac{\mathrm{d}y}{\mathrm{d}x}=0.$

8. $(\mathrm{e}^y+y\cos xy)\,\mathrm{d}x+(x\mathrm{e}^y+x\cos xy)\,\mathrm{d}y=0.$

9. $\frac{1}{y\sqrt{1-x^2}}\frac{\mathrm{d}x}{\mathrm{d}y}-\frac{\arcsin x}{y^2}-\frac{y}{\sqrt{1-y^2}}=0.$

10. $\left(\cosh y+\frac{\cosh x}{y}\right)\mathrm{d}x+\left(x\sinh y-\frac{\sinh x}{y^2}\right)\mathrm{d}y=0.$

11. Eine exakte Differentialgleichung bei Newton Sie findet sich in *De Methodis Serierum et Fluxionum* von 1670/71 (= The Mathematical Papers of Isaac Newton III, Cambridge 1969, S. 85):

$$3\dot{x}x^2-2a\dot{x}x+a\dot{x}y-3\dot{y}y^2+a\dot{y}x=0,$$

also $$3x^2-2ax+ay-3y^2y'+axy'=0 \qquad \left(\text{wegen } \frac{\dot{y}}{\dot{x}}=\frac{\mathrm{d}y/\mathrm{d}t}{\mathrm{d}x/\mathrm{d}t}=\frac{\mathrm{d}y}{\mathrm{d}x}\right).$$

Bestätige Newtons Resultat: *Summa* $x^3-axx+axy-y^3=0$ *erit relatio desiderata quantitatum x et y.* Newton hat keine freie Konstante, weil er seine Kurven gewöhnlich durch den Nullpunkt gehen läßt.

12. Eine exakte Differentialgleichung bei Euler Der Leser möge das folgende Beispiel aus Eulers *De integratione aequationum differentialium* (Novi Comm. acad. sci. Petrop. **8** (1760/61) 3–63 = Opera (1), 22, S. 334–394, dort S. 342) durcharbeiten, um eine weitere exakte Differentialgleichung zu lösen und um einen Eindruck von Eulers luzider und dem Leser zugewandter Schreibart zu gewinnen.

EXEMPLUM 1

12. *Integrare hanc aequationem differentialem:*

$$2axydx+axxdy-y^3dx-3xyydy=0.$$

Comparata hac aequatione cum forma $M\,dx+N\,dy=0$, erit:

$$M=2axy-y^3 \text{ et } N=axx-3xyy.$$

Primum igitur dispiciendum est, utrum hic casus in problemate contineatur, quem in finem quaeramus valores:

$$\left(\frac{dM}{dy}\right)=2ax-3yy \text{ et } \left(\frac{dN}{dx}\right)=2ax-3yy,$$

qui cum sint aequales, operatio praescripta necessario succedet. Reperietur autem, sumta y pro constante:

$$\int M\,dx=axxy-y^3x+Y;$$

cuius formae si differentiale sumatur, posita x constante, prodibit:

$$axxdy - 3yyxdy + dY = N dy,$$

et pro N valore suo $axx - 3xyy$ restituto, fiet $dY = 0$, ex quo nascitur $Y = 0$, vel $Y = \text{const}$. Quare aequatio integralis quaesita habebitur:

$$axxy - y^3 x = \text{Const}.$$

7 Integrierende Faktoren

Ist die Differentialgleichung

$$P(x, y)\,\mathrm{d}x + Q(x, y)\,\mathrm{d}y = 0 \quad (P, Q \text{ definiert auf einem Rechteck } R) \tag{7.1}$$

nicht exakt, so kann man versuchen, *sie durch Multiplikation mit einer auf R nirgends verschwindenden Funktion $M(x, y)$ zu einer exakten Gleichung*

$$M(x, y)\,P(x, y)\,\mathrm{d}x + M(x, y)\,Q(x, y)\,\mathrm{d}y = 0 \tag{7.2}$$

zu machen; wegen $M(x, y) \neq 0$ stimmen die Lösungen von (7.2) mit denen der ursprünglichen Gleichung (7.1) überein. Eine derartige Funktion M nennt man einen integrierenden Faktor oder Eulerschen Multiplikator. Sind die partiellen Ableitungen von P, Q und M auf R vorhanden und stetig, so ist (7.2) genau dann exakt, wenn

$$\frac{\partial}{\partial y}(MP) = \frac{\partial}{\partial x}(MQ) \quad \text{auf } R \tag{7.3}$$

ist (s. Satz 6.4), wenn also M einer *partiellen* Differentialgleichung genügt. Glücklicherweise benötigen wir aber nicht *alle* Lösungen dieser Gleichung, sondern nur *irgendeine*. Und deshalb wird man versuchen, besonders *einfache* Lösungen zu finden, z. B. solche, die nur von einer der beiden Variablen x, y oder nur von speziellen Kombinationen derselben, etwa von $x+y$ oder xy, abhängen. Wir erläutern dieses Verfahren durch zwei Beispiele.

7.1 Beispiel $4x + 3y^2 + 2xyy' = 0.$ (7.4)

Wegen $\frac{\partial}{\partial y}(4x + 3y^2) \neq \frac{\partial}{\partial x}(2xy)$ ist die Gleichung nicht exakt (auf $\mathbf{R}^2$). Wir versuchen nun, einen *nur von x abhängenden* Multiplikator $M(x)$ zu finden. Für einen solchen geht (7.3) nach kurzer Rechnung über in $xM' = 2M$, und diese Differentialgleichung besitzt die Lösung $M(x) := x^2$ auf $\mathbf{R}$. Die mit ihr multiplizierte Gleichung (7.4), also

$$4x^3 + 3x^2y^2 + 2x^3yy' = 0, \tag{7.5}$$

ist tatsächlich auf ganz $\mathbf{R}^2$ exakt (Probe!). x^2 ist also ein integrierender Faktor für (7.4), allerdings nicht auf $\mathbf{R}^2$, sondern nur auf jeder der beiden Halbebenen $x < 0$ und $x > 0$ (denn nur dort ist $x^2 \neq 0$). Eine Stammfunktion zu (7.5) auf $\mathbf{R}^2$ ist $F(x, y) := x^4 + x^3y^2$, und die allgemeine Lösung von

(7.5) wird dort in impliziter Form gegeben durch

$$x^4+x^3y^2=C. \tag{7.6}$$

(7.6) liefert uns also auch alle Lösungen von (7.4), die auf $x>0$ oder auf $x<0$ definiert sind. Andere kann es aber gar nicht geben. Angenommen nämlich, $y(x)$ sei ein noch für $x=0$ erklärtes Integral von (7.4). Dann wäre $y(x)$ gewiß auch eine Lösung von (7.5) und müßte daher der Gleichung (7.6) mit einem gewissen C genügen. Für $x=0$ ergibt sich $C=0$, und somit wäre $x^4+x^3y^2(x)=0$. Daraus folgt, daß $y(x)$ nur für $x\leqslant 0$ definiert sein kann, und zwar muß dort $y(x)=\sqrt{-x}$ oder $=-\sqrt{-x}$ sein. Keine dieser Funktionen ist aber in $x=0$ differenzierbar. Es kann also tatsächlich keine in $x=0$ erklärte Lösung von (7.4) geben. Somit liefert uns (7.6) *alle* Integrale von (7.4) - obwohl der Multiplikator x^2 nicht auf ganz $\mathbf{R}^2$, sondern nur auf den Halbebenen $x<0$ und $x>0$ eingesetzt werden konnte.

7.2 Beispiel $xy^2+y-xy'=0.$ (7.7)

Die Gleichung ist nicht exakt, und es kann auch keinen integrierenden Faktor geben, der allein von x abhängt. Nun versuchen wir, einen Multiplikator der Form $M(y)$ zu finden. Für einen solchen erhalten wir aus (7.3) nach kurzer Rechnung die Differentialgleichung $yM'=-2M$, die für $y>0$ und $y<0$ die Lösung $M(y):=1/y^2$ besitzt. Die mit M multiplizierte Gleichung (7.7), also

$$x+\frac{1}{y}-\frac{x}{y^2}y'=0, \tag{7.8}$$

ist tatsächlich auf der oberen und der unteren Halbebene exakt (Probe!). Auf der x-Achse ist sie jedoch, sehr im Unterschied zu der ursprünglichen Gleichung (7.7), überhaupt nicht definiert. Auf den genannten Halbebenen ist $F(x,y):=\frac{x}{y}+\frac{x^2}{2}$ eine Stammfunktion von (7.8), die allgemeine Lösung von (7.8) wird also in impliziter Form durch

$$\frac{x}{y}+\frac{x^2}{2}=C \tag{7.9}$$

und in expliziter durch

$$y(x):=\frac{2x}{c-x^2} \quad (c:=2C) \tag{7.10}$$

gegeben. Dabei ist x auf solche Intervalle zu beschränken, auf denen $y(x)$ durchweg positiv oder durchweg negativ ist, und auf solchen Intervallen ist $y(x)$ dann auch eine Lösung der ursprünglichen Differentialgleichung (7.7). Nachträglich verifiziert man jedoch, daß die Funktion $y(x)$ auf jedem Intervall, auf dem sie überhaupt definiert ist, die Ausgangsgleichung (7.7) löst. Durch (7.10) werden uns aber bemerkenswerterweise *nicht alle* Lösungen von (7.7) geliefert; denn das triviale Integral $y(x)\equiv 0$ ist nicht in (7.10) enthalten. *Durch das Verfahren des integrierenden Faktors können also Lösungen* verlorengehen. Diese Gefahr besteht immer dann, wenn der Multiplikator M nicht auf dem ganzen Definitionsbereich der zu lösenden Differentialgleichung vorhanden ist.

Aufgaben

1. $\alpha(x)$ sei auf dem Intervall I stetig. Zeige, daß die homogene lineare Differentialgleichung $y' = \alpha(x)y$ (oder also $\alpha(x)y\,dx - dy = 0$) den integrierenden Faktor $\exp(-\int \alpha(x)\,dx)$ besitzt und löse sie mit seiner Hilfe (s. Satz 4.1).

In den Aufgaben 2 bis 8 mögen die Koeffizientenfunktionen P, Q der Differentialgleichung $P(x,y)\,dx + Q(x,y)\,dy = 0$ auf dem Rechteck R stetige partielle Ableitungen besitzen.

2. Hängt $f := \frac{1}{Q}(P_y - Q_x)$ allein von x ab, so ist $M(x) := \exp(\int f(x)\,dx)$ ein integrierender Faktor.

3. Hängt $g := \frac{1}{P}(P_y - Q_x)$ allein von y ab, so ist $M(y) := \exp(-\int g(y)\,dy)$ ein integrierender Faktor.

4. Hängt $h := \frac{P_y - Q_x}{xP - yQ}$ allein von xy ab, so ist $M(xy) := \exp(-\int h(t)\,dt)_{t=xy}$ ein integrierender Faktor.

5. Finde eine Bedingung dafür, daß ein nur von $x+y$ abhängender integrierender Faktor vorhanden ist.

6. Ist $P_x = Q_y$, $P_y = -Q_x$, so ist $1/(P^2+Q^2)$ ein integrierender Faktor.

7. Ist $P = yp(xy)$, $Q = xq(xy)$, so ist $1/(xP - yQ)$ ein integrierender Faktor.

8. Ist $P = p(y/x)$, $Q = q(y/x)$, so ist $1/(xP + yQ)$ ein integrierender Faktor.

In den Aufgaben 6 bis 10 sind die angegebenen Differentialgleichungen mit Hilfe eines integrierenden Faktors explizit oder implizit zu lösen. Man ziehe dazu die Aufgaben 2 bis 4 heran.

9. $-2xy\,dx + (3x^2 - y^2)\,dy = 0.$

10. $(\sin x - x\cos x - 3x^2(y-x)^2)\,dx + 3x^2(y-x)^2\,dy = 0.$

11. $(3xy + 4x^2y^2)\,dx + (2x^2 + 3x^3y)\,dy = 0.$

12. $(x+y)\,dx - \frac{x^2}{y}\,dy = 0.$ **13.** $\cos x\,dx + (4ye^{-y} + \sin x)\,dy = 0.$

8 Die Differentialgleichung mit getrennten Veränderlichen

Sie hat die Gestalt

$$\frac{dy}{dx} = f(x)g(y), \tag{8.1}$$

die Veränderlichen x, y sind also insofern „getrennt", als die rechte Seite von (8.1) ein Produkt zweier Faktoren ist, von denen der eine allein von x, der andere allein von y abhängt. Ganz speziell haben die folgenden Differentialgleichungen getrennte Veränderliche:

$$\frac{dy}{dx} = f(x) \qquad \text{(hier ist } g(y) \equiv 1\text{)}, \tag{8.2}$$

$$\frac{dy}{dx} = g(y) \qquad \text{(hier ist } f(x) \equiv 1\text{)}, \tag{8.3}$$

$$\frac{dy}{dx} = f(x)y \qquad \text{(homogene lineare Differentialgleichung)}. \tag{8.4}$$

Nun sei $f(x)$ auf einem Intervall I_x und $g(y)$ auf einem Intervall I_y stetig, ferner sei $g(y)$ ständig $\neq 0$. Wir schreiben die Differentialgleichung (8.1) in der Form

$$f(x)\,dx - \frac{1}{g(y)}\,dy = 0$$

und erkennen nun sofort, daß sie auf dem Rechteck $R := I_x \times I_y$ *exakt* ist; denn sie besitzt dort die Stammfunktion

$$F(x, y) := \int_{x_0}^{x} f(t)\,dt - \int_{y_0}^{y} \frac{dt}{g(t)} \quad \text{mit beliebigem } x_0 \in I_x,\ y_0 \in I_y. \tag{8.5}$$

Aus Satz 6.6 erhalten wir infolgedessen mit einem Schlag den entscheidenden

8.1 Satz *Sei $f(x)$ auf dem Intervall I_x und $g(y)$ auf dem Intervall I_y stetig, ferner sei $g(y)$ dort ständig $\neq 0$. Ist nun x_0 aus I_x und y_0 aus dem Innern von I_y, so ist die Anfangswertaufgabe*

$$\frac{dy}{dx} = f(x)g(y), \quad y(x_0) = y_0 \tag{8.6}$$

in einer hinreichend kleinen Umgebung von x_0 eindeutig lösbar, *und zwar dadurch, daß man die Gleichung*

$$\int_{y_0}^{y} \frac{dt}{g(t)} = \int_{x_0}^{x} f(t)\,dt \tag{8.7}$$

nach y auflöst. Stattdessen kann man auch die Gleichung

$$\int \frac{dy}{g(y)} = \int f(x)\,dx + C \tag{8.8}$$

nach y auflösen und anschließend die Integrationskonstante C der Anfangsbedingung $y(x_0) = y_0$ anpassen.

Wir haben also den folgenden schematischen

Lösungsweg Erster Schritt: Man bringt $\mathrm{d}y/\mathrm{d}x = f(x)g(y)$ auf die Form

$$\frac{\mathrm{d}y}{g(y)} = f(x)\,\mathrm{d}x \qquad \text{(„Trennung der Veränderlichen“).}$$

Zweiter Schritt: Man integriert unbestimmt:

$$\int \frac{\mathrm{d}y}{g(y)} = \int f(x)\,\mathrm{d}x + C. \tag{8.9}$$

Dritter Schritt: Man löst (8.9) nach y auf, erhält so die allgemeine Lösung $y(x, C)$ von (8.1) und paßt diese nun der Anfangsbedingung $y(x_0) = y_0$ an. Oder man geht in *umgekehrter* Reihenfolge vor: Man arbeitet die Anfangsbedingung schon in (8.9) ein und löst erst dann nach y auf.

Die Bemerkungen, die wir nach Satz 6.6 angebracht haben, gelten *mutatis mutandis* auch im vorliegenden Fall. Ist also die Auflösung der Gleichung (8.9) nach y nicht praktikabel, so wird man versuchen, sie nach x aufzulösen, um wenigstens die Umkehrung $x(y, C)$ des eigentlich gesuchten Integrals $y(x, C)$ zu erhalten. Ist auch dies nicht zu bewerkstelligen, so muß man (8.9) notgedrungen stehen lassen und als allgemeine Lösung von (8.1) in impliziter Form bezeichnen (oder als Lösung von (8.6) in impliziter Form, wenn man C von vornherein vermöge der Anfangsbedingung $y(x_0) = y_0$ festgelegt hat).

8.2 Beispiel $$\frac{\mathrm{d}y}{\mathrm{d}x} = -\frac{x}{y}, \quad y(1) = 1. \tag{8.10}$$

Hier ist $f(x) = -x$, $g(y) = 1/y$, und die Voraussetzungen des Satzes 8.1 sind z. B. auf $I_x := (-\infty, +\infty)$, $I_y := (0, +\infty)$ erfüllt.

Erster Schritt: *Trennung der Veränderlichen*: $y\,\mathrm{d}y = -x\,\mathrm{d}x$.
Zweiter Schritt: *Unbestimmte Integration*: $\int y\,\mathrm{d}y = -\int x\,\mathrm{d}x + C$,

also $$\frac{y^2}{2} = C - \frac{x^2}{2}. \tag{8.11}$$

Dritter Schritt: *Einarbeitung der Anfangsbedingung und Auflösung nach* y: Aus (8.11) folgt mit $y(1) = 1$ sofort $C = 1$. Die Auflösung der Gleichung $\frac{y^2}{2} = 1 - \frac{x^2}{2}$ nach y liefert $y(x) := \sqrt{2 - x^2}$ (wegen $y(1) = 1$ ist das positive Zeichen vor der Wurzel zu wählen).

8.3 Beispiel $$\frac{\mathrm{d}y}{\mathrm{d}x} = \frac{1}{(\cos^2 2x)(\cos^2 y)}, \quad y\left(\frac{\pi}{8}\right) = 0. \tag{8.12}$$

Hier ist $f(x) = 1/\cos^2 2x$, $g(y) = 1/\cos^2 y$, und die Voraussetzungen des Satzes 8.1 sind z. B. auf $I_x := (-\pi/4, \pi/4)$, $I_y := (-\pi/2, \pi/2)$ erfüllt.

Erster Schritt: *Trennung der Veränderlichen*: $\cos^2 y\,\mathrm{d}y = \dfrac{\mathrm{d}x}{\cos^2 2x}$.

Zweiter Schritt: *Unbestimmte Integration*: $\int \cos^2 y\,\mathrm{d}y = \int \dfrac{\mathrm{d}x}{\cos^2 2x} + C$, also $$\frac{\sin 2y+2y}{4}=\frac{1}{2}\tan 2x+C.\ ^{1)} \tag{8.13}$$

Dritter Schritt: *Einarbeitung der Anfangsbedingung und Auflösung nach y*: Aus (8.13) folgt mit $y(\pi/8)=0$ sofort $C=-1/2$. Die geforderte Auflösung der Gleichung $\frac{\sin 2y+2y}{4}=\frac{1}{2}\tan 2x-\frac{1}{2}$ nach y ist nicht praktikabel, dagegen kann man ohne Mühe nach x auflösen und erhält so in

$$x(y):=\frac{1}{2}\arctan\left(\frac{\sin 2y+2y}{2}+1\right)$$

die Umkehrung des gesuchten Integrals $y(x)$.

8.4 Beispiel $$\frac{dy}{dx}=\frac{x e^{2x}}{y\cos y},\quad y(0)=\frac{\pi}{4}. \tag{8.14}$$

Hier ist $f(x)=xe^{2x}$, $g(y)=1/(y\cos y)$, und die Voraussetzungen des Satzes 8.1 sind z.B. auf $I_x:=(-\infty,+\infty)$, $I_y:=(0,\pi/2)$ erfüllt.

Erster Schritt: *Trennung der Veränderlichen*: $y\cos y\,dy=xe^{2x}\,dx$.

Zweiter Schritt: *Unbestimmte Integration*: $\int y\cos y\,dy=\int xe^{2x}\,dx+C$,

also $$y\sin y+\cos y=\frac{1}{4}(2x-1)e^{2x}+C.\ ^{2)} \tag{8.15}$$

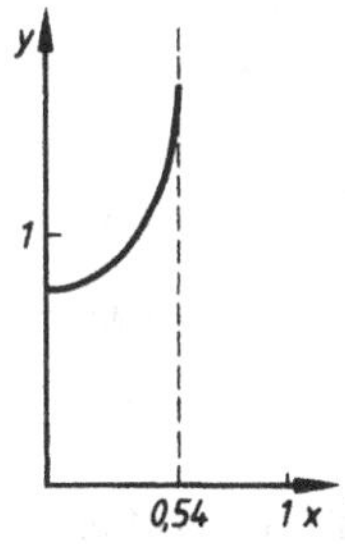

Fig. 8.1

Dritter Schritt: *Einarbeitung der Anfangsbedingung und Auflösung nach y*: Aus (8.15) folgt mit $y(0)=\pi/4$ sofort $C=\frac{\sqrt{2}}{2}\left(\frac{\pi}{4}+1\right)+\frac{1}{4}$. Die geforderte Auflösung der Gleichung

$$y\sin y+\cos y=\frac{1}{4}(2x-1)e^{2x}+\frac{\sqrt{2}}{2}\left(\frac{\pi}{4}+1\right)+\frac{1}{4} \tag{8.16}$$

nach y ist ebensowenig zu bewerkstelligen wie die „Ersatzauflösung" nach x. Man wird also Gl. (8.16) stehenlassen und als *implizites* Integral von (8.14) ansprechen. Ihre numerische Auflösung führt auf die Fig. 8.1.

---

[1] S. Formeln Nr. 25 und 42 im Anhang 1.

[2] S. Formeln Nr. 32 und 14 im Anhang 1.

Nun sei wieder die Anfangswertaufgabe (8.6) vorgelegt - im Unterschied zu den Voraussetzungen des Satzes 8.1 sei aber diesmal $g(y_0)=0$. Dann ist (8.6) zwar immer noch *lösbar* - z. B. in trivialer Weise durch $y(x)\equiv y_0$ - aber die *Eindeutigkeit* der Lösung kann *verlorengehen*, wie schon A 2.12 unmißverständlich zeigt.

Aufgaben

In den Aufgaben 1 bis 10 sind die allgemeinen Lösungen der Differentialgleichungen bzw. die Lösungen der Anfangswertprobleme anzugeben.

1. $\dfrac{\mathrm{d}y}{\mathrm{d}x}=-\dfrac{x^2}{y^3}$, $y(0)=1$ bzw. $y(0)=-1$.

2. $\dfrac{\mathrm{d}u}{\mathrm{d}t}=\mathrm{e}^u\sin t$, $u(0)=0$.

3. $xt^2\dfrac{\mathrm{d}x}{\mathrm{d}t}=\mathrm{e}^x$.

4. $\sqrt{1-t^2}\,\dot{u}+\sqrt{1-u^2}=0$.

5. $x^2y=(1+x)y'$, $y(0)=1$.

6. $y^2+1+(x^2+1)y'=0$.

7. $x(y^2+1)+y(x^2+1)y'=0$.

8. $y(1-x)\dfrac{\mathrm{d}y}{\mathrm{d}x}=1-y^2$.

9. $\dot{x}(1+t^2)\sin x-2t\cos x=0$, $x(1)=\dfrac{\pi}{3}$.

10. $\sqrt{(x^2-1)(y^2-1)}\,y'=-x^2$, $y(2)=2$.

+11. Die Differentialgleichung $\mathrm{d}y/\mathrm{d}x=f(ax+by+c)$ mit $b\neq 0$ geht vermöge der Substitution $z:=ax+by+c$ in eine Differentialgleichung mit getrennten Veränderlichen für z über.

Bestimme mit Hilfe der Aufgabe 11 die allgemeinen Lösungen der folgenden Differentialgleichungen.

12. $y'=(x+y)^2$.

13. $y'=(x-y)^2$ in dem „Schrägstreifen" $-1<x-y<1$ (Skizze!).

14. **Das explosive Bevölkerungswachstum in Entwicklungsländern** scheint weniger durch $\mathrm{d}P/\mathrm{d}t=\alpha P$ (s. (1.3)) als vielmehr durch die Differentialgleichung

$$\frac{\mathrm{d}P}{\mathrm{d}t}=\alpha P^{\beta}\qquad(\alpha>0,\ \beta>1\ \text{fest})$$

beschrieben zu werden (s. K. F. F. Watt: Ecology and ressource management. A quantitative approach, New York-San Francisco-Toronto-London 1968, S. 10). Löse sie unter der Anfangsbedingung $P(0) = P_0$ und zeige, daß $P(t)$ nicht erst für $t \to \infty$, sondern *bereits für* $t \to T < \infty$ *über alle Schranken wächst*. Wie groß ist T? Nach Angaben der UN aus dem Jahr 2005 wird sich in den fünfzig ärmsten Ländern der Welt die Bevölkerung bis zum Jahr 2050 mehr als verdoppeln, in gewissen Ländern mit jüngerer Alterstruktur sogar verdreifachen.

15. Dosis-Wirkungsfunktion eines Medikaments Sei $W(x)$ die Wirkung, die x Einheiten eines bestimmten Medikaments ausüben; $W(x)$ kann quantitativ festgelegt werden z. B. als Senkung des Blutdrucks, Verminderung der Anzahl bakterieller Krankheitserreger usw. Trivialerweise ist $W(0)=0$, und die Erfahrung zeigt, daß $W(x)$ sich mit wachsender Dosis x einer *Wirkungssättigung* $S>0$ nähert, und zwar gemäß der Gleichung

$$W(x) = \frac{Sx}{x+A} \qquad (A \text{ eine positive Konstante}).$$

$W(x)$ nennt man eine Menten-Michaelis-Funktion oder Dosis-Wirkungsfunktion. Zeige, daß sie einer Differentialgleichung mit getrennten Veränderlichen genügt.

16. Die logistische Differentialgleichung $\mathrm{d}P/\mathrm{d}t = \gamma P - \tau P^2$ ($\gamma, \tau > 0$ fest) wurde unter der Anfangsbedingung $P(0) = P_0 > 0$ in A 4.27 als eine Bernoullische Differentialgleichung gelöst. Sie hat aber auch getrennte Veränderliche und kann daher nach der Methode dieser Nummer behandelt werden. Führe dies durch!

⁺**17. Die Differentialgleichung** $y' = ay^2 + by + c$ (a, b, c feste reelle Zahlen, $a \neq 0$) tritt besonders häufig in den Anwendungen auf (die logistische Differentialgleichung ist z. B. von dieser Bauart; vgl. auch den Abschnitt über chemische Reaktionskinetik in Nr. 10 und die Aufgabe 18). Löse sie mit Hilfe der Formel Nr. 1 im Anhang 1. Dabei sind drei Fälle zu unterscheiden:

I) $4ac - b^2 > 0$: $P(y) := ay^2 + by + c$ besitzt keine reellen Wurzeln,
II) $4ac - b^2 = 0$: $P(y)$ besitzt eine reelle Doppelwurzel α,
III) $4ac - b^2 < 0$: $P(y)$ besitzt zwei verschiedene reelle Wurzeln α, β.

⁺**18. Wachstumsdifferentialgleichungen** Eine wachsende Population habe zur Zeit $t \geqslant 0$ die Größe $P(t)$. Die Annahme, die Wachstums*rate* hänge nur *von der schon erreichten Größe* ab, führt zu der Differentialgleichung

$$\frac{\mathrm{d}P}{\mathrm{d}t} = g(P) \quad \text{mit einer gewissen Funktion } g. \tag{8.17}$$

Entwickeln wir $g(P)$ nach Potenzen von P, so geht (8.17) über in

$$\frac{\mathrm{d}P}{\mathrm{d}t} = \alpha_0 + \alpha_1 P + \alpha_2 P^2 + \alpha_3 P^3 + \cdots.$$

Hier muß $\alpha_0 = 0$ sein, weil eine nichtvorhandene Population ($P = 0$) nicht wachsen kann. Wir haben also

$$\frac{\mathrm{d}P}{\mathrm{d}t} = \alpha_1 P + \alpha_2 P^2 + \alpha_3 P^3 + \cdots.$$

Durch Abbrechen nach dem ersten bzw. zweiten Glied erhält man die Wachstumsmodelle

$$\frac{\mathrm{d}P}{\mathrm{d}t} = \alpha_1 P \qquad (\alpha_1 > 0, \textit{ exponentielles } \text{Wachstum})$$

bzw. $$\frac{dP}{dt} = \alpha_1 P + \alpha_2 P^2. \tag{8.18}$$

Zeige, daß in dem zweiten Modell die Möglichkeit der Populationsstabilisierung ($dP/dt = 0$) enthalten ist und daß man so auf die *logistische* Differentialgleichung kommt.

19. Die Konzentrationsdifferentialgleichung in mikrobiologischen Reaktoren lautet

$$\frac{dc}{dt} = \frac{k_1 c}{k_2 + c} \quad (k_1, k_2 \text{ positive Konstanten}),$$

wobei c die zeitabhängige Konzentration der sich vermehrenden Mikroorganismen in dem Reaktor ist. Bestimme die Umkehrfunktion von $c(t)$.

9 Die eulerhomogene Differentialgleichung und die Differentialgleichung $\frac{dy}{dx} = f\left(\frac{ax+by+c}{\alpha x+\beta y+\gamma}\right)$

Die allometrische Differentialgleichung in A 5.29 hat die Form

$$\frac{dy}{dx} = k\frac{y}{x} \quad (k > 0 \text{ konstant}),$$

die Dosis-Wirkungsfunktion $W(x)$ eines Medikaments genügt der Differentialgleichung

$$\frac{dW}{dx} = \frac{A}{S}\left(\frac{W}{x}\right)^2 \quad (A, S \text{ positive Konstanten})$$

(s. A 8.15 und zugehörige Lösung). Diese beiden Differentialgleichungen haben die Gestalt

$$\frac{dy}{dx} = h\left(\frac{y}{x}\right) \quad \text{mit einer gewissen Funktion } h(z). \tag{9.1}$$

Jede derartige Gleichung wollen wir (nach Euler) eine eulerhomogene Differentialgleichung nennen (die oft gebrauchte Bezeichnung „homogene Differentialgleichung“ werden wir nicht verwenden, weil sie leicht zu Verwechslungen mit der ganz andersartigen homogenen *linearen* Differentialgleichung führen kann). Die Lösungsmethode liegt auf der Hand: man macht die Substitution

$$\frac{y}{x} =: z \tag{9.2}$$

und transformiert damit (9.1) wegen $y' = (xz)' = xz' + z$ in die Differentialgleichung

$$\frac{dz}{dx}=\frac{h(z)-z}{x} \tag{9.3}$$

mit *getrennten* Veränderlichen. Die Lösungen $z(x)$ dieser Gleichung liefern dann sofort die Lösungen $y(x):=xz(x)$ der Ausgangsgleichung (9.1). Insbesondere ist die Anfangswertaufgabe

$$\frac{dy}{dx}=h\left(\frac{y}{x}\right), \quad y(x_0)=y_0 \tag{9.4}$$

genau dann eindeutig lösbar, wenn dies für die korrespondierende Aufgabe

$$\frac{dz}{dx}=\frac{h(z)-z}{x}, \quad z(x_0)=\frac{y_0}{x_0} \tag{9.5}$$

gilt; zuständig für dieses Problem ist der Satz 8.1.

9.1 Beispiel $xy'=y-x-xe^{-y/x}, \quad y(1)=0.$ (9.6)

Bringen wir die Differentialgleichung auf die Form

$$y'=\frac{y}{x}-1-e^{-y/x},$$

so erweist sie sich als eulerhomogen. Die Substitution $y/x=:z$ führt sie über in

$$xz'+z=z-1-e^{-z} \quad \text{oder also in} \quad z'=-\frac{1+e^{-z}}{x}.$$

Wir haben es somit zu tun mit dem Anfangswertproblem

$$\frac{dz}{dx}=-\frac{1+e^{-z}}{x}, \quad z(1)=\frac{y(1)}{1}=0.$$

Seine Lösung ergibt sich aus $\int\frac{dz}{1+e^{-z}}=-\int\frac{dx}{x}+C$ mit Formel Nr. 17 im Anhang 1 zu $z(x)=\ln\left(\frac{2}{x}-1\right)$. Die Lösung von (9.6) ist also

$$y(x)=x\ln\left(\frac{2}{x}-1\right) \quad \text{für } 0<x<2.$$

Eine Differentialgleichung der Form

$$\frac{dy}{dx}=f\left(\frac{ax+by}{\alpha x+\beta y}\right) \tag{9.7}$$

ist für $x \gtrless 0$ offenbar nichts anderes als die eulerhomogene Gleichung

$$\frac{dy}{dx}=f\left(\frac{a+b\dfrac{y}{x}}{\alpha+\beta\dfrac{y}{x}}\right). \tag{9.8}$$

Wir fassen nun die etwas allgemeinere Differentialgleichung

$$\frac{dy}{dx}=f\left(\frac{ax+by+c}{\alpha x+\beta y+\gamma}\right) \tag{9.9}$$

ins Auge. Ist $\alpha=\beta=0$, so hat sie die Gestalt

$$\frac{dy}{dx}=f(Ax+By+C)\,; \tag{9.10}$$

derartige Gleichungen haben wir schon in A 8.11 behandelt. Wir dürfen deshalb hinfort annehmen, daß wenigstens eine der Zahlen α, β nicht verschwindet. Ist nun

$$\begin{vmatrix} a & b \\ \alpha & \beta \end{vmatrix}=a\beta-\alpha b=0 \quad \text{oder also} \quad a=\lambda\alpha, \quad b=\lambda\beta, \tag{9.11}$$

so hat (9.9) die Form

$$\frac{dy}{dx}=f\left(\frac{\lambda(\alpha x+\beta y)+c}{\alpha x+\beta y+\gamma}\right). \tag{9.12}$$

Im Falle $\beta=0$ hängt die rechte Seite nur von x ab, im Falle $\beta\neq 0$ geht (9.12) vermöge der naheliegenden Substitution $z:=\alpha x+\beta y$ in eine Differentialgleichung für z über, deren rechte Seite allein von z abhängt. ***In beiden Fällen werden wir also auf besonders einfach gebaute Differentialgleichungen mit getrennten Veränderlichen geführt.***

Im Gegensatz zu (9.11) sei nun

$$\begin{vmatrix} a & b \\ \alpha & \beta \end{vmatrix}=a\beta-\alpha b\neq 0. \tag{9.13}$$

Dann gibt es eindeutig bestimmte Zahlen ξ, η mit

$$a\xi+b\eta+c=0, \quad \alpha\xi+\beta\eta+\gamma=0. \tag{9.14}$$

Wir führen nun vermöge der Substitution

$$x:=u+\xi, \quad y:=v+\eta \tag{9.15}$$

neue Variable u, v ein. Jede Lösung $y(x)$ der Differentialgleichung (9.9) liefert dann die transformierte Funktion

$$v(u):=y(u+\xi)-\eta,$$

und für diese ist

$$\frac{\mathrm{d}v}{\mathrm{d}u}(u)=\frac{\mathrm{d}y}{\mathrm{d}x}(u+\xi)=f\left(\frac{a\cdot(u+\xi)+b\cdot y(u+\xi)+c}{\alpha\cdot(u+\xi)+\beta\cdot y(u+\xi)+\gamma}\right)$$

$$=f\left(\frac{a\cdot(u+\xi)+b\cdot(v(u)+\eta)+c}{\alpha\cdot(u+\xi)+\beta\cdot(v(u)+\eta)+\gamma}\right)=f\left(\frac{au+bv(u)}{\alpha u+\beta v(u)}\right),$$

letzteres wegen (9.14). $v(u)$ genügt also der eulerhomogenen Differentialgleichung

$$\frac{\mathrm{d}v}{\mathrm{d}u}=f\left(\frac{au+bv}{\alpha u+\beta v}\right) \tag{9.16}$$

(s. (9.7) und (9.8)). Umgekehrt erzeugt jede Lösung $v(u)$ von (9.16) das Integral

$$y(x):=v(x-\xi)+\eta \tag{9.17}$$

von (9.9), wie man durch eine ganz ähnliche Rechnung sofort erkennt. Zusammenfassend können wir also sagen: *Im Falle* (9.13) *gewinnt man alle Lösungen von* (9.9), *indem man die Lösungen $v(u)$ von* (9.16) *bestimmt und diese der Transformation* (9.17) *unterwirft.*

9.2 Beispiel $\quad \dfrac{\mathrm{d}y}{\mathrm{d}x}=-\dfrac{4x+3y-1}{3x+4y+1}. \qquad (9.18)$

Hier ist $\begin{vmatrix} a & b \\ \alpha & \beta \end{vmatrix}=\begin{vmatrix} 4 & 3 \\ 3 & 4 \end{vmatrix}=7\neq 0$. Wir bestimmen deshalb zunächst die Zahlen ξ,η, die den Gleichungen

$$4\xi+3\eta-1=0,\quad 3\xi+4\eta+1=0$$

genügen (s. (9.14)). Es ergibt sich $\xi=1$, $\eta=-1$. Durch die Substitution $x:=u+1$, $y:=v-1$ (s. (9.15)) geht nun (9.18) über in die eulerhomogene Gleichung

$$\frac{\mathrm{d}v}{\mathrm{d}u}=-\frac{4u+3v}{3u+4v}=-\frac{4+3\frac{v}{u}}{3+4\frac{v}{u}} \qquad \text{(s. (9.16))}.$$

Diese transformieren wir vermöge der Substitution $v/u=:z$ in

$$\frac{\mathrm{d}z}{\mathrm{d}u}=-\frac{1}{u}\,\frac{4+6z+4z^2}{3+4z}.$$

Trennung der Veränderlichen ergibt

$$\int\frac{3+4z}{4+6z+4z^2}\,\mathrm{d}z=-\int\frac{\mathrm{d}u}{u}+C,$$

also $\quad \dfrac{1}{2}\ln(2+3z+2z^2)=-\ln u+C=\ln\dfrac{c}{u}$

(hierin haben wir $C=\ln c$ mit $c>0$ gesetzt). Es folgt

$$2+3z+2z^2=\frac{k}{u^2} \quad \text{mit einem willkürlichen} \quad k>0,$$

wegen $z=v/u$ also $2u^2+3uv+2v^2=k$. Mit $u=x-1$, $v=y+1$ erhält man daraus die allgemeine Lösung von (9.18) in der impliziten Form

$$2x^2+2y^2+3xy-x+y=K \quad \text{mit einem willkürlichen} \quad K>-1.$$

(9.18) läßt sich auch - und zwar viel einfacher! - als *exakte* Differentialgleichung behandeln.

Aufgaben

In den Aufgaben 1 bis 13 sind die allgemeinen Lösungen der Differentialgleichungen bzw. die Lösungen der Anfangswertaufgaben zu bestimmen.

1. $y'=\dfrac{x+2y}{2x+y}$, $y(1)=0$.

2. $xyy'=-(x^2+y^2)$.

3. $y'=\dfrac{y^2-x\sqrt{x^2+y^2}}{xy}$, $y(1)=1$.

4. $xy'=y+\sqrt{x^2+y^2}$, $y(1)=0$.

5. $yy'=-x+\sqrt{x^2+y^2}$.

6. $y'=\sqrt{x+y+1}$.

7. $y'=\sin(x+y)$.

8. $(2x^2+2xy+y^2)\,\mathrm{d}x+(x^2+2xy)\,\mathrm{d}y=0$. Behandle diese Gleichung als eulerhomogene und als exakte.

9. $\dfrac{\mathrm{d}y}{\mathrm{d}x}=\dfrac{x-2y+3}{x-2y+5}$, $y(0)=0$.

10. $\dfrac{\mathrm{d}y}{\mathrm{d}x}=\dfrac{2x-4y+1}{x-2y+1}$.

11. $\dfrac{\mathrm{d}y}{\mathrm{d}x}=\dfrac{x+2y}{2x+y}$, $y(1)=0$.

12. $\dfrac{\mathrm{d}y}{\mathrm{d}x}=\dfrac{2x-2y+4}{x-y+3}$, $y(1)=1$.

13. $4x+3y+1+(3x+2y+1)y'=0$. Löse diese Gleichung mit zwei Methoden (s. Aufgabe 8).

14. Die Differentialgleichung $ax+by+c+(\alpha x+\beta y+\gamma)y'=0$ ist genau im Falle $b=\alpha$ exakt.

15. Die Differentialgleichung $ax^2+bxy+cy^2+(\alpha x^2+\beta xy+\gamma y^2)y'=0$ ist genau im Falle $b=2\alpha, \beta=2c$ exakt.

10 Anwendungen

Die Eisversorgung Alexanders des Großen (356–323 v. Chr.; 33) in den asiatischen Wüsten geschah auf die natürlichste Weise von der Welt: der junge Condottiere ließ Eisblöcke aus den heimatlichen Bergen Makedoniens in große Heuhaufen packen und in wochenlangen Transporten zu seinen diversen Feldlagern bringen, um seinen Wein kühlen zu können (er galt als großer Zecher). Wir wollen zeigen, daß diese Idee durchaus praktikabel ist. Natürlich müssen wir bei der mathematischen Betrachtung einige Vereinfachungen in Kauf nehmen.

Es sei ein kubischer Eisblock (ein Eiswürfel) mit einer Gesamtoberfläche von $F\,\mathrm{cm}^2$ gegeben. Er werde mit einer Heuschicht der Dicke D cm umhüllt. $\vartheta_A(t)$ sei die Außentemperatur, $\vartheta_I(t)$ die Temperatur im Innern der Packung zur Zeit t. Solange das Eis noch nicht vollständig geschmolzen ist, ist $\vartheta_I(t)=0$. In der (kleinen) Zeitspanne $\mathrm{d}t$ wird dem Eiswürfel nach dem Fourierschen Wärmeleitungsgesetz[1] die Wärmemenge

$$\mathrm{d}Q=\lambda\frac{F}{D}[\vartheta_A(t)-\vartheta_I(t)]\,\mathrm{d}t=\lambda\frac{F}{D}\vartheta_A(t)\,\mathrm{d}t$$

zugeführt, so daß

$$\frac{\mathrm{d}Q}{\mathrm{d}t}=\lambda\frac{F}{D}\vartheta_A(t) \tag{10.1}$$

ist. Dabei ist λ die sogenannte Wärmeleitfähigkeit des Heues; ihre physikalische Dimension ist $\mathrm{cal}\cdot\mathrm{grad}^{-1}\cdot\mathrm{cm}^{-1}\cdot\mathrm{h}^{-1}$ (wenn man, wie wir es tun werden, die Wärmemenge in Kalorien und die Zeit in Stunden mißt). (10.1) ist eine extrem einfache Differentialgleichung für Q. Um weiter zu kommen, müssen wir freilich eine gewisse Vorstellung von dem Temperaturverlauf $\vartheta_A(t)$ haben. Stark vereinfachend nehmen wir an, um 6 Uhr betrage die Außentemperatur 0 °C, sie steige linear auf 40 °C um 14 Uhr und falle dann linear auf 0 °C um 6 Uhr am folgenden Morgen – und dies alles wiederhole sich Tag um Tag. Beginnen wir mit der Zeitmessung (in Stunden) um 6 Uhr, so ist also

$$\vartheta_A(t)=\begin{cases}\dfrac{40}{8}t & \text{für } 0\leqslant t\leqslant 8,\\[2ex] 60-\dfrac{40}{16}t & \text{für } 8<t\leqslant 24\end{cases}\qquad \text{(s. Fig. 10.1).}$$

---

[1] So genannt nach dem französischen Physiker und Mathematiker Jean Baptiste Fourier (1768–1830; 62), mit dessen Buch „Analytische Theorie der Wärme“ eine neue Epoche der mathematischen Physik und der Mathematik selbst begann: *Le livre de Fourier a une importance capitale dans l'histoire des mathématiques* (Henri Poincaré).

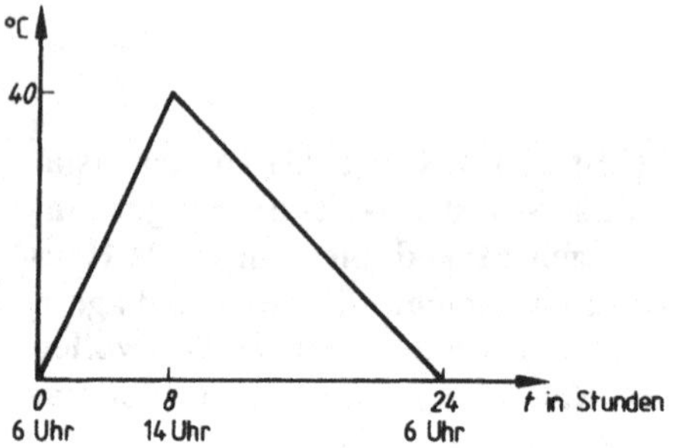

Fig. 10.1

Im Laufe eines Tages wird also dem Eiswürfel die Wärmemenge

$$Q := \int_0^{24} \lambda \frac{F}{D} \vartheta_A(t)\,\mathrm{d}t = \lambda \frac{F}{D} \left\{ \int_0^8 \frac{40}{8} t\,\mathrm{d}t + \int_8^{24} \left(60 - \frac{40}{16} t\right) \mathrm{d}t \right\} = 480\lambda \frac{F}{D} \text{ cal}$$

zugeführt. Für λ nehmen wir den Wert 0,72 cal·grad^{-1}·cm^{-1}·h^{-1}, der etwa in der Mitte zwischen der Wärmeleitfähigkeit von Luft und der von Holz liegt. Damit wird

$$Q = 345{,}6 \frac{F}{D} \text{ cal}. \tag{10.2}$$

Hat nun der Eiswürfel die Kantenlänge 50 cm und die Heuschicht die Dicke 50 cm, so ist $F/D = (50 \cdot 50 \cdot 6)/50 = 300$ cm, nach (10.2) werden also dem Eis pro Tag 103 680 Kalorien zugeführt. Um ein Gramm Eis zu schmelzen, sind 79,5 Kalorien erforderlich. Im Laufe eines Tages werden also etwa 1300 Gramm, d. h. 1,3 Kilogramm Eis geschmolzen - und daher dauert es, rund gerechnet, 7 Wochen, bis der ursprüngliche Würfel auch nur auf die Hälfte zusammengeschmolzen ist. Alexander hatte also mit seiner forschen Methode eine gute Chance, zu Eis zu kommen. In Nr. 18 werden wir diese Dinge wieder aufgreifen.

Chemische Reaktionskinetik Wir betrachten drei Typen chemischer Reaktionen.

a) Monomolekulare Reaktionen. Sie liegen vor, wenn ein Stoff A in *einen* Stoff B umgewandelt wird (symbolisch: $A \to B$). Sei α die Konzentration von A zur Zeit $t_0 = 0$, $u(t)$ die Konzentration der umgewandelten Substanz B zur Zeit t. Dann wird nach dem sogenannten *Massenwirkungsgesetz* die Reaktionsrate $\mathrm{d}u/\mathrm{d}t$ gegeben durch

$$\frac{\mathrm{d}u}{\mathrm{d}t} = r(\alpha - u) \qquad (r > 0 \text{ konstant}). \tag{10.3}$$

Die Lösung dieser Differentialgleichung unter der Anfangsbedingung $u(0) = 0$ ist $u(t) = \alpha(1 - \mathrm{e}^{-rt})$, insbesondere strebt, wie zu erwarten, $u(t) \to \alpha$ für $t \to \infty$.

b) Bimolekulare Reaktionen. Wir fassen zunächst den Fall ins Auge, daß zwei verschiedene Stoffe A und B miteinander reagieren und dabei in einen dritten Stoff C umgewandelt werden (symbolisch: $A+B\rightarrow C$). α, β seien die (verschiedenen) Konzentrationen von A, B zur Zeit $t_0=0$, $u(t)$ die Konzentration der umgewandelten Substanz C zur Zeit t. Dann ist, wiederum nach dem Massenwirkungsgesetz,

$$\frac{\mathrm{d}u}{\mathrm{d}t}=r(\alpha-u)(\beta-u) \qquad (r>0 \text{ konstant}). \tag{10.4}$$

Die Lösung dieser Differentialgleichung unter der Anfangsbedingung $u(0)=0$ ist

$$u(t)=\alpha\beta\frac{1-\mathrm{e}^{r(\alpha-\beta)t}}{\beta-\alpha\,\mathrm{e}^{r(\alpha-\beta)t}}=\alpha\left(1+\frac{\beta-\alpha}{\alpha-\beta\,\mathrm{e}^{r(\beta-\alpha)t}}\right) \tag{10.5}$$

(s. A 8.17, Fall III). Für $t\rightarrow\infty$ strebt

$$u(t)\rightarrow\begin{cases}\alpha, & \text{wenn } \alpha<\beta,\\ \beta, & \text{wenn } \alpha>\beta.\end{cases}$$

Nun nehmen wir uns den Fall vor, daß an einer bimolekularen Reaktion nur *ein* Ausgangsstoff A beteiligt ist (symbolisch: $2A\rightarrow C$). Dann geht (10.4) über in

$$\frac{\mathrm{d}u}{\mathrm{d}t}=r(\alpha-u)^2, \tag{10.6}$$

und diese Differentialgleichung hat unter der Anfangsbedingung $u(0)=0$ die Lösung

$$u(t)=\alpha\left(1-\frac{1}{1+\alpha rt}\right) \tag{10.7}$$

(s. A 8.17, Fall II). Hier strebt $u(t)\rightarrow\alpha$ für $t\rightarrow\infty$.

c) Autokatalytische Reaktionen. Sie zeichnen sich dadurch aus, daß die bereits umgewandelte Substanz *katalytisch* wirkt, also den Reaktionsablauf *beschleunigt, ohne selbst verändert zu werden.* Sei wieder α die anfängliche Konzentration der umzuwandelnden Substanz A und $u(t)$ die Konzentration der umgewandelten Substanz B. Dann gehorcht die autokatalytische Reaktion der Differentialgleichung

$$\frac{\mathrm{d}u}{\mathrm{d}t}=ru(\alpha-u) \qquad (r>0 \text{ konstant}), \tag{10.8}$$

was auch intuitiv plausibel ist. Man kann sie wieder mit Hilfe von A 8.17 (Fall III) lösen, kommt aber noch rascher zum Ziel, wenn man bemerkt, daß (10.8) nichts anderes als die *logistische* Differentialgleichung $\mathrm{d}u/\mathrm{d}t=\alpha ru-ru^2$ ist (s. (1.12)). Die autokatalytische Reaktion kommt nur zustande, wenn schon zu Beginn des

Prozesses etwas von der Substanz B vorhanden ist, d.h., wenn $u_0 := u(0) > 0$ ist, und unter dieser Anfangsbedingung hat (10.8) die Lösung

$$u(t) = \frac{\alpha}{1 + \left(\frac{\alpha}{u_0} - 1\right) e^{-\alpha r t}} \quad \text{(s. (1.13))}. \tag{10.9}$$

Offensichtlich strebt $u(t) \to \alpha$ für $t \to \infty$.

Informationsverbreitung In Nr. 1 hatten wir für die Verbreitung einer Information durch *Mundpropaganda* in einer Population der Größe N die Differentialgleichung (1.17) gefunden:

$$\frac{\mathrm{d}I}{\mathrm{d}t} = kI - \frac{k}{N} I^2 \quad (k > 0 \text{ konstant}); \tag{10.10}$$

dabei ist $I(t)$ die Anzahl der Informierten zur Zeit t. Die Verbreitung einer Information durch *Massenmedien* hingegen wird von der Differentialgleichung

$$\frac{\mathrm{d}I}{\mathrm{d}t} = c(N - I) \quad (c > 0 \text{ konstant}) \tag{10.11}$$

beherrscht (s. A 5.3). Wird eine Information *sowohl durch Mundpropaganda als auch durch Massenmedien* verbreitet, so wird man daher die Differentialgleichung

$$\frac{\mathrm{d}I}{\mathrm{d}t} = kI - \frac{k}{N} I^2 + c(N - I) \tag{10.12}$$

ansetzen. Das rechtsstehende quadratische Polynom in I hat die Nullstellen N und $-cN/k$, also ist

$$\frac{\mathrm{d}I}{\mathrm{d}t} = -\frac{k}{N}(N - I)\left(-\frac{cN}{k} - I\right). \tag{10.13}$$

Diese Differentialgleichung ist nichts anderes als (10.4), wenn man nur $I = u$, $-k/N = r$, $\alpha = N$ und $\beta = -cN/k$ setzt (daß r in (10.4) positiv ist, spielt bei der Lösung keine Rolle). Unter der Anfangsbedingung $I(0) = 0$ erhält man also mit (10.5) nach einfachsten Umformungen

$$I(t) = N \frac{1 - e^{-(c+k)t}}{1 + \frac{k}{c} e^{-(c+k)t}}. \tag{10.14}$$

Scheinwerfer Im Nullpunkt eines räumlichen cartesischen Koordinatensystems befinde sich eine (punktförmige) Lichtquelle L. Gesucht ist ein Spiegel, der *alle* ihre Strahlen *parallel zur x-Achse reflektiert*.

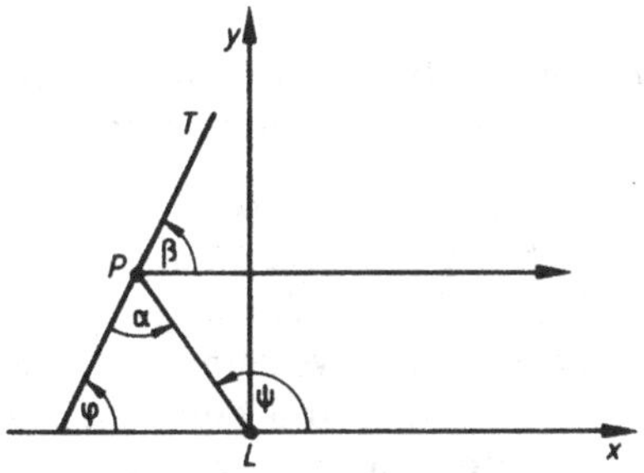

Fig. 10.2

Aus Symmetriegründen hat der Spiegel die Gestalt einer Rotationsfläche, die durch Drehung einer Kurve $y=y(x)\geqslant 0$ um die x-Achse entsteht. Es genügt daher, diese „erzeugende Kurve" zu bestimmen. Sei $P:=(x,y)$ ein beliebiger ihrer Punkte mit $y>0$ und T die Tangente in P an sie (s. Fig. 10.2). Nach dem Reflexionsgesetz („Einfallswinkel = Ausfallswinkel") ist $\alpha=\beta$. Also ist auch $\varphi=\alpha$ und wegen des Winkelsummensatzes im Dreieck daher $\psi=\alpha+\varphi=2\varphi$. Ferner ist

$$\frac{\mathrm{d}y}{\mathrm{d}x}=\tan\varphi \quad \text{und} \quad \frac{y}{x}=\tan\psi,$$

also $$\frac{y}{x}=\tan 2\varphi=\frac{2\tan\varphi}{1-\tan^2\varphi}=\frac{2\dfrac{\mathrm{d}y}{\mathrm{d}x}}{1-\left(\dfrac{\mathrm{d}y}{\mathrm{d}x}\right)^2}.$$

Daraus erhalten wir für $\mathrm{d}y/\mathrm{d}x$ die quadratische Gleichung

$$y\left(\frac{\mathrm{d}y}{\mathrm{d}x}\right)^2+2x\frac{\mathrm{d}y}{\mathrm{d}x}-y=0. \tag{10.15}$$

Aus offensichtlichen Gründen interessiert uns nur ihre *positive* Lösung

$$\frac{\mathrm{d}y}{\mathrm{d}x}=\frac{-x+\sqrt{x^2+y^2}}{y}. \tag{10.16}$$

(10.16) ist eine eulerhomogene Differentialgleichung. Sie läßt sich ohne die Substitution (9.2) lösen, wenn man sie auf die Form

$$\frac{x+y\dfrac{\mathrm{d}y}{\mathrm{d}x}}{\sqrt{x^2+y^2}}=1, \quad \text{d.h. auf die Form} \quad \frac{\mathrm{d}}{\mathrm{d}x}\left(\sqrt{x^2+y^2}\right)=1$$

bringt. Denn nun erkennt man, daß $\sqrt{x^2+y^2}=x+C$, also

$$y^2=2xC+C^2$$

ist. Die erzeugende Kurve des gesuchten Spiegels ist also der obere Ast einer *Parabel* mit Brennpunkt im Nullpunkt, dem Ort der Lichtquelle L. Der Spiegel selbst ist daher ein Drehparaboloid und wird *Parabolspiegel* genannt.

Grenzgeschwindigkeit eines Autos Bei einem schnell fahrenden Auto mit aerodynamisch ungünstigem Querschnitt ist der Luftwiderstand proportional dem *Quadrat* der Geschwindigkeit. Ist m die Masse des Autos, K die konstante Antriebskraft des Motors, vermindert um die geschwindigkeitsunabhängige rollende Reibung der Räder, und fährt das Auto in der positiven Richtung der x-Achse, so genügt also seine Weg-Zeitfunktion $x=x(t)$ nach dem Newtonschen Kraftgesetz (1.20) der Differentialgleichung

$$m\ddot{x}=K-r\dot{x}^2 \qquad (r>0 \text{ konstant}), \tag{10.17}$$

seine Geschwindigkeit $v=\dot{x}$ also der Differentialgleichung

$$\dot{v}=\frac{K}{m}-\frac{r}{m}v^2=-\frac{r}{m}\left(\sqrt{\frac{K}{r}}-v\right)\left(-\sqrt{\frac{K}{r}}-v\right) \tag{10.18}$$

- und diese ist unter der Anfangsbedingung $v(0)=0$ zu lösen.

Dazu aber bedarf es keiner weiteren Arbeit: Wie bei dem Problem der Informationsverbreitung genügt ein Blick auf die Differentialgleichung (10.4) der bimolekularen Reaktionen und auf ihr Integral (10.5) (die Positivität von r in (10.4) spielt hierbei keine Rolle). Durch bloßes Abschreiben - nach Änderung der Parameter - erhält man so

$$v(t)=\sqrt{\frac{K}{r}}\,\frac{1-\mathrm{e}^{-2\sqrt{rK}\,t/m}}{1+\mathrm{e}^{-2\sqrt{rK}\,t/m}}=\sqrt{\frac{K}{r}}\tanh\left(\frac{\sqrt{rK}}{m}t\right) \tag{10.19}$$

und daraus die automobiltechnisch wichtige Grenzwertaussage

$$v(t)\to\sqrt{\frac{K}{r}} \quad \text{für } t\to\infty. \tag{10.20}$$

Die Grenzgeschwindigkeit des Autos ist also $\sqrt{K/r}$. Eine Vervierfachung der Antriebskraft würde bei unveränderten aerodynamischen Verhältnissen somit nur zu einer Verdoppelung der Grenzgeschwindigkeit führen. S. dazu auch Aufgabe 8.

Orthogonaltrajektorien in cartesischen Koordinaten Durch die Gleichung

$$F(x,y,c)=0 \tag{10.21}$$

sei eine (einparametrige) Kurvenschar S mit dem Scharparameter c gegeben. Eine Kurve, die *jede* Kurve von S rechtwinklig schneidet, heißt eine Orthogonaltrajektorie von S.

Orthogonaltrajektorien sind uns schon im letzten Abschnitt der Nr. 1 im Zusammenhang mit elektrischen Feldern begegnet. Indem wir an diese Betrachtungen

anknüpfen, können wir sofort die folgende Regel zur Gewinnung der Orthogonaltrajektorien von S formulieren:
Man bestimmt zunächst die Differentialgleichung

$$y' = f(x, y), \tag{10.22}$$

deren Lösungsschar gerade S ist; dies gelingt, indem man (10.21) *implizit nach x differenziert und aus dieser Gleichung – mit Hilfe von* (10.21) *– den Scharparameter c eliminiert. Die Orthogonaltrajektorien von S sind dann die Lösungen der Differentialgleichung*

$$y' = -\frac{1}{f(x, y)}. \tag{10.23}$$

Bei diesem analytischen Verfahren wird stillschweigend vorausgesetzt, daß die Kurven von S alle durch Funktionen $y = y(x)$ darstellbar sind (also „schlicht" über der x-Achse liegen) und in keinem ihrer Punkte eine vertikale oder horizontale Tangente haben (in einem Kurvenpunkt mit vertikaler Tangente würde (10.22), in einem mit horizontaler Tangente (10.23) sinnlos werden). In der Praxis sind diese Voraussetzungen in der Regel jedenfalls „stückweise" erfüllt (mit möglichen Ausnahmen einzelner, leicht überschaubarer Punkte), so daß sie weniger einschneidend sind als sie klingen. Der Leser wird in den folgenden Beispielen leicht selbst sehen können, wie diese Bemerkung zu verstehen ist, ohne daß wir näher darauf einzugehen brauchen.

Besonders einfach liegen die Verhältnisse, wenn die Kurvenschar S durch eine Gleichung der Form

$$F(x, y) = c \tag{10.24}$$

beschrieben wird. Bei der Differentiation nach x fällt dann nämlich der Scharparameter c von selbst heraus, so daß man in

$$F_x(x, y) + F_y(x, y)y' = 0, \quad \text{also in} \quad y' = -\frac{F_x(x, y)}{F_y(x, y)} \tag{10.25}$$

bereits die Differentialgleichung von S vor sich hat; die der Orthogonaltrajektorien ist infolgedessen

$$y' = \frac{F_y(x, y)}{F_x(x, y)}. \tag{10.26}$$

10.1 Beispiel Gesucht sind die Orthogonaltrajektorien der Hyperbelschar $x^2 - y^2 = c$. Die Schardifferentialgleichung findet man sofort durch Differentiation nach x:

$$2x - 2yy' = 0 \quad \text{oder also} \quad y' = \frac{x}{y}.$$

Die Differentialgleichung der Orthogonaltrajektorien ist daher $y' = -y/x$. Ihre allgemeine Lösung ist die Hyperbelschar $xy = C$.

10.2 Beispiel Zu bestimmen sind die Orthogonaltrajektorien der Parabelschar

$$y=cx^2. \tag{10.27}$$

Differentiation nach x liefert

$$y'=2cx. \tag{10.28}$$

Aus (10.27) folgt $c=y/x^2$. Setzt man dies in (10.28) ein, so hat man in $y'=2y/x$ die Differentialgleichung der Parabelschar, in $y'=-x/2y$ also die ihrer Orthogonaltrajektorien. Ihre allgemeine Lösung ist die Ellipsenschar $x^2+2y^2=a^2$ (s. die „umgekehrte" Aufgabe 1.25 und die dort stehende Fig. 1.7).

Orthogonaltrajektorien in Polarkoordinaten Eine Kurvenschar S sei durch eine Gleichung

$$F(r,\varphi,c)=0 \tag{10.29}$$

zwischen den Polarkoordinaten r und φ gegeben. Um die Orthogonaltrajektorien von S zu finden, leitet man zunächst die Differentialgleichung

$$\frac{\mathrm{d}\varphi}{\mathrm{d}r}=f(r,\varphi) \tag{10.30}$$

von S her, indem man (10.29) nach r differenziert und den Scharparameter c eliminiert. Einfache geometrische Überlegungen, auf die wir hier nicht eingehen wollen, zeigen dann, daß die Orthogonaltrajektorien von S die Lösungen der Differentialgleichung

$$\frac{\mathrm{d}\varphi}{\mathrm{d}r}=-\frac{1}{r^2 f(r,\varphi)} \tag{10.31}$$

sind. Das nun folgende Beispiel ist besonders interessant, weil es das merkwürdige Phänomen von Kurvenscharen aufdeckt, die *zu sich selbst orthogonal* sind.

10.3 Beispiel Wir wollen die Orthogonaltrajektorien zur Schar der Kardioiden („Herzkurven")

$$r=c(1+\cos\varphi) \tag{10.32}$$

bestimmen. Differentiation von (10.32) nach r liefert

$$1=-c\sin\varphi\cdot\frac{\mathrm{d}\varphi}{\mathrm{d}r}. \tag{10.33}$$

Nach (10.32) ist $c=r/(1+\cos\varphi)$. Tragen wir dies in (10.33) ein, so erhalten wir die Differentialgleichung der Kardioidenschar:

$$\frac{\mathrm{d}\varphi}{\mathrm{d}r}=-\frac{1+\cos\varphi}{r\sin\varphi}. \tag{10.34}$$

Die Differentialgleichung der Orthogonaltrajektorien ist also

$$\frac{d\varphi}{dr} = \frac{\sin\varphi}{r(1+\cos\varphi)}. \tag{10.35}$$

Trennung der Veränderlichen führt zu der Beziehung

$$\int \frac{1+\cos\varphi}{\sin\varphi}\,d\varphi = \int \frac{dr}{r} + C = \ln r + C = \ln\frac{r}{a} \qquad (a := e^{-C}). \tag{10.36}$$

Nun ist aber (s. dazu Formel Nr. 38 im Anhang 1)

$$\int \frac{1+\cos\varphi}{\sin\varphi}\,d\varphi = \int \frac{1}{\sin\varphi}\,d\varphi + \int \frac{\cos\varphi}{\sin\varphi}\,d\varphi = \ln\left|\tan\frac{\varphi}{2}\right| + \ln|\sin\varphi|$$

$$= \ln\left|\frac{\sin\frac{\varphi}{2}}{\cos\frac{\varphi}{2}}\cdot 2\sin\frac{\varphi}{2}\cdot\cos\frac{\varphi}{2}\right| = \ln 2\sin^2\frac{\varphi}{2} = \ln(1-\cos\varphi),$$

und damit geht (10.36) über in $1-\cos\varphi = \frac{r}{a}$, also in

$$r = a(1-\cos\varphi).$$

Diese Kurvenschar stimmt aber mit der Ausgangsschar (10.32) überein (man beachte, daß $\cos(\varphi+\pi) = -\cos\varphi$ ist). Die Kardioiden (10.32) bilden also in der Tat eine selbstorthogonale Kurvenschar (s. Fig. 10.3). Einen viel eleganteren Beweis bringt die Aufgabe. 19.

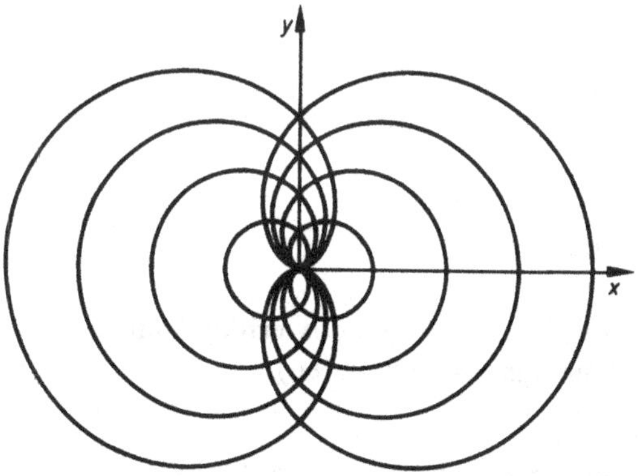

Fig. 10.3

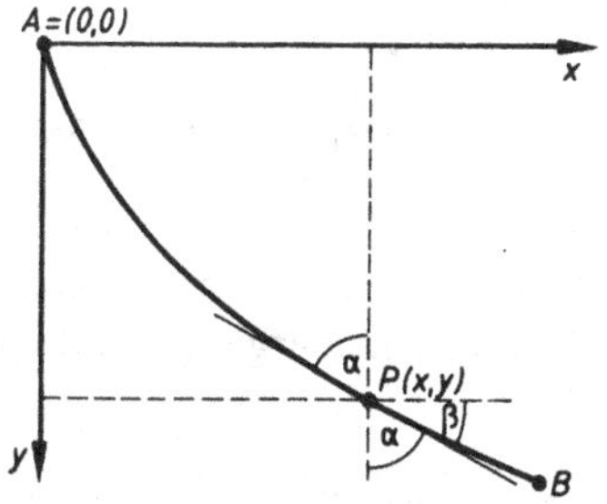

Fig. 10.4

Das Problem der Brachistochrone (Kurve kürzester Laufzeit oder raschesten Abstiegs) wurde 1696 von Johann Bernoulli den „tieferdenkenden Mathematikern" vorgelegt (*Profundioris in primis Mathesos cultori, Salutem!*). Es handelt sich um folgendes.

Gegeben ist ein Punkt A und ein tieferliegender Punkt B (s. Fig. 10.4). Gesucht ist diejenige Kurve, auf der ein Massenpunkt P allein unter der Wirkung der Schwerkraft am raschesten von A nach B gelangt.

Johann Bernoulli löste das Problem durch eine ingeniöse Volte. Nach dem Fermatschen Prinzip[1] schlägt das Licht beim Gang durch ein brechendes Medium immer *den* Weg ein, der es *in kürzester Zeit* von einem gegebenen Punkt zu einem anderen bringt: es läuft also auf einer Brachistochrone. Betrachten wir zunächst den einfachen Fall, daß zwei Medien mit jeweils konstanten Brechungsindizes

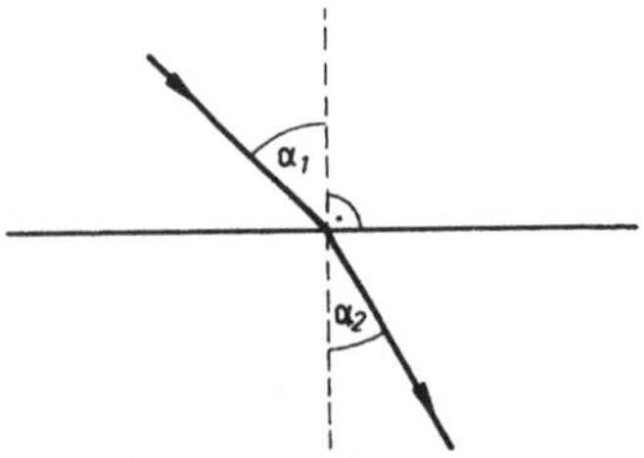

Fig. 10.5

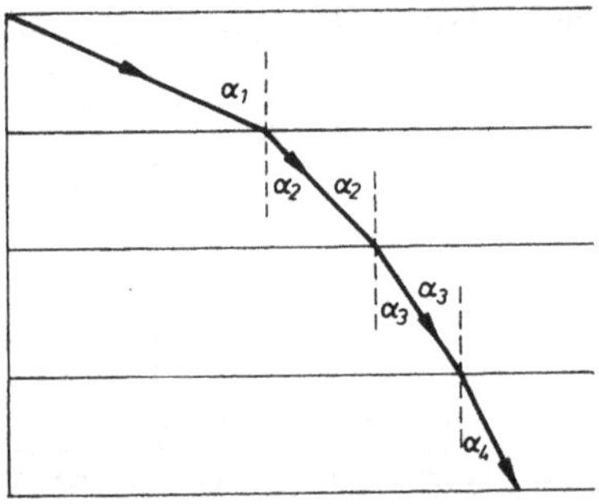

Fig. 10.6

übereinanderliegen (s. Fig. 10.5). Im oberen habe das Licht die Geschwindigkeit v_1, im unteren die Geschwindigkeit v_2. Dann ergibt sich aus dem Fermatschen Prinzip das Snelliussche Brechungsgesetz[2]

$$\frac{\sin\alpha_1}{v_1} = \frac{\sin\alpha_2}{v_2}.$$

Liegen *mehrere* Medien mit konstanten Brechungsindizes übereinander (s. Fig. 10.6), so ist also

$$\frac{\sin\alpha_1}{v_1} = \frac{\sin\alpha_2}{v_2} = \frac{\sin\alpha_3}{v_3} = \cdots = \text{const}.$$

Für ein Medium mit *kontinuierlich variablem* Brechungsindex erhält man daraus durch Grenzübergang (Zerlegung in immer dünnere Schichten)

---

[1] So genannt nach dem französischen Juristen und genialen Freizeitmathematiker Pierre de Fermat (1601–1655; 54).

[2] Willebrord Snell oder Snellius (1591–1626; 35) war ein holländischer Mathematiker. Daß sein Brechungsgesetz aus dem Fermatschen Prinzip folgt, wurde 1684 von Leibniz voller Stolz als erste physikalische Anwendung der neuen Differentialrechnung gezeigt („Andere hochgelehrte Männer haben auf vielen gewundenen Wegen gesucht, was jemand, der in diesem *calculus* bewandert ist, in diesen [wenigen] Zeilen wie durch Magie bewerkstelligen kann"). Diese Herleitung findet der Leser in Heuser I, S. 306f.

$$\frac{\sin\alpha}{v} = c \qquad (c \text{ eine Konstante}). \tag{10.37}$$

Aber nun sehen wir sofort [schreibt Bernoulli][1], daß die Brachistochrone diejenige Kurve ist, der ein Lichtstrahl auf seinem Weg durch ein Medium folgen würde, dessen Dichte umgekehrt proportional zu der Geschwindigkeit ist, die ein schwerer Körper während seines Falles erlangt. In der Tat: ob der Geschwindigkeitszuwachs von der Beschaffenheit eines mehr oder weniger widerstehenden Mediums abhängt oder ob wir das Medium beiseite lassen und annehmen, daß die Beschleunigung von einer anderen Ursache erzeugt wird - aber entsprechend demselben Gesetz wie dem der Schwere -: in beiden Fällen wird die Kurve in der kürzesten Zeit durchlaufen. Wer verbietet uns, die eine durch die andere zu ersetzen?

Im Punkte (x, y) angekommen, hat P unter der Wirkung der Schwerkraft die Geschwindigkeit

$$v = \sqrt{2gy} \qquad (g \text{ die Erdbeschleunigung}) \tag{10.38}$$

erlangt.[2] Aus Fig. 10.4 liest man ferner sofort ab:

$$\sin\alpha = \cos\beta = \frac{1}{\sqrt{1+\tan^2\beta}} = \frac{1}{\sqrt{1+(y')^2}}.$$

Tragen wir dies und (10.38) gemäß der Bernoullischen Idee in (10.37) ein, so erhalten wir nach kurzer Umformung die Differentialgleichung

$$y' = \sqrt{\frac{a-y}{y}} \qquad (a \text{ eine positive Konstante}), \tag{10.39}$$

„woraus ich schließe, daß die Brachistochrone die gemeine Zykloide ist“ (Bernoulli). *Wir* sehen dies so: Aus (10.39) folgt durch Trennung der Veränderlichen

$$x = \int \sqrt{\frac{y}{a-y}}\,\mathrm{d}y + C.$$

Das Integral läßt sich sehr einfach mittels der Substitution

$$y = a\sin^2 t = \frac{a}{2}(1-\cos 2t) \qquad \left(0 \leqslant t < \frac{\pi}{2}\right)$$

auswerten: mit Formel Nr. 28 im Anhang 1 erhält man nämlich

---

[1] Siehe D. J. Struik: A Source Book in Mathematics. Cambridge, Mass. 1969, S. 393.

[2] Dies folgt sofort aus dem Energiesatz $\frac{1}{2}mv^2 = mgy$ (m die Masse von P). Siehe Fußnote 1 auf S. 32.

$$\int \sqrt{\frac{y}{a-y}}\,\mathrm{d}y = 2a\int \tan t \sin t \cos t\,\mathrm{d}t = 2a\int \sin^2 t\,\mathrm{d}t$$
$$= \frac{a}{2}(2t - \sin 2t).$$

Also ist

$$x = \frac{a}{2}(2t - \sin 2t) + C, \quad y = \frac{a}{2}(1 - \cos 2t). \tag{10.40}$$

Da P im Nullpunkt A startet, muß $C=0$ sein. Mit $r:=a/2$, $\varphi:=2t$ geht nun (10.40) über in die bekannte Parameterdarstellung

$$x = r(\varphi - \sin\varphi), \quad y = r(1 - \cos\varphi) \tag{10.41}$$

einer „gemeinen Zykloide“: diese Kurve wird von einem fest markierten Punkt auf dem Rande eines Rades beschrieben, das längs der x-Achse rollt.[1] Es ist leicht zu sehen, daß man r stets und nur auf eine Weise so wählen kann, daß die Zykloide durch B geht.

Unter Jakob Bernoullis und Eulers Händen ist das Brachistochroneproblem der Ursprung der *Variationsrechnung* geworden. Eine Behandlung der Brachistochrone mittels der Elemente dieses Kalküls findet der Leser in Heuser II, S. 568f.

Aufgaben

1. Filtrieren $V(t)$ sei das Volumen einer Flüssigkeit, die während der Zeit $t \geqslant 0$ durch die Flächeneinheit eines Filters läuft. Ist R der *spezifische Widerstand* des Filters und P der *Filterdruck*, so wird die Filtrierungsrate $\mathrm{d}V/\mathrm{d}t$ gegeben durch

$$\frac{\mathrm{d}V}{\mathrm{d}t} = \frac{P}{R + \alpha P^{\beta} V} \quad \text{mit gewissen Konstanten } \alpha, \beta.$$

Wie groß ist $V(t)$? (Beachte, daß der Natur der Sache nach $V(0)=0$ ist).

2. Chlorieren organischer Verbindungen Dieser technisch wichtige Prozeß führt auf die Differentialgleichung

[1] „Ungemeine“ Zykloiden entstehen, wenn ein Rad auf einem *Rad* rollt oder gleichbedeutend: wenn ein Kreis K rotiert, während sein Mittelpunkt längs der Peripherie eines zweiten Kreises läuft: ein fest markierter Punkt auf dem Rande von K beschreibt dann eine Epizykloide. Epizykloiden waren die Hauptingredienzien des abgelebten ptolemäischen Planetensystems; in unseren Tagen spielen sie eine kulturtragende Rolle bei Zahnradgetrieben und gewissen Jahrmarktkarussels, die der weltläufige Leser kennen wird und auf denen er das ptolemäische System am eigenen Leibe erleiden kann: er bewegt sich dort nämlich als Passagier (nicht immer ohne Übelkeit) wie ein ptolemäischer Planet auf einer Epizykloide.

$$\frac{\mathrm{d}y}{\mathrm{d}x} = k\frac{x-y}{a-x}; \qquad (10.42)$$

dabei ist x die Konzentration des chlorierten Stoffes, y der Verlust an Monochlorderivat, a die Anfangskonzentration des zu chlorierenden Stoffes und k eine Reaktionskonstante. Löse (10.42) unter der Anfangsbedingung $y(0)=0$.

3. **Auflösung fester Stoffe** Die Geschwindigkeit, mit der ein fester Stoff S in einem Lösungsmittel L aufgelöst wird, ist proportional zu der noch unaufgelösten Menge von S und zu der Differenz zwischen Sättigungskonzentration und momentaner Konzentration des schon aufgelösten Stoffes.

a) Zur Zeit $t_0=0$ mögen in einem Behälter mit 100 kg des Lösungsmittels 10 kg des Stoffes S eingebracht werden. Die Sättigungskonzentration sei 1/4. Bestimme die Menge $u(t)$ des zur Zeit $t \geqslant 0$ gelösten Stoffes S.

b) In der Lösung tritt noch eine Proportionalitätskonstante k auf. Wie groß ist sie, wenn nach 10 Minuten eine Lösungskonzentration von 1/20 gemessen wird?

c) Nach wieviel Minuten sind 80% des Stoffes S aufgelöst?

4. **Bakterienfütterung von Protozoen** Einer Population von Protozoen („Urtierchen") werden ab dem Zeitpunkt $t_0=0$ pro Sekunde a^2 Bakterien als Futter zugeführt ($a>0$). Die Protozoen verleiben sich die Bakterien mit einer Rate ein, die proportional zu dem Quadrat der momentanen Bakterienzahl $x(t)$ ist; der Proportionalitätsfaktor werde mit b^2 bezeichnet ($b>0$). Bestimme $x(t)$ und den Gleichgewichtszustand $\lim_{t\to\infty} x(t)$ der Bakterienzahl.

5. **Frühstadium pflanzlichen Wachstums** $h(t)$ sei die Höhe einer Pflanze zur Zeit t. Bei vielen Pflanzen ist im *Früh*stadium ihres Wachstums die zeitliche Änderungsrate von $h(t)$ *direkt* proportional zu $h(t)$ und *umgekehrt* proportional zu t^3. Bestimme $h(t)$, wenn die Maßeinheiten so gewählt sind, daß $h(1)=1$ ist.

6. **Kohlenmonoxidreaktion** Kohlenmonoxid steht mit Kohlenstoff und Kohlendioxid gemäß der Hin- und Rückreaktion $2\,CO \rightleftharpoons C + CO_2$ im Gleichgewicht. Ist $u(t)$ die CO-Konzentration zur Zeit t, so gilt

$$\frac{\mathrm{d}u}{\mathrm{d}t} = k(a-u)(b+u) \quad \text{mit positiven Konstanten } k, a, b,$$

auf deren chemische Bedeutung wir hier nicht eingehen. Löse diese Differentialgleichung unter der Anfangsbedingung $u(0)=u_0$. Hinweis: A 8.17.

7. **Dissoziation des Wasserstoffjodids** Wasserstoffjodid dissoziiert in einer reversiblen Reaktion in Wasserstoff und Jod. Sei $a>0$ die Anfangskonzentration des Wasserstoffjodids und $a-u(t)$ seine Konzentration zum Zeitpunkt t. Dann ist

$$\frac{\mathrm{d}u}{\mathrm{d}t} = k_1(a-u)^2 - k_2u^2 \qquad (k_1>k_2>0 \text{ konstant}).$$

Bestimme $u(t)$.

8. **Nochmal die Grenzgeschwindigkeit eines Autos** Wir wollen diesmal einen Luftwiderstand annehmen, der bloß zur Geschwindigkeit selbst proportional ist. (10.17) muß dann durch die Diffe-

rentialgleichung $m\ddot{x} = K - \varrho\dot{x}$ mit konstantem $\varrho > 0$ ersetzt werden. Zeige, daß jetzt die Grenzgeschwindigkeit $= K/\varrho$ ist.

Hinweis: Rechnungen erübrigen sich: man braucht nur an die Diskussion von (1.26) zu denken.

In den Aufgaben 9 bis 18 sind die **Orthogonaltrajektorien** der angegebenen Kurvenscharen zu bestimmen.

9. $x^2 + y^2 = c^2$ (s. Ende der Nr. 1).

10. $x^2 + 2y^2 = c^2$ (s. A 1.25).

11. $e^x + e^{-y} = c$.

12. $(x-c)^2 + y^2 = c^2$.

13. $y^2 = cx$.

14. $y = cx^3$.

15. $y^2 = cx^3$.

16. $x^2 + y^2 = cx^3$.

17. $r = c\sin\varphi$.

18. $r = a\sin\varphi\tan\varphi$ (Zissoiden).

19. Zeige, daß die Differentialgleichung $\frac{d\psi}{dr} = \frac{\sin\psi}{r(1+\cos\psi)}$ durch die Translation $\psi = \varphi + \pi$ in $\frac{d\varphi}{dr} = -\frac{1+\cos\varphi}{r\sin\varphi}$ übergeht und schließe daraus, daß die Schar der Kardioiden (10.32) *selbstorthogonal* ist.

20. Geschoßbahnen „Übrigens ist die Hypothese, daß der Widerstand der Geschwindigkeit proportional sei, mehr eine mathematische, als eine der Natur entsprechende... In Mitteln..., welche von aller Festigkeit frei sind, finden die Körper einen Widerstand, welcher... im doppelten Verhältnis der Geschwindigkeit steht [proportional zum Quadrat der Geschwindigkeit ist]... Wir wollen sehen, was für Bewegungen aus diesem Gesetz des Widerstandes hervorgehen".
So weit Newton.[1] Auch *wir* wollen sehen.

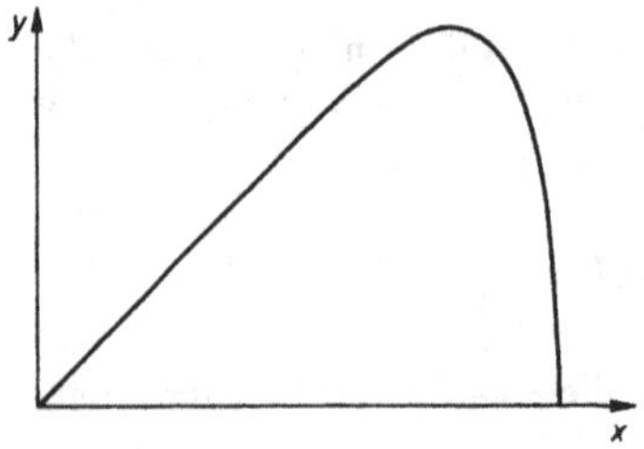

Fig. 10.7

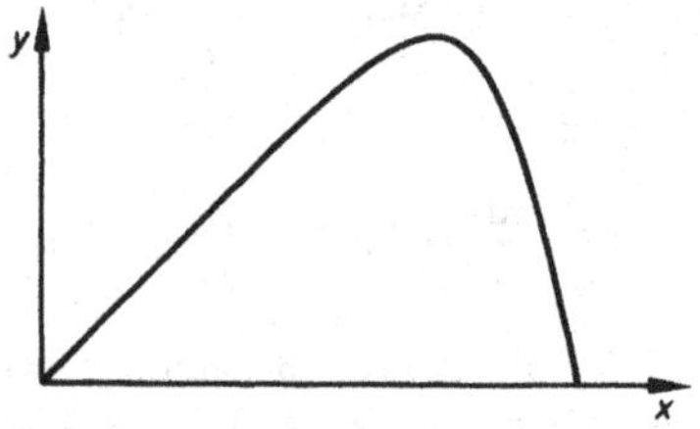

Fig. 10.8

Wir gehen von derselben Situation aus wie in Fig. 5.4 und dem zugehörigen Text, nehmen jetzt aber an, der Luftwiderstand sei proportional zum *Quadrat* der Geschoßgeschwindigkeit. Mit einem festen $r > 0$ ist dann, wie die Ballistik lehrt,

$$m\ddot{x} = -r\dot{x}\sqrt{\dot{x}^2 + \dot{y}^2}, \quad m\ddot{y} = -mg - r\dot{y}\sqrt{\dot{x}^2 + \dot{y}^2}.$$

[1] Mathematische Prinzipien der Naturlehre. Darmstadt 1963, S. 238.

Dieses *System* von Differentialgleichungen läßt sich mit dem Verfahren von Runge-Kutta (s. Nr. 63) *numerisch* lösen; eine so gewonnene Geschoßbahn (Abschußwinkel $\pi/4$) findet sich in Fig. 10.7. Das stark (unter Gesichtspunkten der Mechanik sogar unzulässig stark) vereinfachte System

$$m\ddot{x} = -r\dot{x}^2,$$

$$m\ddot{y} = \begin{cases} -mg - r\dot{y}^2 & \text{im } \textit{aufsteigenden} \text{ Teil der Bahn,} \\ -mg + r\dot{y}^2 & \text{im } \textit{absteigenden} \text{ Teil der Bahn} \end{cases}$$

(vgl. (5.25)) bietet jedoch keine Schwierigkeiten. Stelle fest, „was für Bewegungen $[x = x(t), y = y(t)]$ aus diesem Gesetz des Widerstandes hervorgehen". Eine Lösung ist in Fig. 10.8 gezeichnet. Vgl. sie mit den Bahnen in Fig. 5.5.

Historische Anmerkung. Jakob und Johann Bernoulli

1670/71, etwa fünf Jahre nach den Eingebungen von Woolsthorpe, schrieb Newton die Abhandlung *De Methodis Serierum et Fluxionum* (Über die Methode der Reihen und Fluxionen), die allerdings erst 1736, neun Jahre nach seinem Tode, veröffentlicht wurde (eine rechtzeitige Herausgabe hätte den elenden Prioritätsstreit mit Leibniz gar nicht erst aufkommen lassen).[1] Hier formuliert er die beiden, von der Kinematik inspirierten Hauptaufgaben seiner „Fluxionsrechnung": *aus einer gegebenen Beziehung zwischen „Fluenten" (= Funktionen der Zeit) eine Beziehung zwischen ihren „Fluxionen" (= Ableitungen nach der Zeit) herzuleiten und umgekehrt.* Die Umkehraufgabe heißt in *unserer* Sprache einfach: „Löse Differentialgleichungen!", in *seiner* liest sie sich so: *Exposita aequatione fluxiones quantitatum involvente, invenire relationem quantitatum inter se.*[2] Man sieht hier aufs deutlichste, wie die Differentialgleichungen *gleichzeitig* mit der neuen Analysis und sofort als eines ihrer vordringlichsten Anliegen zur Welt kommen.

In einem Brief vom 26. Oktober 1676 hat übrigens Newton seinem späteren Rivalen Leibniz die beiden Hauptaufgaben *via* Anagramm „mitgeteilt"; der Kuriosität wegen soll das sibyllinische Ding hier eingerückt werden:

$$6a,\ 2c,\ d,\ ae,\ 13e,\ 2f,\ 7i,\ 3l,\ 9n,\ 4o,\ 4q,\ 2r,\ 4s,\ 8t,\ 12v,\ x.$$

Man hat es später wie folgt entziffert: *Data aequatione quotcunque fluentes quantitates involvente, fluxiones invenire et vice versa.* Im *vice versa* stecken die Differentialgleichungen.

Newton nimmt sich (immer in unserer Sprache) Differentialgleichungen der Form $dy/dx = f(x)$, $dy/dx = g(y)$ und sogar einige der Form $dy/dx = f(x, y)$ vor, z. B. die damals berühmte de Beaunesche Differentialgleichung.[3] Seine wichtigste Lösungsmethode – der Titel deutet das schon an – ist die *Potenzreihenentwicklung*. Sie gehörte überhaupt zu seinen bevorzugten Instrumenten, seitdem er in Woolsthorpe das Binomialtheorem entdeckt und sich mit Hilfe desselben viele Reihendarstellungen verschafft hatte. Mit dieser Methode hat er einen Weg gewiesen, der zu reichen Ergebnissen führte und oft genug der einzig gangbare war. Denn der spärliche Vorrat „elementa-

---

[1] Siehe The Mathematical Papers of Isaac Newton (kurz MPN) III, ed. by D. T. Whiteside. Cambridge 1969.

[2] MPN III, S. 82. Die kinematische Herkunft der beiden Hauptaufgaben wird in den Problemen 1 und 2 auf S. 70 deutlich.

[3] Siehe A 1.30 und MPN III, S. 84, Fußnote 109.

rer" Funktionen reichte - und reicht - in der Regel nicht aus, um einer vorgelegten Differentialgleichung beikommen zu können. Newtons Gebrauch der Potenzreihen mutet uns heutzutage manchmal umständlich und hergeholt an, aber das ist eine perspektivische Verzerrung und tut nichts zur Sache.[1)]

Die Potenzreihenmethode brachte übrigens ganz von selbst die *freie Konstante* in der Lösung einer Differentialgleichung erster Ordnung zur Erscheinung: es war dies das absolute Glied der lösenden Reihe.

Im Zusammenhang mit seinem Kraftgesetz löste Newton in den *Principia* auch schon Differentialgleichungen zweiter Ordnung, freilich in geometrischem Kostüm.

Bei Leibniz war der *calculus* aus *geometrischen* Problemen entstanden. Und schon in seiner ersten (sehr kurzen) Veröffentlichung über die neue Rechnungsart[2)] stößt er ganz zum Schluß zu einer - noch geometrisch verkleideten - Differentialgleichung vor, nämlich zu dem berühmten Problem von de Beaune (s. A 1.30), und findet als Lösung eine *linea logarithmica*. In einem Brief des Jahres 1691 an Huygens, seinen Freund und Lehrer aus Pariser Tagen, löst er, wiederum von einem inversen Tangentenproblem ausgehend, eine Differentialgleichung der Form $y\dfrac{\mathrm{d}x}{\mathrm{d}y} = f(x)g(y)$ durch Trennung der Veränderlichen, ohne jedoch sein Verfahren in den Rang einer Methode zu erheben. Das tat erst Johann Bernoulli in seinem Brief an Leibniz vom 9. Mai 1694[3)] und in der Novembernummer der Acta eruditorum von 1694. Bei Lichte besehen, hat aber die Trennungstechnik einen noch früheren Ursprung: Eher unbewußt hatte sie Jakob Bernoulli bereits 1690 in dem besonders einfachen Falle $y'=g(y)$ benutzt (s. unten), und Isaac Barrow (1630-1677; 47),

---

[1)] Newton schreibt z. B. die Differentialgleichung $\dfrac{\mathrm{d}y}{\mathrm{d}x} = 1 + \dfrac{y}{a-x}$ $(a \neq 0)$ in der Form

$$\frac{\mathrm{d}y}{\mathrm{d}x} = 1 + \frac{y}{a} + \frac{xy}{a^2} + \frac{x^2y}{a^3} + \cdots \qquad \text{(geometrische Reihe!)},$$

macht den Ansatz $y(x) := a_1x + a_2x^2 + \cdots$ und findet durch Koeffizientenvergleich die partikuläre Lösung

$$y(x) = x + \frac{x^2}{2a} + \frac{x^3}{2a^2} + \cdots \qquad \text{(MPN III, S. 89 und 101);}$$

mit Potenzreihen rechnet er, unbekümmert um Konvergenzfragen, wie mit Polynomen. Wir würden heutzutage anders vorgehen (wie?) und zu der *geschlossenen* Lösung

$$y(x) = \frac{1}{a-x}\left[\frac{a^2}{2} - \frac{(a-x)^2}{2}\right]$$

gelangen.

[2)] Acta eruditorum 3 (1684) 467-473 = Math. Schriften V, 220-226, Hildesheim 1962. Der barocke Titel ist kaum kürzer als die Arbeit selbst: *Nova methodus pro maximis et minimis, itemque tangentibus, quae nec fractas nec irrationales quantitates moratur, et singulare pro illis calculi genus.* - Die Acta erud. (Leipzig) waren vor kurzem von Leibniz mitbegründet worden; sie gehörten zu den wenigen Wissenschaftsjournalen der damaligen Zeit. Die wissenschaftliche Kommunikation fand zu einem erheblichen Teil nach wie vor in persönlichen Briefen statt. Dies macht die Frage der Datierungen und Prioritäten gelegentlich sehr schwierig, und manche gelehrte Zänkerei des ohnehin streitsüchtigen 17./18. Jahrhunderts ist denn auch aus diesem Grund entstanden.

[2)] Leibniz: Math. Schriften III/1, 138f, Hildesheim 1962. Hier prägt Johann Bernoulli den Terminus *separatio indeterminatarum*, Trennung der Unbestimmten (= Veränderlichen).

Newtons Lehrer am *Trinity College*, hatte sogar schon 1670 gezeigt - freilich unkenntlich und unfruchtbar in Geometrie versteckt -, daß eine Kurve $y=y(x)$, deren Subtangente s der Bedingung

$$\frac{y}{s}=\frac{f(x)}{g(y)} \qquad \left(\frac{y}{s}=\frac{dy}{dx}\right)$$

genügt, eine Gleichung der Form $\int g(y)dy=\int f(x)dx$ befriedigen muß.

1692 gab Leibniz das heute noch gebräuchliche Lösungsverfahren für die eulerhomogene Differentialgleichung $y'=f(y/x)$ an (Substitution $y/x=u$). 1694 zeigte er, daß man die lineare Differentialgleichung erster Ordnung durch Quadraturen lösen kann.

In den Acta erud. vom Dezember 1695 hatte der *vir celeberrimus Jacobus Bernoullius* (so Leibniz) im Anschluß an de Beaunes inverse Tangentenaufgabe die nach ihm benannte Differentialgleichung $y'=\alpha(x)y+\beta(x)y^{\varrho}$ als ein Problem vorgestellt. Leibniz führte sie 1696 in einer *notatiuncula* der Acta auf eine lineare Differentialgleichung zurück[1] (siehe A 4.26). Die Stelle mag hier angeführt werden als Beispiel dafür, wie gerne man Verfahren verbarg, mit Resultaten hingegen auftrumpfte; freilich kann sie Newtons Anagramm den Rang nicht ablaufen:

> Problema de eo praestando circa aequationem differentialem $ady=ypdx+ly^n\cdot qdx$ solvere possum et reduco ad aequationem cujus forma est ... $dv+\cdots vdz+\cdots+dz=0$, ubi per punctata intelliguntur quantitates utcunque datae per z. Talis autem aequatio generaliter per me reducta est ad quadraturas [s. oben].

Die Reduktion selbst bleibt im dunkeln. Offenherziger ist eine Note in den Acta erud. von 1694 über Orthogonaltrajektorien:[2] Hier schildert er jeden Schritt seiner Methode - es ist die in Nr. 10 benutzte - und rechnet sogar ein Beispiel vor. Befriedigt konstatiert er:

> Hac jam methodo solvi possunt innumera problemata sublimioris Geometriae hactenus non habita in potestate.

Im Unterschied zu Newton hatte Leibniz die Differentialgleichungen überwiegend im Dienste der Geometrie beschäftigt. Mit Jakob und Johann Bernoulli wurde das anders: die Differentialgleichungen erwiesen nun zum ersten Mal ihre stupende Kraft zur Klärung physikalischer Probleme. Leibniz selbst schreibt über die Handhabung des *calculus* durch die beiden Schweizer:[3]

> Messieurs Bernoulli ont été les premiers, qui ont témoigné publiquement avec un très grand succès, combien il l'avoient trouvé propre pour résoudre des problêmes Physico-Mathématiques, dont la porte paroissoit fermée auparavent.

Es ist nun an der Zeit, ein weniges von diesen beiden Predigern der Differentiale und Differentialgleichungen zu erzählen.

Jakob und Johann Bernoulli Der älteste der beiden Brüder, Jakob (1654–1705, 51), wäre um ein Haar tatsächlich Prediger geworden: auf Drängen seines Vaters, des Baseler Kaufmanns und Ratsherrn Nicolaus Bernoulli, hatte er Theologie studiert. Mit der Mathematik verkehrte der junge Gottesmann wie mit einer schönen Sünde zunächst nur im geheimen, während eines Aufenthaltes in Holland und England aber auch öffentlich, lehnte - ihr verfallen - eine nahrhafte Predigerstelle in Straßburg ab und verkündete in seinem Geburtsort Basel statt der himmlischen

---

[1] Acta erud. des Jahres 1696 = Math. Schriften V, 329–331.

[2] Math. Schriften V, 301–306. Der Terminus *trajectoria* stammt von Johann Bernoulli; Leibniz benutzt ihn noch nicht.

[3] Im Pariser Journal des Sçavans [Savants] von 1694 = Math. Schriften V, 307.

Wahrheiten die der Experimentalphysik. 1687 erhielt er die Baseler mathematische Professur. Am 15. Dezember 1687 erbat er von dem „erlauchtesten Manne" Leibniz Auskünfte über dessen erste *calculus*-Abhandlung von 1684: sie stand zu Recht im Geruche der Rätselhaftigkeit. Leibniz hatte gerade seine große Reise nach Italien angetreten: sein Brief an den „hochberühmten Mann" in Basel wurde daher erst knapp drei Jahre nach dessen Hilferuf, am 24. September 1690, geschrieben. Diese Verzögerung war für Jakob jedoch ein Gewinn: sie hatte ihn dazu gebracht, sich den *calculus* produktiv mit eigenen Kräften anzueignen. Wie gut er damit gefahren war, zeigt seine Behandlung des Isochronenproblems in der Mainummer der Acta erud. von 1690,[1] fünf Monate vor Eingang des Leibnizschen Schreibens. Leibniz selbst hatte dieses Problem 1686 aufgeworfen, sein Mentor Huygens hatte es 1689 mit dem schwerfälligen Rüstzeug der überlieferten Geometrie gelöst[2] - Jakob aber ging die Sache geschickter mit dem neuen *calculus* an, kam zu der Beziehung $\mathrm{d}y\sqrt{b^2y-a^3}=\mathrm{d}x\sqrt{a^3}$ und schloß nun aus der Gleichheit der Differentiale, daß auch die „Integrale" gleich sein müssen: *ergo & horum Integralia aequantur.* In unserer Sprache löste er also eine Differentialgleichung der Form $\mathrm{d}y/\mathrm{d}x=g(y)$ durch Trennung der Veränderlichen. Das Ergebnis war eine Zykloide. Das Wort „Integral" erscheint hier übrigens zum ersten Mal in der Öffentlichkeit; geprägt hatte es freilich schon vorher der flinke Terminusproduzent Johann (1667-1748; 81).

Die Leibnizschen Differentialgleichungen hatten damit ihre physikalische Feuerprobe bestanden, und ihr Erfinder konnte in seinem verspäteten Antwortbrief schreiben, Jakob habe den neuen Kalkül völlig gemeistert[3]:

> Interim video ex Actis ubi Analysin curvae Isochronae exposuisti, intellecta esse Tibi methodi meae fundamenta.

Gegen Ende seiner Note hatte Jakob etwas in Erinnerung gerufen, das schon Galilei glücklos angegriffen hatte: das Problem der *Kettenlinie* (s. A 62.8). Galilei hatte gemeint, die *catenaria* (von lat. *catena* = Kette) sei eine Parabel,[4] Huygens hatte dies als Irrtum erkannt, und so war die Frage wieder offen. Jakob löste sie nicht, das besorgte 1690 - wieder mit dem neuen *calculus* - der dreizehn Jahre jüngere und damals dreiundzwanzigjährige Bruder Johann[5]; das Problem selbst hatten die beiden auf einem Spaziergang in Basel gemeinsam hin- und hergewendet. Die Bewältigung der Isochrone und der Kettenlinie waren die ersten großen Siege der Differentialgleichungen auf dem Kontinent. Für den behenden Johann war die *chainette* zugleich ein persönlicher Triumph über den bedächtigen Bruder. Noch nach achtundzwanzig Jahren konnte er ohne Mühe und ohne Abstriche das Hochgefühl jener Stunde wieder heraufbeschwören:[6]

---

[1] Opera I, 421-424. Die zwei Bände der Opera omnia sind 1744 erschienen. - Die Isochrone (oder Tautochrone) werden wir im Abschnitt „Zykloidenpendel" der Nr. 18 behandeln, freilich anders als Jakob Bernoulli.

[2] Acta erud. von 1689, S. 195ff; vorher in den Novelli Roterodami (nach Angaben von Jakob Bernoulli, Opera I, S. 421).

[3] Math. Schriften III/1, S. 19. Leibniz gefiel sich übrigens darin, in wohlgesetzten Worten für den Gebrauch der *deutschen* Sprache zu kämpfen.

[4] „Unterredungen" (Discorsi), Darmstadt 1973, S. 123.

[5] Acta erud. von 1691, 274-276 = Opera I, 48-51. Die vierbändigen Opera omnia von Johann Bernoulli wurden 1742 herausgegeben. - In derselben Nummer der Acta veröffentlichten übrigens auch Leibniz und Huygens Lösungen des *catenaria*-Problems.

[6] Brief an de Montmort (1678-1719; 41) vom 29. September 1718. Siehe: „Der Briefwechsel von Johann Bernoulli, I". Basel 1955. S. 98.

Les efforts de mon frere furent sans succès, pour moi, je fus plus heureux, car je trouvai l'adresse (je le dis sans me vanter, pourquoi cacherois-je la verité?) de le resoudre pleinement et de le reduire à la rectification de la parabole. Il est vrai que cela me couta des meditations qui me deroberent le repos d'une nuit entiere; c'etoit beaucoup pour ce tems là et pour le peu d'age et d'exercice que j'avois, mais le lendemain, tout rempli de joie, je courus ches mon frere, qui luttoit encore miserablement avec ce nœud Gordien sans rien avancer, soupçonnant toujours comme Galilée que la chainette etoit une parabole; cessés! cessés! lui dis-je ne vous tourmentés plus à chercher l'identité entre la chainette et la parabole, là où il n'y en a point. Celle ci aide bien à construire l'autre, mais ce sont deux courbes aussi differentes que peuvent l'etre une courbe algebrique et une transcendente, j'ai developpé tout le mystere; ayant dit cela je lui montrai ma solution et decouvris la methode qui m'y avoit conduit.

Johann war, wie früher der ältere Bruder, am Anfang seiner Ausbildung mit dem falschen Bein gestartet, sogar mit zwei falschen Beinen (wenn man so sagen darf): zuerst hatte er sich ein Jahr lang in einer Kaufmannslehre versucht und dann das Medizinstudium ergriffen, alles auf Wunsch eines Vaters, den man wahrlich als miserablen Berufsberater ansehen muß. Von seiner Neigung getrieben und von Jakob angeleitet, studierte Johann sich tief in den Leibnizschen *calculus* hinein, erlangte daneben - und als Nebensache - im Jahre 1690 die ärztliche Approbation und ging anschließend bis 1692 nach Genf und Paris. Noch von Genf aus korrespondierte er 1691 mit Jakob über die *velaria*, die Kurve eines windgeblähten Segels. Jakob gewann ihre Differentialgleichung und entlarvte die *velaria* zu seinem eigenen Erstaunen als *catenaria*. Johann kam zum gleichen Ergebnis, war aber seinem Bruder mit der Publikation um eine Nasenlänge voraus und stichelte, die Aufgabe sei für Jakob wohl doch zu schwer gewesen.[1] Jakob versuchte sich in einer Revanche und nannte Johann von oben herab seinen „Schüler". Das Zerwürfnis der beiden bereitete sich vor.

In Paris war Johann der Herold und Kuppler des *calculus*. Mit der neuen Technik löste er *elegantissime* das altberühmte Problem de Beaunes (s. A 1.30) und führte den sechs Jahre älteren Marquis de l'Hospital (1661–1704; 43) im geheimen und gegen Entgelt in die okkulten Kräfte der Differentiale ein (überließ ihm dabei u. a. auch die „Regel von de l'Hospital").

Nach Basel zurückgekehrt, begann Johann mit Leibniz einen Briefwechsel, der unter der Korrespondenz des vielkorrespondierenden Philosophen umfangsmäßig seinesgleichen sucht. Der guten Ordnung wegen promovierte er 1694 noch rasch zum Dr. med. mit einer nach neun Seiten Medizin ins Mathematische ableitenden Dissertation *De motu musculorum*. Ohne einen Patienten umgebracht zu haben, gab er 1695 die Heilkunst zugunsten der mathematischen Professur in Groningen auf; kein Geringerer als Huygens hatte den Achtundzwanzigjährigen empfohlen. Zwei Monate vor Johanns Ankunft in Holland starb der große Physiker.

In jenen Tagen pflegten sich die Mathematiker mit öffentlich gestellten Aufgaben „herauszufordern" (*provocare* oder *défier*); es war dies vielleicht der bürgerliche Ersatz für das adlige Duell. Im Juni 1696 veröffentlichte Johann in den Acta erud.[2] ein

PROBLEMA NOVUM

Ad cujus solutionem Mathematici invitantur.

---

[1] „Der Briefwechsel von Johann Bernoulli, I." Basel 1955, S. 118. In seiner *velaria*-Arbeit (Journal des Sçavans von 1692 = Opera I, S. 59–61) hatte Johann es noch für rätlich gehalten, sich als *Frére du Professeur à Bâle* vorzustellen.

[2] Opera I, S. 155–161.

Es handelte sich um das sachlich und persönlich so folgenreiche Problem der Brachistochrone, das wir in Nr. 10 besprochen haben. Schon Galilei hatte sich an dieser Aufgabe versucht, war aber mit seiner Kreisbogenidee in die Irre gegangen.[1] Johann gab zum Schluß den aufreizenden Hinweis, die gesuchte Kurve sei zwar keine Gerade, sei aber dennoch den Geometern bestens bekannt (*notissima*), und er, Johann, werde sie nennen, *si, elapso hoc anno, nemo alius eam nominaverit*.

Der Termin war zu kurzfristig. Johann stellte die schwierige Aufgabe 1697 noch einmal und richtete sie diesmal in einer Eingangsfanfare selbstbewußt an die „scharfsinnigsten Mathematiker der ganzen Welt".[2] Nun gingen fünf Lösungen ein: von Johann selbst, ferner von Jakob, Newton, Leibniz und de l'Hospital. Johann verwertete brillant eine Analogie zum Optischen (s. Nr. 10), gewann eine Differentialgleichung mit getrennten Veränderlichen und aus ihr die Zykloide als Brachistochrone - zu seiner größten Überraschung also genau dieselbe Kurve, die sich vor wenigen Jahren bei Huygens und Jakob als *Isochrone* präsentiert hatte. Johann ergriff die Gelegenheit beim Schopf, sich mit dem Altmeister Huygens auf eine Stufe und vielleicht sogar noch etwas höher zu stellen[3]:

> Zu Recht bewundern wir HUGENIUS, weil er als erster entdeckte, daß ein schwerer Körper die gemeine Zykloide tautochron durchläuft, gleichgültig, in welchem Zykloidenpunkt er sich zu bewegen beginnt: aber ich weiß nicht, ob Du nicht vor Erstaunen platterdings betäubt sein wirst [*obstupefecas plane*], wenn ich sage, daß genau diese Zykloide, die *Tautochrona Hugenia*, unsere gesuchte Brachistochrone ist.

Jakobs Lösung war bei weitem nicht so elegant wie die seines Bruders: durch tiefschürfende und *a prima vista* umständliche Überlegungen kam er schließlich aber doch zur Zykloide. Aber in dieser Arbeit kündigte sich eine neue Disziplin der jungen Analysis an, die *Variationsrechnung*, und deshalb darf sie ein Markstein der Mathematikgeschichte genannt werden.[4]

Johann begriff nicht, wie fruchtbar seine *provocatio* bei Jakob gewesen war und mokierte sich über die gewundene Argumentation des Bruders. Dieser, glücklicher Besitzer einer tragfähigen Methode und seit der *catenaria* und *velaria* von seinem Bruder vielfach gereizt, forderte den Überheblichen nun seinerseits mit einem neuen Variationsproblem, einer isoperimetrischen Aufgabe, heraus.[5] Johann erledigte die Sache „in drei Minuten" - freilich falsch. Jakob ließ nicht locker: höhnisch, erbarmungslos und öffentlich legte er dem Bruder die Daumenschrauben an und drehte sie langsam, langsam immer weiter. Johann konnte nichts Substantielles vorbringen und klagte bitter über Jakobs *chicanes*.[6] Die Auseinandersetzung wurde schließlich in einem Rinnsteindialekt geführt, der den wissenschaftlichen Journalen nicht mehr druckfähig schien. Der Bruderzwist im Hause Bernoulli war auf seinem Höhepunkt.

---

[1] „Unterredungen" (Discorsi). Darmstadt 1973, S. 84.

[2] Opera I, S. 166.

[3] Opera I, S. 189.

[4] Die beiden Lösungen (in englischer Übersetzung) in D. J. Struik: A Source Book in Mathematics. Cambridge, Mass. 1969. S. 391-399.

[5] In der Mainummer 1697 der Acta erud.

[6] S. etwa seinen Brief vom 22. August 1698 im Journal des Sçavans, Dezember 1698 = Opera I, S. 231-239.

Ernst Mach hat an das Brachistochroneproblem eine schöne Schilderung der verschiedenartigen Bernoullischen Begabungen geknüpft[1]:

> Die Art, wie Johann Bernoulli, noch ohne alle Methode, bloß durch seine geometrische Phantasie die Aufgabe mit einem Blick löst, und wie er das zufällig schon Bekannte hierbei zu benutzen weiß, ist wirklich bemerkenswert und wunderbar schön. Wir erkennen in Johann Bernoulli eine wahre auf dem Gebiet der Naturwissenschaft tätige Künstlernatur. Sein Bruder Jakob Bernoulli war ein ganz anderer wissenschaftlicher Charakter. Ihm ward viel mehr Kritik, aber viel weniger schöpferische Phantasie zuteil. Auch Jakob Bernoulli löste dieselbe Aufgabe, wenngleich in viel mehr schwerfälliger Weise. Dafür unterließ er aber nicht, die allgemeine Methode zur Behandlung dieser Klasse von Aufgaben mit großer Gründlichkeit zu entwickeln. Wir finden so in den beiden Brüdern die beiden Seiten des wissenschaftlichen Talents, welche sich in den größten Naturforschern, wie z. B. Newton, in ungewöhnlicher Stärke vereinigt finden, getrennt vor.

Schließlich läßt das Brachistochroneproblem auch auf die Einschätzung des damaligen deutschen Geisteslebens durch Ausländer ein Licht fallen. Johann berichtet nämlich, wie ein holländischer Mathematiker sich dazu stellte[2]:

> Il répondit avec dédain: que ce Probléme était bon pour les Allemans, mais que les Hollandais n'y répondroient pas.

Nach den elenden Bernoullischen Zänkereien mutet es ein wenig ironisch an, daß ausgerechnet Johann nach dem Tode seines Bruders dessen Lehrstuhl übernahm.

In seiner zweiten Baseler Epoche widmete sich Johann hauptsächlich Problemen der Mechanik. Er schloß sich den Bemühungen der Pariser Akademie an, die altertümlich-geometrischen Deduktionen der Newtonschen *Principia* durch modern-analytische zu ersetzen, fand dabei einige Irrtümer in diesem Meisterwerk und verbesserte sie.[3] Newtons glühendster Anhänger, sein „Kettenhund" Keill, wollte dem Schweizer diese Respektlosigkeit heimzahlen und forderte ihn dazu heraus, die Bahn eines Projektils in einem Medium zu bestimmen, dessen Widerstand dem *Quadrat* der Geschwindigkeit proportional ist (s. A 10.20). Johann konterte sofort mit einer höhnischen *provocatio*, der Schotte möge doch bitte dasselbe im Falle eines Widerstandes tun, der *irgendeiner* Potenz der Geschwindigkeit proportional ist - und wenn ihm das nicht gelänge, sollte er wenigstens seine Dummheit eingestehen.[4] Keill kapitulierte.

Die *Ballistik* ist aus Querelen dieses Stils hervorgegangen. Immerhin demonstrierte die Affäre drastisch, wie sehr die geschmeidige Leibnizsche Mathematik der Differentiale und Differentialgleichungen schon zu Newtons Lebzeiten der englischen den Rang ablief.

Es war übrigens auch dieser unselige Keill gewesen, der die Lawine des Prioritätsstreites zwischen Leibniz und Newton losgetreten hatte; die *Royal Society* hatte sie 1712 mit Hilfe eines günstig besetzten Komitees in ihr unrühmliches Rollen gebracht (Newton selbst war seit 1703 Präsident der Gesellschaft). Es versteht sich von selbst, auf welcher Seite Johann Bernoulli stehen mußte: immerhin hatte er zusammen mit Jakob so viel für den Ausbau, die Anwendung und die Verbreitung des *calculus* getan, daß sein Erfinder die beiden Brüder geradezu als Miterfinder rühmte (Johann ging übrigens noch ein charakteristisches Schrittchen weiter und ließ durchblik-

---

[1] Die Mechanik in ihrer Entwicklung. 9. Aufl. Leipzig 1933. Nachdruck Darmstadt 1963, S. 414.

[2] Opera I, S. 195.

[3] S. etwa Opera II, S. 502-508 und 514-558.

[4] Acta erud. Mai 1719 = Opera II, S. 393-402.

ken, er habe die *Integralrechnung* sogar aus eigener Kraft gefunden und ausgebildet[1]). Überdies war Johann aus persönlichen Gründen schlecht auf den Sekretär der *Royal Society*, Brook Taylor (1685–1731; 46), zu sprechen: die „Taylorsche Reihe" hatte er nämlich selbst als eine *series universalissima, quae omnes quadraturas et rectificationes generaliter exprimit* der Sache nach schon in den Acta erud. von 1694 vorgestellt, aber Taylor hatte dies in seinem Buch *Methodus Incrementorum directa et inversa* von 1715, in dem seine Reihe erscheint, mit keinem Wort erwähnt. Es versteht sich von selbst, daß im Streit mit den Briten auch *provocationes* gern benutzt wurden: Johann, wir wissen es schon, machte Keill auf diese Weise mundtot, und er und Leibniz versuchten 1715/16, die Inselmenschen mit dem Problem der orthogonalen und isogonalen Trajektorien zu blamieren. Hier freilich ließ sie der majestätische Newton *in persona* ablaufen.

Nachdem Leibniz 1716 und Newton 1727 gestorben waren, galt Johann Bernoulli als der größte lebende Mathematiker. Sein Ruhm kam ihm nicht unerwartet, und er genoß ihn guten Gewissens („Nur die Lumpe sind bescheiden", sagt Goethe irgendwo). Er schrieb, was bei Mathematikern selten ist, eine Autobiographie und ließ seine *Opera omnia* schon sechs Jahre vor seinem Tod und zwei vor denen seines längst verblichenen Bruders erscheinen. Schließlich glückte ihm noch das Kunststück, das Jahr 1748 mit seinem Tode zu eröffnen: er starb am 1. Januar.

Und doch gab es auch in *seinem* gelungenen Leben mindestens eine herbe Enttäuschung: daß nämlich nicht er, sondern sein Sohn Daniel einen begehrten Preis der Pariser Akademie gewann. Johann, immer *true to form*, warf die mißratene Leibesfrucht kurzerhand aus dem Haus.

Von Daniel werden wir noch zu berichten haben. Mit Jakob und Johann gehört er zu den „drei großen Bernoullis". Insgesamt brachte diese erstaunliche Familie in drei Generationen acht Mathematiker hervor: die Bernoullis sind die Bachs der Mathematik. Johann Sebastian Bach lebte von 1685 bis 1750, Johann Bernoulli von 1667 bis 1748. Ob einer vom anderen gewußt hat, ist nicht bekannt.

Nur beiläufig erwähnen wir, daß die „Bernoullische Ungleichung", die „Bernoullischen Zahlen" und das „Bernoullische Gesetz der großen Zahlen" alle von ein und demselben Bernoulli stammen: von Jakob.

---

[1]) Epistola pro Eminente Mathematico Dn. Joanne Bernoulli..., Acta erud., Juli 1716. Johann fingiert hier einen anderen Autor.

III Existenz-, Eindeutigkeits- und Abhängigkeitssätze für Differentialgleichungen erster Ordnung

[Existenz ist] das Sein desjenigen Seienden, das offen steht für die Offenheit des Seins, in der es steht, indem es sie aussteht. [?]

Martin Heidegger

Wir wollen die Feinheit und Strenge der Mathematik in alle Wissenschaften hineintreiben, so weit dies nur irgend möglich ist.

Friedrich Nietzsche

Das vorangegangene Kapitel hat uns zwar gelehrt, zahlreiche Klassen von Differentialgleichungen zu beherrschen – und glücklicherweise gerade solche, die für die Praxis besonders wichtig sind –: einen *tieferen* Einblick in das Verhalten der *allgemeinen* Differentialgleichung erster Ordnung haben wir mit unseren *ad hoc*-Methoden allerdings nicht gewinnen können. Das gegenwärtige Kapitel wird diese empfindliche Lücke endlich schließen: Wir werden sehen, daß das Anfangswertproblem unter milden Bedingungen *mindestens* eine und unter etwas schärferen auch *nur* eine Lösung zuläßt.

Unsere Erörterungen stützen sich auf die leistungsstarken Fixpunktsätze von Schauder und Weissinger.[1] Den Weissingerschen Fixpunktsatz werden wir beweisen, den Schauderschen findet der Leser etwa in Heuser II, wo auch das benötigte begriffliche Instrumentarium – Banachräume und ihre stetigen Abbildungen – bereitgestellt wird. Dem Naturwissenschaftler und Ingenieur empfehlen wir, zunächst nur den (unmittelbar verständlichen) *Inhalt* der Theoreme in den Nummern 11 bis 13 zur Kenntnis zu nehmen und sich ihren *Beweisen* erst bei einer zweiten Lektüre zuzuwenden.

11 Der Existenzsatz von Peano

Erstaunlicherweise wird die Lösbarkeit des Anfangswertproblems

$$y' = f(x, y), \quad y(x_0) = y_0 \tag{11.1}$$

bereits durch die bloße Stetigkeit der rechten Seite $f(x, y)$ sichergestellt, schärfer:

---

[1] Juliusz P. Schauder (1899–1943; 44) war Schüler Stefan Banachs (1892–1945; 53), des Begründers der „Lemberger Schule“ der Funktionalanalysis. – Johannes Weissinger ist em. o. Professor an der Universität Karlsruhe.

11.1 Satz von Peano[1] *Die Funktion $f(x,y)$ sei* stetig *auf dem kompakten Rechteck*

$$R:=\{(x,y):|x-x_0|\leqslant a,\ |y-y_0|\leqslant b\} \qquad (a,b>0), \tag{11.2}$$

und es sei

$$M:=\max_{(x,y)\in R}|f(x,y)|, \quad \alpha:=\min\left(a,\frac{b}{M}\right).\text{ [2]} \tag{11.3}$$

Dann gibt es mindestens eine *auf $[x_0-\alpha, x_0+\alpha]$ existierende Lösung der Anfangswertaufgabe* (11.1).

Beweis. Wir verwandeln das *Anfangswert*problem zunächst in ein *Fixpunkt*problem. $y(x)$ sei auf einem abgeschlossenen, x_0 enthaltenden Teilintervall J von $[x_0-a, x_0+a]$ eine Lösung von (11.1):

$$y'(x)=f(x,y(x)) \quad \text{für alle} \quad x\in J, \quad y(x_0)=y_0. \tag{11.4}$$

Da die Funktion $f(x,y(x))$ auf J stetig ist, muß also

$$y(x)=y_0+\int_{x_0}^{x}f(t,y(t))\,\mathrm{d}t \quad \text{für alle} \quad x\in J \tag{11.5}$$

sein. Gilt umgekehrt für eine auf J stetige Funktion $y(x)$ diese Beziehung, so ist $y(x)$ offenbar sogar differenzierbar auf J und genügt (11.4). Zusammenfassend können wir also sagen: *Eine auf J stetige Funktion $y(x)$ löst genau dann (auf J) die Anfangswertaufgabe* (11.1), *wenn sie die „Integralgleichung“* (11.5) *befriedigt.*
Im folgenden sei

$$J:=[x_0-\alpha, x_0+\alpha] \quad \text{mit dem } \alpha \text{ aus (11.3)}, \tag{11.6}$$

$$C(J):=\text{Menge der auf } J \text{ stetigen Funktionen}, \tag{11.7}$$

$$K:=\{y\in C(J):|y(x)-y_0|\leqslant b \textit{ für alle } x\in J\}. \tag{11.8}$$

K ist offenbar nicht leer. Jedem $y\in K$ ordnen wir nun eine Funktion $Ay\in C(J)$ zu vermöge der Festsetzung

$$(Ay)(x):=y_0+\int_{x_0}^{x}f(t,y(t))\,\mathrm{d}t \quad \text{für jedes} \quad x\in J. \tag{11.9}$$

Wegen (11.3) ist

$$|(Ay)(x)-y_0|\leqslant|x-x_0|\,M\leqslant\alpha M\leqslant b \quad \text{für alle} \quad x\in J,$$

Ay gehört also sogar zu K, mit anderen Worten: *A bildet K* in sich *ab.*

---

[1] Giuseppe Peano (1858–1932; 74), italienischer Mathematiker.

[2] Wir setzen stillschweigend $M>0$ voraus, weil sonst nichts zu beweisen wäre.

Die oben festgestellte Äquivalenz zwischen der Anfangswertaufgabe (11.1) und der Integralgleichung (11.5) können wir nun so formulieren: *Eine Funktion $y \in K$ löst genau dann (auf J) die Anfangswertaufgabe* (11.1), *wenn sie ein „Fixpunkt" der Abbildung $A: K \to K$ ist, d.h., genau dann, wenn $Ay = y$ ausfällt.* Der Satz von Peano wird also bewiesen sein, sobald wir die Existenz eines Fixpunktes von A sichergestellt haben. Dies erledigen wir mit Hilfe des zweiten Schauderschen Fixpunktsatzes (s. Satz 230.4 in Heuser II) - und nun beginnt eigentlich erst unser Beweis; denn die vorangegangenen Betrachtungen waren kaum etwas anderes als einfache *Umformulierungen* der Aufgabe (11.1).

$C(J)$ machen wir vermöge der Maximumsnorm

$$\|y\|_\infty := \max_{x \in J} |y(x)| \tag{11.10}$$

zu einem Banachraum. K ist offenbar eine *abgeschlossene* und *konvexe* Teilmenge dieses Raumes. Die Abbildung $A: K \to K$ erweist sich nun rasch als *stetig*. Nach Wahl von $\varepsilon > 0$ können wir nämlich wegen der *gleichmäßigen* Stetigkeit von f auf R ein $\delta > 0$ so bestimmen, daß gilt:

$$|f(t, u) - f(t, v)| < \frac{\varepsilon}{\alpha} \quad \text{für} \quad |u - v| < \delta. \tag{11.11}$$

Sind nun y, z zwei Funktionen aus K mit

$$\|y - z\|_\infty < \delta, \quad \text{also} \quad |y(t) - z(t)| < \delta \quad \text{für alle } t \in J,$$

so bleibt wegen (11.11) für $t \in J$ stets $|f(t, y(t)) - f(t, z(t))| < \varepsilon/\alpha$, und somit haben wir

$$|(Ay)(x) - (Az)(x)| \leqslant |x - x_0| \frac{\varepsilon}{\alpha} \leqslant \alpha \frac{\varepsilon}{\alpha} = \varepsilon \quad \text{für jedes} \quad x \in J,$$

also auch $\|Ay - Az\|_\infty \leqslant \varepsilon$ - womit die Stetigkeit von A bereits dargetan ist.

Um uns auf den genannten Fixpunktsatz berufen zu können, brauchen wir jetzt nur noch zu zeigen, daß die Bildmenge $A(K)$ von A *relativ kompakt* ist. Auch das ist leicht einzusehen. Sei nämlich $y \in K$. Dann ist

$$|(Ay)(x)| \leqslant |y_0| + \alpha M \quad \text{für jedes} \quad x \in J$$

und $$|(Ay)(x_1) - (Ay)(x_2)| \leqslant |x_1 - x_2| M \quad \text{für alle} \quad x_1, x_2 \in J.$$

Die Funktionenfamilie $A(K)$ ist also punktweise beschränkt und gleichgradig stetig auf dem kompakten Intervall J. Nach dem Satz von Arzelà-Ascoli[1)] enthält daher jede Folge aus $A(K)$ eine auf J gleichmäßig konvergente Teilfolge. Und da

---

[1)] Satz 106.2 in Heuser I. Cesare Arzelà (1847-1912; 65) und Giulio Ascoli (1843-1896; 53) waren italienische Mathematiker.

diese auch im Sinne der Maximumsnorm konvergiert, ist $A(K)$ tatsächlich relativ kompakt. ■

Der Peanosche Satz liegt trotz seines äußerlich so einfachen Beweises keineswegs an der Oberfläche. Denn in diesen „einfachen Beweis" gehen ja die ganz und gar nicht trivialen Sätze von Arzelà-Ascoli und Schauder ein.

Ausdrücklich wollen wir betonen, daß der Satz von Peano zwar die *Lösbarkeit* von (11.1), aber nicht die *Eindeutigkeit* der Lösung garantiert (s. A 2.12). Die Eindeutigkeit erfordert zusätzliche Bedingungen; solche finden sich z. B. im Satz 12.2 von Picard-Lindelöf.

Durch ganz geringfügige Modifikationen des obigen Beweises erhält man den

11.2 Satz *Die Funktion $f(x, y)$ sei stetig und beschränkt auf dem Vertikalstreifen $[c, d] \times \mathbf{R}$. Dann gibt es mindestens eine auf dem* g a n z e n *Horizontalintervall $[c, d]$ existierende Lösung der Anfangswertaufgabe* (11.1) *mit beliebig vorgegebenen Zahlen $x_0 \in [c, d]$ und $y_0 \in \mathbf{R}$.*

12 Der Existenz- und Eindeutigkeitssatz von Picard-Lindelöf

Man braucht der Stetigkeitsvoraussetzung des Peanoschen Satzes nur noch eine in der Praxis fast immer erfüllte „Lipschitzbedingung" hinzuzufügen, um einen Satz zu erhalten, der zu den wertvollsten in der Theorie gewöhnlicher Differentialgleichungen gehört, einen Satz, der nicht nur die *Lösbarkeit* der Anfangswertaufgabe (11.1), sondern auch noch die *Eindeutigkeit* der Lösung verbürgt, ja sogar diese eindeutig bestimmte Lösung mittels eines iterativen Prozesses zu *konstruieren* gestattet. Seine Quelle ist der geschmeidige

12.1 Fixpunktsatz von Weissinger[1)] *Es sei U eine nichtleere abgeschlossene Teilmenge eines Banachraumes E mit Norm $\|\cdot\|$, ferner $\sum_{n=1}^{\infty} \alpha_n$ eine konvergente Reihe positiver Zahlen und $A: U \to U$ eine Selbstabbildung von U mit*

$$\|A^n u - A^n v\| \leqslant \alpha_n \|u - v\| \quad \textit{für alle} \quad u, v \in U \quad \textit{und} \quad n \in \mathbf{N}.^{2)} \tag{12.1}$$

Dann besitzt A g e n a u e i n e n *Fixpunkt, d.h., es gibt genau ein $u \in U$ mit $Au = u$. Dieser Fixpunkt ist* G r e n z w e r t d e r I t e r a t i o n s f o l g e *$(A^n u_0)$ bei völlig beliebigem Startelement $u_0 \in U$, also derjenigen Folge (u_n), die rekursiv durch die nachstehenden Festsetzungen definiert wird:*

---

1) Weissinger (1952).

2) Die I t e r i e r t e oder P o t e n z A^n ($n \in \mathbf{N}$) bedeutet bekanntlich die *n-fache Anwendung von A*, es ist also $A^n u := AA \cdots Au$ (n-mal A). Ihre *rekursive* Definition lautet so:

$$A^1 u := Au, \quad A^n u := A(A^{n-1} u) \quad \text{für } n \geqslant 2.$$

Ergänzend setzt man noch $A^0 u := u$, also $A^0 := I$ (:= i d e n t i s c h e A b b i l d u n g).

$$u_0 \in U \text{ willkürlich}, \quad u_n := A u_{n-1} \quad \text{für } n \geqslant 1. \tag{12.2}$$

Und schließlich gilt noch die Fehlerabschätzung

$$\|u - u_n\| \leqslant \left(\sum_{\nu=n}^{\infty} \alpha_\nu\right) \|u_1 - u_0\|. \tag{12.3}$$

Beweis. Wegen (12.1) ist

$$\|u_{n+1} - u_n\| = \|A^n u_1 - A^n u_0\| \leqslant \alpha_n \|u_1 - u_0\|,$$

und daraus gewinnen wir

$$\begin{aligned} \|u_{n+k} - u_n\| &\leqslant \|u_{n+k} - u_{n+k-1}\| + \|u_{n+k-1} - u_{n+k-2}\| + \cdots + \|u_{n+1} - u_n\| \\ &\leqslant \underbrace{(\alpha_{n+k-1} + \alpha_{n+k-2} + \cdots + \alpha_n)}_{\to 0 \text{ für } n,k \to \infty} \|u_1 - u_0\|. \end{aligned} \tag{12.4}$$

Aus (12.4) lesen wir ab, daß (u_n) eine *Cauchyfolge* ist und somit einen Grenzwert u in dem (vollständigen) Raum E besitzt. Da aber alle u_n in U liegen und U nach Voraussetzung abgeschlossen ist, muß u sogar zu U selbst gehören. Und dieses u gibt sich nun bereitwillig als *Fixpunkt* von A zu erkennen. Denn wegen

$$\|u_{n+1} - A u\| = \|A u_n - A u\| \leqslant \alpha_1 \|u_n - u\| \to 0 \tag{12.5}$$

strebt (u_{n+1}) nicht nur gegen u, sondern auch gegen Au, und somit muß $Au = u$ sein. Ist auch noch $v \in U$ ein Fixpunkt von A, so haben wir $u = Au = A^2 u = \cdots$ und $v = Av = A^2 v = \cdots$, also gilt

$$\|u - v\| = \|A^n u - A^n v\| \leqslant \alpha_n \|u - v\| \to 0; \tag{12.6}$$

daraus aber folgt $u = v$. A besitzt also nur den einen Fixpunkt u. Die Fehlerabschätzung (12.3) fällt uns nun wie von selbst in den Schoß: wir brauchen nur in (12.4) $k \to \infty$ gehen zu lassen. ■

Ohne Aufwand erhalten wir nun den berühmten

12.2 Satz von Picard-Lindelöf[1] *Die Funktion $f(x, y)$ sei stetig auf dem kompakten Rechteck*

$$R := \{(x, y) : |x - x_0| \leqslant a,\ |y - y_0| \leqslant b\} \qquad (a, b > 0) \tag{12.7}$$

und habe dort eine stetige partielle Ableitung nach y oder etwas schwächer: sie genüge einer Lipschitzbedingung bezüglich *y*, d.h., es gebe eine positive „Lipschitzkonstante" *L mit*

[1] Emile Picard (1856–1941; 85). Ernst Lindelöf (1870–1946; 76).

$$|f(x,y)-f(x,\bar{y})| \leqslant L|y-\bar{y}| \quad \textit{für alle} \quad (x,y),(x,\bar{y}) \quad \textit{aus } R.^{1)} \tag{12.8}$$

Dann besitzt das Anfangswertproblem

$$y'=f(x,y), \quad y(x_0)=y_0 \tag{12.9}$$

genau eine *auf*

$$J:=[x_0-\alpha,\, x_0+\alpha]$$

definierte Lösung $y(x)$; *hierbei ist*

$$\alpha:=\min\left(a, \frac{b}{M}\right) \quad \textit{mit} \quad M:=\max_{(x,y)\in R}|f(x,y)|.^{2)} \tag{12.10}$$

$y(x)$ *kann* iterativ *gewonnen werden. Geht man nämlich von irgendeiner Funktion*

$$\varphi_0 \in K:=\{u\in C(J): |u(x)-y_0|\leqslant b \textit{ für alle } x\in J\} \tag{12.11}$$

aus und setzt

$$\varphi_n(x):=y_0+\int_{x_0}^{x} f(t,\varphi_{n-1}(t))\,\mathrm{d}t \quad \textit{für} \quad n\in\mathbf{N} \quad \textit{und} \quad x\in J, \tag{12.12}$$

so strebt $\varphi_n(x)\to y(x)$, *und zwar* gleichmäßig auf J. *Für die „sukzessiven Approximationen"* φ_n *gilt auf* J *die* Fehlerabschätzung

$$|y(x)-\varphi_n(x)| \leqslant \left(\sum_{\nu=n}^{\infty}\frac{(\alpha L)^\nu}{\nu!}\right)\max_{x\in J}|\varphi_1(x)-\varphi_0(x)| \tag{12.13}$$

oder etwas gröber:

$$|y(x)-\varphi_n(x)| \leqslant \frac{(\alpha L)^n}{n!}\,\mathrm{e}^{L\alpha}\max_{x\in J}|\varphi_1(x)-\varphi_0(x)|.^{3)} \tag{12.14}$$

Der Beweis ist kürzer als der Satz. Wir bedienen uns dazu des Weissingerschen Fixpunkttheorems mit $U:=K$ und dem Banachraum $E:=C(J)$ - ausgerüstet mit der Maximumsnorm (11.10) -, während A die in (11.9) definierte Selbstabbildung von K sein soll. Sehr einfach - nämlich induktiv *via* Lipschitzbedingung - überzeugt man sich von der Abschätzung

---

[1] Diese Bedingung wird nach Rudolf Lipschitz (1832–1903; 71) genannt. Daß sie bei *stetigem*, ja selbst bei bloß *beschränktem* $\partial f/\partial y$ immer erfüllt ist, ergibt sich sofort aus dem Mittelwertsatz der Differentialrechnung.

[2] Wir setzen auch hier wieder stillschweigend $M>0$ voraus, um Trivialem aus dem Weg zu gehen.

[3] S. dazu auch die Verfeinerung (12.17) in Aufgabe 3.

$$|(A^n u)(x)-(A^n v)(x)| \leqslant \frac{|x-x_0|^n}{n!} L^n \|u-v\|_\infty \qquad (n \in \mathbf{N}, x \in J), \tag{12.15}$$

aus der sofort

$$\|A^n u - A^n v\|_\infty \leqslant \frac{(\alpha L)^n}{n!} \|u-v\|_\infty \tag{12.16}$$

folgt. Den ganzen Rest besorgt jetzt der Weissingersche Fixpunktsatz. ■

Daß der Punkt (x_0, y_0) genau in der *Mitte* des Rechtecks R liegt, wird nicht von der Sache selbst gefordert, sondern dient lediglich einer rein äußerlichen Beweisvereinfachung. S. dazu Aufgabe 6.

Wenn man im Beweis des letzten Theorems J durch irgendein kompaktes Intervall $[c, d]$ und K durch $C[c, d]$ ersetzt, erhält man ohne weiteres den folgenden

12.3 Satz *Die Funktion $f(x, y)$ sei stetig auf dem Vertikalstreifen $[c, d] \times \mathbf{R}$ und genüge dort einer Lipschitzbedingung. Dann gibt es genau eine auf dem* ganzen *Horizontalintervall $[c, d]$ existierende Lösung der Anfangswertaufgabe* (12.9) *mit beliebig vorgegebenen Zahlen $x_0 \in [c, d]$ und $y_0 \in \mathbf{R}$. Diese Lösung läßt sich wieder wie in* Satz 12.2 *iterativ gewinnen, und wieder gilt die Fehlerabschätzung* (12.13), *in der freilich α durch* $\max(x_0-c, d-x_0)$ *zu ersetzen ist.* [1]

Aufgaben

1. Gegeben sei das Anfangswertproblem $y' = x^2 + xy^2$, $y(0) = 0$.

a) Man berechne, ausgehend von $\varphi_0(x) \equiv 0$ die sukzessiven Approximationen φ_n gemäß (12.12).

b) Man zeige, daß (φ_n) auf $[-1/2, 1/2]$ gleichmäßig gegen die auf $[-1/2, 1/2]$ existierende Lösung y des obigen Anfangswertproblems konvergiert.

2. Löse iterativ das Anfangswertproblem $y' = xy$, $y(0) = 1$.

***3. Verfeinerung der Fehlerabschätzung (12.13)** Unter den Voraussetzungen und mit den Bezeichnungen des Satzes von Picard-Lindelöf läßt sich der Fehler zwischen der exakten Lösung $y(x)$ und der n-ten Approximation $\varphi_n(x)$ auf dem Intervall $[x_0-\alpha, x_0+\alpha]$ abschätzen durch

$$|y(x)-\varphi_n(x)| \leqslant \frac{M}{L} \sum_{\nu=n+1}^{\infty} \frac{(L|x-x_0|)^\nu}{\nu!} + \mu \sum_{\nu=n}^{\infty} \frac{(L|x-x_0|)^\nu}{\nu!} \qquad (n \in \mathbf{N}_0) \tag{12.17}$$

mit $\quad \mu := \max\limits_{|x-x_0| \leqslant \alpha} |\varphi_0(x)-y_0|.$

Aus (12.17) ergibt sich die gröbere, aber handlichere Abschätzung

$$|y(x)-\varphi_n(x)| \leqslant \left[\frac{M}{L} \frac{(L|x-x_0|)^{n+1}}{(n+1)!} + \mu \frac{(L|x-x_0|)^n}{n!}\right] e^{L|x-x_0|} \tag{12.18}$$

und daraus wieder - noch etwas gröber -

---

[1] S. dazu auch Aufgabe 7.

$$|y(x)-\varphi_n(x)| \leqslant \frac{M}{L}\frac{(\alpha L)^{n+1}}{(n+1)!}e^{L\alpha} \quad \text{im Falle} \quad \varphi_0(x) \equiv y_0. \tag{12.19}$$

Hinweis: Zeige der Reihe nach:

a) $\varphi_n = \varphi_0 + (\varphi_1 - \varphi_0) + \cdots + (\varphi_n - \varphi_{n-1})$,

also $y = \varphi_0 + \sum_{\nu=1}^{\infty}(\varphi_\nu - \varphi_{\nu-1})$ und $y - \varphi_n = \sum_{\nu=n+1}^{\infty}(\varphi_\nu - \varphi_{\nu-1})$.

b) $$|\varphi_1(x) - \varphi_0(x)| \leqslant M|x - x_0| + \mu. \tag{12.20}$$

c) $|\varphi_\nu(x) - \varphi_{\nu-1}(x)| \leqslant L\left|\int_{x_0}^{x} |\varphi_{\nu-1}(t) - \varphi_{\nu-2}(t)|\,dt\right|$ für $\nu \geqslant 2$.

d) $|\varphi_\nu(x) - \varphi_{\nu-1}(x)| \leqslant \frac{M}{L}\frac{(L|x-x_0|)^\nu}{\nu!} + \mu\frac{(L|x-x_0|)^{\nu-1}}{(\nu-1)!}$ für $\nu \geqslant 1$.

Auf die *Bedeutung* der Zahlen M und μ kommt es hierbei - und dann auch in (12.17) - nicht an, *solange nur mit ihnen* (12.20) *gilt*.

4. Für die in Aufgabe 1 berechnete Approximation φ_3 gilt $|y(x)-\varphi_3(x)| \leqslant 0{,}114$, für die noch nicht berechnete nächste Approximation φ_4 sogar $|y(x)-\varphi_4(x)| \leqslant 0{,}023$ - dies alles auf $[-1/2, 1/2]$.

$^+$**5. Iteration ohne Lipschitzbedingung** Die Iterationsfolge (φ_n) läßt sich gemäß (12.12) auch dann auf $J := [x_0 - \alpha, x_0 + \alpha]$ bilden, wenn $f(x, y)$ *keiner* Lipschitzbedingung genügt. Aber die Hoffnung, daß (φ_n) eine Lösung der Anfangswertaufgabe (12.9) erbringe, kann trügen. Zeige:

a) Wenn (φ_n) auf J *gleichmäßig* gegen φ konvergiert, so löst φ auf J die Aufgabe (12.9) (von Eindeutigkeit ist nicht die Rede!).

b) Die auf $R := \{(x, y): |x| \leqslant 1, |y| \leqslant 1\}$ definierte Funktion

$$f(x,y) := \begin{cases} 0 & \text{für } x=0,\ |y| \leqslant 1, \\ 2x & \text{für } 0<|x| \leqslant 1,\ -1 \leqslant y < 0, \\ 2x - 4\dfrac{y}{x} & \text{für } 0<|x| \leqslant 1,\ 0 \leqslant y \leqslant x^2, \\ -2x & \text{für } 0<|x| \leqslant 1,\ x^2 \leqslant y \leqslant 1 \end{cases}$$

ist stetig, erfüllt aber keine Lipschitzbedingung. Die sukzessiven Approximationen φ_n für das Anfangswertproblem

$$y' = f(x, y), \quad y(0) = 0 \tag{12.21}$$

werden, ausgehend von $\varphi_0(x) \equiv 0$, gegeben durch

$$\varphi_{2n-1}(x) = x^2, \quad \varphi_{2n} = -x^2 \qquad \left(n = 1, 2, \ldots;\ |x| \leqslant \frac{1}{2}\right).$$

Die Folge (φ_n) ist also *nicht konvergent* - aber selbst die trivialerweise gleichmäßig konvergenten Teilfolgen (φ_{2n-1}) und (φ_{2n}) streben keineswegs gegen eine Lösung von (12.21) (eine solche ist nach dem Satz von Peano gewiß vorhanden).

+6. Die Funktion $f(x, y)$ sei auf dem kompakten Rechteck $R := \{(x,y): a_1 \leqslant x \leqslant a_2, b_1 \leqslant y \leqslant b_2\}$ stetig und erfülle dort eine Lipschitzbedingung. Dann besitzt das Anfangswertproblem

$$y' = f(x, y), \quad y(x_0) = y_0 \quad \text{mit} \quad a_1 \leqslant x_0 \leqslant a_2, \quad b_1 < y_0 < b_2$$

in einer hinreichend kleinen (evtl. einseitigen) Umgebung von x_0 eine und nur eine Lösung. Sie kann iterativ konstruiert werden.

+7. Ist die Funktion $f(x, y)$ auf $\mathbf{R} \times \mathbf{R}$ stetig und erfüllt sie auf *jedem* Vertikalstreifen $[-a, a] \times \mathbf{R}$ $(a > 0)$ eine Lipschitzbedingung - wobei die Lipschitzkonstante von a abhängen darf -, so besitzt das Anfangswertproblem

$$y' = f(x, y), \quad y(x_0) = y_0 \qquad (x_0, y_0 \in \mathbf{R})$$

genau eine auf *ganz* $\mathbf{R}$ definierte Lösung.

8. Zeige: Das Anfangswertproblem

$$y' = \frac{y^3 e^x}{1 + y^2} + x \sin y, \quad y(0) = 1$$

besitzt genau eine Lösung auf $\mathbf{R}$. Hinweis: Aufgabe 7.

13 Abhängigkeitssätze

Wir nehmen uns wieder das Anfangswertproblem

$$y' = f(x, y), \quad y(x_0) = y_0 \tag{13.1}$$

vor, legen dabei die Voraussetzungen und Bezeichnungen des Satzes von Picard-Lindelöf zugrunde und werfen nun eine Frage auf, die für die Praxis von eminenter Bedeutung ist: Kann, grob gesagt, die (eindeutig bestimmte) Lösung $y(x)$ von (13.1) *stark* - vielleicht *zu* stark - variieren, wenn man die rechte Seite $f(x, y)$ und den Anfangswert y_0 nur *wenig* ändert - oder ist es nicht vielmehr so, daß $y(x)$ „stetig" von diesen Ausgangsdaten abhängt, *kleine* Änderungen von $f(x, y)$ und y_0 sich also nur *geringfügig* auf $y(x)$ auswirken. Es liegt auf der Hand, wie bedeutsam diese „stetige Abhängigkeit der Lösung von den Ausgangsdaten" gerade in Naturwissenschaft und Technik ist. Formuliert man nämlich ein praktisches Problem als eine Anfangswertaufgabe, so hat man augenblicklich den Mißstand am Hals, daß die genannten Daten mit *Meß- und Idealisierungsfehlern* behaftet sind und die *mathematische* Lösung daher Gefahr läuft, von dem *realen* Vorgang viel zu weit abzuweichen, um noch brauchbar zu sein - wenn eben die „stetige Abhängigkeit der Lösung von den Ausgangsdaten" *nicht* gegeben sein sollte. Glücklicherweise ist sie vorhanden, und schon der nächste Satz spricht sie aus (und präzisiert, was überhaupt mit ihr gemeint ist).

13.1 Satz *$f(x,y)$ genüge den Voraussetzungen des Picard-Lindelöfschen Satzes 12.2, $\tilde{f}(x,y)$ hingegen sei bloß* stetig *auf dem dort beschriebenen Rechteck R. Ferner bedeute $y(x)$ die eindeutig bestimmte Lösung der Anfangswertaufgabe*

$$y'=f(x,y), \quad y(x_0)=y_0 \tag{13.2}$$

auf dem Intervall $J:=[x_0-\alpha, x_0+\alpha]$ und $\tilde{y}(x)$ irgendeine, auf einem abgeschlossenen Intervall $\tilde{J}\subset J$ existierende und ganz in R verlaufende Lösung von

$$y'=\tilde{f}(x,y), \quad y(x_0)=\tilde{y}_0. \tag{13.3}$$

Schließlich sollen mit festen Zahlen σ, ω die Abschätzungen

$$|y_0-\tilde{y}_0|\leqslant\sigma \tag{13.4}$$

und $$|f(x,y)-\tilde{f}(x,y)|\leqslant\omega \quad \text{auf } R \tag{13.5}$$

gelten. Dann ist – mit einer Lipschitzkonstanten L von f –

$$|y(x)-\tilde{y}(x)|\leqslant\sigma e^{L|x-x_0|}+\frac{\omega}{L}(e^{L|x-x_0|}-1) \quad \text{für alle} \quad x\in\tilde{J}. \tag{13.6}$$

Die Integrale $y(x)$ und $\tilde{y}(x)$ unterscheiden sich also beliebig wenig auf $\tilde{J}$, sofern σ und ω nur hinreichend klein sind.[1]

Der Beweis ist denkbar einfach. Wir setzen $\tilde{y}(x)$ stetig und ganz in R bleibend zu einer Funktion $\varphi_0(x)$ auf J fort. Nach dem Satz von Picard-Lindelöf streben dann die mit $\varphi_0(x)$ beginnenden sukzessiven Approximationen $\varphi_n(x)$ auf J gegen $y(x)$. Für $x\in\tilde{J}$ ist

$$\varphi_1(x)=y_0+\int_{x_0}^{x} f(t,\varphi_0(t))\,dt=y_0+\int_{x_0}^{x} f(t,\tilde{y}(t))\,dt$$

und $$\varphi_0(x)=\tilde{y}(x)=\tilde{y}_0+\int_{x_0}^{x}\tilde{f}(t,\tilde{y}(t))\,dt,$$

wegen (13.4) und (13.5) haben wir also die Abschätzung

$$|\varphi_1(x)-\varphi_0(x)|\leqslant\sigma+|x-x_0|\omega \quad \text{auf } \tilde{J}.$$

Ersetzen wir nun in (12.20) formal M durch ω und μ durch σ und beachten wir noch die Bemerkung in Teil d) des Hinweises zu A 12.3, so liefert uns (12.17), beansprucht für $n=0$, mit einem Schlag die Behauptung (13.6). ∎

Schon zu Beginn dieses Buches sind uns Differentialgleichungen begegnet, in denen naturwissenschaftlich relevante Konstanten λ auftraten; man denke beispielsweise an die Gleichung $\dot{P}=\lambda P$ des exponentiellen Wachstums, an die Gleichung $\dot{I}=\lambda I(N-I)$ der Gerüchteausbreitung oder auch an die beim Studium des reibungsverzögerten Falles erscheinende Geschwindigkeitsglei-

---

[1] Dennoch können die Integrale *bei unbeschränkt wachsendem Argument beliebig weit auseinanderlaufen.* Beispiel: $f(x,y)=\tilde{f}(x,y)=\lambda y$ $(\lambda>0)$, $y_0=0$, $\tilde{y}_0\neq 0$. *In the long run* können also selbst sehr kleine Fehler bei der Messung der Anfangsdaten zu unbrauchbaren Ergebnissen führen.

chung $\dot{v}=-\lambda v+g$. Die Größe der Konstanten λ hat man durch Messungen festzustellen. Sie ist daher niemals exakt bekannt - ja mehr noch: λ selbst ist in der Regel gar keine „absolute" Konstante, unveränderlich in Raum und Zeit, wie etwa die Ladung des Elektrons, sondern kann je nach Lage des Falles den einen oder anderen Wert haben. Eine derartige Größe, die nur halbherzig konstant ist, nennt man in diesem Zusammenhang gerne einen Parameter. In jeder der drei obigen Differentialgleichungen tritt also ein Parameter λ auf. Und nun ist gerade für den Naturwissenschaftler die Frage von Interesse, *wie das Integral einer Differentialgleichung variiert, wenn sich in ihr der Parameter λ ändert.* Die explizit bekannten Integrale der obigen Beispiele zeigen, daß die Lösung, grob gesagt, *differenzierbar* von λ abhängt. Und die Vermutung, dies sei auch allgemein der Fall, trifft unter milden Voraussetzungen tatsächlich das Richtige. Es gilt nämlich der

13.2 Satz *Die Funktion $f(x,y,\lambda)$ sei für alle*

$$(x,y)\in R:=[x_0-a,x_0+a]\times[y_0-b,y_0+b] \qquad (a,b>0)$$

und alle

$$\lambda\in I:=[c,d], \quad \textit{insgesamt also auf} \quad Q:=R\times I$$

erklärt. Auf Q sei sie stetig und besitze dort überdies stetige partielle Ableitungen f_y, f_λ nach y und λ. Schließlich sei M eine (gewiß vorhandene) obere Schranke für f auf Q:

$$|f(x,y,\lambda)|\leqslant M \quad \textit{für alle} \quad (x,y,\lambda)\in Q, \tag{13.7}$$

und α werde erklärt durch

$$\alpha:=\min\left(a,\frac{b}{M}\right). \tag{13.8}$$

Dann besitzt - dies zur Erinnerung - die Anfangswertaufgabe

$$y'=f(x,y,\lambda), \quad y(x_0)=y_0 \tag{13.9}$$

für jedes $\lambda\in I$ genau eine

$$\textit{auf} \quad J:=[x_0-\alpha,x_0+\alpha] \quad \textit{existierende Lösung} \quad y(x,\lambda)$$

(*Satz* 12.2). *Und nun die Behauptung*: $y(x,\lambda)$ *ist auf ganz I partiell nach λ* differenzierbar.

Der Beweis [nach Ritt (1918/19)] macht kaum mehr Mühe als der vorige. Es seien λ_0,λ irgendwelche verschiedenen Punkte aus I. Mit

$$y:=y(x,\lambda_0), \quad \tilde{y}:=y(x,\lambda)$$

ist $y(x_0)=\tilde{y}(x_0)=y_0$ und

$$\begin{aligned}\frac{d}{dx}(\tilde{y}-y) &= f(x,\tilde{y},\lambda)-f(x,y,\lambda_0)\\ &= [f(x,\tilde{y},\lambda)-f(x,y,\lambda)]+[f(x,y,\lambda)-f(x,y,\lambda_0)]\\ &= f_y(x,y+\vartheta_1(\tilde{y}-y),\lambda)(\tilde{y}-y)+f_\lambda(x,y,\lambda_0+\vartheta_2(\lambda-\lambda_0))(\lambda-\lambda_0)\end{aligned}$$

mit $0<\vartheta_1, \vartheta_2<1$. Somit haben wir

$$\frac{d}{dx}\left(\frac{\tilde{y}-y}{\lambda-\lambda_0}\right)=\underbrace{f_y(x,y+\vartheta_1(\tilde{y}-y),\lambda)}_{=:\tilde{g}(x)}\frac{\tilde{y}-y}{\lambda-\lambda_0}+\underbrace{f_\lambda(x,y,\lambda_0+\vartheta_2(\lambda-\lambda_0))}_{=:\tilde{h}(x)}.$$

Die Funktionen $\tilde{g}, \tilde{h}$ sind auf J stetig, und

$$\tilde{z}:=\frac{\tilde{y}-y}{\lambda-\lambda_0}$$

löst dort dank der letzten Gleichung die lineare Anfangswertaufgabe

$$\frac{dw}{dx}=\tilde{g}(x)w+\tilde{h}(x), \quad w(x_0)=0. \tag{13.10}$$

Auch die Funktionen

$$g(x):=f_y(x,y,\lambda_0), \quad h(x):=f_\lambda(x,y,\lambda_0)$$

sind auf J stetig, infolgedessen besitzt die Anfangswertaufgabe

$$\frac{dw}{dx}=g(x)w+h(x), \quad w(x_0)=0 \tag{13.11}$$

dort genau eine Lösung z. Eine erste Anwendung des Satzes 13.1 - auf (13.9) - zeigt, daß sich $\tilde{y}$ auf J beliebig wenig von y unterscheidet, wenn nur λ hinreichend dicht bei λ_0 liegt. Eine zweite Anwendung - auf (13.10), (13.11) - lehrt nun, daß Entsprechendes für $\tilde{z}$ und z gilt. Das aber bedeutet, daß die partielle Ableitung

$$\lim_{\lambda\to\lambda_0}\frac{y(x,\lambda)-y(x,\lambda_0)}{\lambda-\lambda_0} \quad \text{für jedes } x\in J \text{ existiert (und } =z(x) \text{ ist).}$$ ■

Historische Anmerkung. Cauchy

Als Differentialgleichungen in den Gesichtskreis der Mathematiker traten, war das erste und sehr natürliche Ziel, die Lösungen mit Hilfe der damals bekannten Funktionen „geschlossen" auszudrücken. Und die erste und sehr betrübliche Erfahrung war, daß dies nur in den seltensten Fällen bewerkstelligt werden konnte. Schon Newton griff deshalb geradezu habituell auf (Potenz-)Reihenentwicklungen zurück, Leibniz widmete dieser Methode eine Arbeit in den Acta erud. von

1693[1], und Jakob Bernoulli hing ihr mit erwiderter Zuneigung an. In der historischen Anmerkung nach A 4.37 wurde schon berichtet, wie er die Riccatische Differentialgleichung $y'=x^2+y^2$ nach vielen Versuchen, eine geschlossene Lösung zu finden, schließlich auf diese Weise doch noch bezwang. Sein Reihen-Credo drückt er fast bewegend so aus[2]:

> Wie notwendig übrigens und zugleich nützlich diese Betrachtung der Reihen ist, das kann dem nicht unbekannt sein, der es erkannt hat, daß eine solche Reihe bei ganz schwierigen Problemen, an deren Lösung man verzweifeln muß, gewissermaßen ein Rettungsanker ist, zu dem man als zu dem letzten Mittel seine Zuflucht nehmen darf, wenn alle anderen Kräfte des menschlichen Geistes Schiffbruch gelitten haben.

Wohl der brillanteste Reihentechniker war Euler. Die Potenzreihenmethode für Differentialgleichungen stellt er in seinen *Institutiones Calculi Integralis* I von 1768 als erster lehrbuchmäßig dar,[3] und zwar, anders als heutzutage üblich, in dem Kapitel über die Integration *per approximationem.*

Die Differentialgleichungen, mit denen man es anfänglich zu tun hatte, waren *einfach* gebaut – und doch verhielten sie sich oft genug spröde und abweisend gegenüber allen Annäherungsversuchen: *geschlossene* Lösungen waren nicht zu finden und *Reihen*ansätze versanken in einem Rechensumpf; man denke nur wieder an die geradezu bestechend „einfache" Riccatische Gleichung $y'=x^2+y^2$. Daß Lösungen *vorhanden* waren – das bezweifelte man freilich nicht, schärfer noch: die Existenzfrage ging überhaupt niemandem durch den Kopf. Denn die Differentialgleichungen beschrieben physikalische Vorgänge oder geometrische Kurven – und diese Vorgänge oder Kurven *waren* eben die Lösungen, man mußte sie nur finden.

Wenn man aber lange genug ergebnislos an einer Differentialgleichung herumgewerkelt hat, wenn selbst die Reihen nicht mehr verfangen wollen, dann regt sich ganz von selbst das Bedürfnis, wenigstens eine *angenäherte* Vorstellung vom Verlauf der (doch sicher vorhandenen) Integralkurven zu erlangen. Diesem Bedürfnis kam schon 1694 die Isoklinenmethode Johann Bernoullis[4], 1768 dann der Eulersche Polygonzug entgegen[5], der bei seinem Erfinder freilich nicht als *Kurve*, sondern als ein *arithmetisches* Gebilde auftrat. Etwa ein halbes Jahrhundert später sollte er unter Cauchys Händen prinzipielle Bedeutung erlangen, denn der rigoristische Franzose gründete um 1824 auf ihn den historisch ersten *Existenz- und Eindeutigkeitssatz* für die Anfangswertaufgabe

$$y'=f(x,y), \quad y(x_0)=y_0, \tag{*}$$

[1] Math. Schriften V, Hildesheim 1962, S. 285–288. Übersetzung in Ostwalds Klassiker der exakten Wissenschaften 162, S. 19ff.

[2] Aus dem Vorwort der *Positiones arithmeticae de seriebus infinitis*, Basel 1689. Übersetzung in Ostwalds Klassiker der exakten Wissenschaften 171, S. 4.

[3] Opera (1) 11, S. 426ff.

[4] Acta erud. 1694 = Opera I, S. 123–125. Der Titel der Arbeit verspricht zu viel, drückt aber gut die damals schon gefühlten Wünsche aus: *Modus generalis construendi omnes aequationes differentiales primi gradus.* Hier „löst" Johann mittels der *directrices* (= Isoklinen) die Riccatische Differentialgleichung (4.36) (siehe A 3.4 und die historische Anmerkung nach A 4.37). Man wird kaum in der Annahme fehlgehen, daß die Isoklinenmethode ihre Existenz dieser intraktablen Differentialgleichung verdankt und daß Johanns Satz, er habe nicht versucht, „ob sie durch Trennung der Variablen gelöst werden könne", nur die Vergeblichkeit seiner dahingehenden Versuche verschleiern soll.

[5] Opera (1) 11, S. 424f.

und zwar unter der Voraussetzung, daß f und f_y in einem geeigneten Rechteck stetig sind. Dann nämlich, so Cauchy, konvergiert die Folge der Eulerschen Polygonzüge bei unbegrenzt feiner werdender Zerlegung des Grundintervalles gegen eine Lösung von (*), und diese Lösung ist sogar die einzige.[1] Die Forderung, f_y solle *stetig* sein, schwächte Lipschitz 1876 durch die uns wohlvertraute „Lipschitzbedingung" ab.[2] So entstand der „Satz von Cauchy-Lipschitz".

Die Dinge trieben aus guten Gründen auf Cauchys Existenzsatz zu. Um 1800 war die ganze Analysis in einem Zustand der Krise und Gärung. Der unbedenkliche Umgang mit dem unendlich Großen und unendlich Kleinen hatte inzwischen zu Unbegreiflichkeiten und Unsinnigkeiten geführt, die selbst stärkere Naturen nicht mehr ertragen mochten. Akademien versuchten, durch halb verlegene, halb verzweifelte Preisaufgaben einen Nothelfer aufzutreiben.[3] Im Bereich der Differentialgleichungen waren überdies den „Analysten" die Augen dafür aufgegangen, daß schon ganz einfache Gleichungen ganz offensichtlich unlösbar waren: wie aber sollte man es dann komplizierteren ansehen können, ob sie Integrale ihr eigen nennen?

Cauchy war der Mann der Stunde, willens und fähig, den analytischen Tempel gründlich zu reinigen. Als erstes klärte und fixierte er die bislang sehr im dunkeln gebliebenen Grundbegriffe Konvergenz, Stetigkeit, Ableitung, Integral (das seinige ist fast das Riemannsche) und zeigte in einer neuen Wendung mathematischen Empfindens, daß $\int_a^b f(x)\,dx$ *existiert*, wenn f stetig ist.[4] Und gerade aus diesem *Existenz*beweis für das bestimmte Integral, kombiniert mit dem Eulerschen Polygonzug, fließt sein Existenzbeweis für die Lösung der Anfangswertaufgabe (*). Dieses Beweises wegen hat P. Painlevé (1863–1933; 70) gesagt,[5] erst Cauchy habe „der allgemeinen Theorie der Differentialgleichungen eine unzerstörbare Grundlage gegeben". Und dieses Beweises wegen reden wir heutzutage nicht einfach von dem *Eulerschen*, sondern von dem *Euler-Cauchyschen* Polygonzug.

Auch den zweiten der überkommenen Gedankenstränge, die Potenzreihenmethode, griff Cauchy kritisch-produktiv auf. Mit seinem für Konvergenzfragen geschärften Blick hatte er erkannt, daß die naiven Koeffizientenvergleichsmanöver früherer Zeiten so nicht länger haltbar waren: er selbst nämlich hatte die sensationelle Entdeckung gemacht, daß es unendlich oft differenzierbare Funktionen gibt, die gar nicht in Potenzreihen entwickelt werden können. Ohne viel Erbarmen konstatiert er:[6]

> L'intégration par série des équations différentielles était donc illusoire, tant qu'on ne fournissait aucun moyen de s'assurer que les séries obtenues étaient convergentes, et que leurs sommes étaient des fonctions propres à verifier les équations proposées; en sorte qu'il fallait nécessairement ou trouver un tel moyen, ou chercher une autre méthode à l'aide de laquelle on pût établir généralement l'existence de fonctions propres à vérifier les équations differentielles ....

---

[1] Résumé des leçons données à l'Ecole Royale Polytechnique. Suite du calcul infinitésimal (1824). Dieses Résumé wurde erst 1981 veröffentlicht. Siehe auch Oeuvres (2), 11, S. 399–404 und für einen ausführlichen Beweis E. Picard: Traité d'analyse II. Paris 1893.

[2] Bull. des Sci. Math. (1), **10** (1876) 149–159; Lehrbuch der Analysis II. Bonn 1880.

[3] Eine Probe in Heuser II, S. 689.

[4] Rund 100 Jahre früher, 1721, hatte Johann Bernoulli dem Marquis de l'Hospital noch geschrieben: Mais la possibilité, ou l'impossibilité de l'existence ne doit pas règler nos idées. Je dois concevoir les choses selon leurs définition. Opera IV, S. 163f.

[5] Encyklop. math. Wiss. II, 1,1, S. 192.

[6] Oeuvres (2), 11, S. 400.

Cauchy fand zwischen 1830 und 1840 *un tel moyen* in seinem *calcul des limites* und gab so der schwankenden Potenzreihenmethode endlich ein festes Fundament.[1]

Cauchy hat auch bereits ausgiebig „sukzessive Approximationen" im Bereich der Differentialgleichungen verwendet, freilich ohne die Iterationsmethode zu einem Existenzbeweis auszugestalten; s. sein *Mémoire sur l'integration des équations différentielles* (Prag 1835; Oeuvres (2), 11, S. 399ff, insbes. das *Troisième Theorème*). Der wahre Ursprung der iterativen Methode verliert sich allerdings im dunkeln. Painlevé schreibt, sie sei „schon seit langer Zeit von den Astronomen gebraucht worden",[2] M. Bôcher (1867-1918; 51) meint, man habe sie „in anderen Gebieten der Mathematik von jeher angewandt", und verweist auf die §§ 286, 287 in Fouriers *Théorie analytique de la chaleur* von 1822;[3] Fourier behandelt dort die skalare Gleichung $x=\arctan(x/\lambda)$ iterativ. Aber schon die Babylonier scheinen bei der Berechnung von Quadratwurzeln iterativ vorgegangen zu sein.[4] Zur Lösung linearer Differentialgleichungen zweiter Ordnung wurde die Iterationsmethode dann 1836 von Joseph Liouville (1809-1882; 73) benutzt.[5] Wie sehr im übrigen damals Iterationsverfahren in der Luft lagen, zeigt sich auch in der nonchalanten Manier, in der ein Physiker, A. Beer, 1856 eine aus der Elektrostatik kommende Integralgleichung durch sukzessive Approximation „löste". Unter den Händen von Carl Neumann (1832-1925; 93) wurde daraus dann die *Neumannsche Reihe* (s. Satz 21.1), ein kraftvolles Instrument der späteren Funktionalanalysis.[6]

1890 hat Picard die Iterationsmethode zu einem weittragenden Existenzbeweis im Falle der allgemeinen Differentialgleichung $y'=f(x,y)$ ausgebaut und dabei die aus dem Cauchy-Lipschitzschen Satz schon bekannte Lipschitzbedingung verwendet.[7] E. Lindelöf hat dann 1894 in den Pariser C. R. **118** das in unserem Satz 12.2 angegebene Existenzintervall der Lösung gefunden.

Im *Traité d'analyse* II schreibt Picard auf S. 304, sein Beweis sei *moins naturelle que celle de Cauchy, qui prend pour point de départ la veritable origine de l'équation differentielle en la considérant comme la limite d'une équation aux difference.*[8] *Nous avons seulement ici l'avantage, qui peut avoir son prix, d'avoir l'intégrale représentée par une expression analytique telle qu'une série convergente.* Picard konnte bei diesen zurückhaltenden Worten noch nicht wissen, wie sehr das Iterationsverfahren Schule machen würde - und zwar deshalb, weil es *einfach* und *allgemein* und durchaus *„natürlich"* ist. Schon 1895 und 1896 übertrugen es J. Le Roux und Vito Volterra (1860-1940; 80) auf die „Volterrasche Integralgleichung".[9] Volterra trifft genau den Punkt - die *Simpli-*

[1] Oeuvres (2), 15; zahlreiche weitere Literaturangaben in Encyklop. math. Wiss. II, 1,1, S. 201.

[2] Encyklop. math. Wiss. II, 1,1, S. 198. Er hat dabei vielleicht an Lagrange gedacht, der sie in astronomischen Rechnungen benutzte.

[3] Encyklop. math. Wiss. II, 1,1, S. 458.

[4] Siehe van der Waerden: „Erwachende Wissenschaft", 2. Aufl. Basel 1966, S. 71-74.

[5] J. de math. **1** (1836) 255.

[6] Näheres über die Beerschen und Neumannschen Gedankengänge bei J. Dieudonné: History of Functional Analysis, Amsterdam-New York-Oxford 1983, S. 39-46. Eine „Neumannsche Reihe" für eine gewisse Funktionaloperation ∇ findet sich übrigens schon in dem o.a. *Mémoire* von Cauchy (s. Oeuvres (2), 11, S. 413ff).

[7] J. de math. (4) **6** (1890) 145. Traité d'analyse II, Paris 1893, S. 301-304.

[8] Er denkt dabei an den Cauchyschen Polygonzugbeweis.

[9] Le Roux: Ann. Ec. Norm. Sup (3) **12** (1895) 227-316; die hier interessierenden Dinge stehen auf den Seiten 244-246. Volterra: Opere matematiche II, Roma 1956, S. 216ff. Siehe dazu unsere Sätze 21.1, 21.2 und für historische Anmerkungen Heuser (1991, Funktionalanalysis), S. 606f.

zität der Methode –, wenn er schreibt: *Il risultato a cui siamo giunti è molto semplice ed ottenuto senza artifici di calcolo.*

1920 hat Stefan Banach (1892–1945; 53), der Begründer der polnischen funktionalanalytischen Schule, in seiner Dissertation den abstrakten Kern des Iterationsverfahrens freigelegt und so den berühmten „Banachschen Fixpunktsatz" gefunden.[1] Noch schmiegsamer ist der von Johannes Weissinger (1952) entdeckte Fixpunktsatz (s. Satz 12.1), aus dem wir *senza artifici di calcolo* den Satz von Picard-Lindelöf gewonnen haben.

1886, vier Jahre vor dem Picardschen Iterationssatz, veröffentlichte der achtundzwanzigjährige Peano seine bahnbrechende Arbeit *Sull' integrabilità delle equazioni differenziali di primo ordine.*[2] In ihr klagt er, die bisher gegebenen Beweise für die Existenz der Integrale von Differentialgleichungen *lasciano a desiderare sotto l'aspetto della semplicità.* Zweck seiner Note sei es, *di dimostrare elementarmente l'esistenza degli integrali dell' equazione* $\mathrm{d}y/\mathrm{d}x = f(x,y)$, *supposta solamente la continuità della funzione* $f(x,y)$. Er beweist hier sogar noch mehr, als in unserem „Satz von Peano" (Satz 11.1) steht. Er zeigt nämlich, daß die Anfangswertaufgabe (11.1) unter alleiniger Voraussetzung der Stetigkeit von $f(x,y)$ eine *maximale* Lösung Y_1 und eine *minimale* Lösung Y_2 besitzt, dergestalt daß jede andere Lösung y *zwischen* diesen beiden verläuft: $Y_2 \leqslant y \leqslant Y_1$. Und schließlich zeigt er noch, daß alle Lösungen zu einer einzigen zusammenfallen, wenn $f(x,y)$ eine beschränkte partielle Ableitung nach y besitzt. 1890 dehnte Peano seinen Existenzsatz auf *Systeme* von Differentialgleichungen aus[3] (s. Satz 60.1) und benutzte diese Gelegenheit, seinen neuen Logikkalkül zu propagieren (*Toute la démonstration est réduite ici en formules de Logique*). Dadurch wird (so Peano) alles viel einfacher. Das macht sich (wenn man einen Nerv dafür hat) schon in der konzisen Formulierung des Satzes selbst nachdrücklich bemerkbar:

Le théorème qu'il s'agit de démontrer dans cette Note s'énonce alors:

$$a\varepsilon \mathrm{q_n} \cdot b''\varepsilon \mathrm{q} : \supset :: b'\varepsilon b + \mathrm{Q} \cdot f\varepsilon \mathrm{q_n}/b^- b' \cdot fb = a : t\varepsilon b^- b' \cdot \supset_t \cdot \frac{\mathrm{d}ft}{\mathrm{d}t}$$
$$= \varphi(t, ft) . \because . - =_{b'f} \Lambda \cdot$$

Die wegweisende Arbeit von 1886 des jungen *Dottore di Matematìca*, damals Assistent an der Universität Turin, ist heutzutage so gut wie vergessen; zitiert wird in der Regel nur noch das Ungetüm von 1890. S. dazu J. Walter (1973).

Eigentlich ist nur Peano wesentlich über Cauchy hinausgegangen. Das Leben des letzteren wollen wir nun vor unseren Augen vorüberziehen lassen. Es ist bewegt genug, um unser Interesse zu verdienen.

Augustin Louis Cauchy (1789–1857; 68) wurde im Jahre der Großen Revolution in dem traditions- und königsmordenden Paris geboren, blieb aber zeitlebens konservativ, royalistisch und kirchentreu; Niels Henrik Abel (1802–1829; 27) fand ihn 1826 *extrémement catholique et bigot.* Der nicht minder konservative Vater geriet in die Strudel der Revolution und zog sich mit seiner Familie sicherheitshalber in das Dorf Arcueil bei Paris zurück. Auch der große Chemiker Berthollet und unser Laplace (1749–1827; 78) beschäftigten sich in Arcueil damit, zu überleben. Daneben sammelten sie berühmte Gelehrte um sich und schufen eine wissenschaftliche *Société d'Arcueil.* Der kleine Augustin lernte diese Männer kennen, und auch das mag ihn geprägt haben.

---

[1] Die Dissertation wurde abgedruckt in Fund. Math. **3** (1922) 133–181. Der Fixpunktsatz ist das Théorème 6 auf S. 160.

[2] Atti Accad. Sci. Torino **21** (1886) 677–685.

[3] Math. Ann. **37** (1890) 182–228.

1793 wurde Ludwig XVI. hingerichtet, 1794 der berühmte Chemiker Lavoisier, einer der bedeutendsten Köpfe Frankreichs („Die Revolution braucht keine Köpfe", befand sein Richter, und verschaffte sich durch diesen einen Satz jene Art Unsterblichkeit, welche die Geschichte für die herausragend Stupiden bereithält). Der makabre Mord an dem Vater der organischen Chemie hat gewiß auch den Kreis in Arcueil tief verstört. Im gleichen Jahr 1794 fraß die Revolution ihre eigenen Kinder und schickte den Anstifter der *terreur*, Robespierre, und seinen Todesengel Saint-Just auf die Guillotine. 1796 kehrte die Familie Cauchy in das entschärfte Paris zurück. Vier Jahre später - das Konsulat unter dem Korsen Napolione Buonaparte hatte sich gerade etabliert - wurde der Vater Cauchy Generalsekretär des Senats; sein unmittelbarer Vorgesetzter war Laplace. Augustin zählte damals zehn, Napolione dreißig Jahre. Der eine sollte Frankreichs größter Mathematiker, der andere Frankreichs größter Feldherr werden und später einmal schreiben: *L'avancement et la perfection des mathématiques sont intimement liés à la prospérité de l'Etat.*[1]

Die mathematische Begabung des jungen Cauchy zeigte sich sehr früh. Lagrange soll dem Vater deshalb den Rat gegeben haben, den Sohn zunächst von der Mathematik fernzuhalten und ihm stattdessen eine gründliche *literarische* Bildung zu geben; andernfalls werde der Junge - fortgerissen von seiner Neigung - zwar „ein großer Mathematiker werden, aber kaum seine Muttersprache schreiben können".[2] Man befolgte den Rat, und Cauchy war denn auch in den Klassikern so bewandert wie Newton und Leibniz, Euler und Gauß. 1805 (das Jahr von Austerlitz) besuchte er die *Ecole polytechnique*, eine Schöpfung der Revolution, anschließend die *Ecole des Ponts et Chaussées* und wurde im Alter von zwanzig Jahren schließlich „Zivilingenieur".

Mit der Ingenieurkunst hielt er es anders als Jakob Bernoulli mit der Theologie: er übte sie tatsächlich mehrere Jahre aus. Während er noch am Cherbourger Hafen baute, verkündete er mit der Selbstsicherheit, die einen Zwanzigjährigen so entzückend kleidet:

> Die Arithmetik, die Geometrie, die Algebra, die transzendente Mathematik [Analysis] sind Wissenschaften, die man als abgeschlossen betrachten kann; es bleibt nur noch übrig, von ihnen nützliche Anwendungen zu machen.

Sofort nach diesem Diktum begann der *ingénieur des ponts et chaussées* in löblicher Inkonsequenz mit einer Produktion von Arithmetik, Geometrie, Algebra und transzendenter Mathematik, die nur hinter der des unvergleichlichen Euler zurückbleiben sollte. 1815 sank Napoleons Stern bei Waterloo, und die Bourbonen kehrten in der qualligen Gestalt Ludwigs XVIII. nach Frankreich zurück. Der brillante Geometer Gaspard Monge (1746–1818; 72), einer der tatkräftigsten Rüstungsorganisatoren der Revolution, wurde 1816 aus der Akademie ausgestoßen, und der siebenundzwanzigjährige Cauchy bekam den Platz des Siebzigjährigen - gewiß nicht nur als Lohn für royalistische Gesinnungstüchtigkeit. Im gleichen Jahr übernahm er eine Professur an der *Ecole polytechnique*, die ihre revolutionäre Herkunft unter dem neuen Namen *Ecole* royale *polytechnique* zu verbergen suchte. Seiner Lehrtätigkeit an dieser berühmten Institution verdanken wir jene drei Bücher, die einen so segensreichen Einfluß auf die strenge Begründung der Analysis und auf den mathematischen Universitätsunterricht ausgeübt haben: *Cours d'analyse de l'Ecole Royale Polytechnique* (1821), *Résumé des leçons sur le calcul infinitésimal* (1823) und *Leçons sur le calcul différentiel* (1829). Cauchys eigene Hörer allerdings scheinen an der ungewohnten *rigueur* wenig Geschmack gefunden zu haben; jedenfalls gab der *Conseil d'instruction* am 24. November 1825 bekannt:

> M. Cauchy annonce, que, pour se conformer au voeu du Conseil, il ne s'attachera plus à donner, comme il a fait jusqu'à présent, des démonstrations parfaitement rigoureuses.

[1] Zitiert nach Kowalewski: Große Mathematiker, 2. Aufl. 1939, S. 219.
[2] Kowalewski, a. a. O., S. 274.

1830 gefiel es den Parisern, drei Tage lang zu randalieren, den starrsinnigen Karl X. davonzujagen und Louis Philippe von Orléans auf den Thron zu transportieren; die einen nannten den Mann „Barrikadenkönig", die anderen „Bürgerkönig", alle aber „Birne" (sein Gesicht ähnelte tatsächlich dieser wohlschmeckenden Frucht). Der charakterstarke Legitimist Cauchy verweigerte den Eid auf die hochgeschwemmte Regierung, verlor seine Professur und ging freiwillig in ein achtjähriges Exil. Diese Festigkeit hebt ihn angenehm ab von Laplace, der 1830 seine berüchtigten Vorwortänderungen bei Regimewechseln nur deshalb unterließ, weil er schon 1827 gestorben war.

Cauchys erste Station war die Schweiz. 1831 ging er nach Turin und besetzte dort einen eigens für ihn eingerichteten Lehrstuhl. Aber bereits 1833 siedelte er nach Prag über: Karl X. hatte sich dorthin geflüchtet und den berühmten Gelehrten gebeten, die Erziehung seines ältesten Sohnes zu übernehmen. So wurde der Mann, der Generationen von Mathematikern formen sollte, zunächst einmal Prinzenerzieher und in diesem Amt Baron.

Auf dringende Bitten seiner Eltern kehrte Cauchy 1838 nach Paris zurück und erhielt ein Jahr später in dem *Bureau des Longitudes* eine Stelle. Die Regierung bestätigte ihn zwar nicht in diesem Amte (was formell notwendig war), entfernte ihn aber auch nicht aus ihm: Der Protagonist der Klarheit arbeitete also in einer Grauzone.

Er tat es bis 1848. Im Febrauar dieses Jahres verschrieben sich die Pariser wieder ein dreitägiges Aufbegehren, die „Birne" setzte sich nach England ab, die provisorische Regierung beseitigte den Treueid und Cauchy konnte nun, ohne sich untreu zu sein, einem Ruf an die Sorbonne folgen. Nach achtzehnjähriger Zwangspause nahm dieser große Lehrer seine Lehrtätigkeit endlich wieder auf.

Im Dezember 1851 machte Louis Napoleon, ein ambitionierter Neffe des einmaligen Napoleon, einen Staatsstreich und warf sich 1852 zum Kaiser der Franzosen auf. Der neue Kaiser führte einen neuen Treueid ein, Cauchy erklärte, er werde ihn nicht leisten - und Napoleon III. ließ die renitente Zierde Frankreichs stillschweigend im Amt.

Cauchys Devise war *Dieu et la vérité*. Sein Leben zeigt, daß er sie ernst genommen hat. In schwierigen Zeiten versteht sich dergleichen nicht ganz von selbst.

IV Lineare Differentialgleichungen höherer Ordnung mit konstanten Koeffizienten

Ich kam unerwartet auf meine Lösung und hatte vorher keine Ahnung, daß die Lösung einer algebraischen Gleichung in dieser Sache so nützlich sein könnte.

Leonhard Euler

Lisez Euler, lisez Euler, c'est notre maître à tous!

Pierre Simon Laplace

14 Die lineare Differentialgleichung zweiter Ordnung

Ein Massenpunkt M mit Masse m sei an einer horizontalen Feder befestigt und liege auf einer ebenfalls horizontalen x-Achse. Bei ungespannter Feder befinde sich M im Nullpunkt (Gleichgewichtslage). Verschiebt man M, so übt die (ausgedehnte oder zusammengedrückte) Feder eine sogenannte Rückstellkraft K aus, die M in die Gleichgewichtslage zurückzutreiben sucht. Bei *kleinen* Auslenkungen x ist in guter Näherung $K = -kx$ mit einer positiven Federkonstanten oder Federsteifigkeit k (Hookesches Gesetz; so genannt nach dem englischen Physiker Robert Hooke (1635–1703; 68), einem Zeitgenossen Newtons). Befindet sich M zur Zeit t im Punkte $x(t)$ und sehen wir von dämpfenden Reibungskräften ab, so gilt also nach dem Newtonschen Kraftgesetz (1.20)

$$m\ddot{x} = -kx. \tag{14.1}$$

(14.1) nennt man die Gleichung des (ungedämpften) harmonischen Oszillators. In der Regel wird man jedoch Reibungs- oder Dämpfungskräfte in Rechnung stellen müssen (z. B. wenn M sich in einem zähen Medium bewegt), und diese hemmenden Kräfte werden in vielen Fällen *proportional zur Geschwindigkeit von M* sein, also die Form $-r\dot{x}$ mit festem $r > 0$ haben. (14.1) muß dann erweitert werden zu der Differentialgleichung

$$m\ddot{x} = -kx - r\dot{x} \quad \text{oder also} \quad \ddot{x} + \frac{r}{m}\dot{x} + \frac{k}{m}x = 0. \tag{14.2}$$

Die Rückstellkraft und die Dämpfungskraft sind gewissermaßen die „inneren Kräfte" unserer Masse-Feder-Medium-Vorrichtung. In vielen Fällen wirkt aber auf M noch zusätzlich eine zeitabhängige „äußere Kraft", eine sogenannte „Zwangskraft" oder „erregende Kraft" $K(t)$. In diesem Falle tritt an die Stelle von (14.2) die Differentialgleichung

$$m\ddot{x} = -kx - r\dot{x} + K(t) \quad \text{oder also} \quad \ddot{x} + \frac{r}{m}\dot{x} + \frac{k}{m}x = \frac{1}{m}K(t). \tag{14.2a}$$

Befindet sich der Massenpunkt M zur Zeit t_0 am Ort x_0 und besitzt er dort die Geschwindigkeit $\dot{x}_0$, so wird sein Weg-Zeitgesetz $x = x(t)$ die Lösung des Anfangswertproblems

$$\ddot{x}+\frac{r}{m}\dot{x}+\frac{k}{m}x=\frac{1}{m}K(t),\quad x(t_0)=x_0,\quad \dot{x}(t_0)=\dot{x}_0$$

sein (wobei allerdings *mathematisch* gewährleistet werden muß, daß dieses Problem eine - aber auch nur eine - Lösung besitzt).

(14.2a) ist ein spezieller Fall der Gleichung

$$\ddot{u}+a\dot{u}+bu=s(t)\qquad (a,b\in\mathbf{R}),\tag{14.3}$$

die man inhomogene lineare Differentialgleichung zweiter Ordnung mit konstanten Koeffizienten nennt; die Funktion $s(t)$ heißt Störfunktion. Die Gleichung

$$\ddot{u}+a\dot{u}+bu=0\tag{14.4}$$

wird die zu (14.3) gehörende homogene Gleichung genannt; z. B. ist (14.2) die zu (14.2a) gehörende homogene Gleichung. Die gesuchte Funktion bezeichnen wir mit u statt wie oben mit x, weil sie in den Anwendungen nicht immer eine *Orts*größe zu sein braucht. Die unabhängige Veränderliche wird in der Praxis fast immer die *Zeit* sein, und deshalb nennen wir sie wie bisher t. Im übrigen kommt es unter mathematischen Gesichtspunkten auf die Bezeichnung natürlich nicht im geringsten an.

(14.3) ist eine der großen Differentialgleichungen der Physik und Technik: die ganze Nr. 18 besteht so gut wie ausschließlich aus natur- und ingenieurwissenschaftlichen Anwendungen ihrer Theorie. Im Interesse des praxisorientierten Lesers wollen wir sie deshalb gleich zu Anfang gründlich studieren. Wer stärker theoretisch interessiert ist, mag jedoch sofort zur Nr. 15 übergehen.

Wir treten zunächst an die *homogene* Gleichung (14.4) und das zugehörige Anfangswertproblem

$$\ddot{u}+a\dot{u}+bu=0,\quad u(t_0)=u_0,\quad \dot{u}(t_0)=\dot{u}_0\tag{14.5}$$

heran. Wenn nicht ausdrücklich etwas anderes gesagt wird, sind Zahlen und Funktionen stets *reell.*

(14.4) besitzt immer die triviale Lösung $u(t)\equiv 0$. Sind $u_1,\ldots,u_m$ irgendwelche Lösungen auf einem Intervall J der t-Achse, so wird (14.4) auch *von jeder Linearkombination* $c_1u_1+\cdots+c_mu_m$ *befriedigt* (immer auf dem Intervall J). Diese ebenso triviale wie fundamentale Tatsache nennt man das Superpositionsprinzip. Etwas weniger selbstverständlich ist der folgende

14.1 Eindeutigkeitssatz *Das Anfangswertproblem* (14.5) *besitzt auf einem* t_0 *enthaltenden Intervall* J höchstens eine *Lösung.*

Wir werden diesen Satz in allgemeinerer Form in der nächsten Nummer beweisen (s. Satz 15.8). Einen völlig elementaren, ganz auf (14.5) zugeschnittenen Beweis findet der Leser übrigens in Heuser I auf S. 415.

Als nächstes werfen wir die Frage auf, ob (14.5) überhaupt eine Lösung besitzt. Um sie zu entscheiden, gehen wir mit dem *Eulerschen Ansatz*

$$u(t) := e^{\lambda t} \quad (\lambda \text{ eine zunächst freie Konstante}) \tag{14.6}$$

in (14.4) ein und erhalten so $(\lambda^2 + a\lambda + b)e^{\lambda t} = 0$. Die Funktion $e^{\lambda t}$ wird also gewiß dann eine Lösung von (14.4) sein, wenn λ eine reelle Wurzel der charakteristischen Gleichung

$$\lambda^2 + a\lambda + b = 0 \tag{14.7}$$

ist. Das linksstehende Polynom heißt das charakteristische Polynom der Differentialgleichung (14.4); formal entsteht es dadurch aus ihr, daß man $u^{(k)}$ durch λ^k ersetzt ($k = 0, 1, 2$).

Die Wurzeln λ_1, λ_2 der quadratischen Gleichung (14.7) werden je nach dem Vorzeichen der Diskriminante

$$\Delta := a^2 - 4b \tag{14.8}$$

bekanntlich durch die folgenden Formeln gegeben:

$$\lambda_{1,2} = \begin{cases} (-a \pm \sqrt{\Delta})/2, & \text{falls } \Delta > 0 \quad \text{(zwei verschiedene reelle Wurzeln),} \\ -a/2, & \text{falls } \Delta = 0 \quad \text{(eine reelle Doppelwurzel),} \\ (-a \pm \mathrm{i}\sqrt{-\Delta})/2, & \text{falls } \Delta < 0 \quad \text{(zwei konjugiert komplexe Wurzeln).} \end{cases} \tag{14.9}$$

Wir diskutieren nun diese drei Fälle.

I) $\Delta > 0$: *zwei verschiedene reelle Wurzeln* λ_1, λ_2 *von* (14.7).

In diesem Falle sind die Funktionen $e^{\lambda_1 t}$ und $e^{\lambda_2 t}$, nach dem Superpositionsprinzip also auch alle Funktionen

$$u(t) := C_1 e^{\lambda_1 t} + C_2 e^{\lambda_2 t} \quad \text{mit beliebigen Konstanten} \quad C_1, C_2 \tag{14.10}$$

auf ganz **R** definierte Lösungen der Differentialgleichung (14.4). Das Anfangswertproblem (14.5) wird also gewiß dann lösbar sein, wenn man diese Konstanten C_1, C_2 so wählen kann, daß gilt:

$$\begin{aligned} u(t_0) &= C_1 e^{\lambda_1 t_0} + C_2 e^{\lambda_2 t_0} = u_0, \\ \dot{u}(t_0) &= \lambda_1 C_1 e^{\lambda_1 t_0} + \lambda_2 C_2 e^{\lambda_2 t_0} = \dot{u}_0. \end{aligned} \tag{14.11}$$

Dies ist aber für jeden vorgegebenen Wertesatz $t_0, u_0, \dot{u}_0$ offenbar immer möglich.

II) $\Delta = 0$: *eine reelle Doppelwurzel* $\lambda_1 = \lambda_2$ *von* (14.7).

In diesem Falle ist neben $e^{\lambda_1 t}$ auch $te^{\lambda_1 t}$ eine auf ganz **R** definierte Lösung von (14.4)[1], nach dem Superpositionsprinzip sind also auch die Funktionen

---

[1] Bei der einfachen Verifikation hat man nur zu beachten, daß $\lambda_1 = -a/2$, also $2\lambda_1 + a = 0$ ist.

$$u(t) := C_1 e^{\lambda_1 t} + C_2 t e^{\lambda_1 t} \quad \text{mit beliebigen Konstanten } C_1, C_2 \tag{14.12}$$

überall erklärte Lösungen von (14.4). Und ähnlich wie oben sieht man, daß durch geeignete Wahl dieser Konstanten immer auch die in (14.5) vorgeschriebenen Anfangsbedingungen befriedigt werden können.

III) $\Delta<0$: *zwei verschiedene konjugiert komplexe Wurzeln* $\lambda_1, \lambda_2=\bar{\lambda}_1$ *von* (14.10).[1]

Um dieser Situation Herr zu werden, empfiehlt es sich, unseren Begriffsapparat geringfügig zu erweitern, indem wir auch *komplexwertige* Lösungen der Differentialgleichung (14.4) zulassen. Hierzu nun einige klärende Worte.

Eine komplexwertige Funktion $u(t)$ der (reellen) Veränderlichen t läßt sich in der folgenden Form schreiben:

$$u(t)=v(t)+\mathrm{i}\, w(t) \quad \text{mit reellwertigen Funktionen} \quad v(t), w(t).$$

Wir nennen u differenzierbar, wenn v und w es sind, und setzen dann

$$\dot{u} := \dot{v} + \mathrm{i}\,\dot{w} \qquad \left(\text{statt } \dot{u} \text{ schreiben wir auch } \frac{\mathrm{d}u}{\mathrm{d}t}\right). \tag{14.13}$$

Offenbar gelten für diese Differentiation unverändert die geläufigen Grundregeln der „reellen" Differentialrechnung, also die Summen-, Produkt- und Quotientenregel. Ganz entsprechend werden auch unbestimmte und bestimmte Integrale „komponentenweise" erklärt, wenn Real- und Imaginärteil stetig sind:

$$\int u(t)\,\mathrm{d}t := \int v(t)\,\mathrm{d}t + \mathrm{i} \int w(t)\,\mathrm{d}t, \tag{14.14}$$

$$\int_a^b u(t)\,\mathrm{d}t := \int_a^b v(t)\,\mathrm{d}t + \mathrm{i} \int_a^b w(t)\,\mathrm{d}t. \tag{14.15}$$

Für unsere Zwecke ist besonders wichtig die Funktion

$$e^{\lambda t} \quad \text{mit einer komplexen Konstanten} \quad \lambda := \alpha + \mathrm{i}\beta \quad (\alpha, \beta \in \mathbf{R}). \tag{14.16}$$

Man erklärt sie durch

$$e^{\lambda t} := \sum_{n=0}^{\infty} \frac{(\lambda t)^n}{n!} \quad \text{für alle} \quad t \in \mathbf{R} \tag{14.17}$$

und erhält dann mittels einfacher Reihenmanipulationen die berühmte Eulersche Formel

$$e^{\lambda t} = e^{(\alpha+\mathrm{i}\beta)t} = e^{\alpha t}\cos\beta t + \mathrm{i}\, e^{\alpha t}\sin\beta t \tag{14.18}$$

(s. etwa Heuser I, Nr. 68). Aus (14.18) folgt mühelos die für alles Weitere grundlegende Formel

---

[1] $\bar{a}$ bedeutet die zu a konjugiert komplexe Zahl.

$$\frac{\mathrm{d}}{\mathrm{d}t}\mathrm{e}^{\lambda t}=\lambda\,\mathrm{e}^{\lambda t}. \tag{14.19}$$

Die Funktion $u\colon J\to\mathbf{C}$ (J ein Intervall) heißt komplexwertige Lösung der Differentialgleichung (14.4) auf J, wenn

$$\ddot{u}(t)+a\dot{u}(t)+bu(t)=0 \quad \text{für alle} \quad t\in J$$

gilt. $u=v+\mathrm{i}w$ *ist genau dann eine komplexwertige Lösung, wenn* v *und* w *reelle Lösungen sind*; es ist nämlich

$$\ddot{u}+a\dot{u}+bu=\underbrace{(\ddot{v}+a\dot{v}+bv)}_{\text{reell}}+\mathrm{i}\underbrace{(\ddot{w}+a\dot{w}+bw)}_{\text{reell}},$$

die linke Seite verschwindet also genau dann, wenn jeder der rechten Klammerausdrücke dasselbe tut - womit unsere Bemerkung schon bewiesen ist. *Jede* komplexwertige *Lösung liefert uns also in ihrem Real- und Imaginärteil ganz von selbst* zwei reelle *Lösungen.*

Nun sind wir hinreichend gerüstet, um den Fall $\Delta<0$, also den Fall *zweier verschiedener konjugiert komplexer Wurzeln*

$$\lambda_1=\alpha+\mathrm{i}\beta, \quad \lambda_2=\alpha-\mathrm{i}\beta \qquad (\alpha,\beta\in\mathbf{R},\beta\neq 0)$$

von (14.7), erledigen zu können. Denn dank der Fundamentalformel (14.19) sieht man wörtlich wie im Falle I, daß

$$u(t):=C_1\mathrm{e}^{\lambda_1 t}+C_2\mathrm{e}^{\lambda_2 t} \qquad (t\in\mathbf{R})$$

eine komplexwertige Lösung des Anfangswertproblems (14.5) sein wird, wenn man nur die (komplexen) Konstanten C_1, C_2 als Lösungen des Gleichungssystems (14.11) berechnet. $v(t):=\operatorname{Re}u(t)$ ist dann wegen $v(t_0)=\operatorname{Re}u(t_0)=u_0$, $\dot{v}(t_0)=\operatorname{Re}\dot{u}(t_0)=\dot{u}_0$ eine, also *die* reelle Lösung von (14.5). Schreibt man

$$C_k=\gamma_k+\mathrm{i}\delta_k \quad \text{und} \quad \mathrm{e}^{\lambda_{1,2}t}=\mathrm{e}^{\alpha t}(\cos\beta t\pm\mathrm{i}\sin\beta t),$$

so überblickt man ohne Mühe, daß sich $v(t)$ auf die Form

$$\tilde{C}_1\mathrm{e}^{\alpha t}\cos\beta t+\tilde{C}_2\mathrm{e}^{\alpha t}\sin\beta t \quad \text{mit } \textit{reellen} \text{ Konstanten} \quad \tilde{C}_1, \tilde{C}_2 \tag{14.20}$$

bringen läßt. Alles zusammenfassend können wir also sagen:

14.2 Satz *Das Anfangswertproblem*

$$\ddot{u}+a\dot{u}+bu=0, \quad u(t_0)=u_0, \quad \dot{u}(t_0)=\dot{u}_0 \qquad (a,b\in\mathbf{R})$$

besitzt stets eine - aber auch nur eine - (reelle) Lösung u. Diese kann je nach dem Vorzeichen der Diskriminante

$$\Delta:=a^2-4b$$

in einer der folgenden Formen dargestellt werden, wobei die Konstanten C_1, C_2 den Anfangsbedingungen anzupassen sind:

I) $u(t) = C_1 e^{\lambda_1 t} + C_2 e^{\lambda_2 t}$ *mit* $\lambda_{1,2} := \dfrac{-a \pm \sqrt{\Delta}}{2}$, *falls* $\Delta > 0$,

II) $u(t) = (C_1 + C_2 t) e^{-(a/2)t}$, *falls* $\Delta = 0$,

III) $u(t) = e^{\alpha t}(C_1 \cos\beta t + C_2 \sin\beta t)$ *mit* $\alpha := -\dfrac{a}{2}$, $\beta := \dfrac{\sqrt{-\Delta}}{2}$, *falls* $\Delta < 0$.

Erteilt man in I *bis* III *den Konstanten C_1, C_2 alle möglichen (reellen) Werte, so erhält man ausnahmslos* alle *Lösungen der Differentialgleichung $\ddot{u} + a\dot{u} + bu = 0$.*

Die obigen Lösungen - mit *unspezifizierten* Konstanten C_1, C_2 - nennt man die allgemeine Lösung von $\ddot{u} + a\dot{u} + bu = 0$ (in dem jeweils betrachteten Fall I, II, III).

14.3 Beispiel $\ddot{u} - 4u = 0, \quad u(0) = 0, \quad \dot{u}(0) = 1.$ (14.21)

Die charakteristische Gleichung $\lambda^2 - 4 = 0$ hat die *verschiedenen reellen Wurzeln* $\lambda_{1,2} = \pm 2$. Die allgemeine Lösung der Differentialgleichung ist also

$$u(t) = C_1 e^{2t} + C_2 e^{-2t}.$$

Die Anfangsbedingungen führen zu dem Gleichungssystem

$$\begin{aligned} u(0) &= C_1 + C_2 = 0 \\ \dot{u}(0) &= 2C_1 - 2C_2 = 1, \end{aligned}$$

das die Lösung $C_1 = 1/4$, $C_2 = -1/4$ besitzt. Das gesuchte Integral von (14.21) ist also

$$u(t) = \frac{1}{4}(e^{2t} - e^{-2t}) = \frac{1}{2}\sinh 2t.$$

14.4 Beispiel $\ddot{u} - 6\dot{u} + 9u = 0, \quad u(0) = 1, \quad \dot{u}(0) = 0.$ (14.22)

Die charakteristische Gleichung $\lambda^2 - 6\lambda + 9 = 0$ hat die *reelle Doppelwurzel* $\lambda_1 = 3$. Die allgemeine Lösung der Differentialgleichung ist also

$$u(t) = C_1 e^{3t} + C_2 t e^{3t}.$$

Die Anfangsbedingungen führen zu dem Gleichungssystem

$$\begin{aligned} u(0) &= C_1 = 1 \\ \dot{u}(0) &= 3C_1 + C_2 = 0, \end{aligned}$$

das die Lösung $C_1 = 1$, $C_2 = -3$ besitzt. Das gesuchte Integral von (14.22) ist also

$$u(t) = (1 - 3t)e^{3t}.$$

14.5 Beispiel $\ddot{u} - 6\dot{u} + 25u = 0, \quad u(0) = 3, \quad \dot{u}(0) = 1.$ (14.23)

Die charakteristische Gleichung $\lambda^2 - 6\lambda + 25 = 0$ hat die *konjugiert komplexen Wurzeln* $\lambda_{1,2} = 3 \pm 4i$. Die allgemeine Lösung der Differentialgleichung ist also

$$u(t)=e^{3t}(C_1\cos 4t+C_2\sin 4t).$$

Die Anfangsbedingungen führen zu dem Gleichungssystem

$$\begin{aligned} u(0)&=C_1 &&=3\\ \dot u(0)&=3C_1+4C_2&&=1, \end{aligned}$$

das die Lösung $C_1=3$, $C_2=-2$ besitzt. Das gesuchte Integral von (14.23) ist also

$$u(t)=e^{3t}(3\cos 4t-2\sin 4t).$$

Wir fassen jetzt die *inhomogene* Gleichung

$$\ddot u+a\dot u+bu=s(t) \tag{14.24}$$

ins Auge und nehmen zunächst nur an, die Störfunktion $s(t)$ sei auf einem gewissen Intervall J der t-Achse definiert und (14.24) besitze mindestens eine auf J erklärte Lösung. Wir wollen sie mit u_p bezeichnen und zur sprachlichen Unterscheidung von der später einzuführenden „allgemeinen" Lösung eine „partikuläre" („einzelne") Lösung von (14.24) nennen. v sei nun eine völlig beliebige Lösung der zu (14.24) gehörenden *homogenen* Gleichung, es sei also $\ddot v+a\dot v+bv=0$. Für $u:=u_p+v$ ist dann

$$\ddot u+a\dot u+bu=\underbrace{(\ddot u_p+a\dot u_p+bu_p)}_{=s}+\underbrace{(\ddot v+a\dot v+bv)}_{=0}=s,$$

und somit gilt:

u_p + beliebige Lösung der homogenen Gleichung
= Lösung der inhomogenen Gleichung.

Ist umgekehrt u eine willkürlich vorgegebene Lösung von (14.24), so haben wir für $v:=u-u_p$

$$\ddot v+a\dot v+bv=\underbrace{(\ddot u+a\dot u+bu)}_{=s}-\underbrace{(\ddot u_p+a\dot u_p+bu_p)}_{=s}=0,$$

und da $u_p+v=u$ ist, gilt somit:

u_p + geeignete Lösung der homogenen Gleichung
= vorgegebene Lösung der inhomogenen Gleichung.

Diese Resultate können wir offenbar auch so formulieren:

14.6 Satz *Man erhält* alle *Lösungen der* inhomogenen *Differentialgleichung* (14.24) - *und nur diese* -, *indem man zu irgendeiner festen* (partikulären) *Lösung derselben* alle *Lösungen der zugehörigen* homogenen *Gleichung addiert, kurz*:

allgemeine Lösung der inhomogenen Gleichung =
partikuläre Lösung der inhomogenen Gleichung +
allgemeine Lösung der zugehörigen homogenen Gleichung.

Da uns dank des Satzes 14.2 die allgemeine Lösung der homogenen Gleichung bequem zugänglich ist, läuft nunmehr die *vollständige* Auflösung der Gl. (14.24) einzig und allein darauf hinaus, *irgendeiner* Lösung derselben habhaft zu werden.

Bevor wir dieses Problem in seiner vollen Allgemeinheit angehen, wollen wir es zunächst in zwei speziellen Fällen lösen - zwei Fälle freilich, die für die Praxis von schwer zu überschätzender Bedeutung sind, nämlich:

$$s(t):=A\cos\omega t \quad \text{bzw.} \quad s(t):=A\sin\omega t \qquad (A,\omega\neq 0).$$

Beide Fälle lassen sich leicht gemeinsam erledigen, indem wir uns die eine Differentialgleichung

$$\ddot{u}+a\dot{u}+bu=A\,\mathrm{e}^{\mathrm{i}\omega t} \quad (=A\cos\omega t+\mathrm{i}A\sin\omega t) \tag{14.25}$$

mit der komplexwertigen Störfunktion $A\,\mathrm{e}^{\mathrm{i}\omega t}$ vornehmen und aus ihrer komplexwertigen Lösung den Real- bzw. Imaginärteil herauspräparieren. Und dieser Gleichung selbst rücken wir mit dem naheliegenden Ansatz

$$u_p(t):=B\,\mathrm{e}^{\mathrm{i}\omega t} \tag{14.26}$$

auf den Leib. Gehen wir mit ihm in (14.25) ein und setzen zur Abkürzung noch

$$p(\lambda):=\lambda^2+a\lambda+b \quad (=\text{charakteristisches Polynom von (14.25)}),$$

so folgt ohne Umstände

$$p(\mathrm{i}\omega)B\,\mathrm{e}^{\mathrm{i}\omega t}=A\,\mathrm{e}^{\mathrm{i}\omega t}, \quad \text{also} \quad p(\mathrm{i}\omega)B=A.$$

Ist $\mathrm{i}\omega$ *keine* Nullstelle von p, so ergibt sich daraus

$$B=\frac{A}{p(\mathrm{i}\omega)},$$

und mühelos erweist sich nun (14.26) mit ebendiesem B als eine Lösung von (14.25).

Ist aber $\mathrm{i}\omega$ eine *Nullstelle* von p, so läuft der Ansatz (14.26) ins Leere, weil dann $B\,\mathrm{e}^{\mathrm{i}\omega t}$ die linke Seite von (14.25) stets zu Null und damit nie zu $A\,\mathrm{e}^{\mathrm{i}\omega t}$ macht. In diesem Falle greifen wir zu dem Ansatz

$$u_p(t):=Bt\,\mathrm{e}^{\mathrm{i}\omega t}. \tag{14.27}$$

Jetzt erhalten wir durch Eingehen in (14.25)

$$\underbrace{((\mathrm{i}\omega)^2+a\mathrm{i}\omega+b)}_{=p(\mathrm{i}\omega)=0}Bt\,\mathrm{e}^{\mathrm{i}\omega t}+(2\mathrm{i}\omega+a)B\,\mathrm{e}^{\mathrm{i}\omega t}=A\,\mathrm{e}^{\mathrm{i}\omega t},$$

also $$B=\frac{A}{2\mathrm{i}\omega+a}$$

(der Nenner verschwindet nicht, weil $\omega\neq 0$ und a reell ist). Und wieder bestätigt man ohne Mühe, daß (14.27) mit ebendiesem B in der Tat eine Lösung von (14.25) ist.

Wie oben schon gesagt: Von dem so gewonnenen $B\,\mathrm{e}^{\mathrm{i}\omega t}$ oder $Bt\,\mathrm{e}^{\mathrm{i}\omega t}$ (mit komplexem B) muß man den Real- bzw. Imaginärteil nehmen, um zu einer (reellen) Lösung von

$$\ddot{u}+a\dot{u}+bu=A\cos\omega t \quad \text{bzw. von} \quad \ddot{u}+a\dot{u}+bu=A\sin\omega t \tag{14.28}$$

zu kommen. In beiden Fällen haben die Lösungen also die gemeinsame Gestalt

$$B_1\cos\omega t+B_2\sin\omega t, \quad \text{wenn} \quad p(\mathrm{i}\omega)\neq 0, \tag{14.29}$$

$$B_1 t\cos\omega t+B_2 t\sin\omega t, \quad \text{wenn} \quad p(\mathrm{i}\omega)=0 \tag{14.30}$$

ist. Man kann daher auch mit Ansätzen dieser Form in die Differentialgleichungen (14.28) eingehen und dann B_1, B_2 durch Koeffizientenvergleich bestimmen. Dieser rein reelle Weg wird jedoch in der Regel rechnerisch beschwerlicher sein als der erste, der durchs Komplexe führt.

Eine partikuläre Lösung u_p der inhomogenen Gleichung (14.24) mit einer auf dem Intervall J *stetigen*, aber ansonsten völlig beliebigen Störfunktion s ziehen wir nun *all' improvviso* aus dem Ärmel; der Leser möge selbst verifizieren, daß dieses u_p tatsächlich (14.24) befriedigt. Dabei sind zwei Fälle zu unterscheiden.

1. Das charakteristische Polynom von (14.24) besitzt zwei *einfache* (reelle oder konjugiert komplexe) Nullstellen λ_1, λ_2. Dann ist

$$u_p(t):=\frac{1}{\lambda_1-\lambda_2}\left[\mathrm{e}^{\lambda_1 t}\int_{t_0}^{t}\mathrm{e}^{-\lambda_1\tau}s(\tau)\,\mathrm{d}\tau-\mathrm{e}^{\lambda_2 t}\int_{t_0}^{t}\mathrm{e}^{-\lambda_2\tau}s(\tau)\,\mathrm{d}\tau\right] \tag{14.31}$$

mit beliebigem $t_0\in J$ eine (von selbst reellwertige) Lösung von (14.24) auf J.

2. Das charakteristische Polynom von (14.24) besitzt eine *doppelte* (notwendigerweise reelle) Nullstelle μ. In diesem Falle präsentiert sich

$$u_p(t):=\mathrm{e}^{\mu t}\left[t\int_{t_0}^{t}\mathrm{e}^{-\mu\tau}s(\tau)\,\mathrm{d}\tau-\int_{t_0}^{t}\tau\mathrm{e}^{-\mu\tau}s(\tau)\,\mathrm{d}\tau\right] \tag{14.32}$$

mit beliebigem $t_0\in J$ als eine Lösung von (14.24) auf J.

Über das Anfangswertproblem

$$\ddot{u}+a\dot{u}+bu=s(t), \quad u(t_0)=u_0, \quad \dot{u}(t_0)=\dot{u}_0 \tag{14.33}$$

brauchen wir nicht viel zu sagen. Wenn die Differentialgleichung überhaupt eine Lösung u_p auf einem Intervall J besitzt, t_0 in J liegt und die Zahlen u_0, $\dot{u}_0$ beliebig vorgegeben werden, so besitzt es stets eine - aber auch *nur* eine - Lösung auf J. Denn wegen Satz 14.6 läuft (14.33) offensichtlich darauf hinaus, eine Lösung v des Anfangswertproblems

$$\ddot{u}+a\dot{u}+bu=0, \quad v(t_0)=u_0-u_p(t_0), \quad \dot{v}(t_0)=\dot{u}_0-\dot{u}_p(t_0)$$

zu finden und zu u_p zu addieren. Ein solches v ist aber dank des Satzes 14.2 vorhanden und eindeutig bestimmt.

Aufgrund unserer vorangegangenen Überlegungen können wir also das folgende Resultat notieren:

14.7 Satz *Ist die Störfunktion* $s(t)$ stetig *auf dem Intervall* J, *so besitzt das Anfangswertproblem* (14.33) *für willkürlich vorgeschriebene Zahlen* $t_0 \in J$ *und* $u_0, \dot{u}_0 \in \mathbf{R}$ *eine völlig unzweideutig festgelegte Lösung auf* J.

Aufgaben

Es sind die allgemeinen Lösungen der Differentialgleichungen bzw. die eindeutig bestimmten Lösungen der Anfangswertprobleme zu finden.

1. $\ddot{u}+13\dot{u}+40u=0.$

2. $\ddot{u}-12\dot{u}+36u=0.$

3. $\ddot{u}+6\dot{u}+34u=0.$

4. $\ddot{u}+u=0.$

5. $\ddot{u}+3\dot{u}-10u=0.$

6. $\ddot{u}+4\dot{u}+4u=0.$

7. $\ddot{u}-6\dot{u}+9u=0, \quad u(0)=2, \quad \dot{u}(0)=1.$

8. $\ddot{u}+9u=0, \quad u(0)=0, \quad \dot{u}(0)=1.$

9. $\ddot{u}-u=0, \quad u(0)=\dot{u}(0)=1.$

10. $\ddot{u}+4\dot{u}+5u=0, \quad u(0)=1, \quad \dot{u}(0)=0.$

11. $\ddot{u}-3\dot{u}+2u=6, \quad u(0)=4, \quad \dot{u}(0)=0.$

12. $\ddot{u}+2\dot{u}+2u=\sin 2t, \quad u(0)=\dot{u}(0)=1.$

13. $\ddot{u}+u=4\sin t, \quad u(0)=1, \quad \dot{u}(0)=0.$

14. $\ddot{u}-3\dot{u}+2u=e^{2t}.$

15. $\ddot{u}-3\dot{u}+2u=t.$

16. $\ddot{u}-2\dot{u}+u=e^{t}.$

17. $\ddot{u}-6\dot{u}+25u=3\cos 2t, \quad u(0)=\dot{u}(0)=0$ (s. Beispiel 14.5).

15 Die homogene lineare Differentialgleichung n-ter Ordnung

Es ist dies die Differentialgleichung

$$u^{(n)}+a_{n-1}u^{(n-1)}+\cdots+a_1\dot{u}+a_0u=0 \qquad (a_k\in\mathbf{R}) \tag{15.1}$$

für eine von der reellen Veränderlichen t abhängende Funktion u. Im Falle $n=2$ ist sie gerade die in der letzten Nummer gründlich untersuchte Gleichung (14.5). Wie für diese gilt auch für (15.1) das Superpositionsprinzip (*jede Linearkombination von Lösungen ist wieder eine Lösung*) und die wichtige Tatsache, daß *komplexwertige Funktionen genau dann* (15.1) *befriedigen, wenn ihre Real- und Imaginärteile dies tun.*

Für jede Lösung u von (15.1) haben wir

$$u^{(n)}=-a_{n-1}u^{(n-1)}-\cdots-a_1\dot{u}-a_0u,$$

und daraus folgen sofort die Gleichungen

$$u^{(n+k)}=-a_{n-1}u^{(n+k-1)}-\cdots-a_1u^{(k+1)}-a_0u^{(k)} \qquad (k\geqslant 0). \tag{15.2}$$

Bezeichnen wir mit $C^\infty(J)$ die Menge aller komplexwertigen Funktionen, die auf dem Intervall J definiert und dort beliebig oft differenzierbar sind, so brauchen wir also auf J erklärte (komplex- oder reellwertige) Lösungen von (15.1) nur in $C^\infty(J)$ zu suchen.

Die Diskussion der Differentialgleichung (15.1) wird besonders durchsichtig, wenn wir mit dem Differentiationsoperator D arbeiten, der jeder Funktion $u\in C^\infty(J)$ ihre Ableitung $\dot{u}$ zuordnet, kurz:

$$Du:=\dot{u} \quad \text{für jedes} \quad u\in C^\infty(J).$$ [1]

D ist eine *lineare Selbstabbildung des linearen Funktionenraumes* $C^\infty(J)$, d.h., für alle komplexen Zahlen α,β und alle Funktionen u, v aus $C^\infty(J)$ gilt

$$D(\alpha u+\beta v)=\alpha Du+\beta Dv.$$

Der Umgang mit linearen Abbildungen (Operatoren, Transformationen) dürfte dem Leser aus der linearen Algebra vertraut sein; das für unsere Zwecke Notwendige kann er auch in Heuser I, Nr. 17 finden. Im Interesse des Naturwissenschaftlers und Ingenieurs wollen wir hier jedoch noch einige Bezeichnungen und Grundtatsachen in aller Kürze zusammenstellen.

Wie von jedem Operator können wir auch von D „Potenzen" D^k $(k=0, 1, 2, \ldots)$ bilden; D^k bedeutet die k-fache Anwendung von D:

---

[1] D ist also im Grunde genommen nur eine kurze Bezeichnung für $\frac{\mathrm{d}}{\mathrm{d}t}$; definitionsgemäß gilt ja $Du=\frac{\mathrm{d}}{\mathrm{d}t}u$. Das Symbol D stammt von Cauchy.

$$D^k u := u^{(k)} \quad \text{oder also} \quad D^k u := \frac{\mathrm{d}^k}{\mathrm{d}t^k} u.$$

Wegen $u^{(0)} = u$ läßt D^0 jedes u unverändert, ist also der **identische Operator** I, der durch

$$Iu := u \quad \text{für jedes} \quad u \in C^\infty(J)$$

erklärt wird. D^1 ist offensichtlich $= D$. Anstelle von αI ($\alpha \in \mathbf{C}$) schreiben wir einfach α (denn es ist ja $\alpha I u = \alpha u$). Der Ausdruck

$$\alpha_m D^m + \alpha_{m-1} D^{m-1} + \cdots + \alpha_1 D + \alpha_0 \qquad (\alpha_k \in \mathbf{C}) \tag{15.3}$$

soll einen Operator bedeuten, der folgendermaßen auf $u \in C^\infty(J)$ wirkt:

$$(\alpha_m D^m + \alpha_{m-1} D^{m-1} + \cdots + \alpha_1 D + \alpha_0) u := \alpha_m D^m u + \alpha_{m-1} D^{m-1} u + \cdots + \alpha_1 D u + \alpha_0 u.$$

Beispielsweise ist

$$(2D^2 - 3D + 5) \sin 2t = -8 \sin 2t - 6 \cos 2t + 5 \sin 2t,$$
$$(D^3 + \mathrm{i} D) \mathrm{e}^{\mathrm{i}t} = -\mathrm{i}\mathrm{e}^{\mathrm{i}t} - \mathrm{e}^{\mathrm{i}t} = -(1 + \mathrm{i}) \mathrm{e}^{\mathrm{i}t}.$$

(15.3) kann man sich dadurch entstanden denken, daß man in dem Polynom

$$p(\lambda) := \alpha_m \lambda^m + \alpha_{m-1} \lambda^{m-1} + \cdots + \alpha_1 \lambda + \alpha_0$$

den Buchstaben λ kurzerhand durch den Buchstaben D ersetzt; deshalb kürzen wir (15.3) auch durch das Symbol $p(D)$ ab. Ist $q(\lambda)$ ein weiteres Polynom, so bedeutet das „Produkt" $p(D)q(D)$ eine Abbildung, die folgendermaßen auf $u \in C^\infty(J)$ wirkt:

$$[p(D)q(D)]u := p(D)[q(D)u].$$

Unter Benutzung der trivialen „Potenzregel" $D^k D^m = D^m D^k = D^{k+m}$ ($k, m = 0, 1, 2, \ldots$) sieht man, daß $p(D)q(D)$ auch so gebildet werden kann: man berechnet zuerst das Produktpolynom $r(\lambda) := p(\lambda)q(\lambda)$ und ersetzt dann in ihm λ durch D, kurz

$$p(D)q(D) = (pq)(D).$$

In der Rechenwirklichkeit läuft dies alles darauf hinaus, daß man mit den „Polynomen in D" einfach so umgeht, als sei D nur ein neuer Name für die Variable λ; die *Bedeutung* von D tritt beim formalen Rechnen gänzlich in den Hintergrund. Beispielsweise ist

$$(D+1)(D-1) = D^2 - 1,$$
$$(D+1)^2 D^3 = (D^2 + 2D + 1) D^3 = D^5 + 2D^4 + D^3.$$

Dieses Rechnen mit „Operatorpolynomen" ist auf den ersten Blick wenig faszinierend, aber es gewinnt eine verblüffende Durchschlagskraft, sobald wir tieferliegende Sätze der Polynomtheorie, wie etwa den Nullstellensatz oder den Satz über die Partialbruchzerlegung, in Dienst nehmen.

Diesen Dingen wollen wir uns nun im Zusammenhang mit der Differentialgleichung (15.1) zuwenden, der ja unser eigentliches Interesse gilt.

Der fraglichen Differentialgleichung

$$u^{(n)}+a_{n-1}u^{(n-1)}+\cdots+a_1\dot{u}+a_0u=0 \qquad (n\geqslant 1,\ a_k\in\mathbf{R}) \tag{15.4}$$

ordnen wir wie im Falle $n=2$ ihr **charakteristisches Polynom**

$$p(\lambda):=\lambda^n+a_{n-1}\lambda^{n-1}+\cdots+a_1\lambda+a_0 \tag{15.5}$$

zu. Gemäß unseren obigen Verabredungen ist dann

$$p(D)=D^n+a_{n-1}D^{n-1}+\cdots+a_1D+a_0, \tag{15.6}$$

und (15.4) schreibt sich nun kurz in der Form

$$p(D)u=0. \tag{15.7}$$

Sind $\lambda_1,\ldots,\lambda_m$ die paarweise verschiedenen Nullstellen von (15.5) und $\nu_1,\ldots,\nu_m$ deren Vielfachheiten, so besteht bekanntlich die *Produktzerlegung*[1]

$$p(\lambda)=(\lambda-\lambda_1)^{\nu_1}\cdots(\lambda-\lambda_m)^{\nu_m} \qquad (\nu_1+\cdots+\nu_m=n), \tag{15.8}$$

und aus dem Satz über die *Partialbruchzerlegung*[2] erhält man

$$\frac{1}{p(\lambda)}=\frac{q_1(\lambda)}{(\lambda-\lambda_1)^{\nu_1}}+\cdots+\frac{q_m(\lambda)}{(\lambda-\lambda_m)^{\nu_m}} \quad \text{mit gewissen Polynomen } q_k. \tag{15.9}$$

Aus (15.9) folgt die Polynomidentität

$$1=q_1(\lambda)p_1(\lambda)+\cdots+q_m(\lambda)p_m(\lambda) \quad \text{mit} \quad p_k(\lambda):=\prod_{\substack{j=1\\ j\neq k}}^{m}(\lambda-\lambda_j)^{\nu_j}. \tag{15.10}$$

Durch Einsetzen von D erhalten wir

$$1=q_1(D)p_1(D)+\cdots+q_m(D)p_m(D)$$

und daraus die alles Weitere beherrschende, für jedes $u\in C^\infty(J)$ gültige Darstellung $u=q_1(D)p_1(D)u+\cdots+q_m(D)p_m(D)u$, also

$$u=u_1+\cdots+u_m \quad \text{mit } u_k:=q_k(D)p_k(D)u. \tag{15.11}$$

Sei nun u eine Lösung von (15.4), also $p(D)u=0$. Dann ist

$$\begin{aligned}(D-\lambda_k)^{\nu_k}u_k&=(D-\lambda_k)^{\nu_k}q_k(D)p_k(D)u\\&=q_k(D)(D-\lambda_k)^{\nu_k}p_k(D)u=q_k(D)p(D)u=q_k(D)0=0.\end{aligned}$$ [3]

u_k ist also eine Lösung der k-ten „Teilgleichung"

[1] Satz 69.2 in Heuser I.

[2] Satz 69.4 in Heuser I.

[3] Hierbei haben wir benutzt, daß $(\lambda-\lambda_k)^{\nu_k}p_k(\lambda)=p(\lambda)$ ist.

$$(D-\lambda_k)^{\nu_k} u_k = 0 \qquad (k=1, \ldots, m). \tag{15.12}$$

Aus (15.11) ergibt sich nun mit einem Schlag, *daß jede Lösung u der Ausgangsgleichung* (15.4) *Summe von Lösungen der m Teilgleichungen* (15.12) *ist.* Da aber umgekehrt jede Lösung u_k von (15.12) wegen

$$p(D)u_k = p_k(D)(D-\lambda_k)^{\nu_k} u_k = p_k(D)0 = 0$$

auch Lösung von (15.4) sein muß und nach dem Superpositionsprinzip dann auch jede Summe $u_1 + \cdots + u_m$ eine Lösung von (15.4) ist, gilt insgesamt der folgende

15.1 Satz *Es sei $(\lambda-\lambda_1)^{\nu_1} \cdots (\lambda-\lambda_m)^{\nu_m}$ die Produktdarstellung des charakteristischen Polynoms $p(\lambda)$ von* (15.4). *Dann ist jede Summe von Lösungen der Teilgleichungen* (15.12) *eine Lösung der Ausgangsgleichung* (15.4), *und ausnahmslos* j e d e *Lösung der letzteren wird auch auf diese Weise erhalten.*

Die Frage nach den Lösungen von (15.4) hat sich damit zugespitzt auf das Problem, *eine Differentialgleichung der Form*

$$(D-\lambda)^m u = 0 \qquad (\lambda \in \mathbf{C},\ m \in \mathbf{N}) \tag{15.13}$$

vollständig zu lösen. Dies aber gelingt in einfacher Weise über den folgenden

15.2 Hilfssatz *Sei ε_α die Funktion $e^{\alpha t}$ ($\alpha \in \mathbf{C}$ fest, $t \in \mathbf{R}$ variabel). Dann ist*

$$D^m \varepsilon_\alpha u = \varepsilon_\alpha \cdot (D+\alpha)^m u \quad \text{für } u \in C^\infty(J) \text{ und } m \in \mathbf{N}_0.$$

Der B e w e i s versteht sich fast von selbst. Denn nach der Leibnizschen Produktregel ist

$$\begin{aligned} D^m \varepsilon_\alpha u &= \sum_{k=0}^{m} \binom{m}{k} D^k \varepsilon_\alpha \cdot D^{m-k} u = \sum_{k=0}^{m} \binom{m}{k} \alpha^k \varepsilon_\alpha D^{m-k} u \\ &= \varepsilon_\alpha \sum_{k=0}^{m} \binom{m}{k} \alpha^k D^{m-k} u \\ &= \varepsilon_\alpha (D+\alpha)^m u. \end{aligned}$$ ■

Die Funktion $u \in C^\infty(J)$ genügt genau dann der Gleichung (15.13), wenn $\varepsilon_{-\lambda} \cdot (D-\lambda)^m u = 0$ ist, wegen Hilfssatz 15.2 also genau dann, wenn gilt:

$$D^m \varepsilon_{-\lambda} u = 0. \tag{15.14}$$

Damit ist unser Problem noch einmal entscheidend vereinfacht, denn die Lösungen von (15.14) lassen sich mühelos bestimmen. Weil nämlich handgreiflicherweise die Polynome vom Grade $\leqslant m-1$ - und nur sie - die Gleichung $D^m v = 0$ befriedigen, überblickt man sofort, daß einzig und allein die Funktionen der Form

$$(c_0 + c_1 t + \cdots + c_{m-1} t^{m-1}) e^{\lambda t} \qquad (c_k \in \mathbf{C} \text{ beliebig})$$

der Gl. (15.13) genügen. Dank des Satzes 15.1 fallen uns nun ohne weiteres Zutun alle Lösungen der Ausgangsgleichung (15.4) in den Schoß:

15.3 Satz *Es seien $\lambda_1, \ldots, \lambda_m$ die verschiedenen Nullstellen des charakteristischen Polynoms der Differentialgleichung* (15.4) *und $\nu_1, \ldots, \nu_m$ ihre Vielfachheiten. Dann erhält man sämtliche komplexwertigen Lösungen von* (15.4) *- aber auch nur diese - in der Form*

$$(C_{10}+C_{11}t+\cdots+C_{1,\nu_1-1}t^{\nu_1-1})e^{\lambda_1 t}+(C_{20}+C_{21}t+\cdots+C_{2,\nu_2-1}t^{\nu_2-1})e^{\lambda_2 t}$$
$$+\cdots+(C_{m0}+C_{m1}t+\cdots+C_{m,\nu_m-1}t^{\nu_m-1})e^{\lambda_m t},$$

wobei die C_{jk} beliebige komplexe Zahlen bedeuten dürfen.[1]

Die Lösungen von (15.4) sind also alle auf der *ganzen* t-Achse definiert: unser Intervall J ist in Wirklichkeit $=\mathbf{R}$.

Da die Koeffizienten a_k des charakteristischen Polynoms $p(\lambda)$ von (15.4) *reell* sind, treten die echt komplexen Nullstellen von $p(\lambda)$ in konjugierten Paaren auf, schärfer: zu jeder echt komplexen Nullstelle ζ gehört die Nullstelle $\bar{\zeta}$, und beide Nullstellen haben ein und dieselbe Vielfachheit[2]. Wenn man dies berücksichtigt und die Produkte $C_{jk}e^{\lambda_j t}$ mittels der Eulerschen Formel (14.18) in Real- und Imaginärteil zerlegt, so erhält man ohne Umstände den

15.4 Satz *Die Koeffizienten der Differentialgleichung* (15.4) *seien allesamt reell. Dann erzeugt jede ν-fache* reelle Nullstelle *r von* (15.5) *die ν reellen Lösungen*

$$e^{rt}, te^{rt}, \ldots, t^{\nu-1}e^{rt}$$

von (15.4) *und jedes ν-fache* komplexe Nullstellenpaar *$\alpha \pm i\beta$ die 2ν reellen Lösungen*

$$e^{\alpha t}\cos\beta t,\ te^{\alpha t}\cos\beta t,\ \ldots,\ t^{\nu-1}e^{\alpha t}\cos\beta t,$$
$$e^{\alpha t}\sin\beta t,\ te^{\alpha t}\sin\beta t,\ \ldots,\ t^{\nu-1}e^{\alpha t}\sin\beta t.$$

Führt man diese Konstruktion für alle (verschiedenen) reellen Nullstellen und konjugierten Nullstellenpaare durch, so gewinnt man insgesamt n reelle Lösungen $u_1, \ldots, u_n$ der Differentialgleichung (15.4), *und alle reellen Lösungen der letzteren - aber auch nur diese - erhält man in der Form*

$$C_1u_1+\cdots+C_nu_n, \tag{15.15}$$

wobei die C_k beliebige reelle Zahlen bedeuten dürfen.

(15.15) nennt man die allgemeine (reelle) Lösung von (15.4).

Die Beispiele 14.3 bis 14.5 sind, soweit sie die Auffindung der allgemeinen Lösung der jeweiligen Differentialgleichung betreffen, natürlich auch Beispiele zum

---

[1] Dieser Satz gilt übrigens dank seiner Herleitung auch dann, wenn die Koeffizienten a_k der Differentialgleichung (15.4) *komplexe* Zahlen sind.

[2] Satz 69.3 in Heuser I.

Satz 15.4. Wir wollen uns aber noch drei weitere ansehen. Dabei soll es sich immer um die Bestimmung der allgemeinen *reellen* Lösung handeln.

15.5 Beispiel $\dddot{u}-2\ddot{u}+\dot{u}=0.$ (15.16)

Erster Schritt: *Bestimmung der Nullstellen des charakteristischen Polynoms*

$$p(\lambda)=\lambda^3-2\lambda^2+\lambda=\lambda(\lambda-1)^2.$$

Offenbar ist 0 eine einfache, 1 eine doppelte Nullstelle.

Zweiter Schritt: *Bestimmung der allgemeinen Lösung.* Nach Satz 15.4 wird sie gegeben durch

$$C_1 e^{0\cdot t}+C_2 e^t+C_3 t e^t=C_1+(C_2+C_3 t)e^t.$$

15.6 Beispiel $\dddot{u}-2\ddot{u}+\dot{u}-2u=0.$ (15.17)

Erster Schritt: *Bestimmung der Nullstellen des charakteristischen Polynoms*

$$p(\lambda)=\lambda^3-2\lambda^2+\lambda-2=0.$$

Die Nullstelle $\lambda_1:=2$ kann man erraten. Dividiert man den Linearfaktor $\lambda-\lambda_1=\lambda-2$ von $p(\lambda)$ ab, so erhält man λ^2+1, und dieses quadratische Polynom hat das konjugierte Nullstellenpaar $\lambda_{2,3}:=\pm\mathrm{i}$.

Zweiter Schritt: *Bestimmung der allgemeinen Lösung.* Nach Satz 15.4 wird sie gegeben durch

$$C_1 e^{2t}+C_2 e^{0\cdot t}\cos t+C_3 e^{0\cdot t}\sin t=C_1 e^{2t}+C_2\cos t+C_3\sin t.$$

15.7 Beispiel $u^{(5)}+u^{(4)}+2\dddot{u}+2\ddot{u}+\dot{u}+u=0.$ (15.18)

Erster Schritt: *Bestimmung der Nullstellen des charakteristischen Polynoms*

$$p(\lambda)=\lambda^5+\lambda^4+2\lambda^3+2\lambda^2+\lambda+1.$$

Es springt in die Augen, daß keine von ihnen $\geqslant 0$ sein kann. Eine negative Wurzel, nämlich $\lambda_1:=-1$, läßt sich erraten. Nun dividiert man den Linearfaktor $\lambda-\lambda_1=\lambda+1$ von $p(\lambda)$ ab und erhält

$$\lambda^4+2\lambda^2+1=(\lambda^2+1)^2=(\lambda-\mathrm{i})(\lambda+\mathrm{i})(\lambda-\mathrm{i})(\lambda+\mathrm{i}).$$

Also hat man noch das konjugierte Nullstellenpaar $\lambda_{2,3}:=\pm\mathrm{i}$ der Vielfachheit 2.

Zweiter Schritt: *Bestimmung der allgemeinen Lösung.* Nach Satz 15.4 wird sie gegeben durch

$$C_1 e^{-t}+C_2\cos t+C_3\sin t+C_4 t\cos t+C_5 t\sin t. \qquad (15.19)$$

Das im Satz 15.4 geschilderte Lösungsverfahren ist von bestechender Eleganz, aber man sollte sich nicht darüber hinwegtäuschen, daß es an einem schweren Geburtsfehler krankt: da man nämlich die Nullstellen des charakteristischen Polynoms nur in den seltensten Fällen so einfach bestimmen kann wie in den obigen Beispielen (wo man durch *Raten* das Nullstellenknäuel aufdröseln konnte), wird man in der Regel auf eine *numerische* Näherungsberechnung zurückgeworfen werden. Für die hier zuständigen Methoden verweisen wir den Leser auf Stoer (1989) oder Zurmühl (1965).

Wir fassen nun das zur Differentialgleichung (15.4) gehörende *Anfangswertproblem*

$$\begin{aligned} &u^{(n)}+a_{n-1}u^{(n-1)}+\cdots+a_1\dot{u}+a_0u=0,\\ &u(t_0)=u_0,\ \dot{u}(t_0)=\dot{u}_0,\ \ldots,\ u^{(n-1)}(t_0)=u_0^{(n-1)} \end{aligned} \tag{15.20}$$

mit beliebig vorgegebenen (reellen) Zahlen $t_0, u_0, \dot{u}_0, \ldots, u_0^{(n-1)}$ ins Auge. Da in der allgemeinen Lösung der Differentialgleichung n freie Konstanten $C_1, \ldots, C_n$ vorkommen (s. Satz 15.4), wird man hoffen dürfen, durch geschickte Wahl derselben die allgemeine Lösung den n vorgeschriebenen Anfangsbedingungen „anpassen" zu können. Daß dies tatsächlich möglich ist, soll nun gezeigt werden.

Angenommen, u sei eine Lösung von (15.20). Da sie nach Satz 15.4 jedenfalls eine Linearkombination von Exponential-, Kosinus- und Sinusfunktionen sein muß, läßt sie sich in ihre Taylorreihe um t_0 entwickeln:

$$u(t)=\sum_{k=0}^{\infty}\frac{u^{(k)}(t_0)}{k!}(t-t_0)^k \quad \text{für alle} \quad t\in\mathbf{R}. \tag{15.21}$$

Die Zahlen $u^{(k)}(t_0)$ sind für $k=0, 1, \ldots, n-1$ *vorgeschrieben* und liegen wegen (15.2) dann auch *für alle* $k\geqslant n$ *fest*. Daraus folgt bereits, daß unser Anfangswertproblem *höchstens eine* Lösung besitzen kann. Und nun zeigen wir, daß es tatsächlich *lösbar* ist.[1]

Nach dem bisher Dargelegten muß die Lösung, falls vorhanden, gewiß eine Potenzreihe der Form

$$u(t):=\sum_{k=0}^{\infty}\frac{c_k}{k!}(t-t_0)^k \tag{15.22}$$

sein, wobei

$$c_k:=u_0^{(k)} \quad \text{für} \quad k=0,1,\ldots,n-1 \tag{15.23}$$

ist und die übrigen Koeffizienten $c_n, c_{n+1}, \ldots$ sukzessiv gemäß

$$c_{n+k}:=-a_{n-1}c_{n+k-1}-\cdots-a_1c_{k+1}-a_0c_k \quad \text{für } k=0, 1, 2, \ldots \tag{15.24}$$

festgelegt sind (man werfe noch einmal einen Blick auf (15.2)). Wir bilden nun die Reihe (15.22) mit den so bestimmten Koeffizienten c_k. Setzt man

$$M:=\max(|c_0|, \ldots, |c_{n-1}|), \quad A:=\max(|a_0|, \ldots, |a_{n-1}|, 1/n),$$

so erkennt man durch einen Induktionsschluß, daß die Abschätzung

[1] Die nachfolgenden Überlegungen verdanke ich einer Mitteilung von Herrn E. Glock.

$$|c_k| \leqslant (nA)^k M \quad \text{für alle} \quad k \geqslant 0 \tag{15.25}$$

besteht. Und da die Reihe $\sum_{k=0}^{\infty} \frac{(nA)^k M}{k!} |t-t_0|^k$ für alle $t \in \mathbf{R}$ konvergiert, ergibt sich nun aus (15.25) mit Hilfe des Majorantenkriteriums, daß auch die Reihe (15.22) beständig konvergent ist. Infolgedessen darf sie beliebig oft gliedweise differenziert werden, für alle $t \in \mathbf{R}$ gilt also

$$u^{(m)}(t) = \sum_{k=0}^{\infty} \frac{c_{m+k}}{k!} (t-t_0)^k \qquad (m=0, 1, 2, \ldots).$$

Setzt man nun diese Ableitungen in die Differentialgleichung (15.4) ein, faßt die gleichen Potenzen von $t-t_0$ zusammen und beachtet (15.24), so erweist sich (15.22) als eine Lösung von (15.4). Und jetzt ist wegen der Festlegung (15.23) auch klar, daß (15.22) sogar das Anfangswertproblem (15.20) löst. Wir fassen zusammen:

15.8 Satz *Das Anfangswertproblem* (15.20) *besitzt bei jeder Wahl der Zahlen* $t_0, u_0, \dot{u}_0, \ldots, u_0^{(n-1)}$ *eine - aber auch nur eine - Lösung.*

Diese Lösung u muß sich wegen Satz 15.4 als Linearkombination der dort konstruierten „Grundlösungen" $u_1, \ldots, u_n$ schreiben lassen, es muß also Konstante $C_1, \ldots, C_n$ geben, mit denen

$$u(t) = C_1 u_1(t) + \cdots + C_n u_n(t) \quad \text{für alle} \quad t \in \mathbf{R} \tag{15.26}$$

ist, und für diese $C_1, \ldots, C_n$ muß daher auch gelten

$$\begin{aligned} C_1 u_1(t_0) &+ \cdots + C_n u_n(t_0) &&= u_0 \\ C_1 \dot{u}_1(t_0) &+ \cdots + C_n \dot{u}_n(t_0) &&= \dot{u}_0 \\ &\vdots \\ C_1 u_1^{(n-1)}(t_0) &+ \cdots + C_n u_n^{(n-1)}(t_0) &&= u_0^{(n-1)}. \end{aligned} \tag{15.27}$$

Mit anderen Worten: das lineare Gleichungssystem (15.27) für die Unbekannten $C_1, \ldots, C_n$ ist für *jede* rechte Seite lösbar. Die Theorie dieser Gleichungssysteme lehrt nun, daß in diesem Falle die Lösung $C_1, \ldots, C_n$ sogar *eindeutig* bestimmt ist und die Determinante des Systems *nicht verschwindet.* Da hierbei die Größe von t_0 völlig belanglos ist, haben wir sogar

$$\begin{vmatrix} u_1(t) & \ldots u_n(t) \\ \dot{u}_1(t) & \ldots \dot{u}_n(t) \\ \vdots & \\ u_1^{(n-1)}(t) & \ldots u_n^{(n-1)}(t) \end{vmatrix} \neq 0 \quad \text{für } alle \ t \in \mathbf{R}, \tag{15.28}$$

wobei, um es noch einmal zu sagen, die $u_1, \ldots, u_n$ die in Satz 15.4 explizit angegebenen, aus Exponential-, Sinus- und Kosinusfunktionen bestehenden Lösungen der Differentialgleichung (15.4) sind.

15.9 Beispiel $\dddot{u}-2\ddot{u}+\dot{u}-2u=0, \quad u(0)=0, \quad \dot{u}(0)=\ddot{u}(0)=1.$ (15.29)

Erster Schritt: *Bestimmung der allgemeinen Lösung.* Nach Beispiel 15.6 wird sie gegeben durch

$$u(t)=C_1 e^{2t}+C_2\cos t+C_3\sin t. \tag{15.30}$$

Zweiter Schritt: *Anpassung der freien Konstanten an die Anfangsbedingungen.* Indem man (15.30) zweimal differenziert und die Anfangswerte einträgt, erhält man zur Bestimmung der C_1, C_2, C_3 das Gleichungssystem

$$\begin{aligned} u(0)&=C_1+C_2 &&=0\\ \dot{u}(0)&=2C_1 \qquad +C_3&&=1\\ \ddot{u}(0)&=4C_1-C_2 &&=1. \end{aligned}$$

Daraus ergibt sich $C_1=1/5$, $C_2=-1/5$, $C_3=3/5$. Die Lösung von (15.29) ist also

$$\frac{1}{5}(e^{2t}-\cos t+3\sin t).$$

Aufgaben

In den Aufgaben 1 bis 7 sind die allgemeinen (reellen) Lösungen der Differentialgleichungen, in den Aufgaben 8 bis 12 die eindeutig bestimmten Lösungen der Anfangswertprobleme zu finden.

1. $\dddot{u}+4\dot{u}=0.$

2. $\dddot{u}-6\ddot{u}+11\dot{u}-6u=0.$

3. $\dddot{u}+3\ddot{u}+3\dot{u}+u=0.$

4. $u^{(4)}-u^{(3)}+\ddot{u}-\dot{u}=0.$

5. $u^{(4)}-4u^{(3)}+15\ddot{u}-22\dot{u}+10u=0.$

6. $u^{(4)}+u=0.$

Hinweis: Die n Lösungen der Gleichung $\lambda^n=a$ ($a\neq 0$ komplex) werden gegeben durch

$$\sqrt[n]{|a|}\, e^{i\varphi/n} e^{2k\pi i/n} \quad (k=0,1,\ldots,n-1) \qquad \text{mit } \varphi:=\arg a.$$

7. $u^{(5)}+2\dddot{u}+\dot{u}=0.$

8. $\dddot{u}+4\dot{u}=0, \quad u(0)=\dot{u}(0)=0, \quad \ddot{u}(0)=1.$

9. $\dddot{u}-3\ddot{u}+4u=0, \quad u(0)=1, \quad \dot{u}(0)=-8, \quad \ddot{u}(0)=-4.$

10. $\dddot{u}-3\dot{u}-2u=0, \quad u(0)=0, \quad \dot{u}(0)=9, \quad \ddot{u}(0)=0.$

11. $\dddot{u}+3\ddot{u}+\frac{9}{4}\dot{u}=0, \quad u(0)=\dot{u}(0)=0, \quad \ddot{u}(0)=1.$

12. $\dddot{u}-\ddot{u}-\dot{u}+u=0, \quad u(0)=\dot{u}(0)=0, \quad \ddot{u}(0)=1.$

16 Die inhomogene lineare Differentialgleichung n-ter Ordnung

Unter der inhomogenen linearen Differentialgleichung n-ter Ordnung mit konstanten Koeffizienten versteht man die Gleichung

$$u^{(n)}+a_{n-1}u^{(n-1)}+\cdots+a_1\dot{u}+a_0u=s(t) \qquad (a_k\in\mathbf{R}). \tag{16.1}$$

„Inhomogen“ wird sie genannt, weil auf ihrer rechten Seite nicht wie bei (15.1) die Null, sondern eine Störfunktion $s(t)$ steht. Von dieser nehmen wir vorläufig nur an, daß sie auf einem gewissen Intervall J definiert sei. Die Gleichung

$$u^{(n)}+a_{n-1}u^{(n-1)}+\cdots+a_1\dot{u}+a_0u=0 \tag{16.2}$$

heißt die zu (16.1) gehörende homogene Gleichung. Ihr charakteristisches Polynom

$$p(\lambda):=\lambda^n+a_{n-1}\lambda^{n-1}+\cdots+a_1\lambda+a_0 \tag{16.3}$$

bzw. ihre charakteristische Gleichung $p(\lambda)=0$ wird auch das charakteristische Polynom bzw. die charakteristische Gleichung von (16.1) genannt. Fast wörtlich wie den Satz 14.6 beweist man den grundlegenden

16.1 Satz *Man erhält* alle *Lösungen der* inhomogenen *Differentialgleichung* (16.1) *- und nur diese -, indem man zu irgendeiner festen* (partikulären) *Lösung derselben* alle *Lösungen der zugehörigen* homogenen *Differentialgleichung* (16.2) *addiert, kurz:*

allgemeine Lösung der inhomogenen Gleichung =
partikuläre Lösung der inhomogenen Gleichung +
allgemeine Lösung der zugehörigen homogenen Gleichung.

Da aber dank der Sätze in Nr. 15 über die homogene Gleichung kein Wort mehr zu verlieren ist, spitzt sich nun alles darauf zu, *irgendeiner* (eben einer „partikulären“) *Lösung u_p der inhomogenen Gleichung habhaft zu werden.* Dieses Problem lösen wir zunächst nur für einige *spezielle*, aber gerade in den Anwendungen überaus häufig auftretende Störfunktionen. Das hierbei anzuwendende Verfahren läuft letztlich auf nichts Komplizierteres als die Auflösung eines linearen Gleichungssystems hinaus. Anschließend werden wir die *Methode der Variation der Konstanten* auseinandersetzen, die zwar grundsätzlich aller stetigen Störfunktionen Herr zu werden vermag, *in praxi* aber leider allzu häufig in einem rechentechnischen Morast untergeht. In Nr. 17 schließlich werden wir einige Worte zur *Methode der Laplacetransformation* sagen.

Spezielle Störfunktionen Ihrer Behandlung schicken wir zwei Hilfssätze voraus. D ist wieder der in Nr. 15 erklärte Differentiationsoperator auf $C^\infty(J)$.

16.2 Hilfssatz *Sei ε_α die Funktion $e^{\alpha t}$ ($\alpha\in\mathbf{C}$ fest, $t\in\mathbf{R}$ variabel). Dann gilt für jedes Polynom q und jede Funktion $v\in C^\infty(J)$ die Gleichung*

$$q(D)\varepsilon_\alpha v = \varepsilon_\alpha q(D+\alpha)v. \tag{16.4}$$

Der Beweis ist kaum der Rede wert: mit $q(\lambda) := \alpha_r\lambda^r + \alpha_{r-1}\lambda^{r-1} + \cdots + \alpha_1\lambda + \alpha_0$ haben wir

$$q(D)\varepsilon_\alpha v = \alpha_r D^r \varepsilon_\alpha v + \alpha_{r-1} D^{r-1}\varepsilon_\alpha v + \cdots + \alpha_1 D\varepsilon_\alpha v + \alpha_0\varepsilon_\alpha v, \tag{16.5}$$

und nun braucht man auf jedes Glied dieser Summe nur noch den Hilfssatz 15.2 anzuwenden, um (16.4) vor Augen zu haben. ■

16.3 Hilfssatz *Sei P ein Polynom mit $P(0)\neq 0$. Dann gibt es zu jedem $m\in\mathbf{N}_0$ ein Polynom Q_m vom Grade $\leqslant m$ mit $Q_m(0)\neq 0$ und ein Polynom q_m, so daß für alle λ gilt:*

$$Q_m(\lambda)P(\lambda) + \lambda^{m+1}q_m(\lambda) = 1. \tag{16.6}$$

Beweis. Wegen $P(0)\neq 0$ kann man $1/P(\lambda)$ in einer hinreichend kleinen Umgebung U des Nullpunktes in eine Potenzreihe $\sum_{k=0}^{\infty} c_k\lambda^k$ entwickeln; für $\lambda\in U$ gilt also

$$\frac{1}{P(\lambda)} = Q_m(\lambda) + \lambda^{m+1}q(\lambda) \quad\text{mit}\quad Q_m(\lambda) := \sum_{k=0}^{m} c_k\lambda^k,\ Q_m(0)\neq 0,\ q(\lambda) := \sum_{k=1}^{\infty} c_{m+k}\lambda^{k-1}.$$

Für diese λ haben wir daher

$$1 = Q_m(\lambda)P(\lambda) + \lambda^{m+1}q(\lambda)P(\lambda) = Q_m(\lambda)P(\lambda) + \lambda^{m+1}q_m(\lambda) \tag{16.7}$$

mit $q_m(\lambda) := q(\lambda)P(\lambda) = \sum_{k=0}^{\infty} d_k\lambda^k$. Der Identitätssatz für Potenzreihen gewährleistet nun, daß q_m ein *Polynom* ist und (16.6) für *alle* λ besteht. ■

Aus Gründen der beweistechnischen Vereinfachung werden wir in den beiden nächsten Sätzen auch *komplexwertige* Störfunktionen betrachten, wie wir dies schon gegen Ende der Nr. 14 getan hatten. Natürlich müssen wir dann auch *komplexwertige* Lösungen zulassen. Wir werden sehen, daß uns das Rechnen mit dem Differentiationsoperator D auch hier wieder trefflich zustatten kommen wird.

16.4 Satz *Ist die Störfunktion ein* Polynom, *also*

$$s(t) = b_0 + b_1 t + \cdots + b_m t^m \qquad (b_\mu\in\mathbf{C},\ b_m\neq 0),$$

so führt der folgende Ansatz immer zu einer Lösung der Gl. (16.1):

$u(t) := A_0 + A_1 t + \cdots + A_m t^m$, *falls* $p(0)\neq 0$,[1]

$u(t) := t^\nu(A_0 + A_1 t + \cdots + A_m t^m)$, *falls* 0 *eine ν-fache Nullstelle von p ist.*

[1] p ist, wie immer in dieser Nummer, das *charakteristische Polynom* (16.3) der Gl. (16.1).

Die Koeffizienten A_μ werden bestimmt, indem man mit diesem Ansatz in (16.1) *eingeht und durch Koeffizientenvergleich ein lineares Gleichungssystem für sie gewinnt.*

Bemerkung: Wie der Beweis zeigen wird, gilt dieser Satz auch dann noch, wenn die Koeffizienten a_k von (16.1) *komplex* sind.

Beweis. Sei zuerst $p(0)\neq 0$. Dann gibt es nach Hilfssatz 16.3 ein Polynom Q_m mit Grad $\leqslant m$, $Q_m(0)\neq 0$, und dazu ein Polynom q_m, so daß gilt:

$$p(\lambda)Q_m(\lambda)+q_m(\lambda)\lambda^{m+1}=1 \quad \text{für alle } \lambda.$$

Durch Einsetzen des Differentiationsoperators D erhalten wir

$$p(D)Q_m(D)+q_m(D)D^{m+1}=1,$$

insbesondere gilt also für die Störfunktion s die Beziehung

$$p(D)[Q_m(D)s]+q_m(D)[D^{m+1}s]=s.$$

Da s ein Polynom vom Grade m ist, muß $D^{m+1}s=0$, also $p(D)[Q_m(D)s]=s$ sein. Das aber bedeutet:

$Q_m(D)s$ ist eine Lösung von $p(D)u=s$, also von (16.1).

Trivialerweise ist $Q_m(D)s$ ein Polynom vom Grade $\leqslant m$; wegen $Q_m(0)\neq 0$ muß übrigens sein Grad sogar mit m übereinstimmen.
Sei nun 0 eine ν-fache Nullstelle von p, also

$$p(\lambda)=\lambda^n+a_{n-1}\lambda^{n-1}+\cdots+a_\nu\lambda^\nu \qquad (a_\nu\neq 0).$$

Die Differentialgleichung (16.1) hat dann die Gestalt

$$D^n u+a_{n-1}D^{n-1}u+\cdots+a_\nu D^\nu u=s \qquad (a_\nu\neq 0). \tag{16.8}$$

Setzen wir $v:=D^\nu u$, so geht sie in die Differentialgleichung

$$D^{n-\nu}v+a_{n-1}D^{n-\nu-1}v+\cdots+a_{\nu+1}Dv+a_\nu v=s$$

für v über, die wegen $a_\nu\neq 0$ nach dem gerade Bewiesenen eine Lösung

$$v(t):=\tilde{A}_m t^m+\tilde{A}_{m-1}t^{m-1}+\cdots+\tilde{A}_0$$

besitzt. Die Gl. (16.8) wird infolgedessen durch ein Polynom

$$u(t):=A_m t^{m+\nu}+A_{m-1}t^{m+\nu-1}+\cdots+A_0 t^\nu+\underbrace{B_{\nu-1}t^{\nu-1}+\cdots+B_1 t+B_0}_{=:r(t)}$$

gelöst. Hierbei brauchen wir jedoch das „Restpolynom" $r(t)$ gar nicht mitzuschleppen: da nämlich in (16.8) nur Ableitungen der Ordnung $\geqslant\nu$ auftreten, ist $p(D)r=0$, und daher besitzt (16.8), wie behauptet, bereits eine Lösung der Form

$$A_m t^{m+\nu}+\cdots+A_0 t^\nu=t^\nu(A_m t^m+\cdots+A_0).$$ ■

Die Hauptaussage der gegenwärtigen Diskussion bringt der

16.5 Satz *Hat die Störfunktion die Form* „Polynom × Exponentialfunktion", *ist also*

$$s(t)=(b_0+b_1t+\cdots+b_mt^m)\mathrm{e}^{at} \qquad (a, b_\mu \in \mathbf{C}, b_m \neq 0),$$

so führt der folgende Ansatz immer zu einer Lösung der Gl. (16.1):

$$\begin{aligned} u(t)&:=(A_0+A_1t+\cdots+A_mt^m)\mathrm{e}^{at}, && \textit{falls } p(a)\neq 0,\\ u(t)&:=t^\nu(A_0+A_1t+\cdots+A_mt^m)\mathrm{e}^{at}, && \textit{falls } a \textit{ eine } \nu\textit{-fache Nullstelle}\\ & && \textit{von } p \textit{ ist}. \end{aligned}$$

Die Koeffizienten A_μ werden wie in Satz 16.4 *durch die Methode des Koeffizientenvergleichs bestimmt.*

Bemerkung: Dieser Satz gilt, wie der Beweis zeigen wird, auch in dem Falle, daß die Koeffizienten a_k von (16.1) *komplex* sind.

Beweis. Wir machen den Ansatz

$$u(t):=\mathrm{e}^{at}v(t), \quad \text{kurz} \quad u:=\varepsilon_a v \quad \text{mit} \quad \varepsilon_a(t):=\mathrm{e}^{at},$$

und setzen

$$S(t):=b_0+b_1t+\cdots+b_mt^m.$$

Dank des Hilfssatzes 16.2 geht dann (16.1), d.h. die Gleichung $p(D)u=\varepsilon_a S$, über in

$$p(D)u=p(D)\varepsilon_a v=\varepsilon_a p(D+a)v=\varepsilon_a S, \quad \text{also in}$$

$$p(D+a)v=S. \tag{16.9}$$

Wir entwickeln nun p um den Mittelpunkt a:

$$p(\lambda+a)=p(a)+\frac{p'(a)}{1!}\lambda+\cdots+\frac{p^{(n-1)}(a)}{(n-1)!}\lambda^{n-1}+\underbrace{\frac{p^{(n)}(a)}{n!}}_{=1}\lambda^n.$$

Einsetzen von D liefert

$$p(D+a)=p(a)+\frac{p'(a)}{1!}D+\cdots+\frac{p^{(n-1)}(a)}{(n-1)!}D^{n-1}+D^n.$$

Dies tragen wir in (16.9) ein, wenden den Satz 16.4 an und erhalten so mit einem Schlag unsere Behauptung - falls wir nur beachten, daß a genau dann eine Nullstelle der Vielfachheit ν von p ist, wenn $p(a)=\cdots=p^{(\nu-1)}(a)=0$, aber $p^{(\nu)}(a)\neq 0$ ausfällt,[1] also genau dann, wenn 0 eine ν-fache Nullstelle von $q(\lambda):=p(\lambda+a)$ ist. ■

Wir nehmen nun an, die Störfunktion habe eine der Formen

$$s_1(t)=(b_0+b_1t+\cdots+b_mt^m)\mathrm{e}^{\alpha t}\cos\beta t,$$
$$s_2(t)=(b_0+b_1t+\cdots+b_mt^m)\mathrm{e}^{\alpha t}\sin\beta t,$$

wobei alle auftretenden Zahlen reell sein sollen. In jedem dieser Fälle setzen wir

$$s(t):=s_1(t)+\mathrm{i}s_2(t)=(b_0+b_1t+\cdots+b_mt^m)\mathrm{e}^{(\alpha+\mathrm{i}\beta)t}$$

(s. die Eulersche Formel (14.18)), lösen die Differentialgleichung

$$p(D)v=v^{(n)}+a_{n-1}v^{(n-1)}+\cdots+a_1\dot{v}+a_0v=s(t) \tag{16.10}$$

gemäß Satz 16.5 durch eine Funktion

$$v(t):=(C_0+C_1t+\cdots+C_mt^m)\mathrm{e}^{(\alpha+\mathrm{i}\beta)t}, \quad \text{falls } p(\alpha+\mathrm{i}\beta)\neq 0,$$
$$v(t):=t^\nu(C_0+C_1t+\cdots+C_mt^m)\mathrm{e}^{(\alpha+\mathrm{i}\beta)t}, \quad \text{falls } \alpha+\mathrm{i}\beta \text{ eine } \nu\text{-fache Nullstelle von } p \text{ ist},$$

und sehen dann, da die Koeffizienten a_k in (16.10) alle reell sind, daß

$$u_1(t):=\operatorname{Re}v(t) \quad \text{bzw.} \quad u_2(t):=\operatorname{Im}v(t)$$

die Differentialgleichung

$$p(D)u=s_1 \qquad \text{bzw.} \quad p(D)u=s_2 \tag{16.11}$$

befriedigt. Schreibt man nun

$$C_\mu=\alpha_\mu+\mathrm{i}\beta_\mu \;\; (\alpha_\mu,\beta_\mu\in\mathbf{R}), \quad \mathrm{e}^{(\alpha+\mathrm{i}\beta)t}=\mathrm{e}^{\alpha t}(\cos\beta t+\mathrm{i}\sin\beta t),$$

so überblickt man sofort, daß sowohl $u_1(t)$ als auch $u_2(t)$ die folgende Form hat:

$$[(A_0+A_1t+\cdots+A_mt^m)\cos\beta t+(B_0+B_1t+\cdots+B_mt^m)\sin\beta t]\mathrm{e}^{\alpha t},$$
$$\text{falls } p(\alpha+\mathrm{i}\beta)\neq 0,$$

$$t^\nu[(A_0+A_1t+\cdots+A_mt^m)\cos\beta t+(B_0+B_1t+\cdots+B_mt^m)\sin\beta t]\mathrm{e}^{\alpha t},$$
$$\text{falls } \alpha+\mathrm{i}\beta \text{ eine } \nu\text{-fache Nullstelle von } p \text{ ist}.$$

Jede der Differentialgleichungen in (16.11) wird also durch Funktionen dieser Gestalt mit reellen Koeffizienten A_k, B_k gelöst. Die Koeffizienten selbst werden in gewohnter Weise aus einem linearen Gleichungssystem bestimmt, das aus dem Vergleich der Koeffizienten entspringt.

---

[1] S. etwa A 48.8 (mit Lösung) in Heuser I.

Der besseren Übersicht wegen stellen wir die geschilderten Lösungsansätze in Tab. 16.1 zusammen, wobei wir zur Bequemlichkeit des Lesers die Spezialfälle ausdrücklich gesondert aufführen. Mit diesen Resultaten ist dann übrigens auch Tab. 4.1 endlich gerechtfertigt, für die wir damals eine Begründung nicht gegeben, sondern nur in Aussicht gestellt hatten.

Wer das Rechnen mit komplexen Zahlen nicht scheut, wird bei Störfunktionen der Form

$$(b_0+b_1t+\cdots+b_mt^m)e^{\alpha t}\cos\beta t \quad \text{und} \quad (b_0+b_1t+\cdots+b_mt^m)e^{\alpha t}\sin\beta t$$

in der Regel rascher zum Ziel kommen, wenn er genau wie im Beweis der zugehörigen Ansätze verfährt, d.h., wenn er zunächst die korrespondierende *komplexe* Differentialgleichung

$$p(D)v=(b_0+b_1t+\cdots+b_mt^m)e^{(\alpha+i\beta)t}$$

gemäß Satz 16.5 löst und dann zum *Real-* bzw. *Imaginärteil von* v übergeht.

Wir üben nun diese Lösungsansätze durch einige Beispiele ein. Um uns bezeichnungsmäßig etwas aufzulockern, verwenden wir neben den bisher benutzten Funktionssymbolen $u(t), \dot u(t), \ldots$ auch die Zeichen $y(x), y'(x), \ldots$ (mit der unabhängigen Veränderlichen x anstelle von t).

Tab. 16.1 *Ansätze für eine partikuläre Lösung der Differentialgleichung* $p(D)u=s$ (alle auftretenden Größen sind reell).
In der letzten Zeile der Tabelle sind alle vorhergehenden enthalten; nur sie also braucht man sich zu merken, wenn man sich denn überhaupt etwas merken will.

Störfunktion $s(t)$	Lösungsansatz ($p:=$ charakteristisches Polynom)
$b_0+b_1t+\cdots+b_mt^m$	$A_0+A_1t+\cdots+A_mt^m$, falls $p(0)\neq 0$ $t^\nu(A_0+A_1t+\cdots+A_mt^m)$, falls 0 ν-fache Nullstelle von p
$(b_0+b_1t+\cdots+b_mt^m)e^{\alpha t}$	$(A_0+A_1t+\cdots+A_mt^m)e^{\alpha t}$, falls $p(\alpha)\neq 0$ $t^\nu(A_0+A_1t+\cdots+A_mt^m)e^{\alpha t}$, falls α ν-fache Nullstelle von p
$(b_0+b_1t+\cdots+b_mt^m)\cdot\begin{cases}\cos\beta t\\ \sin\beta t\end{cases}$	$(A_0+A_1t+\cdots+A_mt^m)\cos\beta t+(B_0+B_1t+\cdots+B_mt^m)\sin\beta t$, falls $p(i\beta)\neq 0$ $t^\nu[(A_0+A_1t+\cdots+A_mt^m)\cos\beta t+(B_0+B_1t+\cdots+B_mt^m)\sin\beta t]$, falls $i\beta$ ν-fache Nullstelle von p
$(b_0+b_1t+\cdots+b_mt^m)e^{\alpha t}\cdot\begin{cases}\cos\beta t\\ \sin\beta t\end{cases}$	$[(A_0+A_1t+\cdots+A_mt^m)\cos\beta t+(B_0+B_1t+\cdots+B_mt^m)\sin\beta t]e^{\alpha t}$, falls $p(\alpha+i\beta)\neq 0$ $t^\nu[(A_0+A_1t+\cdots+A_mt^m)\cos\beta t+(B_0+B_1t+\cdots+B_mt^m)\sin\beta t]e^{\alpha t}$, falls $\alpha+i\beta$ ν-fache Nullstelle von p

16.6 Beispiel $\ddot{u}-u=1+t^2$. (16.12)

Erster Schritt: *Bestimmung der allgemeinen Lösung u_h der homogenen Gleichung $\dddot{u}-u=0$.* Das charakteristische Polynom $p(\lambda)=\lambda^3-1=(\lambda-1)(\lambda^2+\lambda+1)$ hat die einfachen Nullstellen $1, -\frac{1}{2}\pm i\frac{\sqrt{3}}{2}$, also ist

$$u_h(t)=C_1 e^t+e^{-t/2}\left(C_2\cos\frac{\sqrt{3}}{2}t+C_3\sin\frac{\sqrt{3}}{2}t\right).$$

Zweiter Schritt: *Bestimmung einer partikulären Lösung u_p der inhomogenen Gleichung* (16.12)[1]. Da $p(0)\neq 0$ ist, macht man den Ansatz $u_p(t):=A_0+A_1t+A_2t^2$. Eingehen in (16.12) liefert

$$-u_p(t)=1+t^2, \quad \text{also} \quad u_p(t)=-1-t^2.$$

Dritter Schritt: *Bestimmung der allgemeinen Lösung u der inhomogenen Gleichung* (16.12). Nach Satz 16.1 ist

$$u(t)=u_p(t)+u_h(t)=-1-t^2+C_1 e^t+e^{-t/2}\left(C_2\cos\frac{\sqrt{3}}{2}t+C_3\sin\frac{\sqrt{3}}{2}t\right).$$

16.7 Beispiel $y'''-y'=x-1$. (16.13)

Erster Schritt: *Bestimmung der allgemeinen Lösung y_h der homogenen Gleichung $y'''-y'=0$.* Das charakteristische Polynom $p(\lambda)=\lambda^3-\lambda=\lambda(\lambda-1)(\lambda+1)$ hat die einfachen Nullstellen $0, 1, -1$, also ist

$$y_h(x)=C_1+C_2 e^x+C_3 e^{-x}.$$

Zweiter Schritt: *Bestimmung einer partikulären Lösung y_p der inhomogenen Gleichung* (16.13). Da 0 eine einfache Nullstelle von p ist, greifen wir zu dem Ansatz

$$y_p(x):=x(A_0+A_1x)=A_0x+A_1x^2.$$

Eingehen in (16.13) liefert

$$-y_p'(x)=x-1, \quad \text{also} \quad y_p(x)=-\frac{x^2}{2}+x$$

(auf eine additive Integrationskonstante kommt es hier offenbar nicht an).

Dritter Schritt: *Bestimmung der allgemeinen Lösung y der inhomogenen Gleichung* (16.13). Nach Satz 16.1 ist

$$y(x)=y_p(x)+y_h(x)=-\frac{x^2}{2}+x+C_1+C_2 e^x+C_3 e^{-x}.$$

16.8 Beispiel $y''-y=x e^{2x}$. (16.14)

Erster Schritt: *Bestimmung der allgemeinen Lösung y_h der homogenen Gleichung $y''-y=0$.* Das charakteristische Polynom $p(\lambda)=\lambda^2-1=(\lambda-1)(\lambda+1)$ hat die einfachen Nullstellen $1, -1$, also ist

$$y_h(x)=C_1 e^x+C_2 e^{-x}.$$

---

[1] Der *Index p* in u_p hat natürlich überhaupt nichts mit dem *charakteristischen Polynom p* zu tun.

Zweiter Schritt: *Bestimmung einer partikulären Lösung* y_p *der inhomogenen Gleichung* (16.14). Da $p(\alpha)=p(2)\neq 0$ ist, macht man den Ansatz

$$y_p(x):=(A_0+A_1x)\,e^{2x}.$$

Eingehen in (16.14) ergibt

$$y_p''(x)-y_p(x)=[4(A_0+A_1x)+4A_1-A_0-A_1x]\,e^{2x}=x\,e^{2x},$$

also $$3A_0+4A_1+3A_1x=x.$$

Koeffizientenvergleich liefert nun das Gleichungssystem

$$3A_0+4A_1=0,\quad 3A_1=1,$$

dessen Lösung $A_0=-4/9$, $A_1=1/3$ ist. Somit haben wir $y_p(x)=\left(-\frac{4}{9}+\frac{1}{3}x\right)e^{2x}$.

Dritter Schritt: *Bestimmung der allgemeinen Lösung* y *der inhomogenen Gleichung* (16.14). Nach Satz 16.1 ist

$$y(x)=y_p(x)+y_h(x)=\left(-\frac{4}{9}+\frac{1}{3}x\right)e^{2x}+C_1\,e^{x}+C_2\,e^{-x}.$$

16.9 Beispiel $y''-y=x\,e^{x}.$ (16.15)

Erster Schritt: *Bestimmung der allgemeinen Lösung* y_h *der homogenen Gleichung* $y''-y=0$. Nach Beispiel 16.8 ist $y_h(x)=C_1\,e^{x}+C_2\,e^{-x}$.

Zweiter Schritt: *Bestimmung einer partikulären Lösung* y_p *der inhomogenen Gleichung* (16.15). Da $\alpha=1$ einfache Nullstelle des charakteristischen Polynoms ist, macht man den Ansatz

$$y_p(x):=x(A_0+A_1x)\,e^{x}=(A_0x+A_1x^2)\,e^{x}.$$

Eingehen in (16.15) ergibt

$$y_p''(x)-y_p(x)=(2A_0+2A_1+4A_1x)\,e^{x}=x\,e^{x},$$

also $2A_0+2A_1+4A_1x=x$. Koeffizientenvergleich liefert nun das Gleichungssystem

$$2A_0+2A_1=0,\quad 4A_1=1,$$

dessen Lösung $A_0=-1/4$, $A_1=1/4$ ist. Somit haben wir

$$y_p(x)=x\left(-\frac{1}{4}+\frac{1}{4}x\right)e^{x}=\frac{1}{4}x(x-1)\,e^{x}.$$

Dritter Schritt: *Bestimmung der allgemeinen Lösung* y *der inhomogenen Gleichung* (16.15). Nach Satz 16.1 ist

$$y(x)=y_p(x)+y_h(x)=\frac{1}{4}x(x-1)\,e^{x}+C_1\,e^{x}+C_2\,e^{-x}.$$

16.10 Beispiel $\ddot{u}+4\dot{u}=\cos 2t.$ (16.16)

Erster Schritt: *Bestimmung der allgemeinen Lösung* u_h *der homogenen Gleichung* $\ddot{u}+4\dot{u}=0$. Das charakteristische Polynom $p(\lambda)=\lambda^2+4\lambda=\lambda(\lambda+4)$ hat die einfachen Nullstellen $0, -4$, also ist $u_h(t)=C_1+C_2\,e^{-4t}$.

Zweiter Schritt: *Bestimmung einer partikulären Lösung* u_p *der inhomogenen Gleichung* (16.16). Da $p(i\beta)=p(2i)\neq 0$ ist, kann man den Ansatz

$$u_p(t) := A\cos 2t + B\sin 2t$$

machen (s. jedoch weiter unten). Eingehen in (16.16) ergibt

$$\ddot{u}_p(t) + 4\dot{u}_p(t) = (-4A + 8B)\cos 2t + (-8A - 4B)\sin 2t = \cos 2t.$$

Koeffizientenvergleich liefert nun das Gleichungssystem

$$-4A + 8B = 1, \quad -8A - 4B = 0,$$

dessen Lösung $A = -1/20$, $B = 1/10$ ist. Somit haben wir

$$u_p(t) = -\frac{1}{20}\cos 2t + \frac{1}{10}\sin 2t.$$

Weitaus bequemer ist hier der Weg durchs *Komplexe*. Wir nehmen die zu (16.16) gehörende komplexe Differentialgleichung

$$\ddot{v} + 4\dot{v} = e^{2it} \quad (= \cos 2t + i\sin 2t)$$

her und gehen, da $p(2i) \neq 0$ ist, mit dem Ansatz $v_p(t) := Ae^{2it}$ in sie hinein. Es folgt sofort $(-4A + 8iA)e^{2it} = e^{2it}$, also

$$A = \frac{1}{4}\,\frac{1}{-1+2i} = \frac{1}{4}\,\frac{-1-2i}{(-1+2i)(-1-2i)} = \frac{1}{4}\,\frac{-1-2i}{5} = -\frac{1}{20} - \frac{1}{10}i.$$

Somit ist $\operatorname{Re}\left(-\frac{1}{20} - \frac{1}{10}i\right)e^{2it} = -\frac{1}{20}\cos 2t + \frac{1}{10}\sin 2t$ eine partikuläre Lösung von (16.16).

Dritter Schritt: *Bestimmung der allgemeinen Lösung u der inhomogenen Gleichung* (16.16). Nach Satz 16.1 ist

$$u(t) = u_p(t) + u_h(t) = -\frac{1}{20}\cos 2t + \frac{1}{10}\sin 2t + C_1 + C_2 e^{-4t}.$$

16.11 Beispiel $\ddot{u} - 2\dot{u} + 2u = e^t \cos t.$ (16.17)

Erster Schritt: *Bestimmung der allgemeinen Lösung der homogenen Gleichung* $\ddot{u} - 2\dot{u} + 2u = 0$. Das charakteristische Polynom $p(\lambda) = \lambda^2 - 2\lambda + 2$ hat die einfachen Nullstellen $1 \pm i$, also ist $u_h(t) = e^t(C_1\cos t + C_2\sin t)$.

Zweiter Schritt: *Bestimmung einer partikulären Lösung u_p der inhomogenen Gleichung* (16.17). Da $\alpha + i\beta = 1 + i$ einfache Nullstelle von p ist, kann man den Ansatz

$$u_p(t) := t(A\cos t + B\sin t)e^t$$

machen (s. jedoch weiter unten). Eingehen in (16.17) ergibt nach längerer Rechnung

$$\ddot{u}_p(t) - 2\dot{u}_p(t) + 2u_p(t) = (2B\cos t - 2A\sin t)e^t = e^t\cos t,$$

also $2B\cos t - 2A\sin t = \cos t$. Koeffizientenvergleich liefert nun $2B = 1$, $-2A = 0$, also $A = 0$, $B = 1/2$. Somit haben wir $u_p(t) = \frac{t}{2}e^t\sin t$.

Auch hier kommt man rascher zum Ziel, wenn man zunächst für die zu (16.17) gehörende *komplexe* Differentialgleichung

$$\ddot{v} - 2\dot{v} + 2v = e^{(1+i)t} \quad (= e^t\cos t + i\,e^t\sin t)$$

eine partikuläre Lösung durch den Ansatz $v_p(t):=A\,t\,\mathrm{e}^{(1+\mathrm{i})t}$ bestimmt (s. Satz 16.5) und dann von ihr den Realteil nimmt.

Dritter Schritt: *Bestimmung der allgemeinen Lösung u der inhomogenen Gleichung* (16.17). Nach Satz 16.1 ist

$$u(t)=u_p(t)+u_h(t)=\frac{t}{2}\mathrm{e}^t\sin t+\mathrm{e}^t(C_1\cos t+C_2\sin t).$$

Methode der Variation der Konstanten Der Satz 15.4 lehrt, daß man die allgemeine (reelle) Lösung der homogenen Differentialgleichung

$$u^{(n)}+a_{n-1}u^{(n-1)}+\cdots+a_1\dot{u}+a_0u=0 \quad \text{oder also} \quad p(D)u=0 \tag{16.18}$$

(p das charakteristische Polynom) in der Gestalt

$$C_1u_1+\cdots+C_nu_n \tag{16.19}$$

schreiben kann; hierbei dürfen die C_k beliebige reelle Zahlen bedeuten, und die u_k sind gewisse Funktionen der Form $t^m\mathrm{e}^{rt}$, $t^m\mathrm{e}^{\alpha t}\cos\beta t$, $t^m\mathrm{e}^{\alpha t}\sin\beta t$. Die n-gliedrige Menge $\{u_1,\ldots,u_n\}$ wollen wir hinfort kurz die kanonische Integralbasis der homogenen Gleichung (16.18) nennen, weil sich jedes Integral (= Lösung) von (16.18) als Linearkombination ihrer Elemente erzeugen läßt - ganz ähnlich, wie man jeden Vektor aus einem n-dimensionalen Vektorraum als Linearkombination der Elemente einer (n-gliedrigen) Basis desselben gewinnen kann.

Sei nun die inhomogene Gleichung

$$u^{(n)}+a_{n-1}u^{(n-1)}+\cdots+a_1\dot{u}+a_0u=s \quad \text{oder also} \quad p(D)u=s \tag{16.20}$$

vorgelegt. Dann wird man versucht sein, die *Konstanten* C_k in (16.19) so durch geeignete *Funktionen* $C_k(t)$ zu ersetzen, daß

$$u(t):=C_1(t)u_1(t)+\cdots+C_n(t)u_n(t) \tag{16.21}$$

eine (partikuläre) Lösung von (16.20) wird. Diese „Variation der Konstanten" hatten wir im Falle linearer Differentialgleichungen erster Ordnung schon in Nr. 4 erprobt (s. Satz 4.4). Sie wird uns auch diesmal nicht im Stich lassen.

Will man mit dem Ansatz (16.21) in (16.20) eingehen, so muß man zunächst die Ableitungen $\dot{u},\ddot{u},\ldots,u^{(n)}$ bilden. Es ist

$$\dot{u}=(C_1\dot{u}_1+\cdots+C_n\dot{u}_n)+(\dot{C}_1u_1+\cdots+\dot{C}_nu_n), \tag{16.22}$$

und angesichts dieses Ausdruckes sieht man den höheren Ableitungen $\ddot{u}$, $\dddot{u}$, ... nicht ohne Bangen entgegen. Die drohende Unübersichtlichkeit beseitigen wir jedoch durch einen Gewaltstreich: wir versuchen, die C_k gleich so zu wählen, daß die letzte Klammer in (16.22) *verschwindet*:

$$\dot{C}_1u_1+\cdots+\dot{C}_nu_n=0. \tag{16.23}$$

Dann nämlich ist $\dot{u}$ einfach $=C_1\dot{u}_1+\cdots+C_n\dot{u}_n$ und somit

$$\ddot{u}=(C_1\ddot{u}_1+\cdots+C_n\ddot{u}_n)+(\dot{C}_1\dot{u}_1+\cdots+\dot{C}_n\dot{u}_n). \tag{16.24}$$

Auch hier werden wir, um nicht beim Weiterdifferenzieren in bandwurmartigen Formeln zu ersticken, die C_k von vornherein so zu wählen suchen, daß die zweite Klammer in (16.24) zu Null wird:

$$\dot{C}_1 \dot{u}_1 + \cdots + \dot{C}_n \dot{u}_n = 0. \tag{16.25}$$

Es ist nun klar, wie es weitergeht: aus schierer Bequemlichkeit fordern wir das Bestehen der Gleichungen

$$\dot{C}_1 u_1^{(k)} + \cdots + \dot{C}_n u_n^{(k)} = 0 \quad \text{für} \quad k = 0, 1, \ldots, n-2, \tag{16.26}$$

haben dann die übersichtlichen Ableitungsausdrücke

$$u^{(k)} = C_1 u_1^{(k)} + \cdots + C_n u_n^{(k)} \quad \text{für} \quad k = 1, \ldots, n-1 \tag{16.27}$$

und gewinnen durch Differentiation des letzten $(k = n-1)$ schließlich

$$u^{(n)} = (C_1 u_1^{(n)} + \cdots + C_n u_n^{(n)}) + (\dot{C}_1 u_1^{(n-1)} + \cdots + \dot{C}_n u_n^{(n-1)}). \tag{16.28}$$

Aus (16.27) und (16.28) erhalten wir

$$\begin{aligned} p(D)u = \quad & (C_1 u_1^{(n)} + \cdots + C_n u_n^{(n)}) + (\dot{C}_1 u_1^{(n-1)} + \cdots + \dot{C}_n u_n^{(n-1)}) \\ & + a_{n-1} (C_1 u_1^{(n-1)} + \cdots + C_n u_n^{(n-1)}) \\ & \quad \vdots \\ & + a_1 \, (C_1 \dot{u}_1 + \cdots + C_n \dot{u}_n) \\ & + a_0 \, (C_1 u_1 + \cdots + C_n u_n), \end{aligned}$$

und finden durch spaltenweise Addition

$$p(D)u = C_1 p(D) u_1 + \cdots + C_n p(D) u_n + \dot{C}_1 u_1^{(n-1)} + \cdots + \dot{C}_n u_n^{(n-1)},$$

wegen $p(D)u_k = 0$ also schließlich

$$p(D)u = \dot{C}_1 u_1^{(n-1)} + \cdots + \dot{C}_n u_n^{(n-1)}.$$

Da aber $p(D)u = s$ sein soll, werden wir versuchen, die C_k so zu wählen, daß wir neben den $n-1$ Gleichungen (16.26) auch noch die Gleichung

$$\dot{C}_1 u_1^{(n-1)} + \cdots + \dot{C}_n u_n^{(n-1)} = s \tag{16.29}$$

haben. Alles in allem sind wir so auf das folgende Gleichungssystem für die Ableitungen $\dot{C}_1, \ldots, \dot{C}_n$ der gesuchten Funktionen $C_1, \ldots, C_n$ geraten:

$$\begin{aligned} \dot{C}_1 u_1 &+ \cdots + \dot{C}_n u_n &= 0 \\ \dot{C}_1 \dot{u}_1 &+ \cdots + \dot{C}_n \dot{u}_n &= 0 \\ &\vdots \\ \dot{C}_1 u_1^{(n-2)} &+ \cdots + \dot{C}_n u_n^{(n-2)} &= 0 \\ \dot{C}_1 u_1^{(n-1)} &+ \cdots + \dot{C}_n u_n^{(n-1)} &= s\,. \end{aligned} \tag{16.30}$$

Und nun stellt sich natürlich als erstes die Frage, ob dieses etwas gewaltsam konstruierte System überhaupt eine Lösung besitzt. Das ist glücklicherweise tatsächlich der Fall, denn nach (15.28) ist seine Determinante für alle $t \in \mathbf{R}$ von Null verschieden. Die (eindeutig bestimmte) Lösung $\dot{C}_1, \ldots, \dot{C}_n$ läßt sich gemäß der Cramerschen Regel berechnen. Setzen wir nun voraus, daß die Störfunktion s auf einem gewissen Intervall J *stetig* ist, so werden auch die Funktionen $\dot{C}_1, \ldots, \dot{C}_n$ auf J *stetig* sein und somit dort Stammfunktionen $C_1, \ldots, C_n$ besitzen. Mit diesen Funktionen $C_1, \ldots, C_n$ bilden wir u gemäß (16.21) und sehen nun ohne Mühe – indem wir nämlich die obigen Überlegungen einfach in umgekehrter Reihenfolge durchlaufen –, daß u in der Tat eine auf J definierte Lösung der inhomogenen Gleichung (16.20) ist. Damit haben wir zweierlei erreicht: Wir haben erstens erkannt, daß (16.20) für jede stetige rechte Seite s lösbar ist und haben zweitens einen Weg gefunden, eine Lösung von (16.20) tatsächlich zu gewinnen: *ausgehend von der kanonischen Integralbasis* $\{u_1, \ldots, u_n\}$ *der homogenen Gleichung* (16.18) *löst man das lineare Gleichungssystem* (16.30) *auf dem Stetigkeitsintervall J von s, setzt*

$$C_k(t) := \int \dot{C}_k(t)\,dt \quad \textit{für} \quad t \in J$$

(*auf additive Integrationskonstanten kommt es nicht an*) *und hat nun in* $C_1(t)u_1(t) + \cdots + C_n(t)u_n(t)$ *eine partikuläre Lösung von* (16.20). Das ist die berühmte Methode der Variation der Konstanten von Lagrange. Wir halten das Wesentliche in Satzform fest:

16.12 Satz *Ist die Störfunktion s auf dem Intervall J* stetig, *so besitzt die inhomogene Gleichung* (16.20) *stets eine auf J definierte Lösung. Konstruieren kann man eine solche mittels der oben beschriebenen Methode der Variation der Konstanten.*

Und nun sind wir auch in der Lage, die eindeutige Lösbarkeit des Anfangswertproblems für die inhomogene Gleichung (16.20) unter sehr milden Voraussetzungen garantieren zu können:

16.13 Satz *Das Anfangswertproblem*

$$\begin{aligned} &u^{(n)} + a_{n-1}u^{(n-1)} + \cdots + a_1\dot{u} + a_0 u = s(t), \\ &u(t_0) = u_0,\ \dot{u}(t_0) = \dot{u}_0, \ldots, u^{(n-1)}(t_0) = u_0^{(n-1)} \end{aligned} \tag{16.31}$$

besitzt, sofern nur die Störfunktion s auf dem Intervall J stetig *ist, bei völlig willkürlich vorgegebenen Zahlen*

$$t_0 \in J \quad \textit{und} \quad u_0, \dot{u}_0, \ldots, u_0^{(n-1)} \in \mathbf{R}$$

stets eine – aber auch nur eine – auf J definierte Lösung.

Der Beweis läuft auf ebenen Pfaden. Sei v eine auf J erklärte Lösung der inhomogenen Differentialgleichung in (16.31) (s. Satz 16.12) und $u_1, \ldots, u_n$ die kanonische Integralbasis der zugehörigen homogenen Gleichung. Dann erhält man nach

Satz 16.1 alle auf J definierten Lösungen der inhomogenen Gleichung - aber auch nur diese - in der Form

$$u(t)=v(t)+C_1u_1(t)+\cdots+C_nu_n(t) \quad \text{mit reellen Konstanten } C_k.$$

Die Anpassung von u an die Anfangsbedingungen läuft also darauf hinaus, die C_k so zu bestimmen, daß gilt:

$$\begin{aligned}
C_1u_1(t_0) &+\cdots+C_nu_n(t_0) &&=u_0-v(t_0)\\
C_1\dot{u}_1(t_0) &+\cdots+C_n\dot{u}_n(t_0) &&=\dot{u}_0-\dot{v}(t_0)\\
&\vdots\\
C_1u_1^{(n-1)}(t_0) &+\cdots+C_nu_n^{(n-1)}(t_0) &&=u_0^{(n-1)}-v^{(n-1)}(t_0).
\end{aligned}$$

Da aber die Determinante dieses linearen Gleichungssystems von Null verschieden bleibt (s. (15.28)), ist eine solche Bestimmung stets und nur auf eine Weise möglich. ■

16.14 Beispiel $\ddot{u}+4\dot{u}=\cos 2t,\quad u(0)=0,\quad \dot{u}(0)=1.$ (16.32)

Erster Schritt: *Bestimmung der allgemeinen Lösung der homogenen Gleichung* $\ddot{u}+4\dot{u}=0$. Nach Beispiel 16.10 wird sie gegeben durch

$$C_1u_1(t)+C_2u_2(t) \quad \text{mit} \quad u_1(t):=1,\quad u_2(t):=e^{-4t}.$$

Zweiter Schritt: *Bestimmung einer partikulären Lösung v der inhomogenen Gleichung*. Eine solche hatten wir schon im Beispiel 16.10 durch einen speziellen Ansatz gefunden. Diesmal wollen wir die Methode der Variation der Konstanten anwenden. Dazu stellen wir zuerst das Gleichungssystem (16.30) auf:

$$\begin{aligned}\dot{C}_1u_1+\dot{C}_2u_2&=0\\ \dot{C}_1\dot{u}_1+\dot{C}_2\dot{u}_2&=\cos 2t\end{aligned} \quad \text{oder also} \quad \begin{aligned}\dot{C}_1+\dot{C}_2e^{-4t}&=0\\ -4\dot{C}_2e^{-4t}&=\cos 2t.\end{aligned}$$

Seine Lösung ist $\dot{C}_1(t)=\frac{1}{4}\cos 2t$, $\dot{C}_2(t)=-\frac{1}{4}e^{4t}\cos 2t$. Es folgt

$$C_1(t)=\frac{1}{4}\int\cos 2t\,dt=\frac{1}{8}\sin 2t,$$

$$C_2(t)=-\frac{1}{4}\int e^{4t}\cos 2t\,dt=-\frac{1}{4}\,\frac{4\cos 2t+2\sin 2t}{20}\,e^{4t};$$

das letzte Integral findet man unter der Nr. 63 im Anhang 1. Damit ist

$$v(t):=C_1(t)u_1(t)+C_2(t)u_2(t)=-\frac{1}{20}\cos 2t+\frac{1}{10}\sin 2t$$

eine partikuläre Lösung der inhomogenen Gleichung. Es ist dieselbe, die wir schon im Beispiel 16.10 gefunden hatten.

Dritter Schritt: *Bestimmung der allgemeinen Lösung u der inhomogenen Gleichung*. Sie wird gegeben durch

$$u(t):=-\frac{1}{20}\cos 2t+\frac{1}{10}\sin 2t+C_1+C_2e^{-4t} \qquad (C_1, C_2\in\mathbf{R}).$$

Vierter Schritt: *Anpassung der freien Konstanten C_1, C_2 an die Anfangsbedingungen.* Es soll sein

$$\begin{aligned} u(0) &= -\frac{1}{20} + C_1 + C_2 = 0 \\ \dot{u}(0) &= \frac{1}{5} \qquad -4C_2 = 1 \end{aligned} \qquad \text{oder also} \qquad \begin{aligned} C_1 + C_2 &= \frac{1}{20} \\ -4C_2 &= \frac{4}{5}. \end{aligned}$$

Daraus folgt $C_1 = 1/4$, $C_2 = -1/5$. Die Lösung von (16.32) ist also

$$u(t) = -\frac{1}{20}\cos 2t + \frac{1}{10}\sin 2t + \frac{1}{4} - \frac{1}{5}e^{-4t}. \tag{16.33}$$

Reihenansätze Ist die Störfunktion eine *Summe* von Funktionen, hat also (16.20) die Form

$$p(D)u = \sum_{k=1}^{m} s_k, \tag{16.34}$$

so bestimme man zu jeder Gleichung $p(D)v = s_k$ $(k = 1, \ldots, m)$ eine partikuläre Lösung v_k. Die Summe $\sum_{k=1}^{m} v_k$ ist dann offensichtlich ein Integral von (16.34). Entsprechendes gilt - mit gewissen Vorbehalten -, wenn die Störfunktion eine auf dem Intervall J konvergierende Funktionen*reihe* $\sum_{k=1}^{\infty} s_k$ ist. Kann man zu jeder Gleichung $p(D)v = s_k$ $(k = 1, 2, \ldots)$ eine partikuläre Lösung v_k so bestimmen, daß die Reihen

$$\sum_{k=1}^{\infty} v_k, \quad \sum_{k=1}^{\infty} \dot{v}_k, \quad \ldots, \quad \sum_{k=1}^{\infty} v_k^{(n)} \qquad (n = \text{Ordnung von } p)$$

allesamt auf J *gleichmäßig konvergieren,* so darf man $\sum v_k$ dort n-mal gliedweise differenzieren, und daher gilt

$$p(D)\sum_{k=1}^{\infty} v_k = \sum_{k=1}^{\infty} p(D)v_k = \sum_{k=1}^{\infty} s_k;$$

$\sum_{k=1}^{\infty} v_k$ befriedigt also auf J die Differentialgleichung

$$p(D)u = \sum_{k=1}^{\infty} s_k.$$

Diese Dinge vereinfachen sich erheblich, wenn die Störfunktion in eine *Potenzreihe* um t_0 entwickelt werden kann:

$$s(t) = \sum_{k=0}^{\infty} b_k (t - t_0)^k \quad \text{für} \quad |t - t_0| < r.$$

Da nämlich die „Grundlösungen" $u_1, \ldots, u_n$ in dem Gleichungssystem (16.30) alle durch beständig konvergente Potenzreihen dargestellt werden, besitzt auch die Determinante dieses Systems eine für alle t konvergierende Potenzreihenentwicklung, die überdies, wie wir schon wissen, nirgends verschwindet. Mit der Cramerschen Regel und dem Satz über die Entwicklung eines Quotienten von Potenzreihen folgt nun aus (16.30), daß jedes $\dot{C}_1, \ldots, \dot{C}_n$, damit aber auch jedes $C_1, \ldots, C_n$ und deshalb schließlich *auch die partikuläre Lösung* $u(t)$ *in* (16.21) *in eine Potenzreihe um* t_0 *entwickelt werden kann.* Nachdem dies nun aber feststeht, darf man den *Ansatz*

$$u(t) := \sum_{k=0}^{\infty} c_k (t-t_0)^k$$

machen, mit ihm in die Differentialgleichung

$$p(D)u = \sum_{k=0}^{\infty} b_k (t-t_0)^k$$

eingehen und die c_k durch Koeffizientenvergleich bestimmen (wobei die ersten n Koeffizienten zur freien Verfügung bleiben, wenn man sich nicht irgendwelche Anfangsbedingungen $u^{(k)}(t_0) = u_0^{(k)}$ für $k = 0, 1, \ldots, n-1$ vorgibt).

Den Fall, daß die Störfunktion *periodisch* ist und eine *Fourierreihe* besitzt, werden wir in dem Abschnitt „Periodische Zwangskräfte und Fouriermethoden" der Nr. 18 ausführlich behandeln.

Aufgaben

Es sind die allgemeinen (reellen) Lösungen der vorgelegten Differentialgleichungen und, wo verlangt, auch noch die eindeutig bestimmten Lösungen der Anfangswertprobleme zu finden.

1. $\ddot{u} + 2\dot{u} + 2u = \cos t, \quad u(0) = 1/5, \quad \dot{u}(0) = 7/5.$

2. $\ddot{u} - 3\dot{u} + 2u = \mathrm{e}^t \sin t.$

3. $y'' - 2y' + y = \mathrm{e}^x, \quad y(0) = 2, \quad y'(0) = 3.$

4. $y''' - y' = 3\,\mathrm{e}^{2x}, \quad y(0) = 0, \quad y'(0) = 1, \quad y''(0) = 4.$

5. $y''' - y'' + y' - y = 2\,\mathrm{e}^{-x}.$

6. $y''' - y'' + y' - y = 2\,\mathrm{e}^{x}.$

7. $\dddot{u} + \ddot{u} - 4\dot{u} - 4u = 2 - 4t, \quad u(0) = 1/2, \quad \dot{u}(0) = \ddot{u}(0) = 0.$

8. $\ddot{u} + u = \dfrac{\sin t}{\cos^2 t}.$

9. $y'' + 4y = \sin^2 x, \quad y(\pi) = \dfrac{1+\pi}{8}, \quad y'(\pi) = 0.$

10. $\ddot{u}-3\dot{u}+2u=\dfrac{1}{1+e^{-t}}$.

11. $y'''-y''+y'-y=4\cosh x$. Hinweis: Aufgaben 5 und 6.

12. $\ddot{u}-4\dot{u}+3u=2\cos t+4\sin t$.

13. $y''+y=\tan x,\quad y(0)=y'(0)=1$.

17 Die Methode der Laplacetransformation

Diese Methode verwandelt Anfangswertprobleme für lineare *Differential*gleichungen mit konstanten Koeffizienten in *algebraische* Gleichungen. Sie erfreut sich besonders bei Physikern und Ingenieuren einer großen Beliebtheit - und nicht zuletzt deshalb sollte auch der Mathematiker sie kennen, der ja mit „Anwendern" zusammenarbeiten und ihre Sprache verstehen muß.

Die Theorie der Laplacetransformation ist ein weites Feld. Von ihr können wir nur mitteilen, was für unsere Zwecke unentbehrlich ist, und selbst dieses wenige wollen wir ohne Beweise geben. Wer hier tiefer eindringen möchte, greife zu Doetsch (1976) oder Kaplan (1962). Der Praktiker wird mit Gewinn Doetsch (1985) und Föllinger (1982) zur Hand nehmen.

Die Laplacetransformation Die Funktion $f(t)$ sei für alle $t\geqslant 0$ definiert und ihr Laplaceintegral[1]

$$\int_0^\infty e^{-st}f(t)\,dt \tag{17.1}$$

möge für mindestens ein $s\in\mathbf{R}$ konvergieren. Dann gibt es eine Zahl σ, so daß

$$\int_0^\infty e^{-st}f(t)\,dt \quad \begin{matrix} \textit{konvergiert}, & \text{wenn } s>\sigma \\ \textit{divergiert}, & \text{wenn } s<\sigma \end{matrix} \quad \text{ist.}$$

Für $s=\sigma$ kann je nach Lage des Falles Konvergenz *oder* Divergenz stattfinden. σ heißt die Konvergenzabszisse von (17.1). Der Konvergenzbereich K_f von (17.1) ist die Menge aller s-Werte, für die (17.1) konvergiert; er fällt also mit einer der Halbgeraden $[\sigma,\infty)$ oder (σ,∞) zusammen. Durch

$$F(s):=\int_0^\infty e^{-st}f(t)\,dt \qquad (s\in K_f) \tag{17.2}$$

---

[1] So genannt nach dem französischen Physiker, Astronomen und Mathematiker Pierre Simon Laplace (1749-1827; 78), dem man seiner vielbändigen „Himmelsmechanik" wegen den Ehrennamen „Newton Frankreichs" gegeben hat.

wird eine Funktion F auf K_f definiert, die man die **Laplacetransformierte** von f nennt und mit $\mathscr{L}f$ oder auch mit $\mathscr{L}\{f(t)\}$ bezeichnet. Die Abbildung (Transformation) $f \mapsto F := \mathscr{L}f$, die jeder Funktion f mit Laplaceintegral ihre Laplacetransformierte zuordnet, heißt **Laplacetransformation**. In diesem Zusammenhang wird f die **Originalfunktion**, F die **Bildfunktion** genannt.

Die Originalfunktion bezeichnet man gewöhnlich (aber nicht immer) mit einem *kleinen*, die Bildfunktion mit dem *zugehörigen großen* Buchstaben. In der Elektrotechnik drückt man die Beziehung zwischen der Originalfunktion f und ihrem Bild F auch gerne durch eines der Symbole

$$f(t) \circ\!\!-\!\!\bullet F(s) \quad \text{oder} \quad F(s) \bullet\!\!-\!\!\circ f(t)$$

aus; der *gefüllte* Kreis steht immer bei der *Bildfunktion*.

Wie der Differentiationsoperator D ist auch $\mathscr{L}$ eine *lineare* Transformation, d. h., wir haben

$$\mathscr{L}(\alpha f + \beta g) = \alpha \mathscr{L}f + \beta \mathscr{L}g \qquad (\alpha, \beta \in \mathbf{R}).^{1)} \tag{17.3}$$

17.1 Beispiel Zu berechnen sei die Laplacetransformierte $\mathscr{L}\{1\}$ der konstanten Funktion 1. Für $s>0$ haben wir

$$\int_0^\infty e^{-st} 1 \, dt = \lim_{T\to\infty} \int_0^T e^{-st} dt = \lim_{T\to\infty} \left[-\frac{1}{s} e^{-st}\right]_0^T = \lim_{T\to\infty} \left(\frac{1}{s} - \frac{e^{-sT}}{s}\right) = \frac{1}{s},$$

für $s \leqslant 0$ hingegen divergiert das Laplaceintegral. Somit ist

$$\mathscr{L}\{1\} = \frac{1}{s} \quad \text{oder also} \quad 1 \circ\!\!-\!\!\bullet \frac{1}{s} \qquad (s>0).$$

17.2 Beispiel Ganz entsprechend wie in Beispiel 17.1 findet man

$$\mathscr{L}\{e^{at}\} = \frac{1}{s-a} \quad \text{oder also} \quad e^{at} \circ\!\!-\!\!\bullet \frac{1}{s-a} \qquad (s>a).$$

17.3 Beispiel Mit (17.3) und dem letzten Beispiel erhalten wir

$$\begin{aligned}\mathscr{L}\{\cosh at\} &= \mathscr{L}\left\{\frac{e^{at}+e^{-at}}{2}\right\} = \frac{1}{2}\mathscr{L}\{e^{at}\} + \frac{1}{2}\mathscr{L}\{e^{-at}\} \\ &= \frac{1}{2}\frac{1}{s-a} + \frac{1}{2}\frac{1}{s+a} = \frac{s}{s^2-a^2} \quad \text{für } s > \max(a, -a) = |a|.\end{aligned}$$

17.4 Beispiel: Heavisidefunktion H[2] Diese Funktion, der „Einheitssprung", ist dem Ingenieur schlechterdings unentbehrlich. Sie wird definiert durch

---

[1] Hier muß man sich natürlich auf die s aus $K_f \cap K_g$ beschränken.

[2] So genannt nach dem britischen Physiker und Elektroingenieur Oliver Heaviside (1850–1925; 75), dem Verfechter einer wenig zimperlichen „Operatorenrechnung". Der Mann hat neben vielem Nützlichen auch den ruppigen Satz hinterlassen *„Logic can be patient for it is eternal"* und den noch ruppigeren *„Even Cambridge mathematicians deserve justice"*.

$$H(t) := \begin{cases} 0 & \text{für} \quad t < 0, \\ 1 & \text{für} \quad t \geq 0; \end{cases} \tag{17.4}$$

bei konstantem a ist also

$$H(t-a) = \begin{cases} 0 & \text{für} \quad t < a, \\ 1 & \text{für} \quad t \geq a. \end{cases} \quad \text{(s. Fig. 17.1)} \tag{17.5}$$

Eine winzige Modifikation des Beispiels 17.1 liefert

$$\mathscr{L}\{H(t-a)\} = \int_a^\infty e^{-st}\,dt = \frac{e^{-as}}{s} \quad \text{für festes } a \geq 0 \text{ und alle } s > 0.$$

17.5 Beispiel Für die „Rechteckfunktion“

$$W(t) := H(t-a) - H(t-b) \qquad (0 \leq a < b;\ t \geq 0;\ \text{s. Fig. 17.2})$$

ist nach (17.3) und dem letzten Beispiel

$$\mathscr{L}\{W(t)\} = \mathscr{L}\{H(t-a)\} - \mathscr{L}\{H(t-b)\} = \frac{e^{-as} - e^{-bs}}{s} \qquad (s > 0).$$

17.6 Beispiel Die „Rechteckschwingung“ $W_\infty(t)$ in Fig. 17.3 läßt sich analytisch darstellen als alternierende Reihe

$$W_\infty(t) = H(t) - 2H(t-a) + 2H(t-2a) - 2H(t-3a) + - \cdots \qquad (a > 0,\ t \geq 0).$$

Man sieht ohne große Mühe, daß die Laplacetransformierte hier *gliedweise* gebildet werden darf. Mit Beispiel 17.4 und der Summenformel für die geometrische Reihe erhält man daher

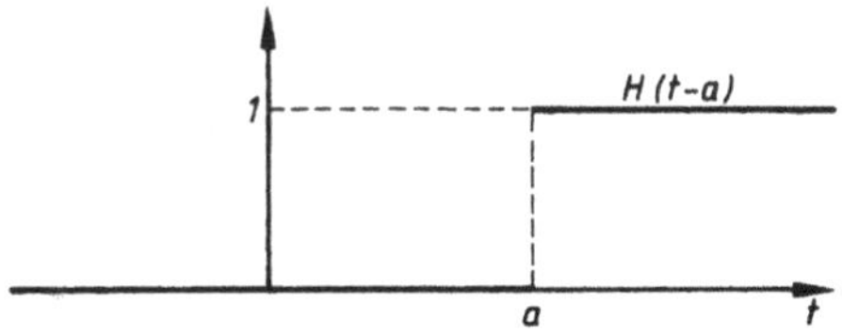

Fig. 17.1

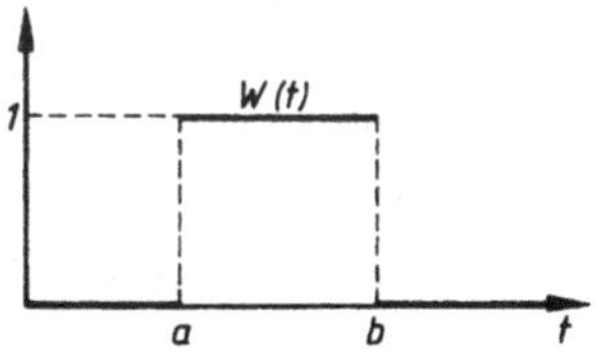

Fig. 17.2

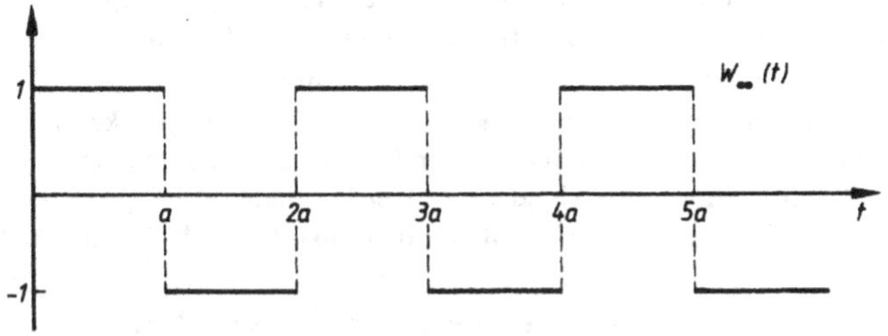

Fig. 17.3

$$\begin{aligned}\mathscr{L}\{W_\infty(t)\} &= \mathscr{L}\{H(t)\}-2\mathscr{L}\{H(t-a)\}+2\mathscr{L}\{H(t-2a)\}-2\mathscr{L}\{H(t-3a)\}+\cdots\\ &= \frac{1}{s}(1-2\mathrm{e}^{-as}+2\mathrm{e}^{-2as}-2\mathrm{e}^{-3as}+\cdots)\\ &= \frac{1}{s}(2-2\mathrm{e}^{-as}+2(\mathrm{e}^{-as})^2-2(\mathrm{e}^{-as})^3+\cdots-1)\\ &= \frac{1}{s}\left(\frac{2}{1+\mathrm{e}^{-as}}-1\right)=\frac{1}{s}\,\frac{1-\mathrm{e}^{-as}}{1+\mathrm{e}^{-as}}=\frac{1}{s}\tanh\frac{a}{2}s \qquad (s>0).\end{aligned}$$

Für „hinreichend vernünftige" Originalfunktionen f gilt der für unsere Zwecke ausschlaggebende

17.7 Differentiationssatz *Es ist*

$$\mathscr{L}\{f^{(k)}(t)\}=s^k\mathscr{L}\{f(t)\}-s^{k-1}f(0)-s^{k-2}\dot{f}(0)-\cdots-sf^{(k-2)}(0)-f^{(k-1)}(0). \tag{17.6}$$

Ganz speziell haben wir also

$$\mathscr{L}\{\dot{f}(t)\} = s\mathscr{L}\{f(t)\}-f(0), \tag{17.6a}$$

$$\mathscr{L}\{\ddot{f}(t)\} = s^2\mathscr{L}\{f(t)\}-sf(0)-\dot{f}(0), \tag{17.6b}$$

$$\mathscr{L}\{\dddot{f}(t)\} = s^3\mathscr{L}\{f(t)\}-s^2f(0)-s\dot{f}(0)-\ddot{f}(0), \tag{17.6c}$$

$$\mathscr{L}\{f^{(4)}(t)\}=s^4\mathscr{L}\{f(t)\}-s^3f(0)-s^2\dot{f}(0)-s\ddot{f}(0)-\dddot{f}(0). \tag{17.6d}$$

Eine Originalfunktion f bestimmt zwar völlig eindeutig ihre Bildfunktion F, das Umgekehrte braucht aber keineswegs der Fall zu sein - es wird sogar *nie* der Fall sein, denn wenn man f z. B. an endlich vielen Stellen abändert, so hat die neue Funktion offensichtlich wieder die alte Laplacetransformierte F. Ja noch mehr: wenn man zu f eine sogenannte Nullfunktion addiert, d.h. eine Funktion $n(t)$ mit

$$\int_0^t n(\tau)\,\mathrm{d}\tau=0 \quad \text{für alle} \quad t>0,$$

so ist auch diesmal wieder $\mathscr{L}(f+n)=F$. Damit sind dann allerdings die Grenzen der Vieldeutigkeit erreicht. Es läßt sich nämlich zeigen:

$$\textit{Aus} \quad \mathscr{L}f=\mathscr{L}g \quad \textit{folgt} \quad f=g+\textit{Nullfunktion}. \tag{17.7}$$

Und in diesem Falle stimmen die Originalfunktionen f und g sogar in all den Punkten überein, wo jede von ihnen linksseitig oder jede von ihnen rechtsseitig stetig ist. *Insbesondere sind zwei durchweg* stetige *Originalfunktionen mit ein und derselben Laplacetransformierten völlig identisch.* Sofern man also nur *stetige* Originalfunktionen ins Auge faßt, darf man gewiß sein, daß ein Bild sein Original unzweideutig festlegt: kennt man F, so kennt man auch f.

Etwas gewaltsam, dafür aber ohne zusätzliche Forderungen, kann man die eindeutige Bestimmtheit der Originalfunktion auch dadurch erzwingen, daß man zwei Funktionen, die sich nur um eine Nullfunktion unterscheiden, als *gleich* ansieht, also *„identifiziert"*. Man hat es dann allerdings im Grunde nicht mehr mit Originalfunktionen selbst, sondern mit *Klassen* von solchen zu tun.

Hat man auf die eine oder die andere Weise - durch Einschränkung des Originalbereichs oder durch Identifizierung - für die eindeutige Festlegung der Originalfunktionen gesorgt, so nennt man die Zuordnung $F \mapsto f$ (f das Original von F) die **inverse Laplacetransformation** und bezeichnet sie mit $\mathscr{L}^{-1}$. Kurz und suggestiv („Division durch $\mathscr{L}$"):

$$\textit{Aus} \quad \mathscr{L}f = F \quad \textit{folgt} \quad f = \mathscr{L}^{-1}F.$$

Die inverse Laplacetransformation ist, wie die Laplacetransformation selbst, *linear*:

$$\mathscr{L}^{-1}(\alpha F + \beta G) = \alpha \mathscr{L}^{-1}F + \beta \mathscr{L}^{-1}G.$$

Mit Hilfe des Differentiationssatzes 17.7 werden wir ein *transzendentes* Problem, nämlich eine Anfangswertaufgabe, zu einem *algebraischen* vereinfachen. Diese Methode ist freilich nur dann effizient, wenn man auf Tafeln zurückgreifen kann, in denen für möglichst viele Originalfunktionen die zugehörigen Bildfunktionen (und damit auch zu Bildfunktionen ihre Originalfunktionen) schon fertig ausgerechnet vorliegen. Leistungsfähige Tafeln dieser Art sind tatsächlich vorhanden, z. B. Erdélyi-Magnus-Oberhettinger-Tricomi (1954). Für viele praktische Zwecke reicht schon die Tabelle aus, die der Leser im Anhang 2 unseres Buches findet.

Die Tafeln der Laplacetransformierten werden noch ergiebiger, wenn man sie mit den folgenden Sätzen kombiniert, in denen die Originalfunktionen f wieder „hinreichend vernünftig" sein sollen (die in den Tafeln vorkommenden sind es). Zur Bequemlichkeit des Lesers geben wir sie sowohl in der „$\mathscr{L}$-Fassung" als auch in der „$\mathscr{L}^{-1}$-Fassung" an.

17.8 Ähnlichkeitssatz *Im Falle $f \circ\!\!-\!\!\bullet F$ und $a > 0$ ist*

$$\mathscr{L}\{f(at)\} = \frac{1}{a} F\left(\frac{s}{a}\right), \tag{17.8}$$

$$\mathscr{L}^{-1}\left\{F\left(\frac{s}{a}\right)\right\} = af(at). \tag{17.9}$$

17.9 Dämpfungssatz *Im Falle $f \circ\!\!-\!\!\bullet F$ ist*

$$\mathscr{L}\{e^{at}f(t)\} = F(s-a), \tag{17.10}$$

$$\mathscr{L}^{-1}\{F(s-a)\} = e^{at}f(t). \tag{17.11}$$

Dem nächsten Satz schicken wir eine kurze Bemerkung voraus. Die Funktion

$$f_a(t) := \begin{cases} f(t-a) & \text{für } t \geqslant a \\ 0 & \text{für } 0 \leqslant t < a \end{cases} \qquad (a > 0)$$

beschreibt ein „verzögertes Einsetzen" von $f(t)$ ($t \geqslant 0$): ihr Schaubild ist im wesentlichen das um a nach rechts verschobene Schaubild von f. Mit Hilfe der Heavisidefunktion H kann man f_a in der Form $f_a(t) = f(t-a)H(t-a)$ ($t \geqslant 0$) schreiben, wenn man sich nur $f(t)$ stillschweigend auch noch für $-a \leqslant t < 0$ völlig beliebig festgesetzt denkt. Der nächste Satz stellt nun gerade die Beziehung zwischen den Laplacetransformierten der „verzögerten" und der „unverzögerten" Funktion her:

17.10 Verschiebungssatz *Im Falle $f \circ\!\!-\!\!\bullet F$ und $a>0$ ist*

$$\mathscr{L}\{f(t-a)H(t-a)\}=e^{-as}F(s), \tag{17.12}$$

$$\mathscr{L}^{-1}\{e^{-as}F(s)\}=f(t-a)H(t-a). \tag{17.13}$$

Die Funktion

$$(f*g)(t):=\int_0^t f(\tau)g(t-\tau)\,d\tau \qquad (t \geqslant 0)$$

nennt man die Faltung oder Konvolution der Funktionen f, g. Der nun folgende Satz konstatiert einen überraschend einfachen Zusammenhang zwischen der *Faltung* zweier *Original*funktionen und dem *Produkt* der zugehörigen *Bilder*:

17.11 Faltungssatz *Liegen die Korrespondenzen $f \circ\!\!-\!\!\bullet F$ und $g \circ\!\!-\!\!\bullet G$ vor, so ist*

$$\mathscr{L}\left\{\int_0^t f(\tau)g(t-\tau)\,d\tau\right\}=F(s)G(s), \quad \textit{insbesondere} \quad \mathscr{L}\left\{\int_0^t f(\tau)\,d\tau\right\}=\frac{F(s)}{s}, \tag{17.14}$$

$$\mathscr{L}^{-1}\{F(s)G(s)\}=\int_0^t f(\tau)g(t-\tau)\,d\tau, \quad \textit{insbesondere} \quad \mathscr{L}^{-1}\left\{\frac{F(s)}{s}\right\}=\int_0^t f(\tau)\,d\tau. \tag{17.15}$$

Für unsere Zwecke ist (17.15) besonders wichtig. Kann man nämlich eine Laplacetransformierte $T(s)$ als Produkt $F(s)G(s)$ zweier Funktionen schreiben, die als Bildfunktionen in einer Tafel aufgeführt sind, so läßt sich die zu $T(s)$ gehörende Originalfunktion sofort als Faltung der unserer Tafel entnommenen Originalfunktionen $f(t)$, $g(t)$ darstellen (und mit etwas Glück vielleicht sogar ausrechnen). Der Wirkungsbereich der Tafel wird also durch den Faltungssatz beträchtlich ausgedehnt.

17.12 Beispiel Dieses Beispiel ist keines: es hat zu tun mit jener gespensterhaften „Funktion", die man Diracsche δ-Funktion oder Einheitsimpuls nennt,[1] mit δ bezeichnet und durch die unerfüllbare Forderung „definiert", sie solle für alle $t \neq 0$ verschwinden und im Nullpunkt so stark unendlich sein, daß

$$\int_{-\infty}^{+\infty} \delta(t)\,dt=1 \tag{17.16}$$

ausfällt. Man kann allerdings diesem Schattenwesen durch die Theorie der Distributionen mathematisches Leben einhauchen (worauf wir uns nicht einlassen wollen). Da nun aber die δ-Funktion in Physik und Technik wie ein robustes Arbeitstier eingesetzt wird, müssen wir hier kurz darstellen, wie man dort mit ihr umgeht und wie man sich ihre Beziehung zur Laplacetransformation vorstellt.

Für jedes $\varepsilon>0$ definieren wir eine „echte" Funktion δ_ε durch

---

[1] Nach dem englischen Physiker Paul Adrien Maurice Dirac (1902–1986; 84), der für seine quantentheoretischen Arbeiten 1933 zusammen mit Erwin Schrödinger den Nobelpreis erhielt.

$$\delta_\varepsilon(t) := \begin{cases} \dfrac{1}{2\varepsilon} & \text{für } |t| \leqslant \varepsilon, \\ 0 & \text{für } |t| > \varepsilon. \end{cases}$$

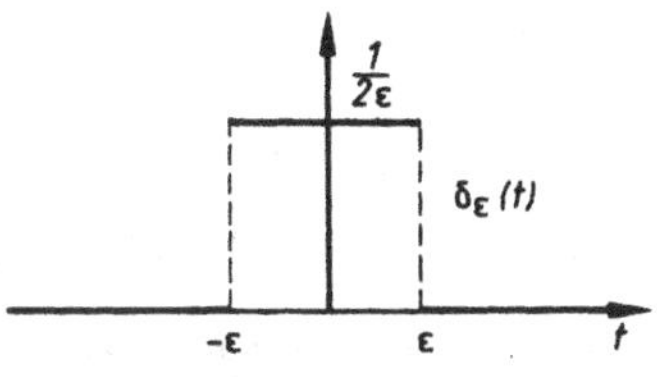

Fig. 17.4

Offenbar ist

$$\int_{-\infty}^{+\infty} \delta_\varepsilon(t)\,\mathrm{d}t = 1, \tag{17.17}$$

und δ denkt man sich nun aus δ_ε entstanden durch den Grenzübergang $\varepsilon \to 0$:

$$\delta(t) = \lim_{\varepsilon \to 0} \delta_\varepsilon(t),$$

wobei nun freilich dieser Übergang so virtuos zu exekutieren wäre, daß auch noch (17.17) zu (17.16) wird. Dank dieser dubiosen Gleichung (17.16) läßt sich die Heavisidefunktion H darstellen durch

$$H(t) = \int_0^t \delta(\tau)\,\mathrm{d}\tau.$$

Zieht man jetzt das Beispiel 17.4 und (skrupellos) die zweite Gleichung in (17.14) heran, so folgt

$$\frac{1}{s} = \mathscr{L}\{H(t)\} = \frac{\mathscr{L}\{\delta(t)\}}{s},$$

und wenn man sich das alles hat gefallen lassen, so stellt sich zwangsläufig die Transformationsformel

$$\mathscr{L}\{\delta(t)\} = 1 \tag{17.18}$$

ein. Ganz ähnlich (oder auch mit Hilfe des Verschiebungssatzes 17.10) ergibt sich

$$\mathscr{L}\{\delta(t-a)\} = \mathrm{e}^{-as} \quad \text{für festes} \quad a \geqslant 0 \quad \text{und alle} \quad s > 0. \tag{17.19}$$

Damit überlassen wir die δ-Funktion sich selbst und treten heran an das

Anfangswertproblem für lineare Differentialgleichungen mit konstanten Koeffizienten Aus Bequemlichkeit fassen wir zunächst nur die Aufgabe *zweiter* Ordnung

$$\ddot{u} + a\dot{u} + bu = f(t), \quad u(0) = u_0, \quad \dot{u}(0) = \dot{u}_0 \tag{17.20}$$

ins Auge, nehmen an, sie habe eine Lösung u und diese besitze ebenso wie ihre Ableitungen $\dot{u}, \ddot{u}$ und die Störfunktion f eine Laplacetransformierte. Wegen der Linearität von $\mathscr{L}$ ist dann notwendigerweise

$$\mathscr{L}\ddot{u} + a\mathscr{L}\dot{u} + b\mathscr{L}u = \mathscr{L}f,$$

und diese Beziehung geht mit

$$U := \mathscr{L}u, \quad F := \mathscr{L}f$$

dank (17.6a) und (17.6b) über in die algebraische Gleichung

$$(s^2 U - s u_0 - \dot{u}_0) + a(s U - u_0) + b U = F(s)$$

für U, woraus nun sofort

$$U(s) = \frac{(s+a)u_0 + \dot{u}_0 + F(s)}{s^2 + as + b} \tag{17.21}$$

folgt (im Nenner steht das charakteristische Polynom der Differentialgleichung). Nun wird man bei konkret gegebenem F versuchen, die Originalfunktion $u(t)$ der Funktion $U(s)$ zu finden und wird dann hoffen, mit diesem $u(t)$ eine Lösung von (17.20) in Händen zu haben. Mehr als eine Hoffnung allerdings sollte man nicht hegen, weil die Vagheit unserer Betrachtungen tatsächlich nicht zu mehr berechtigt. Dies ist jedoch kein Unglück, denn wir können jederzeit durch einfaches Einsetzen in (17.20) nachprüfen, ob $u(t)$ wirklich eine Lösung ist. Erweist sich $u(t)$ als eine solche, so dürfen wir die krummen Wege vergessen, auf denen wir zu ihr gelangt sind.

Es liegt auf der Hand, daß und wie diese Methode - immer gestützt auf den Differentiationssatz 17.7 - angewandt werden kann auf das allgemeinere Anfangswertproblem

$$u^{(n)} + a_{n-1}u^{(n-1)} + \cdots + a_1\dot{u} + a_0 u = f,\; u(0) = u_0, \dot{u}(0) = \dot{u}_0, \ldots, u^{(n-1)}(0) = u_0^{(n-1)}.$$

Wir dürfen uns deshalb damit begnügen, sie an einigen Beispielen zu erläutern. Ausdrücklich hinweisen möchten wir nur noch auf den Umstand, daß die Transformationsmethode dank der besonders glücklichen Form der Differentiationsformel (17.6) die an der Stelle 0 vorgeschriebenen Anfangswerte automatisch *mitverarbeitet* und deshalb sofort die gesuchte Lösung liefert - ohne daß man den Weg über die allgemeine Lösung und Anpassung ihrer freien Konstanten an die Anfangsbedingungen gehen müßte. Auch *unstetige* Störfunktionen, denen wir bisher ausgewichen sind, können zugelassen werden - sofern es uns nur gelingt, die erforderlichen Transformationen von Original- zu Bildfunktionen und umgekehrt tatsächlich auszuführen. Immer aber ist es unabdingbar, am Ende des ganzen Prozesses zu prüfen, ob die gefundene „Lösung" wirklich eine ist. Auf unserem niedrigen Niveau kann eben die Methode der Laplacetransformation kaum viel mehr als eine heuristische sein.

17.13 Beispiel $\ddot{u} - 6\dot{u} + 9u = 0, \quad u(0) = 1, \quad \dot{u}(0) = 0.$ (17.22)

Statt die fertige Formel (17.21) für die Laplacetransformierte $U(s)$ der Lösung $u(t)$ in Dienst zu nehmen, wollen wir uns hier und weiterhin lieber auf die leichter eingängigen Formeln des Differentiationssatzes 17.7 verlassen. Mit ihnen geht (17.22) „nach Laplacetransformation" über in

$$(s^2 U - s) - 6(sU - 1) + 9U = 0,$$

und daraus ergibt sich

$$U(s)=\frac{s-6}{s^2-6s+9}=\frac{s-6}{(s-3)^2}=\frac{s}{(s-3)^2}-\frac{6}{(s-3)^2}\,.$$

Mit den Transformationsformeln 10 und 4 im Anhang 2 erhält man nun ohne weiteres Nachdenken

$$u(t)=(1+3t)\mathrm{e}^{3t}-6t\mathrm{e}^{3t}=(1-3t)\mathrm{e}^{3t}$$

- und dies ist tatsächlich die Lösung von (17.22). Wir hatten sie übrigens schon im Beispiel 14.4 durch Anpassung der allgemeinen Lösung an die Anfangsbedingungen gefunden.

17.14 Beispiel $\ddot{u}+4\dot{u}=\cos 2t,\quad u(0)=0,\quad \dot{u}(0)=1.$ (17.23)

Durch Laplacetransformation geht (17.23) über in

$$(s^2U-1)+4sU=\mathscr{L}\{\cos 2t\}=\frac{s}{s^2+4}\qquad \text{(s. Formel Nr. 13 im Anhang 2)}.$$

Es folgt

$$U(s)=\frac{s}{(s^2+4s)(s^2+4)}+\frac{1}{s^2+4s}=\frac{1}{(s+4)(s^2+4)}+\frac{1}{s(s+4)}\,. \tag{17.24}$$

Wir zerlegen nun den ersten Summanden auf der rechten Seite von (17.24) in Partialbrüche, um auf Funktionen im Anhang 2 zu kommen und erhalten so[1]

$$U(s)=\frac{1}{20}\,\frac{1}{s+4}-\frac{1}{20}\,\frac{s}{s^2+4}+\frac{1}{5}\,\frac{1}{s^2+4}+\frac{1}{s(s+4)}\,.$$

Mit den Formeln 2, 13, 7 und 5 des Anhangs 2 finden wir nun

$$\begin{aligned} u(t)&=\frac{1}{20}\mathrm{e}^{-4t}-\frac{1}{20}\cos 2t+\frac{1}{5}\cdot\frac{1}{2}\sin 2t+\frac{1}{4}(1-\mathrm{e}^{-4t})\\ &=-\frac{1}{20}\cos 2t+\frac{1}{10}\sin 2t+\frac{1}{4}-\frac{1}{5}\mathrm{e}^{-4t}, \end{aligned}$$

und dies ist tatsächlich die Lösung von (17.23), dieselbe, die wir schon im Beispiel 16.14 gefunden hatten.

17.15 Beispiel $\dddot{u}+\ddot{u}-4\dot{u}-4u=2-4t,\quad u(0)=\frac{1}{2},\quad \dot{u}(0)=\ddot{u}(0)=0.$ (17.25)

Durch Laplacetransformation geht (17.25) über in

$$\left(s^3U-\frac{1}{2}s^2\right)+\left(s^2U-\frac{1}{2}s\right)-4\left(sU-\frac{1}{2}\right)-4U=\mathscr{L}\{2-4t\}=\frac{2}{s}-\frac{4}{s^2}=2\frac{s-2}{s^2}\,.$$

Daraus folgt

---

[1] Die Partialbruchzerlegung rationaler Funktionen ist ausführlich dargestellt in Heuser I, Nr. 69. Wir setzen sie hier als bekannt voraus.

$$U(s)=\frac{1}{2}\,\frac{s^2+s-4}{s^3+s^2-4s-4}+2\,\frac{s-2}{s^2(s^3+s^2-4s-4)}$$
$$=\frac{1}{2}\,\frac{s^2+s-4}{(s+1)(s-2)(s+2)}+2\,\frac{1}{s^2(s+1)(s+2)}\,.$$

Durch Partialbruchzerlegung erhalten wir

$$U(s)=\frac{2}{3}\,\frac{1}{s+1}+\frac{1}{12}\,\frac{1}{s-2}-\frac{1}{4}\,\frac{1}{s+2}-\frac{3}{2}\,\frac{1}{s}+\frac{1}{s^2}+2\,\frac{1}{s+1}-\frac{1}{2}\,\frac{1}{s+2}$$
$$=\frac{8}{3}\,\frac{1}{s+1}+\frac{1}{12}\,\frac{1}{s-2}-\frac{3}{4}\,\frac{1}{s+2}-\frac{3}{2}\,\frac{1}{s}+\frac{1}{s^2}$$

und daraus mit Hilfe der Formeln 1 bis 3 im Anhang 2

$$u(t)=\frac{8}{3}\,\mathrm{e}^{-t}+\frac{1}{12}\,\mathrm{e}^{2t}-\frac{3}{4}\,\mathrm{e}^{-2t}-\frac{3}{2}+t \qquad \text{(s. A 16.7)}.$$

17.16 Beispiel Die Funktion $f(t)$ werde definiert durch

$$f(t):=\begin{cases}4t & \text{für} \quad 0\leqslant t<\pi,\\ 4\pi & \text{für} \quad t\geqslant\pi,\end{cases} \tag{17.26}$$

und zu lösen sei das Anfangswertproblem

$$\ddot{u}+4u=f(t),\quad u(0)=1,\quad \dot{u}(0)=0. \tag{17.27}$$

Hier – und ebenso in ähnlich gelagerten Fällen – empfiehlt es sich, $f(t)$ mit Hilfe der Heavisidefunktion auf die Form

$$f(t)=4t-4t\,H(t-\pi)+4\pi\,H(t-\pi)=4t-4(t-\pi)\,H(t-\pi) \tag{17.28}$$

zu bringen. Denn nun kann man den Verschiebungssatz 17.10 anwenden und (17.27) durch Laplacetransformation überführen in

$$s^2\,U-s+4\,U=4\,\mathscr{L}\{t\}-4\,\mathscr{L}\{(t-\pi)\,H(t-\pi)\}=\frac{4}{s^2}-\frac{4\,\mathrm{e}^{-\pi s}}{s^2}\,.$$

Daraus erhalten wir

$$U(s)=\frac{s}{s^2+4}+\frac{4}{s^2(s^2+4)}-\frac{4}{s^2(s^2+4)}\,\mathrm{e}^{-\pi s}. \tag{17.29}$$

Mit $\quad \mathscr{L}^{-1}\left\{\frac{s}{s^2+4}\right\}=\cos 2t,\quad \mathscr{L}^{-1}\left\{\frac{4}{s^2(s^2+4)}\right\}=t-\frac{1}{2}\sin 2t$

(s. die Formeln Nr. 13, 29 im Anhang 2) und dem Verschiebungssatz 17.10 ergibt sich nun aus (17.29) sofort

$$u(t)=\cos 2t+t-\frac{1}{2}\sin 2t-(t-\pi)\,H(t-\pi)+\frac{1}{2}\sin 2(t-\pi)\cdot H(t-\pi)$$
$$=\cos 2t+t-\frac{1}{2}\sin 2t-\left[t-\pi-\frac{1}{2}\sin 2t\right]H(t-\pi),$$

also $$u(t)=\begin{cases}\cos 2t+t-\dfrac{1}{2}\sin 2t & \text{für}\quad 0\leqslant t<\pi,\\ \cos 2t+\pi & \text{für}\quad t\geqslant\pi.\end{cases}$$

Der Leser verifiziere nun, daß $u(t)$ tatsächlich (17.27) befriedigt.

17.17 Beispiel mit einer *unstetigen* Störfunktion Wir nehmen uns jetzt einen durch die „Rechteckfunktion"

$$W(t):=H(t-\pi)-H(t-2\pi) \qquad \text{(s. Fig. 17.2)}$$

gestörten harmonischen Oszillator vor, genauer: wir untersuchen das zu (17.27) analoge Anfangswertproblem

$$\ddot{u}+4u=H(t-\pi)-H(t-2\pi), \quad u(0)=1, \quad \dot{u}(0)=0. \tag{17.30}$$

Der Existenz- und Eindeutigkeitssatz 16.13 ist hier nicht zuständig (jedenfalls nicht für das uns interessierende Intervall $t\geqslant 0$), da die Störfunktion in den Punkten $t=\pi$ und $t=2\pi$ *unstetig* ist. Mit den nachfolgenden Überlegungen befinden wir uns also vorderhand auf schwankendem Boden.

Wir stellen unsere Bedenken zurück, wenden auf (17.30) die robuste Transformationsmethode an und erhalten

$$s^2U-s+4U=\frac{e^{-\pi s}-e^{-2\pi s}}{s} \qquad \text{(s. Beispiel 17.5)}.$$

Daraus folgt

$$U(s)=\frac{s}{s^2+4}+\frac{1}{s(s^2+4)}e^{-\pi s}-\frac{1}{s(s^2+4)}e^{-2\pi s}. \tag{17.31}$$

Mit $$\mathscr{L}^{-1}\left\{\frac{s}{s^2+4}\right\}=\cos 2t, \quad \mathscr{L}^{-1}\left\{\frac{1}{s(s^2+4)}\right\}=\frac{1}{4}-\frac{1}{4}\cos 2t$$

(s. die Formeln Nr. 13, 20 im Anhang 2) und dem Verschiebungssatz 17.10 erhalten wir nun aus (17.31) sofort

$$\begin{aligned}u(t)&=\cos 2t+\frac{1}{4}H(t-\pi)-\frac{1}{4}\cos 2(t-\pi)\cdot H(t-\pi)\\ &\quad-\frac{1}{4}H(t-2\pi)+\frac{1}{4}\cos 2(t-2\pi)\cdot H(t-2\pi)\\ &=\cos 2t+\frac{1}{4}(1-\cos 2t)H(t-\pi)-\frac{1}{4}(1-\cos 2t)H(t-2\pi)\\ &=\cos 2t+\frac{1}{4}(1-\cos 2t)W(t),\end{aligned}$$

also $$u(t)=\begin{cases}\cos 2t & \text{für}\quad 0\leqslant t<\pi,\\ \dfrac{3}{4}\cos 2t+\dfrac{1}{4} & \text{für}\quad \pi\leqslant t<2\pi,\\ \cos 2t & \text{für}\quad t\geqslant 2\pi.\end{cases} \tag{17.32}$$

Ist aber diese recht bedenkenlos verfertigte Funktion $u(t)$ wirklich eine Lösung des Anfangswertproblems (17.30)? Keinesfalls im *herkömmlichen* Sinne. Denn $u(t)$ ist nicht auf dem ganzen Intervall $[0, \infty)$ zweimal differenzierbar (nämlich weder in π noch in 2π), wie es von der Sache her doch jede Lösung einer Differentialgleichung zweiter Ordnung sein muß. Nun aber das Positive (und das ist nicht wenig): $u(t)$ genügt den Anfangsbedingungen, ist für alle $t \geqslant 0$ stetig, sogar stetig differenzierbar, und befriedigt jedenfalls auf den aneinanderstoßenden Intervallen $[0, \pi)$, $[\pi, 2\pi)$ und $[2\pi, \infty)$ die Differentialgleichung in (17.30). Man steht deshalb in Physik und Technik nicht an, $u(t)$ tatsächlich als eine vollblütige Lösung der Aufgabe (17.30) zu betrachten, und der empirische Befund rechtfertigt diesen Brauch zur Genüge. Auch wir wollen ihm hier und in ähnlich gelagerten Fällen ohne große Skrupel folgen.

Schlußbemerkung: Man hüte sich davor, die Methode der Laplacetransformation zu überschätzen. Oft genug führen spezielle Ansätze nach Tab. 16.1 rascher zum Ziel als sie, und manchmal geht ihr sogar schon beim Start der Atem aus: wenn nämlich $\mathscr{L}\{f(t)\}$ gar nicht zu beschaffen ist.

Aufgaben

In den Aufgaben 1 bis 10 sind die Laplacetransformierten $\mathscr{L}\{f(t)\}$ der angegebenen Funktionen $f(t)$ zu berechnen, und zwar mittels der Transformationsformeln im Anhang 2 und der Sätze der gegenwärtigen Nummer.

1. $f(t) := \begin{cases} 0 & \text{für} \quad 0 \leqslant t < \pi/2, \\ \sin t & \text{für} \quad t \geqslant \pi/2. \end{cases}$

2. $f(t) := \begin{cases} \sin t & \text{für} \quad 0 \leqslant t < \pi/2, \\ 0 & \text{für} \quad t \geqslant \pi/2. \end{cases}$

3. $f(t) := \sin\omega t \cos\omega t$.

4. $f(t) := |\sin t|$. Hinweis: Beispiel 17.6.

5. $f(t) := |\sin\omega t|$. Hinweis: Aufgabe 4.

6. $f(t) := \sinh^2\omega t$.

7. $f(t) := t \sinh\omega t$.

8. $f(t) := \begin{cases} t & \text{für} \quad 0 \leqslant t < a \\ -t+2a & \text{für} \quad a \leqslant t < 2a \end{cases}$, $f(t+2a) = f(t)$ („Sägezahnkurve"; s. Fig. 17.5).

Hinweis: Außer in den Punkten $a, 2a, 3a, \ldots$ ist $\dot{f}(t) = W_\infty(t)$ (s. Beispiel 17.6).

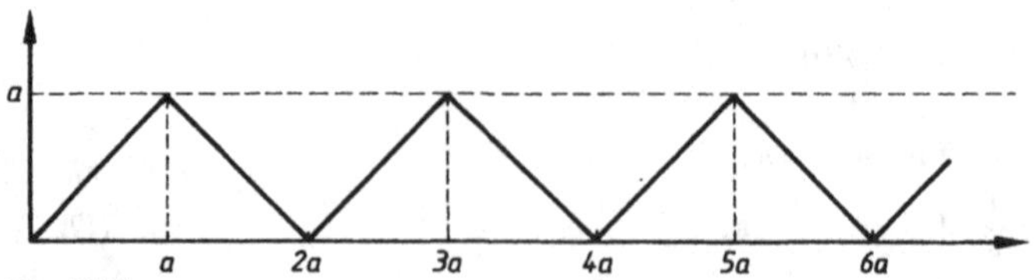

Fig. 17.5

9. $f(t) := \cosh\alpha t \cosh\beta t$. Hinweis: $\cosh\alpha t = \frac{1}{2}(e^{\alpha t} + e^{-\alpha t})$; (17.10).

10. $f(t) := \sin\alpha t \sinh\beta t$ (vgl. Formel Nr. 38 im Anhang 2). Hinweis: (17.10).

In den Aufgaben 11 bis 20 sind die Originalfunktionen $\mathscr{L}^{-1}\{F(s)\}$ der angegebenen Funktionen $F(s)$ mittels der Formeln im Anhang 2 und der Sätze der gegenwärtigen Nummer zu bestimmen.

11. $F(s) := \frac{1}{s^2}\,\frac{s-\alpha}{s+\alpha}$.

12. $F(s) := \frac{1-e^{-3s}}{s^2}$.

13. $F(s) := \frac{1}{s^2-2s+9}$.

14. $F(s) := \frac{1}{(s-3)^5}$.

15. $F(s) := \frac{s-2}{s^2-4s+5}\,e^{-s}$.

16. $F(s) := \frac{3s+1}{(s+1)^4}$.

17. $F(s) := \frac{1}{s^3-s^2}$.

18. $F(s) := \frac{1}{s}(4+2e^{-2s}-e^{-3s})$.

19. $F(s) := \frac{7s+12}{s^2+9}\,e^{-\pi s}$.

20. $F(s) := \frac{1}{s^3-4s^2+3s}$.

In den Aufgaben 21 bis 30 sind die vorgelegten Anfangswertprobleme mit Hilfe der Laplacetransformation zu lösen. Probe!

21. $\ddot{u} - 9u = \sin t, \quad u(0) = 1, \quad \dot{u}(0) = 0.$

22. $\ddot{u} - 9u = \cos t, \quad u(0) = 1, \quad \dot{u}(0) = 0.$

23. $\ddot{u} - 9u = e^t, \quad u(0) = 1, \quad \dot{u}(0) = 0.$

24. $\ddot{u} + 2\dot{u} + u = te^{-t}, \quad u(0) = 1, \quad \dot{u}(0) = 0.$

25. $\ddot{u} + 4\dot{u} + 3u = 12, \quad u(0) = 7, \quad \dot{u}(0) = 1.$

26. $\dddot{u} + 4\ddot{u} + 5\dot{u} + 2u = 10\cos t, \quad u(0) = \dot{u}(0) = 0, \quad \ddot{u}(0) = 3.$

27. $\dddot{u} - \ddot{u} - \dot{u} + u = 0, \quad u(0) = 2, \quad \dot{u}(0) = \ddot{u}(0) = 0.$

28. $\dddot{u}-3\ddot{u}+3\dot{u}-u=e^t, \quad u(0)=\dot{u}(0)=0, \quad \ddot{u}(0)=1.$

29. $u^{(4)}-u=0, \quad u(0)=1, \quad \dot{u}(0)=0, \quad \ddot{u}(0)=1, \quad \dddot{u}(0)=0.$

30. $u^{(4)}+4\ddot{u}+3u=0, \quad u(0)=\dot{u}(0)=\ddot{u}(0)=0, \quad \dddot{u}(0)=1.$

31. Stromkreis Die Aufgabe 24 in Nr. 5 führte auf das Anfangswertproblem

$$4\frac{\mathrm{d}J}{\mathrm{d}t}+0{,}8J=5-5H(t-5), \quad J(0)=0 \quad (J \text{ der Strom}).$$

Löse es noch einmal, aber nun viel einfacher, mit Hilfe der Laplacetransformation.

32. Löse die Anfangswertaufgabe (17.30) *ohne* Laplacetransformation durch „stückweise" Anwendung der früher dargestellten Methoden.

33. Löse das zu (17.30) analoge Anfangswertproblem

$$\ddot{u}+4u=4[H(t-\pi)-H(t-2\pi)], \quad u(0)=1, \quad \dot{u}(0)=0.$$

Warum ist die Konstanz von $u(t)$ für $\pi\leqslant t<2\pi$ physikalisch von vornherein zu erwarten?

18 Anwendungen

Die linearen Differentialgleichungen mit konstanten Koeffizienten drängen sich in so zahlreiche und so wichtige Bereiche der Natur- und Ingenieurwissenschaften ein, daß man sie ohne Bedenken dem Kreis der prominentesten Differentialgleichungen zurechnen darf. Die gegenwärtige Nummer möchte diese Behauptung durch einige Beispiele erhärten.

Freie Schwingungen eines Massenpunktes Zu Beginn der Nr. 14 hatten wir gesehen, daß die reibungsfreie Bewegung eines elastisch angebundenen Punktes M mit Masse m beherrscht wird von der Differentialgleichung

$$m\ddot{x}=-kx \quad \text{oder also} \quad \ddot{x}+\frac{k}{m}x=0 \quad (k>0 \text{ konstant}). \tag{18.1}$$

Tritt jedoch eine geschwindigkeitsproportionale Reibungskraft, eine „Dämpfung" hinzu, so unterliegt die Bewegung von M der Differentialgleichung

$$m\ddot{x}=-kx-r\dot{x} \quad \text{oder also} \quad \ddot{x}+\frac{r}{m}\dot{x}+\frac{k}{m}x=0 \quad (r>0 \text{ konstant}). \tag{18.2}$$

Mit $$\varrho:=\frac{1}{2}\frac{r}{m}, \quad \omega_0:=\sqrt{\frac{k}{m}} \tag{18.3}$$

schreibt man (18.1) bzw. (18.2) gerne in der Form

$$\ddot{x}+\omega_0^2 x=0 \tag{18.4}$$

bzw. $$\ddot{x}+2\varrho\dot{x}+\omega_0^2 x=0. \tag{18.5}$$

(18.4) nennt man die Gleichung des *ungedämpften*, (18.5) die des *gedämpften harmonischen Oszillators.*

Dank des Satzes 14.2[1] werden alle Lösungen von (18.4) gegeben durch

$$x(t)=C_1\cos\omega_0 t+C_2\sin\omega_0 t; \tag{18.6}$$

die freien Konstanten C_1, C_2 machen es möglich, die Lösung vorgegebenen Anfangsbedingungen $x(t_0)=x_0$, $\dot{x}(t_0)=\dot{x}_0$ anzupassen, also Anfangs*lage* und Anfangs*geschwindigkeit* von M vorzuschreiben. Im Falle $C_1=C_2=0$ verharrt M bewegungslos im Nullpunkt. Fällt aber mindestens ein $C_k\neq 0$ aus, so können wir $x(t)$ in der Form

$$x(t)=A\left(\frac{C_1}{A}\cos\omega_0 t+\frac{C_2}{A}\sin\omega_0 t\right) \quad \text{mit} \quad A:=\sqrt{C_1^2+C_2^2}$$

schreiben, und da $(C_1/A)^2+(C_2/A)^2=1$ ist, gibt es genau ein $\varphi\in[0,2\pi)$, mit dem

$$\frac{C_1}{A}=\sin\varphi, \quad \frac{C_2}{A}=\cos\varphi, \quad \text{also} \quad x(t)=A(\sin\varphi\cos\omega_0 t+\cos\varphi\sin\omega_0 t)$$

und daher

$$x(t)=A\sin(\omega_0 t+\varphi) \tag{18.7}$$

ist.[2] Aus dieser Darstellung liest man ab, daß M zwischen den Maximalausschlägen $-A$ und A periodisch hin- und herschwingt und innerhalb der Zeit

$$T:=\frac{2\pi}{\omega_0}=2\pi\sqrt{\frac{m}{k}} \tag{18.8}$$

eine volle Schwingung (von der Ausgangslage zurück zur Ausgangslage) ausführt. A heißt die Amplitude, T die Dauer oder Periode der Schwingung. Die Größe $\nu:=1/T$ gibt die Zahl der Schwingungen in der Zeiteinheit an und wird die Frequenz der Schwingung genannt. Ihre physikalische Dimension ist s^{-1}, ihre Einheit 1 Hertz (1 Hz), also *eine* Schwingung pro Sekunde (nach Heinrich Hertz (1857–1894; 37), der im Alter von dreißig Jahren in Karlsruhe die elektromagnetischen Wellen entdeckte). Wegen (18.8) ist

[1] Fall III mit $a=0$, $b=\omega_0^2$, also $\Delta=-4\omega_0^2<0$, $\alpha=0$, $\beta=\omega_0$.

[2] Siehe Heuser I, Satz 57.1. (18.7) gilt nachträglich auch dann, wenn $C_1=C_2=0$ ist: man setze $A=0$ und wähle φ beliebig.

$$\nu = \frac{\omega_0}{2\pi} \quad \text{oder also} \quad \omega_0 = 2\pi\nu. \tag{18.9}$$

ω_0 heißt die Kreisfrequenz der Schwingung; der Kürze wegen redet man allerdings häufig einfach von der „Frequenz" ω_0. Die Größe φ in (18.7) nennt man Phasenkonstante. Wegen $x(0) = A\sin\varphi$ legt sie die Lage von M zur Zeit $t=0$ fest.

Die *ungedämpften* Bewegungen des elastisch angebundenen Massenpunktes M sind damit bis ins letzte aufgeklärt. Wir wenden uns nun seinen *gedämpften* Bewegungen, d.h. der Differentialgleichung (18.5) mit $\varrho > 0$ zu.

Auch hier liegt alles Nötige schon längst bereit, denn wieder brauchen wir nur auf den Satz 14.2 zurückzugreifen, diesmal mit

$$a = 2\varrho = \frac{r}{m}, \quad b = \omega_0^2 = \frac{k}{m}, \quad \Delta = 4(\varrho^2 - \omega_0^2) = \frac{r^2 - 4mk}{m^2}. \tag{18.10}$$

Wie im genannten Satz (auf den wir uns ständig stillschweigend beziehen) unterscheiden wir drei Fälle:

I) $\varrho > \omega_0$, d.h. $r > 2\sqrt{mk}$ („starke Dämpfung"): In diesem Falle haben wir $\Delta > 0$ und somit

$$x(t) = C_1 e^{\lambda_1 t} + C_2 e^{\lambda_2 t} \quad \text{mit} \quad \lambda_{1,2} := -\varrho \pm \sqrt{\varrho^2 - \omega_0^2} < 0, \tag{18.11}$$

also gewiß $\lim\limits_{t\to\infty} x(t) = 0$. Die Geschwindigkeit des Massenpunktes M ist

$$\dot{x}(t) = C_1\lambda_1 e^{\lambda_1 t} + C_2\lambda_2 e^{\lambda_2 t};$$

im nichttrivialen Falle (o.B.d.A. $C_1 \neq 0$) wird sie also genau dann $=0$ sein, wenn $e^{(\lambda_1 - \lambda_2)t} = -\dfrac{C_2\lambda_2}{C_1\lambda_1}$ gilt. Dies kann offenbar für höchstens *einen* Wert von t vorkommen. Alles in allem stellt sich also im Falle starker Dämpfung eine *aperiodische* Bewegung ein, bei der unser Massenpunkt höchstens einmal seine anfängliche Bewegungsrichtung umkehrt, also höchstens einmal über den Nullpunkt hinauswandert, im übrigen aber in denselben „hineinkriecht".

II) $\varrho = \omega_0$, d.h. $r = 2\sqrt{mk}$ (immer noch „starke Dämpfung"): Nun haben wir $\Delta = 0$ und somit

$$x(t) = (C_1 + C_2 t)e^{-\varrho t}. \tag{18.12}$$

Wieder ist $\lim\limits_{t\to\infty} x(t) = 0$, und wieder kann die Geschwindigkeit $\dot{x}$ höchstens einmal zu Null werden. Wir haben also denselben Bewegungstyp wie unter I: das „Kriechen in den Nullpunkt".

Die Situation schlägt jedoch völlig um im (interessantesten) Falle

III) $\varrho < \omega_0$, d.h. $r < 2\sqrt{mk}$ („schwache Dämpfung"): Jetzt ist $\Delta < 0$ und somit

$$x(t)=e^{-\varrho t}(C_1\cos\omega_1 t+C_2\sin\omega_1 t) \quad \text{mit} \quad \omega_1:=\sqrt{\omega_0^2-\varrho^2}, \tag{18.13}$$

also $$x(t)=A\,e^{-\varrho t}\sin(\omega_1 t+\varphi) \tag{18.14}$$

(vgl. (18.6), (18.7)). Wegen $\varrho>0$ strebt zwar auch diesmal wieder $x(t)\to 0$ für $t\to\infty$, aber der Sinusterm in (18.14) sorgt dafür, daß der Massenpunkt M, ganz anders als in den schläfrigen Kriechfällen I und II, unaufhörlich um den Nullpunkt *herumpendelt* - und zwar geht M genau in den äquidistanten Zeitpunkten $t_m:=(m\pi-\varphi)/\omega_1$ (m ganz) durch ihn hindurch. Die Zeit

$$T:=t_{m+2}-t_m=\frac{2\pi}{\omega_1}=\frac{2\pi}{\sqrt{\omega_0^2-\varrho^2}}$$

zwischen zwei aufeinanderfolgenden Durchgängen durch den Nullpunkt aus ein und derselben Richtung nennt man deshalb wieder die Schwingungsdauer dieser „gedämpften Schwingung mit exponentiell abnehmender Amplitude" (s. Fig. 18.1). Diese Schwingung darf jedoch ihrer abnehmenden Amplitude wegen

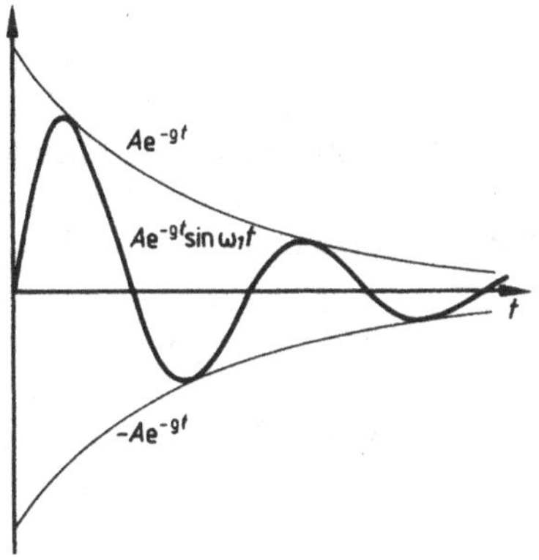

Fig. 18.1

nicht als periodisch im strengen Sinne des Wortes angesehen werden. Die Kreisfrequenz ω_0 der makellos periodischen ungedämpften Schwingung (18.7) ist größer als die Kreisfrequenz $\omega_1=\sqrt{\omega_0^2-\varrho^2}$ der zugehörigen gedämpften Schwingung: ***Im Dämpfungsfall schwingt der Massenpunkt langsamer als im ungedämpften Fall*** (was anschaulich sofort einleuchtet).

Das *Anfangswertproblem*

$$\ddot{x}+2\varrho\dot{x}+\omega_0^2x=0, \quad x(0)=x_0, \quad \dot{x}(0)=\dot{x}_0 \tag{18.15}$$

des harmonischen Oszillators läßt sich besonders einfach mit Hilfe der Laplacetransformation lösen. Wir wollen hier nur den einzig interessanten Fall III der *schwachen Dämpfung* ($\varrho<\omega_0$) betrachten. Aus (18.15) ergibt sich für $X:=\mathscr{L}x$ sofort

$$X(s)=\frac{sx_0+(2\varrho x_0+\dot{x}_0)}{s^2+2\varrho s+\omega_0^2}. \tag{18.16}$$

Und nun kann man die Lösung $x(t)$ von (18.15) unmittelbar aus der Formel Nr. 17 im Anhang 2 ablesen, man hat dort nur $a=x_0$, $b=2\varrho x_0+\dot{x}_0$ und somit $b-\varrho a=\varrho x_0+\dot{x}_0$ zu setzen:

$$x(t)=\mathrm{e}^{-\varrho t}\left(x_0\cos\omega_1 t+\frac{\varrho x_0+\dot{x}_0}{\omega_1}\sin\omega_1 t\right), \quad \omega_1:=\sqrt{\omega_0^2-\varrho^2}. \tag{18.17}$$

Für $\varrho=0$ erhält man daraus die Lösung

$$x(t)=x_0\cos\omega_0 t+\frac{\dot{x}_0}{\omega_0}\sin\omega_0 t \tag{18.18}$$

des Anfangswertproblems

$$\ddot{x}+\omega_0^2 x=0, \quad x(0)=x_0, \quad \dot{x}(0)=\dot{x}_0 \tag{18.19}$$

für den *ungedämpften* harmonischen Oszillator.

Erzwungene Schwingungen eines Massenpunktes bei schwacher oder verschwindender Dämpfung Auf unseren elastisch angebundenen und geschwindigkeitsproportionalen Dämpfungskräften unterliegenden Massenpunkt M mit Masse m wirke noch zusätzlich eine zeitabhängige Zwangskraft $K(t)$. Die Bewegung von M wird dann beherrscht von der Differentialgleichung

$$\ddot{x}+\frac{r}{m}\dot{x}+\frac{k}{m}x=\frac{1}{m}K(t), \tag{18.20}$$

wie wir schon zu Beginn der Nr. 14 erkannt haben. Wenn wir $r=0$ zulassen, deckt (18.20) auch den ungedämpften Fall

$$\ddot{x}+\frac{k}{m}x=\frac{1}{m}K(t) \tag{18.21}$$

mit ab. Für die Auflösung der Gleichung (18.20) sind die Verfahren zuständig, die wir in den Nummern 16 und 17 auseinandergesetzt haben: spezielle Ansätze, Variation der Konstanten und Laplacetransformation. Letztere empfiehlt sich besonders bei *stoßhaft* wirkenden, also mit Unstetigkeiten behafteten Zwangskräften; etwas Derartiges haben wir schon im Beispiel 17.17 und in A 17.33 zu Gesicht bekommen. Wir wollen dies noch ein wenig vertiefen. Dabei schreiben wir (18.20) in der Form

$$\ddot{x}+2\varrho\dot{x}+\omega_0^2 x=f(t) \quad \text{mit} \quad \varrho:=\frac{r}{2m}, \ \omega_0:=\sqrt{\frac{k}{m}}, \ f(t):=\frac{1}{m}K(t) \tag{18.22}$$

und betrachten nur den Fall *schwacher*, evtl. sogar *verschwindender* Dämpfung:

$$0\leqslant\varrho<\omega_0. \tag{18.23}$$

Ferner nehmen wir vorderhand an, die Laplacetransformierte $F(s):=\mathscr{L}\{f(t)\}$ der Störfunktion $f(t)$ existiere. Die Lösung $x(t)$ des Anfangswertproblems

$$\ddot{x}+2\varrho\dot{x}+\omega_0^2x=f(t), \quad x(0)=x_0, \quad \dot{x}(0)=\dot{x}_0 \tag{18.24}$$

ergibt sich dann *via* Laplacetransformation und mit

$$\omega_1:=\sqrt{\omega_0^2-\varrho^2}$$

zu
$$x(t)=\mathrm{e}^{-\varrho t}\left(x_0\cos\omega_1 t+\frac{\varrho x_0+\dot{x}_0}{\omega_1}\sin\omega_1 t\right)+\mathscr{L}^{-1}\left\{\frac{F(s)}{s^2+2\varrho s+\omega_0^2}\right\}$$

(s. (18.15) und (18.17)). Mit Hilfe des Faltungssatzes 17.11 und der Formel Nr. 9 im Anhang 2 erhält man daraus

$$x(t)=\mathrm{e}^{-\varrho t}\left(x_0\cos\omega_1 t+\frac{\varrho x_0+\dot{x}_0}{\omega_1}\sin\omega_1 t\right)+\frac{1}{\omega_1}\int_0^t f(\tau)\mathrm{e}^{-\varrho(t-\tau)}\sin\omega_1(t-\tau)\,\mathrm{d}\tau. \tag{18.25}$$

Und nun kann man ohne sonderliche Mühe *nachträglich* verifizieren, daß (18.25) die Lösung von (18.24) sogar schon dann liefert, wenn f bloß *stetig* oder auch nur *stückweise stetig* ist (in diesem Falle muß man sich freilich des leicht verallgemeinerten Lösungsbegriffes bedienen, den wir am Ende der Nr. 17 gestreift hatten).[1] Auf die Voraussetzung der Laplacetransformierbarkeit von f kann man also leichten Herzens verzichten. In der Tat ist diese Voraussetzung artifiziell: sie wird diktiert von der Lösungs*methode*, aber nicht von dem Problem selbst.

Der erste Term in (18.25) ist das Integral des Anfangswertproblems (18.15) - s. wieder (18.17) -, der zweite löst also - für stückweise stetiges $f(t)$ - die Aufgabe

$$\ddot{x}+2\varrho\dot{x}+\omega_0^2x=f(t), \quad x(0)=\dot{x}(0)=0. \tag{18.26}$$

Für $\varrho=0$ geht (18.25) über in die Lösung

$$x(t)=x_0\cos\omega_0 t+\frac{\dot{x}_0}{\omega_0}\sin\omega_0 t+\frac{1}{\omega_0}\int_0^t f(\tau)\sin\omega_0(t-\tau)\,\mathrm{d}\tau \tag{18.27}$$

des Anfangswertproblems $\ddot{x}+\omega_0^2x=f(t)$, $x(0)=x_0$, $\dot{x}(0)=\dot{x}_0$ für den *ungedämpften* harmonischen Oszillator.

Periodische Zwangskräfte und Fouriermethoden Zwangs- oder Erregungskräfte sind häufig *periodische* Funktionen der Zeit. Wir wollen hier, immer unter der Dämpfungsvoraussetzung (18.23), als erstes den Fall einer „Kosinuserregung", also die Differentialgleichung

---

[1] Man braucht hierzu keine tieferliegenden Sätze über die Differentiation von Parameterintegralen heranzuziehen, wenn man nur

$$\mathrm{e}^{-\varrho(t-\tau)}\sin\omega_1(t-\tau)=\mathrm{e}^{-\varrho t}\sin\omega_1 t\,\mathrm{e}^{\varrho\tau}\cos\omega_1\tau-\mathrm{e}^{-\varrho t}\cos\omega_1 t\,\mathrm{e}^{\varrho\tau}\sin\omega_1\tau$$

schreibt. Man kommt dann mit dem hausbackenen Satz über die Differentiation eines bestimmten Integrals nach der oberen Grenze aus.

$$\ddot{x}+2\varrho\dot{x}+\omega_0^2x=a\cos\omega t \qquad (a,\omega>0) \tag{18.28}$$

etwas genauer betrachten. ω nennt man die Erregerfrequenz, ω_0 die Eigenfrequenz; letztere ist die Kreisfrequenz der Schwingung, die der ungestörte und ungedämpfte, also ganz allein von der ihm eigentümlichen „Hookeschen Kraft" bestimmte Oszillator ausführt. Wir unterscheiden die Fälle $\varrho=0$ und $\varrho>0$.

I) $\varrho=0$ (*ungedämpfter harmonischer Oszillator*). Es handelt sich also jetzt um die Differentialgleichung

$$\ddot{x}+\omega_0^2x=a\cos\omega t. \tag{18.29}$$

Ihre allgemeine Lösung im Falle $\omega\neq\omega_0$ ist

$$x(t)=C_1\cos\omega_0 t+C_2\sin\omega_0 t+\frac{a}{\omega_0^2-\omega^2}\cos\omega t. \tag{18.30}$$

Ruht der Massenpunkt zur Zeit $t_0=0$ im Nullpunkt, ist also $x(0)=\dot{x}(0)=0$, so ergibt sich für ihn aus (18.30) durch Anpassung der Konstanten das Bewegungsgesetz $x(t)=\frac{a}{\omega_0^2-\omega^2}(\cos\omega t-\cos\omega_0 t)$ oder also nach elementarer trigonometrischer Umformung

$$x(t)=\frac{2a}{\omega_0^2-\omega^2}\sin\frac{\omega_0-\omega}{2}t\cdot\sin\frac{\omega_0+\omega}{2}t. \tag{18.31}$$

Der Massenpunkt vollführt also eine Sinusschwingung mit der zeitlich veränderlichen - *und zwar auch ihrerseits „sinusförmigen" - Amplitude*

$$A(\omega,t):=\frac{2a}{\omega_0^2-\omega^2}\sin\frac{\omega_0-\omega}{2}t \qquad \text{(s. Fig. 18.2)}. \tag{18.32}$$

Die „amplitudenmodulierten Schwingungen" (18.31) spielen in der Funktechnik eine bedeutende Rolle.

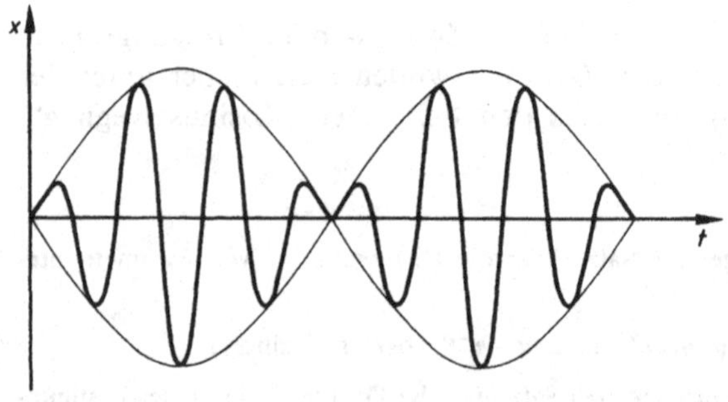

Fig. 18.2

Im Falle $\omega=\omega_0$ liefern unsere Methoden als allgemeine Lösung von (18.29) die Funktion

$$x(t)=C_1\cos\omega_0 t+C_2\sin\omega_0 t+\frac{a}{2\omega_0}t\sin\omega_0 t. \tag{18.33}$$

II) $\varrho>0$ (*gedämpfter harmonischer Oszillator*). Jetzt haben wir es mit der „vollen" Differentialgleichung (18.28) zu tun. Die allgemeine Lösung der zugehörigen homogenen Gleichung ist uns aus (18.13) bekannt:

$$x_h(t)=\mathrm{e}^{-\varrho t}(C_1\cos\omega_1 t+C_2\sin\omega_1 t)\quad\text{mit}\quad \omega_1:=\sqrt{\omega_0^2-\varrho^2}. \tag{18.34}$$

Eine partikuläre Lösung der inhomogenen Gleichung läßt sich am bequemsten finden, indem man zunächst die korrespondierende *komplexe* Differentialgleichung

$$\ddot{x}+2\varrho\dot{x}+\omega_0^2x=a\,\mathrm{e}^{\mathrm{i}\omega t}$$

durch eine Funktion der Form $z_p(t):=A\,\mathrm{e}^{\mathrm{i}\omega t}$ befriedigt und dann $x_p(t):=\operatorname{Re}z_p(t)$ als Lösung der ursprünglichen Gleichung (18.28) nimmt. Fast schlagartig erhält man so

$$\begin{aligned}z_p(t)&=\frac{a}{\omega_0^2-\omega^2+2\varrho\omega\mathrm{i}}\mathrm{e}^{\mathrm{i}\omega t}\\&=a\frac{\omega_0^2-\omega^2-2\varrho\omega\mathrm{i}}{(\omega_0^2-\omega^2)^2+4\varrho^2\omega^2}(\cos\omega t+\mathrm{i}\sin\omega t),\end{aligned}$$

also
$$x_p(t)=\frac{(\omega_0^2-\omega^2)a}{(\omega_0^2-\omega^2)^2+4\varrho^2\omega^2}\cos\omega t+\frac{2\varrho\omega a}{(\omega_0^2-\omega^2)^2+4\varrho^2\omega^2}\sin\omega t. \tag{18.35}$$

Durch eine inzwischen vertraute Operation kann man $x_p(t)$ auf die Form

$$x_p(t)=\frac{a}{\sqrt{(\omega_0^2-\omega^2)^2+4\varrho^2\omega^2}}\sin(\omega t+\varphi) \tag{18.36}$$

bringen (s. den Übergang von (18.6) zu (18.7)). *In summa* dürfen wir also konstatieren, *daß der kosinuserregte und gedämpfte harmonische Oszillator dem Bewegungsgesetz*

$$x(t)=\mathrm{e}^{-\varrho t}(C_1\cos\omega_1 t+C_2\sin\omega_1 t)+\frac{a}{\sqrt{(\omega_0^2-\omega^2)^2+4\varrho^2\omega^2}}\sin(\omega t+\varphi) \tag{18.37}$$

gehorcht. Da hier der erste Summand für große t („nach einem *Einschwingvorgang*") vernachlässigbar klein ist, wird die Bewegung im wesentlichen durch die partikuläre Lösung (18.36) beschrieben: *Der harmonische Oszillator exekutiert also* schließlich *eine reine Sinusschwingung mit der Erregerfrequenz* ω und mit einer von ihr abhängigen, in markantem Unterschied zum ungedämpften Fall aber *zeitlich konstanten* Amplitude

$$A(\omega) := \frac{a}{\sqrt{(\omega_0^2-\omega^2)^2+4\varrho^2\omega^2}}. \tag{18.38}$$

Diese nach einiger Zeit sich einstellende Sinusschwingung nennt man den eingeschwungenen oder stationären Zustand des Oszillators.

Ganz entsprechend - man braucht statt des Realteils von $z_p(t)$ nur den Imaginärteil zu nehmen - erkennt man, daß das Bewegungsgesetz des *sinuserregten* und *gedämpften* harmonischen Oszillators, also die allgemeine Lösung der Differentialgleichung

$$\ddot{x}+2\varrho\dot{x}+\omega_0^2 x = a\sin\omega t, \tag{18.39}$$

gegeben wird durch

$$x(t) = \mathrm{e}^{-\varrho t}(C_1\cos\omega_1 t + C_2\sin\omega_1 t) + \frac{a}{\sqrt{(\omega_0^2-\omega^2)^2+4\varrho^2\omega^2}}\sin(\omega t+\psi). \tag{18.40}$$

Wieder hat man als stationären Zustand eine reine Sinusschwingung mit der Erregerfrequenz ω und der Amplitude (18.38).

Eine periodische Erregung mit der

$$\text{Kreisfrequenz } \omega, \quad \text{also der Periode } T = \frac{2\pi}{\omega}, \tag{18.41}$$

wird sich nicht immer als reiner Kosinusterm $a\cos\omega t$ oder reiner Sinusterm $a\sin\omega t$ schreiben lassen. Eine tiefergehende Analyse der dann sich einstellenden Phänomene kann des mächtigen Hilfsmittels der *Fourierreihen* nicht entraten. Und deshalb müssen wir notgedrungen einen kurzen Exkurs über sie einschieben.[1)]

Jede T-periodische und im Riemannschen Sinne auf $[0, T]$ integrierbare Funktion $f(t)$ besitzt eine Fourierreihe, d.h. eine Reihe der Form

$$\frac{A_0}{2} + \sum_{n=1}^{\infty}(A_n\cos n\omega t + B_n\sin n\omega t) \qquad \left(\omega := \frac{2\pi}{T}\right), \tag{18.42}$$

wobei die sogenannten Fourierkoeffizienten A_n, B_n zu berechnen sind nach den Euler-Fourierschen Formeln

$$A_n = \frac{2}{T}\int_0^T f(t)\cos n\omega t\,\mathrm{d}t \qquad (n=0,1,\ldots), \tag{18.43}$$

---

1) Die Grundzüge ihrer Theorie für den Fall $T=2\pi$ (der allgemeine Fall läßt sich sofort darauf zurückführen) findet der Leser etwa in Heuser II, Kapitel XVII. - Die Fourierreihen werden (nicht ganz zu Recht) nach Jean Baptiste Joseph Fourier (1768–1830; 62) genannt, dem seine *Théorie analytique de la chaleur* den Ehrennamen „Newton der Wärme“ und sein Dienst unter Napoleon die Erhebung zum Baron eintrug.

$$B_n = \frac{2}{T}\int_0^T f(t)\sin n\omega t\,dt \qquad (n=1,2,\ldots). \tag{18.44}$$

Daß (18.42) die Fourierreihe von $f(t)$ ist, drückt man gerne durch die Symbolik

$$f(t) \sim \frac{A_0}{2} + \sum_{n=1}^{\infty}(A_n\cos n\omega t + B_n\sin n\omega t) \tag{18.45}$$

aus. Zu glauben, man könne hier $\sim$ durch $=$ ersetzen, wäre freilich ein fataler Irrtum, denn die rechtsstehende Reihe braucht keineswegs immer gegen $f(t)$ zu konvergieren, schlimmer noch: sie braucht überhaupt nicht zu konvergieren. Unter welchen Umständen sich tatsächlich Konvergenz einstellt, ist eine diffizile Frage - der wir aber glücklicherweise aus dem Wege gehen können. Das Recht, die sonst so aufdringliche Konvergenzfrage beiseite schieben zu dürfen, gibt uns ein tiefliegender Satz der Fouriertheorie:[1)]

Ist die Funktion $g(t)$ auf $[a, b]$ Riemannsch integrierbar, so folgt bereits aus der formalen Fourierkorrespondenz (18.45) *die reale Gleichung*

$$\int_a^b f(t)g(t)\,dt = \int_a^b \frac{A_0}{2}g(t)\,dt + \sum_{n=1}^{\infty}\left(\int_a^b A_n\cos n\omega t\,g(t)\,dt + \int_a^b B_n\sin n\omega t\,g(t)\,dt\right). \tag{18.46}$$

Mit anderen Worten: Ohne Rücksicht auf Konvergenz dürfen wir (18.45) mit $g(t)$ multiplizieren, dann gliedweise integrieren - und diese Operationen bewirken in fast mysteriöser Weise, daß sich $\sim$ in $=$ verwandelt.

Wir kehren nun wieder zurück zum Problem einer T-periodischen Zwangskraft, also einer T-periodischen Störfunktion $f(t)$ in (18.22). Von ihr nehmen wir an, sie sei auf dem Periodenintervall $[0, T]$ stückweise stetig; dann ist sie dort gewiß auch Riemannsch integrierbar und besitzt somit die Fourierreihe (18.45). Zur Abkürzung bezeichnen wir im folgenden mit Lx die linke Seite von (18.22):

$$Lx := \ddot{x} + 2\varrho\dot{x} + \omega_0^2 x,$$

und mit $K(t, \tau)$ den „Kern" des Integrals in (18.25):

$$K(t,\tau) := \frac{1}{\omega_1}e^{-\varrho(t-\tau)}\sin\omega_1(t-\tau) \qquad \left(\omega_1 := \sqrt{\omega_0^2-\varrho^2}\right). \tag{18.47}$$

Schreiben wir nun in (18.45) und (18.46) τ anstelle von t, so erhalten wir aus (18.46) mit $g(\tau) := K(t, \tau)$ sofort die alles Weitere beherrschende Gleichung

$$\begin{aligned}\int_0^t f(\tau)K(t,\tau)\,d\tau &= \int_0^t \frac{A_0}{2}K(t,\tau)\,d\tau \\ &+ \sum_{n=1}^{\infty}\left(\int_0^t A_n\cos n\omega\tau K(t,\tau)\,d\tau + \int_0^t B_n\sin n\omega\tau K(t,\tau)\,d\tau\right).\end{aligned} \tag{18.48}$$

[1)] Satz 143.4 in Heuser II.

Gemäß den Erörterungen zu (18.26) ist hier die linke Seite Lösung des Anfangswertproblems

$$Lx = f(t), \quad x(0) = \dot{x}(0) = 0, \tag{18.49}$$

während aus denselben Gründen

$$u_0(t) := \int_0^t \frac{A_0}{2} K(t,\tau)\,\mathrm{d}\tau \quad \text{die Aufgabe} \quad Lx = \frac{A_0}{2}, \; x(0) = \dot{x}(0) = 0, \tag{18.50}$$

$$u_n(t) := \int_0^t A_n \cos n\omega\tau\, K(t,\tau)\,\mathrm{d}\tau \quad \text{die Aufgabe} \quad Lx = A_n \cos n\omega t, \; x(0) = \dot{x}(0) = 0, \tag{18.51}$$

$$v_n(t) := \int_0^t B_n \sin n\omega\tau\, K(t,\tau)\,\mathrm{d}\tau \quad \text{die Aufgabe} \quad Lx = B_n \sin n\omega t, \; x(0) = \dot{x}(0) = 0 \tag{18.52}$$

löst (die rechten Seiten dieser Differentialgleichungen sind die Glieder der Fourierreihe (18.45) von $f(t)$). Aus all dem lesen wir nun ab, daß die Reihe

$$u_0 + \sum_{n=1}^{\infty} (u_n + v_n) \tag{18.53}$$

dem Problem (18.49) genügt, *und daher ist dann endlich* – s. (18.25) –

$$x(t) := \mathrm{e}^{-\varrho t}\left(x_0 \cos\omega_1 t + \frac{\varrho x_0 + \dot{x}_0}{\omega_1} \sin\omega_1 t\right) + u_0(t) + \sum_{n=1}^{\infty} [u_n(t) + v_n(t)] \tag{18.54}$$

die Lösung der anfänglich vorgelegten Aufgabe

$$Lx = f(t), \quad x(0) = x_0, \quad \dot{x}(0) = \dot{x}_0. \tag{18.55}$$

Die Integrale u_n, v_n der Aufgaben (18.50) bis (18.52) lassen sich mühelos beschaffen (wobei der Leser daran denken möge, daß wir uns nach wie vor in dem für die Praxis so wichtigen Falle $\varrho > 0$ befinden). Ganz einfach findet man

$$u_0(t) = -\frac{A_0}{2\omega_0^2} \mathrm{e}^{-\varrho t}\left(\cos\omega_1 t + \frac{\varrho}{\omega_1} \sin\omega_1 t\right) + \frac{A_0}{2\omega_0^2}. \tag{18.56}$$

Ebenso leicht lassen sich u_n und v_n für $n \geqslant 1$ bestimmen. Setzen wir

$$\alpha_n := \frac{\omega_0^2 - n^2\omega^2}{(\omega_0^2 - n^2\omega^2)^2 + 4\varrho^2 n^2 \omega^2}, \quad \beta_n := \frac{2\varrho n \omega}{(\omega_0^2 - n^2\omega^2)^2 + 4\varrho^2 n^2 \omega^2}, \tag{18.57}$$

so finden wir dank unserer Diskussion der Differentialgleichungen (18.28) und (18.39) – wir müssen dort nur ω durch $n\omega$, a durch A_n bzw. durch B_n ersetzen und dann die freien Konstanten den Anfangsbedingungen anpassen –

$$u_n(t) = -\mathrm{e}^{-\varrho t} A_n \left(\alpha_n \cos\omega_1 t + \frac{\varrho\alpha_n + n\omega\beta_n}{\omega_1}\sin\omega_1 t\right) + A_n(\alpha_n\cos n\omega t + \beta_n \sin n\omega t),$$

$$v_n(t) = \mathrm{e}^{-\varrho t} B_n \left(\beta_n \cos\omega_1 t + \frac{\varrho\beta_n - n\omega\alpha_n}{\omega_1}\sin\omega_1 t\right) + B_n(-\beta_n\cos n\omega t + \alpha_n \sin n\omega t).$$

Nachdem wir nun mit den $u_n(t)$, $v_n(t)$ auch die Bewegungsfunktion $x(t)$ aus (18.54) explizit vor Augen haben, werfen wir die wichtige Frage auf, ob $x(t)$ im Laufe der Zeit in einen *stationären* Zustand übergeht. Diese Frage läßt sich aufgrund der nun folgenden Überlegungen bejahen.

Die Folgen (A_n), (B_n) sind offensichtlich beschränkt[1)] (man werfe einen flüchtigen Blick auf die Euler-Fourierschen Formeln (18.43) und (18.44)), und ebenso offensichtlich sind die Folgen $(n^2\alpha_n)$, $(n^2\beta_n)$ konvergent, so daß also $|\alpha_n|, |\beta_n| \leqslant M/n^2$ mit einer geeigneten Konstanten M ist. Aus diesen Bemerkungen folgt, daß die Reihen

$$\sum_{n=1}^{\infty} A_n(\alpha_n\cos n\omega t + \beta_n \sin n\omega t), \quad \sum_{n=1}^{\infty} B_n(-\beta_n\cos n\omega t + \alpha_n \sin n\omega t)$$

notwendigerweise konvergieren müssen. Da aber, wie wir schon wissen, $\sum(u_n + v_n)$ konvergiert, sehen wir nun, daß auch die Reihe

$$\begin{aligned} S(t) := \sum_{n=1}^{\infty} \Bigg[& -A_n\left(\alpha_n\cos\omega_1 t + \frac{\varrho\alpha_n + n\omega\beta_n}{\omega_1}\sin\omega_1 t\right) \\ & + B_n\left(\beta_n\cos\omega_1 t + \frac{\varrho\beta_n - n\omega\alpha_n}{\omega_1}\sin\omega_1 t\right)\Bigg] \end{aligned}$$

vorhanden ist und für alle t beschränkt bleibt. Infolgedessen strebt $\mathrm{e}^{-\varrho t}S(t) \to 0$ für $t \to \infty$. Aus dem ab (18.54) Gesagten resultiert nun, daß die Lösung von (18.55) für alle hinreichend großen t, also nach einem Einschwingvorgang, mit genügender Genauigkeit gegeben wird durch den stationären oder eingeschwungenen Zustand

$$\begin{aligned} & \frac{A_0}{2\omega_0^2} + \sum_{n=1}^{\infty} [(A_n\alpha_n - B_n\beta_n)\cos n\omega t + (A_n\beta_n + B_n\alpha_n)\sin n\omega t] = \\ & \frac{A_0}{2\omega_0^2} + \sum_{n=1}^{\infty} \frac{\sqrt{A_n^2 + B_n^2}}{\sqrt{(\omega_0^2 - n^2\omega^2)^2 + 4\varrho^2 n^2\omega^2}}\sin(n\omega t + \varphi_n). \end{aligned} \tag{18.58}$$

Das Problem des periodisch erregten und schwach gedämpften harmonischen Oszillators ist damit restlos aufgeklärt. Die Hilfsmittel waren die Lösungsformel (18.25) und ein keineswegs an der Oberfläche liegender Satz der Fouriertheorie - das alles verknüpft durch einige simple Rechnungen.

---

1) Sie streben sogar gegen 0, und zwar so rasch, daß $\sum_{n=1}^{\infty}(A_n^2 + B_n^2)$ konvergiert (s. Satz 134.2d in Heuser II).

Elektrische Schwingungskreise Gegen Ende der Nr. 5 hatten wir einen Stromkreis betrachtet, der aus einer elektromotorischen Kraft (kurz: EMK) von E Volt, einem Widerstand von R Ohm und einer Induktivität (Spule) von L Henry bestand; man nennt ihn kurz einen *RL-Kreis* (s. Fig. 5.7). Wir bauen jetzt noch einen Kondensator mit der Kapazität C Farad ein (s. Fig. 18.3) und werden sehen, daß

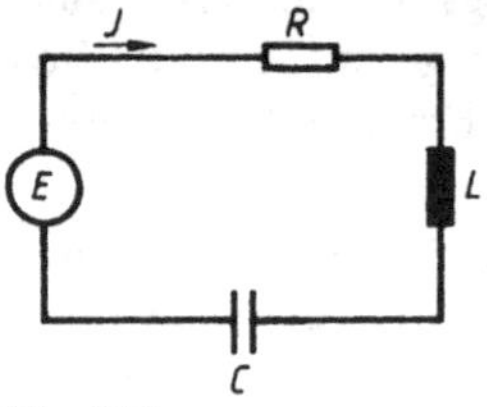

Fig. 18.3

in einem solchen „*RLC-Kreis*" ganz andere Phänomene zutage treten als in den einfachen *RL*-Kreisen.

Ein Kondensator speichert elektrische Ladung. Trägt er die Ladung Q Coulomb, so entsteht in ihm eine Spannung von U Volt, die proportional zu Q ist:

$$U=\frac{1}{C}Q \quad \text{oder also} \quad Q=CU.$$

Der Faktor C heißt die Kapazität des Kondensators; ihre Einheit ist 1 Farad.[1] Wird nun der Stromkreis in Fig. 18.3 geschlossen, so gilt nach dem Kirchhoffschen Spannungssatz (angegeben vor A 55.8)

$$L\dot{J}+RJ+\frac{1}{C}Q=E \tag{18.59}$$

(vgl. (5.35)). Da $J=\dot{Q}$ ist (s. (5.32)), erhalten wir aus (18.59) die *Ladungsdifferentialgleichung*

$$\ddot{Q}+\frac{R}{L}\dot{Q}+\frac{1}{LC}Q=\frac{1}{L}E \tag{18.60}$$

und daraus wegen $U=Q/C$ die *Spannungsdifferentialgleichung*

$$\ddot{U}+\frac{R}{L}\dot{U}+\frac{1}{LC}U=\frac{1}{LC}E. \tag{18.61}$$

Differentiation von (18.59) liefert die *Stromdifferentialgleichung*

[1] So genannt nach dem englischen Physiker und Chemiker Michael Faraday (1791–1867; 76), der es in einer farbigen Karriere vom Buchbinderlehrling zum weltberühmten Direktor des Laboratoriums der *Royal Institution* brachte.

$$\ddot{J}+\frac{R}{L}\dot{J}+\frac{1}{LC}J=\frac{1}{L}\dot{E}. \tag{18.62}$$

(18.60) bis (18.62) sind lineare Differentialgleichungen zweiter Ordnung mit konstanten Koeffizienten und (möglicherweise) variablen Störgliedern. Die *Koeffizienten* der drei Gleichungen stimmen „gliedweise" überein. Die Gleichungen unterscheiden sich also nur in der *physikalischen* Bedeutung der rechten Seiten und der gesuchten Integrale. Ja noch mehr: auch die Differentialgleichung (18.20) des gedämpften harmonischen Oszillators unter der Wirkung einer Zwangskraft weicht nur *physikalisch*, keineswegs aber *mathematisch* von den Differentialgleichungen (18.60) bis (18.62) ab, und es lohnt sich, eine Synopse der korrespondierenden physikalischen Größen vor Augen zu haben (Tab. 18.1).

Tab. 18.1

Harmonischer Oszillator	*RLC*-Kreis
$m\ddot{x}+r\dot{x}+kx=K(t)$	$L\ddot{Q}+R\dot{Q}+\frac{1}{C}Q=E(t)$ $L\ddot{U}+R\dot{U}+\frac{1}{C}U=\frac{1}{C}E(t)$ $L\ddot{J}+R\dot{J}+\frac{1}{C}J=\dot{E}(t)$
Masse m Dämpfung r Federsteifigkeit k $\varrho:=\frac{r}{2m}$ $\omega_0:=\sqrt{\frac{k}{m}}$ $\omega_1:=\sqrt{\omega_0^2-\varrho^2}=\sqrt{\frac{k}{m}-\frac{r^2}{4m^2}}$ $(\varrho<\omega_0)$	Induktivität L Widerstand R reziproke Kapazität $1/C$ $\varrho:=\frac{R}{2L}$ $\omega_0:=\frac{1}{\sqrt{LC}}$ $\omega_1:=\sqrt{\omega_0^2-\varrho^2}=\sqrt{\frac{1}{LC}-\frac{R^2}{4L^2}}$ $\left(\frac{R}{2L}<\frac{1}{\sqrt{LC}}\right)$

Wieder einmal stoßen wir auf das Faktum, daß *inhaltlich* völlig verschiedene Komplexe *mathematisch* durch ein und dieselbe Differentialgleichung beschrieben werden. Im vorliegenden Falle heißt das ganz praktisch, daß wir dank unserer ausführlichen Diskussion des harmonischen Oszillators nun ohne weiteren Aufwand auch den Ladungs-, Spannungs- und Stromverlauf in *RLC*-Kreisen beherrschen: wir brauchen nur noch mit Hilfe der Tab. 18.1 einfache „Übersetzungsarbeit" zu leisten.

Wir betrachten nur den bei weitem interessantesten Fall der

schwachen Dämpfung: $\frac{R}{2L}<\frac{1}{\sqrt{LC}}$ oder also $R<2\sqrt{\frac{L}{C}}$, (18.63) wobei auch $R=0$ zugelassen sei (während L und C immer *positiv* sein sollen). Ist die EMK konstant, so genügt der Stromverlauf der homogenen Differentialgleichung

$$\ddot{J}+\frac{R}{L}\dot{J}+\frac{1}{LC}J=0,$$

und deren Lösung ist nach (18.14) und den Korrespondenzen in Tab. 18.1

$$J(t)=A\,\mathrm{e}^{-\varrho t}\sin(\omega_1 t+\varphi) \quad \text{mit} \quad \varrho:=\frac{R}{2L}, \quad \omega_1:=\sqrt{\frac{1}{LC}-\frac{R^2}{4L^2}}.$$

Der Strom führt also im Falle $R=0$ eine reine Sinusschwingung mit der „Eigenfrequenz" $\omega_0:=1/\sqrt{LC}$ aus, im Falle $R>0$ eine exponentiell abklingende Sinusschwingung mit der Kreisfrequenz

$$\omega_1=\sqrt{\omega_0^2-\frac{R^2}{4L^2}}<\omega_0.$$

In folgenreichem Unterschied zum kondensatorfreien Stromkreis *schwingt* diesmal der Strom, und deshalb nennt man einen Stromkreis *mit* Kondensator einen Schwingungskreis.

Nun nehmen wir an – immer unter der Voraussetzung (18.63) –, von einem Generator werde eine *periodische* EMK der Form $E_0\sin\omega t$ in den Stromkreis eingespeist. Der Stromverlauf wird dann beherrscht von der inhomogenen Differentialgleichung

$$\ddot{J}+\frac{R}{L}\dot{J}+\frac{1}{LC}J=\frac{\omega}{L}E_0\cos\omega t.$$

Die Diskussion der Gl. (18.28) zusammen mit Tab. 18.1 lehrt nun, daß $J(t)$ nach einem Einschwingvorgang mit hinreichender Genauigkeit beschrieben wird durch

$$J(t)=\frac{(\omega/L)E_0}{\sqrt{(\omega_0^2-\omega^2)^2+4\varrho^2\omega^2}}\sin(\omega t+\varphi) \quad \text{mit} \quad \varrho:=\frac{R}{2L}, \ \omega_0:=\frac{1}{\sqrt{LC}}. \tag{18.64}$$

Der Strom führt also schließlich eine Schwingung aus, deren Frequenz mit der „Erregerfrequenz" ω übereinstimmt. Nach kurzer Rechnung geht (18.64) über in

$$J(t)=\frac{E_0}{\sqrt{R^2+\left(\omega L-\dfrac{1}{\omega C}\right)^2}}\sin(\omega t+\varphi). \tag{18.65}$$

Den Fall einer *beliebigen periodischen* EMK brauchen wir nach diesen Übersetzungsproben nicht mehr vor dem Leser auszubreiten; das alles wird er sich leicht selbst zurechtlegen können. Und auch die Diskussion der Ladungs- und Spannungsverläufe in einem *RLC*-Kreis sollte ihm nicht schwerfallen.

Resonanz Im Falle $\omega=\omega_0$ (Erregerfrequenz = Eigenfrequenz) wird die Bewegung des ungedämpften und kosinuserregten harmonischen Oszillators (18.29) gemäß (18.33) durch

$$C_1\cos\omega_0 t+C_2\sin\omega_0 t+\frac{a}{2\omega_0}t\sin\omega_0 t \tag{18.66}$$

gegeben. Hier ist das letzte Glied dafür verantwortlich, daß die Ausschläge für $t\to\infty$ unbegrenzt größer werden - jedenfalls theoretisch. Praktisch wird stattdessen die Feder zu Bruch gehen. Das theoretisch ungehemmte Anwachsen der Ausschläge im Falle $\omega=\omega_0$ nennt man Resonanz, das Zerbrechen der Feder ist die „Resonanzkatastrophe".

Wirklichkeitsnäher als der *ungedämpfte* harmonische Oszillator ist der *schwach gedämpfte*. Auch hier stößt man wieder auf das Resonanzphänomen, das sich diesmal zwar theoretisch nicht ganz so kraß, praktisch aber kaum weniger bedrohlich als im ungedämpften Fall anläßt. Mit ihm wollen wir uns nun befassen.

Alles hierzu Nötige liegt schon bereit. Wir nehmen uns wieder eine Kosinuserregung vor, also wie in (18.28) die Differentialgleichung

$$\ddot{x}+2\varrho\dot{x}+\omega_0^2x=a\cos\omega t \qquad (a,\omega>0;\ 0<\varrho<\omega_0). \tag{18.67}$$

Nach einem Einschwingvorgang stellt sich die stationäre Sinusschwingung mit der Amplitude

$$A(\omega):=\frac{a}{\sqrt{(\omega_0^2-\omega^2)^2+4\varrho^2\omega^2}} \tag{18.68}$$

ein (s. (18.37) und (18.38)). Um die Abhängigkeit der letzteren von ω genauer zu untersuchen, sehen wir uns zuerst den Radikanden $f(\omega):=(\omega_0^2-\omega^2)^2+4\varrho^2\omega^2$ an. Mittels seiner Ableitung nach ω erkennt man unschwer, daß er im Falle $\varrho\geqslant\omega_0/\sqrt{2}$ mit $\omega\to\infty$ streng wachsend gegen ∞ divergiert, und daher wird $A(\omega)$ für $\omega\to\infty$ streng fallend $\to 0$ streben. Ist jedoch $\varrho<\omega_0/\sqrt{2}$, so fällt die Funktion $f(\omega)$ zunächst streng bis zur Stelle

$$\omega_R:=\sqrt{\omega_0^2-2\varrho^2}, \tag{18.69}$$

erst dann beginnt sie streng und unbeschränkt zu wachsen. Folglich wächst die Amplitude $A(\omega)$ streng auf $(0,\omega_R]$, erreicht ihren Maximalwert

$$A_{\max}=\frac{a}{2\varrho\sqrt{\omega_0^2-\varrho^2}} \tag{18.70}$$

an der Stelle $\omega=\omega_R$ und strebt dann für $\omega\to\infty$ streng fallend gegen 0. Alles in allem stellt sich für den schwach gedämpften und kosinuserregten Oszillator das Resonanzphänomen also so dar: *Im Falle $\varrho<\omega_0/\sqrt{2}$ – und nur in ihm – nimmt die Amplitude der erzwungenen Schwingung stark, aber nicht unbeschränkt zu, wenn die Erregerfrequenz ω in die Nähe der Eigenfrequenz ω_0 kommt*; die in (18.69) angegebene Frequenz ω_R, bei der die Amplitude $A(\omega)$ *maximal* wird, heißt **Resonanzfrequenz**. Wegen der Dämpfung ist sie etwas kleiner als die Eigenfrequenz.

Bei schwacher Dämpfung, das haben wir gesehen, streben die Amplituden $A(\omega)\to 0$ für $\omega\to\infty$: eine Erregung mit sehr hoher Frequenz bleibt praktisch folgenlos, der Oszillator spricht nicht mehr auf sie an. Das ist der Grund, weshalb das Ohr keine hochfrequenten Töne aufnimmt.

In der Resonanztheorie ist es vorteilhaft, sich mittels der (dimensionslosen und daher nicht sehr glücklich so genannten) **Eigenzeit**

$$\tau:=\omega_0 t$$

weitgehend von der Eigenfrequenz ω_0 des individuellen Schwingers zu befreien. Damit ist folgendes gemeint. Setzt man

$$x(t)=x\left(\frac{\tau}{\omega_0}\right)=:y(\tau),\quad \frac{\varrho}{\omega_0}=:D,\quad \frac{\omega}{\omega_0}=:\eta \tag{18.71}$$

und bezeichnet die Ableitungen nach τ durch Striche, so geht (18.67) wegen $\dot{x}=\omega_0 y'$, $\ddot{x}=\omega_0^2 y''$ über in

$$y''+2Dy'+y=b\cos\eta\tau \qquad \left(b:=\frac{a}{\omega_0^2}\right), \tag{18.72}$$

und für diesen „transformierten Oszillator" stellt sich nach (18.68) die Amplitude des eingeschwungenen Zustandes in der Form

$$\frac{b}{\sqrt{(1-\eta^2)^2+4D^2\eta^2}} \tag{18.73}$$

dar. Daher wird die Amplitude des eingeschwungenen Zustandes unseres ursprünglichen (untransformierten) Oszillators gegeben durch

$$V(\eta)\frac{a}{\omega_0^2} \quad \text{mit} \quad V(\eta):=\frac{1}{\sqrt{(1-\eta^2)^2+4D^2\eta^2}}. \tag{18.74}$$

Der **Vergrößerungsfaktor** $V(\eta)$ mit dem **Dämpfungsmaß** $D<1$ läßt sich – und das eben ist der Vorteil der Transformation auf die Eigenzeit – *unabhängig von dem individuellen Schwinger studieren*. Trägt man $V(\eta)$ über einer η-Achse auf, so erhält man die sogenannte **Resonanzkurve** mit dem

$$\text{Maximum}\quad \frac{1}{2D\sqrt{1-D^2}}\quad \text{an der Stelle}\quad \sqrt{1-2D^2}. \tag{18.75}$$

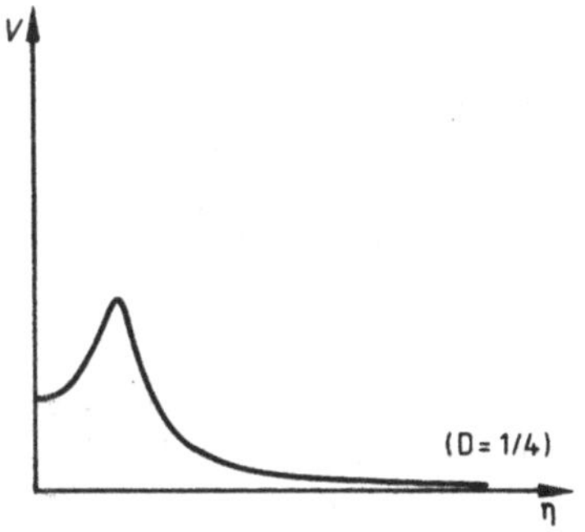

Fig. 18.4

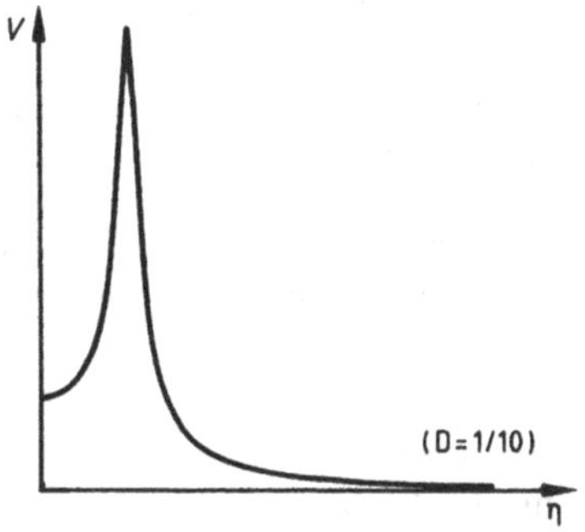

Fig. 18.5

Das Maximum ist um so schärfer ausgeprägt, je kleiner das Dämpfungsmaß D ist (s. Fig. 18.4 und 18.5).

Resonanz tritt bei allen schwingungsfähigen mechanischen Systemen auf, nicht nur bei dem einfachen harmonischen Oszillator. Das Anwachsen der erregten Amplitude kann dabei so stark sein, daß es zu schweren Schäden, den schon erwähnten *Resonanzkatastrophen*, kommt. Sehr milde „Resonanzkatastrophen" können bei bestimmten Umdrehungszahlen des Motors im Auto auftreten: lose Teile klappern, das Lenkrad zittert und der Rückspiegel schwingt so stark, daß das Spiegelbild völlig verschwimmt. Mit Geigentönen kann man nicht nur Seelen zerschmelzen, sondern auch Gläser zerbrechen. Ernster zu nehmen sind die Beschädigungen von Gebäuden durch Vibrationen, deren Frequenz in der Nähe der Gebäudeeigenfrequenz liegt; solche Vibrationen können durch Maschinen mit rotierenden Teilen oder durch Verkehrsströme entstehen. Brücken können zusammenstürzen, wenn Truppen sie im Gleichschritt überqueren. 1850 brachte ein französisches Infanteriebataillon auf diese Weise die Hängebrücke von Angers zum Einsturz; 226 Soldaten gingen dabei zugrunde. Das militärische Reglement schreibt deshalb für den Marsch über Brücken das unmilitärische Trotten vor. Bei einem Flugzeug werden die Tragflächen von der Luft umströmt; dabei lösen sich in regelmäßigen Zeitabständen Wirbel ab, die eine periodische Kraft auf die Tragflächen senkrecht zur Luftströmung ausüben - und diese rhythmische Erregung kann bei „richtigen" Frequenzen zum Abbrechen der Tragflächen führen. Dasselbe Phänomen war verantwortlich für eine der spektakulärsten Resonanzkatastrophen der neueren Zeit, nämlich für den Einsturz der eleganten Hängebrücke über der winddurchwehten Tacoma-Schlucht im US-Staat Washington am 7. November 1940, fast genau vier Monate nach ihrer Einweihung. Ein Flugpassagier schließlich sollte *vor* Antritt seiner Reise daran denken, daß Resonanzschwingungen zu Schaufelbrüchen in Turbomotoren führen können (*während* des Fluges sollte er jedoch nicht mehr darüber sinnieren, weil es zum Aussteigen dann zu spät ist).

Aus all dem sieht man, daß Schwingungen und Resonanzen zu den gravierendsten technischen Problemen gehören und daß Schwingungsanalysen für den Konstrukteur von Bauwerken und Maschinen unabdingbar sind. In der Tat ist denn auch niemand so „schwingungsbewußt" wie der moderne Ingenieur.

Resonanz kann sich auch in *elektrischen Schwingungskreisen* einstellen. Wird ein derartiger Kreis von einer EMK der Form $E_0 \sin \omega t$ erregt, so bestimmt sich der Stromverlauf $J(t)$ aus der Gleichung (18.65). Ihr können wir ohne Rechnung entnehmen, daß der Strom seinen Maximalwert (in Abhängigkeit von ω) erreicht, wenn der „Blindwiderstand" $\omega L - 1/(\omega C)$ verschwindet, wenn also $\omega = 1/\sqrt{LC}$ ist. In regelmäßigen Abständen schwillt dann $J(t)$ bis zur Stärke E_0/R an. Dieser

„Resonanzstrom" E_0/R kann bei kleinem Widerstand R sehr groß sein und gefährliche Folgen für die Isolation haben.

Resonanz kann aber auch erwünscht sein, wenn es nämlich darum geht, aus einer kleinen Einwirkung eine große Auswirkung zu machen. Stimmgabeln stellt man auf Resonanzkästen, das Schwingungsverhalten von Flugzeugrümpfen und Tragflächen studiert man vor Inbetriebnahme der Maschinen mit Hilfe von Resonanzexperimenten, und wie sehr der Radioempfang vom Resonanzphänomen lebt, werden wir in Aufgabe 26 genauer erfahren.

Mathematisches Pendel Ein Massenpunkt M der Masse m sei durch eine masselose Stange der Länge l an einem festen Punkt drehbar aufgehängt; von der Reibung im Aufhängepunkt und vom Luftwiderstand wird abgesehen. Auf M wirkt als bewegende Kraft also lediglich die Schwerkraft, genauer: ihre tangentiale Komponente $-mg\sin\varphi$ ($\varphi :=$ Winkel zwischen der Pendelstange und der Vertikalen, $g :=$ Erdbeschleunigung; s. Fig. 18.6). Eine solche (nie perfekt realisierbare) Vorrichtung heißt ein m a t h e m a t i s c h e s P e n d e l.

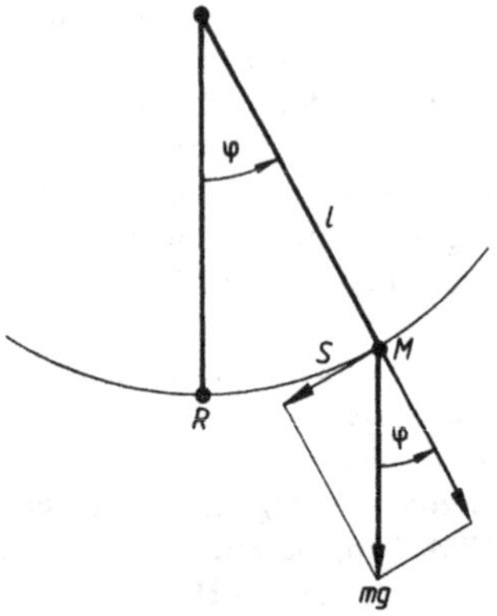

Fig. 18.6

Da die Bogenlänge s, vom Ruhe- oder Tiefstpunkt R aus gemessen, gleich $l\varphi$ ist, finden wir aus dem Newtonschen Kraftgesetz für die Bewegung von M die Differentialgleichung

$$m\frac{d^2 s}{dt^2} = ml\frac{d^2\varphi}{dt^2} = -mg\sin\varphi, \tag{18.76}$$

also
$$\frac{d^2\varphi}{dt^2} + \frac{g}{l}\sin\varphi = 0. \tag{18.77}$$

Für kleine Winkel φ ist $\sin\varphi \approx \varphi$, die *exakte* Pendelgleichung (18.77) geht also bei *kleinen* Ausschlägen über in die *Näherungs*gleichung

$$\frac{d^2\varphi}{dt^2}+\frac{g}{l}\varphi=0 \quad \text{oder also} \quad \frac{d^2\varphi}{dt^2}+\omega_0^2\varphi=0 \quad \text{mit} \quad \omega_0:=\sqrt{\frac{g}{l}}. \tag{18.78}$$

Das aber ist die Differentialgleichung (18.4) des ungedämpften und ungestörten harmonischen Oszillators. Heben wir den Pendelkörper M bis zu einem (kleinen!) Ausschlag φ_0 und lassen ihn dann los (ohne ihm also eine Anfangsgeschwindigkeit zu erteilen), so ergibt sich aus der allgemeinen Lösung $\varphi(t)=C_1\cos\omega_0 t+C_2\sin\omega_0 t$ von (18.78) nach Einarbeitung der Anfangsbedingungen $\varphi(0)=\varphi_0$, $\dot\varphi(0)=0$ die Pendelbewegung zu

$$\varphi(t)=\varphi_0\cos\omega_0 t. \tag{18.79}$$

Das Pendel exekutiert also eine reine Kosinusschwingung mit der Anfangsamplitude φ_0 und der Schwingungsdauer

$$T=\frac{2\pi}{\omega_0}=2\pi\sqrt{\frac{l}{g}} \tag{18.80}$$

(s. (18.8)). Die Schwingungsdauer ist bemerkenswerterweise *unabhängig von der Pendelmasse m und der Amplitude* φ_0 (sofern φ_0 nur klein genug ist; die Erfahrung zeigt, daß man bis zu Ausschlägen von etwa 30° gehen darf). Daß die Pendelschwingungen bei beliebigen (aber hinreichend kleinen) Ausschlägen „isochron" (zeitgleich) sind, soll nach weitverbreiteter Ansicht Galilei durch die Beobachtung hin- und herschwingender Kronleuchter im Dom von Pisa als erster entdeckt haben.

Das mathematische Pendel kann recht gut durch eine kleine Kugel an einem langen Faden angenähert werden. Aus (18.80) läßt sich dann bei gegebener Pendellänge l – immer kleine Ausschläge vorausgesetzt – *die Erdbeschleunigung g mittels der Schwingungsdauer T bestimmen*. Es zeigt sich dabei, daß g örtlich veränderlich ist, und aus dieser Variabilität schloß bereits Newton, daß die Erde an den Polen *abgeplattet* sei. Es ist dies eine der frappierendsten Konsequenzen aus der einfachen Theorie des harmonischen Oszillators.

Zykloidenpendel Das mathematische Pendel krankt an dem Mißstand, daß seine Schwingungen nur bei *kleinen* Ausschlägen „isochron" sind, d. h., für einen vollen Hin- und Hergang immer die gleiche Zeit benötigen. Ja noch schlimmer: selbst bei *kleinen* Ausschlägen ist keine ganz exakte Isochronie gewährleistet, denn diese haben wir eigentlich nur durch eine Augenwischerei erschwindelt: durch die Gleichsetzung von $\sin\varphi$ mit φ. Dem großen Holländer Christian Huygens (1629–1695; 66) ist es jedoch gelungen, ein Pendel mit perfekter Isochronie zu konstruieren. Hierbei wird allerdings der Massenpunkt nicht mehr auf einem Kreis-, sondern auf einem Zykloidenstück geführt. Das wollen wir jetzt auseinandersetzen.

Dazu denken wir uns ein nach oben geöffnetes Zykloidenstück Z durch die Parameterdarstellung

$$x=r(\varphi-\sin\varphi), \quad y=r(1+\cos\varphi) \qquad (0\leqslant\varphi\leqslant 2\pi) \tag{18.81}$$

mit konstantem $r>0$ gegeben (s. Fig. 18.7). Ein Massenpunkt M mit Masse m möge sich reibungsfrei allein unter dem Einfluß der Schwerkraft längs Z bewegen. Wirksam ist dabei nur deren Tangentialkomponente

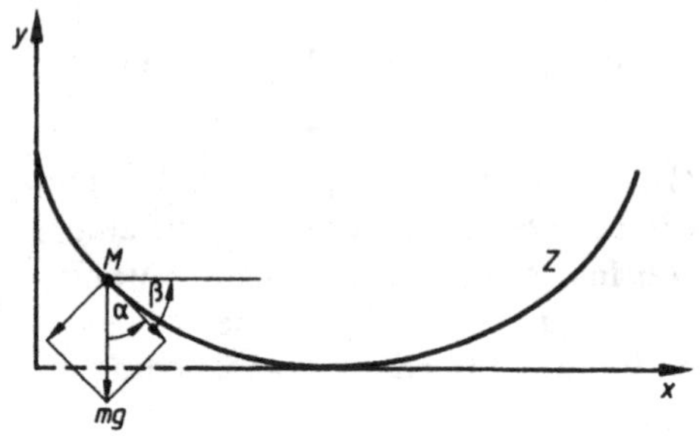

Fig. 18.7

$$
\begin{aligned}
-mg\cos\alpha &= -mg\sin\beta = -mg\,\frac{\mathrm{d}y}{\mathrm{d}s} \quad (s \text{ die Bogenlänge von } Z)\\
&= -mg\,\frac{\mathrm{d}y}{\mathrm{d}\varphi}\,\frac{\mathrm{d}\varphi}{\mathrm{d}s} = mgr\sin\varphi\,\frac{1}{\mathrm{d}s/\mathrm{d}\varphi}.
\end{aligned} \tag{18.82}
$$

Wegen $s(\varphi) = \int\limits_0^{\varphi} \sqrt{\left(\frac{\mathrm{d}x}{\mathrm{d}\tau}\right)^2 + \left(\frac{\mathrm{d}y}{\mathrm{d}\tau}\right)^2}\,\mathrm{d}\tau$ ist

$$
\begin{aligned}
\frac{\mathrm{d}s}{\mathrm{d}\varphi} &= \sqrt{r^2(1-\cos\varphi)^2 + r^2\sin^2\varphi} = \sqrt{2r^2(1-\cos\varphi)} = \sqrt{2r^2\cdot 2\sin^2\frac{\varphi}{2}}\\
&= 2r\sin\frac{\varphi}{2}
\end{aligned} \tag{18.83}
$$

und somit

$$
-mg\cos\alpha = mgr\,\frac{\sin\varphi}{2r\sin\frac{\varphi}{2}} = mg\,\frac{2\sin\frac{\varphi}{2}\cos\frac{\varphi}{2}}{2\sin\frac{\varphi}{2}} = mg\cos\frac{\varphi}{2}. \tag{18.84}
$$

Ist v die Geschwindigkeit von M an der Stelle von Z, die dem Parameterwert φ entspricht, so haben wir wegen (18.83)

$$
v = \frac{\mathrm{d}s}{\mathrm{d}t} = \frac{\mathrm{d}s}{\mathrm{d}\varphi}\,\frac{\mathrm{d}\varphi}{\mathrm{d}t} = 2r\sin\frac{\varphi}{2}\,\frac{\mathrm{d}\varphi}{\mathrm{d}t} = -4r\,\frac{\mathrm{d}}{\mathrm{d}t}\cos\frac{\varphi}{2}. \tag{18.85}
$$

Nach dem Newtonschen Kraftgesetz ist $m\,\mathrm{d}v/\mathrm{d}t = -mg\cos\alpha$, und dank (18.84), (18.85) folgt nun

$$
-m4r\,\frac{\mathrm{d}^2}{\mathrm{d}t^2}\cos\frac{\varphi}{2} = mg\cos\frac{\varphi}{2} \quad \text{oder also} \quad \frac{\mathrm{d}^2}{\mathrm{d}t^2}\cos\frac{\varphi}{2} + \frac{g}{4r}\cos\frac{\varphi}{2} = 0.
$$

Mit $u := \cos\frac{\varphi}{2}$ geht dies über in

$$
\ddot{u} + \omega_0^2 u = 0 \qquad \left(\omega_0 := \sqrt{\frac{g}{4r}}\right),
$$

also in die Differentialgleichung (18.4) des ungedämpften und ungestörten harmonischen Oszillators. Und daher können wir sagen, daß M Schwingungen mit der *amplitudenunabhängigen* Schwingungsdauer

$$T=\frac{2\pi}{\omega_0}=4\pi\sqrt{\frac{r}{g}} \tag{18.86}$$

ausführen wird (s. (18.8)), Schwingungen, die makellos synchron sind, selbst bei *großen* Ausschlägen, denn zu der Formel für T sind wir diesmal ohne die geringste Unterschlagung gekommen. Dieser perfekten Synchronie wegen nennt man die Zykloide auch Tautochrone oder Isochrone.[1] Schon in Nr. 10 haben wir gesehen, daß sie auch die Brachistochrone (Kurve kürzester Laufzeit) ist.

Temperaturverteilung in einem Stab Als nächstes wollen wir uns mit Fragen der Temperaturverteilung beschäftigen. Die physikalische Basis wird von zwei Aussagen gebildet:

a) Um einen Körper der Masse m und der spezifischen Wärme c von der Temperatur ϑ auf die Temperatur $\vartheta+\mathrm{d}\vartheta$ zu bringen, muß man ihm die Wärmemenge

$$\mathrm{d}Q=cm\,\mathrm{d}\vartheta \tag{18.87}$$

zuführen (entziehen).

b) Zur Zeit t herrsche im Punkte (x,y,z) eines Körpers die Temperatur $\vartheta(x,y,z,t)$. Dann strömt innerhalb des Körpers die Wärme von Orten *höherer* zu Orten *tieferer* Temperatur, und zwar in folgender Weise: $\boldsymbol{n}$ sei ein Richtungsvektor und R ein kleines Rechteck mit dem Inhalt $\mathrm{d}\sigma$, das senkrecht zu $\boldsymbol{n}$ stehe und ganz in dem Körper liege. Die in der kleinen Zeitspanne $\mathrm{d}t$ durch R hindurchströmende Wärmemenge wird dann gegeben durch

$$\mathrm{d}Q=-\varkappa\frac{\partial\vartheta}{\partial\boldsymbol{n}}\,\mathrm{d}\sigma\,\mathrm{d}t=-\varkappa(\operatorname{grad}\vartheta\cdot\boldsymbol{n})\,\mathrm{d}\sigma\,\mathrm{d}t\,; \tag{18.88}$$

dabei sind $\partial\vartheta/\partial\boldsymbol{n}$ und $\operatorname{grad}\vartheta$ nur bezüglich der *Orts*koordinaten zu bilden; insbesondere ist also

$$\operatorname{grad}\vartheta=\left(\frac{\partial\vartheta}{\partial x},\frac{\partial\vartheta}{\partial y},\frac{\partial\vartheta}{\partial z}\right).$$

Den Körper setzen wir der Einfachheit wegen als homogen und isotrop voraus. $\varkappa$ ist dann eine positive Konstante und wird die Wärmeleitfähigkeit genannt.

Nun sei uns ein dünner quaderförmiger Stab S mit Länge L und Querschnitt $\mathrm{d}\sigma$ gegeben, den wir uns auf der x-Achse liegend denken; sein linkes Ende falle mit dem Nullpunkt zusammen (s. Fig. 18.8). Die Oberfläche von S sei isoliert, so daß keine Wärme nach außen abgegeben wird. Daß der Stab „dünn" ist, soll heißen, daß wir nur die Wärmeströmung parallel zur x-Achse zu berücksichtigen brauchen (lineare Wärmeleitung). Die in der Zeit zwischen t und $t+\mathrm{d}t$ durch A

[1] Vom griech. *tautos* oder *isos* = gleich, *chronos* = Zeit. - Eine Herleitung der Formel (18.86) *via* Energiesatz findet man in Heuser II, A 220.3.

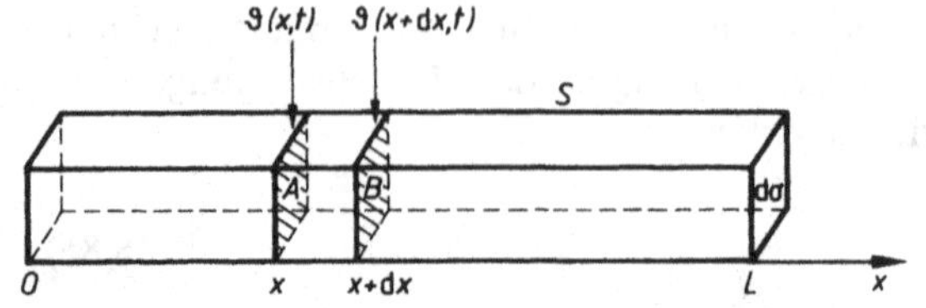

Fig. 18.8

und B von links nach rechts strömende Wärmemenge wird gemäß (18.88) gegeben durch

$$-\varkappa \frac{\partial \vartheta}{\partial x}(x, t)\,\mathrm{d}\sigma\,\mathrm{d}t \quad \text{bzw. durch} \quad -\varkappa \frac{\partial \vartheta}{\partial x}(x+\mathrm{d}x, t)\,\mathrm{d}\sigma\,\mathrm{d}t.$$

Dem Quader zwischen A und B wird also in der Zeit zwischen t und $t+\mathrm{d}t$ die folgende Wärmemenge zugeführt (oder entzogen):

$$\begin{aligned}\mathrm{d}Q &= -\varkappa \frac{\partial \vartheta}{\partial x}(x, t)\,\mathrm{d}\sigma\,\mathrm{d}t - \left(-\varkappa \frac{\partial \vartheta}{\partial x}(x+\mathrm{d}x, t)\,\mathrm{d}\sigma\,\mathrm{d}t\right)\\ &= \varkappa\left(\frac{\partial \vartheta}{\partial x}(x+\mathrm{d}x, t) - \frac{\partial \vartheta}{\partial x}(x, t)\right)\mathrm{d}\sigma\,\mathrm{d}t = \varkappa \frac{\partial^2 \vartheta}{\partial x^2}(x, t)\,\mathrm{d}x\,\mathrm{d}\sigma\,\mathrm{d}t \ ^{1)}\\ &= \varkappa \frac{\partial^2 \vartheta}{\partial x^2}(x, t)\,\mathrm{d}V\,\mathrm{d}t \qquad (\mathrm{d}V := \mathrm{d}x\,\mathrm{d}\sigma = \text{Volumen des Quaders zwischen } A \text{ und } B).\end{aligned}$$

Wegen (18.87) haben wir also, wenn ϱ die Dichte von S und somit $\varrho\,\mathrm{d}V$ die Masse des Quaders zwischen A und B bedeutet,

$$c\varrho\,\mathrm{d}V\,\mathrm{d}\vartheta = \varkappa \frac{\partial^2 \vartheta}{\partial x^2}(x, t)\,\mathrm{d}V\,\mathrm{d}t$$

und somit schließlich die Differentialgleichung der linearen Wärmeleitung

$$\frac{\partial \vartheta}{\partial t} = \frac{\varkappa}{c\varrho}\frac{\partial^2 \vartheta}{\partial x^2}. \tag{18.89}$$

Es erfordert keine unzumutbare Arbeit, diese Betrachtungen ins Dreidimensionale auszudehnen und so zu der berühmten Fourierschen Differentialgleichung der räumlichen Wärmeleitung

$$\frac{\partial \vartheta}{\partial t} = \frac{\varkappa}{c\varrho}\left(\frac{\partial^2 \vartheta}{\partial x^2} + \frac{\partial^2 \vartheta}{\partial y^2} + \frac{\partial^2 \vartheta}{\partial z^2}\right)$$

zu kommen, die wir mit Hilfe des Laplaceoperators Δ und der Temperaturleitfähigkeit

[1] Die letzte Gleichung ergibt sich durch eine dem Physiker unbedenklich erscheinende Anwendung des Mittelwertsatzes der Differentialrechnung.

$$\tau := \frac{\varkappa}{c\varrho}$$

etwas kompakter in der Form

$$\frac{\partial \vartheta}{\partial t} = \tau \Delta \vartheta \tag{18.90}$$

schreiben können. Sie ist die Zierde des Fourierschen Hauptwerks *Théorie analytique de la chaleur* (1822; § 142), ein Buch, das man die Bibel des mathematischen Physikers genannt hat.

Ist der Wärmestrom hinreichend lange geflossen, so stellt sich ein *stationärer Zustand* ein, der durch $\partial\vartheta/\partial t = 0$ gekennzeichnet ist: die Temperaturverteilung ändert sich zeitlich nicht mehr. Aus (18.90) folgt, *daß diese stationäre Temperaturverteilung der sogenannten* Laplaceschen Differentialgleichung

$$\Delta \vartheta = 0 \tag{18.91}$$

genügt.

Bei der Herleitung von (18.89) hatten wir angenommen, der Stab sei *isoliert*. Wenn dies nicht der Fall ist, wird sich seine Temperatur durch Wärmeaustausch mit der Umgebung verändern. Diese Umgebung möge die örtlich und zeitlich konstante „Außentemperatur" ϑ_A haben. (18.89) muß dann gemäß dem Newtonschen Abkühlungsgesetz (5.15) zu der Differentialgleichung

$$\frac{\partial \vartheta}{\partial t} = \tau \frac{\partial^2 \vartheta}{\partial x^2} - k(\vartheta - \vartheta_A) \qquad (k > 0 \text{ konstant}) \tag{18.92}$$

erweitert werden. Der schließlich eintretende stationäre Zustand unterliegt daher der (gewöhnlichen) Differentialgleichung[1)]

$$\frac{d^2 \vartheta}{dx^2} - \alpha^2(\vartheta - \vartheta_A) = 0 \qquad (\alpha := \sqrt{k/\tau} > 0 \text{ konstant}). \tag{18.93}$$

Ihre allgemeine Lösung wird gegeben durch

$$\vartheta(x) = \vartheta_A + C_1 e^{\alpha x} + C_2 e^{-\alpha x}. \tag{18.94}$$

Wir fragen nun nach der stationären Temperaturverteilung in dem Stab, *wenn sein linkes Ende auf der konstanten Temperatur* ϑ_0, *sein rechtes auf der ebenfalls konstanten Temperatur* $\vartheta_L < \vartheta_0$ *gehalten wird.* Hier zwingt uns die Physik ein Problem auf, dem wir bisher noch nie begegnet sind: nämlich die allgemeine Lösung nicht gewissen *Anfangs*bedingungen $\vartheta(0) = \vartheta_0$, $\vartheta'(0) = \vartheta_0'$ anzupassen, sondern vorgeschriebenen

$$\textit{Rand}\text{bedingungen} \quad \vartheta(0) = \vartheta_0, \ \vartheta(L) = \vartheta_L. \tag{18.95}$$

1) Im stationären Zustand hängt ϑ nur noch von der Ortsvariablen x ab: $\vartheta = \vartheta(x)$.

Die Theorie dieser Randwertaufgaben wird uns später noch ausgiebig beschäftigen. Gegenwärtig muß eine *ad hoc*-Behandlung genügen. Dazu tragen wir einfach die Randbedingungen in (18.94) ein und erhalten so für die freien Konstanten C_1, C_2 das Gleichungssystem

$$\begin{aligned} C_1 \quad + C_2 \quad &= \vartheta_0 - \vartheta_A\,, \\ C_1 e^{\alpha L} + C_2 e^{-\alpha L} &= \vartheta_L - \vartheta_A\,. \end{aligned}$$

Es hat die eindeutige Lösung

$$C_1 = \frac{\vartheta_L - \vartheta_A - (\vartheta_0 - \vartheta_A)e^{-\alpha L}}{2\sinh \alpha L}, \quad C_2 = \frac{(\vartheta_0 - \vartheta_A)e^{\alpha L} - (\vartheta_L - \vartheta_A)}{2\sinh \alpha L}.$$

Die stationäre Temperaturverteilung in unserem Stab unter den Randbedingungen (18.95) ist also

$$\vartheta(x) = \vartheta_A + \frac{(\vartheta_L - \vartheta_A)\sinh \alpha x + (\vartheta_0 - \vartheta_A)\sinh \alpha(L-x)}{\sinh \alpha L}. \tag{18.96}$$

Nochmals die Eisversorgung Alexanders des Großen oder vom Nutzen tiefer Keller Zu Beginn der Nr. 10 hatten wir geschildert, wie sich Alexander der Große in den asiatischen Wüsten mit Eis aus den Bergen Makedoniens versorgte. Der Leser hat sich vielleicht gefragt, wie man dort das ganze Jahr lang zu Eis kommen konnte. Im Winter war das natürlich kein Problem. Wie aber im Sommer? Diese Frage wollen wir nun angehen.

Dazu studieren wir das Problem, wie sich die Schwankungen der Temperatur an der Erdoberfläche *ins Erdinnere fortpflanzen*. Die Erde betrachten wir dabei als eben und nehmen an, der (tägliche bzw. jährliche) Temperaturverlauf an ihrer Oberfläche sei eine periodische Funktion der Zeit, darstellbar durch eine Fourierreihe

$$\frac{A_0}{2} + \sum_{n=1}^{\infty} (A_n \cos n\omega t + B_n \sin n\omega t), \quad \omega := \frac{2\pi}{T}, \ T \text{ die Periode}. \tag{18.97}$$

Nur der Bequemlichkeit wegen wollen wir die höheren Oberschwingungen außer acht lassen, also den spezielleren Temperaturverlauf

$$g(t) = \frac{A_0}{2} + A_1 \cos \omega t + B_1 \sin \omega t \tag{18.98}$$

ansetzen. Mit den komplexen Zahlen[1)]

$$C_{-1} := (A_1 + \mathrm{i}B_1)/2, \quad C_0 := A_0/2, \quad C_1 := (A_1 - \mathrm{i}B_1)/2 = \overline{C}_{-1} \tag{18.99}$$

kann man (18.98) so schreiben:

[1)] Man kann auch im Reellen bleiben - freilich mit Verlust formaler Einfachheit.

$$g(t)=C_{-1}\,\mathrm{e}^{-\mathrm{i}\omega t}+C_0+C_1\,\mathrm{e}^{\mathrm{i}\omega t} \qquad \text{(s. (14.18))}. \tag{18.100}$$

Für die Temperatur $\vartheta(x, t)$ des Erdinneren in der Tiefe x zur Zeit t machen wir nun den naheliegenden Ansatz

$$\vartheta(x,t)=C_{-1}u_{-1}(x)\,\mathrm{e}^{-\mathrm{i}\omega t}+C_0u_0(x)+C_1u_1(x)\,\mathrm{e}^{\mathrm{i}\omega t}. \tag{18.101}$$

Für die Wärmeleitung senkrecht von der Oberfläche der Erde in ihr Inneres ist die Differentialgleichung

$$\frac{\partial\vartheta}{\partial t}=\tau\frac{\partial^2\vartheta}{\partial x^2} \qquad (\tau \text{ die Temperaturleitfähigkeit der Erde})$$

zuständig (s. (18.89)). Wenn ihr jedes einzelne Glied in (18.101) genügt, wenn also gilt

$$\frac{\mathrm{d}^2u_n}{\mathrm{d}x^2}-n\frac{\mathrm{i}\omega}{\tau}u_n=0 \quad \text{für } n=-1,0,1, \tag{18.102}$$

so muß offensichtlich auch (18.101) selbst eine Lösung sein. Die charakteristische Gleichung $\lambda^2-(n\,\mathrm{i}\omega)/\tau=0$ von (18.102) hat die Nullstellen

$$\lambda_{1,2}=\pm\sqrt{n\frac{\mathrm{i}\omega}{\tau}}=\begin{cases}\pm(-1+\mathrm{i})\alpha & \text{für } n=-1,\\ 0 & \text{für } n=0,\\ \pm(1+\mathrm{i})\alpha & \text{für } n=1.\end{cases} \qquad \left(\alpha:=\sqrt{\frac{\omega}{2\tau}}\right).$$

Das allgemeine Integral $u_n(x)$ von (18.102) für $n=-1, 0, 1$ ist also

$$\begin{aligned}u_{-1}(x)&=D_{-1,1}\mathrm{e}^{-\alpha x}\mathrm{e}^{\mathrm{i}\alpha x}+D_{-1,2}\mathrm{e}^{\alpha x}\mathrm{e}^{-\mathrm{i}\alpha x},\\ u_0(x)&=D_{0,1}+D_{0,2}x,\\ u_1(x)&=D_{1,1}\mathrm{e}^{-\alpha x}\mathrm{e}^{-\mathrm{i}\alpha x}+D_{1,2}\mathrm{e}^{\alpha x}\mathrm{e}^{\mathrm{i}\alpha x}.\end{aligned}$$

Bei der Lösung unseres Problems müssen die jeweils letzten Konstanten $D_{n,2}$ zu Null gemacht werden, weil andernfalls $\vartheta(x, t)$ beim Eindringen in die Erde absurderweise anwachsen würde. Da ferner $\vartheta(0, t)=g(t)$, also – s. (18.100) –

$$C_{-1}u_{-1}(0)\mathrm{e}^{-\mathrm{i}\omega t}+C_0u_0(0)+C_1u_1(0)\mathrm{e}^{\mathrm{i}\omega t}=C_{-1}\mathrm{e}^{-\mathrm{i}\omega t}+C_0+C_1\mathrm{e}^{\mathrm{i}\omega t}$$

sein soll, werden wir die u_n so zu bestimmen suchen, daß $u_n(0)=1$ ausfällt. Dies erreichen wir, da die $D_{n,2}$ ohnehin $=0$ sind, indem wir alle $D_{n,1}=1$ setzen. Damit wird nun (18.101) zu

$$\begin{aligned}\vartheta(x,t)&=C_{-1}\mathrm{e}^{-\alpha x}\mathrm{e}^{\mathrm{i}\alpha x}\mathrm{e}^{-\mathrm{i}\omega t}+C_0+C_1\mathrm{e}^{-\alpha x}\mathrm{e}^{-\mathrm{i}\alpha x}\mathrm{e}^{\mathrm{i}\omega t}\\ &=C_0+\mathrm{e}^{-\alpha x}\left(C_{-1}\mathrm{e}^{\mathrm{i}(\alpha x-\omega t)}+C_1\mathrm{e}^{-\mathrm{i}(\alpha x-\omega t)}\right).\end{aligned} \tag{18.103}$$

Aus (18.99) liest man ab, daß sich die C_n mit

$$A:=|C_1|=\sqrt{A_1^2+B_1^2}/2 \quad \text{und} \quad \varphi:=\arg C_1$$

folgendermaßen schreiben lassen:

$$C_{-1}=A\,\mathrm{e}^{-\mathrm{i}\varphi},\quad C_0=\frac{A_0}{2},\quad C_1=A\,\mathrm{e}^{\mathrm{i}\varphi}.$$

Damit geht (18.103) über in

$$\begin{aligned}\vartheta(x,t)&=\frac{A_0}{2}+A\,\mathrm{e}^{-\alpha x}\left(\mathrm{e}^{\mathrm{i}(\alpha x-\omega t-\varphi)}+\mathrm{e}^{-\mathrm{i}(\alpha x-\omega t-\varphi)}\right)\\&=\frac{A_0}{2}+2A\,\mathrm{e}^{-\alpha x}\cos(\omega t+\varphi-\alpha x),\end{aligned}$$

und wenn wir hier alle Abkürzungen wieder über Bord werfen, erhalten wir die endgültige Darstellung

$$\vartheta(x,t)=\frac{A_0}{2}+\sqrt{A_1^2+B_1^2}\,\mathrm{e}^{-\sqrt{\omega/2\tau}x}\cos\left(\omega t+\varphi-\sqrt{\frac{\omega}{2\tau}}x\right) \tag{18.104}$$

oder also, wenn wir die Periode T in Evidenz setzen wollen:

$$\vartheta(x,t)=\frac{A_0}{2}+\sqrt{A_1^2+B_1^2}\,\mathrm{e}^{-\sqrt{\pi/\tau T}x}\cos\left(\frac{2\pi}{T}t+\varphi-\sqrt{\frac{\pi}{\tau T}}x\right). \tag{18.105}$$

Welche physikalischen Aussagen können wir diesem Resultat abgewinnen? Konstatieren wir zunächst Bekanntes: Es ist

$\frac{A_0}{2}=\frac{1}{T}\int_0^T g(t)\,\mathrm{d}t=$ mittlere Oberflächentemperatur während einer Periode,[1)]

$\sqrt{A_1^2+B_1^2}=$ Amplitude der Schwankung der Oberflächentemperatur $g(t)$ um das Periodenmittel $A_0/2$.[2)]

In der Tiefe x finden wir somit die folgende Situation: Die Temperatur schwingt kosinusförmig um das Oberflächenmittel $A_0/2$, und zwar mit der tiefenabhängigen

$$\text{Amplitude}=\text{Oberflächenamplitude}\times\mathrm{e}^{-\sqrt{\pi/\tau T}x}, \tag{18.106}$$

während ihre Frequenz von der Tiefe unbeeinflußt bleibt:

Frequenz = Oberflächenfrequenz.

Hingegen ist ihre

---

1) Man kann dies sofort durch Integration aus (18.98) gewinnen oder auch durch Berufung auf (18.43).

2) S. den Übergang von (18.6) zu (18.7).

Phase gegenüber der Oberflächenphase verzögert um $\sqrt{\frac{\pi}{\tau T}}\,x$. (18.107)

Die Oberflächenzustände pflanzen sich daher mit der

Geschwindigkeit $2\sqrt{\frac{\pi\tau}{T}}$ (18.108)

ins Erdinnere fort[1)] - aber, nicht zu vergessen, *gedämpft*.

(18.106) bedeutet, daß in hinreichender Tiefe die Temperatur nur noch unwesentlichen Schwankungen unterliegt: praktisch stimmt sie ständig mit dem Oberflächenmittel $A_0/2$ überein. Um uns diese Tatsache noch sinnfälliger zu machen, greifen wir zu Zahlenbeispielen. Die Temperaturleitfähigkeit der Erde ist ungefähr $\frac{1}{500}\,\frac{\text{cm}^2}{\text{s}}$ (sie ist natürlich abhängig von der Erdsorte, der Erdfeuchtigkeit usw., aber von diesen Dingen wollen wir hier absehen). Als Periode T nehmen wir 1 Jahr, es ist also $T = 365\cdot 24\cdot 60\cdot 60\,\text{s} = 31\,536\,000\,\text{s}$. In einer Tiefe von $1\,\text{m} = 100\,\text{cm}$ haben wir also den Dämpfungsfaktor

$$e^{-\sqrt{\frac{500\pi}{31\,536\,000}}\cdot 100} = 0{,}4937\ldots \approx \frac{1}{2}$$

und somit in n Meter Tiefe näherungsweise den Dämpfungsfaktor $\left(\frac{1}{2}\right)^n$:

n Meter Tiefe	1	2	3	4	5	6	7	8	9	10
Dämpfungsfaktor	0,5	0,25	0,125	0,063	0,031	0,016	0,008	0,004	0,002	0,001

In einer der wärmsten Städte Deutschlands, in Karlsruhe, beträgt das Jahresmittel der Temperatur 9,9 °C, das Monatsmittel für den Januar bzw. Juli 0,9 °C bzw. 19,2 °C. Die Jahresamplitude beläuft sich also auf ungefähr 9 °C. Infolgedessen schwankt in Karlsruhe die Temperatur in n Meter Tiefe jährlich zwischen den Werten $9{,}9 \pm 9\cdot(1/2)^n$, also etwa wie folgt:

n Meter Tiefe	1	2	3	4	5	6
Maximalwert	14,4	12,2	11	10,5	10,2	10
Minimalwert	5,4	7,7	8,8	9,3	9,6	9,8
Differenz	9	4,5	2,2	1,2	0,6	0,2

[1)] Beachte, daß $\frac{2\pi}{T}t + \varphi - \sqrt{\frac{\pi}{\tau T}}\,x = \frac{2\pi}{T}\left(t + \frac{T}{2\pi}\varphi - \frac{1}{2}\sqrt{\frac{T}{\pi\tau}}\,x\right)$ ist.

Bei der Jahresperiode beträgt die Fortpflanzungsgeschwindigkeit gemäß (18.108)

$$2\sqrt{\frac{\pi}{500\cdot 31\,536\,000}} \approx 0{,}28\cdot 10^{-4}\,\frac{\mathrm{cm}}{\mathrm{s}},$$

in einem halben Jahr dringt also ein Oberflächenzustand - stark gedämpft! - in eine Tiefe von etwa 4,4 Meter ein. Dort unten ist es also „Winter", wenn oben Sommer ist - aber zwischen Winter und Sommer besteht in dieser Tiefe kaum noch ein Unterschied.

Und nun die Nutzanwendung auf Alexander den Großen: Wenn die Makedonen im Winter Eis sammelten und in 4 m tiefen Kellern in kalten Bergen lagerten, so hatten sie keine Schwierigkeiten, ihren jungen König auch im Sommer mit dem begehrten Kühlungsmittel zu versorgen - der es im Feldlager nun seinerseits in Kühlgruben aufbewahrte. Athenaios von Naukratis erzählt im „Gelehrtenmahl" (Dieterich'sche Verlagsbuchhandlung, Leipzig 1985, S. 52): „Im Bericht über die Belagerung der Stadt Petra in Indien erzählt [Chares von Mytilene], daß Alexander dreißig Kühlgruben graben, mit Schnee füllen und mit Eichenzweigen abdekken ließ. Auf diese Weise halte sich Schnee längere Zeit."

Aufgaben

1. Ein ungedämpfter und ungestörter harmonischer Oszillator mit Masse m und Federkonstante k beginne zur Zeit $t_0=0$ mit der Auslenkung $x(0)=x_0$ und der Geschwindigkeit $\dot{x}(0)=\dot{x}_0$ zu schwingen. Was ist sein Weg-Zeitgesetz?

2. Eine Kraft von 0,5 N verlängere die Feder eines ungedämpften harmonischen Oszillators um 10 cm. An der entspannten Feder werde nun eine Masse von 250 Gramm befestigt, die Feder werde um 5 cm ausgedehnt und dann losgelassen. Beantworte der Reihe nach die folgenden Fragen:

a) Wie groß ist die Federkonstante?

b) Wie groß ist die Kreisfrequenz, die Frequenz und die Schwingungsdauer des Oszillators?

c) Wie lautet sein Weg-Zeitgesetz? Hinweis: Aufgabe 1.

3. Der harmonische Oszillator aus Aufgabe 2 habe nun die vierfache Masse, also 1 kg, alles andere sei unverändert. Beantworte die Fragen b) und c) der genannten Aufgabe und vgl. mit deren Ergebnissen.

4. Ein ungedämpfter harmonischer Oszillator mit Masse $m=2$ kg habe eine Schwingungsdauer von 3 s. Wie groß ist seine Federkonstante?

5. Feder-Masse-System in vertikaler Lage (s. Fig. 18.9). Die Masse von M sei m, die Federkonstante k, von Dämpfung werde zunächst abgesehen, die x-Achse weise senkrecht nach unten, ihr Nullpunkt liege im unteren Ende der von M noch nicht belasteten Feder. Wird die Feder (mit M) ausgedehnt und dann (mit oder ohne Anfangsgeschwindigkeit) losgelassen, so beginnt das System zu schwingen. Zeige:

a) Der Schwinger ist ein durch die Schwerkraft gestörter harmonischer Oszillator mit der Differentialgleichung

$$\ddot{x}+\frac{k}{m}x=g \qquad (g \text{ die Erdbeschleunigung}). \tag{18.109}$$

b) Durch das Anhängen von M wird die Feder um mg/k ausgedehnt. Im Punkte mg/k befindet sich der Schwinger in Ruhe, wenn man ihn nicht zusätzlich stört (statische Ruhelage). Wir machen nun die Koordinatentransformation $x=y+\frac{mg}{k}$, d.h., *wir wählen die statische Ruhelage zum Nullpunkt einer vertikal nach unten weisenden y-Achse.* Dann geht (18.109) über in $\ddot{y}+\frac{k}{m}y=0$, d.h., der Schwinger schwingt um seine statische Ruhelage wie ein ungestörter (und ungedämpfter) harmonischer Oszillator.

c) Wird noch eine geschwindigkeitsproportionale Dämpfung $r\dot{x}$ ($r>0$ konstant) in Rechnung gestellt, so hat man es mit der Differentialgleichung $\ddot{x}+\frac{r}{m}\dot{x}+\frac{k}{m}x=g$ zu tun, und diese geht durch die obige Koordinatentransformation über in $\ddot{y}+\frac{r}{m}\dot{y}+\frac{k}{m}y=0$, also in die Differentialgleichung eines gedämpften und ungestörten harmonischen Oszillators.

Aus all diesen Gründen empfiehlt es sich, *bei dem System der Fig.* 18.9 *die Ortskoordinaten von der statischen Ruhelage aus zu zählen.* Die Schwerkraft fällt dann von selbst aus der Rechnung heraus.

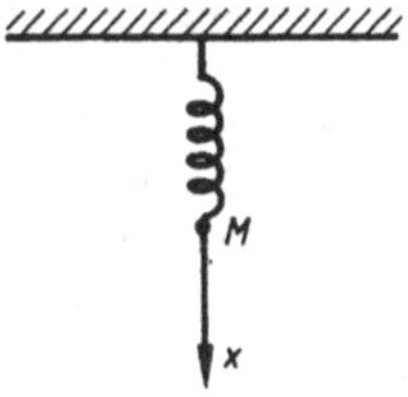

Fig. 18.9

d) Die Größe $\delta:=\frac{mg}{k}=\frac{\text{Gewicht von } M}{\text{Federkonstante}}$ wird die statische Absenkung des Schwingers genannt. Seine Schwingungsdauer T berechnet sich mit ihrer Hilfe (also durch Längenmessung) zu $T=2\pi\sqrt{\frac{\delta}{g}}$, falls er ungedämpft ist.

6. Eine Kraft von $6\cdot10^{-4}$ N strecke eine Feder um 3 cm. An die (entspannte) Feder werde eine Stahlkugel mit einer Masse von 2 Gramm gehängt. Nach Erreichen der statischen Ruhelage werde die Kugel 4 cm über diese Ruhelage gehoben und dann losgelassen.

a) Was ist die Amplitude A und Frequenz ν der Schwingung?

b) Wie lautet ihr Weg-Zeitgesetz (bezogen auf die statische Ruhelage als Nullpunkt)?

c) Zu welchen Zeiten ist die Kugel 2 cm über der statischen Ruhelage? Wie groß ist dort ihre Geschwindigkeit?

Hinweis: Aufgaben 5 und 1.

7. An eine Feder werde ein Gewicht gehängt, das sie um 10 cm streckt. Das Gewicht werde nach Erreichen der statischen Ruhelage 4 cm weiter nach unten gezogen und dann mit der Geschwindigkeit $3\ \mathrm{cm \cdot s^{-1}}$ nach oben gestoßen.

a) Wie groß ist die Schwingungsdauer T und die Kreisfrequenz ω_0?

b) Wie lautet das Weg-Zeitgesetz der Schwingung (bezogen auf die statische Ruhelage als Nullpunkt)?

c) Wie groß ist ihre Amplitude A?

8. Tauchschwingungen eines Schiffes Ein Schiff S der Masse m schwimme in Wasser der Dichte δ. Seine durch die Wasserlinie markierte „Schwimmfläche" habe den Inhalt F. Der Einfachheit wegen, wenn auch nicht ohne Gewaltsamkeit, nehmen wir S als quaderförmig an. Die x-Achse weise, mit Nullpunkt auf der Wasseroberfläche, vertikal nach unten. Wenn S irgendwie aus seiner Gleichgewichtslage nach oben oder unten entfernt wird, beginnt es, Vertikalbewegungen, sogenannte Tauchschwingungen, auszuführen. Zeige mit Hilfe des Archimedischen Prinzips (Auftriebskraft = Gewicht des verdrängten Wassers), daß die Tauchschwingungen der Differentialgleichung

$$m\ddot{x}+g\delta F x=0 \qquad (g \text{ die Erdbeschleunigung})$$

genügen und daß ihre Schwingungsdauer T gegeben wird durch $T=2\pi\sqrt{h/g}$, wobei h die Eintauchtiefe von S in der Gleichgewichtslage ist. Dabei wird freilich nicht in Rechnung gestellt, daß S während der Schwingungen auch Wassermassen bewegt.

9. Eine Kugel K mit der Masse 100 Gramm werde an eine Feder gehängt, die sich hierdurch um 8 cm verlängert. Das Kugel-Feder-System befinde sich in einem Medium, das einen Reibungswiderstand von $v/2$ ausübt (v = Geschwindigkeit in $\mathrm{m \cdot s^{-1}}$). Durch einen Stoß nach oben werde der Kugel K aus ihrer statischen Ruhelage heraus eine Geschwindigkeit von $0{,}3\ \mathrm{m \cdot s^{-1}}$ erteilt.

a) Wie lautet das Weg-Zeitgesetz für K (bezogen auf die statische Ruhelage als Nullpunkt)?

b) Nach wieviel Sekunden sind die Ausschläge $<1/10$ Millimeter?

Hinweis: Aufgabe 5.

10. Eine Masse K von 20 Gramm dehne eine vertikale Feder um 5 cm. K werde noch weitere 2 cm nach unten gezogen und dann losgelassen. Die nun einsetzenden Schwingungen sollen in einem Medium stattfinden, das den Bewegungen eine Dämpfung von $0{,}4\ \mathrm{N \cdot s \cdot m^{-1}}$ aufzwingt. Beantworte dieselben Fragen wie in Aufgabe 9.

Hinweis: Aufgabe 5.

11. Schwingungen mit Stokesscher Reibung Eine homogene Kugel K mit Radius R und Dichte δ sei an einer vertikalen Feder mit Steifigkeit k aufgehängt und befinde sich in einer Flüssigkeit mit Viskosität η. Die x-Achse zeige senkrecht nach unten, ihr Nullpunkt falle mit der statischen Ruhelage von K zusammen. K werde in der inzwischen vertrauten Weise in Bewegung versetzt. Zeige:

a) Die Bewegung von K unterliegt der Differentialgleichung

$$\ddot{x}+\frac{9\eta}{2R^2\delta}\dot{x}+\frac{3k}{4\pi R^3\delta}x=0 \qquad (\text{Hinweis: A 5.21}).$$

b) Genau dann, wenn $\eta < \frac{2}{3\sqrt{3\pi}}\sqrt{kR\delta}$ bleibt, führt K eine (gedämpfte) Schwingung aus. Ihre Dauer T wird gegeben durch $T = \frac{8\pi\sqrt{\pi}R^2\delta}{\sqrt{3}\sqrt{4kR\delta - 27\pi\eta^2}}$, der (zeitabhängige) Dämpfungsfaktor der Amplitude ist $\exp\left(-\frac{9\eta}{4R^2\delta}t\right)$.

12. Das in Aufgabe 11 beschriebene Masse-Feder-Flüssigkeit-System bestehe aus einer Stahlkugel K mit Radius 1 cm ($\delta = 7{,}8\ \mathrm{g\cdot cm^{-3}}$), einer Feder, die sich nach Anhängen von K um 20 cm ausdehnt, und Glyzerin ($\eta = 14{,}99\ \mathrm{g\cdot cm^{-1}\cdot s^{-1}}$).

a) Berechne k und arbeite weiterhin mit einem aufgerundeten Wert.

b) K werde aus der statischen Ruhelage 4 cm nach unten gezogen und dann losgelassen. Zeige zuerst, daß K eine gedämpfte Schwingung ausführen wird und gebe dann ihr Weg-Zeitgesetz an.

c) Wie groß ist die Schwingungsdauer T?

d) Würde eine Stahlkugel mit einem Radius von 1/3 cm noch echte Schwingungen ausführen?

13. Ersetze in Aufgabe 12 die Stahlkugel durch eine Bleikugel mit Radius 1 cm ($\delta = 11{,}35\ \mathrm{g\cdot cm^{-3}}$) und beantworte die entsprechenden Fragen.

14. Stoßdämpfer Ein Mittelklasseauto habe eine Masse von 820 kg, jede Abfederung an seinen Rädern habe die Dämpfung $r = 1500\ \mathrm{N\cdot s\cdot m^{-1}}$ und die Steifigkeit $15\,700\ \mathrm{N\cdot m^{-1}}$ (diese Zahlen sind weitgehend realistisch, nur ist die Dämpfung an den Hinterrädern etwas größer, die Steifigkeit etwas geringer als an den Vorderrädern). Das Auto möge durch einen Stoß aus seiner (vertikalen) Ruhelage entfernt werden. Zeige, daß es anschließend gedämpfte Schwingungen mit einer Schwingungsdauer von rund 0,79 s ausführt und daß die Ausschläge etwa mit dem Faktor $(0{,}026)^t$ abklingen.

15. Eine Feder werde durch eine angehängte Masse M von 0,5 kg um 0,49 m gedehnt. Das Feder-Masse-System befinde sich in einem Medium, dessen Reibungswiderstand das Doppelte der Geschwindigkeit (in $\mathrm{m\cdot s^{-1}}$) von M beträgt. Die in ihrer statischen Ruhelage ruhende Masse M werde durch die Zwangskraft $5\cos 2t$ N erregt.

a) Bestimme das Weg-Zeitgesetz von M (bezüglich der statischen Ruhelage) und den eingeschwungenen Zustand. Wie groß ist dessen Amplitude A? Rechne dabei mit einem abgerundeten Wert der Federkonstanten.

b) Stelle durch eine grobe Abschätzung fest, nach wieviel Sekunden der eingeschwungene Zustand im Rahmen einer Meßgenauigkeit von 1/10 Millimeter mit der vollständigen Schwingung übereinstimmt.

16. Wir betrachten wieder den Schwinger aus Aufgabe 15, diesmal mit einer Zwangskraft $5\cos\omega t$ N. Kann bei geeigneter Wahl von ω Resonanz eintreten? Wenn ja, wie groß ist die Resonanzfrequenz ω_R und die zugehörige Resonanzamplitude A_{max}?

17. Gegeben sei das Kugel-Feder-Flüssigkeit-System aus Aufgabe 11, dazu eine Zwangskraft der Form $a\cos\omega t$.

a) Zeige, daß Resonanz genau dann eintreten kann, wenn $\eta < \frac{1}{3\sqrt{3\pi}}\sqrt{2R\delta k}$ ist.

b) K sei eine Stahlkugel mit Radius 1 cm bzw. 0,5 cm in Glyzerin; die Feder habe wie in Aufgabe 12 die Steifigkeit $k=1603\ \mathrm{g}\cdot\mathrm{s}^{-2}$. Kann Resonanz eintreten? Bestimme ggf. die Resonanzfrequenz. Die benötigten Daten findet man in Aufgabe 12.

18. Eine vertikale Feder habe die Steifigkeit $k=4{,}5\ \mathrm{N}\cdot\mathrm{m}^{-1}$. An ihr hänge ein Körper K mit der Masse $m=0{,}5$ kg; K befinde sich in seiner statischen Ruhelage. Zur Zeit $t_0=0$ greife an K eine Kraft an, die bis zum Zeitpunkt $t_1=1$ mit der linear zunehmenden Stärke von t N wirke; dann höre sie abrupt auf. Bestimme das Weg-Zeitgesetz von K bezüglich seiner Gleichgewichtslage. Von Dämpfung soll abgesehen werden. Zeige ferner, daß die zweite Ableitung der Lösung beim Durchgang durch t_1 einen Sprung macht.

19. Dämmung der Schwingungen von Maschinenfundamenten Eine Maschine M mit rotierenden Teilen stehe auf einem Fundament F (s. Fig. 18.10). Da die drehenden Massen nie perfekt ausgewuchtet sind, überträgt die Maschine eine periodische Kraft $P(t):=P_0\sin\omega t$ auf ihr Fundament.

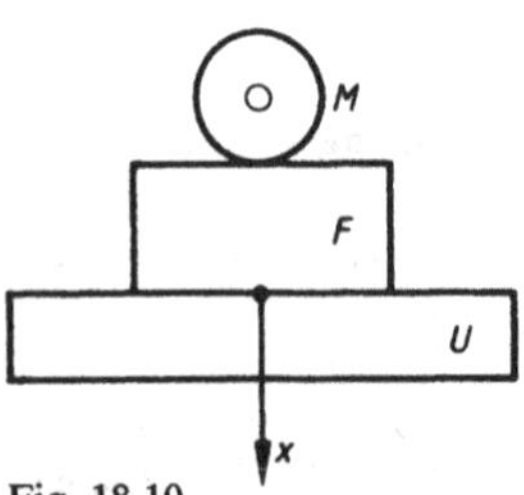

Fig. 18.10

Dadurch wiederum entstehen Erschütterungen des Gebäudes. Um diese zu mindern, wird das Fundament seinerseits auf eine federnde Unterlage U gestellt (s. Fig. 18.10). Die hier obwaltenden Verhältnisse sollen nun geklärt werden.

Die positive x-Achse beginne an der Unterseite von F (bei ruhender Maschine) und weise senkrecht nach unten. Es sei m die vereinigte Masse von M und F, k die Steifigkeit und r die innere Reibung von U. Auf U wirkt einerseits (von M kommend) die Kraft P, andererseits (und zwar entgegengerichtet, von U kommend) die Kraft $-kx-r\dot{x}$, insgesamt also die Kraft $m\ddot{x}=P-kx-r\dot{x}$, so daß wir für die Zusammendrückung der Unterlage die Differentialgleichung

$$m\ddot{x}+r\dot{x}+kx=P_0\sin\omega t$$

haben. Messungen haben ergeben, daß die innere Reibung in der einfachen Form $r=r_0/\omega$ (r_0 konstant) von der Erregerfrequenz abhängt. Diskussionswürdig ist nur der eingeschwungene Zustand $x_p(t)$.

a) Zeige: Die Kraft K, die von der Unterlage U auf das Gebäude übertragen wird, ist

$$K=P-m\ddot{x}_p=kx_p+r\dot{x}_p=\operatorname{Im}P_0\frac{1+\mathrm{i}d}{1-\eta^2+\mathrm{i}d}\,\mathrm{e}^{\mathrm{i}\omega t}$$

mit $\quad d:=\dfrac{r_0}{k},\quad \eta:=\dfrac{\omega}{\omega_0},$

ihre Amplitude ist also $\sqrt{\dfrac{1+d^2}{(1-\eta^2)^2+d^2}}\,P_0.$

b) Für unsere Zwecke entscheidend ist der Radikand

$$f(\eta) := \frac{1+d^2}{(1-\eta^2)^2+d^2}.$$

Im Falle $f(\eta) \geqslant 1$ ist der ganze F-U-Aufwand nutzlos vertan oder sogar schädlich, weil dann die Amplitude der auf das Gebäude wirkenden Kraft K gegenüber der Erregeramplitude nicht verkleinert, im Falle $f(\eta) > 1$ sogar vergrößert wird. Zeige: $f(\eta)$ ist in $(0, 1]$ streng wachsend, in $(1, \infty)$ streng abnehmend, und es gilt:

$$f(\eta) \geqslant 1 \iff \omega \leqslant \sqrt{2}\,\omega_0.$$

Durch geeignete technische Maßnahmen muß also die Ungleichung $\omega > \sqrt{2}\,\omega_0$ realisiert werden. Da ω durch die Art der Maschine bestimmt ist, kann i. allg. nur $\omega_0 = \sqrt{k/m}$ beeinflußt werden. Um ω_0 genügend klein zu machen, wird man also die Steifigkeit k von U so weit verringern, wie es die Baustoffe erlauben (wird notfalls sogar F auf Federn setzen) und wird die Fundamentmasse zu vergrößern suchen. S. dazu auch den Abschnitt „Schwingungstilger" in Nr. 55.

20. Resonanz bei allgemeiner periodischer Störung (ungedämpfter Fall) Es sei ein ungedämpfter harmonischer Oszillator mit einer T-periodischen und auf $[0, T]$ stückweise stetigen Störfunktion $f(t)$ vorgelegt. Mathematisch haben wir es also zu tun mit einem Anfangswertproblem der Form

$$\ddot{x} + \omega_0^2 x = f(t), \quad x(0) = x_0, \quad \dot{x}(0) = \dot{x}_0.$$

Zu $f(t)$ bilden wir die Fourierreihe:

$$f(t) \sim \frac{A_0}{2} + \sum_{n=1}^{\infty} (A_n \cos n\omega t + B_n \sin n\omega t), \quad \omega := \frac{2\pi}{T}.$$ [1]

Und nun wird man aus physikalischen Gründen folgendes vermuten: Wenn eine der Oberschwingungen von $f(t)$ mit dem harmonischen Oszillator in Resonanz ist, d. h., wenn $n\omega = \omega_0$ für ein gewisses $n \geqslant 1$ gilt, so wird diese Oberschwingung „durchschlagen" und eine Resonanzwirkung der Gesamtstörung $f(t)$ zustande bringen. Zeige nun mathematisch, daß diese Vermutung das Richtige trifft.

21. Resonanz bei allgemeiner periodischer Störung (schwach gedämpfter Fall) Jetzt interessiert uns das Anfangswertproblem

$$\ddot{x} + 2\varrho\dot{x} + \omega_0^2 x = f(t), \quad x(0) = x_0, \quad \dot{x}(0) = \dot{x}_0 \qquad (0 < \varrho < \omega_0/\sqrt{2})$$

mit einer T-periodischen und auf $[0, T]$ stückweise stetigen Störung

$$f(t) \sim \frac{A_0}{2} + \sum_{n=1}^{\infty} (A_n \cos n\omega t + B_n \sin n\omega t), \qquad \omega := \frac{2\pi}{T}$$

---

[1] Wer mit Fourierreihen nicht vertraut ist, möge sich $f(t)$ ersatzweise dargestellt denken in der Form

$$f(t) = a_0 + \sum_{n=1}^{N} (a_n \cos n\omega t + b_n \sin n\omega t), \quad \omega := \frac{2\pi}{T}.$$

Für praktische Zwecke ist dies in aller Regel ausreichend, weil hohe Oberschwingungen wenig zur Gesamtstörung beitragen.

(s. Fußnote 1, S. 233). Wieder wird man vermuten, daß die Gesamtstörung $f(t)$ Resonanz erzeugt, wenn es eine der Oberschwingungen von $f(t)$ tut. Bestätige dies mathematisch.

Hinweis: Wie immer bei Resonanzanalysen genügt es, den eingeschwungenen Zustand (18.58) ins Auge zu fassen.

22. Erregung durch Sprungstörungen (die *Sprungantwort* eines Schwingers) Ein harmonischer Oszillator mit schwacher Dämpfung befinde sich bewegungslos in seiner Gleichgewichtslage. Abrupt beginnend mit der Zeit $t_0=0$ wirke ständig eine konstante Kraft $K_0>0$ auf ihn. Mathematisch gesehen handelt es sich also um das Anfangswertproblem

$$\ddot{x}+2\varrho\dot{x}+\omega_0^2x=a, \quad x(0)=\dot{x}(0)=0 \qquad \left(a:=\frac{K_0}{m},\ 0<\varrho<\omega_0\right).$$

Zeige: Es ist

$$x(t)=\frac{a}{\omega_0^2}-\frac{a}{\omega_0\omega_1}\mathrm{e}^{-\varrho t}\sin(\omega_1 t+\varphi)$$

mit $\qquad \omega_1:=\sqrt{\omega_0^2-\varrho^2}, \quad \tan\varphi=\dfrac{\omega_1}{\varrho} \qquad \left(0<\varphi<\dfrac{\pi}{2}\right).$

Diese Funktion nennt man die Sprungantwort des Schwingers.

23. Erregung durch Stoßstörungen (die *Stoß-* oder *Impulsantwort* eines Schwingers) Wir legen wieder den in seiner Gleichgewichtslage ruhenden harmonischen Oszillator aus Aufgabe 22 zugrunde. Diesmal soll auf ihn in dem kleinen Zeitintervall $0\leqslant t\leqslant\varepsilon$ ($\varepsilon>0$) die konstante Kraft K_0/ε, also der

$$\text{Impuls} \quad \int_0^\varepsilon \frac{K_0}{\varepsilon}\,\mathrm{d}t=K_0$$

wirken; für $t>\varepsilon$ sei er hingegen wieder störungsfrei. Wir haben es also zu tun mit dem Anfangswertproblem

$$\ddot{x}+2\varrho\dot{x}+\omega_0^2x=f(t), \quad x(0)=\dot{x}(0)=0, \quad f(t):=\begin{cases}\dfrac{a}{\varepsilon} & \text{für } 0\leqslant t\leqslant\varepsilon,\\ 0 & \text{für } t>\varepsilon,\end{cases} \qquad a:=\frac{K_0}{m}.$$

Zeige: Mit $\omega_1:=\sqrt{\omega_0^2-\varrho^2}$ ist

$$x(t)=\begin{cases}\dfrac{a}{\varepsilon\omega_0^2}-\dfrac{a}{\varepsilon\omega_0\omega_1}\mathrm{e}^{-\varrho t}\sin(\omega_1 t+\varphi) \quad \text{für } 0\leqslant t\leqslant\varepsilon \quad \left(0<\varphi<\dfrac{\pi}{2},\ \tan\varphi=\dfrac{\omega_1}{\varrho}\right),\\ \dfrac{a}{\varepsilon\omega_0^2\omega_1}\mathrm{e}^{-\varrho t}[(\varrho\sin\omega_1(t-\varepsilon)+\omega_1\cos\omega_1(t-\varepsilon))\mathrm{e}^{\varrho\varepsilon}-\varrho\sin\omega_1 t-\omega_1\cos\omega_1 t] \quad \text{für } t>\varepsilon.\end{cases}$$

Zeige ferner: Es strebt $\dfrac{[\ldots]}{\varepsilon}\to\omega_0^2\sin\omega_1 t$ für $\varepsilon\to 0$.

Die aus diesem Grenzübergang resultierende Funktion

$$x_0(t):=\frac{a}{\omega_1}\mathrm{e}^{-\varrho t}\sin\omega_1 t \qquad (t\geqslant 0)$$

läßt sich also physikalisch auffassen als Reaktion des ruhenden Schwingers auf einen zur Zeit $t_0=0$ erteilten Stoß oder Impuls. Man nennt sie deshalb die Stoß- oder Impulsantwort des Schwingers.

24. Untersuche die Sprung- und Impulsantwort eines harmonischen Oszillators auch im Falle starker Dämpfung.

25. *RLC*-Kreise (Stromkreise mit Widerstand *R*, Induktivität *L* und Kapazität *C*) Ein *RLC*-Kreis *K* habe einen Widerstand von 40 Ohm, eine Spule (Induktivität) von 1/4 Henry und einen Kondensator von $4\cdot 10^{-4}$ Farad.

a) Zur Zeit $t_0=0$ sei *K* frei von Ladung und Strom, und es werde eine konstante EMK von 50 Volt eingeschaltet. Berechne $Q(t)$ und $J(t)=\dot{Q}(t)$ für $t\geqslant 0$. Was ist in beiden Fällen der stationäre Zustand?

b) Zur Zeit $t_0=0$ sei *K* stromfrei, der Kondensator trage eine Ladung von 1 Coulomb, und es werde eine EMK von $220\sin 300t$ Volt eingeschaltet. Bestimme die Stromfunktion $J(t)$ $(t\geqslant 0)$ und ihren stationären Zustand.

c) Zur Zeit $t_0=0$ sei *K* spannungs- und stromfrei, und es werde eine EMK von $50\sin 100t$ Volt angelegt. Was ist der stationäre Spannungszustand?

26. Radioempfang Die Resonanz ist uns bisher wie der Geist in der Flasche erschienen, den man besser nicht herauslassen sollte. Sie hat aber auch wohltätige Wirkungen, ohne die einige angenehme Dinge gar nicht realisiert werden könnten. Zu ihnen gehört beispielsweise der Radioempfang. Ihn wollen wir etwas näher ins Auge fassen.

Ein Radio ist, wenn man es auf sein Skelett reduziert, ein *RLC*-Schwingkreis. Die Antenne fängt elektrische Schwingungen verschiedener Frequenzen auf, und die Hauptaufgabe des Gerätes besteht nun darin, aus diesen vielen Schwingungen, die zu Spannungsschwankungen in der Antenne führen, gerade die Schwingungen des gewünschten Senders herauszuziehen (der bekanntlich auf einer bestimmten Frequenz sendet). Dieses „Heraussieben" oder „Herausfiltern" ist möglich dank des Resonanzeffekts. Indem man nämlich vermöge eines Drehkondensators die Kapazität C des Radios und damit auch seine Eigenfrequenz $\omega_0=1/\sqrt{LC}$ (s. Tab. 18.1) geeignet ändert, kann man die Resonanzfrequenz $\omega_R=\sqrt{\omega_0^2-2\varrho^2}$ des Empfängers mit der Frequenz des gewünschten Senders zur Deckung bringen. Dessen Schwingungen schlagen dank der resultierenden Amplitudenverstärkung durch, während die Schwingungen der anderen Sender weitgehend unterdrückt werden (s. dazu das Schaubild des Vergrößerungsfaktors $V(\eta)$ in Fig. 18.5). Diese „Unterdrückung" soll jetzt quantifiziert werden, denn sie ist ausschlaggebend für die Trennschärfe und damit für die Empfangsqualität des Radios. Zu diesem Zweck setzen wir voraus, die Sender strahlten reine Kosinusschwingungen $a\cos\Omega t$ aus, und nehmen uns nun den Vergrößerungsfaktor

$$V(\eta)=\frac{1}{\sqrt{(1-\eta^2)^2+4D^2\eta^2}}$$

etwas genauer vor (s. wieder Fig. 18.5 und die zugehörigen Erörterungen). Bei Radiogeräten ist das Dämpfungsmaß D sehr klein, so daß wir ungestraft annehmen dürfen, das Maximum von $V(\eta)$ werde an der Stelle 1 angenommen und habe den Wert

$$\frac{1}{2D}:=Q \qquad (Q \text{ ist die Empfangsqualität des Radios}).$$

Bedeutet Ω_0 die Frequenz des gewünschten Senders S_0, so ist

$$\Delta\eta := |1-\eta| = \left|\frac{\Omega_0-\Omega}{\omega_0}\right|$$

der *relative Frequenzabstand* zwischen S_0 und einem Sender S mit der Frequenz Ω. Wir fordern nun, S_0 solle von S „getrennt" werden können, und nehmen an, eine ausreichende „Trennung" sei gewährleistet, wenn die Amplitude der Schwingungen von S beim Empfang so stark reduziert wird, daß für ein vorgegebenes $n \in \mathbf{N}$

$$V(1+\Delta\eta) \leqslant \frac{Q}{n} = \frac{1}{2Dn}$$

ausfällt. Zeige:

a) Die horizontale Halbgerade $V=1/(2Dn)$ $(\eta \geqslant 0)$ schneidet die Resonanzkurve $V=V(\eta)$ gewiß in dem Punkt mit der Abszisse

$$\eta_1 = \sqrt{1-2D^2+2D\sqrt{n^2-1+D^2}} \approx \sqrt{1+2D\sqrt{n^2-1}} \approx 1+D\sqrt{n^2-1}$$

und möglicherweise auch noch in dem Punkt mit der Abszisse $\eta_2 \approx 1-D\sqrt{n^2-1}$.

b) Eine ausreichende Trennung der Sender S_0 und S ist gewährleistet, wenn $D \leqslant \dfrac{\Delta\eta}{\sqrt{n^2-1}}$ bleibt. *Die Trennschärfe wird also um so besser, je kleiner die Dämpfung ist.*

27. Die täglichen Temperaturschwankungen unter der Erdoberfläche Wir nehmen an, der tägliche Temperaturverlauf werde durch (18.98) dargestellt. Hierin ist also $\omega = \dfrac{2\pi}{T}\,\mathrm{s}^{-1}$ mit $T = 24\cdot 60\cdot 60\,\mathrm{s} = 86400\,\mathrm{s}$. Berechne den Dämpfungsfaktor $e^{-\sqrt{\pi/\tau T}x}$ in (18.105) für $x=1$ cm, 10 cm, 20 cm und 25 cm und zeige, daß bezüglich der *täglichen* Temperaturschwankungen in einer Tiefe von 25 cm dieselben Verhältnisse herrschen wie bezüglich der *jährlichen* Temperaturschwankungen in einer Tiefe von 5 m: ein unwesentliches Pendeln um das Periodenmittel der Oberflächentemperatur.

28. Gaskonzentration unter der Wirkung von Diffusion und chemischer Reaktion Ein Gas über einer Flüssigkeit werde von dieser absorbiert, verteile sich in ihr durch Diffusion und reagiere chemisch mit ihr („verschwinde" also teilweise). Die positive x-Achse beginne an der Oberfläche der Flüssigkeit und zeige senkrecht nach unten. $c(x, t)$ sei die Konzentration des Gases am Ort x zur Zeit t. Die Diffusionsrate sei proportional zu dem Konzentrationsabfall, also $= -D\dfrac{\partial c}{\partial x}$ (D die positive Diffusionskonstante), die Rate der chemischen Reaktion sei proportional zur Konzentration selbst: $\dfrac{\partial c}{\partial t} = -kc$ (k die positive Konstante der Reaktionsgeschwindigkeit). Zeige, daß die stationäre (nicht mehr von t abhängende) Konzentrationsverteilung $c(x)$ der Differentialgleichung

$$\frac{d^2c}{dx^2} = \frac{k}{D}c$$

genügt. Ihre allgemeine Lösung wird gegeben durch

$$c(x) = C_1 e^{\alpha x} + C_2 e^{-\alpha x} \quad \text{mit } \alpha := \sqrt{k/D}.$$

Hinweis: Herleitung der Gleichung (18.93).

V Lineare Differentialgleichungen höherer Ordnung mit variablen Koeffizienten

Quoique la science du Calcul ait été portée dans ces derniers temps au plus haut degré de perfection, il ne parait pas cependant pas qu'on se soit beaucoup avancé dans l'application de cette science aux phénomènes de la nature.

Joseph Louis Lagrange im Jahre 1759

Ce ne sont pas les principes mécaniques, qui nous abandonnent dans ces recherches; c'est plutôt l'analyse, qui n'est pas encore portée à ce degré de perfection qu'il faudroit pour ces sortes de question.

Leonhard Euler im Jahre 1753

19 Vorbemerkungen

Zu Beginn der Nr. 4 waren wir im Zusammenhang mit Wachstumsfragen auf die Differentialgleichung $\dot{u}-\alpha(t)u=s(t)$ gestoßen. Ein Mikrofon in einem *RLC*-Kreis ist nichts anderes als eine ingeniöse Vorrichtung, die unter dem Einfluß von Luftschwingungen ihren elektrischen Widerstand ändert und so dieselben in *elektrische* Schwingungen übersetzt; die zugehörige Stromdifferentialgleichung hat dann bei konstanter EMK die Gestalt $\ddot{J}+\frac{R(t)}{L}\dot{J}+\frac{1}{LC}J=0$. Alle diese Differentialgleichungen haben die Bauart

$$u^{(n)}+a_{n-1}(t)u^{(n-1)}+\cdots+a_1(t)\dot{u}+a_0(t)u=s(t), \tag{19.1}$$

wobei natürlich an die Stelle der „Zeit"-Variablen t ohne weiteres auch eine „Orts"-Variable, etwa x, an die Stelle von u irgendein anderer Buchstabe, etwa y, treten und (19.1) dann so aussehen kann:

$$y^{(n)}+a_{n-1}(x)y^{(n-1)}+\cdots+a_1(x)y'+a_0(x)y=s(x). \tag{19.2}$$

(19.1) unterscheidet sich von (16.1) nur dadurch, daß nunmehr die Koeffizienten a_k nicht mehr konstant, sondern variabel sind, genauer: sie sind reellwertige *Funktionen* auf einem gemeinsamen Definitionsintervall J. Dieser Unterschied wird sich kaum auf die Lösungs*theorie*, sehr stark jedoch auf die Lösungs*praxis* auswirken.

(19.1) nennt man lineare Differentialgleichung n-ter Ordnung; den in der Überschrift gebrauchten Zusatz „mit variablen Koeffizienten" läßt man gewöhnlich weg. Ist $s(t)\equiv 0$, so wird sie homogen, andernfalls inhomogen genannt. Die Differentialgleichung

$$u^{(n)}+a_{n-1}(t)u^{(n-1)}+\cdots+a_1(t)\dot{u}+a_0(t)u=0 \tag{19.3}$$

heißt die zu (19.1) gehörende homogene Gleichung. Trivialerweise wird sie immer von $u(t) \equiv 0$ befriedigt.

Wie im Falle konstanter Koeffizienten gilt auch jetzt wieder das fundamentale

19.1 Superpositionsprinzip[1] *Jede Linearkombination* $C_1 u_1 + \cdots + C_m u_m$ *von Lösungen* $u_1, \ldots, u_m$ *der homogenen Gleichung* (19.3) *ist wieder eine Lösung derselben.*

Und wörtlich wie den Satz 16.1 beweist man das nicht weniger fundamentale

19.2 Lösungstheorem *Man erhält* alle *Lösungen der* inhomogenen *Gleichung* (19.1) - *und nur diese* -, *indem man zu irgendeiner festen* (partikulären) *Lösung derselben* alle *Lösungen der zugehörigen* homogenen *Gleichung* (19.3) *addiert.*

Aufgrund dieses Satzes stehen wir genau wie bei den linearen Differentialgleichungen mit konstanten Koeffizienten auch jetzt wieder vor zwei Hauptaufgaben:

1. Bestimmung der „allgemeinen Lösung" der *homogenen* Gleichung.
2. Konstruktion einer „partikulären Lösung" der *inhomogenen* Gleichung.

Lineare Differentialgleichungen treten häufig auch in der Gestalt

$$a_n(t)u^{(n)} + a_{n-1}(t)u^{(n-1)} + \cdots + a_1(t)\dot{u} + a_0(t)u = s(t) \tag{19.4}$$

auf, in der die höchste Ableitung $u^{(n)}$ mit einem Koeffizienten $a_n(t)$ behaftet ist. Mittels Division durch $a_n(t)$ kann man (19.4) sofort auf die „Normalform" (19.1) bringen - wobei man sich freilich auf Intervalle beschränken muß, in denen $a_n(t)$ nicht verschwindet. Der Leser möge im Gedächtnis bewahren, daß unsere Sätze sich in der Regel auf Differentialgleichungen in der *Normalform* beziehen.

Die obigen Beispiele zeigen, daß die linearen Differentialgleichungen mit variablen Koeffizienten in ganz verschiedenen Zusammenhängen auftreten. Die nun folgende Diskussion eines *Wärmeleitungsproblems* wird diese These noch weiter stärken und überdies einen besonders wichtigen Typ linearer Differentialgleichungen hervortreten lassen.

Wir denken uns eine dünne kreisförmige Platte P aus einem homogenen Material gegeben. Ihr Mittelpunkt falle mit dem Nullpunkt eines xy-Koordinatensystems zusammen, ihr Radius sei der Einfachheit wegen $=1$. In jedem Punkt (ξ, η) des Randes von P werde eine vorgeschriebene Temperatur $f(\xi, \eta)$ aufrechterhalten. Die Oberfläche von P sei isoliert, so daß durch sie kein Wärmeaustausch mit dem umgebenden Medium stattfinden kann. Dann wird sich nach einiger Zeit eine stationäre (zeitunabhängige) Temperaturverteilung $\vartheta(x, y)$ in P hergestellt haben, und diese Verteilung genügt, wie wir schon wissen, der (zweidimensionalen) Laplaceschen Differentialgleichung

$$\frac{\partial^2 \vartheta}{\partial x^2} + \frac{\partial^2 \vartheta}{\partial y^2} = 0 \tag{19.5}$$

---

[1] Siehe A 2.13.

(s. (18.91)). Die Kreisgestalt der Platte drängt uns dazu, die cartesischen Koordinaten x, y vermöge der Transformation $x=r\cos\varphi$, $y=r\sin\varphi$ gegen Polarkoordinaten r, φ auszutauschen. Setzen wir

$$u(r, \varphi) := \vartheta(r\cos\varphi, r\sin\varphi),$$

so geht (19.5) über in

$$\frac{\partial^2 u}{\partial r^2}+\frac{1}{r}\frac{\partial u}{\partial r}+\frac{1}{r^2}\frac{\partial^2 u}{\partial\varphi^2}=0 \qquad (r>0;\ \text{s. A 206.32 in Heuser II}). \tag{19.6}$$

Um uns Lösungen dieser Gleichung zu verschaffen, machen wir den physikalisch naheliegenden Separationsansatz $u(r,\varphi)=v(r)w(\varphi)$[1]. Gehen wir mit ihm in (19.6) ein und bezeichnen die Differentiation nach r mit einem Strich, die nach φ mit einem Punkt, so folgt

$$r^2\frac{v''(r)}{v(r)}+r\frac{v'(r)}{v(r)}=-\frac{\ddot{w}(\varphi)}{w(\varphi)}.$$

Da die linke Seite nur von r, die rechte nur von φ abhängt und dennoch beide Seiten für alle r, φ übereinstimmen, müssen sie konstant, etwa $=\lambda$ sein, $v(r)$ muß also der Gleichung

$$r^2v''+rv'-\lambda v=0, \tag{19.7}$$

$w(\varphi)$ der Gleichung

$$\ddot{w}+\lambda w=0 \tag{19.8}$$

genügen. Entscheidend ist nun die Umkehrung: Ist v eine Lösung der ersten Gleichung für $0<r<1$ und w eine Lösung der zweiten für $0\leqslant\varphi<2\pi$, so genügt $u:=vw$ auf der im Nullpunkt punktierten Platte P der Gl. (19.6).

(19.8) ist eine lineare Differentialgleichung mit *konstanten*, (19.7) eine mit *variablen* Koeffizienten. Ihre spezielle Bauart jedoch, nämlich

$$a_2r^2v''+a_1rv'+a_0v=0 \qquad (a_k \text{ konstant}), \tag{19.9}$$

macht es möglich, auch sie auf eine lineare Differentialgleichung mit *konstanten* Koeffizienten zurückzuspielen. Wie dies zu bewerkstelligen ist, werden wir in der nächsten Nummer erfahren. Eine tiefergehende Erörterung unseres Wärmeleitungsproblems mit Hilfe der A-Summierbarkeit Fourierscher Reihen findet der Leser in Heuser II, Nr. 146.

---

[1] Der Separationsgedanke wurde erstmals von d'Alembert im Zusammenhang mit seiner Untersuchung der schwingenden Saite eingesetzt (Additions au mémoire sur la courbe que forme une corde tendue, mise en vibration. Hist. acad. sci. Berlin **6** (1750) 355-360; veröff. 1752).

20 Die Eulersche Differentialgleichung

Wir nehmen uns jetzt, wie angekündigt, die Differentialgleichung (19.9) oder gleich allgemeiner (und mit geänderter Notation) die sogenannte Eulersche Differentialgleichung

$$a_n x^n y^{(n)} + a_{n-1} x^{n-1} y^{(n-1)} + \cdots + a_1 x y' + a_0 y = 0 \quad (a_k \in \mathbf{R},\ a_n \neq 0) \tag{20.1}$$

vor. Dabei soll x zunächst auf positive Werte beschränkt bleiben, so daß wir

$$x = \mathrm{e}^t \quad \text{oder also} \quad t = \ln x \qquad (-\infty < t < \infty)$$

setzen dürfen. Sei $y(x)$ eine Lösung von (20.1) auf $(0, \infty)$ und

$$u(t) := y(\mathrm{e}^t) \quad \text{für} \quad t \in \mathbf{R}.$$

$u(t)$ ist offenbar auf $\mathbf{R}$ beliebig oft differenzierbar. Nach Hilfssatz 15.2 haben wir (in nicht ganz präziser, aber unmißverständlicher Schreibweise) $D\mathrm{e}^{\alpha t} u = \mathrm{e}^{\alpha t}(D + \alpha) u$, und wegen $\mathrm{d}t/\mathrm{d}x = 1/x = \mathrm{e}^{-t}$ folgt nun sukzessiv

$$\frac{\mathrm{d}y}{\mathrm{d}x} = \frac{\mathrm{d}u}{\mathrm{d}t}\,\frac{\mathrm{d}t}{\mathrm{d}x} = \mathrm{e}^{-t} D u,$$

$$\frac{\mathrm{d}^2 y}{\mathrm{d}x^2} = \frac{\mathrm{d}}{\mathrm{d}t}(\mathrm{e}^{-t} D u) \cdot \frac{\mathrm{d}t}{\mathrm{d}x} = D(\mathrm{e}^{-t} D u) \cdot \mathrm{e}^{-t} = \mathrm{e}^{-2t}(D - 1) D u,$$

allgemein

$$\frac{\mathrm{d}^k y}{\mathrm{d}x^k} = \mathrm{e}^{-kt}(D - k + 1) \cdots (D - 1) D u = \mathrm{e}^{-kt} k! \binom{D}{k} u,$$

also $\quad x^k \dfrac{\mathrm{d}^k y}{\mathrm{d}x^k} = k! \dbinom{D}{k} u \quad$ für $\quad k = 0, 1, \ldots, n \quad$ mit $\quad \dbinom{D}{0} := I.$

Somit ist

$$\sum_{k=0}^{n} a_k k! \binom{D}{k} u = \sum_{k=0}^{n} a_k x^k y^{(k)} = 0,$$

d.h., $u(t) = y(\mathrm{e}^t)$ genügt der linearen homogenen Differentialgleichung mit *konstanten* Koeffizienten

$$\sum_{k=0}^{n} k! a_k \binom{D}{k} u = 0. \tag{20.2}$$

Ist umgekehrt $u(t)$ eine Lösung von (20.2), so befriedigt $y(x) := u(\ln x)$ offensichtlich (20.1) auf $(0, \infty)$. Es gilt daher folgender

20.1 Satz *Man erhält alle auf* $(0, \infty)$ *definierten Lösungen* $y(x)$ *der Eulerschen Differentialgleichung* (20.1) – *aber auch nur diese* –, *indem man in den Lösungen* $u(t)$ *der linearen Differentialgleichung* (20.2) *mit konstanten Koeffizienten* $t = \ln x$ *setzt.*

Ganz speziell gehört zur Eulerschen Gleichung *zweiter* Ordnung

$$a_2 x^2 y'' + a_1 x y' + a_0 y = 0$$

die lineare Differentialgleichung

$$a_2 \ddot{u} + (a_1 - a_2)\dot{u} + a_0 u = 0. \tag{20.3}$$

Der Satz 20.1 liefert uns auch die Lösungen von (20.1) auf $(-\infty, 0)$. Wie leicht zu sehen ist, werden sie nämlich gerade durch die Funktionen $z(x) := y(-x)$ gegeben, wobei y alle auf $(0, \infty)$ definierten Integrale von (20.1) durchläuft.

20.2 Beispiel Wir wollen die Differentialgleichung

$$r^2 v'' + r v' - n^2 v = 0 \qquad (n \in \mathbf{N}) \tag{20.4}$$

für die Funktion $v(r)$ auf $(0, \infty)$ lösen, also die Differentialgleichung (19.7) mit $\lambda = n^2$. Die zugehörige Gleichung (20.3) ist $\ddot{u} - n^2 u = 0$. In ihrer allgemeinen Lösung $C_1 e^{nt} + C_2 e^{-nt}$ müssen wir $t = \ln r$ setzen und erhalten dann die Integrale von (20.4) in der Form

$$v(r) = C_1 r^n + C_2 r^{-n} \quad \text{mit freien Konstanten} \quad C_1, C_2. \tag{20.5}$$

Die allgemeine Lösung der Gleichung (20.2) hat die Gestalt

$$C_1 u_1(t) + \cdots + C_n u_n(t)$$

mit n „Grundlösungen" $u_1(t), \ldots, u_n(t)$. Nach Satz 20.1 ist dann

$$C_1 u_1(\ln x) + \cdots + C_n u_n(\ln x) \tag{20.6}$$

die allgemeine Lösung der korrespondierenden Eulerschen Differentialgleichung (20.1) für $x > 0$. Auch sie also baut sich linear aus n „Grundlösungen" auf. Wir werden in kurzem sehen, daß damit bereits die *allgemeine* Situation bei beliebigen linearen Differentialgleichungen getroffen ist: auch dort präsentieren sich alle Integrale als Linearkombinationen von n Grundlösungen (n die Ordnung der Differentialgleichung). So behaglich wie bei der Eulerschen Differentialgleichung wird uns allerdings in diesem Kapitel nie mehr zumute sein. Das Paradies, wo fertige Lösungsformeln und handliche Lösungsverfahren an den Bäumen hängen, dieses Paradies müssen wir nun verlassen.

Auch die inhomogene Gleichung

$$a_n x^n y^{(n)} + a_{n-1} x^{n-1} y^{(n-1)} + \cdots + a_1 x y' + a_0 y = s(x) \tag{20.7}$$

wird **Eulersche Differentialgleichung** genannt; die rechte Seite s sei dabei auf einem Intervall J der positiven x-Achse definiert. Wie ihre Lösungen zu konstruieren sind, liegt nach allem bisher Gesagten auf der Hand: *man bestimmt die allgemeine Lösung von*

$$n!a_n\binom{D}{n}u+(n-1)!a_{n-1}\binom{D}{n-1}u+\cdots+a_1Du+a_0u=s(\mathrm{e}^t) \tag{20.8}$$

und setzt in ihr $t=\ln x$.

Die n freien Konstanten, die in der allgemeinen Lösung der Eulerschen Differentialgleichung erscheinen, können dazu dienen, vorgeschriebenen Anfangsbedingungen

$$y(x_0)=y_0,\ y'(x_0)=y_0',\ldots,y^{(n-1)}(x_0)=y_0^{(n-1)} \quad (x_0\neq 0)$$

Genüge zu tun.

20.3 Beispiel $x^2y''-7xy'+15y=x,\quad y(1)=y'(1)=0.$ (20.9)

Die zugehörige Gleichung (20.8) lautet

$$D(D-1)u-7Du+15u=\mathrm{e}^t \quad \text{oder also} \quad \ddot{u}-8\dot{u}+15u=\mathrm{e}^t.$$

Ihre allgemeine Lösung ist $\frac{1}{8}\mathrm{e}^t+C_1\mathrm{e}^{3t}+C_2\mathrm{e}^{5t}$, woraus sich mit $t=\ln x$ sofort die Funktion

$$\frac{1}{8}x+C_1x^3+C_2x^5 \tag{20.10}$$

als allgemeine Lösung der Eulerschen Differentialgleichung in (20.9) ergibt. Die Anfangsbedingungen führen auf das Gleichungssystem

$$C_1+C_2+\frac{1}{8}=0,\quad 3C_1+5C_2+\frac{1}{8}=0$$

mit der Lösung $C_1=-1/4$, $C_2=1/8$. Das gesuchte Integral ist also $\frac{1}{8}x-\frac{1}{4}x^3+\frac{1}{8}x^5$.

Bemerkung: Die Funktion (20.10) löst zwar die Differentialgleichung in (20.9) auf *ganz* $\mathbf{R}$, kann jedoch nicht jeder im *Nullpunkt* vorgegebenen Anfangsbedingung angepaßt werden, weil sie dort immer verschwindet, gleichgültig, wie man C_1, C_2 auch wählen mag.

Aufgaben

Für die folgenden Differentialgleichungen sind die allgemeinen Lösungen auf dem Intervall $(0,\infty)$ anzugeben.

1. $x^2y''-xy'+y=0.$

2. $x^2y''+xy'-y=0.$

3. $x^2y''-xy'+2y=0.$

4. $y''+\frac{2}{x}y'=0.$

5. $y''+\frac{5}{x}y'+\frac{5}{x^2}y=0.$

6. $x^3y'''-3x^2y''+6xy'-6y=0.$

7. $xy'''+2y''-\frac{1}{x}y'+\frac{1}{x^2}y=0.$

8. $x^2y'''-4xy''+8y'-\frac{8}{x}y=0.$

9. $x^4y^{(4)}+3x^2y''-7xy'+8y=0.$

10. $x^2y^{(4)}+5xy'''+y''+\frac{2}{x}y'-\frac{2}{x^2}y=0.$

11. $x^2y''-3xy'+4y=\ln x.$

12. $x^2y''+5xy'+4y=x^2+16\ln^2 x.$

21 Ein Existenz- und Eindeutigkeitssatz

Wir werfen jetzt die entscheidende Frage auf, unter welchen Voraussetzungen das Anfangswertproblem

$$\begin{aligned} &u^{(n)}+a_{n-1}(t)u^{(n-1)}+\cdots+a_0(t)u=s(t),\\ &u(t_0)=u_0,\ \dot u(t_0)=\dot u_0,\ \ldots,\ u^{(n-1)}(t_0)=u_0^{(n-1)} \end{aligned} \tag{21.1}$$

mindestens (und vielleicht sogar genau) eine Lösung besitzt.

Um die Gedankenführung durchsichtiger zu machen, wollen wir sie nur an dem Problem *zweiter* Ordnung

$$\ddot u+a(t)\dot u+b(t)u=s(t),\quad u(t_0)=u_0,\quad \dot u(t_0)=\dot u_0 \tag{21.2}$$

detailliert auseinandersetzen; der Leser wird sich den allgemeinen Fall dann ohne große Mühe selbst zurechtlegen können. Die Funktionen $a(t)$, $b(t)$ und $s(t)$ sollen auf einem kompakten Intervall $J:=[\alpha,\beta]$ *stetig* sein, t_0 möge in J liegen, während die Zahlen u_0, $\dot u_0$ völlig beliebig sein dürfen. Wir werden zeigen, daß unter diesen milden Voraussetzungen die Aufgabe (21.2) genau eine Lösung besitzt und daß diese auf dem *ganzen* Intervall J existiert.

Zunächst eine Vorbemerkung. Für eine zweimal stetig differenzierbare Funktion $\varphi: J\rightarrow\mathbf{R}$ ist trivialerweise

$$\dot\varphi(t)=\dot\varphi(t_0)+\int_{t_0}^{t}\ddot\varphi(\tau)\,d\tau, \tag{21.3}$$

und durch Produktintegration bestätigt man die Gleichung

$$\varphi(t)=\varphi(t_0)+\dot\varphi(t_0)(t-t_0)+\int_{t_0}^{t}(t-\tau)\ddot\varphi(\tau)\,d\tau. \tag{21.4}$$

Diese anspruchslosen Formeln werden die Grundlage unserer Untersuchung bilden.

Angenommen, das Anfangswertproblem (21.2) besitze eine Lösung $u(t)$ auf J. Wegen (21.3) und (21.4) haben wir dann

$$\ddot{u}(t)+a(t)\dot{u}(t)+b(t)u(t)=\ddot{u}(t)+\int_{t_0}^{t}[a(t)+b(t)(t-\tau)]\ddot{u}(\tau)\,d\tau$$
$$+a(t)\dot{u}_0+b(t)[u_0+\dot{u}_0\cdot(t-t_0)]=s(t).$$

Mit den Abkürzungen

$$k(t,\tau):=-[a(t)+b(t)(t-\tau)],\quad g(t):=s(t)-a(t)\dot{u}_0-b(t)[u_0+\dot{u}_0\cdot(t-t_0)] \tag{21.5}$$

gilt also für $\ddot{u}$ die Beziehung

$$\ddot{u}(t)-\int_{t_0}^{t}k(t,\tau)\ddot{u}(\tau)\,d\tau=g(t)\qquad(t\in J). \tag{21.6}$$

Nun sei umgekehrt v eine auf J stetige Funktion mit

$$v(t)-\int_{t_0}^{t}k(t,\tau)v(\tau)\,d\tau=g(t)\quad\text{für alle}\quad t\in J. \tag{21.7}$$

v besitzt genau eine Stammfunktion w auf J mit $w(t_0)=\dot{u}_0$, nämlich

$$w(t):=\dot{u}_0+\int_{t_0}^{t}v(\tau)\,d\tau\qquad(t\in J),$$

und zu w wiederum gibt es genau eine Stammfunktion u auf J mit $u(t_0)=u_0$, nämlich

$$u(t):=u_0+\int_{t_0}^{t}w(\tau)\,d\tau.$$

Wegen $\ddot{u}(t)=v(t)$, $u(t_0)=u_0$, $\dot{u}(t_0)=w(t_0)=\dot{u}_0$ folgt aus (21.4) sofort

$$u(t)=u_0+\dot{u}_0\cdot(t-t_0)+\int_{t_0}^{t}(t-\tau)v(\tau)\,d\tau, \tag{21.8}$$

und nun haben wir

$$\ddot{u}(t)+a(t)\dot{u}(t)+b(t)u(t)=v(t)+a(t)\left[\dot{u}_0+\int_{t_0}^{t}v(\tau)\,d\tau\right]$$
$$+b(t)\left[u_0+\dot{u}_0\cdot(t-t_0)+\int_{t_0}^{t}(t-\tau)v(\tau)\,d\tau\right]$$
$$=v(t)-\int_{t_0}^{t}k(t,\tau)v(\tau)\,d\tau+s(t)-g(t)$$
$$=g(t)+s(t)-g(t)=s(t)\quad(\text{s. (21.7)}).$$

Mit anderen Worten: Die in (21.8) beschriebene Funktion $u(t)$ ist eine Lösung des Anfangswertproblems (21.2), und sie ist aufgrund unserer Analyse immer dann sogar die einzige, wenn es nur ein einziges stetiges v gibt, das (21.7) befriedigt.

Alles hängt jetzt an der Frage, ob die Volterrasche Integralgleichung (21.7)[1] eine - aber auch nur eine - auf J stetige Lösung v besitzt. Diese Frage können wir positiv beantworten, sogar in dem allgemeinen Fall, daß der „Kern" $k(t, \tau)$ der Integralgleichung (21.7) und ihre rechte Seite $g(t)$ gar nicht die in (21.5) definierten, sondern irgendwelche auf $J \times J$ bzw. auf J stetigen Funktionen sind. Das alles erledigen wir in dem nun folgenden

Exkurs über Volterrasche Integralgleichungen Sei $C(J)$ die Menge der auf $J=[\alpha, \beta]$ stetigen Funktionen und

$$(Kv)(t) := \int_{t_0}^{t} k(t, \tau) v(\tau) \, d\tau \qquad (t \in J;\ v \in C(J)); \tag{21.9}$$

dabei ist $k(t, \tau)$ irgendeine auf dem kompakten Quadrat $Q := J \times J$ *stetige* und daher sogar *gleichmäßig stetige* Funktion. Dieser gleichmäßigen Stetigkeit verdanken wir es, daß mit v auch Kv stetig, die Abbildung $v \mapsto Kv$ also eine *Selbstabbildung von* $C(J)$ ist. Überdies ist sie *linear*:

$$K(\alpha_1 v_1 + \alpha_2 v_2) = \alpha_1 K v_1 + \alpha_2 K v_2 \quad \text{für alle } \alpha_1, \alpha_2 \in \mathbf{R} \text{ und } v_1, v_2 \in C(J).$$

$C(J)$ machen wir wie in Nr. 11 vermöge der *Maximumsnorm*

$$\|v\|_\infty := \max_{t \in J} |v(t)| \tag{21.10}$$

zu einem Banachraum. Mit

$$M := \max_{(t,\tau) \in Q} |k(t, \tau)| \tag{21.11}$$

finden wir dann die Abschätzung

$$\|Kv\|_\infty = \max_{t \in J} \left| \int_{t_0}^{t} k(t, \tau) v(\tau) \, d\tau \right| \leqslant (\beta - \alpha) M \|v\|_\infty,$$

also $\quad \|Kv\|_\infty \leqslant \mu \|v\|_\infty \quad \text{mit} \quad \mu := (\beta - \alpha) M. \qquad (21.12)$

Strebt $v_n \to v$ im Sinne der Maximumsnorm (d. h. *gleichmäßig* auf ganz J), so folgt aus (21.12) sofort

$$\|Kv_n - Kv\|_\infty = \|K(v_n - v)\|_\infty \leqslant \mu \|v_n - v\|_\infty \to 0,$$

---

[1] So genannt nach dem italienischen Mathematiker Vito Volterra (1860–1940; 80).

also strebt $Kv_n \to Kv$ (wieder im Sinne der Maximumsnorm). Das aber bedeutet, daß K eine *stetige* Abbildung des Banachraumes $C(J)$ ist. Soviel zunächst über den Volterraschen Integraloperator K.

Die Integralgleichung (21.7) mit beliebigem $g \in C(J)$ kann man vermöge der Abbildung

$$A: C(J) \to C(J), \quad \text{definiert durch} \quad Av := g + Kv, \tag{21.13}$$

in das Fixpunktproblem $Av = v$ verwandeln. Und wieder erweist sich der Weissingersche Fixpunktsatz 12.1 als das geeignete Instrument, um ihr Lösungsverhalten rasch und restlos aufzuklären. Wir brauchen nur $\|A^n u - A^n v\|_\infty$ (u, v beliebig aus $C(J)$) zu untersuchen. Das tun wir nun.

Induktiv (und eingedenk der Linearität von K) erkennt man mit einem einzigen Blick, daß für $n \in \mathbf{N}$ und $v \in C(J)$ stets

$$A^n v = g + Kg + K^2 g + \cdots + K^{n-1} g + K^n v \tag{21.14}$$

ist und somit

$$A^n u - A^n v = K^n u - K^n v = K^n (u - v) \quad \text{für alle} \quad u, v \in C(J)$$

sein muß. Wir setzen $w := u - v$ und erhalten sukzessiv die Abschätzungen

$$|(Kw)(t)| = \left| \int_{t_0}^{t} k(t, \tau) w(\tau) \, d\tau \right| \leqslant M |t - t_0| \, \|w\|_\infty,$$

$$|(K^2 w)(t)| = \left| \int_{t_0}^{t} k(t, \tau) \cdot (Kw)(\tau) \, d\tau \right|$$

$$\leqslant \left| \int_{t_0}^{t} M \cdot M |\tau - t_0| \, \|w\|_\infty \, d\tau \right| = M^2 \frac{|t - t_0|^2}{2} \|w\|_\infty,$$

allgemein

$$|(K^n w)(t)| \leqslant M^n \frac{|t - t_0|^n}{n!} \|w\|_\infty \quad \text{für alle} \quad t \in J = [\alpha, \beta]. \tag{21.15}$$

Infolgedessen ist gewiß

$$\|A^n u - A^n v\|_\infty \leqslant \frac{M^n (\beta - \alpha)^n}{n!} \|u - v\|_\infty \quad \text{für beliebige} \quad u, v \in C(J),$$

und nun lehrt der Weissingersche Fixpunktsatz 12.1, daß A genau einen Fixpunkt in $C(J)$ besitzt und daß die Folge der mit g startenden „sukzessiven Approximationen"

$$A^n g = g + Kg + K^2 g + \cdots + K^n g \qquad \text{(s. (21.14))}$$

im Sinne der Maximumsnorm - also gleichmäßig auf J - gegen diesen Fixpunkt konvergiert. Alles in allem haben wir so den folgenden Sachverhalt aufgedeckt:

21.1 Satz *Die Volterrasche Integralgleichung* (21.7) *mit stetigem Kern und stetiger rechter Seite besitzt eine und nur eine stetige Lösung, nämlich die Summe der gleichmäßig konvergenten* Neumannschen Reihe[1)]

$$v := g + Kg + K^2 g + \cdots .$$

Dieses v läßt sich auch leicht in *Integralform* darstellen. Definiert man nämlich die iterierten Kerne k_n rekursiv durch

$$k_1(t,\tau) := k(t,\tau), \quad k_n(t,\tau) := \int_\tau^t k(t,\sigma) k_{n-1}(\sigma,\tau)\,d\sigma \quad \text{für} \quad n \geqslant 2, \tag{21.16}$$

so ist

$$(K^n g)(t) = \int_{t_0}^t k_n(t,\tau) g(\tau)\,d\tau \quad \text{für} \quad t \in J \tag{21.17}$$

und

$$|k_n(t,\tau)| \leqslant M^n \frac{|t-\tau|^{n-1}}{(n-1)!} \leqslant M \frac{M^{n-1}(\beta-\alpha)^{n-1}}{(n-1)!} \quad \text{für} \quad (t,\tau) \in Q; \tag{21.18}$$

das alles läßt sich mühelos durch vollständige Induktion erweisen. Die Reihe

$$r(t,\tau) := \sum_{n=1}^\infty k_n(t,\tau) \tag{21.19}$$

konvergiert also (absolut und) *gleichmäßig* auf Q, daher ist $r(t,\tau)$ dort *stetig*, und nun finden wir

$$g(t) + \int_{t_0}^t r(t,\tau) g(\tau)\,d\tau = g(t) + \int_{t_0}^t \left(\sum_{n=1}^\infty k_n(t,\tau) g(\tau) \right) d\tau$$

$$= g(t) + \sum_{n=1}^\infty \left(\int_{t_0}^t k_n(t,\tau) g(\tau)\,d\tau \right) = g(t) + \sum_{n=1}^\infty (K^n g)(t) = v(t).$$

Wir notieren:

21.2 Satz *Die eindeutig bestimmte Lösung $v \in C(J)$ der Volterraschen Integralgleichung* (21.7) *mit stetigem Kern $k(t,\tau)$ und stetiger rechter Seite $g(t)$ läßt sich geschlossen in der Form*

$$v(t) = g(t) + \int_{t_0}^t r(t,\tau) g(\tau)\,d\tau \qquad (t \in J) \tag{21.20}$$

schreiben; dabei ist $r(t,\tau)$ der durch (21.19) *definierte und auf $J \times J$ stetige* lösende Kern.

[1)] Carl Neumann (1832–1925; 93) hat sie zwar nicht erfunden, aber in seinen potentialtheoretischen Arbeiten als erster gründlich untersucht.

Damit ist unser Exkurs über die Volterrasche Integralgleichung bereits beendet. Gestützt auf ihn und die Diskussion zu Beginn dieser Nummer erhalten wir nun mit einem Schlag den

21.3 Satz *Sind die Funktionen $a(t)$, $b(t)$ und $s(t)$* stetig *auf dem kompakten Intervall J, so besitzt das Anfangswertproblem*

$$\ddot{u}+a(t)\dot{u}+b(t)u=s(t),\quad u(t_0)=u_0,\quad \dot{u}(t_0)=\dot{u}_0 \tag{21.21}$$

für willkürlich vorgeschriebene Zahlen $t_0\in J$ und $u_0, \dot{u}_0\in\mathbf{R}$ eine - aber auch nur eine - auf ganz J existierende Lösung $u(t)$.[1] *Sie wird gegeben durch*

$$u(t)=u_0+\dot{u}_0\cdot(t-t_0)+\int_{t_0}^{t}(t-\tau)v(\tau)\,\mathrm{d}\tau; \tag{21.22}$$

dabei ist $v\in C(J)$ die Lösung der Volterraschen Integralgleichung

$$v(t)-\int_{t_0}^{t}k(t,\tau)v(\tau)\,\mathrm{d}\tau=g(t),$$

deren Kern und rechte Seite in (21.5) *beschrieben sind.*

Wie anfangs schon gesagt: nur der Durchsichtigkeit wegen haben wir uns zunächst auf das Problem (21.2) beschränkt. An den Überlegungen, die uns dabei in Kontakt mit Volterraschen Integralgleichungen brachten, brauchen wir nur wenig, an dem Exkurs über diese Gleichungen gar nichts zu ändern, um bei Stetigkeit von $s(t)$, $a_0(t), \ldots, a_{n-1}(t)$ auf einem kompakten Intervall J die Existenz einer eindeutig festgelegten und auf ganz J definierten Lösung des allgemeinen Anfangswertproblems (21.1) verbürgen zu können. Statt (21.4) müssen wir nur die Taylorsche Formel mit *Integralrestglied*

$$\varphi(t)=\varphi(t_0)+\frac{\dot{\varphi}(t_0)}{1!}(t-t_0)+\cdots+\frac{\varphi^{(n-1)}(t_0)}{(n-1)!}(t-t_0)^{n-1}+\int_{t_0}^{t}\frac{(t-\tau)^{n-1}}{(n-1)!}\varphi^{(n)}(\tau)\,\mathrm{d}\tau$$

für n-mal stetig differenzierbare Funktionen heranziehen[2] und statt (21.3) die korrespondierenden Ableitungsformeln

$$\varphi^{(k)}(t)=\varphi^{(k)}(t_0)+\frac{\varphi^{(k+1)}(t_0)}{1!}(t-t_0)+\cdots+\frac{\varphi^{(n-1)}(t_0)}{(n-k-1)!}(t-t_0)^{n-k-1}$$
$$+\int_{t_0}^{t}\frac{(t-\tau)^{n-k-1}}{(n-k-1)!}\varphi^{(n)}(\tau)\,\mathrm{d}\tau\quad(k=1,\ldots,n-1).$$

Die detaillierte Ausführung dürfen wir unbesorgt dem Leser überlassen.

---

[1] Die *Kompaktheit* von J kann man preisgeben; s. Satz 21.4.

[2] S. A 168.2 in Heuser II.

Eine letzte Bemerkung ist noch angebracht. Ist J ein *beliebiges*, nicht unbedingt kompaktes Intervall und $t_0 \in J$, so können wir jeden Punkt von J mit einem hinreichend großen kompakten Intervall $\tilde{J} \subset J$ einfangen, das t_0 enthält. Aus unseren bisherigen Überlegungen folgt nun, daß die Lösung des Problems (21.1) auch auf J existiert. Wir fassen zusammen:

21.4 Satz *Sind die Funktionen $s(t)$, $a_0(t), \ldots, a_{n-1}(t)$* stetig *auf dem beliebigen Intervall J, so besitzt das Anfangswertproblem* (21.1) *eine und nur eine auf* ganz J *existierende Lösung - wie immer man die Zahlen $t_0 \in J$ und $u_0, \dot{u}_0, \ldots, u_0^{(n-1)} \in \mathbf{R}$ auch vorgeschrieben haben mag.*

Insbesondere folgt aus diesem Satz, daß es nur eine Lösung u der *homogenen* Gleichung (19.3) mit $u(t_0) = \dot{u}(t_0) = \cdots = u^{(n-1)}(t_0) = 0$ geben kann - nämlich die triviale: $u(t) \equiv 0$.

Aufgaben

1. Führe den Beweis des Satzes 21.4 in allen Einzelheiten durch.

2. Bestimme den lösenden Kern der Gleichung $v(t) - \int_0^t (t-\tau) v(\tau)\, d\tau = g(t)$.

3. Löse das Anfangswertproblem $\ddot{u} - u = 0$, $u(0) = 0$, $\dot{u}(0) = 1$ mit Hilfe der Integralgleichungsmethode (benutze Aufgabe 2). An dem Aufwand erkennt man, daß diese Methode unter bloß *praktischen* Gesichtspunkten die früher benutzte nicht aus dem Rennen werfen kann.

22 Integralbasis und allgemeine Lösung der homogenen Gleichung

Der Satz 15.4 hatte uns belehrt, daß man jede Lösung der homogenen linearen Differentialgleichung n-ter Ordnung mit konstanten Koeffizienten als Linearkombination von n „Grundlösungen" gewinnen kann. Nicht anders lagen die Dinge bei der Eulerschen Differentialgleichung (20.1). Und nun werden wir sehen, daß wir diese Situation ausnahmslos bei *jeder* homogenen linearen Differentialgleichung

$$u^{(n)} + a_{n-1}(t) u^{(n-1)} + \cdots + a_1(t)\dot{u} + a_0(t) u = 0 \tag{22.1}$$

antreffen, sofern nur ihre Koeffizientenfunktionen $a_k(t)$ auf einem Intervall J *stetig* sind (was wir durchgehend voraussetzen wollen).

Wir wählen ein beliebiges $t_0 \in J$ und nehmen uns gemäß Satz 21.4 diejenigen Lösungen $v_1, \ldots, v_n$ von (22.1) her, für die gilt:

$$\begin{aligned}
&v_1(t_0)=1, \quad \dot{v}_1(t_0)= \quad \ddot{v}_1(t_0)=\cdots= \quad v_1^{(n-1)}(t_0)=0,\\
&v_2(t_0)=0, \quad \dot{v}_2(t_0)=1, \quad \ddot{v}_2(t_0)=\cdots= \quad v_2^{(n-1)}(t_0)=0,\\
&\vdots\\
&v_n(t_0)= \quad \dot{v}_n(t_0)=\cdots=v_n^{(n-2)}(t_0)=0, \quad v_n^{(n-1)}(t_0)=1.
\end{aligned} \tag{22.2}$$

Nun sei u eine völlig beliebige Lösung von (22.1) und

$$u_0:=u(t_0),\ \dot{u}_0:=\dot{u}(t_0), \ldots, u_0^{(n-1)}:=u^{(n-1)}(t_0).$$

Das Gleichungssystem

$$\begin{aligned}
&C_1 v_1(t_0) \quad +\cdots+C_n v_n(t_0) \quad =u_0\\
&C_1 \dot{v}_1(t_0) \quad +\cdots+C_n \dot{v}_n(t_0) \quad =\dot{u}_0\\
&\vdots\\
&C_1 v_1^{(n-1)}(t_0)+\cdots+C_n v_n^{(n-1)}(t_0)=u_0^{(n-1)}
\end{aligned} \tag{22.3}$$

besitzt eine unzweideutig bestimmte Lösung $C_1, \ldots, C_n$, weil seine Determinante $\neq 0$ (nämlich $=1$) ist. Die Funktion $v:=C_1 v_1+\cdots+C_n v_n$ ist nach dem Superpositionsprinzip 19.1 eine Lösung von (22.1) und hat wegen (22.3) an der Stelle t_0 dieselben Anfangswerte wie u. Dank des Satzes 21.4 muß daher $u=v$ und somit u selbst eine Linearkombination der n Funktionen $v_1, \ldots, v_n$ sein.

Die eben durchgeführten Schlüsse bleiben ganz offensichtlich in Kraft, wenn $v_1, \ldots, v_n$ *irgendwelche n* Lösungen von (22.1) auf J sind, deren Wronskische Determinante[1)]

$$W(v_1, \ldots, v_n):=\begin{vmatrix} v_1 & \ldots v_n\\ \dot{v}_1 & \ldots \dot{v}_n\\ \vdots & \\ v_1^{(n-1)} & \ldots v_n^{(n-1)} \end{vmatrix}$$

an *irgendeiner* Stelle $t_0 \in J$ *von Null verschieden* ausfällt. Ein derartiges Lösungssystem $v_1, \ldots, v_n$ nennt man eine Integralbasis der Gleichung (22.1) oder ein Fundamentalsystem (Hauptsystem) von Lösungen[2)], und alles Bisherige zusammenfassend können wir nun folgendes sagen:

22.1 Satz *Die* homogene *lineare Differentialgleichung* (22.1) *mit* stetigen *Koeffizienten* $a_k: J \to \mathbf{R}$ *besitzt immer eine Integralbasis. Jede Lösung* $u: J \to \mathbf{R}$ *von* (22.1) *läßt sich mittels irgendeiner derartigen Basis* $v_1, \ldots, v_n$ *in der Form* $u=C_1 v_1+\cdots+C_n v_n$ *mit eindeutig bestimmten Koeffizienten* $C_k \in \mathbf{R}$ *darstellen.*

[1)] So genannt nach dem polnischen Mathematiker Graf Hoëné Wronski (1778–1853; 75), der sie 1821 einführte.

[2)] Dieser Begriff wurde 1866 von Lazarus Fuchs (1833–1902; 69) eingeführt.

Läßt man also in

$$C_1 v_1 + \cdots + C_n v_n \tag{22.4}$$

die C_k unabhängig voneinander die reellen Zahlen durchlaufen, so erhält man ausnahmslos *alle* Lösungen der Gleichung (22.1). (22.4) nennt man die allgemeine Lösung von (22.1). Ihre freien Konstanten C_k können dazu dienen, willkürlich vorgegebene Anfangsbedingungen zu befriedigen.

Wir wollen nun unsere Betrachtungen über die Wronskische Determinante noch ein wenig vertiefen. Angenommen, $u_1, \ldots, u_n$ seien n Lösungen von (22.1), deren Wronskische Determinante an *irgendeiner* Stelle t_1 von *J verschwindet*. Dann besitzt das homogene Gleichungssystem

$$\begin{aligned} C_1 u_1(t_1) &+ \cdots + C_n u_n(t_1) &= 0\\ C_1 \dot{u}_1(t_1) &+ \cdots + C_n \dot{u}_n(t_1) &= 0\\ &\vdots\\ C_1 u_1^{(n-1)}(t_1) &+ \cdots + C_n u_n^{(n-1)}(t_1) &= 0 \end{aligned} \tag{22.5}$$

eine nichttriviale Lösung $C_1, \ldots, C_n$. Die mit diesen C_k gebildete Funktion $u := C_1 u_1 + \cdots + C_n u_n$ befriedigt die Gleichung (22.1) und wegen (22.5) auch noch die Anfangsbedingungen $u(t_1) = \dot{u}(t_1) = \cdots = u^{(n-1)}(t_1) = 0$. Dank der Bemerkung nach Satz 21.4 muß daher

$$C_1 u_1(t) + \cdots + C_n u_n(t) = 0 \quad \text{für alle} \quad t \in J \tag{22.6}$$

sein. Durch wiederholtes Differenzieren erhält man daraus, und zwar wieder für alle $t \in J$:

$$\begin{aligned} C_1 \dot{u}_1(t) &+ \cdots + C_n \dot{u}_n(t) &= 0\\ &\vdots\\ C_1 u_1^{(n-1)}(t) &+ \cdots + C_n u_n^{(n-1)}(t) &= 0. \end{aligned} \tag{22.7}$$

Da aber mindestens ein $C_k \neq 0$ ist, können die n Gleichungen (22.6) und (22.7) nur dann zusammen bestehen, wenn

$$\begin{vmatrix} u_1(t) & \ldots & u_n(t)\\ \dot{u}_1(t) & \ldots & \dot{u}_n(t)\\ \vdots & & \\ u_1^{(n-1)}(t) & \ldots & u_n^{(n-1)}(t) \end{vmatrix} = 0 \quad \text{für alle} \quad t \in J$$

ausfällt. Es gilt also der folgende

22.2 Satz *Sind die Koeffizientenfunktionen a_k der Differentialgleichung* (22.1) stetig *auf dem Intervall J, so verschwindet die Wronskische Determinante von je n ihrer Lösungen entweder in* jedem *oder in* keinem *Punkt von J. Insbesondere ist die Wronskische Determinante einer Integralbasis* ständig $\neq 0$.

p Vektoren

$$\boldsymbol{x}_1 := (x_{11}, \ldots, x_{1m}), \ldots, \boldsymbol{x}_p := (x_{p1}, \ldots, x_{pm})$$

heißen bekanntlich *linear abhängig* (über $\mathbf{R}$), wenn es reelle Zahlen $C_1, \ldots, C_p$ gibt, die nicht alle verschwinden, mit denen aber doch $C_1\boldsymbol{x}_1 + \cdots + C_p\boldsymbol{x}_p = \mathbf{0}$ oder also

$$C_1 x_{1\mu} + \cdots + C_p x_{p\mu} = 0 \quad \text{für} \quad \mu = 1, \ldots, m \tag{22.8}$$

gilt. Ganz entsprechend nennt man p Funktionen $\varphi_1, \ldots, \varphi_p$ linear abhängig auf dem Intervall J, wenn reelle Zahlen $C_1, \ldots, C_p$ existieren, von denen mindestens eine $\neq 0$ ist, und mit denen $C_1\varphi_1 + \cdots + C_p\varphi_p = 0$ oder also

$$C_1\varphi_1(t) + \cdots + C_p\varphi_p(t) = 0 \quad \text{für alle} \quad t \in J \tag{22.9}$$

gilt. Ist dies *nicht* der Fall, kann also eine Beziehung der Form (22.9) nur dann bestehen, wenn *alle* C_k verschwinden, so heißen die Funktionen $\varphi_1, \ldots, \varphi_p$ linear unabhängig auf J. Eine einzelne Funktion φ ist offenbar genau dann linear unabhängig auf J, wenn sie dort nicht identisch verschwindet.

Der Leser braucht nur den Beweis des Satzes 22.2 noch einmal flüchtig durchzugehen, um die folgende Feststellung als richtig zu erkennen:

22.3 Satz *Sind die Koeffizientenfunktionen der Differentialgleichung* (22.1) *wie bisher* stetig *auf dem Intervall J, so gilt: n Lösungen von* (22.1) *sind genau dann linear* abhängig *auf J, wenn ihre Wronskische Determinante in mindestens einem Punkt von J* (*und damit sogar auf ganz J*) verschwindet.

Und daraus wiederum folgt mit einem Schlag der wichtige

22.4 Satz *Unter der Stetigkeitsvoraussetzung des Satzes* 22.3 *bilden n Lösungen von* (22.1) *genau dann eine Integralbasis, wenn sie auf J* linear unabhängig *sind.*

Aufgaben

1. Sind die Funktionen $\varphi_1, \ldots, \varphi_p$ auf dem Intervall J $(p-1)$-mal differenzierbar und linear abhängig, so verschwindet dort ihre Wronskische Determinante identisch. Aus dem Verschwinden dieser Determinante kann jedoch nicht immer auf lineare Abhängigkeit geschlossen werden (was keineswegs im Widerspruch zu Satz 22.3 steht!). Belege dies anhand der Funktionen $\varphi_1(t) := t|t|$, $\varphi_2(t) := t^2$ $(t \in \mathbf{R})$. Vgl. aber auch Aufgabe 2.

2. Zwei Funktionen, die auf J differenzierbar sind und nirgendwo verschwinden, sind genau dann linear abhängig auf J, wenn ihre Wronskische Determinante dort ständig $= 0$ ist.

3. Sind die Funktionen $\varphi_1, \ldots, \varphi_p$ auf dem Intervall J linear abhängig, so sind sie es trivialerweise auch auf jedem Teilintervall von J. Lineare Unabhängigkeit kann jedoch bei Einschränkung auf Teilintervalle verlorengehen. Zeige dies mit Hilfe der Funktionen φ_1, φ_2 aus Aufgabe 1.

4. Die Funktionen e^t, e^{2t}, e^{3t} sind auf jedem Intervall linear unabhängig.

5. Die Funktionen 1, $\sin^2 t$, $\cos^2 t$ sind auf jedem Intervall linear abhängig.

6. Wenn n Lösungen $u_1, \ldots, u_n$ von (22.1) an ein und derselben Stelle von J verschwinden oder wenn dies die Ableitungen $u_1^{(k)}, \ldots, u_n^{(k)}$ für irgendein $k \in \{1, \ldots, n-1\}$ tun, so können die $u_1, \ldots, u_n$ keine Integralbasis von (22.1) bilden.

7. Zeige, daß die Funktionen $u_1(t) := t$, $u_2(t) := t^2$ auf $\mathbf{R}$ linear unabhängig sind und dort die Eulersche Differentialgleichung $t^2\ddot{u} - 2t\dot{u} + 2u = 0$ lösen. Ihre Wronskische Determinante verschwindet jedoch im Nullpunkt. Warum ist dies kein Widerspruch zu Satz 22.3?

***8. Die Abelsche Formel** Die Koeffizientenfunktionen $a_0(t)$, $a_1(t)$ der Differentialgleichung

$$\ddot{u} + a_1(t)\dot{u} + a_0(t)u = 0 \tag{22.10}$$

seien stetig auf dem Intervall J. Für zwei beliebige Lösungen u_1, u_2 von (22.10) setzen wir

$$W(t) := W(u_1(t), u_2(t)) \qquad (t \in J).$$

Zeige, daß $W(t)$ der Differentialgleichung $\dot{W} = -a_1 W$ genügt und daß somit die Abelsche Formel

$$W(t) = W(t_0) \exp\left(-\int_{t_0}^{t} a_1(\tau)\,d\tau\right) \qquad (t_0 \in J \text{ beliebig})$$

gilt.[1]

Bei der allgemeinen Differentialgleichung (22.1) haben wir den entsprechenden Tatbestand: Für $W(t) := W(u_1(t), \ldots, u_n(t))$ ($u_1, \ldots, u_n$ beliebige Lösungen von (22.1)) ist

$$W(t) = W(t_0) \exp\left(-\int_{t_0}^{t} a_{n-1}(\tau)\,d\tau\right).$$

Hinweis: Nach der Differentiationsregel für Determinanten ist $\dot{W} = W_1 + \cdots + W_n$; dabei bedeutet W_k eine Determinante, die aus W entsteht, indem man die k-te Zeile von W nach t differenziert und alle anderen Zeilen unverändert läßt (wer diese Regel nicht kennt, kann sie durch Induktion beweisen).

---

[1] Sie wurde 1827 von dem norwegischen Mathematiker Niels Henrik Abel (1802-1829; 27) gewonnen, der trotz seines frühen Todes eine der großen Gestalten im Reiche der Mathematik geworden ist. S. seine Arbeit im J. f. reine u. angew. Mathematik **2** (1827) 22-30 („Crelles Journal"; es war 1826 von dem Oberbaurat August Leopold Crelle (1780-1855; 75) gegründet worden). Die Abelsche Formel wird auch nach Joseph Liouville (1809-1882; 73) genannt; s. seine Arbeit im J. de Math. pures et appl. **3** (1838) 342-349 („Liouvilles Journal"; es war 1836 von Liouville gegründet worden).

23 Reduktion der homogenen Gleichung

Wir schildern nun ein Verfahren, vermöge dessen man die homogene lineare Differentialgleichung n-ter Ordnung

$$u^{(n)}+a_{n-1}(t)u^{(n-1)}+\cdots+a_0(t)u=0 \qquad (a_k \text{ stetig auf } J) \tag{23.1}$$

auf eine solche der Ordnung $n-1$ zurückspielen kann, *falls* man schon irgendwoher eine in J niemals verschwindende Lösung von (23.1) kennt. Die Methode geht zurück auf den französischen Mathematiker und Aufklärer Jean Baptiste le Rond d'Alembert (1717–1783; 66), der eine der treibenden Kräfte hinter der berühmten Encyclopédie und Verfasser ihrer brillanten Einleitung war.

23.1 Reduktionssatz von d'Alembert *u_1 sei eine Lösung von* (23.1), *die auf dem Intervall J ständig $\neq 0$ bleibt. Geht man mit dem Produktansatz*

$$u:=u_1 v \tag{23.2}$$

in (23.1) *ein, so erhält man für v eine Differentialgleichung der Form*

$$v^{(n)}+b_{n-1}(t)v^{(n-1)}+\cdots+b_1(t)\dot{v}=0 \tag{23.3}$$

($b_k: J\to\mathbf{R}$ *stetig), die nun ihrerseits vermöge der Substitution $w=\dot{v}$ übergeht in die homogene lineare Differentialgleichung* ($n-1$)*-ter Ordnung*

$$w^{(n-1)}+b_{n-1}(t)w^{(n-2)}+\cdots+b_1(t)w=0 \tag{23.4}$$

für w. Ist $w_2,\ldots,w_n$ eine Integralbasis derselben, so hat man in

$$u_1,\ u_1\int w_2\,\mathrm{d}t,\ldots,u_1\int w_n\,\mathrm{d}t$$

sofort eine Integralbasis der ursprünglichen Gleichung (23.1).

Beweis. Mit der Produktregel $u^{(k)}=\sum_{\nu=0}^{k}\binom{k}{\nu}u_1^{(k-\nu)}v^{(\nu)}$ erhalten wir

$$\begin{aligned}
a_0 u &= a_0 u_1 v,\\
a_1\dot{u} &= a_1\dot{u}_1 v + a_1 u_1\dot{v},\\
&\ \vdots\\
a_{n-1}u^{(n-1)} &= a_{n-1}u_1^{(n-1)}v+(n-1)a_{n-1}u_1^{(n-2)}\dot{v}+\cdots+a_{n-1}u_1 v^{(n-1)},\\
u^{(n)} &= u_1^{(n)}v + n u_1^{(n-1)}\dot{v} + \cdots + n\dot{u}_1 v^{(n-1)} + u_1 v^{(n)}.
\end{aligned}$$

Durch spaltenweise Addition folgt daraus

$$u^{(n)}+a_{n-1}u^{(n-1)}+\cdots+a_1\dot{u}+a_0u=$$
$$\underbrace{(u_1^{(n)}+a_{n-1}u_1^{(n-1)}+\cdots+a_1\dot{u}_1+a_0u_1)}_{=0}v+\alpha_1\dot{v}+\cdots+\alpha_{n-1}v^{(n-1)}+u_1v^{(n)};$$

hierbei sind $\alpha_1, \ldots, \alpha_{n-1}$ gewisse stetige Funktionen. Wenn u eine Lösung von (23.1) sein soll, muß also die Funktion v so gewählt werden, daß sie der Differentialgleichung $\alpha_1 \dot{v} + \cdots + \alpha_{n-1} v^{(n-1)} + u_1 v^{(n)} = 0$ oder also der Differentialgleichung $v^{(n)} + b_{n-1} v^{(n-1)} + \cdots + b_1 \dot{v} = 0$ mit den stetigen Funktionen $b_k := \alpha_k / u_1$ genügt. Und aus dieser entsteht (23.4), indem man $\dot{v} = w$ setzt. Genügt nun eine Funktion w der Gl. (23.4), so erweist sich $\int w \, dt$ sofort als eine Lösung von (23.3) und $u_1 \int w \, dt$ als eine von (23.1); um dies einzusehen, braucht man nur die obigen Rechnungen in umgekehrter Reihenfolge zu durchlaufen.

Sei jetzt $w_2, \ldots, w_n$ eine *Integralbasis* von (23.4) und

$$u_k := u_1 \int w_k \, dt \quad \text{für} \quad k = 2, \ldots, n.$$

Wie wir schon wissen, sind die Funktionen $u_1, \ldots, u_n$ allesamt Lösungen von (23.1). Wir zeigen nun, daß sie überdies auch noch *auf J linear unabhängig* sind und somit eine Integralbasis von (23.1) bilden (s. Satz 22.4). Angenommen, mit gewissen Zahlen $C_1, \ldots, C_n$ sei

$$C_1 u_1 + C_2 u_2 + \cdots + C_n u_n = 0, \tag{23.5}$$

also $$C_1 u_1 + C_2 u_1 \int w_2 \, dt + \cdots + C_n u_1 \int w_n \, dt = 0.$$

Dividieren wir nun durch u_1 und differenzieren dann nach t, so erhalten wir $C_2 w_2 + \cdots + C_n w_n = 0$. Daraus folgt aber $C_2 = \cdots = C_n = 0$, da die $w_2, \ldots, w_n$ linear unabhängig sind. Wegen (23.5) muß dann auch noch $C_1 = 0$ sein. Die $u_1, \ldots, u_n$ sind also tatsächlich linear unabhängig. ■

In der Praxis wird uns anstelle von (23.1) häufig die Differentialgleichung

$$c_n(t) u^{(n)} + c_{n-1}(t) u^{(n-1)} + \cdots + c_0(t) u = 0 \tag{23.6}$$

mit stetigen Koeffizienten c_k entgegentreten. Bei der Anwendung des Reduktionsverfahrens muß man sich dann auf diejenigen Intervalle beschränken, in denen $c_n(t)$ durchweg $\neq 0$ ist, denn nur dort kann man (23.6) mittels Division durch $c_n(t)$ auf die Normalform (23.1) bringen. Diese Division braucht man freilich nicht wirklich auszuführen, vielmehr kann man, wenn u_1 eine Lösung von (23.6) auf einem der genannten Intervalle ist, mit dem Produktansatz $u := u_1 v$ unmittelbar in (23.6) eingehen.

23.2 Beispiel $(1-t^2)\ddot{u} + 2t\dot{u} - 2u = 0.$ (23.7)

Wir beschränken uns zunächst auf eines der Intervalle $(-\infty, -1)$, $(-1, 1)$, $(1, \infty)$. Die Lösung $u_1(t) := t$ $(-\infty < t < \infty)$ läßt sich erraten.[1] Da sie im Nullpunkt verschwindet, müssen wir uns sogar auf eines der Intervalle $(-\infty, -1)$, $(-1, 0)$, $(0, 1)$, $(1, \infty)$ zurückziehen. Wir gehen mit dem Produktansatz $u := tv$ in (23.7) ein und erhalten für v die Differentialgleichung $(1-t^2)t\ddot{v} + 2\dot{v} = 0$, mit $\dot{v} = w$ also die lineare Differentialgleichung erster Ordnung

[1] So leicht wie hier wird es uns nicht immer fallen, an eine erste Lösung zu kommen. In der Tat ist die Beschaffung von u_1 das eigentliche Elend des Reduktionsverfahrens.

$$\dot{w} = \frac{2}{t(t^2-1)}w. \tag{23.8}$$

Nach Satz 4.1 wird eine nichttriviale Lösung und damit eine Integralbasis von (23.8) gegeben durch

$$w(t) = \exp\left(\int \frac{2}{t(t^2-1)}\,\mathrm{d}t\right), \tag{23.9}$$

wobei wir uns zunächst auf das Intervall $(1, \infty)$ beschränken wollen. Mittels Partialbruchzerlegung erhalten wir

$$\int \frac{2}{t(t^2-1)}\,\mathrm{d}t = \int\left(-\frac{2}{t} + \frac{1}{t-1} + \frac{1}{t+1}\right)\mathrm{d}t$$

$$= \ln\frac{1}{t^2} + \ln(t-1) + \ln(t+1) = \ln\left(1 - \frac{1}{t^2}\right)$$

und aus (23.9) daher $w(t) = 1 - \frac{1}{t^2}$. Nach Satz 23.1 ist somit

$$u(t) := t\int\left(1 - \frac{1}{t^2}\right)\mathrm{d}t = t\left(t + \frac{1}{t}\right) = t^2 + 1$$

eine Lösung und t, t^2+1 eine Integralbasis von (23.7) auf dem Intervall $(1, \infty)$. Nachträglich überblickt man aber sofort, daß nicht nur t, sondern auch t^2+1 der Gl. (23.7) auf *ganz* $\mathbf{R}$ genügt und daß diese beiden Funktionen Integralbasen von (23.7) auch auf den Intervallen $(-\infty, -1)$, $(-1, 1)$ bilden. Und nun sieht man schließlich, daß ausnahmslos jede auf $\mathbf{R}$ definierte Lösung $u(t)$ von (23.7) mit Hilfe geeigneter Konstanten C_1, C_2 in der Form

$$u(t) = C_1 t + C_2(t^2+1) \quad \text{für alle} \quad t \in \mathbf{R} \tag{23.10}$$

geschrieben werden kann. Die Funktionen t, t^2+1 müssen linear unabhängig auf $\mathbf{R}$ sein, weil sie es bereits auf $(1, \infty)$ sind, und deshalb werden die Konstanten C_1, C_2 in (23.10) durch $u(t)$ eindeutig festgelegt. Ihre Wronskische Determinante jedoch verschwindet für $t = \pm 1$ (ohne daß dies ein Widerspruch zu Satz 22.3 wäre, weil dort nämlich die Differentialgleichung in der Normalform (23.1) vorlag).

Aufgaben

In den Aufgaben 1 bis 9 sind alle Lösungen der angegebenen Differentialgleichungen für $u(t)$ bzw. $y(x)$ mittels der Reduktionsmethode zu bestimmen. Die erste Lösung ist immer ein Polynom oder eine Exponentialfunktion.

1. $t^2\ddot{u} - t\dot{u} + u = 0$, $t > 0$. Diese Gleichung läßt sich auch als Eulersche Differentialgleichung behandeln.

2. $(1+x^2)y'' - 2y = 0$.

3. $xy'' - (2x+1)y' + (x+1)y = 0$.

4. $(t-1)\ddot{u} - t\dot{u} + u = 0$.

5. $(1+t^2)\ddot{u}-2t\dot{u}+2u=0.$

6. $xy''-(1+x)y'+y=0.$

7. $xy''-(x+1)y'-2(x-1)y=0.$

8. $y''-2xy'-2y=0.$ Hinweis: $\exp(x^2)$ ist eine Lösung; $\int\exp(-t^2)\,dt$ kann nicht durch elementare Funktionen dargestellt werden.

9. $(1-t^2)\ddot{u}-2t\dot{u}+2u=0.$

***10. Eine Reduktion anderer Art: die Beseitigung des zweithöchsten Gliedes** Sie soll nur an der homogenen Gleichung zweiter Ordnung

$$\ddot{u}+a(t)\dot{u}+b(t)u=0 \tag{23.11}$$

auseinandergesetzt werden. Zeige: Bei stetig differenzierbarem $a(t)$ geht (23.11) vermöge der Substitution

$$u=v\,\mathrm{e}^{-\frac{1}{2}\int a(t)\,dt} \tag{23.12}$$

über in die Differentialgleichung

$$\ddot{v}+q(t)v=0 \quad \text{mit} \quad q:=b-\frac{1}{4}a^2-\frac{1}{2}\dot{a}, \tag{23.13}$$

schärfer: u befriedigt genau dann (23.11), wenn v eine Lösung von (23.13) ist - wobei u und v durch (23.12) miteinander verknüpft sein sollen.

In den Aufgaben 11 bis 12 soll bei den vorgelegten Differentialgleichungen das zweithöchste Glied beseitigt werden (s. Aufgabe 10).

11. $y''-2xy'+\lambda y=0$ (λ konstant).

12. $x^2y''+xy'+(x^2-\nu^2)y=0$ (ν konstant, $x>0$).

24 Die Methode der Variation der Konstanten

In dieser Nummer geht es darum, eine partikuläre Lösung der inhomogenen Differentialgleichung

$$u^{(n)}+a_{n-1}(t)u^{(n-1)}+\cdots+a_0(t)u=s(t) \tag{24.1}$$

aufzufinden; dabei sollen die Funktionen $a_{n-1}(t),\ldots,a_0(t)$ und $s(t)$ *stetig* auf dem Intervall J sein.

Wir gehen vor wie in Nr. 16 ab (16.20). $u_1,\ldots,u_n$ sei eine Integralbasis (auf J) der zu (24.1) gehörenden homogenen Gleichung. *Die* Methode der Variation der Konstanten *besteht darin, eine Lösung u von* (24.1) *in der Form*

$$u(t):=C_1(t)u_1(t)+\cdots+C_n(t)u_n(t) \tag{24.2}$$

zu gewinnen. Dieser Ansatz führt wieder - und zwar wörtlich wie in Nr. 16 - auf das Gleichungssystem (16.30), und da dessen Determinante überall in J von Null verschieden ist (Satz 22.2), errechnen sich aus ihm die $\dot{C}_k$ stets und unzweideutig als stetige Funktionen auf J. Mit $C_k(t) := \int \dot{C}_k(t)\,dt$ hat man nun in (24.2) tatsächlich eine auf ganz J definierte Lösung von (24.1). - Zur Illustration der Methode möge sich der Leser noch einmal das Beispiel 16.14 ansehen.

Ist eine lineare Differentialgleichung der Form

$$b_n(t)u^{(n)} + b_{n-1}(t)u^{(n-1)} + \cdots + b_0(t)u = S(t)$$

vorgelegt, so muß man sie, wenn man das System (16.30) hinschreiben will, mittels Division durch $b_n(t)$ zuerst auf die Normalform (24.1) bringen, mit anderen Worten: man muß (16.30) mit $s := S/b_n$ ansetzen.

Aufgaben

Mittels des Reduktionsverfahrens (Nr. 23) und der Methode der Variation der Konstanten sind die allgemeinen Lösungen der folgenden Differentialgleichungen auf geeigneten Intervallen anzugeben.

1. $(1-t^2)\ddot{u} + 2t\dot{u} - 2u = 6(1-t^2)^2$ (s. Beispiel 23.2). Wie lautet die Lösung u_p, die der Anfangsbedingung $u_p(0) = 1$, $\dot{u}_p(0) = 0$ genügt?

2. $(1-x)y'' + xy' - y = 2(1-x)^2 e^{-x}$ (s. A 23.4).

3. $(1-x)xy'' - (1-2x)y' + (1-3x+x^2)y = (1-x)^3$.

4. $t^2(1-t)\ddot{u} + 2t(2-t)\dot{u} + 2(1+t)u = t^2$. $u_1(t) := 1/t^2$ $(t \neq 0)$ ist eine Lösung der zugehörigen homogenen Gleichung (Probe!).

5. $(2t-t^2)\ddot{u} + (t^2-2)\dot{u} + 2(1-t)u = 4t - 4t^2 + t^3$.

6. $x^2y'' - 4xy' + 6y = x^4 \sin x$.

7. $x^2y'' - 2xy' + 2y = xe^{-x}$. Das Integral $\int \frac{e^{-x}}{x}\,dx$ ist nicht durch elementare Funktionen darstellbar!

Manchmal führen *Substitutionen* rascher zum Ziel (aber wie soll man auf sie kommen?):

8. $xy'' - y' - 4x^3y = x^3$. Hinweis: Eine partikuläre Lösung der inhomogenen Gleichung kann man mit einem einzigen Blick erraten; die homogene Gleichung behandle man mit der Substitution $x = \sqrt{t}$.

25 Stetige Abhängigkeit der Lösung eines Anfangswertproblems von den Ausgangsdaten

Über die Wichtigkeit dieser „stetigen Abhängigkeit" brauchen wir hier kein Wort mehr zu verlieren: wir haben sie in Nr. 13 sattsam auseinandergesetzt. Um die nun folgende Gedankenführung durchsichtiger zu gestalten, wollen wir uns zunächst auf das Anfangswertproblem *zweiter* Ordnung

$$\ddot{u}+a(t)\dot{u}+b(t)u=s(t),\quad u(t_0)=u_0,\quad \dot{u}(t_0)=\dot{u}_0 \tag{25.1}$$

kaprizieren. Ihm stellen wir die Anfangswertprobleme

$$\ddot{u}+a(t)\dot{u}+b(t)u=s_j(t),\quad u(t_0)=u_{j0},\quad \dot{u}(t_0)=\dot{u}_{j0} \tag{25.2}$$

zur Seite ($j=1,2,\ldots$). Die Funktionen a, b, s und s_j seien stetig auf dem kompakten Intervall $J:=[\alpha,\beta]$, t_0 liege in J, während die Zahlen $u_0, \dot{u}_0, u_{j0}, \dot{u}_{j0}$ zunächst keinerlei Beschränkungen unterliegen. Kraft des Satzes 21.3 besitzt (25.1) bzw. (25.2) genau eine auf ganz J definierte Lösung $u(t)$ bzw. $u_j(t)$.

Es strebe nun

$$\left.\begin{array}{l} s_j(t)\to s(t)\ \text{gleichmäßig auf}\ J \\ u_{j0}\to u_0\ \text{und}\ \dot{u}_{j0}\to\dot{u}_0 \end{array}\right\}\ \text{für}\ j\to\infty .$$

Dann strebt auch $u_j(t)\to u(t)$ gleichmäßig *auf J für* $j\to\infty$.

Der Beweis ist kaum der Rede wert: wir brauchen den Leser nur an die Sätze 21.2, 21.3 zu erinnern und können ihn - den Leser - dann unbesorgt sich selbst überlassen. ■

Ebenso unbesorgt dürfen wir ihm zutrauen, die entsprechende Aussage für ein lineares Anfangswertproblem höherer Ordnung - s. (21.1) - zu formulieren und zu beweisen.

Aufgaben

1. Bei dem Anfangswertproblem (25.1) betrachten wir jetzt nur die Abhängigkeit der Lösung u von der rechten Seite s in dem kompakten Intervall $[\alpha,\beta]$, es sei also $u_{j0}=u_0$ und $\dot{u}_{j0}=\dot{u}_0$ für alle j. Zeige: Ist

$$|a(t)|+|b(t)|(\beta-\alpha)\leqslant M \quad \text{für} \quad \alpha\leqslant t\leqslant\beta,$$

so gilt $\quad \|u_j-u\|_\infty\leqslant(\beta-\alpha)^2[1+M\mathrm{e}^{M(\beta-\alpha)}(\beta-\alpha)]\,\|s_j-s\|_\infty$.

2. Diesmal steht nur die Abhängigkeit der Lösung u des Problems (25.2) von den Anfangswerten $u_0, \dot{u}_0$ zur Diskussion, wieder in dem kompakten Intervall $[a,\beta]$; es sei also $s_j=s$ für alle j. Gewinne selbst eine Abschätzung für $\|u_j-u\|_\infty$.

26 Potenzreihenlösungen

Vorgelegt sei wieder das Anfangswertproblem zweiter Ordnung

$$\ddot{u}+a(t)\dot{u}+b(t)u=s(t), \quad u(t_0)=u_0, \quad \dot{u}(t_0)=\dot{u}_0, \tag{26.1}$$

aber diesmal machen wir eine Voraussetzung, die weit über die altvertrauten Stetigkeitsannahmen hinausgeht: Wir fordern nämlich, daß die Funktionen $a(t)$, $b(t)$ und $s(t)$ in einem offenen Intervall

$$J:=(t_0-r, t_0+r) \qquad (r>0)$$

sogar in *Potenzreihen* um t_0 entwickelt werden können, also in Reihen der Form

$$\sum_{k=0}^{\infty} \alpha_k (t-t_0)^k \quad \text{(konvergent mindestens für alle } t\in J). \tag{26.2}$$

Die sehr spezielle Situation, daß $a(t)$ und $b(t)$ durch die einfachsten aller Potenzreihen, nämlich durch *Konstanten*, gegeben werden, ist uns schon am Ende der Nr. 16 begegnet, und dort hatten wir erkannt, daß dann die Lösung u von (26.1) selbst in eine Potenzreihe um t_0 entwickelt werden kann. Nicht anders liegen die Dinge im jetzt gegebenen allgemeineren Fall. Und dank unseres schlagkräftigen Instrumentariums fällt uns diese wichtige Tatsache fast wie von selbst in den Schoß. Ersetzen wir nämlich in (21.5) die Funktionen $a(t)$, $b(t)$ und $s(t)$ durch ihre Potenzreihen und folgen noch einmal den Hauptlinien der Beweise zu den Sätzen 21.2 und 21.3, so belehren uns die Formeln (21.20) und (21.22), zusammen mit einigen elementaren analytischen Überlegungen, daß die Lösung u von (26.1) tatsächlich in der Form (26.2) erscheinen muß.

Zu demselben Ergebnis gelangt man durch dieselben Argumente auch im Falle des Anfangswertproblems n-ter Ordnung

$$\begin{aligned} &u^{(n)}+a_{n-1}(t)u^{(n-1)}+\cdots+a_0(t)u=s(t),\\ &u(t_0)=u_0,\ \dot{u}(t_0)=\dot{u}_0, \ldots, u^{(n-1)}(t_0)=u_0^{(n-1)}. \end{aligned} \tag{26.3}$$

Wir notieren:

26.1 Satz *Die Funktionen $a_0(t), \ldots, a_{n-1}(t)$, $s(t)$ seien in dem Intervall (t_0-r, t_0+r) $(r>0)$ in Potenzreihen um t_0 entwickelbar. Dann gilt dasselbe auch für die Lösung u des Anfangswertproblems* (26.3).

Nachdem dies alles nun feststeht, darf man zur Bewältigung der Aufgabe (26.3) ohne Skrupel den *Ansatz*

$$u(t):=\sum_{k=0}^{\infty} c_k (t-t_0)^k \tag{26.4}$$

machen, mit ihm in die Differentialgleichung eingehen und die c_k durch *Koeffizientenvergleich* bestimmen. Sollten keine Anfangsbedingungen vorgegeben sein, so bleiben bei diesem Verfahren die ersten n Koeffizienten $c_0, c_1, \ldots, c_{n-1}$ unbestimmt, und man erhält so die *allgemeine Lösung* der Differentialgleichung.

Wir konkretisieren die Methode durch einige sehr einfache und dennoch sehr wichtige Beispiele.

26.2 Die Airysche Differentialgleichung[1] $\ddot{u}-tu=0.$ (26.5)

Satz 26.1 sichert, daß *alle ihre Lösungen beständig (d.h. für alle t) konvergente Potenzreihen sind*, wobei der Entwicklungsmittelpunkt t_0 beliebig sein darf. Wir wählen $t_0=0$ und gehen mit dem Ansatz $u(t):=\sum_{k=0}^{\infty} c_k t^k$ in (26.5) ein. Wegen

$$\dot{u}(t)=\sum_{k=0}^{\infty}(k+1)c_{k+1}t^k, \quad \ddot{u}(t)=\sum_{k=0}^{\infty}(k+1)(k+2)c_{k+2}t^k \tag{26.6}$$

erhalten wir

$$\underbrace{\sum_{k=0}^{\infty}(k+1)(k+2)c_{k+2}t^k}_{=2c_2+\sum_{k=1}^{\infty}\cdots} - \underbrace{\sum_{k=0}^{\infty}c_k t^{k+1}}_{=\sum_{k=1}^{\infty}c_{k-1}t^k}=0,$$

also
$$2c_2+\sum_{k=1}^{\infty}[(k+1)(k+2)c_{k+2}-c_{k-1}]t^k=0. \tag{26.7}$$

Koeffizientenvergleich liefert das unendliche Gleichungssystem

$$2c_2=0, \quad (k+1)(k+2)c_{k+2}-c_{k-1}=0 \quad (k=1,2,\ldots). \tag{26.8}$$

c_0, c_1 bleiben unbestimmt. Wegen $c_2=0$ erhält man daraus

$$c_5=c_8=c_{11}=\cdots=0 \quad \text{oder also} \quad c_{3n-1}=0 \quad \text{für} \quad n=1,2,\ldots.$$

Ferner ergibt sich ohne Umstände

$$c_3=\frac{c_0}{2\cdot 3}, \quad c_6=\frac{c_3}{5\cdot 6}=\frac{c_0}{2\cdot 3\cdot 5\cdot 6}=\frac{c_0}{2\cdot 5\cdot 3^2\cdot 2!},$$

$$c_9=\frac{c_6}{8\cdot 9}=\frac{c_0}{2\cdot 5\cdot 3^2\cdot 2!\cdot 8\cdot 9}=\frac{c_0}{2\cdot 5\cdot 8\cdot 3^3\cdot 3!},$$

---

[1] Nach Sir George Airy (1801–1892; 91); s. auch Aufgabe 32. Airy wurde schon mit 25 Jahren Lucasian Professor of Mathematics an der Universität Cambridge. Es ist dies die berühmte, 1663 von dem Kaufmann H. Lucas gestiftete Professur, die von 1669–1701 kein Geringerer als Newton und in unserer Zeit der Nobelpreisträger Dirac innegehabt haben. Die Airysche Differentialgleichung tritt bei Problemen der Lichtintensität und -beugung auf, ferner in der Theorie der Beugung von Radiowellen an der Erdoberfläche.

allgemein

$$c_{3n} = \frac{c_0}{2\cdot 5\cdot 8\cdots(3n-1)\cdot 3^n\cdot n!} \quad \text{für} \quad n=1,2,\ldots.$$

Und ganz entsprechend folgt

$$c_{3n+1} = \frac{c_1}{4\cdot 7\cdot 10\cdots(3n+1)\cdot 3^n\cdot n!} \quad \text{für} \quad n=1,2,\ldots.$$

Die allgemeine Lösung der Airyschen Gleichung (mit freien Konstanten c_0, c_1) wird also für alle $t\in\mathbf{R}$ gegeben durch

$$\begin{aligned} u(t) := c_0\left(1+\sum_{n=1}^{\infty}\frac{t^{3n}}{2\cdot 5\cdot 8\cdots(3n-1)\cdot 3^n\cdot n!}\right)+ \\ c_1\left(t+\sum_{n=1}^{\infty}\frac{t^{3n+1}}{4\cdot 7\cdot 10\cdots(3n+1)\cdot 3^n\cdot n!}\right). \end{aligned} \tag{26.9}$$

26.3 Die Hermitesche Differentialgleichung $y''-2xy'+\lambda y=0$ (26.10)

mit konstantem λ[1]. Wir gehen mit dem Ansatz $y(x) := \sum_{k=0}^{\infty} c_k x^k$ in sie ein und erhalten (vgl. (26.6))

$$\underbrace{\sum_{k=0}^{\infty}(k+1)(k+2)c_{k+2}x^k}_{=2c_2+\sum_{k=1}^{\infty}\cdots} - 2\underbrace{\sum_{k=0}^{\infty}(k+1)c_{k+1}x^{k+1}}_{=\sum_{k=1}^{\infty}kc_kx^k} + \lambda\underbrace{\sum_{k=0}^{\infty}c_kx^k}_{=c_0+\sum_{k=1}^{\infty}\cdots} = 0,$$

also $$(2c_2+\lambda c_0)+\sum_{k=1}^{\infty}[(k+1)(k+2)c_{k+2}-2kc_k+\lambda c_k]x^k = 0.$$

c_0 und c_1 sind frei wählbar, die übrigen c_k werden, ausgehend von c_0 bzw. c_1, rekursiv bestimmt gemäß

$$c_{k+2} = \frac{2k-\lambda}{(k+1)(k+2)}c_k \qquad (k=0,1,\ldots). \tag{26.11}$$

Und ohne Mühe erhält man nun

---

[1] Sie wird nach dem französischen Mathematiker Charles Hermite (1822–1901; 79) genannt, dessen Name durch die Entdeckung der Transzendenz von e (1873) unsterblich geworden ist. Die Hermitesche Differentialgleichung tritt u. a. in der Quantentheorie bei der Diskussion der Molekülschwingungen auf.

$$
\begin{aligned}
y(x)=c_0&\left(1-\frac{\lambda}{2!}x^2-\sum_{k=2}^{\infty}\frac{[4(k-1)-\lambda][4(k-2)-\lambda]\cdots[4-\lambda]\lambda}{(2k)!}x^{2k}\right)+\\
c_1&\left(x+\sum_{k=1}^{\infty}\frac{[4k-2-\lambda][4(k-1)-2-\lambda]\cdots[2-\lambda]}{(2k+1)!}x^{2k+1}\right).
\end{aligned}
\tag{26.12}
$$

Satz 26.1 garantiert, *daß dieses* $y(x)$ *auf ganz* $\mathbf{R}$ *existiert und* (26.10) *löst*. Für $c_0=0$ erhält man eine *ungerade*, für $c_1=0$ eine *gerade* Lösung. Die allgemeine Lösung setzt sich also additiv aus einer geraden und einer ungeraden zusammen.

Ist λ eine gerade Zahl $\geqslant 0$, also

$$\lambda=2n \quad \text{mit} \quad n\in\mathbf{N}_0,$$

so folgt aus (26.11) $c_{n+2}=c_{n+4}=c_{n+6}=\cdots=0$, eine der beiden eingeklammerten Reihen in (26.12) bricht dann also ab. Und zwar reduziert sich die erste dieser Reihen auf ein gerades Polynom vom Grade n, wenn n gerade, die zweite auf ein ungerades Polynom vom Grade n, wenn n ungerade ist. Multipliziert man diese Polynome noch

$$
\begin{aligned}
&\text{bei geradem } n \text{ mit} \quad (-1)^{\frac{n}{2}}\cdot 2^{\frac{n}{2}}\cdot 3\cdot 5\cdots(n-1),\\
&\text{bei ungeradem } n \text{ mit} \quad (-1)^{\frac{n-1}{2}}\cdot 2^{\frac{n+1}{2}}\cdot 3\cdot 5\cdots n,
\end{aligned}
\tag{26.13}
$$

so erhält man die sogenannten Hermiteschen Polynome $H_n(x)$ $(n=0, 1, \ldots)$. Deren Folge fängt also an mit

$$H_0(x)=1, \quad H_1(x)=2x, \quad H_2(x)=-2+4x^2, \quad H_3(x)=-12x+8x^3, \ldots .$$

Die Normierung (26.13) mutet *a prima vista* gewiß befremdlich an; sie wird uns aber durch die Aufgabe 17 bald verständlich werden.

Ausdrücklich wollen wir festhalten, daß $H_n(x)$ eine Lösung der Hermiteschen Differentialgleichung

$$y''-2xy'+2ny=0 \qquad (n\in\mathbf{N}_0) \tag{26.14}$$

ist und dabei den folgenden Anfangsbedingungen genügt:

$$H_n(0)=(-1)^{\frac{n}{2}}\cdot 2^{\frac{n}{2}}\cdot 3\cdot 5\cdots(n-1), \quad H_n'(0)=0 \quad \text{bei geradem } n, \tag{26.15}$$

$$H_n(0)=0, \quad H_n'(0)=(-1)^{\frac{n-1}{2}}\cdot 2^{\frac{n+1}{2}}\cdot 3\cdot 5\cdots n \quad \text{bei ungeradem } n. \tag{26.16}$$

Durch diese Lösungseigenschaften ist übrigens $H_n(x)$ unzweideutig festgelegt (s. Satz 21.4). - Weitere Auskünfte über Hermitesche Polynome finden sich in den Aufgaben 16 bis 20.

Ist uns statt (26.3) das Anfangswertproblem

$$\begin{aligned}&a_n(t)u^{(n)}+a_{n-1}(t)u^{(n-1)}+\cdots+a_0(t)u=s(t),\\&u(t_0)=u_0,\quad \dot u(t_0)=\dot u_0,\ldots,u^{(n-1)}(t_0)=u_0^{(n-1)}\end{aligned}\tag{26.17}$$

vorgelegt, fällt dabei $a_n(t_0)\neq 0$ aus und können die Funktionen $a_n,\ldots,a_0,s$ allesamt in einem gewissen Intervall $(t_0-\varrho, t_0+\varrho)$ $(\varrho>0)$ in Potenzreihen um t_0 entwickelt werden, so lassen sich bekanntlich auch die Quotienten $a_{n-1}/a_n,\ldots,a_0/a_n$, s/a_n in einem hinreichend kleinen Intervall $J:=(t_0-r, t_0+r)$ $(r>0)$ in ebenderselben Form darstellen[1], und dem Satz 26.1 können wir nun entnehmen, daß dann auch die Lösung von (26.17) im Intervall J als Potenzreihe mit dem Mittelpunkt t_0 erscheinen wird. Wir bringen hierzu zwei Beispiele.

26.4 Die Legendresche Differentialgleichung[2] Wir stellen zunächst den physikalischen Zusammenhang dar, in dem sie zum ersten Mal aufgetreten ist.

Sei K ein Körper mit der räumlich variablen Massendichte $\delta(\xi,\eta,\zeta)$ und G die universelle Gravitationskonstante.[3] Dann nennt man

$$u(x,y,z):=-G\int_K \frac{\delta(\xi,\eta,\zeta)}{\sqrt{(x-\xi)^2+(y-\eta)^2+(z-\zeta)^2}}\,\mathrm{d}(\xi,\eta,\zeta)\tag{26.18}$$

das Gravitationspotential des Körpers K in $P:=(x,y,z)\notin K$. Denken wir uns P mit der Masse 1 belegt, so wird nach dem Newtonschen Gravitationsgesetz die von K auf P ausgeübte Anziehungskraft gegeben durch $-\operatorname{grad} u(x,y,z)$. Diese Tatsache wirft ein helles Licht auf die Bedeutung des Gravitationspotentials. Und aus ihr kann man ablesen, wie wichtig für die Theorie der Massenanziehung (und damit für die Astronomie) die Potentialgleichung

$$\frac{\partial^2 u}{\partial x^2}+\frac{\partial^2 u}{\partial y^2}+\frac{\partial^2 u}{\partial z^2}=0\quad\text{oder also}\quad \Delta u=0\tag{26.19}$$

sein wird, die man aus (26.18) durch Differentiation unter dem Integral gewinnen kann.[4]

Wir wollen nun (indem wir uns an astronomischen Fragestellungen orientieren) Potentialfunktionen, d.h. Lösungen von (26.19) suchen, die gewisse *Rotationssymmetrien* aufweisen. Zu diesem Zweck ist es vorteilhaft, die Potentialgleichung auf Kugelkoordinaten r,ϑ,φ umzuschreiben (s. Fig. 26.1). Mit

$$x=r\sin\vartheta\cos\varphi,\quad y=r\sin\vartheta\sin\varphi,\quad z=r\cos\vartheta\qquad (r\geqslant 0,\ 0\leqslant\vartheta\leqslant\pi,\ 0\leqslant\varphi<2\pi)$$

geht (26.19) in die folgende Gleichung für

$$U(r,\vartheta,\varphi):=u(r\sin\vartheta\cos\varphi,\ r\sin\vartheta\sin\varphi,\ r\cos\vartheta)$$

---

[1] S. etwa Heuser I, Nr. 66.

[2] Der französische Mathematiker Adrien-Marie Legendre (1752–1833; 81) betätigte sich auf fast allen Gebieten der reinen und angewandten Mathematik und schrieb dazu noch geodätische, astronomische und physikalische Arbeiten.

[3] Es ist $G\approx 6{,}67\cdot 10^{-8}\,\mathrm{cm}^3\cdot\mathrm{g}^{-1}\cdot\mathrm{s}^{-2}$.

[4] Die Potentialgleichung oder Laplacesche Differentialgleichung ist uns schon in Nr. 18 beim Problem der stationären Temperaturverteilung begegnet. Hier nun tritt sie uns in einem ganz anderen, aber gewiß nicht weniger wichtigen Zusammenhang entgegen.

über (s. A 206.34 in Heuser II):

$$\frac{1}{r^2}\left\{\frac{\partial}{\partial r}\left(r^2\frac{\partial U}{\partial r}\right)+\frac{1}{\sin\vartheta}\frac{\partial}{\partial\vartheta}\left(\sin\vartheta\frac{\partial U}{\partial\vartheta}\right)+\frac{1}{\sin^2\vartheta}\frac{\partial^2 U}{\partial\varphi^2}\right\}=0. \tag{26.20}$$

Wir gehen nun mit dem Separationsansatz $U(r,\vartheta,\varphi)=R(r)S(\vartheta,\varphi)$ in (26.20) ein und erhalten

$$\frac{1}{R}\frac{\mathrm{d}}{\mathrm{d}r}\left(r^2\frac{\mathrm{d}R}{\mathrm{d}r}\right)=-\frac{1}{S}\frac{1}{\sin\vartheta}\frac{\partial}{\partial\vartheta}\left(\sin\vartheta\frac{\partial S}{\partial\vartheta}\right)-\frac{1}{S}\frac{1}{\sin^2\vartheta}\frac{\partial^2 S}{\partial\varphi^2}.$$

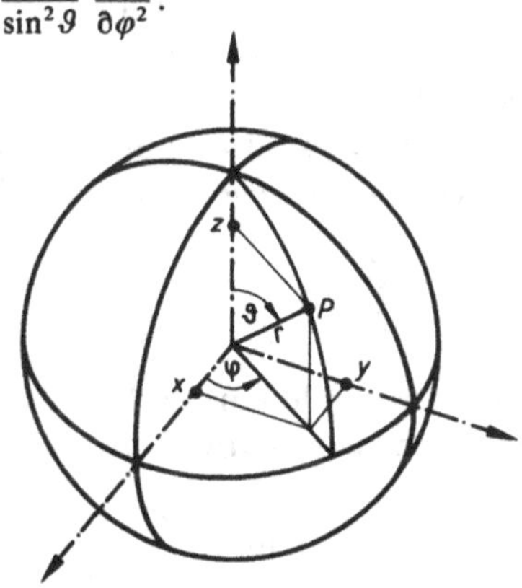

Fig. 26.1

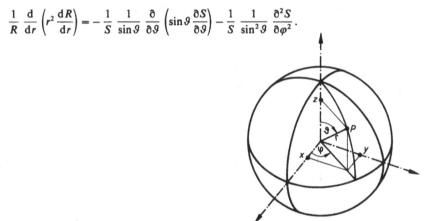

Da hier die linke Seite nur von r, die rechte nur von ϑ und φ abhängt, beide Seiten aber ständig übereinstimmen, müssen sie notwendigerweise gleich einer gewissen Konstanten α sein, es muß also gelten:

$$\frac{\mathrm{d}}{\mathrm{d}r}\left(r^2\frac{\mathrm{d}R}{\mathrm{d}r}\right)-\alpha R=0, \tag{26.21}$$

$$\frac{1}{\sin\vartheta}\frac{\partial}{\partial\vartheta}\left(\sin\vartheta\frac{\partial S}{\partial\vartheta}\right)+\frac{1}{\sin^2\vartheta}\frac{\partial^2 S}{\partial\varphi^2}+\alpha S=0. \tag{26.22}$$

Die erste dieser Gleichungen ist die Eulersche Differentialgleichung

$$r^2\frac{\mathrm{d}^2 R}{\mathrm{d}r^2}+2r\frac{\mathrm{d}R}{\mathrm{d}r}-\alpha R=0. \tag{26.23}$$

Mit den Methoden der Nr. 20 erkennen wir nun, daß r^λ mit $\lambda(\lambda+1)=\alpha$ ein Integral von (26.21) ist. Ersetzen wir demgemäß α auch in (26.22) durch $\lambda(\lambda+1)$ und fragen nach Lösungen, die rotationssymmetrisch zur z-Achse sind – nach Lösungen also, die nur noch von ϑ abhängen –, so geht (26.22) wegen $\partial S/\partial\varphi=0$ über in die gewöhnliche Differentialgleichung

$$\frac{1}{\sin\vartheta}\frac{\mathrm{d}}{\mathrm{d}\vartheta}\left(\sin\vartheta\frac{\mathrm{d}S}{\mathrm{d}\vartheta}\right)+\lambda(\lambda+1)S=0$$

für $S(\vartheta)$. Aus ihr wird vermöge der Transformation

$$\xi=\cos\vartheta,\quad y(\xi):=S(\arccos\xi)\qquad(0<\vartheta<\pi)$$

nach kurzer Rechnung $(1-\xi^2)\dfrac{d^2y}{d\xi^2}-2\xi\dfrac{dy}{d\xi}+\lambda(\lambda+1)y=0$ oder also

$$(1-x^2)y''-2xy'+\lambda(\lambda+1)y=0, \tag{26.24}$$

wenn wir - ohne Rücksicht auf die frühere Bedeutung von x - der Variablen ξ den vertrauteren Namen x geben. (26.24) nennt man Legendresche Differentialgleichung der Ordnung λ (*diese* Ordnung hat freilich nichts zu tun mit der Ordnung der Differentiation).

Da die Koeffizienten und die rechte Seite von (26.24) in trivialer Weise Potenzreihen um $x_0=0$ sind und überdies der Koeffizient von y'' in 0 nicht verschwindet, können wir die Legendresche Differentialgleichung durch eine Potenzreihe

$$\sum_{k=0}^{\infty} c_k x^k \tag{26.25}$$

lösen, die mindestens im Intervall $(-1, 1)$ konvergieren wird, denn dort existieren die Potenzreihenentwicklungen von

$$\frac{-2x}{1-x^2} \quad \text{und} \quad \frac{\lambda(\lambda+1)}{1-x^2} \quad \text{(und natürlich auch von } \frac{0}{1-x^2}\text{)}.$$

Gehen wir mit dem Ansatz (26.25) in (26.24) ein und schreiben der Kürze wegen

$$\lambda(\lambda+1)=\alpha, \tag{26.26}$$

so folgt (vgl. (26.6))

$$(1-x^2)\sum_{k=0}^{\infty}(k+1)(k+2)c_{k+2}x^k-2x\sum_{k=0}^{\infty}(k+1)c_{k+1}x^k+\alpha\sum_{k=0}^{\infty}c_kx^k=0,$$

also

$$\underbrace{\sum_{k=0}^{\infty}(k+1)(k+2)c_{k+2}x^k}_{=2c_2+\sum_{k=1}^{\infty}\cdots}-\underbrace{\sum_{k=0}^{\infty}(k+1)(k+2)c_{k+2}x^{k+2}}_{=\sum_{k=1}^{\infty}(k-1)kc_kx^k}-\underbrace{\sum_{k=0}^{\infty}2(k+1)c_{k+1}x^{k+1}}_{=\sum_{k=1}^{\infty}2kc_kx^k}+\underbrace{\sum_{k=0}^{\infty}\alpha c_kx^k}_{=\alpha c_0+\sum_{k=1}^{\infty}\cdots}=0$$

und somit

$$2c_2+\alpha c_0+\sum_{k=1}^{\infty}[(k+1)(k+2)c_{k+2}-(k-1)kc_k-2kc_k+\alpha c_k]x^k=0.$$

Koeffizientenvergleich liefert

$$2c_2+\alpha c_0=0,$$
$$(k+1)(k+2)c_{k+2}-\underbrace{[(k-1)k+2k-\alpha]}_{=k(k+1)-\alpha}c_k=0 \quad \text{für} \quad k=1,2,\ldots,$$

und somit erhalten wir die Rekursionsformel

$$c_{k+2}=\frac{k(k+1)-\alpha}{(k+1)(k+2)}c_k \quad \text{für} \quad k=0,1,\ldots. \tag{26.27}$$

Die freie Vorgabe von c_0 legt $c_2, c_4, \ldots$ fest, die von c_1 bestimmt $c_3, c_5, \ldots$. Es ergibt sich so

$$c_2=-\frac{\alpha}{2}c_0,$$

$$c_4=\frac{2\cdot 3-\alpha}{3\cdot 4}c_2=-\alpha\frac{2\cdot 3-\alpha}{2\cdot 3\cdot 4}c_0=-\frac{\alpha}{4}\left(1-\frac{\alpha}{2\cdot 3}\right)c_0,$$

$$c_6=\frac{4\cdot 5-\alpha}{5\cdot 6}c_4=-\alpha\frac{4\cdot 5-\alpha}{4\cdot 5\cdot 6}\left(1-\frac{\alpha}{2\cdot 3}\right)c_0=-\frac{\alpha}{6}\left(1-\frac{\alpha}{4\cdot 5}\right)\left(1-\frac{\alpha}{2\cdot 3}\right)c_0,$$

allgemein

$$c_{2k}=-\frac{\alpha}{2k}\left(1-\frac{\alpha}{2\cdot 3}\right)\left(1-\frac{\alpha}{4\cdot 5}\right)\cdots\left(1-\frac{\alpha}{(2k-2)(2k-1)}\right)c_0 \quad \text{für } k=2,3,\ldots. \tag{26.28}$$

Nicht weniger rasch erhält man

$$c_{2k+1}=\frac{1}{2k+1}\left(1-\frac{\alpha}{1\cdot 2}\right)\left(1-\frac{\alpha}{3\cdot 4}\right)\cdots\left(1-\frac{\alpha}{(2k-1)(2k)}\right)c_1 \quad \text{für } k=1,2,\ldots. \tag{26.29}$$

Die allgemeine Lösung der Legendreschen Differentialgleichung (26.24) *für* $|x|<1$ *wird daher gegeben durch*

$$\begin{aligned} y(x)=c_0&\left[1-\frac{\lambda(\lambda+1)}{2}x^2-\sum_{k=2}^{\infty}\frac{\lambda(\lambda+1)}{2k}\left(1-\frac{\lambda(\lambda+1)}{2\cdot 3}\right)\cdots\left(1-\frac{\lambda(\lambda+1)}{(2k-2)(2k-1)}\right)x^{2k}\right]+\\ c_1&\left[x+\sum_{k=1}^{\infty}\frac{1}{2k+1}\left(1-\frac{\lambda(\lambda+1)}{1\cdot 2}\right)\cdots\left(1-\frac{\lambda(\lambda+1)}{(2k-1)(2k)}\right)x^{2k+1}\right], \end{aligned} \tag{26.30}$$

sie setzt sich also additiv aus einer geraden und einer ungeraden Lösung zusammen.

Aus (26.30) liest man mit einem einzigen Blick folgendes ab:

Ist $\lambda=n\in\mathbf{N}_0$, so schrumpft bei geradem n die erste, bei ungeradem n die zweite der eingeklammerten Reihen auf ein Polynom p_n vom Grade n zusammen. Multipliziert man p_n noch derart mit einem Zahlenfaktor, daß

der höchste Koeffizient zu $\dfrac{(2n)!}{2^n(n!)^2}$ wird,

so erhält man die sogenannten Legendreschen Polynome $P_n(x)$ $(n=0,1,\ldots)$, die Legendre 1785 eingeführt hat. Offenbar ist

$$P_0(x)=1,\quad P_1(x)=x,\quad P_2(x)=-\frac{1}{2}+\frac{3}{2}x^2,\quad P_3(x)=-\frac{3}{2}x+\frac{5}{2}x^3,\ldots .$$

$P_n(x)$ löst konstruktionsgemäß auf ganz $\mathbf{R}$ die Legendresche Differentialgleichung

$$(1-x^2)y''-2xy'+n(n+1)y=0 \qquad (n\in\mathbf{N}_0).$$

Weitere Eigenschaften Legendrescher Polynome findet der Leser in den Aufgaben 21 bis 32, ihre ausführliche Theorie in Lense (1954).

26.5 Die Tschebyscheffsche Differentialgleichung Probleme der Kolbenbewegung in Dampfmaschinen brachten den russischen Mathematiker Pafnutij L. Tschebyscheff (1821-1894; 73) auf die folgende Frage: Gibt es in der Menge P_n aller reellen Polynome p mit Grad n und höchstem Koeffizienten 1 ein p_0, dessen Maximalabweichung von 0 auf dem Intervall $[-1,1]$ minimal ist - so daß also gilt:

$$\|p_0\|_\infty \leqslant \|p\|_\infty \quad \text{für alle} \quad p\in P_n, \quad \text{wobei} \quad \|q\|_\infty := \max_{-1\leqslant x\leqslant 1} |q(x)|$$

sein soll. Und wenn ja - kann man dann ein solches p_0 sogar explizit angeben?

Im nachhinein - mit der fertigen Lösung vor Augen - läßt sich die Frage fast spielend erledigen. Durch vollständige Induktion legt man rasch dar, daß $\cos n\varphi$ für $n\in\mathbf{N}$ eine Darstellung der Form

$$\cos n\varphi = 2^{n-1}\cos^n\varphi + \sum_{k=0}^{n-1} a_k^{(n)}\cos^k\varphi \tag{26.31}$$

mit gewissen Zahlen $a_k^{(n)}$ besitzt[1], und daraus wiederum folgt, daß neben

$$T_0(x):=1 \quad \text{auch} \quad T_n(x):=\frac{1}{2^{n-1}}\cos(n\arccos x) \quad (n\in\mathbf{N}) \tag{26.32}$$

ein Polynom n-ten Grades in x mit höchstem Koeffizienten 1 ist. Die $T_0, T_1, \ldots$ nennt man Tschebyscheffsche Polynome - und sie sind es, die tatsächlich die gewünschte Approximationseigenschaft haben. Über T_0 brauchen wir kein Wort zu verlieren; bei T_n $(n\geqslant 1)$ stellt sich die Sache so dar: An den $n+1$ unter sich verschiedenen Stellen

$$x_k:=\cos\frac{k\pi}{n}\in[-1,1] \qquad (k=0,1,\ldots,n)$$

---

[1] Ausschlaggebend ist hierbei die Formel $\cos(n+1)\varphi+\cos(n-1)\varphi=2\cos n\varphi\cos\varphi$.

ist $\quad T_n(x_k) = \dfrac{(-1)^k}{2^{n-1}}$ und $\|T_n\|_\infty = |T_n(x_k)|$.

Wäre nun $\|p\|_\infty < \|T_n\|_\infty$ für ein gewisses $p \in P_n$, so müßte alternierend

$$T_n(x_0) - p(x_0) > 0, \quad T_n(x_1) - p(x_1) < 0, \quad T_n(x_2) - p(x_2) > 0, \ldots$$

sein, so daß das Polynom $T_n - p$ vom Grade $\leqslant n-1$ mindestens n Nullstellen besäße. Das aber geht nicht an, und somit ist tatsächlich $\|T_n\|_\infty \leqslant \|p\|_\infty$ für ausnahmslos alle $p \in P_n$.

Die ersten Tschebyscheffschen Polynome sind

$$T_0(x) = 1, \quad T_1(x) = x, \quad T_2(x) = -\frac{1}{2} + x^2, \quad T_3(x) = -\frac{3}{4}x + x^3, \ldots. \tag{26.33}$$

Von tiefgreifender Bedeutung ist nun, daß das n-te Tschebyscheffsche Polynom T_n - also die Lösung einer *Approximationsaufgabe* - sich gleichzeitig auch als Lösung einer *linearen Differentialgleichung* erweist, nämlich der Differentialgleichung

$$(1-x^2)y'' - xy' + n^2 y = 0 \qquad (n \in \mathbf{N}_0). \tag{26.34}$$

Dies kann man, ausgehend von der Definition (26.32), ohne Umstände durch eine kurze Rechnung bestätigen (wobei man den in $T_n'(x)$ erscheinenden $\sin(n \arccos x)$ nicht umformen, sondern einfach mitschleppen sollte).

(26.34) regt uns dazu an, die sogenannte Tschebyscheffsche Differentialgleichung

$$(1-x^2)y'' - xy' + \lambda^2 y = 0 \quad \text{mit beliebigem} \quad \lambda \in \mathbf{R} \tag{26.35}$$

zu studieren. Aufgrund unserer Theorie wissen wir, daß der Potenzreihenansatz $\sum c_k x^k$ ihre allgemeine Lösung im Intervall $(-1, 1)$ liefern wird. Gehen wir mit ihm in (26.35) ein, so finden wir die Rekursionsformel

$$c_{k+2} = \frac{k^2 - \lambda^2}{(k+1)(k+2)} c_k \quad \text{für} \quad k = 0, 1, \ldots$$

(die Details wollen wir uns diesmal ersparen) und daraus

$$c_2 = -\frac{\lambda^2}{2!} c_0, \quad c_{2k} = -\frac{\lambda^2(2^2-\lambda^2)(4^2-\lambda^2)\cdots((2k-2)^2-\lambda^2)}{(2k)!} c_0 \quad \text{für } k = 2, 3, \ldots,$$

$$c_{2k+1} = \frac{(1^2-\lambda^2)(3^2-\lambda^2)\cdots((2k-1)^2-\lambda^2)}{(2k+1)!} \quad \text{für } k = 1, 2, \ldots.$$

Für $|x| < 1$ wird also die allgemeine Lösung von (26.35) gegeben durch

$$y(x)=c_0\left(1-\frac{\lambda^2}{2!}x^2-\sum_{k=2}^{\infty}\frac{\lambda^2(2^2-\lambda^2)(4^2-\lambda^2)\cdots((2k-2)^2-\lambda^2)}{(2k)!}x^{2k}\right)+ \\ c_1\left(x+\sum_{k=1}^{\infty}\frac{(1^2-\lambda^2)(3^2-\lambda^2)\cdots((2k-1)^2-\lambda^2)}{(2k+1)!}x^{2k+1}\right), \tag{26.36}$$

wobei die Konstanten c_0, c_1 willkürlich gewählt werden dürfen. Sie setzt sich also additiv aus einer geraden und einer ungeraden Lösung zusammen.

Ein Blick auf (26.36) macht folgendes deutlich: Für $\lambda=2n$ ($n\in\mathbf{N}_0$) verkürzt sich die erste der eingeklammerten Reihen auf ein gerades Polynom vom Grade $2n$, für $\lambda=2n+1$ ($n\in\mathbf{N}_0$) schrumpft die zweite auf ein ungerades Polynom vom Grade $2n+1$ zusammen. Bei geeigneter Normierung sind dies gerade die Tschebyscheffschen Polynome.

Aufgaben

In den Aufgaben 1 bis 9 sind die allgemeinen Lösungen der angegebenen Differentialgleichungen als Potenzreihen mit dem Mittelpunkt 0 zu konstruieren und zugehörige Gültigkeitsbereiche anzugeben.

1. $\dot{u}+tu=0$.

2. $\dot{u}-tu=1+t$.

3. $\ddot{u}+t\dot{u}+u=0$.

4. $\ddot{u}-t^2u=0$.

5. $\ddot{u}-t\dot{u}+2u=0$.

6. $(1+x^2)y''+2xy'-2y=0$.

7. $(1+x^2)y''-6y=0$.

8. $(9-x^2)y''-3xy'+3y=0$.

9. $y'''-3xy'-y=0$.

In den Aufgaben 10 bis 12 bestimme man die ersten Glieder der Potenzreihenlösungen mit dem Mittelpunkt 0 und gebe die Gültigkeitsbereiche an.

10. $(1-t)\ddot{u}-2\dot{u}+u=0$.

11. $\ddot{u}+tu=\sin t$.

12. $y''+(\sin x)y=0$.

13. Die Reihe für $(\arcsin x)^2$ Bekanntlich ist

$$\arcsin x=x+\frac{1}{2}\frac{x^3}{3}+\frac{1\cdot 3}{2\cdot 4}\frac{x^5}{5}+\frac{1\cdot 3\cdot 5}{2\cdot 4\cdot 6}\frac{x^7}{7}+\cdots \quad \text{für} \quad |x|<1,$$

und durch Multiplikation folgt daraus $(\arcsin x)^2 = x^2 + \frac{x^4}{3} + \frac{8}{45}x^6 + \cdots$ für $|x| < 1$.

Ein einfaches Bildungsgesetz für die Koeffizienten ist aber nicht zu erkennen. Die Situation wird jedoch völlig durchsichtig, wenn man mit Euler (Opera omnia (1), 14, S. 166) bemerkt, daß $(\arcsin x)^2$ der Anfangswertaufgabe

$$(1-x^2)y'' - xy' = 2, \quad y(0) = y'(0) = 0$$

genügt, und man dieses Problem durch einen Potenzreihenansatz $\sum c_k x^k$ löst. Führe dies durch!

Die Reihe findet sich schon bei dem japanischen Mathematiker Kowa Seki, der im gleichen Jahr wie Newton (1642) geboren wurde und 1708 starb. S. Jahresbericht der DMV **14** (1905), S. 318.

14. Die Binomialreihe Die Entdeckung der Binomialentwicklung $(1+x)^\alpha = \sum_{k=0}^{\infty} \binom{\alpha}{k} x^k$ im Jahre 1665 war eine der ersten großen Leistungen des damals dreiundzwanzigjährigen Newton. Er fand sie als Frucht halbmystischer Gedankengänge; wir wollen es anders machen. Zeige: Die Funktion $(1+x)^\alpha$ ist (mindestens) in dem Intervall $(-1, 1)$ die eindeutig bestimmte Lösung des Anfangswertproblems

$$(1+x)y' - \alpha y = 0, \quad y(0) = 1,$$

und der Ansatz $\sum c_k x^k$ führt zu ihrer oben angegebenen Darstellung in $(-1, 1)$.

15. Gewinne die bekannten Potenzreihen für e^x, $\cos x$, $\sin x$, $\cosh x$, $\sinh x$ als Lösungen geeigneter Anfangswertprobleme. Man darf getrost sagen, daß uns die mathematisierende Natur diese dominierenden Funktionen gerade in dieser Weise darbietet.

Hermitesche Polynome werden in den Aufgaben 16 bis 20 behandelt. Diese Aufgaben sind in der angegebenen Reihenfolge zu lösen.

16. Setze $h_n(x) := (-1)^n e^{x^2} \frac{d^n}{dx^n} e^{-x^2}$ für alle $x \in \mathbf{R}$ und $n \in \mathbf{N}_0$ und zeige:

a) $h_n(x)$ ist ein Polynom n-ten Grades.

b) $h_n'(x) = 2n h_{n-1}(x)$ für $n \in \mathbf{N}$.

c) $h_{n+1}(x) = 2x h_n(x) - 2n h_{n-1}(x)$ für $n \in \mathbf{N}$.

d) $h_n(x)$ genügt der Hermiteschen Differentialgleichung $y'' - 2xy' + 2ny = 0$.

Hinweis: $\frac{d^n(fg)}{dx^n} = \sum_{k=0}^{n} \binom{n}{k} \frac{d^k f}{dx^k} \cdot \frac{d^{n-k} g}{dx^{n-k}}$ (Leibnizsche Produktregel).

17. Das n-te Hermitesche Polynom $H_n(x)$ läßt sich in der Form

$$H_n(x) = (-1)^n e^{x^2} \frac{d^n}{dx^n} e^{-x^2} \tag{26.37}$$

schreiben, und für $n = 1, 2, \ldots$ ist

$$H_n'(x) = 2n H_{n-1}(x), \tag{26.38}$$

$$H_{n+1}(x) = 2x H_n(x) - 2n H_{n-1}(x). \tag{26.39}$$

Hinweis: Aufgabe 16 und Bemerkung nach (26.16).

18. Setze $\psi(x,t):=\mathrm{e}^{x^2}\mathrm{e}^{-(t-x)^2}=\mathrm{e}^{-t^2+2tx}$, beweise mit Hilfe der Aufgabe 17 die Gleichung

$$\left.\frac{\partial^n\psi(x,t)}{\partial t^n}\right|_{t=0}=H_n(x)\quad\text{und zeige, daß}$$

$$\psi(x,t)=\sum_{n=0}^{\infty}\frac{H_n(x)}{n!}t^n\quad\text{für alle}\quad x,t\in\mathbf{R} \tag{26.40}$$

gilt. Dieser Gleichung wegen nennt man $\psi(x,t)$ die erzeugende Funktion der Hermiteschen Polynome.

19. $H_n(x)=\sum_{k=0}^{[n/2]}\frac{(-1)^k n!}{k!(n-2k)!}(2x)^{n-2k}$ mit $[n/2]:=$ größte ganze Zahl $\leqslant n/2$.

Hinweis: Aufgabe 18; $\psi(x,t)=\mathrm{e}^{-t^2}\mathrm{e}^{2tx}$.

20. Die Hermiteschen Polynome sind auf dem Intervall $(-\infty,+\infty)$ bezüglich der Gewichtsfunktion e^{-x^2} „zueinander orthogonal", schärfer: Es ist

$$\int_{-\infty}^{+\infty}H_m(x)H_n(x)\,\mathrm{e}^{-x^2}\mathrm{d}x=\begin{cases}0 & \text{für}\quad m\neq n,\\ 2^n n!\sqrt{\pi} & \text{für}\quad m=n.\end{cases} \tag{26.41}$$

Die Hermiteschen Funktionen

$$\psi_n(x):=\frac{1}{\sqrt{2^n n!\sqrt{\pi}}}\mathrm{e}^{-x^2/2}H_n(x)\qquad(n=0,1,\ldots) \tag{26.42}$$

bilden daher eine „Orthonormalfolge" auf $(-\infty,+\infty)$:

$$\int_{-\infty}^{+\infty}\psi_m(x)\psi_n(x)\,\mathrm{d}x=\begin{cases}0 & \text{für}\quad m\neq n,\\ 1 & \text{für}\quad m=n.\end{cases} \tag{26.43}$$

Hinweis: (26.37), (26.38), Produktintegration und das „Fehlerintegral" $\int_{-\infty}^{+\infty}\mathrm{e}^{-x^2}\mathrm{d}x=\sqrt{\pi}$.

Legendresche Polynome werden in den Aufgaben 21 bis 32 behandelt. Diese Aufgaben sind in der angegebenen Reihenfolge zu lösen.

21. Die Legendreschen Polynome $P_n(x)$ werden für $n=0,1,\ldots$ gegeben durch

$$P_n(x)=\sum_{k=0}^{[n/2]}\frac{(-1)^k(2n-2k)!}{2^n k!(n-k)!(n-2k)!}x^{n-2k}=\sum_{k=0}^{[n/2]}\frac{(-1)^k}{2^n k!(n-k)!}\frac{\mathrm{d}^n}{\mathrm{d}x^n}(x^{2n-2k}) \tag{26.44}$$

mit $[n/2]:=$ größte ganze Zahl $\leqslant n/2$. Hinweis: Es ist

$$P_n(x)=\frac{(2n)!}{2^n(n!)^2}\left(x^n-\frac{n(n-1)}{2^1\cdot 1!(2n-1)}x^{n-2}+\frac{n(n-1)(n-2)(n-3)}{2^2\cdot 2!(2n-1)(2n-3)}x^{n-4}-\cdots\right).$$

22. Aus Aufgabe 21 ergibt sich die *Formel von Rodrigues*[1)]

$$P_n(x)=\frac{1}{2^n n!}\frac{\mathrm{d}^n}{\mathrm{d}x^n}(x^2-1)^n\qquad(n=0,1,\ldots). \tag{26.45}$$

[1)] Olinde Rodrigues (1794–1851; 57) war ein französischer Mathematiker und Bankier.

23. Mit (26.45) erhält man $P'_{n+1}(x) = \frac{1}{2^n n!} \frac{d^{n+1}}{dx^{n+1}}[x(x^2-1)^n]$ und daraus

$$P'_{n+1}(x) = (2n+1)P_n(x) + P'_{n-1}(x) \quad \text{und} \quad P'_{n+1}(x) = xP'_n(x) + (n+1)P_n(x), \tag{26.46}$$

also

$$(2n+1)P_n(x) = P'_{n+1}(x) - P'_{n-1}(x), \tag{26.47}$$

$$(n+1)P_n(x) = P'_{n+1}(x) - xP'_n(x). \tag{26.48}$$

Daraus folgt

$$nP_n(x) = xP'_n(x) - P'_{n-1}(x). \tag{26.49}$$

24. Für $n=1, 2, \ldots$ gilt die Rekursionsformel

$$(n+1)P_{n+1}(x) - (2n+1)xP_n(x) + nP_{n-1}(x) = 0. \tag{26.50}$$

Hinweis: (26.47) bis (26.49).

25. Aus (26.50) folgt durch Induktion

$$P_n(1) = 1, \quad P_n(-1) = (-1)^n \quad \text{für} \quad n = 0, 1, \ldots. \tag{26.51}$$

26. Für $n=1, 2, \ldots$ ist

$$\int_{-1}^{x} P_n(t)\,dt = \frac{1}{2n+1}[P_{n+1}(x) - P_{n-1}(x)], \tag{26.52}$$

insbesondere also

$$\int_{-1}^{1} P_n(x)\,dx = 0 \quad \text{für} \quad n = 1, 2, \ldots. \tag{26.53}$$

Hinweis: (26.47), (26.51).

27. Sei $n \geq 1$. Dann ist $\int_{-1}^{1} x^k P_n(x)\,dx = 0$ für $k = 0, 1, \ldots, n-1$, also auch

$$\int_{-1}^{1} q(x)P_n(x)\,dx = 0 \quad \text{für jedes Polynom } q \text{ vom Grade } < n. \tag{26.54}$$

Hinweis: (26.50), (26.53).

28. Sei p_n ein Polynom vom Grade $n \geq 1$ und

$$\int_{-1}^{1} q(x)p_n(x)\,dx = 0 \quad \text{für jedes Polynom } q \text{ vom Grade } < n.$$

Dann ist p_n ein Vielfaches von P_n. Diese „Orthogonalitätseigenschaft" ist also im wesentlichen charakteristisch für die Legendreschen Polynome.

Hinweis: $p_n = c \cdot P_n + q$, $\operatorname{Grad} q < n$.

29. Die Legendreschen Polynome sind auf dem Intervall $[-1, 1]$ „zueinander orthogonal", genauer: Es ist

$$\int_{-1}^{1} P_m(x)P_n(x)\,dx = \begin{cases} 0 & \text{für } m \neq n, \\ \dfrac{2}{2n+1} & \text{für } m = n. \end{cases} \tag{26.55}$$

Hinweis: Berechne $\int_{-1}^{1} P_n(x)P'_{n+1}(x)\,dx$ einerseits durch Produktintegration unter Benutzung von (26.51), andererseits mit Hilfe von (26.46) und (26.54).

30. Für hinreichend kleine x, t ist

$$\psi(x,t) := \frac{1}{\sqrt{1-2xt+t^2}} = \sum_{n=0}^{\infty} P_n(x)t^n. \tag{26.56}$$

$\psi(x,t)$ heißt erzeugende Funktion der Legendreschen Polynome.
Hinweis: Binomische Reihe, (26.44).

31. Es ist $P_{2n}(0) = (-1)^n \dfrac{1\cdot 3\cdots(2n-1)}{2^n n!}$, $P_{2n+1}(0) = 0$.

32. Eine Summenformel Zeige, daß

$$P_n(\cos 2\alpha) = \sum_{k=0}^{n} (-1)^k \binom{n}{k}^2 \sin^{2k}\alpha \cos^{2n-2k}\alpha$$

ist und gewinne daraus die Summenformel $\displaystyle\sum_{k=0}^{n} \frac{(-1)^k}{3^k}\binom{n}{k}^2 = \left(\frac{4}{3}\right)^n P_n\left(\frac{1}{2}\right)$.

Hinweis: Setze in (26.45) $(x^2-1)^n = (x-1)^n(x+1)^n$ und benutze die Leibnizsche Produktregel (s. Hinweis zu Aufgabe 16).

33. Nochmals die Airysche Differentialgleichung Auch die Differentialgleichung

$$y'' + xy = 0 \tag{26.57}$$

wird nach Airy genannt (vgl. Beispiel 26.2). Ihre allgemeine Lösung ist

$$y(x) := c_0\left(1 + \sum_{n=1}^{\infty} \frac{(-1)^n x^{3n}}{2\cdot 5\cdot 8\cdots(3n-1)\cdot 3^n\cdot n!}\right) + c_1\left(x + \sum_{n=1}^{\infty} \frac{(-1)^n x^{3n+1}}{4\cdot 7\cdot 10\cdots(3n+1)\cdot 3^n\cdot n!}\right). \tag{26.58}$$

Dieses Resultat läßt sich ohne Rechenaufwand aus (26.9) gewinnen.

27 Reihenentwicklungen um schwach singuläre Stellen

In der letzten Nummer haben wir uns vor Augen geführt, daß man (um einen speziellen Fall herauszustellen) die Differentialgleichung

$$P(x)y'' + Q(x)y' + R(x)y = S(x) \tag{27.1}$$

vollständig durch einen Potenzreihenansatz mit dem Mittelpunkt x_0 lösen kann, falls nur die Funktionen P, Q, R und S ihrerseits in Potenzreihen um x_0 entwickelt werden können und überdies $P(x_0) \neq 0$ ausfällt. Die Voraussetzung $P(x_0) \neq 0$ darf man nicht auf die leichte Schulter nehmen: ohne sie kann ein Potenzreihenansatz leicht ins Lächerliche oder Leere laufen - und entsprechend Trostloses gilt natürlich auch bei Differentialgleichungen der Ordnung $\neq 2$. Wir wollen dies durch einige ernüchternde Beispiele belegen.

27.1 Beispiel $x^2y'' - (1+x)y = 0.$ (27.2)

Die Koeffizienten und die rechte Seite sind Potenzreihen um 0, aber der höchste Koeffizient x^2 verschwindet dort. Der Ansatz $\sum_{k=0}^{\infty} c_k x^k$ liefert nach kurzer Rechnung $c_0 = c_1 = c_2 = \cdots = 0$, also die triviale Lösung 0 - und mehr liefert er nicht. Dieses magere Resultat hat den Aufwand nicht gelohnt.

27.2 Beispiel $x^2y' + y = x.$ (27.3)

Wieder sind Koeffizienten und rechte Seite Potenzreihen um 0, und wieder verschwindet dort der höchste Koeffizient x^2. Der Ansatz $\sum_{k=0}^{\infty} c_k x^k$ wirft diesmal als einziges Ergebnis die nur für $x=0$ konvergente Potenzreihe $x - (1!)x^2 + (2!)x^3 - (3!)x^4 + \cdots$ ab - und damit ist rein gar nichts gewonnen.

27.3 Beispiel $x^2y'' - xy' + y = 0.$ (27.4)

Bei dieser Eulerschen Differentialgleichung führt der Potenzreihenansatz $\sum_{k=0}^{\infty} c_k x^k$ immerhin zu einem bescheidenen Teilerfolg: er liefert die eine Lösung x. Die allgemeine Lösung ist jedoch nicht mehr in Potenzreihenform (mit Mittelpunkt 0) darstellbar, denn sie wird durch $C_1 x + C_2 x \ln x$ gegeben (s. A 23.1). Die Dinge liegen also hier insgesamt zwar etwas günstiger als in den vorangegangenen Beispielen, sind aber immer noch unbefriedigend genug.

Diese drei Beispiele zeigen zur Genüge, wie verworren die Situation ist. Um sie zu klären, müssen wir offensichtlich tiefer graben als bisher.

Daß die früher entwickelte Theorie bei den Differentialgleichungen (27.2) bis (27.4) nicht greifen wird, jedenfalls nicht „um den Nullpunkt herum" - das lassen uns schon ihre Normalformen ahnen, diejenigen Formen also, die sie nach Division durch den höchsten Koeffizienten annehmen; sie sehen beziehentlich so aus:

$$y'' - \frac{1+x}{x^2}y = 0, \quad y' + \frac{1}{x^2}y = \frac{1}{x}, \quad y'' - \frac{1}{x}y' + \frac{1}{x^2}y = 0.$$

Hier hat mindestens einer der Koeffizienten ausgerechnet in dem von uns anvisierten Entwicklungsmittelpunkt 0 eine Singularität - etwas Derartiges war jedoch im Satz 26.1 nicht vorgesehen. Das Entscheidende ist nun aber, daß wir in gewissen (und glücklicherweise gerade in praktisch besonders wichtigen) Fällen schon mit einer geringfügigen Verallgemeinerung des klassischen Potenzreihenansatzes zu Lösungen gelangen können, nämlich dann, wenn die Singularität nur „schwach" ist (was wir später erklären werden). Auf die Spur der genannten Verallgemeinerung führt uns die Eulersche Differentialgleichung (Nr. 20): bei ihr ist 0 eine singuläre Stelle, und in den Lösungen können Potenzen x^r mit *negativem r* auftreten. Es ist daher nicht abwegig, bei Differentialgleichungen mit 0 als singulärer Stelle den Lösungsansatz

$$x^r \sum_{k=0}^{\infty} c_k x^k = \sum_{k=0}^{\infty} c_k x^{r+k} \quad \text{mit einem gewissen Exponenten } r \tag{27.5}$$

zu versuchen - wobei wir uns allerdings auf positive x-Werte zurückziehen müssen, wenn wir uns auf die Erklärung der Potenz x^r im Reellen stützen wollen. Bei der Gleichung (27.2), die sich gegenüber der Potenzreihenmethode so spröde verhalten hatte, führt dieser Ansatz tatsächlich zum Erfolg. Geht man nämlich mit ihm in (27.2) ein, wobei r zunächst ebenso unbestimmt bleibt wie die c_k, so erhält man nach wenigen Schritten durch Koeffizientenvergleich

$$[r(r-1)-1]c_0 = 0, \tag{27.6}$$

$$[(r+k)(r+k-1)-1]c_k - c_{k-1} = 0 \quad \text{für} \quad k = 1, 2, \ldots. \tag{27.7}$$

O.B.d.A. dürfen wir $c_0 = 1$ annehmen; wegen (27.6) haben wir dann

$$r(r-1)-1=0, \tag{27.8}$$

und diese quadratische Gleichung hat die beiden Wurzeln

$$r_1 := \frac{1+\sqrt{5}}{2}, \quad r_2 := \frac{1-\sqrt{5}}{2}. \tag{27.9}$$

Wegen (27.7) gilt die Rekursionsformel

$$c_k = \frac{1}{(r+k)(r+k-1)-1} c_{k-1} \qquad (k = 1, 2, \ldots; c_0 = 1), \tag{27.10}$$

wobei r für einen der Werte r_1, r_2 stehen soll; die Nenner sind offenbar alle $\neq 0$. Aus (27.10) erhalten wir nun

$$c_k = \frac{1}{[(r+1)r-1][(r+2)(r+1)-1]\cdots[(r+k)(r+k-1)-1]}$$

und damit schließlich die beiden „formalen" Lösungen

$$y_j(x) := x^{r_j}\left(1 + \sum_{k=1}^{\infty} \frac{x^k}{[(r_j+1)r_j-1][(r_j+2)(r_j+1)-1]\cdots[(r_j+k)(r_j+k-1)-1]}\right)$$

der Differentialgleichung (27.2). Da nun aber die rechtsstehenden Potenzreihen nach dem Quotientenkriterium für ausnahmslos alle Werte von x konvergieren, sind y_1, y_2 nicht nur „formale", sondern „reale" Lösungen von (27.2), und zwar Lösungen, die auf der ganzen Halbgeraden $x > 0$ definiert und linear unabhängig sind. (Wie kann man Lösungen für $x < 0$ erhalten?)

Nach diesem erfolgversprechenden Anfang wollen wir nun die Tragweite des Ansatzes (27.5) systematisch untersuchen. Dabei werden wir uns auf die Differentialgleichung zweiter Ordnung

$$P(x)y''+Q(x)y'+R(x)y=0 \tag{27.11}$$

beschränken, die in den Anwendungen besonders häufig auftritt.

Zunächst geht es darum, den Begriff der schwach singulären Stelle zu präzisieren.

x_0 wird man eine **singuläre Stelle** der Differentialgleichung (27.11) nennen, wenn $P(x_0)$ verschwindet.[1] Eine derartige Stelle heißt **schwach singulär** oder **Stelle der Bestimmtheit**, wenn die Funktionen

$$(x-x_0)\frac{Q(x)}{P(x)} \quad \text{und} \quad (x-x_0)^2\frac{R(x)}{P(x)}$$

um x_0 in Potenzreihen entwickelt werden können.[2] In diesem Falle kann es für theoretische Zwecke günstig sein, (27.11) durch $P(x)$ zu dividieren, mit $(x-x_0)^2$ zu multiplizieren und so auf die Gestalt

$$(x-x_0)^2y''+(x-x_0)A(x)y'+B(x)y=0 \tag{27.12}$$

zu bringen, in der die Funktionen

$$A(x):=(x-x_0)\frac{Q(x)}{P(x)} \quad \text{und} \quad B(x):=(x-x_0)^2\frac{R(x)}{P(x)}$$

definitionsgemäß durch Potenzreihen mit dem Mittelpunkt x_0 darstellbar sind.

27.4 Beispiel Die Differentialgleichung $xy''+2y'-xy=0$ hat nur die eine singuläre Stelle $x_0=0$, und diese ist *schwach* singulär. Die einzige singuläre Stelle $x_0=0$ von $x^2y''+2y'-xy=0$ ist jedoch „*stark* singulär". Bei der Legendreschen Differentialgleichung $(1-x^2)y''-2xy'+\lambda(\lambda+1)y$ sind genau die Stellen ± 1 schwach singulär.

Im folgenden wollen wir der Bequemlichkeit wegen annehmen, der Nullpunkt selbst sei eine schwach singuläre Stelle von (27.11), so daß die korrespondierende Gleichung (27.12) übergeht in

$$x^2y''+xA(x)y'+B(x)y=0 \tag{27.13}$$

mit $$A(x)=\sum_{n=0}^{\infty}a_nx^n, \quad B(x)=\sum_{n=0}^{\infty}b_nx^n \quad \text{für} \quad |x|<\varrho \tag{27.14}$$

(ϱ eine geeignete positive Zahl). Den Fall einer schwach singulären Stelle $\neq 0$ kann man leicht auf den obigen zurückführen.

---

[1] (27.11) läßt sich dann um x_0 herum nicht auf die Normalform $y''+a(x)y'+b(x)y=0$ bringen, von der die bisher entwickelte allgemeine Theorie immer ausging.

[2] Im Englischen nennt man eine schwach singuläre Stelle etwas paradox *regular singular point*.

Wir machen jetzt, wie geplant, den Lösungs*ansatz*

$$y(x) := x^r \sum_{n=0}^{\infty} c_n x^n \quad \text{mit} \quad c_0 \neq 0 \,^{1)} \tag{27.15}$$

und einem noch zu bestimmenden Exponenten r; diese Methode wird nach Georg Frobenius (1849–1917; 68) genannt, stammt aber von Euler. Da r auch komplex ausfallen kann und es überdies gekünstelt wäre, sich auf positive x-Werte zu beschränken, müssen wir auf die Definition der Potenz x^r im Komplexen zurückgreifen; überhaupt werden wir im folgenden das Rüstzeug der komplexen Funktionentheorie nicht völlig entbehren können.[2] Wir wollen also der Variablen x nunmehr auch nichtreelle Werte zugestehen; unter der Potenz x^r soll dann durchweg der *Hauptwert* verstanden werden. Nehmen wir nun an, die Potenzreihe in (27.15) konvergiere für $|x| < \varrho_1 \leqslant \varrho$, so ist

$$y'(x) = \sum_{n=0}^{\infty} (r+n) c_n x^{r+n-1}, \qquad \text{also} \quad xy'(x) = x^r \sum_{n=0}^{\infty} (r+n) c_n x^n,$$

$$y''(x) = \sum_{n=0}^{\infty} (r+n)(r+n-1) c_n x^{r+n-2}, \quad \text{also} \quad x^2 y''(x) = x^r \sum_{n=0}^{\infty} (r+n)(r+n-1) c_n x^n,$$

und somit haben wir

$$\begin{aligned} x^2 y'' + xA(x)y' + B(x)y &= x^r \left[\sum_{n=0}^{\infty} (r+n)(r+n-1) c_n x^n + \left(\sum_{n=0}^{\infty} a_n x^n \right) \cdot \left(\sum_{n=0}^{\infty} (r+n) c_n x^n \right) \right. \\ &\quad \left. + \left(\sum_{n=0}^{\infty} b_n x^n \right) \cdot \left(\sum_{n=0}^{\infty} c_n x^n \right) \right] \\ &= x^r \sum_{n=0}^{\infty} \left[(r+n)(r+n-1) c_n + \sum_{k=0}^{n} a_{n-k} (r+k) c_k + \sum_{k=0}^{n} b_{n-k} c_k \right] x^n . \end{aligned}$$

Mit
$$F_m(r) := \begin{cases} r(r-1) + a_0 r + b_0 & \text{für } m = 0, \\ a_m r + b_m & \text{für } m > 0 \end{cases} \tag{27.16}$$

komprimiert sich diese längliche Affäre auf die kompakte Formel

$$x^2 y'' + xA(x)y' + B(x)y = x^r \sum_{n=0}^{\infty} \left[\sum_{k=0}^{n} c_k F_{n-k}(r+k) \right] x^n . \tag{27.17}$$

---

[1] Die Voraussetzung $c_0 \neq 0$ dürfen wir ohne Beschränkung der Allgemeinheit machen. Wäre nämlich c_m der erste nichtverschwindende Koeffizient, so hätten wir $y(x) = x^{r+m} \sum_{n=0}^{\infty} c_{m+n} x^n$ mit $c_m \neq 0$, also doch wieder einen Ansatz der Form (27.15). Da unsere Differentialgleichung *linear* ist, dürfen wir übrigens sogar $c_0 = 1$ setzen, wenn dies bequem ist.

[2] Einen raschen Zugang zu diesen Dingen findet der Leser in Knopp (1976).

Wenn y die Differentialgleichung (27.13) befriedigt, muß also notwendigerweise

$$\sum_{k=0}^{n} c_k F_{n-k}(r+k) = 0 \quad \text{für} \quad n = 0, 1, \ldots \tag{27.18}$$

sein, mit anderen Worten: Der Exponent r muß der sogenannten Indexgleichung (determinierenden Gleichung)

$$F_0(r) = 0 \quad \text{oder also} \quad r(r-1) + a_0 r + b_0 = 0 \tag{27.19}$$

genügen, und die Koeffizienten c_n müssen vermöge der Rekursionsformel

$$c_n F_0(r+n) = -\sum_{k=0}^{n-1} c_k F_{n-k}(r+k) \qquad (n \geqslant 1) \tag{27.20}$$

miteinander zusammenhängen. Ausgeschrieben sieht (27.20) so aus:

$$[(r+n)(r+n-1) + a_0(r+n) + b_0]c_n = -\sum_{k=0}^{n-1} [a_{n-k}(r+k) + b_{n-k}]c_k. \tag{27.21}$$

Umgekehrt: Ist r eine Wurzel von (27.19) - ein Index der Differentialgleichung (27.13) - und lassen sich zu ihr die $c_n = c_n(r)$ bei frei gewähltem $c_0 \neq 0$ derart bestimmen, daß (27.20) gilt, so wird

$$y(x) := x^r \sum_{n=0}^{\infty} c_n x^n \tag{27.22}$$

gewiß dann eine Lösung der Differentialgleichung (27.13) sein, wenn die Potenzreihe $\sum c_n x^n$ überhaupt einen positiven Konvergenzradius besitzt.

Die c_n lassen sich aus (27.20) jedenfalls immer dann berechnen, wenn $F_0(r+n)$ für alle $n \geqslant 1$ von Null verschieden bleibt. Unter den zwei (nicht notwendigerweise verschiedenen) Indizes von (27.13) gibt es nun aber mindestens einen exponierten Index r_1, mit dem für jedes $n \geqslant 1$ tatsächlich $F_0(r_1+n) \neq 0$ ausfällt. Sind nämlich beide Indizes *reell*, so kann man für r_1 den größten von ihnen nehmen (übrigens auch den kleinsten, nennen wir ihn r_2, falls nur r_2+n für kein $n \in \mathbf{N}_0$ mit r_1 übereinstimmt, d.h., wenn $r_1 - r_2$ nicht in $\mathbf{N}_0$ liegt); ist jedoch einer von ihnen *echt komplex*, so kann uns dieser als r_1 dienen, denn für den anderen Index r_2 haben wir, da die Koeffizienten von (27.19) reell sind, $r_2 = \bar{r}_1$, und somit ist $r_1 + n \neq r_1, r_2$, also $F_0(r_1+n) \neq 0$ für alle $n \in \mathbf{N}$. Natürlich gilt dann ebenso $F_0(r_2+n) \neq 0$ für $n = 1, 2, \ldots$. Wir fassen zusammen:

Die c_n lassen sich, ausgehend von einem willkürlich gewählten $c_0 \neq 0$, gewiß dann aus (27.20) *berechnen, wenn r ein* exponierter Index *von* (27.13) *ist. Exponiert ist*

a) *der größte Index* r_1, *falls beide Indizes reell sind, und überdies auch noch der kleinste*, r_2, *sofern nur* $r_1 - r_2 \notin \mathbf{N}_0$ *ist*;
b) *jeder Index, falls einer von ihnen einen nichtverschwindenden Imaginärteil hat.* (27.23)

Zu einem exponierten Index r kann man also (freilich zunächst nur *formal*) die Funktion (27.22) tatsächlich bilden - und jetzt hängt alles an der Frage, ob die hierbei auftretende Reihe $\sum c_n x^n$ auch noch einen *positiven Konvergenzradius* hat. Sie hat ihn, und dessen werden wir uns nun vergewissern.

Zu diesem Zweck bilden wir mit den $F_m(r)$ aus (27.16) die Potenzreihe

$$\begin{aligned} F(x,r) &:= \sum_{n=0}^{\infty} F_n(r)x^n = r(r-1)+a_0 r+b_0+\sum_{n=1}^{\infty}(a_n r+b_n)x^n \\ &= r(r-1)+A(x)r+B(x). \end{aligned}$$

Wegen (27.14) ist sie gewiß für $|x|<\varrho$ konvergent und hat die Ableitung

$$F'(x,r)=\sum_{n=0}^{\infty}(n+1)F_{n+1}(r)x^n = A'(x)r+B'(x) \qquad (|x|<\varrho). \tag{27.24}$$

Als nächstes setzen wir

$$M(r) := \max_{|x|=\sigma} |F'(x,r)| \quad \text{mit einem beliebigen} \quad \sigma\in(0,\varrho)$$

und wissen nun aufgrund der *Cauchyschen Abschätzungsformel*[1], daß

$$n\,|F_n(r)| \leqslant \frac{M(r)}{\sigma^{n-1}},$$

um so mehr also

$$|F_n(r)| \leqslant \frac{M(r)}{\sigma^{n-1}} \quad \text{für} \quad n=1,2,\ldots \tag{27.25}$$

ist. Damit ergibt sich aus (27.20) sofort

$$|c_n| \leqslant \frac{1}{|F_0(r+n)|}\sum_{k=0}^{n-1}|c_k|\frac{M(r+k)}{\sigma^{n-k-1}} =: \gamma_n \quad \text{für} \quad n\in\mathbf{N}. \tag{27.26}$$

Da nun

$$\begin{aligned} \gamma_{n+1} &= \frac{1}{|F_0(r+n+1)|}\sum_{k=0}^{n}|c_k|\frac{M(r+k)}{\sigma^{n-k}} \\ &= \frac{1}{\sigma}\,\frac{|F_0(r+n)|}{|F_0(r+n+1)|}\cdot\frac{1}{|F_0(r+n)|}\sum_{k=0}^{n-1}|c_k|\frac{M(r+k)}{\sigma^{n-k-1}} + \frac{|c_n|\,M(r+n)}{|F_0(r+n+1)|} \end{aligned}$$

[1] Siehe etwa (187.6) in Heuser II.

ist, gewinnt man dank (27.26) unmittelbar die Abschätzung

$$\gamma_{n+1} \leqslant \left(\frac{1}{\sigma} \cdot \frac{|F_0(r+n)|}{|F_0(r+n+1)|} + \frac{M(r+n)}{|F_0(r+n+1)|}\right) \gamma_n \quad \text{für} \quad n \in \mathbf{N}. \tag{27.27}$$

Offenbar strebt

$$\frac{F_0(r+n)}{F_0(r+n+1)} = \frac{(r+n)(r+n-1)+a_0(r+n)+b_0}{(r+n+1)(r+n)+a_0(r+n+1)+b_0} \to 1 \quad \text{für} \quad n \to \infty,$$

und da wegen (27.24)

$$\frac{M(r+n)}{|F_0(r+n+1)|} \leqslant \frac{|r+n| \max\limits_{|x|=\sigma} |A'(x)| + \max\limits_{|x|=\sigma} |B'(x)|}{|(r+n+1)(r+n)+a_0(r+n+1)+b_0|}$$

ist und die rechte Seite mit wachsendem n gegen 0 rückt, konvergiert

$$\frac{M(r+n)}{|F_0(r+n+1)|} \to 0 \quad \text{für} \quad n \to \infty.\,[1]$$

Aus diesen Grenzwertaussagen und (27.27) resultiert sofort die folgende Feststellung: *Zu jedem* $\varepsilon \in (0, 1)$ *gibt es einen Index* n_0, *so daß*

$$\gamma_{n+1} \leqslant \frac{1}{\sigma}(1+\varepsilon)\gamma_n \quad \textit{bleibt für alle} \quad n \geqslant n_0. \tag{27.28}$$

Ferner entnimmt man der Abschätzung (27.27), daß die γ_n entweder ab einer gewissen Stelle allesamt verschwinden oder von Anfang an ununterbrochen positiv sind. Im ersten Fall konvergiert die Reihe $\sum \gamma_n x^n$ trivialerweise für *alle* $x \in \mathbf{C}$, im zweiten tut sie es dank (27.28) und des Quotientenkriteriums gewiß für

$$|x| < \sigma \frac{1-\varepsilon}{1+\varepsilon}, \tag{27.29}$$

denn dann haben wir für alle $n \geqslant n_0$ die Abschätzung

$$\left|\frac{\gamma_{n+1} x^{n+1}}{\gamma_n x^n}\right| = \frac{\gamma_{n+1}}{\gamma_n}|x| \leqslant \frac{1}{\sigma}(1+\varepsilon) \cdot \sigma \frac{1-\varepsilon}{1+\varepsilon} = 1-\varepsilon < 1.$$

Ist nun $|x| < \varrho$, so läßt sich ohne weiteres ein $\sigma \in (0, \varrho)$ und ein $\varepsilon \in (0, 1)$ so angeben, daß (27.29) gilt, und daraus erkennen wir nach allem bisher Gesagten, daß $\sum \gamma_n x^n$ mit Sicherheit für $|x| < \varrho$ konvergiert. Wegen $|c_n| \leqslant \gamma_n$ (s. (27.26)) gilt eben-

[1] An dieser Stelle wird deutlich, weshalb wir die Cauchysche Abschätzungsformel auf $F'(x, r)$ und nicht auf $F(x, r)$ selbst angewandt haben.

dasselbe um so mehr auch für $\sum c_n x^n$ - womit nun unser Konvergenzbeweis endlich unter Dach und Fach ist. Wir rekapitulieren unsere Resultate und ergänzen sie durch einen trivialen Zusatz:

27.5 Satz *Vorgelegt sei die Differentialgleichung*

$$P(x)y''+Q(x)y'+R(x)y=0 \qquad (P, Q, R \text{ reellwertig}) \tag{27.30}$$

mit der schwach singulären *Stelle* 0, *so daß also mit einem gewissen* $\varrho>0$ *die Potenzreihenentwicklungen*

$$x\frac{Q(x)}{P(x)}=\sum_{n=0}^{\infty} a_n x^n \quad \text{und} \quad x^2\frac{R(x)}{P(x)}=\sum_{n=0}^{\infty} b_n x^n \quad \text{für} \quad |x|<\varrho$$

bestehen. Ferner sei r ein (immer vorhandener) exponierter Index *von* (27.30), *d.h. eine (reelle oder komplexe) Zahl r, für die zwar*

$$F_0(r):=r(r-1)+a_0 r+b_0=0,$$

aber $\quad F_0(r+n)\neq 0 \quad$ *für alle* $\quad n\in\mathbf{N}$

ausfällt (s. (27.23)). *Dann besitzt* (27.30) *auf* $0<|x|<\varrho$ *eine Lösung der Form*

$$y(x)=x^r\sum_{n=0}^{\infty} c_n x^n \quad \text{mit} \quad c_0\neq 0. \tag{27.31}$$

Die c_n *lassen sich bestimmen, indem man mit dem Ansatz* (27.31) *in* (27.30) *eingeht und Koeffizientenvergleich durchführt.* $y(x)$ *kann komplexwertig sein; in diesem Falle sind jedoch* $\operatorname{Re} y(x)$ *und* $\operatorname{Im} y(x)$ *reellwertige Lösungen von* (27.30).

Damit ist die Hauptarbeit geleistet. Den Rest wollen wir erledigen, ohne in die Details zu gehen.

Besitzt die Differentialgleichung (27.30) zwei Indizes r_1, r_2 mit $r_1-r_2\notin\mathbf{Z}$, so sind diese exponiert, und der letzte Satz liefert uns sofort zwei Lösungen der Form

$$y_1(x)=x^{r_1}\sum_{n=0}^{\infty} c_n x^n, \quad y_2(x)=x^{r_2}\sum_{n=0}^{\infty} d_n x^n, \quad (0<|x|<\varrho), \tag{27.32}$$

die sich leicht als linear unabhängig erweisen. Zu diskutieren sind also nur noch die Fälle

$$r_1=r_2 \quad \text{und} \quad r_1>r_2 \quad \text{mit} \quad r_1-r_2\in\mathbf{N}$$

(hierbei sind die Indizes notwendigerweise *reell*). Im ersten Fall tritt zu der aus Satz 27.5 kommenden Lösung

$$y_1(x)=x^{r_1}\sum_{n=0}^{\infty} c_n x^n \qquad (0<|x|<\varrho) \tag{27.33}$$

noch eine weitere der Form

$$y_2(x) = y_1(x) \ln x + x^{r_1} \sum_{n=1}^{\infty} d_n x^n \qquad (0 < |x| < \varrho) \tag{27.34}$$

hinzu. Dies läßt sich erkennen, indem man aus (27.30) vermöge des Ansatzes

$$y_2(x) := y_1(x) \int w \, dx \tag{27.35}$$

eine Differentialgleichung erster Ordnung für w gewinnt[1] und diese dann durch die Funktion

$$w(x) = x^r \sum_{n=0}^{\infty} C_n x^n \quad \text{mit} \quad C_0 \neq 0$$

befriedigt. Die Lösungen (27.33) und (27.34) sind auf $0 < |x| < \varrho$ linear unabhängig.

Ist $r_1 - r_2 \in \mathbf{N}$, so gehört gemäß Satz 27.5 zu dem exponierten Index r_1 eine Lösung $y_1(x)$ der Gestalt (27.33). Der Reduktionsansatz (27.35) führt dann zu einer weiteren Lösung der Form

$$y_2(x) = A y_1(x) \ln x + x^{r_2} \sum_{n=0}^{\infty} d_n x^n \qquad (0 < |x| < \varrho), \tag{27.36}$$

wobei die Konstante A auch $=0$ sein kann. Die beiden Lösungen (27.33) und (27.36) erweisen sich wieder als linear unabhängig auf $0 < |x| < \varrho$.[2]

Der besseren Übersicht wegen fassen wir die geschilderten Sachverhalte noch in Satzform zusammen:

27.6 Satz *Gegeben sei die Differentialgleichung* (27.30) *mit der* schwach singulären *Stelle* 0 *und den Indizes* r_1, r_2, *wobei* $r_1 \geqslant r_2$ *sein soll, wenn diese Zahlen reell sind. Die Potenzreihenentwicklungen der Funktionen*

$$x \frac{Q(x)}{P(x)} \quad \text{und} \quad x^2 \frac{R(x)}{P(x)}$$

mögen für $|x| < \varrho$ *konvergieren. Dann besitzt* (27.30) *zwei auf* $0 < |x| < \varrho$ *linear unabhängige Lösungen* $y_1(x), y_2(x)$ *der folgenden Form:*

a) $y_1(x) = x^{r_1} \sum_{n=0}^{\infty} c_n x^n, \quad y_2(x) = x^{r_2} \sum_{n=0}^{\infty} d_n x^n \qquad (c_0, d_0 \neq 0),$

falls $r_1 - r_2$ keine ganze Zahl *ist.*

b) $y_1(x) = x^{r_1} \sum_{n=0}^{\infty} c_n x^n \qquad (c_0 \neq 0), \quad y_2(x) = y_1(x) \ln x + x^{r_1} \sum_{n=1}^{\infty} d_n x^n,$

falls $r_1 = r_2$ *ist.*

---

[1] Es ist dies nichts anderes als das d'Alembertsche Reduktionsverfahren (vgl. Satz 23.1).

[2] Der Leser, der sich die Einzelheiten des Beweises nicht selbst zurechtlegen möchte, findet sie in Horn-Wittich (1960), S. 148 ff.

c) $y_1(x)=x^{r_1}\sum_{n=0}^{\infty}c_nx^n,\quad y_2(x)=Ay_1(x)\ln x+x^{r_2}\sum_{n=0}^{\infty}d_nx^n \qquad (c_0, d_0\neq 0),$

falls r_1-r_2 eine natürliche Zahl *ist. Die Konstante* A *kann* $=0$ *sein.*

In den folgenden Beispielen nehmen wir der Einfachheit wegen $x>0$ an.

27.7 Beispiel $2xy''+(1+x)y'-2y=0.$ (27.37)

Hier ist $P(x)=2x$, $Q(x)=1+x$, $R(x)=-2$, also

$$x\frac{Q(x)}{P(x)}=\frac{1}{2}+\frac{1}{2}x,\quad x^2\frac{R(x)}{P(x)}=-x \quad \text{für} \quad |x|<\varrho:=\infty. \tag{27.38}$$

0 ist also eine schwach singuläre Stelle, und der Satz 27.5 garantiert nun, daß auf $x>0$ eine Lösung der Form

$$y(x)=\sum_{n=0}^{\infty}c_nx^{r+n} \qquad (c_0\neq 0)$$

vorhanden ist. Gehen wir mit diesem Ansatz in (27.37) ein, so erhalten wir nach leichtflüssiger Rechnung

$$\sum_{n=0}^{\infty}(r+n)(2r+2n-1)c_nx^{r+n-1}+\sum_{n=0}^{\infty}(r+n-2)c_nx^{r+n}=0$$

oder also

$$r(2r-1)c_0x^{r-1}+\sum_{n=1}^{\infty}[(r+n)(2r+2n-1)c_n+(r+n-3)c_{n-1}]x^{r+n-1}=0.$$

Koeffizientenvergleich liefert zunächst die *Indexgleichung*

$$r(2r-1)=0 \tag{27.39}$$

und dann die *Rekursionsformel*

$$(r+n)(2r+2n-1)c_n+(r+n-3)c_{n-1}=0 \quad \text{für} \quad n\geqslant 1. \tag{27.40}$$

Die Wurzeln der Indexgleichung - die Indizes unserer Differentialgleichung - sind

$$r_1=\frac{1}{2},\quad r_2=0.$$

Wegen $r_1-r_2=1/2\notin\mathbf{Z}$ liegt der Fall a) des Satzes 27.6 vor. Beide Indizes sind exponiert. In der Rekursionsformel (27.40) setzen wir nun $r=r_1=1/2$ und erhalten so

$$c_n=-\frac{(2n-5)}{2n(2n+1)}c_{n-1} \quad \text{für} \quad n\geqslant 1.$$

Mit $c_0:=1$ folgt daraus durch Induktion

$$\begin{aligned} c_n&=(-1)^n\frac{(-3)(-1)\cdot 1\cdot 3\cdot 5\cdots(2n-5)}{[2\cdot 4\cdot 6\cdots(2n)][3\cdot 5\cdot 7\cdots(2n+1)]}\\ &=(-1)^n\frac{3}{2^n n!(2n-3)(2n-1)(2n+1)} \quad \text{für} \quad n\geqslant 1. \end{aligned}$$

Der Index $r_1=1/2$ liefert uns also die für alle $x>0$ gültige Lösung

$$y_1(x):=x^{1/2}\left(1+\sum_{n=1}^{\infty}(-1)^n\frac{3x^n}{2^n n!(2n-3)(2n-1)(2n+1)}\right). \tag{27.41}$$

In der Rekursionsformel (27.40) setzen wir nun $r=r_2=0$ und schreiben d_n anstelle von c_n. Wir erhalten dann

$$d_n=-\frac{n-3}{n(2n-1)}d_{n-1} \quad \text{für} \quad n\geqslant 1. \tag{27.42}$$

Mit $d_0:=1$ folgt daraus $d_1=2$, $d_2=1/3$, $d_3=d_4=\cdots=0$, und somit ist

$$y_2(x):=1+2x+\frac{1}{3}x^2 \tag{27.43}$$

eine zweite Lösung der Differentialgleichung (27.37). Die beiden Lösungen $y_1(x)$ und $y_2(x)$ sind auf $x>0$ linear unabhängig.

Die drei nächsten Beispiele sollen die Fälle b) und c) des Satzes 27.6 illustrieren. Dazu dienen uns einige Sonderfälle der Differentialgleichung

$$x^2y''+xy'+(x^2-\nu^2)y=0 \qquad (\nu \text{ konstant}), \tag{27.44}$$

die man Besselsche Differentialgleichung der Ordnung ν nennt.[1] Von ihr – und ihrer physikalischen Bedeutung – wird in der nächsten Nummer noch ausführlich die Rede sein. Offenbar ist 0 eine schwach singuläre Stelle von (27.44), und die Größe ϱ (s. Satz 27.5) ist $=\infty$.

27.8 Beispiel $x^2y''+xy'+x^2y=0$. (27.45)

Hier haben wir die Besselsche Differentialgleichung der Ordnung 0 vor uns. Nach Satz 27.5 hat sie auf $x>0$ eine Lösung der Form

$$y(x)=\sum_{n=0}^{\infty}c_nx^{r+n} \quad (c_0\neq 0).$$

Mit diesem Ansatz gehen wir in (27.45) ein und erhalten

$$r^2c_0x^r+(r+1)^2c_1x^{r+1}+\sum_{n=2}^{\infty}[(r+n)^2c_n+c_{n-2}]x^{r+n}=0. \tag{27.46}$$

Koeffizientenvergleich liefert zunächst die *Indexgleichung*

$$r^2=0, \quad \text{also die Indizes} \quad r_1=r_2=0, \tag{27.47}$$

[1] Der Königsberger Astronom Friedrich Wilhelm Bessel (1784–1846; 62) kam 1824 auf sie, als er die Störungen der Planetenbahnen untersuchte. Sie tritt jedoch schon rund hundert Jahre früher bei Daniel Bernoulli und Leonhard Euler im Zusammenhang mit Schwingungsproblemen auf. – Natürlich hat die „Besselsche Ordnung" ν der Differentialgleichung (27.44) rein gar nichts zu tun mit ihrer Differentiationsordnung 2.

dann $$c_1=0, \quad c_n=-\frac{1}{n^2}c_{n-2} \quad \text{für} \quad n\geqslant 2. \tag{27.48}$$

Aus (27.48) folgt sofort $c_{2k+1}=0$ für $k=0, 1, \ldots,$ ferner, wenn wir $c_0=1$ wählen,

$$c_{2k}=\frac{(-1)^k}{2^2\cdot 4^2\cdot 6^2\cdots(2k)^2}=\frac{(-1)^k}{2^{2k}(k!)^2} \quad \text{für} \quad k=0, 1, \ldots .$$

Damit erhalten wir die für $x>0$ gültige Lösung

$$J_0(x):=\sum_{k=0}^{\infty}\frac{(-1)^k}{2^{2k}(k!)^2}x^{2k}=\sum_{k=0}^{\infty}\frac{(-1)^k}{(k!)^2}\left(\frac{x}{2}\right)^{2k}. \tag{27.49}$$

Man nennt J_0 **Besselsche Funktion erster Art der Ordnung 0**; die Ordnungsangabe bezieht sich auf die „Besselsche Ordnung" $\nu=0$ der Differentialgleichung (27.45).
Die beiden Indizes r_1, r_2 stimmen überein (s. (27.47)); wir befinden uns also im Falle b) des Satzes 27.6 und können deshalb eine zweite Lösung der Gl. (27.45) in der Form

$$y_2(x)=J_0(x)\ln x+\sum_{n=1}^{\infty}d_n x^n \qquad (x>0)$$

ansetzen. Gehen wir damit in (27.45) ein, so gewinnen wir nach einer ganz elementaren Rechnung die Beziehung

$$2xJ_0'(x)+d_1x+4d_2x^2+\sum_{n=3}^{\infty}(n^2d_n+d_{n-2})x^n=0;$$

man hat nur auszunutzen, daß $J_0(x)$ eine Lösung von (27.45) ist. Mit (27.49) ergibt sich nun

$$d_1x+4d_2x^2+\sum_{n=3}^{\infty}(n^2d_n+d_{n-2})x^n=\sum_{n=1}^{\infty}\frac{(-1)^{n+1}4n}{2^{2n}(n!)^2}x^{2n}.$$

Durch Koeffizientenvergleich folgt jetzt

$$d_1=d_3=d_5=\cdots=0, \quad d_2=\frac{1}{4}, \tag{27.50}$$

$$(2n)^2d_{2n}+d_{2n-2}=\frac{(-1)^{n+1}4n}{2^{2n}(n!)^2} \quad \text{für} \quad n=2, 3, \ldots . \tag{27.51}$$

Wir setzen

$$h_n:=1+\frac{1}{2}+\cdots+\frac{1}{n}$$

und gewinnen nun durch einen leichten Induktionsschluß die Koeffizientenformel

$$d_{2n}=\frac{(-1)^{n+1}h_n}{2^{2n}(n!)^2} \quad \text{für} \quad n=1, 2, \ldots .$$

Eine zweite (von der ersten linear unabhängige) Lösung der Gl. (27.45) wird also gegeben durch

$$y_2(x):=J_0(x)\ln x+\sum_{n=1}^{\infty}\frac{(-1)^{n+1}h_n}{2^{2n}(n!)^2}x^{2n} \qquad (x>0). \tag{27.52}$$

Anstelle von $y_2(x)$ nimmt man jedoch in der Regel die Linearkombination

$$Y_0(x) := \frac{2}{\pi}[y_2(x) + (C - \ln 2) J_0(x)] \tag{27.53}$$

als zweite Basislösung, wobei

$$C := \lim_{n\to\infty}(h_n - \ln n) = 0{,}57721\ldots \tag{27.54}$$

die *Euler-Mascheronische Konstante* ist.[1] $Y_0(x)$ wird Besselsche Funktion zweiter Art der Ordnung 0 oder Neumannsche Funktion der Ordnung 0 genannt.

27.9 Beispiel $x^2y'' + xy' + \left(x^2 - \frac{1}{4}\right)y = 0.$ (27.55)

Nun haben wir es mit der Besselschen Differentialgleichung der Ordnung 1/2 zu tun. Nach Satz 27.5 hat sie auf $x > 0$ eine Lösung der Form

$$y(x) = \sum_{n=0}^{\infty} c_n x^{r+n} \quad (c_0 \neq 0).$$

Mit diesem Ansatz finden wir

$$\left(r^2 - \frac{1}{4}\right)c_0x^r + \left[(r+1)^2 - \frac{1}{4}\right]c_1x^{r+1} + \sum_{n=2}^{\infty}\left\{\left[(r+n)^2 - \frac{1}{4}\right]c_n + c_{n-2}\right\}x^{r+n} = 0. \tag{27.56}$$

Koeffizientenvergleich liefert zunächst die Indexgleichung

$$r^2 - \frac{1}{4} = 0, \quad \text{also die Indizes} \quad r_1 = \frac{1}{2},\ r_2 = -\frac{1}{2}, \tag{27.57}$$

und dann die Beziehungen

$$\left[(r+1)^2 - \frac{1}{4}\right]c_1 = 0, \tag{27.58}$$

$$\left[(r+n)^2 - \frac{1}{4}\right]c_n = -c_{n-2} \quad \text{für} \quad n \geqslant 2. \tag{27.59}$$

Mit dem exponierten Index $r = r_1 = 1/2$ folgt daraus

$$c_1 = c_3 = c_5 = \cdots = 0$$

und $$c_n = -\frac{c_{n-2}}{n(n+1)} \quad \text{für} \quad n = 2, 4, 6, \ldots,$$

also $$c_{2k} = -\frac{c_{2k-2}}{2k(2k+1)} \quad \text{für} \quad k = 1, 2, 3, \ldots,$$

[1] S. dazu Heuser I, A 29.2.

und aus dieser Rekursionsformel wiederum ergibt sich, wenn wir $c_0 := 1$ setzen, $c_{2k} = (-1)^k/(2k+1)!$. Somit ist

$$y_1(x) := x^{1/2} \sum_{k=0}^{\infty} \frac{(-1)^k}{(2k+1)!} x^{2k} = \frac{1}{x^{1/2}} \sum_{k=0}^{\infty} \frac{(-1)^k}{(2k+1)!} x^{2k+1} = \sqrt{\frac{1}{x}} \sin x$$

ein Integral von (27.55) auf $x > 0$. Dasselbe gilt dann auch von

$$J_{1/2}(x) := \sqrt{\frac{2}{\pi x}} \sin x \qquad (x > 0); \tag{27.60}$$

diese Lösung nennt man **Besselsche Funktion erster Art der Ordnung 1/2.**

Wegen $r_1 - r_2 = 1/2 - (-1/2) = 1$ liegt diesmal der Fall c) des Satzes 27.6 vor, und wir können eine zweite Lösung von (27.55) in der Gestalt

$$y_2(x) = A y_1(x) \ln x + x^{r_2} \sum_{n=0}^{\infty} d_n x^n \qquad (x > 0;\ d_0 \neq 0)$$

erwarten. Hierbei ist möglicherweise $A = 0$, und deshalb versuchen wir zunächst einmal den „logarithmusfreien Ansatz"

$$y_2(x) = x^{r_2} \sum_{n=0}^{\infty} d_n x^n = \sum_{n=0}^{\infty} d_n x^{n-\frac{1}{2}}. \tag{27.61}$$

Er führt wieder zu den Gleichungen (27.58) und (27.59), wobei natürlich r durch $-1/2$ und c_n durch d_n zu ersetzen ist. Da der Faktor $(-1/2+1)^2 - 1/4$ von d_1 in (27.58) verschwindet, unterliegt d_1 keiner einschränkenden Bedingung, kann also frei gewählt werden. Setzen wir $d_1 := 0$, so folgt aus (27.59) sofort $d_3 = d_5 = \cdots = 0$. Weiterhin ergibt sich aus (27.59) – immer mit $r = -1/2$ und mit d_n anstelle von c_n –

$$d_{2k} = -\frac{d_{2k-2}}{(2k-1)(2k)} \quad \text{für} \quad k = 1, 2, 3, \ldots$$

und somit, wenn wir $d_0 := 1$ setzen,

$$d_{2k} = \frac{(-1)^k}{(2k)!} \quad \text{für} \quad k \in \mathbf{N}.$$

Infolgedessen ist

$$y_2(x) := x^{-\frac{1}{2}} \sum_{k=0}^{\infty} \frac{(-1)^k}{(2k)!} x^{2k} = \sqrt{\frac{1}{x}} \cos x$$

eine Lösung von (27.55) auf $x > 0$: der logarithmusfreie Ansatz (27.61) hat also tatsächlich gut angeschlagen. Mit $y_2(x)$ ist auch

$$J_{-1/2}(x) := \sqrt{\frac{2}{\pi x}} \cos x \tag{27.62}$$

eine Lösung von (27.55) auf $x > 0$. Die beiden Integrale $J_{1/2}(x)$ und $J_{-1/2}(x)$ sind linear unabhängig.

27.10 Beispiel $x^2y''+xy'+(x^2-1)y=0.$ (27.63)

Hier haben wir die Besselsche Differentialgleichung der Ordnung 1 vor uns. Der inzwischen vertraute Ansatz

$$y(x)=\sum_{n=0}^{\infty} c_n x^{r+n} \quad \text{mit } c_0 \neq 0 \qquad (x>0)$$

führt nach flüssiger Rechnung zu

$$(r^2-1)c_0x^r+[(r+1)^2-1]c_1x^{r+1}+\sum_{n=2}^{\infty}\{[(r+n)^2-1]c_n+c_{n-2}\}x^{r+n}=0.$$

Koeffizientenvergleich liefert zunächst die Indexgleichung

$$r^2-1=0, \quad \text{also die Indizes } r_1=1,\ r_2=-1, \tag{27.64}$$

und dann die Beziehungen

$$[(r+1)^2-1]c_1=0, \tag{27.65}$$

$$[(r+n)^2-1]c_n=-c_{n-2} \quad \text{für } n\geqslant 2. \tag{27.66}$$

Mit dem exponierten Index $r=r_1=1$ folgt nun

$$c_1=c_3=c_5=\cdots=0$$

und $$c_n=-\frac{c_{n-2}}{n(n+2)} \quad \text{für } n=2,4,6,\ldots,$$

also $$c_{2k}=-\frac{c_{2k-2}}{(2k)(2k+2)}=-\frac{c_{2k-2}}{2^2k(k+1)} \quad \text{für } k=1,2,3,\ldots.$$

Setzen wir $c_0:=1$, so ergibt sich aus dieser Rekursionsformel $c_{2k}=\dfrac{(-1)^k}{2^{2k}k!(k+1)!}$ für $k\in\mathbf{N}$. Somit ist

$$y_1(x):=x\sum_{k=0}^{\infty}\frac{(-1)^k}{2^{2k}k!(k+1)!}x^{2k}=x\sum_{k=0}^{\infty}\frac{(-1)^k}{k!(k+1)!}\left(\frac{x}{2}\right)^{2k}$$

eine auf ganz $\mathbf{R}$ (nicht nur auf $x>0$) definierte Lösung von (27.63). Dasselbe gilt dann auch von der Funktion

$$J_1(x):=\frac{x}{2}\sum_{k=0}^{\infty}\frac{(-1)^k}{2^{2k}k!(k+1)!}x^{2k}=\frac{x}{2}\sum_{k=0}^{\infty}\frac{(-1)^k}{k!(k+1)!}\left(\frac{x}{2}\right)^{2k}; \tag{27.67}$$

sie heißt Besselsche Funktion erster Art der Ordnung 1.

Wegen $r_1-r_2=1-(-1)=2$ liegt der Fall c) des Satzes 27.6 vor. Daher muß eine zweite Lösung von (27.63) in der Gestalt

$$y_2(x)=AJ_1(x)\ln x+x^{r_2}\sum_{n=0}^{\infty}d_nx^n \qquad (x>0;\ d_0\neq 0) \tag{27.68}$$

erscheinen - möglicherweise mit $A=0$. Wie in Beispiel 27.9 versuchen wir zunächst den handlichen logarithmusfreien Ansatz

$$y_2(x)=x^{r_2}\sum_{n=0}^{\infty}d_nx^n=\sum_{n=0}^{\infty}d_nx^{n-1} \qquad (x>0;\ d_0\neq 0). \tag{27.69}$$

Er führt wieder zu den Gleichungen (27.65) und (27.66), wobei natürlich r durch -1 und c_n durch d_n zu ersetzen ist. Aus (27.66) erhält man für $n=2$

$$[(-1+2)^2-1]\,d_2=d_0, \quad \text{also} \quad d_0=0.$$

Dies steht jedoch im Widerspruch zur Voraussetzung $d_0 \neq 0$. Wir müssen also die Hoffnung fahren lassen, mit der einfachen Funktion (27.69) zu einer zweiten Lösung unserer Differentialgleichung zu kommen, und greifen deshalb nicht ohne Unbehagen zu dem logarithmusbehafteten Ansatz (27.68) mit $r_2=-1$. Gehen wir mit ihm in die Differentialgleichung (27.63) ein und nutzen dabei aus, daß $J_1(x)$ eine ihrer Lösungen ist, so erhalten wir nach einigem Herumrechnen

$$2AxJ_1'(x)-d_1+d_0x+\sum_{n=2}^{\infty}[(n^2-1)d_{n+1}+d_{n-1}]x^n=0,$$

mit (27.67) also

$$-d_1+d_0x+\sum_{n=2}^{\infty}[(n^2-1)d_{n+1}+d_{n-1}]x^n=-A\sum_{k=0}^{\infty}\frac{(-1)^k(2k+1)}{2^{2k}k!(k+1)!}x^{2k+1}.$$

Wir setzen $d_0:=1$ und gewinnen nun durch Koeffizientenvergleich

$$d_1=0, \quad A=-1,$$

$$[(2k)^2-1]d_{2k+1}+d_{2k-1}=(\text{Koeffizient von } x^{2k})=0 \quad \text{für } k=1,2,\ldots,$$

wegen $d_1=0$ also

$$d_3=d_5=d_7=\cdots=0,$$

und schließlich

$$\begin{aligned}[(2k+1)^2-1]d_{2k+2}+d_{2k} &= (\text{Koeffizient von } x^{2k+1})\\ &= \frac{(-1)^k(2k+1)}{2^{2k}k!(k+1)!} \quad \text{für} \quad k=1,2,\ldots.\end{aligned} \tag{27.70}$$

d_2 kann frei gewählt werden, die Koeffizienten $d_4, d_6, \ldots$ werden dann durch (27.70) festgelegt. Man pflegt

$$d_2:=\frac{1}{4}$$

zu setzen und erhält dann aus (27.70) nicht ohne Mühe

$$d_{2k}=\frac{(-1)^{k+1}(h_k+h_{k-1})}{2^{2k}(k-1)!k!} \quad \text{für} \quad k=2,3,\ldots;$$

hier ist wieder $h_k:=1+1/2+\cdots+1/k$. Das bisher Gesagte führt nun abschließend zu dem Integral

$$y_2(x):=-J_1(x)\ln x+\frac{1}{x}+\frac{1}{4}x+\sum_{k=2}^{\infty}\frac{(-1)^{k+1}(h_k+h_{k-1})}{2^{2k}(k-1)!k!}x^{2k-1} \quad \text{für } x>0.$$

Anstelle von $y_2(x)$ nimmt man jedoch lieber die Linearkombination

$$Y_1(x):=\frac{2}{\pi}[-y_2(x)+(C-\ln 2)J_1(x)], \tag{27.71}$$

wobei C die in (27.54) erklärte Euler-Mascheronische Konstante ist. $Y_1(x)$ wird Besselsche Funktion zweiter Art der Ordnung 1 oder Neumannsche Funktion der Ordnung 1 genannt. Die beiden Lösungen $J_1(x)$ und $Y_1(x)$ von (27.63) sind auf $x>0$ linear unabhängig.

Aufgaben

In den Aufgaben 1 bis 14 ist zu zeigen, daß 0 eine schwach singuläre Stelle der angegebenen Differentialgleichung ist, ferner sind zwei linear unabhängige Lösungen zu bestimmen. Setze $x>0$ voraus.

1. $4xy''+3y'-3y=0$.

2. $4xy''+2y'+y=0$.

3. $xy''+2y'+xy=0$.

4. $2xy''+5(1+2x)y'+5y=0$.

5. $9x^2y''+(2+x)y=0$.

6. $4xy''+2y'-y=0$ (vgl. Aufgabe 2).

7. $4x^2y''-4xy'+(3-4x^2)y=0$.

8. $x^2y''+3xy'+(1+4x^2)y=0$.

9. $4x^2y''-8x^2y'+(1+4x^2)y=0$.

10. $x^2y''-xy'-\left(x^2+\frac{5}{4}\right)y=0$.

11. $x^2y''+x^2y'-2y=0$.

12. $x(1-x)y''+2(1-x)y'+2y=0$.

13. $xy''-y'+4x^3y=0$.

14. $2xy''+(3-x)y'-y=0$.

15. Zeige, daß 0 eine schwach singuläre Stelle der Differentialgleichung

$$3xy''-(x-2)y'-2y=0$$

ist, und bestimme die Anfangsglieder in den Reihenentwicklungen zweier linear unabhängiger Lösungen auf $x>0$.

16. Zeige, daß 0 eine stark singuläre Stelle der Differentialgleichung

$$x^3y''+xy'+y=0$$

ist und daß der Ansatz $y(x)=x^r\sum_{n=0}^{\infty}c_nx^n$ $(c_0\neq 0)$ nicht mehr zu einer *quadratischen*, sondern nur noch zu einer *linearen* Gleichung für r führt.

17. Ein *exemplum Euleri* In den Institutiones calculi integralis II behandelt Euler folgendes *Exemplum* 2 (s. Opera omnia (1), 12, S. 188): *Aequationis differentio-differentialis*

$$x(1-xx)ddy-(1+xx)dxdy+xydx^2=0$$

$$[\text{also } x(1-x^2)y''-(1+x^2)y'+xy=0]$$

integrale completum per series ascendentes assignare.

Studiere Eulers Lösung. Die Differentialgleichung ist von beträchtlichem *geometrischen* Interesse: In der Fußnote 1 auf S. 188 der Opera (1) 12 wird nämlich gesagt (mit Recht?), daß ihr der Umfang $y(x):=\int_0^{2\pi}\sqrt{\sin^2 t+x^2\cos^2 t}\,dt$ einer Ellipse mit den Achsen 1 und $x<1$ genügt (zur Umfangsformel s. (177.14) in Heuser II und die daran anschließende Reihenentwicklung; das Umfangsintegral ist nicht elementar auswertbar).

28 Besselsche Differentialgleichung und Besselsche Funktionen

Die Besselsche Differentialgleichung der Ordnung ν hat die Gestalt

$$x^2y''+xy'+(x^2-\nu^2)y=0 \qquad (\nu\in\mathbf{R}). \tag{28.1}$$

Die Sonderfälle $\nu=0$, 1/2 und 1 haben wir schon in den Beispielen 27.8 bis 27.10 eingehend studiert - freilich nur zu dem Zweck, die Frobeniussche Lösungsmethode nach allen Seiten hin zu illustrieren. In dieser Nummer wollen wir uns der Besselschen Differentialgleichung systematischer nähern. Zuerst zeigen wir eine der physikalischen Quellen auf, aus denen sie entspringt: das Problem der schwingenden Membrane. Vorbereitend betrachten wir das eindimensionale Analogon der Membrane: die Saite. Eine tiefergehende Analyse ihrer Schwingungen wird uns übrigens in Nr. 34 noch ausgiebig beschäftigen.

Die Saite sei vollkommen elastisch und biegsam, habe die konstante lineare Massendichte δ und sei zwischen den Punkten $x=0$ und $x=L$ der x-Achse ausgespannt; in den genannten Endpunkten sei sie fest eingeklemmt. Ihre (konstante) Spannung bezeichnen wir mit S.

Nun werde die Saite innerhalb der xz-Ebene ein wenig ausgelenkt (s. Fig. 28.1). Dann treten elastische Rückstellkräfte auf, die jeden Punkt der Saite parallel zur z-Achse in die Ruhelage zurückzutreiben suchen. Nach dem Newtonschen Gesetz (1.20) wird die auf ein kurzes Stück der

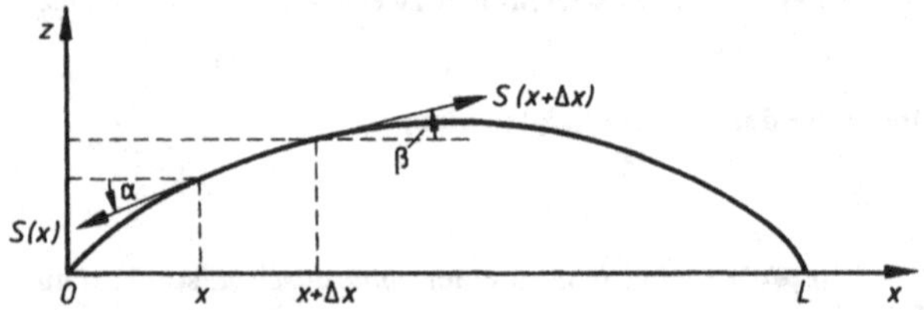

Fig. 28.1

Saite wirkende Kraft K (= Masse × Beschleunigung) näherungsweise gegeben durch

$$K=(\delta\Delta x)\frac{\partial^2 z}{\partial t^2}.$$

Es geht nun darum, K mit Hilfe der Spannung S auszudrücken und daraus eine Differentialgleichung für die Bewegung der Saite zu gewinnen.

$S(x)$ und $S(x+\Delta x)$ seien die tangentialen Spannungskomponenten im linken bzw. rechten Endpunkt des Saitenstücks. Für die horizontalen Komponenten gilt

$$S(x+\Delta x)\cos\beta=S(x)\cos\alpha=S,$$

für die vertikalen

$$S(x+\Delta x)\sin\beta-S(x)\sin\alpha=K,\quad \text{also}\quad =(\delta\Delta x)\frac{\partial^2 z}{\partial t^2}.$$

Aus diesen beiden Gleichungen folgt

$$\frac{S(x+\Delta x)\sin\beta}{S(x+\Delta x)\cos\beta}-\frac{S(x)\sin\alpha}{S(x)\cos\alpha}=\frac{\delta}{S}\Delta x\frac{\partial^2 z}{\partial t^2},$$

also $\quad \tan\beta-\tan\alpha=\frac{\delta}{S}\Delta x\frac{\partial^2 z}{\partial t^2}$

und somit, da $\tan\beta=\frac{\partial z}{\partial x}(x+\Delta x)$ und $\tan\alpha=\frac{\partial z}{\partial x}(x)$ ist,

$$\frac{S}{\delta}\,\frac{\frac{\partial z}{\partial x}(x+\Delta x)-\frac{\partial z}{\partial x}(x)}{\Delta x}=\frac{\partial^2 z}{\partial t^2}.$$

Für $\Delta x\to 0$ erhalten wir daraus die berühmte Differentialgleichung der schwingenden Saite

$$\frac{\partial^2 z}{\partial t^2}=\alpha^2\frac{\partial^2 z}{\partial x^2}\quad \text{mit}\quad \alpha:=\sqrt{\frac{S}{\delta}}, \tag{28.2}$$

die d'Alembert 1746 gefunden hat.

Nun denken wir uns eine vollkommen elastische und biegsame Membrane mit konstanter Massendichte und Spannung in der xy-Ebene liegend und entlang ihrer Randkurve fest eingeklemmt. Eine solche Membrane ist das zweidimensionale Analogon zu der oben betrachteten Saite, und ihre Bewegung - nach Auslenkung in Richtung der z-Achse - wird deshalb einer Differentialgleichung genügen, die aus (28.2) durch Hinzutreten des Gliedes $\partial^2 z/\partial y^2$ entsteht:

$$\frac{\partial^2 z}{\partial t^2}=\alpha^2\left(\frac{\partial^2 z}{\partial x^2}+\frac{\partial^2 z}{\partial y^2}\right)\quad \text{oder also}\quad \frac{\partial^2 z}{\partial t^2}=\alpha^2\Delta z \tag{28.3}$$

mit $\quad \Delta z:=\frac{\partial^2 z}{\partial x^2}+\frac{\partial^2 z}{\partial y^2}.$

(28.2) nennt man auch die eindimensionale, (28.3) die zweidimensionale Wellengleichung. Der letzteren pflegt man mit dem Separationsansatz

$z(x, y, t) = u(t)v(x, y)$ auf den Leib zu rücken. Geht man mit ihm in (28.3) ein und bezeichnet die Differentiation nach t wie gewohnt mit einem Punkt, so folgt

$$\ddot{u}v = \alpha^2 u \Delta v \quad \text{oder also} \quad \frac{1}{\alpha^2}\frac{\ddot{u}}{u} = \frac{\Delta v}{v}. \tag{28.4}$$

Die letzte Gleichung kann, da ihre linke Seite allein von t, ihre rechte allein von x, y abhängt, nur bestehen, wenn beide Seiten mit ein und derselben Konstanten übereinstimmen, d.h., wenn gilt: $\frac{1}{\alpha^2}\frac{\ddot{u}}{u} = -\lambda$, $\frac{\Delta v}{v} = -\lambda$ oder also

$$\ddot{u} + \alpha^2 \lambda u = 0, \tag{28.5}$$

$$\Delta v + \lambda v = 0. \tag{28.6}$$

Genügen umgekehrt u und v diesen Gleichungen, so befriedigt $z := uv$ tatsächlich (28.3).

Da wir aus physikalischen Gründen eine *periodische* Abhängigkeit von der Zeit t erwarten dürfen, muß wegen (28.5) notwendigerweise $\lambda > 0$ sein. Wegen der Einklemmbedingung haben wir ferner

$$v(x, y) = 0 \quad \text{für alle Punkte } (x, y) \text{ des Membranrandes}. \tag{28.7}$$

Wir betrachten nun eine kreisförmige Membrane $x^2 + y^2 \leqslant R^2$ $(R > 0)$. Hier ist es geraten, Polarkoordinaten $x = r\cos\varphi$, $y = r\sin\varphi$ einzusetzen. Mit ihnen geht $v(x, y)$ über in

$$V(r, \varphi) := v(r\cos\varphi, r\sin\varphi),$$

die „Amplitudengleichung" (28.6) in

$$\frac{\partial^2 V}{\partial r^2} + \frac{1}{r}\frac{\partial V}{\partial r} + \frac{1}{r^2}\frac{\partial^2 V}{\partial \varphi^2} + \lambda V = 0 \tag{28.8}$$

(s. (19.6)) und die „Randbedingung" (28.7) in

$$V(R, \varphi) = 0 \quad \text{für} \quad 0 \leqslant \varphi < 2\pi. \tag{28.9}$$

Und nun machen wir noch einmal einen Separationsansatz, nämlich $V(r, \varphi) = f(r)g(\varphi)$. Gehen wir damit in (28.8) ein, so folgt

$$g\left[\frac{d^2 f}{dr^2} + \frac{1}{r}\frac{df}{dr} + \lambda f\right] + \frac{1}{r^2} f \frac{d^2 g}{d\varphi^2} = 0$$

und daraus nach Division durch fg und Multiplikation mit r^2

$$r^2 \frac{\dfrac{d^2 f}{dr^2} + \dfrac{1}{r}\dfrac{df}{dr} + \lambda f}{f} = -\frac{\dfrac{d^2 g}{d\varphi^2}}{g}.$$

Wie bei (28.4) sieht man nun: beide Seiten dieser Gleichung müssen mit einer gewissen Konstanten μ übereinstimmen, es muß also gelten

$$r^2\frac{\mathrm{d}^2 f}{\mathrm{d}r^2}+r\frac{\mathrm{d}f}{\mathrm{d}r}+(\lambda r^2-\mu)f=0, \tag{28.10}$$

$$\frac{\mathrm{d}^2 g}{\mathrm{d}\varphi^2}+\mu g=0. \tag{28.11}$$

Wegen (28.9) ist f so zu bestimmen, daß $f(R)$ verschwindet; ferner werden wir fordern, daß $f(r)$ für $r\to 0$ beschränkt bleibt. Der Natur der Sache nach muß außerdem jede nichttriviale Lösung von (28.11) 2π-periodisch sein; das aber ist höchstens dann möglich, wenn $\mu\geqslant 0$ ist. In diesem Falle hat (28.11) einzig und allein die Lösungen

$$A\cos\sqrt{\mu}\,\varphi+B\sin\sqrt{\mu}\,\varphi \quad (\mu>0), \qquad C+D\varphi \quad (\mu=0). \tag{28.12}$$

Bedenkt man jetzt noch einmal die Forderung der 2π-Periodizität, so sieht man: es ist notwendigerweise

$$\mu=\nu^2 \quad \text{mit} \quad \nu\in\mathbf{N}_0.$$

Damit geht (28.10) über in

$$r^2\frac{\mathrm{d}^2 f}{\mathrm{d}r^2}+r\frac{\mathrm{d}f}{\mathrm{d}r}+(\lambda r^2-\nu^2)f=0. \tag{28.13}$$

Setzen wir noch

$$r=\frac{\varrho}{\sqrt{\lambda}} \quad \text{und} \quad f(r)=f\left(\frac{\varrho}{\sqrt{\lambda}}\right)=:J(\varrho),$$

so wird aus (28.13) die Besselsche Differentialgleichung der Ordnung ν:

$$\varrho^2\frac{\mathrm{d}^2 J}{\mathrm{d}\varrho^2}+\varrho\frac{\mathrm{d}J}{\mathrm{d}\varrho}+(\varrho^2-\nu^2)J=0. \tag{28.14}$$

Beim gegenwärtig vorliegenden Membranproblem sind Lösungen J zu bestimmen, für die

$$J(\sqrt{\lambda}\,R)=0 \text{ ist und } J(\varrho) \text{ beschränkt bleibt für } \varrho\to 0. \tag{28.15}$$

In A 33.7 werden wir auf diese Aufgabe zurückkommen.

Das Membranproblem ist keineswegs die einzige naturwissenschaftliche oder technische Frage, bei der die Besselsche Differentialgleichung den Ton angibt. Ganz im Gegenteil: fast in alle Anwendungsgebiete der Mathematik drängt sie sich hinein und ist in der Astronomie und Potentialtheorie ebenso zu finden wie in der Wärmelehre und Strömungsmechanik. Sich mit ihr und ihren Lösungen zu beschäftigen, ist also weit davon entfernt, bloß ein unterhaltsames Spiel zu sein.

Die Indexgleichung der Besselschen Differentialgleichung

$$x^2y''+xy'+(x^2-\nu^2)y=0 \qquad (\nu\in\mathbf{R}) \tag{28.16}$$

wird wegen $\quad x\cdot\dfrac{x}{x^2}=1,\ x^2\cdot\dfrac{x^2-\nu^2}{x^2}=-\nu^2+x^2 \quad$ gegeben durch

$$r(r-1)+1\cdot r-\nu^2=r^2-\nu^2=0,$$

die Indizes sind also

$$r_1=\nu \quad \text{und} \quad r_2=-\nu, \quad \text{wobei} \quad \nu\geqslant 0 \tag{28.17}$$

sein möge. Im folgenden beschränken wir uns der Einfachheit wegen auf die Halbgerade $x>0$ (falls nicht ausdrücklich etwas anderes gesagt wird).

Der exponierte Index ν liefert nach dem vertrauten Verfahren die Lösung

$$y_1(x):=x^\nu\sum_{n=0}^{\infty}\frac{(-1)^n}{2^{2n}n!(\nu+1)(\nu+2)\cdots(\nu+n)}x^{2n} \qquad (x>0).$$

Infolgedessen ist auch

$$J_\nu(x):=\frac{1}{2^\nu\Gamma(\nu+1)}y_1(x) \qquad (x>0)$$

ein Integral, wobei Γ die *Eulersche Gammafunktion* bedeuten soll.[1] Wegen

$$\Gamma(\nu+1)\cdot(\nu+1)\cdot(\nu+2)\cdots(\nu+n)=\Gamma(\nu+n+1)\ ^{2)}$$

haben wir also

$$J_\nu(x)=\sum_{n=0}^{\infty}\frac{(-1)^n}{2^{2n+\nu}n!\Gamma(n+\nu+1)}x^{2n+\nu}=\sum_{n=0}^{\infty}\frac{(-1)^n}{n!\Gamma(n+\nu+1)}\left(\frac{x}{2}\right)^{2n+\nu}, \tag{28.18}$$

und diese Lösung von (28.16) nennt man **Besselsche Funktion erster Art der Ordnung** ν. Die Funktionen J_0, $J_{1/2}$ und J_1 sind uns schon in den Beispielen 27.8 bis 27.10 begegnet (s. dazu Aufgabe 1). Im Falle $\nu\in\mathbf{N}_0$ ist J_ν eine auf ganz $\mathbf{R}$ definierte reellwertige Funktion.

Ist ν ($\geqslant 0$) *keine* ganze Zahl, so erweist sich

$$J_{-\nu}(x):=\sum_{n=0}^{\infty}\frac{(-1)^n}{2^{2n-\nu}n!\Gamma(n-\nu+1)}x^{2n-\nu}=\sum_{n=0}^{\infty}\frac{(-1)^n}{n!\Gamma(n-\nu+1)}\left(\frac{x}{2}\right)^{2n-\nu} \tag{28.19}$$

als eine zweite, von $J_\nu(x)$ linear unabhängige Lösung der Besselschen Differentialgleichung (man beachte, daß (28.16) sich überhaupt nicht ändert, wenn ν durch

[1] Die Definition der Gammafunktion und ihre hier benötigten Eigenschaften findet der Leser in Heuser II, Nr. 150.

[2] Heuser II, Satz 150.1.

$-\nu$ ersetzt wird und daß $\Gamma(n-\nu+1)$ für alle $n \in \mathbf{N}_0$ existiert). Ein logarithmischer Term tritt nicht auf, obwohl $r_1 - r_2 = 2\nu$ ganzzahlig sein kann.

Die Lösungen der Besselschen Differentialgleichung (28.16) nennt man auch Zylinderfunktionen der Ordnung ν; die allgemeine Lösung bezeichnet man gerne mit dem Symbol Z_ν. Die obigen Erörterungen können wir jetzt so zusammenfassen:

28.1 Satz *Ist der exponierte Index $\nu \geqslant 0$ der Besselschen Differentialgleichung* (28.16) keine *ganze Zahl, so wird ihre allgemeine Lösung auf $x > 0$ gegeben durch*

$$Z_\nu(x) = C_1 J_\nu(x) + C_2 J_{-\nu}(x) \qquad (C_1, C_2 \text{ willkürliche Konstanten}).$$

Etwas anders liegen die Dinge, wenn ν ($\geqslant 0$) eine *ganze Zahl* ist. Zwar wird nach wie vor $J_\nu(x)$ ein Integral von (28.16) sein - die Beispiele 27.8 und 27.10 lassen jedoch befürchten, daß uns diesmal im zweiten Integral ein logarithmischer Term nicht erspart bleiben, dieses also die Gestalt

$$y_2(x) := A J_\nu(x) \ln x + x^{-\nu} \sum_{n=0}^{\infty} d_n x^n$$

haben wird (s. Satz 27.6). Gehen wir mit diesem Ansatz und unter der Voraussetzung $\nu \in \mathbf{N}$ in (28.16) ein, so ergibt eine wenig anheimelnde Rechnung zu guter Letzt doch noch ein Resultat, nämlich

$$\begin{aligned} y_2(x) := J_\nu(x) \ln x &- \frac{1}{2} \sum_{n=0}^{\nu-1} \frac{(\nu-n-1)!}{n!} \left(\frac{x}{2}\right)^{2n-\nu} \\ &- \frac{1}{2} \sum_{n=0}^{\infty} \frac{(-1)^n (h_n + h_{n+\nu})}{n!(n+\nu)!} \left(\frac{x}{2}\right)^{2n+\nu} \qquad (x>0;\ \nu \in \mathbf{N}). \end{aligned} \tag{28.20}$$

Den Fall $\nu = 0$ hatten wir schon in Beispiel 27.8 erledigt. Die in (27.52) gefundene Lösung erhalten wir übrigens auch aus (28.20) für $\nu = 0$, wenn wir $h_0 := 0$ und die erste Summe $\sum_{n=0}^{-1} := 0$ setzen (wie man es bei „leeren Summen“ zu tun pflegt).

Die oben erklärte Funktion $y_2(x)$ ersetzt man gewöhnlich durch

$$Y_\nu(x) := \frac{2}{\pi} [y_2(x) + (C - \ln 2) J_\nu(x)] \qquad (x > 0;\ \nu \in \mathbf{N}_0); \tag{28.21}$$

C ist die Euler-Mascheronische Konstante (s. (27.54)). $Y_\nu(x)$ heißt Besselsche Funktion zweiter Art der Ordnung ν oder Neumannsche Funktion der Ordnung ν. Wir halten unser Ergebnis fest:

28.2 Satz *Ist der exponierte Index $\nu \geqslant 0$ der Besselschen Differentialgleichung* (28.16) ganzzahlig, *so wird deren allgemeine Lösung auf $x > 0$ gegeben durch*

$$Z_\nu(x) = C_1 J_\nu(x) + C_2 Y_\nu(x) \qquad (C_1, C_2 \text{ willkürliche Konstanten}).$$

Für $x \to 0$ ist $J_\nu(x)$ *beschränkt*, nicht jedoch $Y_\nu(x)$.
Zur Abrundung setzt man noch für alle $x \in \mathbf{R}$

$$J_{-\nu}(x) := (-1)^\nu J_\nu(x), \quad \text{falls} \quad \nu \in \mathbf{N} \text{ ist.} \tag{28.22}$$

Schon die glatte Formulierung des nächsten Satzes rechtfertigt diese Verabredung, und der Satz 28.5 wird noch stärkere Gründe für sie liefern. Man halte sich jedoch vor Augen: im Falle $\nu \in \mathbf{N}$ ist $J_{-\nu}$ zwar (trivialerweise) eine Lösung der Besselschen Differentialgleichung (28.16) - aber die Funktionen J_ν, $J_{-\nu}$ sind (wiederum trivialerweise) linear abhängig und können daher keine Integralbasis bilden. $J_{-\nu}$ macht also das stachelige Y_ν keineswegs überflüssig.

Zwischen den Besselschen Funktionen besteht eine überwältigende Fülle von Beziehungen. Nur eine Handvoll von ihnen können wir hier mitteilen. Grundlegend ist der

28.3 Differentiationssatz *Auf der Halbgeraden $x > 0$ ist*

$$\frac{\mathrm{d}}{\mathrm{d}x}[x^\nu J_\nu(x)] = x^\nu J_{\nu-1}(x), \tag{28.23}$$

$$\frac{\mathrm{d}}{\mathrm{d}x}[x^{-\nu} J_\nu(x)] = -x^{-\nu} J_{\nu+1}(x), \quad \textit{insbesondere} \quad J_0'(x) = -J_1(x).^{1)} \tag{28.24}$$

Wir beweisen zunächst (28.23), vorderhand freilich nur für $\nu \neq 0, -1, -2, \ldots$. Wegen (28.18) und (28.19) haben wir in diesem Falle

$$x^\nu J_\nu(x) = \sum_{n=0}^{\infty} \frac{(-1)^n}{2^{2n+\nu} n!\,\Gamma(n+\nu+1)} x^{2n+2\nu}.$$

Durch gliedweise Differentiation folgt daraus dank der Gleichung $\Gamma(n+\nu+1) = (n+\nu)\Gamma(n+\nu)$[2] tatsächlich

$$\frac{\mathrm{d}}{\mathrm{d}x}[x^\nu J_\nu(x)] = \sum_{n=0}^{\infty} \frac{(-1)^n 2(n+\nu)}{2^{2n+\nu} n!\,\Gamma(n+\nu+1)} x^{2n+2\nu-1}$$

$$= x^\nu \sum_{n=0}^{\infty} \frac{(-1)^n}{2^{2n+\nu-1} n!\,\Gamma[n+(\nu-1)+1]} x^{2n+\nu-1} = x^\nu J_{\nu-1}(x).$$

Der Beweis für (28.24) - einstweilen nur im Falle $\nu \neq -1, -2, \ldots$ - verläuft ganz ähnlich. Und nun erlaubt es die Definition (28.22), die bislang gemachten Einschränkungen bez. ν beiseite zu schieben. ■

Wir führen die Differentiationen im Satz 28.3 nun tatsächlich aus und erhalten

$$x^\nu J_\nu' + \nu x^{\nu-1} J_\nu = x^\nu J_{\nu-1}, \quad x^{-\nu} J_\nu' - \nu x^{-\nu-1} J_\nu = -x^{-\nu} J_{\nu+1},$$

---

1) Analog ist $\frac{\mathrm{d}}{\mathrm{d}x}[x^\nu Y_\nu(x)] = x^\nu Y_{\nu-1}(x)$, $\frac{\mathrm{d}}{\mathrm{d}x}[x^{-\nu} Y_\nu(x)] = -x^{-\nu} Y_{\nu+1}(x)$.

2) Formel (150.4) in Heuser II.

also $\quad xJ_\nu' = xJ_{\nu-1} - \nu J_\nu, \quad xJ_\nu' = \nu J_\nu - xJ_{\nu+1}.$ (28.25)

Durch Subtraktion bzw. Addition der beiden letzten Gleichungen ergibt sich sofort der wichtige

28.4 Rekursionssatz *Für $x>0$ ist*

$$xJ_{\nu+1} - 2\nu J_\nu + xJ_{\nu-1} = 0 \tag{28.26}$$

und

$$2J_\nu' = J_{\nu-1} - J_{\nu+1}. \tag{28.27}$$

Für die Y_ν gilt ein genaues Analogon dieses Satzes; s. dazu Fußnote 1 auf S. 298.

Wir steuern nun die „erzeugende Funktion" der J_ν ($\nu \in \mathbf{Z}$) an.
Für jedes x und jedes $t \neq 0$ ist

$$e^{\frac{x}{2}\left(t-\frac{1}{t}\right)} = e^{\frac{xt}{2}} \cdot e^{-\frac{x}{2t}} = \left(\sum_{n=0}^{\infty} \frac{1}{n!} \frac{x^n t^n}{2^n}\right) \cdot \left(\sum_{n=0}^{\infty} \frac{(-1)^n}{n!} \frac{x^n t^{-n}}{2^n}\right) \tag{28.28}$$

mit absolut konvergenten Reihen. Diese multiplizieren wir und sammeln die Glieder mit t^ν bzw. mit $t^{-\nu}$ ($\nu \in \mathbf{N}_0$). Als Koeffizient von t^ν ergibt sich

$$\sum_{n=0}^{\infty} \frac{1}{(n+\nu)!} \frac{x^{n+\nu}}{2^{n+\nu}} \cdot \frac{(-1)^n}{n!} \frac{x^n}{2^n} = \sum_{n=0}^{\infty} \frac{(-1)^n}{2^{2n+\nu} n! \Gamma(n+\nu+1)} x^{2n+\nu} = J_\nu(x), \text{ [1]}$$

als Koeffizient von $t^{-\nu}$ hingegen

$$\sum_{n=0}^{\infty} \frac{1}{n!} \frac{x^n}{2^n} \cdot \frac{(-1)^{-n-\nu}}{(n+\nu)!} \frac{x^{n+\nu}}{2^{n+\nu}} = (-1)^\nu \sum_{n=0}^{\infty} \frac{(-1)^n}{2^{2n+\nu} n! \Gamma(n+\nu+1)} x^{2n+\nu}$$
$$= (-1)^\nu J_\nu(x). \text{ [1]}$$

Aus (28.28) erhalten wir nun mit einem Schlag den folgenreichen

28.5 Satz über die erzeugende Funktion *Für alle x und alle $t \neq 0$ ist*

$$e^{\frac{x}{2}\left(t-\frac{1}{t}\right)} = J_0(x) + \sum_{\nu=1}^{\infty} J_\nu(x)[t^\nu + (-1)^\nu t^{-\nu}] = \sum_{\nu=-\infty}^{\infty} J_\nu(x) t^\nu. \tag{28.29}$$

Die Besselschen Funktionen $J_\nu(x)$ ($\nu \in \mathbf{Z}$) treten somit als Koeffizienten von t^ν bei der Entwicklung der in (28.29) linksstehenden Funktion nach Potenzen von t und $1/t$ auf. Man sagt deshalb, diese Funktion e r z e u g e die J_ν.

Die Herleitung des letzten Satzes bleibt unverändert in Kraft, wenn t *komplex* ($\neq 0$) ist. Setzen wir speziell $t = e^{i\varphi}$, so wird dank der Eulerschen Formel (14.18)

---

[1] Hier haben wir die Gleichung $\Gamma(k+1) = k!$ ($k \in \mathbf{N}_0$) benutzt; s. Heuser II, Nr. 150.

$$\frac{1}{2}\left(t-\frac{1}{t}\right)=\frac{e^{i\varphi}-e^{-i\varphi}}{2}=i\sin\varphi$$

und somit - wiederum vermöge (14.18) -

$$e^{\frac{x}{2}\left(t-\frac{1}{t}\right)}=e^{ix\sin\varphi}=\cos(x\sin\varphi)+i\sin(x\sin\varphi).$$

Ganz entsprechend erhält man

$$\begin{aligned}&t^{2k}+(-1)^{2k}t^{-2k}=e^{i2k\varphi}+e^{-i2k\varphi}=2\cos 2k\varphi,\\&t^{2k-1}+(-1)^{2k-1}t^{-(2k-1)}=e^{i(2k-1)\varphi}-e^{-i(2k-1)\varphi}=2i\sin(2k-1)\varphi.\end{aligned}$$

Mit all dem geht (28.29) über in

$$\begin{aligned}e^{ix\sin\varphi}&=\cos(x\sin\varphi)+i\sin(x\sin\varphi)\\&=J_0(x)+2\sum_{k=1}^{\infty}J_{2k}(x)\cos 2k\varphi+2i\sum_{k=1}^{\infty}J_{2k-1}(x)\sin(2k-1)\varphi,\end{aligned}\tag{28.30}$$

und nun gewinnt man durch Vergleich der Real- und Imaginärteile die folgenden merkwürdigen Entwicklungen, die auf enge Beziehungen zwischen Besselschen und trigonometrischen Funktionen hindeuten.

28.6 Satz *Für alle x und φ ist*

$$\cos(x\sin\varphi)=J_0(x)+2\sum_{k=1}^{\infty}J_{2k}(x)\cos 2k\varphi,\tag{28.31}$$

$$\sin(x\sin\varphi)=2\sum_{k=1}^{\infty}J_{2k-1}(x)\sin(2k-1)\varphi.\tag{28.32}$$

Für $\varphi=\pi/2$ liefern diese Formeln bestechend schöne Darstellungen des Kosinus und Sinus mittels Besselscher Funktionen:

$$\begin{aligned}\cos x&=J_0(x)-2J_2(x)+2J_4(x)-2J_6(x)+-\cdots,\\\sin x&=2J_1(x)-2J_3(x)+2J_5(x)-2J_7(x)+-\cdots.\end{aligned}\tag{28.33}$$

Die im Satz 28.6 rechtsstehenden Reihen sind die Fourierentwicklungen der Funktionen linker Hand; kraft der Euler-Fourierschen Formeln ist daher

$$\frac{2}{\pi}\int_0^{\pi}\cos(x\sin\varphi)\cdot\cos n\varphi\,d\varphi=\begin{cases}2J_n(x) & \text{für } n=0,2,4,\ldots,\\0 & \text{für } n=1,3,5,\ldots,\end{cases}\tag{28.34}$$

$$\frac{2}{\pi}\int_0^{\pi}\sin(x\sin\varphi)\cdot\sin n\varphi\,\mathrm{d}\varphi=\begin{cases}0 & \text{für}\quad n=0,2,4,\ldots,\\ 2J_n(x) & \text{für}\quad n=1,3,5,\ldots^{1)}.\end{cases}\tag{28.35}$$

Durch Addition erhält man hieraus

$$J_n(x)=\frac{1}{\pi}\int_0^{\pi}[\cos(x\sin\varphi)\cdot\cos n\varphi+\sin(x\sin\varphi)\cdot\sin n\varphi]\,\mathrm{d}\varphi\qquad(n\in\mathbf{N}_0).$$

Und da $\cos(x\sin\varphi)\cdot\cos n\varphi+\sin(x\sin\varphi)\cdot\sin n\varphi=\cos(x\sin\varphi-n\varphi)$ ist, haben wir schließlich die folgende frappierende

28.7 Integraldarstellung *Für $n=0,1,2,\ldots$ und alle x ist*

$$J_n(x)=\frac{1}{\pi}\int_0^{\pi}\cos(x\sin\varphi-n\varphi)\,\mathrm{d}\varphi.\tag{28.36}$$

Diese Formel kehrt gewissermaßen den Satz 28.6 um und wirft noch einmal ein helles Licht auf die eigentümlichen Verflechtungen zwischen Besselschen und trigonometrischen Funktionen.

In den Anwendungen spielen die *Nullstellen* der $J_0, J_1, J_2, \ldots$ eine bedeutende Rolle. Über sie beweisen wir jetzt den fundamentalen

28.8 Nullstellensatz *Die Funktion J_n $(n\in\mathbf{N}_0)$ hat abzählbar viele positive Nullstellen. Sie sind allesamt* einfach *und haben nur den einen Häufungspunkt ∞. Die Nullstellen >0 von $J_0, J_1, \ldots$* trennen sich wechselseitig, *schärfer: zwischen je zwei aufeinanderfolgenden positiven Nullstellen von J_n liegt genau eine von J_{n-1} und genau eine von J_{n+1}.*[2)]

Beweis. Daß die positiven Nullstellen von J_n *einfach* sind, ist fast selbstverständlich. Wäre nämlich $x_0>0$ eine mehrfache Nullstelle, so müßte $J_n(x_0)=J_n'(x_0)=0$ sein, J_n wäre daher eine Lösung der Anfangswertaufgabe $x^2y''+xy'+(x^2-n^2)y=0$, $y(x_0)=y'(x_0)=0$ auf dem Intervall $x>0$ und würde also dank der Bemerkung nach Satz 21.4 identisch verschwinden – was aber keineswegs der Fall ist.

Wir fassen nun J_0 näher ins Auge. Wegen (28.36) haben wir $J_0(x)=\frac{2}{\pi}\int_0^{\pi/2}\cos(x\sin\varphi)\,\mathrm{d}\varphi$, und vermöge der Substitution $t=x\sin\varphi$ ergibt sich daraus

$$J_0(x)=\frac{2}{\pi}\int_0^{x}\frac{\cos t}{\sqrt{x^2-t^2}}\,\mathrm{d}t.$$

---

1) Alles hier Benötigte über Fourierreihen findet der Leser in Heuser II, Kapitel XVII. Er möge beachten, daß $\cos(x\sin\varphi)$ eine *gerade*, $\sin(x\sin\varphi)$ eine *ungerade* Funktion von φ ist und er daher die Euler-Fourierschen Formeln in der Gestalt (133.8), (133.9) in Heuser II heranziehen darf.

2) Weitere Auskünfte über die Nullstellen Besselscher Funktionen finden sich in Beispiel 32.4. Siehe auch Tab. 32.1 und Fig. 28.2.

Mit den positiven Nullstellen $t_k := (2k+1)\frac{\pi}{2}$ $(k \in \mathbf{N}_0)$ des Kosinus ist also

$$
\begin{aligned}
J_0(t_m) &= \frac{2}{\pi}\int_0^{t_0} \frac{\cos t}{\sqrt{t_m^2 - t^2}}\,\mathrm{d}t + \sum_{k=0}^{m-1} \frac{2}{\pi}\int_{t_k}^{t_{k+1}} \frac{\cos t}{\sqrt{t_m^2 - t^2}}\,\mathrm{d}t \\
&= \underbrace{\frac{2}{\pi}\int_0^{t_0} \frac{|\cos t|}{\sqrt{t_m^2 - t^2}}\,\mathrm{d}t}_{=:T_0} + \sum_{k=0}^{m-1} (-1)^{k+1} \underbrace{\frac{2}{\pi}\int_{t_k}^{t_{k+1}} \frac{|\cos t|}{\sqrt{t_m^2 - t^2}}\,\mathrm{d}t}_{=:T_{k+1}}. \\
&= T_0 - T_1 + T_2 - + \cdots + (-1)^m T_m .
\end{aligned}
$$

Für $k = 0, 1, \ldots, m-1$ fällt offensichtlich $0 < T_k < T_{k+1}$ aus, und daher ist

$$
J_0(t_m) = \begin{cases} T_0 + (T_2 - T_1) + \cdots + (T_m - T_{m-1}) > 0 & \text{für gerades } m, \\ (T_0 - T_1) + (T_2 - T_3) + \cdots + (T_{m-1} - T_m) < 0 & \text{für ungerades } m. \end{cases}
$$

In jedem der Intervalle $(t_0, t_1), (t_1, t_2), \ldots$ muß also J_0 mindestens einmal verschwinden. Andererseits kann J_0 als beständig konvergente und nicht identisch verschwindende Potenzreihe in einem endlichen Intervall höchstens endlich viele Nullstellen haben.[1)] Aus all dem geht nun hervor, daß J_0 abzählbar viele positive Nullstellen besitzt und daß diese sich einzig und allein in ∞ häufen.

Die Trennungseigenschaft der Nullstellen von $J_0, J_1, \ldots$ ist leicht einzusehen. Seien $x_1 < x_2$ zwei aufeinanderfolgende positive Nullstellen von J_n. Dann ergibt sich mit Hilfe des Satzes von Rolle und des Differentiationssatzes 28.3 mühelos, daß in dem offenen Intervall (x_1, x_2) *mindestens* eine Nullstelle von J_{n-1} $(n \geqslant 1)$ und *mindestens* eine von J_{n+1} $(n \geqslant 0)$ liegt. Und daraus folgt sofort, daß sich in (x_1, x_2) sogar *genau* eine Nullstelle von J_{n-1} und *genau* eine von J_{n+1} befindet.

Aus dem bisher Gesagten liest man nun mit einem Blick ab, daß nicht nur J_0, sondern auch J_n $(n \in \mathbf{N})$ abzählbar viele positive Nullstellen hat, und daß diese sich lediglich in ∞ häufen. ■

In Fig. 28.2 hat der Leser die Schaubilder der Funktionen $J_0, \ldots, J_3$ für $x \geqslant 0$ vor Augen, in Tab. 32.1 die sieben ersten Nullstellen von J_0 und J_1.

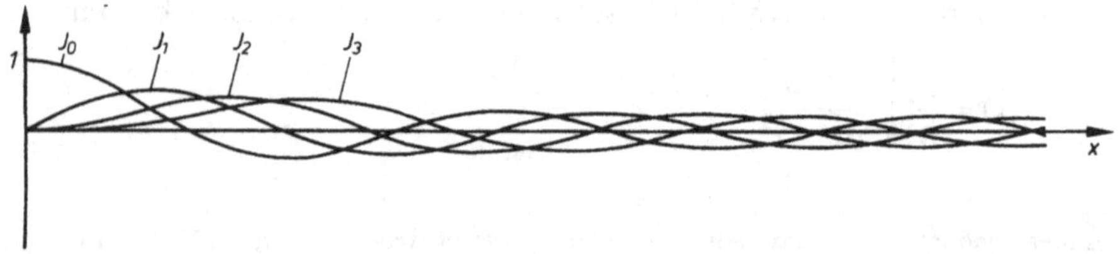

Fig. 28.2

1) Dies folgt in einfachster Weise aus dem Identitätssatz für Potenzreihen (Satz 64.5 in Heuser I).

Eine der wichtigsten Eigenschaften der Besselschen Funktionen wird aufgedeckt durch den folgenden

28.9 Orthogonalitätssatz[1] *Für je zwei positive Nullstellen ξ, η von J_n ($n \in \mathbf{N}_0$) ist stets*

$$\int_0^1 x J_n(\xi x) J_n(\eta x)\,\mathrm{d}x = \begin{cases} 0, & \text{falls} \quad \xi \neq \eta, \\ \dfrac{1}{2} J_{n+1}^2(\xi), & \text{falls} \quad \xi = \eta. \end{cases} \tag{28.37}$$

Beweis. a) Sei zunächst $\xi \neq \eta$. Da J_n der Differentialgleichung

$$x^2 J_n'' + x J_n' + (x^2 - n^2) J_n = 0$$

genügt, bestehen für die Funktionen

$$y(x) := J_n(\xi x), \quad z(x) := J_n(\eta x)$$

offensichtlich die Gleichungen

$$x^2 y'' + x y' + (\xi^2 x^2 - n^2) y = 0, \tag{28.38}$$

$$x^2 z'' + x z' + (\eta^2 x^2 - n^2) z = 0. \tag{28.39}$$

Indem wir die erste mit z/x, die zweite mit y/x ($x > 0$) multiplizieren und die so entstehenden Gleichungen subtrahieren, erhalten wir

$$\frac{\mathrm{d}}{\mathrm{d}x}[x(y'z - z'y)] + (\xi^2 - \eta^2) xyz = 0, \tag{28.40}$$

daraus sodann

$$\underbrace{\int_0^1 \frac{\mathrm{d}}{\mathrm{d}x}[x(y'z - z'y)]\,\mathrm{d}x}_{= y'(1)z(1) - z'(1)y(1) = 0 \text{ wegen } y(1) = z(1) = 0} + (\xi^2 - \eta^2) \int_0^1 xyz\,\mathrm{d}x = 0 \;[2]$$

und somit schließlich die obere Gleichung in (28.37).

b) Nun sei $\xi = \eta$. Wir multiplizieren (28.38) mit $2y'$ und erhalten

$$2x^2 y' y'' + 2x(y')^2 + 2(\xi^2 x^2 - n^2) y y' = 0,$$

also $$\frac{\mathrm{d}}{\mathrm{d}x}(xy')^2 + (\xi^2 x^2 - n^2) \frac{\mathrm{d}}{\mathrm{d}x} y^2 = 0.$$

Durch Integration von 0 bis 1 folgt daraus

---

[1] Es handelt sich hier um eine Orthogonalität bezüglich der Gewichtsfunktion x.

[2] Da (28.40) aufgrund der Herleitung nur für $x > 0$ gilt, müssen wir das Integral zunächst von $\varepsilon > 0$ bis 1 erstrecken und dann ε gegen 0 rücken lassen.

$$0=[(xy')^2]_0^1+\int_0^1(\xi^2x^2-n^2)\frac{\mathrm{d}}{\mathrm{d}x}y^2\,\mathrm{d}x$$

$$=\{y'(1)\}^2+[(\xi^2x^2-n^2)y^2]_0^1-\int_0^1 2\xi^2xy^2\,\mathrm{d}x$$

$$=\{\xi J_n'(\xi)\}^2+n^2J_n^2(0)-2\xi^2\int_0^1 xJ_n^2(\xi x)\,\mathrm{d}x.$$

Und da $n^2J_n(0)$ verschwindet, haben wir nun

$$\int_0^1 xJ_n^2(\xi x)\,\mathrm{d}x=\frac{1}{2}[J_n'(\xi)]^2=\frac{1}{2}J_{n+1}^2(\xi);$$

das letzte Gleichheitszeichen gilt wegen der zweiten Gleichung in (28.25) (wobei $J_n(\xi)=0$ zu beachten ist). Damit haben wir endlich alles bewiesen. ■

Der Orthogonalitätssatz ist für die mathematische Physik von eminenter Bedeutung. Hier stellt sich nämlich immer wieder die Aufgabe, eine vorgegebene Funktion f im Intervall $(0, 1)$ in eine Reihe der Form

$$f(x)=a_1J_n(\xi_1x)+a_2J_n(\xi_2x)+\cdots=\sum_{k=1}^{\infty}a_kJ_n(\xi_kx) \tag{28.41}$$

zu entwickeln; die $\xi_1, \xi_2, \ldots$ sollen die aufeinanderfolgenden positiven Nullstellen der *festen* Besselschen Funktion J_n sein ($n\in\mathbf{N}_0$).[1)] Beispiele hierfür werden wir in der Anwendungsnummer 33 antreffen. Angenommen, die Darstellung (28.41) bestehe tatsächlich und sei auf $[0, 1]$ sogar gleichmäßig konvergent. Dann dürfen wir sie mit $xJ_n(\xi_mx)$ multiplizieren und anschließend über $[0, 1]$ integrieren; wegen der Orthogonalitätsrelationen (28.37) erhalten wir so

$$\int_0^1 xf(x)J_n(\xi_mx)\,\mathrm{d}x=\sum_{k=1}^{\infty}a_k\int_0^1 xJ_n(\xi_kx)J_n(\xi_mx)\,\mathrm{d}x=a_m\cdot\frac{1}{2}J_{n+1}^2(\xi_m),$$

also (wenn wir noch m durch k ersetzen)

$$a_k=\frac{2}{J_{n+1}^2(\xi_k)}\int_0^1 xf(x)J_n(\xi_kx)\,\mathrm{d}x \qquad (k=1,2,\ldots). \tag{28.42}$$

Diese Betrachtung kehren wir nun in charakteristischer Weise um. Wir gehen nicht von der Entwicklung (28.41) aus, sondern denken uns irgendeine auf $[0, 1]$ integrierbare Funktion f gegeben. Dann können wir vermöge (28.42) ihre Fourier-Besselschen Koeffizienten a_k berechnen und mit ihnen – zunächst ganz formal – die Fourier-Besselsche Reihe oder kurz Besselreihe

1) Der Fall, daß $f(x)$ in einem *beliebigen* Intervall definiert ist, läßt sich durch eine Variablentransformation auf den gegenwärtig behandelten zurückspielen.

$$\sum_{k=1}^{\infty} a_k J_n(\xi_k x) \tag{28.43}$$

von f bilden. Und nun drängt sich natürlich die Frage auf, ob diese Reihe auf [0, 1] überhaupt konvergiert - mehr noch: ob sie gegen ebendieselbe Funktion konvergiert, aus der sie entsprungen ist, nämlich gegen f.

Das ist eine schwierige Frage, und dieses Buch ist nicht der Ort, sich an ihr zu versuchen.[1] Wir müssen uns mit einer Teilantwort ohne Beweis bescheiden:

28.10 Entwicklungssatz *Ist die Funktion f auf dem Intervall* [0, 1] *stückweise stetig differenzierbar, so konvergiert ihre Besselreihe*

$$\sum_{k=1}^{\infty} a_k J_n(\xi_k x) \qquad (n \in \mathbf{N}_0;\ a_k \text{ definiert in } (28.42))$$

für alle $x \in (0, 1)$ gegen $\dfrac{f(x+)+f(x-)}{2}$ und daher gegen $f(x)$ selbst, sofern x eine Stetigkeitsstelle ist.

Für $x=1$ konvergiert sie (offensichtlich) gegen 0. Auch für $x=0$ konvergiert sie noch, und zwar gegen $f(0+)$ im Falle $n=0$, gegen 0 im Falle $n>0$.

Einen Beweis (unter schwächeren Voraussetzungen) findet man in Watson (1958), S. 591 ff.

Der Entwicklungssatz wirft ein ganz neues Licht auf die außergewöhnliche Bedeutung der *Nullstellen* Besselscher Funktionen. In der Tat: diese Nullstellen sind so wichtig, daß man sich genötigt gesehen hat, sie zu vertafeln. Derartige Tafeln finden sich z. B. in Jahnke-Emde-Lösch (1966).

Unsere Darstellung der Besselschen Funktionen ist weit davon entfernt, erschöpfend zu sein: auf dieses große Feld haben wir kaum mehr als einen flüchtigen Blick werfen können. Wer hier tiefer eindringen will, greife zu dem formidablen Werk von Watson (1958) oder zu dem eingängigen Buch von Lebedew (1973). Eine Zusammenstellung der wichtigsten Formeln und eine Tafel der Besselschen Funktionen findet man in Jahnke-Emde-Lösch (1966).

Aufgaben

1. Die gemäß (28.18) gebildeten Funktionen $J_{1/2}$ und $J_{-1/2}$ stimmen mit den in (27.60) und (27.62) erklärten überein.
Hinweis: $\Gamma(1/2)=\sqrt{\pi}$ (s. Heuser II, A 150.3).

---

[1] In seinem *Handbuch der Theorie der Cylinderfunktionen* (Leipzig 1904, Nachdruck 1968) schreibt N. Nielsen auf S. 352f: „Viele Mathematiker haben seit Fourier eine strenge Herleitung [der Besselschen Entwicklung] versucht; indessen ist es im allgemeinen nicht gelungen, die damit verbundenen überaus großen Schwierigkeiten zu überwinden. So sind z. B. die Beweise von Hankel, Harnack, Gegenbauer und Sheppard nicht genau; überhaupt ist es, soviel ich weiß, nur Dini geglückt, einen wirklich strengen Beweis für die Existenz der obenerwähnten Entwicklung zu geben." Die Dinischen Voraussetzungen sind allerdings viel allgemeiner als die unsrigen.

2. Für alle $\alpha \notin \mathbf{Z}$ ist $\pi \dfrac{J_{-1/2}(\pi\alpha)}{J_{1/2}(\pi\alpha)} = \pi \cot \pi\alpha = \dfrac{1}{\alpha} + \sum_{n=1}^{\infty} \dfrac{2\alpha}{\alpha^2 - n^2}$.
Hinweis: Aufgabe 1; A 138.1 in Heuser II.

3. $J_3(x) = -\left(1 - \dfrac{8}{x^2}\right) J_1(x) - \dfrac{4}{x} J_0(x)$.
Hinweis: (28.26).

4. Drücke $J_5(x)$ mittels $J_0(x)$ und $J_1(x)$ aus.

5. Drücke $J_{3/2}(x)$ zuerst mittels $J_{1/2}(x)$, $J_{-1/2}(x)$ und daran anschließend mittels $\sin x$, $\cos x$ aus.
Hinweis: Aufgabe 1.

6. Drücke $J_{-5/2}(x)$ durch $\sin x$, $\cos x$ aus.
Hinweis: Verfahre ähnlich wie in Aufgabe 5.

7. $\int J_3(x)\,\mathrm{d}x = -J_2(x) - \dfrac{2}{x} J_1(x)$.
Hinweis: $\int J_3(x)\,\mathrm{d}x = \int x^2 \cdot x^{-2} J_3(x)\,\mathrm{d}x$; (28.24).

8. $\int x^2 J_1(x)\,\mathrm{d}x = 2x J_1(x) - x^2 J_0(x)$.

9. $\int x^2 J_0(x)\,\mathrm{d}x = x^2 J_1(x) + x J_0(x) - \int J_0(x)\,\mathrm{d}x$.

⁺10. Für alle $n \in \mathbf{N}$ und alle x ist $|J_n(x)| \leqslant |x|/n$, insbesondere strebt $J_n(x) \to 0$ für $n \to \infty$ (x fest).
Hinweis: Wende auf (28.34) und (28.35) Produktintegration an.

⁺11. Für alle x ist $\int_0^x J_0(t)\,\mathrm{d}t = 2[J_1(x) + J_3(x) + J_5(x) + \cdots]$.
Hinweis: (28.27) und Aufgabe 10.

⁺12. Für je zwei Lösungen y_1, y_2 der Besselschen Differentialgleichung (28.16) gilt mit einer geeigneten Konstanten c die Gleichung

$$y_1(x) y_2'(x) - y_1'(x) y_2(x) = \frac{c}{x} \qquad (x > 0).$$

Hinweis: Abelsche Formel in A 22.8.

⁺13. Für $\nu \notin \mathbf{Z}$ ist $J_\nu(x) J'_{-\nu}(x) - J'_\nu(x) J_{-\nu}(x) = -\dfrac{2 \sin \nu\pi}{\pi x}$ $(x > 0)$.

Hinweis: Bestimme den Koeffizienten von $1/x$ in der Entwicklung der linksstehenden Funktion, ziehe die Aufgabe 12 heran und benutze den „Ergänzungssatz der Γ-Funktion“

$$\Gamma(x)\Gamma(1-x) = \frac{\pi}{\sin \pi x} \quad \text{für } x \notin \mathbf{Z} \qquad \text{(Heuser II, Satz 150.4).}$$

⁺14. Für $n \in \mathbf{N}_0$ ist $J_n(x) Y_n'(x) - J_n'(x) Y_n(x) = \dfrac{2}{\pi x}$ $(x > 0)$.

$^+$**15. Additionstheorem der Besselschen Funktionen** Es ist

$$J_n(x+y)=\sum_{k=-\infty}^{\infty} J_k(x)J_{n-k}(y).$$

Hinweis: (28.30).

$^+$**16.** Für alle x ist

$$J_0^2(x)+2\sum_{k=1}^{\infty} J_k^2(x)=1,$$

also auch

$$|J_0(x)|\leqslant 1 \quad \text{und} \quad |J_k(x)|\leqslant\frac{1}{\sqrt{2}} \qquad (k=1,2,\ldots).$$

Hinweis: Aufgabe 15.

$^+$**17. Poissonsche Integraldarstellung der Besselschen Funktionen** Gewinne aus der Reihendarstellung (28.18) von $J_\nu(x)$ $(\nu\geqslant 0)$ die Poissonsche Integraldarstellung[1]

$$J_\nu(x)=\frac{x^\nu}{2^\nu\sqrt{\pi}\,\Gamma(\nu+\frac{1}{2})}\int_0^\pi \sin^{2\nu}\varphi\cdot\cos(x\cos\varphi)\,d\varphi.$$

Hinweis: $\dfrac{\Gamma(p)\Gamma(q)}{\Gamma(p+q)}=2\int_0^{\pi/2}\sin^{2p-1}\varphi\cdot\cos^{2q-1}\varphi\,d\varphi$ (s. Heuser II, A 206.10). Ziehe ferner heran: $\Gamma(1/2)=\sqrt{\pi}$ (Heuser II, A 150.3), $\Gamma(x+1)=x\Gamma(x)$ für $x>0$ (Heuser II, Satz 150.1) und die Potenzreihenentwicklung des Kosinus.

$^+$**18.** Die Funktion $aJ_n(x)+bxJ_n'(x)$ $(a,b\in\mathbf{R},\ n\in\mathbf{N}_0)$ hat unendlich viele Nullstellen auf der positiven x-Achse.

Hinweis: Betrachte das Vorzeichen von J_n' in den aufeinanderfolgenden positiven Nullstellen $x_1,x_2,\ldots$ von J_n.

$^+$**19. Differentialgleichungen, die sich mittels Besselscher Funktionen lösen lassen** Manche Differentialgleichung ist nur eine verkleidete Besselsche: sie läßt sich durch eine geeignete Transformation der abhängigen oder unabhängigen Veränderlichen in eine Besselsche Differentialgleichung verwandeln und dann eben auch durch Besselsche Funktionen lösen. Der Leser bestätige direkt oder mittels der angegebenen Substitutionen, daß die allgemeinen Lösungen der linksstehenden Differentialgleichungen durch die rechtsstehenden Funktionen geliefert werden; die erforderlichen Rechnungen sind immer einfach, aber selten vergnüglich. Die Z_ν werden uns durch die Sätze 28.1 und 28.2 in die Hand gegeben. Um die praktische Verwendbarkeit der Beispiele zu erhöhen, sind einige Spezialfälle explizit angegeben. Durchweg seien die Zahlen

$$\beta,\gamma,\delta>0.$$

1) $y''+\dfrac{1+2\alpha}{x}y'+\left(\beta^2\gamma^2x^{2\gamma-2}+\dfrac{\alpha^2-\nu^2\gamma^2}{x^2}\right)y=0,\qquad y=x^{-\alpha}Z_\nu(\beta x^\gamma).$

Hinweis: $t=\beta x^\gamma$, $u=t^{\alpha/\gamma}y$.

Spezialfälle:

a) $y''+\dfrac{1}{x}y'+\left(\beta^2\gamma^2x^{2\gamma-2}-\dfrac{\nu^2\gamma^2}{x^2}\right)y=0,\qquad y=Z_\nu(\beta x^\gamma).$

[1] Denis Poisson (1781–1840; 59).

b) $y''+\left(\beta^2\gamma^2x^{2\gamma-2}+\dfrac{1-4\nu^2\gamma^2}{4x^2}\right)y=0,$ $\qquad y=\sqrt{x}\,Z_\nu(\beta x^\gamma).$

c) $y''+\dfrac{1+2\alpha}{x}y'+\left(\beta^2+\dfrac{\alpha^2-\nu^2}{x^2}\right)y=0,$ $\qquad y=x^{-\alpha}Z_\nu(\beta x).$

d) $y''+\dfrac{1}{x}y'+\left(\beta^2-\dfrac{\nu^2}{x^2}\right)y=0,$ $\qquad y=Z_\nu(\beta x).$

e) $y''+\left(\beta^2+\dfrac{1-4\nu^2}{4x^2}\right)y=0,$ $\qquad y=\sqrt{x}\,Z_\nu(\beta x).$

f) $y''+\dfrac{1-2\nu}{x}y'+\beta^2y=0,$ $\qquad y=x^\nu Z_\nu(\beta x).$

g) $y''+\delta^2x^my=0\quad(m>-2),$ $\qquad y=\sqrt{x}\,Z_{\frac{1}{m+2}}\left(\dfrac{2\delta}{m+2}x^{\frac{m+2}{2}}\right).$

h) $y''+\dfrac{\delta^2}{x}y=0,$ $\qquad y=\sqrt{x}\,Z_1(2\delta\sqrt{x}).$

i) $y''+\dfrac{\varepsilon}{x}y'+\dfrac{\delta^2}{x}y=0\quad(\varepsilon\geqslant 1),$ $\qquad y=x^{-\frac{\varepsilon-1}{2}}Z_{\varepsilon-1}(2\delta\sqrt{x}).$

2) $y''+\left(\dfrac{1}{x}-2\alpha\right)y'+\left(\alpha^2+\beta^2-\dfrac{\alpha}{x}-\dfrac{\nu^2}{x^2}\right)y=0,$ $\qquad y=e^{\alpha x}Z_\nu(\beta x).$

3) $y''+\delta^2e^{\alpha x}y=0\quad(\delta>0),$ $\qquad y=Z_0\left(\dfrac{2\delta}{|\alpha|}e^{\frac{\alpha}{2}x}\right).$

Hinweis: $x=\dfrac{\ln t}{\alpha}$, Lösungsformel 1).

4) $y''+(\delta^2e^{2x}-\nu^2)y=0,$ $\qquad y=Z_\nu(\delta e^x).$

Hinweis: $x=\dfrac{\ln t}{2}$, Lösungsformel 1).

20. Gewinne aus der Lösungsformel 1g) in Aufgabe 19 das in A 26.32 angegebene Integral der Airyschen Differentialgleichung $y''+xy=0$.

Die Differentialgleichungen in den Aufgaben 21 bis 26 sind mit Hilfe der Aufgabe 19 zu lösen.

21. $xy''+3y'+4y=0.$

22. $xy''+(2x+1)y'+(5x+1)y=0.$

23. $xy''+3y'+x^3y=0.$

24. $y''+4x^4y=0.$

25. $y''+7e^{-x}y=0.$

26. $y''-\dfrac{y'}{x}+\left(9+\dfrac{1}{x^2}\right)y=0.$

27. Vorgelegt sei die Riccatische Differentialgleichung

$$y' = x^2 + y^2 \tag{28.44}$$

(s. dazu die historische Anmerkung nach A 4.37).

a) Die allgemeine Lösung von (28.44) ist

$$y(x) := x \frac{C J_{-3/4}\left(\frac{x^2}{2}\right) + J_{3/4}\left(\frac{x^2}{2}\right)}{J_{-1/4}\left(\frac{x^2}{2}\right) - C J_{1/4}\left(\frac{x^2}{2}\right)}. \tag{28.45}$$

Hinweis: Substitution $y = -z'/z$, Lösungsformel 1g) in Aufgabe 19, Differentiationssatz 28.3.

b) Für (28.45) ist $y(0) = 2C \dfrac{\Gamma(3/4)}{\Gamma(1/4)}$.

c) Jakob Bernoulli gab in seinem Brief vom 3. Oktober 1703 an Leibniz als Lösung von (28.44) die folgende Reihe an, „deren Fortschreiten nicht sehr leicht zutage tritt" (*in qua ratio progressionis non tam facile patescat*):

$$y = \frac{x^3}{3} + \frac{x^7}{3\cdot 3\cdot 7} + \frac{2x^{11}}{3\cdot 3\cdot 3\cdot 7\cdot 11} + \frac{13x^{15}}{3\cdot 3\cdot 3\cdot 3\cdot 5\cdot 7\cdot 7\cdot 11} + \text{etc.}$$

Gewinne diese Reihe - und dazu noch ihre *ratio progressionis* - aus a) und b).

d) Die Lösung der Anfangswertaufgabe $y' = x^2 + y^2$, $y(0) = 1$ wird durch (28.45) mit $C := \dfrac{\Gamma(1/4)}{2\Gamma(3/4)}$ gegeben. Da die Besselschen Funktionen vertafelt oder in Programmbibliotheken vorhanden sind, können wir die früher schon hergestellte „Runge-Kutta-Lösung" dieser Aufgabe (s. Fig. 3.6) nachträglich *überprüfen*. Das Resultat ist beeindruckend:

x	„RK-Werte"	„Bessel-Werte"	x	„RK-Werte"	„Bessel-Werte"
0,05	1,05267	1,05267	0,45	1,86315	1,86315
0,10	1,11146	1,11146	0,50	2,06699	2,06699
0,15	1,17769	1,17769	0,55	2,32063	2,32063
0,20	1,25301	1,25301	0,60	2,64399	2,64399
0,25	1,33946	1,33946	0,65	3,06935	3,06937
0,30	1,43967	1,43967	0,70	3,65285	3,65289
0,35	1,55703	1,55703	0,75	4,50150	4,50164
0,40	1,69611	1,69611	0,80	5,84811	5,84861

28. *Definiere* $J_n(x)$ ($n \in \mathbf{N}_0, x \in \mathbf{R}$) vermöge der Integraldarstellung (28.36) und zeige *direkt*, daß $J_n(x)$ die Besselsche Differentialgleichung der Ordnung n löst.

29 Laguerresche Differentialgleichung und Laguerresche Polynome

Die Differentialgleichung

$$xy''+(1-x)y'+\lambda y=0 \qquad (\lambda \text{ konstant}) \tag{29.1}$$

wird nach dem französischen Mathematiker Edmond Nicolas Laguerre (1834–1886; 52) genannt. Auf ihre Rolle in der Quantentheorie werden wir in Nr. 33 zu sprechen kommen; gegenwärtig wollen wir mit einigen theoretischen Andeutungen zufrieden sein.

0 ist ein schwach singulärer Punkt von (29.1), und die zugehörige Indexgleichung hat die Doppelwurzel 0. Wir machen deshalb zunächst den Ansatz $y_1(x):=\sum_{k=0}^{\infty} c_k x^k$ und erhalten mit $c_0:=1$ auf ausgetretenen Wegen die beständig konvergente Potenzreihe

$$y_1(x):=1+\sum_{k=1}^{\infty}(-1)^k\frac{\lambda(\lambda-1)\cdots(\lambda-k+1)}{(k!)^2}x^k \tag{29.2}$$

als erste Lösung. Im Falle $\lambda=n\in\mathbf{N}_0$ – das ist der weitaus wichtigste – schrumpft sie zusammen auf

$$l_n(x):=1+\sum_{k=1}^{n}(-1)^k\frac{n(n-1)\cdots(n-k+1)}{(k!)^2}x^k=\sum_{k=0}^{n}\frac{(-1)^k}{k!}\binom{n}{k}x^k. \tag{29.3}$$

Man nennt

$$L_n(x):=n!\,l_n(x)=\sum_{k=0}^{n}(-1)^k\frac{n!}{k!}\binom{n}{k}x^k \tag{29.4}$$

das n-te Laguerresche Polynom.[1] Offenbar ist

$$L_0(x)=1,\quad L_1(x)=1-x,\quad L_2(x)=2-4x+x^2,\quad L_3(x)=6-18x+9x^2-x^3,\ \ldots.$$

$L_n(x)$ löst wie $l_n(x)$ die Gleichung

$$xy''+(1-x)y'+ny=0; \tag{29.5}$$

ein zweites, von $L_n(x)$ linear unabhängiges Integral derselben – wir konzentrieren uns ganz auf den Fall $\lambda=n$ – liefert der Ansatz

$$y_2(x):=L_n(x)\ln x+\sum_{k=1}^{\infty}d_n x^n \qquad (\text{s. Satz 27.6b}).$$

[1] In der Literatur werden häufig auch die $l_n(x)=L_n(x)/n!$ Laguerresche Polynome genannt. Der Unterschied ist unerheblich, muß aber ggf. im Auge behalten werden.

Unerquickliche Rechnungen, an denen sich der Leser nur in ausgeruhtem Zustand versuchen sollte, führen schließlich zu

$$\begin{aligned} y_2(x) = L_n(x)\ln x + \sum_{k=1}^{n} (-1)^k \frac{n!}{k!}\binom{n}{k}(h_{n-k} - h_n - 2h_k)x^k \\ + (-1)^n \sum_{k=1}^{\infty} \frac{(k-1)!}{[(n+1)(n+2)\cdots(n+k)]^2} x^{n+k} \end{aligned} \tag{29.6}$$

mit $h_0 := 0,\ h_k := 1 + \frac{1}{2} + \cdots + \frac{1}{k}$ für $k \in \mathbf{N}$.

Benötigen werden wir dieses Ergebnis jedoch nicht. Siehe dazu Aufgabe 1.

Mittels der Leibnizschen Produktregel $(fg)^{(n)} = \sum_{k=0}^{n} \binom{n}{k} f^{(n-k)} g^{(k)}$ ergibt sich im Handumdrehen die schöne Darstellung

$$L_n(x) = e^x \frac{d^n}{dx^n}(x^n e^{-x}). \tag{29.7}$$

Aus ihr folgt für $0 \leqslant k < n$ mittels k-facher Produktintegration

$$\begin{aligned} \int_0^\infty e^{-x} x^k L_n(x)\,dx &= \int_0^\infty x^k \frac{d^n}{dx^n}(x^n e^{-x})\,dx \\ &= (-1)^k k! \int_0^\infty \frac{d^{n-k}}{dx^{n-k}}(x^n e^{-x})\,dx \\ &= (-1)^k k! \left[\frac{d^{n-k-1}}{dx^{n-k-1}}(x^n e^{-x})\right]_0^\infty = 0, \end{aligned}$$

also auch

$$\int_0^\infty e^{-x} L_m(x) L_n(x)\,dx = 0 \quad \text{für } m \neq n, \tag{29.8}$$

in Worten: *Die Laguerreschen Polynome sind im Intervall* $(0, \infty)$ *bezüglich der Gewichtsfunktion* e^{-x} *zueinander orthogonal.* Ohne großen Aufwand kann der Leser auch noch die Gleichung

$$\int_0^\infty e^{-x} L_n^2(x)\,dx = (n!)^2 \tag{29.9}$$

sichern. Weitere interessante Eigenschaften der Laguerreschen Polynome findet er in den Aufgaben.

Aus $x L_n''(x) + (1-x) L_n'(x) + n L_n(x) = 0$ folgt durch Differentiation

$$x L_n'''(x) + (2-x) L_n''(x) + (n-1) L_n'(x) = 0;$$

$L_n'(x)$ genügt also der Gleichung

$$xy''+(2-x)y'+(n-1)y=0.$$

Durch Weiterdifferenzieren sieht man: *Das* assoziierte Laguerresche Polynom

$$L_n^{(m)}(x):=\frac{d^m}{dx^m}L_n(x)=\frac{d^m}{dx^m}\left[e^x\frac{d^n}{dx^n}(x^n e^{-x})\right]\quad(0\leqslant m\leqslant n)\tag{29.10}$$

löst die Differentialgleichung

$$xy''+(m+1-x)y'+(n-m)y=0.\tag{29.11}$$

Diese simple Tatsache ist für die Praxis von beträchtlichem Gewicht.

Eine tiefergreifende Analyse der Laguerreschen Polynome und ihrer vielfältigen Beziehungen zu Hermiteschen Polynomen und Besselschen Funktionen findet man in Lebedew (1973).

Aufgaben

1. Falls der Leser sich die Lösung (29.6) nicht erarbeitet hat, möge er - was leichter ist - nachträglich verifizieren, daß sie tatsächlich eine ist.

2. Die erzeugende Funktion der Laguerreschen Polynome Für alle x und $|t|<1$ ist

$$\frac{e^{-\frac{xt}{1-t}}}{1-t}=\sum_{n=0}^{\infty}\frac{L_n(x)}{n!}t^n.$$

Dieser Gleichung wegen sagt man, die linker Hand stehende Funktion erzeuge die Laguerreschen Polynome.

Hinweis: Trage in die rechtsstehende Reihe die Definition (29.4) der $L_n(x)$ ein und benutze die Gleichung

$$\frac{t^k}{(1-t)^{k+1}}=\sum_{n=0}^{\infty}\binom{n}{k}t^n\qquad(|t|<1,\ k\in\mathbf{N}_0);$$

sie läßt sich etwa durch fortgesetzte Differentiation der geometrischen Reihe $1/(1-t)=\sum_{n=0}^{\infty}t^n$ gewinnen.

3. Rekursionsformeln für Laguerresche Polynome Für $n\geqslant 1$ ist

$$L_{n+1}(x)+(x-2n-1)L_n(x)+n^2L_{n-1}(x)=0,$$
$$L_n'(x)-nL_{n-1}'(x)+nL_{n-1}(x)=0.$$

Hinweis: Zeige, daß für die erzeugende Funktion $\psi(x,t):=e^{-\frac{xt}{1-t}}/(1-t)$ (s. Aufgabe 2) die folgenden Gleichungen gelten:

$$(1-t^2)\frac{\partial\psi(x,t)}{\partial t}=(1-t-x)\psi(x,t),\quad(1-t)\frac{\partial\psi(x,t)}{\partial x}=-t\psi(x,t).$$

4. Für $n \geqslant 1$ ist $x L_n'(x) = n L_n(x) - n^2 L_{n-1}(x)$. Hinweis: Aufgabe 3.

5. **Die explizite Darstellung der $L_n^{(m)}$** lautet

$$L_n^{(m)}(x) = (-1)^m \sum_{k=0}^{n-m} (-1)^k \frac{n!}{k!} \binom{n}{m+k} x^k .$$

6. **Rekursionsformeln für assoziierte Laguerresche Polynome** Für $m, n \geqslant 1$ ist

$$L_{n+1}^{(m)}(x) + (x - 2n - 1) L_n^{(m)}(x) + m L_n^{(m-1)}(x) + n^2 L_{n-1}^{(m)}(x) = 0,$$
$$L_n^{(m)}(x) - n L_{n-1}^{(m)}(x) + n L_{n-1}^{(m-1)}(x) = 0 .$$

Hinweis: Aufgabe 3.

7. **Die erzeugende Funktion der assoziierten Laguerreschen Polynome** Für alle x und $|t| < 1$ ist

$$\frac{(-1)^m t^m}{(1-t)^{m+1}} e^{-\frac{xt}{1-t}} = \sum_{n=m}^{\infty} \frac{L_n^{(m)}(x)}{n!} t^n \qquad (m \in \mathbf{N}_0).$$

8. **Die verallgemeinerten Laguerreschen Polynome $L_n^\alpha(x)$** werden für $\alpha > -1$ und $n = 0, 1, 2, \ldots$ definiert durch

$$L_n^\alpha(x) := e^x x^{-\alpha} \frac{d^n}{dx^n} (x^{n+\alpha} e^{-x}) \tag{29.12}$$

(vgl. (29.7)); sie dürfen nicht mit den *assoziierten* Laguerreschen Polynomen $L_n^{(m)}(x)$ verwechselt werden. Zeige: Es ist

$$L_n^\alpha(x) = \sum_{k=0}^{n} (-1)^k \frac{\Gamma(n+\alpha+1)}{\Gamma(k+\alpha+1)} \binom{n}{k} x^k .$$

Hinweis: $\Gamma(x+1) = x\Gamma(x)$ für $x > 0$ (s. Satz 150.1 in Heuser II).

9. **Die verallgemeinerten Laguerreschen Polynome $L_n^\alpha(x)$** genügen der Differentialgleichung

$$xy'' + (\alpha + 1 - x)y' + ny = 0$$

und sind im Intervall $(0, \infty)$ bezüglich der Gewichtsfunktion $e^{-x} x^\alpha$ zueinander orthogonal:

$$\int_0^\infty e^{-x} x^\alpha L_m^\alpha(x) L_n^\alpha(x)\, dx = 0 \quad \text{für} \quad m \neq n .$$

30 Lineare Differentialgleichungen mit periodischen Koeffizienten

In Physik und Technik treten uns immer wieder lineare Differentialgleichungen entgegen, deren Koeffizienten *periodische* Funktionen sind; es liegt dies letztlich daran, daß periodische, in sich zurücklaufende Prozesse zu den Grundvorgängen der Natur gehören. Zwei prominente Beispiele sind die Hillsche Differentialgleichung[1)]

$$y''+[\lambda+P(x)]y=0 \qquad (\lambda \text{ konstant, } P(x) \text{ periodisch}) \tag{30.1}$$

und ihr Spezialfall: die Mathieusche Differentialgleichung[2)]

$$y''+(\lambda+h\cos 2x)y=0 \qquad (\lambda, h \text{ konstant})\,; \tag{30.2}$$

mit dieser werden wir uns in Nr. 31 noch gründlich beschäftigen.

Als erstes müssen wir die Hoffnung fahren lassen, eine lineare Differentialgleichung mit ω-periodischen Koeffizienten habe auch immer ω-periodische Lösungen. Schon die einfache Differentialgleichung $y'+(1+\sin x)y=0$ genügt, uns zu ernüchtern: Ihre Koeffizienten sind 2π-periodisch, ihre allgemeine Lösung $y(x):=C\mathrm{e}^{-x}\mathrm{e}^{\cos x}$ ist es jedoch keineswegs: sie ist vielmehr überhaupt nicht periodisch – außer in dem trivialen Falle $C=0$. Ein wenig besser steht es mit der Differentialgleichung $y''+y=0$. Ihre Koeffizienten haben jede (positive) Zahl als Periode, und diesmal ist tatsächlich auch die allgemeine Lösung $y(x):=C_1\cos x+C_2\sin x$ periodisch – aber sie besitzt z. B. nicht die Periode $\omega:=\pi$ der Koeffizienten (außer in dem belanglosen Fall $C_1=C_2=0$), denn für alle x ist $y(x+\pi)=-y(x)$ und *nicht* $=y(x)$. Immerhin besteht hier noch eine leicht überschaubare Beziehung zwischen $y(x)$ und $y(x+\omega)$, gestiftet durch die *Multiplikation mit einer Konstanten* s $(=-1)$.

Die bisherigen Beobachtungen legen uns eine Frage in den Mund, die wir freilich nur für Differentialgleichungen *zweiter* Ordnung formulieren und studieren wollen:

Die (reellwertigen) Koeffizienten der Differentialgleichung

$$y''+a(x)y'+b(x)y=0 \tag{30.3}$$

mögen auf $\mathbf{R}$ stetig sein und die *gemeinsame* Periode $\omega>0$ besitzen. Gibt es dann nichttriviale Lösungen $y(x)$, für die auf ganz $\mathbf{R}$ die Gleichung

$$y(x+\omega)=s\cdot y(x) \quad \text{mit einer gewissen Konstanten } s \tag{30.4}$$

[1)] So genannt nach dem amerikanischen Mathematiker und Astronomen George William Hill (1838–1914; 76). Er stieß auf sie bei seinen Untersuchungen der Mondbewegung. Bei Hill ist $P(x)$ π-periodisch und gerade.

[2)] Der französische Mathematiker Emile-Léonard Mathieu (1835–1900; 65) stellte sie auf, um die Schwingungen einer elliptischen Membrane zu beschreiben.

besteht - Lösungen also, die entweder ω-periodisch sind ($s=1$) oder doch wenigstens einen Hauch von ω-Periodizität an sich haben ($s\neq 1$)?

Dank der ω-Periodizität der Koeffizienten ist mit $y(x)$ offenbar auch $y(x+\omega)$ eine Lösung von (30.3). Für eine Integralbasis y_1, y_2 unserer Differentialgleichung bestehen daher Beziehungen der Form

$$\begin{aligned} y_1(x+\omega)&=a_{11}y_1(x)+a_{12}y_2(x)\\ y_2(x+\omega)&=a_{21}y_1(x)+a_{22}y_2(x)\end{aligned} \quad \text{für alle} \quad x\in\mathbf{R} \tag{30.5}$$

mit eindeutig bestimmten Koeffizienten $a_{jk}\in\mathbf{R}$. Die Determinante der Übergangsmatrix

$$A:=\begin{pmatrix} a_{11} & a_{12}\\ a_{21} & a_{22}\end{pmatrix} \tag{30.5a}$$

fällt $\neq 0$ aus:

$$\det A\neq 0. \tag{30.6}$$

Andernfalls gäbe es nämlich Zahlen α_1, α_2, die nicht beide verschwinden und mit denen

$$\begin{aligned} \alpha_1 a_{11}+\alpha_2 a_{21}&=0\\ \alpha_1 a_{12}+\alpha_2 a_{22}&=0\end{aligned}$$

wäre. Dann aber hätten wir auch $\alpha_1 y_1(x+\omega)+\alpha_2 y_2(x+\omega)=0$ für alle $x\in\mathbf{R}$, also

$$\alpha_1 y_1(x)+\alpha_2 y_2(x)=0 \quad \text{auf ganz } \mathbf{R}.$$

Das aber verträgt sich nicht mit der linearen Unabhängigkeit der y_1, y_2.

Nach diesen Vorbereitungen nehmen wir nun an, die Differentialgleichung (30.3) besitze eine nichttriviale Lösung

$$y=c_1y_1+c_2y_2 \qquad (c_1, c_2 \text{ nicht gleichzeitig } =0)$$

mit der begehrten Eigenschaft (30.4). Es ist dann einerseits

$$\begin{aligned} y(x+\omega) &= c_1y_1(x+\omega)+c_2y_2(x+\omega)\\ &= c_1[a_{11}y_1(x)+a_{12}y_2(x)]+c_2[a_{21}y_1(x)+a_{22}y_2(x)]\\ &= (c_1a_{11}+c_2a_{21})y_1(x)+(c_1a_{12}+c_2a_{22})y_2(x),\end{aligned}$$

andererseits aber auch

$$y(x+\omega)=sy(x)=sc_1y_1(x)+sc_2y_2(x),$$

und aus diesen beiden Darstellungen von $y(x+\omega)$ folgt wegen der linearen Unabhängigkeit der Basislösungen y_1, y_2 unmittelbar

$$c_1a_{11}+c_2a_{21}=sc_1 \quad \text{und} \quad c_1a_{12}+c_2a_{22}=sc_2,$$

mit anderen Worten: die Zahlen c_1, c_2 lösen nichttrivial das homogene Gleichungssystem

$$\begin{aligned} c_1(a_{11}-s)+c_2a_{21} \quad &=0 \\ c_1a_{12} \quad +c_2(a_{22}-s)&=0. \end{aligned} \tag{30.7}$$

Notwendigerweise muß also

$$\det(\boldsymbol{A}-s\boldsymbol{I})=0 \tag{30.8}$$

sein; hierbei ist $\boldsymbol{I}$ die Einheitsmatrix $\begin{pmatrix}1 & 0\\ 0 & 1\end{pmatrix}$.

(30.8) heißt die Fundamentalgleichung von (30.3). Ausgeschrieben lautet sie

$$s^2-(a_{11}+a_{22})s+\underbrace{(a_{11}a_{22}-a_{12}a_{21})}_{=\det \boldsymbol{A}}=0. \tag{30.8a}$$

Für unsere weitere Untersuchung ist es nun von Belang, ob die Fundamentalgleichung zwei *verschiedene* Nullstellen oder nur eine (und dann eben *doppelte*) Wurzel besitzt. Diese Nullstellen hängen übrigens nicht von der speziellen Wahl der Integralbasis y_1, y_2 in (30.5) ab: vielmehr sind sie Größen, die der Differentialgleichung selbst in eigentümlicher Weise zugehören (s. Aufgabe 1).

I) (30.8) *habe* zwei verschiedene *Nullstellen* s_1, s_2 (die auch nichtreell sein können; in diesem Falle sind sie konjugiert komplex). Das Gleichungssystem (30.7) mit $s:=s_k$ gestattet eine nichttriviale Lösung c_{1k}, c_{2k}. Mit ihr bilden wir das (möglicherweise komplexwertige) Integral

$$u_k(x):=c_{1k}y_1(x)+c_{2k}y_2(x)\not\equiv 0 \qquad (k=1,2) \tag{30.9}$$

der Differentialgleichung (30.3).[1] Wegen (30.5) erhalten wir

$$\begin{aligned} u_k(x+\omega) &= c_{1k}y_1(x+\omega)+c_{2k}y_2(x+\omega) \\ &= (c_{1k}a_{11}+c_{2k}a_{21})y_1(x)+(c_{1k}a_{12}+c_{2k}a_{22})y_2(x) \end{aligned}$$

und daraus dank der Konstruktion der c_{1k}, c_{2k} die für alle x gültige Beziehung

$$u_k(x+\omega)=c_{1k}s_ky_1(x)+c_{2k}s_ky_2(x)=s_ku_k(x) \qquad (k=1,2). \tag{30.10}$$

Die Integrale $u_1(x), u_2(x)$ haben also tatsächlich die gewünschte Eigenschaft (30.4). Überdies sind sie auch noch linear unabhängig. Aus einer Gleichung

$$C_1u_1(x)+C_2u_2(x)=0 \quad (\text{für alle } x\in\mathbf{R} \text{ mit mindestens einem } C_k\neq 0)$$

würde nämlich zunächst folgen, daß beide $C_k\neq 0$ sein müßten (benutze (30.9)) und daß trivialerweise auch

[1] Sind die s_1, s_2 nichtreell, so ist $s_2=\bar{s}_1$, und man kann $c_{12}=\bar{c}_{11}$, $c_{22}=\bar{c}_{21}$ setzen. In diesem Falle wird $u_2=\bar{u}_1$.

$$C_1 u_1(x+\omega)+C_2 u_2(x+\omega)=0$$

oder also – s. (30.10) –

$$s_1 C_1 u_1(x)+s_2 C_2 u_2(x)=0 \quad \text{für alle} \quad x\in\mathbf{R}$$

wäre. Wir hätten daher einerseits $C_1 u_1(x)=-C_2 u_2(x)$ und somit

$$s_1 C_1 u_1(x)=-s_1 C_2 u_2(x),$$

andererseits aber auch

$$s_1 C_1 u_1(x)=-s_2 C_2 u_2(x).$$

Daraus ergäbe sich $s_1 C_2 u_2(x)=s_2 C_2 u_2(x)$, wegen $C_2\neq 0$ und $u_2(x)\not\equiv 0$ also $s_1=s_2$, in flagrantem Widerspruch zu unserer Voraussetzung $s_1\neq s_2$.

Wir wollen dieses Resultat noch ein wenig vertiefen.

Wegen (30.6) müssen alle Wurzeln der Fundamentalgleichung (30.8a) notwendigerweise $\neq 0$ sein. Infolgedessen kann man diese Wurzeln mit Hilfe geeigneter Zahlen $r_1, r_2\in\mathbf{C}$ in der Form

$$s_k=\mathrm{e}^{r_k\omega} \tag{30.11}$$

darstellen.[1] Wir setzen nun

$$v_k(x):=\mathrm{e}^{-r_k x}u_k(x) \tag{30.12}$$

und finden mit (30.10) die Gleichung

$$\begin{aligned} v_k(x+\omega)&=\mathrm{e}^{-r_k(x+\omega)}u_k(x+\omega)=\mathrm{e}^{-r_k x}\cdot\mathrm{e}^{-r_k\omega}s_k u_k(x)\\ &=\mathrm{e}^{-r_k x}u_k(x)=v_k(x).\end{aligned}$$

v_k ist also eine ω-periodische Funktion, und deshalb können wir sagen: Die (linear unabhängigen) Lösungen u_1, u_2 von (30.3) lassen sich darstellen in der Form

$$u_k(x)=\mathrm{e}^{r_k x}v_k(x), \quad v_k \text{ eine } \omega\text{-periodische Funktion.} \tag{30.13}$$

Sind die Wurzeln s_1, s_2 der Fundamentalgleichung *reell*, so hat man in den Funktionen u_1, u_2 eine reelle Integralbasis der Differentialgleichung (30.3). Sind die s_1, s_2 hingegen *nichtreell* und somit *konjugiert komplex*, so kann man $u_2=\bar{u}_1$ setzen (s. Fußnote 1, S. 316) und sieht nun aufgrund der oben schon bewiesenen linearen Unabhängigkeit der u_1, u_2 ohne Mühe, daß diesmal die Funktionen

$$w_1:=\operatorname{Re}u_1=\frac{1}{2}(u_1+\bar{u}_1), \quad w_2:=\operatorname{Im}u_1=\frac{1}{2\mathrm{i}}(u_1-\bar{u}_1)$$

---

[1] S. etwa Heuser I, A 68.9.

eine reelle Integralbasis von (30.3) bilden. Aus (30.13) gewinnt man umstandslos die Darstellung

$$\begin{aligned} w_1(x) &= e^{\alpha x}[\cos\beta x \cdot \varphi(x) - \sin\beta x \cdot \psi(x)], \\ w_2(x) &= e^{\alpha x}[\cos\beta x \cdot \psi(x) + \sin\beta x \cdot \varphi(x)] \end{aligned} \tag{30.14}$$

mit reellen Zahlen α, β und reellwertigen, ω-periodischen Funktionen φ, ψ.

II) *Die Fundamentalgleichung* (30.8), *d.h. die quadratische Gleichung*

$$(a_{11}-s)(a_{22}-s)-a_{12}a_{21}=0 \tag{30.15}$$

habe eine doppelte *Nullstelle* s_0; offenbar ist dann

$$a_{12}a_{21} = -\frac{(a_{11}-a_{22})^2}{4} \tag{30.16}$$

und $$s_0 = \frac{a_{11}+a_{22}}{2}. \tag{30.17}$$

Wir unterscheiden nun die drei Fälle

$$a_{12}=a_{21}=0, \quad a_{21}\neq 0, \quad a_{12}\neq 0.$$

IIa) *Es sei* $a_{12}=a_{21}=0$. Dann lehrt ein Blick auf (30.15) und (30.16), daß $s_0=a_{11}=a_{22}$ ist, und aus (30.5) lesen wir nun – wenn wir noch y_k in u_k umtaufen – die Beziehung

$$u_1(x+\omega)=s_0u_1(x) \quad \text{und} \quad u_2(x+\omega)=s_0u_2(x)$$

ab. In diesem Falle besitzen also die Glieder *jeder* Integralbasis u_1, u_2 die gewünschte Eigenschaft (30.4).

Setzen wir mit einem geeigneten $r_0 \in \mathbf{C}$

$$s_0 = e^{r_0\omega} \quad \text{und} \quad v_k(x) := e^{-r_0x}u_k(x)$$

(das ist wegen $s_0 \neq 0$ immer möglich), so erkennen wir wie nach (30.12), daß $v_k(x+\omega)=v_k(x)$ ist, mit anderen Worten: daß sich die Basislösungen u_1, u_2 von (30.3) darstellen lassen in der Form

$$u_k(x)=e^{r_0x}v_k(x), \quad v_k \text{ eine } \omega\text{-periodische Funktion.} \tag{30.18}$$

IIb) *Nun sei* $a_{21}\neq 0$. Das Gleichungssystem (30.7) mit $s:=s_0$ wird dank (30.15) (mit $s:=s_0$) gewiß durch

$$c_1 := a_{21}, \quad c_2 := s_0 - a_{11}$$

befriedigt. Mit diesen Zahlen bilden wir die reellen Lösungen

$$u_1(x) := a_{21}y_1(x) + (s_0-a_{11})y_2(x), \quad u_2(x) := y_2(x)$$

von (30.3); wegen $a_{21} \neq 0$ geben sie sich als linear unabhängig zu erkennen. Vermöge (30.5) erhalten wir nun

$$\begin{aligned} u_1(x+\omega) &= a_{21}[a_{11}y_1(x)+a_{12}y_2(x)]+(s_0-a_{11})[a_{21}y_1(x)+a_{22}y_2(x)] \\ &= s_0 a_{21} y_1(x) + \underbrace{(a_{12}a_{21}-a_{11}a_{22}+s_0 a_{22})}_{=s_0(s_0-a_{11}) \quad (\text{s. } (30.16),\ (30.17))} y_2(x) \\ &= s_0[a_{21}y_1(x)+(s_0-a_{11})y_2(x)] = s_0 u_1(x). \end{aligned}$$

$u_1(x)$ hat also die Eigenschaft (30.4). Mit $u_2(x)$ steht es leider nicht so gut, denn kraft (30.5) und (30.17) ist

$$\begin{aligned} u_2(x+\omega) &= a_{21}y_1(x)+a_{22}y_2(x) \\ &= a_{21}y_1(x)+(2s_0-a_{11})y_2(x) \\ &= a_{21}y_1(x)+(s_0-a_{11})y_2(x)+s_0 y_2(x), \end{aligned}$$

also $$u_2(x+\omega)=u_1(x)+s_0 u_2(x). \tag{30.19}$$

Mit einem geeigneten $r_0 \in \mathbf{C}$ setzen wir nun

$$s_0 = e^{r_0\omega}, \quad v_1(x) := e^{-r_0 x} u_1(x)$$

und finden $v_1(x+\omega)=v_1(x)$, also auch die Aussage: $u_1(x)$ läßt sich darstellen in der Form

$$u_1(x)=e^{r_0 x} v_1(x) \quad \text{mit einer } \omega\text{-periodischen Funktion } v_1. \tag{30.20}$$

Für die Funktion

$$w(x) := e^{-r_0 x} u_2(x) \tag{30.21}$$

haben wir wegen (30.19) und (30.20)

$$\begin{aligned} w(x+\omega) &= e^{-r_0 x} e^{-r_0 \omega}[u_1(x)+s_0 u_2(x)] \\ &= \frac{e^{-r_0 x}}{s_0}[e^{r_0 x} v_1(x)+s_0 u_2(x)] = \frac{v_1(x)}{s_0}+w(x). \end{aligned}$$

Mit $v_1(x+\omega)=v_1(x)$ ergibt sich daraus die ω-Periodizität der Funktion

$$v_2(x) := w(x) - \frac{1}{s_0\omega} x v_1(x), \tag{30.22}$$

denn es ist

$$\begin{aligned} v_2(x+\omega) &= w(x+\omega) - \frac{1}{s_0\omega}(x+\omega)v_1(x+\omega) \\ &= \frac{v_1(x)}{s_0} + w(x) - \frac{1}{s_0\omega}(x+\omega)v_1(x) \\ &= w(x) - \frac{1}{s_0\omega} x v_1(x) = v_2(x). \end{aligned}$$

Aus (30.21) und (30.22) folgt daher

$$u_2(x) = e^{r_0 x}\left[\frac{1}{s_0\omega}x v_1(x) + v_2(x)\right] \quad \text{mit } \omega\text{-periodischen Funktionen } v_1, v_2 . \tag{30.23}$$

Wir erinnern daran, daß die Funktionen u_1, u_2 - die erste mit der Eigenschaft $u_1(x+\omega) = s_0 u_1(x)$ und der Darstellung (30.20), die zweite mit der Darstellung (30.23) - eine (reelle) Integralbasis der Differentialgleichung (30.3) bilden.

IIc) *Nun sei* $a_{12} \neq 0$. Wir gehen ganz ähnlich vor wie im Falle IIb. Das Gleichungssystem (30.7) mit $s := s_0$ wird durch

$$c_1 := s_0 - a_{22}, \quad c_2 := a_{12}$$

befriedigt. Mit diesen Zahlen bilden wir die (wegen $a_{12} \neq 0$) linear unabhängigen reellen Lösungen

$$u_1(x) := (s_0 - a_{22}) y_1(x) + a_{12} y_2(x), \quad u_2(x) := y_1(x)$$

von (30.3). Wie oben findet man die Gleichungen

$$u_1(x+\omega) = s_0 u_1(x), \quad u_2(x+\omega) = u_1(x) + s_0 u_2(x) \tag{30.24}$$

und die Darstellungen

$$\begin{aligned} u_1(x) &= e^{r_0 x} v_1(x), \\ u_2(x) &= e^{r_0 x}\left[\frac{1}{s_0\omega}x v_1(x) + v_2(x)\right] \end{aligned} \tag{30.25}$$

mit ω-periodischen Funktionen v_1, v_2 und einem aus $s_0 = e^{r_0\omega}$ zu bestimmenden $r_0 \in \mathbf{C}$. Die detaillierte Durchführung dürfen wir unbesorgt dem Leser anvertrauen.

In summa gilt also der fundamentale

30.1 Satz von Floquet[1] *Die Koeffizienten der Differentialgleichung*

$$y'' + a(x)y' + b(x)y = 0 \tag{30.26}$$

mögen auf $\mathbf{R}$ *stetig sein und die gemeinsame Periode* $\omega > 0$ *besitzen.* s_1, s_2 *seien die (möglicherweise zusammenfallenden) Nullstellen der Fundamentalgleichung* (30.8), *während die* charakteristischen Exponenten r_1, r_2 *aus* $s_k = e^{r_k\omega}$ *berechnet werden. Im Falle* $s_1 \neq s_2$ *hat dann* (30.26) *zwei linear unabhängige (möglicherweise komplexwertige) Lösungen* u_1, u_2 *der Bauart*

$$u_k(x) = e^{r_k x} v_k(x), \quad v_k \textit{ eine } \omega\textit{-periodische Funktion},$$

[1] Der französische Mathematiker Gaston Floquet (1847–1920; 73) veröffentlichte ihn 1883.

und für diese Lösungen gilt

$$u_k(x+\omega)=s_k u_k(x) \quad (k=1,2).\,^{1)}$$

Im Falle $s_1=s_2=:s_0$ *hingegen besitzt* (30.26) *zwei linear unabhängige reelle Lösungen* u_1, u_2 *der Form*

$$u_1(x)=\mathrm{e}^{r_0 x}v_1(x) \quad (r_0 \textit{ bestimmt durch } s_0=\mathrm{e}^{r_0\omega}),$$

$$u_2(x)=\mathrm{e}^{r_0 x}\left[\frac{A}{s_0\omega}x v_1(x)+v_2(x)\right] \quad \textit{mit } A=0 \textit{ oder } =1,$$

wobei v_1, v_2 *wiederum* ω*-periodische Funktionen sind. Stets ist*

$$u_1(x+\omega)=s_0 u_1(x),$$

und im Falle $A=0$ *gilt auch* $u_2(x+\omega)=s_0 u_2(x)$.
Gleichgültig also, ob die Nullstellen s_1, s_2 *zusammenfallen oder nicht: immer hat die Differentialgleichung* (30.26) *mindestens eine nichttriviale Lösung u mit der Eigenschaft*

$$u(x+\omega)=s\,u(x) \quad (s \textit{ eine Wurzel der Fundamentalgleichung}).$$

Aufgaben

+**1.** Die Nullstellen der Fundamentalgleichung $\det(\boldsymbol{A}-s\boldsymbol{I})=0$ hängen nicht von der speziellen Wahl der Integralbasis y_1, y_2 in (30.5) ab.
Hinweis: Stelle (30.5) in der Matrizenschreibweise $\boldsymbol{y}(x+\omega)=\boldsymbol{A}\boldsymbol{y}(x)$ mit $\boldsymbol{y}:=\begin{pmatrix}y_1\\y_2\end{pmatrix}$ dar und verfahre entsprechend bei einer zweiten Integralbasis $\boldsymbol{z}:=\begin{pmatrix}z_1\\z_2\end{pmatrix}$.

2. Führe die in IIc (vor dem Floquetschen Satz) angedeuteten Rechnungen in allen Einzelheiten durch.

***3.** Vorgelegt sei die Differentialgleichung

$$y''+b(x)y=0, \quad b \text{ stetig auf } \mathbf{R} \text{ und } \omega\text{-periodisch}. \tag{30.27}$$

y_1, y_2 sei eine Integralbasis und $W(x):=y_1(x)y_2'(x)-y_1'(x)y_2(x)$ ihre Wronskische Determinante. Zeige der Reihe nach:

a) $W(x)$ ist konstant. Hinweis: Abelsche Formel in A 22.8.

b) $W(x+\omega)=W(x)\det\boldsymbol{A}$, $\boldsymbol{A}$ die Übergangsmatrix (30.5a) von (30.5).

c) $\det\boldsymbol{A}=1$.

d) Für die Nullstellen s_1, s_2 der Fundamentalgleichung von (30.27) gilt

$$s_1\cdot s_2=1, \quad s_1+s_2=a_{11}+a_{22}. \tag{30.28}$$

Hinweis: (30.8a), Vietascher Wurzelsatz.

---

1) Eine *reelle* Integralbasis ist in (30.14) angegeben.

*4. Für die Differentialgleichung (30.27) in der vorhergehenden Aufgabe werde eine Integralbasis y_1, y_2 mit

$$y_1(0)=1,\ y_1'(0)=0 \quad \text{und} \quad y_2(0)=0,\ y_2'(0)=1$$

bestimmt. s_1, s_2 seien die Nullstellen der Fundamentalgleichung von (30.27). Dann gibt es ein $r \in \mathbf{C}$ mit

$$s_1 = e^{r\omega}, \quad s_2 = e^{-r\omega}, \tag{30.29}$$

$$\cosh r\omega = \frac{y_1(\omega)+y_2'(\omega)}{2}. \tag{30.30}$$

Hinweis: (30.28), (30.5).

5. Fasse die Koeffizienten der Differentialgleichung $y''+y=0$ als π-periodische Funktionen auf. Zeige, daß dann die Fundamentalgleichung die doppelte Nullstelle $s_0 := -1$ hat und bestätige (30.18), (30.28), (30.29) und (30.30).

31 Die Mathieusche Differentialgleichung

Diese Gleichung, also

$$y''+(\lambda+h\cos 2x)y=0 \qquad (\lambda, h \text{ konstant}) \tag{31.1}$$

läßt sich aus der mathematischen Physik nicht wegdenken. Wie kaum eine andere fordert sie uns heraus, die Theorie der Nr. 30 an ihr zu erproben.
y_1, y_2 sei eine Integralbasis von (31.1) mit

$$y_1(0)=1, \quad y_1'(0)=0, \tag{31.2}$$

$$y_2(0)=0, \quad y_2'(0)=1. \tag{31.3}$$

Die Koeffizienten der Mathieuschen Differentialgleichung sind π-periodisch, und y' tritt in ihr nicht auf. Aus A 30.4 lesen wir jetzt ab, daß die Wurzeln s_1, s_2 der Fundamentalgleichung (30.8) durch

$$s_1 = e^{\pi r}, \quad s_2 = e^{-\pi r} \tag{31.4}$$

gegeben werden, wobei r der Beziehung

$$\cosh \pi r = \frac{y_1(\pi)+y_2'(\pi)}{2} \tag{31.5}$$

genügt. Wir wollen nun zeigen, daß die hier vorkommenden Größen $y_1(\pi)$ und $y_2'(\pi)$ *übereinstimmen* - eine keineswegs triviale Tatsache. Dazu betrachten wir die Transformation

$$\begin{aligned} y_1(x+\pi) &= a_{11}y_1(x) + a_{12}y_2(x) \\ y_2(x+\pi) &= a_{21}y_1(x) + a_{22}y_2(x) \end{aligned} \tag{31.6}$$

(vgl. (30.5)) und die Funktionen

$$\varphi_1(x) := y_1(-x), \quad \varphi_2(x) := -y_2(-x).$$

φ_1, φ_2 befriedigen ganz offensichtlich (31.1) und besitzen beziehentlich dieselben Anfangswerte wie y_1, y_2:

$$\varphi_1(0) = 1, \quad \varphi_1'(0) = 0, \quad \varphi_2(0) = 0, \quad \varphi_2'(0) = 1;$$

nach der Eindeutigkeitsaussage des Satzes 21.4 muß daher $y_k = \varphi_k$ oder also

$$y_1(x) = y_1(-x) \quad \text{und} \quad y_2(x) = -y_2(-x) \tag{31.7}$$

sein, in Worten:

$$y_1 \text{ ist } \textit{gerade} \text{ und } y_2 \textit{ ungerade}. \tag{31.8}$$

Aus (31.6) gewinnen wir durch Differentiation

$$\begin{aligned} y_1'(x+\pi) &= a_{11}y_1'(x) + a_{12}y_2'(x) \\ y_2'(x+\pi) &= a_{21}y_1'(x) + a_{22}y_2'(x), \end{aligned} \tag{31.9}$$

und nun aus (31.6), (31.9) - für $x=0$ - die Gleichungen

$$y_1(\pi) = a_{11}, \quad y_2(\pi) = a_{21}, \quad y_1'(\pi) = a_{12}, \quad y_2'(\pi) = a_{22}. \tag{31.10}$$

Für $x = -\pi$ folgt aus (31.6) in Verbindung mit (31.7) und (31.10)

$$a_{11}^2 - a_{12}a_{21} = 1 \tag{31.11}$$

und

$$a_{21}(a_{11} - a_{22}) = 0; \tag{31.12}$$

schließlich notieren wir noch ausdrücklich die Gleichung

$$a_{11}a_{22} - a_{12}a_{21} = 1, \tag{31.13}$$

die nichts anderes als die Aussage c) in A 30.3 ist.
Aus (31.11) und (31.13) erhalten wir

$$a_{11}(a_{11} - a_{22}) = 0. \tag{31.14}$$

Wäre $a_{11} \neq a_{22}$, so würde aus (31.12) und (31.14) sofort $a_{21} = a_{11} = 0$ folgen, ein Ergebnis, das sich schlecht mit (31.13) verträgt. Zusammen mit (31.10) ergibt sich also

$$a_{11} = a_{22} = y_1(\pi) = y_2'(\pi). \tag{31.15}$$

Damit ist unser erstes Ziel - die Gleichung $y_1(\pi) = y_2'(\pi)$ - endlich erreicht, und aus (31.5) fließt nun ohne weiteres Zutun das Resultat

$$\cosh \pi r = y_1(\pi) \quad \text{oder also} \quad \cos i\pi r = y_1(\pi).\,^{1)} \tag{31.16}$$

Im folgenden setzen wir

$$a := y_1(\pi) \quad (= a_{11} = a_{22}). \tag{31.17}$$

Die Fundamentalgleichung (30.8a) lautet aufgrund unserer bisherigen Erkenntnisse so:

$$s^2 - 2as + 1 = 0, \tag{31.18}$$

ihre Wurzeln werden daher gegeben durch

$$s_1 = a + \sqrt{a^2-1} \quad \text{und} \quad s_2 = a - \sqrt{a^2-1}. \tag{31.19}$$

Wir betrachten nun zunächst den

Fall I) $s_1 \neq s_2$ *oder also* $a^2 \neq 1$, *d.h.* $y_1^2(\pi) \neq 1$. (31.20)

Nach dem Floquetschen Satz 30.1 - in Verbindung mit A 30.3 - besitzt die Mathieusche Differentialgleichung in diesem Falle zwei linear unabhängige Lösungen u_1, u_2 der Form

$$u_1(x) = e^{rx} v_1(x), \quad u_2(x) = e^{-rx} v_2(x) \tag{31.21}$$

mit π-periodischen Funktionen v_1, v_2
und charakteristischen Exponenten $\pm r$.

Dieses Resultat läßt sich noch beträchtlich vertiefen. Die Funktionen u_1, u_2 hatten wir doch folgendermaßen konstruiert (s. Fall I im Beweis des Satzes von Floquet): Wir hatten eine nichttriviale Lösung c_{1k}, c_{2k} des Gleichungssystems (30.7) - mit $s := s_k$ - bestimmt, das unter den jetzt herrschenden Verhältnissen so aussieht (s. (31.17) und (31.19)):

$$\begin{aligned} c_1(\mp\sqrt{a^2-1}) + c_2 a_{21} \qquad &= 0 \\ c_1 a_{12} \qquad + c_2(\mp\sqrt{a^2-1}) &= 0, \end{aligned} \tag{31.22}$$

und hatten dann (vgl. (30.9))

$$u_k := c_{1k} y_1 + c_{2k} y_2 \qquad (k = 1, 2)$$

gesetzt. (31.22) besitzt dank (31.11) die Lösungen

$$\begin{aligned} &c_{11} := \sqrt{a^2-1}, \quad c_{21} := a_{12} \qquad \text{im Falle des negativen Zeichens,} \\ &c_{12} := \sqrt{a^2-1}, \quad c_{22} := -a_{12} \qquad \text{im Falle des positiven Zeichens,} \end{aligned}$$

---

1) Es ist $\cos i\alpha = (e^{i \cdot i\alpha} + e^{-i \cdot i\alpha})/2 = (e^{-\alpha} + e^{\alpha})/2 = \cosh \alpha$.

und beide sind wegen $c_{11} \neq 0$ und $c_{12} \neq 0$ auch nichttrivial (s. (31.20)).[1] Also ist

$$u_1(x) = \sqrt{a^2-1}\, y_1(x) + a_{12} y_2(x), \quad u_2(x) = \sqrt{a^2-1}\, y_1(x) - a_{12} y_2(x),$$

und daraus folgt wegen (31.7) sofort $u_1(-x) = u_2(x)$. Mit (31.21) ergibt sich nun

$$u_1(-x) = \mathrm{e}^{-rx} v_1(-x) = u_2(x) = \mathrm{e}^{-rx} v_2(x),$$

also $v_2(x) = v_1(-x)$. Wir setzen noch $v(x) := v_1(x)$ und notieren:
Im Falle $y_1^2(\pi) \neq 1$ besitzt die Mathieusche Differentialgleichung zwei linear unabhängige Lösungen u_1, u_2 der Form

$$u_1(x) = \mathrm{e}^{rx} v(x), \quad u_2(x) = \mathrm{e}^{-rx} v(-x); \tag{31.23}$$

dabei ist v eine π-periodische Funktion, und r genügt der Gleichung (31.16).
Als nächstes erörtern wir den Fall einer *Doppelwurzel*:

$$s_0 := s_1 = s_2 \quad \textit{oder also} \quad s_0 = a = \pm 1, \quad \textit{d.h.}\ \ y_1(\pi) = \pm 1 \tag{31.24}$$

(s. (31.17)). Wegen (31.10) und (31.11) ist dann notwendigerweise

$$y_1'(\pi) = a_{12} = 0 \quad \text{oder aber} \quad y_2(\pi) = a_{21} = 0. \tag{31.25}$$

Im weiteren müssen wir die beiden Möglichkeiten $a = \pm 1$ getrennt behandeln. Zuerst studieren wir den

Fall II) $a\ (= a_{11} = a_{22}) = 1, \quad d.h. \quad s_0 = y_1(\pi) = 1.$ (31.26)

Mit (31.25) vor Augen zerlegen wir ihn in die drei Unterfälle

$$a_{12} = a_{21} = 0; \quad a_{12} = 0,\ a_{21} \neq 0; \quad a_{12} \neq 0,\ a_{21} = 0. \tag{31.27}$$

IIa) $y_1'(\pi) = y_2(\pi) = 0, \quad d.h. \quad a_{12} = a_{21} = 0.$
Dann lesen wir aus (31.6) ab, *daß die Basislösungen y_1, y_2 π-periodisch sind.*
IIb) $y_1'(\pi) = 0,\ y_2(\pi) \neq 0, \quad d.h. \quad a_{12} = 0,\ a_{21} \neq 0.$
Jetzt sieht (31.6) so aus:

$$\begin{aligned} y_1(x+\pi) &= y_1(x) \\ y_2(x+\pi) &= a_{21} y_1(x) + y_2(x). \end{aligned}$$

y_1 - nach (31.8) *gerade* - hat also die Periode π. Die Funktion

$$v(x) := y_2(x) - \frac{a_{21}}{\pi} x y_1(x) \tag{31.28}$$

ist - wiederum dank (31.8) - ungerade und ganz offensichtlich ebenfalls π-periodisch. Insgesamt gilt also: *Im Falle*

[1] Übrigens ist auch $c_{21} \neq 0$ und $c_{22} \neq 0$. Andernfalls wäre $a_{12} = 0$, wegen (31.13) also $a^2 = a_{11} a_{22} = 1$: aber gerade das hatten wir ausgeschlossen.

$$y_1(\pi)=1, \quad y_1'(\pi)=0, \quad y_2(\pi)\neq 0$$

ist y_1 gerade und π-periodisch, y_2 hingegen ist ungerade und hat die Form

$$y_2(x) = \frac{y_2(\pi)}{\pi}\, x y_1(x) + v(x) \tag{31.29}$$

mit einer ungeraden und π-periodischen Funktion v.

IIc) $y_1'(\pi)\neq 0, \quad y_2(\pi)=0, \quad d.h. \quad a_{12}\neq 0, \quad a_{21}=0.$

Ganz ähnlich wie bei IIb und genauso mühelos erhält man nun das Resultat: *Im Falle*

$$y_1(\pi)=1, \quad y_1'(\pi)\neq 0, \quad y_2(\pi)=0$$

ist y_1 gerade und hat die Form

$$y_1(x) = \frac{y_1'(\pi)}{\pi}\, x y_2(x) + v(x) \tag{31.30}$$

mit einer geraden und π-periodischen Funktion v, während y_2 ungerade und selbst schon π-periodisch ist.

Zu untersuchen bleibt noch der

$$\text{Fall III)} \quad a\ (=a_{11}=a_{22})=-1, \quad d.h. \quad s_0=y_1(\pi)=-1. \tag{31.31}$$

Auch hier unterscheiden wir wieder die drei Unterfälle (31.27).

IIIa) $y_1'(\pi)=y_2(\pi)=0, \quad d.h. \quad a_{12}=a_{21}=0.$

Nach (31.6) haben wir dann

$$y_1(x+\pi)=-y_1(x) \quad \text{und} \quad y_2(x+\pi)=-y_2(x).$$

Daraus folgt $y_k(x+2\pi)=-y_k(x+\pi)=y_k(x)$; *die Basislösungen y_1, y_2 sind diesmal also 2π-periodisch.*

IIIb) $y_1'(\pi)=0, y_2(\pi)\neq 0, \quad d.h. \quad a_{12}=0, \quad a_{21}\neq 0.$

(31.6) hat jetzt die Gestalt

$$y_1(x+\pi)=-y_1(x)$$
$$y_2(x+\pi)=a_{21}y_1(x)-y_2(x).$$

Die (gerade) Funktion y_1 ist also 2π-periodisch. Wir setzen

$$v(x):=y_2(x)+\frac{a_{21}}{\pi}\, x y_1(x);$$

diese Funktion erweist sich sofort als ungerade und wegen $v(x+\pi)=-v(x)$ als 2π-periodisch. Alles in allem gilt also: *Im Falle*

$$y_1(\pi)=-1, \quad y_1'(\pi)=0, \quad y_2(\pi)\neq 0$$

ist y_1 gerade und 2π-periodisch, y_2 hingegen ist ungerade und hat die Form

$$y_2(x) = -\frac{y_2(\pi)}{\pi} x y_1(x) + v(x) \tag{31.32}$$

mit einer ungeraden und 2π-periodischen Funktion v.

IIIc) $y_1'(\pi) \neq 0, \quad y_2(\pi) = 0$, *d.h.* $a_{12} \neq 0, \quad a_{21} = 0$.

Kaum anders als bei IIIb erkennt man: *Im Falle*

$$y_1(\pi) = -1, \quad y_1'(\pi) \neq 0, \quad y_2(\pi) = 0$$

ist y_1 gerade und hat die Form

$$y_1(x) = -\frac{y_1'(\pi)}{\pi} x y_2(x) + v(x) \tag{31.33}$$

mit einer geraden und 2π-periodischen Funktion v, während y_2 ungerade und selbst schon 2π-periodisch ist.

Man mache sich klar, daß die unter III gefundenen Resultate nicht dem Satz 30.1 von Floquet widersprechen. Hinweis: Es ist $r_0 = \mathrm{i}$.

Wir werfen nun die Frage auf, wann die Lösungen der Mathieuschen Differentialgleichung stabil (d.h. auf $\mathbf{R}$ beschränkt) bzw. instabil (auf $\mathbf{R}$ unbeschränkt) sind. Die Antwort hierauf ist in der Schwingungslehre von schwer zu überschätzender Bedeutung.

Nehmen wir uns zunächst den Fall I vor: $y_1^2(\pi) \neq 1$ (s. (31.20)).

Wir zerlegen ihn in die Unterfälle $|y_1(\pi)| > 1$, $|y_1(\pi)| < 1$.

a) $|y_1(\pi)| > 1$. Dann ist dank (31.19) gewiß $|s_1| \neq 1$, und aus der Gleichung $s_1 = \mathrm{e}^{\pi r} = \mathrm{e}^{\pi\alpha}\mathrm{e}^{\mathrm{i}\pi\beta}$ für den charakteristischen Exponenten $r = \alpha + \mathrm{i}\beta$ folgt deshalb $\alpha = \dfrac{\ln|s_1|}{\pi} \neq 0$, d.h. $\operatorname{Re} r \neq 0$. Ein Blick auf (31.21) zeigt nun, *daß jede nichttriviale Lösung der Mathieuschen Differentialgleichung instabil sein muß.*

b) $|y_1(\pi)| < 1$. Dank der zweiten Gleichung in (31.16) ist jetzt r rein imaginär, und nun lehrt (31.21), *daß ausnahmslos alle Lösungen der Mathieuschen Differentialgleichung auf $\mathbf{R}$ stabil sein werden.*

Die Grenzfälle II und III, definiert durch die Bedingungen $y_1(\pi) = \pm 1$ (s. (31.26) und (31.31)), erledigen sich durch einen einzigen Blick auf die oben schon geklärte Struktur der Basislösungen y_1, y_2. Es genügt, die Resultate zu notieren:

$y_1(\pi) = \pm 1$ *und* $y_1'(\pi) = y_2(\pi) = 0$:
alle Lösungen sind stabil.

$y_1(\pi) = \pm 1$ *und* $y_1'(\pi) = 0, \quad y_2(\pi) \neq 0$:
es treten sowohl stabile als auch instabile Lösungen auf.

$y_1(\pi) = \pm 1$ *und* $y_1'(\pi) \neq 0, \quad y_2(\pi) = 0$:
es treten sowohl stabile als auch instabile Lösungen auf.

Unser Hauptresultat lautet: *Die nichttrivialen Lösungen der Mathieuschen Differentialgleichung sind*

im Falle $|y_1(\pi)|<1$ *alle stabil,*
im Falle $|y_1(\pi)|>1$ *alle instabil.*

$y_1(\pi)$ hängt in Wirklichkeit noch von den Parametern λ, h der Mathieuschen Differentialgleichung ab: es ist $y_1(\pi)=y_1(\pi;\lambda,h)$. Trägt man in einer λh-Ebene die Punkte (λ, h) mit $|y_1(\pi;\lambda,h)|<1$ bzw. >1 ein, so erhält man zwei Bereiche, die man beziehentlich als Stabilitäts- bzw. Instabilitätsgebiet bezeichnet. Eine so präparierte λh-Ebene heißt Stabilitätskarte. Ihre Nützlichkeit für die Diskussion von Stabilitätsfragen liegt auf der Hand.

Wer weiter vordringen möchte, sei verwiesen auf McLachlan (1947), Meixner-Schäfke (1954) und Meixner-Schäfke-Wolf (1980).

32 Trennungs-, Oszillations- und Amplitudensätze

In dieser Nummer geht es um die Vertiefung eines Themas, das zum ersten Mal in dem Nullstellensatz 28.8 angeklungen war und uns im übrigen schon durch einfachste Beispiele nahegelegt wird. Fassen wir bloß die biedere Differentialgleichung $y''+y=0$ und ihre Integralbasis $y_1(x):=\sin x$, $y_2(x):=\cos x$ ins Auge. Die Nullstellen $x_k:=k\pi$ $(k\in\mathbf{Z})$ von y_1 sind alle einfach (weil $y_1'(k\pi)$ ständig $\neq 0$ bleibt) und häufen sich trivialerweise nicht in $\mathbf{R}$, dem Stetigkeitsintervall der Koeffizienten, und ebendasselbe gilt von den Nullstellen $\xi_k:=(2k+1)\frac{\pi}{2}$ $(k\in\mathbf{Z})$ der zweiten Lösung y_2. Mehr noch: Die Nullstellen von y_1 und y_2 „trennen sich", genauer: es ist

$$\cdots<x_{-1}<\xi_{-1}<x_0<\xi_0<x_1<\xi_1<\cdots,$$

anders ausgedrückt: zwischen zwei (unmittelbar) aufeinanderfolgenden Nullstellen von y_1 liegt genau eine Nullstelle von y_2 und umgekehrt.[1] Hiermit ist aber die allgemeine Situation bereits im wesentlichen getroffen, denn es gilt folgender

32.1 Sturmscher Trennungssatz[2] *Die Koeffizienten der Differentialgleichung*

$$y''+a_1(x)y'+a_0(x)y=0 \tag{32.1}$$

[1] „Zwischen" bedeutet hier und im folgenden „*echt* zwischen": in dem *offenen* Intervall zwischen zwei aufeinanderfolgenden Nullstellen von y_1 liegt genau eine Nullstelle von y_2 (und entsprechend umgekehrt).

[2] So genannt nach dem Schweizer Mathematiker Charles Sturm (1803–1855; 52). Ab 1830 lebte Sturm in Paris und schuf dort mit seinem französischen Freund Josef Liouville (1809–1882; 73) die „Sturm-Liouvillesche Eigenwerttheorie". Sie wird uns noch beschäftigen.

seien stetig auf dem beliebigen Intervall J. Dann gelten die folgenden Aussagen (in denen die unabhängige Variable auf J zu beschränken ist):

a) *Eine nichttriviale Lösung y von* (32.1) *hat höchstens abzählbar viele (möglicherweise überhaupt keine) Nullstellen. Sie sind allesamt einfach und häufen sich nicht in J.*

b) *Die Nullstellen zweier linear unabhängiger Lösungen* y_1, y_2 *von* (32.1) *trennen sich (im oben erklärten Sinne).*

Beweis. a) Wäre ξ eine mehrfache Nullstelle von y, so müßte $y(\xi)=y'(\xi)=0$ und somit $y(x)$ entgegen der Voraussetzung $\equiv 0$ sein (s. Bemerkung nach Satz 21.4). Würden sich die Nullstellen von y in $x_0 \in J$ häufen, d.h., gäbe es eine Folge von Nullstellen $x_1, x_2, \ldots$ mit $x_k \neq x_0$ und $x_k \to x_0$, so wäre

$$y(x_0) = \lim_{k\to\infty} y(x_k) = 0 \quad \text{und} \quad y'(x_0) = \lim_{k\to\infty} \frac{y(x_k)-y(x_0)}{x_k - x_0} = 0,$$

x_0 müßte somit eine mehrfache Nullstelle von y sein - was aber nach dem schon Bewiesenen nicht angeht. Daß die Nullstellenmenge höchstens abzählbar ist, folgt sofort aus dem bisher Dargelegten.

b) ξ_1, ξ_2 seien zwei aufeinanderfolgende Nullstellen von y_2. Nach Satz 22.2 fällt die Wronskische Determinante

$$W(x) := y_1(x)y_2'(x) - y_2(x)y_1'(x)$$

der Integralbasis y_1, y_2 entweder ständig positiv oder ständig negativ aus. Ohne Bedenken dürfen wir $W(x)>0$ annehmen. Dann ist auch

$$W(\xi_k) = y_1(\xi_k)y_2'(\xi_k) > 0 \quad \text{für } k=1,2, \tag{32.2}$$

und somit sind die vier Zahlen

$$y_1(\xi_k), y_2'(\xi_k) \quad (k=1,2) \quad \text{gewiß alle} \neq 0. \text{ [1]}$$

Um unsere Vorstellung zu fixieren, nehmen wir $y_2'(\xi_1)>0$ an. Dann geht y_2 streng wachsend durch die Nullstelle ξ_1, muß also ein wenig rechts von ihr ständig positiv sein.[2] Wäre nun auch $y_2'(\xi_2)>0$, so würde ganz entsprechend $y_2(x)$ ein wenig links von ξ_2 dauernd <0 bleiben. Dann aber hätte y_2 absurderweise zwischen den *unmittelbar* aufeinanderfolgenden Nullstellen ξ_1, ξ_2 noch eine weitere Nullstelle. In Wirklichkeit ist also $y_2'(\xi_2)<0$. Aus $y_2'(\xi_1)>0$, $y_2'(\xi_2)<0$ folgt nun wegen (32.2) sofort $y_1(\xi_1)>0$, $y_1(\xi_2)<0$, und daher liegt in (ξ_1, ξ_2) *mindestens eine* Nullstelle x_1 von y_1.

[1] $y_2'(\xi_k)\neq 0$ folgt natürlich auch aus der schon bewiesenen Einfachheit der Nullstellen ξ_1, ξ_2 von y_2.

[2] Präziser: In einer gewissen rechtsseitigen Umgebung (ξ_1, α) von ξ_1 bleibt aus Stetigkeitsgründen $y_2'(x)>0$, und dort muß dann nach dem Mittelwertsatz auch $y_2(x)>0$ sein.

Dasselbe Ergebnis erhält man mit denselben Schlüssen auch im Falle $y_2'(\xi_1)<0$. An diesem Punkt angelangt, sieht man leicht, daß in (ξ_1, ξ_2) auch nur die *eine* Nullstelle x_1 von y_1 liegen kann. Gäbe es nämlich dort noch eine zweite, etwa x_2, so fände sich nach dem schon Bewiesenen - man lasse y_1 und y_2 einfach die Rollen tauschen - zwischen x_1 und x_2, erst recht also zwischen ξ_1 und ξ_2, eine Nullstelle von y_2 - das aber ist unmöglich. Zusammengefaßt: zwischen zwei aufeinanderfolgenden Nullstellen von y_2 liegt genau eine Nullstelle von y_1. Und da y_2 in keiner Weise vor y_1 ausgezeichnet ist, gilt auch die umgekehrte Aussage. ■

Den nun folgenden Untersuchungen legen wir anstelle von (32.1) die Differentialgleichung

$$Lu := (p(x)u')' + q(x)u = 0 \tag{32.3}$$

oder also

$$p(x)u'' + p'(x)u' + q(x)u = 0$$

zugrunde und treffen ein für allemal die nachstehenden Voraussetzungen:

p sei stetig differenzierbar und positiv auf dem Intervall J,
q sei stetig auf J. (32.4)

Die Differentialgleichung (32.1) läßt sich, da ihre Koeffizienten stetig sind, immer auf die Form (32.3) mit den Eigenschaften (32.4) bringen: man braucht sie bloß mit $p(x) := \exp(\int a_1(x)\,dx)$ durchzumultiplizieren. Ist $a_1(x)$ sogar stetig differenzierbar, so kann man noch weiter gehen und (32.1) in eine Gleichung der besonders einfachen Gestalt $u'' + q(x)u = 0$ mit stetigem $q(x)$ transformieren (s. A 23.10).

Den ersten Vorteil aus der artifiziell anmutenden Bauart von (32.3) ziehen wir mit der wertvollen

32.2 Identität von Lagrange *Für zweimal differenzierbare Funktionen u, v ist*

$$uLv - vLu = \frac{d}{dx}[p(uv' - vu')] \tag{32.5}$$

$$= \frac{d}{dx}[p\,W(u,v)], \tag{32.6}$$

wobei W(u, v) die Wronskische Determinante der Funktionen u, v bedeutet.

Den Beweis erbringt man durch kunstloses Rechnen. ■

Die folgende Beobachtung regt uns zu einem weitreichenden Theorem an.

Die Differentialgleichung

$$u'' + u = 0 \qquad \text{bzw.} \qquad v'' + \frac{1}{4}v = 0$$

wird gewiß durch

$$u_1(x) := \sin x \quad \text{bzw. durch} \quad v_1(x) := \sin\frac{x}{2}$$

gelöst. Die Nullstellen von u_1 sind die Zahlen $k\pi$, die von v_1 die Zahlen $2k\pi$ ($k\in\mathbf{Z}$). *Zwischen zwei Nullstellen von v_1 liegt also immer eine von u_1.* Das analoge Phänomen stellt sich ein, wenn wir statt $u_1(x)$ die Lösung $u_2(x):=\cos x$ oder statt $v_1(x)$ die Lösung $v_2(x):=\cos(x/2)$ verwenden: immer liegt zwischen zwei Nullstellen von v_n eine von u_m ($n, m=1,2$). Der nächste Satz deckt den tieferen Grund hierfür auf:

32.3 Sturmscher Vergleichssatz *Sind u, v nichttriviale Lösungen von*

$$(pu')'+q_1u=0 \tag{32.7}$$

bzw. von

$$(pv')'+q_2v=0 \tag{32.8}$$

auf dem Intervall J und ist dort durchweg

$$q_2(x)<q_1(x), \tag{32.9}$$

so liegt zwischen je zwei aufeinanderfolgenden Nullstellen von v mindestens eine Nullstelle von u.

Eine Verallgemeinerung dieses Satzes findet sich in Aufgabe 11.

Beweis. x_1, x_2 seien zwei aufeinanderfolgende Nullstellen von v. Wir setzen abkürzend $Lw:=(pw')'+q_2w$, multiplizieren (32.7) mit v, (32.8) mit u und erhalten dann durch Subtraktion

$$\underbrace{u(pv')'-v(pu')'}_{=uLv-vLu}+(q_2-q_1)uv=0.$$

Dank der Lagrangeschen Identität und der Gleichung $v(x_1)=v(x_2)=0$ folgt daraus mittels Integration zwischen x_1 und x_2 die Beziehung

$$p(x_2)u(x_2)v'(x_2)-p(x_1)u(x_1)v'(x_1)=\int_{x_1}^{x_2}(q_1-q_2)uv\,\mathrm{d}x. \tag{32.10}$$

Auf dem Intervall (x_1, x_2) hat v ständig dasselbe Vorzeichen, und dieses dürfen wir ohne Bedenken als positiv annehmen. Hätte nun u entgegen der Behauptung *keine* Nullstelle in (x_1, x_2), dort also konstantes Vorzeichen, so können wir uns auch dieses als positiv denken, ohne unsere Argumentation zu beeinträchtigen. Dank dieser Annahmen und der Voraussetzung (32.9) fällt in (32.10) das Integral >0 aus, und daher ist auch

$$p(x_2)u(x_2)v'(x_2)-p(x_1)u(x_1)v'(x_1)>0. \tag{32.11}$$

Wegen $v(x_1)=v(x_2)=0$ und $v>0$ auf (x_1, x_2) muß

$$v'(x_1)>0 \quad \text{und} \quad v'(x_2)<0$$

sein (man bedenke hierbei, daß aufgrund des Satzes 32.1 gewiß $v'(x_k)\neq 0$ ist). Und daraus folgt nun mit $p(x_k)>0$ und $u(x_k)\geqslant 0$, daß in der Ungleichung (32.11) die linke Seite $\leqslant 0$ ist – sehr im Widerspruch zu ebendieser Ungleichung selbst. Diese Ungereimtheit läßt sich nur vermeiden, indem man u eine Nullstelle in (x_1, x_2) zugesteht. ■

32.4 Beispiel: Die Nullstellen der Lösungen der Besselschen Differentialgleichung Die Besselsche Differentialgleichung

$$x^2y''+xy'+(x^2-\nu^2)y=0 \qquad (\nu\geqslant 0 \text{ fest}, x>0) \tag{32.12}$$

läßt sich vermöge der Substitution $y=u/\sqrt{x}$ in die Gleichung

$$u''+\left(1+\frac{1-4\nu^2}{4x^2}\right)u=0 \tag{32.13}$$

überführen, welche die Form (32.3) hat (s. A 23.12). Die Nullstellen der Lösungen werden durch diese Transformation nicht beeinflußt; für eine Nullstellenanalyse genügt es also, die Integrale von (32.13) zu studieren.

Im folgenden unterscheiden wir die Fälle $0\leqslant\nu<1/2$, $\nu=1/2$ und $\nu>1/2$.

1. $0\leqslant\nu<1/2$. Dann ist $1<1+\dfrac{1-4\nu^2}{4x^2}$, und der letzte Satz lehrt nun, wenn wir (32.13) mit der Differentialgleichung

$$v''+v=0 \tag{32.14}$$

vergleichen: Jede nichttriviale Lösung von (32.12) verschwindet mindestens einmal zwischen je zwei aufeinanderfolgenden Nullstellen der Funktion $v(x):=\sin(x-\varphi)$ mit willkürlichem φ, verschwindet also mindestens einmal in jedem Intervall der Form

$$0<\varphi+k\pi<x<\varphi+(k+1)\pi \qquad (\varphi \text{ beliebig}, k\in\mathbf{Z})$$

oder also in jedem offenen Intervall der Länge π auf der positiven x-Achse. *Aufeinanderfolgende positive Nullstellen $\xi_1, \xi_2, \ldots$ einer nichttrivialen Lösung von* (32.12) *mit $0\leqslant\nu<1/2$ haben daher immer einen Abstand $<\pi$. Darüber hinaus strebt $\xi_{n+1}-\xi_n\to\pi$ für $n\to\infty$* (s. Aufgabe 7).

2. $\nu=1/2$. Jetzt verkümmert (32.13) zu $u''+u=0$. Die allgemeine Lösung ist $u(x):=A\sin(x-\varphi)$ mit willkürlichen Konstanten A und φ.[1] Im nichttrivialen Falle ($A\neq 0$) sind die Nullstellen von u gerade die Zahlen $\varphi+k\pi$ ($k\in\mathbf{Z}$), und wir können daher sagen: *Die positiven Nullstellen jeder nichttrivialen Lösung von* (32.12) *mit $\nu=1/2$ folgen im gleichbleibenden Abstand π aufeinander.*

3. $\nu>1/2$. In diesem Falle ist $1+\dfrac{1-4\nu^2}{4x^2}<1$, und der Vergleich zwischen (32.13) und $v''+v=0$ lehrt nun: Zwischen aufeinanderfolgenden Nullstellen einer nichttrivialen Lösung $y(x)$ von (32.12) liegt mindestens eine Nullstelle von $v(x):=\sin(x-\varphi)$, also mindestens eine der Zahlen $\varphi+k\pi$, wobei φ willkürlich gewählt werden darf und k aus $\mathbf{Z}$ sein soll. Ist nun $[\varphi_0, \varphi_0+\pi]$ ein beliebig vorgegebenes kompaktes Intervall der Länge π, so hat die Funktion $\sin(x-\varphi_0)$ keine einzige Nullstelle in dem offenen Intervall $(\varphi_0, \varphi_0+\pi)$, und daher kann $y(x)$ dort erst recht nicht zwei Nullstellen haben. Daraus ergibt sich: *Aufeinanderfolgende positive Nullstellen einer nichttrivialen Lösung von* (32.12) *mit $\nu>1/2$ haben immer einen Abstand $\geqslant\pi$.*

---

[1] S. die Erörterungen von (18.6) bis (18.7).

Über die *Existenz* solcher Nullstellen ist durch diese Betrachtungen noch gar nichts ausgemacht – in markantem Unterschied zu Fall 1. Vielmehr bedürfen wir hier eines zusätzlichen Arguments. Es ist einfach genug:

Für $x \to \infty$ strebt $1+(1-4\nu^2)/(4x^2) \to 1$, und daher existiert zu jedem positiven $\alpha<1$ ein $x_0>0$ mit

$$\alpha < 1 + \frac{1-4\nu^2}{4x^2} \quad \text{für alle} \quad x \geqslant x_0. \tag{32.15}$$

Die Differentialgleichung

$$v'' + \alpha v = 0 \tag{32.16}$$

wird gewiß durch $v(x) := \sin(\sqrt{\alpha}\,x - \varphi)$ mit willkürlichem φ gelöst. Die Nullstellen von v sind die Zahlen $(\varphi + k\pi)/\sqrt{\alpha}$ $(k \in \mathbf{Z})$, folgen also im Abstand $\pi/\sqrt{\alpha}$ aufeinander. Indem man nun den Vergleichssatz im Intervall $[x_0, \infty)$ auf (32.13) und (32.16) anwendet und noch das oben schon gefundene Ergebnis beizieht, erkennt man: *Eine nichttriviale Lösung von* (32.12) *mit* $\nu > 1/2$ *besitzt unendlich viele positive Nullstellen* $\xi_1 < \xi_2 < \cdots$, *und für alle hinreichend großen* n *ist* $\pi \leqslant \xi_{n+1} - \xi_n < \pi/\sqrt{\alpha}$, *es strebt also wieder* $\xi_{n+1} - \xi_n \to \pi$ *für* $n \to \infty$.

Tab. 32.1 soll diese Dinge konkretisieren: sie gibt Näherungswerte für die ersten sieben Nullstellen $\xi_n > 0$ von J_0 und J_1, dazu die Differenzen $\xi_{n+1} - \xi_n$ (s. Jahnke-Emde-Lösch (1966), S. 192f). Man denke daran, daß $\pi = 3{,}1415\ldots$ ist.

Tab. 32.1

$J_0(x)$		$J_1(x)$	
ξ_n	$\xi_{n+1} - \xi_n$	ξ_n	$\xi_{n+1} - \xi_n$
2,4048		3,8317	
5,5201	3,1153	7,0156	3,1839
8,6537	3,1336	10,1735	3,1579
11,7915	3,1378	13,3237	3,1502
14,9309	3,1394	16,4706	3,1469
18,0711	3,1402	19,6159	3,1453
21,2116	3,1405	22,7601	3,1442

Weder der Trennungs- noch der Vergleichssatz garantiert, daß die Lösungen der Differentialgleichung

$$(pu')' + qu = 0 \quad \text{(immer mit den Voraussetzungen (32.4))} \tag{32.17}$$

tatsächlich Nullstellen besitzen, geschweige denn unendlich viele. Diesem Mangel soll nun abgeholfen werden. Des bequemeren Ausdrucks wegen wollen wir die Differentialgleichung (32.17) auf dem Intervall J oszillatorisch nennen, wenn dort *jedes* ihrer Integrale *unendlich viele* Nullstellen besitzt.

32.5 Oszillationssatz *Die Funktionen p und q in* (32.17) *seien auf* $[a, \infty)$ *definiert, und über die Standardvoraussetzungen* (32.4) *hinaus möge noch gelten*

$$q(x) > 0 \quad \textit{für } x \geqslant a, \tag{32.18}$$

$$\int_a^\infty \frac{\mathrm{d}x}{p(x)} = \int_a^\infty q(x)\,\mathrm{d}x = \infty. \tag{32.19}$$

Dann ist die Differentialgleichung (32.17) *auf* $[a, \infty)$ oszillatorisch.[1]

Beweis. Sei u eine nichttriviale Lösung von (32.17) und

$$v := pu', \quad \text{also} \quad v' = -qu. \tag{32.20}$$

Es gibt gewiß kein $\xi \geqslant a$ mit $u(\xi) = v(\xi) = 0$, weil andernfalls auch $u(\xi) = u'(\xi) = 0$ und somit $u(x) \equiv 0$ sein müßte (Bemerkung nach Satz 21.4). Wir können daher

$$u(x) = r(x)\sin\vartheta(x), \quad v(x) = r(x)\cos\vartheta(x) \quad \text{für} \quad x \geqslant a \tag{32.21}$$

mit stetig differenzierbaren Funktionen $r(x) > 0$ und $\vartheta(x)$ setzen („Prüfer-Transformation“[2]). *Falls* nun $\vartheta(x) \to \infty$ strebt für $x \to \infty$, so verschwindet $\sin\vartheta(x)$ und damit auch $u(x)$ unendlich oft, und unsere Behauptung ist bewiesen. Jedenfalls *wächst* ϑ, und zwar *monoton*. Aus (32.21) und (32.20) folgt nämlich zunächst

$$u' = r'\sin\vartheta + r\cos\vartheta \cdot \vartheta' = \frac{1}{p} r\cos\vartheta,$$
$$v' = r'\cos\vartheta - r\sin\vartheta \cdot \vartheta' = -qr\sin\vartheta,$$

und indem man die erste Gleichung mit $\cos\vartheta$, die zweite mit $-\sin\vartheta$ multipliziert, dann beide Gleichungen addiert und noch (32.18) beachtet, erhält man

$$\vartheta' = \frac{1}{p}\cos^2\vartheta + q\sin^2\vartheta > 0. \tag{32.22}$$

ϑ ist also in der Tat monoton wachsend. Wäre nun ϑ auch noch *beschränkt*, so würde $\vartheta_\infty := \lim_{x\to\infty} \vartheta(x)$ und damit auch

$$\alpha := \lim_{x\to\infty} \cos^2\vartheta(x), \quad \beta := \lim_{x\to\infty} \sin^2\vartheta(x)$$

existieren, und wegen $\cos^2\vartheta + \sin^2\vartheta \equiv 1$ hätten wir $\alpha + \beta = 1$; mindestens *eine* der nichtnegativen Zahlen α, β wäre also sogar *positiv*. Jetzt wählen wir ein $x_0 \geqslant a$ mit

$$\cos^2\vartheta(x) \geqslant \frac{\alpha}{2}, \quad \sin^2\vartheta(x) \geqslant \frac{\beta}{2} \quad \text{für alle} \quad x \geqslant x_0.$$

Für diese x ist dann wegen (32.22)

---

[1] Bei *negativem* q darf man Derartiges nicht erhoffen. S. dazu Aufgabe 2.

[2] Sie stammt von Heinz Prüfer (1896–1934; 38).

$$\vartheta(x)-\vartheta(x_0) \geqslant \frac{\alpha}{2}\int_{x_0}^{x}\frac{\mathrm{d}t}{p(t)}+\frac{\beta}{2}\int_{x_0}^{x} q(t)\,\mathrm{d}t \quad (\text{mit } \alpha>0 \text{ oder } \beta>0),$$

und wenn wir in dieser Abschätzung $x\to\infty$ rücken lassen, geraten wir dank der Voraussetzung (32.19) auf die absurde Ungleichung $\vartheta_\infty-\vartheta(x_0)\geqslant\infty$. Also muß $\vartheta(x)$ *unbeschränkt* sein und somit für $x\to\infty$ selbst gegen ∞ streben. Auf diese Aussage aber hatten wir unsere Behauptung eingangs reduziert. ■

Für physikalisch-technische Zwecke ist das folgende Theorem von besonderer Bedeutung. In ihm wollen wir unter den Amplituden (den „Ausschlägen") einer Funktion die Absolutbeträge ihrer relativen Extrema verstehen.

32.6 Amplitudensatz *In der Differentialgleichung*

$$(pu')'+qu=0 \tag{32.23}$$

möge über die Standardvoraussetzungen (32.4) *hinaus noch folgendes gelten: q ist auf J stetig differenzierbar und nullstellenfrei, ferner ist pq* monoton. *Dann verhalten sich die Amplituden jeder nichttrivialen Lösung bei wachsendem x gerade* umgekehrt *wie pq: sie nehmen* zu, *wenn pq* abnimmt; *sie nehmen* ab, *wenn pq* zu*nimmt.*[1]

Beweis: Es sei u eine nichttriviale Lösung und

$$v:=u^2+\frac{1}{pq}\cdot(pu')^2. \tag{32.24}$$

Durch Differentiation folgt

$$\begin{aligned} v' &= 2uu'+\frac{1}{pq}\cdot 2pu'\underbrace{(pu')'}_{=-qu}-\frac{(pq)'}{(pq)^2}\cdot(pu')^2 \\ &= 2uu'-2uu'-(pq)'\left(\frac{u'}{q}\right)^2=-(pq)'\left(\frac{u'}{q}\right)^2. \end{aligned}$$

Es ist also $v'\geqslant 0$ bzw. $\leqslant 0$, je nachdem $(pq)'\leqslant 0$ bzw. $\geqslant 0$ ist, d.h., v nimmt zu, wenn pq abnimmt, und nimmt ab, wenn pq zunimmt. Da aber an der Stelle ξ eines relativen Extremums gewiß $u'(\xi)=0$, kraft (32.24) also $v(\xi)=u^2(\xi)$ ist, kann man nun die Behauptung des Satzes an dem gerade konstatierten Monotonieverhalten von v ablesen. ■

[1] Zu- und abnehmen ist, wie üblich, im *erweiterten* Sinne zu verstehen. Der Beweis wird noch die folgende Verschärfung abwerfen (worauf der Leser selbst achten möge): Ist $(pq)'<0$ bzw. >0, so nehmen die Amplituden *streng* zu bzw. *streng* ab.

32.7 Beispiel: Oszillation und Amplituden der Lösungen der Besselschen Differentialgleichung Schon im Beispiel 32.4 haben wir - mit Hilfe des Sturmschen Vergleichssatzes - erkannt, *daß jede nichttriviale Lösung der Besselschen Differentialgleichung*

$$x^2y''+xy'+(x^2-\nu^2)y=0 \qquad (\nu\geqslant 0 \textit{ fest}, x>0) \tag{32.25}$$

unendlich oft verschwindet. Der Oszillationssatz liefert dieses Resultat aufs neue, und zwar ohne Aufwand: man braucht nur (32.25) auf die Form

$$(xy')'+\left(x-\frac{\nu^2}{x}\right)y=0 \tag{32.26}$$

zu bringen und zu bemerken, daß $x-\frac{\nu^2}{x}>0$ ausfällt, sobald $x>\nu$ ist. Die Divergenz der Integrale in (32.19) ist hier mit Händen zu greifen. Die Erörterungen im genannten Beispiel waren dennoch nicht überflüssig: dort nämlich haben wir auch noch eine Auskunft über die *Abstände* δ_n aufeinanderfolgender Nullstellen erhalten (z.B., daß $\delta_n\to\pi$ konvergiert). Über derartige Dinge jedoch schweigt sich der Oszillationssatz völlig aus.

Der Amplitudensatz (mit Fußnote 1, S. 335) verhilft uns mühelos zu der wichtigen Einsicht, *daß die Ausschläge eines nichttrivialen Integrals von* (32.25) *auf dem Intervall* (ν,∞) streng abnehmen: ein solches Integral stellt, physikalisch gesprochen, einen *gedämpften Vorgang* dar (s. Fig. 28.2). Zum Beweis greife man wieder zu der Form (32.26) der Besselschen Differentialgleichung.

Aufgaben

1. Die Nullstellen der Funktionen $y_1(x):=a\cos x+b\sin x$ und $y_2(x):=c\cos x+d\sin x$ trennen sich, wenn $ad-bc\neq 0$ ist.

2. In der Differentialgleichung $u''+q(x)u=0$ sei q stetig und *negativ* auf dem Intervall J. Dann verschwindet jede nichttriviale Lösung *höchstens einmal* in J.

3. In der Differentialgleichung $u''+q(x)u=0$ sei q stetig auf (a,∞) und strebe für $x\to\infty$ selbst gegen ∞. Dann verschwindet jede nichttriviale Lösung unendlich oft in (a,∞), und die Abstände ihrer aufeinanderfolgenden Nullstellen rücken mit wachsendem x gegen 0.

4. In der Differentialgleichung $u''+q(x)u=0$ sei $q(x)\geqslant\alpha/x$ $(\alpha>0)$ und stetig auf $[a,\infty)$ $(a>0)$. Dann besitzt jedes Integral unendlich viele Nullstellen.

5. Die Hermitesche Differentialgleichung, also $y''-2xy'+\lambda y=0$ (λ konstant), ist auf $\mathbf{R}$ *nicht* oszillatorisch.
Hinweis: A 23.10 und Aufgabe 2.

6. Die Airysche Differentialgleichung, also $y''-xy=0$, ist auf $(-\infty,0)$ oszillatorisch, auf $(0,\infty)$ jedoch nicht. Die Abstände aufeinanderfolgender Nullstellen einer nichttrivialen Lösung in $(-\infty,0)$ streben gegen 0, wenn x nach links wandert.
Hinweis: Aufgabe 3.

7. Die Abstände aufeinanderfolgender Nullstellen einer Lösung $\neq 0$ der Besselschen Differentialgleichung (32.12) mit $0\leqslant\nu<1/2$ streben bei wachsendem x gegen π.
Hinweis: Argumentiere ähnlich wie im Fall 3 des Beispiels 32.4.

⁺**8.** In der Differentialgleichung $u''+q(x)u=0$ sei q stetig auf (a, ∞) und genüge dort einer Abschätzung $\alpha \leqslant q(x) \leqslant \beta$ mit positiven Zahlen α, β. Dann verschwindet jede nichttriviale Lösung unendlich oft in (a, ∞), und für die Abstände ihrer aufeinanderfolgenden Nullstellen $\xi_1<\xi_2<\cdots$ in (a, ∞) gilt $\pi/\sqrt{\beta} \leqslant \xi_{n+1}-\xi_n \leqslant \pi/\sqrt{\alpha}$.

9. Gewinne mit Hilfe der Aufgabe 8 noch einmal die Aussagen in Beispiel 32.4 über das asymptotische Verhalten der Nullstellen einer Lösung $\neq 0$ der Besselschen Differentialgleichung.

⁺**10.** Im Sturmschen Vergleichssatz kann die Voraussetzung $q_2<q_1$ nicht ohne weiteres zu $q_2 \leqslant q_1$ abgeschwächt werden.

Hinweis: Setze $p(x)=q_2(x):=1$ für alle $x \in \mathbf{R}$ und

$$q_1(x):=\begin{cases} 1 & \text{für} \quad |x| \leqslant \dfrac{\pi}{2}, \\ 1-\dfrac{\pi}{2}+|x| & \text{für} \quad |x|>\dfrac{\pi}{2}. \end{cases}$$

Ziehe nun die Lösung $\cos x$ von $v''+v=0$ und diejenige Lösung von $u''+q_1(x)u=0$ heran, die für $|x| \leqslant \pi/2$ mit $\cos x$ übereinstimmt.

⁺**11. Verallgemeinerung des Sturmschen Vergleichssatzes** u, v seien nichttriviale Lösungen von

$$(p_1 u')'+q_1 u=0$$

bzw. von $(p_2 v')'+q_2 v=0$

auf dem Intervall J, und dort sei p_k stetig differenzierbar, q_k stetig $(k=1,2)$ und

$$0<p_1 \leqslant p_2, \quad q_2<q_1.$$

Dann liegt zwischen je zwei aufeinanderfolgenden Nullstellen von v mindestens eine Nullstelle von u. Siehe auch Aufgabe 14.

Hinweis: Beweise zunächst die *Formel von Picone*[1]

$$\underbrace{\frac{\mathrm{d}}{\mathrm{d}x}\left[\frac{v}{u}(p_2 v' u-p_1 u' v)\right]}_{=v^2\left(p_2 \frac{v'}{v}-p_1 \frac{u'}{u}\right)}=(q_1-q_2)v^2+(p_2-p_1)(v')^2+p_1 \frac{(v' u-u' v)^2}{u^2}, \tag{32.27}$$

integriere sie und wende ähnliche Argumente an wie nach (32.10).

12. Unter den Voraussetzungen der Aufgabe 11 gilt: Mit $(p_2 u')'+q_2 u=0$ ist auch $(p_1 u')'+q_1 u=0$ oszillatorisch.

⁺**13.** In der Differentialgleichung

$$(pu')'+qu=0 \quad \text{(unter den Standardvoraussetzungen)} \tag{32.28}$$

gelte mit positiven Konstanten M und m

[1] Sie wurde 1909 von Mauro Picone gefunden.

$$p(x) \leqslant M \quad \text{und} \quad q(x) \geqslant m \quad \text{für alle} \quad x \in [a, b].$$

n sei die größte ganze Zahl, die der Ungleichung $n \leqslant \sqrt{\frac{m}{M}} \frac{b-a}{\pi}$ genügt. Dann hat jedes Integral von (32.28) mindestens n Nullstellen in $[a, b]$.

Hinweis: Aufgabe 11.

+**14. Eine Verschärfung des verallgemeinerten Vergleichssatzes** Unter den Voraussetzungen der Aufgabe 11 seien $A < B$ innere Punkte von J. Im Falle $v(A) \neq 0$ möge auch $u(A) \neq 0$ und überdies

$$p_2(A) \frac{v'(A)}{v(A)} \geqslant p_1(A) \frac{u'(A)}{u(A)}$$

sein. Dann hat u in (A, B) mindestens so viele Nullstellen wie v, und die k-te Nullstelle von u ist kleiner als die k-te Nullstelle von v.

Hinweis: Unterscheide die Fälle $v(A)=0$ und $v(A) \neq 0$. Benutze die Aufgabe 11 und zeige im Falle $v(A) \neq 0$ mittels Integration der Formel (32.27) von Picone, daß u eine Nullstelle in (A, x_1) besitzt; hierbei soll x_1 die erste Nullstelle von v in (A, B) sein.

+**15. Ein Vergleichssatz anderer Art** Es seien die Voraussetzungen der Aufgabe 14 erfüllt, ferner sei $u(B) \neq 0$, $v(B) \neq 0$, und schließlich mögen die Lösungen u, v in (A, B) ein und dieselbe Anzahl von Nullstellen haben. Dann ist

$$p_2(B) \frac{v'(B)}{v(B)} > p_1(B) \frac{u'(B)}{u(B)}.$$

Hinweis: Sei ξ die B zunächstliegende der Nullstellen von u, v in (A, B). Zeige mittels Aufgabe 14, daß $u(\xi) \neq 0$, $v(\xi)=0$ ist, und integriere die Formel (32.27) von Picone zwischen ξ und B.

+**16. Ein Nachtrag zum Amplitudensatz** Unter den Voraussetzungen des Amplitudensatzes 32.6 sei u eine nichttriviale Lösung der Differentialgleichung

$$(pu')' + qu = 0;$$

$(|u(x_k)|)$ sei die Folge der Amplituden von u $(x_1 < x_2 < \cdots)$. Dann nimmt die Folge der Zahlen

$$\sqrt{p(x_k)q(x_k)}\,|u(x_k)| \quad \begin{cases} \text{zu, wenn } pq \text{ zunimmt,} \\ \text{ab, wenn } pq \text{ abnimmt.} \end{cases}$$

Hinweis: Gehe anhand der Funktionen $w := pqu^2 + (pu')^2$ ähnlich vor wie im Beweis des Amplitudensatzes.

33 Anwendungen

Flüssigkeitsströmung in Rohren. Das Raucherbein Wir wollen hier die Geschwindigkeitsverteilung in einer Flüssigkeit aufklären, die durch ein Rohr strömt. Das Rohr mag eine Wasserleitung, eine Ölpipeline, eine Ader im Körper oder irgend etwas Ähnliches sein. Sein Radius R sei klein gegen seine Länge L: es sei eine Kapillare.

Aus Symmetriegründen dürfen wir annehmen, daß die Geschwindigkeit v eines Flüssigkeitsteilchens nur abhängt von seinem Abstand r von der Rohrachse: $v=v(r)$. In einer koaxialen Zylinderfläche strömt also die Flüssigkeit überall gleich schnell. An der inneren Rohrwand selbst haftet sie in einer sogenannten *Grenzschicht* fest: es ist also $v(R)=0$. Mit wachsender Entfernung von der Rohrwand nimmt die Geschwindigkeit zu und erreicht ihr Maximum in der Rohrachse. Den Differentialquotienten $\mathrm{d}v/\mathrm{d}r$ nennt man das Geschwindigkeitsgefälle senkrecht zu dieser Achse. Infolge der inneren Reibung der Flüssigkeit wirken die schnelleren Flüssigkeitsschichten beschleunigend auf die langsameren, die langsameren verzögernd auf die schnelleren.

Nun betrachten wir den Flüssigkeitsstrom S in einem koaxialen Hohlzylinder H mit dem inneren Radius r, dem äußeren Radius $r+\mathrm{d}r$ und der Länge 1 (s. Fig. 33.1). Auf die Innenfläche von H wirkt, wie erwähnt, eine den Strom S be-

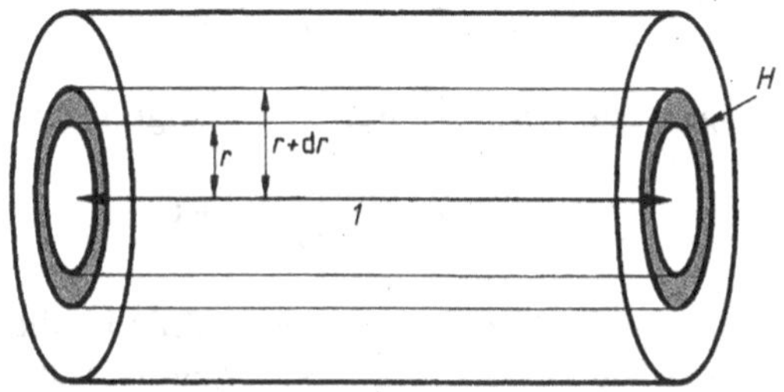

Fig. 33.1

schleunigende Kraft, die man proportional zum Inhalt $2\pi r\cdot 1$ dieser Fläche und zum Geschwindigkeitsgefälle $\mathrm{d}v/\mathrm{d}r$ in ihr, also in der Form

$$\eta\, 2\pi r v'(r) \tag{33.1}$$

ansetzen wird; die Materialkonstante η ist die *Viskosität* der Flüssigkeit. Auf die Außenfläche von H wirkt dementsprechend die den Strom S verzögernde Kraft

$$-\eta\, 2\pi(r+\mathrm{d}r)v'(r+\mathrm{d}r). \tag{33.2}$$

Eine ruppige Anwendung des Mittelwertsatzes auf $f(r):=rv'(r)$ liefert nun die Gesamtkraft K_r, die dank der *inneren Reibung* auf S einwirkt:

$$\begin{aligned} K_r &= -2\pi\eta[f(r+\mathrm{d}r)-f(r)] = -2\pi\eta f'(r)\,\mathrm{d}r \\ &= -2\pi\eta[rv''(r)+v'(r)]\,\mathrm{d}r. \end{aligned} \tag{33.3}$$

Ist p_1, p_2 der Druck am linken bzw. rechten Ende des Rohres (mit Länge L), so wirkt, da in Kapillaren der Druck *linear* abfällt, auf S die *Schubkraft*

$$K_s = [\pi(r+\mathrm{d}r)^2-\pi r^2]\frac{p_1-p_2}{L} = 2\pi r\frac{p_1-p_2}{L}\,\mathrm{d}r; \tag{33.4}$$

hier haben wir wieder - und wieder recht roh - den Mittelwertsatz benutzt. Bei einer Strömung mit konstanter Geschwindigkeit muß $K_r = K_s$ sein, und daher genügt die Geschwindigkeitsverteilung $v(r)$ der Differentialgleichung

$$rv'' + v' = -\frac{p_1 - p_2}{\eta L} r \tag{33.5}$$

oder also der inhomogenen Eulerschen Differentialgleichung

$$r^2 v'' + rv' = -\frac{p_1 - p_2}{\eta L} r^2. \tag{33.6}$$

Man wird sie jedoch nicht mit der orthodoxen Methode der Nr. 20 lösen, vielmehr wird man lieber (33.5) auf die Form

$$\frac{\mathrm{d}}{\mathrm{d}r}\left(r\frac{\mathrm{d}v}{\mathrm{d}r}\right) = -\frac{p_1 - p_2}{\eta L} r$$

bringen und daraus durch zweimalige Integration

$$v(r) = C_1 \ln r - \frac{p_1 - p_2}{4\eta L} r^2 + C_2 \tag{33.7}$$

gewinnen. Da $v(r)$ für $r \to 0$ beschränkt bleibt, muß $C_1 = 0$ sein, und nun ergibt sich aus der Randbedingung $v(R) = 0$ endlich die gesuchte Geschwindigkeitsverteilung zu

$$v(r) = \frac{p_1 - p_2}{4\eta L}(R^2 - r^2). \tag{33.8}$$

Wir ziehen daraus eine für die Praxis wichtige Folgerung. Durch eine Ringfläche, deren Mittelpunkt auf der Rohrachse liegt und deren Radien r und $r + \mathrm{d}r$ sind, fließt pro Sekunde die Flüssigkeitsmenge $2\pi r v(r)\mathrm{d}r$, durch einen vollen Röhrenquerschnitt also pro Sekunde die Menge

$$\int_0^R 2\pi r v(r)\mathrm{d}r = \pi\frac{p_1 - p_2}{2\eta L}\int_0^R r(R^2 - r^2)\mathrm{d}r = \pi\frac{p_1 - p_2}{8\eta L} R^4. \tag{33.9}$$

In T Sekunden strömt also durch jeden Röhrenquerschnitt das Flüssigkeitsvolumen

$$V = \pi\frac{p_1 - p_2}{8\eta L} R^4 T. \tag{33.10}$$

Dieses Hagen-Poiseuillesche Gesetz[1] kann dazu dienen, die Viskosität η experimentell zu bestimmen. Darüber hinaus lehrt es, *daß schon eine geringfügige*

---

[1] So genannt nach dem deutschen Wasserbauingenieur Gotthilf Hagen (1797-1884; 87) und dem französischen Arzt Jean-Léonard-Marie Poiseuille (1799-1869; 70), der sich in der Blutdruckforschung einen Namen gemacht hat.

Veränderung des Rohrradius R beträchtliche Auswirkungen auf die durchströmende Flüssigkeitsmenge hat. Eine Halbierung von R z. B. reduziert V auf nicht weniger als den sechzehnten Teil. Beim Rauchen verengen sich durch Nikotin die Adern, können also nur erheblich weniger Blut transportieren. Diese Durchblutungsstörungen treten besonders in den Extremitäten auf und können in schweren Fällen zu dem berüchtigten *Raucherbein* führen.

Potential einer elektrischen Punktladung In einem Punkte $Q \neq 0$ (= Nullpunkt) befinde sich eine elektrische Punktladung e. Gefragt wird nach ihrem Potential U in einem Punkt P.[1] Die geometrischen Verhältnisse (Abstände und Winkel) können der Fig. 33.2 entnommen werden (im Falle $r=0$, d. h. $P=0$, bleibt φ unbestimmt und darf willkürlich festgelegt werden). U soll als *Funktion von r und* φ angegeben werden.

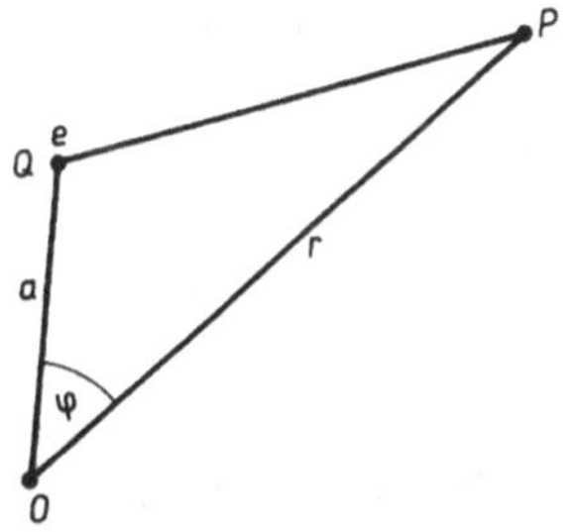

Fig. 33.2

Abgesehen von einem konstanten Faktor, ist definitionsgemäß

$$U = \frac{e}{PQ} = \frac{e}{\sqrt{r^2 - 2ar\cos\varphi + a^2}} = \frac{e}{r}\,\frac{1}{\sqrt{1 - 2\dfrac{a}{r}\cos\varphi + \left(\dfrac{a}{r}\right)^2}}\,; \tag{33.11}$$

das zweite Gleichheitszeichen verdankt man dem Kosinussatz. Im folgenden wollen wir uns auf Werte von r beschränken, die „groß gegen a" sind. Man sieht sofort: Bei beliebigem $\alpha \in [-1, 1]$ ist $|-2\alpha t + t^2| < 1$ für alle $t \in [0, \sqrt{2} - 1]$. Mit A 26.30 folgt nun aus (33.11) - die P_n sind die Legendreschen Polynome -

$$U = \frac{e}{r} \sum_{n=0}^{\infty} P_n(\cos\varphi) \left(\frac{a}{r}\right)^n \quad \text{für alle } r > (1+\sqrt{2})a. \tag{33.12}$$

Diese Formel zeigt, *daß man das gesuchte Potential in bequemer Weise vermöge der Legendreschen Polynome ausdrücken kann* - sie wirft gleichzeitig aber auch ein ganz neues Licht auf die *erzeugende Funktion* dieser Polynome - nämlich auf ihre

[1] Das Potential U ist deshalb so wichtig, weil man aus ihm in einfachster Weise das von e erzeugte elektrische Feld $\boldsymbol{E}$ gewinnen kann: es ist $\boldsymbol{E} = -\operatorname{grad} U$.

physikalische Herkunft. Siehe dazu auch Aufgabe 1 über das Potential eines *Dipols*.

Wasserwellen in einem Kanal Ein Kanal der Länge L und der konstanten Tiefe h münde ins Meer (s. Fig. 33.3). In der Mündung hebe und senke sich die Wasseroberfläche *harmonisch*, also gemäß dem Weg-Zeitgesetz $u = a\cos\omega t$. Die vertikale Auslenkung $u(x, t)$ der Wasseroberfläche an der Stelle x im Kanal zur Zeit t wird man dann in der (von vornherein separierten) Form

$$u(x, t) = v(x)\cos\omega t \tag{33.13}$$

ansetzen. Eine tieferdringende hydrodynamische Analyse, die wir uns versagen müssen, unterwirft die Amplitudenfunktion $v(x)$ der Differentialgleichung

$$\frac{gh}{x}(xv')' + \omega^2 v = 0 \qquad (g \text{ die Erdbeschleunigung}) \tag{33.14}$$

oder also

$$x^2 v'' + xv' + k^2 x^2 v = 0 \quad \text{mit} \quad k := \frac{\omega}{\sqrt{gh}}\,.^{1)} \tag{33.15}$$

Nach 1d in A 28.19 wird ihre allgemeine Lösung für $x > 0$ mittels der Besselschen Funktion J_0 und Y_0 gegeben durch

$$v(x) := A J_0(kx) + B Y_0(kx) \qquad (A, B \text{ willkürliche Konstanten}). \tag{33.16}$$

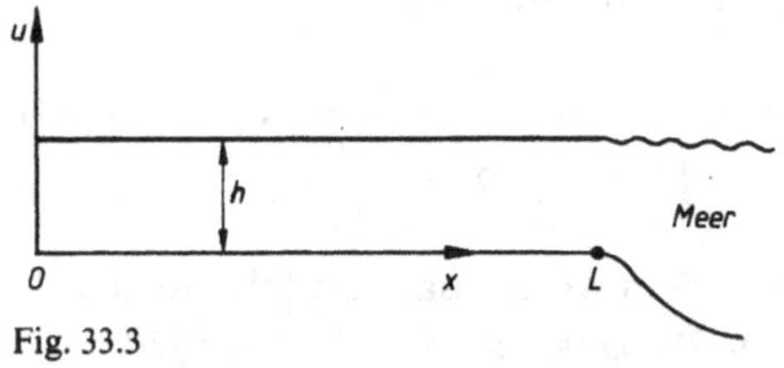

Fig. 33.3

Da $v(x)$ der Natur der Sache nach für $x \to 0$ beschränkt bleibt, $J_0(x)$ dies auch tut, $Y_0(x)$ des logarithmischen Terms wegen jedoch nicht (s. (27.52), (27.53)), muß $B = 0$ sein. Somit ist notwendigerweise

$$v(x) = A J_0(kx). \tag{33.17}$$

Wegen der eingangs gemachten Annahme ist $u(L, t) = a\cos\omega t = v(L)\cos\omega t$, also $v(L) = a$, andererseits haben wir dank (33.17) auch $v(L) = A J_0(kL)$, und somit

[1] S. etwa H. Lamb: Hydrodynamics. Cambridge 1932.

wird $A = a/J_0(kL)$. Das Auf und Ab des Kanalwassers geschieht also nach dem Gesetz

$$u(x,t) = a\,\frac{J_0(kx)}{J_0(kL)}\cos\omega t\,; \tag{33.18}$$

die Amplitude im Punkte x ist $\left| a\,\frac{J_0(kx)}{J_0(kL)}\right|$. [1]

Schwingungen eines frei herabhängenden Seiles Ein vollkommen biegsames Seil mit Länge L und konstanter linearer Massendichte δ sei an seinem oberen Ende Q befestigt, am unteren - dem Nullpunkt eines xy-Systems - jedoch nicht. Verformt man es geringfügig und läßt es dann los, so beginnt es zu schwingen, und das Weg-Zeitgesetz $y = y(x,t)$ dieser Bewegung wollen wir nun aufdecken (s. dazu Fig. 33.4).

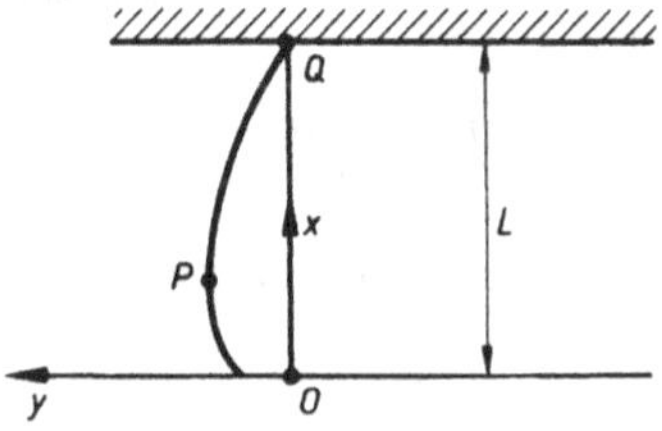

Fig. 33.4

Zu diesem Zweck zerlegen wir die tangentiale Seilspannung S im Punkte $P := (x, y)$ in ihre vertikalen und horizontalen Komponenten $S_1 = \delta g x$ (g die Erdbeschleunigung) und S_2. Wir haben dann

$$\frac{S_2}{S_1} = \frac{\partial y}{\partial x} \quad \text{oder also} \quad S_2 = S_1\,\frac{\partial y}{\partial x} = \delta g x\,\frac{\partial y}{\partial x}\,.$$

Durch Differentiation ergibt sich daraus

$$\frac{\partial S_2}{\partial x} = \delta g x\,\frac{\partial^2 y}{\partial x^2} + \delta g\,\frac{\partial y}{\partial x}\,. \tag{33.19}$$

Nach dem Newtonschen Kraftgesetz ist $\partial S_2 = \delta \cdot \partial x \cdot (\partial^2 y/\partial t^2)$, also

$$\frac{\partial S_2}{\partial x} = \delta\,\frac{\partial^2 y}{\partial t^2}\,, \tag{33.20}$$

[1] Empirische Daten hierzu finden sich bei J. Allen-J. L. Matheson: Experimental investigation of propagation of tides in parallel and in convergent channels. J. Inst. Civil Eng. **15** (December 1940) 107-118. Auf S. 117 kommen die Autoren zu dem Schluß: „*Within certain indicated limits, close agreement exists between theory and experiment.*“

und indem wir nun die rechten Seiten von (33.19) und (33.20) gleichsetzen, gewinnen wir in

$$x\frac{\partial^2 y}{\partial x^2}+\frac{\partial y}{\partial x}=\frac{1}{g}\frac{\partial^2 y}{\partial t^2} \tag{33.21}$$

die Differentialgleichung des schwingenden Seiles.

Wir gehen mit dem Separationsansatz $y(x,t)=u(x)v(t)$ in (33.21) ein und erhalten

$$\frac{xu''(x)+u'(x)}{u}=\frac{1}{g}\frac{\ddot{v}(t)}{v(t)}.$$

Die linke Seite hängt allein von x, die rechte allein von t ab, beide Seiten müssen also mit ein und derselben Konstanten $-\lambda$ übereinstimmen, d.h., u und v müssen beziehentlich den Differentialgleichungen

$$u''+\frac{1}{x}u'+\frac{\lambda}{x}u=0,\quad \ddot{v}+\lambda g v=0 \tag{33.22}$$

genügen. Da wir *Schwingungen* erwarten, werden wir $\lambda>0$ annehmen. Mit

$$\omega:=\sqrt{\lambda g}$$

schreiben sich die beiden Differentialgleichungen so:

$$u''+\frac{1}{x}u'+\frac{\omega^2}{g}\frac{1}{x}u=0,\quad \ddot{v}+\omega^2 v=0.$$

Ihre allgemeinen Lösungen sind

$$u(x):=C_1J_0\left(\frac{2\omega}{\sqrt{g}}\sqrt{x}\right)+C_2Y_0\left(\frac{2\omega}{\sqrt{g}}\sqrt{x}\right)\qquad \text{(s. 1i in A 28.19)},$$

$$v(t):=A\cos\omega t+B\sin\omega t.$$

Da $u(x)$ für $x\to 0$ aus physikalischen Gründen beschränkt bleibt, $J_0(x)$ dies tatsächlich tut, $Y_0(x)$ jedoch nicht, müssen wir $C_2=0$ setzen, haben also

$$u(x)=C_1J_0\left(\frac{2\omega}{\sqrt{g}}\sqrt{x}\right). \tag{33.23}$$

Im Aufhängepunkt Q $(x=L)$ verschwindet u, und daher ist für jede nichttriviale Lösung gewiß $J_0(2\omega\sqrt{L/g})=0$, d.h.,

$\dfrac{2\omega}{\sqrt{g}}\sqrt{L}$ *muß eine der Nullstellen* $\xi_1, \xi_2, \ldots$ *von* J_0 *sein.*

Für die Kreisfrequenz ω kommen somit allein die Werte

$$\omega_n := \frac{1}{2}\sqrt{\frac{g}{L}}\,\xi_n \qquad (n=1,2,\ldots) \tag{33.24}$$

in Betracht. Insbesondere ist

$$\omega_1 \approx 1{,}202\sqrt{\frac{g}{L}}, \quad \omega_2 \approx 2{,}76\sqrt{\frac{g}{L}}, \quad \omega_3 \approx 4{,}327\sqrt{\frac{g}{L}} \quad \text{(s. Tab. 32.1).}$$

Bis hierhin hat unsere Analyse folgendes erbracht: Das Seil ist unendlich vieler Schwingungsformen fähig, und diese *Fundamentalschwingungen* $y_n(x,t)$ $(n=1,2,\ldots)$ verlaufen nach dem Gesetz

$$\begin{aligned} y_n(x,t) &= J_0\left(\frac{2\omega_n}{\sqrt{g}}\sqrt{x}\right)\cdot(A_n\cos\omega_n t + B_n\sin\omega_n t) \\ &= J_0\left(\xi_n\sqrt{\frac{x}{L}}\right)\cdot(A_n\cos\omega_n t + B_n\sin\omega_n t). \end{aligned} \tag{33.25}$$

Aber damit ist unser Problem noch keineswegs erledigt. In der Alltagswirklichkeit nämlich werden wir dem Seil zur Zeit $t_0=0$ eine gewisse

$$\textit{Anfangs}\text{lage} \quad y(x,0) := f(x) \tag{33.26}$$

geben und es dann etwa mit der

$$\textit{Anfangs}\text{geschwindigkeit} \quad \frac{\partial}{\partial t}y(x,0) = 0 \tag{33.27}$$

loslassen. Infolgedessen werden wir nach Lösungen der Seilgleichung (33.21) Ausschau halten müssen, die diesen beiden *Anfangsbedingungen* genügen. Und natürlich werden wir nun zuerst fragen, ob wir nicht die freien Konstanten A_n, B_n in einer Fundamentallösung $y_n(x,t)$ so wählen können, daß $y_n(x,0)=f(x)$ und $\frac{\partial}{\partial t}y_n(x,0)=0$ wird. Der *zweiten* Forderung läßt sich leicht Genüge tun: wir brauchen nur $B_n=0$ zu setzen. Aber der *ersten* Bedingung wird sich das so präparierte $y_n(x,t)$ nur noch in den wirklichkeitsfremden Fällen anbequemen, in denen die Anfangsauslenkung von vornherein die Gestalt $A_n J_0(\xi_n\sqrt{x/L})$ besitzt.

In dieser heiklen Lage hilft uns nun der fruchtbare *Überlagerungsgedanke* weiter. Die Überlagerung der Fundamentalschwingungen y_n (mit $B_n=0$), d.h. die Reihe

$$y(x,t) := \sum_{n=1}^{\infty} y_n(x,t) = \sum_{n=1}^{\infty} A_n J_0\left(\xi_n\sqrt{\frac{x}{L}}\right)\cos\omega_n t, \tag{33.28}$$

wird nämlich gewiß eine Lösung der Seilgleichung sein, sofern sie zweimal gliedweise nach x und zweimal gliedweise nach t differenziert werden kann. Dann wird trivialerweise auch $\partial y(x,0)/\partial t$ verschwinden - und somit hängt im Augenblick alles an der Frage, ob sich die A_n gerade so bestimmen lassen, daß

$$y(x,0)=\sum_{n=1}^{\infty} A_n J_0\left(\xi_n\sqrt{\frac{x}{L}}\right) \quad \text{tatsächlich } =f(x) \tag{33.29}$$

ist.

Jetzt greift der Entwicklungssatz 28.10 ein. Wir setzen vorbereitend

$$x=Ls^2,\quad f(x)=f(Ls^2)=:g(s) \qquad (0\leqslant s\leqslant 1) \tag{33.30}$$

und wissen nun: Wenn $g(s)$ auf dem Intervall $[0, 1]$ stetig und überdies stückweise stetig differenzierbar ist – und das heißt doch: wenn die Anfangslage $f(x)$ auf dem Intervall $[0, L]$ die entsprechenden Eigenschaften hat –, dann gilt für alle $s\in[0,1]$

$$g(s)=\sum_{n=1}^{\infty} A_n J_0(\xi_n s) \quad \text{mit } A_n:=\frac{2}{J_1^2(\xi_n)}\int_0^1 s\,g(s)J_0(\xi_n s)\,\mathrm{d}s\,.$$ [1]

Die Rücksubstitution $s=\sqrt{x/L}$ verwandelt diesen Sachverhalt in die Aussage: Für alle $x\in[0, L]$ ist

$$f(x)=\sum_{n=1}^{\infty} A_n J_0\left(\xi_n\sqrt{\frac{x}{L}}\right) \quad \text{mit } A_n=\frac{1}{LJ_1^2(\xi_n)}\int_0^L f(x)J_0\left(\xi_n\sqrt{\frac{x}{L}}\right)\mathrm{d}x\,. \tag{33.31}$$

Wir fassen zusammen:

Ist die anfängliche Seilform $f(x)$ hinreichend glatt (z. B. stetig und überdies stückweise stetig differenzierbar) und darf man die Reihe (33.28) *– mit den Koeffizienten A_n aus* (33.31) *– zweimal gliedweise nach x und zweimal gliedweise nach t differenzieren, so stellt sie Schwingungen $y(x,t)$ des Seiles dar, die den Anfangsbedingungen* (33.26) *und* (33.27) *genügen.*[2]

Knicklast Dieses Beispiel wird zeigen, daß auch die Besselschen Funktionen *zweiter* Art von technischer Bedeutung sind.

Eine Säule mit Länge l und Elastizitätsmodul E sei fest im Boden verankert und trage auf ihrem oberen Ende eine Last P (s. Fig. 33.5). Ihr Flächenträgheitsmoment I nehme mit wachsendem x nach dem Gesetz

$$I(x)=I_0\,\mathrm{e}^{-\frac{k}{l}x} \qquad (k>0 \text{ konstant}) \tag{33.32}$$

ab (derartige Verhältnisse hat man z. B. bei Hochspannungsmasten). Wenn die Last P groß genug ist, wird die Säule aus ihrer vertikalen Anfangslage seitlich ausweichen. Insbesondere wird sich P selbst um ein gewisses $a>0$ verschieben (s. wieder Fig. 33.5) und dann die Säule zu verbiegen suchen. Es geht uns zunächst

---

[1] Im Falle $s=1$ beachte man, daß $g(1)=f(L)=0$ ist.

[2] Zur Differenzierbarkeit Fourier-Besselscher Entwicklungen s. Watson (1958) Nr. 18.4, S. 605f.

um die Bestimmung der so entstandenen Biegelinie $y(x)$ (s. hierzu Szabó (1958)).

Im Punkt (x, y) der verbogenen Säule übt P ein Biegemoment $M = P\cdot(a-y)$ aus; die Differentialgleichung $y'' = M/(EI)$ der Biegelinie lautet daher

$$y'' = \frac{P\cdot(a-y)}{EI_0\,\mathrm{e}^{-kx/l}} \quad \text{oder also}$$

$$u'' + \frac{P}{EI_0}\,\mathrm{e}^{\frac{k}{l}x}\,u = 0 \quad \text{mit} \quad u := y-a. \tag{33.33}$$

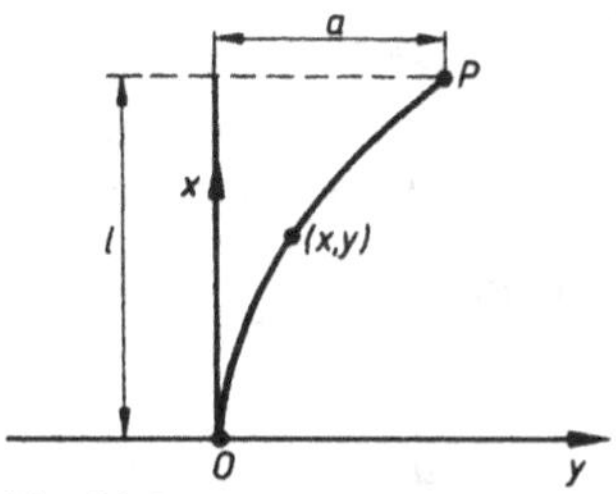

Fig. 33.5

Nach 3 in A 28.19 wird ihre allgemeine Lösung gegeben durch

$$u(x) := A\,J_0\left(\frac{2l}{k}\sqrt{\frac{P}{EI_0}}\,\mathrm{e}^{\frac{k}{2l}x}\right) + B\,Y_0\left(\frac{2l}{k}\sqrt{\frac{P}{EI_0}}\,\mathrm{e}^{\frac{k}{2l}x}\right) \tag{33.34}$$

mit beliebigen Konstanten A, B. Letztere sind den Randbedingungen

$$u(l) = 0, \quad u'(0) = 0 \quad \text{(vertikale Einspannung)} \tag{33.35}$$

anzupassen. Mit den Abkürzungen

$$\alpha := \frac{2l}{k}\sqrt{\frac{P}{EI_0}}, \quad \beta := \mathrm{e}^{\frac{k}{2}} \tag{33.36}$$

führen diese Forderungen zu dem Gleichungssystem

$$\begin{aligned} A\,J_0(\alpha\beta) + B\,Y_0(\alpha\beta) &= 0 \\ A\,J_1(\alpha) + B\,Y_1(\alpha) &= 0.\ ^{1)} \end{aligned} \tag{33.37}$$

1) Es ist $J_0' = -J_1$ und $Y_0' = -Y_1$ (s. dazu (28.24) bzw. Fußnote 1 auf S. 298).

Die triviale Lösung $A=B=0$ ist zu verwerfen: sie hätte $u(x)\equiv 0$ und somit die physikalisch unsinnige Situation $y(x)\equiv a$ zur Folge. Damit nun aber (33.37) nichttrivial lösbar ist, muß notwendigerweise die Determinante

$$J_0(\alpha\beta)\,Y_1(\alpha)-J_1(\alpha)\,Y_0(\alpha\beta)=0 \tag{33.38}$$

sein. Was wir hier vor uns haben, ist eine (numerisch aufzulösende) Gleichung für α und damit letztlich für P (s. (33.36)). Sei α_0 ihre kleinste positive Lösung. Dann ist

$$P_0:=EI_0\left(\frac{k\alpha_0}{2l}\right)^2 \tag{33.39}$$

die *kleinste* Last, bei der $u(x)$ nichttrivial ist, also eine Deformation der Säule eintritt. Deshalb nennt man P_0 die Knicklast.

Die mathematische Analyse ist weitaus weniger aufwendig, wenn I konstant $=I_0$ (also $k=0$) ist. Statt mit (33.33) hat man es dann nur mit der simplen Differentialgleichung $u''+\frac{P}{EI_0}u=0$ zu tun, statt mit (33.34) also nur mit

$$u(x):=A\cos\sqrt{\frac{P}{EI_0}}\,x+B\sin\sqrt{\frac{P}{EI_0}}\,x.$$

Die Randbedingungen (33.35) führen nun in einfachster Weise (s. Beispiel 37.1) zu der berühmten Eulerschen Knicklast

$$P_0:=EI_0\left(\frac{\pi}{2l}\right)^2. \tag{33.40}$$

Für Stahl ist $E=2{,}1\cdot 10^5\,\mathrm{N\cdot mm^{-2}}=2{,}1\cdot 10^{11}\,\mathrm{N\cdot m^{-2}}$, bei einem Kreisquerschnitt mit Durchmesser d ist $I_0=\pi d^4/64$. Für einen 20 cm langen Stahldraht mit (konstantem) Kreisquerschnitt von 1 mm Durchmesser ergibt sich also aus (33.40) eine Knicklast von rund 0,6359 N. Das entspricht etwa dem Gewicht von dem, was man in einer Metzgerei als „65 Gramm Salami" kauft.

Die Keplersche Gleichung der Planetenbahn Durch ein und dasselbe astronomische Problem - die Ortsbestimmung eines Planeten durch Auflösung seiner „Keplerschen Gleichung" - gerieten 1769 Lagrange und 1816 Bessel auf die Besselschen Funktionen. Worum handelt es sich hierbei?

Nach dem ersten Keplerschen Gesetz ist die Bahn eines Planeten P eine Ellipse, in deren einem Brennpunkt die Sonne S steht (s. Fig. 33.6).[1] Die Bahnellipse habe die Halbachsen a, b $(<a)$ und die Exzentrizität

$$e:=\frac{\overline{MS}}{a}\;(<1).$$

[1] Eine Herleitung der drei Keplerschen Gesetze aus dem Newtonschen Gravitationsgesetz findet der Leser in Heuser II, Nr. 222.

Um ihren Mittelpunkt M schlagen wir einen Hilfskreis mit dem Radius a. P bestimmt über den Kreispunkt Q den Winkel φ (die sogenannte exzentrische Anomalie), und umgekehrt legt φ auch P fest; die Planetenkoordinaten x, y sind mit φ offenbar durch die Gleichungen

$$x = a\cos\varphi, \quad y = b\sin\varphi \tag{33.41}$$

verknüpft.

Nach dem zweiten Keplerschen Gesetz überstreicht der von S nach P weisende Fahrstrahl in gleichen Zeiten gleiche Flächen: die „Lauffläche" PSB (in Fig. 33.6 schattiert) ist also proportional zur Laufzeit t. Ebenso wie φ legt auch die Lauf*flä-*

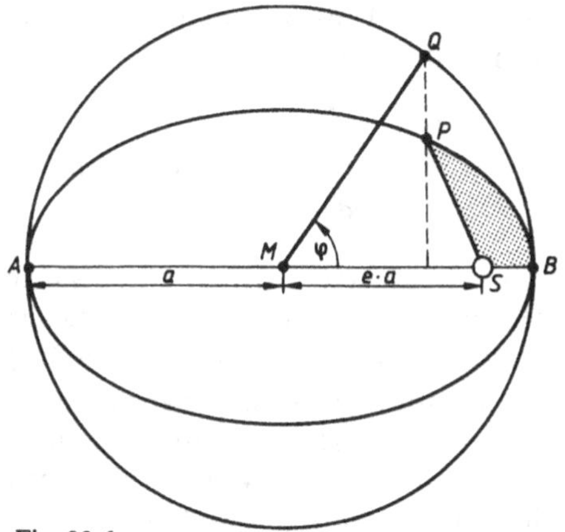

Fig. 33.6

che die Lage von P fest, und mit ihrer Hilfe läßt sich der Planetenort schließlich auch noch als Funktion der Lauf*zeit* ausdrücken. Alles dies gilt natürlich ganz entsprechend für die sogenannte

$$\text{mittlere Anomalie} \quad \mu := \pi \frac{PSB}{\text{halbe Ellipsenfläche}} = \frac{PSB}{\frac{1}{2}ab}.$$

Zwischen den beiden ortsbestimmenden Größen φ und μ muß ein gesetzmäßiger Zusammenhang bestehen. Der aber springt in die Augen. Denn wegen

$$\begin{aligned} PSB &= \text{Ellipsensektor } MPB - \text{Dreieck } MPS \\ &= \frac{1}{2}ab\varphi - \frac{1}{2}eab\sin\varphi \end{aligned}$$

haben wir offensichtlich

$$\mu = \varphi - e\sin\varphi \tag{33.42}$$

– und diese Keplersche Gleichung ist bereits die gesuchte Beziehung zwischen φ und μ. Könnte man aus ihr φ als Funktion von μ und damit auch als Funktion der Laufzeit explizit bestimmen, so ließen sich aus (33.41) die Ortskoordinaten des Planeten zu jeder Zeit t berechnen.

Vergewissern wir uns zunächst mathematisch – anschaulich liegt es ohnehin auf der Hand –, daß (33.42) wenigstens grundsätzlich nach μ aufgelöst werden kann. Wegen $0<e<1$ ist ständig

$$\frac{d\mu}{d\varphi}=1-e\cos\varphi>0 \tag{33.43}$$

und somit $\mu(\varphi)$ streng wachsend in $[-\pi, \pi]$, und zwar von $-\pi$ bis π. Nach dem Satz über die Umkehrfunktion existiert daher tatsächlich $\varphi=\varphi(\mu)$ auf $[-\pi, \pi]$ und hat die Ableitung

$$\frac{d\varphi}{d\mu}=\frac{1}{\frac{d\mu}{d\varphi}}=\frac{1}{1-e\cos\varphi(\mu)}. \tag{33.44}$$

Nun aber kommen wir zur Hauptsache: einer „Formel" für $\varphi(\mu)$, die der Astronom für seine Rechnungen gebrauchen kann. Und gerade dieser *praktische* Teil unserer Aufgabe ist der *theoretisch* anspruchvollste.

$\varphi(\mu)$ ist auf $[-\pi, \pi]$ offenbar zweimal differenzierbar und als Umkehrung einer ungeraden Funktion selbst ungerade. Daher ist auch $\varphi(\mu)-\mu=e\sin\varphi(\mu)$ (s. (33.42)) auf $[-\pi, \pi]$ zweimal differenzierbar und ungerade. Infolgedessen haben wir dort die Fourierentwicklung

$$\varphi(\mu)-\mu=\sum_{n=1}^{\infty} b_n \sin n\mu \tag{33.45}$$

– und wenn wir nun die b_n irgendwie bestimmen könnten, so hätten wir in

$$\varphi(\mu)=\mu+\sum_{n=1}^{\infty} b_n \sin n\mu$$

tatsächlich eine Formel zur Berechnung von $\varphi(\mu)$ in der Hand.[1]

Der gesuchten Koeffizienten bemächtigen wir uns auf einem Umweg. Dank der zweimaligen Differenzierbarkeit der Funktion $\varphi(\mu)-\mu$ kann man die Fourierreihe ihrer Ableitung durch gliedweise Differentiation von (33.45) erhalten:

$$\frac{d\varphi}{d\mu}-1=\sum_{n=1}^{\infty} n b_n \cos n\mu .$$

[1] Für die hier und im folgenden benötigten Sachverhalte aus der Theorie Fourierscher Reihen s. Sätze 136.3, 143.1 und Formeln (133.8), (133.9) in Heuser II.

Der Fourierkoeffizient nb_n erlebt nun die folgende Metamorphose:

$$nb_n = \frac{2}{\pi}\int_0^{\pi}\left(\frac{d\varphi}{d\mu}-1\right)\cos n\mu\, d\mu = \frac{2}{\pi}\int_0^{\pi}\frac{d\varphi}{d\mu}\cos n\mu\, d\mu$$

$$= \frac{2}{\pi}\int_0^{\pi}\cos n\mu(\varphi)\,d\varphi \qquad (\text{Substitution } \mu=\mu(\varphi))$$

$$= \frac{2}{\pi}\int_0^{\pi}\cos(n\varphi - ne\sin\varphi)\,d\varphi = 2J_n(ne) \qquad (\text{s. Satz 28.7}).$$

Daher ist $b_n = \frac{2}{n}J_n(ne)$ und

$$\varphi(\mu) = \mu + \sum_{n=1}^{\infty}\frac{2}{n}J_n(ne)\sin n\mu \tag{33.46}$$

- eine ganz überraschende Anwendung der Integraldarstellung 28.7. Mit (28.18) gewinnt man die Entwicklung von b_n nach Potenzen der Exzentrizität e:

$$b_n = 2\sum_{k=0}^{\infty}\frac{(-1)^k n^{n+2k-1}}{2^{n+2k}k!(n+k)!}e^{n+2k},$$

ein Resultat, zu dem in den Fällen $n=1, 2, 3$ schon Lagrange bei seiner Untersuchung der Keplerschen Gleichung vorgedrungen war.[1]

Bei dieser Gelegenheit hatte er für den Radiusvektor r des Planeten die Entwicklung

$$\frac{r}{a} = 1 + \frac{e^2}{2} + \sum_{n=1}^{\infty}a_n\cos n\mu$$

mit $$a_n := -2\sum_{k=0}^{\infty}\frac{(-1)^k(n+2k)n^{n+2k-2}}{2^{n+2k}k!(n+k)!}e^{n+2k}$$

(jedenfalls für $n=1, 2, 3$) angegeben. In unserer Terminologie ist $a_n = -\frac{2e}{n}J_n'(ne)$ (benutze wieder (28.18)). Ein knappes Halbjahrhundert später fand Bessel für die a_n die Darstellung

$$a_n = -\frac{e}{n\pi}\int_0^{2\pi}\sin u\cdot\sin(nu - ne\sin u)\,du\,;$$ [2]

wegen Satz 28.7 ist dies das Lagrangesche Ergebnis im Integralkostüm. Diese Dinge haben ihn dann dazu gebracht, die Funktionen

$$I_k^h := \frac{1}{2\pi}\int_0^{2\pi}\cos(hu - k\sin u)\,du \quad \text{mit ganzem } h,$$

---

[1] Hist. de l'Acad. R. des Sci. de Berlin XXV, 1769 (veröffentlicht 1771).

[2] Abh. Berliner Akad. Wiss. 1816–17 (veröffentlicht 1819).

d.h., die „Besselschen Funktionen" $J_h(k)$ eingehender zu studieren.[1] Ihre systematische Theorie hat also die Integraldarstellung 28.7 als Ausgangspunkt und Planetenprobleme als Motiv.

Das Wasserstoffatom besteht aus einem Proton und einem dieses Proton umkreisenden Elektron mit Ladung e und Ruhemasse μ. Die potentielle Energie des Elektrons im Abstand $r>0$ zum Proton wird durch das Coulombsche Potential $U:=-e^2/r$ gegeben; bei der Gesamtenergie E lautet also die Schrödingergleichung des Wasserstoffelektrons

$$\Delta\psi+\frac{8\pi^2\mu}{h^2}\left(E+\frac{e^2}{r}\right)\psi=0 \qquad (h:=\text{Wirkungsquantum}). \tag{33.47}$$

Mit Kugelkoordinaten r, ϑ, φ schreibt sich (33.47) so:

$$\frac{\partial^2\psi}{\partial r^2}+\frac{2}{r}\frac{\partial\psi}{\partial r}+\frac{1}{r^2}\left[\frac{1}{\sin\vartheta}\frac{\partial}{\partial\vartheta}\left(\sin\vartheta\frac{\partial\psi}{\partial\vartheta}\right)+\frac{1}{\sin^2\vartheta}\frac{\partial^2\psi}{\partial\varphi^2}\right]+\frac{8\pi^2\mu}{h^2}\left(E+\frac{e^2}{r}\right)\psi=0 \tag{33.48}$$

(s. (26.20) und Fig. 26.1; wir benutzen, wie in der Physik üblich, ein und dasselbe Zeichen ψ für die Wellenfunktion, gleichgültig, ob sie von cartesischen oder von sphärischen Koordinaten abhängt). Der Separationsansatz

$$\psi(r,\vartheta,\varphi)=R(r)\,V(\vartheta,\varphi) \tag{33.49}$$

zerspaltet (33.48) in die beiden Differentialgleichungen

$$\frac{d^2R}{dr^2}+\frac{2}{r}\frac{dR}{dr}+\left[\frac{8\pi^2\mu}{h^2}\left(E+\frac{e^2}{r}\right)-\frac{\lambda}{r^2}\right]R=0, \tag{33.50}$$

$$\frac{1}{\sin\vartheta}\frac{\partial}{\partial\vartheta}\left(\sin\vartheta\frac{\partial V}{\partial\vartheta}\right)+\frac{1}{\sin^2\vartheta}\frac{\partial^2V}{\partial\varphi^2}+\lambda V=0, \tag{33.51}$$

wobei λ eine Konstante bedeutet. Aus quantentheoretischen Gründen kommen für sie nur die Werte

$$\lambda_l:=l(l+1) \qquad (l=0,1,2,\ldots) \tag{33.52}$$

in Betracht (l ist die Quantenzahl des Bahndrehimpulses des Elektrons). Die Differentialgleichung (33.50) nimmt nun mit den Abkürzungen

$$r_0:=\frac{h^2}{4\pi^2\mu e^2}, \quad k:=\sqrt{-\frac{8\pi^2\mu}{h^2}E} \tag{33.53}$$

(E ist negativ!) die folgende Gestalt an:

---

[1] Untersuchung des Theils der planetarischen Störungen, welcher aus der Bewegung der Sonne entsteht. Abh. Berliner Akad. Wiss. 1824 (veröffentlicht 1826).

$$\frac{d^2R}{dr^2}+\frac{2}{r}\,\frac{dR}{dr}+\left[-k^2+\frac{2}{r_0}\,\frac{1}{r}-\frac{l(l+1)}{r^2}\right]R=0. \tag{33.54}$$

Für große r geht sie näherungsweise über in die Gleichung $\frac{d^2R}{dr^2}-k^2R=0$ mit der allgemeinen Lösung $R(r):=A\,e^{-kr}+B\,e^{kr}$. Da Wellenfunktionen „im Unendlichen verschwinden" (d. h., für $r\to\infty$ gegen 0 streben), dies wegen (33.49) aber nur möglich ist, wenn $R(r)$ mit wachsendem r gegen 0 rückt, muß $B=0$, also $R(r)=A\,e^{-kr}$ sein. Diese beiläufige Betrachtung soll nichts *beweisen* - aber sie kann die *Hoffnung* wecken, daß ein Ansatz der Form

$$R(r):=e^{-kr}w(r) \tag{33.55}$$

zur Lösung der ursprünglichen Gl. (33.54) vorteilhaft sein wird. Gehen wir mit ihm in (33.54) ein, so erhalten wir für w die Differentialgleichung

$$\frac{d^2w}{dr^2}+2\left(\frac{1}{r}-k\right)\frac{dw}{dr}+\frac{1}{r^2}\left[2r\left(\frac{1}{r_0}-k\right)-l(l+1)\right]w=0. \tag{33.56}$$

Sie ist im Nullpunkt schwach singulär mit den

Indizes l und $-l-1$ (wobei $l\in\mathbf{N}_0$ ist!).

Wir machen mit dem größeren Index l den Potenzreihenansatz

$$w(r):=r^l\sum_{\nu=0}^{\infty}a_\nu r^\nu=\sum_{\nu=0}^{\infty}a_\nu r^{l+\nu} \tag{33.57}$$

(s. Satz 27.6c). Er führt nach einer einfachen Rechnung (bei der man sich freilich zusammennehmen muß) zu der Rekursionsformel

$$[(l+\nu+1)(l+\nu+2)-l(l+1)]a_{\nu+1}=2\left[k(l+\nu+1)-\frac{1}{r_0}\right]a_\nu$$

($\nu=0,1,2,\ldots$; a_0 frei wählbar). Mit $n:=l+\nu+1$ kann man sie etwas kompakter schreiben:

$$[n(n+1)-l(l+1)]a_{n-l}=2\left[kn-\frac{1}{r_0}\right]a_{n-l-1}\quad\text{für}\quad n=l+1,l+2,\ldots. \tag{33.58}$$

Um sicher zu sein, daß $e^{-kr}w(r)\to 0$ strebt für $r\to\infty$ (unsere Wellenfunktion also „im Unendlichen verschwindet"), werden wir nach *Polynom*lösungen $w(r)$ von (33.56) Ausschau halten, also nach Lösungen der Gestalt (33.57), bei denen alle hinreichend späten $a_\nu=0$ sind. Ist nun $kp-1/r_0=0$ oder also

$$k=k_p:=\frac{1}{pr_0}=\frac{4\pi^2\mu e^2}{ph^2}\quad\text{für ein natürliches } p\geqslant l+1, \tag{33.59}$$

so verschwinden dank (33.58) tatsächlich alle a_{n-l} mit $n \geqslant p$. Das zugehörige $w(r)$ hat dann die Gestalt

$$w(r) = r^l P(r) \quad \text{mit einem Polynom } P(r), \tag{33.60}$$

und dieses $P(r)$ genügt der Differentialgleichung

$$\frac{d^2P}{dr^2} + \left(\frac{2l+2}{r} - 2k_p\right)\frac{dP}{dr} + \frac{2k_p}{r}(p-l-1)P = 0\,; \tag{33.61}$$

um dies einzusehen, gehe man mit (33.60) in (33.56) ein (nachdem man dort k durch k_p und demgemäß $1/r_0$ durch pk_p ersetzt hat).

(33.61) ist strukturell nicht sehr verschieden von der Differentialgleichung

$$\frac{d^2y}{dx^2} + \left(\frac{m+1}{x} - 1\right)\frac{dy}{dx} + \frac{1}{x}(n-m)y = 0 \tag{33.62}$$

der assoziierten Laguerreschen Polynome $L_n^{(m)}(x)$ (s. (29.11)). Tatsächlich: man braucht in (33.61) nur

$$r = \frac{x}{2k_p}, \qquad P(r) = P\left(\frac{x}{2k_p}\right) =: y(x),$$

also $$\frac{dP}{dr} = 2k_p\frac{dy}{dx}, \qquad \frac{d^2P}{dr^2} = 4k_p^2\frac{d^2y}{dx^2}$$

zu setzen, um für $y(x)$ die Differentialgleichung

$$\frac{d^2y}{dx^2} + \left(\frac{2l+2}{x} - 1\right)\frac{dy}{dx} + \frac{1}{x}(p-l-1)y = 0 \tag{33.63}$$

zu gewinnen – und sie ist gerade (33.62) für $m := 2l+1$ und $n := p+l$. Wir ziehen das befriedigende Fazit: *Die Funktion*

$$R_{p,l}(r) := e^{-k_p r} r^l L_{p+l}^{(2l+1)}(2k_p r) \qquad (l \in \mathbf{N}_0,\ p \geqslant l+1) \tag{33.64}$$

genügt der Differentialgleichung (33.54) – *mit* $k = k_p$, $1/r_0 = pk_p$ – *und strebt überdies bei unbeschränkt wachsendem* r *gegen* 0.

Gerade um dieses unabdingbare „Verschwinden im Unendlichen" zu sichern, hatten wir die Parameter k und r_0 der ursprünglichen Gleichung (33.54) durch die Festlegung (33.59) aneinandergekoppelt. Wegen (33.53) läuft diese Bindung darauf hinaus, *daß die Gesamtenergie E nur der diskreten Werte* $E_p := -\dfrac{2\pi^2\mu e^4}{(ph)^2}$ $(p = l+1, l+2, \ldots)$ *fähig ist.* Diese Energieniveaus stehen in den schönen ganzzahligen Verhältnissen

$$\frac{E_{p+1}}{E_p} = \frac{p^2}{(p+1)^2}. \tag{33.65}$$

Aufgaben

1. Potential eines elektrischen Dipols Zwei gleichgroße positive und negative elektrische Ladungen e, $-e$ mögen im Abstand $a>0$ symmetrisch zum Nullpunkt liegen (s. Fig. 33.7). Zeige: Das Potential $U=\frac{e}{PQ_1}-\frac{e}{PQ_2}$ dieses Dipols im Punkte P wird im Falle $r>(1+\sqrt{2})a$ gegeben durch

$$U=\frac{2e}{r}\sum_{n=0}^{\infty}P_{2n+1}(\cos\varphi)\left(\frac{a}{r}\right)^{2n+1} \quad (P_k \text{ das } k\text{-te Legendresche Polynom}). \tag{33.66}$$

Ist a sehr klein gegenüber r (der praktisch wichtigste Fall), so hat man die viel gebrauchte Näherungsformel

$$U\approx 2ae\frac{\cos\varphi}{r^2}.$$

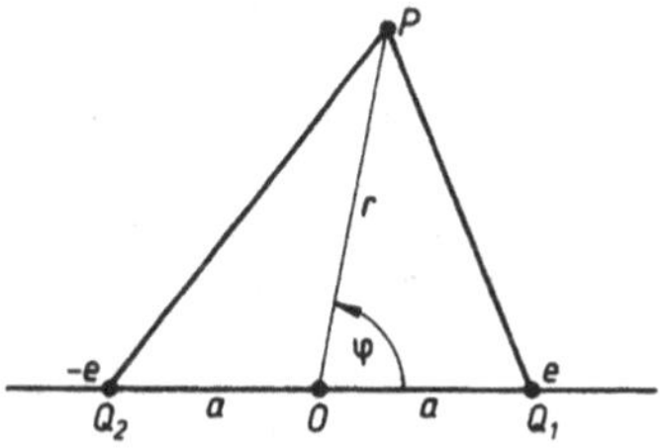

Fig. 33.7

Hinweis: Siehe Herleitung von (33.12). Beachte, daß die P_{2n} gerade, die P_{2n+1} ungerade Polynome sind.

2. Feld eines elektrischen Dipols Gewinne aus der Formel $U=(2ae\cos\varphi)/r^2$ für ein Dipolpotential U (s. Aufgabe 1) zunächst die Differentialgleichung $d\varphi/dr=-(2\cot\varphi)/r$ der Äquipotentiallinien, dann die Differentialgleichung

$$\frac{dr}{d\varphi}=2r\cot\varphi \tag{33.67}$$

der Feldlinien (= Orthogonaltrajektorien der Äquipotentiallinien) und daraus schließlich die Gleichung $r=r(\varphi)$ der Feldlinien selbst. Siehe dazu A 5.26.

3. Verformung einer Talsperrenmauer unter Wasserdruck Eine Talsperrenmauer verbiegt sich unter dem Druck der eingeschlossenen Wassermassen. Bei einer Sperrmauer mit trapezförmigem Querschnitt führt die Analyse dieser Deformation zu der Differentialgleichung

$$(1+\alpha x)^2 y^{(4)}+6\alpha(1+\alpha x)y'''+6\alpha^2 y''+\beta y=0 \tag{33.68}$$

mit positiven Konstanten α,β.[1] Ihre allgemeine Lösung hat die Form

$$A\sum a_k x^k+B\sum b_k x^k+C\sum c_k x^k+D\sum d_k x^k.$$

Bestimme die ersten Koeffizienten $a_k,\ldots,d_k$.

---

[1] S. dazu Hort-Thoma (1944), S. 243ff.

4. Frequenzmodulierte Schwingungen sind Schwingungen der Form

$$\begin{aligned} u(t) &= A\sin\left(\Omega t + \frac{q}{\omega}\sin\omega t + \varphi\right) \\ &= A\sin(\Omega t+\varphi)\cos\left(\frac{q}{\omega}\sin\omega t\right) + A\cos(\Omega t+\varphi)\sin\left(\frac{q}{\omega}\sin\omega t\right); \end{aligned} \tag{33.69}$$

bei ihnen schwankt also die *Frequenz* sinusförmig um einen Mittelwert (vgl. die *amplitudenmodu*lierte Schwingung (18.31)). Sie spielen eine bedeutende Rolle in der Nachrichtentechnik. Bei kleinem q/ω kann man

$$\cos\left(\frac{q}{\omega}\sin\omega t\right) \approx 1 \quad \text{und} \quad \sin\left(\frac{q}{\omega}\sin\omega t\right) \approx \frac{q}{\omega}\sin\omega t$$

setzen; (33.69) geht dann über in

$$u(t) \approx A\sin(\Omega t+\varphi) + A\frac{q}{\omega}\sin\omega t\cos(\Omega t+\varphi).$$

Bei größerem q/ω ist diese Landsknechtmethode nicht mehr tauglich; man muß dann behutsamer prozedieren. Primär wird es dabei um die Beherrschung der Funktionen

$$f(t) := \cos\left(\frac{q}{\omega}\sin\omega t\right) \quad \text{und} \quad g(t) := \sin\left(\frac{q}{\omega}\sin\omega t\right)$$

in (33.69) gehen. Zeige nun der Reihe nach:

a) $f(t)$ ist eine gerade Funktion mit der Periode π/ω und der Fourierentwicklung

$$f(t) = \frac{A_0}{2} + \sum_{n=1}^{\infty} A_n\cos 2n\omega t, \quad A_n := \frac{2}{\pi}\int_0^{\pi}\cos\left(\frac{q}{\omega}\sin\tau\right)\cos 2n\tau\,\mathrm{d}\tau.$$

Hinweis: (18.42), (18.43), ferner Satz 136.3 in Heuser II. Diese Dinge werden auch weiterhin benötigt (ohne Hinweis).

b) $\int_0^{\pi}\sin\left(\frac{q}{\omega}\sin\tau\right)\sin 2n\tau\,\mathrm{d}\tau = 0.$

Hinweis: Der Integrand $h(\tau)$ ist ungerade bez. $\tau=\pi/2$: $h\left(\frac{\pi}{2}-\tau\right) = -h\left(\frac{\pi}{2}+\tau\right)$.

c) $A_n = 2J_{2n}\left(\frac{q}{\omega}\right)$, also $f(t) = J_0\left(\frac{q}{\omega}\right) + 2\sum_{n=1}^{\infty} J_{2n}\left(\frac{q}{\omega}\right)\cos 2n\omega t$.

Hinweis: Satz 28.7.

d) $g(t)$ ist eine ungerade Funktion mit der Periode $2\pi/\omega$ und der Fourierentwicklung

$$g(t) = \sum_{n=0}^{\infty} B_{2n+1}\sin(2n+1)\omega t, \quad B_{2n+1} := \frac{2}{\pi}\int_0^{\pi}\sin\left(\frac{q}{\omega}\sin\tau\right)\sin(2n+1)\tau\,\mathrm{d}\tau.$$

e) $\int_0^{\pi}\cos\left(\frac{q}{\omega}\sin\tau\right)\cos(2n+1)\tau\,\mathrm{d}\tau = 0.$

f) $B_{2n+1} = 2J_{2n+1}\left(\frac{q}{\omega}\right)$, also $g(t) = 2\sum_{n=0}^{\infty} J_{2n+1}\left(\frac{q}{\omega}\right)\sin(2n+1)\omega t$.

g) $u(t)=A J_0\left(\frac{q}{\omega}\right)\sin(\Omega t+\varphi)$

$$+A\sum_{n=1}^{\infty} J_{2n}\left(\frac{q}{\omega}\right)\{\sin[(\Omega+2n\omega)t+\varphi]+\sin[(\Omega-2n\omega)t+\varphi]\}$$

$$+A\sum_{n=0}^{\infty} J_{2n+1}\left(\frac{q}{\omega}\right)\{\sin[(\Omega+(2n+1)\omega)t+\varphi]-\sin[(\Omega-(2n+1)\omega)t+\varphi]\},$$

kompakter:

$$u(t)=A\sum_{n=-\infty}^{\infty} J_n\left(\frac{q}{\omega}\right)\sin[(\Omega+n\omega)t+\varphi].$$

5. Die Besselschen Leitungen der Elektrotechnik Gegeben sei eine lange isolierte Leitung; die Isolation wollen wir realistischerweise nicht als ganz perfekt ansehen. Eine elektromotorische Kraft treibe einen Strom durch die Leitung. Dann sind der Strom $I=I(x,t)$ und die Spannung $U=U(x,t)$ an der Stelle x zur Zeit t durch die folgenden Differentialgleichungen miteinander verbunden:[1]

$$-\frac{\partial U}{\partial x}=RI+L\frac{\partial I}{\partial t},\quad -\frac{\partial I}{\partial x}=GU+C\frac{\partial U}{\partial t};\tag{33.70}$$

hierbei sind R, L, G und C positive, ortsabhängige Größen, nämlich Widerstand, Induktivität, Isolationsleitwert und Kapazität der Leitung, und zwar pro Längeneinheit (die Dimension von R ist also Ohm/cm, entsprechend für L, G und C). Wir wollen hier die Proportionalitäten

$$R(x)=\varrho_1 L(x),\quad G(x)=\varrho_2 C(x)\tag{33.71}$$

voraussetzen. Zeige unter dieser Annahme:

a) Der Separationsansatz

$$U:=(\alpha+\varrho_1)u(x)\,\mathrm{e}^{\alpha t},\quad I:=-\frac{1}{L}u'(x)\,\mathrm{e}^{\alpha t}\tag{33.72}$$

befriedigt ohne Rücksicht auf $u(x)$ und α die erste Gleichung des Systems (33.70), und er befriedigt auch die zweite, wenn nur $u(x)$ der Differentialgleichung

$$\frac{\mathrm{d}}{\mathrm{d}x}\left(\frac{1}{L}\frac{\mathrm{d}u}{\mathrm{d}x}\right)=C(\alpha+\varrho_1)(\alpha+\varrho_2)u\tag{33.73}$$

genügt.

b) Wird die Ortsabhängigkeit der Größen L und C durch

$$L(x)=L_0(1+\lambda x),\quad C(x)=\frac{C_0}{1+\lambda x}\quad (L_0, C_0, \lambda>0 \text{ konstant})$$

gegeben - man spricht dann von einer Besselschen Leitung -, so geht (33.73) über in die Differentialgleichung

[1] Eine durchsichtige Herleitung findet man in Franklin (1960), S. 156ff. Den Strom bezeichnen wir diesmal mit I statt wie früher mit J, um keine Verwechslung mit Besselschen Funktionen aufkommen zu lassen.

$$u''-\frac{\lambda}{1+\lambda x}u'+m^2u=0 \quad \text{mit} \quad m^2:=-(\alpha+\varrho_1)(\alpha+\varrho_2)L_0C_0. \tag{33.74}$$

c) Die allgemeine Lösung von (33.74) ist $u(x)=(1+\lambda x)Z_1\left[\frac{m}{\lambda}(1+\lambda x)\right]$, wobei Z_1 die allgemeine Lösung der Besselschen Differentialgleichung der Ordnung 1 bedeutet (s. Satz 28.2).
Hinweis: A 28.19, verbunden mit einer einfachen Transformation der unabhängigen Variablen.

6. Das Pendel mit variabler Länge. Die Schaukel Bei dem mathematischen Pendel in Fig. 18.6 sei diesmal die Fadenlänge l zeitlich veränderlich: $l=l(t)$. Der Drehimpuls (Impulsmoment oder Drall) des Pendelkörpers bezüglich des Aufhängepunktes ist $ml\cdot l\dot{\varphi}$, das Moment der Schwerkraft bezüglich desselben Punktes $-mgl\sin\varphi$, nach dem Momentensatz gilt daher

$$\frac{\mathrm{d}}{\mathrm{d}t}(ml^2\dot{\varphi})=-mgl\sin\varphi, \quad \text{also} \quad \ddot{\varphi}+\frac{2\dot{l}}{l}\dot{\varphi}+\frac{g}{l}\sin\varphi=0.$$

Für kleine Ausschläge φ dürfen wir $\sin\varphi$ durch φ ersetzen und erhalten dann in

$$\ddot{\varphi}+\frac{2\dot{l}}{l}\dot{\varphi}+\frac{g}{l}\varphi=0 \tag{33.75}$$

die Differentialgleichung des mathematischen Pendels mit variabler Länge.

Der Leser möge nun zwei Spezialfälle studieren.

I) *Gleichmäßig* größer *werdende Pendellänge*: $l=l_0+\alpha t$ ($\alpha>0$ *konstant*).

a) Zeige mit Hilfe von A 28.19 (nach einer vorgeschalteten Transformation der unabhängigen Variablen), daß die allgemeine Lösung der Pendelgleichung in diesem Falle gegeben wird durch

$$\varphi=\sqrt{\frac{\alpha}{l_0+\alpha t}}\,Z_1\left(\frac{2}{\alpha}\sqrt{g(l_0+\alpha t)}\right). \tag{33.76}$$

Mit $\tau:=\frac{2}{\alpha}\sqrt{g(l_0+\alpha t)}$ stellen sich die Pendelausschläge φ also so dar:

$$\varphi=A\tau^{-1}J_1(\tau)+B\tau^{-1}Y_1(\tau) \quad (A, B \text{ willkürliche Konstanten}).$$

b) $\frac{\mathrm{d}\varphi}{\mathrm{d}\tau}=-[A\tau^{-1}J_2(\tau)+B\tau^{-1}Y_2(\tau)]$.

Hinweis: Bemerkung nach Satz 28.4; s. dazu Fußnote 1 auf S. 347.

c) $J_1(\tau)Y_2(\tau)-J_2(\tau)Y_1(\tau)=-\frac{2}{\pi\tau}$.

Hinweis: A 28.14; Bemerkung nach Satz 28.4.

d) Unter den Anfangsbedingungen $\varphi=\varphi_0$, $\dot{\varphi}=0$ für $t_0=0$ und mit $\tau_0:=\frac{2}{\alpha}\sqrt{gl_0}$ werden die Pendelausschläge φ gegeben durch

$$\varphi=\frac{\pi}{2}\frac{\tau_0^2\varphi_0}{\tau}[J_2(\tau_0)Y_1(\tau)-Y_2(\tau_0)J_1(\tau)].$$

Dieses Beispiel zeigt in fast bedrückender Weise, wie drastisch eine leichte Veränderung der physikalischen Situation die Forderungen an den mathematischen Apparat hochtreiben kann.

II) *Gleichmäßig* kleiner *werdende Pendellänge*: $l = l_0 - \alpha t$ ($\alpha > 0$ *konstant*).

Verfahre ähnlich wie im Fall I.

Die *Schaukel* kann als Beispiel für ein Pendel mit abwechselnd kleiner und größer werdender Länge dienen. Beim Schaukeln nämlich erfolgt durch das rhythmische Heben und Senken der Beine ein Heben und Senken des Schwerpunktes, und dieses kann als periodische Verkleinerung bzw. Vergrößerung der Pendellänge aufgefaßt werden. Die obigen Rechnungen lassen ahnen, daß die Theorie des Schaukelns viel intrikater ist, als dem praktizierenden Schaukler bewußt sein mag.

7. Die Schwingungen einer kreisförmigen Membrane Dieses Problem hatten wir schon zu Beginn der Nr. 28 angeschnitten. Wir stützen uns im folgenden auf diese Erörterungen und übernehmen die dort benutzten Bezeichnungen. Der Einfachheit wegen sei der Membranradius $R = 1$. Zeige:

a) Die physikalisch allein sinnvollen Lösungen von (28.13) sind die Funktionen $f(r) := cJ_\nu(\sqrt{\lambda}\, r)$ mit willkürlichen Konstanten c (beachte, daß $\nu \in \mathbf{N}_0$ ist).

b) ξ_k sei die k-te positive Nullstelle von J_ν, $\alpha > 0$ die Konstante in (28.3). Dann beschreiben die Funktionen

$$z_k(r, \varphi, t) := J_\nu(\xi_k r)(A_k \cos \nu\varphi + B_k \sin \nu\varphi)(C_k \cos \alpha\xi_k t + D_k \sin \alpha\xi_k t) \tag{33.77}$$

bei beliebiger Wahl der Konstanten $A_k, \ldots, D_k$ Schwingungen der am Rande eingespannten Membrane.

c) Die eingespannte Membrane erhalte eine von φ unabhängige (also kreissymmetrische) Auslenkung $z = h(r)$ und werde zur Zeit $t_0 = 0$ losgelassen (ihre Anfangsgeschwindigkeit sei also $= 0$). Dann ist $\nu = 0$, und die Fundamentalschwingungen (33.77) haben somit die Gestalt

$$z_k(r, \varphi, t) = z_k(r, t) = A_k J_0(\xi_k r)(C_k \cos \alpha\xi_k t + D_k \sin \alpha\xi_k t)$$

(ξ_k die k-te Nullstelle von J_0). Ihre Geschwindigkeit zur Zeit $t_0 = 0$ verschwindet, wenn $D_k = 0$, also

$$z_k(r, t) = a_k J_0(\xi_k r) \cos \alpha\xi_k t \tag{33.78}$$

ist. Man wird nun versuchen, die tatsächliche Membranschwingung $z = z(r, t)$ aus den Schwingungen (33.78) aufzubauen:

$$z(r, t) = \sum_{k=1}^{\infty} a_k J_0(\xi_k r) \cos \alpha\xi_k t.$$

Zu diesem Zweck sind die a_k so zu wählen, daß für die Anfangsauslenkung $h(r) = z(r, 0)$ gilt:

$$h(r) = \sum_{k=1}^{\infty} a_k J_0(\xi_k r).$$

Diskutiere diese Dinge anhand des Entwicklungssatzes 28.10.

Die kreisförmige Membrane wurde erstmals von Euler untersucht (Novi Comm. Acad. Sci. Petrop. 10, 1764 (veröff. 1766) = Opera (2) 10, 344–359). Er stellte dabei die Gl. (28.10) auf und gelangte durch einen Reihenansatz zu den Besselschen Funktionen J_ν mit $\nu \in \mathbf{N}_0$. Die physikalische Bedeutung ihrer Nullstellen war ihm völlig klar, und physikalische Gründe brachten ihn zu der Vermutung, jedes J_ν besitze unendlich viele.

Die Schwingung in (33.77) wird man, wie bei der Saite, die *k-te Oberschwingung* der Membrane nennen (s. Nr. 34). Ihre Frequenz ist $\nu_k = \frac{\alpha\xi_k}{2\pi}$, und somit ist $\nu_{k+1}/\nu_k = \xi_{k+1}/\xi_k$ *irrational*. Bei der schwingenden Saite hingegen ist nach (34.5a) $\nu_{k+1}/\nu_k = (k+1)/k$ *rational*. Dieses zahlentheoretisch verschiedenartige Verhalten der Frequenzverhältnisse ist der Grund, weshalb die Geige *Musik* und die Trommel nur *Lärm* macht.

Historische Anmerkung. Euler

Schon gegen Ende des 17. Jahrhunderts waren im wesentlichen alle formalen Integrationsmethoden des Kapitels II den Mathematikern geläufig. Nur die volle Aufklärung der *exakten Differentialgleichungen* und der *integrierenden Faktoren* mußte noch ein wenig warten. Diese Dinge brachte erst Euler 1734 ins reine.[1]

Neben den Differentialgleichungen *erster* Ordnung aber hatten sich längst schon solche von *höherer* Ordnung hervorgedrängt. Bereits in den *Principia* (1687) behandelte Newton der Sache nach, wenn auch geometrisch verhüllt, beispielsweise die Differentialgleichung des ungedämpften und des gedämpften harmonischen Oszillators. Jakob Bernoulli geriet bei seiner Untersuchung der *velaria* 1691 an eine Differentialgleichung zweiter, bei Gelegenheit der Brachistochrone 1696/97 an eine von dritter Ordnung. Besonders wichtig wurden seine Studien zur Balkenbiegung, die 1691 begannen und 1694 zu einem Resultat führten, das wir heutzutage als Differentialgleichung

$$\frac{w''(x)}{[1+w'^2(x)]^{3/2}} = CM(x) \qquad (M \text{ das Biegemoment})$$

der „elastischen Linie" schreiben.[2] Grundlegend hierbei war die Formel für die Krümmung einer Kurve; Jakob Bernoulli feierte sie als „goldenes Theorem" (*Theorema aureum*) und schrieb sie – nicht ganz zu Recht – sich selbst zu. Es waren rein geometrische Krümmungsprobleme, die nun viele weitere Differentialgleichungen zweiter Ordnung hervorbrachten. Beispielsweise kam Riccati 1712 durch Fragen dieser Art auf eine Differentialgleichung der Form $f(y, y', y'') = 0$, in der die unabhängige Veränderliche x nicht auftritt. Indem er nun y als unabhängige, $p := y'$ als abhängige Variable auffaßte (*Per liberare la premessa formula dalle seconde differenze, ..., chiamo p la sunnormale BF...*), konnte er die ursprüngliche Gleichung *zweiter* Ordnung für y auf eine von *erster* Ordnung für p reduzieren (s. Nr. 62).[3] Derartige Reduktionen wurden ein beliebtes Mittel, speziellen Gleichungen höherer Ordnung beizukommen. Als der einundzwanzigjährige Euler 1728 eine gewisse Klasse von Gleichungen zweiter Ordnung auf solche von erster zurückführte, ging ihm die Wünschbarkeit einer Funktion auf, die beim Differenzieren unverändert bleibt –

---

[1] Opera (1), 22, S. 36–56. Der § 6 bringt übrigens den Satz von der Vertauschbarkeit der Differentiationsreihenfolge: $\partial^2 A/\partial t\,\partial u = \partial^2 A/\partial u\,\partial t$.

[2] Siehe Ostwalds Klassiker der exakten Wissenschaften 175 und C. Truesdell: „The rational mechanics of flexible or elastic bodies" in Eulers Opera (2), 11 (Teil 2), S. 88–96.

[3] Giornale de'Letterati d'Italia **11** (1712) 204–220. Näheres über Riccati in der historischen Anmerkung nach A 4.37.

und so kam die Exponentialfunktion e^x (Euler schrieb damals noch c^x) mit den folgenden Worten zur Welt[1]:

> Quantitas huiusmodi est c^x, ubi c denotet numerum, cuius logarithmus est unitas; erit eius differentiale $c^x\,dx$....

Es waren vor allem Schwingungs- und Biegungsprobleme, die im 18. Jahrhundert auf Differentialgleichungen höherer Ordnung führten. Eine herausragende Rolle spielte hierbei die Frage nach den Bewegungsformen einer schwingenden Saite. Wir werden später noch darauf zu sprechen kommen und begnügen uns vorderhand mit der Bemerkung, daß Brook Taylor 1713 einen ersten Versuch zu ihrer Lösung machte[2] und Johann Bernoulli 1728 einen zweiten.[3]

1732 geriet Johanns Sohn Daniel (1700–1782; 82) durch die Frage nach den Schwingungsformen einer frei herabhängenden Kette an lineare Differentialgleichungen zweiter Ordnung mit variablen Koeffizienten.[4] *Faute de mieux* griff er nach einem Potenzreihenansatz und fand so als erster, was wir heute die Besselsche Funktion $J_0(x)$ nennen (s. hierzu den Abschnitt „Schwingungen eines frei herabhängenden Seiles“ in Nr. 33; die Abhängigkeit von der Zeit faßte Daniel damals freilich noch nicht ins Auge, auch die Superposition der Grundschwingungen fehlt noch).

1734 studierte Daniel die Schwingungen eines elastischen, an einem Ende fest verankerten Stabes und stieß dabei auf die Differentialgleichung $K^4 \frac{d^4y}{dx^4} = y$ (K konstant). Er teilte sie seinem Freunde Euler am 4. Mai 1735 mit, und dieser schrieb ihm in einem undatierten Brief noch vor Juni 1735, er, Euler, könne sie nur durch Reihen lösen: so armselig und konfus begann die Theorie der linearen Differentialgleichungen mit konstanten Koeffizienten, die Jahre später Euler selbst zur Blüte bringen sollte.

Die „ungewohnten Oszillationen einer aufgehängten Taschenuhr“ einerseits, das gewaltige Urphänomen der Gezeiten andererseits, brachten Euler 1739 dazu, Schwingungen unter dem Einfluß periodischer Zwangskräfte zu studieren und seine Aufmerksamkeit der *inhomogenen* linearen Differentialgleichung

$$2a\frac{d^2s}{dt^2} + \frac{1}{b}s + \frac{a}{g}\sin\frac{t}{a} = 0,$$

zuzuwenden.[5] Er löste sie zunächst durch Quadraturen, dann noch einmal – da „diese Integrationen völlig ungewohnt sind“ – durch das Hausmittel der Potenzreihen. Die Arbeit ist historisch denkwürdig, weil Euler in ihr schon die „Variation der Konstanten“ praktizierte (35 Jahre vor Lagrange) und auf das Phänomen der *Resonanz* stieß: *Casus, quo* $2b = a$ *seu* $\sqrt{2ab} = a$, *peculiari indiget integratione.* Er findet in diesem Falle die Lösung

$$s = D\cos\frac{t}{a} + C\sin\frac{t}{a} + \frac{at}{4g}\cos\frac{t}{a}$$

---

[1] Opera (1), 22, S. 3.

[2] Phil. Trans. **28** (1713) 26–32 (veröffentlicht 1714).

[3] Opera III, S. 198–210.

[4] Theoremata de oscillationibus corporum filo flexili connexorum et catenae verticaliter suspensae. Commentarii academiae scientiarum Petropolitanae **6** (1732/33) 108–122 (veröff. 1740).

[5] De novo genere oscillationum. Commentarii academiae scientiarum Petropolitanae **11** (1739) (veröff. 1750) = Opera (2), 10, S. 78–97.

– *ex quo istae oscillationes post tempus infinitum in infinitum excrescent*. Angesichts dieses *effectus admirandus* geht zu guter Letzt die Fantasie mit ihm durch, und er sieht die Möglichkeit eines *perpetuum mobile* am Horizont heraufdämmern (§ 39). Man glaubt, Cagliostro, den König der Projektemacher, zu hören, aber der wurde erst 1743 geboren, in Palermo.

Im gleichen Jahr kam auch die Theorie der homogenen linearen Differentialgleichung beliebiger Ordnung mit konstanten Koeffizienten zur Welt, in Berlin. Denn 1743 veröffentlichte Euler in den Miscellanea Berolinensia eine immer noch jugendfrische Arbeit,[1] worin er der Differentialgleichung

$$0=A+\frac{B\,dy}{dx}+\frac{C\,ddy}{dx^2}+\frac{D\,d^3y}{dx^3}+\cdots+\frac{N\,d^ny}{dx^n}$$

in genau derselben Weise auf den Leib rückt, wie wir es in der Nr. 15 getan haben, nämlich mittels der *aequatio algebraica*

$$0=A+Bz+Cz^2+Dz^3+\cdots+Nz^n.$$

Dabei entdeckt er auch, daß sich das „vollständige Integral" (linear) aus „partikulären Integralen" aufbauen läßt: *ex integralibus particularibus integrale completum conflabitur*. Die Arbeit ist im Geist der beliebten Reduktionsmethode geschrieben, und ihr Nerv ist wieder einmal die unschätzbare Eigenschaft seiner Exponentialfunktion von 1728, die Differentiation unverändert zu überstehen. Zum Schluß gibt er den Lösungsweg noch rezeptmäßig an und füllt ganze 26 Seiten (in den Opera) mit detailliert durchgerechneten Beispielen und Spezialfällen.

In dieser Arbeit benutzt Euler entscheidend die „Eulersche Formel" (14.18). Interessanterweise war er durch die Untersuchung einer sehr einfachen linearen *Differentialgleichung*, nämlich $y''+y=0$, schon 1740 auf eine merkwürdige Beziehung zwischen Exponentialfunktion und Winkelfunktionen gestoßen.[2] Er hatte nämlich die beiden Integrale $2\cos s$ und $e^{\sqrt{-1}s}+e^{-\sqrt{-1}s}$ gefunden und zeigte nun durch Reihenentwicklung, daß sie übereinstimmen; es galt also

$$\cos s=\frac{e^{s\sqrt{-1}}+e^{-s\sqrt{-1}}}{2}.$$ [3]

Die korrespondierende Gleichung für $\sin s$ findet sich in der Form

$$\frac{e^{s\sqrt{-1}}-e^{-s\sqrt{-1}}}{2\sqrt{-1}}=s-\frac{s^3}{1\cdot2\cdot3}+\frac{s^5}{1\cdot2\cdot3\cdot4\cdot5}-\frac{s^7}{1\cdot2\cdot3\cdots7}+\frac{s^9}{1\cdot2\cdot3\cdots9}-\text{etc.}$$

[1] De integratione aequationum differentialium altiorum gradum. Miscellanea Berolinensia 7 (1743) 193–242 = Opera (1), 22, S. 108–149. Er hatte diese Dinge schon seinem ehemaligen Lehrer Johann Bernoulli in einem Brief vom 15. September 1739 andeutungsweise mitgeteilt. – Die hier benutzten Briefe von und an Euler sind mit Inhalts- und Quellenangabe registriert in Opera (4 A), 1 (Commercium Epistolicum).

[2] Brief vom 18. Oktober 1740 an Daniel Bernoulli.

[3] Euler benutzte erst ab 1777 den Buchstaben i für $\sqrt{-1}$. 1777 ist auch – man mag dies als Omen nehmen – das Geburtsjahr von Carl Friedrich Gauß, der den komplexen Zahlen „das Bürgerrecht in der Mathematik verliehen hat", um einen gängigen Ausdruck noch einmal zu gebrauchen.

in einer Arbeit Eulers über Reihen, die in den Miscellanea Berolinensia **7** (1743) direkt vor seinem oben besprochenen Differentialgleichungstraktat steht, nämlich auf den Seiten 172–192 (Opera (1), 14, S. 138–155; dort auf S. 142).

Die *inhomogene* lineare Differentialgleichung mit konstanten Koeffizienten behandelte Euler systematisch in einer *dissertatio* von 1750/51, die sich schon im Titel als Fortsetzung seiner Arbeit von 1743 über die *homogene* Gleichung zu erkennen gibt: *Methodus aequationes differentiales altiorum gradum integrandi ulterius promota.*[1] Sie enthält u.a. den Polynomansatz im Falle einer polynomialen rechten Seite (s. Tab. 16.1), braucht uns aber hier nicht weiter zu interessieren, da sie durch die Lagrangesche Methode der Variation der Konstanten obsolet geworden ist.

Euler griff auch lineare Differentialgleichungen mit *variablen* Koeffizienten auf. Als er 1734/35 Daniel Bernoullis Untersuchungen der Seilschwingungen von 1732/33 vertiefte,[2] trat ihm die Differentialgleichung

$$\frac{y\,dx^2}{f} + \frac{x\,ddy}{n+1} + dx\,dy = 0 \quad \text{oder also} \quad y'' + \frac{n+1}{x}y' + \frac{n+1}{f}\,\frac{1}{x}y = 0$$

vor Augen (vgl. (33.22)). Mit $q := -\frac{(n+1)x}{f}$ erhält er durch den landläufigen Reihenansatz für beliebiges n die Lösung

$$\frac{y}{a} = 1 + \frac{q}{1\cdot(n+1)} + \frac{q^2}{1\cdot 2\cdot(n+1)(n+2)} + \frac{q^3}{1\cdot 2\cdot 3(n+1)(n+2)(n+3)} + \text{etc.},$$

in unserer Sprache ist also

$$y = \frac{A}{\sqrt{q}^{\,n}} J_n(2i\sqrt{q}) \qquad (\text{s. } (28.18)).$$

Wir erleben hier den ersten Auftritt der Besselschen Funktionen J_n. Der zweite kam 30 Jahre später, als Euler die Schwingungen einer kreisförmigen Membrane, konkreter: eines *tympanum* (Pauke) studierte;[3] s. dazu A 33.7. Indem er dieses Problem mit dem der schwingenden Saite vergleicht, meint er seufzend, ersteres erfordere „viel tiefere Mysterien des *calculus*". Und mit einem zweiten Seufzer sagt er etwas später: „Suchen wir also unsere Zuflucht bei den Reihen" (*confugiamus ergo ad series*). Die Flucht endet bei J_n - und zwar durch einen Ansatz, mit dem er die Frobeniussche Methode (Nr. 27) bereits vorwegnimmt.[4]

Wie der Königsberger Astronom Bessel 1824 die nach ihm benannten Funktionen aus dem Dunkel eines astronomischen Problems ans Tageslicht zog, haben wir schon im Abschnitt „Die Keplersche Gleichung der Planetenbahn" in Nr. 33 berichtet.

---

[1] Novi Commentarii academiae scientiarum Petropolitanae **3** (1750/51) (veröff. 1753) = Opera (1), 22, S. 181–213.

[2] De oscillationibus fili flexilis quotcunque pondusculis onusti. Comm. acad. sci. Petrop. **8** (1736) (veröff. 1741) = Opera 2 (10), S. 35–49.

[3] De motu vibratorio tympanorum. Novi Comm. acad. sci. Petrop. **10** (1764) (veröff. 1766) = Opera (2), 10, S. 344–359.

[4] Opera (2), 10, S. 356. Systematischer entwickelt er sie im Kapitel VIII der Institutiones calculi integralis II (= Opera (1), 12): De aliarum aequationum differentio-differentialium per series infinitae, besonders im Problema 122. Hier findet sich der Ansatz $\sum_{k=0}^{\infty} A_k x^{\lambda+k}$ und die Indexgleichung.

In einem Brief an Johann Bernoulli vom 19. Januar 1740 integrierte Euler die nach ihm benannte Differentialgleichung (20.1) durch den Ansatz $y=x^\mu$; μ wird aus einer algebraischen Gleichung bestimmt.[1] Aus dem Antwortschreiben (16. April 1740) geht hervor, daß Bernoulli diese Differentialgleichung schon um 1700 vollständig gelöst hatte, und zwar durch Reduktion der Ordnung. Johann Bernoulli war immer wieder von nomenklatorischem Pech verfolgt: die Regel von de l'Hospital, die Taylorsche Reihe und nun auch die Eulersche Differentialgleichung sollten von Rechts wegen seinen Namen tragen, tun es aber nicht.

Systematischer als seine Vorgänger griff *Lagrange* die linearen Differentialgleichungen mit variablen Koeffizienten an. In der dritten Nummer (1762/65) der Turiner Zeitschrift *Miscellanea Philosophica-Mathematica Societatis Privatae Taurinensis*[2] machte sich der Sechsundzwanzigjährige auf die Suche nach einem integrierenden Faktor für die *allgemeine* lineare Differentialgleichung

$$Ly+M\frac{dy}{dt}+N\frac{d^2y}{dt^2}+\cdots=T \qquad (L, M, \ldots \text{ Funktionen von } t)$$

und fand dabei den später so wichtig gewordenen Begriff der adjungierten Gleichung

$$Lz-\frac{d(Mz)}{dt}+\frac{d^2(Nz)}{dt^2}-\cdots=0.$$ [3]

Die Ordnung der ursprünglichen Gleichung konnte er nun um 1 vermindern, indem er sie mit einem Integral der adjungierten multiplizierte. Ferner zeigte er, daß man die allgemeine Lösung einer linearen Differentialgleichung n-ter Ordnung aus n partikulären Integralen linear aufbauen kann.

In derselben Nr. 3 der Miscellanea Taur., auf S. 381, veröffentlichte übrigens d'Alembert seinen Reduktionssatz (Satz 23.1).

Die Idee, Konstanten oder Parameter zu „variieren", geht auf die Störungsrechnungen der Astronomen zurück, mit denen sie seit Newton dem schwierigen Dreikörperproblem wenigstens approximativ beizukommen suchten.[4] Lagrange machte diesen Gedanken eher beiläufig - in einer *remarque* - für die Integration der inhomogenen linearen Differentialgleichung fruchtbar und gewann so die „Methode der Variation der Konstanten", *qui est beaucoup plus simple que tout ce que l'on trouve dans les tomes* III *et* IV *des Mémoires de Turin sur cette matière.*[5] Einen Vorgriff auf sie

---

[1] Siehe Inst. calcul. integr. II = Opera (1), 12. Auf S. 385-388 (der Opera) wird die homogene, auf S. 388-413 die inhomogene Gleichung behandelt.

[2] Ouevres I, 471-478. Die Societas Taurinensis war von Lagrange mitbegründet worden.

[3] Siehe dazu A 36.8.

[4] S. etwa Abschnitt II im dritten Buch der *Principia* (S. 416ff. in der Darmstädter Ausgabe von 1963). Newton behandelt dort die von der Sonne gestörte Bewegung des Mondes um die Erde. Die genaue Kenntnis der Mondbahn war bis zur Erfindung präziser und schiffstauglicher Chronometer für Hochseenavigation und Seemachtpolitik unentbehrlich; die diversen Admiralitäten förderten denn auch kräftig die wissenschaftliche Klärung der unglücklicherweise besonders diffizilen Mondbewegung.

[5] Oeuvres IV, S. 159ff. Auf S. 161-165 wird diese Methode zu einer Störungsrechnung für Systeme *allgemeiner* Differentialgleichungen n-ter Ordnung ausgestaltet; *elle sera... fort utile pour calculer les mouvement des planètes en tant qu'ils sont altérés par leur action mutuelle.*

findet man freilich, wie schon erwähnt, in Eulers Arbeit *De novo genere oscillationum* von 1739.[1]

Euler war die überragende Gestalt in der Mathematik des 18. Jahrhunderts. Von den Lebensumständen dieses Mannes wollen wir nun ein weniges erzählen und dabei auch einige Blicke auf Daniel Bernoulli und Lagrange werfen.

Leonhard Euler wurde 1707 in Basel geboren und starb 1783 in St. Petersburg. Sein Leben überdeckt also fast das ganze *siècle des lumières*. In seinem Nachruf feiert ihn Condorcet (1743–1794; 51) als „einen der größten und außerordentlichsten Menschen, den die Natur jemals hervorgebracht hat;" der fromme Baseler hätte freilich statt der „Natur" des Aufklärers zweifelsohne lieber das Wort „Gott" gesehen.

Eulers Vater war ein kalvinistischer Pfarrer, hatte bei Jakob Bernoulli Vorlesungen gehört und war mit Johann Bernoulli befreundet: von Anfang an kam so in Leonhards Leben ein theologisches *und* ein mathematisches Element hinein. Das theologische gewann zunächst die Oberhand; auf Wunsch des Vaters studierte er die Gottesgelehrsamkeit, geriet aber bald in Johann Bernoullis Bannkreis und gab seinen Studien und seinem Leben eine radikale Wendung. In dieser Zeit schloß er auch Freundschaft mit dem sieben Jahre älteren Daniel Bernoulli (1700–1782; 82), Johanns zweitem Sohn. Mit neunzehn Jahren bewarb er sich keck und erfolglos um die Baseler Physikprofessur und um einen Preis der Pariser Akademie (mit einer Arbeit über die Bemastung von Schiffen - kein typisch schweizerisches Problem).[2] Mit zwanzig Jahren, zwei Wochen nach Newtons Tod, verließ er seine Heimatstadt auf Nimmerwiedersehen, um an der Petersburger Akademie sein Glück zu versuchen. Unternehmungslust und Mobilität wird man nach solchen Proben dem jungen Mann nicht absprechen können.

Die Petersburger Akademie war nach Leibnizschen Ideen von Peter dem Großen geplant und 1725 von seiner prononciert analphabetischen Witwe Katharina I gegründet worden. Johann Bernoulli wurde gebeten, eine Professur zu übernehmen, lehnte aber ab. Stattdessen zogen seine Söhne Daniel und Nikolaus (1695–1726; 31) 1725 ins Land der Zaren und Bären. Daniel bekleidete acht Jahre lang die Mathematikprofessur der Akademie, Nikolaus kam zu keiner rechten Wirksamkeit: schon nach einem Jahr erlag er dem unwirtlichen Klima.

Mit Daniel hatte Johann Bernoulli ursprünglich anderes im Sinne gehabt. Ohne aus den verunglückten Berufsempfehlungen seines eigenen Vaters etwas gelernt zu haben, bestimmte er den mathematisch hochbegabten Sohn zum Kaufmann, wie es ihm selbst einst widerfahren war. Daniel brach zweimal die Lehre ab und durfte dann Medizin studieren, wie es der Vater getan hatte, war auch als praktischer Arzt tätig (in dem glänzenden Venedig). 1725 folgte er dem Ruf nach Petersburg.

Von dort aus eröffnete er seinem Freunde Leonhard die Aussicht auf eine Akademiestelle für Anatomie und Physiologie (!). Leonhard packte den Mond mit den Zähnen, raffte hastig einige anatomisch-physiologische Brocken zusammen und so vorbereitet ging er am 24. Mai 1727 (neuer Stil) mit Selbstvertrauen in Petersburg an Land.

An ebendemselben Tag starb Katharina I an Wodka und Liebe. Die Akademie geriet in pekuniäre Strudel, und unser Bemastungstheoretiker spielte mit dem Gedanken, bei der russischen Marine anzuheuern - so sehr er auch erst vor kurzem seekrank gewesen war („Begunte der Sud-

[1] Siehe Opera (2), 10, S. 86f.

[2] Ob er wenigstens ein „Accessit" (besser: ein *éloge*) der Akademie erhalten habe, ist nach einer brieflichen Mitteilung von R. Thiele immer noch nicht befriedigend geklärt.

Wind zu wehen. Alle wurden krank" steht in seinem Reisetagebuch).[1] 1730 brachte ein Putsch die Kurländerin Anna Iwánowna auf den Thron und ihren deutschen Liebhaber Biron an die Macht, die Akademie wurde reanimiert, und Euler erhielt 1731 ihre Physikprofessur. 1733 kehrte der kränkelnde Daniel nach Basel zurück und übernahm dort den Lehrstuhl für Anatomie und Botanik, 1750 dann den für Physik - alles in allem eine farbige Karriere. In Petersburg wurde der sechsundzwanzigjährige Euler Daniels Nachfolger. Anders als Newton und Leibniz heiratete er und zeugte, immer und überall fruchtbar, dreizehn Kinder. Drei Söhne und zwei Töchter blieben am Leben, achtmal mußte er hinter dem Sarg eines Kindes hergehen.

Schon 1734 vollendete er den ersten, 1736 den zweiten Band seiner *Mechanica sive motus scientia analytice exposita*. Anknüpfend an die Pariser Akademiker und an die Bernoullis stellte er in diesem Werk die Mechanik erstmals vollständig in der Sprache des *calculus* dar. Newtons geometrische Methoden gehörten nun endgültig der Vergangenheit an.

Mit der *Mechanica* eröffnete Euler die Reihe seiner großen Lehrbücher, wie sie vor ihm noch niemand verfaßt hatte und mit denen er Epoche machte - so wenig er jemals an einer Universität gelehrt hat. 1738 schrieb er, von seinem sonderbaren Hang zur Seefahrt getrieben, die *Scientia navalis seu tractatus de construendis ac dirigendis navibus*, sein Lehrbuch über den Bau und die Führung von Schiffen (erschienen 1749; übrigens befassen sich nicht weniger als fünf seiner zwölf Preisschriften mit nautischen Problemen). 1744 erschien die *Theoria motuum planetarum et cometarum*, sein Lehrbuch der Himmelsmechanik, und dann folgten seine berühmten Lehrbücher der Analysis: die zweibändige *Introductio in analysin infinitorum* (vollendet 1745, erschienen 1748, ein Jahr vor Goethes und Laplaces Geburt), die *Institutiones calculi differentialis* (vollendet 1748, erschienen 1755) und die drei Bände der *Institutiones calculi integralis* (vollendet 1763, erschienen 1768–1770; 1770 wurde Beethoven geboren).

Euler schrieb, um verstanden zu werden. Seine Sprache ist klar, seine Darstellung ausführlich; er schildet Zugänge und Sackgassen, begnügt sich nicht mit dem allgemeinen Resultat, sondern erörtert Spezialfälle, lustvoll schleppt er Beispiele heran (*exemplo res patebit*) und tritt als Mensch hervor, der mit Schwierigkeiten ringt und sich an ihrer Überwindung freut. Nirgendwo der Versuch, *via* dunkle Kürze Papier zu sparen und die Zeit des Lesers zu vergeuden. Seine „Vollständige Anleitung zur Algebra" (zwei Bände, 1770) hat er einem Schneidergesellen diktiert und war erst dann zufrieden, als dieser Mann des Volkes den Text verstehen konnte. Das Buch ist denn auch als einziges mathematisches Werk in Reclams Universalbibliothek aufgenommen worden.

Wir kehren wieder in die dreißiger Jahre zurück. 1738 zerstörte ein Abszeß das rechte Auge des einunddreißigjährigen Euler. Dieser schwere Schlag beeinträchtigte mehr sein Aussehen als seine Arbeit. 1740 starb die Kaiserin Anna, und dem geschminkten Chaos Birons folgte das ungeschminkte der Putschisten. Es endete ein Jahr später mit einer Palastrevolution, die Peters Tochter Elisabeth im Zeichen der Auflehnung gegen Biron und seinen deutschen Klüngel inszeniert hatte. Die neuen Wirren gaben Euler zu denken („es fing an, ziemlich mißlich auszusehen"). Aber nun war etwas eingetreten, das ihm einen Ausweg öffnete: Friedrich II, den Voltaire eilfertig schon kurz nach der Thronbesteigung (1740) „den Großen" nannte, hatte ihn aufgefordert, Mitglied der neuzugründenden Akademie der Wissenschaften zu werden. Am 25. Juli 1741 traf Euler in Berlin ein.

[1] Zitiert nach R. Thiele: Leonhard Euler. Leipzig 1982, S. 31.

Es dauerte einige Jahre, bis die Akademie, die wiederbelebte Leibnizsche „Sozietät der Wissenschaften", sich formierte. Euler wurde Direktor ihrer mathematischen Klasse, Maupertuis (1698–1759; 61) ihr Präsident.

Eulers Verhältnis zu dem König war von Anfang an nicht gut. Der aufgeklärte Friedrich stand ausgerechnet den Kernwissenschaften der Aufklärung - Mathematik und Physik - innerlich fremd gegenüber („*De bonnes moeurs valent mieux pour la société que tous les calculs de Newton*"). Den einäugigen Euler nannte er mit plumpem Spott den „Zyklopen der Geometrie". Dazu kam, daß Euler fromm, Friedrich aber antireligiös war und die Akademie mit *esprits forts* wie Voltaire, La Mettrie und Helvetius füllte.

Euler war nicht nur im Stillen fromm. In dem freigeistigen Berlin war er eine Säule seiner Gemeinde, und als er, von Jakob Bernoullis Brachistochrone ausgehend, die Variationsrechnung schuf und 1744 als *Methodus inveniendi lineas curvas maximi minimive proprietate gaudentes* herausgab, entwarf er im *Additamentum* I eine Theologie der Physik:[1]

> Da nämlich der Plan des gesamten Universums der vollkommenste ist und von dem weisesten Schöpfer festgelegt worden ist, so geschieht nichts auf der Welt, dem nicht irgendein Verhältnis des Maximums oder Minimums zugrunde liegt. Deshalb kann weiter kein Zweifel bestehen, daß alle Wirkungen in der Welt aus den Endursachen [teleologisch] mit Hilfe der Methode der Maxima und Minima gleich gut bestimmt werden können, wie aus den bewirkenden Ursachen [kausal].

Neben diesem Bekenntnis findet man in der *Methodus inveniendi* („eines der schönsten mathematischen Werke, die je geschrieben worden sind")[2] auch die berühmte Knickformel (33.40).

Drei Jahre später (1747) ging Euler mit seiner Streitschrift „Rettung der göttlichen Offenbarung gegen die Einwürfe der Freygeister"[3] *direttissime* gegen die „sogenannten starcken Geister" vor, freilich mit wenig Hoffnung, daß diese „Rotte" durch die dargelegten Gründe „von ihrem thörigten Beginnen jemals gäntzlich werde abgezogen werden." (Auch der König gehörte, man vergesse das nicht, zu diesen „elenden Leuten".)

Niemand hat erfolgreicher als Euler daran gearbeitet, den Leibnizschen *calculus* zum Sieg zu führen, aber niemand ist auch aggressiver als er gegen die Leibnizsche *Philosophie* und - damit zusammenhängend - gegen die Leibnizsche Auffassung der Differentiale zu Felde gezogen. Nach Leibniz bestehen keine Beziehungen zwischen den einzelnen Monaden. Daß nun die Welt trotzdem kein Chaos ist, verdankt sie einer von Gott eingerichteten Programmsteuerung der Monaden, einer „prästabilierten (vorherbestimmten) Harmonie" zwischen ihnen. Diese Steuerung bedeutet freilich eine strenge Determinierung allen Geschehens, läßt also auch dem freien Handeln keinen Raum. Andererseits ist sie so virtuos ausgeklügelt, daß unsere Welt ein *Optimum* ist: in keiner logisch-mathematisch überhaupt denkbaren fällt nämlich der Überschuß des Guten über das Übel so groß aus wie in der real existierenden (an dieser Stelle konnte sich Voltaire das Lachen nicht verbeißen und schrieb den *Candide*). Dieser Leibnizsche „Optimismus" macht aus Gott einen Supermathematiker, der eine *methodus inveniendi mundum optimum* ausgearbeitet hat (und somit als erster Erfinder der Variationsrechnung anzusehen ist).

Dieser mathematische Gott war nicht der Gott des Mathematikers Euler, dem Engel und Teufel, Sündenfall und Sintflut noch etwas bedeuteten. Mit kalvinistischer Energie ging er gegen die

---

[1] Ostwalds Klassiker der exakten Wissenschaften 175, S. 18.

[2] Carathéodory. Zitiert nach R. Thiele, a.a.O., S. 87.

[3] Opera (3), 12.

Leibnizsche Philosophie vor, und dazu spannte er Leibnizens eigene Schöpfung ein: die Berliner Akademie. 1747, im Jahre seines Freygeisterpamphlets, brachte er sie dazu, als Preisaufgabe die „Hypothese der Monaden" zur Diskussion zu stellen, brachte den Präsidenten Maupertuis dazu, die Preiskommission zweckdienlich zu besetzen und brachte diese dann dazu, einen Advokaten namens Justi auszuzeichnen, „der die Monaden am besten bestritten hatte",[1] dem es aber auch nur bei dieser einen Gelegenheit geglückt ist, von sich reden zu machen.

1751 und 1755 versuchte Euler dasselbe Spiel mit den Leibnizthemen Determinismus bzw. Optimismus. 1751 ging es schief, 1755 gelang es. Der Preis ging diesmal an einen schattenhaften Justiz-Secretarius aus Strelitz. Lessing war empört.

Auch in seinen *Institutiones calculi differentialis*, an denen er zur Zeit der Monadenpreisaufgabe schrieb, machte Euler Front gegen die Vorstellung kleinster Teilchen, welche *alii* atomos, *alii* monades *atque entia simplicia vocant* (s. §§ 76–83). Auf die Frage, was die unendlich kleinen Größen, also auch die Differentiale, denn nun wirklich seien, ließ der engagierte Antimonadist alle Vorsicht fahren und machte sie als erster und letzter ganz einfach zu 0 – mit dem leeren Trost *neque ergo in hac idea tanta mysteria latent, quanta vulgo putantur.* Aber in welche Mysterien er mit dieser *idea* gerät, zeigte sich sofort in seiner gespensterhaften Diskussion der höheren Differentiale: dx^2 *prae ipsa* dx *evanescit*, „dx^2 verschwindet *vor* dx" (§ 88) – kein kleines Kunststück, wenn dx selbst von Anfang an $=0$ ist.

Wie bahnbrechend Euler auf technischen Gebieten war, belegen zwei seiner Bücher aus der Berliner Zeit: eines über Turbinenantrieb (1756)[2], das erst in unseren Tagen zur Wirksamkeit gekommen ist, das andere über die Konstruktion achromatischer Linsen (1762).[3] Achromatie sollte allerdings nach Newtons Lichttheorie nicht möglich sein. Goethe sah denn auch in Euler seinen renommiertesten Helfer im Kampf gegen diese verhaßte Theorie und schrieb später schadenfroh:[4]

> Die Newtonsche Schule vernahm dieses, wie billig, mit Entsetzen und Abscheu... Dollond, ein berühmter optischer Künstler, widersprach gleichfalls Eulern aus Newtonschen Grundsätzen und fing zugleich an, praktisch gegen ihn zu operieren; allein zu seinem eigenen Erstaunen entdeckt er das Gegenteil von dem, was er behauptet; die Eigenschaften des Flint- und Crownglases werden gefunden, und die Achromasie steht unwidersprechlich da.

Die Beziehungen Eulers zum König wurden aus materiellen und ideellen Gründen immer gespannter. 1762 münzte Friedrich die folgenden Worte auf ihn:[5]

> Diese Barbaren messen alles mit der gleichen Elle, den Lehrsatz und das Epigramm... Mögen sie ihren durch das Opium der Integral- und Differentialrechnung betäubten Sinnen mißtrauen.

Anfang 1766 bat Euler um seinen Abschied: er wollte zurück nach Petersburg. Am 2. Mai schrieb der große Friedrich einen kleinlichen Entlassungsbrief:

> Je vous permets, sur votre lettre du 30 d'avril dernier, de quitter pour aller en Russie.

---

1) Euler in „Briefe an eine deutsche Prinzessin", Philosophische Auswahl, Berlin 1987, S. 151.

2) Théorie plus complête des machines qui sont mises en mouvement par la réaction de l'eau. Opera (2), 16.

3) Constructio lentium objectivarum ex duplici vitro... Opera (3), 6.

4) Materialien zur Geschichte der Farbenlehre; Sechste Abteilung, zweite Epoche, Achromasie.

5) Zitiert nach G. Kröbers Einleitung zu Euler: Briefe an eine deutsche Prinzessin. Berlin 1987.

Das war alles; kein Wort der Anerkennung.

Ende Juli 1766 kam Euler in Petersburg an und wurde fürstlich empfangen. Aber bald traf ihn ein schwerer Schlag: ein Altersstar ließ das eine ihm noch verbliebene Auge fast völlig erblinden. Und doch brach dieser erstaunliche Mann nicht zusammen. Sein unglaubliches Gedächtnis und eine an Newton erinnernde Konzentrationsfähigkeit erlaubten ihm, umfangreiche Rechnungen im Kopf auszuführen und seinen Helfern in die Feder zu diktieren - und so blieb seine mathematische Produktion wie durch ein Wunder auf ihrer gewohnt ungewöhnlichen Höhe. *Wie* groß sie tatsächlich war, sehen wir erst heute an den rund 80 Quartbänden seiner Opera omnia, deren erster Band 1911 bei Teubner in Leipzig erschienen ist. Das von G. Eneström herausgegebene Werkverzeichnis enthält 866 Titel.

Im englischen Sprachraum hat man Euler den Shakespeare der Mathematik genannt. Der Vergleich ist nicht ganz glücklich, denn unserem Mathematiker fehlte völlig die Bitterkeit des großen Tragikers („Besser gut gehängt als schlecht verheiratet"). Ein Zeitgenosse berichtet von ihm, er sei nicht, „wie die großen Algebraisten zu sein pflegen, ein finsterer Kopf und im Umgang beschwerlicher Mann, sondern munter und lebhaft". Euler hatte eigentlich nur einen Fehler: er rauchte Pfeife.

Sein Nachfolger in Berlin wurde (auf seinen und d'Alemberts Rat) Joseph Louis Lagrange (1736-1813; 77). Lagrange war gebürtiger Turiner. Anfänglich beherrschten ihn literarische Neigungen, dann aber kam sein Damaskuserlebnis: Eines Tages las er eine Abhandlung Halleys und wußte plötzlich, wozu er bestimmt war. Halley, der in seiner eigenen Jugendzeit den widerstrebenden Newton zur Niederschrift der *Principia* überredet hatte, brachte nun zehn Jahre nach seinem Tod den blutjungen Italo-Franzosen auf den Weg der Wissenschaft. Mit 16 Jahren wurde Lagrange Mathematiklehrer an der Turiner Artillerieschule, mit 19 Jahren Professor, und mit 23 Jahren gründete er die Turiner Akademie. Schon 1755, gerade zum Professor ernannt, begann er eine Korrespondenz mit Euler über das isoperimetrische Problem und Fragen der Variationsrechnung. Am 2. Oktober 1759 schrieb ihm der Großmeister voller Anerkennung:[1]

> Votre solution du problème des isopérimètres ne laisse rien à désirer, et je me réjouis que ce sujet, dont je m'étais presque seul occupé depuis les premières tentatives, ait été porté par vous aus plus haut degré de perfection.

1764 erhielt Lagrange für seine Arbeit über die Schwankungen des Erdmondes, 1766 für die über die Bewegungen der Jupitermonde den Preis der Pariser Akademie. Im November 1766 trat der achtundzwanzigjährige Anbeter des Archimedes die Nachfolge Eulers in Berlin an. Friedrich der Große hatte ihn mit den selbstbewußten Worten eingeladen, der größte Geometer Europas müsse unbedingt in der Nähe des größten Königs leben.

1786 starb Friedrich, und Lagrange ging nach zwanzig fruchtbaren Berliner Jahren an die Pariser Akademie. 1788 erschien der erste Band der *Mécanique analytique*, seines Hauptwerkes, das er schon in Berlin vollendet hatte und das Eulers *Mechanica* von 1734/36 noch überbot. Für dieses *chef-d'oeuvre* hatte sein Freund Legendre erst nach mühseligem Suchen einen Verleger finden können. Lagrange war so deprimiert, daß er sein Autorenexemplar zwei Jahre ungeöffnet liegen ließ und sich religionswissenschaftlichen, philosophischen und chemischen Studien zuwandte. Lagrange neigte schon früh zur Melancholie und liebte ein Leben in Stille und Zurückgezogenheit; Friedrich der Große hatte ihn einstmals einen „Philosophen ohne Lärm" genannt. Die tumultuöse Revolution von 1789 verstörte ihn tief, und als sein Freund, der große Chemiker Lavoisier, hingerichtet wurde, klagte er verbittert:[2]

---

[1] Oeuvres I, S. XV.

[2] Zitiert nach Kowalewski: Große Mathematiker, 2. Aufl. München-Berlin 1939, S. 205f.

> Nur einen Augenblick haben sie gebraucht, um diesen Kopf fallen zu machen, und hundert Jahre werden vielleicht nicht hinreichen, um einen ähnlichen hervorzubringen.

Trotzdem übernahm er 1795 eine Professur an der *Ecole normale*, 1797 eine an der *Ecole polytechnique*; beide Schulen waren Geschöpfe der Revolution. Am 10. April 1813 starb er *en philosophe* und wurde zu seiner und Frankreichs Ehre im Pantheon beigesetzt.

Lagrange war nicht nur ein mathematisches, sondern ein gesamtkulturelles Ereignis; Napoleon hat ihn *le sommet de la pyramide de l'entendement humaine*, der italienische Philosophiehistoriker Geymonat einen *uomo di cultura in largo senso europeo* genannt. Seine ausgefeilte Darstellungskunst und seine Gabe, die tragenden Prinzipien freizulegen, haben ihn weit über den engen Kreis der Mathematiker und Physiker hinaus bekannt werden lassen; Hamilton empfand die *Mécanique analytique* als ein „wissenschaftliches Gedicht". Mit seiner Auffassung, die Mechanik sei „eine vierdimensionale Geometrie", nahm Lagrange einen tiefen Gedanken der Relativitätstheorie vorweg, und indem er ebendiese Mechanik, Kernwissenschaft und Stolz des Aufklärungsjahrhunderts, auf Extremalprinzipien zurückführte, gab er Anlaß zu leidenschaftlichen Diskussionen über das Problem der Zweckursachen in der Natur (s. Eulers Ausführungen auf S. 367). Nicht weniger bekannt und geachtet war der Adel seines Charakters. Zwei Äußerungen Goethes mögen die Ausstrahlungskraft des Mannes bezeugen und an eine untergegangene Einheit der Kultur erinnern:

> Der Mathematiker ist nur insofern vollkommen, als er ein vollkommener Mensch ist, als er das Schöne des Wahren in sich empfindet; dann erst wird er gründlich, durchsichtig, umsichtig, rein, klar, anmutig, ja elegant wirken. Das alles gehört dazu, um Lagrange ähnlich zu werden.

Und am 12. Februar 1829 sagte er zu Eckermann über den „großen Mathematiker Lagrange, an welchem [er] vorzüglich den trefflichen Charakter hervorhebt":

> Er war ein guter Mensch und eben deswegen groß. Denn wenn ein guter Mensch mit Talent begabt ist, so wird er immer zum Heil der Welt sittlich wirken, sei es als Künstler, Naturforscher, Dichter oder was alles sonst.

VI Rand- und Eigenwertaufgaben

Die Imagination arbeitet in einem schöpferischen Mathematiker nicht weniger stark als in einem schaffenden Dichter ... Vielleicht gebührt Archimedes mit größerer Berechtigung als allen großen Männern des Altertums der Platz neben Homer.

Jean Baptiste le Rond d'Alembert

Den Herrn d'Alembert halte ich für einen großen *mathematicum in abstractis*; aber wenn er einen *incursum* macht in *mathesin applicatam*, so höret alle *estime* bei mir auf ... und wäre es oft besser für die *realem physicam*, wenn keine Mathematik auf der Welt wäre.

Daniel Bernoulli über den Gegner seiner Methode der Eigenschwingungen

Bisher hatten wir unser Augenmerk so gut wie ausschließlich auf *Anfangswertprobleme* gerichtet; unsere theoretische Arbeit jedenfalls war allein ihnen gewidmet gewesen. Hin und wieder jedoch hatten uns physikalische und technische Aufgaben auch Fragen ganz anderer Art aufgedrängt, Fragen, bei denen es darum ging, Lösungen von Differentialgleichungen zu finden, die nicht mehr vorgegebenen *Anfangs*bedingungen, sondern gewissen *Rand*bedingungen genügen. In Nr. 18 hatten wir z. B. die Temperaturverteilung in einem Stab der Länge L studiert, wenn sein linkes Ende auf der konstanten Temperatur ϑ_0, sein rechtes auf der ebenfalls konstanten Temperatur ϑ_L gehalten wird. Dabei waren wir auf das Problem gestoßen, Integrale der Differentialgleichung

$$\frac{d^2\vartheta}{dx^2} = \alpha^2(\vartheta - \vartheta_A)$$

zu bestimmen, die den Bedingungen $\vartheta(0) = \vartheta_0$, $\vartheta(L) = \vartheta_L$ genügen (s. die Ausführungen nach (18.92)). Die Frage nach der Knicklast einer Säule hatte uns in Nr. 33 vor die Aufgabe gestellt, die Differentialgleichung

$$u'' + \frac{P}{EI_0} e^{\frac{k}{l}x} u = 0$$

unter den Bedingungen $u'(0) = 0$, $u(l) = 0$ zu lösen (s. (33.33) und (33.35)). Wir haben also handfeste Gründe, „Randwertaufgaben" auch *theoretisch* näherzutreten.

Bevor wir dies tun, wollen wir die eigentümliche Natur der Probleme, die uns erwarten, noch einmal an einem Beispiel verdeutlichen, das sachlich und historisch von schwer zu überschätzender Bedeutung ist und auf die Entwicklung der Mathematik einen ungewöhnlichen Einfluß ausgeübt hat.

34 Die schwingende Saite

Eine Saite der Länge π (diese exotische Länge kann man stets durch geeignete Wahl der Maßeinheit zustandebringen) sei in den Punkten 0 und π einer x-Achse fest eingespannt. Setzt man sie - etwa durch Zupfen oder Streichen - in Bewegung, so hat sie im Punkte x zur Zeit t eine gewisse Auslenkung $u(x, t)$, und diese genügt der partiellen Differentialgleichung

$$\frac{\partial^2 u}{\partial t^2} = \alpha^2 \frac{\partial^2 u}{\partial x^2} \quad \text{mit einer Konstanten} \quad \alpha > 0 \tag{34.1}$$

(s. (28.2)). Um diese Gleichung zu lösen, greifen wir wieder einmal zu dem Separationsansatz

$$u(x, t) = v(x) w(t).$$

(34.1) geht damit über in die Beziehung $\frac{\ddot{w}(t)}{w(t)} = \alpha^2 \frac{v''(x)}{v(x)}$, und diese kann offensichtlich nur dann bestehen, wenn mit einer gewissen „Separationskonstanten" λ

$$\frac{v''(x)}{v(x)} = -\lambda \quad \text{und} \quad \frac{\ddot{w}(t)}{w(t)} = -\alpha^2 \lambda$$

ist, die Funktionen v und w also den Differentialgleichungen

$$v'' + \lambda v = 0 \quad \text{bzw.} \quad \ddot{w} + \alpha^2 \lambda w = 0 \tag{34.2}$$

genügen. Ist dies der Fall, so sieht man leicht, daß $u := vw$ tatsächlich die Saitengleichung (34.1) löst.

Nun aber greift ganz entscheidend der Umstand ein, daß die Saite in den Punkten $x = 0$ und $x = \pi$ *eingespannt*, also

$$u(0, t) = u(\pi, t) = 0 \quad \text{für alle } t$$

ist. Für eine „Separationslösung" $u := vw$ ergibt sich daraus nämlich $v(0) w(t) = v(\pi) w(t) = 0$ für alle t und daraus nun wieder

$$v(0) = v(\pi) = 0, \tag{34.3}$$

sofern nicht der völlig uninteressante Fall der *ruhenden* Saite vorliegt. v muß also eine Lösung des *Randwertproblems*

$$v'' + \lambda v = 0, \quad v(0) = v(\pi) = 0 \tag{34.4}$$

sein. *Dieses Problem besitzt aber nicht für jeden Wert von λ ein nichttriviales Integral.* Damit nämlich ein solches überhaupt vorhanden sein kann, muß λ jedenfalls positiv sein; dies läßt sich sofort mit Hilfe von A 32.2 erkennen, s. aber auch Aufgabe 1.[1] Infolgedessen werden alle Lösungen der Differentialgleichung in (34.4) gegeben durch

$$v(x) := C_1 \cos\sqrt{\lambda}x + C_2 \sin\sqrt{\lambda}x \quad \text{mit willkürlichen Konstanten } C_1, C_2.$$

Die erste Randbedingung ($v(0)=0$) erzwingt nun $C_1=0$, die zweite ($v(\pi)=0$) zieht dann die Forderung $C_2 \sin\sqrt{\lambda}\pi=0$ nach sich. Und da $C_2 \neq 0$ ist (andernfalls wäre v die triviale Lösung), ergibt sich jetzt

$$\sin\sqrt{\lambda}\pi=0, \quad \text{also} \quad \sqrt{\lambda}\pi=n\pi \quad \text{und somit} \quad \lambda=n^2 \quad (n \in \mathbf{N}).$$

Das Randwertproblem (34.4) *ist also nur für die Zahlen*

$$\lambda_n := n^2 \qquad (n \in \mathbf{N})$$

nichttrivial lösbar. Man nennt sie die „Eigenwerte" der Aufgabe (34.4); die zugehörigen (nichttrivialen) Lösungen

$$v_n(x) := \sin nx, \quad \text{allgemeiner:} \quad C \sin nx \quad \text{mit} \quad C \neq 0,$$

sind die „Eigenfunktionen" von (34.4).

Und nun brauchen wir natürlich auch die *zweite* Differentialgleichung in (34.2) nur noch für $\lambda=n^2$ zu lösen. Da dann ihre sämtlichen Integrale durch $\tilde{C}_1 \cos \alpha n t + \tilde{C}_2 \sin \alpha n t$ mit beliebigen Konstanten $\tilde{C}_1$, $\tilde{C}_2$ gegeben werden, können wir sagen, *daß jede der Funktionen*

$$u_n(x,t) := \sin nx \cdot (A_n \cos \alpha n t + B_n \sin \alpha n t) \qquad (n \in \mathbf{N}) \tag{34.5}$$

bei beliebiger Wahl der Konstanten A_n, B_n eine Lösung der Saitengleichung (34.1) *sein wird – und zwar eine solche, die der Einspannbedingung $u_n(0,t)=u_n(\pi,t)=0$ für alle t genügt.*

Jedes $u_n(x,t)$ beschreibt eine mögliche Schwingungsform der Saite, die sogenannte n-te Oberschwingung, und diese läßt den n-ten Oberton erklingen (im Falle $u_1(x,t)$ redet man lieber von der Grundschwingung und dem Grundton). Die Frequenz ν_n der n-ten Oberschwingung – und damit auch des n-ten Obertons – wird gegeben durch

$$\nu_n = \frac{\alpha n}{2\pi} \qquad \text{(s. (18.6) und (18.9))}. \tag{34.5a}$$

Da α proportional zur Wurzel aus der Saitenspannung S ist (s. (28.2)), wächst also ν_n mit S: Die Obertöne werden bei Vergrößerung der Saitenspannung höher – ein dem Geigenspieler wohlvertrautes und beim Stimmen seines Instrumentes gern benutztes Phänomen.

---

[1] Dem Physiker springt die Positivität von λ in die Augen. Die zu erwartende *periodische* Zeitabhängigkeit der Saitenbewegung wird sich nämlich mathematisch nur dann einstellen, wenn in der zweiten Differentialgleichung von (34.2) die Konstante $\alpha^2\lambda>0$, also λ selbst >0 ist. Mit einer ähnlichen Argumentation hatten wir uns schon bei der Diskussion der schwingenden Membrane und des schwingenden Seiles zufriedengegeben.

Mit diesen Resultaten aber dürfen wir uns noch nicht zufriedengeben. Denn die Natur selbst stellt uns vor ein viel tieferes Problem, nämlich: *Wie sehen die Bewegungen der Saite aus, wenn man ihr zur Zeit $t_0=0$ eine bestimmte Anfangs*lage $g(x)$ *und eine bestimmte Anfangs*geschwindigkeit $h(x)$ erteilt? Wie also sind die Lösungen $u(x,t)$ der Gl. (34.1) beschaffen, die nicht nur die Randbedingungen

$$u(0,t)=u(\pi,t)=0 \quad \text{für alle} \quad t\geqslant 0, \tag{34.6}$$

sondern auch die Anfangsbedingungen

$$u(x,0)=g(x), \quad \frac{\partial u}{\partial t}(x,0)=h(x) \quad \text{für alle} \quad x\in[0,\pi] \tag{34.7}$$

befriedigen? Die Funktionen u_n in (34.5) erfüllen zwar (34.6), werden jedoch nur in den seltensten Fällen auch noch den Forderungen (34.7) Genüge tun. Diese Schwierigkeit versuchen wir, wie schon früher, durch eine geeignete *Superposition* der Elementarlösungen u_n, also durch den Ansatz

$$u(x,t):=\sum_{n=1}^{\infty} u_n(x,t)=\sum_{n=1}^{\infty} \sin nx\cdot(A_n\cos\alpha nt+B_n\sin\alpha nt) \tag{34.8}$$

zu überwinden, mit anderen Worten: Wir versuchen, den Saitenton als eine *Mischung von Obertönen* aufzufassen. Wenn nun die Konstanten A_n, B_n so gewählt werden (was in mannigfacher Weise möglich ist), daß diese Reihe konvergiert und zweimal gliedweise nach x und t differenziert werden darf, so genügt sie offenbar sowohl der Saitengleichung (34.1) als auch den Randbedingungen (34.6) - und alles spitzt sich nun auf die Frage zu, ob man die A_n und B_n unbeschadet dieser Konvergenz- und Differenzierbarkeitsforderungen so bestimmen kann, daß *auch* die Anfangsbedingungen (34.7) erfüllt sind -, daß also gilt

$$u(x,0)=\sum_{n=1}^{\infty} A_n\sin nx=g(x) \tag{34.9}$$

und

$$\frac{\partial u}{\partial t}(x,0)=\sum_{n=1}^{\infty} \alpha nB_n\sin nx=h(x). \tag{34.10}$$

Damit sind wir auf das Problem gestoßen, „willkürliche Funktionen" - Anfangslage $g(x)$ und Anfangsgeschwindigkeit $h(x)$ - *nach „Eigenfunktionen" einer Randwertaufgabe zu entwickeln.*

Es sind gerade Entwicklungsprobleme dieser Art, die uns im folgenden intensiv beschäftigen werden, und deren Lösung die Krönung unserer Arbeit im gegenwärtigen Kapitel sein wird.

Im vorliegenden Falle handelt es sich um Entwicklungen in *Sinusreihen*; zuständig hierfür ist die Theorie der Fourierreihen. Die alles beherrschende Tatsache hierbei ist die „Orthogonalität" der Funktionen $v_n(x)=\sin nx$ $(n=1,2,\ldots)$, d.h. die Gleichung

$$\int_0^\pi v_m(x)v_n(x)\,dx = 0 \quad \text{für} \quad m \neq n. \tag{34.11}$$

Sie läßt sich mühelos durch eine elementare Integration verifizieren.[1] Man kann sie aber auch folgendermaßen einsehen (und gerade diese - zunächst *umständlichere* - Methode wirft ein weitaus helleres Licht auf die Hintergründe der hier herrschenden Orthogonalität): Die Eigenfunktionen v_m und v_n genügen definitionsgemäß den Gleichungen

$$n^2 v_n = -v_n'' \quad \text{und} \quad m^2 v_m = -v_m''.$$

Die erste multiplizieren wir mit v_m, die zweite mit v_n und erhalten dann durch Subtraktion

$$(n^2 - m^2) v_n v_m = v_n v_m'' - v_m v_n'' = \frac{d}{dx}(v_n v_m' - v_m v_n').$$

Diese Gleichung integrieren wir von 0 bis π und haben dann, da alle v_k in 0 und π verschwinden,

$$(n^2 - m^2)\int_0^\pi v_m v_n\,dx = [v_n v_m' - v_m v_n']_0^\pi = 0\,;$$

daraus aber folgt sofort die „Orthogonalitätsrelation" (34.11). ■

Die Koeffizienten A_n in (34.9), also in der Entwicklung

$$g(x) = \sum_{n=1}^\infty A_n v_n(x), \tag{34.12}$$

lassen sich nun folgendermaßen bestimmen: Wir multiplizieren (34.12) mit $v_m(x)$, integrieren gliedweise (wobei wir annehmen, dies sei erlaubt) und erhalten so dank (34.11)

$$\int_0^\pi g(x)v_m(x)\,dx = A_m \int_0^\pi v_m^2(x)\,dx = A_m \int_0^\pi \sin^2 mx\,dx = A_m \cdot \frac{\pi}{2}\ ^{2)},$$

also, wenn wir noch m durch n ersetzen,

$$A_n = \frac{2}{\pi}\int_0^\pi g(x)v_n(x)\,dx = \frac{2}{\pi}\int_0^\pi g(x)\sin nx\,dx. \tag{34.13}$$

Die gesuchten Koeffizienten ergeben sich also unter milden Voraussetzungen in einfachster Weise aus der vorgegebenen Funktion g und den Eigenfunktionen v_n.

---

[1] Benutze die Formel Nr. 27 im Anhang 1.

[2] Benutze die Formel Nr. 28 im Anhang 1.

Auf eine nähere Diskussion dieser Resultate, ihrer Voraussetzungen und ihrer Gültigkeit gehen wir an dieser Stelle noch nicht ein. Die Absicht unserer Überlegungen war nur, an einem besonders einfachen Fall herauszuarbeiten, wie unabweisbar die Frage der *Entwicklung nach Eigenfunktionen* und wie hilfreich hierbei die *Orthogonalität* ebendieser Funktionen ist. All diese Dinge werden wir wieder antreffen in einer allgemeinen und schlagkräftigen Theorie der Rand- und Eigenwertaufgaben, deren systematische Darstellung nun beginnen soll.

Aufgaben

1. Zeige, daß für jede nichttriviale Lösung v des Randwertproblems (34.4) das Produkt $\lambda\int_0^\pi v^2\,dx>0$ ausfällt und daß somit nur im Falle $\lambda>0$ nichttriviale Lösungen vorhanden sein können (Hinweis: $\lambda v^2=-vv''$). Beweise die letzte Behauptung auch durch Betrachtung der allgemeinen Lösung im Falle $\lambda\leqslant 0$.

2. Bestimme die „Eigenwerte" und „Eigenlösungen" des Randwertproblems $v''+\lambda v=0$, $v(0)=v(L)=0$ $(L>0)$.

3. Bilde die Reihen $\sum_{n=1}^\infty A_n\sin nx$ mit den in (34.13) definierten Koeffizienten A_n für die Funktionen a) $g_1(x):=1$, b) $g_2(x):=x$, c) $g_3(x):=x\cos\frac{x}{2}$ $(0\leqslant x\leqslant\pi)$.

Über die Konvergenz- und Summenfrage ist damit noch gar nichts ausgemacht. Immerhin sieht man sofort, daß die aus $g_1(x)$ entspringende Reihe in den Punkten 0 und 1 gewiß *nicht* gegen $g_1(0)$ bzw. $g_1(1)$ und die aus $g_2(x)$ entspringende im Punkte 1 *nicht* gegen $g_2(1)$ konvergieren kann, ferner, daß die zu $g_3(x)$ gehörende Reihe auf dem ganzen Intervall $[0,\pi]$ *gleichmäßig* konvergent ist.

Eine *physikalisch* mögliche Anfangsauslenkung der in $0,\pi$ eingespannten Saite wird allein durch $g_3(x)$ gegeben, denn nur diese Funktion verschwindet sowohl für $x=0$ als auch für $x=\pi$. Es ist, als sei die besonders gute Konvergenz der zu $g_3(x)$ gehörenden Sinusreihe der Lohn dafür, daß diese Funktion eben *dem* Problem angepaßt ist, aus dem die Sinusreihen überhaupt erst hervorgegangen sind (s. dazu auch Aufgabe 4). Die Summenfrage wird ausführlich abgehandelt in Heuser II, Nr. 136–138.

4. Zeige: Ist $g(x)$ eine „zivilisierte" Anfangsauslenkung der in $0,\pi$ eingespannten Saite, genauer: ist $g(x)$ zweimal stetig differenzierbar und $g(0)=g(\pi)=0$, so werden die in (34.13) erklärten A_n durch $A_n=-\frac{2}{\pi n^2}\int_0^\pi g''(x)\sin nx\,dx$ gegeben, und $\sum_{n=1}^\infty A_n\sin nx$ konvergiert auf $[0,\pi]$ *gleichmäßig*.

Hinweis: Mehrfache Produktintegration.

35 Lineare Randwertaufgaben zweiter Ordnung

Derartige Aufgaben verlangen von uns, eine Funktion zu finden, die auf einem Intervall $[a, b]$ der linearen Differentialgleichung zweiter Ordnung

$$\Lambda u := u'' + a_1(x)u' + a_0(x)u = f(x) \tag{35.1}$$

und überdies linearen Randbedingungen

$$\begin{aligned} R_1 u &:= \alpha_1 u(a) + \alpha_2 u'(a) = \varrho_1 \\ R_2 u &:= \beta_1 u(b) + \beta_2 u'(b) = \varrho_2 \end{aligned} \tag{35.2}$$

$$\text{mit} \quad (\alpha_1, \alpha_2) \neq (0,0) \quad \text{und} \quad (\beta_1, \beta_2) \neq (0,0) \quad (\alpha_k, \beta_k \in \mathbf{R}) \tag{35.3}$$

genügt (vgl. die in der Einleitung zu dem gegenwärtigen Kapitel aufgetretenen Randbedingungen). Die Randbedingungen (35.2) heißen linear, weil offenbar

$$R_k(\alpha u + \beta v) = \alpha R_k u + \beta R_k v \qquad (k = 1, 2;\ \alpha, \beta \in \mathbf{R})$$

ist. Im Falle $\varrho_1 = \varrho_2 = 0$ werden sie homogen genannt. Die Funktionen $a_0(x)$, $a_1(x)$, $f(x)$ sollen auf $[a, b]$ *reell* und *stetig* sein.

Ein Randwertproblem ist *nicht* immer lösbar, und im Lösbarkeitsfall braucht die Lösung *nicht* eindeutig bestimmt zu sein (s. Aufgaben 1, 2); die Dinge liegen hier also anders als bei Anfangswertaufgaben. Um so wichtiger ist daher der folgende

35.1 Satz *Sei u_1, u_2 irgendeine Integralbasis der zu* (35.1) *gehörenden homogenen Gleichung $\Lambda u = 0$. Das Randwertproblem*

$$\Lambda u = f, \quad R_1 u = \varrho_1, \quad R_2 u = \varrho_2 \tag{35.4}$$

ist genau dann eindeutig lösbar, *wenn die Determinante*

$$\begin{vmatrix} R_1 u_1 & R_1 u_2 \\ R_2 u_1 & R_2 u_2 \end{vmatrix} \neq 0 \tag{35.5}$$

ausfällt.[1]

Beweis. Mit einem partikulären Integral u_p der Differentialgleichung $\Lambda u = f(x)$ läßt sich die allgemeine Lösung derselben in der Form

$$u = u_p + c_1 u_1 + c_2 u_2 \qquad (c_1, c_2 \text{ willkürliche reelle Konstanten})$$

schreiben. Die Aufgabe (35.4) ist also dann und nur dann eindeutig lösbar, wenn das lineare Gleichungssystem

---

[1] Man beachte, daß in dieser Bedingung weder die Funktion $f(x)$ noch die Randwerte ϱ_1, ϱ_2 auftreten.

$$R_k u = R_k u_p + c_1 R_k u_1 + c_2 R_k u_2 = \varrho_k \qquad (k=1, 2)$$

oder also

$$c_1 R_k u_1 + c_2 R_k u_2 = \varrho_k - R_k u_p \qquad (k=1, 2)$$

genau eine Lösung c_1, c_2 besitzt - und dies ist dann und nur dann der Fall, wenn (35.5) gilt. ■

Das zu (35.4) gehörende homogene Problem

$$\Lambda u = 0, \quad R_1 u = 0, \quad R_2 u = 0 \tag{35.6}$$

besitzt offensichtlich immer die triviale Lösung $u(x) \equiv 0$. Wegen Satz 35.1 gibt es genau dann keine andere, wenn (35.5) gilt. Und daraus erhalten wir nun - wiederum mit Satz 35.1 - das folgende *determinantenfreie* Lösbarkeitskriterium:

35.2 Satz *Das Randwertproblem* (35.4) *ist genau dann* eindeutig lösbar, *wenn das zugehörige homogene Problem* (35.6) *einzig und allein die* triviale *Lösung besitzt.*

Angenommen, das halbhomogene Problem

$$\Lambda u = f, \quad R_1 u = 0, \quad R_2 u = 0 \tag{35.7}$$

sei eindeutig lösbar. Dann gilt wegen Satz 35.2 dasselbe auch für das ebenfalls halbhomogene Problem

$$\Lambda v = f - \Lambda u^*, \quad R_1 v = 0, \quad R_2 v = 0, \tag{35.8}$$

wobei u^* irgendeine zweimal auf $[a, b]$ stetig differenzierbare Funktion mit

$$R_1 u^* = \varrho_1, \quad R_2 u^* = \varrho_2$$

sein soll (eine derartige Funktion ist offenbar immer vorhanden). Setzt man nun mit der Lösung v von (35.8) $w := u^* + v$, so hat man

$$\begin{aligned} \Lambda w &= \Lambda u^* + \Lambda v = \Lambda u^* + f - \Lambda u^* = f, \\ R_k w &= R_k u^* + R_k v = \varrho_k + 0 = \varrho_k \qquad (k=1, 2). \end{aligned}$$

w löst also - und zwar eindeutig - die Aufgabe (35.4). *Es genügt daher, die halbhomogenen Probleme* (35.7) *zu beherrschen*, und nur auf sie werden wir deshalb im folgenden unser Augenmerk richten.

Aufgaben

1. Die Randwertaufgabe $u'' + u = 0$, $u(0) = 1$, $u(\pi) = 1$ ist *unlösbar*.

2. Die Randwertaufgabe $u'' + u = 0$, $u(0) = 1$, $u(\pi) = -1$ besitzt *unendlich viele* Lösungen.

In den Aufgaben 3 bis 7 sind die (eindeutig bestimmten) Lösungen der angegebenen Randwertprobleme zu bestimmen.

3. $u''-u=0,\quad u(0)=1,\quad u(1)=2.$

4. $u''+x^2=0,\quad u(0)=0,\quad u(1)=0.$

5. $u''+x^2=0,\quad u(0)=0,\quad u'(1)=0.$

6. $u''-u'-2u=0,\quad u(0)+u'(0)=1,\quad u(1)=0.$

7. $u''-2u'+u=0,\quad u(0)=2,\quad u'(1)=-2.$

36 Sturmsche Randwertaufgaben. Die Greensche Funktion

Die Differentialgleichung

$$u''+a_1(x)u'+a_0(x)u=g(x)$$

läßt sich bei stetigem $a_1(x)$ immer auf die Form

$$(p(x)u')'+q(x)u=f(x)\quad \text{mit stetig differenzierbarem } p>0$$

bringen; dazu braucht man sie nur mit $p(x):=\exp(\int a_1(x)\,dx)$ durchzumultiplizieren (s. A 23.10 für eine schärfere Aussage unter schärferen Voraussetzungen). Gerade *diese* Form hat sich als besonders vorteilhaft erwiesen. Schon in Nr. 32 haben wir uns ihrer mit Gewinn bedient, und wir wollen sie auch hinfort wieder zugrundelegen. Um uns bequem verständigen zu können, reden wir von einer Sturmschen Randwertaufgabe, wenn das Problem vorliegt, eine Funktion u auf $[a, b]$ so zu bestimmen, daß dort gilt:

$$Lu:=(p(x)u')'+q(x)u=f(x) \tag{36.1}$$

und

$$\begin{aligned} R_1u&:=\alpha_1u(a)+\alpha_2u'(a)=0,\\ R_2u&:=\beta_1u(b)+\beta_2u'(b)=0, \end{aligned} \tag{36.2}$$

wobei noch die folgenden Voraussetzungen erfüllt seien:

$$\left.\begin{array}{l} \textit{alle auftretenden Größen sind reell,}\\ p \textit{ ist stetig differenzierbar und positiv auf } [a,b],\\ q \textit{ und } f \textit{ sind stetig auf } [a,b],\\ \textit{die Vektoren } (\alpha_1,\alpha_2), (\beta_1,\beta_2) \textit{ sind } \neq(0,0). \end{array}\right\} \tag{36.3}$$

Daß wir uns mit der Untersuchung der *halbhomogenen* Randwertaufgabe begnügen dürfen, haben wir am Ende der letzten Nummer auseinandergesetzt.

Wenn die Sturmsche Randwertaufgabe eine eindeutig bestimmte Lösung u besitzt, so kann man diese, ausgehend von einer Integralbasis u_1, u_2 der Differentialgleichung $Lu=0$, mittels Variation der Konstanten bestimmen. Man findet so nach einfachen Rechnungen die folgenträchtige Integraldarstellung

$$u(x)=\int_a^b G(x,t)f(t)\,dt \tag{36.4}$$

mit einer gewissen stetigen Funktion $G(x, t)$. Wir wollen diese Rechnungen nicht vorexerzieren, sondern lieber das fertige Ergebnis angeben (s. jedoch Aufgabe 1). Freilich benötigen wir dazu einige einfache Vorbereitungen.

Es sei u_1, u_2 irgendeine Integralbasis der Differentialgleichung $Lu=0$, und das homogene Sturmsche Randwertproblem

$$Lu=0, \quad R_1 u = R_2 u = 0 \tag{36.5}$$

gestatte nur die *triviale* Lösung, es sei also

$$\begin{vmatrix} R_1 u_1 & R_1 u_2 \\ R_2 u_1 & R_2 u_2 \end{vmatrix} \neq 0 \tag{36.6}$$

(s. Sätze 35.1 und 35.2). Dann bilden die Funktionen

$$\begin{matrix} v_1 := c_{11} u_1 + c_{12} u_2 \\ v_2 := c_{21} u_1 + c_{22} u_2 \end{matrix} \quad \text{mit} \quad \begin{matrix} c_{11} := R_1 u_2, & c_{12} := -R_1 u_1 \\ c_{21} := R_2 u_2, & c_{22} := -R_2 u_1 \end{matrix} \tag{36.7}$$

eine neue Integralbasis der Gleichung $Lu=0$ - denn wegen (36.6) ist $\det(c_{jk}) \neq 0$ - und zwar eine mit

$$R_1 v_1 = 0, \quad R_2 v_2 = 0. \tag{36.8}$$

Sei $\quad W(x) := v_1(x) v_2'(x) - v_1'(x) v_2(x)$ (Wronskische Determinante).

Aus der Lagrangeschen Identität 32.2 ergibt sich sofort

$$p(x)\, W(x) = p(a)\, W(a) \neq 0 \quad \text{für alle } x \in [a, b]. \tag{36.9}$$

Das Quadrat

$$Q := \{(x, t) : a \leqslant x, t \leqslant b\}$$

zerlegen wir in die beiden abgeschlossenen Dreiecke

$$D_1 := \{(x, t) : a \leqslant x \leqslant t \leqslant b\}, \quad D_2 := \{(x, t) : a \leqslant t \leqslant x \leqslant b\}$$

(s. Fig. 36.1) und erklären nun auf Q die Funktion

$$G(x, t) := \begin{cases} \dfrac{v_1(x) v_2(t)}{p(a)\, W(a)} & \text{für } (x, t) \in D_1 \quad (a \leqslant x \leqslant t \leqslant b), \\ \dfrac{v_1(t) v_2(x)}{p(a)\, W(a)} & \text{für } (x, t) \in D_2 \quad (a \leqslant t \leqslant x \leqslant b) \end{cases} \tag{36.10}$$

(auf der Diagonalen $x=t$ stimmen diese beiden Teildefinitionen offensichtlich überein). $G(x, t)$ nennt man nach dem englischen Autodidakten und späteren Cambridge-Professor George Green (1793–1841; 48) die **Greensche Funktion** der Sturmschen Randwertaufgabe

$$Lu = f(x), \quad R_1 u = R_2 u = 0 \tag{36.11}$$

(wobei also, wohlgemerkt, die Voraussetzung (36.3) erfüllt und die zugehörige homogene Aufgabe (36.5) nur *trivial* lösbar sein soll). G ist offensichtlich *stetig* auf Q, und ebenso offensichtlich sind die partiellen Ableitungen G_x und G_{xx} auf jedem der Dreiecke D_1, D_2 *vorhanden und stetig*, wobei auf der Diagonalen $x=t$

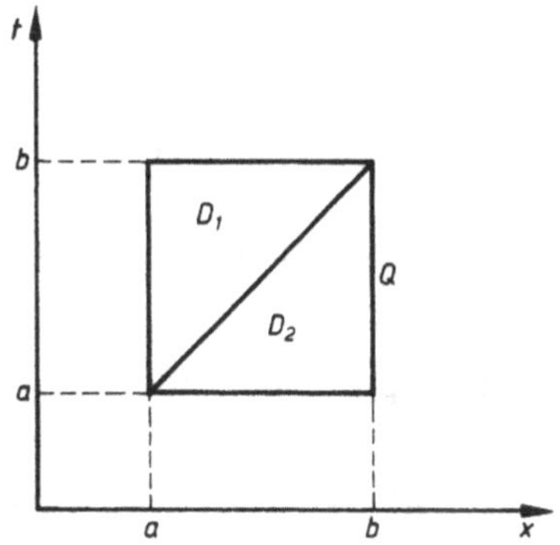

Fig. 36.1

natürlich nur von *einseitigen* Ableitungen die Rede sein kann. Die einseitigen Ableitungen erster Ordnung sind (in leicht verständlicher Notierung)

$$G_x(x+0,x)=\frac{v_1(x)v_2'(x)}{p(a)W(a)} \quad \text{für} \quad a\leqslant x<b,$$

$$G_x(x-0,x)=\frac{v_1'(x)v_2(x)}{p(a)W(a)} \quad \text{für} \quad a<x\leqslant b.$$

Wegen (36.9) ergibt sich daraus die wichtige Sprungrelation

$$G_x(x+0,x)-G_x(x-0,x)=\frac{1}{p(x)} \quad \text{für} \quad a<x<b. \tag{36.12}$$

Nunmehr sind wir in der Lage, eine alles Weitere beherrschende Lösungstatsache beweisen zu können:

36.1 Satz *Vorgelegt sei die Sturmsche Randwertaufgabe* (36.11) *unter der Standardvoraussetzung* (36.3). *Die zugehörige* homogene *Aufgabe* (36.5) *gestatte nur die* triviale *Lösung. Dann existiert die Greensche Funktion* (36.10) - *wobei die* v_1, v_2 *eine der Bedingung* (36.8) *genügende Integralbasis der Differentialgleichung* $Lu=0$ *bilden -, und mit ihrer Hilfe läßt sich die eindeutig bestimmte Lösung* u *von* (36.11) *in der* Integralform

$$u(x)=\int_a^b G(x,t)f(t)\,\mathrm{d}t \quad (a\leqslant x\leqslant b) \tag{36.13}$$

angeben.

Beweis. Wir *definieren* die Funktion $u: [a, b] \to \mathbf{R}$ durch (36.13) und zeigen, daß sie (36.11) löst. Wegen

$$u(x) = \int_a^x G(x, t) f(t)\,dt + \int_x^b G(x, t) f(t)\,dt$$

ist

$$u'(x) = G(x, x) f(x) + \int_a^x G_x(x, t) f(t)\,dt - G(x, x) f(x) + \int_x^b G_x(x, t) f(t)\,dt,$$

also $$u'(x) = \int_a^b G_x(x, t) f(t)\,dt. \tag{36.14}$$

Ganz entsprechend findet man - zunächst für $x \in (a, b)$ -

$$\begin{aligned} u''(x) = G_x(x+0, x) f(x) &+ \int_a^x G_{xx}(x, t) f(t)\,dt \\ - G_x(x-0, x) f(x) &+ \int_x^b G_{xx}(x, t) f(t)\,dt \end{aligned}$$

und daraus wegen (36.12)

$$u''(x) = \frac{f(x)}{p(x)} + \int_a^b G_{xx}(x, t) f(t)\,dt. \tag{36.15}$$

Eine kleine Zusatzüberlegung lehrt, daß diese Gleichung auch noch für $x = a$ und $x = b$ gilt. Und nun folgt

$$\begin{aligned} Lu &= pu'' + p'u' + qu \\ &= f(x) + \int_a^b \underbrace{[p(x) G_{xx}(x, t) + p'(x) G_x(x, t) + q(x) G(x, t)]}_{= LG(x, t) = 0, \text{ falls } t \neq x} f(t)\,dt = f(x). \end{aligned}$$

u genügt also auf $[a, b]$ der Gleichung $Lu = f(x)$. Ferner ist (s. (36.8))

$$\begin{aligned} R_1 u &= \int_a^b [\alpha_1 G(a, t) + \alpha_2 G_x(a, t)] f(t)\,dt \\ &= \frac{1}{p(a) W(a)} \int_a^b (R_1 v_1) v_2(t) f(t)\,dt = 0, \end{aligned}$$

und ganz entsprechend ergibt sich $R_2 u = 0$. u löst also tatsächlich die Randwertaufgabe (36.11). ■

Aufgaben

1. Gewinne eine Lösung der Differentialgleichung $(p(x)u')'+q(x)u=f(x)$ in der Form $u(x)=\int_a^b G(x,t)f(t)\,\mathrm{d}t$ durch Variation der Konstanten.

In den Aufgaben 2 bis 6 sind die Greenschen Funktionen der angegebenen Randwertaufgaben zu berechnen.

2. $u''=f(x), \quad u(0)=u(1)=0.$

3. $u''=f(x), \quad u(0)=u'(1)=0.$

4. $u''=f(x), \quad u(0)=\sigma u(1)+u'(1)=0$ (σ eine positive Konstante).

5. $u''=f(x), \quad \alpha_1 u(a)+\alpha_2 u'(a)=0, \quad \beta_1 u(b)+\beta_2 u'(b)=0$ mit $(b-a)\alpha_1\beta_1+\alpha_1\beta_2-\beta_1\alpha_2\neq 0.$

6. $(xu')'=f(x), \quad u(1)=u(\mathrm{e})=0.$

7. Löse die Randwertaufgabe $u''=x$, $u(0)=u(1)=0$, zuerst mit Hilfe der Greenschen Funktion aus Aufgabe 2 und dann - viel einfacher - durch zweimalige Integration und Anpassung der freien Konstanten.

⁺8. Adjungierte und selbstadjungierte Differentialausdrücke In dem Differentialausdruck

$$Au:=a_2(x)\frac{\mathrm{d}^2u}{\mathrm{d}x^2}+a_1(x)\frac{\mathrm{d}u}{\mathrm{d}x}+a_0(x)u \tag{36.16}$$

sei $a_2(x)$ zweimal und $a_1(x)$ einmal stetig differenzierbar auf dem Intervall J, und $a_0(x)$ sei dort stetig. Dann nennt man den Differentialausdruck

$$A^*u:=\frac{\mathrm{d}^2}{\mathrm{d}x^2}[a_2(x)u]-\frac{\mathrm{d}}{\mathrm{d}x}[a_1(x)u]+a_0(x)u$$

zu (36.16) adjungiert. A heißt selbstadjungiert, wenn A koeffizientenweise mit A^* übereinstimmt. Zeige:

a) Der zu A^* adjungierte Differentialausdruck ist A.

b) A ist genau dann selbstadjungiert, wenn $\dfrac{\mathrm{d}a_2}{\mathrm{d}x}=a_1(x)$ auf J ist.

c) A ist genau dann selbstadjungiert, wenn gilt: $Au=(a_2(x)u')'+a_0(x)u$. *Der Differentialausdruck L in* (36.1) *ist also selbstadjungiert.* Siehe auch Aufgabe 11.

9. a) Die Airysche und Legendresche Differentialgleichung, also

$$u''-xu=0 \quad \text{bzw.} \quad (1-x^2)u''-2xu'+\lambda(\lambda+1)u=0$$

sind selbstadjungiert. (Was unter einer selbstadjungierten *Differentialgleichung* zu verstehen ist, dürfte klar sein.)

b) Die Hermitesche Differentialgleichung $u''-2xu'+\lambda u=0$ läßt sich auf die selbstadjungierte Form $(\mathrm{e}^{-x^2}u')'+\lambda\mathrm{e}^{-x^2}u=0$ bringen.

c) Die Tschebyscheffsche Differentialgleichung $(1-x^2)u''-xu'+\lambda^2 u=0$ läßt sich auf dem Intervall $(-1, 1)$ in die selbstadjungierte Form $(\sqrt{1-x^2}\,u')'+\frac{\lambda^2}{\sqrt{1-x^2}}u=0$ überführen.

10. Transformiere die folgenden Gleichungen in geeigneten Intervallen auf die selbstadjungierte Form:
a) $x^2u''-2xu'+u=0$, b) $u''-\tan x\cdot u'+2u=0$.

⁺11. Eine Integralcharakterisierung selbstadjungierter Differentialausdrücke Zeige unter den Voraussetzungen und mit den Bezeichnungen der Aufgabe 8:
a) Für zweimal stetig differenzierbare Funktionen u, v ist

$$\int_a^b (vAu-uA^*v)\,\mathrm{d}x=[a_2\cdot(u'v-uv')+(a_1-a_2')uv]_a^b.$$

b) Für „Vergleichsfunktionen" u, v, d.h. für zweimal stetig differenzierbare Funktionen u, v, die auch noch den Randbedingungen (36.2) genügen (für die also $R_1u=R_2u=R_1v=R_2v=0$ ist), gilt

$$\int_a^b (vAu-uA^*v)\,\mathrm{d}x=[(a_1-a_2')uv]_a^b. \tag{36.17}$$

c) A ist genau dann selbstadjungiert, wenn für alle Vergleichsfunktionen u, v die Gleichung

$$\int_a^b (vAu-uAv)\,\mathrm{d}x=0 \tag{36.18}$$

besteht, insbesondere ist also für Vergleichsfunktionen u, v stets

$$\int_a^b (vLu-uLv)\,\mathrm{d}x=0 \quad \text{mit dem in (36.1) erklärten } L. \tag{36.19}$$

37 Sturm-Liouvillesche Eigenwertaufgaben

In Nr. 34 hatte uns die Untersuchung der schwingenden Saite zu der Aufgabe geführt, *nichttriviale* Lösungen des Randwertproblems

$$u''+\lambda u=0, \quad u(0)=u(\pi)=0 \tag{37.1}$$

zu suchen (s. (34.4)). Dabei hatten wir gesehen, daß es derartige „Eigenfunktionen" nur geben kann, wenn der Parameter λ mit einem der „Eigenwerte" $\lambda_n:=n^2$ $(n\in\mathbf{N})$ übereinstimmt. Ähnliche Aufgaben waren uns übrigens auch in ganz anderen Zusammenhängen schon entgegengetreten. Es mag genügen, an das Problem der Knicklast in Nr. 33 zu erinnern. Hier ging es - rein mathematisch gesehen - darum, die kleinste (positive) Zahl λ zu finden, für die das Randwertproblem

$$u''+\lambda e^{\frac{k}{l}x}u=0, \quad u'(0)=u(l)=0 \tag{37.2}$$

nichttrivial lösbar ist, – es ging also darum, den kleinsten „Eigenwert" dieses Problems dingfest zu machen (s. die Erörterungen ab (33.33)). Dank der Resultate der letzten Nummer können wir derartige „Eigenwertaufgaben" nun endlich in systematischer Weise angreifen. Wir regeln zunächst unser Vokabular und die Voraussetzungen.

Auf dem Intervall $[a, b]$ sei die *homogene Randwertaufgabe*

$$Lu+\lambda r(x)u=0, \quad R_1 u=R_2 u=0 \tag{37.3}$$

vorgelegt, wobei die Operatoren L und R_k wie in (36.1), (36.2) definiert seien:

$$Lu:=(p(x)u')'+q(x)u, \text{ [1)]} \tag{37.4}$$

$$R_1 u:=\alpha_1 u(a)+\alpha_2 u'(a), \quad R_2 u:=\beta_1 u(b)+\beta_2 u'(b). \tag{37.5}$$

Dabei sollen die folgenden Voraussetzungen gelten (vgl. (36.3)):

$$\left.\begin{array}{l}\textit{Alle auftretenden Größen sind reell. Auf } [a,b] \textit{ ist}\\ p \textit{ stetig differenzierbar und positiv,}\\ q \textit{ stetig,}\\ r \textit{ stetig und positiv.}\\ \textit{Die Vektoren } (\alpha_1,\alpha_2), (\beta_1,\beta_2) \textit{ sind } \neq (0,0).\end{array}\right\} \tag{37.6}$$

Eine Zahl λ heißt Eigenwert der Aufgabe (37.3), wenn (37.3) eine *nichttriviale* Lösung u besitzt; u selbst heißt dann Eigenfunktion oder Eigenlösung zum Eigenwert λ.[2)] Mit u_1, u_2 ist auch jede Linearkombination $c_1 u_1 + c_2 u_2 \neq 0$ (insbesondere also jedes Vielfache $c_1 u_1$ mit $c_1 \neq 0$) eine Eigenfunktion zum Eigenwert λ.

Die Sturm-Liouvillesche Eigenwertaufgabe besteht zunächst darin, die Eigenwerte und Eigenfunktionen des Problems (37.3) – immer unter den genannten Voraussetzungen – ausfindig zu machen, zurückhaltender gesagt: ihre *Existenz* zu garantieren. Nachdem dies erledigt ist, wird man die Frage der *Entwickelbarkeit „willkürlicher" Funktionen nach Eigenfunktionen* aufwerfen, eine Frage, deren physikalische Bedeutung uns in der Nr. 34 nachdrücklich vor Augen getreten ist.

Alle diese Dinge liegen keineswegs an der Oberfläche. Den Weg zu ihnen wird uns der Satz 36.1 bahnen, denn er erlaubt es, die Aufgabe (37.3) in eine analytisch leichter zugängliche *Integralgleichung* zu verwandeln. Diese Integralgleichung werden wir in der nächsten Nummer aufstellen. Zuerst aber sehen wir uns noch einige weitere Beispiele Sturm-Liouvillescher Eigenwertaufgaben an.

37.1 Beispiel (Eulersche Knicklast) Eine Säule mit Länge l, Elastizitätsmodul E und (konstantem) Flächenträgheitsmoment I_0 sei fest im Boden verankert und trage auf ihrem oberen Ende eine Last P. Die Frage, bei welcher Last die Säule aus ihrer vertikalen Anfangslage seitlich ausweichen wird, hatte uns schon in Nr. 33 zu dem Sturm-Liouvilleschen Eigenwertproblem

---

1) L soll an Liouville erinnern.

2) S. dazu auch Aufgabe 10.

$$u''+\lambda u=0, \quad u'(0)=0, \; u(l)=0 \quad \text{mit } \lambda := \frac{P}{EI_0} \tag{37.7}$$

geführt (s. die Erörterungen nach (33.39)). Es unterscheidet sich von (37.1) lediglich durch die *Randbedingungen*. Der Parameter λ ist dank seiner *physikalischen* Bedeutung positiv. Aber auch *mathematisch* läßt sich leicht einsehen, daß die Aufgabe (37.7) einzig und allein im Falle $\lambda>0$ nichttriviale Lösungen haben kann. Ist nämlich u eine solche, so muß $\lambda u=-u''$, also $\lambda u^2=-uu''$ sein, und daraus gewinnen wir mit Hilfe der Randbedingungen durch partielle Integration die Gleichung

$$\lambda\int_0^l u^2\,dx = -\int_0^l uu''\,dx = -\left\{[uu']_0^l - \int_0^l (u')^2\,dx\right\} = \int_0^l (u')^2\,dx. \tag{37.8}$$

Das erste und letzte Integral in dieser Gleichungskette ist positiv (warum?), also muß auch λ positiv sein. Die allgemeine Lösung der Differentialgleichung in (37.7) wird infolgedessen durch $u(x):=A\cos\sqrt{\lambda}x+B\sin\sqrt{\lambda}x$ gegeben. Es ist $u'(x)=-\sqrt{\lambda}A\sin\sqrt{\lambda}x+\sqrt{\lambda}B\cos\sqrt{\lambda}x$, also $u'(0)=\sqrt{\lambda}B$, und dank der ersten Randbedingung ($u'(0)=0$) muß daher $B=0$ sein. Somit kommen als Lösungen von (37.7) nur noch Funktionen der Form

$$A\cos\sqrt{\lambda}x \quad \text{mit } A\neq 0$$

in Frage. Die zweite Randbedingung ($u(l)=0$) erzwingt nun die Gleichung $\cos\sqrt{\lambda}l=0$. Infolgedessen kann (37.7) nur für die Parameterwerte

$$\lambda=\lambda_n:=(2n+1)^2\frac{\pi^2}{4l^2} \qquad (n=0,1,2,\ldots) \tag{37.9}$$

nichttriviale Lösungen besitzen, und da

$$A\cos(2n+1)\frac{\pi}{2l}x \qquad (A\neq 0) \tag{37.10}$$

tatsächlich eine solche, zu λ_n gehörende Lösung ist, können wir nun zusammenfassend sagen: *Die Eigenwerte des Problems* (37.7) *werden durch* (37.9), *die zugehörigen Eigenfunktionen durch* (37.10) *gegeben.*

Aus (37.9) folgt wegen $\lambda=\frac{P}{EI_0}$ für die Eulerschen Knicklasten P_n die Formel $P_n=EI_0(2n+1)^2\frac{\pi^2}{4l^2}$ ($n=0,1,2,\ldots$). Von *praktischer* Bedeutung ist nur die *kleinste* Last $P_0=EI_0\frac{\pi^2}{4l^2}$, die deshalb gewöhnlich als *die* Eulersche Knicklast bezeichnet wird.

37.2 Beispiel (Temperaturverteilung in einem Stab) $\vartheta(x,t)$ sei die orts- und zeitabhängige Temperaturverteilung in einem von $x=0$ bis $x=l>0$ reichenden dünnen Stab, dessen linkes Ende auf der konstanten Temperatur 0 gehalten wird, während am rechten Ende Wärmeabgabe an ein umgebendes Medium der Temperatur 0 zugelassen sein soll; zur Zeit $t_0=0$ habe der Stab an der Stelle x die vorgegebene Temperatur $f(x)$. Die Temperaturverteilung ergibt sich dann als diejenige Lösung der Wärmeleitungsgleichung

$$\frac{\partial\vartheta}{\partial t}=a^2\frac{\partial^2\vartheta}{\partial x^2} \qquad \text{(s. (18.89))}, \tag{37.11}$$

die den *Randbedingungen*

$$\vartheta(0,t)=0, \quad \frac{\partial\vartheta}{\partial x}(l,t)+\sigma\vartheta(l,t)=0 \quad \text{für alle} \quad t\geqslant 0 \tag{37.12}$$

und der *Anfangsbedingung*

$$\vartheta(x,0)=f(x) \quad \text{für} \quad 0\leqslant x\leqslant l \tag{37.13}$$

genügt; a und σ sind positive Materialkonstanten.

Geht man mit dem Separationsansatz $\vartheta(x,t)=u(x)v(t)$ in (37.11) ein, so erhält man in nunmehr wohlvertrauter Weise die Sturm-Liouvillesche Eigenwertaufgabe

$$u''+\lambda u=0, \quad u(0)=0, \quad \sigma u(l)+u'(l)=0 \tag{37.14}$$

mit der „Separationskonstanten" λ. (37.14) unterscheidet sich von (37.1) und (37.7) - schwingende Saite und Knicklast - nur durch die *Randbedingungen*. Man sieht, wie energisch sich die besonders einfache Eigenwertaufgabe $u''+\lambda u$, $R_1u=R_2u=0$ in die allerverschiedensten physikalisch-technischen Fragestellungen eindrängt.

Die Aufgabe (37.14) kann höchstens für *positive* λ nichttriviale Lösungen haben. Ist nämlich u eine solche, so erhält man (vgl. die Herleitung von (37.8))

$$\lambda\int_0^l u^2\,\mathrm{d}x=\sigma u^2(l)+\int_0^l (u')^2\,\mathrm{d}x$$

und hieraus $\lambda>0$. Die allgemeine Lösung der Differentialgleichung in (37.14) wird also durch $u(x):=A\cos\sqrt{\lambda}x+B\sin\sqrt{\lambda}x$ gegeben. Wegen $u(0)=0$ muß $A=0$, also $u(x)=B\sin\sqrt{\lambda}x$ $(B\neq 0)$ sein. Mit der zweiten Randbedingung $(\sigma u(l)+u'(l)=0)$ ergibt sich daraus

$$\tan\sqrt{\lambda}\,l=-\frac{\sqrt{\lambda}}{\sigma}. \tag{37.15}$$

Diese Gleichung für λ besitzt abzählbar viele positive Lösungen $\lambda_1<\lambda_2<\lambda_3<\cdots$, und offenbar divergiert $\lambda_n\to\infty$ (s. Fig. 37.1, in der $l=\sigma=1$ angenommen und $\sqrt{\lambda}=\alpha$ gesetzt wurde, so daß

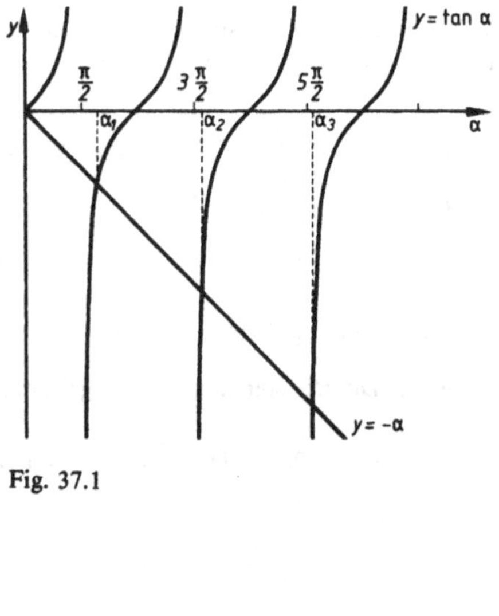

Fig. 37.1

(37.15) in $\tan\alpha = -\alpha$ übergeht). Die zu λ_n gehörenden Funktionen $B\sin\sqrt{\lambda_n}x$ $(B \neq 0)$ sind nun auch tatsächlich nichttriviale Lösungen der Aufgabe (37.14) - mit $\lambda = \lambda_n$ -, so daß wir jetzt summarisch sagen können: *Die Eigenwerte des Problems* (37.14) *sind die positiven Lösungen* λ_n *der Gl.* (37.15), *die zugehörigen Eigenfunktionen werden durch* $B\sin\sqrt{\lambda_n}x$ $(B \neq 0)$ *gegeben* $(n = 1, 2, \ldots)$.

Die drei ersten positiven Lösungen der Gleichung $\tan\alpha = -\alpha$ sind näherungsweise 2,02876; 4,91318; 7,97867. Die drei ersten Eigenwerte von (37.14) im Falle $l = \sigma = 1$ sind also $\lambda_1 \approx 4{,}11587$, $\lambda_2 \approx 24{,}13934$, $\lambda_3 \approx 63{,}65917$.

Ganz wie im Falle der schwingenden Saite sind auch hier wieder die Eigenlösungen zu verschiedenen Eigenwerten, also - abgesehen von einem belanglosen Faktor $\neq 0$ - die Funktionen

$$u_n(x) := \sin\sqrt{\lambda_n}x \qquad (n = 1, 2, \ldots)$$

zueinander „orthogonal", d. h., es gilt

$$\int_0^l u_m(x)u_n(x)\,dx = 0 \quad \text{für} \quad m \neq n \tag{37.16}$$

(vgl. (34.11)). Der Versuch jedoch, diese Gleichung durch eine *direkte* Integration zu bestätigen - was im Falle der schwingenden Saite (Nr. 34) denkbar einfach war - führt hier auf einem holprigen Weg ins reine Nichts. Die *indirekte* Methode jedoch, die wir schon in Nr. 34 erprobt hatten, erweist jetzt zum ersten Mal ihre volle Kraft: sie liefert uns genau wie dort die Gleichung

$$(\lambda_n - \lambda_m)\int_0^l u_m u_n\,dx = [u_n u_m' - u_m u_n']_0^l = 0$$

(letzteres dank der Randbedingungen in (37.14)) - und damit ist bereits alles erledigt.

In Aufgabe 13 werden wir das Temperaturverteilungsproblem, das durch (37.11) bis (37.13) fixiert ist, weiter fortführen. Wir werden dabei *wieder* - wie schon bei der schwingenden Saite - auf das Fundamentalproblem stoßen, eine *„willkürliche Funktion" nach Eigenfunktionen zu entwickeln.* Und wieder wird die *Orthogonalität* der Eigenfunktionen der Schlüssel zu seiner Lösung sein.

Aufgaben

In den Aufgaben 1 bis 7 sind die Eigenwerte und zugehörigen Eigenlösungen zu bestimmen. Man überzeuge sich davon, daß es sich in allen Fällen um *Sturm-Liouvillesche* Eigenwertaufgaben handelt.

1. $u'' + \lambda u = 0$, $u(0) = u'(1) = 0$ (vgl. Beispiel 37.1).

2. $u'' + \lambda u = 0$, $u'(0) = u'(1) = 0$.

3. $u'' + \lambda u = 0$, $u(0) - u'(0) = 0$, $u(\pi) - u'(\pi) = 0$.

4. $(xu')' + \dfrac{\lambda}{x}u = 0$, $u(1) = u(\mathrm{e}) = 0$.

Hinweis: Die Differentialgleichung geht durch Multiplikation mit x in eine Eulersche über.

5. $(xu')' + \dfrac{\lambda}{x}u = 0$, $u'(1) = u'(\mathrm{e}^{2\pi}) = 0$. Hinweis: Aufgabe 4.

6. $(x^2u')' + \frac{\lambda}{x^2}u = 0, \quad u\left(\frac{1}{2}\right) = u(1) = 0.$

7. $x^4u'' + \lambda u = 0, \quad u(1) = u(2) = 0.$

Hinweis: Durch $u(x) = xv(x)$ erhält man eine Differentialgleichung für $v(x)$. In dieser mache man die Substitution $x = 1/t$.

8. **Der harmonische Oszillator als Sekundentaktgeber** Wir betrachten einen ungestörten und ungedämpften harmonischen Oszillator, konkreter: eine Masse m, die an einer Feder mit der Steifigkeit k befestigt ist (s. Anfang der Nr. 14). Zur Zeit $t_0 = 0$ wird der in ihrer Gleichgewichtslage ruhenden Masse eine Anfangsgeschwindigkeit $v_0 > 0$ erteilt, so daß der Oszillator zu schwingen beginnt. Die Differentialgleichung seiner Bewegung ist $m\ddot{x} + kx = 0$, wobei $x(t)$ die Auslenkung von m zur Zeit t, letztere gemessen in Sekunden, aus der Gleichgewichtslage bedeutet (s. (14.1)). In welchem Verhältnis (oder vielmehr: in welchen Verhältnissen) muß m zu k stehen, damit die Masse sich 1 Sekunde nach Beginn der Bewegung wieder in der Gleichgewichtslage befindet? Wie lautet in diesem Falle das Bewegungsgesetz des Oszillators?

+9. **Ein Nichtnegativitätskriterium für Eigenwerte** Zeige zunächst: Ist u eine Eigenfunktion zum Eigenwert λ der Sturm-Liouvilleschen Aufgabe

$$(p(x)u')' + q(x)u + \lambda r(x)u = 0,$$
$$\alpha_1 u(a) + \alpha_2 u'(a) = 0, \quad \beta_1 u(b) + \beta_2 u'(b) = 0$$

(wobei also, um es noch einmal zu sagen, die Standardvoraussetzungen (37.6) erfüllt sind), so besteht die Gleichung

$$\lambda \int_a^b ru^2 \mathrm{d}x = \int_a^b (pu'^2 - qu^2)\mathrm{d}x - [puu']_a^b \tag{37.17}$$

(Hinweis: Produktintegration). Zeige nun: Ist

$$q(x) \leqslant 0 \quad \text{auf } [a, b], \quad \alpha_1\alpha_2 \leqslant 0 \quad \text{und} \quad \beta_1\beta_2 \geqslant 0,$$

so sind alle Eigenwerte $\geqslant 0$.

+10. **Zur Realität der Eigenwerte** Eigenwerte und Eigenfunktionen der Sturm-Liouvilleschen Aufgabe (37.3) – unter den Voraussetzungen (37.6) – sind gemäß unserer Definition *reell*. Natürlich könnte man auch eine *komplexe* Zahl λ einen Eigenwert von (37.3) nennen, wenn es eine (evtl. komplexwertige) Funktion $u \neq 0$ gibt, so daß

$$Lu + \lambda r(x)u = 0 \quad \text{und} \quad R_1 u = R_2 u = 0$$

ist; u würde man dann wieder eine Eigenfunktion zum Eigenwert λ nennen. Angenommen, u sei eine solche Funktion. Zeige:

a) $L\bar{u} + \bar{\lambda}r(x)\bar{u} = 0, \quad R_1\bar{u} = R_2\bar{u} = 0.$

b) $\int_a^b (\bar{u}Lu - uL\bar{u})\mathrm{d}x = 0.$

Hinweis: (36.19) in A 36.11. Man überzeugt sich leicht davon, daß diese Gleichung auch für *komplexwertige* Vergleichsfunktionen u, v gilt.

c) $(\lambda-\bar{\lambda})\int_a^b r u \bar{u}\,\mathrm{d}x=0$.

d) λ ist *reell*, und es gibt eine *reelle* Eigenfunktion zu λ.

Dieses Ergebnis rechtfertigt, daß wir uns von vornherein nur auf *reelle* Eigenwerte und *reelle* Eigenfunktionen eingelassen haben.

11. Longitudinalschwingungen eines elastischen Stabes Auch sie genügen der eindimensionalen Wellengleichung

$$\frac{\partial^2 u}{\partial t^2}=\alpha^2\frac{\partial^2 u}{\partial x^2} \quad \text{mit} \quad \alpha:=\left(\frac{\text{Elastizitätsmodul}}{\text{Dichte}}\right)^{1/2} \tag{37.18}$$

(vgl. (28.2)); eine Herleitung findet man in Szabó (1958) auf S. 74. *Via* Separationsansatz $u(x,t)=v(x)w(t)$ gewinnt man die „Amplitudengleichung"

$$v''+\lambda v=0, \tag{37.19}$$

die bei einem Stab der Länge l je nach Lage des Falles unter verschiedenen Randbedingungen zu lösen ist:

a) $v(0)=v(l)=0$ (beide Enden fest),

b) $v(0)=0,\quad v'(l)=-kv(l)$ mit $k>0$ (linkes Ende fest, rechtes elastisch angebunden),

c) $v(0)=0,\quad v'(l)=0$ (linkes Ende fest, rechtes frei).

Zeige zunächst mit Hilfe der Aufgabe 9, daß die Eigenwertaufgabe, die aus (37.19) und einer der Bedingungen a) bis c) besteht, nur *positive* Eigenwerte besitzt, finde die Eigenwerte (ggf. auch nur eine Bestimmungsgleichung für sie) und drücke mit ihrer Hilfe die Frequenz ν_n der n-ten Oberschwingung des Stabes aus.

Hinweis: A 34.2 für a); (37.14) für b); vgl. Aufgabe 1 für c). Zur Frequenzfrage s. die Erörterungen zu (34.5a).

12. Torsionsschwingungen eines elastischen Stabes Ein Stab mit konstantem Querschnitt sei an seinem linken Ende ($x=0$) fest eingespannt, an seinem rechten ($x=l$) frei beweglich. Wird er verdreht („tordiert") und dann losgelassen, so führt er sogenannte *Torsionsschwingungen* um seine Achse aus. Der Torsionswinkel $\tau=\tau(x,t)$ genügt dabei der eindimensionalen Wellengleichung

$$\frac{\partial^2 \tau}{\partial t^2}=\alpha^2\frac{\partial^2 \tau}{\partial x^2} \quad \text{mit einer Konstanten} \quad \alpha>0; \tag{37.20}$$

(s. Szabó (1958), S. 75f). Sie ist unter den beiden Randbedingungen

$$\tau(0,t)=0 \quad \text{(keine Verdrehung an der Einspannstelle),}$$

$$\frac{\partial \tau}{\partial x}(l,t)=0 \quad \text{(kein Drehmoment am freien Ende)}$$

zu lösen. Mache den Separationsansatz $\tau(x,t)=v(x)w(t)$ und zeige, daß die n-te Oberschwingung die Frequenz $\nu_n=\dfrac{\alpha(2n-1)}{4l}$ $(n\in\mathbf{N})$ hat.

Hinweis: Aufgabe 11.

13. Nochmals die Temperaturverteilung in einem dünnen Stab Es geht hier um die Weiterführung des Beispiels 37.2. Zeige:

a) Der Separationsansatz $\vartheta(x, t) = u(x)v(t)$ ergibt für v die Differentialgleichung $\dot{v} + a^2\lambda v = 0$.

b) Bei jeder Wahl der Konstanten A_n ist $\vartheta_n(x, t) := A_n \sin(\sqrt{\lambda_n}\, x) \exp(-\lambda_n a^2 t)$ eine Lösung von (37.11), die den Randbedingungen (37.12) Genüge tut.

c) Werden in dem Superpositionsansatz

$$\vartheta(x, t) := \sum_{n=1}^{\infty} A_n \sin(\sqrt{\lambda_n}\, x)\, e^{-\lambda_n a^2 t} \tag{37.21}$$

die Konstanten A_n so gewählt (was immer möglich ist), daß die Reihe konvergiert und die Ableitungen ϑ_t, ϑ_{xx} durch gliedweise Differentiation gewonnen werden können, so befriedigt $\vartheta(x, t)$ sowohl die Wärmeleitungsgleichung (37.11) als auch die *Rand*bedingungen (37.12).

d) $\vartheta(x, t)$ wird auch der *Anfangs*bedingung $\vartheta(x, 0) = f(x)$ genügen, wenn die A_n unbeschadet der obigen Konvergenz- und Differenzierbarkeitsforderungen so gewählt werden können - und das eben ist das Kardinalproblem -, daß

$$f(x) = \sum_{n=1}^{\infty} A_n \sin(\sqrt{\lambda_n}\, x) \quad \text{für} \quad 0 \leqslant x \leqslant l \tag{37.22}$$

ist. Wenn diese Entwicklung von $f(x)$ nach den Eigenfunktionen der Aufgabe (37.14) tatsächlich möglich ist und auch noch gliedweise integriert werden darf, so bestimmen sich die Koeffizienten A_n aus der Formel

$$A_n = \frac{4\sqrt{\lambda_n}}{2\sqrt{\lambda_n}\, l - \sin(2\sqrt{\lambda_n}\, l)} \int_0^l f(x) \sin(\sqrt{\lambda_n}\, x)\, dx. \tag{37.23}$$

Hinweis: Orthogonalitätsrelation (37.16).

38 Die Integralgleichung und der Integraloperator der Sturm-Liouvilleschen Eigenwertaufgabe

Wie in Nr. 37 denken wir uns auf dem kompakten Intervall

$$J := [a, b]$$

die homogene Randwertaufgabe

$$Lu + \lambda r(x) u = 0, \quad R_1 u = R_2 u = 0 \tag{38.1}$$

mit den Bezeichnungen und Voraussetzungen (37.4) bis (37.6) gegeben.

Die Integralgleichung Wir nehmen an, $\lambda = 0$ *sei kein Eigenwert von* (38.1), d.h. die homogene Sturmsche Randwertaufgabe

$$Lu = 0, \quad R_1 u = R_2 u = 0 \tag{38.2}$$

gestatte lediglich die triviale Lösung. In diesem Falle besitzt die Aufgabe

$$Lu = f(x), \quad R_1 u = R_2 u = 0 \tag{38.3}$$

für jedes $f \in C(J)$[1] genau eine Lösung u (Satz 35.2), und diese kann in der Form

$$u(x) = \int_a^b G(x,t) f(t)\,dt \qquad (G \text{ die Greensche Funktion}) \tag{38.4}$$

dargestellt werden (Satz 36.1). Ist nun u irgendeine Lösung von (38.1), so haben wir

$$Lu = -\lambda r(x) u, \quad R_1 u = R_2 u = 0,$$

und daher muß $u(x) = \int_a^b G(x,t)[-\lambda r(t) u(t)]\,dt$ $(x \in J)$ oder also

$$u(x) - \lambda \int_a^b k(x,t) u(t)\,dt = 0 \quad \text{mit} \quad k(x,t) := -G(x,t) r(t) \tag{38.5}$$

sein. Und ebenso leicht sieht man die Umkehrung ein: Jede bloß *stetige* Lösung u der homogenen Fredholmschen Integralgleichung[2] (38.5) befriedigt (38.1) (ist also insbesondere zweimal stetig differenzierbar). *Damit ist die Randwertaufgabe* (38.1) *vollständig auf die Fredholmsche Integralgleichung* (38.5) *mit dem stetigen* Kern $k(x,t)$ *zurückgespielt.*
Mit dem Fredholmschen Integraloperator $K: C(J) \to C(J)$, definiert durch

$$(Ku)(x) := \int_a^b k(x,t) u(t)\,dt \quad \text{für} \quad u \in C(J), \tag{38.6}$$

schreibt sich (38.5) in der kompakten Form

$$u - \lambda K u = 0. \tag{38.7}$$

Wir stellen nun einige Eigenschaften von K zusammen, die für unsere Zwecke unentbehrlich sind.

Linearität und Symmetrie des Integraloperators K Wie der Volterrasche Integraloperator ist auch der Fredholmsche *linear*:

$$K(\alpha u + \beta v) = \alpha K u + \beta K v \quad \text{für} \quad u, v \in C(J) \quad \text{und} \quad \alpha, \beta \in \mathbf{R}.$$

Auf $C(J)$ führen wir nun vermöge der Erklärung

$$(u \mid v) := \int_a^b r(x) u(x) v(x)\,dx \tag{38.8}$$

[1] $C(J)$ ist, wie früher, die Menge der stetigen Funktionen $f: J \to \mathbf{R}$.
[2] Der Schwede Ivar Fredholm (1866–1927; 61) hat die nach ihm benannte Integralgleichung zwar nicht erfunden, hat aber als erster eine befriedigende Lösungstheorie für sie entwickelt.

ein (reellwertiges) Innenprodukt mit der Gewichtsfunktion $r(x)$ ein.[1] Offenbar ist für alle $u, v, w \in C(J)$ und $\alpha, \beta \in \mathbf{R}$ stets

$$(\alpha u+\beta v \mid w)=\alpha(u \mid w)+\beta(v \mid w), \quad (u \mid v)=(v \mid u),$$
$$(u \mid u) \geqslant 0, \quad \textit{wobei } (u \mid u)=0 \textit{ genau für } u=0 \textit{ gilt}.$$ [2]

Bezüglich dieses Innenprodukts ist K symmetrisch:

$$(Ku \mid v)=(u \mid Kv) \quad \text{für alle} \quad u, v \in C(J). \tag{38.9}$$

Diese außerordentlich wichtige Eigenschaft ergibt sich ohne Mühe aus der *Symmetrie der Greenschen Funktion*, d.h. aus

$$G(x,t)=G(t,x) \quad \text{(s. (36.10))}. \tag{38.9a}$$

Es folgt nun ein Exkurs über die

Konvergenz im quadratischen Mittel Zunächst eine motivierende Vorbemerkung.

Die euklidische Länge oder Norm eines Vektors $\boldsymbol{u}:=(u_k)\in\mathbf{R}^n$ ist bekanntlich $\|\boldsymbol{u}\|:=\sqrt{\sum_{k=1}^n u_k^2}$. Mit einem festen Gewichtsvektor $(r_k)>0$ läßt sich eine verallgemeinerte euklidische Norm durch

$$|\boldsymbol{u}|:=\sqrt{\sum_{k=1}^n r_k u_k^2}$$

definieren; der verallgemeinerte euklidische Abstand zweier Vektoren $\boldsymbol{u}:=(u_k)$, $\boldsymbol{v}:=(v_k)$ ist dann

$$|\boldsymbol{u}-\boldsymbol{v}|=\sqrt{\sum_{k=1}^n r_k(u_k-v_k)^2}.$$

Offenbar konvergiert die Folge der Vektoren $\boldsymbol{u}_j$ genau dann (komponentenweise) gegen $\boldsymbol{u}$, wenn $|\boldsymbol{u}_j-\boldsymbol{u}|\to 0$ strebt.

In $C(J)$ führen wir nun die entsprechenden kontinuierlichen Analoga ein. Wir nennen

$$|u|:=\sqrt{\int_a^b r(x)u^2(x)\,\mathrm{d}x}=\sqrt{(u \mid u)} \tag{38.10}$$

die Norm von u (sorgfältig zu unterscheiden von der früher benutzten *Maximumsnorm* $\|u\|_\infty$),

---

[1] $\int_a^b r(x)u(x)v(x)\,\mathrm{d}x$ ist das kontinuierliche Analogon zu dem Innenprodukt $\sum_{k=1}^n r_k u_k v_k$ der Vektoren (u_k), $(v_k)\in\mathbf{R}^n$ bezüglich des Gewichtsvektors $(r_k)>0$.

[2] Hier greift die bisher rätselhaft gebliebene Voraussetzung der *Positivität* von r ein! (Die Positivität von p wird ihre Bedeutung erst im Beweis der Abschätzung (39.17) offenbaren.)

$$\|u-v\| = \sqrt{\int_a^b r(x)[u(x)-v(x)]^2\,dx} = \sqrt{(u-v\,|\,u-v)}$$

den **Abstand** der Funktionen u, v und sagen, die Folge (u_j) **konvergiere im Sinne der Norm** oder **im (gewichteten) quadratischen Mittel** gegen u, in Zeichen: $u_j \to u$, wenn

$$\|u_j - u\| \to 0$$

strebt, wenn also gilt:

$$\int_a^b r(x)[u_j(x)-u(x)]^2\,dx \to 0 \quad \text{für} \quad j \to \infty. \tag{38.11}$$

Sehr im Unterschied zu den Verhältnissen bei Vektoren ist jedoch die Konvergenz *im Sinne der Norm* keineswegs gleichbedeutend mit der vertrauten *punktweisen* Konvergenz; vielmehr braucht weder aus der Normkonvergenz die punktweise Konvergenz noch aus der punktweisen Konvergenz die Normkonvergenz zu folgen. Wenn jedoch eine Folge (u_j) sogar *gleichmäßig* auf $[a, b]$ gegen u konvergiert, so tut sie es ganz offensichtlich auch im Sinne der Norm. Im Fortgang unserer Arbeit wird immer deutlicher hervortreten, daß die *Norm*konvergenz ein unseren Zwecken besonders glücklich angepaßter Konvergenzbegriff ist.

Um den Namen „Norm" zu verdienen, sollte $\|\cdot\|$ die folgenden Eigenschaften haben:

$$\|u\| \geq 0, \quad \textit{wobei } \|u\| = 0 \textit{ genau dann gilt, wenn } u = 0 \textit{ ist},$$
$$\|\alpha u\| = |\alpha|\,\|u\| \quad \textit{für alle} \quad \alpha \in \mathbf{R},$$
$$\|u+v\| \leq \|u\| + \|v\| \quad \text{(Dreiecksungleichung)}.$$

Unsere Norm $\|\cdot\|$ *genügt tatsächlich diesen Forderungen.* Die beiden ersten sind so gut wie trivial, und die Dreiecksungleichung ist nichts anderes als die bekannte *Minkowskische Ungleichung*[1)]

$$\sqrt{\int_a^b [f(x)+g(x)]^2\,dx} \leq \sqrt{\int_a^b f^2(x)\,dx} + \sqrt{\int_a^b g^2(x)\,dx}$$

für $f := \sqrt{r}u$, $g := \sqrt{r}v$.

Aus der *Schwarzschen Ungleichung*[2)]

$$\left|\int_a^b f(x)g(x)\,dx\right| \leq \sqrt{\int_a^b f^2(x)\,dx}\,\sqrt{\int_a^b g^2(x)\,dx} \tag{38.12}$$

ergibt sich für $f := \sqrt{r}u$, $g := \sqrt{r}v$ die wichtige Abschätzung

$$|(u\,|\,v)| \leq \|u\|\,\|v\|, \tag{38.13}$$

1) Heuser I, Satz 85.3 (für $p = 2$).

2) Heuser I, Satz 85.2 (für $p = 2$).

die wir wieder Schwarzsche Ungleichung nennen wollen. Mit ihr erhält man mühelos die Stetigkeit des Innenprodukts:

$$\textit{Aus } u_n \to u,\ v_n \to v \textit{ (im Sinne der Norm) folgt } (u_n | v_n) \to (u | v). \tag{38.14}$$

Denn wegen (38.13) haben wir

$$|(u_n|v_n)-(u|v)| \leqslant |(u_n|v_n-v)|+|(u_n-u|v)|$$
$$\leqslant \|u_n\|\,\|v_n-v\|+\|u_n-u\|\,\|v\| \to 0.\ ^{1)} \qquad \blacksquare$$

Wir schreiben

$$u=\sum_{k=1}^{\infty} u_k \quad \text{im Sinne der Norm (oder im quadratischen Mittel),}$$

wenn die Folge der Teilsummen $s_n := u_1 + \cdots + u_n$ im Sinne der Norm gegen u konvergiert. Aus (38.14) ergibt sich für jedes $v \in C(J)$ sofort:

$$\textit{Aus } u=\sum_{k=1}^{\infty} u_k \textit{ (im Sinne der Norm) folgt } (u|v)=\sum_{k=1}^{\infty}(u_k|v). \tag{38.15}$$

Die Kompaktheit von K Wir kommen nun zu einer Eigenschaft des Integraloperators K, die alle seine anderen in den Schatten stellt: die sogenannte Kompaktheit. Dieses eine Wort bezeichnet den folgenden Sachverhalt:

Ist (u_n) eine normbeschränkte Folge aus $C(J)$, so enthält die Bildfolge $(K u_n)$ stets eine normkonvergente Teilfolge.

Beweis. Mit einer gewissen Zahl γ ist $\|u_n\| \leqslant \gamma$ für alle $n \in \mathbf{N}$. Zur Abkürzung setzen wir $v_n := K u_n$. Da

$$g(x,t) := G(x,t)\sqrt{r(t)}$$

beschränkt ist,

$$|g(x,t)| \leqslant \alpha \quad \text{für alle} \quad (x,t) \in J \times J,$$

erhalten wir mit der Schwarzschen Ungleichung (38.12) die Abschätzung

$$|v_n(x)| = \left|\int_a^b k(x,t)u_n(t)\,\mathrm{d}t\right| = \left|\int_a^b G(x,t)r(t)u_n(t)\,\mathrm{d}t\right| \qquad \text{(s. (38.5))}$$
$$\leqslant \int_a^b \alpha\cdot\sqrt{r(t)}\,|u_n(t)|\,\mathrm{d}t \leqslant \sqrt{\int_a^b \alpha^2\,\mathrm{d}t}\cdot\sqrt{\int_a^b r(t)u_n^2(t)\,\mathrm{d}t} = \sqrt{b-a}\,\alpha\,\|u_n\|$$
$$\leqslant \sqrt{b-a}\,\alpha\gamma \quad \text{für alle} \quad x \in J \quad \text{und alle} \quad n \in \mathbf{N}.$$

[1] Man denke daran, daß (u_n) als norm*konvergente* Folge offenbar auch norm*beschränkt* ist: $\|u_n\| \leqslant \gamma$ für alle n (s. Heuser II, Satz 109.3).

Die Folge (v_n) ist also auf J *punktweise beschränkt*. Ferner ist sie dort *gleichstetig*. Da nämlich die stetige Funktion $g(x, t)$ auf dem kompakten Quadrat $J \times J$ sogar *gleichmäßig* stetig sein muß, gibt es zu vorgegebenem $\varepsilon > 0$ ein $\delta > 0$, so daß

$$\text{für } |x_1 - x_2| < \delta \text{ stets } |g(x_1, t) - g(x_2, t)| < \varepsilon \text{ ausfällt.}$$

Mit der Schwarzschen Ungleichung (38.12) erhalten wir nun wie oben für alle $n \in \mathbf{N}$ und alle $x_1, x_2 \in J$ mit $|x_1 - x_2| < \delta$ die Abschätzung

$$\begin{aligned} |v_n(x_1) - v_n(x_2)| &\leqslant \int_a^b |g(x_1, t) - g(x_2, t)| \sqrt{r(t)} |u_n(t)| \, dt \\ &\leqslant \int_a^b \varepsilon \sqrt{r(t)} |u_n(t)| \, dt \leqslant \sqrt{b-a} \, \varepsilon \gamma . \end{aligned}$$

Damit ist die Gleichstetigkeit der Folge (v_n) dargetan. Der Satz von Arzelà-Ascoli[1] verbürgt nun die Existenz einer auf J *gleichmäßig konvergenten* Teilfolge (v_{n_k}) von (v_n). Ihre Grenzfunktion v gehört zu $C(J)$, und es strebt $v_{n_k} \to v$ *auch im Sinne der Norm*. ∎

Die Norm von K Aus der Kompaktheit des Operators K ergibt sich sehr leicht seine Beschränktheit, d.h. die Existenz einer Konstanten $M \geqslant 0$ mit

$$\|Ku\| \leqslant M \|u\| \quad \text{für alle} \quad u \in C(J) \tag{38.16}$$

oder also mit $\|Ku\| \leqslant M$ für alle $u \in C(J)$ mit $\|u\| = 1$. Andernfalls wäre nämlich eine Folge (u_n) mit $\|u_n\| = 1$ und $\|Ku_n\| \geqslant n$ vorhanden. Aus (Ku_n) könnte man gewiß keine norm*beschränkte*, erst recht also keine norm*konvergente* Teilfolge herausheben - was aber wegen der Kompaktheit von K doch allemal möglich ist. Dieser Widerspruch zeigt, daß eine Abschätzung der Form (38.16) gelten muß.[2] ∎

Die kleinste Konstante M, die man in (38.16) wählen kann, heißt die Norm von K und wird mit $\|K\|$ bezeichnet. Es ist also gewiß

$$\|Ku\| \leqslant \|K\| \, \|u\| \quad \text{für alle} \quad u \in C(J). \tag{38.17}$$

Ferner gilt - und gerade dies wird für unsere Zwecke entscheidend sein -

$$\|K\| = \sup_{\|u\|=1} |(Ku \mid u)| . \tag{38.18}$$

Beweis. Für jedes u mit $\|u\| = 1$ ist wegen der Schwarzschen Ungleichung (38.13) gewiß $|(Ku \mid u)| \leqslant \|Ku\| \, \|u\| \leqslant \|K\| \, \|u\|^2 = \|K\|$, also auch

$$\nu(K) := \sup_{\|u\|=1} |(Ku \mid u)| \leqslant \|K\| . \tag{38.19}$$

[1] Heuser I, Satz 106.2.

[2] S. dazu auch Aufgabe 1.

Naives Ausrechnen der nachstehenden Innenprodukte - wobei die Symmetrieeigenschaft (38.9) von K heranzuziehen ist - liefert für jedes $\lambda \neq 0$ die Gleichung

$$\left(K\left(\lambda u+\frac{1}{\lambda}Ku\right)\middle|\lambda u+\frac{1}{\lambda}Ku\right)-\left(K\left(\lambda u-\frac{1}{\lambda}Ku\right)\middle|\lambda u-\frac{1}{\lambda}Ku\right)=4\,|Ku|^2,$$

also ist

$$4\,|Ku|^2 \leqslant \nu(K)\left[\left|\lambda u+\frac{1}{\lambda}Ku\right|^2+\left|\lambda u-\frac{1}{\lambda}Ku\right|^2\right].$$

Mit Aufgabe 2 erhält man daraus

$$4\,|Ku|^2 \leqslant 2\,\nu(K)\left[\lambda^2\,|u|^2+\frac{1}{\lambda^2}\,|Ku|^2\right].$$

Ist $|Ku| \neq 0$, so setze man $\lambda^2 = |Ku|/|u|$; es folgt dann $|Ku| \leqslant \nu(K)\,|u|$. Diese Ungleichung ist aber trivialerweise auch noch im Falle $|Ku|=0$ richtig und liefert daher die Normabschätzung $|K| \leqslant \nu(K)$, aus der nun mit (38.19) die Behauptung (38.18) folgt. ■

Die „Beschränktheitsungleichung" (38.17) liefert sofort die Stetigkeit von K, schärfer:

Aus $u_n \to u$ *folgt* $Ku_n \to Ku$ *(Konvergenz im Sinne der Norm).*[1] (38.20)

Und daraus wiederum ergibt sich, daß man K auf eine konvergente Reihe *gliedweise* anwenden darf:

Aus $u = \sum_{j=1}^{\infty} u_j$ *folgt* $Ku = \sum_{j=1}^{\infty} Ku_j$ *(Konvergenz im Sinne der Norm).* (38.21)

Die Inverse von K Wir wollen eine auf J zweimal stetig differenzierbare Funktion v mit $R_1 v = R_2 v = 0$ hinfort eine Vergleichsfunktion nennen und die Gesamtheit dieser Funktionen mit $V(J)$ bezeichnen. Setzen wir

$$f := Lv \quad \text{für ein beliebiges} \quad v \in V(J),$$

so ist trivialerweise

$$Lv = f, \quad R_1 v = R_2 v = 0,$$

und wegen Satz 36.1 und (38.5) haben wir daher

$$v(x) = \int_a^b G(x,t) f(t)\,\mathrm{d}t = \int_a^b k(x,t) w(t)\,\mathrm{d}t \quad \text{mit} \quad w := -\frac{f}{r} = -\frac{1}{r} Lv,$$

[1] Für den Volterraschen Integraloperator hatten wir Entsprechendes im Anschluß an (21.12) bewiesen.

kurz: es ist

$$v = K\left(-\frac{1}{r} Lv\right) \quad \text{für jedes} \quad v \in V(J). \tag{38.22}$$

Ganz entsprechend sieht man ein, daß

$$L(Kw) = -rw \quad \text{und} \quad R_1(Kw) = R_2(Kw) = 0 \quad \text{für jedes} \quad w \in C(J) \tag{38.23}$$

sein muß – daß insbesondere also Kw stets zu $V(J)$ gehört und w durch Kw völlig eindeutig bestimmt wird. Alles in allem:
K bildet $C(J)$ umkehrbar eindeutig auf $V(J)$ ab, und die zu K inverse Abbildung K^{-1}: $V(J) \to C(J)$ wird gegeben durch

$$K^{-1} v = -\frac{1}{r} Lv. \tag{38.24}$$

Aufgaben

1. Beweise die Beschränktheit von K, also eine Abschätzung der Form (38.16), durch direkte Rechnung.

***2.** Für je zwei Elemente f, g von $C(J)$ gilt die Parallelogrammgleichung

$$|f+g|^2 + |f-g|^2 = 2|f|^2 + 2|g|^2.$$

***3.** Für Elemente $v_1, \ldots, v_n$ von $C(J)$ mit $(v_j | v_k) = 0$ $(j \neq k)$ gilt der Satz des Pythagoras (570?–497? v. Chr.; 73?)

$$\left|\sum_{k=1}^{n} v_k\right|^2 = \sum_{k=1}^{n} |v_k|^2.$$

39 Die Eigenwerte und Eigenfunktionen der Sturm-Liouvilleschen Aufgabe

Zugrundegelegt werden die Voraussetzungen und Bezeichnungen der letzten Nummer, *insbesondere soll* 0 – jedenfalls zunächst – *kein Eigenwert der Sturm-Liouvilleschen Aufgabe* (38.1) *sein.* K ist wieder der in (38.6) definierte Integraloperator auf $C(J)$ mit dem in (38.5) erklärten Kern $k(x, t)$.

Die Eigenwerte und Eigenfunktionen von K[1] Die reelle Zahl μ wird Eigenwert von K genannt, wenn es in $C(J)$ ein $u \neq 0$ mit $Ku = \mu u$ gibt; u selbst heißt dann eine Eigenfunktion oder Eigenlösung von K zum Eigenwert μ.

0 *ist kein Eigenwert von K.* Aus $Ku = 0$ folgt nämlich dank der Injektivität von K sofort $u = 0$ (s. Ende der Nr. 38). ■

Sei λ ein (voraussetzungsgemäß von Null verschiedener) Eigenwert der Sturm-Liouvilleschen Aufgabe (38.1) und u eine dazugehörige Eigenfunktion. Nach den Erörterungen zu Beginn der Nr. 38 ist dann $u - \lambda K u = 0$ oder also $Ku = \frac{1}{\lambda} u$. $\mu := 1/\lambda$ ist daher ein Eigenwert von K und u eine zugehörige Eigenfunktion. Ist umgekehrt μ irgendein Eigenwert von K mit der Eigenfunktion u, so sieht man ganz entsprechend, daß $\lambda := 1/\mu$ ein Eigenwert der Aufgabe (38.1) und u eine zugehörige Eigenfunktion ist. *Die Eigenwerte λ der Aufgabe* (38.1) *und die Eigenwerte μ des Operators K sind also durch die Beziehung $\lambda = 1/\mu$ miteinander verbunden; die korrespondierenden Eigenfunktionen stimmen überein,* schärfer:

$$Lu + \lambda r(x) u = 0, \quad R_1 u = R_2 u = 0 \Longleftrightarrow Ku = \frac{1}{\lambda} u \qquad (u \neq 0). \tag{39.1}$$

Sind μ_1, μ_2 zwei *verschiedene* Eigenwerte von K und u_1, u_2 zugehörige Eigenfunktionen, so ist wegen (38.9) offenbar

$$\mu_1 (u_1 | u_2) = (\mu_1 u_1 | u_2) = (K u_1 | u_2) = (u_1 | K u_2) = (u_1 | \mu_2 u_2) = \mu_2 (u_1 | u_2),$$

also ist $(\mu_1 - \mu_2)(u_1 | u_2) = 0$ und somit $(u_1 | u_2) = 0$. Nennen wir zwei Funktionen $f, g \in C(J)$ zueinander orthogonal - genauer: r-orthogonal -, wenn $(f | g) = 0$ ist, so können wir also sagen:

39.1 Satz *Eigenlösungen von K zu* verschiedenen *Eigenwerten sind zueinander* r-orthogonal. *Entsprechendes gilt dann auch für die Eigenlösungen der Sturm-Liouvilleschen Aufgabe* (38.1).[2]

An diesem Punkt angelangt, können wir der alles entscheidenden Frage nach der *Existenz* von Eigenwerten nicht länger ausweichen. Wir greifen sie folgendermaßen an.

Wegen (38.18) gibt es eine Folge von Funktionen $v_n \in C(J)$ mit

$$\|v_n\| = 1 \quad \text{und} \quad |(K v_n | v_n)| \to \|K\| = \sup_{\|v\| = 1} |(K v | v)|. \tag{39.2}$$

Die v_n dürfen wir uns von vornherein so gewählt denken, daß bereits die Folge der $(K v_n | v_n)$ konvergiert:

---

[1] Eine ganz allgemeine Eigenwerttheorie symmetrischer kompakter Operatoren auf abstrakten Innenprodukträumen findet der Leser in Heuser (1991, Funktionalanalysis), Kap. V.

[2] S. dazu auch Aufgabe 6.

$$(Kv_n|v_n)\to\mu \quad \text{mit} \quad |\mu|=\|K\|.$$

Aus

$$\|Kv_n-\mu v_n\|^2=\|Kv_n\|^2-2\mu(Kv_n|v_n)+\mu^2\|v_n\|^2\leqslant\|K\|^2-2\mu(Kv_n|v_n)+\|K\|^2$$

erhalten wir nun

$$Kv_n-\mu v_n\to 0 \quad \text{im Sinne der Norm}. \tag{39.3}$$

Wegen der Kompaktheit von K besitzt (Kv_n) eine normkonvergente Teilfolge (Kv_{n_j}); aus (39.3) ergibt sich, daß dann auch (v_{n_j}) gegen ein $u\in C(J)$ strebt. Und daraus wiederum folgt $Kv_{n_j}\to Ku$ (s. (38.20)). Ein Blick auf (39.3) - mit n_j anstelle von n - lehrt nun, daß $Ku-\mu u=0$, also $Ku=\mu u$ sein muß. Und da wegen (38.14)

$$1=\|v_{n_j}\|^2=(v_{n_j}|v_{n_j})\to(u|u)=\|u\|^2$$

strebt, ist $\|u\|=1$, also $u\neq 0$, und somit *entpuppt sich μ schließlich als ein Eigenwert $\neq 0$ von K mit der Eigenlösung u.* Offenbar wird das Supremum in (39.2) für $v:=u$ angenommen, wir haben also

$$|\mu|=\max\{|(Kv|v)|: v\in C(J), \|v\|=1\}=\|K\|. \tag{39.4}$$

Für das Weitere setzen wir $\mu_1:=\mu$, $u_1:=u$ und betrachten nun die Menge

$$E_1:=\{v\in C(J): (v|u_1)=0\}$$

der zu u_1 r-orthogonalen Elemente von $C(J)$. E_1 ist ein linearer Unterraum von $C(J)$, d.h., mit v_1 und v_2 gehört auch jede Linearkombination $\gamma_1 v_1+\gamma_2 v_2$ zu E_1. Ferner besteht E_1 nicht nur aus der identisch verschwindenden Funktion (s. Aufgabe 2). Der Operator K bildet E_1 in sich ab, denn dank (38.9) folgt aus $v\in E_1$ sofort $(Kv|u_1)=(v|Ku_1)=(v|\mu_1 u_1)=\mu_1(v|u_1)=0$, also $Kv\in E_1$. Im folgenden sei K_1 die Einschränkung von K auf E_1, also $K_1 v:=Kv$ für alle $v\in E_1$. K_1 ist ein *linearer* Operator auf E_1 und überdies *symmetrisch*:

$$(K_1 v|w)=(v|K_1 w) \quad \text{für alle} \quad v, w\in E_1.$$

Sei (v_n) eine normbeschränkte Folge aus E_1. Dann kann man dank der Kompaktheit von K aus $(Kv_n)\equiv(K_1 v_n)$ eine normkonvergente Teilfolge $(K_1 v_{n_j})$ herausheben: $K_1 v_{n_j}\to w\in C(J)$ im Sinne der Norm. Wegen (38.14) strebt

$$\underbrace{(K_1 v_{n_j}|u_1)}_{=0}\to(w|u_1), \quad \text{also ist} \quad (w|u_1)=0,$$

und somit liegt w sogar in E_1. Mit anderen Worten: K_1 ist ein *kompakter* Operator auf E_1. Da wir den obigen Beweis für die Existenz eines Eigenwertes von K ganz allein auf die *Symmetrie* und *Kompaktheit* von K gegründet hatten, können wir ihn nun ohne weiteres für K_1 in Anspruch nehmen und demgemäß feststellen: K_1

besitzt einen Eigenwert μ_2 und eine zugehörige „normierte" Eigenfunktion $u_2 \in E_1$:

$$K_1 u_2 = \mu_2 u_2, \quad |u_2| = 1, \quad (u_2 | u_1) = 0, \tag{39.5}$$

ferner ist

$$|\mu_2| = \max\{|(Kv|v)|: v \in C(J), |v| = 1, (v|u_1) = 0\} = |K_1|, \tag{39.6}$$

insbesondere gilt also $|\mu_2| \leqslant |\mu_1|$ (vgl. (39.4)).
Da $K_1 u_2 = K u_2$ ist, folgt aus (39.5), *daß μ_2 auch ein Eigenwert von K mit der normierten und zu u_1 r-orthogonalen Eigenfunktion u_2 sein muß.*
Wir betrachten jetzt die Menge

$$E_2 := \{v \in C(J): (v|u_1) = (v|u_2) = 0\}$$

der zu u_1 und u_2 r-orthogonalen Elemente von $C(J)$. Mittels der Einschränkung K_2 von K auf E_2 sieht man genau wie oben: *K besitzt einen Eigenwert μ_3 mit einer normierten und zu u_1, u_2 r-orthogonalen Eigenlösung u_3:*

$$K u_3 = \mu_3 u_3, \quad |u_3| = 1, \quad (u_3|u_1) = (u_3|u_2) = 0, \tag{39.7}$$

ferner ist

$$|\mu_3| = \max\{|(Kv|v)|: v \in C(J), |v| = 1, (v|u_1) = (v|u_2) = 0\} = |K_2|, \tag{39.8}$$

insbesondere gilt also $|\mu_3| \leqslant |\mu_2|$ (s. (39.6)).
Es dürfte nun klar sein, wie dieser „Abspaltungsprozeß" weitergeht und daß er eine Folge von Eigenwerten $\mu_1, \mu_2, \ldots$ und Eigenfunktionen $u_1, u_2, \ldots$ von K mit nachstehenden Eigenschaften liefert:

a) $$K u_n = \mu_n u_n, \quad |u_n| = 1, \quad (u_n|u_m) = 0 \quad \textit{für} \quad n \neq m; \tag{39.9}$$

b) $$|\mu_n| = \max\{|(Kv|v)|: v \in C(J), \quad |v| = 1, \quad (v|u_1) = \cdots = (v|u_{n-1}) = 0\} = |K_{n-1}|; \tag{39.10}$$

dabei ist K_{n-1} die Einschränkung von K auf

$$E_{n-1} := \{v \in C(J): (v|u_1) = \cdots = (v|u_{n-1}) = 0\};$$

c) $$|\mu_1| \geqslant |\mu_2| \geqslant |\mu_3| \geqslant \cdots > 0.^{1)} \tag{39.11}$$

Eine Folge von Funktionen $v_n \in C(J)$ mit

$$|v_n| = 1 \quad \text{und} \quad (v_n|v_m) = 0 \quad \text{für} \quad n \neq m, \quad \text{d.h. mit } (v_n|v_m) = \delta_{nm},$$

wollen wir hinfort eine r-**Orthonormalfolge** in $C(J)$ nennen.

[1)] 0 ist kein Eigenwert von K (s. Anfang dieser Nummer), alle μ_n sind also $\neq 0$.

(39.11) können wir noch erheblich verfeinern. Zuerst zeigen wir: *Es strebt*

$$\mu_n \to 0 \quad \textit{für} \quad n \to \infty. \tag{39.12}$$

Andernfalls wäre nämlich die Folge (u_n/μ_n) normbeschränkt, ihre Bildfolge $(Ku_n/\mu_n) \equiv (u_n)$ müßte somit eine normkonvergente Teilfolge, erst recht also eine Cauchyteilfolge (im Sinne der Norm) enthalten;[1] wegen $|u_n - u_m|^2 = |u_n|^2 + |u_m|^2 = 2$ für $n \neq m$ (s. A 38.3) ist dies aber unmöglich. ■

Als nächstes beweisen wir, *daß*

$$\mu_n \neq \mu_{n+1} \quad \textit{für} \quad n = 1, 2, \ldots \tag{39.13}$$

ist. Angenommen, wir hätten $\mu_m = \mu_{m+1}$ für ein gewisses $m \in \mathbf{N}$. Dann wären u_m, u_{m+1} Eigenfunktionen der Sturm-Liouvilleschen Aufgabe (38.1) zu ein und demselben Eigenwert $\lambda := 1/\mu_m$ (s. (39.1)). Die Funktionen u_m, u_{m+1} sind dank ihrer r-Orthogonalität *linear unabhängig*: aus $\alpha u_m + \beta u_{m+1} = 0$ folgt nämlich

$$0 = (0 \mid u_m) = (\alpha u_m + \beta u_{m+1} \mid u_m) = \alpha (u_m \mid u_m) + \beta (u_m \mid u_{m+1}) = \alpha,$$

also ist $\alpha = 0$ und dann auch $\beta = 0$. Andererseits aber ergibt sich aus der ersten Randbedingung für u_m und u_{m+1}, also aus den Gleichungen

$$\begin{aligned} \alpha_1 u_m(a) \quad + \alpha_2 u_m'(a) \quad &= 0, \\ \alpha_1 u_{m+1}(a) + \alpha_2 u_{m+1}'(a) &= 0, \end{aligned}$$

daß

$$\begin{vmatrix} u_m(a) & u_m'(a) \\ u_{m+1}(a) & u_{m+1}'(a) \end{vmatrix} = 0$$

sein muß (voraussetzungsgemäß ist ja mindestens eine der Zahlen α_1, α_2 von 0 verschieden). Nach Satz 22.3 sind daher die Eigenfunktionen u_m, u_{m+1} linear *abhängig* – in flagrantem Widerspruch zu ihrer gerade festgestellten *Unabhängigkeit*. Diese Absurdität zwingt uns dazu, die Annahme $\mu_m = \mu_{m+1}$ zu verwerfen und die Behauptung (39.13) zu akzeptieren. ■

Der zweite Teil des eben geführten Beweises deckt noch auf, daß es zu einem Eigenwert λ der Sturm-Liouvilleschen Aufgabe (38.1) – *auch wenn* 0 *ein Eigenwert ist* – nicht *zwei* linear unabhängige Eigenfunktionen geben kann, anders gesagt: Aus *einer* Eigenfunktion u zum Eigenwert λ erhält man *alle*, indem man die Vielfachen cu mit $c \neq 0$ bildet. Diese Tatsache drückt man durch die Redewendung aus, *jeder Eigenwert der Sturm-Liouvilleschen Aufgabe sei* e i n f a c h. Natürlich ist dann auch jeder Eigenwert des zugehörigen Integraloperators K einfach.

Die Entwicklung von *Ku* nach Eigenfunktionen Für ein beliebiges $u \in C(J)$ sei

[1] S. die Bemerkungen nach Satz 109.4 in Heuser II.

$$v_n := u - \sum_{j=1}^{n} (u|u_j)u_j.$$

(39.28) in Aufgabe 1 liefert uns die Gleichung

$$\|v_n\|^2 = \|u\|^2 - \sum_{j=1}^{n} (u|u_j)^2 \tag{39.14}$$

und somit auch die Ungleichung

$$\|v_n\| \leqslant \|u\| \quad \text{für} \quad n = 1, 2, \ldots. \tag{39.15}$$

Offensichtlich liegt v_n in E_n, und dank (39.10), (39.15) haben wir daher die Abschätzung

$$\|Kv_n\| = \|K_n v_n\| \leqslant \|K_n\| \, \|v_n\| \leqslant |\mu_{n+1}| \, \|u\|.$$

Wegen (39.12) folgt aus ihr $Kv_n \to 0$ oder also

$$Ku - \sum_{j=1}^{n} (u|u_j)Ku_j = Ku - \sum_{j=1}^{n} \mu_j(u|u_j)u_j \to 0,$$

und das heißt in der Sprache der unendlichen Reihen, daß

$$Ku = \sum_{j=1}^{\infty} \mu_j(u|u_j)u_j = \sum_{j=1}^{\infty} (Ku|u_j)u_j \quad \textit{für jedes} \quad u \in C(J) \tag{39.16}$$

ist[1] (alle Konvergenzaussagen sind im Sinne der Norm gemeint).

Die Entwicklungsformel (39.16) wird die *prima donna* der nächsten Nummer sein; vorderhand jedoch ziehen wir aus ihr nur den bescheidenen Schluß, *daß die Folge* $\mu_1, \mu_2, \ldots$ alle *Eigenwerte von K enthält.* Besäße nämlich K noch einen weiteren Eigenwert μ mit einer zugehörigen Eigenlösung u, so wäre $(u|u_j) = 0$ für $j = 1, 2, \ldots$ (Satz 39.1), wegen (39.16) also $Ku = 0$ - im Widerspruch zu $Ku = \mu u \neq 0$ (beachte, daß 0 *kein* Eigenwert von K ist). ∎

Wir kristallisieren die bisher gefundenen Ergebnisse zu dem fundamentalen

39.2 Satz *Der zur Sturm-Liouvilleschen Aufgabe* (38.1) *gehörende Integraloperator K besitzt die oben konstruierten, paarweise verschiedenen Eigenwerte* $\mu_1, \mu_2, \ldots$ *und keine anderen. Sie sind alle einfach und häufen sich nur in* 0. *Ist* u_j *eine zu* μ_j *gehörende* normierte *Eigenfunktion, ist also*

$$Ku_j = \mu_j u_j \quad \textit{und} \quad \|u_j\| = 1, \text{ [2]}$$

[1] Beachte für das zweite Gleichheitszeichen, daß $\mu_j(u|u_j) = (u|\mu_j u_j) = (u|Ku_j) = (Ku|u_j)$ ist.

[2] Eine Funktion $u \neq 0$ aus $C(J)$ kann man stets „normieren": man braucht sie nur durch $\|u\|$ zu dividieren.

so haben wir (nach Satz 39.1) die Orthogonalitätsbeziehung

$$(u_j \mid u_k) = 0 \quad \text{für } j \neq k,$$

und für jedes $u \in C(J)$ läßt sich Ku gemäß (39.16) in eine normkonvergente Reihe nach den Eigenfunktionen u_j entwickeln. μ_j wird – abgesehen vom Vorzeichen – durch (39.10) festgelegt.

Die Eigenwerte und Eigenfunktionen der Sturm-Liouvilleschen Aufgabe Sämtliche Eigenwerte der Sturm-Liouvilleschen Aufgabe (38.1) werden durch $1/\mu_1, 1/\mu_2, \ldots$ gegeben (s. (39.1)), und wegen $\mu_j \to 0$ divergiert $|1/\mu_j| \to \infty$. Wir zeigen nun, daß bereits $1/\mu_j \to \infty$ rückt. Dazu brauchen wir offenbar nur nachzuweisen, daß mit einer gewissen Konstanten M die Abschätzung

$$\lambda \geqslant M \quad \text{für alle Eigenwerte } \lambda \text{ der Aufgabe (38.1)} \tag{39.17}$$

gilt. Dies bewerkstelligen wir mit dem folgenden

39.3 Hilfssatz *Sei $r(x)$ irgendeine auf $[a, b]$ positive Funktion. Dann existiert zu willkürlich vorgegebenem $\varepsilon > 0$ ein $\gamma(\varepsilon) > 0$, so daß für jede auf $[a, b]$ stetig differenzierbare Funktion $u(x)$ gilt:*

$$u^2(x) \leqslant \varepsilon \int_a^b u'^2(t)\,dt + \gamma(\varepsilon) \int_a^b r(t) u^2(t)\,dt \qquad (a \leqslant x \leqslant b). \tag{39.18}$$

Beweis. Sei $m := \min_{a \leqslant x \leqslant b} r(x)$, $u^2(x_0) = \min_{a \leqslant x \leqslant b} u^2(x)$ mit einem $x_0 \in [a, b]$. Dann ist

$$\begin{aligned}
u^2(x) &= u^2(x_0) + \int_{x_0}^{x} 2u'(t)u(t)\,dt \\
&\leqslant u^2(x_0) + 2\sqrt{\int_{x_0}^{x} u'^2\,dt}\,\sqrt{\int_{x_0}^{x} u^2\,dt} \qquad \text{(s. (38.12))} \\
&= u^2(x_0) + 2\sqrt{\left(\varepsilon \int_{x_0}^{x} u'^2\,dt\right)\left(\frac{1}{\varepsilon}\int_{x_0}^{x} u^2\,dt\right)} \\
&\leqslant u^2(x_0) + \varepsilon \int_{x_0}^{x} u'^2\,dt + \frac{1}{\varepsilon}\int_{x_0}^{x} u^2\,dt \qquad \left(\text{wegen } \sqrt{\alpha\beta} \leqslant \frac{\alpha+\beta}{2} \text{ für } \alpha, \beta \geqslant 0\right) \\
&\leqslant \frac{1}{b-a}\int_a^b u^2\,dt + \varepsilon \int_a^b u'^2\,dt + \frac{1}{\varepsilon}\int_a^b u^2\,dt \\
&\leqslant \frac{1}{(b-a)m}\int_a^b ru^2\,dt + \varepsilon \int_a^b u'^2\,dt + \frac{1}{\varepsilon m}\int_a^b ru^2\,dt \\
&= \varepsilon \int_a^b u'^2\,dt + \underbrace{\left(\frac{1}{(b-a)m} + \frac{1}{\varepsilon m}\right)}_{=: \gamma(\varepsilon)} \int_a^b ru^2\,dt.
\end{aligned}$$

■

Nun sind wir für den B e w e i s der Abschätzung (39.17) gerüstet.

Sei λ ein Eigenwert und u eine zugehörige Eigenfunktion der Aufgabe (38.1):

$$(p(x)u')' + q(x)u + \lambda r(x)u = 0 \quad (u \neq 0), \tag{39.19}$$

$$\alpha_1 u(a) + \alpha_2 u'(a) = 0, \quad \beta_1 u(b) + \beta_2 u'(b) = 0, \tag{39.20}$$

wobei natürlich die Voraussetzungen (37.6) alle erfüllt sein sollen (wir nehmen diesmal jedoch *nicht* an, 0 sei kein Eigenwert). Dann ist

$$\begin{aligned}\lambda \int_a^b ru^2\,dx &= \int_a^b \lambda ru \cdot u\,dx = \int_a^b [-(pu')' - qu] \cdot u\,dx = -\int_a^b (pu')'u\,dx - \int_a^b qu^2\,dx \\ &= -[pu'u]_a^b + \int_a^b pu'^2\,dx - \int_a^b qu^2\,dx.\end{aligned}$$

Dank der Randbedingungen (39.20) ist mit geeigneten, *von u unabhängigen Zahlen* c_1, c_2 gewiß

$$-[pu'u]_a^b = c_1 u^2(a) + c_2 u^2(b),\ ^{1)}$$

also
$$\lambda \int_a^b ru^2\,dx = c_1 u^2(a) + c_2 u^2(b) + \int_a^b pu'^2\,dx - \int_a^b qu^2\,dx. \tag{39.21}$$

Den Ausdruck rechter Hand schätzen wir jetzt nach unten ab, und zwar zunächst im Falle

$$c_1, c_2 < 0. \tag{39.22}$$

Nach Hilfssatz 39.3 (beansprucht für $u^2(a)$ und $u^2(b)$) ist dann mit einem zunächst völlig beliebigen $\varepsilon > 0$

$$\begin{aligned}\lambda \int_a^b ru^2\,dx &\geqslant (c_1 + c_2)\left[\varepsilon \int_a^b u'^2\,dx + \gamma(\varepsilon) \int_a^b ru^2\,dx\right] + \int_a^b pu'^2\,dx - \int_a^b qu^2\,dx \\ &= \int_a^b [(c_1 + c_2)\varepsilon + p]u'^2\,dx + (c_1 + c_2)\gamma(\varepsilon) \int_a^b ru^2\,dx - \int_a^b qu^2\,dx.\end{aligned}$$

Da p auf $[a, b]$ *positiv* ist - diese Tatsache wird hier entscheidend ausgenutzt -, bleibt auch $(c_1 + c_2)\varepsilon + p$ auf $[a, b]$ noch positiv, sofern man nur ε klein genug wählt, und dann haben wir

$$\lambda \int_a^b ru^2\,dx \geqslant (c_1 + c_2)\gamma(\varepsilon) \int_a^b ru^2\,dx - \int_a^b qu^2\,dx. \tag{39.23}$$

Ist $q \leqslant 0$ auf $[a, b]$, so folgt daraus sofort

---

[1] Man denke daran, daß voraussetzungsgemäß $(\alpha_1, \alpha_2) \neq (0, 0)$ und $(\beta_1, \beta_2) \neq (0, 0)$ ist.

$$\lambda \geqslant (c_1+c_2)\gamma(\varepsilon).$$

Ist aber $Q := \max_{a \leqslant x \leqslant b} q(x) > 0$, so gewinnen wir mit $m := \min_{a \leqslant x \leqslant b} r(x)$ aus (39.23) fast ebenso rasch die Abschätzung

$$\lambda \geqslant (c_1+c_2)\gamma(\varepsilon) - \frac{Q}{m}.$$

Damit ist (39.17) unter der Voraussetzung (39.22) bewiesen. Der Leser wird sich leicht helfen können, falls sie nicht zutreffen sollte. Ist etwa $c_1 < 0$, aber $c_2 \geqslant 0$, so wird er die rechte Seite von (39.21) vorbereitend nach unten abschätzen, indem er das Glied $c_2 u^2(b)$ unterdrückt, und wird dann weiter wie im Text verfahren (er hat dort also nur c_2 laufend durch 0 zu ersetzen). Und entsprechend wird er im Falle $c_1 \geqslant 0$, $c_2 < 0$ vorgehen. Ist schließlich $c_1 \geqslant 0$ und $c_2 \geqslant 0$, so folgt aus (39.21) wegen $p > 0$ ohne Umschweife

$$\lambda \geqslant -\frac{\int_a^b q u^2 \mathrm{d}x}{\int_a^b r u^2 \mathrm{d}x} \geqslant \begin{cases} 0, & \text{falls } Q \leqslant 0, \\ -\dfrac{Q}{m}, & \text{falls } Q > 0. \end{cases}$$

Damit ist (39.17) nun endlich vollständig bewiesen. ■

Bevor wir unsere Ergebnisse zusammenfassen, bleibt noch ein letzter Schritt zu tun: es ist die Voraussetzung abzustreifen, 0 sei *kein* Eigenwert von (38.1). Das aber macht wenig Mühe. Schon die *Einfachheit* der Eigenwerte und die *Abschätzung* (39.17) haben wir *ohne* sie bewiesen. Kraft dieser Abschätzung wissen wir überdies, daß es gewiß eine Zahl α gibt, die *kein* Eigenwert von

$$(pu')' + qu + \lambda ru = 0, \quad R_1 u = R_2 u = 0 \tag{39.24}$$

ist. Neben (39.24) fassen wir nun die Sturm-Liouvillesche Aufgabe

$$(pu')' + (q+\alpha r)u + \lambda ru = 0, \quad R_1 u = R_2 u = 0 \tag{39.25}$$

ins Auge. Wegen der Wahl von α ist 0 *kein* Eigenwert, und daher sind alle Resultate dieser Nummer auf sie anwendbar. Insbesondere bilden ihre Eigenwerte eine streng wachsende Folge $(\tilde{\lambda}_n)$ mit $\tilde{\lambda}_n \to \infty$, und Eigenfunktionen zu verschiedenen Eigenwerten sind zueinander r-orthogonal. Da aber eine leichte Überlegung erkennen läßt, daß die Eigenwerte λ_n von (39.24) genau die Zahlen $\tilde{\lambda}_n + \alpha$ sind und die Eigenfunktionen u_n von (39.24) zu λ_n mit den Eigenfunktionen $\tilde{u}_n$ von (39.25) zu $\tilde{\lambda}_n$ übereinstimmen, müssen auch die λ_n streng wachsend gegen ∞ rücken und die u_n zueinander r-orthogonal sein.

Das bisher Gesagte verdichten wir zu dem folgenden schönen

39.4 Satz *Vorgelegt sei die Sturm-Liouvillesche Aufgabe* (38.1) *unter den Standardvoraussetzungen* (37.6). *Dann bildet die Gesamtheit ihrer Eigenwerte eine* streng wachsende *Folge* (λ_n) *mit* $\lambda_n \to \infty$. *Jeder Eigenwert ist* einfach. *Bestimmt man zu* λ_n *irgendeine Eigenfunktion* v_n *und setzt*

$$u_n := \frac{v_n}{|v_n|} = \frac{v_n}{\sqrt{\int_a^b r v_n^2 \, dx}},$$

so bilden diese Eigenfunktionen u_n *eine* r-Orthonormalfolge, *d.h., es ist*

$$|u_n| = 1 \text{ für } n \in \mathbf{N}, \quad (u_n | u_m) = 0 \text{ für } n \neq m \tag{39.26}$$

oder ausführlicher:

$$\int_a^b r u_n^2 \, dx = 1 \text{ für } n \in \mathbf{N}, \quad \int_a^b r u_n u_m \, dx = 0 \text{ für } n \neq m. \tag{39.27}$$

Aufgaben

***1. Besselsche Gleichung und Besselsche Ungleichung** Sei $\{u_1, \ldots, u_n\}$ irgendein endliches r-Orthonormalsystem in $C(J)$, d.h., es gelte

$$|u_k| = 1 \quad \text{für} \quad k = 1, \ldots, n, \qquad (u_j | u_k) = 0 \quad \text{für} \quad j \neq k.$$

Für jedes $u \in C(J)$ besteht dann die Besselsche Gleichung

$$\left| u - \sum_{k=1}^{n} (u | u_k) u_k \right|^2 = |u|^2 - \sum_{k=1}^{n} (u | u_k)^2 \tag{39.28}$$

und die Besselsche Ungleichung

$$\sum_{k=1}^{n} (u | u_k)^2 \leqslant |u|^2. \tag{39.29}$$

Ist $\{u_1, u_2, \ldots\}$ eine r-Orthonormalfolge in $C(J)$, so gilt die (verallgemeinerte) Besselsche Ungleichung

$$\sum_{k=1}^{\infty} (u | u_k)^2 \leqslant |u|^2 \quad \text{für jedes} \quad u \in C(J), \tag{39.30}$$

insbesondere wird die Reihe linker Hand konvergieren, und somit strebt

$$(u | u_k) \to 0. \tag{39.31}$$

***2.** Sei $\{u_1, \ldots, u_n\}$ irgendein endliches r-Orthonormalsystem in $C(J)$. Dann sind die Funktionen $u_1, \ldots, u_n$ linear unabhängig, und es gibt in $C(J)$ ein $u \neq 0$ mit $(u | u_k) = 0$ für $k = 1, \ldots, n$.

Hinweis: In $C(J)$ existiert ein v, das keine Linearkombination der $u_1, \ldots, u_n$ ist (andernfalls wäre $C(J)$ ein n-dimensionaler linearer Raum; warum ist das nicht der Fall?). Setze nun $u := v - \sum_{k=1}^{n} (v | u_k) u_k$.

$^{+}$**3.** Sei $\{u_1, u_2, \ldots\}$ eine r-Orthonormalfolge in $C(J)$, und für ein $u \in C(J)$ gelte $u = \sum_{k=1}^{\infty} c_k u_k$ im Sinne der Norm. Dann ist $c_k = (u \mid u_k)$ für $k = 1, 2, \ldots$. Aus diesem Grunde sind nur Reihen der Form $\sum (u \mid u_k) u_k$ von Interesse.
Hinweis: (38.15).

$^{+}$**4. Das trigonometrische Orthogonalsystem** Die Funktionen

$$u_0(x) := \frac{1}{\sqrt{2\pi}}, \quad u_{2k-1}(x) := \frac{\cos kx}{\sqrt{\pi}}, \quad u_{2k}(x) := \frac{\sin kx}{\sqrt{\pi}} \quad (k \in \mathbf{N})$$

bilden eine r-Orthonormalfolge in $C[-\pi, \pi]$ mit $r(x) := 1$. Für die (klassischen) Fourierkoeffizienten

$$a_k := \frac{1}{\pi} \int_{-\pi}^{\pi} u(x) \cos kx \, dx \quad (k \in \mathbf{N}_0), \quad b_k := \frac{1}{\pi} \int_{-\pi}^{\pi} u(x) \sin kx \, dx \quad (k \in \mathbf{N})$$

der Funktion $u \in C[-\pi, \pi]$ gilt die Besselsche Ungleichung

$$\frac{1}{2} a_0^2 + \sum_{k=1}^{\infty} (a_k^2 + b_k^2) \leqslant \frac{1}{\pi} \int_{-\pi}^{\pi} u^2(x) \, dx,$$

und für $k \to \infty$ strebt $\int_{-\pi}^{\pi} u(x) \cos kx \, dx \to 0$, $\int_{-\pi}^{\pi} u(x) \sin kx \, dx \to 0$.
Hinweis: Aufgabe 1.

5. Der Leser überzeuge sich davon, daß die (explizit bekannten) Eigenwerte λ_n von (37.1), (37.7) und von A 37.1 bis A 37.7 so rasch gegen ∞ divergieren, daß die Reihen $\sum_{\lambda_n \neq 0} \frac{1}{\lambda_n}$ konvergieren. Der tiefere Grund hierfür wird in Satz 41.2 zu Tage treten.

$^{+}$**6.** Beweise die r-Orthogonalität von Eigenfunktionen u_m, u_n zu verschiedenen Eigenwerten λ_m, λ_n der Sturm-Liouvilleschen Aufgabe (38.1) *direkt* (ohne Benutzung des Operators K).
Hinweis: Verfahre ähnlich wie beim Beweis von (34.11) und ziehe dabei die Lagrangesche Identität (32.5) heran.

$^{+}$**7.** Die Eigenwertaufgabe

$$u'' + \lambda u = 0, \quad u(0) - u(1) = 0, \quad u'(0) - u'(1) = 0$$

ist wegen der Randbedingungen *nicht* vom Sturm-Liouvilleschen Typ. Zeige, daß alle Eigenwerte $\geqslant 0$ sind, bestimme sie mitsamt den Eigenfunktionen und stelle fest, daß in markantem Unterschied zur „Sturm-Liouville-Situation" *kein* Eigenwert $\neq 0$ *einfach* ist.

40 Entwicklungssätze

Wie in der letzten Nummer betrachten wir auch jetzt wieder die Sturm-Liouvillesche Eigenwertaufgabe

$$Lu+\lambda r(x)u=0, \quad R_1u=R_2u=0 \quad \text{auf} \quad J:=[a,b] \tag{40.1}$$

mit den Bezeichnungen und Voraussetzungen (37.4) bis (37.6). Wir nehmen darüber hinaus zunächst noch an, 0 sei *kein* Eigenwert von (40.1), so daß der in (38.6) erklärte Integraloperator K mit dem in (38.5) angegebenen Kern $k(x, t)$ vorhanden ist.

Nach (38.22) läßt sich jede Vergleichsfunktion v in der Gestalt $v=Kw$ mit einem $w \in C(J)$ schreiben. Dank des Satzes 39.2 haben wir also die normkonvergente Entwicklung

$$v=Kw=\sum_{n=1}^{\infty}(Kw\,|\,u_n)u_n=\sum_{n=1}^{\infty}(v\,|\,u_n)u_n \tag{40.2}$$

nach einer r-Orthonormalfolge (u_n) von Eigenfunktionen der Aufgabe (40.1), ausführlicher: Für jede Vergleichsfunktion v strebt

$$\int_a^b r(x)\left[v(x)-\sum_{k=1}^{n}(v\,|\,u_k)u_k(x)\right]^2 dx \to 0 \quad \text{für} \quad n\to\infty. \tag{40.3}$$

Dieses Resultat aber läßt sich noch ganz beträchtlich verschärfen, und zwar dahingehend, daß die Reihe $\sum(v\,|\,u_n)u_n$ *gleichmäßig*, ja sogar *absolut-gleichmäßig* auf J konvergiert, d.h., daß

$$\sum_{n=1}^{\infty}|(v\,|\,u_n)u_n(x)| \quad \text{auf } J \text{ gleichmäßig konvergent} \tag{40.4}$$

ist. *Die Entwicklung* (40.2) *gilt dann natürlich auch im Sinne der* gleichmäßigen *Konvergenz.*

Beweis. Wegen $Ku_k=\mu_k u_k$ ist $(v\,|\,u_k)=(Kw\,|\,u_k)=(w\,|\,Ku_k)=\mu_k(w\,|\,u_k)$, also gilt

$$\left(\sum_{k=m}^{n}|(v\,|\,u_k)u_k(x)|\right)^2=\left(\sum_{k=m}^{n}|(w\,|\,u_k)|\,|\mu_k u_k(x)|\right)^2$$
$$\leqslant \sum_{k=m}^{n}(w\,|\,u_k)^2\cdot\sum_{k=m}^{n}[\mu_k u_k(x)]^2$$

(Cauchy-Schwarzsche Ungleichung!). Die erste Summe auf der rechten Seite wird für hinreichend große m beliebig klein (s. (39.30) in A 39.1), die zweite bleibt auf J beschränkt, denn mit $g_x(t):=-G(x,t)$ ist

$$\mu_k u_k(x) = (K u_k)(x) = -\int_a^b r(t) G(x,t) u_k(t)\,\mathrm{d}t = (g_x \,|\, u_k),$$

und dank der Besselschen Ungleichung (39.29) in A 39.1 haben wir nun

$$\sum_{k=m}^{n} [\mu_k u_k(x)]^2 \leqslant |g_x|^2 = \int_a^b r(t) G^2(x,t)\,\mathrm{d}t \leqslant (b-a) \max_{a \leqslant x,\, t \leqslant b} r(t) G^2(x,t).$$

Damit ist (40.4) bereits bewiesen. ■

Die Entwicklung (40.2) - jetzt im Sinne der *gleichmäßigen* Konvergenz - bleibt ganz offensichtlich auch dann in Kraft, wenn 0, entgegen der eingangs gemachten Voraussetzung, ein Eigenwert von (40.1) sein sollte (s. die Erörterungen unmittelbar vor Satz 39.4). Alles in allem gilt also folgender

40.1 Erster Entwicklungssatz *Vorgelegt sei die Sturm-Liouvillesche Aufgabe* (40.1) *unter den üblichen Voraussetzungen* (37.6).[1] *Ihre Eigenwerte* $\lambda_1, \lambda_2, \ldots$ *denken wir uns der Größe nach geordnet:*

$$\lambda_1 < \lambda_2 < \lambda_3 < \cdots,$$

ferner bestimmen wir zu jedem λ_n *eine normierte Eigenfunktion* u_n *(vgl. Satz* 39.4). *Dann besitzt eine willkürlich vorgegebene Vergleichsfunktion* v *stets die Entwicklung*

$$v(x) = \sum_{n=1}^{\infty} c_n u_n(x) \quad \textit{mit} \quad c_n := \int_a^b r(t) v(t) u_n(t)\,\mathrm{d}t \tag{40.5}$$

in eine auf $[a,b]$ absolut *und* gleichmäßig *konvergente Reihe nach den Eigenfunktionen* u_n.

Die Zahlen c_n nennt man die Fourierkoeffizienten von v bezüglich der r-Orthonormalfolge (u_n).

Die Darstellung (40.5) ist in Wirklichkeit nicht nur für *Vergleichsfunktionen* gültig, vielmehr besteht ein erheblich allgemeinerer

40.2 Zweiter Entwicklungssatz *Unter den Voraussetzungen und mit den Bezeichnungen des Satzes* 40.1 *hat man die Entwicklung* (40.5) - *im Sinne* absoluter *und* gleichmäßiger *Konvergenz auf* $[a,b]$ - *sogar schon dann, wenn* $v \in C[a,b]$ *bloß stückweise stetig differenzierbar ist und in all den Randpunkten von* $[a,b]$ *verschwindet, in denen die Eigenfunktion* u_1 *zum kleinsten Eigenwert* λ_1 *gleich* 0 *ist.*[2]

Einen Beweis findet der Leser in Kamke (1950), S. 292ff.

---

[1] 0 darf Eigenwert sein.

[2] Ist also $u_1(a) \neq 0$ und $u_1(b) \neq 0$, so gilt (40.5) für ausnahmslos alle stückweise stetig differenzierbaren $v \in C[a,b]$.

In eine andere Verallgemeinerungsrichtung zielt der nächste Entwicklungssatz. Zu seinem Verständnis kann freilich die Theorie des Lebesgueschen Integrals nicht entbehrt werden.[1)]

Mit $L^2(a, b)$ bezeichnen wir die Menge der reellwertigen Funktionen u, die auf $[a, b]$ meßbar sind und für die $\int_a^b u^2(x)\,dx$ im *Lebesgueschen* Sinne existiert. Die L^2-Norm eines derartigen u wird definiert durch

$$\|u\| := \sqrt{\int_a^b u^2(x)\,dx}\,; \tag{40.6}$$

sie ist eine „echte" Norm, falls man nur vereinbart, zwei Funktionen $u, v \in L^2(a, b)$ schon dann als gleich anzusehen, wenn sie höchstens auf einer Menge vom Maß 0 voneinander abweichen.[2)] Und Entsprechendes gilt für die gewichtete L^2-Norm

$$|u| := \sqrt{\int_a^b r(x)u^2(x)\,dx} \tag{40.7}$$

mit der auf $[a, b]$ stetigen und positiven Funktion $r(x)$ aus (40.1). Offenbar ist

$$\|u\| \leqslant \frac{1}{\sqrt{m}}|u|, \quad m := \min_{a \leqslant x \leqslant b} r(x), \tag{40.8}$$

$$|u| \leqslant \sqrt{M}\,\|u\|, \quad M := \max_{a \leqslant x \leqslant b} r(x). \tag{40.9}$$

Schließlich setzen wir noch

$$(u\,|\,v) := \int_a^b r(x)u(x)v(x)\,dx \quad \text{für} \quad u, v \in L^2(a, b). \tag{40.10}$$

Und nun können wir einen bestechend schönen und ungewöhnlich kraftvollen Entwicklungssatz beweisen:

40.3 Dritter Entwicklungssatz *Unter den Voraussetzungen und mit den Bezeichnungen des Satzes* 40.1 *haben wir für ausnahmslos jedes $u \in L^2(a, b)$ die Entwicklung*

[1)] Sie wurde 1902 von dem französischen Mathematiker Henri Lebesgue (1875–1941; 66) geschaffen. Was wir von ihr benötigen, findet sich in Heuser II, Kap. XVI. Wenn der Leser ihr aus dem Wege gehen will, möge er sich sofort den Satz 40.3 vornehmen, dort allerdings $L^2(a, b)$ durch $C[a, b]$ ersetzen. Der Beweis vereinfacht sich dann in naheliegender Weise: die Approximation von $u \in L^2(a, b)$ durch ein $\tilde{u} \in C[a, b]$ ist überflüssig.

[2)] Heuser II, S. 107f.

$$u=\sum_{n=1}^{\infty} c_n u_n \quad mit \quad c_n:=\int_a^b r(t)u(t)u_n(t)\,\mathrm{d}t=(u|u_n), \tag{40.11}$$

diesmal allerdings nur im Sinne der Normen (40.6) *und* (40.7), *d.h., für* $n\to\infty$ *strebt*

$$\int_a^b \left[u(x)-\sum_{k=1}^{n} c_k u_k(x)\right]^2 \mathrm{d}x\to 0 \tag{40.12}$$

und

$$\int_a^b r(x)\left[u(x)-\sum_{k=1}^{n} c_k u_k(x)\right]^2 \mathrm{d}x\to 0.\ ^{1)} \tag{40.13}$$

Beweis. Wir geben uns ein $\varepsilon>0$ willkürlich vor und bestimmen als erstes zu u ein $\tilde{u}\in C[a,b]$, so daß $\|u-\tilde{u}\|<\frac{\varepsilon}{2\sqrt{M}}$ bleibt (M ist die Konstante aus (40.9))[2], dann zu $\tilde{u}$ eine Vergleichsfunktion v mit $\|\tilde{u}-v\|<\frac{\varepsilon}{2\sqrt{M}}$; ein solches v verschafft man sich ohne sonderlichen Aufwand *via* Weierstraßscher Approximationssatz, angewandt auf ein hinreichend großes Teilintervall von $[a,b]$. Damit haben wir zu u eine Vergleichsfunktion v mit

$$\|u-v\|<\frac{\varepsilon}{\sqrt{M}},$$

also mit

$$|u-v|<\varepsilon$$

gefunden (s. (40.9)). Mit

$$d_n:=\int_a^b r(t)v(t)u_n(t)\,\mathrm{d}t=(v\,|\,u_n)$$

erhalten wir jetzt die Abschätzung

[1] Man halte sich vor Augen, daß neben u auch alle diejenigen Funktionen $\hat{u}$ - jedoch keine anderen - Summen von $\sum(u\,|\,u_n)u_n$ (im Sinne der Normkonvergenz) sind, die sich von u höchstens auf einer Menge vom Maß 0 unterscheiden. Funktionen mit derart geringfügigen Verschiedenheiten aber wollten wir identifizieren. Durch diesen Kunstgriff retten wir die *Eindeutigkeit* der Reihensumme.

[2] Daß dies möglich ist, sieht man bequem mit Hilfe des Satzes 141.1 in Heuser II ein; man muß ihn nur mittels einer simplen Variablensubstitution von $[-\pi,\pi]$ auf $[a,b]$ verpflanzen.

$$\begin{aligned}\left|u-\sum_{k=1}^{n} c_k u_k\right| &\leqslant |u-v| + \left|v-\sum_{k=1}^{n} c_k u_k\right| \\ &< \varepsilon + \left|v-\sum_{k=1}^{n} c_k u_k\right| \\ &\leqslant \varepsilon + \left|v-\sum_{k=1}^{n} d_k u_k\right| + \left|\sum_{k=1}^{n} (d_k-c_k) u_k\right| \\ &= \varepsilon + \left|v-\sum_{k=1}^{n} d_k u_k\right| + \underbrace{\sqrt{\sum_{k=1}^{n} (d_k-c_k)^2}}_{=\sqrt{\sum_{k=1}^{n}(v-u\,|\,u_k)^2}\,\leqslant\,|v-u| \quad \text{(s. (39.29)[1])}} \quad \text{(s. A 38.3)} \\ &\leqslant \varepsilon + \left|v-\sum_{k=1}^{n} d_k u_k\right| + \varepsilon .\end{aligned}$$

Kraft (40.3) können wir den mittleren Term der letzten Zeile für alle $n > n_0(\varepsilon)$ unter ε herabdrücken, und somit bleibt für diese n gewiß $\left|u-\sum_{k=1}^{n} c_k u_k\right| < 3\varepsilon$, es gilt also tatsächlich die Konvergenzbehauptung (40.13). Wegen (40.8) folgt aus ihr mit einem Schlag auch (40.12). ■

Da die Schwarzsche Ungleichung (38.12) auch für Funktionen aus $L^2(a,b)$ in Kraft bleibt, gilt die Aussage (38.15) offensichtlich sogar für alle $v \in L^2(a,b)$, und aus dieser einfachen Tatsache folgt in Verbindung mit dem tiefliegenden dritten Entwicklungssatz auf Anhieb die

40.4 Parsevalsche Gleichung[2] *Unter den Voraussetzungen und mit den Bezeichnungen des Satzes* 40.1 *haben wir für jedes* $u \in L^2(a,b)$

$$|u|^2 = \sum_{n=1}^{\infty} (u\,|\,u_n)^2, \tag{40.14}$$

ausführlicher:

$$\int_a^b r(x) u^2(x)\,\mathrm{d}x = \sum_{n=1}^{\infty} \left(\int_a^b r(x) u(x) u_n(x)\,\mathrm{d}x\right)^2 . \tag{40.15}$$

---

[1] Die Besselsche Ungleichung (39.29) in A 39.1 gilt kraft ihrer Herleitung natürlich auch in $L^2(a,b)$ - wie überhaupt in jedem „Innenproduktraum" (s. Heuser (1986), Satz 20.1).

[2] So genannt nach dem Franzosen Marc-Antoine Parseval (?–1836; ?), einer schattenhaften Gestalt der Mathematikgeschichte.

Aufgaben

*1. 0 sei kein Eigenwert der Sturm-Liouvilleschen Aufgabe (40.1), so daß der zugehörige Integraloperator K vorhanden ist. Dann gilt für jedes $u \in C[a, b]$ die Entwicklung

$$Ku = \sum_{n=1}^{\infty} \mu_n (u|u_n) u_n \quad \text{im Sinne der Norm } \|\cdot\| \text{ mit } \quad \mu_n := \frac{1}{\lambda_n}.$$

Hinweis: Satz 40.3, (38.21).

Bemerkung: Die Entwicklung läßt sich leicht auf alle $u \in L^2(a, b)$ ausdehnen.

+2. Gewinne die Parsevalsche Gleichung aus dem Entwicklungssatz 40.3 in Verbindung mit der Besselschen Gleichung (39.28) in A 39.1 und zeige umgekehrt: Ist $(u_1, u_2, \ldots)$ irgendeine, nicht notwendigerweise aus Eigenfunktionen bestehende r-Orthonormalfolge in $L^2(a, b)$ und gilt für ein $u \in L^2(a, b)$ die Parsevalsche Gleichung $\|u\|^2 = \sum_{n=1}^{\infty} (u|u_n)^2$, so besteht die Entwicklung $u = \sum_{n=1}^{\infty} (u|u_n) u_n$ im Sinne der Norm.

+3. Die Reihe (40.11), die nicht einmal punktweise und schon gar nicht gleichmäßig zu konvergieren braucht, darf dennoch *gliedweise integriert* werden, und zwar auch nach Multiplikation mit $r(x)$, für alle $u \in L^2(a, b)$ haben wir also

$$\int_a^b u(x)\,dx = \sum_{n=1}^{\infty} c_n \int_a^b u_n(x)\,dx,$$

$$\int_a^b r(x) u(x)\,dx = \sum_{n=1}^{\infty} c_n \int_a^b r(x) u_n(x)\,dx$$

mit den in (40.11) erklärten Koeffizienten c_n.

4. Entwickle die Funktion $u(x) := \pi x - x^2$ $(0 \leqslant x \leqslant \pi)$ in eine absolut und gleichmäßig konvergente Reihe nach den Eigenfunktionen der Sturm-Liouvilleschen Aufgabe

$$u'' + \lambda u = 0, \quad u(0) = u(\pi) = 0. \tag{40.16}$$

Hinweis: (34.4) und daran anschließende Erörterung; Satz 40.1.

+5. **Die Reihen** $\sum_{n=1}^{\infty} \frac{(-1)^{n-1}}{(2n-1)^3}$, $\sum_{n=1}^{\infty} \frac{1}{(2n-1)^4}$ **und** $\sum_{n=1}^{\infty} \frac{1}{(2n-1)^6}$ Beweise mit Hilfe der Aufgabe 4 die Summenformeln

$$\sum_{n=1}^{\infty} \frac{(-1)^{n-1}}{(2n-1)^3} = \frac{\pi^3}{32}, \quad \sum_{n=1}^{\infty} \frac{1}{(2n-1)^4} = \frac{\pi^4}{96}, \quad \sum_{n=1}^{\infty} \frac{1}{(2n-1)^6} = \frac{\pi^6}{960}.$$

Hinweis: Aufgabe 3, Parsevalsche Gleichung.

+6. **Die Reihen** $\sum_{n=1}^{\infty} \frac{1}{n^2}$, $\sum_{n=1}^{\infty} \frac{1}{(2n)^2}$ **und** $\sum_{n=1}^{\infty} \frac{1}{(2n-1)^2}$ Entwickle die Funktion $u(x) := x$ $(0 \leqslant x \leqslant \pi)$ in eine normkonvergente Reihe nach den Eigenfunktionen der Aufgabe (40.16), gewinne daraus *via* Parsevalsche Gleichung die auf Euler zurückgehende Summenformel

$$\sum_{n=1}^{\infty} \frac{1}{n^2} = \frac{\pi^2}{6}$$

und aus dieser dann $\sum_{n=1}^{\infty} \frac{1}{(2n)^2} = \frac{\pi^2}{24}$ und $\sum_{n=1}^{\infty} \frac{1}{(2n-1)^2} = \frac{\pi^2}{8}$.

Die letzte Formel kann man auch durch Anwendung der Aufgabe 3 auf die eingangs hergestellte Entwicklung erhalten.

7. Entwickle die Funktion $u(x) := \ln x$ $(1 \leqslant x \leqslant e)$ in eine normkonvergente Reihe nach den Eigenfunktionen der Sturm-Liouvilleschen Aufgabe $(xu')' + \frac{\lambda}{x} u = 0$, $u(1) = u(e) = 0$.
Hinweis: A 37.4.

41 Die Entwicklung der Greenschen Funktion nach Eigenfunktionen

In der gegenwärtigen Nummer setzen wir *zunächst* ausdrücklich voraus, daß 0 *kein* Eigenwert der Sturm-Liouvilleschen Aufgabe sei. Dann existiert ihre Greensche Funktion, und gerade um eine tiefere Untersuchung derselben soll es nun gehen. Unser Hauptresultat ist der nächste, keineswegs an der Oberfläche liegende Satz, dessen Kraft und Wert im Fortgang unserer Arbeit immer deutlicher hervortreten wird.

41.1 Satz von Mercer *Die Sturm-Liouvillesche Aufgabe* (38.1) *auf* $[a, b]$ *genüge den vertrauten Annahmen* (37.6), *besitze aber nicht den Eigenwert* 0. $(\lambda_1, \lambda_2, \ldots)$ *sei die streng wachsende Folge ihrer Eigenwerte und* $(u_1, u_2, \ldots)$ *eine korrespondierende r-Orthonormalfolge von Eigenfunktionen* (*s. Satz* 39.4). *Dann besitzt ihre Greensche Funktion* $G(x, t)$ *die für alle* $x, t \in [a, b]$ absolut *und* gleichmäßig *konvergente Entwicklung*

$$G(x, t) = -\sum_{n=1}^{\infty} \frac{u_n(x) u_n(t)}{\lambda_n}.$$

Beweis. K sei wieder der zu (38.1) gehörende Integraloperator mit dem Kern

$$k(x, t) := -r(t) G(x, t); \tag{41.1}$$

es ist dann

$$K u_n = \mu_n u_n \quad \text{mit} \quad \mu_n := \frac{1}{\lambda_n} \quad \text{(s. (39.1))}. \tag{41.2}$$

Da nur *endlich* viele λ_n negativ sein können (nach Satz 39.4 divergiert ja $\lambda_n \to \infty$), wird es genügen, den Mercerschen Satz unter der zusätzlichen Annahme

„*alle* λ_n (also auch *alle* μ_n) sind *positiv*“ (41.3)

darzulegen. Zu diesem Zweck setzen wir

$$H_n(x,t) := -G(x,t) - \sum_{j=1}^{n} \mu_j u_j(x) u_j(t) \quad \text{für} \quad n \in \mathbf{N}. \tag{41.4}$$

Für jedes $u \in C[a,b]$ ist

$$\begin{aligned}\int_a^b \int_a^b r(x) r(t) H_n(x,t) u(x) u(t) \,\mathrm{d}x\,\mathrm{d}t &= \int_a^b \left(\int_a^b r(x)[-r(t)G(x,t)] u(t)\,\mathrm{d}t \right) u(x)\,\mathrm{d}x \\ &\quad - \sum_{j=1}^{n} \mu_j \left(\int_a^b r(s) u(s) u_j(s)\,\mathrm{d}s \right)^2 \\ &= (Ku\,|\,u) - \sum_{j=1}^{n} \mu_j (u\,|\,u_j)^2 \\ &= \sum_{j=n+1}^{\infty} \mu_j (u\,|\,u_j)^2 \quad \text{(s. A 40.1 und (38.15))}.\end{aligned}$$

Da alle μ_j positiv sind, kann somit das linksstehende Integral für kein $u \in C[a,b]$ negativ sein. Wäre nun $H_n(x_0, x_0) < 0$ für ein gewisses x_0, so bliebe wegen der Stetigkeit von H_n und r in einer hinreichend kleinen Umgebung von (x_0, x_0) auch $r(x) r(t) H_n(x,t)$ noch <0, und somit fiele das genannte Integral für ein geeignet gewähltes u absurderweise doch <0 aus. Es folgt, daß auf dem ganzen Intervall $[a,b]$ und für alle $n \in \mathbf{N}$ notwendigerweise

$$H_n(x,x) = -G(x,x) - \sum_{j=1}^{n} \mu_j u_j^2(x) \geqslant 0,$$

also $\sum_{j=1}^{n} \mu_j u_j^2(x) \leqslant -G(x,x)$ sein muß. Daher ist für alle $x \in [a,b]$ die Reihe

$$\sum_{j=1}^{\infty} \mu_j u_j^2(x) \textit{ konvergent und } \leqslant -G(x,x) \leqslant M := \max_{a \leqslant s \leqslant b} [-G(s,s)]. \tag{41.5}$$

Mittels der Cauchy-Schwarzschen Ungleichung folgt nun

$$\left(\sum_{j=m}^{n} \mu_j |u_j(x) u_j(t)| \right)^2 \leqslant \left(\sum_{j=m}^{n} \mu_j u_j^2(x) \right) \left(\sum_{j=m}^{n} \mu_j u_j^2(t) \right) \leqslant M \sum_{j=m}^{n} \mu_j u_j^2(x), \tag{41.6}$$

und daraus wiederum ergibt sich mit (41.5), daß bei festem x die Reihe

$$\sum_{j=1}^{\infty} \mu_j u_j(x) u_j(t) \quad \textit{absolut und gleichmäßig in } t \textit{ konvergiert} \tag{41.7}$$

und somit eine *in t stetige* Funktion darstellt. Es strebt dann auch

$$H_n(x,t) \to H(x,t) := -G(x,t) - \sum_{j=1}^{\infty} \mu_j u_j(x) u_j(t) \quad \textit{gleichmäßig in } t, \tag{41.8}$$

und die Funktion $H(x, t)$ ist *stetig in* t.

Indem man nun in $H_n^2(x,t) = \left[-G(x,t) - \sum_{j=1}^{n} \mu_j u_j(x) u_j(t)\right]^2$ rechts das Quadrat ausführt, die so entstehende Gleichung mit $r(t)$ multipliziert und dann nach t integriert, erhält man

$$\begin{aligned}\int_a^b r(t) H_n^2(x,t)\,\mathrm{d}t = \int_a^b r(t) G^2(x,t)\,\mathrm{d}t - 2\sum_{j=1}^{n} \mu_j u_j(x) \int_a^b [-r(t) G(x,t)] u_j(t)\,\mathrm{d}t \\ + \sum_{j,k=1}^{n} \mu_j \mu_k u_j(x) u_k(x) \int_a^b r(t) u_j(t) u_k(t)\,\mathrm{d}t.\end{aligned} \tag{41.9}$$

Da aber

$$\int_a^b [-r(t) G(x,t)] u_j(t)\,\mathrm{d}t = \int_a^b k(x,t) u_j(t)\,\mathrm{d}t = \mu_j u_j(x) \tag{41.10}$$

ist und die u_j eine r-Orthonormalfolge bilden, geht (41.9), wenn wir noch $G_x(t) := G(x,t)$ setzen, über in

$$\begin{aligned}\int_a^b r(t) H_n^2(x,t)\,\mathrm{d}t &= |G_x|^2 - 2\sum_{j=1}^{n} \mu_j^2 u_j^2(x) + \sum_{j=1}^{n} \mu_j^2 u_j^2(x) \\ &= |G_x|^2 - \sum_{j=1}^{n} \mu_j^2 u_j^2(x) = |G_x|^2 - \sum_{j=1}^{n} (G_x|u_j)^2.\end{aligned}$$

Für $n \to \infty$ strebt die linke Seite dank (41.8) gegen $\int_a^b r(t) H^2(x,t)\,\mathrm{d}t$, die rechte wegen der Parsevalschen Gleichung (40.4) gegen 0, also muß $\int_a^b r(t) H^2(x,t)\,\mathrm{d}t = 0$ sein. Da aber $H(x,t)$ in der Integrationsvariablen t stetig und $r(t)$ durchweg >0 ist, ergibt sich daraus $H(x,t) = 0$ für alle t. Nach der Definition von H in (41.8) ist also

$$G(x,t) = -\sum_{j=1}^{\infty} \mu_j u_j(x) u_j(t) \quad (a \leqslant x, t \leqslant b) \tag{41.11}$$

und speziell

$$G(x,x) = -\sum_{j=1}^{\infty} \mu_j u_j^2(x) \quad \text{für} \quad a \leqslant x \leqslant b. \tag{41.12}$$

Die monoton wachsende Folge der stetigen Funktionen $s_n(x) := \sum_{j=1}^{n} \mu_j u_j^2(x)$ konvergiert also auf dem kompakten Intervall $[a, b]$ gegen die stetige Funktion

$-G(x,x)$. Nach dem Satz von Dini[1] muß nun diese Konvergenz - und somit auch die Konvergenz der Reihe $\sum \mu_j u_j^2(x)$ - sogar *gleichmäßig* sein. Und jetzt lehrt ein einziger Blick auf (41.6), daß die Reihe in (41.11) auf dem ganzen Quadrat $a \leqslant x, t \leqslant b$ sogar *absolut und gleichmäßig* konvergiert. Damit ist der Beweis nun endlich zu einem guten Ende gebracht. ■

Aus dem Satz von Mercer ergeben sich noch spielend leicht die bemerkenswerten Beziehungen

$$\int_a^b \int_a^b r(x) r(t) G^2(x,t) \, dx \, dt = \sum_{n=1}^{\infty} \frac{1}{\lambda_n^2}, \tag{41.13}$$

$$\int_a^b r(x) G(x,x) \, dx = -\sum_{n=1}^{\infty} \frac{1}{\lambda_n}. \text{ [2]} \tag{41.14}$$

Aus der letzten Gleichung lesen wir ab, daß die Reihe $\sum 1/\lambda_n$ der reziproken Eigenwerte konvergiert. Ziehen wir noch die Bemerkung vor Satz 39.4 heran, so gewinnen wir ohne Umstände einen Tatbestand, auf den uns schon A 39.5 eingestimmt hatte:

41.2 Satz *Die Eigenwerte λ_n der Sturm-Liouvilleschen Aufgabe* (38.1) - *wie immer unter der Voraussetzung* (37.6), *aber möglicherweise mit* 0 *als Eigenwert - rücken so rasch gegen* ∞, *daß die Reihe* $\sum_{\lambda_n \neq 0} \frac{1}{\lambda_n}$ *zwangsläufig* k o n v e r g i e r e n *muß.*

Die Gleichungen (41.13) und (41.14) lassen sich in bemerkenswerter Weise noch weiter ausbauen. Zu diesem Zweck definieren wir für alle $m \in \mathbf{N}$ die Funktionen $\tilde{G}_m(x,t)$ rekursiv durch

$$\tilde{G}_1(x,t) := G(x,t), \quad \tilde{G}_m(x,t) := \int_a^b r(s) G(x,s) \tilde{G}_{m-1}(s,t) \, ds \quad \text{für } m \geqslant 2. \tag{41.15}$$

Und nun gewinnt man mit Hilfe des Mercerschen Satzes induktiv die *absolut und gleichmäßig konvergenten Entwicklungen*

$$\tilde{G}_m(x,t) = (-1)^m \sum_{n=1}^{\infty} \frac{u_n(x) u_n(t)}{\lambda_n^m} \tag{41.16}$$

und daraus in einfachster Weise die Gleichungen

[1] Satz 108.1 in Heuser I. - Ulisse Dini (1845-1918; 73) war ein italienischer Mathematiker.

[2] S. auch (41.17) und (41.18).

$$\int_a^b \int_a^b r(x) r(t) \tilde{G}_m^2(x, t) \, dx \, dt = \sum_{n=1}^{\infty} \frac{1}{\lambda_n^{2m}}, \tag{41.17}$$

$$\int_a^b r(x) \tilde{G}_m(x, x) \, dx = (-1)^m \sum_{n=1}^{\infty} \frac{1}{\lambda_n^m}, \tag{41.18}$$

all dies für $m = 1, 2, \ldots$.

Aufgaben

1. Die Reihen $\sum_{n=1}^{\infty} \frac{1}{n^{2m}}$ für $m \in \mathbf{N}$ Es sei

$$G(x, t) := \begin{cases} x(t-1) & \text{für } 0 \leqslant x \leqslant t \leqslant 1, \\ t(x-1) & \text{für } 0 \leqslant t \leqslant x \leqslant 1. \end{cases}$$

Zeige: a) Auf $0 \leqslant x, t \leqslant 1$ besteht die absolut und gleichmäßig konvergente Entwicklung

$$G(x, t) = -\sum_{n=1}^{\infty} \frac{2 \sin n\pi x \sin n\pi t}{n^2 \pi^2}.$$

b) Es gelten die Summenformeln

$$\sum_{n=1}^{\infty} \frac{1}{n^2} = \frac{\pi^2}{6}, \quad \sum_{n=1}^{\infty} \frac{1}{n^4} = \frac{\pi^4}{90}, \quad \sum_{n=1}^{\infty} \frac{1}{n^6} = \frac{\pi^6}{945}.$$

Hinweis: Eigenwertaufgabe $u'' + \lambda u = 0$, $u(0) = u(1) = 0$; A 36.2.

c) Entsprechend lassen sich (der Leser tue das *nicht*) alle Reihen $\sum_{n=1}^{\infty} 1/n^{2m}$ auswerten. Eine fertige Summenformel, auf ganz andere Weise hergestellt, findet man in Heuser II, Gl. (148.5). Vgl. auch A 40.6.

2. Die Reihen $\sum_{n=1}^{\infty} \frac{1}{(2n-1)^{2m}}$ für $m \in \mathbf{N}$ Es sei

$$G(x, t) := \begin{cases} -x & \text{für } 0 \leqslant x \leqslant t \leqslant 1, \\ -t & \text{für } 0 \leqslant t \leqslant x \leqslant 1. \end{cases}$$

Zeige: a) Auf $0 \leqslant x, t \leqslant 1$ besteht die absolut und gleichmäßig konvergente Entwicklung

$$G(x, t) = -\sum_{n=1}^{\infty} \frac{8 \sin (2n-1) \frac{\pi}{2} x \sin (2n-1) \frac{\pi}{2} t}{(2n-1)^2 \pi^2}.$$

b) Es gelten die Summenformeln

$$\sum_{n=1}^{\infty} \frac{1}{(2n-1)^2} = \frac{\pi^2}{8}, \quad \sum_{n=1}^{\infty} \frac{1}{(2n-1)^4} = \frac{\pi^4}{96}, \quad \sum_{n=1}^{\infty} \frac{1}{(2n-1)^6} = \frac{\pi^6}{960}.$$

Die beiden letzten Gleichungen wurden auf anderem Weg schon in A 40.5 gewonnen, die erste in A 40.6.

Hinweis: Eigenwertaufgabe $u''+\lambda u=0$, $u(0)=u'(1)=0$; A 36.3.

c) Entsprechend lassen sich (der Leser tue das *nicht*) alle Reihen $\sum_{n=1}^{\infty} 1/(2n-1)^m$ auswerten.

3. Entwickle die zur Eigenwertaufgabe $(xu')'+\frac{\lambda}{x}u=0$, $u(1)=u(e)=0$ gehörende Greensche Funktion $G(x,t)$ nach Eigenfunktionen und gewinne noch einmal die Summenformel $\sum_{n=1}^{\infty} 1/n^2=\pi^2/6$ (vgl. Aufgabe 1).

Hinweis: A 36.6, A 37.4.

42 Die Auflösung halbhomogener Randwertaufgaben

In dieser Nummer legen wir uns die halbhomogene Randwertaufgabe

$$Lu+\lambda_0 r(x)u=f(x), \quad R_1u=R_2u=0 \quad \text{auf } [a,b] \tag{42.1}$$

vor; λ_0 ist hierbei eine feste reelle Zahl und f eine auf $[a,b]$ stetige Funktion. Die Operatoren L, R_1, R_2 sind in (37.4) und (37.5) erklärt, und wie immer stützen wir uns auch diesmal wieder auf die Voraussetzungen (37.6). Es soll darum gehen, ein genaues Kriterium für die Lösbarkeit von (42.1) zu finden und die Lösungen (falls überhaupt vorhanden) nach Eigenfunktionen der Sturm-Liouvilleschen Aufgabe

$$Lu+\lambda r(x)u=0, \quad R_1u=R_2u=0 \tag{42.2}$$

zu entwickeln.

Im weiteren sei (λ_n) wieder die streng und unbeschränkt wachsende Folge der Eigenwerte von (42.2) und (u_n) eine zugehörige r-Orthonormalfolge von Eigenfunktionen (s. Satz 39.4).

Wir nehmen zunächst an, 0 sei *kein* Eigenwert von (42.2), so daß die Greensche Funktion $G(x,t)$ der Sturmschen Randwertaufgabe

$$Lu=h(x), \quad R_1u=R_2u=0$$

existiert. Wie zu Beginn der Nr. 38 sieht man, daß (42.1) vollständig äquivalent ist zu der Aufgabe, die inhomogene Integralgleichung

$$u(x)=\lambda_0\int_a^b[-r(t)G(x,t)]u(t)\,\mathrm{d}t+g(x) \quad \text{mit} \quad g(x):=\int_a^b G(x,t)f(t)\,\mathrm{d}t \tag{42.3}$$

durch ein $u\in C[a,b]$ zu befriedigen. Angenommen, (42.1) sei lösbar durch ein gewisses u. Dann ist wegen der ersten Gleichung in (42.3) und wegen Satz 41.1 notwendigerweise

$$u(x)=\lambda_0 \sum_{n=1}^{\infty} \frac{(u\,|\,u_n)}{\lambda_n} u_n(x)+g(x) \tag{42.4}$$

und $$(u\,|\,u_m)=\frac{\lambda_0}{\lambda_m}(u\,|\,u_m)+(g\,|\,u_m),$$

also $$\left(1-\frac{\lambda_0}{\lambda_m}\right)(u\,|\,u_m)=(g\,|\,u_m) \quad \text{für} \quad m=1,2,\ldots. \tag{42.5}$$

Abermalige Anwendung des Mercerschen Satzes 41.1, diesmal auf die zweite Gleichung in (42.3), liefert

$$g(x)=-\sum_{n=1}^{\infty} \frac{1}{\lambda_n}\left(\int_a^b f(t)u_n(t)\,\mathrm{d}t\right)u_n(x) \tag{42.6}$$

und $$(g\,|\,u_m)=-\frac{1}{\lambda_m}\int_a^b f(t)u_m(t)\,\mathrm{d}t \qquad (m=1,2,\ldots). \tag{42.7}$$

Für das Weitere unterscheiden wir zwei Fälle.

a) λ_0 sei *kein* Eigenwert von (42.2). Dann gestattet (42.1) bei beliebigem $f\in C[a,b]$ eine – aber auch nur eine – Lösung u (Satz 35.2); wegen (42.5) und (42.7) ist für sie

$$(u\,|\,u_m)=-\frac{1}{\lambda_m-\lambda_0}\int_a^b f(t)u_m(t)\,\mathrm{d}t \qquad (m=1,2,\ldots). \tag{42.8}$$

Wir tragen (42.6) und (42.8) in (42.4) ein und erhalten ohne weitere Umstände die gewünschte Entwicklung von u nach Eigenfunktionen:

$$u(x)=\sum_{n=1}^{\infty} \frac{1}{\lambda_0-\lambda_n}\left(\int_a^b f(t)u_n(t)\,\mathrm{d}t\right)u_n(x). \tag{42.9}$$

Diese Darstellung von u ist nicht nur frappierend einfach – sie konvergiert auch in besonders kraftvoller Weise, nämlich *absolut* und *gleichmäßig* auf $[a,b]$ (s. Aufgabe 1).

b) Jetzt sei λ_0 ein Eigenwert von (42.2), etwa $\lambda_0=\lambda_s$ für ein gewisses $s\in\mathbf{N}$. Ist nun (42.1) überhaupt lösbar, etwa durch u, so ergibt sich aus (42.5) sofort $(g\,|\,u_s)=0$ oder also

$$\int_a^b f(t)u_s(t)\,\mathrm{d}t=0 \qquad (\text{s. (42.7)}). \tag{42.10}$$

Im vorliegenden Falle ($\lambda_0=\lambda_s$) ist also diese Gleichung – eine Forderung an f – eine *notwendige* Lösbarkeitsbedingung. Nun nehmen wir umgekehrt an, sie sei erfüllt. Dann ist

$$g(x) = -\sum_{\substack{n=1\\n\neq s}}^{\infty} \frac{1}{\lambda_n}\left(\int_a^b f(\tau)u_n(\tau)\,\mathrm{d}\tau\right)u_n(x) \qquad \text{(s. (42.6))},$$

und wenn wir nun $\hat{u}(x)$ durch die auf $[a, b]$ absolut und gleichmäßig konvergente Reihe

$$\hat{u}(x) := \sum_{\substack{n=1\\n\neq s}}^{\infty} \frac{1}{\lambda_0-\lambda_n}\left(\int_a^b f(\tau)u_n(\tau)\,\mathrm{d}\tau\right)u_n(x) \tag{42.11}$$

definieren, zeigt eine kurze Rechnung, daß

$$\lambda_0 \int_a^b [-r(t)G(x,t)]\hat{u}(t)\,\mathrm{d}t + g(x) = \hat{u}(x)$$

und somit $\hat{u}(x)$ eine Lösung von (42.1) ist; man hat hierbei im wesentlichen nur die vertraute Gleichung

$$\int_a^b [-r(t)G(x,t)]u_n(t)\,\mathrm{d}t = \frac{1}{\lambda_n}u_n(x)$$

heranzuziehen.[1] Die Lösbarkeitsbedingung (42.10) ist daher nicht nur notwendig, sondern sogar *hinreichend*. Und nun erkennt man mühelos, daß neben $\hat{u}(x)$ auch jede Funktion der Form

$$u(x) := Cu_s(x) + \hat{u}(x) \quad \text{mit willkürlichem} \quad C \in \mathbf{R}$$

– aber keine andere – die Aufgabe (42.1) löst.[2]

Die bisher gemachte Einschränkung, 0 sei *kein* Eigenwert von (42.2), können wir jetzt ohne Nachteil über Bord werfen. Um dies einzusehen, nehmen wir uns irgendeine Zahl α her, die nur kein Eigenwert von (42.2) sein soll, und bringen (42.1) auf die Form

$$\tilde{L}u + \tilde{\lambda}_0 r(x)u = f(x), \quad R_1u = R_2u = 0 \tag{42.12}$$

mit $\quad \tilde{L}u := Lu + \alpha r(x)u, \quad \tilde{\lambda}_0 := \lambda_0 - \alpha.$

Die korrespondierende Eigenwertaufgabe lautet

$$\tilde{L}u + \tilde{\lambda} r(x)u = 0, \quad R_1u = R_2u = 0 \tag{42.13}$$

und zählt dank der Wahl von α die Null *nicht* zu ihren Eigenwerten. Bedenkt man nun, daß die Eigenwerte $\tilde{\lambda}_n$ von (42.13) und λ_n von (42.2) durch die Beziehung $\tilde{\lambda}_n = \lambda_n - \alpha$ zusammenhängen und daß die zugehörigen Eigenfunktionen $\tilde{u}_n$ und u_n sogar übereinstimmend gewählt werden können (s. die Bemerkung vor Satz 39.4),

---

[1] Siehe (39.1) und beachte die in (38.6) gegebene Definition von K mit dem in (38.5) erklärten Kern $k(x, t)$.

[2] Man denke daran, daß der Eigenwert $\lambda_0 = \lambda_s$ *einfach* ist.

so erhält man für (42.1) *via* (42.13) wörtlich dieselben Lösungstatsachen, die wir im Falle „0 ist kein Eigenwert von (42.2)" schon aufgedeckt hatten.

Tutto sommato haben wir also den folgenden

42.1 Satz *Vorgelegt sei die halbhomogene Randwertaufgabe* (42.1) *unter den dort aufgeführten Voraussetzungen. Ist* λ_0 *kein Eigenwert von* (42.2), *so besitzt* (42.1) *für jedes* $f\in C[a,b]$ *die eindeutig festgelegte Lösung*

$$u(x):=\sum_{n=1}^{\infty}\frac{1}{\lambda_0-\lambda_n}\left(\int_a^b f(t)u_n(t)\,\mathrm{d}t\right)u_n(x). \tag{42.14}$$

Stimmt jedoch λ_0 *mit einem der Eigenwerte von* (42.2) *überein, etwa mit* λ_s, *so läßt sich* (42.1) *genau dann befriedigen, wenn* (42.10) *gilt, und in diesem Falle werden sämtliche Lösungen von* (42.1) *gegeben durch die Funktionen*

$$u(x):=Cu_s(x)+\sum_{\substack{n=1\\ n\neq s}}^{\infty}\frac{1}{\lambda_0-\lambda_n}\left(\int_a^b f(t)u_n(t)\,\mathrm{d}t\right)u_n(x) \tag{42.15}$$

mit willkürlichem $C\in\mathbf{R}$. *Die auftretenden Reihen konvergieren* absolut *und* gleichmäßig *auf dem Intervall* $[a,b]$.

Aufgaben

*1. Zeige, daß die Reihe in (42.9) - und damit auch die in (42.11) - auf $[a,b]$ *absolut* und *gleichmäßig* konvergiert.

Hinweis: $\left|\int_a^b f(t)u_n(t)\,\mathrm{d}t\right|=\left|\left(\frac{f}{r}\Big| u_n\right)\right|\leqslant\left\|\frac{f}{r}\right\|$, Cauchy-Schwarzsche Ungleichung, Konvergenz der Reihe $\sum 1/\lambda_j$, gleichmäßige Konvergenz der Reihe $\sum u_j^2(x)/\lambda_j$.

2. Der „Sekundentaktgeber" in A 37.8 werde noch einer periodischen Zwangskraft der Form $a\sin\omega t$ $(a,\omega>0)$ unterworfen, so daß wir es mit der halbhomogenen Randwertaufgabe

$$\ddot{x}+\omega_0^2x=\frac{a}{m}\sin\omega t,\quad x(0)=x(1)=0\qquad \left(\omega_0:=\sqrt{\frac{k}{m}}\right) \tag{42.16}$$

zu tun haben. Unter welchen Bedingungen ist die Aufgabe lösbar? Bestimme im Lösbarkeitsfalle alle Lösungen.

In den Aufgaben 3 bis 7 sind die angegebenen Randwertprobleme mittels der Methode der Eigenfunktionen (*oder auch einfacher*) zu lösen.

3. $(xu')'+\frac{1}{x}u=\frac{1}{x},\quad u(1)=u(\mathrm{e})=0.$ Hinweis: A 37.4.

4. $(xu')'+\frac{1}{x}u=\frac{1}{x},\quad u'(1)=u'(\mathrm{e}^{2\pi})=0.$ Hinweis: A 37.5.

5. $[(1+x^2)u']'+\frac{1}{1+x^2}u=\frac{1}{1+x^2}$, $u(0)=u(1)=0$. Hinweis: Setze $x=\tan t$.

6. $u''+4u=x$, $u(0)=u'(1)=0$. Hinweis: A 37.1.

7. $u''+4u=x^2$, $u(0)=u'(1)=0$. Hinweis: A 37.1.

43 Iterative Bestimmung von Eigenwerten

Wir fassen wieder die Sturm-Liouvillesche Aufgabe

$$Lu+\lambda r(x)u=0, \quad R_1u=R_2u=0 \quad \text{auf} \quad J:=[a,b] \tag{43.1}$$

mit den Bezeichnungen und Voraussetzungen (37.4) bis (37.6) ins Auge. Im Vordergrund unseres Interesses steht diesmal die *Berechnung* – oder jedenfalls *Abschätzung* – ihrer Eigenwerte.

Theoretisch – aber eben nur *theoretisch* – läßt sich gerade die Berechnungsfrage im Handumdrehen erledigen. Ist nämlich $v_1(x,\lambda)$, $v_2(x,\lambda)$ eine Integralbasis der Differentialgleichung in (43.1), so wird λ genau dann ein Eigenwert sein, wenn in der allgemeinen Lösung

$$u(x,\lambda):=C_1v_1(x,\lambda)+C_2v_2(x,\lambda)$$

die freien Konstanten so bestimmt werden können, daß sie nicht beide verschwinden und dem folgenden linearen Gleichungssystem genügen:

$$\begin{aligned} R_1u &= C_1[\alpha_1v_1(a,\lambda)+\alpha_2v_1'(a,\lambda)]+C_2[\alpha_1v_2(a,\lambda)+\alpha_2v_2'(a,\lambda)]=0\\ R_2u &= C_1[\beta_1v_1(b,\lambda)+\beta_2v_1'(b,\lambda)]+C_2[\beta_1v_2(b,\lambda)+\beta_2v_2'(b,\lambda)]\ =0. \end{aligned}$$

Derartige Zahlen C_1, C_2 aber lassen sich dann und nur dann finden, wenn die Systemdeterminante

$$D(\lambda):=\begin{vmatrix} \alpha_1v_1(a,\lambda)+\alpha_2v_1'(a,\lambda) & \alpha_1v_2(a,\lambda)+\alpha_2v_2'(a,\lambda)\\ \beta_1v_1(b,\lambda)+\beta_2v_1'(b,\lambda) & \beta_1v_2(b,\lambda)+\beta_2v_2'(b,\lambda)\end{vmatrix}=0 \tag{43.2}$$

ist. *Genau die reellen Nullstellen dieser Gleichung also sind die Eigenwerte der Aufgabe* (43.1). Die Hoffnung jedoch, mit dieser Erkenntnis sei viel gewonnen, ist trügerisch. Denn die Gleichung (43.2) wird in der Regel von widerborstig-transzendenter Natur sein und sich einer praktikablen Auflösung versagen. Notgedrungen muß man also nach anderen Methoden suchen, die uns die Eigenwerte in die Hände spielen können.

Aus Gründen der Einfachheit und der praktischen Bedeutung wollen wir voraussetzen, die Aufgabe (43.1) sei volldefinit, d.h., *alle* ihre Eigenwerte seien *positiv*. Ob dieser Tatbestand tatsächlich vorliegt, läßt sich gewöhnlich ohne unzumutbaren Aufwand ermitteln; man orientiere sich etwa an dem Nichtnegativitätskriterium in A 37.9 oder an dem Beweis der Abschätzung (39.17) (er beginnt im wesentlichen mit (39.19)) oder auch an dem Satz 44.1.

Die volldefinite Aufgabe (43.1) besitzt gewiß einen Integraloperator K (s. (38.6) in Verbindung mit (38.5)), und kraft des Satzes 39.2 haben wir die normkonvergente Entwicklung

$$Ku=\sum_{j=1}^{\infty}\mu_j(u\,|\,u_j)u_j \quad \text{für alle} \quad u\in C(J)\,; \tag{43.3}$$

hierbei ist (μ_j) die Folge der Eigenwerte von K und (u_j) eine zugehörige r-Orthonormalfolge von Eigenfunktionen. Die μ_j sind als die Reziproken der Eigenwerte λ_j von (43.1) durchweg positiv, und wie immer denken wir sie uns *fallend*, die λ_j also *steigend* angeordnet:

$$\begin{aligned}&\mu_1>\mu_2>\mu_3>\cdots>0,\\ &\lambda_1<\lambda_2<\lambda_3<\cdots.\end{aligned} \tag{43.4}$$

u_j ist auch eine (normierte) Eigenfunktion von (43.1) zum Eigenwert $\lambda_j=1/\mu_j$ (s. zu all dem wieder (39.1)). Wegen (38.21) erhalten wir aus (43.3)

$$K^2u=K(Ku)=\sum_{j=1}^{\infty}\mu_j(u\,|\,u_j)Ku_j=\sum_{j=1}^{\infty}\mu_j^2(u\,|\,u_j)u_j,$$

allgemein

$$K^nu=\sum_{j=1}^{\infty}\mu_j^n(u\,|\,u_j)u_j \quad \text{für } n=1,2,\ldots.\,^{1)} \tag{43.5}$$

Mit (38.15) folgt daraus

$$(K^nu\,|\,u)=\sum_{j=1}^{\infty}\mu_j^n(u\,|\,u_j)^2, \tag{43.6}$$

und da nun dank der Parsevalschen Gleichung 40.4 im Falle $u\neq 0$ auch mindestens ein $(u\,|\,u_j)\neq 0$ sein muß, ist

$$(K^nu\,|\,u)>0 \quad \textit{für jedes } u\neq 0 \textit{ aus } C(J) \textit{ und jedes } n\in\mathbf{N}. \tag{43.7}$$

Wir wollen sagen, der Eigenwert μ_j von K bzw. der Eigenwert $\lambda_j=1/\mu_j$ von (43.1) sei an u beteiligt, wenn $(u\,|\,u_j)\neq 0$ ausfällt. Im folgenden sei

μ_m der *größte* an $u\neq 0$ beteiligte Eigenwert von K,

also $\lambda_m=1/\mu_m$ der *kleinste* an $u\neq 0$ beteiligte Eigenwert von (43.1).

Aus (43.6) und (43.4) lesen wir jetzt ab: für $n\to\infty$ strebt

---

1) Die n-te Iterierte oder Potenz K^n von K bedeutet, wie erinnerlich, die n-fache Anwendung von K; es ist also $K^1u:=Ku$, $K^2u:=K(Ku)$, $K^3u=K(K^2u)$ usw. Ergänzend setzt man $K^0:=I$ (= identische Transformation).

$$\frac{(K^n u\,|\,u)}{\mu_m^n} = (u\,|\,u_m)^2 + \underbrace{\sum_{j=m+1}^{\infty}\left(\frac{\mu_j}{\mu_m}\right)^n (u\,|\,u_j)^2}_{\leqslant \left(\frac{\mu_{m+1}}{\mu_m}\right)^n \|u\|^2 \quad \text{(s. (39.30) in A 39.1)}} \to (u\,|\,u_m)^2 > 0 .$$

Mit unbeschränkt wachsendem n geht also

$$\frac{(K^{n+1}u\,|\,u)}{(K^n u\,|\,u)} = \frac{(K^{n+1}u\,|\,u)}{\mu_m^{n+1}}\,\frac{\mu_m^n}{(K^n u\,|\,u)}\cdot\mu_m \to \mu_m = \frac{1}{\lambda_m}. \tag{43.8}$$

Dieses Resultat läßt sich noch ein wenig verfeinern. Dazu schalten wir eine kurze Zwischenbetrachtung ein.

Es sei A irgendeine lineare Selbstabbildung von $C(J)$ mit der Eigenschaft

$$(Au\,|\,v) = (u\,|\,Av) \quad \text{und} \quad (Au\,|\,u) \geqslant 0 \quad \text{für alle } u, v \in C(J) \tag{43.9}$$

(z. B. $A := K^n$). Wir setzen abkürzend

$$[u\,|\,v] := (Au\,|\,v)$$

und erhalten dank (43.9) bei beliebigem $\alpha \in \mathbf{R}$ die Abschätzung

$$0 \leqslant [u+\alpha v\,|\,u+\alpha v] = [u\,|\,u] + 2\alpha[u\,|\,v] + \alpha^2[v\,|\,v]. \tag{43.10}$$

Ist $[v\,|\,v]=0$, so muß also für alle reellen α gewiß $0 \leqslant [u\,|\,u] + 2\alpha[u\,|\,v]$ und somit $[u\,|\,v]=0$ sein; trivialerweise gilt daher in diesem Falle

$$[u\,|\,v]^2 \leqslant [u\,|\,u][v\,|\,v]. \tag{43.11}$$

Ist aber $[v\,|\,v] \neq 0$ und setzt man nun in (43.10) $\alpha := -[u\,|\,v]/[v\,|\,v]$, so stellt sich auch diesmal wieder (43.11) ein. Zusammengefaßt und abkürzungsfrei:

Für jede lineare Selbstabbildung A von $C(J)$ mit (43.9) *gilt*

$$(Au\,|\,v)^2 \leqslant (Au\,|\,u)(Av\,|\,v) \quad \textit{für alle} \quad u, v \in C(J). \tag{43.12}$$

Speziell für $A := K^n$ ($n \in \mathbf{N}_0$) erhalten wir daraus in Verbindung mit (38.9)

$$(K^{n+1}u\,|\,u)^2 = (K^n(Ku)\,|\,u)^2 \leqslant (K^n(Ku)\,|\,Ku)(K^n u\,|\,u) = (K^{n+2}u\,|\,u)(K^n u\,|\,u)$$

oder also

$$\frac{(K^{n+1}u\,|\,u)}{(K^n u\,|\,u)} \leqslant \frac{(K^{n+2}u\,|\,u)}{(K^{n+1}u\,|\,u)} \quad \text{für} \quad n = 0, 1, 2, \ldots . \tag{43.13}$$

Mit (43.8) im Auge können wir also sagen:

43.1 Erster Iterationssatz *Die Folge der zur* volldefiniten *Aufgabe* (43.1) *gehörenden* Schwarzschen Quotienten

$$\frac{(K^n u\,|\,u)}{(K^{n+1} u\,|\,u)} \qquad (n=0,1,2,\ldots;\; u\neq 0 \text{ aus } C(J))$$

strebt monoton fallend *gegen den kleinsten an u beteiligten Eigenwert von* (43.1).[1]

$(K^n u\,|\,u)$ läßt sich noch leicht auf *Integralform* bringen. Definiert man nämlich die iterierten Kerne k_n rekursiv durch

$$k_1(x,t):=k(x,t), \quad k_n(x,t):=\int_a^b k(x,s)k_{n-1}(s,t)\,\mathrm{d}s \quad \text{für } n\geqslant 2, \tag{43.14}$$

so ist

$$(K^n u)(x)=\int_a^b k_n(x,t)u(t)\,\mathrm{d}t \tag{43.15}$$

und somit

$$(K^n u\,|\,u)=\int_a^b\int_a^b r(x)k_n(x,t)u(t)u(x)\,\mathrm{d}t\,\mathrm{d}x \qquad (n\geqslant 1). \tag{43.16}$$

Der *kleinste* Eigenwert λ_1 ist häufig von besonderem Interesse; man denke etwa an die Eulersche Knicklast in Beispiel 37.1, die nicht ohne schlimme Folgen überschritten werden kann, oder an die wahrhaft „durchschlagende" Rolle des Grundtons einer schwingenden Saite, dessen Frequenz ja durch den kleinsten Eigenwert der Aufgabe (34.4) bestimmt wird (s. Nr. 34). Die Berechnung von λ_1 ermöglicht ein

43.2 Zweiter Iterationssatz *Die Aufgabe* (43.1) *sei* volldefinit, *und für die in* (41.15) *erklärte Funktion* $\tilde{G}_m(x,t)$ *sei*

$$|\tilde{G}_m| := \left(\int_a^b\int_a^b r(x)r(t)\tilde{G}_m^2(x,t)\,\mathrm{d}x\,\mathrm{d}t\right)^{1/2}, \tag{43.17}$$

$$[\tilde{G}_m] := \left|\int_a^b r(x)\tilde{G}_m(x,x)\,\mathrm{d}x\right|. \tag{43.18}$$

Dann ergibt sich der kleinste Eigenwert λ_1 *von* (43.1) *sowohl aus*

$$\lambda_1=\lim_{m\to\infty}\frac{|\tilde{G}_m|}{|\tilde{G}_{m+1}|} \tag{43.19}$$

als auch aus

---

[1] Für $u=u_j$ erhält man so (freilich trivialerweise) den Eigenwert λ_j. Grundsätzlich kann also das Iterationsverfahren *alle* Eigenwerte von (43.1) zutage fördern. – Die Schwarzschen Quotienten haben ihren Namen von Hermann Amandus Schwarz (1843–1921; 78), der u.a. eine wegweisende Arbeit zur Eigenwerttheorie der schwingenden Membrane geschrieben hat.

$$\lambda_1 = \lim_{m\to\infty} \frac{[\tilde{G}_m]}{[\tilde{G}_{m+1}]}. \tag{43.20}$$

Diese Behauptungen sind kaum mehr als Abfallprodukte der Gleichungen (41.17) und (41.18). So ist z. B. wegen (41.18)

$$\frac{[\tilde{G}_m]}{[\tilde{G}_{m+1}]} = \lambda_1 \cdot \frac{1+\sum\limits_{n=2}^{\infty}\left(\frac{\lambda_1}{\lambda_n}\right)^m}{1+\sum\limits_{n=2}^{\infty}\left(\frac{\lambda_1}{\lambda_n}\right)^{m+1}}. \tag{43.21}$$

Man bestimme nun - was wegen Satz 41.2 gewiß möglich ist - nach Wahl von $\varepsilon>0$ ein $n_0 \geqslant 2$, so daß $\sum\limits_{n>n_0} \lambda_1/\lambda_n < \varepsilon/2$, erst recht also

$$\sum_{n>n_0}\left(\frac{\lambda_1}{\lambda_n}\right)^m < \frac{\varepsilon}{2} \quad \text{für alle} \quad m\in\mathbf{N}$$

ausfällt, sodann ein m_0 mit

$$\sum_{n=2}^{n_0}\left(\frac{\lambda_1}{\lambda_n}\right)^m < \frac{\varepsilon}{2} \quad \text{für alle} \quad m>m_0.$$

Diese Abschätzungen lassen erkennen, daß

$$\sum_{n=2}^{\infty}\left(\frac{\lambda_1}{\lambda_n}\right)^m \to 0 \quad \text{strebt für} \quad m\to\infty.$$

Ein Blick auf (43.21) überzeugt uns nun von der Richtigkeit der Gl. (43.20). Und ganz entsprechend sieht man (43.19) ein. ■

Der tatsächlichen *Berechnung* der Schwarzschen Quotienten oder der Quotienten in (43.19) und (43.20) wird man nicht ohne Beklemmung entgegensehen. Um so lebhafter regt sich deshalb das Verlangen nach handlichen *Abschätzungen* der Eigenwerte. Dieses Verlangen werden die beiden folgenden Nummern befriedigen.

Aufgaben

+**1. Iterative Gewinnung von Eigenfunktionen** Die Aufgabe (43.1) sei volldefinit, K ihr Integraloperator und $w\neq 0$ beliebig aus $C(J)$. Dann strebt die Folge $(K^n w/|K^n w|)$ im Sinne der Norm gegen eine Eigenfunktion von (43.1) zum kleinsten an w beteiligten Eigenwert.

Hinweis: (43.5); $\dfrac{K^n w}{|K^n w|} = \dfrac{K^n w}{\mu_m^n}\cdot\dfrac{\mu_m^n}{|K^n w|}$ $\left(\mu_m := \dfrac{1}{\lambda_m}\right)$.

2. Das Iterationsverfahren der Aufgabe 1 testen wir an der Aufgabe $u''+\lambda u=0$, $u(0)=u(1)=0$ mit den Eigenfunktionen $\sin n\pi x$ zu den Eigenwerten $n^2\pi^2$ $(n\in\mathbf{N})$. Für die Startfunktion w

nimmt man am besten eine Vergleichsfunktion (warum?), etwa $w(x) := x^2 - x$. Berechne Kw und $K^2 w$ (ohne die Greensche Funktion zu benutzen) und vergleiche mit

$$\sin \pi x = \pi(x - 1{,}645x^3 + 0{,}812x^5 - + \cdots).$$

⁺3. Es ist ständig $1/|\tilde{G}_m|^{1/m} < \lambda_1$ und $1/[\tilde{G}_m]^{1/m} < \lambda_1$. Für $m \to \infty$ strebt

$$\frac{1}{|\tilde{G}_m|^{1/m}} \to \lambda_1, \quad \frac{1}{[\tilde{G}_m]^{1/m}} \to \lambda_1.$$

Hinweis: Satz 27.4 in Heuser I.

44 Einschließungssätze und Extremalprinzipien

Wir benutzen durchweg die Bezeichnungen der Nr. 43, insbesondere ist K immer der zur Aufgabe (43.1) gehörende Integraloperator.

Ist (43.1) *volldefinit*, so muß $(Ku|u) > 0$ für jedes $u \neq 0$ aus $C(J)$ sein (s. (43.7)). Diese notwendige Bedingung ist offenbar auch hinreichend (wähle $u = u_j$). Mit (38.24) erhält man nun den

44.1 Satz *Die Aufgabe* (43.1) *ist genau dann* volldefinit, *wenn gilt:*

$$\int_a^b vLv\,dx < 0 \quad \textit{für alle Vergleichsfunktionen} \quad v \neq 0.$$

Im folgenden sei (43.1) volldefinit. Dann erweist sich

$$\{v|w\} := -\int_a^b vLw\,dx = (v|K^{-1}w) = (K^{-1}v|w) \;[1] \tag{44.1}$$

als ein *Innenprodukt* auf dem linearen Raum $V(J)$ der Vergleichsfunktionen, denn für alle $u, v, w \in V(J)$ und $\alpha, \beta \in \mathbf{R}$ ist offenbar

$$\{\alpha u + \beta v|w\} = \alpha\{u|w\} + \beta\{v|w\}, \quad \{v|w\} = \{w|v\},$$
$$\{v|v\} \geqslant 0, \quad \{v|v\} = 0 \iff v = 0.$$

Infolgedessen gilt die Schwarzsche Ungleichung

$$\{v|w\}^2 \leqslant \{v|v\}\{w|w\} \;[2], \tag{44.2}$$

und durch

$$|v| := \sqrt{\{v|v\}}$$

[1] Beachte wieder (38.24) und dann noch die einfache Tatsache, daß mit K auch K^{-1} bezüglich des Innenproduktes $(\cdot|\cdot)$ symmetrisch ist.

[2] Man folge dem Beweis von (43.11) mit offensichtlichen Vereinfachungen.

läßt sich eine Norm auf $V(J)$ definieren.[1] Das Innenprodukt $\{\cdot|\cdot\}$ ist für unsere gegenwärtigen Zwecke vorteilhafter als $(\cdot|\cdot)$, eben deshalb haben wir es eingeführt.

Aus (44.1) folgt sofort

$$\{Kv|w\}=\{v|Kw\}=(v|w) \quad \text{für alle} \quad v, w\in V(J), \tag{44.3}$$

K ist also als Operator auf $V(J)$ *symmetrisch bezüglich* $\{\cdot|\cdot\}$.

Für die Eigenfunktionen

$$\tilde{u}_j := \sqrt{\mu_j}\, u_j = \frac{1}{\sqrt{\lambda_j}}\, u_j \qquad (j=1,2,\ldots) \tag{44.4}$$

von K zu den Eigenwerten $\mu_j = 1/\lambda_j$ gelten offenbar die Relationen

$$\{\tilde{u}_j|\tilde{u}_k\}=\delta_{jk} \qquad (j,k=1,2,\ldots),$$

$(\tilde{u}_1, \tilde{u}_2, \ldots)$ ist also eine *Orthonormalfolge bezüglich* $\{\cdot|\cdot\}$. Infolgedessen hat man die Besselsche Ungleichung

$$\sum_{j=1}^{\infty} \{v|\tilde{u}_j\}^2 \leqslant \{v|v\} \quad \text{für alle} \quad v\in V(J); \tag{44.5}$$

um sie einzusehen, braucht man im Beweis von (39.30) im wesentlichen nur die runden Klammern durch geschweifte zu ersetzen.

Für $\{K^n v|v\}$ erhalten wir mit (43.6) im Falle $n>1$, mit (40.14) im Falle $n=1$ die folgende Darstellung:

$$\begin{aligned}\{K^n v|v\} &= \{K(K^{n-1}v)|v\} = (K^{n-1}v|v) \qquad (\text{s. } (44.3))\\ &= \sum_{j=1}^{\infty} \mu_j^{n-1}(v|u_j)^2 = \sum_{j=1}^{\infty} \mu_j^{n-1}\{v|Ku_j\}^2\\ &= \sum_{j=1}^{\infty} \mu_j^{n+1}\{v|u_j\}^2 = \sum_{j=1}^{\infty} \mu_j^{n}\{v|\tilde{u}_j\}^2,\end{aligned}$$

zusammengefaßt:

$$\{K^n v|v\} = \sum_{j=1}^{\infty} \mu_j^n \{v|\tilde{u}_j\}^2 \quad \textit{für} \quad v\in V(J),\ n\in\mathbf{N}. \tag{44.6}$$

Das ist ein genaues Analogon zu (43.6).

Die Grundlage der weiteren Entwicklung ist der Einschließungssatz 44.3; wir bereiten ihn vor durch einen gekünstelt anmutenden

---

[1] Zum Beweis der Dreiecksungleichung $|v+w|\leqslant|v|+|w|$ ziehe man (44.2) heran.

44.2 Hilfssatz *Sei K wieder der zur volldefiniten Aufgabe* (43.1) *gehörende Integraloperator und*

$$p(\mu) := (\alpha\mu - 1)(\beta\mu - 1) \quad \textit{für feste Zahlen} \quad 0 \leqslant \alpha < \beta .$$

Für alle $v \in V(J)$ *ist dann*

$$\sum_{j=1}^{\infty} p(\mu_j)\{v\,|\,\tilde{u}_j\}^2 \leqslant \{\alpha K v - v\,|\,\beta K v - v\}. \tag{44.7}$$

Beweis. Wegen $p(\mu) = \alpha\beta\mu^2 - (\alpha+\beta)\mu + 1$ haben wir

$$\sum_{j=1}^{\infty} p(\mu_j)\{v\,|\,\tilde{u}_j\}^2 = \alpha\beta \sum_{j=1}^{\infty} \mu_j^2 \{v\,|\,\tilde{u}_j\}^2 - (\alpha+\beta) \sum_{j=1}^{\infty} \mu_j \{v\,|\,\tilde{u}_j\}^2 + \sum_{j=1}^{\infty} \{v\,|\,\tilde{u}_j\}^2,$$

und wegen (44.3), (44.5) und (44.6) ist dies

$$\leqslant \alpha\beta\{Kv\,|\,Kv\} - (\alpha+\beta)\{Kv\,|\,v\} + \{v\,|\,v\} = \{\alpha K v - v\,|\,\beta K v - v\}. \qquad ■$$

44.3 Erster Einschließungssatz (Satz von Mertins) [1] *Die Aufgabe* (43.1) *sei volldefinit, K bedeute ihren Integraloperator, s eine natürliche Zahl, und* $0 \leqslant \alpha < \beta$ *seien vorgegebene reelle Zahlen. Dann sind die folgenden Aussagen äquivalent:*

(a) *In* $[\alpha, \beta]$ *liegen mindestens s Eigenwerte von* (43.1).

(b) *Es gibt s linear unabhängige Funktionen* $w_1, \ldots, w_s \in V(J)$ *mit*

$$\{\alpha K w - w\,|\,\beta K w - w\} \leqslant 0 \quad \textit{für jedes} \quad w := c_1 w_1 + \cdots + c_s w_s . \tag{44.8}$$

Im Beweis sei wieder $p(\mu) := (\alpha\mu - 1)(\beta\mu - 1)$.

1. Es gelte (a). Nur der einfachen Schreibung wegen - ohne die Beweiskraft im geringsten zu schwächen - nehmen wir an, unter den mindestens s Eigenwerten von (43.1) in $[\alpha, \beta]$ befänden sich gerade die s ersten, also $\lambda_1, \ldots, \lambda_s$. Für jede Linearkombination $w := c_1\tilde{u}_1 + \cdots + c_s\tilde{u}_s$ der zugehörigen, bezüglich $\{\cdot|\cdot\}$ orthonormalen und somit auch linear unabhängigen[2] Eigenfunktionen $\tilde{u}_j$ ist dann

$$\begin{aligned}\{\alpha K w - w\,|\,\beta K w - w\} &= \sum_{j=1}^{s} p(\mu_j) c_j^2 = \sum_{j=1}^{s} p\left(\frac{1}{\lambda_j}\right) c_j^2 \\ &= \sum_{j=1}^{s} \underbrace{\left(\frac{\alpha}{\lambda_j} - 1\right)}_{\leqslant 0} \underbrace{\left(\frac{\beta}{\lambda_j} - 1\right)}_{\geqslant 0} c_j^2 \leqslant 0\end{aligned}$$

- und das ist (44.8).

---

[1] Mertins (1987). Der Satz ist dort allgemeiner formuliert und wird auf allgemeinere Situationen angewandt. S. dazu Aufgabe 1. Der genannten Arbeit schließen wir uns auch im Fortgang dieser Nummer an.

[2] Adaptiere A 39.2 an das Innenprodukt $\{\cdot|\cdot\}$.

2. Nun setzen wir umgekehrt (b) voraus. Angenommen, die Aufgabe (43.1) besitze nur $q<s$ Eigenwerte in $[\alpha, \beta]$. Der Leser wird selbst sehen, daß und wie sich der Beweis im Falle $q=0$ vereinfacht; wir nehmen deshalb $q \geqslant 1$ an. Ähnlich wie oben dürfen wir uns auf den Standpunkt stellen, es sei gerade

$$\lambda_1, \ldots, \lambda_q \in [\alpha, \beta] \quad \text{und} \quad \lambda_j \notin [\alpha, \beta] \quad \text{für alle} \quad j>q. \tag{44.9}$$

Wegen $q<s$ besitzt das homogene lineare Gleichungssystem

$$\sum_{i=1}^{s} \xi_i \{w_i \mid \tilde{u}_j\} = 0 \qquad (j=1, \ldots, q)$$

eine nichttriviale Lösung $c_1, \ldots, c_s$. Für $w := \sum_{i=1}^{s} c_i w_i$ ist dann

$$w \neq 0 \quad \text{und} \quad \{w \mid \tilde{u}_j\} = 0 \quad \text{für} \quad j=1, \ldots, q. \tag{44.10}$$

Dank des Hilfssatzes 44.2 und der Ungleichung (44.8) gilt also

$$\begin{aligned} \sum_{j>q} \left(\frac{\alpha}{\lambda_j} - 1\right)\left(\frac{\beta}{\lambda_j} - 1\right) \{w \mid \tilde{u}_j\}^2 &= \sum_{j=1}^{\infty} p\left(\frac{1}{\lambda_j}\right) \{w \mid \tilde{u}_j\}^2 \\ &\leqslant \{\alpha K w - w \mid \beta K w - w\} \leqslant 0. \end{aligned} \tag{44.11}$$

Für alle $j>q$ haben wir wegen (44.9) notwendigerweise

$$\lambda_j < \alpha \quad \text{oder} \quad \lambda_j > \beta, \quad \text{immer also} \quad \left(\frac{\alpha}{\lambda_j} - 1\right)\left(\frac{\beta}{\lambda_j} - 1\right) > 0.$$

(44.11) kann somit nur bestehen, wenn $\{w \mid \tilde{u}_j\} = 0$ für alle $j>q$ ist. Wegen (44.10) haben wir also $\{w \mid \tilde{u}_j\} = 0$ für alle $j \in \mathbf{N}$ und damit $\{Kw \mid w\} = 0$ (s. (44.6)). Andererseits ist wegen $w \neq 0$ aber $\{Kw \mid w\} = (w \mid w) > 0$ (s. (44.3)). An diesem Widerspruch scheitert die Annahme „$q<s$", es muß also tatsächlich $q \geqslant s$ sein. ∎

Aus dem Satz von Mertins gewinnen wir nun ein Extremalprinzip, das nach dem deutschen Mathematiker Richard Courant (1888–1972; 84) genannt wird. Zu seiner Formulierung benutzen wir den Rayleighschen Quotienten[1)]

$$R(v) := \frac{\{v \mid v\}}{\{Kv \mid v\}} = -\frac{\int_a^b v L v \, \mathrm{d}x}{\int_a^b r v^2 \, \mathrm{d}x} \qquad (0 \neq v \in V(J)). \tag{44.12}$$

44.4 Courantsches Minimum-Maximumprinzip *Es sei*

W_s eine Menge von s linear unabhängigen Vergleichsfunktionen $w_1, \ldots, w_s$,

1) Nach John William Strutt, dritter Baron Rayleigh (1842–1919; 77), dem berühmten englischen Physiker und Nobelpreisträger von 1904.

$$[W_s]:=\{c_1 w_1+\cdots+c_s w_s\colon c_1,\ldots,c_s\in\mathbf{R}\ \textit{beliebig}\}.$$

Dann wird der s-te Eigenwert λ_s *der volldefiniten Aufgabe* (43.1) *gegeben durch*

$$\lambda_s=\min_{W_s}\max_{0\neq v\in[W_s]} R(v)\,; \tag{44.13}$$

das Minimum ist über alle W_s *zu erstrecken. Insbesondere ist*

$$\lambda_1=\min_{0\neq v\in V(J)} R(v). \tag{44.14}$$

Beweis. Dank der Stetigkeit von K und der Kompaktheit von $\{v\in[W_s]\colon |v|=1\}$ ist

$$\beta:=\max_{0\neq v\in[W_s]}\frac{\{v\,|\,v\}}{\{Kv\,|\,v\}}=\max_{0\neq v\in[W_s]} R(v)\quad\text{vorhanden und }>0.$$

Für jedes $v\in W_s$ ist daher $\{v\,|\,v\}\leqslant\beta\{Kv\,|\,v\}$ oder also $\{0\cdot Kv-v\,|\,\beta Kv-v\}\leqslant 0$. Aus dem Einschließungssatz 44.3 folgt nun $\lambda_s\leqslant\beta$, also auch

$$\lambda_s\leqslant\inf_{W_s}\max_{0\neq v\in[W_s]} R(v). \tag{44.15}$$

Wählt man $w_j=\tilde u_j$ $(j=1,\ldots,s)$, so haben wir für $v:=c_1\tilde u_1+\cdots+c_s\tilde u_s\neq 0$ offenbar

$$\frac{\{v\,|\,v\}}{\{Kv\,|\,v\}}=\frac{\sum_{j=1}^{s} c_j^2}{\sum_{j=1}^{s}\frac{1}{\lambda_j}c_j^2}\leqslant\lambda_s,\quad\text{ferner}\quad\frac{\{\tilde u_s\,|\,\tilde u_s\}}{\{K\tilde u_s\,|\,\tilde u_s\}}=\lambda_s,$$

also ist $\lambda_s=\max_{0\neq v\in[W_s]} R(v)$ für dieses spezielle W_s. Mit (44.15) ergibt sich daraus die Behauptung (44.13). ∎

Wegen (44.14) ist

$$\lambda_1\leqslant R(v)\quad\textit{für jedes}\quad v\neq 0\quad\textit{aus}\quad V(J), \tag{44.16}$$

jeder Rayleighsche Quotient schätzt also den kleinsten Eigenwert nach oben ab.
Das Gegenstück zu Satz 44.4 ist folgendes

44.5 Courantsches Maximum-Minimumprinzip[1] *Es sei*

$W_0:=\{0\}$ (0 *die identisch verschwindende Funktion*),
W_s *eine Menge von s linear unabhängigen Vergleichsfunktionen* $(s\geqslant 1)$,
$W_s^{\perp}:=\{v\in V(J)\colon \{v\,|\,w\}=0$ *für alle* $w\in W_s\}$ $(s\geqslant 0)$.

[1] Wie Formulierung und Beweis dieses Prinzips zeigen, müßte anstelle des Wortes „Minimum" eigentlich „Infimum" stehen. Auch das Maximum-Minimumprinzip läßt sich aus Satz 44.3 gewinnen; in unserem speziellen Falle ist aber der hier eingeschlagene Weg bequemer.

Dann wird der s-te Eigenwert λ_s der volldefiniten Aufgabe (43.1) *gegeben durch*

$$\lambda_s = \max_{W_{s-1}} \inf_{0 \neq v \in W_{s-1}^{\perp}} R(v); \tag{44.17}$$

das Maximum ist über alle W_{s-1} zu erstrecken.

Beweis. Für $s=1$ ist $W_{s-1}=\{0\}$ und $W_{s-1}^{\perp}=V(J)$. Die Behauptung läßt sich nun aus (44.14) - sogar in schärferer Form - ablesen. Im folgenden dürfen wir also $s>1$ voraussetzen. Das mit irgendwelchen linear unabhängigen Vergleichsfunktionen $w_1, \ldots, w_{s-1}$ gebildete Gleichungssystem

$$\sum_{\varrho=1}^{s} \xi_\varrho \{\tilde{u}_\varrho | w_\sigma\} = 0 \qquad (\sigma = 1, \ldots, s-1)$$

besitzt eine nichttriviale Lösung $c_1, \ldots, c_s$. Offenbar ist

$$v_0 := \sum_{\varrho=1}^{s} c_\varrho \tilde{u}_\varrho \in \{w_1, \ldots, w_{s-1}\}^{\perp},$$

$$\{v_0 | v_0\} = \sum_{\varrho=1}^{s} c_\varrho^2, \quad \{Kv_0 | v_0\} = \sum_{\varrho=1}^{s} \frac{1}{\lambda_\varrho} c_\varrho^2,$$

also $R(v_0) = \{v_0 | v_0\}/\{Kv_0 | v_0\} \leqslant \lambda_s$, und somit erst recht

$$\inf\{R(v): 0 \neq v \in \{w_1, \ldots, w_{s-1}\}^{\perp}\} \leqslant \lambda_s .$$

Da aber die $w_1, \ldots, w_{s-1}$ völlig beliebige linear unabhängige Vergleichsfunktionen waren, folgt daraus

$$\sup_{W_{s-1}} \inf_{0 \neq v \in W_{s-1}^{\perp}} R(v) \leqslant \lambda_s .$$

Den Beweis können wir jetzt mit der leicht verifizierbaren Bemerkung abschließen, daß für die spezielle Menge $W_{s-1} := \{\tilde{u}_1, \ldots, \tilde{u}_{s-1}\}$ das zugehörige $\inf R(v)$ genau $=\lambda_s$ ist. ■

Aus dem Minimum-Maximumprinzip gewinnt der Leser mühelos den folgenden

44.6 Vergleichssatz *Die Sturm-Liouvillesche Eigenwertaufgabe*

$$Lu + \lambda r(x) u = 0, \quad R_1 u = R_2 u = 0 \quad \textit{auf } [a, b]$$

sei volldefinit. Dann ist es auch die Aufgabe

$$Lu + \lambda^* r^*(x) u = 0, \quad R_1 u = R_2 u = 0 \quad \textit{mit stetigem} \quad r^* > 0.$$

Ist nun $r \geqslant r^*$ auf $[a, b]$, so gilt für die zugehörigen Eigenwerte λ_n und λ_n^* gerade die umgekehrte *Ungleichung $\lambda_n \leqslant \lambda_n^*$ $(n=1, 2, \ldots)$.*

Mit Hilfe dieses Satzes - letztlich also mit Hilfe des Mertinsschen Einschließungssatzes 44.3 - beweisen wir einen weiteren Einschließungssatz.

44.7 Zweiter Einschließungssatz *Vorgelegt sei die volldefinite Aufgabe* (43.1) *und eine Vergleichsfunktion* $v \neq 0$; *die zugehörige* Einschließungsfunktion

$$E := -\frac{1}{r}\frac{Lv}{v} \tag{44.18}$$

sei auf $[a, b]$ *vorhanden, stetig und ständig positiv. Dann befindet sich in dem Intervall* $\left[\min_{a \leqslant x \leqslant b} E(x), \max_{a \leqslant x \leqslant b} E(x)\right]$ *mit Sicherheit ein Eigenwert von* (43.1).

Der Beweis bedarf keiner tiefergehenden Kunstgriffe. Da wegen (44.18)

$$Lv + (Er)v = 0$$

ist, v aber auch eine *Vergleichs*funktion sein soll, muß v sogar eine *Eigen*funktion der Aufgabe

$$Lu + \lambda(Er)u = 0, \quad R_1 u = R_2 u = 0 \tag{44.19}$$

sein, und zwar zum Eigenwert 1. 1 sei etwa der s-te Eigenwert von (44.19). Dieser Aufgabe stellen wir nun zwei „Vergleichsaufgaben" zur Seite, wobei

$$m := \min_{a \leqslant x \leqslant b} E(x) \quad \text{und} \quad M := \max_{a \leqslant x \leqslant b} E(x)$$

sein soll, nämlich die wiederum volldefiniten Aufgaben

$$\begin{aligned} Lu + \lambda^*(mr)u &= 0, \quad R_1 u = R_2 u = 0, \\ Lu + \lambda^{**}(Mr)u &= 0, \quad R_1 u = R_2 u = 0. \end{aligned}$$

Ihre s-ten Eigenwerte $\lambda_s^*, \lambda_s^{**}$ sind mit dem s-ten Eigenwert λ_s von (43.1) offenbar durch die Gleichungen

$$\lambda_s^* = \frac{\lambda_s}{m}, \quad \lambda_s^{**} = \frac{\lambda_s}{M}$$

verknüpft. Und nun lehrt der Vergleichssatz 44.6, daß für den s-ten Eigenwert 1 von (44.19) die Doppelungleichung

$$\lambda_s^{**} \leqslant 1 \leqslant \lambda_s^* \quad \text{oder also} \quad \frac{\lambda_s}{M} \leqslant 1 \leqslant \frac{\lambda_s}{m}$$

gelten muß – und dann gilt auch $m \leqslant \lambda_s \leqslant M$. ■

Eine weitere Frucht des Mertinsschen Satzes ist folgender

44.8 Dritter Einschließungssatz (Satz von Temple) *Die Aufgabe* (43.1) *sei volldefinit und K sei ihr Integraloperator. Für irgendein* $w_1 \neq 0$ *aus* $V(J)$ *bilden wir die (positiven)* Schwarzschen Konstanten

$$\sigma_0 := \{w_1 \mid w_1\}, \quad \sigma_1 := \{K w_1 \mid w_1\}, \quad \sigma_2 := \{K w_1 \mid K w_1\}, \tag{44.20}$$

$$\textit{wählen ein} \quad \beta > \frac{\sigma_0}{\sigma_1} \quad \textit{und setzen} \quad \alpha := \frac{\beta\sigma_1 - \sigma_0}{\beta\sigma_2 - \sigma_1}. \tag{44.21}$$

Dann ist $0 < \alpha < \beta$, *und im Intervall* $[\alpha, \beta]$ *liegt mindestens ein Eigenwert von* (43.1).

Beweis. Dank der Schwarzschen Ungleichung (44.2) ist

$$\sigma_1^2 \leqslant \sigma_0 \sigma_2. \tag{44.22}$$

Der Nenner in der Definition von α erweist sich jetzt als positiv, denn es ist

$$\beta\sigma_2 - \sigma_1 > \frac{\sigma_0}{\sigma_1}\sigma_2 - \sigma_1 \geqslant \frac{\sigma_1^2}{\sigma_1} - \sigma_1 = 0.$$

Der Zähler ist allein schon dank der Wahl von β positiv, also fällt $\alpha > 0$ aus. Ferner ist

$$\beta - \alpha = \frac{\sigma_0 - 2\beta\sigma_1 + \beta^2\sigma_2}{\beta\sigma_2 - \sigma_1},$$

und hier ist wegen (44.22) der

$$\text{Zähler } \geqslant \sigma_0 - 2\beta\sqrt{\sigma_0}\sqrt{\sigma_2} + \beta^2\sigma_2 = (\sqrt{\sigma_0} - \beta\sqrt{\sigma_2})^2 \geqslant 0.$$

Aber er ist sogar >0, weil andernfalls $\sigma_0 = \beta^2\sigma_2$, also - wieder wegen (44.22) -

$$\sigma_0^2 = \beta^2\sigma_0\sigma_2 \geqslant \beta^2\sigma_1^2 \quad \text{und somit} \quad \frac{\sigma_0}{\sigma_1} \geqslant \beta$$

wäre, entgegen der Wahl von β. Insgesamt ist also $\beta - \alpha > 0$ und somit tatsächlich $\alpha < \beta$.

Sei nun $w := c_1 w_1$ mit irgendeinem $c_1 \neq 0$. Dann zeigt eine sehr banale Rechnung, daß

$$\{\alpha K w - w \mid \beta K w - w\} = \alpha\beta\sigma_2 - (\alpha + \beta)\sigma_1 + \sigma_0 = 0$$

ist. Und nun fließt unsere Behauptung ohne weiteres aus Satz 44.3. ∎

Aufgaben

+**1. Verschärfung des Einschließungssatzes 44.3** (Mertins (1987)) Unter den Voraussetzungen des Satzes 44.3 sind die folgenden Aussagen äquivalent:

(a) In dem *halboffenen* Intervall $[\alpha, \beta)$ liegen mindestens s Eigenwerte von (43.1).

(b) Es gibt s linear unabhängige Funktionen $w_1, \ldots, w_s \in V(J)$, so daß für alle Linearkombinationen $w := c_1 w_1 + \cdots + c_s w_s \neq 0$ gilt:

$$\{\alpha K w - w \mid \beta K w - w\} \leqslant 0 \quad \text{und} \quad \{-w \mid \beta K w - w\} < 0.$$

+2. **Verschärfung des Einschließungssatzes 44.8** In diesem Satz darf das Einschließungsintervall $[\alpha,\beta]$ ersetzt werden durch das *halboffene* Intervall $[\alpha,\beta)$.
Hinweis: Aufgabe 1.

+3. λ_s sei, wie immer, der s-te Eigenwert der volldefiniten Aufgabe (43.1), K ihr Integraloperator, β eine positive Zahl. Genau dann ist $\lambda_s \leqslant \beta$, wenn es s linear unabhängige Funktionen $w_1, \ldots, w_s \in V(J)$ gibt, so daß gilt:

$$\{w\,|\,w\} \leqslant \beta\{Kw\,|\,w\} \quad \text{für alle } w := c_1 w_1 + \cdots + c_s w_s.$$

Hinweis: Satz 44.3.

+4. **Vierter Einschließungssatz** Die Aufgabe (43.1) sei volldefinit, K bedeute ihren Integraloperator und $p(\mu)$ ein reelles Polynom mit Grad $\leqslant 2$:

$$p(\mu) := \alpha_0 + \alpha_1 \mu + \alpha_2 \mu^2 \qquad (\alpha_j \in \mathbf{R}).$$

Ist für ein $u \neq 0$ aus $C(J)$ die Zahl $(\alpha_0 u + \alpha_1 K u + \alpha_2 K^2 u\,|\,u) \geqslant 0$, so enthält die Menge $\{\mu \in \mathbf{R}: p(\mu) \geqslant 0\}$ mindestens einen Eigenwert von K, also gewiß das Reziproke eines Eigenwertes von (43.1).

Die Rayleighsche Abschätzung (44.16) ist insofern unbefriedigend, als sie keine *Fehlerangabe* enthält. Die folgenden Beispielrechnungen ersetzen zwar nicht diese Angabe, können aber als „vertrauensbildende Maßnahmen" dienen. „Zu großes Gewicht darf man natürlich solchen Beispielen nicht beilegen" (Kutta, in anderem Zusammenhang).

5. Die Eigenwerte der Aufgabe $u''+\lambda u=0$, $u(0)=u(1)=0$ sind die Zahlen $\lambda_n := n^2\pi^2$ für $n=1,2,\ldots$ (siehe A 34.2). Wähle in (44.16) als Vergleichsfunktion $v(x)$ das Polynom x^2-x (Polynom kleinsten Grades, das den Randbedingungen genügt) und zeige, daß der Rayleighsche Quotient $R(v)=10$ ist, also den ersten Eigenwert $\pi^2=9{,}8696\ldots$ mit einem Fehler von nur 1,3% approximiert.

6. Die Eigenwerte der Aufgabe $u''+\lambda u=0$, $u'(0)=u(1)=0$ sind die Zahlen $\lambda_n := (2n-1)^2 \dfrac{\pi^2}{4}$ für $n=1,2,\ldots$ (s. Beispiel 37.1). Setze in (44.16) $v(x) := 1-x^2$ (Polynom kleinsten Grades, das den Randbedingungen genügt). Zeige: $R(v)$ approximiert λ_1 mit einem Fehler von nur 1,3%.

7. Der kleinste Eigenwert der Aufgabe $u''+\lambda u=0$, $u(0)=u(1)+u'(1)=0$ ist $\lambda_1 \approx 4{,}11587$ (s. Schluß des Beispiels 37.2). Setze in (44.16) $v(x) := 3x-2x^2$ (Polynom kleinsten Grades, das den Randbedingungen genügt). Zeige: $R(v)$ approximiert λ_1 mit einem Fehler von nur 1,2%.

8. Die Eigenwerte λ_n der Aufgabe

$$u''+\lambda r(x) u=0, \quad u(0)=u(1)=0 \qquad (r \text{ stetig und positiv})$$

genügen der Doppelungleichung

$$n^2 \frac{\pi^2}{M} \leqslant \lambda_n \leqslant n^2 \frac{\pi^2}{m} \quad (n \in \mathbf{N},\ M := \max r,\ m := \min r).$$

Hinweis: Satz 44.6.

9. Die Eigenwerte λ_n der Aufgabe

$$u''+\lambda r(x) u=0, \quad u'(0)=u(1)=0 \qquad (r \text{ stetig und positiv})$$

genügen der Doppelungleichung

$$(2n-1)^2 \frac{\pi^2}{4M} \leqslant \lambda_n \leqslant (2n-1)^2 \frac{\pi^2}{4m} \quad (n \in \mathbf{N},\ M := \max r,\ m := \min r).$$

Hinweis: Satz 44.6.

10. Erprobung des Einschließungssatzes 44.7 Vorgelegt sei die Aufgabe $u''+\lambda u=0$, $u(0)=u(1)=0$ mit den Eigenwerten $\lambda_n := n^2\pi^2$ $(n=1, 2, \ldots)$. Bei der Anwendung des Satzes 44.7 muß die Vergleichsfunktion v so gewählt werden, daß $-(Lv)/v = -v''/v$ auf dem ganzen Intervall $[0, 1]$ existiert, stetig und positiv ist. Die in Aufgabe 5 benutzte Vergleichsfunktion x^2-x ist also für unsere Zwecke unbrauchbar. Mache den Ansatz $v(x) := a_4x^4+a_3x^3+\cdots+a_0$, wähle die Koeffizienten a_k so, daß nicht nur $v(0)=v(1)=0$, sondern auch $v''(0)=v''(1)=0$ ist (weshalb wird man die letztgenannte Bedingung stellen?), gewinne so die Einschließungsfunktion $E(x) := 12/(-x^2+x+1)$ und zeige, daß es einen Eigenwert λ_s mit $9{,}6 \leqslant \lambda_s \leqslant 12$ geben muß (natürlich ist das der Eigenwert $\lambda_1 = 9{,}8696\ldots$). Siehe auch Aufgabe 11.

11. Zeige mit Hilfe des Einschließungssatzes 44.7, daß die Aufgabe $u''+\lambda u=0$, $u(0)=u'(1)=0$ einen Eigenwert λ_s mit $2{,}4 \leqslant \lambda_s \leqslant 3$ besitzt. (Die exakten Eigenwerte wurden in A 37.1 bestimmt.)

⁺12. Beweise die Rayleighsche Abschätzung (44.16) mit Hilfe des Satzes 43.1.

⁺13. Es ist von vornherein plausibel, daß unsere Näherungsverfahren um so wirkungsvoller sein werden, je „näher" sich die Ausgangsfunktionen an einer Eigenfunktion befinden. Zeige insbesondere: (43.1) sei volldefinit, (v_n) eine Folge von Vergleichsfunktionen, u eine Eigenfunktion zum Eigenwert λ, und es strebe $v_n \to u$, $v_n' \to u'$, $v_n'' \to u''$ - all dies gleichmäßig auf $[a, b]$. Dann konvergiert $R(v_n) \to \lambda$.

45 Das Ritzsche Verfahren

Nach (44.16) liefert jeder Rayleighsche Quotient $R(v)$ eine obere Schranke für den kleinsten Eigenwert λ_1 der volldefiniten Aufgabe (43.1). Das Ritzsche Verfahren,[1] auf das wir jetzt zu sprechen kommen, beutet diese Tatsache mit einem Hauch von Systematik aus: es greift nämlich nicht *blindlings* nach irgendeiner Vergleichsfunktion $v \neq 0$, sondern geht aus von n linear unabhängigen, aber keiner weiteren Forderung unterworfenen Vergleichsfunktionen $v_1, \ldots, v_n$ - den Ansatzfunktionen des Verfahrens -, bildet für ihre Linearkombinationen $v := \xi_1 v_1 + \cdots + \xi_n v_n \neq 0$ den Rayleighschen Quotienten

$$R(v) =: \varrho(\xi_1, \ldots, \xi_n)$$

und versucht nun, *diesen durch geeignete Wahl der $\xi_1, \ldots, \xi_n$ zu minimieren.* Bequemlichkeitshalber setzen wir

[1] Walter Ritz (1878-1909; 31) war theoretischer Physiker. Er starb schon ein Jahr nach seiner Göttinger Habilitation.

$$\alpha_{ik} := -\int_a^b v_i L v_k \,\mathrm{d}x, \quad \beta_{ik} := \int_a^b r v_i v_k \,\mathrm{d}x \qquad (i, k = 1, \ldots, n) \tag{45.1}$$

und bilden mit diesen Zahlen die Matrizen

$$\boldsymbol{A} := \begin{pmatrix} \alpha_{11} \ldots \alpha_{1n} \\ \vdots \\ \alpha_{n1} \ldots \alpha_{nn} \end{pmatrix}, \quad \boldsymbol{B} := \begin{pmatrix} \beta_{11} \ldots \beta_{1n} \\ \vdots \\ \beta_{n1} \ldots \beta_{nn} \end{pmatrix}. \tag{45.2}$$

Es ist dann

$$\varrho(\xi_1, \ldots, \xi_n) = \frac{-\int_a^b \left(\sum_{i=1}^n \xi_i v_i\right) \cdot \left(\sum_{k=1}^n \xi_k L v_k\right) \mathrm{d}x}{\int_a^b r \cdot \left(\sum_{i=1}^n \xi_i v_i\right) \cdot \left(\sum_{k=1}^n \xi_k v_k\right) \mathrm{d}x} = \frac{\sum_{i,k=1}^n \alpha_{ik} \xi_i \xi_k}{\sum_{i,k=1}^n \beta_{ik} \xi_i \xi_k}. \tag{45.3}$$

Ist nun $(\xi_1, \ldots, \xi_n) \neq (0, \ldots, 0)$ Stelle eines relativen Minimums von ϱ und Λ der zugehörige Wert von ϱ, so führen einfache Rechnungen, die von der vertrauten Extremalstellenbedingung $\operatorname{grad} \varrho = 0$ ausgehen, rasch zu den Galerkinschen Gleichungen[1)]

$$\sum_{k=1}^n (\alpha_{ik} - \Lambda \beta_{ik}) \xi_k = 0 \qquad (i = 1, \ldots, n). \tag{45.4}$$

Mit den oben definierten Matrizen $\boldsymbol{A}, \boldsymbol{B}$ und dem Vektor $\boldsymbol{x} := \begin{pmatrix} \xi_1 \\ \vdots \\ \xi_n \end{pmatrix}$ schreiben sie sich in der kompakten Form

$$(\boldsymbol{A} - \Lambda \boldsymbol{B}) \boldsymbol{x} = 0,$$

und da $\boldsymbol{x} \neq 0$ ist, muß notwendigerweise

$$\det(\boldsymbol{A} - \Lambda \boldsymbol{B}) = \begin{vmatrix} \alpha_{11} - \Lambda \beta_{11} \ldots \alpha_{1n} - \Lambda \beta_{1n} \\ \vdots \\ \alpha_{n1} - \Lambda \beta_{n1} \ldots \alpha_{nn} - \Lambda \beta_{nn} \end{vmatrix} = 0 \tag{45.5}$$

sein. $\boldsymbol{A}$ und $\boldsymbol{B}$ sind symmetrische Matrizen, d.h., es ist

$$\alpha_{ik} = \alpha_{ki} \quad \text{und} \quad \beta_{ik} = \beta_{ki}$$ [2)],

ferner sind sie streng positiv definit, will heißen, es ist

$$\sum_{i,k=1}^n \alpha_{ik} \xi_i \xi_k > 0 \quad \text{und} \quad \sum_{i,k=1}^n \beta_{ik} \xi_i \xi_k > 0$$

---

1) So genannt nach dem russischen Mathematiker Boris Galerkin (1871–1945; 74).

2) Die Symmetrie von $\boldsymbol{A}$ erhält man leicht aus der von K, wenn man (38.22) heranzieht, und noch rascher erkennt man sie mittels (36.19) in A 36.11. Die Symmetrie von $\boldsymbol{B}$ bedarf keiner Worte.

für alle $(\xi_1, \ldots, \xi_n) \neq (0, \ldots, 0)$.[1] Der Lehre von den Matrizen entnimmt man nun, daß die Gleichung (45.5) - eine Polynomgleichung in Λ - genau n Nullstellen $\Lambda_1, \ldots, \Lambda_n$ besitzt und daß diese allesamt *positiv* sind (man muß dabei jede Nullstelle freilich so oft zählen, wie es ihre Vielfachheit verlangt). Wir wollen sie die Ritz-Werte von (43.1) bezüglich der Ansatzfunktionen $v_1, \ldots, v_n$ nennen und sie *aufsteigend* anordnen:

$$\Lambda_1 \leqslant \Lambda_2 \leqslant \cdots \leqslant \Lambda_n .$$

Nach allem bisher Gesagten sind die relativen Minima von ϱ nur unter den Ritz-Werten Λ_j zu suchen. Andererseits gibt es zu jedem Λ_j ein gewisses $(\xi_1, \ldots, \xi_n) \neq (0, \ldots, 0)$, so daß

$$\sum_{k=1}^{n} (\alpha_{ik} - \Lambda_j \beta_{ik}) \xi_k = 0 \quad \text{für} \quad i = 1, \ldots, n$$

und somit auch

$$\sum_{i=1}^{n} \left[\sum_{k=1}^{n} (\alpha_{ik} - \Lambda_j \beta_{ik}) \xi_k \right] \xi_i = 0 \quad \text{oder also} \quad \sum_{i,k=1}^{n} \alpha_{ik} \xi_i \xi_k = \Lambda_j \cdot \sum_{i,k=1}^{n} \beta_{ik} \xi_i \xi_k$$

ist. Mit (45.3) und (44.16) folgt daraus

$$\Lambda_j = \frac{\sum_{i,k=1}^{n} \alpha_{ik} \xi_i \xi_k}{\sum_{i,k=1}^{n} \beta_{ik} \xi_i \xi_k} = \varrho(\xi_1, \ldots, \xi_n) \geqslant \lambda_1 \quad \text{für} \quad j = 1, \ldots, n .$$

Jeder Ritz-Wert ist also eine obere Schranke für den kleinsten Eigenwert λ_1 von (43.1) - und um hier nichts zu verschenken, *werden wir nach dem kleinsten Ritz-Wert Λ_1 greifen und ihn als Approximation (von oben) des kleinsten Eigenwertes λ_1 betrachten: das ist das Ritzsche Verfahren.*

Man kann zeigen - was wir jedoch nicht tun wollen -, daß nicht nur $\lambda_1 \leqslant \Lambda_1, \ldots, \Lambda_n$, sondern sogar

$$\lambda_j \leqslant \Lambda_j \quad \text{für} \quad j = 1, \ldots, n \tag{45.6}$$

gilt: *Der j-te Ritzwert ist eine obere Schranke für den j-ten Eigenwert.* Während aber Λ_1 den Eigenwert λ_1 in der Regel recht gut approximiert, läßt sich entsprechend Günstiges von den höheren Ritz-Werten nicht berichten. Der Leser möge anhand der Aufgaben selbst in diese Situation hineinblicken.

---

[1] $\sum_{i,k=1}^{n} \alpha_{ik} \xi_i \xi_k = \sum_{i,k=1}^{n} \left(-\int_a^b v_i L v_k \, dx \right) \xi_i \xi_k = -\int_a^b \left(\sum_{i=1}^{n} \xi_i v_i \right) \cdot L \left(\sum_{k=1}^{n} \xi_k v_k \right) dx > 0$ nach Satz 44.1. Ähnlich - aber einfacher - erkennt man die Definitheit von $\boldsymbol{B}$.

Aufgaben

Die folgenden Beispielrechnungen sollen unser Zutrauen zu dem Ritzschen Verfahren stärken. Wir behandeln mit ihm erneut die Aufgaben 5 bis 7 der Nr. 44. Benutze die Gleichung $\alpha_{21}=\alpha_{12}$ je nach Rechenfertigkeit zur Rechenerleichterung oder zur Rechenkontrolle.

1. Zeige: Für die Eigenwertaufgabe in A 44.5 liefert das Ritzsche Verfahren mit $v_1(x):=x^2-x$, $v_2(x):=x^3-x$ (Polynome kleinsten Grades, die den Randbedingungen genügen) die Ritz-Werte $\Lambda_1:=10, \Lambda_2:=42$. Λ_1 ist gerade der in A 44.5 schon gefundene „Rayleigh-Wert“, das Ritzsche Verfahren bringt hier also keine Verbesserung: der Approximationsfehler ist nach wie vor 1,3%. Λ_2 $(=42)$ approximiert λ_2 $(=4\cdot\pi^2=39{,}4784\ldots)$ hingegen nur mit dem beträchtlich größeren Fehler von rund 6,4%.

2. Zeige: Für die Eigenwertaufgabe in A 44.6 liefert das Ritzsche Verfahren mit $v_1(x):=1-x^2$, $v_2(x):=x^2-x^3$ (Polynome kleinsten Grades, die den Randbedingungen genügen) die Ritz-Werte $\Lambda_1:=2{,}4680, \Lambda_2:=23{,}5627$. Λ_1 approximiert $\lambda_1=\pi^2/4=2{,}4674\ldots$ mit einem Fehler von nur 0,03%: eine überwältigende Verbesserung gegenüber der Approximation durch den in A 44.6 gefundenen Rayleigh-Wert. Λ_2 hingegen approximiert $\lambda_2=9\pi^2/4=22{,}2066\ldots$ nur mit dem weitaus größeren Fehler von 6,1%.

3. Zeige: Für die Eigenwertaufgabe in A 44.7 liefert das Ritzsche Verfahren mit $v_1(x):=3x-2x^2$, $v_2(x):=2x-x^3$ (Polynome kleinsten Grades, die den Randbedingungen genügen) die Ritz-Werte $\Lambda_1:=4{,}1211$, $\Lambda_2:=25{,}479$. Die beiden ersten Eigenwerte sind $\lambda_1\approx 4{,}11587$, $\lambda_2\approx 24{,}14$ (s. Schluß des Beispiels 37.2). Λ_1 approximiert λ_1 mit einem Fehler von nur 0,13%: das ist wieder eine durchgreifende Verbesserung gegenüber der Rayleigh-Näherung in A 44.7. Der Fehler bei der Approximation von λ_2 durch Λ_2 schnellt hingegen auf 5,6% hoch.

Bemerkung: Die Approximation der höheren Eigenwerte läßt sich dadurch verbessern, daß man mehr Ansatzfunktionen nimmt.

Historische Anmerkung: Die schwingende Saite

Das gegenwärtige Kapitel haben wir mit dem Problem der schwingenden Saite eröffnet, mit der Geschichte dieses Problems wollen wir es beschließen.

Es ist eine Geschichte mit viel Musik, mit viel Lärm und mit vielen mathematischen Weichenstellungen. Sie kommt von weit her; der spätantike Musiktheoretiker Gaudentius berichtet:[1]

> Pythagoras spannte eine Saite über einen Kanon (Maßstab) und teilte ihn in zwölf (gleiche) Teile. Dann ließ er zunächst die ganze Saite ertönen, dann die Hälfte, d.h. sechs Teile, und er fand, daß die ganze Saite zu ihrer Hälfte symphon sei, und zwar nach dem Zusammenklang der Oktave. Nachdem er darauf erst die ganze Saite, dann 3/4 von ihr hatte erklingen lassen, erkannte er die Konsonanz der Quarte und analog für die Quinte.

Pythagoras (570?-497? v.Chr.; 73?), seines Zeichens Philosoph, Mathematiker, Arzt, Wundertäter und Heiland von hohen Graden (nur nicht Entdecker des nach ihm benannten Satzes), Pytha-

---

[1] Zitiert nach B. L. van der Waerden: Die Pythagoreer. Zürich-München 1979. S. 369f. S. dazu das Kapitel *Pythagoras von Samos* in Harro Heuser *Als die Götter lachen lernten*, München-Zürich 1992, insbes. S. 124-127.

goras also hatte erkannt, daß konsonanten Intervallen einfache Zahlenverhältnisse entsprechen. Diese unterirdische Verwandtschaft zwischen Harmonie und Zahl muß ihn überwältigt haben: noch auf dem Totenbett hat er seinem Anhang befohlen, immer das Monochord zu spielen. Und da die Zahlen nicht nur die Musik, sondern auch den Gang der Sterne regieren - eine Entdekkung der Babylonier -, dämmerte ihm, daß sie wohl *alles* regieren, und so kam es zu der Haupt- und Prunklehre der pythagoreischen Philosophie: *„Alles ist Zahl"*. Dieser extravagante Satz ist Anfang und Wegweiser der mathematischen Naturwissenschaft geworden; seinen Urheber nennt Bertrand Russell denn auch *one of the most important man that ever lived.*[1]

Mittelalter und Renaissance dokterten fasziniert - und unbeholfen - an dem pythagoreischen Monochord herum.[2] Der Durchbruch konnte erst mit der Erfindung des *calculus* kommen. Ausgerüstet mit dem neuen Werkzeug trat Brook Taylor 1713 an das Problem der schwingenden, beidseitig fest eingespannten Saite heran und fand, daß ihre „Momentaufnahmen" immer gegeben würden durch

$$y = A \sin \frac{\pi x}{l} \qquad (0 \leqslant x \leqslant l := \text{Länge der Saite});$$

und ihre Schwingungsfrequenz durch

$$\nu = \frac{1}{2l}\sqrt{\frac{T}{m}g} \qquad (T \text{ die Spannung, } m \text{ die Masse der Saite, } g \text{ die Erdbeschleunigung});$$

die Zeitabhängigkeit stellte er noch nicht in Rechnung.[3]

1727 verwertete Johann Bernoulli in zwei Briefen *ad filium DANIELEM*[4] einen Gedanken, den schon Huygens 1646 benutzt hatte und den später auch Euler und Lagrange wieder aufgreifen sollten: er ersetzte die kontinuierliche Saite Taylors durch ein diskretes System von n gleichgroßen und gleichabständigen Massen auf einem gewichtslosen elastischen Faden. Für $n = 1, 2, \ldots, 6$ berechnete er die Schwingungsfrequenz, behandelte dann die kontinuierliche Saite und bestätigte Taylors Resultate.

Zwanzig Jahre später bekam die Sache eine völlig neue Wendung: 1747 nämlich gewann d'Alembert dem diskreten Modell Johanns durch einen naheliegenden Grenzübergang die berühmte Gleichung der schwingenden Saite ab:

$$\frac{\partial^2 y}{\partial t^2} = \alpha^2 \frac{\partial^2 y}{\partial x^2} \qquad (\text{s. } (34.1)).$$ [5]

Sein Ziel war, „zu zeigen, daß es neben der [Taylorschen Sinuskurve] noch unendlich viele Kurven gibt, die dem in Rede stehenden Problem genügen". In der Tat war Taylors Lösung recht

---

[1] History of Western Philosophy. London 1961, S. 49.

[2] S. etwa Galilei: „Unterredungen" (Discorsi). Darmstadt 1973, S. 87f. Vgl. dazu die Aufgaben 20 und 21 in Nr. 18.

[3] De motu nervi tensi. Phil. Trans. **28**, No. 337 (1713) 26-32 (veröff. 1714).

[4] Opera III, 124-130. Beweise in Meditationes de chordis vibrantibus, cum pondusculis aequali intervallo a se invicem dissitis, ubi... quaeritur numerus vibrationum chordae pro una oscillatione penduli datae longitudinis D. Comm. acad. sci. Petrop. **3** (1728) 13-28 (veröff. 1732) = Opera III, 198-210.

[5] Recherches sur la courbe que forme une corde tendue mise en vibrations. Hist. acad. sci. Berlin **3** (1747) 214-219 und 220-249 (veröff. 1749).

ärmlich ausgefallen und konnte nur durch angestrengte Sophismen einen Schein von Wirklichkeitsnähe erborgen. Wir überlassen das Wort nun einem der größten Geister unserer Wissenschaft, Bernhard Riemann (1826–1866; 40):[1]

Der erste, welcher eine allgemeine Lösung dieser Differentialgleichung gab, war d'Alembert.

Er zeigte[2], dass jede Function von x und t, welche für y gesetzt, die Gleichung zu einer identischen macht, in der Form

$$f(x+\alpha t)+\varphi(x-\alpha t)$$

enthalten sein müsse, wie sich dies durch Einführung der unabhängig veränderlichen Grössen $x+\alpha t$, $x-\alpha t$ anstatt x, t ergiebt, wodurch

$$\frac{\partial^2 y}{\partial x^2}-\frac{1}{\alpha\alpha}\frac{\partial^2 y}{\partial t^2} \quad \text{in} \quad 4\frac{\partial \dfrac{\partial y}{\partial(x+\alpha t)}}{\partial(x-\alpha t)}$$

übergeht.

Ausser dieser partiellen Differentialgleichung, welche sich aus den allgemeinen Bewegungsgesetzen ergiebt, muss nun y noch die Bedingung erfüllen, in den Befestigungspunkten der Saite stets $=0$ zu sein; man hat also, wenn in dem einen dieser Punkte $x=0$, in dem andern $x=l$ ist,

$$f(\alpha t)=-\varphi(-\alpha t), \quad f(l+\alpha t)=-\varphi(l-\alpha t)$$

und folglich

$$f(z)=-\varphi(-z)=-\varphi(l-(l+z))=f(2l+z),$$
$$y=f(\alpha t+x)-f(\alpha t-x).$$

Nachdem d'Alembert dies für die allgemeine Lösung des Problems geleistet hatte, beschäftigte er sich in einer Fortsetzung[3] seiner Abhandlung mit der Gleichung $f(z)=f(2l+z)$; d. h. er sucht analytische Ausdrücke, welche unverändert bleiben, wenn z um $2l$ wächst.

Es war ein wesentliches Verdienst Euler's, der im folgenden Jahrgange der Berliner Abhandlungen[4] eine neue Darstellung dieser d'Alembert'schen Arbeiten gab, dass er das Wesen der Bedingungen, welchen die Function $f(z)$ genügen muss, richtiger erkannte. Er bemerkte, dass der Natur des Problems nach die Bewegung der Saite vollständig bestimmt sei, wenn für irgend einen Zeitpunkt die Form der Saite und die Geschwindigkeit jedes Punktes $\left(\text{also } y \text{ und } \frac{\partial y}{\partial t}\right)$ gegeben seien, und zeigte, dass sich, wenn man diese beiden Functionen sich durch willkürlich gezogene Curven bestimmt denkt, daraus stets durch eine einfache geometrische Construction die d'Alembert'sche Function $f(z)$ finden lässt. In der That, nimmt man an, dass für

[1] Seine Habilitationsschrift aus dem Jahre 1854 „Ueber die Darstellbarkeit einer Function durch eine trigonometrische Reihe" eröffnet Riemann mit einem geschichtlichen Abriß; in ihm spielt die schwingende Saite eine wichtige Rolle (wir werden noch sehen, warum). Wir zitieren aus diesem Abriß (und passen dabei nur die Fußnotennumerierung unserem Text an). Siehe Riemanns Gesammelte mathematische Werke, Nachdruck 1953 bei Dover Publications, S. 227–234.

[2] Mémoires de l'académie de Berlin. 1747. pag. 214.

[3] Ibid. pag. 220.

[4] Mémoires de l'académie de Berlin. 1748. pag. 69.

$$t=0,\ y=g(x) \text{ und } \frac{\partial y}{\partial t}=h(x)$$

sei, so erhält man für die Werthe von x zwischen 0 und l

$$f(x)-f(-x)=g(x),\quad f(x)+f(-x)=\frac{1}{\alpha}\int h(x)\,dx$$

und folglich die Function $f(z)$ zwischen $-l$ und l; hieraus aber ergiebt sich ihr Werth für jeden andern Werth von z vermittelst der Gleichung

$$f(z)=f(2l+z).$$

Dies ist in abstracten, aber jetzt allgemein geläufigen Begriffen dargestellt, die Euler'sche Bestimmung der Function $f(z)$.

Gegen diese Ausdehnung seiner Methode durch Euler verwahrte sich indess d'Alembert sofort[1], weil seine Methode nothwendig voraussetze, dass y sich in t und x analytisch ausdrücken lasse.

An dieser Stelle müssen wir eine Erläuterung einschieben, denn nun geht es zwischen Euler und d'Alembert um den zentralen, aber damals noch gänzlich unausgegorenen Begriff der *Funktion.* Für d'Alembert war, wie für jedermann (außer Euler), eine Funktion ein „analytischer Ausdruck". Was nun allerdings ein solcher sei, das wußte niemand so recht zu sagen. Auf „irgendeine Weise", meinte Euler noch 1748 in seiner *Introductio in Analysin infinitorum*, sei er zusammengesetzt aus veränderlichen und konstanten Zahlen. Er war also wohl so etwas wie eine Formel oder *une équation.* Man glaubte zu wissen, daß zwei Funktionen, die auf einem gewissen Intervall übereinstimmen, dies auch auf dem ganzen Gültigkeitsbereich ihrer definierenden Formeln tun müßten. Und schließlich legte man sich das dunkle „Kontinuitätsprinzip" des großen Leibniz so zurecht, daß *Naturgesetze* allein durch *analytische Ausdrücke* beschrieben werden könnten - wodurch nun diese zu guter Letzt auch noch die Weihen der Metaphysik erhielten.

Ist die Anfangsgeschwindigkeit $h(x)$ der Saite etwa $\equiv 0$, so muß nach obigem $2f(x)=g(x)$ und $f(-x)=-f(x)$, also

$$g(x)=g(2l+x) \quad\text{und}\quad g(-x)=-g(x)$$

sein, mit anderen Worten: es kommen nur Anfangsauslenkungen $g(x)$ der Saite in Betracht, die durch einen $2l$-periodischen und ungeraden „analytischen Ausdruck" beschrieben werden können. Schon im Falle der einfachen parabolischen Anfangsform $g(x):=Ax(l-x)$ $(0\leqslant x\leqslant l)$ ist das Problem also *impossible* (d'Alembert), denn dieser Ausdruck (genauer: seine naturgegebene Fortsetzung auf $\mathbf{R}$, nämlich $Ax(l-x)$ für *alle* x) ist weder periodisch noch ungerade. Vollends trostlos ist der musikalische Regelfall der „gezupften Saite", denn hier ist die (dreieckige) Anfangsauslenkung schon auf dem Grundintervall $[0,l]$ kein analytischer Ausdruck mehr, sondern ein naturwidriges Flickwerk aus zwei linearen Stücken, keineswegs *renfermé dans une seule et même équa-*

[1] Mémoires de l'académie de Berlin. 1750. pag. 358. En effet on ne peut ce me semble exprimer y analytiquement d'une manière plus générale, qu'en la supposant une fonction de t et de x. Mais dans cette supposition on ne trouve la solution du problème que pour les cas où les différentes figures de la corde vibrante peuvent être renfermées dans une seule et même équation.

tion. In solchen Fällen ist nach d'Alembert die Analysis mit ihrer Kunst am Ende: *la nature même arrête le calcul*.

Hier rebelliert Euler. Wenn man der Saite irgendeine Anfangsform (und nach wie vor die Anfangsgeschwindigkeit 0) gibt - so etwa mag er sich gesagt haben -, dann prüft sie doch nicht bedächtig, ob diese Form aus einem ungeraden, $2l$-periodischen analytischen Ausdruck entspringt und verharrt doch nicht verdrossen in der Ausgangslage, wenn das nicht der Fall sein sollte - nein, sie *bewegt* sich natürlich, und doch wohl gemäß einem mathematisch faßbaren Gesetz. Euler stellt sich deshalb bewußt die Aufgabe, die Bewegung der Saite bei völlig *willkürlicher* Anfangsform (*figure quelconque*) zu studieren. Dies macht er mittels der oben analytisch beschriebenen „geometrischen Construction": er spiegelt die Kurve $y=g(x)$ $(0 \leqslant x \leqslant l)$ am Nullpunkt, erhält so eine ungerade „Funktion" auf $[-l, l]$, gewinnt daraus durch fortgesetztes Aneinanderstückeln nach links und rechts eine $2l$-periodische ungerade „Funktion" $g(x)$ auf ganz $\mathbf{R}$ und nun - *horribile dictu* - in $f(x) := g(x)/2$ die „erzeugende Funktion" d'Alemberts. Aber all dies kann er nur machen, indem und weil er gerade *den* Funktionsbegriff abschüttelt, der zu den d'Alembertschen Schwächeanfällen geführt hat: den ehrwürdig-steifen Begriff der Funktion als analytischen Ausdruck. Von nun an - und das ist revolutionär - gibt es „völlig willkürliche" Funktionen, *fonctions absolument arbitraires*. Diese Eulersche Entmachtung der analytischen Ausdrücke und damit des Leibnizschen „Kontinuitätsprinzips" nennt Truesdell *the greatest advance in scientific methodology in the entire century*[1]. Und das war *eine* der Früchte der schwingenden Saite. Eine andere war der endlose Streit zwischen Euler und d'Alembert. Ein Brief Eulers vom Februar 1757 an den Präsidenten der Berliner Akademie, Maupertuis, läßt uns einen Blick in den Geist dieser Auseinandersetzung tun:[2]

> Monsieur d'Alembert verursacht uns mit seinen Disputen viel Verdruß... Wenn beim gegenwärtigen Stand der Dinge die Akademie ihre Memoiren seinen Ansichten zur Verfügung stellen wollte, würde die Mathematische Klasse einige Jahre lang mit völlig nutzlosen Disputen über schwingende Saiten angefüllt sein... Er verlangt auch, daß ich neue Eingeständnisse einrücke betr. einiger Dinge, die ich von ihm gestohlen hätte. Aber meine Geduld ist zu Ende.

Inzwischen aber (1753) hatte der Streit um die *corde vibrante* durch Daniel Bernoulli eine neue Richtung bekommen. Es war die *Physik* der Sache, die ihn zu völlig andersartigen Ansätzen führte.

Schon zu Beginn des 17. Jahrhunderts hatte man bemerkt, was 1636 Marin Mersenne (1588-1648; 60), ein Freund Fermats und Descartes', in seiner *Harmonie universelle* so beschrieb:[3] „Saiten... machen drei oder vier verschiedene Töne zur gleichen Zeit [Grundton und Obertöne], und diese sind harmonisch". Wessen Ohr nicht fein genug war, die Obertöne direkt zu hören, konnte sich indirekt von ihrer Existenz überzeugen durch das „wunderbare [Resonanz-]Phänomen an den Saiten der Zither und des *cimbalo*..., wo nicht bloß die gleichgestimmten mittönen, sondern auch die im Verhältnis der Oktave und der Quinte stehenden".[4] 1677 knüpfte John Wallis (1616-1703;

---

[1] Truesdell in Eulers Opera omnia (2), 11 (Teil 2), S. 248.

[2] Zitiert nach Truesdell, a.a.O., S. 273f. Noch schroffer äußert sich Euler über *Alembertus* und dessen Scheinruhm bei den Halbgebildeten (*fucus semidoctis*) in einem lateinisch geschriebenen Brief an Lagrange vom 2. Oktober 1759 (in Lagranges Oeuvres 14, S. 162f). Gewiß ist er mit solchen Verzeichnungen d'Alembert nicht ganz gerecht geworden.

[3] Zitiert nach Truesdell, a.a.O., S. 31.

[4] Galilei 1638 in den „Unterredungen" (Discorsi). Darmstadt 1973, S. 86.

87), der Entdecker des „Wallisschen Produkts", an diese Erscheinung an[1] und fügte ihr als *a new Musical Discovery* die Beobachtung der *Schwingungsknoten* bei: es kann vorkommen, daß die zwei Hälften einer Saite schwingen, während ihr Mittelpunkt von selbst in Ruhe bleibt (und Entsprechendes kann mit ihren Dritteln oder Vierteln geschehen): *„This was first of all (that I know of) discovered by Mr. William Noble, a Master of Arts of Merton-College"* (in Oxford). Man möchte gerne wissen, ob nicht vielleicht schon Pythagoras an seinem Monochord die Obertöne gehört und die Schwingungsknoten beobachtet hat. 1704 beschrieb Joseph Sauveur (1653–1716; 63) all diese Erscheinungen in seinem berühmten *Systême general des intervalles des sons, & son applications à tous les systêmes & à tous les instruments de musique* und wurde so der Begründer der Akustik (dieser Terminus stammt von ihm, ebenso die Ausdrücke Grundton, Schwingungsknoten und Schwingungsbauch).[2] Der gefeierte Komponist Jean Philippe Rameau (1683–1764; 81) machte in seinem Buch mit dem Endlostitel *Nouveau systême de musique theorique, ou l'on découvre le principe de toutes les regles necessaires à la pratique, pour servir d'introduction au Traité de l'harmonie* (Paris 1726) – in diesem Buch also machte Rameau die hörbaren Obertöne Sauveurs ausdrücklich zur Grundlage seiner Musiktheorie. Der *Compositeur de cabinet* Ludwigs XV. hielt ausnehmend große Stücke auf die Mathematik; vielleicht hat ihn Voltaire aus diesem Grunde einen „übergenauen Pedanten in der Musik" genannt.

So weit die Musiker und Musiktheoretiker. Der Mathematiker Taylor hingegen hörte 1713 weder die Oxforder noch die Pariser Obertöne: er kennt nur den *Grundton* der Saite, er kennt keine Schwingungsknoten, sondern nur die eine sinusförmige Schwingungsgestalt. Mit Daniel Bernoulli aber änderte sich die Lage. Nicht an der Saite,[3] sondern merkwürdigerweise an dem viel komplizierteren Objekt der hängenden Kette demonstriert er 1732 als erster mathematisch die Existenz von Eigenschwingungen, Eigenfrequenzen und Schwingungsknoten,[4] merkt dann aber an:

> Es würde nicht schwierig sein, aus dieser Theorie eine Theorie der muskalischen Saiten zu gewinnen, die mit der von Taylor und von meinem Vater gegebenen übereinstimmt... Experimente zeigen, daß es bei musikalischen Saiten ähnlich wie bei schwingenden Ketten [Schwingungsknoten] gibt.[5]

In dieser Arbeit stellt Daniel Bernoulli noch nicht die Zeitabhängigkeit der Schwingungen in Rechnung (es gibt bei ihm nur die statischen Schwingungsformen), und ebensowenig denkt er daran, kompliziertere Bewegungen der Kette aus einer Superposition von Eigenschwingungen hervorgehen zu lassen.

---

[1] Phil. Trans. **13**, No. 134 (1677) 839–842.

[2] Weniger Glück hatte er mit Johann Bernoullis Problem der Brachistochrone: über de l'Hospital lieferte er eine falsche Lösung ab (s. den Brief Johann Bernoullis an Leibniz vom 19. Januar 1697 in Leibniz: Math. Schriften III/1, S. 356ff).

[3] Aus einem Brief Daniels an Euler vom 24. Dezember 1726 geht hervor, daß er schon damals Sauveurs Resultate kannte.

[4] Theoremata de oscillationibus corporum filo flexili connexorum et catenae verticaliter suspensae. Comm. acad. sci. Petrop. **6** (1732/33) 108–122 (veröff. 1740). Siehe dazu den Abschnitt über die Schwingungen eines herabhängenden Seiles in unserer Nr. 33.

[5] Zitiert nach Truesdell, a.a.O., S. 158. Daniel ist hier zu großzügig: weder Taylor noch sein Vater kannten die höheren Eigenschwingungen und Eigenfrequenzen. Den Sauveurschen Ausdruck „Schwingungsknoten" benutzt Daniel nicht, obwohl er in der angeführten Passage offensichtlich an Sauveurs Experimente denkt.

Was den Superpositionsgedanken betrifft, so war es Euler, der entscheidende Anstöße gab:

1. 1739 konstruierte er die allgemeine Lösung der linearen Differentialgleichung n-ter Ordnung mit konstanten Koeffizienten durch Superposition von n partikulären Integralen.[1)]

2. 1747 löste er im Kontext der Schallfortpflanzung vollständig das Problem Johann Bernoullis aus dem Jahre 1727, die Bewegungen eines Systems von n gleichgroßen und gleichabständigen Massen auf einem gewichtslosen elastischen Faden zu bestimmen.[2)] Es gelang ihm durch Superposition der n Eigenschwingungen des Systems.

3. 1748 gewann er in seiner oben von Riemann erwähnten Arbeit[3)] alle Eigenfrequenzen und Eigenschwingungen der Saite (und erklärte damit erstmals mathematisch-physikalisch die Beobachtungen Sauveurs). Gegen Ende der Arbeit betrachtete er als Spezialfälle (*comprenons y encore quelque cas*) Anfangsformen der Saite, die durch

$$g(x) := \sum_n c_n \sin\frac{n\pi x}{l} \qquad (0 \leqslant x \leqslant l) \tag{*}$$

beschrieben werden (diese Funktionen sind bei natürlicher Fortsetzung auf ganz $\mathbf{R}$ jedenfalls ungerade und $2l$-periodisch; ob die Reihe endlich oder unendlich sein soll, läßt Euler im dunkeln). Die Bewegung der Saite (bei der Anfangsgeschwindigkeit 0) wird dann gegeben durch

$$y(x,t) = \sum_n c_n \sin\frac{n\pi x}{l} \cos\frac{n\pi a t}{l}, \tag{**}$$

ist also eine Superposition der einfachen Schwingungen $c_n \sin\frac{n\pi x}{l} \cos\frac{n\pi a t}{l}$, die von Euler als Eigenschwingungen erkannt werden (vgl. Nr. 34).

An dieser Stelle tritt Daniel Bernoulli gegen Euler auf (und die alte Freundschaft zwischen den beiden beginnt brüchig zu werden). Daniel war in viel stärkerem Maße Physiker als Euler. 1758 schrieb er Clairaut, er sei kein Freund abstrakter und spitzfindiger Wahrheiten, die ersichtlich nutzlos seien für die tiefere Erkenntnis der Natur. Durch zahlreiche - auch experimentelle - Untersuchungen schwingender Stäbe und Platten und gewiß auch unter dem Einfluß des Sauveurschen Buches war er zu der physikalischen Überzeugung gekommen, daß Schwingungen immer eine „Mischung" von Eigenschwingungen seien (*un mélange de vibrations simples isochrones*), die in einem schwingenden System „koexistieren". 1753 schrieb er eine sarkastische Antwort auf die Arbeiten d'Alemberts und Eulers, Arbeiten, die zwar unglaublich profund seien, gleichzeitig aber auch zeigten, daß eine abstrakte Analysis eher überraschen als erleuchten könne.[4)] Er aber habe nicht nur eine abstrakte Wahrheit gefunden, sondern die experimentell nachweisbaren „Taylorschen Schwingungen" (Eigenschwingungen) und das Phänomen, daß die Saite

> eine Mischung all dieser Schwingungen in allen möglichen Kombinationen machen kann. All die neuen Kurven und Schwingungsarten, welche die Herren d'Alembert und Euler gegeben

---

[1)] S. die historische Anmerkung zu Kap. V.

[2)] De propagatione pulsuum per medium elasticum. Novi comm. acad. sci. Petrop. **1** (1747/48) 67-105 (veröff. 1750) = Opera (2), 10, S. 98-131.

[3)] Sur la vibration des cordes. Hist. acad. sci. Berlin **4** (1748) 69-85 (veröff. 1750) = Opera (2), 10, S. 63-77.

[4)] Réflexions et éclaircissemens sur les nouvelles vibrations des cordes exposées dans les mémoires de l'académie de 1747 & 1748. Hist. acad. Berlin **9** (1753) 147-172 (veröff. 1755). Zitiert nach Truesdell, a.a.O., S. 255f.

haben, sind absolut nichts anderes als eine Mischung verschiedener Arten Taylorscher Schwingungen.

Bernoulli meint also, der angeblich spezielle Fall (**) sei in Wirklichkeit schon der allgemeine. Konsequenterweise muß er dann auch behaupten, die für $t=0$ erscheinende *Anfangsform* der Saite lasse sich in der Gestalt (*) darstellen, anders gesagt: eine „willkürliche", in $x=0$ und $x=l$ verschwindende Funktion $g(x)$ lasse sich immer in eine Sinusreihe entwickeln. Die unendlich vielen Konstanten c_n, so Bernoulli, würden gewiß ausreichen, dieses Entwicklungskunststück zuwege zu bringen. Wie denn nun diese c_n zu berechnen seien, das freilich sagt er nicht.

Damit hatte die schwingende Saite das schwierige Problem der Entwicklung einer „willkürlichen Funktion" in eine trigonometrische Reihe hervorgebracht. Euler blieb gegenüber Daniel Bernoullis physikalischen Argumenten skeptisch. Doch geben wir wieder Riemann das Wort:

> Diese Arbeiten Bernoulli's veranlassten einen neuen Aufsatz Euler's, welcher unmittelbar nach ihnen unter den Abhandlungen der Berliner Akademie abgedruckt ist[1]. Er hält darin d'Alembert gegenüber fest[2], dass die Function $f(z)$ eine zwischen den Grenzen $-l$ und l ganz willkürliche sein könne, und bemerkt[3], dass Bernoulli's Lösung (welche er schon früher als eine besondere aufgestellt hatte) dann allgemein sei und zwar nur dann allgemein sei, wenn die Reihe
>
> $$a_1 \sin\frac{x\pi}{l} + a_2 \sin\frac{2x\pi}{l} + \cdots$$
> $$+ \tfrac{1}{2} b_0 + b_1 \cos\frac{x\pi}{l} + b_2 \cos\frac{2x\pi}{l} + \cdots$$
>
> für die Abscisse x die Ordinate einer zwischen den Abscissen 0 und l ganz willkürlichen Curve darstellen könne. Nun wurde es damals von Niemand bezweifelt, dass alle Umformungen, welche man mit einem analytischen Ausdrucke - er sei endlich oder unendlich - vornehmen könne, für jedwede Werthe der unbestimmten Grössen gültig seien oder doch nur in ganz speciellen Fällen unanwendbar würden. Es schien daher unmöglich, eine algebraische Curve oder überhaupt eine analytisch gegebene nicht periodische Curve durch obigen Ausdruck darzustellen, und Euler glaubte daher, die Frage gegen Bernoulli entscheiden zu müssen.
>
> Der Streit zwischen Euler und d'Alembert war indess noch immer unerledigt. Dies veranlasste einen jungen, damals noch wenig bekannten Mathematiker, Lagrange, die Lösung der Aufgabe auf einem ganz neuen Wege zu versuchen, auf welchem er zu Euler's Resultaten gelangte. Er unternahm es[4], die Schwingungen eines masselosen Fadens zu bestimmen, welcher mit einer endlichen unbestimmten Anzahl gleich grosser Massen in gleich grossen Abständen beschwert ist, und untersuchte dann, wie sich diese Schwingungen ändern, wenn die Anzahl der Massen in's Unendliche wächst. Mit welcher Gewandtheit, mit welchem Aufwande analytischer Kunstgriffe er aber auch den ersten Theil dieser Untersuchung durchführte, so liess der Uebergang vom Endlichen zum Unendlichen doch viel zu wünschen übrig, so dass d'Alembert in einer Schrift, welche er an die Spitze seiner opuscules mathématiques stellte, fortfahren konnte, seiner Lösung den Ruhm der grössten Allgemeinheit zu vindiciren. Die

[1] Mémoires de l'académie de Berlin. 1753. p. 196.
[2] l. c. p. 214.
[3] l. c. art. III–X.
[4] Miscellanea Taurinensia. Tom. I. Recherches sur la nature et la propagation du son.

Ansichten der damaligen berühmten Mathematiker waren und blieben daher in dieser Sache getheilt; denn auch in spätern Arbeiten behielt jeder im Wesentlichen seinen Standpunkt bei. Um also schliesslich ihre bei Gelegenheit dieses Problems entwickelten Ansichten über die willkürlichen Functionen und über die Darstellbarkeit derselben durch eine trigonometrische Reihe zusammenzustellen, so hatte Euler zuerst diese Functionen in die Analysis eingeführt und, auf geometrische Anschauung gestützt, die Infinitesimalrechnung auf sie angewandt. Lagrange[1)] hielt Euler's Resultate (seine geometrische Construction des Schwingungsverlaufs) für richtig; aber ihm genügte die Euler'sche geometrische Behandlung dieser Functionen nicht. D'Alembert[2)] dagegen ging auf die Euler'sche Auffassungsweise der Differentialgleichung ein und beschränkte sich, die Richtigkeit seiner Resultate anzufechten, weil man bei ganz willkürlichen Functionen nicht wissen könne, ob ihre Differentialquotienten stetig seien. Was die Bernoulli'sche Lösung betraf, so kamen alle drei darin überein, sie nicht für allgemein zu halten; aber während d'Alembert[3)], um Bernoulli's Lösung für minder allgemein, als die seinige, erklären zu können, behaupten musste, dass auch eine analytisch gegebene periodische Function sich nicht immer durch eine trigonometrische Reihe darstellen lasse, glaubte Lagrange[4)] diese Möglichkeit beweisen zu können.

Schließlich erleben wir eine der delikatesten Ironien der Mathematikgeschichte: Bernoulli behauptet ständig die Berechenbarkeit der c_n in (*) - und berechnet nie; Euler leugnet sie lange - und dann entdeckt er 1777, daß die c_n dank der Orthogonalität der trigonometrischen Funktionen sogar sehr leicht zu bestimmen sind, nämlich mittels der „Euler-Fourierschen Formeln" (s. (18.43), (18.44)). Die Arbeit wurde erst 1798 veröffentlicht und scheint recht unbekannt geblieben zu sein[5)]. Jedenfalls mußte Fourier die Euler-Fourierschen Formeln 1807 neu entdecken, und auch Riemann weiß nichts von Eulers Priorität. Hingegen schreibt er:

Als Fourier in einer seiner ersten Arbeiten über die Wärme, welche er der französischen Akademie vorlegte[6)] (21. Dec. 1807), zuerst den Satz aussprach, dass eine ganz willkürlich (graphisch) gegebene Function sich durch eine trigonometrische Reihe ausdrücken lasse, war diese Behauptung dem greisen Lagrange so unerwartet, dass er ihr auf das Entschiedenste entgegentrat.

Fourier hielt seinen Reihen dennoch die Treue und setzte (jedenfalls für sich) den Schlußpunkt hinter den Streit um die schwingende Saite, als er schrieb[7)]:

Si l'on applique ces principes [der Fourierentwicklung] à la question du mouvement des cordes vibrantes, on résoudra les difficultés qu'avait d'abord présentées l'analyse de Daniel Bernoulli.

---

1) Miscellanea Taurinensia. Tom. II. Pars math. pag. 18.

2) Opuscules mathématiques p. d'Alembert. Tome premier. 1761. pag. 16. art. VII–XX.

3) Opuscules mathématiques. Tome I. pag. 42. art. XXIV.

4) Misc. Taur. Tom. III. Pars math. pag. 221. art. XXV.

5) Nova acta acad. sci. Petrop. 11 (1793) 114–132 (veröff. 1798) = Opera (1), 16, Teil 1, S. 333–355. Euler betrachtet hier allerdings nur Kosinusreihen, die Ausdehnung auf allgemeine trigonometrische Reihen liegt aber auf der Hand.

6) Bulletin des sciences p. la soc. philomatique. Tome I. p. 112.

7) Théorie analytique de la chaleur, § 230.

VII Systeme linearer Differentialgleichungen mit konstanten Koeffizienten

J'entreprends donc cette solution dont l'analyse me paroit en elle-même neuve et intéressante, puisqu'il y a un nombre indéfini d'équations à résoudre à la fois.

Joseph Louis Lagrange, als er Differentialgleichungssysteme zu untersuchen begann.

Möchten doch alle den gründlich-klaren Sinn eines Lagrange besitzen und damit Wissen und Wissenschaft behandeln.

Johann Wolfgang von Goethe

46 Beispiele und Begriffsbestimmungen

Wir wollen zunächst durch einige Beispiele belegen, daß aus ganz verschiedenen Richtungen die Aufgabe an uns herantritt, zwei Funktionen $u(t)$, $v(t)$ so zu bestimmen, daß sie einem Differentialgleichungssystem der Form

$$\begin{aligned} \dot{u} &= au + bv \\ \dot{v} &= cu + dv \end{aligned} \qquad (a, b, c, d \in \mathbf{R})$$

und Anfangsbedingungen $u(t_0) = u_0$, $v(t_0) = v_0$ mit vorgegebenen Zahlen u_0, v_0 genügen.

Ein Gefechtsmodell Zwei Armeen mögen sich ein Gefecht liefern. Zur Zeit $t \geqslant 0$ habe die Armee A die Stärke $A(t)$, die Armee B die Stärke $B(t)$, die Anfangsstärken seien $A_0 > 0$ bzw. $B_0 > 0$. Die beiden Armeen dezimieren sich gegenseitig so gut sie können – ihrer Verluste wegen freilich mit schwindenden Kräften –, und das einfachste mathematische Modell hierfür ist das Anfangswertproblem

$$\begin{aligned} \dot{A} &= -\beta B \\ \dot{B} &= -\alpha A \end{aligned}, \quad A(0) = A_0, \quad B(0) = B_0 \qquad (\alpha, \beta > 0). \tag{46.1}$$

α ist ein Maß für die Zerstörungskraft einer Einheit der Armee A und wird durch die Qualität der Ausrüstung und Ausbildung bestimmt; Entsprechendes gilt für β. Es geht nun darum, (46.1) zu lösen, pathetischer ausgedrückt: den Gefechtsverlauf zu prognostizieren.

Wie man sich hierbei anzustellen hat, liegt auf der Hand. Aus (46.1) folgt

$$\ddot{A} = -\beta \dot{B} = -\beta(-\alpha A), \quad \text{d.h.} \quad \ddot{A} - \alpha\beta A = 0. \tag{46.2}$$

Wir passen die allgemeine Lösung von (46.2), also

$$A(t) = C_1 e^{\lambda t} + C_2 e^{-\lambda t} \qquad (\lambda := \sqrt{\alpha\beta} > 0), \tag{46.3}$$

den Anfangsbedingungen $A(0) = A_0$, $\dot{A}(0) = -\beta B_0$ an und erhalten

$$A(t)=\frac{1}{2\sqrt{\alpha}}[(\sqrt{\alpha}A_0-\sqrt{\beta}B_0)e^{\lambda t}+(\sqrt{\alpha}A_0+\sqrt{\beta}B_0)e^{-\lambda t}]. \tag{46.4}$$

Da $B=-\dot{A}/\beta$ ist, finden wir

$$B(t)=\frac{1}{2\sqrt{\beta}}[-(\sqrt{\alpha}A_0-\sqrt{\beta}B_0)e^{\lambda t}+(\sqrt{\alpha}A_0+\sqrt{\beta}B_0)e^{-\lambda t}]. \tag{46.5}$$

Man bestätigt leicht, daß diese eindeutig bestimmten Funktionen $A(t)$, $B(t)$ tatsächlich (46.1) befriedigen.

Der Gefechtsverlauf, mit anderen Worten: die Armeestärken $A(t)$ und $B(t)$, hängen nun entscheidend von dem *Vorzeichen der Differenz* $\sqrt{\alpha}A_0-\sqrt{\beta}B_0$ *ab.*

a) *Sei* $\sqrt{\alpha}A_0-\sqrt{\beta}B_0>0$. Dann bleibt $A(t)$ ständig positiv: die Armee A hat zwar Verluste, geht aber nicht gänzlich zugrunde. Die Armee B hingegen ist zur Zeit

$$T:=\frac{1}{2\sqrt{\alpha\beta}}\ln\frac{\sqrt{\alpha}A_0+\sqrt{\beta}B_0}{\sqrt{\alpha}A_0-\sqrt{\beta}B_0} \quad \text{(Lösung der Gleichung } B(t)=0) \tag{46.6}$$

völlig vernichtet; A hat „das Schlachtfeld behauptet".

b) *Sei* $\sqrt{\alpha}A_0-\sqrt{\beta}B_0=0$. Beide Armeen nehmen exponentiell ab, ohne daß die eine die andere vernichten könnte; es ist sogar $A(t)/B(t)$ konstant $=\sqrt{\beta/\alpha}$. Es liegt eine *Pattsituation* vor, die man am besten durch frühzeitigen Abmarsch zum Essenfassen auflöst.

c) *Sei* $\sqrt{\alpha}A_0-\sqrt{\beta}B_0<0$. In diesem Falle vertauschen A und B ihre unter a) geschilderten Schicksale: von A bleibt nichts übrig, die Überlebenden von B singen ein Tedeum.

Zusammenfassend können wir sagen: *Ist* $\alpha A_0^2>\beta B_0^2$, *so siegt* A; *ist* $\alpha A_0^2=\beta B_0^2$, *so sind sich* A *und* B *gegenseitig gewachsen, ist* $\alpha A_0^2<\beta B_0^2$, *so unterliegt* A. Die Größen αA_0^2, βB_0^2 können also als Maß für die *Schlagkraft* der Armeen A und B betrachtet werden.

Diese Erkenntnis wird in dem sogenannten N^2-Gesetz von Lanchester (1868-1946; 78) wie folgt formuliert: *Eine Armee, die aus N Einheiten der Feuerkraft* φ *besteht, hat die Schlagkraft* φN^2. Eine Verdoppelung der Zahl der Einheiten ist also einer Vervierfachung ihrer Feuerkraft gleichwertig. Die Verbesserung der Ausrüstung und Ausbildung auf der einen Seite hat es folglich sehr schwer, die Vermehrung der Kampfeinheiten auf der anderen Seite auszugleichen. Bei gleicher Feuerkraft ist die größere Zahl deutlich überlegen. Feldherren brauchten freilich keine Mathematik, um dergleichen zu wissen. Friedrich der Große (1712-1786; 74) gab den Rat: „Wenn Du eine Schlacht liefern willst, sammle so viele Truppen wie möglich"; Clausewitz (1780-1831; 51) versah des 8. Kapitel im 3. Buch seines berühmten Werkes „Vom Kriege" mit der Überschrift „Von der Überlegenheit der Zahl"; die Zahl ist ihm dort „der wichtigste Faktor in dem Resultat eines Gefechtes". Und ein gefeierter General des amerikanischen Bürgerkrieges gab auf die Frage nach seinem Erfolgsrezept eine Antwort, in der nur das Englische originell ist: *„Get there the fastest with the mostest."*

Abbau eines Medikaments Dieser Prozeß verläuft nicht immer exakt nach dem einfachen Proportionalitäts- oder Exponentialgesetz, das wir in den Aufgaben 18 und 19 der Nr. 5 angenommen hatten. Er wird dadurch kompliziert, daß ein Medikament M aus der *Blutbahn* in das *Gewebe*, umgekehrt wieder aus dem *Gewebe* in die *Blutbahn* übertritt und *dann* erst über die Ausscheidungsorgane exkretiert wird. Die Übertrittsraten wird man proportional zu den Medikamentenmengen annehmen, die an den abgebenden Stellen gerade vorhanden sind. Befinden sich zur Zeit $t\geqslant 0$

$B(t)$ Einheiten von M im *Blut*,
$G(t)$ Einheiten von M im *Gewebe*,

so führen diese Vorstellungen zu dem folgenden System von Differentialgleichungen:

$$\begin{aligned}\dot{B} &= -\alpha B-\beta B+\gamma G\\ \dot{G} &= \quad\ \beta B-\gamma G\end{aligned} \qquad (\alpha,\beta,\gamma \text{ feste Zahlen } >0); \tag{46.7}$$

α bestimmt die Exkretion von M aus dem Blut *via* Ausscheidungsorgane, β den Übertritt von M aus dem Blut in das Gewebe und γ den von M aus dem Gewebe in das Blut, symbolisch:

α: Blut → Ausscheidung, β: Blut → Gewebe, γ: Gewebe → Blut.

Die Auflösung von (46.7) läßt sich wieder nach der oben erprobten Methode erledigen. Indem wir nämlich die zweite Gleichung in (46.7) differenzieren, dann $\dot{B}$ aus der ersten übernehmen und anschließend B aus der zweiten, erhalten wir

$$\ddot{G}=-\gamma\dot{G}+\beta\dot{B}=-\gamma\dot{G}+\beta[-(\alpha+\beta)B+\gamma G]=-\gamma\dot{G}+\beta\left[-(\alpha+\beta)\frac{\dot{G}+\gamma G}{\beta}+\gamma G\right].$$

Das aber ist die homogene lineare Differentialgleichung

$$\ddot{G}+(\alpha+\beta+\gamma)\dot{G}+\alpha\gamma G=0. \tag{46.8}$$

Ihre charakteristische Gleichung $\lambda^2+(\alpha+\beta+\gamma)\lambda+\alpha\gamma=0$ hat die Wurzeln

$$\lambda_{1,2}=-\frac{\alpha+\beta+\gamma}{2}\pm\frac{\sqrt{(\alpha+\beta+\gamma)^2-4\alpha\gamma}}{2}. \tag{46.9}$$

Der Radikand ist $=(\alpha-\gamma)^2+\beta^2+2\beta(\alpha+\gamma)$, also >0. Die Wurzeln λ_1, λ_2 sind daher reell und offenbar *negativ*. Die allgemeine Lösung von (46.8) ist also die Funktion

$$G(t)=C_1e^{\lambda_1 t}+C_2e^{\lambda_2 t} \quad \text{mit} \quad \lambda_2<\lambda_1<0. \tag{46.10}$$

Ist B_0 bzw. G_0 die zur Zeit $t_0=0$ im Blut bzw. im Gewebe vorhandene Menge von M, so müssen die freien Konstanten C_1, C_2 in (46.10) den Forderungen

$$G(0)=G_0, \quad \dot{G}(0)=-\gamma G_0+\beta B_0$$

angepaßt werden. Man erhält so

$$G(t)=-\frac{(\lambda_2+\gamma)G_0-\beta B_0}{\lambda_1-\lambda_2}e^{\lambda_1 t}+\frac{(\lambda_1+\gamma)G_0-\beta B_0}{\lambda_1-\lambda_2}e^{\lambda_2 t}. \tag{46.11}$$

Mit der zweiten Gleichung in (46.7) ergibt sich daraus

$$B(t)=-\frac{(\lambda_2+\gamma)G_0-\beta B_0}{\lambda_1-\lambda_2}\,\frac{\lambda_1+\gamma}{\beta}e^{\lambda_1 t}+\frac{(\lambda_1+\gamma)G_0-\beta B_0}{\lambda_1-\lambda_2}\,\frac{\lambda_2+\gamma}{\beta}e^{\lambda_2 t}. \tag{46.12}$$

Bisheriges Ergebnis: Als Kandidaten zur Lösung des Systems (46.7) unter den Anfangsbedingungen $G(0)=G_0$, $B(0)=B_0$ kommen einzig und allein die in (46.11) und (46.12) hingeschriebenen Funktionen in Frage. Daß diese tatsächlich das Gewünschte leisten – das kann man jetzt durch eine grundsätzlich einfache, wenn auch schreibaufwendige Rechnung bestätigen. Mathematisch ist damit das Medikamentenproblem bis in alle Einzelheiten aufgeklärt.

Lebenszyklus von Parasiten Ich begnüge mich hier mit dem Hinweis auf die Arbeit von G. Gordon, M. O'Callaghan, G. M. Tallis: *A Deterministic Model for the Life Cycle of a Class of Internal Parasites of Sheep,* Math. Biosciences 8 (1970), 209-226.

Begriffsbestimmungen Die obigen Beispiele hatten alle die Form

$$\begin{aligned} \dot{u}_1 &= a_{11}u_1 + \cdots + a_{1n}u_n \\ \dot{u}_2 &= a_{21}u_1 + \cdots + a_{2n}u_n \\ &\vdots \\ \dot{u}_n &= a_{n1}u_1 + \cdots + a_{nn}u_n . \end{aligned} \qquad (a_{jk} \in \mathbf{R}) \tag{46.13}$$

Ein solches Gebilde nennt man ein homogenes lineares System von Differentialgleichungen (erster Ordnung) mit konstanten Koeffizienten. Treten rechts noch Störfunktionen $s_1(t), \ldots, s_n(t)$ hinzu, handelt es sich also um

$$\begin{aligned} \dot{u}_1 &= a_{11}u_1 + \cdots + a_{1n}u_n + s_1(t) \\ &\vdots \\ \dot{u}_n &= a_{n1}u_1 + \cdots + a_{nn}u_n + s_n(t), \end{aligned} \tag{46.14}$$

so spricht man von einem inhomogenen linearen System mit konstanten Koeffizienten. (46.13) nennt man in diesem Zusammenhang auch gerne das *zu* (46.14) *gehörende homogene System.*

Jedesmal handelt es sich darum, n Funktionen $u_1(t), \ldots, u_n(t)$ aufzufinden, die (46.13) bzw. (46.14) genügen. Ein solches n-Tupel $(u_1(t), \ldots, u_n(t))$ nennt man eine Lösung oder ein Integral des in Rede stehenden Systems. In der Regel wird noch gefordert, daß diese Funktionen Anfangsbedingungen der Form

$$u_1(t_0) = u_{10}, \ldots, u_n(t_0) = u_{n0} \tag{46.15}$$

mit vorgegebenen Zahlen $u_{10}, \ldots, u_{n0}$ befriedigen; in diesem Falle spricht man von einer Anfangswertaufgabe.

Die unabhängige Variable bezeichnen wir mit t, weil in den Anwendungen die gesuchten Funktionen meistens (nicht immer!) von der Zeit (*tempus*) abhängen. Natürlich kommt es auf die Bezeichnung nicht im geringsten an; statt t kann man ebensogut x oder irgendeinen anderen unverbrauchten Buchstaben nehmen. Und ebenso versteht es sich von selbst, daß wir auch die gesuchten Funktionen $u_1(t), \ldots, u_n(t)$ umtaufen und z. B. $x_1(t), \ldots, x_n(t)$ nennen können.

Mit den von t abhängenden vektorwertigen Funktionen

$$\boldsymbol{u} := \begin{pmatrix} u_1 \\ \vdots \\ u_n \end{pmatrix}, \quad \dot{\boldsymbol{u}} := \begin{pmatrix} \dot{u}_1 \\ \vdots \\ \dot{u}_n \end{pmatrix}, \quad \boldsymbol{s} := \begin{pmatrix} s_1 \\ \vdots \\ s_n \end{pmatrix}, \tag{46.16}$$

der Matrix

$$A := \begin{pmatrix} a_{11} \dots a_{1n} \\ \vdots \\ a_{n1} \dots a_{nn} \end{pmatrix} \quad \text{und dem Vektor} \quad \boldsymbol{u}_0 := \begin{pmatrix} u_{10} \\ \vdots \\ u_{n0} \end{pmatrix} \tag{46.17}$$

schreiben sich die Systeme (46.13) und (46.14) in der kompakten Form

$$\dot{\boldsymbol{u}} = A\boldsymbol{u} \quad \text{bzw.} \quad \dot{\boldsymbol{u}} = A\boldsymbol{u} + \boldsymbol{s}, \tag{46.18}$$

und die oben erklärte Anfangswertaufgabe geht über in

$$\dot{\boldsymbol{u}} = A\boldsymbol{u} + \boldsymbol{s}, \quad \boldsymbol{u}(t_0) = \boldsymbol{u}_0. \tag{46.19}$$

Der Leser hat an dieser Stelle gewiß ein *déjà vu*-Erlebnis: (46.19) ist ihm nämlich in der Gestalt

$$\dot{u} = au + s, \quad u(t_0) = u_0$$

schon in der Theorie der linearen Differentialgleichung erster Ordnung mit konstanten Koeffizienten begegnet – nur daß damals alle Größen *Zahlen* bzw. *zahlen*wertige Funktionen waren. Natürlich wird er hoffen, daß diese *formale* Analogie sich auch zu einer *realen* fortsetzt und daß z. B. der Lösung

$$u(t) := e^{ta} u_0 \quad \text{der Anfangswertaufgabe} \quad \dot{u} = au, \; u(0) = u_0$$

die Lösung

$$\boldsymbol{u}(t) := e^{tA} \boldsymbol{u}_0 \quad \text{der Anfangswertaufgabe} \quad \dot{\boldsymbol{u}} = A\boldsymbol{u}, \; \boldsymbol{u}(0) = \boldsymbol{u}_0$$

entspricht. Das ist in der Tat der Fall – sofern man nur die Exponentialfunktion e^{tA} mit dem *matrix*wertigen Argument tA „richtig" definiert. Wir werden das tun, bitten aber den Leser, sich noch ein wenig zu gedulden.

47 Die Eliminationsmethode bei kleinen Systemen

Die zweigliedrigen Systeme in den Beispielen der letzten Nummer hatten wir ohne neuen methodischen Aufwand bewältigt, indem wir eine der unbekannten Funktionen *eliminierten* und dabei auf die vertraute lineare Differentialgleichung zweiter Ordnung mit konstanten Koeffizienten kamen. Dieses Verfahren läßt sich ohne Schwierigkeit bei *jeder* zweigliedrigen homogenen Anfangswertaufgabe

$$\begin{aligned} \dot{u} &= au + bv \\ \dot{v} &= cu + dv \end{aligned}, \quad u(t_0) = u_0, \quad v(t_0) = v_0 \qquad (a, \dots, d \in \mathbf{R}) \tag{47.1}$$

mit Erfolg anwenden. Besonders einfach liegen die Dinge, wenn in einer der beiden Gleichungen nur *eine* der gesuchten Funktionen auftritt. Ist etwa $b = 0$ und somit $\dot{u} = au$, so löst man das Anfangswertproblem $\dot{u} = au$, $u(t_0) = u_0$, trägt das Integral $u(t)$ in die zweite Gleichung von (47.1) ein und erledigt nun die Aufgabe $\dot{v} = dv + cu(t)$, $v(t_0) = v_0$. Wir dürfen deshalb $b \neq 0$ voraussetzen. Wie schon bei dem System (46.7) vorexerziert, kommen wir durch mehrfachen Gebrauch der Einzelgleichungen von (47.1) in leicht überschaubaren Schritten zu einer linearen Differentialgleichung *zweiter* Ordnung für u, nämlich so:

$$\ddot{u}=a\dot{u}+b\dot{v}=a\dot{u}+b[cu+dv]=a\dot{u}+b\left[cu+d\,\frac{\dot{u}-au}{b}\right]=a\dot{u}+bcu+d\dot{u}-adu,$$

also $\quad \ddot{u}-(a+d)\dot{u}+(ad-bc)u=0.$

Diese Gleichung löst man unter der Anfangsbedingung $u(t_0)=u_0$, $\dot{u}(t_0)=au_0+bv_0$; anschließend gewinnt man $v(t)$ aus der ersten Gleichung von (47.1). Kraft unserer Herleitung kann neben dem so konstruierten Funktionenpaar $u(t), v(t)$ kein anderes die Aufgabe (47.1) lösen. Und durch eine trockene Rechnung verifiziert man, daß dieses Paar tatsächlich (47.1) befriedigt.

Nicht anders geht man bei der „gestörten" Aufgabe

$$\begin{aligned}\dot{u}&=au+bv+s_1(t)\\ \dot{v}&=cu+dv+s_2(t)\end{aligned}, \quad u(t_0)=u_0, \quad v(t_0)=v_0$$

vor, falls $s_1(t)$ und $s_2(t)$ auf einem Intervall J *stetig* sind und eine dieser Funktionen dort sogar noch *stetig differenzierbar* ist (außer in dem eingangs erwähnten trivialen Fall „$b=0$ oder $c=0$"). Diese stetige Differenzierbarkeit wird jedoch nicht von der *Sache* gefordert, sondern nur von der *Methode*. Das Eliminationsverfahren ist also zwar technisch sehr einfach - aber „natürlich" ist es nicht.

47.1 Beispiel Zu lösen sei die „gestörte" Anfangswertaufgabe

$$\begin{aligned}\dot{u}&=-3u-v+t\\ \dot{v}&=u-v+t^2\end{aligned}, \quad u(0)=-\frac{3}{8}, \quad v(0)=\frac{1}{8}. \tag{47.2}$$

Es ist - wir stellen jeden Eliminationsschritt noch einmal deutlich vor Augen -

$$\begin{aligned}\ddot{u}&=-3\dot{u}-\dot{v}+1=-3\dot{u}-[u-v+t^2]+1=-3\dot{u}-u+v-t^2+1\\ &=-3\dot{u}-u+(-\dot{u}-3u+t)-t^2+1,\end{aligned}$$

also $\quad \ddot{u}+4\dot{u}+4u=1+t-t^2. \qquad (47.3)$

Die zugehörige homogene Gleichung hat die allgemeine Lösung $u_h(t):=C_1e^{-2t}+C_2te^{-2t}$. Eine partikuläre Lösung von (47.3) ergibt sich durch den Polynomansatz $u_p(t):=a+bt+ct^2$ zu $u_p(t)=-\frac{3}{8}+\frac{3}{4}t-\frac{1}{4}t^2$. Infolgedessen ist

$$u(t):=C_1e^{-2t}+C_2te^{-2t}-\frac{3}{8}+\frac{3}{4}t-\frac{1}{4}t^2$$

die allgemeine Lösung von (47.3). Anpassung an die Anfangsbedingungen $u(0)=-\frac{3}{8}$, $\dot{u}(0)=-3u(0)-v(0)+0=1$ ergibt

$$u(t)=\frac{1}{4}te^{-2t}-\frac{3}{8}+\frac{3}{4}t-\frac{1}{4}t^2.$$

Und wegen $v=-3u-\dot{u}+t$ (s. erste Gleichung in (47.2)) ist nun

$$v(t)=-\frac{1}{4}(1+t)\mathrm{e}^{-2t}+\frac{1}{8}(3-6t+6t^2).$$

Das Funktionenpaar $u(t)$, $v(t)$ ist die gesuchte Lösung von (47.2).

Sind dem System in (47.1) *keine* Anfangsbedingungen beigegeben, so bestimmt man im nichttrivialen Falle ($b\neq 0$) die allgemeine Lösung $u(t)=C_1u_1(t)+C_2u_2(t)$ von (47.2), berechnet $v(t)$ aus der ersten Gleichung von (47.1) zu

$$v(t)=\frac{\dot{u}(t)-au(t)}{b}=C_1\frac{\dot{u}_1(t)-au_1(t)}{b}+C_2\frac{\dot{u}_2(t)-au_1(t)}{b}$$

und hat so in $u(t)$, $v(t)$ eine Lösung mit zwei freien Konstanten C_1, C_2, die sogenannte allgemeine Lösung des Systems in (47.1). Ganz Entsprechendes gilt für inhomogene Systeme.

Natürlich kann man auch *dreigliedrigen* Systemen

$$\dot{u}_i=a_{i1}u_1+a_{i2}u_2+a_{i3}u_3+s_i(t)\qquad (i=1,2,3)$$

durch die Eliminationsmethode beikommen. Man wird dabei durch Rechnungen, die doch schon recht mühsam sein können, auf eine lineare Differentialgleichung *dritter* Ordnung mit konstanten Koeffizienten geführt. Bei Systemen mit mehr als drei Gleichungen ist die Eliminationsmethode nur in besonders günstig gelagerten Fällen praktikabel (sollte dann freilich auch nicht verschmäht werden). Eine stärkere *Formalisierung* des Verfahrens in etwas allgemeinerem Zusammenhang findet der Leser in Nr. 54.

Bei diesem Stand der Dinge kommen wir nicht umhin, Methoden zu entwickeln, die *immer* anwendbar und im inhomogenen Fall auch frei von den unsachgemäßen Differenzierbarkeitsvoraussetzungen sind, die der Eliminationsmethode anhaften. Das soll nun geschehen.

Aufgaben

In den Aufgaben 1 bis 16 sind die allgemeinen Lösungen der angegebenen Systeme oder die eindeutig bestimmten Lösungen der Anfangswertprobleme zu bestimmen.

1. $\dot{u}=u+v,\quad \dot{v}=u-v,\qquad u(0)=1,\quad v(0)=0.$

2. $\dot{u}=u+v,\quad \dot{v}=4u-2v,\qquad u(0)=0,\quad v(0)=5.$

3. $\dot{u}=3u-4v,\quad \dot{v}=u-v,\qquad u(0)=3,\quad v(0)=1.$

4. $\dot{u}=u+v,\quad \dot{v}=3u-v,\qquad u(0)=1,\quad v(0)=5.$

5. $\dot{u}=u+v,\quad \dot{v}=4u+v,\qquad u(0)=0,\quad v(0)=8.$

6. $\dot{u}=3u+2v,\quad \dot{v}=-5u+v,\qquad u(0)=v(0)=2.$

7. $\dot{u}=u-3v, \quad \dot{v}=3u+v.$

8. $\dot{u}=u+v, \quad \dot{v}=-2u+3v.$

9. $\dot{u}=2u+3v, \quad \dot{v}=u-v.$

10. $\dot{u}=-5u+3v, \quad \dot{v}=-15u+7v.$

11. $\dot{u}=3u+3v+t, \quad \dot{v}=-u-v+1, \qquad u(0)=v(0)=0.$

12. $\dot{u}=-u+4v+e^{3t}, \quad \dot{v}=-u+3v-1, \qquad u(0)=v(0)=0.$

13. $\dot{x}=4x+y-36t, \quad \dot{y}=-2x+y-2e^{t}.$

14. $\dot{x}=\frac{1}{3}x+\frac{2}{3}y+t, \quad \dot{y}=-\frac{2}{3}x-\frac{1}{3}y+2t.$

15. $\dot{x}=-2x+y-2z, \quad \dot{y}=x-2y+2z, \quad \dot{z}=3x-3y+5z.$

16. $\dot{x}=7x+4z, \quad \dot{y}=8x+3y+8z, \quad \dot{z}=-8x-5z.$

48 Vektorwertige Funktionen und die Matrixexponentialfunktion

Im $\mathbf{C}^n$ führen wir vermöge der Definition

$$\|\boldsymbol{x}\| := \sum_{\nu=1}^{n} |x_\nu| \quad \text{für} \quad \boldsymbol{x} := \begin{pmatrix} x_1 \\ \vdots \\ x_n \end{pmatrix} \tag{48.1}$$

eine *Norm* ein. Konvergenz einer Folge $(\boldsymbol{x}_k)$ gegen $\boldsymbol{x}$ *im Sinne von* $\|\cdot\|$ ist offenbar gleichbedeutend mit *element-* oder *komponentenweiser* Konvergenz, kurz:

$$\begin{pmatrix} x_1^{(k)} \\ \vdots \\ x_n^{(k)} \end{pmatrix} \xrightarrow{\|\cdot\|} \begin{pmatrix} x_1 \\ \vdots \\ x_n \end{pmatrix} \iff \begin{matrix} x_1^{(k)} \to x_1 \\ \vdots \\ x_n^{(k)} \to x_n \end{matrix}. \tag{48.2}$$

Ebenso offensichtlich ist $(\mathbf{C}^n, \|\cdot\|)$ ein *Banachraum.*[1)]
$\mathscr{M}(n, n)$ soll die Menge aller (n, n)-Matrizen mit komplexen Elementen bedeuten. Diese Menge ist, wenn man vorübergehend von der Matrizen*multiplikation* ab-

[1)] Es kommt nicht darauf an, welche Norm man auf $\mathbf{C}^n$ einführt, denn in diesem Vektorraum sind alle Normen *äquivalent*: Sie erzeugen ein und denselben Konvergenzbegriff, nämlich die *komponentenweise* Konvergenz (s. Satz 109.8 in Heuser II). Die Norm (48.1) zeichnet sich unter allen anderen eigentlich nur dadurch aus, daß sie für unsere Zwecke in recht äußerlicher Weise die bequemste ist.

sieht, nichts anderes als der $\mathbf{C}^{n^2}$, und deshalb benutzen wir in ihr wieder die (48.1) entsprechende Norm:

$$\|A\| := \sum_{\nu,\mu=1}^{n} |a_{\nu\mu}| \quad \text{für} \quad A := (a_{\nu\mu}) := \begin{pmatrix} a_{11} \dots a_{1n} \\ \vdots \\ a_{n1} \dots a_{nn} \end{pmatrix}. \tag{48.3}$$

Der zugehörige Konvergenzbegriff ist – wie oben – die *elementweise* Konvergenz:

$$(a_{\nu\mu}^{(k)}) \xrightarrow{\|\cdot\|} (a_{\nu\mu}) \iff a_{\nu\mu}^{(k)} \to a_{\nu\mu} \qquad (\nu, \mu = 1, \dots, n). \tag{48.4}$$

$(\mathscr{M}(n,n), \|\cdot\|)$ ist ein *Banachraum*.
Für alle $A, B \in \mathscr{M}(n,n)$ und $x \in \mathbf{C}^n$ gilt offensichtlich

$$\|AB\| \leqslant \|A\|\,\|B\|, \quad \text{insbesondere} \quad \|A^k\| \leqslant \|A\|^k \quad \text{für} \quad k \in \mathbf{N}, \tag{48.5}$$

und $$\|Ax\| \leqslant \|A\|\,\|x\|. \tag{48.6}$$

Die in $\mathscr{M}(n,n)$ definierten algebraischen Operationen sind allesamt *stetig*, schärfer: *Aus $\alpha_k \to \alpha$, $A_k \to A$ und $B_k \to B$ folgt immer*

$$\alpha_k A_k \to \alpha A, \quad A_k + B_k \to A + B \quad \textit{und} \quad A_k B_k \to AB. \tag{48.7}$$

Dies ergibt sich sofort aus den entsprechenden Sätzen für Zahlenfolgen, weil Normkonvergenz dasselbe ist wie elementweise Konvergenz.[1] Ganz ähnlich sieht man:

$$\textit{Aus} \quad A_k \to A \quad \textit{und} \quad x_k \to x \quad \textit{folgt stets} \quad A_k x_k \to Ax. \tag{48.8}$$

Die (n,n)-Einheitsmatrix $(\delta_{\nu\mu})$ bezeichnen wir mit I und setzen $A^0 := I$ für jedes $A \in \mathscr{M}(n,n)$.
Die Matrizenreihe

$$\sum_{k=0}^{\infty} A_k, \quad \text{d.h. die Folge der Teilsummen} \quad S_p := A_0 + \cdots + A_p,$$

ist gewiß dann konvergent, wenn sie absolut konvergiert, d.h., wenn die Zahlenreihe $\sum_{k=0}^{\infty} \|A_k\|$ konvergent ausfällt. Denn dann ist (S_p) wegen

$$\|S_p - S_q\| = \|A_{q+1} + \cdots + A_p\| \leqslant \|A_{q+1}\| + \cdots + \|A_p\| \qquad (p > q)$$

gewiß eine Cauchyfolge und somit konvergent. ■

---

[1] S. aber auch Aufgabe 1.

In Verbindung mit der zweiten Abschätzung in (48.5) folgt aus dieser Bemerkung, daß die Reihe $\sum_{k=0}^{\infty} A^k/k!$ für jedes $A \in \mathscr{M}(n,n)$ konvergieren muß. Wir setzen

$$e^A := \sum_{k=0}^{\infty} \frac{A^k}{k!} \tag{48.9}$$

und nennen die Selbstabbildung $A \mapsto e^A$ von $\mathscr{M}(n,n)$ die Matrixexponentialfunktion.

Da die Reihen $\sum_{k=0}^{\infty} A^k/k!$ und $\sum_{k=0}^{\infty} B^k/k!$ *absolut* konvergieren, kann man ihr Produkt nach dem Cauchyschen Verfahren bilden, und da ferner für kommutierende Matrizen A, B bekanntlich der binomische Satz

$$(A+B)^p = \sum_{k=0}^{p} \binom{p}{k} A^{p-k} B^k \tag{48.10}$$

gilt, beweist man nun genau wie im Reellen das fundamentale Multiplikationstheorem

$$e^A e^B = e^{A+B}, \quad \textit{falls} \quad AB = BA.^{1)} \tag{48.11}$$

Daraus folgt sofort:

$$\textit{Die Inverse } (e^A)^{-1} \textit{ ist stets vorhanden und } = e^{-A}. \tag{48.12}$$

Aus dem bisher Gesagten ergibt sich sehr leicht die alles Weitere beherrschende Tatsache, *daß die matrixwertige Funktion*

$$t \mapsto e^{tA} \qquad (t \in \mathbf{R} \text{ variabel}, A \in \mathscr{M}(n,n) \text{ fest})$$

nach t differenziert werden kann, genauer:

$$\frac{d}{dt} e^{tA} := \lim_{h \to 0} \frac{e^{(t+h)A} - e^{tA}}{h} \textit{ ist vorhanden und } = A e^{tA}. \tag{48.13}$$

Denn für $h \to 0$ strebt (im Sinne der Norm, also elementweise)

$$\frac{e^{(t+h)A} - e^{tA}}{h} = \frac{e^{tA} e^{hA} - e^{tA}}{h} = \frac{e^{hA} - I}{h} e^{tA}$$

$$= A\left(I + \frac{hA}{2!} + \frac{h^2 A^2}{3!} + \cdots\right) e^{tA} \to A e^{tA}. \qquad \blacksquare$$

In (46.16) hatten wir die Ableitung $\dot{u}(t)$ oder $du(t)/dt$ einer vektorwertigen Funktion

---

1) S. etwa A 63.4 in Heuser I (mit Lösung).

$$\boldsymbol{u}(t) := \begin{pmatrix} u_1(t) \\ \vdots \\ u_n(t) \end{pmatrix} \quad \text{durch} \quad \dot{\boldsymbol{u}}(t) := \begin{pmatrix} \dot{u}_1(t) \\ \vdots \\ \dot{u}_n(t) \end{pmatrix}$$

definiert - natürlich unter der Voraussetzung, daß jedes $u_\nu(t)$ differenzierbar ist. Nun sieht man aber sofort: *Genau dann ist*

$$\lim_{h\to 0} \frac{\boldsymbol{u}(t+h)-\boldsymbol{u}(t)}{h} \textit{ vorhanden und } = \dot{\boldsymbol{u}}(t), \tag{48.14}$$

wenn alle Komponenten von $\boldsymbol{u}(t)$ differenzierbar sind.

Sei $\boldsymbol{u}(t)$ eine differenzierbare vektorwertige Funktion und A eine konstante Matrix. Dann ist

$$\frac{\mathrm{d}}{\mathrm{d}t}[\mathrm{e}^{tA}\boldsymbol{u}(t)] = \mathrm{e}^{tA}\frac{\mathrm{d}}{\mathrm{d}t}\boldsymbol{u}(t) + A\,\mathrm{e}^{tA}\boldsymbol{u}(t). \tag{48.15}$$

Denn für $h\to 0$ strebt

$$\frac{\mathrm{e}^{(t+h)A}\boldsymbol{u}(t+h)-\mathrm{e}^{tA}\boldsymbol{u}(t)}{h} = \mathrm{e}^{(t+h)A}\frac{\boldsymbol{u}(t+h)-\boldsymbol{u}(t)}{h} + \frac{\mathrm{e}^{(t+h)A}-\mathrm{e}^{tA}}{h}\boldsymbol{u}(t)$$

$$\to \mathrm{e}^{tA}\frac{\mathrm{d}}{\mathrm{d}t}\boldsymbol{u}(t) + A\,\mathrm{e}^{tA}\boldsymbol{u}(t). \qquad \blacksquare$$

Insbesondere ist für konstantes $\boldsymbol{u}_0 \in \mathbf{C}^n$ immer $\frac{\mathrm{d}}{\mathrm{d}t}[\mathrm{e}^{tA}\boldsymbol{u}_0] = A\,\mathrm{e}^{tA}\boldsymbol{u}_0$ und wegen (48.11) dann auch etwas allgemeiner

$$\frac{\mathrm{d}}{\mathrm{d}t}[\mathrm{e}^{(t-t_0)A}\boldsymbol{u}_0] = A\,\mathrm{e}^{(t-t_0)A}\boldsymbol{u}_0. \tag{48.16}$$

Diese einfache Tatsache wird uns in der nächsten Nummer einen bequemen Weg zu den Systemen linearer Differentialgleichungen bahnen.

Die Stetigkeit einer vektorwertigen Funktion $\boldsymbol{u}(t)$ im Punkte t_0 läßt sich *komponentenweise* oder - völlig gleichbedeutend - durch die Forderung definieren, $\lim_{t\to t_0}\boldsymbol{u}(t)$ sei vorhanden und $=\boldsymbol{u}(t_0)$. Ganz entsprechend wird man $\boldsymbol{u}(t)$ auf dem Intervall $[a,b]$ integrierbar nennen, wenn alle Komponentenfunktionen $u_1(t), \ldots, u_n(t)$ es sind, und in diesem Falle definiert man auch das Integral selbst *komponentenweise*:

$$\int_a^b \boldsymbol{u}(t)\,\mathrm{d}t := \begin{pmatrix} \int_a^b u_1(t)\,\mathrm{d}t \\ \vdots \\ \int_a^b u_n(t)\,\mathrm{d}t \end{pmatrix}. \tag{48.17}$$

Der Leser kann sich leicht davon überzeugen, daß man auch auf dem Weg über Riemannsche Zerlegungssummen $\sum(t_\nu - t_{\nu-1})\boldsymbol{u}(\tau_\nu)$ zu demselben Begriff der Integrierbarkeit und des Integrals gekommen wäre. Offenbar ist *jede* stetige *Funktion* $\boldsymbol{u}(t)$ *integrierbar, und es gilt*

$$\frac{\mathrm{d}}{\mathrm{d}t}\int_{t_0}^{t}\boldsymbol{u}(\tau)\,\mathrm{d}\tau = \boldsymbol{u}(t) \tag{48.18}$$

und

$$\int_a^b \boldsymbol{B}\boldsymbol{u}(t)\,\mathrm{d}t = \boldsymbol{B}\int_a^b \boldsymbol{u}(t)\,\mathrm{d}t \quad \textit{für jedes} \quad \boldsymbol{B}\in\mathscr{M}(n,n). \tag{48.19}$$

Aufgaben

1. Beweise die Stetigkeitsaussagen (48.7) und (48.8) ohne Rückgriff auf die komponentenweise Konvergenz.

Hinweis: Dreiecksungleichung $\|\boldsymbol{A}+\boldsymbol{B}\| \leqslant \|\boldsymbol{A}\| + \|\boldsymbol{B}\|$; (48.5), (48.6).

2. $\boldsymbol{A}$ sei eine beliebige, $\boldsymbol{B}$ eine invertierbare (n, n)-Matrix. Dann ist

$$\boldsymbol{B}^{-1}\mathrm{e}^{\boldsymbol{A}}\boldsymbol{B} = \mathrm{e}^{\boldsymbol{B}^{-1}\boldsymbol{A}\boldsymbol{B}}.$$

3. Für $k\in\mathbf{Z}$ ist $(\mathrm{e}^{\boldsymbol{A}})^k = \mathrm{e}^{k\boldsymbol{A}}$.

4. Für $\boldsymbol{D} := \begin{pmatrix} d_1 & & 0 \\ & \ddots & \\ 0 & & d_n\end{pmatrix}$ ist $\mathrm{e}^{\boldsymbol{D}} = \begin{pmatrix} \mathrm{e}^{d_1} & & 0 \\ & \ddots & \\ 0 & & \mathrm{e}^{d_n}\end{pmatrix}$.

5. Für $\boldsymbol{A} := \begin{pmatrix} 2 & 1 \\ 0 & 2\end{pmatrix}$ ist $\mathrm{e}^{t\boldsymbol{A}} = \mathrm{e}^{2t}\begin{pmatrix} 1 & t \\ 0 & 1\end{pmatrix}$.

Hinweis: Die Summanden in $\begin{pmatrix} 2 & 1 \\ 0 & 2\end{pmatrix} = \begin{pmatrix} 2 & 0 \\ 0 & 2\end{pmatrix} + \begin{pmatrix} 0 & 1 \\ 0 & 0\end{pmatrix}$ kommutieren; Aufgabe 4.

⁺6. Genau dann sind die Elemente von $\mathrm{e}^{t\boldsymbol{A}}$ ($\boldsymbol{A}$ reell) für alle $t\geqslant 0$ nichtnegativ, wenn für die Elemente a_{jk} von $\boldsymbol{A}$ gilt: $a_{jk}\geqslant 0$ für $j\neq k$.

Hinweis: Für den Beweis der Hinlänglichkeit: Für ein hinreichend großes $\alpha\in\mathbf{R}$ sind die Elemente von $\boldsymbol{A}+\alpha\boldsymbol{I}$ allesamt $\geqslant 0$.

⁺7. Zeige, daß für jedes $\boldsymbol{A}\in\mathscr{M}(n,n)$ die Definitionen

$$\sin\boldsymbol{A} := \boldsymbol{A} - \frac{\boldsymbol{A}^3}{3!} + \frac{\boldsymbol{A}^5}{5!} - + \cdots, \qquad \cos\boldsymbol{A} := \boldsymbol{I} - \frac{\boldsymbol{A}^2}{2!} + \frac{\boldsymbol{A}^4}{4!} - + \cdots$$

sinnvoll sind und daß für *kommutierende* (n, n)-Matrizen $\boldsymbol{A}, \boldsymbol{B}$ die aus dem Reellen bekannten Additionstheoreme gelten:

$$\sin(\boldsymbol{A}+\boldsymbol{B}) = \sin\boldsymbol{A}\cos\boldsymbol{B} + \cos\boldsymbol{A}\sin\boldsymbol{B}, \quad \cos(\boldsymbol{A}+\boldsymbol{B}) = \cos\boldsymbol{A}\cos\boldsymbol{B} - \sin\boldsymbol{A}\sin\boldsymbol{B}.$$

49 Existenz- und Eindeutigkeitssätze

Nach den Vorbereitungen der letzten Nummer gestaltet sich der Beweis des nun folgenden Fundamentaltheorems denkbar einfach. Wir erinnern zunächst daran, daß wir die Anfangswertaufgabe

$$\begin{aligned}\dot{u}_1 &= a_{11}u_1 + \cdots + a_{1n}u_n \\ &\vdots \\ \dot{u}_n &= a_{n1}u_1 + \cdots + a_{nn}u_n\end{aligned}, \quad u_1(t_0) = u_{10}, \ldots, u_n(t_0) = u_{n0}$$

kurz in der Form

$$\dot{\boldsymbol{u}} = \boldsymbol{A}\boldsymbol{u}, \quad \boldsymbol{u}(t_0) = \boldsymbol{u}_0 \quad \text{mit} \quad \boldsymbol{A} := (a_{jk}), \quad \boldsymbol{u}_0 := \begin{pmatrix} u_{10} \\ \vdots \\ u_{n0} \end{pmatrix} \tag{49.1}$$

schreiben wollten. Die a_{jk} sind *reell.*

49.1 Satz *Die Anfangswertaufgabe* (49.1) *besitzt bei beliebigem* $t_0 \in \mathbf{R}$ *und* $\boldsymbol{u}_0 \in \mathbf{R}^n$ *die eindeutig bestimmte und auf ganz* $\mathbf{R}$ *definierte Lösung*

$$\boldsymbol{u}(t) := e^{(t-t_0)\boldsymbol{A}}\boldsymbol{u}_0 . \tag{49.2}$$

Beweis. Daß $\boldsymbol{u}(t)$ die Aufgabe (49.1) tatsächlich *löst* – das lehrt schon ein einziger Blick auf (48.16). Die *Eindeutigkeit* sieht man so. Angenommen, $\boldsymbol{v}(t)$ sei eine zweite Lösung, es sei also $\dot{\boldsymbol{v}} = \boldsymbol{A}\boldsymbol{v}$, $\boldsymbol{v}(t_0) = \boldsymbol{u}_0$. Wegen (48.15) und (48.11) ist dann

$$\begin{aligned}\frac{d}{dt}[e^{-(t-t_0)\boldsymbol{A}}\boldsymbol{v}(t)] &= e^{-(t-t_0)\boldsymbol{A}}\dot{\boldsymbol{v}}(t) - \boldsymbol{A}e^{-(t-t_0)\boldsymbol{A}}\boldsymbol{v}(t) \\ &= e^{-(t-t_0)\boldsymbol{A}}\dot{\boldsymbol{v}}(t) - e^{-(t-t_0)\boldsymbol{A}}\boldsymbol{A}\boldsymbol{v}(t) = \boldsymbol{0} .\end{aligned}$$

Daher ist $e^{-(t-t_0)\boldsymbol{A}}\boldsymbol{v}(t)$ konstant $= \boldsymbol{c}$ und somit – dank (48.12) –

$$\boldsymbol{v}(t) = e^{(t-t_0)\boldsymbol{A}}\boldsymbol{c}, \quad \text{also sogar} \quad \boldsymbol{v}(t) = e^{(t-t_0)\boldsymbol{A}}\boldsymbol{u}_0 = \boldsymbol{u}(t)$$

(denn es ist ja $\boldsymbol{c} = \boldsymbol{I}\boldsymbol{c} = \boldsymbol{v}(t_0) = \boldsymbol{u}_0$). ■

Für die „gestörte“ Anfangswertaufgabe

$$\dot{\boldsymbol{u}} = \boldsymbol{A}\boldsymbol{u} + \boldsymbol{s}(t), \quad \boldsymbol{u}(t_0) = \boldsymbol{u}_0 \tag{49.3}$$

gilt der leicht beweisbare

49.2 Satz *Ist die Störfunktion* $\boldsymbol{s}(t)$ stetig *auf dem Intervall J, so besitzt die Anfangswertaufgabe* (49.3) *bei beliebigem* $t_0 \in J$ *und* $\boldsymbol{u}_0 \in \mathbf{R}^n$ *genau eine Lösung* $\boldsymbol{u}(t)$ *auf J, nämlich*

$$\boldsymbol{u}(t) := e^{(t-t_0)\boldsymbol{A}}\boldsymbol{u}_0 + \int_{t_0}^{t} e^{(t-\tau)\boldsymbol{A}}\boldsymbol{s}(\tau)\,d\tau \qquad (t \in J). \tag{49.4}$$

Beweis. Gestützt auf die Definitionen und Regeln der letzten Nummer verifiziert man leicht, daß $\boldsymbol{u}(t)$ in der Tat eine Lösung von (49.3) auf dem Intervall J ist. Für eine zweite Lösung $\boldsymbol{v}(t)$ muß

$$\frac{\mathrm{d}}{\mathrm{d}t}(\boldsymbol{v}-\boldsymbol{u})=\boldsymbol{A}(\boldsymbol{v}-\boldsymbol{u}) \quad \text{und} \quad (\boldsymbol{v}-\boldsymbol{u})(t_0)=\boldsymbol{0},$$

wegen der Eindeutigkeitsaussage in Satz 49.1 also $\boldsymbol{v}-\boldsymbol{u}=\boldsymbol{0}$ sein, denn $\boldsymbol{0}$ löst offensichtlich die Aufgabe $\dot{\boldsymbol{w}}=\boldsymbol{A}\boldsymbol{w}$, $\boldsymbol{w}(t_0)=\boldsymbol{0}$. ■

Jedes Integral $\boldsymbol{u}(t)$ des homogenen Systems $\dot{\boldsymbol{u}}=\boldsymbol{A}\boldsymbol{u}$ hat an der Stelle $t=0$ einen wohlbestimmten Wert $\boldsymbol{v}$, ist also die (eindeutig festgelegte) Lösung $\mathrm{e}^{t\boldsymbol{A}}\boldsymbol{v}$ der Anfangswertaufgabe $\dot{\boldsymbol{u}}=\boldsymbol{A}\boldsymbol{u}$, $\boldsymbol{u}(0)=\boldsymbol{v}$. Umgekehrt liefert $\mathrm{e}^{t\boldsymbol{A}}\boldsymbol{v}$ bei jeder Wahl von $\boldsymbol{v}\in\mathbf{R}^n$ eine Lösung von $\dot{\boldsymbol{u}}=\boldsymbol{A}\boldsymbol{u}$. Mit anderen Worten: *Man erhält* alle *Lösungen von* $\dot{\boldsymbol{u}}=\boldsymbol{A}\boldsymbol{u}$ *– und nur sie –, indem man in der* allgemeinen Lösung $\mathrm{e}^{t\boldsymbol{A}}\boldsymbol{v}$ *den Vektor* $\boldsymbol{v}$ *durch ganz* $\mathbf{R}^n$ *laufen läßt.*

Um diese Tatsache für die Praxis fruchtbar zu machen, schalten wir in der nächsten Nummer einige Bemerkungen über das *charakteristische Polynom einer Matrix* ein. Zuerst aber machen wir noch eine Anmerkung, die sich nach dem bisher Gesagten von selbst versteht (vgl. auch Satz 14.6):

49.3 Satz *Jede Linearkombination* $C_1\boldsymbol{u}_1+\cdots+C_m\boldsymbol{u}_m$ *von Lösungen* $\boldsymbol{u}_1,\ldots,\boldsymbol{u}_m$ *des homogenen Systems* $\dot{\boldsymbol{u}}=\boldsymbol{A}\boldsymbol{u}$ *ist wieder eine Lösung. Man erhält alle Lösungen des inhomogenen Systems* $\dot{\boldsymbol{u}}=\boldsymbol{A}\boldsymbol{u}+\boldsymbol{s}(t)$ *– und nur diese –, indem man zu irgendeiner festen („partikulären") Lösung desselben alle Lösungen des zugehörigen homogenen Systems addiert, kurz:*

allgemeine Lösung des inhomogenen Systems =
partikuläre Lösung des inhomogenen Systems +
allgemeine Lösung des zugehörigen homogenen Systems.

Aufgaben

1. Beweise den Satz 49.1 mit Hilfe des Weissingerschen Fixpunktsatzes 12.1.

+2. In der Anfangswertaufgabe $\dot{\boldsymbol{u}}=\boldsymbol{A}\boldsymbol{u}+\boldsymbol{s}(t)$, $\boldsymbol{u}(0)=\boldsymbol{u}_0$ seien die Komponenten von $\boldsymbol{s}(t)$ für $t\geqslant 0$ und die von $\boldsymbol{u}_0$ nichtnegativ. Zeige: Die Komponenten der Lösung $\boldsymbol{u}(t)$ sind gewiß dann für $t\geqslant 0$ nichtnegativ, wenn für die Elemente a_{jk} der Matrix $\boldsymbol{A}$ gilt: $a_{jk}\geqslant 0$ für $j\neq k$. Die *praktische* Bedeutung dieses Satzes wird uns im Abschnitt „Kompartimentmodelle" der Nr. 55 aufgehen.
Hinweis: A 48.6.

3. Löse die Anfangswertaufgabe

$$\dot{u}_1=2u_1+u_2, \quad \dot{u}_2=2u_2, \qquad u_1(0)=u_2(0)=1$$

mit Hilfe von A 48.5.

4. Löse die Anfangswertaufgabe

$$\dot{u}_1 = u_2, \quad \dot{u}_2 = u_1, \qquad u_1(0) = u_2(0) = 1.$$

Hinweis: Das Quadrat der Koeffizientenmatrix ist $= I$.

50 Das charakteristische Polynom einer Matrix

Im folgenden sei $A := (a_{jk})$ durchweg eine (n, n)-Matrix mit komplexen Elementen a_{jk}. Das Polynom n-ten Grades

$$\chi(\lambda) := \det(\lambda I - A) = \lambda^n + \alpha_{n-1}\lambda^{n-1} + \cdots + \alpha_1\lambda + \alpha_0 \tag{50.1}$$

heißt das charakteristische Polynom, die Gleichung

$$\det(\lambda I - A) = 0 \tag{50.2}$$

die charakteristische Gleichung der Matrix A. Ihre Wurzeln nennt man die charakteristischen Zahlen oder Eigenwerte von A.
Ist λ_0 ein Eigenwert von A, so besitzt das lineare Gleichungssystem

$$(\lambda_0 I - A)x = 0 \tag{50.3}$$

in $\mathbf{C}^n$ Lösungen $x \neq 0$. Man nennt sie die Eigenvektoren von A zum Eigenwert λ_0.
Für jedes Polynom $p(\lambda) := a_0 + a_1\lambda + \cdots + a_m\lambda^m$ mit komplexen Koeffizienten setzen wir hinfort

$$p(A) := a_0 I + a_1 A + \cdots + a_m A^m. \tag{50.4}$$

Die Matrixpolynome $p(A)$ kommutieren miteinander, und in eine Polynomgleichung „darf" man anstelle der Variablen λ die Matrix A einsetzen, genauer:

$$\textit{Aus } p(\lambda) = q(\lambda) \textit{ für alle } \lambda \textit{ folgt } p(A) = q(A). \tag{50.5}$$

Ist insbesondere

$$\chi(\lambda) = (\lambda - \lambda_1)^{n_1}(\lambda - \lambda_2)^{n_2} \cdots (\lambda - \lambda_r)^{n_r} \tag{50.6}$$

die kanonische Produktdarstellung des charakteristischen Polynoms $\chi(\lambda)$, sind also die $\lambda_1, \ldots, \lambda_r$ die unter sich verschiedenen Eigenwerte und $n_1, \ldots, n_r$ ihre korrespondierenden Vielfachheiten, so ist

$$\chi(A) = (A - \lambda_1 I)^{n_1}(A - \lambda_2 I)^{n_2} \cdots (A - \lambda_r I)^{n_r}. \tag{50.7}$$

Grundlegend für das Weitere ist der

50.1 Satz von Cayley[1] *Die Matrix A annulliert ihr eigenes charakteristisches Polynom: es ist $\chi(A)=\mathbf{0}$.*

Der folgende einfache Beweis geht auf Frobenius zurück. λ sei *kein* Eigenwert von A. Dann existiert die Inverse $(\lambda I-A)^{-1}$, und mittels der Cramerschen Regel ergibt sich

$$(\lambda \boldsymbol{I}-\boldsymbol{A})^{-1}=\frac{1}{\chi(\lambda)}\begin{pmatrix} p_{11}(\lambda)\ldots p_{1n}(\lambda)\\ \vdots \\ p_{n1}(\lambda)\ldots p_{nn}(\lambda)\end{pmatrix} \tag{50.8}$$

mit Polynomen $p_{jk}(\lambda)$ vom Grade $\leqslant n-1$. Mit

$$\chi(\lambda)=\sum_{\nu=0}^{n}\alpha_\nu\lambda^\nu \quad \text{und} \quad (p_{jk}(\lambda))=\sum_{\nu=0}^{n-1}\lambda^\nu \boldsymbol{B}_\nu$$

- die $\boldsymbol{B}_\nu$ sind konstante (n, n)-Matrizen - erhält man aus (50.8) die Gleichung

$$\begin{aligned}\sum_{\nu=0}^{n}\alpha_\nu\lambda^\nu \boldsymbol{I}&=\left(\sum_{\nu=0}^{n-1}\lambda^\nu \boldsymbol{B}_\nu\right)(\lambda \boldsymbol{I}-\boldsymbol{A})\\ &=-\boldsymbol{B}_0\boldsymbol{A}+\sum_{\nu=1}^{n-1}\lambda^\nu(\boldsymbol{B}_{\nu-1}-\boldsymbol{B}_\nu\boldsymbol{A})+\lambda^n\boldsymbol{B}_{n-1}\end{aligned}$$

und daraus durch Koeffizientenvergleich

$$\begin{aligned}\alpha_0\boldsymbol{I}&= \phantom{\boldsymbol{B}_0}\;-\boldsymbol{B}_0\boldsymbol{A},\\ \alpha_1\boldsymbol{I}&=\boldsymbol{B}_0-\boldsymbol{B}_1\boldsymbol{A},\\ \alpha_2\boldsymbol{I}&=\boldsymbol{B}_1-\boldsymbol{B}_2\boldsymbol{A},\\ &\vdots\\ \alpha_{n-1}\boldsymbol{I}&=\boldsymbol{B}_{n-2}-\boldsymbol{B}_{n-1}\boldsymbol{A},\\ \alpha_n\boldsymbol{I}&=\boldsymbol{B}_{n-1}.\end{aligned}$$

Nun braucht man die ν-te Zeile nur noch mit A^ν zu multiplizieren und dann alle Zeilen zu addieren, um die behauptete Gleichung $\chi(A)=\mathbf{0}$ vor Augen zu haben. ∎

Entscheidend für unsere Zwecke ist der folgende

50.2 Zerlegungssatz *Es sei*

$$\chi(\lambda)=(\lambda-\lambda_1)^{n_1}\cdots(\lambda-\lambda_r)^{n_r} \qquad (\lambda_\varrho\neq\lambda_\sigma \text{ für } \varrho\neq\sigma,\ n_1+\cdots+n_r=n)$$

[1] So genannt nach dem englischen Juristen und Mathematiker Arthur Cayley (1821-1895; 74). Ein Spezialfall war schon von seinem Landsmann William Rowan Hamilton (1805-1865; 60) gefunden worden, einem frühreifen Wunderkind, das später dem Alkohol verfiel. Der Satz wird deshalb oft das *Cayley-Hamiltonsche Theorem* genannt.

die kanonische Produktdarstellung des charakteristischen Polynoms $\chi(\lambda)$ von A. Dann läßt sich jedes $x \in \mathbf{C}^n$ als Summe

$$x = v_1 + \cdots + v_r \quad \textit{mit} \quad (A - \lambda_\varrho I)^{n_\varrho} v_\varrho = 0 \qquad (\varrho = 1, \ldots, r) \tag{50.9}$$

schreiben. Die v_ϱ sind eindeutig bestimmt.

Beweis. Im Falle $r=1$ leuchtet die Behauptung unmittelbar ein, denn dann ist nach dem Cayleyschen Satz

$$(A - \lambda_1 I)^{n_1} = \chi(A) = 0, \quad \text{also} \quad (A - \lambda_1 I)^{n_1} x = 0 \quad \text{für alle } x.$$

Es mag genügen, nur noch den Fall $r=2$ zu betrachten; der Leser wird sich dann leicht weiterhelfen können. Die Faktoren

$$p_1(\lambda) := (\lambda - \lambda_1)^{n_1}, \quad p_2(\lambda) := (\lambda - \lambda_2)^{n_2}$$

in der Produktdarstellung $\chi(\lambda) = p_1(\lambda) p_2(\lambda)$ sind wegen $\lambda_1 \neq \lambda_2$ teilerfremd, und daher gibt es bekanntlich Polynome $q_1(\lambda)$, $q_2(\lambda)$, so daß

$$1 = q_1(\lambda) p_1(\lambda) + q_2(\lambda) p_2(\lambda),$$

also

$$I = q_1(A) p_1(A) + q_2(A) p_2(A)$$

ist. Jedes $x \in \mathbf{C}^n$ gestattet daher die Zerlegung

$$x = q_1(A) p_1(A) x + q_2(A) p_2(A) x. \tag{50.10}$$

Der Bequemlichkeit wegen setzen wir

$$N_\varrho := \{x \in \mathbf{C}^n : p_\varrho(A) x = 0\} \qquad (\varrho = 1, 2).$$

Dank des Cayleyschen Satzes gilt

$$p_1(A) p_2(A) x = p_2(A) p_1(A) x = \chi(A) x = 0 \quad \text{für jedes} \quad x \in \mathbf{C}^n,$$

also ist

$$y_1 := p_2(A) x \in N_1 \quad \text{und} \quad y_2 := p_1(A) x \in N_2.$$

Mit y_1 liegt aber auch $q_2(A) y_1$ in N_1, denn es ist

$$p_1(A)[q_2(A) y_1] = q_2(A)[p_1(A) y_1] = q_2(A) 0 = 0.$$

Und aus denselben Gründen gehört $q_1(A) y_2$ zu N_2. Alles in allem ist also

$$v_1 := q_2(A) y_1 = q_2(A) p_2(A) x \in N_1, \quad v_2 := q_1(A) y_2 = q_1(A) p_1(A) x \in N_2,$$

und nun stellt uns (50.10) die behauptete Darstellung von x vor Augen. Ihre Eindeutigkeit folgt aus der Gleichung $N_1 \cap N_2 = \{0\}$, die ebenfalls aus (50.10) abgelesen werden kann. ■

51 Die Auflösung des homogenen Systems

In dieser Nummer werden wir erfahren, wie man das homogene System

$$\dot{\boldsymbol{u}}=A\boldsymbol{u} \quad \text{mit} \quad A:=(a_{jk})_{j,k=1,\ldots,n}, \quad a_{jk}\in\mathbf{R} \tag{51.1}$$

in praktikabler Weise auflösen kann. Die Grundlage hierfür bilden die algebraischen Tatsachen der letzten Nummer und das analytische Faktum, daß alle Lösungen von (51.1) - und nur sie - durch $e^{tA}\boldsymbol{v}$ gegeben werden, wenn $\boldsymbol{v}$ durch ganz $\mathbf{R}^n$ läuft (s. Ende der Nr. 49).

Es sei nun $\boldsymbol{u}(t)$ irgendeine Lösung von (51.1). Dann ist also

$$\boldsymbol{u}(t)=e^{tA}\boldsymbol{v} \quad \text{mit einem gewissen} \quad \boldsymbol{v}\in\mathbf{R}^n. \tag{51.2}$$

Kraft des Satzes 50.2 haben wir die Zerlegung

$$\boldsymbol{v}=\boldsymbol{v}_1+\cdots+\boldsymbol{v}_r \quad \text{mit} \quad \boldsymbol{v}_\varrho\in\mathbf{C}^n, \quad (A-\lambda_\varrho I)^{n_\varrho}\boldsymbol{v}_\varrho=\boldsymbol{0}\,; \tag{51.3}$$

hierbei sind $\lambda_1,\ldots,\lambda_r$ die unter sich verschiedenen Nullstellen des charakteristischen Polynoms $\chi(\lambda):=\det(\lambda I-A)$ und $n_1,\ldots,n_r$ ihre Vielfachheiten; die $\boldsymbol{v}_\varrho$ sind eindeutig bestimmt. Aus (51.2) und (51.3) folgt

$$\boldsymbol{u}(t)=e^{tA}\boldsymbol{v}_1+\cdots+e^{tA}\boldsymbol{v}_r. \tag{51.4}$$

Wir inspizieren nun den ϱ-ten Term dieser Summe etwas genauer.
Dank des Multiplikationstheorems (48.11) ist

$$\begin{aligned} e^{tA}\boldsymbol{v}_\varrho &= e^{t\lambda_\varrho I}e^{t(A-\lambda_\varrho I)}\boldsymbol{v}_\varrho = e^{t\lambda_\varrho}e^{t(A-\lambda_\varrho I)}\boldsymbol{v}_\varrho \\ &= e^{\lambda_\varrho t}\sum_{k=0}^{\infty}\frac{t^k}{k!}[(A-\lambda_\varrho I)^k\boldsymbol{v}_\varrho] = e^{\lambda_\varrho t}\sum_{k=0}^{n_\varrho-1}\frac{t^k}{k!}[(A-\lambda_\varrho I)^k\boldsymbol{v}_\varrho]; \end{aligned}$$

die unendliche Summe reduziert sich auf eine *endliche*, weil nach (51.3) bereits

$$(A-\lambda_\varrho I)^{n_\varrho}\boldsymbol{v}_\varrho=\boldsymbol{0}, \quad \text{erst recht also} \quad (A-\lambda_\varrho I)^k\boldsymbol{v}_\varrho=\boldsymbol{0} \quad \text{für} \quad k>n_\varrho$$

ist. Diese endliche Summe ist ein Vektor $\boldsymbol{p}_\varrho(t)$, dessen Komponenten *Polynome in t vom Grade* $\leqslant n_\varrho-1$ sind. Mit (51.4) finden wir also für $\boldsymbol{u}(t)$ die Darstellung

$$\boldsymbol{u}(t)=\sum_{\varrho=1}^{r}e^{\lambda_\varrho t}\boldsymbol{p}_\varrho(t). \tag{51.5}$$

Wir ordnen nun die Eigenwerte $\lambda_1, \ldots, \lambda_r$ so an, daß die m ersten alle *reell*, die darauffolgenden alle *nichtreell* sind und in *konjugiert komplexen Paaren* aufeinanderfolgen[1]:

$$\underbrace{\lambda_1, \ldots, \lambda_m}_{\text{reell}}, \quad (\lambda_{m+1}, \bar{\lambda}_{m+1}), \ldots, (\lambda_{m+s}, \bar{\lambda}_{m+s}) \qquad (m+2s=r). \tag{51.6}$$

Natürlich kann eine dieser beiden Gruppen auch leer sein. Indem man nun die Eulersche Formel (14.18) heranzieht, erhält man aus (51.5) die endgültige Darstellung

$$\boldsymbol{u}(t) = \sum_{\varrho=1}^{m} \boldsymbol{P}_\varrho(t)\, e^{\lambda_\varrho t} + \sum_{\varrho=m+1}^{m+s} \boldsymbol{Q}_\varrho(t)\, e^{\alpha_\varrho t} \cos\beta_\varrho t + \sum_{\varrho=m+1}^{m+s} \boldsymbol{R}_\varrho(t)\, e^{\alpha_\varrho t} \sin\beta_\varrho t\,; \tag{51.7}$$

hierbei ist

$$\alpha_\varrho := \operatorname{Re}\lambda_\varrho, \quad \beta_\varrho := \operatorname{Im}\lambda_\varrho,$$

und *die Komponenten von* $\boldsymbol{P}_\varrho(t)$, $\boldsymbol{Q}_\varrho(t)$ *und* $\boldsymbol{R}_\varrho(t)$ *sind Polynome in t vom Grade* $\leqslant n_\varrho - 1$ (n_ϱ = Vielfachheit des reellen Eigenwertes λ_ϱ bzw. des konjugiert komplexen Eigenwertpaares $\lambda_\varrho, \bar{\lambda}_\varrho$).

Damit ist die Struktur der allgemeinen Lösung von (51.1) vollständig aufgeklärt. Es liegt auf der Hand, wie man diese Erkenntnis sofort umsetzen kann in eine brauchbare

51.1 Lösungsmethode *Um das homogene System* $\dot{\boldsymbol{u}} = \boldsymbol{A}\boldsymbol{u}$ *zu lösen, bestimmt man als erstes sämtliche Wurzeln der Gleichung*

$$\det(\boldsymbol{A} - \lambda \boldsymbol{I}) = 0 \tag{51.8}$$

mitsamt ihren Vielfachheiten und ordnet sie gemäß (51.6).[2] *Dann setzt man die Polynomkomponenten der Vektoren* $\boldsymbol{P}_\varrho(t)$, $\boldsymbol{Q}_\varrho(t)$ *und* $\boldsymbol{R}_\varrho(t)$ *in* (51.7) *mit unbestimmten Koeffizienten und den angegebenen Höchstgraden an und geht nun mit dem Ansatz* (51.7) *in das System* $\dot{\boldsymbol{u}} = \boldsymbol{A}\boldsymbol{u}$ *ein. Es ergeben sich Beziehungen zwischen den Koeffizienten der Polynomkomponenten. Die unbestimmt bleibenden Koeffizienten können*

---

[1] Wegen der Realität der a_{jk} sind auch die Koeffizienten von $\chi(\lambda)$ alle reell. Ist also λ_0 eine *nichtreelle* Nullstelle von $\chi(\lambda)$ mit Vielfachheit n_0, so muß auch die *konjugiert komplexe* Zahl $\bar{\lambda}_0$ eine Nullstelle von $\chi(\lambda)$ mit genau der gleichen Vielfachheit n_0 sein. n_0 nennt man deshalb auch gerne die Vielfachheit des konjugiert komplexen Nullstellenpaares $\lambda_0, \bar{\lambda}_0$.

[2] Die Wurzeln der Gleichung $\det(\boldsymbol{A} - \lambda\boldsymbol{I}) = 0$ sind dieselben wie die der charakteristischen Gleichung $\det(\lambda\boldsymbol{I} - \boldsymbol{A}) = 0$, denn die beiden Determinanten unterscheiden sich höchstens - und dies auch nur im Falle „n ungerade" - durch das Vorzeichen. Das charakteristische Polynom $\det(\lambda\boldsymbol{I} - \boldsymbol{A})$ ist für *theoretische Zwecke* bequemer, weil sein höchster Koeffizient immer $=1$ ist, das Polynom $\det(\boldsymbol{A} - \lambda\boldsymbol{I})$ kommt den Bedürfnissen der *praktischen Rechnung* besser entgegen, weil bei seiner Herstellung Vorzeichenfehler leichter vermieden werden.

dazu dienen, die so hergestellte allgemeine Lösung vorgegebenen Anfangsbedingungen anzupassen.

Wir wollen nun mittels dieser Methode einige Beispiele detailliert durchrechnen.

51.2 Beispiel Zu lösen sei die Anfangswertaufgabe

$$\begin{matrix} \dot{u} = u + v \\ \dot{v} = 4u - 2v \end{matrix}, \quad u(0) = 0,\ v(0) = 5 \qquad \text{(vgl. A 47.2)}. \tag{51.9}$$

Erster Schritt: *Bestimmung der Wurzeln (mitsamt Vielfachheiten) von*

$$\det(A - \lambda I) = \begin{vmatrix} 1-\lambda & 1 \\ 4 & -2-\lambda \end{vmatrix} = \lambda^2 + \lambda - 6 = 0.$$

Die Wurzeln sind $\lambda_1 := -3$, $\lambda_2 := 2$, ihre Vielfachheiten $= 1$.

Zweiter Schritt: *Herstellung des Lösungsansatzes* (51.7).

In (51.7) entfallen die beiden letzten Summen, und die Polynomkomponenten in $\boldsymbol{P}_1(t)$, $\boldsymbol{P}_2(t)$ sind vom Grade $\leqslant 1 - 1 = 0$, sind also Konstante. Der Lösungsansatz (51.7) sieht daher so aus:

$$u(t) := A\,\mathrm{e}^{-3t} + B\,\mathrm{e}^{2t}, \quad v(t) := C\,\mathrm{e}^{-3t} + D\,\mathrm{e}^{2t}. \tag{51.10}$$

Dritter Schritt: *Eintragen des Ansatzes* (51.10) *in das System* (51.9). Dieser Schritt liefert die Beziehungen

$$\begin{aligned} -3A\,\mathrm{e}^{-3t} + 2B\,\mathrm{e}^{2t} &= (A + C)\,\mathrm{e}^{-3t} + (B + D)\,\mathrm{e}^{2t}, \\ -3C\,\mathrm{e}^{-3t} + 2D\,\mathrm{e}^{2t} &= (4A - 2C)\,\mathrm{e}^{-3t} + (4B - 2D)\,\mathrm{e}^{2t}. \end{aligned}$$

Koeffizientenvergleich ergibt

$$\left.\begin{aligned} -3A &= A + C \\ 2B &= B + D \\ -3C &= 4A - 2C \\ 2D &= 4B - 2D \end{aligned}\right\}, \quad \text{und daraus folgt} \quad C = -4A, \quad D = B.$$

Die allgemeine Lösung des Systems (51.9) ist also

$$u(t) := A\,\mathrm{e}^{-3t} + B\,\mathrm{e}^{2t}, \quad v(t) := -4A\,\mathrm{e}^{-3t} + B\,\mathrm{e}^{2t}. \tag{51.11}$$

Vierter Schritt: *Einarbeitung der Anfangsbedingungen.*

Es soll $u(0) = 0$, $v(0) = 5$ sein. Aus (51.11) folgt somit

$$\begin{matrix} A + B = 0 \\ -4A + B = 5 \end{matrix}, \quad \text{also} \quad A = -1, \quad B = 1.$$

Die Lösung der Aufgabe (51.9) ist daher

$$u(t) := -\mathrm{e}^{-3t} + \mathrm{e}^{2t}, \quad v(t) := 4\,\mathrm{e}^{-3t} + \mathrm{e}^{2t}.$$

51.3 Beispiel Zu lösen sei die Anfangswertaufgabe

$$\begin{aligned}\dot u &= 3u-4v\\ \dot v &= u-v\end{aligned}, \quad u(0)=3,\ v(0)=1 \qquad \text{(vgl. A 47.3).} \tag{51.12}$$

Erster Schritt: *Bestimmung der Wurzeln (mitsamt Vielfachheiten) von*

$$\det(A-\lambda I)=\begin{vmatrix}3-\lambda & -4\\ 1 & -1-\lambda\end{vmatrix}=\lambda^2-2\lambda+1=0.$$

Die Gleichung hat die Doppelwurzel $\lambda_1:=1$.

Zweiter Schritt: *Herstellung des Lösungsansatzes* (51.7).

In (51.7) entfallen die beiden letzten Summen, und die Polynomkomponenten in $\boldsymbol{P}_1(t)$ sind vom Grade $\leqslant 2-1=1$. Der Lösungsansatz (51.7) sieht daher so aus:

$$u(t):=(A+Bt)e^t, \quad v(t):=(C+Dt)e^t. \tag{51.13}$$

Dritter Schritt: *Eintragen des Ansatzes* (51.13) *in das System* (51.12).

Dieser Schritt liefert die Beziehungen

$$\begin{aligned}(A+Bt)e^t+Be^t &= 3(A+Bt)e^t-4(C+Dt)e^t,\\ (C+Dt)e^t+De^t &= (A+Bt)e^t \quad -(C+Dt)e^t.\end{aligned}$$

Koeffizientenvergleich ergibt

$$\left.\begin{aligned}A+B &= 3A-4C\\ B &= 3B-4D\\ C+D &= A-C\\ D &= B-D\end{aligned}\right\}, \quad \text{und daraus folgt} \quad C=\frac{A}{2}-\frac{B}{4}, \quad D=\frac{B}{2}.$$

Die allgemeine Lösung des Systems (51.12) ist also

$$u(t):=(A+Bt)e^t, \quad v(t):=\left(\frac{A}{2}-\frac{B}{4}+\frac{B}{2}t\right)e^t. \tag{51.14}$$

Vierter Schritt: *Einarbeitung der Anfangsbedingungen.*

Es soll $u(0)=3$, $v(0)=1$ sein. Aus (51.14) folgt somit

$$A=3,$$

$$\frac{A}{2}-\frac{B}{4}=1, \quad \text{also} \quad B=2.$$

Die Lösung der Aufgabe (51.12) ist daher

$$u(t):=(3+2t)e^t, \quad v(t):=(1+t)e^t.$$

51.4 Beispiel Zu lösen sei die Anfangswertaufgabe

$$\begin{aligned}\dot u &= 3u+2v\\ \dot v &= -5u+v\end{aligned}, \quad u(0)=v(0)=2 \qquad \text{(vgl. A 47.6).} \tag{51.15}$$

Erster Schritt: *Bestimmung der Wurzeln (mitsamt Vielfachheiten) von*

$$\det(A-\lambda I)=\begin{vmatrix}3-\lambda & 2\\ -5 & 1-\lambda\end{vmatrix}=\lambda^2-4\lambda+13=0.$$

Die Gleichung hat als einzige Wurzeln das konjugiert komplexe Paar $\alpha\pm i\beta:=2\pm i3$ mit Vielfachheit 1.

Zweiter Schritt: *Herstellung des Lösungsansatzes* (51.7).

Die erste Summe in (51.7) entfällt. Die Polynomkomponenten in $Q_\varrho(t)$, $R_\varrho(t)$ sind vom Grade $\leqslant 1-1=0$, sind also Konstante. Der Lösungsansatz sieht daher so aus:

$$\begin{aligned}u(t)&=A\,e^{2t}\cos 3t+B\,e^{2t}\sin 3t=e^{2t}(A\cos 3t+B\sin 3t),\\ v(t)&=C\,e^{2t}\cos 3t+D\,e^{2t}\sin 3t=e^{2t}(C\cos 3t+D\sin 3t).\end{aligned}\tag{51.16}$$

Dritter Schritt: *Eintragen des Ansatzes* (51.16) *in das System* (51.15).

Dieser Schritt liefert die Beziehungen

$$\begin{aligned}e^{2t}[(2A+3B)\cos 3t+(-3A+2B)\sin 3t]&=e^{2t}[(3A+2C)\cos 3t+(3B+2D)\sin 3t],\\ e^{2t}[(2C+3D)\cos 3t+(-3C+2D)\sin 3t]&=e^{2t}[(-5A+C)\cos 3t+(-5B+D)\sin 3t].\end{aligned}$$

Koeffizientenvergleich ergibt

$$\left.\begin{aligned}2A+3B&=3A+2C\\ -3A+2B&=3B+2D\\ 2C+3D&=-5A+C\\ -3C+2D&=-5B+D\end{aligned}\right\},\quad \text{und daraus folgt}\quad C=-\frac{A}{2}+\frac{3}{2}B,\ D=-\frac{3}{2}A-\frac{B}{2}.$$

Die allgemeine Lösung des Systems (51.15) ist also

$$\begin{aligned}u(t)&:=e^{2t}[A\cos 3t+B\sin 3t],\\ v(t)&:=\frac{e^{2t}}{2}[(-A+3B)\cos 3t-(3A+B)\sin 3t].\end{aligned}\tag{51.17}$$

Vierter Schritt: *Einarbeitung der Anfangsbedingungen.*

Es soll $u(0)=v(0)=2$ sein. Aus (51.17) folgt somit

$$\begin{aligned}&A=2,\\ &-A+3B=4,\quad \text{also}\quad B=2.\end{aligned}$$

Die Lösung der Aufgabe (51.15) ist daher

$$u(t):=2e^{2t}(\cos 3t+\sin 3t),\quad v(t):=2e^{2t}(\cos 3t-2\sin 3t).$$

Der Leser, der die Aufgaben zu Nr. 47 durchgerechnet hat, wird spätestens jetzt mit einem Anflug von Indignation konstatieren, daß die hier vorexerzierte *Eigenwertmethode* mühsamer ist als die *Eliminationsmethode* der Nr. 47. Und das ist gewiß richtig, solange es sich um *zwei*gliedrige Systeme handelt. Aber schon bei *drei*gliedrigen - und erst recht bei noch größeren - bekommt die Sache einen anderen Anstrich.

51.5 Beispiel Zu bestimmen sei die allgemeine Lösung des Systems

$$\begin{aligned}\dot{x}&=-2x+y-2z\\ \dot{y}&=x-2y+2z \qquad \text{(vgl. A 47.15)}.\\ \dot{z}&=3x-3y+5z\end{aligned} \tag{51.18}$$

Erster Schritt: *Bestimmung der Wurzeln (mitsamt Vielfachheiten) von*

$$\det(A-\lambda I)=\begin{vmatrix}-2-\lambda & 1 & -2\\ 1 & -2-\lambda & 2\\ 3 & -3 & 5-\lambda\end{vmatrix}=-\lambda^3+\lambda^2+5\lambda+3=0.$$

Die Gleichung hat die *doppelte* Nullstelle $\lambda_1=-1$ und die *einfache* Nullstelle $\lambda_2=3$.

Zweiter Schritt: *Herstellung des Lösungsansatzes* (51.7).

Aufgrund der Nullstellensituation sieht er so aus:

$$\begin{aligned}x(t)&:=(A_1+B_1t)e^{-t}+C_1e^{3t},\\ y(t)&:=(A_2+B_2t)e^{-t}+C_2e^{3t},\\ z(t)&:=(A_3+B_3t)e^{-t}+C_3e^{3t}.\end{aligned} \tag{51.19}$$

Dritter Schritt: *Eintragen des Ansatzes* (51.19) *in das System* (51.18).

Dieser Schritt liefert die Beziehungen

$$\begin{aligned}&(-A_1+B_1-B_1t)e^{-t}+3C_1e^{3t}=[-2A_1+A_2-2A_3+(-2B_1+B_2-2B_3)t]e^{-t}+[-2C_1+C_2-2C_3]e^{3t}\\ &(-A_2+B_2-B_2t)e^{-t}+3C_2e^{3t}=[A_1-2A_2+2A_3+(B_1-2B_2+2B_3)t]e^{-t}+[C_1-2C_2+2C_3]e^{3t},\\ &(-A_3+B_3-B_3t)e^{-t}+3C_3e^{3t}=[3A_1-3A_2+5A_3+(3B_1-3B_2-5B_3)t]e^{-t}+[3C_1-3C_2+5C_3]e^{3t}.\end{aligned}$$

Koeffizientenvergleich ergibt

$$\begin{aligned}-A_1+B_1&=-2A_1+A_2-2A_3 && [1]\\ -B_1&=-2B_1+B_2-2B_3 && [2]\\ 3C_1&=-2C_1+C_2-2C_3 && [3]\\ -A_2+B_2&=A_1-2A_2+2A_3 && [4]\\ -B_2&=B_1-2B_2+2B_3 && [5]\\ 3C_2&=C_1-2C_2+2C_3 && [6]\\ -A_3+B_3&=3A_1-3A_2+5A_3 && [7]\\ -B_3&=3B_1-3B_2+5B_3 && [8]\\ 3C_3&=3C_1-3C_2+5C_3. && [9]\end{aligned}$$

Dieses Gleichungssystem ist nicht so bedrohlich, wie es aussieht. Die Gln. [2], [5], [8] sind offenbar identisch, wir dürfen also [5] und [8] streichen. Aus [3], [6], [9] ergibt sich

$$C_2=-C_1,\quad C_3=-3C_1 \quad \text{bei beliebig wählbarem } C_1. \tag{51.20}$$

Jetzt haben wir es nur noch mit dem System

[1], [2], [4], [7]

zu tun. Aus [1], [4], [7] folgt sofort

$$B_1=A:=-A_1+A_2-2A_3,\quad B_2=-A,\quad B_3=-3A,$$

und wegen [2] resultiert nun $A=0$, also einerseits

$$B_1=B_2=B_3=0, \tag{51.21}$$

andererseits

$$A_2=A_1+2A_3 \quad \text{bei beliebig wählbarem } A_1, A_3. \tag{51.22}$$

Trägt man (51.20) bis (51.22) in (51.19) ein, so erhält man die allgemeine Lösung in der Gestalt

$$\begin{aligned} x(t)&:=A_1\mathrm{e}^{-t} && +C_1\mathrm{e}^{3t},\\ y(t)&:=(A_1+2A_3)\mathrm{e}^{-t} && -C_1\mathrm{e}^{3t},\\ z(t)&:=A_3\mathrm{e}^{-t} && -3C_1\mathrm{e}^{3t}. \end{aligned}$$

Aufgaben

1. Löse noch einmal die Aufgaben 1, 4, 5, 7 bis 10, 16 in Nr. 47, diesmal mittels der *Eigenwertmethode*.

In den Aufgaben 2 bis 9 sind die allgemeinen Lösungen der angegebenen Systeme zu bestimmen.

2. $\dot{x}=x-y-z$, $\dot{y}=x+3y+z$, $\dot{z}=-3x+y-z$.

3. $\dot{x}=-x+y-2z$, $\dot{y}=4x+y$, $\dot{z}=2x+y-z$.

4. $\dot{x}=3x+y-z$, $\dot{y}=x+3y-z$, $\dot{z}=3x+3y-z$.

5. $\dot{x}=8x+12y-2z$, $\dot{y}=-3x-4y+z$, $\dot{z}=-x-2y+2z$.

6. $\dot{x}=y$, $\dot{y}=z$, $\dot{z}=4x-4y+z$.

7. $\dot{x}=x$, $\dot{y}=2x+y-2z$, $\dot{z}=3x+2y+z$.

8. $\dot{u}_1=u_2$, $\dot{u}_2=u_3$, $\dot{u}_3=u_4$, $\dot{u}_4=-u_1-2u_3$.

9. $\dot{u}_1=u_4$, $\dot{u}_2=-u_1$, $\dot{u}_3=2u_1+u_2-2u_4$, $\dot{u}_4=u_3+2u_4$.

52 Die Auflösung des inhomogenen Systems

Dank des Satzes 49.3 erhält man *alle* Lösungen des inhomogenen Systems $\dot{\boldsymbol{u}}=\boldsymbol{A}\boldsymbol{u}+\boldsymbol{s}(t)$, indem man zu irgendeiner „partikulären" Lösung desselben die allgemeine Lösung des zugehörigen Systems $\dot{\boldsymbol{u}}=\boldsymbol{A}\boldsymbol{u}$ addiert. Da wir das homogene System inzwischen vollständig beherrschen, genügt es also, irgendwie eine partikuläre Lösung des inhomogenen ausfindig zu machen. Wir wollen dabei $\boldsymbol{s}(t)$ als *stetig* auf einem Intervall J voraussetzen. In diesem Falle liefert uns der zweite Summand $\int_{t_0}^{t} \mathrm{e}^{(t-\tau)A}\boldsymbol{s}(\tau)\,\mathrm{d}\tau$ in (49.4) eine solche partikuläre Lösung; sie kann aber auch - meistens bequemer - ähnlich wie in Nr. 16 durch Variation der Konstanten hergestellt werden: *Man ersetzt die freien Konstanten C_k in der allgemeinen Lösung des homogenen Systems durch (differenzierbare) Funktionen $C_k(t)$, geht mit diesem* Ansatz *in das inhomogene System ein, bestimmt so zunächst die Ableitungen $\dot{C}_k(t)$, anschließend durch (unbestimmte) Integration die $C_k(t)$ selbst, trägt diese Funktionen in den genannten Ansatz ein und hat dann ein partikuläres Integral des inhomogenen Systems.*

Dieses Verfahren läßt sich leicht mit Hilfe der schon genannten Partikulärlösung $\int_{t_0}^{t} e^{(t-\tau)A} s(\tau)\,d\tau$ begründen; wir werden es im übrigen noch einmal in Nr. 58 im Kontext der linearen Differentialgleichungssysteme mit variablen Koeffizienten ins Auge fassen. Infolgedessen dürfen wir uns damit begnügen, ein Beispiel durchzurechnen, an dem die geschilderte Methode in allen Einzelheiten deutlich wird.

52.1 Beispiel Zu bestimmen sei die allgemeine Lösung des inhomogenen Systems

$$\begin{aligned}\dot{x}&=4x+y-36t\\ \dot{y}&=-2x+y-2e^{t}\end{aligned}\qquad \text{(s. A 47.13)}. \tag{52.1}$$

Die allgemeine Lösung des zugehörigen homogenen Systems ist

$$x_h(t):=C_1e^{3t}+C_2e^{2t},\quad y_h(t):=-C_1e^{3t}-2C_2e^{2t}. \tag{52.2}$$

Für ein partikuläres Integral des inhomogenen Systems machen wir demgemäß den Ansatz

$$x_p(t):=C_1(t)e^{3t}+C_2(t)e^{2t},\quad y_p(t):=-C_1(t)e^{3t}-2C_2(t)e^{2t}. \tag{52.3}$$

Wir gehen mit ihm in (52.1) ein und finden für die Ableitungen $\dot{C}_1(t)$, $\dot{C}_2(t)$ das Gleichungssystem

$$\begin{aligned}\dot{C}_1(t)e^{3t}+\dot{C}_2(t)e^{2t}&=-36t\\ -\dot{C}_1(t)e^{3t}-2\dot{C}_2(t)e^{2t}&=-2e^{t}.\end{aligned}$$

Seine Lösung ist

$$\dot{C}_1(t)=-72te^{-3t}-2e^{-2t},\quad \dot{C}_2(t)=36te^{-2t}+2e^{-t}.$$

Daraus gewinnen wir durch unbestimmte Integration die Funktionen

$$C_1(t)=24te^{-3t}+8e^{-3t}+e^{-2t},\quad C_2(t)=-18te^{-2t}-9e^{-2t}-2e^{-t}.$$

Wir tragen sie in den Ansatz (52.3) ein, finden so eine partikuläre Lösung

$$x_p(t):=6t-1-e^{t},\quad y_p(t):=12t+10+3e^{t}$$

des inhomogenen Systems und damit in

$$\begin{aligned}x(t)&:=x_p(t)+x_h(t)=6t-1-e^{t}+C_1e^{3t}+C_2e^{2t},\\ y(t)&:=y_p(t)+y_h(t)=12t+10+3e^{t}-C_1e^{3t}-2C_2e^{2t}\end{aligned}$$

die allgemeine Lösung von (52.1).

Aufgaben

Bestimme durch Variation der Konstanten die allgemeinen Lösungen der angegebenen Systeme bzw. die eindeutig bestimmten Lösungen der Anfangswertaufgaben.

1. $\dot{u}=u+v-5t+2, \quad \dot{v}=4u-2v-8t-8.$

2. $\dot{u}=2u+v+3e^{2t}, \quad \dot{v}=-4u+2v+te^{2t}.$

3. $\dot{u}=3u+3v+t, \quad \dot{v}=-u-v+1, \qquad u(0)=v(0)=0$ (s. A 47.11).

4. $\dot{u}=-u+4v+e^{3t}, \quad \dot{v}=-u+3v-1, \qquad u(0)=v(0)=0$ (s. A 47.12).

53 Die Methode der Laplacetransformation

In Nr. 17 hatten wir die Laplacetransformation eingeführt und zur Lösung von Anfangswertaufgaben bei linearen Differentialgleichungen mit konstanten Koeffizienten herangezogen. Nicht minder vorteilhaft ist diese Methode bei *Systemen* linearer Differentialgleichungen. Wir wollen dies an zwei Beispielen verdeutlichen und verwenden dabei die Bezeichnungen und Resultate der Nr. 17; insbesondere soll die Laplacetransformierte einer Funktion $f(t)$ wie früher mit $F(s)$ bezeichnet werden. Der Nerv der Methode besteht darin, *ein System linearer Differentialgleichungen in ein gewöhnliches lineares Gleichungssystem zu verwandeln.*

53.1 Beispiel Zu lösen sei die Anfangswertaufgabe

$$\begin{array}{l}\dot{u}=u+v\\ \dot{v}=u-v\end{array}, \quad u(0)=1, \quad v(0)=0 \qquad \text{(s. A 47.1)}. \tag{53.1}$$

Mit Hilfe des Differentiationssatzes 17.7, speziell der Gleichung (17.6a), geht (53.1) über in das lineare Gleichungssystem

$$\begin{array}{l}sU-1=U+V\\ sV\quad\;\;=U-V\end{array} \quad \text{oder also in} \quad \begin{array}{rl}(s-1)U-V&=1\\ -U+(s+1)V&=0.\end{array}$$

Seine Lösung ist

$$U=\frac{s+1}{(s+\sqrt{2})(s-\sqrt{2})}, \quad V=\frac{1}{(s+\sqrt{2})(s-\sqrt{2})}.$$

Mit Hilfe der Formel Nr. 12 im Anhang 2 gewinnt man daraus

$$u(t)=\cosh\sqrt{2}\,t+\frac{1}{\sqrt{2}}\sinh\sqrt{2}\,t, \quad v(t)=\frac{1}{\sqrt{2}}\sinh\sqrt{2}\,t$$

als Integral der Aufgabe (53.1).

53.2 Beispiel Zu lösen sei die Anfangswertaufgabe

$$\begin{aligned}\dot{u}&=3u+3v+t\\ \dot{v}&=-u-v+1\end{aligned}, \quad u(0)=v(0)=0 \qquad (\text{s. A } 47.11). \tag{53.2}$$

Mit Hilfe von (17.6a) und den Formeln Nr. 1 und 3 im Anhang 2 geht (53.2) über in

$$\begin{aligned}sU&=3U+3V+\frac{1}{s^2}\\ sV&=-U-V+\frac{1}{s}\end{aligned} \quad \text{oder also in} \quad \begin{aligned}(s-3)U-3V&=\frac{1}{s^2}\\ U+(s+1)V&=\frac{1}{s}.\end{aligned}$$

Die Lösung dieses linearen Gleichungssystems ist

$$U=\frac{1}{s}\cdot\frac{4s+1}{s^2(s-2)}, \quad V=\frac{1}{s}\cdot\frac{s^2-3s-1}{s^2(s-2)}. \tag{53.3}$$

Eine leicht herzustellende Partialbruchzerlegung liefert

$$\frac{4s+1}{s^2(s-2)}=-\frac{9}{4}\frac{1}{s}-\frac{1}{2}\frac{1}{s^2}+\frac{9}{4}\frac{1}{s-2}, \quad \frac{s^2-3s-1}{s^2(s-2)}=\frac{7}{4}\frac{1}{s}+\frac{1}{2}\frac{1}{s^2}-\frac{3}{4}\frac{1}{s-2}.$$

Mit Hilfe der Formeln Nr. 1 bis 3 im Anhang 2 erhält man

$$\mathscr{L}^{-1}\left\{\frac{4s+1}{s^2(s-2)}\right\}=-\frac{9}{4}-\frac{1}{2}t+\frac{9}{4}e^{2t},$$

$$\mathscr{L}^{-1}\left\{\frac{s^2-3s-1}{s^2(s-2)}\right\}=\frac{7}{4}+\frac{1}{2}t-\frac{3}{4}e^{2t},$$

und nun ergibt sich kraft der zweiten Gleichung in (17.15) die Lösung von (53.2) zu

$$u(t)=\mathscr{L}^{-1}\{U(s)\}=\int_0^t\left(-\frac{9}{4}-\frac{1}{2}\tau+\frac{9}{4}e^{2\tau}\right)d\tau=\frac{1}{8}(-9-18t-2t^2+9e^{2t}),$$

$$v(t)=\mathscr{L}^{-1}\{V(s)\}=\int_0^t\left(\frac{7}{4}+\frac{1}{2}\tau-\frac{3}{4}e^{2\tau}\right)d\tau=\frac{1}{8}(3+14t+2t^2-3e^{2t}).$$

Aufgaben

1. Löse mittels der Transformationsmethode noch einmal die Anfangswertaufgaben 2 bis 6 und 12 in Nr. 47.

2. Bestimme durch Laplacetransformation die *allgemeine* Lösung des inhomogenen Systems

$$\dot{u}=v+1, \quad \dot{v}=u+t.$$

Die folgenden Anfangswertaufgaben sind mittels der Transformationsmethode zu lösen.

3. $\dot{u}=u-3v, \quad \dot{v}=3u+v, \qquad u(0)=0, \quad v(0)=1.$

4. $\dot{u}=u+v, \quad \dot{v}=-2u+3v, \qquad u(0)=1, \quad v(0)=0.$

5. $\dot{u}=-3u+4v+\cos t,\quad \dot{v}=-2u+3v+t,\qquad u(0)=0,\quad v(0)=1.$

6. $\dot{u}=5u-2v+3e^{4t},\quad \dot{v}=4u-v,\qquad u(0)=3,\quad v(0)=0.$

54 Allgemeinere lineare Systeme mit konstanten Koeffizienten

Bei vielen natur- und ingenieurwissenschaftlichen Fragen stellen sich Systeme von Differentialgleichungen ein, in denen die gesuchten Funktionen und ihre Ableitungen (auch höhere!) zwar immer noch *linear* miteinander verknüpft sind - aber doch in *allgemeinerer* Weise als bisher, z. B. die Systeme

$$\begin{aligned} 2\dot{u}+\dot{v}-u+v&=t \\ \dot{u}-3\dot{v}+2u+5v&=e^t \end{aligned} \qquad \text{oder} \qquad \begin{aligned} \ddot{u}+\dot{v}+u-v&=0 \\ \dot{u}+\ddot{v}-u+2v&=1. \end{aligned}$$

Mit dem Differentiationsoperator D und den Polynomen $p(D)$ (s. Nr. 15) können wir diese beiden Systeme in der Form

$$\begin{aligned} (2D-1)u+(D+1)v&=t \\ (D+2)u+(-3D+5)v&=e^t \end{aligned} \qquad \text{bzw.} \qquad \begin{aligned} (D^2+1)u+(D-1)v&=0 \\ (D-1)u+(D^2+2)v&=1 \end{aligned}$$

schreiben und werden so dazu geführt, Gebilde der Gestalt

$$\begin{aligned} p_{11}(D)u_1+\cdots+p_{1n}(D)u_n&=s_1(t) \\ &\vdots \\ p_{n1}(D)u_1+\cdots+p_{nn}(D)u_n&=s_n(t) \end{aligned} \tag{54.1}$$

ins Auge zu fassen, wobei die $p_{jk}(\lambda)$ Polynome in λ sind. Es wird hierbei durchaus zugelassen, daß einige (oder alle) $p_{jk}(\lambda)$ Konstante sind, der Differentialausdruck $p_{jk}(D)$ also die Ordnung 0 hat - es wird somit auch zugelassen, daß eine oder mehrere Zeilen von (54.1) gar keine Differentialgleichungen im eigentlichen Sinne sind.

Natürlich sind die Existenzsätze der Nr. 49 auf diese neue Situation nicht anwendbar - schlimmer noch: (54.1) *braucht gar nicht lösbar zu sein.* Das zeigt schon ein so unverfängliches Beispiel wie

$$\begin{aligned} (D^2-1)u+(D^2-D)v&=e^t \\ (D^2+D)u+D^2v&=0. \end{aligned} \tag{54.2}$$

Subtraktion der beiden Gleichungen liefert

$$(D+1)u+Dv=-e^t,$$

und durch Differentiation (= Multiplikation mit D) folgt daraus

$$(D^2+D)u+D^2v=-e^t.$$

Diese Gleichung verträgt sich aber nicht mit der zweiten in (54.2). Kein Funktionenpaar $u(t)$, $v(t)$ kann also dem System (54.2) genügen.

Wir müssen es uns versagen, tiefer in die hier herrschenden Verhältnisse einzudringen. Stattdessen wollen wir zwei Methoden schildern, die uns Lösungen liefern, *falls* solche überhaupt existieren.

Die Eliminationsmethode Im einfachsten Fall

$$\begin{aligned}\dot u &= au+bv+f(t)\\ \dot v &= cu+dv+g(t)\end{aligned} \quad \text{oder also} \quad \begin{aligned}(D-a)u-bv \quad &= f(t)\\ -cu+(D-d)v &= g(t)\end{aligned} \tag{54.3}$$

hatten wir sie schon in Nr. 47 beschrieben und erprobt. Bei dem allgemeinen System (54.1) verläuft sie ganz entsprechend. Der besseren Übersicht wegen wollen wir sie jetzt jedoch etwas stärker formalisieren.

Bei der Herleitung der Cramerschen Regel zur Auflösung des linearen Gleichungssystems

$$\begin{aligned}&p_{11}(\lambda)u_1+\cdots+p_{1n}(\lambda)u_n = s_1\\ &\vdots\\ &p_{n1}(\lambda)u_1+\cdots+p_{nn}(\lambda)u_n = s_n\end{aligned}$$

gelangt man unter alleiniger Verwendung von *Addition* und *Multiplikation* zu der Gleichung

$$\underbrace{\begin{vmatrix} p_{11}(\lambda)\ldots p_{1k}(\lambda)\ldots p_{1n}(\lambda)\\ \vdots\\ p_{n1}(\lambda)\ldots p_{nk}(\lambda)\ldots p_{nn}(\lambda)\end{vmatrix}}_{=:\,\Delta(\lambda)} u_k = \begin{vmatrix} p_{11}(\lambda)\ldots s_1\ldots p_{1n}(\lambda)\\ \vdots\\ p_{n1}(\lambda)\ldots \underset{\substack{\uparrow\\ k\text{-te Spalte}}}{s_n}\ldots p_{nn}(\lambda)\end{vmatrix} \tag{54.4}$$

$$= K_{1k}(\lambda)s_1+\cdots+K_{nk}(\lambda)s_n\,;$$

hierbei ist $K_{jk}(\lambda)$ das sogenannte algebraische Komplement von $p_{jk}(\lambda)$ in $\Delta(\lambda)$. Man findet es bekanntlich, indem man in $\Delta(\lambda)$ diejenige Zeile und Spalte streicht, in der $p_{jk}(\lambda)$ steht, und die verbleibende Determinante noch mit dem Faktor $(-1)^{j+k}$ versieht. In (54.4) darf man λ durch D ersetzen, und erhält so

$$\Delta(D)u_k = K_{1k}(D)s_1+\cdots+K_{nk}(D)s_n \quad (k=1,\ldots,n), \tag{54.5}$$

falls die Funktionen $s_1, \ldots, s_n$ hinreichend oft differenzierbar sind. (54.5) läßt sich am besten in der folgenden Form einprägen, die genau der ersten Zeile in (54.4) entspricht:

$$\begin{vmatrix} p_{11}(D)\ldots p_{1n}(D)\\ \vdots\\ p_{n1}(D)\ldots p_{nn}(D)\end{vmatrix} u_k = \begin{vmatrix} p_{11}(D)\ldots s_1\ldots p_{1n}(D)\\ \vdots\\ p_{n1}(D)\ldots \underset{\substack{\uparrow\\ k\text{-te Spalte}}}{s_n}\ldots p_{nn}(D)\end{vmatrix}; \tag{54.6}$$

man muß nur vereinbaren, die Determinante rechter Hand *nach der k-ten Spalte* zu entwickeln und dabei s_j *hinter* die jeweils verbleibende Determinante $K_{jk}(D)$ zu schreiben, um augenfällig zu machen, daß $K_{jk}(D)$ als ein *Operator* auf s_j wirken soll.

$\Delta(D)$ ist ein Polynom in D, die Gleichung (54.5) also eine lineare Differentialgleichung mit konstanten Koeffizienten (falls $\Delta(D)$ überhaupt ein echter Differentialausdruck ist). Ihr muß die k-te Komponente u_k einer Lösung $u_1, \ldots, u_n$ von (54.1) notwendigerweise genügen. Um die allgemeine Lösung von (54.1) zu finden, wird man also die allgemeinen Lösungen der n Gleichungen in (54.5) bestimmen und hoffen, daß sie zusammengenommen tatsächlich die allgemeine Lösung $u_1, \ldots, u_n$ von (54.1) ergeben. Ganz abgesehen davon, daß diese Hoffnung trügen kann, ist noch eine weitere ernüchternde Bemerkung angebracht. In der allgemeinen Lösung u_k von (54.5) treten m freie Konstanten $C_{1k}, \ldots, C_{mk}$ auf, wenn m die Ordnung des Differentialausdrucks $\Delta(D)$ bedeutet. In der aus diesen u_k (möglicherweise) hervorgehenden allgemeinen Lösung $u_1, \ldots, u_n$ brauchen aber diese $m \cdot n$ Konstanten C_{jk} nicht voneinander unabhängig zu sein, denn das *gleichzeitige* Bestehen der n Gleichungen in (54.1) kann gewisse Beziehungen zwischen ihnen erzwingen. Diese Beziehungen lassen sich aufdecken, indem man die allgemeinen Lösungen u_k der Gleichungen (54.5) in (54.1) einträgt und einen Koeffizientenvergleich durchführt. Dieser Weg kann sich jedoch in einem Rechnungsdschungel verlieren, und man wird deshalb nach Umgehungsstraßen Ausschau halten. All diese Dinge machen wir uns am bequemsten und einprägsamsten an passenden Beispielen klar.

54.1 Beispiel Vorgelegt sei das System

$$\begin{aligned} (D^2+1)u+(D^2+D+1)v &= \cos t \\ Du+(D+1)v &= \sin t. \end{aligned} \tag{54.7}$$

Hier ist

$$\Delta(D) = \begin{vmatrix} D^2+1 & D^2+D+1 \\ D & D+1 \end{vmatrix} = 1,$$

wegen (54.6) haben wir also

$$\Delta(D)u = u = \begin{vmatrix} \cos t & D^2+D+1 \\ \sin t & D+1 \end{vmatrix} = (D+1)\cos t - (D^2+D+1)\sin t = -\sin t,$$

$$\Delta(D)v = v = \begin{vmatrix} D^2+1 & \cos t \\ D & \sin t \end{vmatrix} = (D^2+1)\sin t - D\cos t = \sin t.$$

Einzig und allein das Funktionenpaar $u(t) := -\sin t$, $v(t) := \sin t$ kann also das System (54.7) lösen – und löst es tatsächlich. Anfangsbedingungen lassen sich in einem solchen Fall natürlich nicht vorschreiben.

Dasselbe Ergebnis kann man rechnerisch leichter *ohne* Determinanten gewinnen, indem man nämlich das Differentialgleichungssystem (54.7) einfach dem *landläufigen Verfahren zur Auflösung gewöhnlicher linearer Gleichungssysteme* unterwirft: man „multipliziert" die zweite Gleichung in (54.7) mit D, subtrahiert sie dann von der ersten und erhält

$$u+v=\cos t - D\sin t = 0, \quad \text{also} \quad u=-v.$$

Aus der zweiten Gleichung in (54.7) folgt nun

$$D(-v)+(D+1)v=\sin t, \quad \text{also} \quad v=\sin t,$$

und somit schließlich $u=-\sin t$. Diese Prozedur ist genau das in Nr. 47 vorgestellte Eliminationsverfahren.

54.2 Beispiel Als nächstes nehmen wir uns das System

$$\begin{aligned} (D^2+1)u+(D^2+D)v &= t \\ Du \quad +(D+1)v &= 0 \end{aligned} \tag{54.8}$$

vor. Hier ist

$$\Delta(D) = \begin{vmatrix} D^2+1 & D^2+D \\ D & D+1 \end{vmatrix} = D+1,$$

wegen (54.6) haben wir also

$$\Delta(D)u=\dot{u}+u = \begin{vmatrix} t & D^2+D \\ 0 & D+1 \end{vmatrix} = (D+1)t = 1+t, \tag{54.9}$$

$$\Delta(D)v=\dot{v}+v = \begin{vmatrix} D^2+1 & t \\ D & 0 \end{vmatrix} = -Dt = -1. \tag{54.10}$$

Die allgemeinen Lösungen der Differentialgleichungen (54.9), (54.10) sind $u(t):=a\mathrm{e}^{-t}+t$ bzw. $v(t):=b\mathrm{e}^{-t}-1$ mit willkürlichen Konstanten a und b. Gehen wir damit in (54.8) ein, so folgt $2a+t=t$ und $-a\mathrm{e}^{-t}=0$, also $a=0$, während b unbestimmt bleibt (von ursprünglich *zwei* freien Konstanten überlebt also nur *eine*). Als Lösung von (54.8) kommt somit nur das Funktionenpaar

$$u(t)=t, \quad v(t)=b\mathrm{e}^{-t}-1 \quad (b \text{ beliebig})$$

in Frage, und dieses Paar löst auch tatsächlich unser System.

Auch hier kommt man rechnerisch viel leichter zum Ziel, wenn man das „lineare Gleichungssystem" (54.8) für u, v in der Schulmanier angreift. Multipliziert man nämlich die zweite Gleichung in (54.8) mit D und subtrahiert sie dann von der ersten, so folgt sofort $u=t$. Trägt man dies in die zweite Gleichung von (54.8) ein, so erhält man für v die Differentialgleichung $\dot{v}+v=-1$ mit der allgemeinen Lösung $v=b\mathrm{e}^{-t}-1$ (b beliebig). Natürlich muß man auch hier wieder verifizieren, daß dieses Funktionenpaar tatsächlich (54.8) befriedigt.

54.3 Beispiel Für das System

$$\begin{aligned} Du+(3D+1)v &= 4\mathrm{e}^t \\ -u+(D-1)v &= 0 \end{aligned} \tag{54.11}$$

ist $$\Delta(D) = \begin{vmatrix} D & 3D+1 \\ -1 & D-1 \end{vmatrix} = D^2+2D+1,$$

wegen (54.6) haben wir also

$$\Delta(D)v=\ddot{v}+2\dot{v}+v = \begin{vmatrix} D & 4\mathrm{e}^t \\ -1 & 0 \end{vmatrix} = 4\mathrm{e}^t, \tag{54.12}$$

eine Gleichung, die sich durch *direkte Elimination von u* wieder viel rascher finden läßt. Die Differentialgleichung für u haben wir nicht hingeschrieben. Denn der Bau des Systems (54.11) legt es nahe, *nach* der Auflösung von (54.12) *u direkt* aus der zweiten Gleichung von (54.11) zu berechnen; nach ihr ist ja

$$u=(D-1)v=\dot{v}-v. \tag{54.13}$$

Die allgemeine Lösung von (54.12) ist

$$v(t)=(a+bt)\,\mathrm{e}^{-t}+\mathrm{e}^{t} \quad \text{mit beliebigen Konstanten } a, b,$$

wegen (54.13) wird daher

$$u(t)=(b-2a-2bt)\,\mathrm{e}^{-t}$$

sein (von ursprünglich *vier* freien Konstanten bleiben also nur noch *zwei* übrig). Wieder muß man nachträglich verifizieren, daß dieses Funktionenpaar $u(t)$, $v(t)$ tatsächlich (54.11) befriedigt.

54.4 Beispiel Wir betrachten nun das System

$$\begin{aligned} 2Du \quad &-(D^2-4)v = 0\\ (D^2-1)u+ \quad &5Dv \quad = \mathrm{e}^{t}. \end{aligned} \tag{54.14}$$

Hier ist

$$\Delta(D)=\begin{vmatrix} 2D & -(D^2-4)\\ D^2-1 & 5D \end{vmatrix} = D^4+5D^2+4,$$

wegen (54.6) haben wir also

$$\Delta(D)u=u^{(4)}+5\ddot{u}+4u=\begin{vmatrix} 0 & -(D^2-4)\\ \mathrm{e}^{t} & 5D \end{vmatrix} = (D^2-4)\mathrm{e}^{t}=-3\,\mathrm{e}^{t}. \tag{54.15}$$

Das charakteristische Polynom $\lambda^4+5\lambda^2+4=(\lambda^2+1)(\lambda^2+4)$ dieser Differentialgleichung besitzt die Nullstellen $\pm\mathrm{i}$, $\pm 2\mathrm{i}$, die homogene Gleichung $u^{(4)}+5\ddot{u}+4u=0$ hat also die allgemeine Lösung $a_1\cos t+a_2\sin t+a_3\cos 2t+a_4\sin 2t$. Die partikuläre Lösung $-\frac{3}{10}\mathrm{e}^{t}$ der inhomogenen Gleichung (54.15) erhält man mit dem Ansatz $c\,\mathrm{e}^{t}$. Die allgemeine Lösung der Differentialgleichung (54.15) ist also

$$u(t):=-\frac{3}{10}\mathrm{e}^{t}+a_1\cos t+a_2\sin t+a_3\cos 2t+a_4\sin 2t.$$

$v(t)$ gewinnt man am einfachsten so: Man multipliziert die erste Gleichung in (54.14) mit 5, die zweite mit D, addiert und erhält

$$v(t)=\frac{1}{20}(\mathrm{e}^{t}-\dddot{u}-9\dot{u})=\frac{1}{5}\mathrm{e}^{t}+\frac{2}{5}a_1\sin t-\frac{2}{5}a_2\cos t+\frac{1}{2}a_3\sin 2t-\frac{1}{2}a_4\cos 2t.$$

Daß $u(t)$, $v(t)$ tatsächlich eine Lösung von (54.14) ist, läßt sich leicht verifizieren. Diesmal treten im Endresultat *vier* freie Konstanten auf.

Die Methode der Laplacetransformation Hier kommt im Grunde nichts Neues vor; es wird deshalb genügen, ein Beispiel durchzurechnen. Wie immer bezeichnen wir die Laplacetransformierte der Funktion $f(t)$ mit $F(s)$.

54.5 Beispiel Zu lösen sei die Anfangswertaufgabe

$$\begin{aligned} \dot u-2u-\dot v-v &= e^{3t} \\ 2\dot u-3u+\dot v-3v &= e^{3t}, \end{aligned} \quad u(0)=v(0)=0. \tag{54.16}$$

Durch Laplacetransformation geht (54.16) über in das lineare Gleichungssystem

$$\begin{aligned} sU-2U-sV-V &= \frac{1}{s-3} \\ 2sU-3U+sV-3V &= \frac{1}{s-3} \end{aligned} \quad \text{oder also in} \quad \begin{aligned} (s-2)U-(s+1)V &= \frac{1}{s-3} \\ (2s-3)U+(s-3)V &= \frac{1}{s-3} \end{aligned}$$

(s. dazu (17.6a) und Formel Nr. 2 im Anhang 2). Man findet

$$U=\frac{2}{3(s-3)(s-1)}, \quad V=-\frac{1}{3(s-3)(s-1)}$$

und daraus mit Hilfe der Formel Nr. 6 im Anhang 2

$$u(t)=\frac{1}{3}(e^{3t}-e^{t}), \quad v(t)=\frac{1}{6}(e^{t}-e^{3t}).$$

Dieses Funktionenpaar löst tatsächlich die Aufgabe (54.16).

Aufgaben

Die Aufgaben 1 bis 8 sind mittels der Eliminationsmethode, die Aufgaben 9 bis 10 *via* Laplacetransformation zu lösen. Man vergesse nicht, die gefundene Lösung zu verifizieren.

1. $(2D+1)u-(5D+4)v=0, \quad (3D-2)u-(4D-1)v=0.$

2. $(D^2+5D)u+(2D+1)v=0, \quad (3D^2+5)u+(D+3)v=0.$

3. $(D-3)u-6v=t^2, \quad Du+(D-3)v=e^t.$

4. $(D^2-1)u+(D^2+1)v=t, \quad (D-1)u+(D-1)v=0.$

(Die Aufgaben 5 bis 10 sind als erstes auf die „D-Form" zu bringen.)

5. $2\dot u-2\dot v-3u=t, \quad 2\dot u+2\dot v+3u+8v=2.$

6. $\ddot u+\ddot v+\dot u-\dot v=e^t, \quad \dot u+\dot v-u+v=t.$

7. $\dot x+\dot y+y=e^t, \quad \dot x-\dot z+2x+z=e^{-t}, \quad \dot y+\dot z+y+2z=0.$

8. $\ddot x+y=0, \quad \ddot y+\ddot z-y=0, \quad x+y+z=2t.$

9. $\dot u+\dot v-v=3e^t, \quad 2\dot u+\dot v+2v=0, \qquad u(0)=1, \quad v(0)=0.$

10. $\ddot u-u+5\dot v=3t, \quad 2\dot u-\ddot v+4v=6, \qquad u(0)=\dot u(0)=\dot v(0)=0, \quad v(0)=3.$

55 Anwendungen

Die linearen Differentialgleichungssysteme mit konstanten Koeffizienten spielen in den Natur- und Ingenieurwissenschaften eine ebenso prominente Rolle wie die linearen Differentialgleichungen n-ter Ordnung mit konstanten Koeffizienten. Die Nummer 46 hat uns einen ersten Vorgeschmack davon gegeben, die gegenwärtige soll noch zahlreiche weitere Anwendungsfelder zeigen.

Kompartimentmodelle Viele Prozesse in Natur und Technik lassen sich (idealisiert) durch das folgende Modell darstellen. Gegeben seien n reale oder fiktive Behälter (*compartments*, Kompartimente) $K_1, \ldots, K_n$. Jedes K_i enthalte zur Zeit t genau $m_i(t)$ Masseneinheiten eines Salzes in homogener Lösung. Durch irgendeinen Transportmechanismus (z. B. durch Herüberpumpen oder durch Diffusion) möge in der kleinen Zeitspanne $\mathrm{d}t$ eine gewisse Salzmenge von K_i nach K_j $(j \neq i)$ gelangen, die proportional zu $\mathrm{d}t$ und zur Ausgangsmenge $m_i(t)$, also $= k_{ij} m_i(t)\,\mathrm{d}t$ mit festen Übergangsraten $k_{ij} \geqslant 0$ ist. Wir lassen durchaus den Fall $k_{ij} = 0$ zu; er bedeutet, daß *kein* Transport *direkt* von K_i nach K_j stattfindet (s. die Figuren 55.1 bis 55.3). Setzen wir

$$k_{ii} := \sum_{\substack{j=1 \\ j \neq i}}^{n} k_{ij} \qquad (\geqslant 0), \tag{55.1}$$

so führt also K_i in der Zeit von t bis $t + \mathrm{d}t$ insgesamt die Salzmenge

$$\sum_{\substack{j=1 \\ j \neq i}}^{n} k_{ij} m_i(t)\,\mathrm{d}t = k_{ii} m_i(t)\,\mathrm{d}t$$

an alle anderen Kompartimente ab. Im genannten Zeitraum verändert sich daher der Salzgehalt in K_i um

$$\underbrace{\sum_{\substack{j=1 \\ j \neq i}}^{n} k_{ji} m_j(t)\,\mathrm{d}t}_{\text{Zuführung}} - \underbrace{k_{ii} m_i(t)\,\mathrm{d}t}_{\text{Abführung}}.$$

Fügen wir dem Kompartiment K_i noch *von außen* Salz mit der zeitlichen Rate $s_i(t)$ zu, so ergibt sich in der Spanne von t bis $t + \mathrm{d}t$ also eine Veränderung seines Salzgehaltes um insgesamt

$$\mathrm{d}m_i(t) = \sum_{\substack{j=1 \\ j \neq i}}^{n} k_{ji} m_j(t)\,\mathrm{d}t - k_{ii} m_i(t)\,\mathrm{d}t + s_i(t)\,\mathrm{d}t.$$

Die Salzkinetik[1] in dem Kompartimentmodell wird somit beherrscht von dem Differentialgleichungssystem

$$\frac{\mathrm{d}m_i}{\mathrm{d}t}=\sum_{\substack{j=1\\ j\neq i}}^{n} k_{ji}m_j-k_{ii}m_i+s_i(t) \qquad (i=1,\ldots,n), \tag{55.2}$$

in Matrizenschreibweise:

$$\begin{pmatrix}\dot m_1\\ \dot m_2\\ \vdots\\ \dot m_n\end{pmatrix}=\begin{pmatrix}-k_{11} & k_{21}\ldots & k_{n1}\\ k_{12} & -k_{22}\ldots & k_{n2}\\ \vdots & & \\ k_{1n} & k_{2n}\ldots & -k_{nn}\end{pmatrix}\begin{pmatrix}m_1\\ m_2\\ \vdots\\ m_n\end{pmatrix}+\begin{pmatrix}s_1(t)\\ s_2(t)\\ \vdots\\ s_n(t)\end{pmatrix}. \tag{55.3}$$

Dabei sind, um es noch einmal festzuhalten,

$$\textit{alle } k_{ij}\geqslant 0 \textit{ und alle Spaltensummen} =0\,; \tag{55.4}$$

die letzte Gleichung ergibt sich aus (55.1).

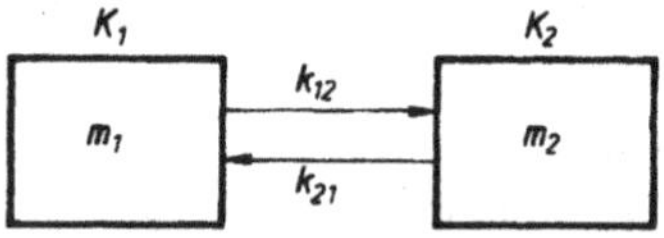

Fig. 55.1

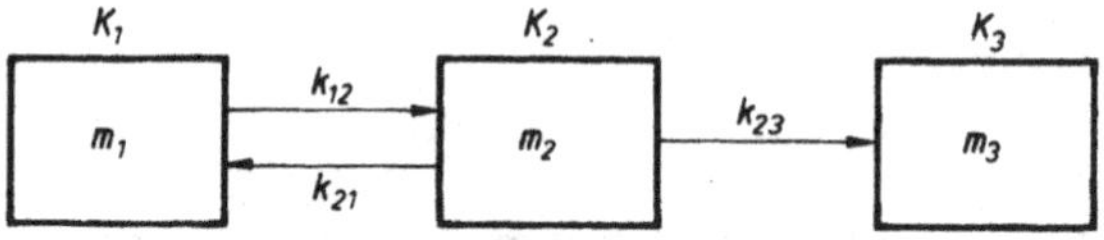

Fig. 55.2

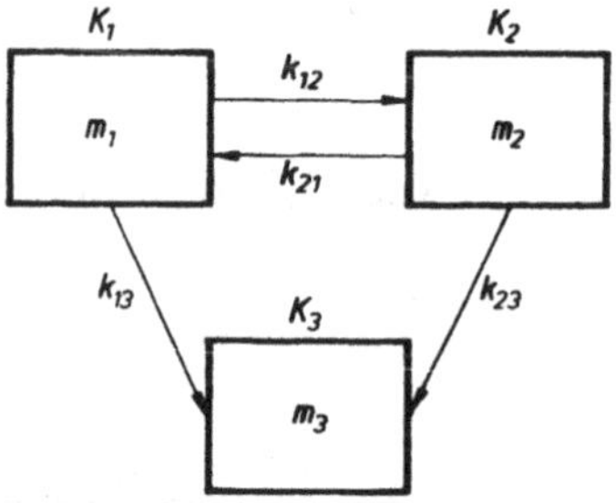

Fig. 55.3

Handelt es sich bei dem „Salz“ unseres Modells um ein Medikament (ein Pharmakon), das durch einzelne Kompartimente des Körpers + Außenwelt wandert – z. B. durch die Kompartimente „Blut“, „Gewebe“, „Harnblase/Außenwelt“ –, so hat man es mit einem neueren Zweig der mathematischen Medizin, der sogenannten Pharmakokinetik, zu tun. Sie spielt u. a. eine entscheidende Rolle bei der Medikamentendosierung in Dauertherapien.

Pharmakokinetische Probleme sind uns schon mehrfach begegnet. In A 5.18 hatten wir die Akkumulation eines Beruhigungsmittels bei Dauereinnahme mit Hilfe eines sehr groben 2-Kompartimente-Modells studiert (ohne uns damals so auszu-

[1] Kinetik ist die Lehre von der Bewegung.

drücken): K_1 war der *ganze Mensch*, K_2 die *Außenwelt* (als Aufnahmebehälter für die Exkremente), und (55.3) ist dementsprechend das inhomogene System

$$\begin{aligned}\dot{m}_1 &= -\lambda m_1 + 0\cdot m_2 + \beta\\ \dot{m}_2 &= \lambda m_1 + 0\cdot m_2,\end{aligned}$$

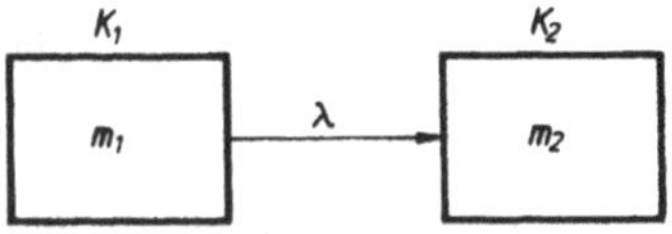

Fig. 55.4

dessen einzig interessanter Teil aber nur die erste Gleichung $\dot{m}_1 = -\lambda m_1 + \beta$ ist – und gerade sie hatten wir in der genannten Aufgabe ins Auge gefaßt. Diese Studien hatten wir in Nr. 46 vertieft, indem wir – ohne diese Ausdrucksweise zu gebrauchen – *drei* Kompartimente benutzten: K_1 := ***Blut***, K_2 := ***Gewebe***, K_3 := ***Außenwelt***. Diesem Modell entspricht das folgende System von Differentialgleichungen (in dem noch keine ständige Einnahme des Medikamentes berücksichtigt ist):

$$\begin{aligned}\dot{m}_1 &= -(\alpha+\beta)m_1 + \gamma m_2 + 0\cdot m_3\\ \dot{m}_2 &= \beta m_1 - \gamma m_2 + 0\cdot m_3\\ \dot{m}_3 &= \alpha m_1 + 0\cdot m_2 + 0\cdot m_3.\end{aligned} \qquad (55.5)$$

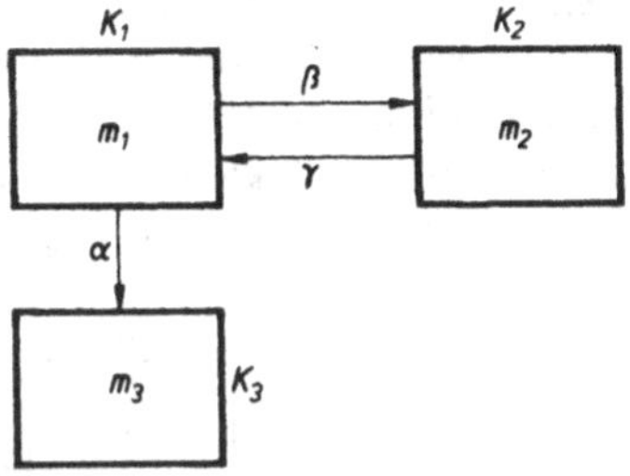

Fig. 55.5

Von wirklichem Interesse ist nur das Teilsystem

$$\begin{aligned}\dot{m}_1 &= -(\alpha+\beta)m_1 + \gamma m_2\\ \dot{m}_2 &= \beta m_1 - \gamma m_2\end{aligned}$$

– und dieses ist genau das System (46.7), das wir schon bis in alle Einzelheiten untersucht haben.

Ein Modell kommt nie ohne Idealisierung aus. Natürlich darf sie nicht so grobschlächtig sein, daß wesentliche Züge der Realität abhanden kommen. Unser Kompartimentmodell sollte zum mindesten *nichtnegative* Salzbestände $m_1(t), \ldots, m_n(t)$ für alle $t>0$ ergeben, wenn die Anfangsbestände $m_1(0), \ldots, m_n(0)$ und die Zuführungsraten $s_1(t), \ldots, s_n(t)$ nichtnegativ sind. Dank A 49.2 ist das tatsächlich der Fall. Da ferner in dem *zufuhrfreien* System

$$\begin{aligned}\dot{m}_1 &= -k_{11}m_1 + k_{21}m_2 + \cdots + k_{n1}m_n\\ &\vdots\\ \dot{m}_n &= k_{1n}m_1 + k_{2n}m_2 + \cdots + (-k_{nn})m_n\end{aligned}$$

wegen (55.4) alle Spaltensummen verschwinden, ist notwendigerweise auch $\frac{\mathrm{d}}{\mathrm{d}t}\sum_{i=1}^{n} m_i(t) = 0$ und somit

$$\sum_{i=1}^{n} m_i(t) = \sum_{i=1}^{n} m_i(0) \quad \text{für alle} \quad t \geqslant 0, \tag{55.6}$$

unser Modell *konserviert* also realitätsgerecht den ursprünglich vorhandenen Salzbestand. Da die $m_i(t)$ ständig $\geqslant 0$ sind – immer unter der Voraussetzung $m_i(0) \geqslant 0$ –, folgt daraus noch

$$0 \leqslant m_j(t) \leqslant \sum_{i=1}^{n} m_i(0) \quad \text{für alle} \quad t \geqslant 0 \quad \text{und} \quad j = 1, \ldots, n. \tag{55.7}$$

Die bei Nierenversagen so wichtige *Dialyse* („Blutwäsche") läßt sich als ein dreigliedriges Kompartimentmodell beschreiben. S. dazu Math. Biosciences 12 (1971) 147-158.

Mischungsprozesse Sehr einfache Vorgänge dieser Art hatten wir schon in dem Abschnitt „Mischungsprozesse" der Nr. 5 studiert. Gegenwärtig wollen wir Mischungsprozesse betrachten, die etwas komplizierter sind. Ihre Natur kann jedoch durch ein konkretes Beispiel bereits völlig durchsichtig gemacht werden.

Gegeben seien vier Tanks $K_1, \ldots, K_4$. Anfänglich enthalte K_1 eine praktisch unbegrenzte Menge reinen Wassers (man mag sich K_1 als eine Wasserleitung vorstellen), K_2 hingegen 1000 Liter Wasser, in dem 50 kg Salz aufgelöst sind, K_3 1000 Liter Wasser mit 20 kg Salz, K_4 sei leer (dieser Tank dient im folgenden als Auffangbecken oder Ableitung). Beginnend mit der Zeit $t_0 = 0$ sollen pro Minute ständig

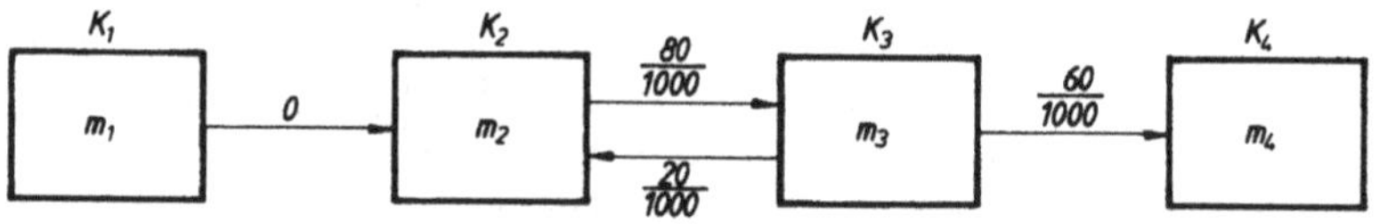

Fig. 55.6

60 Liter Wasser von K_1 nach K_2 gepumpt werden, 80 Liter Salzlösung von K_2 nach K_3, 20 Liter von K_3 nach K_2 und 60 Liter von K_3 nach K_4. Ein Superrührgerät in K_2, K_3 sorge für eine sofortige und vollständige Durchmischung. Wie groß ist zur Zeit $t > 0$ der Salzbestand in den Tanks K_2, K_3? (s. dazu Fig. 55.6).

Wir haben hier ein 4-Kompartimente-Modell mit der Übergangsmatrix

$$\boldsymbol{K} = \begin{pmatrix} -k_{11} & k_{21} & k_{31} & k_{41} \\ k_{12} & -k_{22} & k_{32} & k_{42} \\ k_{13} & k_{23} & -k_{33} & k_{43} \\ k_{14} & k_{24} & k_{34} & -k_{44} \end{pmatrix} = \begin{pmatrix} 0 & 0 & 0 & 0 \\ 0 & -\frac{80}{1000} & \frac{20}{1000} & 0 \\ 0 & \frac{80}{1000} & -\frac{80}{1000} & 0 \\ 0 & 0 & \frac{60}{1000} & 0 \end{pmatrix}.$$

Das zugehörige Differentialgleichungssystem $\dot{\boldsymbol{m}} = \boldsymbol{K}\boldsymbol{m}$, also

$$\begin{aligned}
\dot{m}_1 &= 0 \\
\dot{m}_2 &= -\frac{80}{1000} m_2 + \frac{20}{1000} m_3 \\
\dot{m}_3 &= \frac{80}{1000} m_2 - \frac{80}{1000} m_3 \\
\dot{m}_4 &= \frac{60}{1000} m_3 ,
\end{aligned}$$

ist unter den Anfangsbedingungen $m_1(0)=m_4(0)=0$, $m_2(0)=50$, $m_3(0)=20$ zu lösen.

Von wirklichem Interesse für uns sind aber nur die Funktionen $m_2(t)$, $m_3(t)$ - und deren Verhalten wird bereits von dem Teilsystem

$$\begin{aligned}
\dot{m}_2 &= -\frac{80}{1000} m_2 + \frac{20}{1000} m_3 \\
\dot{m}_3 &= \frac{80}{1000} m_2 - \frac{80}{1000} m_3
\end{aligned} \tag{55.8}$$

beherrscht, das unter den Anfangsbedingungen $m_2(0)=50$, $m_3(0)=20$ zu lösen ist. Das gesuchte Integral ergibt sich nach einer der eingeübten Methoden rasch zu

$$\begin{aligned}
m_2(t) &= 30\,e^{-\frac{1}{25}t} + 20\,e^{-\frac{3}{25}t} , \\
m_3(t) &= 60\,e^{-\frac{1}{25}t} - 40\,e^{-\frac{3}{25}t} .
\end{aligned}$$

Die Salzmengen in K_2 und K_3 vermindern sich also im Laufe der Zeit unbeschränkt, sie tun dies aber so, daß $m_3(t)/m_2(t) \to 2$ strebt für $t \to \infty$.

Anders liegen die Dinge, wenn von K_1 nicht reines Wasser, sondern eine Salzlösung konstanter Konzentration, etwa $\frac{1}{30}$ kg/Liter, nach K_2 gepumpt wird, während alle anderen Daten unverändert bleiben. Dem Tank K_2 - und nur ihm - werden jetzt $\frac{1}{30} \cdot 60 = 2$ kg Salz pro Minute zugeführt, und (55.8) ist demgemäß zu ersetzen durch das inhomogene System

$$\begin{aligned}
\dot{m}_2 &= -\frac{80}{1000} m_2 + \frac{20}{1000} m_3 + 2 \\
\dot{m}_3 &= \frac{80}{1000} m_2 - \frac{80}{1000} m_3 .
\end{aligned}$$

Die Anfangsbedingungen sind nach wie vor $m_2(0)=50$, $m_3(0)=20$. Das Integral ist diesmal

$$m_2(t)=\ 5\mathrm{e}^{-\frac{1}{25}t}+\frac{35}{3}\mathrm{e}^{-\frac{3}{25}t}+\frac{100}{3},$$

$$m_3(t)=10\mathrm{e}^{-\frac{1}{25}t}-\frac{70}{3}\mathrm{e}^{-\frac{3}{25}t}+\frac{100}{3}.$$

Für $t\to\infty$ streben die Salzmengen in beiden Tanks K_2, K_3 gegen 100/3 kg, die Salzkonzentration in ihnen nähert sich also dem Wert $(100/3)/1000=1/30$ kg/Liter - und das ist genau die Konzentration der Salzlösung, die ständig von K_1 in K_2 einfließt.

Radioaktive Zerfallsreihen Von einer solchen Reihe spricht man, wenn eine radioaktive Ausgangssubstanz S_1 in eine radioaktive Substanz S_2 zerfällt, diese in S_3 usw., bis der Prozeß bei einer stabilen Substanz S_n endet. Beispielsweise verwandelt sich Uran 238 über dreizehn radioaktive Zwischenstufen in stabiles Blei. Ist λ_i die Zerfallskonstante von S_i, so läßt sich die Zerfallsreihe symbolisch so darstellen:

$$S_1 \xrightarrow{\lambda_1} S_2 \xrightarrow{\lambda_2} \cdots \xrightarrow{\lambda_{n-1}} S_n.$$

Sie realisiert ein besonders einfaches n-Kompartimente-Modell, wenngleich das „Salz" beim Übergang von einem zum anderen Kompartiment verändert wird; unter rein mathematischen Gesichtspunkten ist dies aber nur eine Änderung seines Namens. Das zugehörige Differentialgleichungssystem

$$\begin{aligned}
\dot m_1 &= -\lambda_1 m_1\\
\dot m_2 &= \lambda_1 m_1-\lambda_2 m_2\\
&\ \vdots\\
\dot m_{n-1} &= \lambda_{n-2}m_{n-2}-\lambda_{n-1}m_{n-1}\\
\dot m_n &= \lambda_{n-1}m_{n-1}
\end{aligned} \tag{55.9}$$

ist unter den Anfangsbedingungen $m_1(0)=M$, $m_2(0)=\cdots=m_n(0)=0$ zu lösen, wobei M die zu Beginn des Prozesses vorhandene Menge von S_1 bedeutet. Die Integration kann diesmal in besonders einfacher Weise ausgeführt werden, nämlich *rekursiv*. Bei einer dreigliedrigen Zerfallsreihe $S_1\to S_2\to S_3$ erhält man so schon mit den Methoden der Nr. 4

$$m_1(t)=M\mathrm{e}^{-\lambda_1 t},$$

$$m_2(t)=\begin{cases}\dfrac{\lambda_1 M}{\lambda_1-\lambda_2}(\mathrm{e}^{-\lambda_2 t}-\mathrm{e}^{-\lambda_1 t}), & \text{falls } \lambda_1\neq\lambda_2,\\[2ex] \lambda_1 M t\,\mathrm{e}^{-\lambda_1 t}, & \text{falls } \lambda_1=\lambda_2,\end{cases}$$

$$m_3(t)=\begin{cases} M\left(1+\dfrac{\lambda_2}{\lambda_1-\lambda_2}\,e^{-\lambda_1 t}-\dfrac{\lambda_1}{\lambda_1-\lambda_2}\,e^{-\lambda_2 t}\right), & \text{falls } \lambda_1\neq\lambda_2,\\ M(1-e^{-\lambda_1 t}-\lambda_1 t e^{-\lambda_1 t}), & \text{falls } \lambda_1=\lambda_2. \end{cases}$$

Wiederkäuer lagern das ungekaute Futter zunächst im Pansen. Nach dem Kauen gelangt es in den Labmagen und von dort in die Eingeweide (s. Fig. 55.7). Die

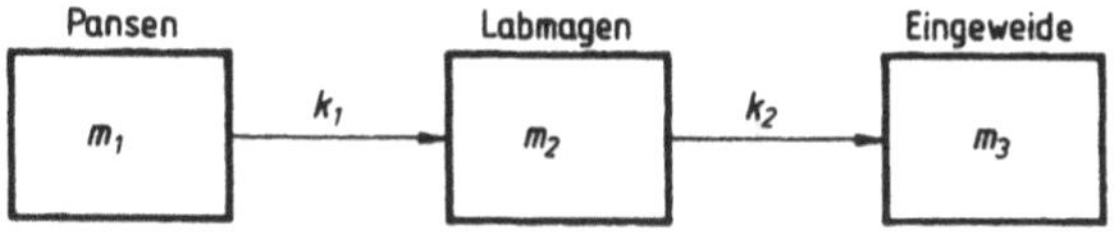

Fig. 55.7

übergehenden Mengen wird man, wie in einem Kompartimentmodell, als proportional zu den jeweils vorhandenen annehmen.[1] Man erhält so das Differentialgleichungssystem

$$\begin{aligned} \dot m_1 &= -k_1 m_1\\ \dot m_2 &= \quad k_1 m_1 - k_2 m_2\\ \dot m_3 &= \qquad\qquad k_2 m_2\,, \end{aligned} \tag{55.10}$$

das unter den Anfangsbedingungen $m_1(0)=M$, $m_2(0)=m_3(0)=0$ zu integrieren ist ($M :=$ Anfangsmenge des Futters im Pansen). Genau diese Aufgabe aber haben wir eben in der Einkleidung „radioaktive Zerfallsreihe $S_1\to S_2\to S_3$" schon vollständig gelöst.

Chemische Reaktionskinetik In einem Stoffsystem werde durch chemische Reaktionen eine Ausgangssubstanz S_1 über eine Zwischensubstanz S_2 in eine Endsubstanz S_3 umgewandelt: $S_1\to S_2\to S_3$. Dieser Prozeß wird offenbar von dem Wiederkäuersystem (55.10) - oder also von dem Zerfallssystem (55.9) für $n=3$ - beherrscht und ist daher bereits vollständig aufgeklärt.

Luftverschmutzung bei Inversionswetterlage Bei einer *Inversion* liegen in Umkehrung normaler Verhältnisse warme Luftmassen auf kalten, so daß der vertikale Luftaustausch behindert wird. Sind auch noch die horizontalen Windgeschwindigkeiten gering, so kommt es zu einer Ansammlung luftverschmutzender Komponenten in der Atmosphäre, insbesondere von Schwefelwasserstoff (H_2S) und Schwefeldioxid (SO_2), denn diese Stoffe werden aus Kaminen und Auspuffen ständig in die unteren Luftschichten emittiert.

---

[1] So bei K. L. Blaxter, N. M. Graham, F. W. Wainman: Some observations on the digestibility of food by sheep, and on related problems. Brit. J. Nutr. **10** (1956) 69–91.

Hierbei ist jedoch zu beachten, daß H_2S zu SO_2 und SO_2 zu einem uns nicht interessierenden Sulfat oxidiert. Die Kinetik des letztgenannten Prozesses haben wir gerade eben studiert; sie wird von dem System (55.10) beherrscht, in dem gegenwärtig nur die beiden ersten Gleichungen von Interesse sind; $m_1(t)$ bedeutet die zur Zeit $t \geqslant 0$ vorhandene Menge von H_2S, $m_2(t)$ die von SO_2. Nun fassen wir noch die Emissionswirkungen ins Auge. ε_1 und ε_2 seien die Emissionsraten von H_2S bzw. SO_2. Der Verschmutzungsprozeß unterliegt dann dem inhomogenen System

$$\begin{aligned} \dot{m}_1 &= -k_1 m_1 + \varepsilon_1 \\ \dot{m}_2 &= k_1 m_1 - k_2 m_2 + \varepsilon_2 \end{aligned} \qquad (k_1 \neq k_2). \tag{55.11}$$

Seine allgemeine Lösung ist

$$\begin{aligned} m_1(t) &= \frac{\varepsilon_1}{k_1} + A\,\mathrm{e}^{-k_1 t}, \\ m_2(t) &= \frac{\varepsilon_1+\varepsilon_2}{k_2} + \frac{k_1}{k_2-k_1} A\,\mathrm{e}^{-k_1 t} + B\,\mathrm{e}^{-k_2 t} \end{aligned} \tag{55.12}$$

mit willkürlichen Konstanten A und B. Man sieht: Wenn bei länger anhaltender Inversionswetterlage keine Gegenmaßnahmen ergriffen werden (etwa Einschränkung der Industriefeuerung und des Autoverkehrs), so stabilisiert sich der H_2S-Gehalt der unteren Luftschichten bei ε_1/k_1, der SO_2-Gehalt bei $(\varepsilon_1+\varepsilon_2)/k_2$ - und diese Schadstoffniveaus können für die menschliche Gesundheit zu hoch sein, sofern nur die Emissionsraten $\varepsilon_1, \varepsilon_2$ groß genug sind.

Der Einfluß medikamentöser Dauertherapie einer Schwangeren auf den Fötus Der Transport eines Medikamentes im Körper einer Schwangeren und im Fötus läßt sich angenähert durch das 4-Kompartimente-Modell der Fig. 55.8 darstellen (wobei zu beachten ist, daß auch zwischen dem Fötus und dem ihn umgebenden Fruchtwasser Stoffaustausch stattfindet. Die erst im *Spät*stadium der Schwanger-

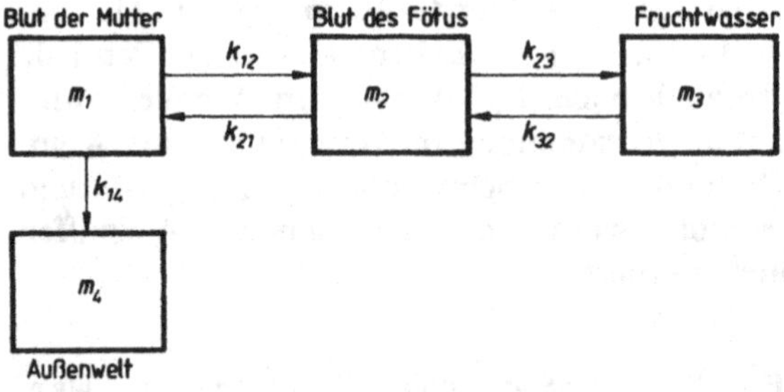

Fig. 55.8

schaft einsetzenden Ausscheidungen des Fötus in das Fruchtwasser sind hingegen nicht berücksichtigt).

Die Schwangere nehme nun in regelmäßigen Abständen ein und dieselbe Dosis eines gewissen Medikamentes ein. Aus Gründen der Einfachheit wollen wir idealisierend unterstellen, die Einnahme erfolge ***kontinuierlich*** mit der konstanten zeitlichen Rate ε (in A 5.18 hatten wir in einem einfacher gelagerten Fall gesehen, daß diskontinuierliche und kontinuierliche Verabreichung sich nicht gravierend unterscheiden). Der Gesamtvorgang „Einnahme - Transport im Körper und Fötus - Ausscheidung" wird dann gesteuert durch das inhomogene Differentialgleichungssystem

$$\begin{aligned}
\dot{m}_1 &= -(k_{12}+k_{14})m_1 + k_{21}m_2 + \varepsilon \\
\dot{m}_2 &= k_{12}m_1 - (k_{21}+k_{23})m_2 + k_{32}m_3 \\
\dot{m}_3 &= k_{23}m_2 - k_{32}m_3 \\
\dot{m}_4 &= k_{14}m_1\,.
\end{aligned} \tag{55.13}$$

Die allein interessierenden Medikamentenverläufe lassen sich schon aus dem Teilsystem

$$\begin{aligned}
\dot{m}_1 &= -(k_{12}+k_{14})m_1 + k_{21}m_2 + \varepsilon \\
\dot{m}_2 &= k_{12}m_1 - (k_{21}+k_{23})m_2 + k_{32}m_3 \\
\dot{m}_3 &= k_{23}m_2 - k_{32}m_3
\end{aligned} \tag{55.14}$$

bestimmen. Sein charakteristisches Polynom ist

$$\begin{aligned}
\chi(\lambda) &= \begin{vmatrix} \lambda+k_{12}+k_{14} & -k_{21} & 0 \\ -k_{12} & \lambda+k_{21}+k_{23} & -k_{32} \\ 0 & -k_{23} & \lambda+k_{32} \end{vmatrix} \\
&= \lambda^3 + (k_{12}+k_{14}+k_{21}+k_{23}+k_{32})\lambda^2 \\
&\quad + (k_{21}k_{32}+k_{12}k_{32}+k_{12}k_{23}+k_{14}k_{32}+k_{14}k_{21}+k_{14}k_{23})\lambda \\
&\quad + k_{32}k_{21}k_{14}\,.
\end{aligned} \tag{55.15}$$

Wir ziehen nun einen Satz von Adolf Hurwitz (1859–1919; 60) heran:

55.1 Hurwitzsches Kriterium *Genau dann hat jede Wurzel des Polynoms*

$$a_n\lambda^n + a_{n-1}\lambda^{n-1} + \cdots + a_1\lambda + a_0 \tag{55.16}$$

einen n e g a t i v e n R e a l t e i l, *wenn alle Koeffizienten a_ν und alle Determinanten*

$$D_2 := \begin{vmatrix} a_1 & a_0 \\ a_3 & a_2 \end{vmatrix}, \quad D_3 := \begin{vmatrix} a_1 & a_0 & 0 \\ a_3 & a_2 & a_1 \\ a_5 & a_4 & a_3 \end{vmatrix}, \quad D_4 := \begin{vmatrix} a_1 & a_0 & 0 & 0 \\ a_3 & a_2 & a_1 & a_0 \\ a_5 & a_4 & a_3 & a_2 \\ a_7 & a_6 & a_5 & a_4 \end{vmatrix} \quad \textit{usw.}$$

bis hinauf zu D_n positiv sind; hierin ist $a_\nu=0$ für $\nu>n$ zu setzen. Bei quadratischen *Polynomen bedeuten diese Bedingungen lediglich, daß alle Koeffizienten* >0 *sind; bei* kubischen *laufen sie darauf hinaus, daß alle Koeffizienten und die eine Determinante D_2 positiv ausfallen.*

Einen Beweis findet man in Willers (1971).

Mit Hilfe des Hurwitzschen Kriteriums erkennt man nun - und zwar sehr leicht -, daß die Wurzeln des charakteristischen Polynoms (55.15) alle einen *negativen Realteil* haben. Daher strebt jede Lösung des zu (55.13) gehörenden homogenen Systems für $t\to\infty$ gegen 0. Anschaulich leuchtet dies übrigens unmittelbar ein, da unser Modell eine *Exkretion* vorsieht.

Ein partikuläres Integral von (55.13) finden wir durch den Ansatz $m_{pi}(t):=c_i$ $(i=1,2,3)$. Mit Hilfe der Cramerschen Regel erhält man

$$m_{p1}(t)=\frac{1}{k_{14}}\varepsilon,\quad m_{p2}(t)=\frac{k_{12}}{k_{21}k_{14}}\varepsilon,\quad m_{p3}(t)=\frac{k_{23}k_{12}}{k_{32}k_{21}k_{14}}\varepsilon.$$

Die allgemeine Lösung von (55.13) (= allgemeine Lösung des homogenen Systems + obige Partikulärlösung) strebt also für $t\to\infty$ gegen diese Partikulärlösung. Das bedeutet: *Nach einiger Zeit stabilisiert sich im Blut der Mutter das Medikamentenniveau $N_1:=\varepsilon/k_{14}$, im Blut des Fötus das Niveau*

$$N_2:=\frac{k_{12}}{k_{21}k_{14}}\varepsilon=\frac{k_{12}}{k_{21}}N_1. \tag{55.17}$$

Das Niveau N_2 kann für den Fötus viel zu hoch sein. Das hat die Contergantragödie zu Anfang der sechziger Jahre in schrecklicher Weise gezeigt. Andererseits eröffnet (55.17) die Möglichkeit, *bereits den Fötus medikamentös zu therapieren.* Das gewünschte Niveau von N_2 läßt sich durch geeignete Wahl von ε erreichen.

Bleiakkumulation im Körper Durch Atemluft und Nahrung nimmt der menschliche Körper ständig Blei auf, um so mehr, je stärker Industrialisierung und Autoverkehr sind. Blei wird im Gewebe und in den Knochen abgelagert, teilweise auch ausgeschieden. Ein 4-Kompartimente-Modell für diesen Vorgang stellt die Fig. 55.9 dar. Bei einer Bleizufuhr mit der konstanten zeitlichen Rate ε über das Blut ergeben sich die Funktionen $m_1(t)$, $m_2(t)$, $m_3(t)$ aus dem inhomogenen Differentialgleichungssystem

$$\begin{aligned}\dot m_1 &= -(k_{12}+k_{13}+k_{14})m_1+k_{21}m_2+k_{31}m_3+\varepsilon\\ \dot m_2 &= k_{12}m_1-k_{21}m_2\\ \dot m_3 &= k_{13}m_1-k_{31}m_3.\end{aligned}$$

Das zugehörige charakteristische Polynom ist

$$\lambda^3+(k_{12}+k_{13}+k_{14}+k_{21}+k_{31})\lambda^2+(k_{12}k_{31}+k_{13}k_{21}+k_{14}k_{21}+k_{14}k_{31})\lambda+k_{14}k_{21}k_{31},$$

und mittels des Hurwitzschen Kriteriums sieht man sofort, daß seine Wurzeln durchweg *negative Realteile* haben.

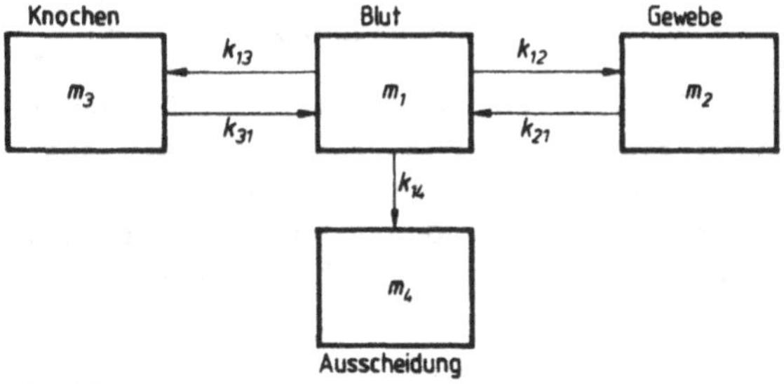

Fig. 55.9

Die allgemeine Lösung der homogenen Gleichung konvergiert daher für $t\to\infty$ gegen 0, und nach hinreichend langer Zeit finden sich im Blut, im Gewebe und in den Knochen Bleiniveaus der Höhe

$$\frac{1}{k_{14}}\varepsilon,\quad \frac{k_{12}}{k_{21}k_{14}}\varepsilon \quad \text{und} \quad \frac{k_{13}}{k_{31}k_{14}}\varepsilon.$$

Gleichstrommotoren An einem Gleichstrommotor werde zur Zeit $t_0=0$ die konstante Gleichspannung U angelegt. Sein Anker wird dann von dem Strom $J(t)$ durchflossen und dreht sich mit der Winkelgeschwindigkeit $\omega(t)$. Strom und Winkelgeschwindigkeit hängen durch das folgende System von Differentialgleichungen miteinander zusammen:

$$\begin{aligned} aJ-\Theta\frac{\mathrm{d}\omega}{\mathrm{d}t} \qquad &= M \\ RJ+L\frac{\mathrm{d}J}{\mathrm{d}t}+a\omega &= U; \end{aligned} \tag{55.18}$$

hierbei ist a ein gewisses Vielfaches des Polflusses, M das (konstante) Drehmoment der Belastung, Θ das Trägheitsmoment des Ankers, R sein Ohmscher Widerstand und L seine Induktivität.

Durch Elimination von J gewinnen wir aus (55.18) die Differentialgleichung

$$\frac{\mathrm{d}^2\omega}{\mathrm{d}t^2}+\frac{R}{L}\frac{\mathrm{d}\omega}{\mathrm{d}t}+\frac{a^2}{L\Theta}\omega=\frac{1}{L\Theta}(aU-RM) \tag{55.19}$$

für die technisch besonders wichtige Winkelgeschwindigkeit ω. Eine partikuläre Lösung ist die konstante Funktion

$$\omega_p(t) := \frac{U}{a} - \frac{RM}{a^2}.$$

Das charakteristische Polynom $\lambda^2 + \frac{R}{L}\lambda + \frac{a^2}{L\Theta}$ der zu (55.19) gehörenden homogenen Gleichung ist quadratisch und hat positive Koeffizienten, nach dem Hurwitzschen Kriterium 55.1 haben also alle seine Wurzeln einen negativen Realteil (was man natürlich auch direkt sehen kann). Infolgedessen strebt die allgemeine Lösung der homogenen Gleichung für $t \to \infty$ gegen 0 (s. etwa Satz 14.2), die allgemeine Lösung der inhomogenen Gleichung also gegen

$$\omega_\infty := \frac{U}{a} - \frac{RM}{a^2}.$$

ω_∞ ist die Winkelgeschwindigkeit des Ankers, die sich „schließlich" einstellt. Sie wächst *linear* mit der angelegten Spannung.

Schwingungstilger Wir betrachten zunächst das in Fig. 55.10 dargestellte System aus zwei Massen m_1, m_2, die an Federn mit den Steifigkeiten k_1, k_2 aufgehängt sind; von Dämpfung werde abgesehen. Die Auslenkungen der Massen aus ihren

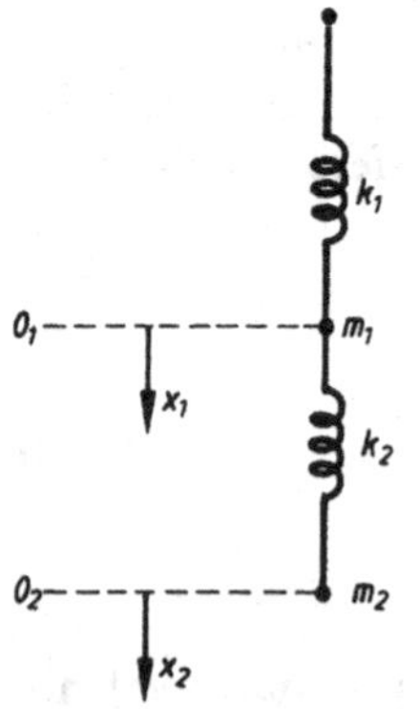

Fig. 55.10

statischen Ruhelagen $0_1, 0_2$ (vgl. A 18.5) bezeichnen wir mit x_1, x_2; die positive Richtung soll nach unten weisen. Bei Störung der Ruhelage gerät das System in Bewegung, und diese wird wegen des Newtonschen Kraft- und des Hookeschen Elastizitätsgesetzes von den folgenden Differentialgleichungen beherrscht:

$$\begin{aligned} m_1\ddot{x}_1 &= -k_1x_1+k_2(x_2-x_1) \\ m_2\ddot{x}_2 &= -k_2(x_2-x_1). \end{aligned} \tag{55.20}$$

Nun lassen wir noch eine periodische Zwangskraft einwirken, indem wir den Aufhängepunkt gemäß dem Weg-Zeitgesetz $x=A\cos\omega t$ auf- und abbewegen. An die Stelle von (55.20) tritt dann das Differentialgleichungssystem

$$\begin{aligned} m_1\ddot{x}_1 &= -k_1(x_1-A\cos\omega t)+k_2(x_2-x_1) \\ m_2\ddot{x}_2 &= -k_2(x_2-x_1). \end{aligned} \tag{55.21}$$

Mit

$$\omega_1^2 := \frac{k_1+k_2}{m_1}, \quad \omega_2^2 := \frac{k_2}{m_2}, \quad \omega_{10}^2 := \frac{k_1}{m_1}, \quad \mu := \frac{m_2}{m_1}$$

schreibt es sich in der Form

$$\begin{aligned} \ddot{x}_1+\omega_1^2x_1-\mu\omega_2^2x_2 &= \omega_{10}^2A\cos\omega t \\ \ddot{x}_2+\omega_2^2x_2-\ \ \omega_2^2x_1 &= 0, \end{aligned} \tag{55.22}$$

mit Hilfe des Differentiationsoperators D also so:

$$\begin{aligned} (D^2+\omega_1^2)x_1-\mu\omega_2^2x_2 \qquad &= \omega_{10}^2A\cos\omega t \\ -\omega_2^2x_1+(D^2+\omega_2^2)x_2 &= 0. \end{aligned} \tag{55.23}$$

Wir multiplizieren die erste Gleichung mit $D^2+\omega_2^2$, die zweite mit $\mu\omega_2^2$ und erhalten dann durch Addition die folgende Differentialgleichung vierter Ordnung für x_1:

$$(D^2+\omega_1^2)(D^2+\omega_2^2)x_1-\mu\omega_2^4x_1 = \omega_{10}^2A(D^2+\omega_2^2)\cos\omega t. \tag{55.24}$$

Das charakteristische Polynom $(\lambda^2+\omega_1^2)(\lambda^2+\omega_2^2)-\mu\omega_2^4$ der zugehörigen homogenen Gleichung ist quadratisch in λ^2, sperrt sich also nicht gegen die Berechnung seiner Nullstellen. Wir könnten daher, wenn wir wollten, x_1 aus (55.24) und anschließend x_2 aus der ersten Gleichung von (55.23) bestimmen. Wir wollen aber nicht, denn für unsere Zwecke - sie werden bald deutlich werden - reicht ein einfacheres Vorgehen schon völlig aus. Wir argumentieren nämlich so.

Nach unseren bisherigen Erfahrungen mit erzwungenen Schwingungen werden wir erwarten, daß sich die beiden Massen im Rhythmus der Zwangskraft bewegen; wir setzen deshalb ihre Weg-Zeitgesetze in der Form

$$\begin{aligned} x_1 &= A_1\cos\omega t, \\ x_2 &= A_2\cos\omega t \end{aligned} \tag{55.25}$$

an. Tragen wir dies in (55.22) ein, so ergibt sich für die Amplituden A_1, A_2 ein lineares Gleichungssystem, und aus ihm erhalten wir ohne Mühe

$$A_1 = \frac{\omega_{10}^2(\omega_2^2-\omega^2)A}{(\omega_1^2-\omega^2)(\omega_2^2-\omega^2)-\mu\omega_2^4},$$

$$A_2 = \frac{\omega_{10}^2\omega_2^2 A}{(\omega_1^2-\omega^2)(\omega_2^2-\omega^2)-\mu\omega_2^4},$$

wenn nur die Erregerfrequenz ω die (übereinstimmenden) Nenner nicht zum Verschwinden bringt. Man bestätigt leicht, daß die mit diesen Amplituden A_1, A_2 gebildeten Funktionen (55.25) tatsächlich das System (55.22) befriedigen. Und das entscheidende, sehr merkwürdige Phänomen ist nun, *daß die erste, der Zwangskraft unmittelbar ausgesetzte Masse vollkommen in Ruhe bleiben kann* - nämlich immer dann, wenn $\omega=\omega_2$ ist (denn in diesem Falle ist $A_1=0$). Diesen Effekt nutzt der Ingenieur aus, um unerwünschte Schwingungen eines Konstruktionsteils K - etwa eines periodisch erschütterten Maschinenfundaments - dadurch zu tilgen, daß er an K einen geeignet abgestimmten Schwinger ankoppelt (s. auch A 18.19).

Aufgaben

1. Ein Tank K_1 enthalte 100 Liter Wasser, in dem 5 kg Salz aufgelöst sind, ein Tank K_2 300 Liter Wasser mit 5 kg Salz. Beginnend mit der Zeit $t_0=0$ werden pro Minute ständig 10 Liter Salzlösung von K_1 nach K_2 und 10 Liter von K_2 nach K_1 gepumpt (und sofort verrührt). Wie groß ist der Salzgehalt $m_i(t)$ in K_i zur Zeit $t>0$? Auf welchem Niveau stabilisiert sich schließlich der Salzgehalt in K_i? S. dazu auch Aufgabe 3.

2. Jeder der beiden Tanks K_1, K_2 enthalte 100 Liter Wasser, in dem 5 kg bzw. 2 kg Salz aufgelöst seien. Beginnend mit der Zeit $t_0=0$ soll in K_1 pro Minute 1 Liter einer Salzlösung der Konzentration 0,1 kg/Liter eingeleitet werden, ferner sollen 2 Liter/Minute von K_1 nach K_2, 1 Liter/Minute von K_2 nach K_1 herübergepumpt und 1 Liter/Minute aus K_2 in einen Abfluß geleitet werden. Wie groß ist der Salzgehalt $m_i(t)$ in K_i zur Zeit $t>0$. Zeige, daß die Salzkonzentration in K_i gegen die Konzentration der eingeleiteten Lösung strebt.

3. Zu einem 2-Kompartimente-Modell ohne Zufuhr von außen gehört das Differentialgleichungssystem

$$\begin{aligned} \dot m_1 &= -k_1 m_1 + k_2 m_2, \\ \dot m_2 &= k_1 m_1 - k_2 m_2. \end{aligned} \qquad (55.26)$$

Mindestens eine der (nichtnegativen) Zahlen k_1, k_2 sei positiv. Zeige: Unter den Anfangsbedingungen $m_1(0)=M_1$, $m_2(0)=M_2$ hat (55.26) die Lösung

$$m_1(t) = \frac{1}{k_1+k_2}[k_2(M_1+M_2)+(k_1M_1-k_2M_2)\mathrm{e}^{-(k_1+k_2)t}],$$

$$m_2(t) = \frac{1}{k_1+k_2}[k_1(M_1+M_2)-(k_1M_1-k_2M_2)\mathrm{e}^{-(k_1+k_2)t}].$$

Für $i=1,2$ ist also

$$m_i(\infty) := \lim_{t\to\infty} m_i(t) \quad \text{vorhanden und} \quad = \frac{M_1+M_2}{k_1+k_2}\cdot\begin{cases} k_2, & \text{falls } i=1,\\ k_1, & \text{falls } i=2.\end{cases}$$

Dies bedeutet: *Die Salzverteilung strebt einem Gleichgewichtszustand zu, der nicht mehr von der* Anfangsverteilung, *sehr wohl aber von den* Übergangsraten *abhängt.*

+**4.** $\lambda_1, \ldots, \lambda_r$ seien die unter sich verschiedenen Eigenwerte der Matrix $\boldsymbol{K}$ eines n-Kompartimente-Modells. Zeige der Reihe nach:

a) $\det \boldsymbol{K}=0$. Hinweis: (55.4).

b) 0 ist ein Eigenwert von $\boldsymbol{K}$.

c) $\operatorname{Re}\lambda_\varrho \leqslant 0$ für $\varrho=1,\ldots,r$. Hinweis: (51.7), (55.7).

d) Sind alle Nichtdiagonalglieder von $\boldsymbol{K}$ *positiv*, so ist 0 eine *einfache* Nullstelle des charakteristischen Polynoms $\det(\lambda \boldsymbol{I}-\boldsymbol{K})$ und $\operatorname{Re}\lambda_\varrho<0$ für jedes $\lambda_\varrho \neq 0$. Infolgedessen ist $m_i(\infty) := \lim_{t\to\infty} m_i(t)$ $(i=1,\ldots,n)$ vorhanden.

Hinweis: Benutze eine bekannte Variante des Satzes von Perron über Matrizen mit positiven Elementen (s. etwa Heuser (1991, Funktionalanalysis), A 110.9 oder R. Bellman: *Introduction to Matrix Analysis*, New York-Toronto-London 1960, S. 283f).

5. Neutronentransport in einem Stab In einem dünnen Stab, der sich von $x=0$ bis $x=L>0$ erstreckt, herrsche an der Stelle x ein Neutronenfluß der Stärke $u(x)$ in linker und der Stärke $v(x)$ in rechter Richtung (s. Fig. 55.11). Durch Wechselwirkung mit dem Stabmaterial kann ein Neutron

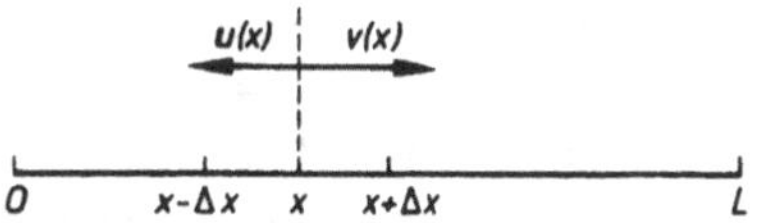

Fig. 55.11

verschwinden und durch zwei andere Neutronen ersetzt werden, von denen das eine nach links, das andere nach rechts wandert (einfaches *Kernspaltungsmodell*). Wir nehmen darüber hinaus noch an, daß in einem x-Intervall der kleinen Länge Δx genau der Bruchteil $p\,\Delta x$ ($p>0$ fest) der dort vorhandenen Neutronen Wechselwirkungen mit dem Stabmaterial hat, also durch Spaltung neue Neutronen erzeugt. Die Neutronenbilanz stellt sich dann näherungsweise so dar:

$$\begin{aligned} u(x) &= (1-p\Delta x)u(x+\Delta x)+p\Delta x\, u(x+\Delta x)+p\Delta x\, v(x),\\ v(x) &= (1-p\Delta x)v(x-\Delta x)+p\Delta x\, v(x-\Delta x)+p\Delta x\, u(x),\end{aligned}$$

und deshalb wird man den Neutronenfluß durch das Differentialgleichungssystem

$$u' = -pv, \qquad v' = pu$$

zu beschreiben versuchen. Löse es unter den *Rand*bedingungen $v(0)=1$, $u(L)=0$ (wobei $\cos pL \neq 0$ angenommen werden soll) und interpretiere diese Bedingungen physikalisch.

6. Cholesterinumsatz Cholesterin ist eine Kohlenstoffverbindung, die eine beherrschende Rolle beim Fettstoffwechsel und bei der Arterienverkalkung spielt. Um seinen Umsatz im menschlichen Körper zu studieren, fassen wir Blut und Organe zu einem Kompartiment K_1 zusammen und den Rest des Körpers zu einem Kompartiment K_2; K_3 sei die Außenwelt, in die hinein die Exkretion erfolgt. $u_i(t)$ bedeute die Abweichung vom normalen Cholesterinniveau in K_i $(i=1,2)$, die Exkretion erfolge nur aus K_1. Mit Hilfe eines radioaktiven „Tracers" fand man, daß die tägliche Übergangsrate von K_1 nach K_2 etwa 0,036, von K_2 nach K_1 etwa 0,02 und von K_1 nach K_3 etwa 0,098 beträgt.[1] Gewinne aus diesen Angaben ein Differentialgleichungssystem für u_1, u_2 und bestimme seine allgemeine Lösung.

7. Akkumulation eines Pharmakons in der Muttermilch Eine stillende Mutter nehme ein Pharmakon kontinuierlich mit der zeitlichen Rate ε oral ein. Die Wanderung des Pharmakons erfolge gemäß dem 4-Kompartimente-Modell in Fig. 55.12.

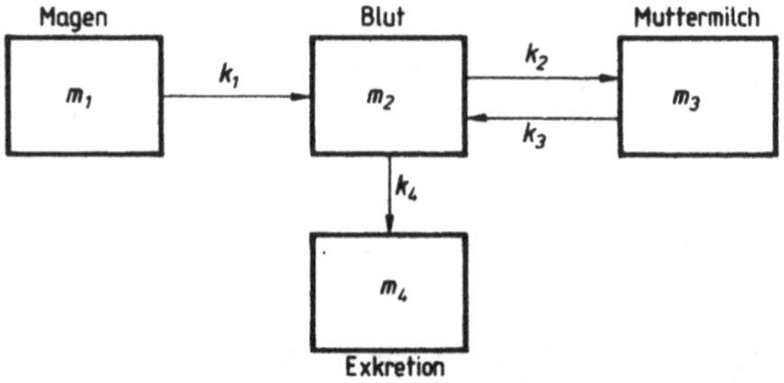

Fig. 55.12

a) Wie lautet das zugehörige inhomogene System von Differentialgleichungen für m_1, m_2, m_3?

b) Zeige, daß die charakteristische Gleichung des homogenen Systems nur *negative* Wurzeln besitzt; sie lassen sich explizit angeben.

c) Welchem Gleichgewichtszustand $m_3(\infty)$ strebt der Pharmakongehalt der Muttermilch zu?

d) Bestimme den Pharmakongehalt $m_3(t)$ der Muttermilch für $t>0$, wenn ursprünglich (zur Zeit $t_0=0$) *kein* Pharmakon im Körper vorhanden war. Dabei soll angenommen werden, daß die Wurzeln des charakteristischen Polynoms unter sich verschieden sind (für die Praxis ist diese Einschränkung nicht von Belang).

Elektrische Netzwerke werden in den Aufgaben 8 bis 10 behandelt. Zur Aufstellung der zugehörigen Differentialgleichungssysteme dienen die beiden *Kirchhoffschen Sätze*:

Stromsatz: In jedem Punkt eines Leitersystems ist die Summe der *ankommenden* Ströme gleich der Summe der *abfließenden*.

Spannungssatz: In jeder Masche (d.h. in jedem geschlossenen Teil) des Leitersystems ist die Summe aller Teilspannungen gleich der Summe der in dieser Masche enthaltenen elektromotorischen Kräfte.

S. dazu auch die Abschnitte „Stromkreise" und „Elektrische Schwingungskreise" in den Nummern 5 bzw. 18. - Elektroingenieure pflegen Netzwerkprobleme mit Hilfe der Laplacetransformation zu lösen. Der Leser tue desgleichen.

[1] D. S. Goodman, R. P. Noble: Turnover of plasma cholesterol in man. J. Clin. Invest. **47** (1968) 231-241.

8. Für die Ströme J_k in dem Netzwerk der Fig. 55.13 gelten die Gleichungen

$$J_1 = J_2 + J_3 \qquad \text{(Stromsatz im Knotenpunkt } K\text{)}$$
$$R_1 J_1 + L_2 \dot{J}_2 = E \qquad \text{(Spannungssatz für linke Masche)}$$
$$R_3 J_3 + L_3 \dot{J}_3 - L_2 \dot{J}_2 = 0 \qquad \text{(Spannungssatz für rechte Masche).}$$

Die Ströme J_1, J_3 genügen also dem Differentialgleichungssystem

$$R_1 J_1 + L_2(\dot{J}_1 - \dot{J}_3) = E,$$
$$R_3 J_3 + L_3 \dot{J}_3 - L_2(\dot{J}_1 - \dot{J}_3) = 0.$$

Bestimme $J_1(t)$, $J_3(t)$ für $t > 0$ unter der Anfangsbedingung $J_1(0) = J_3(0) = 0$ und mit den Größen $R_1 = R_3 = 100$ Ohm, $L_2 = L_3 = 0{,}5$ Henry, $E = 50$ Volt. Welcher stationäre Zustand stellt sich nach hinreichend langer Zeit ein?

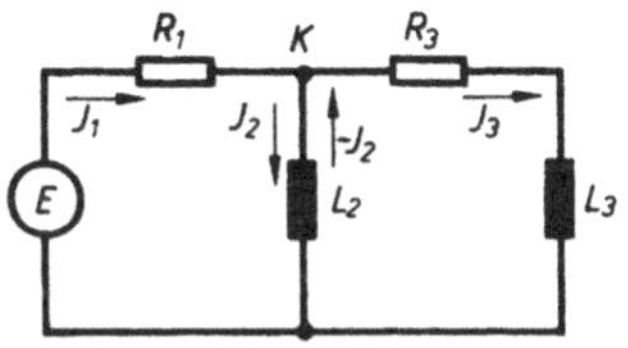

Fig. 55.13

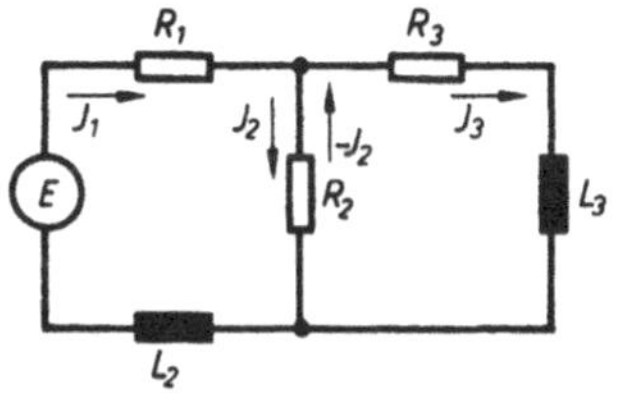

Fig. 55.14

9. Für die Ströme J_k in dem Netzwerk der Fig. 55.14 gelten die Gleichungen (vgl. Aufgabe 8):

$$J_1 = J_2 + J_3$$
$$R_1 J_1 + R_2 J_2 + L_2 \dot{J}_1 = E$$
$$R_3 J_3 + L_3 \dot{J}_3 - R_2 J_2 = 0.$$

Bestimme $J_1(t)$, $J_3(t)$ für $t > 0$ unter der Anfangsbedingung $J_1(0) = J_3(0) = 0$ und mit den Größen $R_1 = R_2 = R_3 = 10$ Ohm, $L_2 = L_3 = 10$ Henry, $E = 10 \cos t$ Volt.

10. In dem Netzwerk der Fig. 55.15 seien zur Zeit $t_0 = 0$ alle Ströme und Ladungen $= 0$. Für die J_k gelten die folgenden Gleichungen (vgl. Aufgabe 8):

$$J_1 = J_2 + J_3$$
$$L \dot{J}_1 + R_2 J_2 = E$$
$$\frac{1}{C} \int_0^t J_3(\tau)\,d\tau + R_3 J_3 - R_2 J_2 = 0.$$ [1]

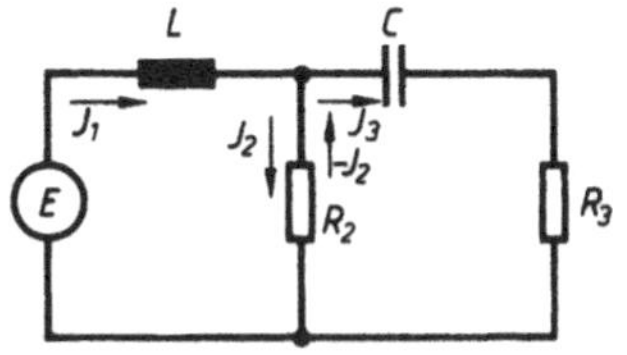

Fig. 55.15

[1] S. (5.35) und Anfang des Abschnittes „Elektrische Schwingungskreise" in Nr. 18 zum Verständnis des ersten Summanden.

Bestimme $J_1(t)$, $J_3(t)$ für $t>0$, wenn $L=0{,}5$ Henry, $C=0{,}5\cdot 10^{-4}$ Farad, $R_2=200$ Ohm, $R_3=300$ Ohm und $E=50$ Volt ist.

11. In dem Feder-Masse-System der Fig. 55.10 sei

$$m_1=\frac{3}{20}\,\text{kg},\quad m_2=\frac{1}{5}\,\text{kg},\quad k_1=45\,\text{kg}\cdot\text{cm}^{-1},\quad k_2=60\,\text{kg}\cdot\text{cm}^{-1}.$$

Das System befinde sich zunächst in seiner statischen Ruhelage. Zur Zeit $t_0=0$ greife an der oberen Masse die periodische Kraft $30\sin 4t$ kg·cm·s^{-2} an. Bestimme die Weg-Zeitgesetze der beiden Massen.

VIII Systeme linearer Differentialgleichungen mit variablen Koeffizienten

J'oserais presque assurer qu'avant qu'il soit cent ans, on ne comptera pas trois grands géomètres en Europe. Cette science s'arrêtera tout court où l'auront laissée les Bernoulli, les Euler, les Maupertuis, les Clairaut, les Fontaine et les d'Alembert... On n'ira point au-delà.

Denis Diderot im Jahre 1754

[*Der Knabe*] *darf nicht ungetröstet gehn* (*Goethe*):
Wenn die Methoden, die zu neuen Kombinationen führten, erschöpft sind; wenn ihre Anwendung auf noch ungelöste Fragen Arbeiten erfordern, die entweder die Zeit oder die Kraft der Gelehrten übersteigen, so eröffnen bald allgemeinere Methoden und einfachere Mittel dem Genie ein neues Feld.

Marie-Jean-Antoine-Nicolas Caritat de Condorcet im Jahre 1793

56 Der Existenz- und Eindeutigkeitssatz

Die in der Kapitelüberschrift genannten Systeme haben die Gestalt

$$\begin{aligned} \dot u_1 &= a_{11}(t)u_1+\cdots+a_{1n}(t)u_n+s_1(t)\\ &\vdots\\ \dot u_n &= a_{n1}(t)u_1+\cdots+a_{nn}(t)u_n+s_n(t) \end{aligned} \tag{56.1}$$

mit reellwertigen $a_{jk}(t)$ und $s_j(t)$. Setzen wir

$$A(t):=\begin{pmatrix} a_{11}(t)\dots a_{1n}(t)\\ \vdots \\ a_{n1}(t)\dots a_{nn}(t)\end{pmatrix},\quad \boldsymbol{u}(t):=\begin{pmatrix} u_1(t)\\ \vdots\\ u_n(t)\end{pmatrix},\quad \boldsymbol{s}(t):=\begin{pmatrix} s_1(t)\\ \vdots\\ s_n(t)\end{pmatrix},$$

so läßt sich (56.1) in der kompakten Form

$$\dot{\boldsymbol{u}}=\boldsymbol{A}(t)\boldsymbol{u}+\boldsymbol{s}(t) \tag{56.2}$$

schreiben. Und nun gilt der grundlegende

56.1 Satz *Sind die Funktionen $a_{jk}(t)$ und $s_j(t)$* stetig *auf dem beliebigen Intervall I, so besitzt das Anfangswertproblem*

$$\dot{\boldsymbol{u}}=\boldsymbol{A}(t)\boldsymbol{u}+\boldsymbol{s}(t),\quad \boldsymbol{u}(t_0)=\boldsymbol{u}_0 \tag{56.3}$$

bei jeder Wahl von $t_0 \in I$ und $\boldsymbol{u}_0 \in \mathbf{R}^n$ eine - aber auch nur eine - auf ganz I existierende Lösung.

Den Beweis können wir mit einigen Fingerzeigen abtun. Zunächst genügt es offenbar, den Satz für ein beliebiges *kompaktes* Teilintervall $J:=[\alpha,\beta]$ von I darzulegen, das den Anfangspunkt t_0 enthält (vgl. die Bemerkung vor Satz 21.4). Die Menge $C(J)$ der auf J stetigen Funktionen $\boldsymbol{u}: J\to\mathbf{R}^n$ machen wir vermöge der Norm

$$|\boldsymbol{u}|_\infty := \max_{t\in J}\|\boldsymbol{u}(t)\| \qquad (\|\cdot\| \text{ in (48.1) erklärt}) \tag{56.4}$$

zu einem Banachraum. Mit der Abbildung $A: C(J)\to C(J)$, definiert durch

$$(A\boldsymbol{u})(t) := \boldsymbol{u}_0 + \int_{t_0}^{t}[\boldsymbol{A}(\tau)\boldsymbol{u}(\tau)+\boldsymbol{s}(\tau)]\,d\tau \qquad (t\in J), \tag{56.5}$$

läuft die Aufgabe (56.3) nun auf das Fixpunktproblem $A\boldsymbol{u}=\boldsymbol{u}$ in $C(J)$ hinaus. Ganz ähnlich wie in Nr. 21 sieht man, daß für alle $\boldsymbol{u},\boldsymbol{v}\in C(J)$ und $p\in\mathbf{N}$ die Abschätzung

$$|A^p\boldsymbol{u}-A^p\boldsymbol{v}|_\infty \leqslant \frac{M^p(\beta-\alpha)^p}{p!}|\boldsymbol{u}-\boldsymbol{v}|_\infty \quad \text{mit} \quad M:=\max_{t\in J}\|\boldsymbol{A}(t)\|$$

gilt.[1] Für alles andere lassen wir den Weissingerschen Fixpunktsatz 12.1 sorgen. (Er lehrt auch noch, daß die gesuchte Lösung *iterativ* gewonnen werden kann.) ■

Das störungsfreie System $\dot{\boldsymbol{u}}=\boldsymbol{A}(t)\boldsymbol{u}$ wird homogen oder genauer das zu (56.2) gehörende homogene System genannt. Dem Satz 49.3 entspricht nun Wort für Wort der mit Händen zu greifende

56.2 Satz *Jede Linearkombination $C_1\boldsymbol{u}_1+\cdots+C_m\boldsymbol{u}_m$ von Lösungen $\boldsymbol{u}_1,\ldots,\boldsymbol{u}_m$ des homogenen Systems $\dot{\boldsymbol{u}}=\boldsymbol{A}(t)\boldsymbol{u}$ ist wieder eine Lösung. Man erhält alle Lösungen des inhomogenen Systems $\dot{\boldsymbol{u}}=\boldsymbol{A}(t)\boldsymbol{u}+\boldsymbol{s}(t)$ - und nur diese -, indem man zu irgendeiner festen („partikulären") Lösung desselben alle Lösungen des zugehörigen homogenen Systems addiert, kurz:*

allgemeine Lösung des inhomogenen Systems =
partikuläre Lösung des inhomogenen Systems +
allgemeine Lösung des zugehörigen homogenen Systems.

Wir werden uns deshalb zunächst mit *homogenen* Systemen beschäftigen und dann zeigen, wie man einem inhomogenen System eine partikuläre Lösung abgewinnen kann.

---

[1] Man benutze die wohlbekannte Ungleichung (s. Satz 167.3 in Heuser II)

$$\left\|\int_{t_0}^{t}\boldsymbol{w}(\tau)\,d\tau\right\| \leqslant \left|\int_{t_0}^{t}\|\boldsymbol{w}(\tau)\|\,d\tau\right| \quad \text{für} \quad \boldsymbol{w}\in C(J), \quad t\in J.$$

57 Integralbasen homogener Systeme

In dieser Nummer wollen wir etwas tiefer in die Struktur der Lösungsmenge eines n-gliedrigen homogenen Systems

$$\dot{\boldsymbol{u}}=\boldsymbol{A}(t)\boldsymbol{u} \quad \text{mit } \boldsymbol{A}(t):=\begin{pmatrix} a_{11}(t) & a_{12}(t)\ldots a_{1n}(t) \\ \vdots & \\ a_{n1}(t) & a_{n2}(t)\ldots a_{nn}(t)\end{pmatrix} \tag{57.1}$$

eindringen. Die Koeffizientenfunktionen $a_{jk}(t)$ seien *stetig* auf dem Intervall I. Zu dem beliebig aus I herausgegriffenen Punkt t_0 und dem ν-ten Einheitsvektor $\boldsymbol{e}_\nu$ (1 an der ν-ten Stelle, 0 an allen anderen) gibt es nach Satz 56.1 genau eine, auf ganz I existierende Lösung $\boldsymbol{u}_\nu(t)$ von (57.1) mit

$$\boldsymbol{u}_\nu(t_0)=\boldsymbol{e}_\nu \qquad (\nu=1,\ldots,n).$$

Es sei nun $\boldsymbol{u}(t)$ *irgendein* Integral von (57.1) auf I. Dann haben wir gewiß

$$\boldsymbol{u}(t_0)=C_1\boldsymbol{e}_1+\cdots+C_n\boldsymbol{e}_n \quad \text{mit geeigneten} \quad C_1,\ldots,C_n.$$

Die Funktion

$$\boldsymbol{v}(t):=C_1\boldsymbol{u}_1(t)+\cdots+C_n\boldsymbol{u}_n(t)$$

ist also eine Lösung von (57.1) mit

$$\boldsymbol{v}(t_0)=C_1\boldsymbol{u}_1(t_0)+\cdots+C_n\boldsymbol{u}_n(t_0)=C_1\boldsymbol{e}_1+\cdots+C_n\boldsymbol{e}_n=\boldsymbol{u}(t_0);$$

dank der Eindeutigkeitsaussage des Satzes 56.1 muß daher $\boldsymbol{u}(t)=\boldsymbol{v}(t)$ für alle $t\in I$ und somit

$$\boldsymbol{u}(t)=C_1\boldsymbol{u}_1(t)+\cdots+C_n\boldsymbol{u}_n(t) \quad \text{auf } I \tag{57.2}$$

sein, kurz: Jede Lösung von (57.1) läßt sich linear aus den oben konstruierten Integralen $\boldsymbol{u}_1,\ldots,\boldsymbol{u}_n$ aufbauen.

Die $\boldsymbol{u}_1,\ldots,\boldsymbol{u}_n$ haben eine weitere bemerkenswerte Eigenschaft. Ist nämlich $\alpha_1\boldsymbol{u}_1(t)+\cdots+\alpha_n\boldsymbol{u}_n(t)=\boldsymbol{0}$ für alle $t\in I$ (mit gewissen $\alpha_\nu\in\mathbf{R}$), so muß auch

$$\alpha_1\boldsymbol{e}_1+\cdots+\alpha_n\boldsymbol{e}_n=\alpha_1\boldsymbol{u}_1(t_0)+\cdots+\alpha_n\boldsymbol{u}_n(t_0)=\boldsymbol{0}$$

und somit $\alpha_1=\cdots=\alpha_n=0$ sein. Nennen wir m Funktionen $\boldsymbol{v}_1(t),\ldots,\boldsymbol{v}_m(t)$ linear unabhängig auf I, wenn aus

$$\alpha_1\boldsymbol{v}_1(t)+\cdots+\alpha_m\boldsymbol{v}_m(t)=\boldsymbol{0} \quad \text{für alle } t\in I \text{ stets} \quad \alpha_1=\cdots=\alpha_m=0$$

folgt, hingegen linear abhängig auf I, wenn dies nicht der Fall ist, so sind also die oben konstruierten Integrale $\boldsymbol{u}_1(t),\ldots,\boldsymbol{u}_n(t)$ *linear unabhängig auf I.*

Schon der nächste Satz deckt die Bedeutung der linearen Unabhängigkeit für unsere Zwecke auf.

57.1 Satz *Die Koeffizientenfunktionen* $a_{jk}(t)$ *des n-gliedrigen Systems* (57.1) *seien* stetig *auf I und* $\boldsymbol{u}_1(t), \ldots, \boldsymbol{u}_n(t)$ *seien n* linear unabhängige *Lösungen desselben.*[1] *Dann läßt sich jedes Integral* $\boldsymbol{u}(t)$ *von* (57.1) *in der Form*

$$\boldsymbol{u}(t) = C_1 \boldsymbol{u}_1(t) + \cdots + C_n \boldsymbol{u}_n(t) \tag{57.3}$$

mit eindeutig bestimmten reellen Konstanten C_ν *schreiben.*[2]

Zum Beweis sei

$$\boldsymbol{u}(t) = \begin{pmatrix} u_1(t) \\ \vdots \\ u_n(t) \end{pmatrix}, \quad \boldsymbol{u}_\nu(t) = \begin{pmatrix} u_{\nu 1}(t) \\ \vdots \\ u_{\nu n}(t) \end{pmatrix} \qquad (\nu = 1, \ldots, n)$$

und t_0 ein beliebiger Punkt aus I. Das homogene lineare Gleichungssystem

$$\xi \boldsymbol{u}(t_0) + \xi_1 \boldsymbol{u}_1(t_0) + \cdots + \xi_n \boldsymbol{u}_n(t_0) = \boldsymbol{0}$$

für $\xi, \xi_1, \ldots, \xi_n$, skalar geschrieben also

$$\xi u_k(t_0) + \xi_1 u_{1k}(t_0) + \cdots + \xi_n u_{nk}(t_0) = 0 \qquad (k = 1, \ldots, n),$$

besitzt eine nichttriviale Lösung $\alpha, \alpha_1, \ldots, \alpha_n$, da es weniger Gleichungen als Unbekannte enthält. Die Funktion

$$\boldsymbol{v}(t) := \alpha \boldsymbol{u}(t) + \alpha_1 \boldsymbol{u}_1(t) + \cdots + \alpha_n \boldsymbol{u}_n(t)$$

ist ein Integral von (57.1) und verschwindet konstruktionsgemäß im Punkte t_0. Dies alles leistet auch die Funktion $\boldsymbol{0}$. Wegen der Eindeutigkeitsaussage des Satzes 56.1 muß also $\boldsymbol{v}(t)$ identisch auf I verschwinden, und daher ist

$$\alpha \boldsymbol{u}(t) = -\alpha_1 \boldsymbol{u}_1(t) - \cdots - \alpha_n \boldsymbol{u}_n(t) \quad \text{für alle} \quad t \in I. \tag{57.4}$$

α kann nicht $=0$ sein, weil andernfalls mindestens ein $\alpha_\nu \neq 0$ und gleichzeitig $\alpha_1 \boldsymbol{u}_1(t) + \cdots + \alpha_n \boldsymbol{u}_n(t) = \boldsymbol{0}$ auf I wäre - das aber paßt nicht zur linearen Unabhängigkeit der $\boldsymbol{u}_1(t), \ldots, \boldsymbol{u}_n(t)$. Aus (57.4) folgt daher

$$\boldsymbol{u}(t) = \left(-\frac{\alpha_1}{\alpha}\right) \boldsymbol{u}_1(t) + \cdots + \left(-\frac{\alpha_n}{\alpha}\right) \boldsymbol{u}_n(t),$$

womit denn auch die Darstellung (57.3) - mit $C_\nu := -\alpha_\nu / \alpha$ - bereits bewiesen ist. Andere Koeffizienten als *diese* C_ν kommen jedoch nicht in Betracht, denn aus

$$C_1 \boldsymbol{u}_1(t) + \cdots + C_n \boldsymbol{u}_n(t) = D_1 \boldsymbol{u}_1(t) + \cdots + D_n \boldsymbol{u}_n(t) \quad \text{für alle} \quad t \in I$$

[1] Die hier auftretenden $\boldsymbol{u}_1(t), \ldots, \boldsymbol{u}_n(t)$ brauchen nicht mit den oben konstruierten übereinzustimmen.

[2] Umgekehrt - das wissen wir schon - ist jede derartige Linearkombination der $\boldsymbol{u}_1(t), \ldots, \boldsymbol{u}_n(t)$ auch immer ein *Integral von* (57.1).

folgt $(C_1-D_1)\boldsymbol{u}_1(t)+\cdots+(C_n-D_n)\boldsymbol{u}_n(t)=\boldsymbol{0}$ auf I und somit $C_\nu-D_\nu=0$ für $\nu=1,\ldots,n$ - wieder wegen der linearen Unabhängigkeit der $\boldsymbol{u}_1(t),\ldots,\boldsymbol{u}_n(t)$. ■

Der letzte Satz macht begreiflich, warum man jede Gesamtheit von n linear unabhängigen Lösungen des n-gliedrigen Systems (57.1) (immer mit *stetigen* $a_{jk}(t)$) eine Integralbasis desselben nennt. Und die Überlegungen zu Beginn dieser Nummer lassen nun mit *einem* Blick folgendes erkennen:

57.2 Satz *Das System* (57.1) *mit stetigen Koeffizientenfunktionen besitzt immer eine Integralbasis.*

Dank des Satzes 57.1 ist die Integration von (57.1) in *dem* Augenblick erledigt, da man eine Integralbasis gefunden hat. Wie man es n Lösungen ansehen kann, ob sie eine solche bilden - darüber belehrt uns der

57.3 Satz *Die Koeffizientenfunktionen des n-gliedrigen Systems* (57.1) *seien* stetig *auf I. Die n Lösungen*

$$\boldsymbol{u}_\nu(t)=\begin{pmatrix}u_{\nu 1}(t)\\ \vdots\\ u_{\nu n}(t)\end{pmatrix}\qquad (t\in I;\ \nu=1,\ldots,n) \tag{57.5}$$

bilden genau dann eine Integralbasis, wenn ihre Wronskische Determinante

$$\begin{vmatrix}u_{11}(t) & u_{21}(t)\ldots u_{n1}(t)\\ \vdots & \\ u_{1n}(t) & u_{2n}(t)\ldots u_{nn}(t)\end{vmatrix}\qquad (t\in I) \tag{57.6}$$

wenigstens einmal *in I von* 0 *verschieden ist - sie bleibt dann sogar* ständig $\neq 0$.[1]

Wir beweisen den Satz in der folgenden äquivalenten Form: *Die n Lösungen* (57.5) *sind genau dann linear* abhängig *auf I, wenn ihre Wronskische Determinante wenigstens einmal in I verschwindet; sie ist dann sogar ständig* $=0$.

Beweis. a) Die $\boldsymbol{u}_1(t),\ldots,\boldsymbol{u}_n(t)$ seien linear abhängig auf I. Dann gibt es Zahlen $\alpha_1,\ldots,\alpha_n$, die nicht alle verschwinden und mit denen

$$\alpha_1\boldsymbol{u}_1(t)+\cdots+\alpha_n\boldsymbol{u}_n(t)=\boldsymbol{0}\quad \text{für alle}\quad t\in I$$

ist. Anders gesagt: Für jedes $t\in I$ besitzt das homogene lineare Gleichungssystem

$$\xi_1 u_{1k}(t)+\cdots+\xi_n u_{nk}(t)=0\qquad (k=1,\ldots,n) \tag{57.7}$$

eine nichttriviale Lösung, nämlich $\xi_1:=\alpha_1,\ldots,\xi_n:=\alpha_n$. Infolgedessen muß seine Determinante - und das ist gerade (57.6) - für jedes $t\in I$ verschwinden.

[1] In der ν-ten *Spalte* dieser Determinante steht gerade die ν-te *Lösung* $\boldsymbol{u}_\nu(t)$.

b) Nun möge (57.6) in einem gewissen Punkt $t_0 \in I$ gleich 0 sein. Dann besitzt das Gleichungssystem (57.7) für $t=t_0$ eine nichttriviale Lösung $\alpha_1, \ldots, \alpha_n$. Die Funktion

$$\boldsymbol{u}(t) := \alpha_1 \boldsymbol{u}_1(t) + \cdots + \alpha_n \boldsymbol{u}_n(t)$$

ist ein Integral von (57.1) mit $\boldsymbol{u}(t_0)=\boldsymbol{0}$. Wegen der Eindeutigkeitsaussage des Satzes 56.1 muß dann $\boldsymbol{u}(t) \equiv \boldsymbol{0}$, also

$$\alpha_1 \boldsymbol{u}_1(t) + \cdots + \alpha_n \boldsymbol{u}_n(t) = \boldsymbol{0} \quad \text{für } \textit{alle } t \in I$$

sein – und das heißt: die $\boldsymbol{u}_1(t), \ldots, \boldsymbol{u}_n(t)$ sind linear abhängig auf I. Das *identische* Verschwinden der Determinante (57.6) folgt nun aus dem unter a) schon Bewiesenen. ■

Die Sätze dieser Nummer sagen wenig darüber aus, wie man in einem konkreten Fall an eine Integralbasis kommt. In der Tat gibt es hierfür keine glatten Prozeduren. Die theoretisch immer mögliche iterative Konstruktion einer Integralbasis (nach dem Weissingerschen Fixpunktsatz) erstickt in der Regel schon nach wenigen Schritten an sich selbst, führt also nur selten über mehr oder weniger gute Näherungen hinaus. In den Aufgaben findet der Leser einige Fingerzeige, wie man sich gelegentlich mit etwas Glück aus dieser unbehaglichen Situation herauswinden kann.

Aufgaben

Für die Systeme in den Aufgaben 1 bis 5 sind Integralbasen auf $I:=(0, \infty)$ zu konstruieren.

1. $\dot{u}=v, \quad \dot{v}=-4t^2u+\dfrac{1}{t}v.$

Hinweis: Gewinne eine lineare Differentialgleichung zweiter Ordnung für u und löse sie durch den Ansatz $u(t) := \sum_{n=0}^{\infty} a_n t^n$.

2. $\dot{u}=-\dfrac{2v}{t^2}, \quad \dot{v}=-u.$

Hinweis: Gewinne eine Eulersche Differentialgleichung für v.

3. $t\dot{u}=6u-3v, \quad t\dot{v}=2u+v.$

Hinweis: Führe die Substitution $t=e^{\tau}$ aus.

4. $2t^2\dot{u}=-tu+v, \quad 2t\dot{v}=tu+v.$

Hinweis: Gewinne eine Eulersche Differentialgleichung für u.

5. $\dot{u}+2t\dot{v}+(2t+2)v=0, \quad t\dot{u}+t^2\dot{v}-u+(t^2+t)v=0.$

Hinweis: Bringe das System durch algebraische Manipulationen auf die Form

$$\dot{u}=\frac{2}{t}u, \quad \dot{v}=-\frac{1}{t^2}u-\left(1+\frac{1}{t}\right)v.$$

+6. n Funktionen $v_j(t) := \begin{pmatrix} v_{j1}(t) \\ \vdots \\ v_{jn}(t) \end{pmatrix}$ $(j=1,\ldots,n)$ sind gewiß dann linear *unabhängig* auf dem Intervall I, wenn

$$\begin{vmatrix} v_{11}(t) \ldots v_{n1}(t) \\ \vdots \\ v_{1n}(t) \ldots v_{nn}(t) \end{vmatrix} \neq 0 \quad \text{für wenigstens ein} \quad t \in I$$

ist (in der j-ten Spalte steht der j-te Vektor $v_j(t)$). Die Umkehrung braucht jedoch (in markantem Unterschied zu Satz 57.3) *nicht* zu gelten; das lassen z.B. die Funktionen $v_1(t) := \begin{pmatrix} t^2 \\ 0 \end{pmatrix}$, $v_2(t) := \begin{pmatrix} t \\ 0 \end{pmatrix}$ erkennen.

7. Sind die auf I definierten Funktionen $v_1(t), \ldots, v_m(t)$ linear unabhängig auf einem *Teil*intervall J von I, so sind sie es auch auf *ganz* I.

8. Zeige mit Hilfe der Aufgaben 6 und 7, daß folgende Funktionensysteme auf $\mathbf{R}$ linear unabhängig sind:

a) $\begin{pmatrix} -e^t \\ e^{-t} \end{pmatrix}, \begin{pmatrix} e^{2t} \\ 2e^{3t} \end{pmatrix}$. b) $\begin{pmatrix} \sin t \\ -\cos t \end{pmatrix}, \begin{pmatrix} \cos t \\ \sin t \end{pmatrix}$.

c) $\begin{pmatrix} \sin t \\ \cos t \end{pmatrix}, \begin{pmatrix} \cos t \\ \sin t \end{pmatrix}$. d) $\begin{pmatrix} e^t \cos t \\ t \end{pmatrix}, \begin{pmatrix} (1+t^2)\sin t \\ 0 \end{pmatrix}$.

+9. *Mehr* als n Lösungen des n-gliedrigen Systems (57.1) mit stetigen Koeffizientenfunktionen $a_{jk}: I \to \mathbf{R}$ sind stets linear *abhängig* auf I.

+10. **Abelsche Formel** Die Funktionen $u_j(t) := \begin{pmatrix} u_{j1}(t) \\ u_{j2}(t) \end{pmatrix}$ $(j=1,2)$ seien Lösungen des homogenen Systems

$$\begin{aligned} \dot{u}_1 &= a_{11}(t)u_1 + a_{12}(t)u_2 \\ \dot{u}_2 &= a_{21}(t)u_1 + a_{22}(t)u_2 \end{aligned} \qquad (a_{jk}(t) \text{ stetig auf } I).$$

Dann hat ihre Wronskische Determinante

$$W(t) := \begin{vmatrix} u_{11}(t) & u_{21}(t) \\ u_{12}(t) & u_{22}(t) \end{vmatrix}$$

auf I die Darstellung

$$W(t) = W(t_0) e^{\int_{t_0}^{t} [a_{11}(\tau) + a_{22}(\tau)] d\tau} \qquad (t_0 \in I \text{ beliebig}).$$

Hinweis: Es ist $\dot{W}(t) = [a_{11}(t) + a_{22}(t)]\, W(t)$.

Gewinne ganz entsprechend die allgemeine Abelsche Formel

$$W(t) = W(t_0) e^{\int_{t_0}^{t} [a_{11}(\tau) + a_{22}(\tau) + \cdots + a_{nn}(\tau)] d\tau}$$

für die Wronskische Determinante $W(t)$ von n Lösungen des Systems (57.1) mit stetigen Koeffizientenfunktionen.

+**11. Das Reduktionsverfahren** ermöglicht es, ein *n-gliedriges* homogenes System unter gewissen Voraussetzungen auf ein $(n-1)$-*gliedriges* zurückzuführen. Näheres sagt der folgende Satz, den der Leser beweisen möge:

Die Koeffizientenfunktionen $a_{jk}(t)$ des n-gliedrigen homogenen Systems (57.1) *seien stetig auf dem Intervall I und*

$$\boldsymbol{u}_1(t) := \begin{pmatrix} u_1(t) \\ \vdots \\ u_n(t) \end{pmatrix}$$

sei irgendeine Lösung von (57.1), *bei der mindestens eine Komponente auf I ständig $\neq 0$ bleibt; o.B.d.A. dürfen und wollen wir annehmen, es sei dies die erste. Wir können dann das $(n-1)$-gliedrige homogene System*

$$\dot{v}_j = \sum_{k=2}^{n} \left[a_{jk}(t) - \frac{u_j(t)}{u_1(t)} a_{1k}(t)\right] v_k \qquad (j=2, \ldots, n) \tag{57.8}$$

hinschreiben. Bilden nun die Funktionen

$$\boldsymbol{v}_\mu(t) := \begin{pmatrix} v_{\mu 2}(t) \\ \vdots \\ v_{\mu n}(t) \end{pmatrix} \qquad (\mu=2, \ldots, n)$$

eine Integralbasis von (57.8) *und setzt man noch*

$$v_{\mu 1}(t) := \int \frac{1}{u_1(t)} \sum_{k=2}^{n} a_{1k}(t) v_{\mu k}(t)\,\mathrm{d}t \qquad (\mu=2, \ldots, n),$$

so hat man mit den n Funktionen

$$\boldsymbol{u}_1(t),\ \boldsymbol{u}_\mu(t) := v_{\mu 1}(t)\boldsymbol{u}_1(t) + \begin{pmatrix} 0 \\ v_{\mu 2}(t) \\ \vdots \\ v_{\mu n}(t) \end{pmatrix} \qquad (\mu=2, \ldots, n)$$

eine Integralbasis des ursprünglichen Systems (57.1) *in der Hand.*

Für die beiden folgenden Systeme sind Integralbasen mit Hilfe des Reduktionsverfahrens der Aufgabe 11 zu konstruieren.

12. $\dot{u}_1 = \dfrac{t+1}{t-1} u_1 + u_2, \quad \dot{u}_2 = u_1 + u_2 \qquad (t > 1).$

Hinweis: Die Lösung $\begin{pmatrix} t-1 \\ -t \end{pmatrix}$ kann man erraten (oder etwas systematischer durch einen Polynomansatz gewinnen).

13. $2t^2\dot{u}_1 = -tu_1 + u_2, \quad 2t\dot{u}_2 = tu_1 + u_2 \qquad (t > 0).$

Hinweis: Eine Lösung läßt sich mittels eines Polynomansatzes finden.

58 Die Auflösung inhomogener Systeme

Vorgelegt sei das inhomogene System

$$\begin{aligned} \dot{u}_1 &= a_{11}(t)u_1 + \cdots + a_{1n}(t)u_n + s_1(t) \\ &\vdots \\ \dot{u}_n &= a_{n1}(t)u_1 + \cdots + a_{nn}(t)u_n + s_n(t)\,; \end{aligned} \tag{58.1}$$

die Funktionen $a_{jk}(t)$ und $s_j(t)$ sollen auf dem Intervall I *stetig* sein. (58.1) schreiben wir auch in der nunmehr wohlvertrauten vektoriellen Form

$$\dot{\boldsymbol{u}} = \boldsymbol{A}(t)\boldsymbol{u} + \boldsymbol{s}(t) \qquad (\text{s. } (56.2)). \tag{58.2}$$

Wir nehmen an, es sei uns eine Integralbasis

$$\boldsymbol{u}_\nu(t) := \begin{pmatrix} u_{\nu 1}(t) \\ \vdots \\ u_{\nu n}(t) \end{pmatrix} \quad (\nu = 1, \ldots, n) \quad \text{von} \quad \dot{\boldsymbol{u}} = \boldsymbol{A}\boldsymbol{u}$$

bekannt. Bei diesem Stand der Dinge läuft nun alles darauf hinaus, eine *partikuläre* Lösung $\boldsymbol{u}_p(t)$ von (58.2) in die Hand zu bekommen, denn dann verfügen wir dank der Sätze 56.2 und 57.1 sogar über *sämtliche* Lösungen von (58.2): man erhält sie einfach dadurch, daß man in

$$\boldsymbol{u}_p(t) + c_1\boldsymbol{u}_1(t) + \cdots + c_n\boldsymbol{u}_n(t) \tag{58.3}$$

den c_k alle reellen Werte beilegt.

Eine partikuläre Lösung $\boldsymbol{u}_p(t)$ kann man sich grundsätzlich immer durch Variation der Konstanten verschaffen: *Man geht mit dem Ansatz*

$$\boldsymbol{u}_p(t) := c_1(t)\boldsymbol{u}_1(t) + \cdots + c_n(t)\boldsymbol{u}_n(t) \tag{58.4}$$

in (58.2) *ein, findet so ein lineares Gleichungssystem für die Ableitungen* $\dot{c}_1(t), \ldots, \dot{c}_n(t)$, *aus dem sich diese berechnen lassen, und gewinnt nun die in* (58.4) *einzutragenden* $c_k(t)$ *durch* (*unbestimmte*) *Integration der* $\dot{c}_k(t)$. Wir wollen uns jetzt davon überzeugen, daß dieses Verfahren tatsächlich immer funktioniert.[1)]

Zu diesem Zweck fassen wir die obige Integralbasis $\boldsymbol{u}_1(t), \ldots, \boldsymbol{u}_n(t)$ des homogenen Systems $\dot{\boldsymbol{u}} = \boldsymbol{A}\boldsymbol{u}$ zu der Matrix

$$\boldsymbol{U}(t) := (\boldsymbol{u}_1(t), \ldots, \boldsymbol{u}_n(t)) = \begin{pmatrix} u_{11}(t) \ldots u_{n1}(t) \\ \vdots \\ u_{1n}(t) \ldots u_{nn}(t) \end{pmatrix}$$

[1)] Hierbei sehen wir freilich etwas verlegen davon ab, daß die Integration der $\dot{c}_k(t)$ eine harte und häufig eine ganz und gar unknackbare Nuß sein kann.

zusammen. Wegen Satz 57.3 ist $U(t)$ für jedes $t \in I$ invertierbar, ferner haben wir

$$\dot{U}(t) = A(t)U(t) \tag{58.5}$$

- die Ableitung $\dot{U}(t)$ wird verabredungsgemäß *elementweise* gebildet -, und der Ansatz (58.4) schreibt sich in der Form

$$u_p(t) := U(t)c(t) \quad \text{mit} \quad c(t) := \begin{pmatrix} c_1(t) \\ \vdots \\ c_n(t) \end{pmatrix}. \tag{58.6}$$

Damit $u_p(t)$ eine Lösung von (58.2) ist, muß

$$\dot{u}_p(t) = A(t)u_p(t) + s(t)$$

sein. Wegen (58.6) läuft dies auf die Gleichung

$$U(t)\dot{c}(t) + \dot{U}(t)c(t) = A(t)U(t)c(t) + s(t)$$

hinaus, und mit (58.5) folgt nun

$$U(t)\dot{c}(t) = s(t), \tag{58.7}$$

also $\quad \dot{c}(t) = U^{-1}(t)s(t).$

Die Komponenten des letzten Vektors sind stetig auf I, so daß

$$c(t) := \int U^{-1}(t)s(t)\,dt$$

auf I vorhanden ist. Und nun überzeugt man sich leicht davon, daß die mit diesem $c(t)$ gemäß (58.6) gebildete Funktion $u_p(t)$ tatsächlich ein Integral von (58.2) ist. ■

58.1 Beispiel Zu bestimmen sei die allgemeine Lösung des Systems

$$\begin{aligned} \dot{u} &= -\frac{1}{2t}u + \frac{1}{2t^2}v + t \\ \dot{v} &= \frac{1}{2}u + \frac{1}{2t}v + t^2 \end{aligned} \quad \text{auf} \quad I := (0, \infty). \tag{58.8}$$

Die Integralbasis $\begin{pmatrix} 1 \\ t \end{pmatrix}, \begin{pmatrix} 1/t \\ -1 \end{pmatrix}$ des zugehörigen homogenen Systems hatten wir schon in A 57.4 gefunden. Das korrespondierende Gleichungssystem (58.7) ist

$$\begin{aligned} \dot{c}_1 + \frac{\dot{c}_2}{t} &= t \\ \dot{c}_1 t - \dot{c}_2 &= t^2 \end{aligned} \quad ; \quad \text{es hat die Lösung} \quad \dot{c}_1(t) = t, \ \dot{c}_2(t) = 0.$$

Mit $c_1(t) = t^2/2$, $c_2(t) = 0$ erhält man nun die partikuläre Lösung

$$u_p(t) := \frac{t^2}{2}, \quad v_p(t) := \frac{t^3}{2}$$

und damit schließlich die allgemeine Lösung von (58.8):

$$u(t)=\frac{t^2}{2}+C_1+\frac{C_2}{t}, \quad v(t)=\frac{t^3}{2}+C_1 t-C_2$$

mit freien Konstanten C_1, C_2.

In manchen Fällen kann man eine partikuläre Lösung von (58.1) rascher durch einen *speziellen Ansatz* finden, der durch die Bauart der Störfunktionen $s_j(t)$ nahegelegt wird (s. dazu die Aufgaben 1 und 3).

Aufgaben

Für die folgenden Systeme sind die allgemeinen Lösungen auf den angegebenen Intervallen I zu bestimmen.

1. $\dot{u}=-\frac{2v}{t^2}+t, \quad \dot{v}=-u+1, \qquad I:=(0,\infty)$.

Hinweis: a) A 57.2. b) Wende zunächst die Variationsmethode an, arbeite dann aber auch mit Polynomansätzen dritten Grades (warum?) für $u_p(t)$ und $v_p(t)$. Vergleiche den Arbeitsaufwand.

2. $\dot{u}=-\frac{2v}{t^2}+t\,\mathrm{e}^t, \quad \dot{v}=-u+t, \qquad I:=(0,\infty)$.

Hinweis: A 57.2.

3. $t\dot{u}=u+3v+t, \quad t\dot{v}=u-v, \qquad I:=(0,\infty)$.

Hinweis: a) Um eine Integralbasis des zugehörigen homogenen Systems zu finden, mache man die Substitution $t=\mathrm{e}^\tau$. b) Um das inhomogene System zu lösen, wende man zunächst die Variationsmethode an, arbeite dann aber auch mit Polynomansätzen ersten Grades (warum?) für $u_p(t)$ und $v_p(t)$.

4. $\dot{u}=\frac{u}{t}+\frac{2v}{t}+\cos t, \quad \dot{v}=-\frac{u}{t}-\frac{2v}{t}, \qquad I:=(0,\infty)$.

Hinweis: Zur Lösung des homogenen Systems mache man die Substitution $t=\mathrm{e}^\tau$.

IX Allgemeine Systeme von Differentialgleichungen erster Ordnung. Die Differentialgleichung *n*-ter Ordnung

The universe is a self-solving system of $6N$ simultaneous differential equations, where N is Eddington's number (= Zahl der Materiepartikel im Universum).

Sir James Jeans

Also daß es einer auß meinen Gedanken ist, ob nicht die gantze Natur vnd alle himmlische Zierligkeit in der Geometrie symbolisirt sey.

Johannes Kepler

59 Beispiele und Begriffsbestimmungen

Das Lotka-Volterrasche Räuber-Beute-Modell[1] Wir nehmen an, eine Beutepopulation B lebe ausschließlich von einem unerschöpflichen Nahrungsvorrat N. Ihr einziger natürlicher Feind sei die Raubpopulation R, und diese wiederum lebe ausschließlich von B (man denke - mit Einschränkungen - etwa an Hasen und Füchse). Ohne B würde sich R wegen Nahrungsmangel nach dem natürlichen Abnahmegesetz $\dot{R}(t) = -\alpha_1 R(t)$ vermindern ($\alpha_1 > 0$). Die Anwesenheit von B ermöglicht jedoch eine Vermehrung von R, und zwar mit einer Rate, die von der Häufigkeit der Begegnungen zwischen Raub- und Beutetieren abhängen wird; versuchsweise unterstellen wir deshalb, sie sei proportional zu $R(t)B(t)$, also $= \beta_1 R(t) B(t)$ ($\beta_1 > 0$). Insgesamt wird man also für die Änderungsrate $\dot{R}$ den Ansatz $\dot{R} = -\alpha_1 R + \beta_1 RB$ machen. Analoge Überlegungen führen zu $\dot{B} = \alpha_2 B - \beta_2 RB$ ($\alpha_2, \beta_2 > 0$). Die Wechselwirkung zwischen R und B wird somit beschrieben durch das System der sogenannten Lotka-Volterraschen Gleichungen

$$\begin{aligned} \dot{R} &= -\alpha_1 R + \beta_1 RB \\ \dot{B} &= \alpha_2 B - \beta_2 RB \end{aligned} \qquad (\alpha_k, \beta_k \text{ positive Konstanten}). \tag{59.1}$$

Wenn wir diese Wechselwirkung zwischen den beiden Populationen zur Zeit $t_0 = 0$ beginnen lassen und R_0, B_0 (>0) die Anfangsbestände sind, so ergeben sich die (theoretischen) Bestände $R(t)$, $B(t)$ zur Zeit $t > 0$ als Lösung des Systems (59.1) unter den Anfangsbedingungen $R(0) = R_0$, $B(0) = B_0$.

---

[1] Alfred James Lotka (1880–1949; 69) war ein in Österreich geborener amerikanischer Biophysiker. - Zu dem hier angeschnittenen Fragenkreis sind immer noch Lotka (1925), Volterra (1931) und Gause (1934) lesenswert. Neuere Literatur: Hallam-Levin (1986) und Peschel-Mende (1986).

Das System (59.1) fällt wegen des Produktterms RB nicht unter das Schema der linearen Systeme: es ist *nichtlinear.* Wir haben deshalb im Augenblick keinerlei Mittel an der Hand, um seine Lösbarkeit - oder sogar *eindeutige* Lösbarkeit - verbürgen zu können. Die nächste Nummer wird uns aus dieser Peinlichkeit befreien (s. A 60.1).

Das Lotka-Volterrasche Wettbewerbsmodell Wenn zwei Populationen P_1, P_2 von beschränkten, aber völlig *verschiedenen* Ressourcen R_1, R_2 leben (sich also „nicht ins Gehege kommen"), so entwickelt sich jede von ihnen ungestört nach dem logistischen Wachstumsgesetz (1.12), es gilt also

$$\dot{P}_k = \alpha_k P_k - \beta_k P_k^2 \qquad (\alpha_k, \beta_k > 0;\ k = 1, 2). \tag{59.2}$$

Ist aber $R_1 = R_2$, so findet ein *Wettbewerb* zwischen den Populationen um die „Lebensmittel" statt, und jede von ihnen behindert das Wachstum der anderen. In dieser Situation führen ähnliche Überlegungen wie oben auf den Gedanken, (59.2) zu dem System

$$\begin{aligned} \dot{P}_1 &= \alpha_1 P_1 - \beta_1 P_1^2 - \gamma_1 P_1 P_2 \\ \dot{P}_2 &= \alpha_2 P_2 - \beta_2 P_2^2 - \gamma_2 P_1 P_2 \end{aligned} \qquad (\alpha_k, \beta_k, \gamma_k > 0 \text{ fest}) \tag{59.3}$$

auszugestalten; auch diese Gleichungen werden nach Lotka und Volterra benannt. Die (theoretischen) Populationsgrößen $P_1(t), P_2(t)$ zur Zeit $t>0$ ergeben sich dann als Lösung von (59.3) unter den Anfangsbedingungen $P_1(0) = P_{10}$, $P_2(0) = P_{20}$, wobei P_{k0} der Anfangsbestand der Population P_k sein soll. Das System (59.3) ist *nichtlinear*, und infolgedessen stehen wir ihm zunächst hilflos gegenüber. Das wird sich ändern (s. A 60.1).

Das mathematische Pendel bei beliebig großen Ausschlägen hatten wir schon in (18.77) durch die Differentialgleichung zweiter Ordnung

$$\ddot{\varphi} = -\frac{g}{l}\sin\varphi \tag{59.4}$$

für den Ausschlagswinkel φ beschrieben. Sie ist *nichtlinear*, und deshalb haben wir sie bisher mit Schweigen übergangen; nur ihre „linearisierte" Form $\ddot{\varphi} = -(g/l)\varphi$ hatten wir eingehender studiert. Letztere geht aus (59.4) vermöge der für kleine φ brauchbaren Approximation $\sin\varphi \approx \varphi$ hervor, gibt also gerade *keinen* Aufschluß über die Pendelbewegungen bei *großen* Ausschlägen. Andererseits haben wir es bisher nicht zu Existenzsätzen, erst recht nicht zu Lösungsverfahren für nichtlineare Differentialgleichungen der Ordnung $\geqslant 2$ gebracht. Über (59.4) können wir also gegenwärtig rein gar nichts sagen.

In dieser mißlichen Lage werden wir uns schon durch den Umstand erleichtert fühlen, daß sich die *eine* Differentialgleichung (59.4) von *zweiter* Ordnung für φ ganz offensichtlich in das *System*

$$\begin{aligned} \dot{\varphi} &= \psi \\ \dot{\psi} &= -\frac{g}{l}\sin\varphi \end{aligned} \tag{59.5}$$

von Differentialgleichungen *erster* Ordnung für die *zwei* Funktionen φ und ψ verwandeln läßt. Den naturgegebenen Anfangsbedingungen $\varphi(0)=\varphi_0$, $\dot{\varphi}(0)=\dot{\varphi}_0$ für (59.4) entsprechen hierbei die Anfangsbedingungen $\varphi(0)=\varphi_0$, $\psi(0)=\dot{\varphi}_0$ für (59.5). In der Tat wird uns diese Verwandlung den Weg zu (59.4) ebnen (s. A 60.1, vor allem aber A 62.11).

Begriffsbestimmungen Die obigen Beispiele belegen die naturwissenschaftliche Bedeutung allgemeiner Systeme von Differentialgleichungen erster Ordnung. Ein System dieser Art wollen wir in der Form

$$\begin{aligned} y_1' &= f_1(x, y_1, \ldots, y_n) \\ &\vdots \\ y_n' &= f_n(x, y_1, \ldots, y_n) \end{aligned} \tag{59.6}$$

schreiben; der Strich bedeutet die Ableitung nach x. n Funktionen $y_1(x), \ldots, y_n(x)$ bilden eine Lösung oder ein Integral von (59.6) auf dem Intervall J, wenn $y_k'(x)=f_k(x, y_1(x), \ldots, y_n(x))$ für alle $x \in J$ und $k=1, \ldots, n$ ist. Da in den Anwendungen solcher Systeme die unabhängige Veränderliche häufig keinen Zeitcharakter haben wird, bezeichnen wir sie nicht mit t, sondern mit dem farbloseren Buchstaben x (natürlich kommt es auf die Bezeichnung nicht im geringsten an). Eine Anfangswertaufgabe für (59.6) verlangt von uns, eine Lösung $y_1(x), \ldots, y_n(x)$ zu finden, die den Anfangsbedingungen

$$y_1(x_0)=y_{10}, \ldots, y_n(x_0)=y_{n0} \tag{59.7}$$

mit vorgeschriebenen Zahlen $x_0, y_{10}, \ldots, y_{n0}$ genügt. Alle auftretenden Größen sollen *reell* sein.

Mit den Vektoren

$$\boldsymbol{y} := \begin{pmatrix} y_1 \\ \vdots \\ y_n \end{pmatrix}, \quad \boldsymbol{y}' := \begin{pmatrix} y_1' \\ \vdots \\ y_n' \end{pmatrix}, \quad \boldsymbol{f}(x, \boldsymbol{y}) := \begin{pmatrix} f_1(x, \boldsymbol{y}) \\ \vdots \\ f_n(x, \boldsymbol{y}) \end{pmatrix}, \quad \boldsymbol{y}_0 := \begin{pmatrix} y_{10} \\ \vdots \\ y_{n0} \end{pmatrix} \tag{59.8}$$

können wir (59.6) auf die kompakte Form

$$\boldsymbol{y}' = \boldsymbol{f}(x, \boldsymbol{y}) \tag{59.9}$$

bringen und die zugehörige Anfangswertaufgabe – mit den Forderungen (59.7) – durch

$$\boldsymbol{y}' = \boldsymbol{f}(x, \boldsymbol{y}), \quad \boldsymbol{y}(x_0) = \boldsymbol{y}_0 \tag{59.10}$$

andeuten. In dieser Gestalt unterscheidet sie sich nur *drucktechnisch* von der skalaren Anfangswertaufgabe (11.1). Und schon hier wollen wir anmerken, daß auch die *inhaltlichen* Unterschiede kaum tiefer gehen.

60 Existenz- und Eindeutigkeitssätze für Systeme

Um besseren Anschluß an Formulierung und Beweis des Peanoschen Satzes 11.1 zu gewinnen, versehen wir jetzt den $\mathbf{R}^n$ - anders als in Nr. 48 - mit der Maximumsnorm

$$\|\boldsymbol{x}\|_\infty := \max_{k=1}^{n} |x_k| \quad \text{für} \quad \boldsymbol{x} := \begin{pmatrix} x_1 \\ \vdots \\ x_n \end{pmatrix}. \quad ^{1)} \tag{60.1}$$

Für ein kompaktes Intervall J der x-Achse sei $C(J)$ die Menge der auf J stetigen Funktionen $\boldsymbol{y}\colon J \to \mathbf{R}^n$. Mit der Norm

$$|\boldsymbol{y}|_\infty := \max_{x\in J} \|\boldsymbol{y}(x)\|_\infty \tag{60.2}$$

wird $C(J)$ ein Banachraum. Nach diesen bescheidenen Vorbereitungen kann der Leser leicht mit eigenen Kräften das folgende Existenztheorem beweisen; er braucht dazu nicht viel mehr zu tun, als den Beweis des Satzes 11.1 noch einmal durchzugehen.[2] Wir benutzen die gegen Ende der letzten Nummer eingeführten vektoriellen Schreibweisen.

60.1 Satz von Peano *Die Funktion $\boldsymbol{f}(x,\boldsymbol{y})$ sei* stetig *auf dem kompakten, achsenparallelen Quader*

$$Q := \{(x,\boldsymbol{y})\colon |x-x_0| \leqslant a,\ \|\boldsymbol{y}-\boldsymbol{y}_0\|_\infty \leqslant b\} \qquad (a,b>0), \tag{60.3}$$

und es sei

$$M := \max_{(x,\boldsymbol{y})\in Q} \|\boldsymbol{f}(x,\boldsymbol{y})\|_\infty, \quad \alpha := \min\left(a, \frac{b}{M}\right). \quad ^{3)} \tag{60.4}$$

Dann gibt es mindestens eine *auf* $[x_0-\alpha, x_0+\alpha]$ *existierende Lösung der Anfangswertaufgabe*

$$\boldsymbol{y}' = \boldsymbol{f}(x,\boldsymbol{y}), \quad \boldsymbol{y}(x_0) = \boldsymbol{y}_0. \tag{60.5}$$

---

[1] S. dazu Fußnote 1, S. 457. Auch die Bemerkungen nach (48.16) sollte sich der Leser in Erinnerung rufen.

[2] Die *Betrags*dreiecksungleichung für Integrale ist dabei durch die *Norm*dreiecksungleichung zu ersetzen, die in Fußnote 1, S. 502 angegeben wurde (sie gilt für *jede* Norm auf $\mathbf{R}^n$).

[3] Wir setzen stillschweigend $M>0$ voraus, um nicht ins Triviale zu geraten.

Der nächste Satz ist besonders wertvoll: er liefert uns nämlich über die bloße *Existenz* des Integrals hinaus auch noch dessen *eindeutige Bestimmtheit* und *iterative Konstruierbarkeit*. Doch zuerst eine Definition:

Wir sagen, die Funktion $f(x,y)$ erfülle auf dem oben eingeführten Quader Q eine Lipschitzbedingung bezüglich y, wenn es eine Konstante $L>0$ mit

$$\|f(x,y)-f(x,\bar{y})\|_\infty \leqslant L\,\|y-\bar{y}\|_\infty \quad \text{für alle} \quad (x,y),(x,\bar{y}) \text{ aus } Q \tag{60.6}$$

gibt.

Ein einziger Blick zeigt: *Die Lipschitzbedingung* (60.6) *ist gewiß erfüllt, wenn mit einem festen* $K>0$ *für die Komponenten* f_ν *von* f *die Abschätzungen*

$$|f_\nu(x,y_1,\ldots,y_n)-f_\nu(x,\bar{y}_1,\ldots,\bar{y}_n)| \leqslant K\sum_{j=1}^{n}|y_j-\bar{y}_j| \quad (\nu=1,\ldots,n) \tag{60.7}$$

auf Q *gelten* (man erhält dann (60.6) mit $L:=nK$).[1] Und daraus wiederum folgt die besonders handliche Feststellung, *daß die Lipschitzbedingung* (60.6) *mit Sicherheit erfüllt ist, wenn alle Komponenten von* f *auf* Q *stetige partielle Ableitungen nach allen* y_j *besitzen*; denn dann ist mit einem $\vartheta\in(0,1)$ und einem $K>0$ kraft des Mittelwertsatzes

$$\begin{aligned}|f_\nu(x,y_1,\ldots,y_n)-f_\nu(x,\bar{y}_1,\ldots,\bar{y}_n)| &= \left|\sum_{j=1}^{n}\frac{\partial f_\nu(x,\bar{y}+\vartheta(y-\bar{y}))}{\partial y_j}(y_j-\bar{y}_j)\right|\\ &\leqslant K\sum_{j=1}^{n}|y_j-\bar{y}_j|.\end{aligned}$$

Es folgt nun der angekündigte

60.2 Satz von Picard-Lindelöf *Die Funktion* $f(x,y)$ *sei* stetig *auf dem in* (60.3) *definierten kompakten Quader* Q *und genüge dort einer* Lipschitzbedingung *bezüglich* y. *Dann besitzt die Anfangswertaufgabe* (60.5) genau eine *auf*

$$J:=[x_0-\alpha,\,x_0+\alpha] \qquad (\textit{mit } \alpha \textit{ aus } (60.4))$$

definierte Lösung $y(x)$. *Ihre Komponenten* $y_1(x),\ldots,y_n(x)$ *können* iterativ *gewonnen werden. Setzt man nämlich für* $\nu=1,\ldots,n$ *zuerst*

$$\varphi_{\nu 0}(x):=y_{\nu 0} \qquad (= \nu\textit{-ter Anfangswert})$$

und dann sukzessiv

$$\varphi_{\nu j}(x):=y_{\nu 0}+\int_{x_0}^{x}f_\nu(t,\varphi_{1,j-1}(t),\ldots,\varphi_{n,j-1}(t))\,\mathrm{d}t \quad (j=1,2,\ldots;\,x\in J), \tag{60.8}$$

so strebt

$$\varphi_{\nu j}(x)\to y_\nu(x) \quad \textit{für} \quad j\to\infty, \quad \textit{und zwar } \text{gleichmäßig} \textit{ auf } J.$$

---

[1] S. dazu auch die Aufgabe 3.

Der Beweis unterscheidet sich nur drucktechnisch von dem des Satzes 12.2 und darf dem Leser überlassen werden.

Zum Schluß bemerken wir noch, daß man auch bei *Systemen* von Differentialgleichungen Theoreme über die *stetige Abhängigkeit von den Ausgangsdaten* und über die *Differenzierbarkeit nach Parametern* hat, die den Sätzen der Nr. 13 völlig analog sind. Auf diese Dinge wollen wir jedoch nicht näher eingehen.

Aufgaben

1. Zeige, daß die in Nr. 59 gestellten Anfangswertaufgaben für die Lotka-Volterraschen Gleichungen (59.1) und (59.3) jeweils eine eindeutig bestimmte, auf $[0, \infty)$ existierende Lösung haben. Entsprechendes gilt für die zur Pendelgleichung (59.4) gehörende Anfangswertaufgabe.

+2. $\|\cdot\|$ und $|\cdot|$ seien zwei Normen auf $\mathbf{R}^n$. Zeige: Erfüllt $f(x,y)$ auf Q eine Lipschitzbedingung bezüglich y und $\|\cdot\|$, gilt also

$$\|f(x,y)-f(x,\bar{y})\| \leqslant L\,\|y-\bar{y}\| \quad \text{für alle} \quad (x,y),\ (x,\bar{y}) \text{ aus } Q,$$

so gilt Entsprechendes auch bei Verwendung von $|\cdot|$. Kurz: Bei der Formulierung der Lipschitzbedingung hat man *freie Normwahl.*

Hinweis: Es gibt positive Zahlen α, β mit $\alpha\,|x| \leqslant \|x\| \leqslant \beta\,|x|$ für alle $x \in \mathbf{R}^n$ (s. Heuser II, Hilfssatz 109.6).

+3. Sei $\|\cdot\|$ irgendeine Norm auf $\mathbf{R}^n$. Zeige: $f(x,y)$ erfüllt *genau* dann eine Lipschitzbedingung bezüglich y und $\|\cdot\|$, wenn die Abschätzungen (60.7) gelten.

Hinweis: Aufgabe 2, Norm (48.1).

4. Löse iterativ die Anfangswertaufgabe

$$\begin{aligned} y_1' &= y_2 y_3 \\ y_2' &= -y_1 y_3, \quad y_1(0)=0, \quad y_2(0)=1, \quad y_3(0)=0. \\ y_3' &= 2 \end{aligned}$$

Wie lautet die j-te Approximation $\boldsymbol{\varphi}_j(x)$, wenn man von $\boldsymbol{\varphi}_0(x) := \begin{pmatrix} 0 \\ 1 \\ 0 \end{pmatrix}$ ausgeht?

+5. Fehlerabschätzung Unter den Voraussetzungen und mit den Bezeichnungen des Satzes 60.2 von Picard-Lindelöf möge $f(x,y)$ eine Lipschitzbedingung der Form (60.7) erfüllen (vgl. dazu Aufgabe 3). Dann läßt sich der *Fehler* zwischen den Lösungskomponenten $y_\nu(x)$ und den j-ten Approximationskomponenten $\varphi_{\nu j}(x)$ (mit $\varphi_{\nu 0}(x) := y_{\nu 0}$) abschätzen durch

$$|y_\nu(x) - \varphi_{\nu j}(x)| \leqslant \frac{M}{nK} \sum_{p=j+1}^{\infty} \frac{(nK\,|x-x_0|)^p}{p!} \quad \text{für} \quad x \in [x_0-\alpha, x_0+\alpha].$$

Hinweis: S. den Hinweis zu A 12.3.

61 Die allgemeine Differentialgleichung *n*-ter Ordnung

Ihre explizite (nach der höchsten Ableitung aufgelöste) Gestalt ist

$$y^{(n)}=f(x,y,y',\ldots,y^{(n-1)}). \tag{61.1}$$

Eine Funktion $y(x)$ wird Lösung oder Integral von (61.1) auf dem Intervall J genannt, wenn dort

$$y^{(n)}(x)\equiv f(x,y(x),y'(x),\ldots,y^{(n-1)}(x))$$

gilt. Die Anfangswertaufgabe

$$y^{(n)}=f(x,y,y',\ldots,y^{(n-1)}),\quad y(x_0)=y_0,\ y'(x_0)=y_0',\ldots,y^{(n-1)}(x_0)=y_0^{(n-1)} \tag{61.2}$$

verlangt von uns, eine Lösung $y(x)$ von (61.1) zu finden, die den Anfangsbedingungen $y^{(\nu)}(x_0)=y_0^{(\nu)}$ $(\nu=0,1,\ldots,n-1)$ mit vorgegebenen Zahlen $x_0,y_0,y_0',\ldots,y_0^{(n-1)}$ genügt (dabei setzen wir $y_0^{(0)}:=y_0$).
Die Existenz- und Eindeutigkeitstheorie der Anfangswertaufgabe (61.2) fällt uns wie eine reife Frucht in den Schoß, denn die *Differentialgleichung n-ter Ordnung* (61.1) ist mit dem *n-gliedrigen System*

$$\begin{aligned} y_1' &= y_2\\ y_2' &= y_3\\ &\vdots\\ y_{n-1}' &= y_n\\ y_n' &= f(x,y_1,y_2,\ldots,y_n)\end{aligned} \tag{61.3}$$

in folgendem Sinne *gleichwertig*: *Ist* $y(x)$ *eine Lösung von* (61.1), *so bildet*

$$y_1(x):=y(x),\ y_2(x):=y'(x),\ldots,y_n(x):=y^{(n-1)}(x)$$

eine Lösung von (61.3); *ist umgekehrt* $y_1(x),\ldots,y_n(x)$ *eine Lösung von* (61.3), *so muß* $y_1(x)$ *notwendigerweise eine Lösung von* (61.1) *sein.* All dies liegt auf der Hand (und wurde von uns schon bei der Pendelgleichung (59.4) ausgenutzt). Dementsprechend läuft nun auch die Anfangswertaufgabe (61.2) auf die Anfangswertaufgabe (61.3) mit den Anfangsbedingungen $y_1(x_0)=y_0$, $y_2(x_0)=y_0',\ldots,y_n(x_0)=y_0^{(n-1)}$ hinaus.
Schreiben wir das System (61.3) in der vektoriellen Form $\boldsymbol{y}'=\boldsymbol{f}(x,\boldsymbol{y})$, wobei die Komponenten f_ν von $\boldsymbol{f}$ durch

$$f_\nu(x,y_1,\ldots,y_n):=y_{\nu+1}\quad(\nu=1,\ldots,n-1),\quad f_n(x,y_1,\ldots,y_n):=f(x,y_1,\ldots,y_n)$$

definiert sind, so sieht man leicht: $\boldsymbol{f}$ ist genau dann auf dem Quader

$$Q := \{(x, y): |x - x_0| \leqslant a, \ \|y - y_0\|_\infty \leqslant b\} \quad \text{mit} \quad y_0 := \begin{pmatrix} y_0 \\ y_0' \\ \vdots \\ y_0^{(n-1)} \end{pmatrix} \tag{61.4}$$

stetig, wenn f es ist, und f erfüllt genau dann eine *Lipschitzbedingung* auf Q, wenn f es tut, wenn also eine Abschätzung der Form

$$|f(x, y) - f(x, \bar{y})| \leqslant L \|y - \bar{y}\|_\infty \quad \text{für alle} \quad (x, y), (x, \bar{y}) \in Q \tag{61.5}$$

gilt. Infolgedessen ergeben sich nun aus den Sätzen der letzten Nummer sofort die folgenden Existenzaussagen:

61.1 Satz von Peano *Ist die Funktion* $f(x, y_1, \ldots, y_n)$ stetig *auf dem kompakten Quader* (61.4), *so besitzt die Anfangswertaufgabe* (61.2) mindestens eine *Lösung auf einem hinreichend kleinen Intervall um* x_0.

61.2 Satz von Picard-Lindelöf *Die Funktion* $f(x, y_1, \ldots, y_n)$ *sei* stetig *auf dem kompakten Quader* (61.4) *und genüge dort der* Lipschitzbedingung (61.5). *Dann besitzt die Anfangswertaufgabe* (61.2) genau eine *Lösung auf einem hinreichend kleinen Intervall um* x_0, *und diese kann* iterativ *konstruiert werden.*

62 Reduzierbare Typen von Differentialgleichungen zweiter Ordnung

Das überschriftlich genannte „Reduzieren“ meint eine (manchmal mögliche) Zurückführung der Differentialgleichung *zweiter* Ordnung $y'' = f(x, y, y')$ auf eine von *erster* Ordnung. Durchweg sei f *stetig* auf einem gewissen Intervall.

Die rechte Seite hänge nur von *einer* Veränderlichen ab, es handele sich also um eine der Differentialgleichungen

$$y'' = f(x), \quad y'' = f(y'), \quad y'' = f(y). \tag{62.1}$$

Die *erste* Gleichung löst man durch zweimalige unbestimmte Integration. Die *zweite* geht vermöge der Substitution $y' = z$ in die Differentialgleichung $z' = f(z)$ über, und aus ihrer Lösung gewinnt man die von $y'' = f(y')$ durch unbestimmte Integration.[1] Etwas mehr Delikatesse erfordert die *dritte* Gleichung. Ist $y(x)$ eine Lösung, so erhält man aus $y''(x) = f(y(x))$ durch Multiplikation mit $2y'(x)$ die Beziehung $2y'(x)y''(x) = 2f(y(x))y'(x)$ oder also

[1] Dieses Verfahren hatten wir schon ganz zu Anfang bei der Differentialgleichung (1.26) des reibungsverzögerten Falles verwendet.

$$\frac{\mathrm{d}}{\mathrm{d}x}[y'^2(x)] = 2\frac{\mathrm{d}}{\mathrm{d}x}F(y(x)) \quad \text{mit} \quad F(s) := \int f(s)\,\mathrm{d}s + C$$

(C eine willkürliche Konstante) und daraus die Differentialgleichung

$$y'^2 = 2F(y) \quad \text{für } y(x).$$ [1]

Die rechte Seite hänge nur von *zwei* Veränderlichen ab, es handele sich also um eine der Differentialgleichungen

$$y'' = f(x, y'), \quad y'' = f(y, y'), \quad y'' = f(x, y). \tag{62.2}$$

Zur *ersten* Gleichung genügt ein Stichwort: Substitution $y' = z$. Bei der *zweiten* müssen wir mehr Umsicht walten lassen. Sei $y(x)$ eine Lösung mit nichtverschwindender Ableitung und $x(y)$ die zugehörige Umkehrfunktion. Dann können wir y' als Funktion von y auffassen:

$$y'(x) = y'(x(y)) =: p(y) \qquad (\textit{Riccatischer Ansatz}), \tag{62.3}$$

und dieses $p(y)$ genügt offenbar der Differentialgleichung

$$\frac{\mathrm{d}p}{\mathrm{d}y} = \frac{f(y, p)}{p}.$$

Man integriere sie und löse dann $\mathrm{d}y/\mathrm{d}x = p(y)$.
Bei der *dritten* Gleichung in (62.2) sind wir mit unserer Kunst am Ende – es sei denn, sie habe die sehr spezielle Bauart

$$y'' = g(x)y.$$

In diesem Falle nämlich führt die Substitution

$$v := \frac{y'}{y} \tag{62.4}$$

auf die Differentialgleichung $v' = g(x) - v^2$. Man integriere sie und löse dann $y'/y = v(x)$.
Bemerkung: Die Substitution (62.4) reduziert auch jede Gleichung der Form

$$y'' = h\left(x, \frac{y'}{y}\right)y$$

auf eine von erster Ordnung.

---

[1] So waren wir bereits in Nr. 1 bei der Diskussion der Fluchtgeschwindigkeit einer Rakete vorgegangen; s. die Auflösung der Gl. (1.34).

Aufgaben

In den Aufgaben 1 bis 7 sind die angegebenen Differentialgleichungen bzw. Anfangswertprobleme zu lösen.

1. $y''=x^2, \quad y(0)=y'(0)=1.$

2. $y''=\dfrac{1}{\cosh y'}, \quad y(0)=1, \quad y'(0)=0.$

3. $y^3y''=-1, \quad y(1)=y'(1)=1.$

4. $y''=2\sin 2y, \quad y(0)=\dfrac{\pi}{2}, \quad y'(0)=2.$

5. $y''=4-\dfrac{y'}{x}.$ Löse diese Gleichung auf zwei Arten.

6. $yy''=(y')^2, \quad y(0)=1, \quad y'(0)=3.$

7. $3yy'y''=(y')^3-1, \quad y(0)=1, \quad y'(0)=2.$

8. Die Kettenlinie Eine homogene Kette (oder ein Seil) ohne Biegesteifigkeit sei zwischen zwei Punkten A und B aufgehängt. Mit C bezeichnen wir ihren tiefsten Punkt, und durch ihn legen wir die y-Achse (s. Fig. 62.1). $P=P(x,y)$ sei ein beliebig herausgegriffener Punkt der Kette, $s=s(x)$

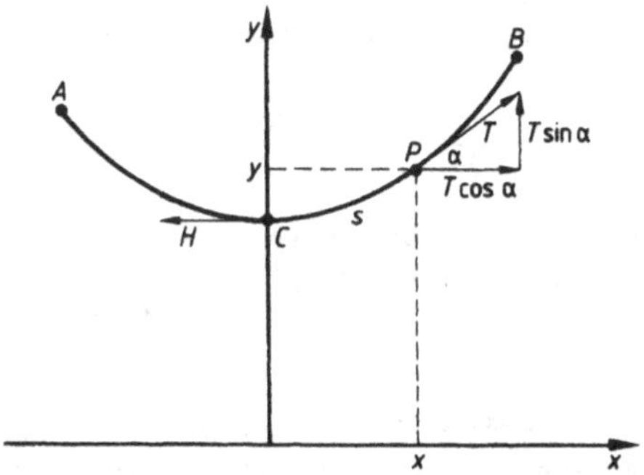

Fig. 62.1

die Länge des Bogens CP und γ das (konstante) Gewicht der Kette pro Längeneinheit. H ist die Horizontalspannung der Kette in C, T ihre Tangentialspannung in P. Die Horizontalkomponente von T ist $T\cos\alpha$, die Vertikalkomponente ist $T\sin\alpha$.

Das Kettenstück CP ist im Gleichgewicht, wenn

$$T\cos\alpha=H \quad \text{und} \quad T\sin\alpha=\gamma s \quad (=\text{Gewicht von } CP)$$

ist, woraus nun durch Division sofort

$$\tan\alpha=\frac{\gamma s}{H} \quad \text{oder also} \quad \frac{dy}{dx}=\frac{\gamma s}{H} \tag{62.5}$$

folgt. Als Horizontalspannung im tiefsten Punkt ist H konstant; durch Differentiation erhalten wir also aus (62.5) die Gleichung

$$\frac{d^2y}{dx^2}=\frac{\gamma}{H}\frac{ds}{dx} \tag{62.6}$$

und daraus dank der Bogenlängenformel $s(x)=\int_0^x \sqrt{1+(dy/dt)^2}\,dt$ die technisch so wichtige Differentialgleichung der Kettenlinie:

$$a\frac{d^2y}{dx^2}=\sqrt{1+\left(\frac{dy}{dx}\right)^2} \quad \text{mit} \quad a:=\frac{H}{\gamma}. \tag{62.7}$$

Zeige:

a) Die allgemeine Lösung von (62.7) ist

$$y(x)=a\cosh\frac{x-C_1}{a}+C_2. \tag{62.8}$$

b) Unter den Anfangsbedingungen $y(0)=a, y'(0)=0$ wird (62.7) gelöst durch $y(x)=a\cosh(x/a)$.

c) Die Koordinaten der Aufhängepunkte A und B seien (x_0, y_0) bzw. (x_1, y_1) (mit $x_0<x_1$). L sei die vorgegebene Länge der Kette, also

$$L=\int_{x_0}^{x_1}\sqrt{1+\left(\frac{dy}{dx}\right)^2}\,dx=a\int_{x_0}^{x_1}\frac{d^2y}{dx^2}\,dx=2a\sinh\frac{x_1-x_0}{2a}\cosh\frac{x_1+x_0-2C_1}{2a};$$ [1)]

dabei soll natürlich $L>\overline{AB}=\sqrt{(x_0-x_1)^2+(y_0-y_1)^2}$ sein. Zeige nun weiter: Es ist

$$\frac{\sinh\xi}{\xi}=\frac{\sqrt{L^2-(y_1-y_0)^2}}{x_1-x_0} \quad \text{mit} \quad \xi:=\frac{x_1-x_0}{2a},$$

und diese Gleichung hat genau eine positive Lösung ξ_0. Mit ihr ist $a=(x_1-x_0)/(2\xi_0)$, und nun lassen sich die Konstanten C_1, C_2 in (62.8) den Randbedingungen $y(x_0)=y_0$, $y(x_1)=y_1$ anpassen – womit dann die Gleichung der in A und B aufgehängten Kettenlinie mit gegebener Länge L gefunden ist.

9. Hängebrücke Ein gewichtsloses Seil ohne Biegesteifigkeit trage eine homogene Brücke mit dem konstanten Gewicht γ pro Längeneinheit (s. Fig. 62.2). Zeige, daß die hierbei entstehende Seilkurve Lösung des Anfangswertproblems

$$y''=\frac{\gamma}{H},\quad y(0)=a,\quad y'(0)=0 \qquad (H>0 \text{ fest})$$

und somit die Parabel $y(x)=\dfrac{\gamma x^2}{2H}+a$ ist.

Hinweis: Modifiziere die Herleitung von (62.6) in angemessener Weise.

[1)] Zur Erinnerung: Es ist

$$\sinh\alpha-\sinh\beta=2\sinh\frac{\alpha-\beta}{2}\cosh\frac{\alpha+\beta}{2},\quad \cosh\alpha-\cosh\beta=2\sinh\frac{\alpha-\beta}{2}\sinh\frac{\alpha+\beta}{2}.$$

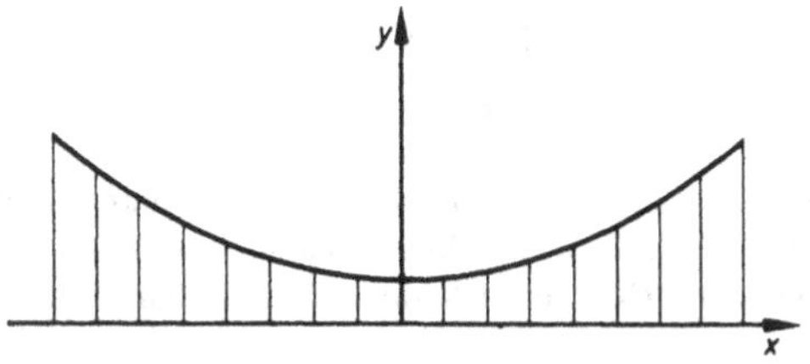

Fig. 62.2

10. Elastischer Schwinger mit *quadratischer* Dämpfung Er genügt der Differentialgleichung

$$m\ddot{x} = -kx - r\dot{x}^2 \quad \text{auf dem } \textit{Hin}\text{weg} \quad (\dot{x} > 0), \tag{62.9}$$

$$m\ddot{x} = -kx + r\dot{x}^2 \quad \text{auf dem } \textit{Rück}\text{weg} \quad (\dot{x} < 0) \tag{62.10}$$

($m > 0$ die Masse, $k > 0$ die Steifigkeit, $r > 0$ der Dämpfungskoeffizient; vgl. (18.2)). Zeige, daß die Umkehrung der allgemeinen Lösung von (62.9) gegeben wird durch das (elementar nicht auswertbare) Integral

$$t = \int \frac{1}{\sqrt{\frac{km}{2r^2} - \frac{k}{r}x - C_1 \exp\left(-\frac{2r}{m}x\right)}} \, dx + C_2 .$$

Ein entsprechendes Ergebnis stellt sich im Falle der Gl. (62.10) ein. Um den Gesamtvorgang zu beschreiben, muß man die Hin- und Rückweglösungen stetig zusammenstückeln.

Hinweis: Das in dieser Nummer geschilderte Lösungsverfahren führt bei (62.9) auf eine *Bernoullische Differentialgleichung* (s. A 4.26).

11. Das mathematische Pendel bei beliebig großen Ausschlägen Hier handelt es sich um die Differentialgleichung (59.4):

$$\frac{d^2\varphi}{dt^2} = -\frac{g}{l}\sin\varphi \qquad (\varphi := \text{Ausschlagswinkel}). \tag{62.11}$$

Wir geben willkürlich die Anfangsbedingung $\varphi(0) = 0$ vor und stellen die physikalische Tatsache in Rechnung, daß im *Umkehr*punkt φ_0 die Geschwindigkeit $\dot{\varphi}$ verschwindet. Zeige nun, daß

$$t = \frac{1}{2}\sqrt{\frac{l}{g}} \int_0^{\varphi} \frac{d\varphi}{\sqrt{\sin^2\frac{\varphi_0}{2} - \sin^2\frac{\varphi}{2}}}$$

ist.[1] Mit $k := \sin\frac{\varphi_0}{2}$ und $\sin\alpha := \frac{1}{k}\sin\frac{\varphi}{2}$ geht dies über in

[1] Zur Erinnerung: $\cos x = 1 - 2\sin^2\frac{x}{2}$.

$$t=\sqrt{\frac{l}{g}}\int_0^\alpha \frac{\mathrm{d}\alpha}{\sqrt{1-k^2\sin^2\alpha}}.$$

Das hier auftretende Integral, das sogenannte elliptische Integral erster Gattung für den Modul k, läßt sich nicht elementar auswerten. Seiner großen Bedeutung wegen hat man es jedoch vertafelt; s. etwa Jahnke-Emde-Lösch (1966).

12. Flugzeugabwehr mit Boden-Luft-Raketen Ein Flugzeug F fliege in der Höhe h mit der Geschwindigkeit v längs der positiven y-Achse (s. Fig. 62.3). Zur Zeit $t_0=0$ befinde es sich senkrecht über einer Abwehrstation A, und von dieser wird nun eine Rakete R auf es abgefeuert. R habe die

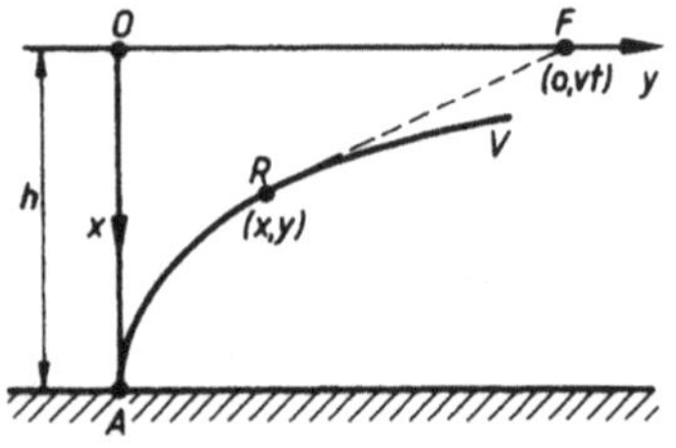

Fig. 62.3

(konstante) Geschwindigkeit $w>v$, und ein automatischer Steuerungsmechanismus richte R ständig auf F. Bestimme die Differentialgleichung der so entstehenden „Verfolgungskurve" V, die Gleichung $y=y(x)$ von V und den Punkt, in dem die Rakete das Flugzeug trifft.

Hinweis: RF ist *tangential* zu V, und daher muß $xy'=y-vt$ sein (t die Zeit). Mit der Bogenlänge s ist ferner $\mathrm{d}s/\mathrm{d}t=w$ und

$$\frac{\mathrm{d}t}{\mathrm{d}x}=\frac{\mathrm{d}t}{\mathrm{d}s}\frac{\mathrm{d}s}{\mathrm{d}x}=-\frac{1}{w}\sqrt{1+y'^2} \qquad \text{(warum das Minuszeichen?).}$$

Bei der Integration der Differentialgleichung von V ist die Formel $\operatorname{Arsinh} z=\ln(z+\sqrt{1+z^2})$ vorteilhaft.

13. Viètes Tangentenkonstruktion *revisited* François Viète oder Vieta (1540–1603; 63), der Erfinder der Buchstabenalgebra, hat für die Tangenten der Archimedischen Spirale $r=a\varphi$ (r, φ Polarkoordinaten) eine *Näherungskonstruktion* angegeben, die sich auf hinreichend glatte Kurven $r=r(\varphi)$ mit $r^2+\dot r^2>0$ übertragen läßt ($\dot r:=\mathrm{d}r/\mathrm{d}\varphi$). Voigt (1986) hat gezeigt, daß diese Konstruktion in einem präzisierbaren Sinne genau für diejenigen Kurven „gut" ist, die der Differentialgleichung

$$2(r^2+\dot r^2)\dddot r-3\dot r\ddot r^2-6r\dot r\ddot r+2\dot r^3-r^2\dot r=0 \tag{62.12}$$

genügen. Erledige nun der Reihe nach die Punkte a) bis d).

a) (62.12) besitzt die konstanten Lösungen $r(\varphi)=r_0$ (Kreise um den Nullpunkt) und geht in allen anderen Fällen vermöge des Ansatzes

$$s:=\dot r/r \qquad \text{(vgl. (62.4))} \tag{62.13}$$

über in

$$\ddot{s} = \frac{3}{2}\frac{s}{1+s^2}\dot{s}^2 + \frac{1}{2}s(1+s^2). \tag{62.14}$$

b) Mit dem Riccatischen Ansatz (62.3), hier also $p := \dot{s}(\varphi(s))$, gelangt man von (62.14) zu einer *Bernoullischen Differentialgleichung* für p und von dieser zu

$$\frac{\mathrm{d}z}{\mathrm{d}s} = \frac{3s}{1+s^2}z + s(1+s^2) \qquad (z := p^2;\ \text{s. A 4.26}). \tag{62.15}$$

c) Mit den Lösungen $z(s) = (1+s^2)^2 + \lambda(1+s^2)^{3/2}$ $(\lambda \in \mathbf{R})$ von (62.15) hat man

$$\dot{s} = \pm\sqrt{(1+s^2)^2 + \lambda(1+s^2)^{3/2}}.$$

Vermöge der Substitution

$$t = s + \sqrt{1+s^2} \quad \text{oder also} \quad s = \frac{1}{2}\left(t - \frac{1}{t}\right) \tag{62.16}$$

und der Hilfsfunktion

$$H(t,\lambda) := \int \frac{\mathrm{d}t}{\sqrt{(1+t^2)(1+2\lambda t + t^2)}} \tag{62.17}$$

ergibt sich nun

$$\pm\frac{1}{2}(\varphi - \varphi_0) = H(t,\lambda). \tag{62.18}$$

d) Durch (62.18) wird eindeutig $t = t(\varphi)$ bestimmt (warum?). Beachtet man (62.16), so führt die Integration von (62.13) auf

$$\frac{r}{r_0} \quad \text{bzw.} \quad \frac{r_0}{r} = \mathrm{e}^{\int s(\varphi)\mathrm{d}\varphi} = \mathrm{e}^{J(t,\lambda)}, \quad J(t,\lambda) := \int \left(t - \frac{1}{t}\right)\frac{\mathrm{d}H(t,\lambda)}{\mathrm{d}t}\,\mathrm{d}t.$$

e) Alles Weitere hängt entscheidend von der Größe der Konstanten λ ab. Eine detaillierte Diskussion wird von Voigt (1986) durchgeführt. Sein Resultat: „Neben Kreisen und Geraden ergeben sich Schleifen und Spiralen sowie deren an Kreisen gespiegelte Bilder.“ Eine weitere Vertiefung in Voigt (1989).

63 Numerische Lösungsverfahren

Die Existenztheoreme des gegenwärtigen Kapitels sind gewiß fundamental - und doch vermögen sie nicht darüber hinwegzutrösten, daß ein Differentialgleichungssystem erster Ordnung oder eine einzelne Differentialgleichung höherer Ordnung sich in aller Regel gegen eine geschlossene Integration sperren wird. Um so wichtiger sind daher *numerische* Verfahren, die wenigstens hinreichend genaue *Approximationslösungen* liefern können. Auf Derartiges wollen wir jetzt einen kurzen Blick werfen. Notgedrungen müssen wir uns mit einer referierenden Darstellung begnügen, denn das Feld der Differentialgleichungsnumerik ist viel zu groß, um im Rahmen dieses Buches bestellt werden zu können.[1] Im übrigen wird es genügen, nur *Systeme* von Differentialgleichungen ins Auge zu fassen.

Das Iterationsverfahren wurde bereits im Satz 60.2 von Picard-Lindelöf beschrieben und in A 60.4 erprobt. Man wird es i. allg. nicht über wenige Schritte hinaustreiben können. Eine Fehlerabschätzung findet sich in A 60.5.

Das Verfahren von Runge-Kutta für Systeme verläuft völlig analog zu dem für Einzelgleichungen (s. Nr. 3). Wir schildern es für die Anfangswertaufgabe

$$\begin{aligned} &y'=f(x,y,z)\\ &z'=g(x,y,z)\\ &y(x_0)=y_0,\quad z(x_0)=z_0, \end{aligned} \tag{63.1}$$

wobei wir deren *eindeutige Lösbarkeit* voraussetzen. Ist $h>0$ die gewählte Schrittweite, so berechnet man zuerst die Größen

$$\begin{aligned} k_1&:=f(x_0,y_0,z_0), & l_1&:=g(x_0,y_0,z_0),\\ k_2&:=f\left(x_0+\frac{h}{2},\,y_0+\frac{hk_1}{2},\,z_0+\frac{hl_1}{2}\right), & l_2&:=g\left(x_0+\frac{h}{2},\,y_0+\frac{hk_1}{2},\,z_0+\frac{hl_1}{2}\right),\\ k_3&:=f\left(x_0+\frac{h}{2},\,y_0+\frac{hk_2}{2},\,z_0+\frac{hl_2}{2}\right), & l_3&:=g\left(x_0+\frac{h}{2},\,y_0+\frac{hk_2}{2},\,z_0+\frac{hl_2}{2}\right),\\ k_4&:=f(x_0+h,\,y_0+hk_3,\,z_0+hl_3), & l_4&:=g(x_0+h,\,y_0+hk_3,\,z_0+hl_3), \end{aligned}$$

dann bestimmt man

$$k:=\frac{h}{6}(k_1+2k_2+2k_3+k_4),\quad l:=\frac{h}{6}(l_1+2l_2+2l_3+l_4)$$

und hat nun in

$$y_0+k,\ z_0+l \quad \text{Näherungen für} \quad y(x_0+h),\ z(x_0+h)$$

in der Hand. Von x_0+h, y_0+k, z_0+l anstelle von x_0, y_0, z_0 ausgehend, berechnet man nun nach derselben Vorschrift Runge-Kutta-Werte für $y(x_0+2h)$, $z(x_0+2h)$ usw. Der Fehler ist etwa proportional zu h^4.

Als Beispiel einer Runge-Kutta-Integration nehmen wir uns die Lotka-Volterraschen Gleichungen (59.1) vor, und zwar mit $x(t):=R(t)$, $y(t):=B(t)$ und den Daten

$$\begin{aligned} &\alpha_1:=0{,}008,\quad \alpha_2:=1{,}0,\quad \beta_1:=0{,}00001,\quad \beta_2:=0{,}002,\\ &x(0):=300,\quad y(0):=7000\quad \text{(Figuren 63.1 und 63.2).} \end{aligned}$$

[1] S. die in Fußnote 1, S. 56, angegebene Literatur.

Intuitiv werden wir *periodische* Schwankungen in der Größe der Raub- und Beutepopulation erwarten: Die Raubtiere tun sich an den Beutetieren gütlich, vermindern deren Bestand, geraten eben dadurch selbst in Not und gehen nun in größerer Zahl an Nahrungsmangel zugrunde. Das eröffnet nun den Beutetieren die Chance der Regeneration: ihre Zahl nimmt zu. Aber damit ver-

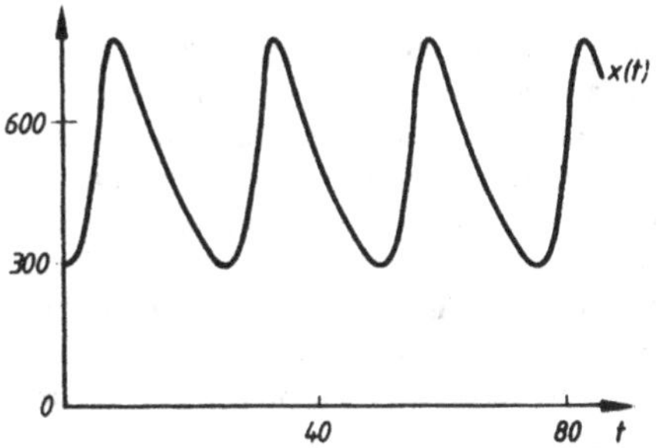

Fig. 63.1

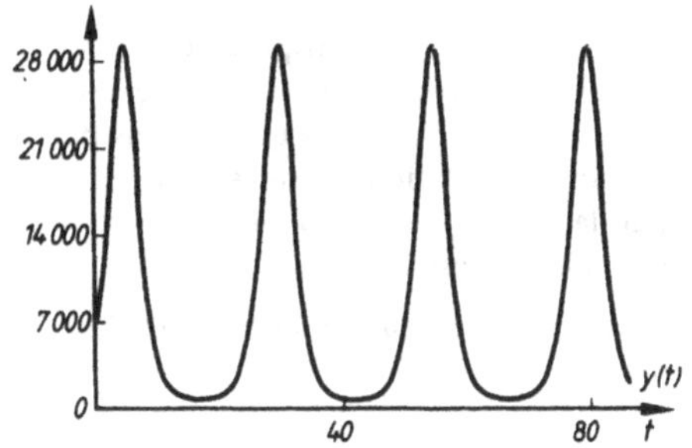

Fig. 63.2

breitern sie fatalerweise die Nahrungsbasis ihrer Feinde, diese können sich wieder vermehren und schließlich so zahlreich werden, daß sie - wie am Anfang - ihre eigene Lebensbasis untergraben: das Spiel beginnt von neuem. Die Runge-Kutta-Näherungslösungen in den Figuren 63.1 und 63.2 lassen diese Periodizität deutlich erkennen; in Nr. 64 werden wir sie streng beweisen.

X Qualitative Theorie. Stabilität

La nature semble avoir disposé [le système solaire] primitivement pour une éternelle durée, par les mêmes vues qu'elle nous paraît suivre si admirablement sur la Terre, pour la conservation des individus et la perpétuité des espèces.

Pierre Simon de Laplace im Jahre 1802.

Les personnes qui s'interessent aux progrès de la Mécanique céleste ... doivent éprouver quelque étonnement en voyant combien de fois on a démontré la stabilité du système solaire ... L'étonnement de ces personnes redoublerait sans doute, si on leur disait qu'un jour peut-être un mathématicien fera voir... que le système planétaire est instable. Cela pourra arriver cependant.

Henri Poincaré im Jahre 1898.

64 Ein Beispiel: Das Lotka-Volterrasche Räuber-Beute-Modell

Die bisher vorgeführte Theorie der nichtlinearen Differentialgleichungssysteme liefert schöne Einsichten - aber handliche *Lösungsverfahren* liefert sie *nicht*. Wenn man tatsächlich Lösungs*werte* benötigt, ist man in der Regel auf numerische Methoden angewiesen. Glücklicherweise genügt es aber in vielen Fällen, nur einige Auskünfte über das Lösungs*verhalten* zu erlangen - und diese kann man häufig ohne übermäßigen Aufwand dem System abgewinnen, *ohne* es (geschlossen oder numerisch) lösen zu müssen. Was mit einer solchen qualitativen Analyse gemeint ist, wollen wir an dem Lotka-Volterraschen Räuber-Beute-Modell (59.1) verdeutlichen, das wir diesmal in der Form

$$\begin{aligned} \dot{x} &= -\alpha_1 x + \beta_1 xy \\ \dot{y} &= \alpha_2 y - \beta_2 xy \end{aligned} \qquad (\alpha_k, \beta_k \text{ positive Konstanten}) \tag{64.1}$$

schreiben. $x(t)$ ist die Größe der Raubpopulation zur Zeit $t \geqslant 0$, $y(t)$ die der Beutepopulation. Das System (64.1) ist bei vorgegebenen Anfangsbeständen $x(0), y(0) > 0$ auf $[0, \infty)$ stets eindeutig lösbar (s. A 60.1) - aber nie in geschlossener Form; eben deshalb haben wir in der letzten Nummer hilfsweise eine Runge-Kutta-Approximation hergestellt.

Der neue und alles Weitere bestimmende Gedanke ist nun der folgende. Die zu den Anfangswerten $x(0), y(0)$ gehörende Lösung $x(t), y(t)$ von (64.1) läßt sich auffassen als *Parameterdarstellung*

$$x = x(t), \quad y = y(t) \qquad (t \geqslant 0) \tag{64.2}$$

einer Kurve in der xy-Ebene – wir nennen sie eine Phasenkurve oder Trajektorie des Systems (64.1) – *und von dem Studium einer solchen Trajektorie wird man sich Aufschlüsse über das Verhalten der Funktionen $x(t)$, $y(t)$ selbst erhoffen dürfen.* Dies wollen wir nun detailliert auseinandersetzen.

Als erstes werfen wir die Frage auf, ob das Modell (64.1) stationäre Populationen zuläßt, also Bestände ξ, η mit $x(t) \equiv \xi$ und $y(t) \equiv \eta$, geometrisch gesprochen: ob eine Trajektorie zu einem Punkt (ξ, η) zusammenschrumpfen kann. Für stationäre Bestände ξ, η verschwinden die Ableitungen, aus (64.1) folgt also

$$\begin{aligned} -\alpha_1\xi+\beta_1\xi\eta &= 0, \quad \text{d.h.} \quad \xi(-\alpha_1+\beta_1\eta) = 0,\\ \alpha_2\eta-\beta_2\xi\eta &= 0, \quad \text{d.h.} \quad \eta(\alpha_2-\beta_2\xi) \;\; = 0. \end{aligned}$$

Dieses Gleichungssystem hat genau zwei Lösungen, nämlich

$$\xi_1 := 0, \; \eta_1 := 0 \quad \text{und} \quad \xi_2 := \frac{\alpha_2}{\beta_2}, \; \eta_2 := \frac{\alpha_1}{\beta_1}; \tag{64.3}$$

umgekehrt bilden die konstanten Funktionen $x_k(t) := \xi_k$, $y_k(t) := \eta_k$ für jedes $k = 1, 2$ tatsächlich ein Integral von (64.1). Das erste ist im gegenwärtigen Zusammenhang irrelevant und wird deshalb sofort *ad acta* gelegt; das zweite nennen wir kurz *die* stationäre Lösung oder *den* Gleichgewichtspunkt von (64.1).

Übrigens sieht man sofort: Wenn zu irgendeinem Zeitpunkt $t_0 \geqslant 0$ einmal $\dot{x}(t_0) = \dot{y}(t_0) = 0$ sein sollte, so ist $x(t) := x(t_0)$, $y(t) := y(t_0)$ eine Lösung von (64.1) und damit die *stationäre* Lösung (den unrealistischen Fall $x(t_0) = y(t_0) = 0$ immer ausgeschlossen). Für eine *nicht*stationäre Lösung $x(t)$, $y(t)$ ist also zu jedem Zeitpunkt $t_0 \geqslant 0$ mindestens eine der Zahlen $\dot{x}(t_0)$, $\dot{y}(t_0)$ von Null verschieden. Sei etwa $\dot{x}(t_0) \neq 0$. Dann ist in einer gewissen Umgebung von t_0 auch $\dot{x}(t)$ noch ständig $\neq 0$, in dem zugehörigen Trajektorienstück kann man also y als Funktion von x auffassen und deren Ableitung in der Form

$$\frac{dy}{dx} = \frac{dy/dt}{dx/dt} = \frac{\alpha_2 y - \beta_2 xy}{-\alpha_1 x + \beta_1 xy} = \frac{\alpha_2 - \beta_2 x}{x} \; \frac{y}{-\alpha_1 + \beta_1 y} \tag{64.4}$$

angeben. $y(x)$ genügt somit einer Differentialgleichung mit getrennten Veränderlichen. Die Lösungsmethode der Nr. 8 liefert ohne Aufhebens das allgemeine Integral (in impliziter Form)

$$\alpha_1 \ln y - \beta_1 y + \alpha_2 \ln x - \beta_2 x = c \qquad (c \text{ eine Konstante}). \tag{64.5}$$

Ist $\dot{y}(t_0) \neq 0$, so führen entsprechende Schlüsse zu einer Differentialgleichung für $x(y)$, und deren allgemeines Integral wird wieder durch (64.5) geliefert. *Die Kurvenschar* (64.5) *mit dem Scharparameter c gibt uns also alle nichtdegenerierten Tra-*

jektorien des Systems (64.1) *in die Hand*[1)] - und das, obwohl wir seine *Lösungen* gar nicht bestimmt haben.
(64.5) läßt sich durch Entlogarithmieren sofort auf die Form

$$\frac{x^{\alpha_2}}{e^{\beta_2 x}}\frac{y^{\alpha_1}}{e^{\beta_1 y}}=C \qquad (x,y>0,\ C>0) \tag{64.6}$$

bringen. Diese Gestalt der Trajektoriengleichung wollen wir im folgenden zugrunde legen.
Schon in Nr. 63 hatten uns heuristische Überlegungen und numerische Integrationen *periodische* Schwankungen der Raub- und Beutepopulation vermuten lassen. Wir wollen nun zeigen, *daß unser Modell* (64.1) *diese Periodizität tatsächlich enthält*. Der folgende Beweis hierfür stammt von Volterra (1931), S. 15ff.

Mit $$f(x):=\frac{x^{\alpha_2}}{e^{\beta_2 x}},\quad g(y):=\frac{y^{\alpha_1}}{e^{\beta_1 y}} \qquad (x,y>0) \tag{64.7}$$

schreibt sich (64.6) in der Form

$$f(x)g(y)=C \qquad (x,y>0,\ C>0). \tag{64.8}$$

Eine einfache Kurvendiskussion zeigt, daß $f(x)$ und $g(y)$ qualitativ die in den Figuren 64.1 und 64.2 gezeichneten Schaubilder haben (es kommt im wesentlichen nur auf das *Monotonie*verhalten der beiden Funktionen an).
Offenbar hat die Gleichung (64.8)

im Falle $C>M_fM_g$ *keine* Lösung,
im Falle $C=M_fM_g$ nur die *eine* Lösung $x:=\frac{\alpha_2}{\beta_2},\ y:=\frac{\alpha_1}{\beta_1}$

(es ist dies der Gleichgewichtspunkt). Zu erledigen ist allein noch der Fall $0<C<M_fM_g$, also die Gleichung

$$f(x)g(y)=\mu M_g \quad \text{mit} \quad 0<\mu<M_f. \tag{64.9}$$

Fig. 64.1 zeigt, daß $f(x)=\mu$ genau *zwei* Lösungen

$$x_1<\frac{\alpha_2}{\beta_2},\quad x_2>\frac{\alpha_2}{\beta_2}$$

besitzt und daß gilt:

$$f(x)<\mu,\ \text{also}\ \frac{\mu}{f(x)}>1,\ \text{sowohl für}\ x<x_1\ \text{als auch für}\ x>x_2,$$

$$f(x)>\mu,\ \text{also}\ \frac{\mu}{f(x)}<1,\ \text{für}\ x_1<x<x_2.$$

[1)] Wir werden bald sehen, daß sie auch den Gleichgewichtspunkt enthält.

Ein einziger Blick auf Fig. 64.2 läßt nun folgendes erkennen: Die Gleichung (64.9) oder also

$$g(y)=\frac{\mu}{f(x)}M_g$$

hat *keine* Lösung, wenn $x<x_1$ oder $x>x_2$ ist,

die *eine* Lösung $y:=\frac{\alpha_1}{\beta_1}$, wenn $x=x_1$ oder $x=x_2$ ist,

genau *zwei* Lösungen $y_1(x), y_2(x)$, wenn $x_1<x<x_2$ ist; für sie gilt

$$0<y_1(x)<\frac{\alpha_1}{\beta_1}<y_2(x).$$

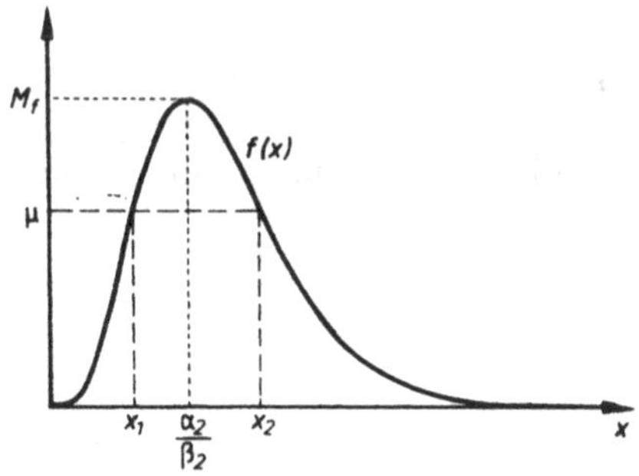

Fig. 64.1

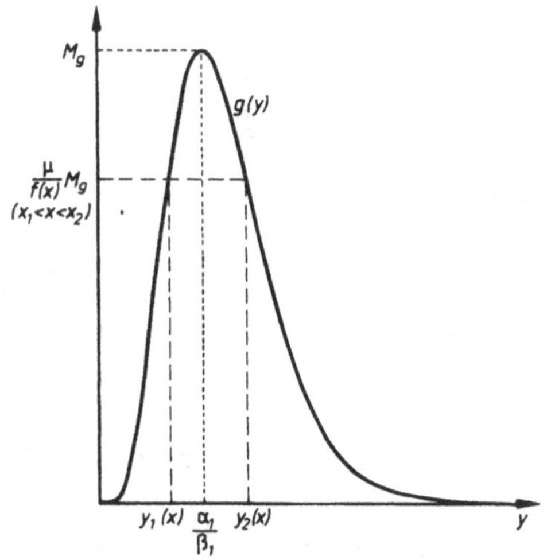

Fig. 64.2

Offenbar strebt sowohl $y_1(x)$ als auch $y_2(x)$ gegen α_1/β_1, wenn x gegen x_1 oder gegen x_2 rückt. Aus all dem lesen wir nun ab, daß die Trajektorie (64.9) eine *geschlossene Kurve im ersten Quadranten der xy-Ebene ist, die über dem Intervall* $[x_1, x_2]$ *liegt und um den Gleichgewichtspunkt* $(\alpha_2/\beta_2, \alpha_1/\beta_1)$ *herumläuft*. Die Figuren 64.3 und 64.4 geben uns zwei numerisch gewonnene Exemplare dieser Kurve. In allen ist, wie in den Figuren 63.1 und 63.2,

$$\alpha_1=0{,}008,\quad \alpha_2=1{,}0,\quad \beta_1=0{,}00001,\quad \beta_2=0{,}002\quad \text{und}\quad y(0)=7000,$$

während $x(0)=500$ bzw. $=300$ ist. Daß Fig. 64.3 sich von einer *Ellipse* kaum unterscheidet, wird durch Aufgabe 1 auch theoretisch verständlich.

Mit einem einzigen Blick erfaßt man nun die intuitiv schon vermutete *periodische* Änderung der Raubpopulation R und der Beutepopulation B. Beginnt man etwa zur Zeit $t_0=0$ am äußersten linken Punkt der Trajektorie in Fig. 64.3 (*minimale* Raubpopulation), so wird sich zunächst B und Hand in Hand damit - dank zunehmender Nahrungsvorräte - auch R vergrößern. Mit dem Überschreiten des

Schwellenwertes α_2/β_2 wird R übermächtig, und B beginnt sich zu vermindern. Unterschreitet nun B den Schwellenwert α_1/β_1, so setzt – wegen schwindender Nahrungsvorräte – auch eine Verminderung von R ein. Sinkt dabei R unter α_2/β_2 herab, so beginnt eine „Schonzeit" für B, und B wird sich wieder vermehren, bis

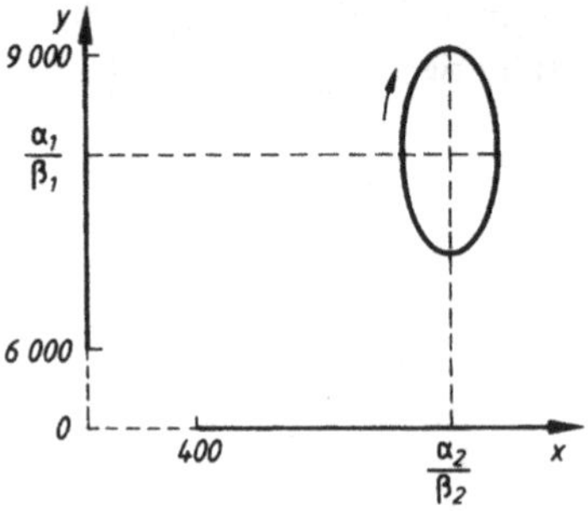

Fig. 64.3

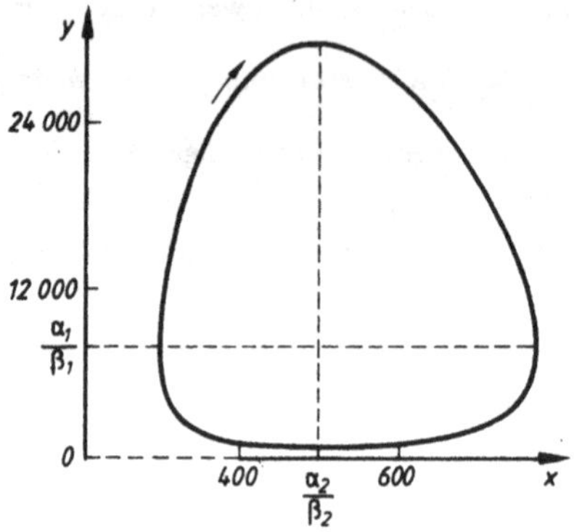

Fig. 64.4

der Wert α_1/β_1 erreicht ist, ab dem B groß genug ist, um ein Wachstum von R zu ermöglichen – und nun wiederholt sich der geschilderte Vorgang. Benötigt ein „Umlauf" die Zeit T, so wird die *durchschnittliche* Größe von R bzw. von B gegeben durch

$$\bar{x} := \frac{1}{T}\int_0^T x(t)\,\mathrm{d}t \quad \text{bzw. durch} \quad \bar{y} := \frac{1}{T}\int_0^T y(t)\,\mathrm{d}t.$$

Mit der zweiten Gleichung von (64.1) erhält man wegen $y(T)=y(0)$ sofort

$$\int_0^T (\alpha_2-\beta_2 x)\,\mathrm{d}t = \int_0^T \frac{\dot{y}}{y}\,\mathrm{d}t = [\ln y(t)]_0^T = 0.$$

Daraus folgt $\beta_2\int_0^T x\,\mathrm{d}t = \alpha_2 T$, also

$$\bar{x} = \frac{\alpha_2}{\beta_2}. \quad \text{Ähnlich erhält man} \quad \bar{y} = \frac{\alpha_1}{\beta_1}.$$

Die Durchschnittsgrößen *der beiden Populationen werden also durch ihren* Gleichgewichtspunkt $(\alpha_2/\beta_2, \alpha_1/\beta_1)$ *gegeben* (s. (64.3)). Man kann dies als ein *Erhaltungsprinzip* der um ihre Arten (nicht um ihre Individuen) besorgten Natur deuten.

Eine verblüffende Konsequenz aus diesen Resultaten wird in Aufgabe 2 gezogen: eine Schädlings*bekämpfung* kann paradoxerweise zur Schädlings*vermehrung* führen.

Eine interessante Anwendung der Stabilitätstheorie auf die Antikörperproduktion findet man in dem Artikel *Predatorx-Prey Equations Simulating an Immune Response*, Math. Biosciences 16 (1973) 291–314.

Aufgaben

1. Ellipsenförmige Trajektorien Setze

$$p:=\alpha_2/\beta_2,\quad q:=\alpha_1/\beta_1,\quad u:=x-p,\quad v=y-q.$$

Für *kleine* Werte von $|u/p|$, $|v/q|$ ist dann (Logarithmusreihe!)

$$\ln x\approx\ln p+\frac{u}{p}-\frac{u^2}{2p^2},\quad \ln y\approx\ln q+\frac{v}{q}-\frac{v^2}{2q^2}.$$

Mit diesen Approximationen geht die Trajektoriengleichung (64.5) über in

$$\frac{\beta_2^2}{\alpha_2}u^2+\frac{\beta_1^2}{\alpha_1}v^2=C.$$

2. Die Tücken der Schädlingsbekämpfung Angenommen, auf die Populationen R und B wirke ein dezimierender Einfluß von *außen*, der R mit der Rate $\gamma_1 x(t)$ und B mit der Rate $\gamma_2 y(t)$ vermindert ($\gamma_1, \gamma_2 \geqslant 0$ fest). Die Entwicklung von R und B wird dann durch das System

$$\dot{x}=-\alpha_1 x+\beta_1 xy-\gamma_1 x,\quad \dot{y}=\alpha_2 y-\beta_2 xy-\gamma_2 y \tag{64.10}$$

beschrieben. Ist $\alpha_2>\gamma_2$ (übertrifft also das natürliche Wachstum der Population B ihre Dezimierung von außen), so führt die oben entwickelte Theorie zu den Mittelwerten

$$\bar{x}=\frac{\alpha_2-\gamma_2}{\beta_2}\quad\text{und}\quad\bar{y}=\frac{\alpha_1+\gamma_1}{\beta_1}.$$

Es folgt: Bekämpft man eine Schädlingspopulation B mit einem *schwachen* Gift ($\gamma_2<\alpha_2$), so hängt der mittlere Schädlingsbestand $\bar{y}$ paradoxerweise überhaupt nicht von der Wirksamkeit γ_2 des Giftes auf die Schädlinge selbst ab, sondern nur von der (unerwünschten) Nebenwirkung γ_1 auf deren natürliche Feinde R - und zwar in sehr fataler Weise: im günstigsten Falle ($\gamma_1=0$) bleibt $\bar{y}$ nämlich auf gleichem Niveau, im Falle $\gamma_1>0$ nimmt $\bar{y}$ sogar zu. Will man also Schädlinge chemisch bekämpfen, so hat man nur mit *stark*wirkenden Giften ($\gamma_2\geqslant\alpha_2$) Aussicht auf Erfolg: auch hier gilt das Artilleristenmotto „Nicht kleckern, sondern klotzen". Mögliche Schäden stehen auf einem anderen Blatt.

Eine ganz andere, chemiefreie Methode, die zunehmend favorisiert wird, besteht darin, *die Vermehrung der natürlichen Feinde eines Schädlings zu steigern*. In dem Modell (64.10) läuft dies darauf hinaus, $\gamma_2=0$ und $\gamma_1<0$ zu wählen (aber so, daß $\alpha_1+\gamma_1>0$ bleibt). In diesem Falle tritt tatsächlich eine Verminderung des mittleren Schädlingsbestandes $\bar{y}$ ein. Freilich gehen die Schädlinge dabei nicht gänzlich zugrunde, und was R selbst nebenher noch anstellt, kann man auch nicht immer wissen. Man muß das berüchtigte „Gesetz der ungewollten Nebenfolgen" im Auge haben - ohne es genau zu kennen.

65 Grundbegriffe und Grundtatsachen

In den Lotka-Volterraschen Gleichungen (64.1) tritt die *unabhängige* Veränderliche t nicht explizit auf. Derartigen Systemen - sie haben im zweigliedrigen Fall die Gestalt

$$\begin{aligned} \dot{x} &= F(x, y) \\ \dot{y} &= G(x, y) \end{aligned} \tag{65.1}$$

- begegnet man in den Anwendungen sehr häufig (man denke bloß an die homogenen linearen Systeme mit konstanten Koeffizienten). Sie werden autonom genannt, und allein mit *autonomen* Systemen - ja sogar nur mit ihrer zweigliedrigen Form (65.1) - wollen wir uns hinfort beschäftigen.

In der gegenwärtigen Nummer sollen die Funktionen $F(x, y)$ und $G(x, y)$ auf der ganzen xy-Ebene *stetige partielle Ableitungen nach x und y besitzen*; insbesondere sind sie dann selbst stetig.[1] Es folgt, daß die Anfangswertaufgabe

$$\begin{aligned} \dot{x} &= F(x, y) \\ \dot{y} &= G(x, y) \end{aligned}, \quad x(t_0) = x_0, \quad y(t_0) = y_0 \tag{65.2}$$

für beliebig vorgegebene Zahlen t_0, x_0, y_0 stets *genau eine Lösung* $x(t), y(t)$ besitzt. Diese Lösung läßt sich auffassen als *Parameterdarstellung*

$$x = x(t), \quad y = y(t) \qquad (-\infty < t < \infty) \tag{65.3}$$

einer Kurve in der xy-Ebene, einer sogenannten Phasenkurve oder Trajektorie des Systems (65.1) durch den Punkt (x_0, y_0). Wenn noch eine weitere Trajektorie

$$x = \bar{x}(t), \quad y = \bar{y}(t) \tag{65.4}$$

den Punkt (x_0, y_0) durchläuft - wenn also $\bar{x}(t_1) = x_0$ und $\bar{y}(t_1) = y_0$ für ein gewisses t_1 ist -, so erweist sich das Funktionenpaar

$$x_c(t) := \bar{x}(t + c), \quad y_c(t) := \bar{y}(t + c) \quad \text{mit} \quad c := t_1 - t_0$$

sofort als eine - und somit als *die* - Lösung der Anfangswertaufgabe (65.2); es muß daher $\bar{x}(t + c) \equiv x(t)$ und $\bar{y}(t + c) \equiv y(t)$ oder also

$$\bar{x}(t) \equiv x(t - c), \quad \bar{y}(t) \equiv y(t - c) \tag{65.5}$$

sein. Daraus folgt, daß (65.3) und (65.4) nur verschiedene Parametrisierungen ein und derselben Trajektorie sind und daß dieser Trajektorie überdies von den beiden Parameterdarstellungen ein und dieselbe *Orientierung* (im Sinne wachsender Parameterwerte) aufgeprägt wird. Zusammenfassend gesagt: *Durch jeden Punkt*

[1] Der Leser wird leicht erkennen, daß schwächere Voraussetzungen genügen würden.

der xy-Ebene geht genau eine Trajektorie, und diese besitzt eine wohlbestimmte Orientierung.

Trägt man in die xy-Ebene alle Trajektorien des Systems (65.1) ein, so entsteht das sogenannte Phasenporträt dieses Systems.

Gilt in einem Punkt (x_0, y_0) der xy-Ebene

$$F(x_0, y_0) = G(x_0, y_0) = 0, \tag{65.6}$$

so ist offenbar $x(t) := x_0$, $y(t) := y_0$ eine Lösung von (65.1), und zwar die *einzige*, welche die Werte x_0, y_0 annimmt. Die (eindeutig bestimmte) Trajektorie durch (x_0, y_0) schrumpft also auf den einen Punkt (x_0, y_0) zusammen (von ihrer Orientierung zu reden, erübrigt sich dann natürlich). Das Integral $x(t) \equiv x_0$, $y(t) \equiv y_0$ nennen wir eine stationäre Lösung, den Punkt (x_0, y_0) einen kritischen Punkt oder einen Gleichgewichtspunkt des Systems (65.1).

Ist (ξ, η) *kein* Gleichgewichtspunkt, so ist mindestens eine der Zahlen $F(\xi, \eta)$, $G(\xi, \eta)$ von Null verschieden. Es folgt, daß die durch (ξ, η) gehende Trajektorie in einer gewissen Umgebung von ξ bzw. von η als Funktion $y(x)$ von x bzw. $x(y)$ von y dargestellt werden kann und daß diese Funktion dort wegen $\frac{\mathrm{d}y}{\mathrm{d}x} = \frac{\mathrm{d}y/\mathrm{d}t}{\mathrm{d}x/\mathrm{d}t}$ bzw. $\frac{\mathrm{d}x}{\mathrm{d}y} = \frac{\mathrm{d}x/\mathrm{d}t}{\mathrm{d}y/\mathrm{d}t}$ der Differentialgleichung

$$\frac{\mathrm{d}y}{\mathrm{d}x} = \frac{G(x,y)}{F(x,y)} \quad \text{bzw.} \quad \frac{\mathrm{d}x}{\mathrm{d}y} = \frac{F(x,y)}{G(x,y)} \tag{65.7}$$

genügt. *Aus den Differentialgleichungen* (65.7) *werden sich die Trajektorien von* (65.1) *häufig leichter bestimmen lassen als mittels der Lösungen von* (65.1) *selbst.* Gerade diesen Weg hatten wir schon mit beträchtlichem Erfolg in der vorhergegangenen Nummer beschritten – die uns übrigens auch schon einen Vorgeschmack von der naturwissenschaftlichen Bedeutung der Gleichgewichtspunkte gegeben hat. Als weitere Erläuterung mag die Differentialgleichung

$$\ddot{x} = G(x, \dot{x})$$

dienen, die uns in der Mechanik als Gleichung der Bewegung eines Massenpunktes auf der x-Achse begegnet. Sie läßt sich in das autonome System

$$\begin{aligned} \dot{x} &= v \quad (= \text{Geschwindigkeit}) \\ \dot{v} &= G(x, v) \end{aligned} \tag{65.8}$$

verwandeln. Die Trajektorien in der xv-Ebene ergeben sich, wenn man die Geschwindigkeit v des Massenpunktes über seinem Ort x aufträgt. Die Gleichgewichtspunkte sind die Punkte $(x_0, 0)$ mit $G(x_0, 0) = 0$; sie geben uns diejenigen Stellen der x-Achse in die Hand, in denen Geschwindigkeit v und Beschleunigung $\dot{v}$ verschwinden, in denen also der Massenpunkt *unbeweglich* – eben in einer *Gleichgewichtslage* – verharrt. Bevor wir weitergehen, wollen wir uns an einigen

Beispielen vor Augen stellen, daß Gleichgewichtspunkte ihrem inneren Wesen nach höchst verschiedenartig sein können.

65.1 Der ungedämpfte Oszillator Seine Differentialgleichung ist

$$\ddot{x}+\omega^2 x=0 \quad \text{mit} \quad \omega>0 \qquad (\text{s. } (18.4)); \tag{65.9}$$

das zugehörige System (65.8) lautet also

$$\begin{aligned} \dot{x}&=v \\ \dot{v}&=-\omega^2 x. \end{aligned} \tag{65.10}$$

Der einzige Gleichgewichtspunkt ist (0, 0). Aus (18.7) liest man sofort ab, daß die allgemeine Lösung von (65.10) durch

$$\begin{aligned} x(t)&=A\sin(\omega t+\varphi), \\ v(t)&=A\omega\cos(\omega t+\varphi) \end{aligned}$$

gegeben wird. Als Trajektorien erhält man im Falle $A=0$ den Gleichgewichtspunkt, im Falle $A\neq 0$ die Ellipsen

$$\frac{x^2}{A^2}+\frac{v^2}{(A\omega)^2}=1.$$

Ihr gemeinsamer Mittelpunkt ist gerade der Gleichgewichtspunkt (0, 0); durchlaufen werden sie im Uhrzeigersinn (s. Fig. 65.1). Der Gleichgewichtspunkt (oder also die stationäre Lösung) ist offenbar in dem Sinne „stabil", daß eine Trajektorie, die einmal in seine Nähe kommt, sich nicht

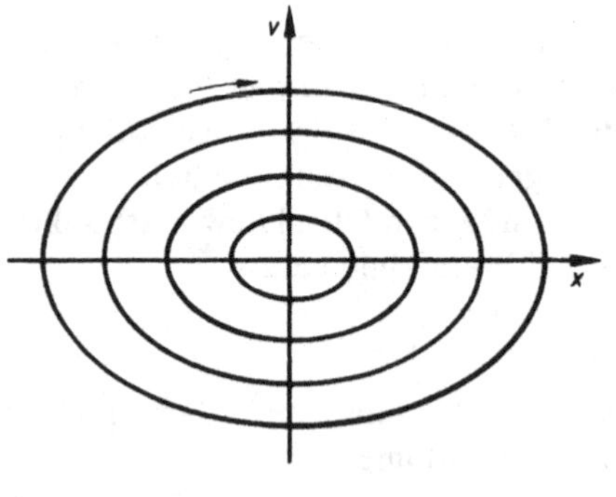

Fig. 65.1

mehr allzuweit von ihm entfernen kann, genauer: Zu einem vorgegebenen Kreis K_1 um den Gleichgewichtspunkt gibt es stets einen Kreis K_2 - wieder um den Gleichgewichtspunkt -, so daß jede Trajektorie, die einmal in K_2 eingedrungen ist, hinfort in K_1 verbleibt.

65.2 Der gedämpfte Oszillator Seine Differentialgleichung ist

$$\ddot{x}+2\varrho\dot{x}+\omega^2 x=0 \quad \text{mit} \quad \varrho,\omega>0 \qquad (\text{s. } (18.5)); \tag{65.11}$$

das zugehörige System (65.8) lautet also

$$\begin{aligned} \dot{x} &= v \\ \dot{v} &= -2\varrho v - \omega^2 x. \end{aligned} \tag{65.12}$$

Wieder ist (0, 0) der einzige Gleichgewichtspunkt. Wir untersuchen nun die Trajektorien in den beiden wesentlich verschiedenen Fällen $\varrho > \omega$ und $\varrho < \omega$.

I) $\varrho > \omega$ (*starke Dämpfung*): Die allgemeine Lösung von (65.12) wird dank (18.11) gegeben durch

$$\begin{aligned} x(t) &= C_1 e^{\lambda_1 t} + C_2 e^{\lambda_2 t}, \\ v(t) &= \lambda_1 C_1 e^{\lambda_1 t} + \lambda_2 C_2 e^{\lambda_2 t} \end{aligned}$$

mit den Wurzeln $\lambda_2 < \lambda_1 < 0$ des charakteristischen Polynoms von (65.11).

Als Trajektorien erhält man im Falle $C_1 = C_2 = 0$ den Gleichgewichtspunkt (0, 0), im Falle $C_1 \gtrless 0$, $C_2 = 0$ die Halbgerade $v = \lambda_1 x$ ($x \gtrless 0$), im Falle $C_1 = 0$, $C_2 \gtrless 0$ die Halbgerade $v = \lambda_2 x$ ($x \gtrless 0$), und im Falle $C_1, C_2 \neq 0$ Kurven, die wegen $(x(t), v(t)) \to (0, 0)$ für $t \to \infty$ dem Gleichgewichtspunkt beliebig nahe kommen, und zwar so, daß hierbei

$$\frac{dv}{dx} = \frac{dv/dt}{dx/dt} = \frac{\lambda_1^2 C_1 e^{\lambda_1 t} + \lambda_2^2 C_2 e^{\lambda_2 t}}{\lambda_1 C_1 e^{\lambda_1 t} + \lambda_2 C_2 e^{\lambda_2 t}} \to \lambda_1$$

strebt. Man sagt kurz, daß sie „mit der Steigung λ_1 in den Nullpunkt einmünden“ (s. Fig. 65.2, in der $\lambda_1 = -1$, $\lambda_2 = -2$ angenommen wurde).

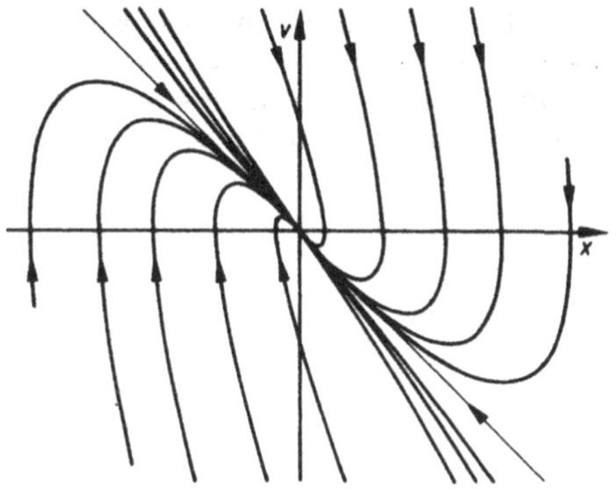

Fig. 65.2

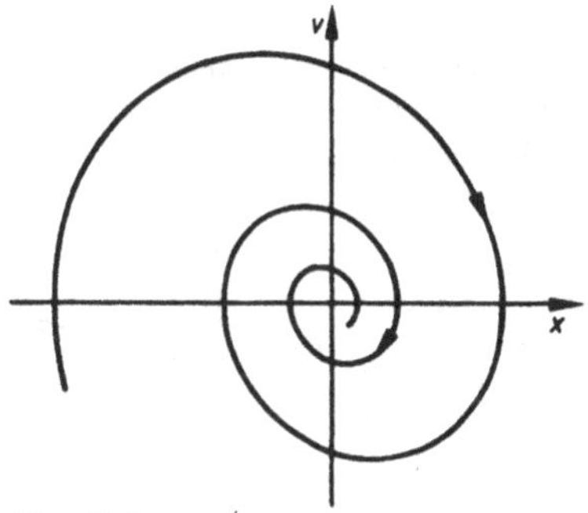

Fig. 65.3

II) $\varrho < \omega$ (*schwache Dämpfung*): Jetzt sieht das Phasenporträt völlig anders aus. Die allgemeine Lösung von (65.12) stellt sich nämlich - mit $\omega_1 := \sqrt{\omega^2 - \varrho^2}$ und einem geeigneten Winkel α - in folgender Form dar (s. (18.14)):

$$\begin{aligned} x(t) &= A e^{-\varrho t} \sin(\omega_1 t + \varphi), \\ v(t) &= \sqrt{\omega_1^2 + \varrho^2}\, A e^{-\varrho t} \cos(\omega_1 t + \varphi + \alpha). \end{aligned}$$

Für $t \to \infty$ strebt also zwar wieder $(x(t), v(t))$ gegen den Gleichgewichtspunkt (0, 0), aber diesmal kann sich die Steigung dv/dx wegen ihrer Periodizität keiner Grenzlage nähern: Die Trajektorien kommen dem Gleichgewichtspunkt beliebig nahe, münden aber nicht in ihn ein. Fig. 65.3 zeigt, daß sie ihn spiralförmig enger werdend „umkreisen“. Diese Figur - man muß sich mehrere Spiralen eingetragen denken - hält gewissermaßen die Mitte zwischen den Figuren 65.1 (*keine* Dämpfung) und 65.2 (*starke* Dämpfung).

In beiden Fällen I und II ist der Gleichgewichtspunkt (0, 0) gewiß im oben schon erklärten Sinne „stabil", aber darüber hinaus - und anders als im Beispiel 65.1 - gilt offenbar noch folgendes: Es gibt einen Kreis um den Gleichgewichtspunkt, so daß jede Trajektorie, die einmal in ihn eingedrungen ist, dem Gleichgewichtspunkt beliebig nahe kommt. Man sagt, der Gleichgewichtspunkt sei „asymptotisch stabil"; er zieht gewissermaßen die Trajektorien zu sich heran.

65.3 Symbiose Darunter versteht man das wechselseitig wachstumsfördernde Zusammenleben zweier Populationen P, Q. Sind $x(t)$, $y(t)$ ihre Größen zur Zeit t, so wird man das autonome System

$$\begin{aligned} \dot{x} &= \alpha y \\ \dot{y} &= \beta x \end{aligned} \qquad (\alpha, \beta > 0 \text{ fest}) \tag{65.13}$$

als einfachstes mathematisches Symbiosemodell ansehen. Der einzige Gleichgewichtspunkt ist (0, 0); er beschreibt die biologisch uninteressante Situation, daß weder P noch Q vorhanden ist. Die allgemeine Lösung von (65.13) ergibt sich leicht zu

$$\begin{aligned} x(t) &= C_1 e^{kt} + C_2 e^{-kt}, \\ y(t) &= \sqrt{\frac{\beta}{\alpha}}\,(C_1 e^{kt} - C_2 e^{-kt}) \end{aligned} \qquad \text{mit} \quad k := \sqrt{\alpha\beta}.$$

Als Trajektorien erhält man im Falle $C_1 = C_2 = 0$ den Gleichgewichtspunkt (0, 0), im Falle $C_1 \gtrless 0$, $C_2 = 0$ die Halbgerade $y = \sqrt{\beta/\alpha}\,x$ $(x \gtrless 0)$, auf der man sich vom Nullpunkt entfernen muß, im Falle $C_1 = 0$, $C_2 \gtrless 0$ die Halbgerade $y = -\sqrt{\beta/\alpha}\,x$ $(x \gtrless 0)$, auf der man in Richtung Nullpunkt zu laufen hat, und in allen anderen Fällen Hyperbeln. Das Phasenporträt ist in Fig. 65.4 angedeutet. Für Populationsstudien sind natürlich nur die im *ersten* Quadranten verlaufenden Trajektorienstücke von Belang.

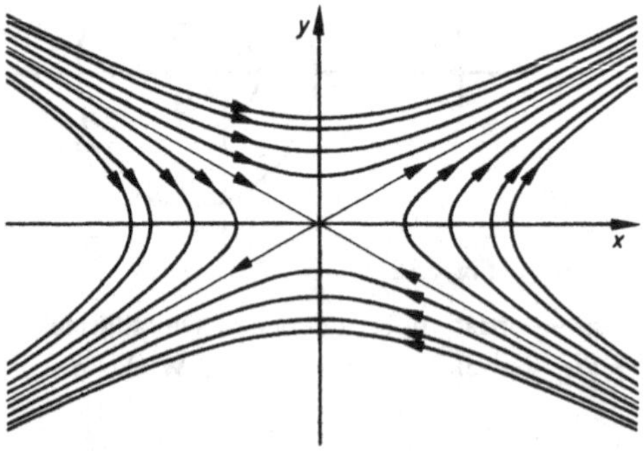

Fig. 65.4

Mindestens eine Trajektorie (in Wirklichkeit natürlich unendlich viele) „flieht" den Gleichgewichtspunkt; dieser ist also gewiß nicht im oben umrissenen Sinne „stabil" - und noch viel weniger „zieht er an". In besagter „Flucht" drückt sich das symbiotisch stimulierte *Anwachsen* der beiden Populationen aus.

Wir wollen nun die bisher beobachteten Stabilitätsphänomene definitorisch fixieren:

Der Gleichgewichtspunkt (x_0, y_0) oder also die stationäre Lösung $x_0(t) := x_0$, $y_0(t) := y_0$ des autonomen Systems (65.1) heißt **stabil**, wenn es zu jedem $\varepsilon > 0$ ein $\delta > 0$ mit folgender Eigenschaft gibt: Gilt für eine Lösung $x(t), y(t)$ von (65.1) und für ein gewisses t_1 die Ungleichung

$$[x(t_1) - x_0]^2 + [y(t_1) - y_0]^2 < \delta^2,$$

so ist

$$[x(t) - x_0]^2 + [y(t) - y_0]^2 < \varepsilon^2 \quad \text{für alle } t \geqslant t_1$$

(s. Fig. 65.5). Der Gleichgewichtspunkt (x_0, y_0) wird **asymptotisch stabil** genannt, wenn er stabil ist und überdies ein $R > 0$ mit folgender Eigenschaft existiert: Gilt für eine Lösung $x(t)$, $y(t)$ von (65.1) und für ein gewisses t_1 die Ungleichung

$$[x(t_1) - x_0]^2 + [y(t_1) - y_0]^2 < R^2,$$

so strebt $(x(t), y(t)) \to (x_0, y_0)$ für $t \to \infty$ (s. Fig. 65.6). Schließlich nennen wir den Gleichgewichtspunkt **instabil**, wenn er nicht stabil ist.[1)]

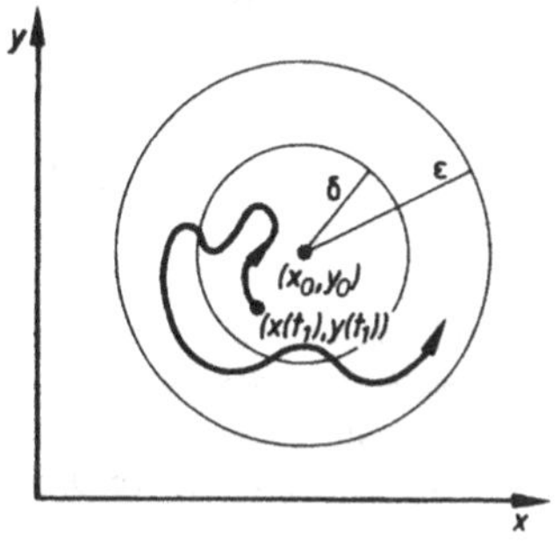

Fig. 65.5

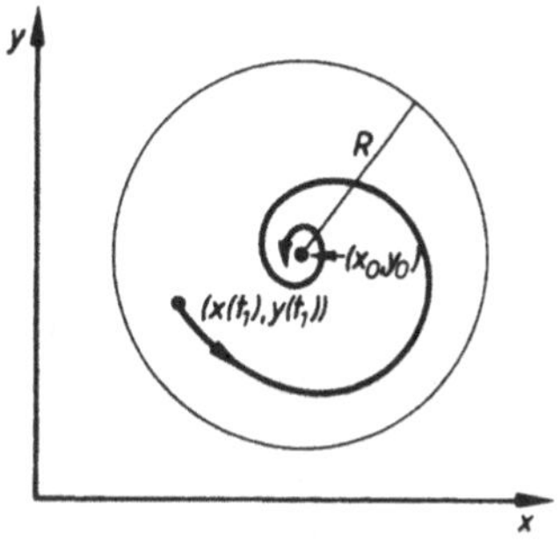

Fig. 65.6

Der Gleichgewichtspunkt (0, 0) im Beispiel 65.1 (*ungedämpfter Oszillator*) ist stabil, aber nicht asymptotisch stabil; im Beispiel 65.2 (*gedämpfter Oszillator*) ist er asymptotisch stabil (und zwar sowohl bei starker als auch bei schwacher Dämpfung); im Beispiel 65.3 (Symbiose) hingegen ist er instabil.

Wir bringen - wenn auch nur rhapsodisch - noch ein weiteres wichtiges **Beispiel**.

---

1) Man beachte, daß ein **asymptotisch stabiler** Gleichgewichtspunkt *per definitionem* **stabil** ist. Es gibt Systeme mit einem Gleichgewichtspunkt (x_0, y_0), der *in*stabil ist, gegen den aber dennoch alle Lösungen für $t \to \infty$ konvergieren. Ein solcher Punkt ist *nicht* asymptotisch stabil. Ein Beispiel für dieses sonderbare Phänomen findet sich in Birkhoff-Rota (1978) auf S. 122.

65.4 Das mathematische Pendel Seine Differentialgleichung ist

$$\ddot{\varphi} = -\frac{g}{l}\sin\varphi \quad \text{(s. (18.77))}, \tag{65.14}$$

das zugehörige (nichtlineare) System (65.8) lautet also

$$\begin{aligned} \dot{\varphi} &= \psi \\ \dot{\psi} &= -\frac{g}{l}\sin\varphi. \end{aligned} \tag{65.15}$$

Es hat die unendlich vielen Gleichgewichtspunkte $(\varphi_k, \psi_k) := (k\pi, 0)$ $(k \in \mathbf{Z})$, von denen freilich nur $(0, 0)$ und $(\pi, 0)$ physikalisch belangvoll sind: beim ersten handelt es sich um die vertikal *nach unten hängende*, beim zweiten um die vertikal *nach oben stehende* Pendelstange - in beiden Fällen mit $\dot{\varphi} = 0$, also ruhend. Anschaulich ist klar, daß $(0, 0)$ ein stabiler, $(\pi, 0)$ ein instabiler Gleichgewichtspunkt ist: im ersten Fall führt nämlich eine kleine Veränderung der Pendelsituation nur zu kleinen Schwingungen, im zweiten läßt eine noch so kleine Veränderung das Pendel dramatisch „umkippen". Dieser physikalische Sachverhalt spiegelt sich mathematisch wie folgt wieder. Wegen

$$\lim_{\varphi \to 0} \frac{\sin\varphi}{\varphi} = 1 \quad \text{und} \quad \lim_{\varphi \to \pi} \frac{\sin\varphi}{\pi - \varphi} = 1$$

werden wir (65.15) im Falle *kleiner* Ausschläge um $\varphi = 0$ bzw. um $\varphi = \pi$ ersetzen durch das „linearisierte" System

$$\begin{aligned} \dot{\varphi} &= \psi \\ \dot{\psi} &= -\frac{g}{l}\varphi \end{aligned} \quad \text{bzw. durch} \quad \begin{aligned} \dot{\varphi} &= \psi \\ \dot{\psi} &= \frac{g}{l}\varphi - \frac{g}{l}\pi. \end{aligned} \tag{65.16}$$

Das erste ist uns von (65.10) her wohlvertraut: seine Trajektorien sind Ellipsen um seinen stabilen Gleichgewichtspunkt $(0, 0)$ (s. Beispiel 65.1). Das zweite ist uns, abgesehen von dem harmlosen Störglied $-(g\pi)/l$, schon in (65.13) begegnet. Sein Phasenporträt ergibt sich aus Fig. 65.4 durch eine Verschiebung um π nach rechts und läßt die Instabilität des Gleichgewichtspunktes $(\pi, 0)$ in die Augen springen.

Ob wir freilich die geschilderten Linearisierungen vornehmen können, ohne das Gleichgewichtsverhalten des *ursprünglichen* Systems (65.15) zu tangieren, ist mit alledem noch nicht ausgemacht. Wir werden in A 67.22 - besser ausgerüstet - wieder auf diese Dinge zurückkommen. Der Leser möge aber nicht versäumen, schon jetzt einen kurzen Blick auf diese Aufgabe (einschließlich Hinweis) zu werfen, um sich nachdenklich stimmen zu lassen.

Aufgaben

In den Aufgaben 1 bis 3 sind alle Gleichgewichtspunkte der angegebenen Systeme zu bestimmen.

1. $\dot{x} = 2x + y, \quad \dot{y} = x + y.$ **2.** $\dot{x} = 2x + 2y, \quad \dot{y} = x + y.$ **3.** $\dot{x} = x^2 - y, \quad \dot{y} = x - y^2.$

In den Aufgaben 4 bis 8 sind die Trajektorien (und damit die Phasenporträts) der angegebenen Systeme zu bestimmen.

4. $\dot{x}=0, \quad \dot{y}=0.$ **5.** $\dot{x}=1, \quad \dot{y}=1.$ **6.** $\dot{x}=x, \quad \dot{y}=y.$

7. $\dot{x}=-x, \quad \dot{y}=-x^2.$ **8.** $\dot{x}=-x-y, \quad \dot{y}=x-y.$

9. (0, 0) ist ein instabiler Gleichgewichtspunkt der Differentialgleichung $\ddot{x}=x^3$ (d.h. des zugeordneten Systems (65.8)).

10. (0, 0) ist ein instabiler Gleichgewichtspunkt des Systems $\dot{x}=x, \dot{y}=2y$.

11. (0, 0) ist ein stabiler, aber nicht asymptotisch stabiler Gleichgewichtspunkt des Systems $\dot{x}=4y, \dot{y}=-x$.

12. (0, 0) ist ein instabiler Gleichgewichtspunkt des Systems $\dot{x}=3x+y, \dot{y}=x+3y$.

13. (0, 0) ist ein asymptotisch stabiler Gleichgewichtspunkt des Systems $\dot{x}=-x, \dot{y}=-2y$.

66 Gleichgewichtspunkte und Stabilität bei linearen Systemen mit konstanten Koeffizienten

Vorgelegt sei das lineare System

$$\begin{aligned}\dot{x}&=a_{11}x+a_{12}y\\ \dot{y}&=a_{21}x+a_{22}y\end{aligned} \quad \text{mit} \quad \begin{vmatrix} a_{11} & a_{12} \\ a_{21} & a_{22} \end{vmatrix} \neq 0.\text{ [1]} \tag{66.1}$$

Offenbar ist (0, 0) sein *einziger Gleichgewichtspunkt*, also $x_0(t):=0$, $y_0(t):=0$ seine *einzige stationäre Lösung*. Der Stabilitätscharakter des Gleichgewichtspunktes (0, 0) wird abhängen von den Wurzeln λ_1, λ_2 der charakteristischen Gleichung

$$\begin{vmatrix} a_{11}-\lambda & a_{12} \\ a_{21} & a_{22}-\lambda \end{vmatrix} = \lambda^2-(a_{11}+a_{22})\lambda+a_{11}a_{22}-a_{12}a_{21}=0, \tag{66.2}$$

denn diese Wurzeln bestimmen gemäß Satz 51.1 bereits vollständig den Bau der allgemeinen Lösung von (66.1). Dank der Determinantenbedingung in (66.1) sind $\lambda_1, \lambda_2 \neq 0$. Mit Hilfe des erwähnten Satzes 51.1 gewinnt man nun durch einfache Betrachtungen, die wir in der letzten Nummer schon eingeübt haben und deshalb jetzt getrost dem Leser überlassen dürfen, die folgenden Resultate, denen wir jeweils ein typisches Beispiel anfügen.

Fall I λ_1, λ_2 sind reell, verschieden und haben gleiches Vorzeichen. Wir unterscheiden hier zwei völlig verschiedene Unterfälle.

a) $\lambda_1, \lambda_2<0$. *In diesem Falle ist der Gleichgewichtspunkt* (0, 0) asymptotisch stabil.

[1] Der Fall verschwindender Determinante wird in Aufgabe 9 aufgegriffen.

Beispiel: $\dot{x} = -x$, $\dot{y} = -2y$ (s. A 65.13). Hier ist $\lambda_1 = -1$, $\lambda_2 = -2$. Fig. 66.1 deutet das Phasenporträt an. Ein weiteres Phasenporträt für diesen Fall gibt Fig. 65.2 wieder (stark gedämpfter Oszillator).

b) $\lambda_1, \lambda_2 > 0$. *In diesem Falle ist der Gleichgewichtspunkt* (0, 0) instabil.

Beispiel: $\dot{x} = x$, $\dot{y} = 2y$ (s. A 65.10). Hier ist $\lambda_1 = 1$, $\lambda_2 = 2$. Das zugehörige Phasenporträt hat man vor Augen, wenn man in Fig. 66.1 die Pfeilrichtungen umkehrt.

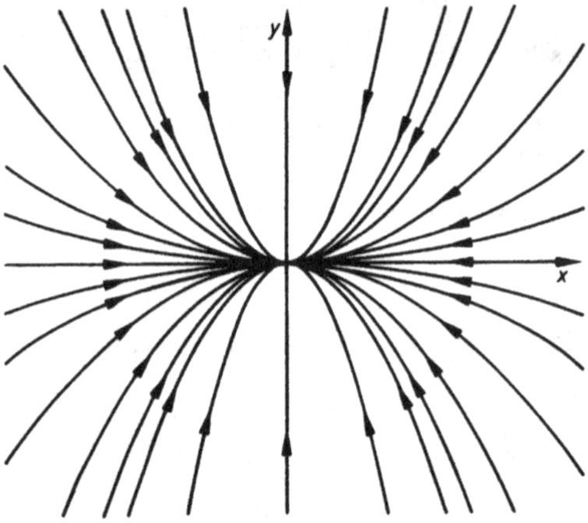

Fig. 66.1

Die Phasenporträts machen verständlich, daß man den Gleichgewichtspunkt (0, 0) im Falle I einen (stabilen bzw. instabilen) Knotenpunkt nennt.

Fall II λ_1, λ_2 sind reell, verschieden und haben entgegengesetztes Vorzeichen.

Jetzt ist der Gleichgewichtspunkt (0, 0) instabil.

Beispiel: $\dot{x} = y$, $\dot{y} = 4x$ (s. Beispiel 65.3). Hier ist $\lambda_{1,2} = \pm 2$. Das Phasenporträt ist in Fig. 65.4 wiedergegeben.

Fig. 65.4 macht verständlich, daß man den Gleichgewichtspunkt (0, 0) im Falle II einen Sattelpunkt nennt.

Fall III λ_1, λ_2 sind reell und gleich.

Wir unterscheiden zwei wesentlich verschiedene Unterfälle.

a) $\lambda := \lambda_1 = \lambda_2 < 0$. *In diesem Falle ist der Gleichgewichtspunkt* (0, 0) asymptotisch stabil.

Beispiel 1: $\dot{x} = -x$, $\dot{y} = -y$. Hier ist $\lambda = -1$. Das Phasenporträt in Fig. 66.2 ist so trügerisch einfach, daß wir zur Ent-Täuschung des Lesers lieber noch ein weiteres Beispiel anfügen.

Beispiel 2: $\dot{x} = -x$, $\dot{y} = -x - y$. Wieder ist $\lambda = -1$. Abgesehen von den beiden y-Halbachsen werden die echten Trajektorien durch $y = x \ln |cx|$ $(x \gtrless 0)$, $c \neq 0$, gegeben. Das Phasenporträt ist in Fig. 66.3 angedeutet.

b) $\lambda := \lambda_1 = \lambda_2 > 0$. *In diesem Falle ist der Gleichgewichtspunkt* (0, 0) instabil.

Beispiel 1: $\dot{x}=x, \dot{y}=y$ (s. A 65.6). Hier ist $\lambda=1$. Um das Phasenporträt zu erhalten, braucht man in Fig. 66.2 nur die Pfeilrichtungen umzukehren.

Beispiel 2: $\dot{x}=x, \dot{y}=x+y$. Wieder ist $\lambda=1$. Das Phasenporträt ergibt sich durch Umkehrung der Pfeilrichtungen in Fig. 66.3.

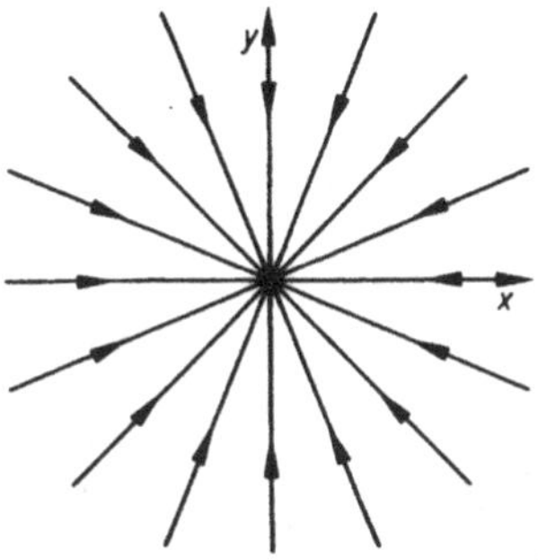

Fig. 66.2

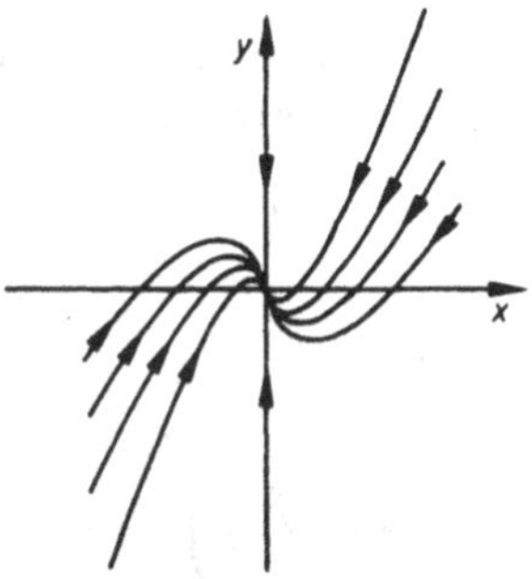

Fig. 66.3

Die Phasenporträts machen verständlich, daß man den Gleichgewichtspunkt (0, 0) im Falle III - genau wie im Falle I - einen (stabilen bzw. instabilen) Knotenpunkt nennt.

Fall IV λ_1, λ_2 sind konjugiert komplex, aber nicht rein imaginär:

$$\lambda_{1,2}=\alpha\pm i\beta \quad \text{mit} \quad \alpha, \beta \neq 0.$$

Wieder unterscheiden wir zwei ganz und gar verschiedene Unterfälle.

a) $\alpha<0$. *In diesem Falle ist der Gleichgewichtspunkt* (0, 0) asymptotisch stabil.

Beispiel: $\dot{x}=-x-y, \dot{y}=x-y$ (s. A 65.8). Hier ist $\lambda_{1,2}=-1\pm i$. Das Phasenporträt besteht aus Exponentialspiralen, die sich um den Gleichgewichtspunkt winden; in Fig. 66.4 ist eine von ihnen eingezeichnet. Ein analoges Phasenporträt gehört zum schwach gedämpften Oszillator (s. Fig. 65.3).

b) $\alpha>0$. *In diesem Falle ist der Gleichgewichtspunkt* (0, 0) instabil.

Beispiel: $\dot{x}=x-y, \dot{y}=x+y$. Hier ist $\lambda_{1,2}=1\pm i$. Das Phasenporträt besteht wieder aus Exponentialspiralen um den Gleichgewichtspunkt, aber diesmal laufen sie von ihm weg (s. Fig. 66.5).

Die Phasenporträts machen verständlich, daß man den Gleichgewichtspunkt (0, 0) im Falle IV einen (stabilen bzw. instabilen) Strudelpunkt nennt.

Fall V λ_1, λ_2 sind rein imaginär:

$$\lambda_{1,2}=\pm i\beta \quad \text{mit} \quad \beta\neq 0.$$

Jetzt ist der Gleichgewichtspunkt (0, 0) stabil (aber keineswegs asymptotisch stabil).

B e i s p i e l: $\dot{x}=4y$, $\dot{y}=-x$ (s. A 65.11). Hier ist $\lambda_{1,2}=\pm 2\mathrm{i}$. Das Phasenporträt besteht aus den Ellipsen $\frac{x^2}{(2b)^2}+\frac{y^2}{b^2}=1$ um den Gleichgewichtspunkt; sie werden im Uhrzeigersinn durchlaufen (s. Fig. 66.6). Ein ganz analoges Phasenporträt gehört zum ungedämpften Oszillator (s. Fig. 65.1).

Fig. 66.6 macht verständlich, daß man den Gleichgewichtspunkt (0, 0) im Falle V einen W i r b e l p u n k t oder ein Z e n t r u m nennt.

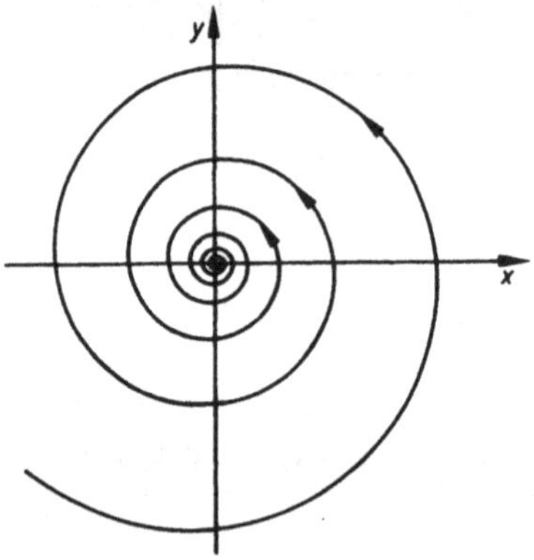

Fig. 66.4

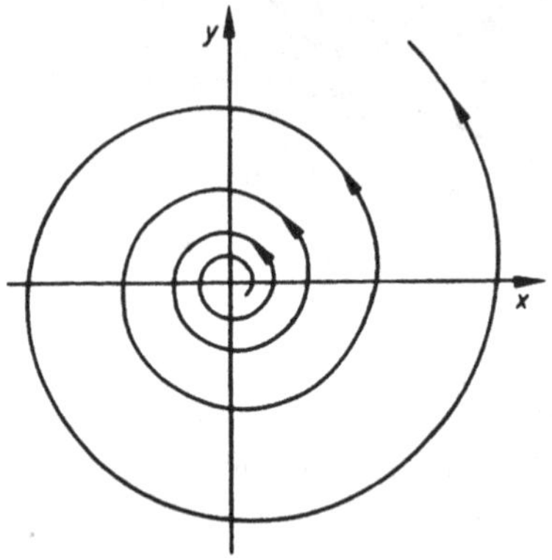

Fig. 66.5

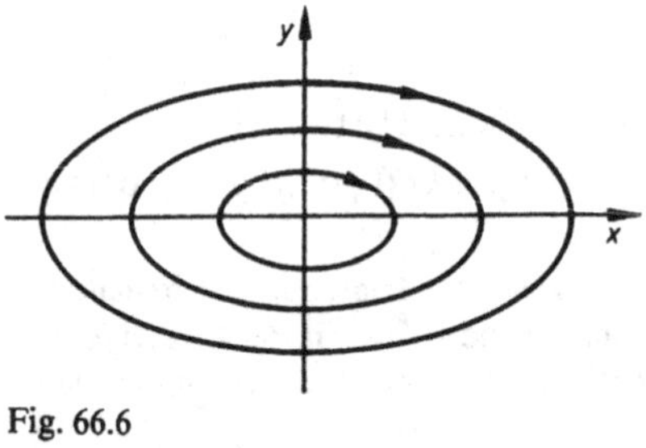

Fig. 66.6

Wir wollen ausdrücklich ein Teilresultat unserer Stabilitätsdiskussion in Satzform festhalten, weil es in den Natur- und Ingenieurwissenschaften eine tonangebende Rolle spielt:

66.1 Satz *Der (einzige) Gleichgewichtspunkt* (0, 0) *des linearen Systems* (66.1) *ist genau dann* a s y m p t o t i s c h s t a b i l, *wenn jede Wurzel der zugehörigen charakteristischen Gleichung* (66.2) *einen* n e g a t i v e n R e a l t e i l *hat. Und dies wiederum tritt (bekanntlich oder auch nach dem Hurwitzschen Kriterium* 55.1) *genau dann ein, wenn gilt:*

$$a_{11}+a_{22}<0$$

und $$a_{11}a_{22}-a_{12}a_{21}>0.$$

Historische Anmerkung Die Stabilitätstheorie geht auf Lagrange zurück. In *Solution de différents problèmes de Calcul Intégral* (Misc. Taur. **3** (1762/65) = Oeuvres I, S. 471–668) führen ihn Fragen der Mechanik auf lineare Systeme zweiter Ordnung mit konstanten Koeffizienten. Er löst sie mit Hilfe der Nullstellen eines charakteristischen Polynoms und schreibt dann (Oeuvres I, S. 532): *De là on tire une méthode générale pour voir si l'état d'equilibre d'un système quelconque donné de corps est* stable, *c'est a dire si, les corps étant infiniment peu dérangés de cet état, ils y reviendront d'eux mêmes, ou au moins tendront à y revenir.* Seine *méthode générale* ist ein genaues Analogon des obigen Satzes 66.1.

Aufgaben

In den Aufgaben 1 bis 6 ist der Stabilitätscharakter des (einzigen) Gleichgewichtspunktes (0, 0) festzustellen und ein Phasenporträt zu entwerfen.

1. $\dot{x}=2x,\quad \dot{y}=4x+y.$ **2.** $\dot{x}=-4x+3y,\quad \dot{y}=-2x+y.$

3. $\dot{x}=-x+3y,\quad \dot{y}=x+y.$ **4.** $\dot{x}=-x-2y,\quad \dot{y}=4x-5y.$

5. $\dot{x}=2x+4y,\quad \dot{y}=-2x+6y.$ **6.** $\dot{x}=2x-4y,\quad \dot{y}=2x-2y.$

7. Elektrischer Schwingungskreis Die Differentialgleichung des Stromes J in einem RLC-Kreis ohne elektromotorische Kraft E ist

$$\ddot{J}+\frac{R}{L}\dot{J}+\frac{1}{LC}J=0 \qquad \text{(s. (18.62))};$$

ihrer physikalischen Bedeutung nach sind R, L, C *positive* Konstanten. Stelle das korrespondierende lineare Differentialgleichungssystem auf und zeige, daß der (einzige) Gleichgewichtspunkt (0, 0) asymptotisch stabil ist.

8. Gedämpfter Oszillator Er wurde im Beispiel 65.2 in den Fällen $\varrho>\omega$ und $\varrho<\omega$ behandelt ($\varrho, \omega>0$). Zeige mit Hilfe der nun bereitstehenden Kriterien, daß (0, 0) in allen denkbaren Fällen ($\varrho \gtreqless \omega$) ein asymptotisch stabiler Gleichgewichtspunkt ist.

⁺9. Man entwerfe ein Phasenporträt des Systems

$$\begin{aligned}\dot{x}&=a_{11}x+a_{12}y\\ \dot{y}&=a_{21}x+a_{22}y\end{aligned} \quad \text{mit} \quad \begin{vmatrix} a_{11} & a_{12}\\ a_{21} & a_{22}\end{vmatrix}=0$$

(in diesem Falle ist 0 eine einfache oder doppelte Nullstelle des zugehörigen charakteristischen Polynoms, und (0, 0) ist *nicht* mehr der *einzige* Gleichgewichtspunkt).

67 Die Ljapunoffsche Methode[1]

Wir lassen uns durch eine physikalische Betrachtung auf ihren Grundgedanken führen.

Die Bewegung eines elastisch angebundenen Massenpunktes M in einer zähen Flüssigkeit genügt der Differentialgleichung

$$m\ddot{x}+r\dot{x}+kx=0 \qquad (m, r, k>0 \text{ fest, s. } (18.2)) \tag{67.1}$$

oder also dem Differentialgleichungssystem

$$\begin{aligned} \dot{x} &= v &&=: F(x, v) \\ \dot{v} &= -\frac{k}{m}x-\frac{r}{m}v &&=: G(x, v). \end{aligned} \tag{67.2}$$

Der einzige Gleichgewichtspunkt ist (0, 0): M ruht bewegungslos im Nullpunkt. Wir wissen bereits, daß dieser Gleichgewichtspunkt *asymptotisch stabil* ist (s. A 66.8). In der Position x bzw. bei der Geschwindigkeit v hat M die

potentielle Energie $\int_0^x k\xi \,\mathrm{d}\xi=\frac{1}{2}kx^2$

bzw. die

kinetische Energie $\frac{1}{2}mv^2$.

Im Punkt (x, v) einer Trajektorie von (67.2) wird also die mechanische *Gesamt*energie $E(x, v)$ des Massenpunktes durch

$$E(x, v)=\frac{1}{2}kx^2+\frac{1}{2}mv^2 \tag{67.3}$$

gegeben. Diese Energiefunktion *verschwindet im Gleichgewichtspunkt* (0, 0), ist aber ansonsten ständig *positiv*. Längs einer Trajektorie $(x(t), v(t))$ haben wir nach (67.2) durchweg

$$\begin{aligned} \frac{\mathrm{d}E(x(t), v(t))}{\mathrm{d}t} &= \frac{\partial E}{\partial x}\frac{\mathrm{d}x}{\mathrm{d}t}+\frac{\partial E}{\partial v}\frac{\mathrm{d}v}{\mathrm{d}t}=\frac{\partial E}{\partial x}F(x, v)+\frac{\partial E}{\partial v}G(x, v) \\ &= kxv+mv\left(-\frac{k}{m}x-\frac{r}{m}v\right)=-rv^2\leqslant 0. \end{aligned}$$

Wenn man sich also auf irgendeiner Trajektorie dem Gleichgewichtspunkt (0, 0) nähert, nimmt die Gesamtenergie $E(x, v)$, wie zu erwarten, *monoton ab* (im Gleichgewichtspunkt selbst, das haben wir gesehen, hat sie ihren *kleinsten* Wert, nämlich 0).

[1] Alexander Michailowitsch Ljapunoff (1857–1918; 61) war ein russischer Mathematiker und Maschinenbauingenieur. Seine grundlegenden Gedanken zur Stabilitätstheorie veröffentlichte er 1892 in seiner Dissertation. In den Nachwehen der Revolution starb er 1918 in Odessa eines gewaltsamen Todes.

Diese physikalischen Beobachtungen bilden den Hintergrund der nun folgenden mathematischen Gedankengänge.

(0, 0) sei ein *isolierter* Gleichgewichtspunkt[1] des autonomen Systems

$$\dot{x}=F(x,y), \quad \dot{y}=G(x,y). \tag{67.4}$$

Die Funktion $E(x,y)$ heißt eine Ljapunoff-Funktion für (67.4), wenn sie in einer gewissen offenen Umgebung U von (0, 0) die nachstehenden Eigenschaften besitzt:

1. *E ist stetig differenzierbar;*[2]
2. *E verschwindet im Nullpunkt und ist außerhalb desselben* >0;
3. $\frac{\partial E}{\partial x}F+\frac{\partial E}{\partial y}G$ *verschwindet im Nullpunkt und ist außerhalb desselben* $\leqslant 0$. *Steht hier statt* $\leqslant$ *sogar* $<$, *so nennen wir E eine* strenge Ljapunoff-Funktion.

Und nun gilt das entscheidende

67.1 Stabilitätskriterium *Das System* (67.4) *habe den isolierten Gleichgewichtspunkt* (0, 0) *und besitze eine Ljapunoff-Funktion E. Dann ist* (0, 0) stabil. *Ist E eine* strenge *Ljapunoff-Funktion, so ist* (0, 0) *sogar* asymptotisch stabil.

Ein korrespondierendes Instabilitätskriterium findet sich in Aufgabe 2.

Beweis. a) Um die behauptete Stabilität nachzuweisen, geben wir uns ein $\varepsilon>0$ vor; dieses ε dürfen wir uns von vornherein so klein denken, daß die Kreislinie C_ε um (0, 0) mit Radius ε noch ganz in dem Definitionsbereich U von E verläuft. Zu

$$m := \min_{(x,y)\in C_\varepsilon} E(x,y)>0$$

können wir wegen $E(0,0)=0$ eine Kreisscheibe K_δ um (0, 0) mit Radius $\delta<\varepsilon$ so bestimmen, daß

$$E(x,y)<m \quad \text{für alle } (x,y) \text{ innerhalb von } K_\delta \tag{67.5}$$

ausfällt. Sei nun $T:=\{x(t),y(t)\}$ eine Trajektorie von (67.4), bei der ein gewisser Punkt $(x(t_1),y(t_1))$ *innerhalb* von K_δ liegt. Für

$$E(t):=E(x(t),y(t))$$

[1] In einem hinreichend kleinen Kreis um (0, 0) soll also kein anderer Gleichgewichtspunkt von (67.4) liegen. - Daß wir gerade (0, 0) als Gleichgewichtspunkt nehmen, ist belanglos: *ein beliebiger Gleichgewichtspunkt* (x_0,y_0) *kann durch die Translation* $u=x-x_0$, $v=y-y_0$ *stets in den Nullpunkt verlegt werden.*

[2] D.h., die partiellen Ableitungen $\partial E/\partial x$, $\partial E/\partial y$ sind vorhanden und stetig. E selbst ist dann notwendigerweise ebenfalls stetig.

ist dann wegen (67.5) gewiß $E(t_1)<m$, und dank

$$\frac{\mathrm{d}E}{\mathrm{d}t}=\left[\frac{\partial E}{\partial x}F+\frac{\partial E}{\partial y}G\right]_{x=x(t),\,y=y(t)}\leqslant 0 \tag{67.6}$$

folgt daraus, daß auch für $t\geqslant t_1$ ständig $E(t)<m$ bleibt. *Für kein $t\geqslant t_1$ kann daher T die Kreislinie C_ε erreichen* (auf der ja $E\geqslant m$ ist). Und damit ist die *Stabilität* des Gleichgewichtspunktes (0, 0) schon bewiesen.

b) Nun sei E sogar eine *strenge* Ljapunoff-Funktion. Dann ist (mit den obigen Bezeichnungen) $E(t)$ streng monoton abnehmend und nichtnegativ, es ist also

$$E(t)\geqslant\lambda:=\lim_{t\to\infty}E(t)\geqslant 0, \tag{67.7}$$

und wir brauchen offenbar nur nachzuweisen, daß $\lambda=0$ ist. Angenommen, es sei $\lambda>0$. Dann gibt es eine Kreislinie C_ϱ um (0, 0) mit Radius $\varrho<\delta$ $(<\varepsilon)$, so daß

$$E(x,y)<\lambda \quad \text{für alle } (x,y) \text{ im Innenbereich von } C_\varrho \tag{67.8}$$

bleibt. Auf dem kompakten Kreisring K zwischen C_ϱ und C_ε (einschließlich der Randkreise) ist aufgrund der jetzt geltenden Voraussetzungen

$$\frac{\partial E}{\partial x}F+\frac{\partial E}{\partial y}G\leqslant M \quad \text{mit einem} \quad M<0. \tag{67.9}$$

Für $t\geqslant t_1$ verläuft T dank (67.7), (67.8) und des unter a) schon Bewiesenen ganz in K, wegen (67.9) - s. auch (67.6) - haben wir also

$$E(t)=E(t_1)+\int_{t_1}^{t}\frac{\mathrm{d}E(\tau)}{\mathrm{d}\tau}\mathrm{d}\tau\leqslant E(t_1)+M(t-t_1) \quad \text{für} \quad t\geqslant t_1.$$

Da $M<0$ ist, folgt daraus $E(t)\to-\infty$ für $t\to\infty$, im Widerspruch zu $E(x,y)\geqslant 0$. Also muß $\lambda=0$ sein - und das war alles, was wir beweisen wollten. ■

Es ist nicht immer leicht, zu einem vorgelegten System (67.4) eine Ljapunoff-Funktion zu finden und so die Stabilitätsfrage zu entscheiden. Manchmal helfen *physikalische* Vorüberlegungen weiter. Wir studieren drei Beispiele.

67.2 Der gedämpfte harmonische Oszillator oder also das Differentialgleichungssystem (67.2). Wir haben zu Beginn dieser Nummer schon gesehen, daß - in der jetzigen Sprechweise - die *Gesamtenergie* (67.3) eine Ljapunoff-Funktion von (67.2) ist. (0, 0) ist also ein *stabiler* Gleichgewichtspunkt. Wir wissen bereits, daß (0, 0) sogar *asymptotisch stabil* ist - diese tiefer liegende Tatsache aufzudecken hat die gerade benutzte Ljapunoff-Funktion freilich nicht mehr die Kraft.

67.3 Der ungedämpfte nichtlineare Schwinger[1] Er wird beschrieben durch eine Differentialgleichung der Form

[1] S. Aufgabe 11 für den *gedämpften* nichtlinearen Schwinger.

$$\ddot{x}+h(x)=0, \quad \text{wobei } h \text{ stetig, } h(0)=0 \text{ und } xh(x)>0 \text{ für } x\neq 0 \tag{67.10}$$

ist. ($xh(x)>0$ bedeutet nur, daß x und $h(x)$ ein und dasselbe Vorzeichen haben.) Das zugehörige System lautet

$$\dot{x}=y, \quad \dot{y}=-h(x). \tag{67.11}$$

Sein einziger Gleichgewichtspunkt ist (0, 0). Energiebetrachtungen führen dazu, den Ansatz

$$E(x,y):=\int_0^x h(\xi)\,\mathrm{d}\xi+\frac{1}{2}y^2$$

zu versuchen (s. Beispiel 67.2). Man bestätigt mühelos, daß $E(x,y)$ tatsächlich eine Ljapunoff-Funktion ist und daß der Gleichgewichtspunkt (0, 0) somit *stabil* sein muß. Die (nichtdegenerierten) Trajektorien von (67.11) ergeben sich als die Lösungen der Differentialgleichung $\frac{\mathrm{d}y}{\mathrm{d}x}=-\frac{h(x)}{y}$ (s. (65.7)); sie sind also die *Niveaulinien* $E(x,y)=\text{const}$.

67.4 Beispiel Das autonome System

$$\dot{x}=-x^3+y, \quad \dot{y}=-x-y^5$$

hat (0, 0) als einzigen Gleichgewichtspunkt. Versuchsweise setzen wir

$$E(x,y):=Ax^2+By^2 \quad \text{mit noch zu bestimmenden Zahlen } A, B$$

als Ljapunoff-Funktion an. Mit ihr ist

$$\frac{\partial E}{\partial x}F+\frac{\partial E}{\partial y}G=2Ax(-x^3+y)+2By(-x-y^5)=-2Ax^4+(2A-2B)xy-2By^6,$$

und nun sieht man sofort, daß x^2+y^2 eine *strenge* Ljapunoff-Funktion und somit (0, 0) *asymptotisch stabil* ist.

Die Ljapunoffsche Methode gibt uns mit dem folgenden Satz ein rechnerisch sehr bequemes Stabilitäts- und Instabilitätskriterium in die Hand. Bevor wir ihn aussprechen, erinnern wir noch einmal daran, *daß man einen Gleichgewichtspunkt* $(x_0,y_0)\neq(0,0)$ *stets durch die Translation* $u=x-x_0$, $v=y-y_0$ *in den* Nullpunkt *werfen kann.*

67.5 Satz (0, 0) *sei ein Gleichgewichtspunkt des Systems* (67.4), *und die rechten Seiten F, G seien auf* $\mathbf{R}^2$ *stetig differenzierbar. Abkürzend setzen wir*

$$\begin{aligned} a_{11}&:=\frac{\partial F}{\partial x}(0,0), & a_{12}&:=\frac{\partial F}{\partial y}(0,0),\\ a_{21}&:=\frac{\partial G}{\partial x}(0,0), & a_{22}&:=\frac{\partial G}{\partial y}(0,0). \end{aligned} \tag{67.12}$$

Haben nun die Nullstellen des Polynoms

$$\begin{vmatrix} a_{11}-\lambda & a_{12}\\ a_{21} & a_{22}-\lambda \end{vmatrix}=\lambda^2-(a_{11}+a_{22})\lambda+a_{11}a_{22}-a_{12}a_{21} \tag{67.13}$$

ausnahmslos positive *bzw. ausnahmslos* negative *Realteile, so ist der Gleichgewichtspunkt* (0, 0) *isoliert und* instabil *bzw.* asymptotisch stabil.

Beweis. Unter den gegebenen Voraussetzungen läßt sich (67.4) auf die Form

$$\begin{aligned}\dot{x} &= a_{11}x + a_{12}y + f(x, y)\\ \dot{y} &= a_{21}x + a_{22}y + g(x, y)\end{aligned} \tag{67.14}$$

bringen, wobei nicht nur $f(0, 0) = g(0, 0) = 0$ ist, sondern sogar

$$\frac{f(x, y)}{\sqrt{x^2+y^2}} \to 0 \quad \textit{und} \quad \frac{g(x, y)}{\sqrt{x^2+y^2}} \to 0 \quad \textit{strebt für} \quad (x, y) \to (0, 0) \;\; ^{1)} \tag{67.15}$$

und überdies auch noch

$$\Delta := \begin{vmatrix} a_{11} & a_{12} \\ a_{21} & a_{22} \end{vmatrix} \neq 0 \tag{67.16}$$

ist.[2] Gäbe es in *jeder* Umgebung von (0, 0) noch Gleichgewichtspunkte von (67.4) - also von (67.14) -, so könnten wir gewiß auch eine gegen (0, 0) strebende Folge derartiger Punkte $(x_n, y_n) \neq (0, 0)$ finden, und bei Verwendung von Polarkoordinaten r, φ hätten wir

$$\left.\begin{aligned} a_{11}\cos\varphi_n + a_{12}\sin\varphi_n &= -\frac{f(r_n\cos\varphi_n, r_n\sin\varphi_n)}{r_n} \to 0\\ a_{21}\cos\varphi_n + a_{22}\sin\varphi_n &= -\frac{g(r_n\cos\varphi_n, r_n\sin\varphi_n)}{r_n} \to 0\end{aligned}\right\} \quad \text{für } n \to \infty.$$

Wegen (67.16) würde daraus dank der Cramerschen Regel folgen, daß $\cos\varphi_n \to 0$ und $\sin\varphi_n \to 0$ strebt - sehr im Widerspruch zur Gleichung $\cos^2\varphi_n + \sin^2\varphi_n = 1$. Also muß der Gleichgewichtspunkt (0, 0) tatsächlich *isoliert* sein. Wir zeigen nun, daß er *asymptotisch stabil* ist, wenn die Nullstellen von (67.13) *negative Realteile* haben.

Dank dieser Voraussetzung muß

$$-(a_{11} + a_{22}) > 0 \quad \text{und} \quad \Delta > 0, \tag{67.17}$$

also $\quad A := -(a_{11} + a_{22})\Delta > 0$

sein (s. etwa das Hurwitzsche Kriterium 55.1). Weiter setzen wir

$$a := \frac{a_{21}^2 + a_{22}^2 + \Delta}{2A}, \quad b := -\frac{a_{11}a_{21} + a_{12}a_{22}}{A}, \quad c := \frac{a_{11}^2 + a_{12}^2 + \Delta}{2A}$$

und $\quad E(x, y) := ax^2 + bxy + cy^2. \qquad (67.18)$

[1] S. etwa Nr. 163 in Heuser II.

[2] Andernfalls wäre 0 eine Nullstelle von (67.13), entgegen der Voraussetzung, daß die Realteile der Nullstellen alle $\neq 0$ sind.

Offenbar ist $a>0$ und

$$A^2(4ac-b^2)=(a_{11}^2+a_{12}^2+a_{21}^2+a_{22}^2)\Delta+2\Delta^2>0, \quad \text{also} \quad b^2-4ac<0,$$

wegen Aufgabe 1 bleibt daher

$$E(x,y)>0 \quad \text{für} \quad (x,y)\neq(0,0). \tag{67.19}$$

Ferner haben wir

$$\frac{\partial E}{\partial x}\cdot(a_{11}x+a_{12}y)+\frac{\partial E}{\partial y}\cdot(a_{21}x+a_{22}y)=-(x^2+y^2)<0 \quad \text{für } (x,y)\neq(0,0). \tag{67.20}$$

Nach diesen Vorbereitungen beginnt der kurze Hauptteil des Beweises. Wegen der in (67.20) festgehaltenen Gleichung ist - wobei wir zum Schluß Polarkoordinaten heranziehen -

$$\begin{aligned}\frac{\partial E}{\partial x}F+\frac{\partial E}{\partial y}G &= \frac{\partial E}{\partial x}\cdot[a_{11}x+a_{12}y+f(x,y)]+\frac{\partial E}{\partial y}\cdot[a_{21}x+a_{22}y+g(x,y)]\\ &= -(x^2+y^2)+(2ax+by)f(x,y)+(bx+2cy)g(x,y)\\ &= -r^2+r[(2a\cos\varphi+b\sin\varphi)f(x,y)+(b\cos\varphi+2c\sin\varphi)g(x,y)].\end{aligned}$$

Mit $M:=\max(a,|b|,c)$ ist wegen (67.15) für hinreichend kleine $r>0$ gewiß

$$|f(x,y)|<\frac{r}{8M} \quad \text{und} \quad |g(x,y)|<\frac{r}{8M},$$

für diese r - also in einer gewissen punktierten Kreisumgebung von (0, 0) - haben wir daher

$$\frac{\partial E}{\partial x}F+\frac{\partial E}{\partial y}G<-r^2+r\frac{6Mr}{8M}=-\frac{r^2}{4}<0.$$

Mit (67.19) erkennen wir nun, daß $E(x,y)$ eine strenge Ljapunoff-Funktion für das System (67.4) und (0, 0) somit *asymptotisch stabil* ist (s. Satz 67.1).
Der noch ausstehende Fall „die Nullstellen von (67.13) haben *positive Realteile*" läßt sich ganz ähnlich erledigen (s. Aufgabe 3). ■

Sehr oft wird uns ein autonomes System von *vornherein* in der Gestalt

$$\begin{aligned}\dot{x}&=a_{11}x+a_{12}y+f(x,y)\\ \dot{y}&=a_{21}x+a_{22}y+g(x,y)\end{aligned} \tag{67.21}$$

mit gewissen Koeffizienten a_{jk} und stetig differenzierbaren Funktionen f und g entgegentreten, wobei diese Funktionen in der Nähe des Nullpunktes in *dem* Sinne „klein" sind, daß gilt:

$$\frac{f(x,y)}{\sqrt{x^2+y^2}} \to 0 \quad \textit{und} \quad \frac{g(x,y)}{\sqrt{x^2+y^2}} \to 0 \quad \textit{für} \quad (x,y) \to (0,0) \tag{67.22}$$

(vgl. (67.14) und (67.15)). (0, 0) ist offenbar ein Gleichgewichtspunkt von (67.21), und die a_{jk} sind die partiellen Ableitungen der rechten Seiten von (67.21) an der Stelle (0, 0), genauer: es gelten die Beziehungen (67.12). *Man kann daher auf* (67.21) *den Satz* 67.5 *anwenden, wobei die* a_{jk} *des Polynoms* (67.13) *gerade die* a_{jk} *des Systems* (67.21) *sind.*

Wegen (67.22) läßt sich das System (67.21) in der Nähe des Nullpunktes als eine „Störung" des zugehörigen *linearen* Systems

$$\begin{aligned} \dot{x} &= a_{11}x + a_{12}y \\ \dot{y} &= a_{21}x + a_{22}y \end{aligned} \tag{67.23}$$

auffassen; man nennt es deshalb fastlinear. Haben die Nullstellen des Polynoms

$$\begin{vmatrix} a_{11}-\lambda & a_{12} \\ a_{21} & a_{22}-\lambda \end{vmatrix} = \lambda^2 - s\lambda + \Delta \quad \text{mit} \quad s := a_{11}+a_{22}, \quad \Delta := a_{11}a_{22} - a_{12}a_{21} \tag{67.24}$$

durchweg positive oder durchweg negative Realteile, so lehren die Resultate der Nr. 66 in Verbindung mit dem Satz 67.5 ohne weiteres Zutun, daß der Gleichgewichtspunkt (0, 0) des *fastlinearen* Systems (67.21) genau dasselbe Stabilitätsverhalten aufweist wie der Gleichgewichtspunkt (0, 0) des zugehörigen *linearen* Systems (67.23). Und nicht anders liegen die Dinge (was wir hier nicht beweisen wollen), wenn die Realteile entgegengesetzte Vorzeichen haben; die beiden Nullstellen sind dann natürlich selbst reell.[1]

Die nun sich aufdrängende Vermutung, der Stabilitätscharakter des Gleichgewichtspunktes (0, 0) sei bei dem *gestörten* System durchgängig derselbe wie bei dem *ungestörten* - diese Vermutung geht allerdings in die Irre. Sind nämlich die Nullstellen von (67.24) rein imaginär (und $\neq 0$), so ist (0, 0) ein stabiler, aber nicht *asymptotisch* stabiler Gleichgewichtspunkt von (67.23) - kann jedoch *als Gleichgewichtspunkt von* (67.21) durchaus asymptotisch stabil, kann aber auch instabil sein; die Aufgaben 12 und 13 liefern hierfür ausreichende Belege.

Wir fassen das bisher Dargestellte noch einmal gebrauchsfreundlich in Tab. 67.1 zusammen.

[1] S. etwa Hahn (1967), Theorem 28.1 auf S. 122.

Tab. 67.1

Nullstellen λ_1, λ_2 von (67.24) / Kriterium mittels s, Δ aus (67.24)	Stabilitätsverhalten des Gleichgewichtspunktes (0, 0) lineares System	fastlineares System
$\mathrm{Re}\lambda_{1,2} > 0$ / $s > 0, \Delta > 0$	instabil	instabil
$\mathrm{Re}\lambda_1 < 0$, $\mathrm{Re}\lambda_2 > 0$ / $\Delta < 0$	instabil	instabil
$\mathrm{Re}\lambda_{1,2} < 0$ / $s < 0, \Delta > 0$	asymptotisch stabil	asymptotisch stabil
$\lambda_{1,2} = \pm i\mu$ ($\mu \neq 0$ reell) / $s = 0, \Delta > 0$	stabil, *nicht* asymptotisch stabil	unbestimmt

Aufgaben

*1. **Ein Definitheitskriterium** Die Funktion $ax^2 + bxy + cy^2$ ($a \neq 0$) ist außerhalb des Nullpunktes ständig

$$\left.\begin{matrix} >0 \\ \geqslant 0 \\ \leqslant 0 \\ <0 \end{matrix}\right\}, \quad \text{wenn} \quad \left\{\begin{matrix} a>0 & \text{und} & 4ac-b^2>0 \\ a>0 & \text{und} & 4ac-b^2=0 \\ a<0 & \text{und} & 4ac-b^2=0 \\ a<0 & \text{und} & 4ac-b^2>0 \end{matrix}\right\} \quad \text{ausfällt.}$$

Hinweis: Für $y \neq 0$ ist $ax^2 + bxy + cy^2 = ay^2\left[\left(\frac{x}{y} + \frac{b}{2a}\right)^2 + \frac{4ac-b^2}{4a^2}\right]$.

+2. **Ein Instabilitätskriterium** (0, 0) sei ein isolierter Gleichgewichtspunkt des Systems (67.4). Zeige, daß er gewiß dann *instabil* ist, wenn es eine Funktion $E(x, y)$ mit folgenden Eigenschaften gibt:

a) E ist auf einer offenen Umgebung U von (0, 0) stetig differenzierbar;

b) die Funktionen E und $\frac{\partial E}{\partial x} F + \frac{\partial E}{\partial y} G$ verschwinden im Nullpunkt und sind ansonsten *positiv*.

Hinweis. Beweis des Satzes 67.1.

3. Beweise die Instabilitätsaussage des Satzes 67.5.

Hinweis: Es ist $-(a_{11} + a_{22}) < 0$ und $\Delta > 0$ (vgl. (67.17)). Konstruiere nun eine Funktion $E(x, y)$, die im Nullpunkt verschwindet, ansonsten positiv bleibt und für die

$$\frac{\partial E}{\partial x} \cdot (a_{11}x + a_{12}y) + \frac{\partial E}{\partial y} \cdot (a_{21}x + a_{22}y) = x^2 + y^2$$

ist (vgl. (67.20)). Ziehe die Aufgabe 2 heran.

In den Aufgaben 4 bis 9 benutze man Funktionen $E(x,y)$ der Form Ax^2+By^2, um mittels Satz 67.1 oder Aufgabe 2 den Stabilitätscharakter des isolierten Gleichgewichtspunktes (0, 0) der angegebenen Systeme aufzudecken. Bei welchen Systemen kann man Tab. 67.1 benutzen?

4. $\dot{x}=xy^2+x^2y+x^3, \quad \dot{y}=-x^3+y^3.$ **5.** $\dot{x}=-2x+xy^3, \quad \dot{y}=-x^2y^2-y^3.$

6. $\dot{x}=-x+x^2y, \quad \dot{y}=-y+xy^2.$ **7.** $\dot{x}=-x+y^2, \quad \dot{y}=-y+x^2.$

8. $\dot{x}=-3y-x^3, \quad \dot{y}=3x-5y^3.$ **9.** $\dot{x}=-2xy, \quad \dot{y}=x^2-y^3.$

10. Zeige mit Hilfe einer Funktion $E(x,y)$ der Form Ax^4+By^4, daß (0, 0) ein asymptotisch stabiler Gleichgewichtspunkt des Systems $\dot{x}=-x^5-y^3$, $\dot{y}=3x^3-y^3$ ist.

11. Der gedämpfte nichtlineare Schwinger Es handelt sich hier - rein mathematisch gesehen - um die Differentialgleichung

$$\ddot{x}+g(x)\dot{x}+h(x)=0 \qquad \text{(vgl. (67.10))}, \tag{67.25}$$

wobei g und h stetig sind, $g(x)\geqslant 0$, $h(0)=0$ und $xh(x)>0$ (für $x\neq 0$) ist. Zeige, daß (0, 0) ein stabiler Gleichgewichtspunkt des zugehörigen Differentialgleichungssystems ist.
Hinweis: Beispiel 67.3.

+**12.** Die fastlinearen Systeme

$$\dot{x}=y-x^3, \quad \dot{y}=-x-y^3 \tag{67.26}$$

und

$$\dot{x}=y+x^3, \quad \dot{y}=-x+y^3 \tag{67.27}$$

sind Störungen ein und desselben linearen Systems

$$\dot{x}=y, \quad \dot{y}=-x. \tag{67.28}$$

Zeige: a) Jedes der drei Systeme hat (0, 0) als einzigen Gleichgewichtspunkt.
b) Dieser Gleichgewichtspunkt ist

stabil, aber *nicht* asymptotisch stabil, bezüglich (67.28),
asymptotisch stabil bezüglich (67.26),
instabil bezüglich (67.27).

Hinweis: Zum Beweis der beiden letzten Behauptungen ziehe man den Satz 67.1 bzw. die Aufgabe 2 heran und benutze dabei eine Funktion $E(x,y)$ der Form Ax^2+By^2.

+**13.** Sei $f(x,y)$ stetig differenzierbar auf $\mathbf{R}^2$ und $f(0,0)=0$. Zeige:
a) (0, 0) ist der einzige Gleichgewichtspunkt des Systems

$$\dot{x}=y-xf(x,y), \quad \dot{y}=-x-yf(x,y). \tag{67.29}$$

b) Das zugehörige lineare System ist

$$\dot{x}=y, \quad \dot{y}=-x;$$

sein Gleichgewichtspunkt (0, 0) ist nach Aufgabe 12 stabil, aber nicht asymptotisch stabil.
c) K sei ein geeigneter Kreis um den Nullpunkt und $\dot{K}:=K\setminus\{(0,0)\}$. Der Gleichgewichtspunkt (0, 0) des Systems (67.29) ist

stabil, wenn $f(x, y) \geqslant 0$ in K ist,
asymptotisch stabil, wenn $f(x, y) > 0$ in $\dot{K}$ ist,
instabil, wenn $f(x, y) < 0$ in $\dot{K}$ ist.

Hinweis: S. Hinweis zur Aufgabe 12.

14. Vergleiche die Systeme in den Aufgaben 4 bis 9 mit den zugehörigen linearen Systemen unter Stabilitätsgesichtspunkten.

In den Aufgaben 15 bis 20 sind als erstes die angegebenen Systeme auf die fastlineare Form oder auf die Form (67.29) - mit $f(0, 0) = 0$ - zu bringen, anschließend ist der Stabilitätscharakter des Gleichgewichtspunktes (0, 0) zu bestimmen.

15. $\dot{x} = e^{-(x-y)} - \cos x, \quad \dot{y} = \sin(x - 3y)$.

16. $\dot{x} = y - x^3 \sin^2 y, \quad \dot{y} = -x - x^2 y \sin^2 y$.

17. $\dot{x} = x + y + x \sin y, \quad \dot{y} = -2x + y + 1 - \cos xy$.

18. $\dot{x} = -(\sin x + \sin y), \quad \dot{y} = -2x - 4y + xy$.

19. $\dot{x} = x + x^2, \quad \dot{y} = -3x + e^y - 1$.

20. $\dot{x} = y - x^5 - xy^4, \quad \dot{y} = -x - x^4 y - y^5$.

21. Bestimme sämtliche Gleichgewichtspunkte des Systems

$$\dot{x} = 1 - xy, \quad \dot{y} = x - y^3$$

und ihren Stabilitätscharakter.

22. Das ungedämpfte mathematische Pendel Zeige (was in Beispiel 65.4 nur *plausibel* gemacht wurde), daß (0, 0) ein stabiler und (π, 0) ein instabiler Gleichgewichtspunkt der Differentialgleichung (65.14) des ungedämpften mathematischen Pendels oder also des Systems (65.15) ist.

Hinweis: Im Falle (0, 0) kann man sich *nicht* der Linearisierungstechnik und somit auch *nicht* der Tab. 67.1 bedienen (warum nicht?), sondern muß eine geeignete Ljapunoff-Funktion konstruieren (s. dazu Beispiel 67.3). Im Beispiel 65.4 hatten wir hingegen - wie sich jetzt zeigt: inkorrekterweise - drauflos linearisiert. Aber - und auch das zeigt sich erst jetzt - das Glück war uns hold.

23. Das gedämpfte mathematische Pendel Seine Differentialgleichung ist

$$\ddot{\varphi} + \frac{r}{ml}\dot{\varphi} + \frac{g}{l}\sin\varphi = 0 \tag{67.30}$$

(m die Masse und l die Länge des Pendels, $r > 0$ der Dämpfungskoeffizient, g die Erdbeschleunigung; vgl. (65.14) und (67.25)). Das zugehörige System ist

$$\dot{\varphi} = \psi, \quad \dot{\psi} = -\frac{g}{l}\sin\varphi - \frac{r}{ml}\psi. \tag{67.31}$$

Zeige: a) Das System (67.31) hat die Gleichgewichtspunkte $(\varphi_k, \psi_k) := (k\pi, 0)$, $k \in \mathbf{Z}$.

b) (0, 0) ist asymptotisch stabil, (π, 0) instabil.

68 Periodische Lösungen

Eine der wichtigsten Struktureigenschaften, die Naturvorgänge haben können, ist die *Periodizität*: man denke nur an die Bewegungen der Planeten im Himmel und an die Schwingungen eines Pendels auf Erden. Periodische Prozesse tragen ein Element der Selbsterhaltung in sich: sie wiederholen sich *in infinitum* - und gehören so zu den großen Stabilisierungsmächten der Natur. Im Bereich des Lebendigen ist uns dies aufs deutlichste beim Studium der Lotka-Volterraschen Gleichungen bewußt geworden, als wir die arterhaltenden Oszillationen der Raub- und Beutetiere entdeckten. All dies drängt uns die Frage auf, unter welchen Voraussetzungen ein autonomes System

$$\dot{x}=F(x,y),\quad \dot{y}=G(x,y)\qquad (F,\,G \text{ stetig differenzierbar}) \tag{68.1}$$

periodische Lösungen besitzt, also Lösungen $x(t)$, $y(t)$, zu denen es eine Zahl $T>0$ - eine Periode - mit

$$x(t+T)=x(t) \quad\text{und}\quad y(t+T)=y(t) \quad \text{für alle } t$$

gibt, ohne daß eine der beiden Funktionen $x(t), y(t)$ konstant ist. Offensichtlich hat (68.1) genau dann derartige Lösungen, wenn in der Phasenebene geschlossene Trajektorien mit einem Innenbereich, sogenannte Zyklen, vorhanden sind. *Die Frage nach periodischen Lösungen verwandelt sich so in die Frage nach Zyklen.*

Zyklen sind uns schon bei den Lotka-Volterraschen Gleichungen begegnet (s. die Figuren 64.3 und 64.4). Und noch ein weiteres System mit Zyklen wollen wir ins Auge fassen, bevor wir uns auf das Feld der Theorie begeben, das System

$$\dot{x}=-y+x(1-x^2-y^2),\quad \dot{y}=x+y(1-x^2-y^2); \tag{68.2}$$

an ihm nämlich treten die später festzustellenden Züge in durchsichtiger Reinheit zutage.

Der einzige Gleichgewichtspunkt von (68.2) ist (0, 0). Mit Polarkoordinaten r, φ geht (68.2) nach einfachen Manipulationen über in das System

$$\dot{r}=r(1-r^2),\quad \dot{\varphi}=1, \tag{68.3}$$

bei dessen Untersuchung wir uns auf *positive* r beschränken dürfen. Indem man die erste Gleichung in (68.3) zunächst für $0<r<1$, dann für $r>1$ integriert und schließlich noch bemerkt, daß sie trivialerweise auch von $r\equiv 1$ befriedigt wird, gewinnt man die Lösung des Systems (68.3) in der Form

$$r(t)=\frac{1}{\sqrt{1+a\mathrm{e}^{-2t}}},\quad \varphi(t)=t+b \qquad (a,b\in\mathbf{R}). \tag{68.4}$$

Für $a=0$ erhält man den Einheitskreis, für $a<0$ bzw. $a>0$ Kurven, die sich für $t\to\infty$ dem Einheitskreis spiralförmig von außen bzw. von innen anschmiegen (s. Fig. 68.1).

Der einzige Zyklus des Systems (68.2) - der Einheitskreis - umläuft den einzigen Gleichgewichtspunkt: den Nullpunkt. Auch die Zyklen in den Figuren 64.3 und

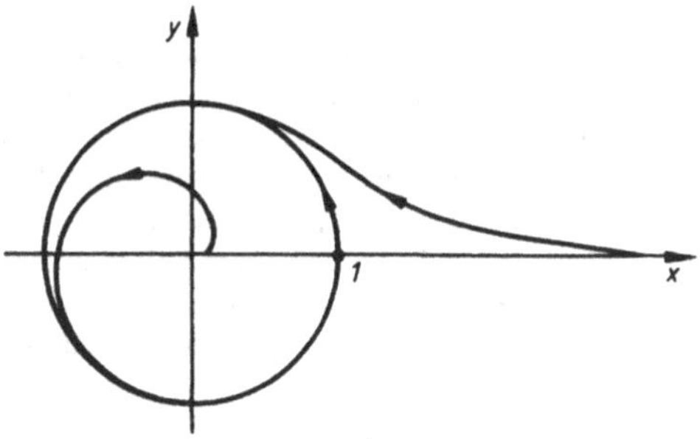

Fig. 68.1

64.4 laufen alle um einen Gleichgewichtspunkt des zugehörigen Lotka-Volterraschen Systems. Mit diesen Beobachtungen ist auch schon ein wesentlicher Zug der allgemeinen Situation getroffen. Es gilt nämlich der

68.1 Satz *Jeder Zyklus des Systems* (68.1) *umschließt mindestens einen Gleichgewichtspunkt desselben.*

Wir wollen dieses Theorem ebensowenig beweisen wie die beiden folgenden, um den Rahmen des Buches nicht zu sprengen. Der Leser findet drei verschiedene Beweise in Sansone-Conti (1956) auf S. 200ff. Der zweite stützt sich auf den Brouwerschen Fixpunktsatz und arbeitet so den wesentlich *topologischen* Charakter des Satzes 68.1 prägnant heraus.

Im folgenden wollen wir unter einem Bereich die Abschließung einer offenen, zusammenhängenden Punktmenge $\subset\mathbf{R}^2$ verstehen. Ein Bereich ist also genau dann *kompakt*, wenn er *beschränkt* ist.

Das Kronjuwel der Periodizitätstheorie ist der berühmte

68.2 Satz von Poincaré-Bendixson[1] *Der kompakte Bereich B der xy-Ebene möge* keine *Gleichgewichtspunkte des Systems* (68.1) *enthalten, und* $T:=\{(x(t),y(t))\}$ *sei eine Trajektorie von* (68.1), *die für alle* $t\geqslant t_0$ *in B verläuft. Dann ist T entweder selbst*

[1] Henri Poincaré (1854-1912; 58) war ein Mathematiker höchsten Ranges, dem sich nur Hilbert zur Seite stellen durfte. Er wirkte in allen mathematischen Disziplinen und einige schuf er selbst, darunter die qualitative Theorie der Differentialgleichungen. Sie entstand bei ihm aus Fragen der Himmelsmechanik. - Ivar Otto Bendixson (1861-1935; 74) war ein schwedischer Mathematiker an der Universität Stockholm.

ein Zyklus oder schmiegt sich für $t \to \infty$ spiralförmig von innen oder außen einem Zyklus $\subset B$ an. Kurz: Wenn B eine „Halbtrajektorie" enthält, so gibt es in B gewiß auch einen Zyklus.[1]

Das System (68.2) und die zugehörige Figur 68.1 illustrieren diesen Satz in durchsichtigster Weise; man braucht für B nur den abgeschlossenen Ring zwischen den Kreisen $r=1/2$ und $r=2$ zu nehmen.

Die entscheidende Voraussetzung des bestechend schönen Satzes 68.2 - daß nämlich B irgendeine Halbtrajektorie *nicht mehr entkommen läßt* - diese Voraussetzung ist gewöhnlich nur schwer nachprüfbar. Um so lebhafter regte sich deshalb schon früh das Bedürfnis nach leicht überschaubaren Bedingungen, welche die Existenz eines Zyklus gewährleisten könnten. Dieses Bedürfnis wurde vollends unabweisbar, als in den zwanziger Jahren unseres Jahrhunderts die aufblühende Radiotechnik an gewisse nichtlineare Differentialgleichungen geriet, bei denen gerade die Frage nach *periodischen* Lösungen die alles beherrschende war. Beispielsweise untersuchten H. und E. Cartan 1925 unter diesem Aspekt eine Stromdifferentialgleichung der Form

$$L\ddot{J}+[R-\psi(J)]\dot{J}+\frac{J}{C}=0, \quad {}^{2)} \tag{68.5}$$

B. van der Pol studierte 1926 - wieder mit dem Blick auf *periodische* Lösungen - die nach ihm benannte Gleichung

$$\ddot{x}+\mu(x^2-1)\dot{x}+x=0 \qquad (\mu>0 \text{ konstant}), \tag{68.6}$$

die eine dominierende Rolle in der Theorie der Röhrengeneratoren spielt,[3] und A. Liénard subsumierte zwei Jahre später (68.5) und (68.6) unter die eine Gleichung

$$\ddot{x}+\omega f(x)\dot{x}+\omega^2 x=0 \qquad (\omega>0 \text{ konstant}), \tag{68.7}$$

die heutzutage seinen Namen trägt.[4]

Aus nunmehr verständlichen Gründen nennt man

$$\ddot{x}+f(x)\dot{x}+g(x)=0 \tag{68.8}$$

die verallgemeinerte Liénardsche Gleichung; der Form nach ist sie uns schon in A 67.11 bei Gelegenheit des gedämpften nichtlinearen Schwingers begegnet.

Eine Fülle wertvoller Periodizitätsresultate über die van der Polsche Gleichung (68.6), die Liénardschen Gleichungen (68.7), (68.8) und die Gleichungen

$$\ddot{x}+f(\dot{x})\dot{x}+g(x)=0 \quad \text{und} \quad \ddot{x}+f(x,\dot{x})\dot{x}+g(x)=0 \tag{68.9}$$

---

1) Einen rasch zur Sache kommenden Beweis findet man in Knobloch-Kappel (1974).

2) Note sur la génération des oscillations entretenues. Ann. des Postes, Télégr. et Téléph. **14** (1925) 1196-1207. - *L, R, C* bedeuten Induktivität, Widerstand und Kapazität.

3) Sur les oscillations de relaxation. The Phil. Magazine (7) **2** (1926) 978-992.

4) Etudes des oscillations entretenues. Révue génér. de l'Eléctr. **23** (1928) 901-902; 946-954.

sind in Reissig-Sansone-Conti (1963) auf den Seiten 102–197 zusammengetragen. Notgedrungen begnügen wir uns hier mit einem einzigen Satz über die verallgemeinerte Liénardsche Gleichung; er ist auf die besonders wichtige van der Polsche Gleichung zugeschnitten. Ein Beweis findet sich in Lefschetz (1963), S. 267ff.

68.3 Satz *Die Funktionen $f(x)$ und $g(x)$ in der verallgemeinerten Liénardschen Gleichung* (68.8) *mögen die folgenden Bedingungen erfüllen:*

a) *$f(x)$ und $g(x)$ sind auf $\mathbf{R}$ stetig differenzierbar;*

b) *$f(x)$ ist eine gerade, $g(x)$ eine ungerade Funktion;*

c) *$f(0)<0$, $g(x)>0$ für alle $x>0$;*

d) *zu der Funktion*

$$F(x) := \int_0^x f(s)\,ds \qquad (x \in \mathbf{R})$$

gibt es ein $a>0$, so daß folgendes gilt:

$$F(x)<0 \;\text{ für }\; 0<x<a, \qquad F(a)=0, \quad F(x)>0 \;\text{ für }\; x>a,$$
$$F(x) \text{ ist auf } [a, \infty) \text{ monoton wachsend};$$

e) $F(x) \to \infty$ für $x \to \infty$.

Dann besitzt die Gleichung (68.8), *d.h., das zugehörige System*

$$\dot{x} = y, \quad \dot{y} = -f(x)y - g(x),$$

genau einen Zyklus. Er läuft um (0, 0), *und jede andere (nichtdegenerierte) Trajektorie schmiegt sich ihm für $t \to \infty$ spiralförmig an.*

Wer tiefer in die Stabilitätstheorie und ihre vielfältigen Anwendungen eindringen möchte, wird neben den oben schon erwähnten Büchern von Reissig-Sansone-Conti und Lefschetz mit Gewinn zu den folgenden Werken greifen: Amann (1983), Bellman (1953), Cesari (1963), Hahn (1967), Knobloch-Kappel (1974), Stoker (1950).

69 Anwendungen

Ausbreitungsdynamik ansteckender Krankheiten Schon in A 1.9 hatten wir mit kärglichen Mitteln den Verlauf einer „Grippeepidemie" analysiert, bescheidener gesagt: wir hatten in einen Prozeß hineingeblickt, der den dort formulierten Voraussetzungen (a) bis (d) genügte. Das Ergebnis war ein logistisches Modell. Völlig zufrieden konnten wir mit ihm jedoch nicht sein.

Inzwischen sind wir klüger geworden – und mit besserer Mathematik können wir bessere Modelle studieren. Zur frühzeitigen Ernüchterung sollten wir uns freilich zunächst vor Augen halten, daß die Ausbreitungsdynamik einer ansteckenden Krankheit von vielen Faktoren abhängt, beispielsweise davon, ob ein Angesteckter sofort nach der Ansteckung oder erst nach einer gewissen „Latenzzeit" anstekken kann, ob die Ansteckbarkeit altersabhängig ist oder nicht, ob ein Genesener immun geworden ist oder nicht, ob die Ansteckung schon durch eine „Tröpfcheninfektion" oder erst durch Blutkontakt erfolgt usw. Ferner wird es einen Unterschied machen, ob die Geburtsrate die normale (nicht krankheitsbedingte) Todesrate beträchtlich übersteigt (wie in Entwicklungsländern) oder nur geringfügig über ihr liegt. Je nachdem, welche Faktoren man in Rechnung stellt und welche man beiseite schiebt, wird man verschiedene Ausbreitungsmodelle erhalten. Jedes hat Meriten, jedes Schwächen. Wir wollen uns mehrere Modelle näher ansehen. Doch zuerst noch einige Vorbemerkungen.

Die Epidemie breche zur Zeit $t_0=0$ in einer gewissen Population P mit N Mitgliedern aus. Zur Zeit t gebe es in P insgesamt

$x(t)$	Suszeptible (:= Mitglieder, die ansteckbar sind, ohne schon angesteckt zu sein),	(69.1)
$y(t)$	Infizierte,	
$z(t)$	Mitglieder, die aus jeweils näher zu spezifizierenden Gründen aus dem Ausbreitungsprozeß ausgeschieden sind (z. B. wegen Immunisierung oder Tod).	

Zur Abkürzung sei

$$x_0:=x(0), \quad y_0:=y(0) \quad \text{und} \quad z_0:=z(0).$$

Durchweg setzen wir *verschwindende Latenzzeit* voraus. Ferner nehmen wir an, die Geburtsrate stimme mit der normalen (nicht epidemiebedingten) Todesrate überein - sofern wir Geburten und „natürliche" Todesfälle überhaupt berücksichtigen. Wir setzen also

$$\mu := \text{Geburtsrate} = \text{normale Todesrate} > 0. \tag{69.2}$$

Dies läuft darauf hinaus, daß die Population P ständig ihre Anfangsgröße beibehält, sofern wir - nicht ohne Künstelei - auch die „Epidemietoten" noch als Mitglieder von P zählen. Unter dieser unbehaglichen Voraussetzung ist also dauernd

$$x(t)+y(t)+z(t)=x_0+y_0+z_0=N \tag{69.3}$$

und somit

$$\dot{x}(t)+\dot{y}(t)+\dot{z}(t)=0. \tag{69.4}$$

Suszeptible werden nur bei Kontakten mit Infizierten angesteckt, zur Zeit t gibt es insgesamt $x(t)y(t)$ theoretisch mögliche Kontakte, und wir nehmen generell an, daß in der Zeitspanne von t bis $t+\mathrm{d}t$ gerade

$$\alpha x(t)y(t)\,\mathrm{d}t \text{ Ansteckungen erfolgen } (\alpha>0 \text{ fest}). \tag{69.5}$$

Der Faktor α in diesem Proportionalitätsansatz heißt **Ansteckungsrate**.

Es folgen nun die angekündigten Modelle.

I) Wir sehen von Geburten und „natürlichen" Todesfällen ab und nehmen an, daß in der Zeitspanne von t bis $t+\mathrm{d}t$

$$\beta y(t)\,\mathrm{d}t \text{ Infizierte aus dem Prozeß ausscheiden } (\beta>0 \text{ fest}), \tag{69.6}$$

weil sie isoliert wurden, an der Krankheit gestorben oder nach überstandener Krankheit dauerhaft immun geworden sind. β kann man die **Beseitigungsrate** nennen. Wegen (69.5) und (69.6) ist

$$\mathrm{d}x = -\alpha xy\,\mathrm{d}t, \quad \mathrm{d}y = \alpha xy\,\mathrm{d}t - \beta y\,\mathrm{d}t, \quad \mathrm{d}z = \beta y\,\mathrm{d}t,$$

die Funktionen $x(t)$, $y(t)$, $z(t)$ genügen also dem Differentialgleichungssystem

$$\dot{x} = -\alpha xy, \quad \dot{y} = \alpha xy - \beta y, \quad \dot{z} = \beta y. \tag{69.7}$$

Die „Erhaltungsforderung" (69.4) ist offenbar erfüllt.

Da z in den beiden ersten Gleichungen von (69.7) gar nicht auftritt, dürfen wir das Teilsystem

$$\dot{x} = -\alpha xy, \quad \dot{y} = \alpha xy - \beta y \tag{69.8}$$

für sich betrachten. Dessen Trajektorien in dem allein interessierenden rechten oberen Quadranten ergeben sich nach (65.7) als Integralkurven der Differentialgleichung

$$\frac{\mathrm{d}y}{\mathrm{d}x} = \frac{\alpha xy - \beta y}{-\alpha xy} = -1 + \frac{\sigma}{x} \qquad \left(\sigma := \frac{\beta}{\alpha}\right),$$

sind also, da $y(x_0) = y_0$ sein muß, die Kurven

$$y(x) = x_0 + y_0 - x + \sigma \ln \frac{x}{x_0}. \tag{69.9}$$

Eine elementare Diskussion lehrt, daß ein solches $y(x)$ das in Fig. 69.1 gezeichnete Schaubild mit einer Maximalstelle in $x=\sigma$ und einer Nullstelle $x_1 \in (0, \sigma)$ besitzt. Die angedeutete Orientierung ergibt sich daraus, daß $\dot{x}<0$ ist, die „Epidemietrajektorie" also in Richtung abnehmender x-Werte durchlaufen werden muß.

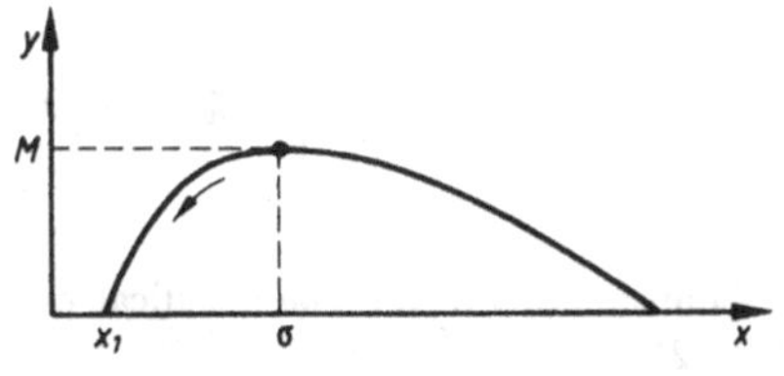

Fig. 69.1

Der Figur 69.1 können wir mit einem einzigen Blick folgendes entnehmen:

a) Ist $x_0 \leqslant \sigma$, so strebt im Fortgang der Zeit $x(t) \searrow x_1$ und $y(t) \searrow 0$.

b) Ist $x_0 > \sigma$, so strebt zwar wieder $x(t) \searrow x_1$, aber $y(t)$ *steigt* zunächst bis zum Maximalwert M (über σ liegend) an und *fällt erst dann* auf 0 herunter.

Epidemiologisch bedeutet dies: Ist bei Ausbruch der Krankheit die Zahl x_0 der Suszeptiblen $\leqslant \sigma$, so wird die Krankheit rasch verschwinden, ist jedoch $x_0 > \sigma$, so wird sie sich zu einer Epidemie auswachsen - und diese wird mit ständig steigender Kraft so lange wüten, bis sie sich selbst „ausgebrannt" hat, d.h., bis sie den Rest der Suszeptiblen auf σ heruntergedrückt hat: erst dann wird sie abklingen. Der „Schwellenwert" $\sigma = \beta/\alpha$ ist hier also die alles bestimmende Zahl: je größer σ, um so geringer die Epidemiegefahr. Ein effizienter Gesundheitsdienst kann σ beispielsweise durch rasche und umfassende Isolierung der Infizierten drastisch - und lebensrettend - erhöhen.

Ferner: Ein Teil der Population wird *nicht* von der Krankheit befallen werden, denn beim Erlöschen der Epidemie sind noch $x_1 > 0$ Suszeptible vorhanden.

Alle diese Aussagen stimmen qualitativ mit der tristen Seuchenerfahrung der Menschheit überein. Durch Untersuchungen einer Pest in Bombay haben W. O. Kermack und A. G. McKendrick das Modell (69.7) aber auch quantitativ bestätigen können.[1]

II) *Masernepidemien* wiederholen sich häufig in regelmäßigen Abständen. Dieses Phänomen wird durch das Modell (69.7) jedoch nicht erfaßt. H. E. Soper[2] verfeinerte es deshalb zu

$$\dot{x} = -\alpha x y + \mu N, \quad \dot{y} = \alpha x y - \beta y, \quad \dot{z} = \beta y - \mu N; \tag{69.10}$$

hier werden Geburten und Todesfälle in Rechnung gestellt, freilich unter der dubiosen Voraussetzung (69.2) (in der ersten Gleichung fungiert μ als *Geburts*rate, in der dritten als *Todes*rate). Die Forderung (69.4) ist erfüllt. Und wieder genügt es, das Teilsystem

$$\dot{x} = -\alpha x y + \mu N, \quad \dot{y} = \alpha x y - \beta y \tag{69.11}$$

zu studieren. Es besitzt den einen Gleichgewichtspunkt $(\xi, \eta) = (\beta/\alpha, \mu N/\beta)$. Vermöge der Translation $u := x - \xi$, $v := y - \eta$ werfen wir ihn in den Nullpunkt; (69.11) geht dann über in das fastlineare System

$$\dot{u} = -\alpha\eta u - \alpha\xi v - \alpha u v, \quad \dot{v} = \alpha\eta u + \alpha u v. \tag{69.12}$$

Da $\begin{vmatrix} -\alpha\eta - \lambda & -\alpha\xi \\ \alpha\eta & -\lambda \end{vmatrix} = \lambda^2 + \alpha\eta\lambda + \alpha^2\xi\eta$ die Nullstellen

[1] Contributions to the mathematical theory of epidemics. Proc. Roy. Stat. Soc. A **115** (1927) 700-721.

[2] Interpretation of periodicity in disease prevalence. J. Roy. Stat. Soc. **92** (1929) 34-73.

$$\lambda_{1,2}=\frac{-\alpha\eta\pm\sqrt{(\alpha\eta)^2-4\alpha^2\xi\eta}}{2} \tag{69.13}$$

mit negativen Realteilen besitzt, entnehmen wir der Tabelle 67.1, daß der Gleichgewichtspunkt (0, 0) *asymptotisch stabil* ist. Die Masernepidemie wird also - evtl. von Zeit zu Zeit mit abnehmender Heftigkeit aufflammend - schließlich in einen stationären Zustand einmünden, der durch $x(t)\equiv\xi$, $y(t)\equiv\eta$ beschrieben wird. Um Näheres zu erfahren, ersetzen wir das System (69.12) für kleine u, v durch seine Linearisierung

$$\dot{u}=-\alpha\eta u-\alpha\xi v, \quad \dot{v}=\alpha\eta u. \tag{69.14}$$

Die hier vor allem interessierende Funktion v ergibt sich zu

$$v(t)=C_1\,e^{\lambda_1 t}+C_2\,e^{\lambda_2 t} \quad \text{mit } \lambda_{1,2} \text{ aus (69.13)}.$$

Im Falle

$$(\alpha\eta)^2>4\alpha^2\xi\eta \qquad (\text{d.h. } \alpha\mu N>4\beta^2) \tag{69.15}$$

ist $\lambda_{1,2}<0$, und $v(t)$ nimmt infolgedessen für $t\to\infty$ *exponentiell gegen* 0 *ab*. Im Falle

$$(\alpha\eta)^2<4\alpha^2\xi\eta \qquad (\text{d.h. } \alpha\mu N<4\beta^2) \tag{69.16}$$

haben wir hingegen

$$v(t)=e^{-\varrho t}(A\cos\omega t+B\sin\omega t) \tag{69.17}$$

mit $$\varrho:=\frac{\alpha\eta}{2}>0, \quad \omega:=\frac{1}{2}\sqrt{4\alpha^2\xi\eta-(\alpha\eta)^2}>0; \tag{69.18}$$

$v(t)$ *oszilliert* also exponentiell *abklingend*, und zwar mit Ausschlägen im Abstand

$$\frac{2\pi}{\omega}=\frac{4\pi}{\sqrt{4\alpha^2\xi\eta-(\alpha\eta)^2}}. \tag{69.19}$$

Der noch verbleibende Fall $(\alpha\eta)^2=4\alpha^2\xi\eta$ ist für die Praxis belanglos. Konklusion: Das Soper-Modell (69.10) trägt dem periodischen Aufflammen der Masern *nicht* ausreichend Rechnung.

Eine *echte* Periodizität erhalten wir, wenn wir (69.10) abändern zu dem System

$$\dot{x}=-\alpha xy+\mu x, \quad \dot{y}=\alpha xy-\beta y, \quad \dot{z}=\beta y-\mu x, \tag{69.20}$$

das wieder (69.4) genügt und dessen Interpretation dem Leser nicht schwerfallen wird. Das entscheidende Teilsystem

$$\dot{x}=-\alpha xy+\mu x, \quad \dot{y}=\alpha xy-\beta y \tag{69.21}$$

ist vom Lotka-Volterraschen Typ; man hat in (64.1) nur x mit y zu vertauschen. Die epidemiologisch allein interessierenden Trajektorien von (69.21) sind nach

Nr. 64 geschlossene Kurven um den Gleichgewichtspunkt $(\beta/\alpha, \mu/\alpha)$. Die Masern dieses Modells flammen also in regelmäßigen Abständen mit *gleichbleibender* Heftigkeit immer wieder auf.

Da einem bei diesem Gedanken aber auch nicht ganz wohl ist, hat man eine *Kombination* der Ansätze (69.10) und (69.20) versucht.[1] Mit

$$\gamma := \text{Gesundungsrate} = \text{Immunisierungsrate } (>0)$$

sieht dieses verallgemeinerte Soper-Modell so aus:

$$\dot{x} = -\alpha xy + \mu N - \mu x, \quad \dot{y} = \alpha xy - \gamma y - \mu y, \quad \dot{z} = \gamma y - \mu z. \tag{69.22}$$

Wieder ist das fastlineare Teilsystem der beiden ersten Gleichungen

$$\dot{x} = -\alpha xy + \mu N - \mu x, \quad \dot{y} = \alpha xy - \gamma y - \mu y \tag{69.23}$$

allein entscheidend. Es hat die Gleichgewichtspunkte $(N, 0)$ und (ξ, η) mit

$$\xi := \frac{\gamma+\mu}{\alpha}, \quad \eta := \frac{\mu}{\gamma+\mu} N - \frac{\mu}{\alpha} = \frac{\mu}{(\gamma+\mu)}(N-\xi), \tag{69.24}$$

wobei der Natur der Sache nach $\eta > 0$ sein wird. Wir konzentrieren uns auf den epidemiologisch interessanten *zweiten* Gleichgewichtspunkt. Die Transformation $u := x - \xi$, $v := y - \eta$ führt (69.23) über in das fastlineare System

$$\dot{u} = -(\alpha\eta + \mu)u - \alpha\xi v - \alpha uv, \quad \dot{v} = \alpha\eta u + \alpha uv \tag{69.25}$$

mit dem Gleichgewichtspunkt (0, 0). Es unterscheidet sich *äußerlich* von dem einfachen Soper-System (69.12) nur durch den Koeffizienten von u in der jeweils ersten Gleichung (bei veränderten Werten von ξ und η). Den Fällen (69.15) und (69.16) entsprechen jetzt die Fälle

$$(\alpha\eta + \mu)^2 > 4\alpha^2\xi\eta \quad \text{bzw.} \quad (\alpha\eta + \mu)^2 < 4\alpha^2\xi\eta\,;$$

im ersten nimmt $v(t)$ im Laufe der Zeit *exponentiell gegen* 0 *ab*, im zweiten *oszilliert* $v(t)$ *mit exponentiell gedämpften Ausschlägen* im Abstand

$$\frac{4\pi}{\sqrt{4\alpha^2\xi\eta - (\alpha\eta + \mu)^2}} \quad (\text{vgl. (69.19)}).$$

Auch das verallgemeinerte Soper-Modell kann also nicht voll befriedigen: die Masern scheinen mathematisch weniger traktabel zu sein als medizinisch. Man hat deshalb *stochastische* Modelle entworfen; hierfür aber verweisen wir auf Hallam-Levin (1986), S. 427f.

Abschließend heben wir noch einige weitere Mängel der Soper-Modelle hervor: weder tragen sie einer masernbedingten Mortalität noch der bei Kinderkrankheiten so wichtigen *alters*bedingten Variabilität der Ansteckbarkeit Rechnung – von der Voraussetzung (69.2) gar nicht zu reden, die

---

[1] Hallam-Levin (1986), S. 425ff.

in Ländern mit hohen Geburtenüberschüssen sehr problematisch ist. Ein Modell, das diese Faktoren einstellt, hat 1985 A. McLean vorgeschlagen.[1]

Wie kompliziert im übrigen diese Dinge werden können, zeigt ein AIDS-Modell von K. Dietz und K.-P. Hadeler: es besteht aus nicht weniger als *acht* Differentialgleichungen.[2]

Eine gründliche Darstellung der mathematischen Seuchentheorie gibt Bailey (1975). S. auch den Beitrag *Population Biology of Microparasitic Infections* von R. M. May (mit zahlreichen Literaturangaben) in Hallam-Levin (1986). Auch die Immunologie hat inzwischen eine mathematische Seite bekommen; s. etwa Marchuk (1983).

Organregeneration Ein (menschliches oder tierisches) Organ hat eine gewisse Arbeit für den Körper zu leisten: das besorgen seine *Arbeitszellen*. Es muß sich aber auch ständig regenerieren: das obliegt seinen *Regenerationszellen*. Sei

$$\left.\begin{array}{l} x(t) := \text{Anzahl der Regenerationszellen} \\ y(t) := \text{Anzahl der Arbeitszellen} \end{array}\right\} \text{ zur Zeit } t \geqslant 0.$$

In der Zeitspanne von t bis $t+\mathrm{d}t$ teilen sich $\lambda x(t)\mathrm{d}t$ Regenerationszellen in je zwei Zellen $(0<\lambda<1)$; von den so entstehenden $2\lambda x(t)\mathrm{d}t$ neuen Zellen werden $\alpha\cdot 2\lambda x(t)\mathrm{d}t$ zu Arbeitszellen, die restlichen $(1-\alpha)\cdot 2\lambda x(t)\mathrm{d}t$ zu Regenerationszellen $(0<\alpha<1)$. Im gleichen Zeitraum sterben $\mu y(t)\mathrm{d}t$ Arbeitszellen ab $(0<\mu<1)$. Es ergibt sich so die Änderungsbilanz

$$\begin{aligned} \mathrm{d}x &= -\lambda x(t)\mathrm{d}t + (1-\alpha)\cdot 2\lambda x(t)\mathrm{d}t = \lambda(1-2\alpha)x(t)\mathrm{d}t, \\ \mathrm{d}y &= \alpha\cdot 2\lambda x(t)\mathrm{d}t - \mu y(t)\mathrm{d}t \end{aligned}$$

und aus ihr das System der Differentialgleichungen

$$\frac{\mathrm{d}x}{\mathrm{d}t} = (1-2\alpha)\lambda x, \quad \frac{\mathrm{d}y}{\mathrm{d}t} = 2\alpha\lambda x - \mu y. \tag{69.26}$$

Von enormer biologischer Bedeutung ist nun, daß α und λ *nicht* konstant sind. Wird nämlich das Organ beschädigt - und damit die Zahl seiner Zellen vermindert -, so obliegt ihm als vordringlichste Aufgabe, sich selbst wiederherzustellen. Ein sinnreicher Mechanismus sorgt in diesem Falle dafür, daß *mehr* Regenerationszellen als sonst sich teilen und von den neuen Zellen ein *größerer* Teil als gewöhnlich wieder zu Regenerationszellen wird, mit anderen Worten: *bei abnehmender Zellenzahl wird λ größer und α kleiner.* Die Gesamtzellenzahl dürfen wir angenähert durch die Zahl y der Arbeitszellen wiedergeben, weil diese die Regenerationszellen weit überwiegen. Wir werden so dazu geführt, das System (69.26) sorgfältiger als bisher wie folgt zu schreiben:

---

[1] Dynamics of Childhood Infections in High Birthrate Countries. Erschienen in Immunology and Epidemiology, Lecture Notes in Biomathematics (65), ed. by G. W. Hoffmann and T. Hraba. Berlin-Heidelberg-New York-Tokyo 1986.

[2] Vortrag von K.-P. Hadeler auf der Tagung der Deutschen Mathematiker-Vereinigung 1987 in Berlin.

$$\left.\begin{array}{l}\dfrac{dx}{dt}=[1-2\alpha(y)]\lambda(y)x, \quad \dfrac{dy}{dt}=2\alpha(y)\lambda(y)x-\mu y\\ \text{mit einer } \textit{streng zunehmenden} \text{ Funktion } \alpha(y) \text{ und}\\ \text{einer } \textit{streng abnehmenden} \text{ Funktion } \lambda(y).^{1)}\end{array}\right\} \tag{69.27}$$

Allein aus *mathematischen* Gründen nehmen wir außerdem noch an, α und λ seien stetig differenzierbar.

Es ergibt sich sofort, daß (69.27) einen einzigen Gleichgewichtspunkt $\neq(0,0)$ besitzt; seine Koordinaten x_0, y_0 bestimmen sich sukzessiv aus den Gleichungen

$$\alpha(y_0)=\frac{1}{2}, \quad x_0=\frac{\mu y_0}{\lambda(y_0)}. \tag{69.28}$$

Vermöge der Transformation $u:=x-x_0$, $v:=y-y_0$ und den Darstellungen

$$\begin{array}{l}\alpha(y_0+v)=\dfrac{1}{2}+\alpha'(y_0)v+r_1(v)\\ \lambda(y_0+v)=\mu\dfrac{y_0}{x_0}+\lambda'(y_0)v+r_2(v)\end{array} \quad \text{mit} \quad \lim_{v\to 0}\frac{r_1(v)}{v}=\lim_{v\to 0}\frac{r_2(v)}{v}=0 \tag{69.29}$$

(der Strich bedeutet die Differentiation nach y) geht (69.27) über in das folgende fastlineare System mit dem Gleichgewichtspunkt (0, 0):

$$\begin{aligned}\dot u&=[-2\alpha'(y_0)v-2r_1(v)]\left[\mu\frac{y_0}{x_0}+\lambda'(y_0)v+r_2(v)\right](u+x_0)\\ \dot v&=[1+2\alpha'(y_0)v+2r_1(v)]\left[\mu\frac{y_0}{x_0}+\lambda'(y_0)v+r_2(v)\right](u+x_0)-\mu\cdot(v+y_0).\end{aligned}$$

Mit den positiven Zahlen

$$a:=\alpha'(y_0)y_0, \quad b:=-\lambda'(y_0)y_0 \quad \text{und} \quad p:=\frac{y_0}{x_0} \tag{69.30}$$

sieht das zugehörige lineare System folgendermaßen aus:

$$\dot u=-2a\mu v, \quad \dot v=p\mu u-\left[\frac{b}{p}+(1-2a)\mu\right]v. \tag{69.31}$$

Wegen $2ap\mu^2>0$ können wir nun der Tabelle 67.1 ohne weiteres die folgenden Stabilitätsaussagen entnehmen: Der Gleichgewichtspunkt (0, 0) des Systems

---

1) Daß wir α und λ *allein von y* abhängen lassen, ist auch biologisch sinnvoll, denn der Körper bemerkt Vorkommen und Ausmaß einer Organbeschädigung an einer Verminderung der Organleistung, und diese hängt allein mit der Verminderung der Zahl der Arbeitszellen zusammen. Mit einer Änderung von α und λ reagiert der Körper also auf eine Änderung von y.

(69.31) - und damit auch der Gleichgewichtspunkt (x_0, y_0) des Ausgangssystems (69.27) - ist

$$\begin{array}{ll}\text{asymptotisch stabil,} & \\ \text{instabil,} & \end{array} \quad \text{wenn} \quad \frac{b}{p} + (1-2a)\mu \quad \begin{array}{l} >0 \\ <0 \end{array}$$

ausfällt; um die noch verbleibende Möglichkeit $\frac{b}{p} + (1-2a)\mu = 0$ brauchen wir uns nicht zu kümmern: sie ist unter biologischen Gesichtspunkten uninteressant (die Gleichheitsforderung ist viel zu scharf, als daß sie *in praxi* realisiert werden könnte). Wenn wir die Abkürzungen a, b, p wieder über Bord werfen, können wir also asymptotische Stabilität solange garantieren, wie die Änderungsrate $\alpha'(y_0)$ durch die Änderungsrate $\lambda'(y_0)$ folgendermaßen eingeengt wird:

$$0 < \alpha'(y_0) < \frac{\mu + |\lambda'(y_0)| x_0}{2\mu y_0}. \tag{69.32}$$

Unter dieser Bedingung - und im wesentlichen auch *nur* unter ihr - kehren die Regenerations- und Arbeitszellen nach einer leichten Beschädigung des Organs wieder zu ihrer stationären Verteilung $x(t) \equiv x_0$, $y(t) \equiv y_0$ zurück.

Das Lotka-Volterrasche Wettbewerbsmodell Es beschreibt den Wettbewerb zweier Populationen um beschränkte Ressourcen. Ausgehend von der logistischen Differentialgleichung hatten wir es schon in Nr. 59 entwickelt (s. (59.3)); wir schreiben es jetzt in der Form

$$\begin{aligned} \dot{x} &= x(\alpha_1 - \beta_1 x - \gamma_1 y) \\ \dot{y} &= y(\alpha_2 - \beta_2 y - \gamma_2 x) \end{aligned} \quad \text{mit positiven Konstanten } \alpha_k, \beta_k, \gamma_k. \tag{69.33}$$

$x(t)$, $y(t)$ sind die Populationsbestände zur Zeit $t \geqslant 0$; bei der folgenden Diskussion dürfen wir uns also auf den Quadranten $x, y \geqslant 0$ beschränken. Ferner dürfen wir, ohne die Anwendbarkeit unserer Resultate zu beeinträchtigen,

$$\beta_1\beta_2 - \gamma_1\gamma_2 \neq 0 \tag{69.34}$$

voraussetzen.

Das System (69.33) hat neben den drei Gleichgewichtspunkten $(0, 0)$, $(0, \alpha_2/\beta_2)$, $(\alpha_1/\beta_1, 0)$ noch einen vierten (und keinen weiteren); seine Koordinaten $\xi > 0$, $\eta > 0$ genügen den Gleichungen

$$\alpha_1 - \beta_1\xi - \gamma_1\eta = 0, \quad \alpha_2 - \beta_2\eta - \gamma_2\xi = 0 \tag{69.35}$$

und sind hierdurch eindeutig bestimmt. Die drei ersten Gleichgewichtspunkte beschreiben Zustände, in denen mindestens eine der Populationen durch den Wettbewerb ausgelöscht worden ist. Wir wollen uns hier nur mit dem vierten befassen und die Frage aufwerfen, ob er stabil oder instabil ist, d.h., *ob eine dauerhafte Koexistenz der beiden Populationen möglich ist oder nicht.*

Zunächst eine intuitive Vorbemerkung. β_1 gibt an, wie stark die Entwicklung der ersten Population durch ihr *eigenes* Wachstum behindert wird, γ_1 hingegen, wie stark die *zweite Population die Entfaltung der ersten hemmt*; ganz entsprechend sind β_2, γ_2 zu deuten. Die Ungleichung $\beta_1\beta_2 > \gamma_1\gamma_2$ besagt dann etwa, daß die beiden Populationen stärker durch sich selbst als durch ihren Wettbewerb beeinträchtigt werden. In diesem Falle wird wohl Koexistenz möglich und (ξ, η) stabil sein. Im Falle $\beta_1\beta_2 < \gamma_1\gamma_2$, also bei vergleichsweise hohem Wettbewerbsdruck, wird man hingegen der Koexistenz keine Chance geben und für (ξ, η) Instabilität erwarten. Genau so ist es, und der Beweis ist rasch erbracht.

In gewohnter Weise verlegen wir (ξ, η) durch die Transformation $u := x - \xi$, $v := y - \eta$ in den Nullpunkt; (69.33) geht hierbei dank (69.35) über in

$$\dot{u} = (u+\xi)(-\beta_1 u - \gamma_1 v), \quad \dot{v} = (v+\eta)(-\beta_2 v - \gamma_2 u).$$

Das korrespondierende lineare System ist

$$\dot{u} = -\beta_1 \xi u - \gamma_1 \xi v, \quad \dot{v} = -\gamma_2 \eta u - \beta_2 \eta v.$$

Und nun lehrt Tab. 67.1, daß im Falle $\beta_1\beta_2 > \gamma_1\gamma_2$ der Gleichgewichtspunkt (ξ, η) tatsächlich stabil, ja sogar *asymptotisch stabil*, im Falle $\beta_1\beta_2 < \gamma_1\gamma_2$ hingegen *instabil* ist: ganz so, wie wir erwartet hatten. Umfangreiches empirisches Material zum Lotka-Volterraschen Wettbewerbsmodell findet man in Hutchinson (1978), S. 117 ff. Vgl. auch den Übersichtsartikel von Claudia Neuhauser *Mathematical Challenges in Spatial Ecology*, Notices of the AMS vol. 48, number 11, p. 1304-1314.

Wettrüstungsmodelle Das Wettrüsten zweier Nationen A und B hat man durch verschiedene Modelle abzubilden versucht. Allen muß man mit großer Reserve begegnen: ihre Differentialgleichungen täuschen einen Determinismus vor, der im politischen Raum schwerlich zu finden ist. Im folgenden bedeuten x bzw. y durchweg die zeitlich veränderlichen Rüstungsausgaben von A bzw. B.

I) Das Richardsonsche Modell[1]. Es geht von den folgenden Annahmen aus: Eine Nation tendiert dazu, ihre Rüstungsausgaben der hohen Kosten wegen zu vermindern, sie aber bei steigenden Rüstungsausgaben des potentiellen Gegners und bei ständigen Bedrohungen durch ihn zu erhöhen. Nicht ohne Mut zur Vereinfachung setzt Richardson deshalb

$$\begin{aligned} \dot{x} &= -a_{11}x + a_{12}y + \beta_1 \\ \dot{y} &= a_{21}x - a_{22}y + \beta_2 \end{aligned} \qquad (a_{jk}, \beta_k > 0 \text{ fest}); \tag{69.36}$$

β_k gibt die (konstante) Bedrohung durch die jeweils andere Seite wieder.

Wir dürfen im folgenden

$$\Delta := a_{11}a_{22} - a_{12}a_{21} \neq 0$$

[1] L. F. Richardson: Generalised foreign politics. British J. of Psychology, monograph supplement **23** (1939).

annehmen, und dann hat (69.36) genau einen Gleichgewichtspunkt; seine Koordinaten sind

$$x_0=\frac{a_{12}\beta_2+a_{22}\beta_1}{\Delta},\quad y_0=\frac{a_{11}\beta_2+a_{21}\beta_1}{\Delta}.$$

Im Falle $\Delta<0$ sind sie negativ, und das heißt, daß es *keinen* Gleichgewichtspunkt im „Ausgabenquadranten" Q $(x, y\geqslant 0)$, also *kein* Einfrieren der Rüstung geben kann. Im Falle $\Delta>0$ hingegen liegt (x_0, y_0) in Q. Um die Stabilitätsfrage zu klären, befördern wir (x_0, y_0) durch die Transformation $u:=x-x_0$, $v:=y-y_0$ in den Nullpunkt und erhalten so aus (69.36) das lineare System

$$\dot{u}=-a_{11}u+a_{12}v,\quad \dot{v}=a_{21}u-a_{22}v.$$

Ein Blick auf die Tabelle 67.1 läßt nun (x_0, y_0) als *asymptotisch stabilen* Gleichgewichtspunkt von (69.36) erkennen.

Grob anschaulich bedeutet $\Delta<0$, also $a_{11}a_{22}<a_{12}a_{21}$, daß Kostengesichtspunkte eine geringere Rolle als das Bestreben spielen, rüstungsmäßig mit dem Gegner gleichen Schritt zu halten; $\Delta>0$ besagt umgekehrt, daß den Finanzierungsfragen ein besonders großes Gewicht zukommt. Aufgrund unserer Analyse können wir also leicht vergröbernd konstatieren, *daß Kostenbewußtheit der Stabilität des Rüstungsgleichgewichtes förderlich ist.*

II) Das Rapoportsche Modell[1] lautet so:

$$\begin{aligned}\dot{x}&=-a_{11}x+a_{12}y+a_{13}y^2\\ \dot{y}&=a_{21}x-a_{22}y+a_{23}x^2\end{aligned}\qquad (a_{jk}>0\text{ fest}). \tag{69.37}$$

Es unterstellt beiden Nationen mehr kriegerische Energie (oder Angst) als das Richardsonsche, denn es verkörpert, grob gesagt, die folgende Rüstungsstrategie: A hält die Rate seiner Ausgaben proportional zu den Ausgaben y von B, solange diese ungefährlich klein bleiben, macht sie aber proportional zu y^2, wenn sie bedrohlich anwachsen - und B tut *tit for tat* das Entsprechende. Um evtl. vorhandene Gleichgewichtspunkte zu finden, muß man das System

$$\begin{aligned}-a_{11}x+a_{12}y+a_{13}y^2&=0\\ a_{21}x-a_{22}y+a_{23}x^2&=0\end{aligned} \tag{69.38}$$

auflösen. Aus der ersten Gleichung erhält man sofort

$$x=\frac{1}{a_{11}}(a_{12}y+a_{13}y^2); \tag{69.39}$$

trägt man dies in die zweite ein, so folgt nach kurzer Rechnung

[1] A. Rapoport: Flights, Games and Debates. Ann Arbor 1960.

$$\frac{y}{a_{11}^2}\,[a_{13}^2 a_{23} y^3 + 2a_{12}a_{13}a_{23}y^2 + (a_{12}^2 a_{23} + a_{11}a_{13}a_{21})y - a_{11}(a_{11}a_{22} - a_{12}a_{21})] = 0\,. \tag{69.40}$$

Eine Lösung dieser Gleichung ist $y=0$, wegen (69.39) muß dann auch $x=0$ sein, und tatsächlich ist $(0, 0)$ ein Gleichgewichtspunkt von (69.37) - was man natürlich auch unmittelbar hätte erkennen können. Als nächstes versuchen wir, Auskünfte über die allein noch interessierenden *positiven* Nullstellen des kubischen Polynoms in der eckigen Klammer von (69.40) zu erlangen. Wir bezeichnen es mit $P(y)$ und nehmen

$$\Delta := a_{11}a_{22} - a_{12}a_{21} \neq 0$$

an. Bei negativem Δ bleibt $P(y) > 0$ für alle $y > 0$; in diesem Falle ist also $(0, 0)$ der *einzige* Gleichgewichtspunkt von (69.37) in dem Ausgabenquadranten $x, y \geqslant 0$. Bei positivem Δ fällt $P(0) < 0$ aus, und da $\lim\limits_{y\to\infty} P(y) = \infty$ ist, muß $P(y)$ mindestens eine Nullstelle $\eta > 0$ besitzen. Eine andere aber gibt es in $[0, \infty)$ nicht, weil dort offensichtlich $P'(y) > 0$ ist. Wir setzen

$$\xi := \frac{1}{a_{11}}(a_{12}\eta + a_{13}\eta^2) \qquad \text{(s. (69.39))}$$

und können nun das folgende Resultat notieren: *Der Nullpunkt ist immer ein Gleichgewichtspunkt des Rapoportschen Systems* (69.37). *Im Falle $\Delta < 0$ ist er der einzige im Ausgabenquadranten, im Falle $\Delta > 0$ kommt dort allein noch (ξ, η) hinzu* $(\xi, \eta > 0)$.

Der Gleichgewichtspunkt $(0, 0)$ beschreibt den paradiesischen Zustand, in dem keine der beiden Nationen auch nur einen einzigen Heller für die Rüstung ausgibt. Tab. 67.1 lehrt, daß er im Falle $\Delta < 0$ leider *instabil*, im Falle $\Delta > 0$ hingegen *asymptotisch stabil* ist (die anschauliche Bedeutung dieser Vorzeichenalternative wurde schon bei Gelegenheit des Richardsonschen Modells auseinandergesetzt).

Im Falle $\Delta < 0$ ist, wie wir wissen, der (instabile) Gleichgewichtspunkt $(0, 0)$ der einzige im Ausgabenquadranten $x, y \geqslant 0$. Im Falle $\Delta > 0$ gibt es neben ihm - der nun aber stabil ist - noch den Gleichgewichtspunkt (ξ, η). Um dessen Stabilitätscharakter aufzudecken, werfen wir ihn mittels der Transformation $u := x - \xi$, $v := y - \eta$ in den Nullpunkt. Aus (69.37) wird dann

$$\begin{aligned} \dot u &= -a_{11}u + (a_{12} + 2a_{13}\eta)v + a_{13}v^2 \\ \dot v &= \ (a_{21} + 2a_{23}\xi)u - a_{22}v + a_{23}u^2\,; \end{aligned}$$

das zugehörige lineare System ist

$$\begin{aligned} \dot u &= -a_{11}u + (a_{12} + 2a_{13}\eta)v \\ \dot v &= \ (a_{21} + 2a_{23}\xi)u - a_{22}v\,. \end{aligned}$$

Wir setzen

$$D := a_{11} a_{22} - (a_{12} + 2a_{13}\eta)(a_{21} + 2a_{23}\xi)$$

und erkennen nun anhand von Tab. 67.1, daß (ξ, η) im Falle $D<0$ *instabil*, im Falle $D>0$ hingegen *asymptotisch stabil* ist. Die anschauliche Deutung dieser Ungleichungen wird nach allem schon Gesagten dem Leser nicht schwerfallen. Fazit: *Das Rapoportsche Modell erfordert ein stärker entwickeltes Kostenbewußtsein als das Richardsonsche, um das Rüstungsgleichgewicht (ξ, η) dauerhaft erhalten zu können.* In beiden Modellen ist die mentale Verfassung, die sich in der Ungleichung $a_{11}a_{22} < a_{12}a_{21}$ niederschlägt, unter Stabilitätsgesichtspunkten die eigentlich kritische.

Man muß allerdings noch anmerken, daß ein stabiles Rüstungsgleichgewicht (ξ, η) immer dann bei A Unbehagen erzeugen wird, wenn $\xi \ll \eta$ ist. Dies kann dazu führen, daß a_{11} verkleinert und der Gleichgewichtszustand zerstört wird.

Die van der Polsche Gleichung der Elektrotechnik lautet

$$\ddot{x} + \mu(x^2-1)\dot{x} + x = 0 \qquad (\mu > 0 \text{ konstant}); \tag{69.41}$$

das korrespondierende System ist

$$\dot{x} = y, \quad \dot{y} = -x - \mu(x^2-1)y. \tag{69.42}$$

Es hat den einen Gleichgewichtspunkt (0, 0), und dieser ist wegen $\mu>0$ *instabil* (s. Tab. 67.1).[1)]

Das van der Polsche System (69.42) kann jedoch eine *Stabilitätseigenschaft anderer Art* vorweisen. Aus Satz 68.3 folgt nämlich mühelos, daß es genau einen - um (0, 0) laufenden - Zyklus Z besitzt und daß jede andere (nichtdegenerierte) Trajektorie sich diesem für $t \to \infty$ spiralförmig anschmiegt. *Das stabile Element ist also diesmal der „Grenzzyklus" Z.* Insbesondere gestattet (69.41) immer eine (im wesentlichen eindeutig bestimmte) *periodische* Lösung.

Für kleine Werte von μ läßt sich (69.42) als „Störung" des Systems

$$\dot{x} = y, \quad \dot{y} = -x \tag{69.43}$$

auffassen. Die Trajektorien von (69.43) sind wegen $\frac{\mathrm{d}}{\mathrm{d}t}(x^2+y^2) = 2x\dot{x} + 2y\dot{y} = 0$ die Kreise $x^2+y^2=r^2$. Wir werden deshalb erwarten, daß der Grenzzyklus Z des *gestörten* Systems (69.42) bei *kleinem* μ zirkular gerät. Fig. 69.2 zeigt, daß dies tatsächlich der Fall ist: für $\mu = 0{,}1$ unterscheidet sich Z kaum von dem Kreis mit Radius 2 um den Nullpunkt. Mit wachsendem μ ändert sich die Situation jedoch dramatisch; die Figuren 69.3 ($\mu = 0{,}5$) und 69.4 ($\mu = 3$) belegen dies aufs augenfälligste.

Anknüpfend an die obige Störungsbetrachtung schildern wir nun ein Verfahren zur *näherungsweisen* Lösung der van der Polschen Gleichung, das unter dem Na-

---

1) Unter der physikalisch uninteressanten Voraussetzung $\mu<0$ hat man hingegen asymptotische Stabilität.

men **Methode der langsam veränderlichen Amplituden** in den Ingenieurwissenschaften viel benutzt wird.

(69.41) ist für kleines μ eine *Störung* der Gleichung $\ddot{x}+x=0$, und diese hat u.a. das Integral

$$x(t)=A\cos t \quad \text{mit einer freien Konstanten } A.$$

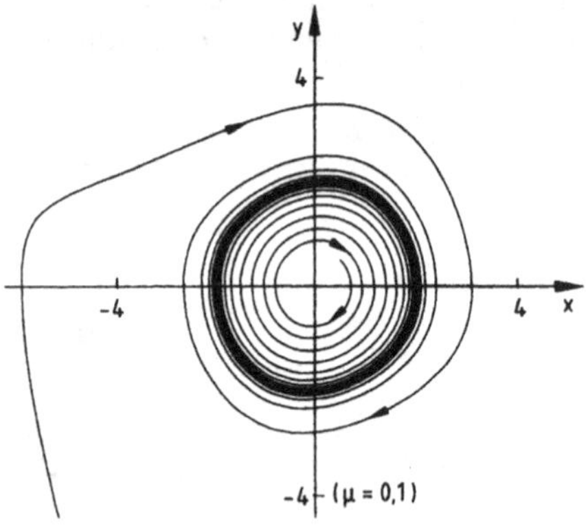

Fig. 69.2

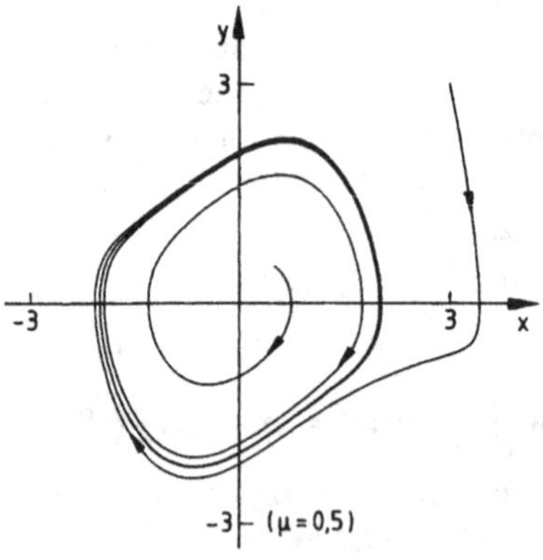

Fig. 69.3

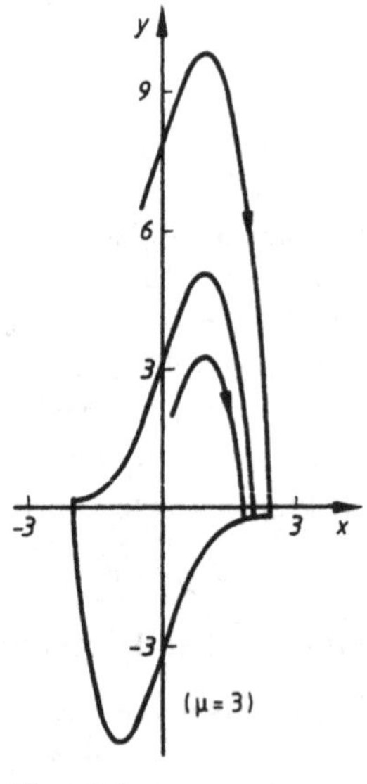

Fig. 69.4

Wir versuchen nun, eine Lösung von (69.41) durch „Variation der Konstanten", also durch den Schwingungsansatz

$$x(t):=A(t)\cos t \quad \text{mit } \textit{zeitabhängiger} \text{ Amplitude } A(t) \tag{69.44}$$

zu finden. Die Ableitungen von x sind

$$\dot{x}=\dot{A}\cos t-A\sin t, \quad \ddot{x}=\ddot{A}\cos t-2\dot{A}\sin t-A\cos t. \tag{69.45}$$

Bei *kleinem* μ wird man erwarten, daß $A(t)$ sich nur *langsam* mit t ändert, so daß $\dot{A} \ll A$ und $\ddot{A} \ll \dot{A}$, also

$$\dot{x} \approx -A \sin t, \quad \ddot{x} \approx -2\dot{A} \sin t - A \cos t \tag{69.46}$$

ist. Tragen wir für x den Ansatz (69.44) und für $\dot{x}, \ddot{x}$ die Ausdrücke (69.46) in (69.41) ein, so erhalten wir - jedenfalls näherungsweise -

$$-2\dot{A} \sin t - A \cos t + \mu(A^2 \cos^2 t - 1)(-A \sin t) + A \cos t = 0,$$

nach kurzer Umrechnung also

$$\left[-2\dot{A} + \mu A\left(1 - \frac{A^2}{4}\right)\right] \sin t - \frac{\mu A^3}{4} \sin 3t = 0. \text{ [1)]}$$

Indem wir hier die dritte Oberschwingung $-(\mu A^3 \sin 3t)/4$ unterdrücken und dann die eckige Klammer zu 0 machen, erhalten wir für $A(t)$ die Differentialgleichung

$$\dot{A} = \frac{\mu}{2} A\left(1 - \frac{A^2}{4}\right). \tag{69.47}$$

Man kann sie leicht durch Trennung der Veränderlichen lösen. Für uns ist jedoch der folgende Weg noch viel bequemer. Wir multiplizieren (69.47) mit $2A$ und erhalten so

$$\frac{\mathrm{d}}{\mathrm{d}t} A^2 = \mu A^2 \left(1 - \frac{A^2}{4}\right) \quad \text{oder also} \quad \dot{u} = \mu u - \frac{\mu}{4} u^2 \quad \text{mit } u := A^2.$$

Rechts steht die *logistische Differentialgleichung* (1.12) mit $\gamma := \mu$ und $\tau := \mu/4$. Nach (1.13) ist also

$$u(t) = \frac{4}{1 + \left(\frac{4}{u_0} - 1\right) \mathrm{e}^{-\mu t}}, \quad u_0 := u(0),$$

und somit *wird die Amplitude $A(t)$ in dem Ansatz* (69.44) *näherungsweise gegeben durch*

$$A(t) = \frac{2}{\sqrt{1 + \left(\frac{4}{A_0^2} - 1\right) \mathrm{e}^{-\mu t}}}, \quad A_0 := A(0). \tag{69.48}$$

Für $t \to \infty$ strebt $A(t) \to 2$, in schöner Übereinstimmung mit unserer empirischen Erkenntnis, daß bei kleinem μ der Grenzzyklus Z fast ein Kreis mit Radius 2 ist.

[1)] Man benutze hierbei die Identität $\sin^3 t = \frac{3}{4} \sin t - \frac{1}{4} \sin 3t$, die man leicht aus der bekannten Beziehung $\sin 3t = 3\cos^2 t \sin t - \sin^3 t$ gewinnt.

Fig. 69.5 zeigt eine Näherungstrajektorie $\{(A(t)\cos t, -A(t)\sin t) : t \geqslant 0\}$ im Falle $\mu = 0{,}1$. Der Leser versäume nicht, einen vergleichenden Blick auf Fig. 69.2 zu werfen.

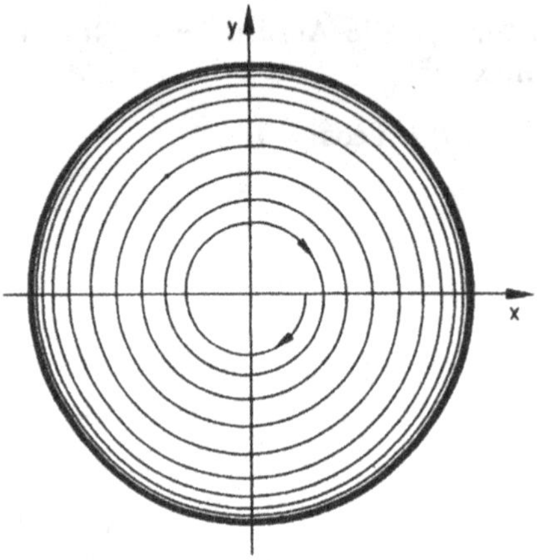

Fig. 69.5

Gleich zu Beginn dieses Buches, schon im Anfang der ersten Nummer, war uns die logistische Differentialgleichung in *biologischen* Zusammenhängen entgegengetreten: als Modell des Wachstums unter beengten Verhältnissen. Jetzt, am Ende der letzten Nummer, ist sie uns wieder begegnet: diesmal als Instrument der *Elektrotechnik*. Noch einmal erfahren wir so, was wir schon oft erleben konnten: *die übergreifende Kraft mathematischer Methoden*. Und damit mag es genug sein.

Der elektrotechnisch interessierte Leser sei verwiesen auf die Ausführungen über die van der Polsche Differentialgleichung im *Taschenbuch der Elektrotechnik*, hrsg. von Eugen Fhillipow, Berlin 1987, Band 2.

Anhang 1: Tabelle unbestimmter Integrale

Grundintegrale – wie etwa $\int x^n\,\mathrm{d}x$, $\int \mathrm{e}^x\,\mathrm{d}x$, $\int \sin x\,\mathrm{d}x$ usw. – sind *nicht* aufgenommen. Eine sehr viel umfangreichere Tabelle findet der Leser bei Gröbner-Hofreiter (1975).

1. $$\int \frac{\mathrm{d}x}{ax^2+bx+c} = \begin{cases} \dfrac{2}{\sqrt{4ac-b^2}} \arctan \dfrac{2ax+b}{\sqrt{4ac-b^2}}, & \text{falls } 4ac-b^2>0, \\ -\dfrac{2}{2ax+b}, & \text{falls } 4ac-b^2=0, \\ \dfrac{1}{\sqrt{b^2-4ac}} \ln \left| \dfrac{2ax+b-\sqrt{b^2-4ac}}{2ax+b+\sqrt{b^2-4ac}} \right|, & \text{falls } 4ac-b^2<0. \end{cases}$$

2. $$\int \frac{\mathrm{d}x}{1-x^2} = \begin{cases} \dfrac{1}{2} \ln \dfrac{1+x}{1-x} = \operatorname{Artanh} x & \text{für } x\in(-1,1), \\ \dfrac{1}{2} \ln \left| \dfrac{1+x}{1-x} \right| = \operatorname{Arcoth} x & \text{für } x\in(-\infty,-1) \text{ und } x\in(1,\infty). \end{cases}$$

3. $$\int \frac{Ax+B}{ax^2+bx+c}\,\mathrm{d}x = \frac{A}{2a} \ln|ax^2+bx+c| + \left(B - \frac{Ab}{2a}\right) \int \frac{\mathrm{d}x}{ax^2+bx+c}$$

4. $$\int \frac{\mathrm{d}x}{(ax^2+bx+c)^n} = \frac{1}{(n-1)(4ac-b^2)} \cdot \frac{2ax+b}{(ax^2+bx+c)^{n-1}} + \frac{2(2n-3)a}{(n-1)(4ac-b^2)} \int \frac{\mathrm{d}x}{(ax^2+bx+c)^{n-1}} \quad (n=2,3,4,\ldots;\ 4ac-b^2\neq 0).$$

5. $$\int \frac{Ax+B}{(ax^2+bx+c)^n}\,\mathrm{d}x = -\frac{A}{2(n-1)a} \cdot \frac{1}{(ax^2+bx+c)^{n-1}} + \left(B-\frac{Ab}{2a}\right) \int \frac{\mathrm{d}x}{(ax^2+bx+c)^n}$$
$(n=2,3,4,\ldots;$ s. nun Formel Nr. 4).

6. $$\int \sqrt{x^2\pm a^2}\,\mathrm{d}x = \frac{1}{2} x \sqrt{x^2\pm a^2} \pm \frac{1}{2} a^2 \ln|x+\sqrt{x^2\pm a^2}|$$

7. $$\int \sqrt{a^2-x^2}\,\mathrm{d}x = \frac{1}{2} x \sqrt{a^2-x^2} + \frac{1}{2} a^2 \arcsin \frac{x}{a} \quad (a>0)$$

8. $$\int \frac{\sqrt{x^2-a^2}}{x}\,\mathrm{d}x = \sqrt{x^2-a^2} + a \arcsin \frac{a}{|x|} \quad (a>0)$$

9. $$\int \frac{\sqrt{a^2\pm x^2}}{x}\,\mathrm{d}x = \sqrt{a^2\pm x^2} - a \ln \left| \frac{a+\sqrt{a^2\pm x^2}}{x} \right| \quad (a>0)$$

10. $\int \frac{dx}{\sqrt{x^2 \pm a^2}} = \ln|x + \sqrt{x^2 \pm a^2}|$

11. $\int \frac{x^m}{\sqrt{x^2 \pm a^2}} dx = \frac{x^{m-1}}{m} \sqrt{x^2 \pm a^2} \mp \frac{m-1}{m} a^2 \int \frac{x^{m-2}}{\sqrt{x^2 \pm a^2}} dx \quad (m = 1, 2, 3, \ldots)$

12. $\int \frac{dx}{\sqrt{a^2 - x^2}} = \arcsin \frac{x}{a} \quad (a > 0)$

13. $\int \frac{x^m}{\sqrt{a^2 - x^2}} dx = -\frac{x^{m-1}}{m} \sqrt{a^2 - x^2} + \frac{m-1}{m} a^2 \int \frac{x^{m-2}}{\sqrt{a^2 - x^2}} dx \quad (m = 1, 2, 3, \ldots)$

14. $\int x e^{ax} dx = \left(\frac{x}{a} - \frac{1}{a^2}\right) e^{ax}$

15. $\int x^2 e^{ax} dx = \left(\frac{x^2}{a} - \frac{2x}{a^2} + \frac{2}{a^3}\right) e^{ax}$

16. $\int x^n e^{ax} dx = \frac{1}{a} x^n e^{ax} - \frac{n}{a} \int x^{n-1} e^{ax} dx \quad (n = 1, 2, 3, \ldots)$

17. $\int \frac{dx}{a e^{\alpha x} + b} = -\frac{1}{\alpha b} \ln|a + b e^{-\alpha x}| \quad (\alpha b \neq 0)$

18. $\int \ln x \, dx = x \ln x - x$

19. $\int (\ln x)^n dx = x (\ln x)^n - n \int (\ln x)^{n-1} dx$

20. $\int x^n \ln x \, dx = \frac{x^{n+1}}{n+1} \left(\ln x - \frac{1}{n+1}\right) \quad (n \neq -1)$

21. $\int \frac{(\ln x)^n}{x} dx = \frac{(\ln x)^{n+1}}{n+1} \quad (n \neq -1)$

22. $\int \frac{dx}{x \ln x} = \ln(\ln x)$

23. $\int \frac{\ln x}{x^2} dx = -\frac{1 + \ln x}{x}$

24. $\int \cos \alpha x \cdot \cos \beta x \, dx = \frac{1}{2} \left[\frac{\sin(\alpha + \beta) x}{\alpha + \beta} + \frac{\sin(\alpha - \beta) x}{\alpha - \beta}\right] \quad (|\alpha| \neq |\beta|)$

25. $\int \cos^2 \alpha x \, dx = \frac{\sin(2\alpha x) + 2\alpha x}{4\alpha} \quad (\alpha \neq 0)$

26. $\int \cos^n \alpha x \, dx = \frac{1}{n\alpha} \cos^{n-1} \alpha x \cdot \sin \alpha x + \frac{n-1}{n} \int \cos^{n-2} \alpha x \, dx \quad (\alpha \neq 0;\ n = 2, 3, \ldots)$

27. $\int \sin\alpha x \cdot \sin\beta x \,\mathrm{d}x = -\frac{1}{2}\left[\frac{\sin(\alpha+\beta)x}{\alpha+\beta} - \frac{\sin(\alpha-\beta)x}{\alpha-\beta}\right] \quad (|\alpha| \neq |\beta|)$

28. $\int \sin^2\alpha x \,\mathrm{d}x = -\frac{\sin(2\alpha x) - 2\alpha x}{4\alpha} \quad (\alpha \neq 0)$

29. $\int \sin^n\alpha x \,\mathrm{d}x = -\frac{1}{n\alpha}\sin^{n-1}\alpha x \cdot \cos\alpha x + \frac{n-1}{n}\int \sin^{n-2}\alpha x \,\mathrm{d}x \quad (\alpha \neq 0;\ n = 2, 3, \ldots)$

30. $\int \sin\alpha x \cdot \cos\beta x \,\mathrm{d}x = -\frac{1}{2}\left[\frac{\cos(\alpha+\beta)x}{\alpha+\beta} + \frac{\cos(\alpha-\beta)x}{\alpha-\beta}\right] \quad (|\alpha| \neq |\beta|)$

31. $\int \sin\alpha x \cdot \cos\alpha x \,\mathrm{d}x = \frac{1}{2\alpha}\sin^2\alpha x \quad (\alpha \neq 0)$

32. $\int x\cos\alpha x \,\mathrm{d}x = x\frac{\sin\alpha x}{\alpha} + \frac{\cos\alpha x}{\alpha^2} \quad (\alpha \neq 0)$

33. $\int x^2\cos\alpha x \,\mathrm{d}x = \left(\frac{x^2}{\alpha} - \frac{2}{\alpha^3}\right)\sin\alpha x + \frac{2}{\alpha^2}x\cos\alpha x \quad (\alpha \neq 0)$

34. $\int x^n\cos\alpha x \,\mathrm{d}x = \frac{x^n}{\alpha}\sin\alpha x - \frac{n}{\alpha}\int x^{n-1}\sin\alpha x \,\mathrm{d}x \quad (\alpha \neq 0)$

35. $\int x\sin\alpha x \,\mathrm{d}x = -x\frac{\cos\alpha x}{\alpha} + \frac{\sin\alpha x}{\alpha^2} \quad (\alpha \neq 0)$

36. $\int x^2\sin\alpha x \,\mathrm{d}x = \left(-\frac{x^2}{\alpha} + \frac{2}{\alpha^3}\right)\cos\alpha x + \frac{2}{\alpha^2}x\sin\alpha x \quad (\alpha \neq 0)$

37. $\int x^n\sin\alpha x \,\mathrm{d}x = -\frac{x^n}{\alpha}\cos\alpha x + \frac{n}{\alpha}\int x^{n-1}\cos\alpha x \,\mathrm{d}x \quad (\alpha \neq 0)$

38. $\int \frac{\mathrm{d}x}{\sin x} = \ln\left|\tan\frac{x}{2}\right|$

39. $\int \frac{1}{\sin^2 x}\,\mathrm{d}x = -\cot x$

40. $\int \frac{\mathrm{d}x}{\sin^n x} = -\frac{1}{n-1}\cdot\frac{\cos x}{\sin^{n-1}x} + \frac{n-2}{n-1}\int \frac{\mathrm{d}x}{\sin^{n-2}x} \quad (n \neq 1)$

41. $\int \frac{\mathrm{d}x}{\cos x} = \ln\left|\frac{1+\tan(x/2)}{1-\tan(x/2)}\right|$

42. $\int \frac{\mathrm{d}x}{\cos^2 x} = \tan x$

43. $\int \frac{\mathrm{d}x}{\cos^n x} = \frac{1}{n-1}\cdot\frac{\sin x}{\cos^{n-1}x} + \frac{n-2}{n-1}\int \frac{\mathrm{d}x}{\cos^{n-2}x} \quad (n \neq 1)$

44. $\int \frac{\mathrm{d}x}{\sin x \cdot \cos x} = \ln|\tan x|$

45. $$\int \frac{dx}{a+b\sin x} = \begin{cases} \dfrac{1}{\sqrt{b^2-a^2}} \ln \left| \dfrac{a\tan\frac{x}{2}+b-\sqrt{b^2-a^2}}{a\tan\frac{x}{2}+b+\sqrt{b^2-a^2}} \right| & \text{für } a^2<b^2, \\ \dfrac{2}{\sqrt{a^2-b^2}} \arctan \dfrac{a\tan\frac{x}{2}+b}{\sqrt{a^2-b^2}} & \text{für } a^2>b^2. \end{cases}$$

46. $$\int \frac{dx}{a+b\cos x} = \begin{cases} \dfrac{1}{\sqrt{b^2-a^2}} \ln \left| \dfrac{b+a\cos x+\sqrt{b^2-a^2}\sin x}{a+b\cos x} \right| & \text{für } a^2<b^2, \\ \dfrac{2}{\sqrt{a^2-b^2}} \arctan \dfrac{\sqrt{a^2-b^2}\tan\frac{x}{2}}{a+b} & \text{für } a^2>b^2. \end{cases}$$

47. $$\int \tan x\,dx = -\ln|\cos x|$$

48. $$\int \tan^2 x\,dx = \tan x - x$$

49. $$\int \tan^n x\,dx = \frac{\tan^{n-1}x}{n-1} - \int \tan^{n-2}x\,dx \quad (n \neq 1)$$

50. $$\int x^p \tan x\,dx = \sum_{k=1}^{\infty} (-1)^{k+1} \frac{2^{2k}(2^{2k}-1)B_{2k}}{(2k+p)(2k)!} x^{2k+p} \quad \left(p \geqslant -1,\ |x| < \frac{\pi}{2}\right);$$

die B_k sind die Bernoullischen Zahlen (s. Heuser I, Nr. 71).

51. $$\int \cot x\,dx = \ln|\sin x|$$

52. $$\int \cot^2 x\,dx = -\cot x - x$$

53. $$\int \cot^n x\,dx = -\frac{\cot^{n-1}x}{n-1} - \int \cot^{n-2}x\,dx \quad (n \neq 1)$$

54. $$\int x^p \cot x\,dx = \sum_{k=0}^{\infty} (-1)^k \frac{2^{2k} B_{2k}}{(2k+p)(2k)!} x^{2k+p} \quad (p \geqslant 1,\ |x| < \pi);$$

die B_k sind die Bernoullischen Zahlen (s. Heuser I, Nr. 71).

55. $$\int \operatorname{arc}\begin{matrix}\sin\\ \cos\end{matrix} \frac{x}{a}\,dx = x \operatorname{arc}\begin{matrix}\sin\\ \cos\end{matrix} \frac{x}{a} \pm \sqrt{a^2-x^2} \quad (a>0)$$

56. $$\int x \operatorname{arc}\begin{matrix}\sin\\ \cos\end{matrix} \frac{x}{a}\,dx = \frac{2x^2-a^2}{4} \operatorname{arc}\begin{matrix}\sin\\ \cos\end{matrix} \frac{x}{a} \pm \frac{x}{4}\sqrt{a^2-x^2} \quad (a>0)$$

57. $\int x^n \operatorname{arc}\begin{matrix}\sin\\ \cos\end{matrix} \frac{x}{a}\,dx = \frac{x^{n+1}}{n+1} \operatorname{arc}\begin{matrix}\sin\\ \cos\end{matrix} \frac{x}{a} \mp \frac{1}{n+1} \int \frac{x^{n+1}}{\sqrt{a^2-x^2}}\,dx \quad (n \neq -1, a>0);$

s. nun Formel Nr. 13.

58. $\int \operatorname{arc}\begin{matrix}\tan\\ \cot\end{matrix} \frac{x}{a}\,dx = x \operatorname{arc}\begin{matrix}\tan\\ \cot\end{matrix} \frac{x}{a} \mp \frac{a}{2} \ln(x^2+a^2) \quad (a>0)$

59. $\int x \operatorname{arc}\begin{matrix}\tan\\ \cot\end{matrix} \frac{x}{a}\,dx = \frac{x^2+a^2}{2} \operatorname{arc}\begin{matrix}\tan\\ \cot\end{matrix} \frac{x}{a} \mp \frac{1}{2} ax \quad (a>0)$

60. $\int x^n \operatorname{arc}\begin{matrix}\tan\\ \cot\end{matrix} \frac{x}{a}\,dx = \frac{x^{n-1}}{n+1} \operatorname{arc}\begin{matrix}\tan\\ \cot\end{matrix} \frac{x}{a} \mp \frac{a}{n+1} \int \frac{x^{n+1}}{x^2+a^2}\,dx \quad (n \neq -1, a>0)$

61. $\int e^{ax} \sin bx\,dx = \frac{e^{ax}}{a^2+b^2}(a \sin bx - b \cos bx)$

62. $\int e^{ax} \sin^2 bx\,dx = \frac{e^{ax}}{2a} - \frac{e^{ax}}{a^2+4b^2}\left(\frac{a}{2} \cos 2bx + b \sin 2bx\right)$

63. $\int e^{ax} \cos bx\,dx = \frac{e^{ax}}{a^2+b^2}(a \cos bx + b \sin bx)$

64. $\int e^{ax} \cos^2 bx\,dx = \frac{e^{ax}}{2a} + \frac{e^{ax}}{a^2+4b^2}\left(\frac{a}{2} \cos 2bx + b \sin 2bx\right)$

65. $\int \sinh^2 x\,dx = \frac{\sinh(2x) - 2x}{4}$

66. $\int \sinh^n x\,dx = \frac{1}{n} \sinh^{n-1} x \cdot \cosh x - \frac{n-1}{n} \int \sinh^{n-2} x\,dx \quad (n=2,3,\ldots)$

67. $\int \cosh^2 x\,dx = \frac{\sinh(2x) + 2x}{4}$

68. $\int \cosh^n x\,dx = \frac{1}{n} \sinh x \cdot \cosh^{n-1} x + \frac{n-1}{n} \int \cosh^{n-2} x\,dx \quad (n=2,3,\ldots)$

69. $\int \frac{dx}{\sinh x} = \ln\left|\tanh \frac{x}{2}\right|$

70. $\int \frac{dx}{\cosh x} = \arcsin(\tanh x)$

71. $\int x \sinh \alpha x\,dx = -\frac{1}{\alpha^2} \sinh \alpha x + \frac{x}{\alpha} \cosh \alpha x \quad (\alpha \neq 0)$

72. $\int x^2 \sinh \alpha x\,dx = -\frac{2x}{\alpha^2} \sinh \alpha x + \frac{2+\alpha^2 x^2}{\alpha^3} \cosh \alpha x \quad (\alpha \neq 0)$

73. $\int x \cosh \alpha x\,dx = -\frac{1}{\alpha^2} \cosh \alpha x + \frac{x}{\alpha} \sinh \alpha x \quad (\alpha \neq 0)$

74. $\int x^2 \cosh \alpha x \, dx = -\frac{2x}{\alpha^2}\cosh \alpha x + \frac{2+\alpha^2 x^2}{\alpha^3}\sinh \alpha x \quad (\alpha \neq 0)$

75. $\int \tanh x \, dx = \ln(\cosh x)$

76. $\int \tanh^2 x \, dx = x - \tanh x$

77. $\int \tanh^n x \, dx = -\frac{1}{n-1}\tanh^{n-1} x + \int \tanh^{n-2} x \, dx \quad (n \neq 1)$

78. $\int \coth x \, dx = \ln|\sinh x|$

79. $\int \coth^2 x \, dx = x - \coth x$

80. $\int \coth^n x \, dx = -\frac{1}{n-1}\coth^{n-1} x + \int \coth^{n-2} x \, dx \quad (n \neq 1)$

81. $\int x^p \tanh x \, dx = \sum_{k=1}^{\infty} \frac{2^{2k}(2^{2k}-1)B_{2k}}{(2k+p)(2k)!} x^{2k+p} \quad \left(p \geq -1, |x| < \frac{\pi}{2}\right);$

die B_k sind die Bernoullischen Zahlen (s. Heuser I, Nr. 71).

82. $\int x^p \coth x \, dx = \sum_{k=0}^{\infty} \frac{2^{2k} B_{2k}}{(2k+p)(2k)!} x^{2k+p} \quad (p \geq 1, |x| < \pi);$

s. Formel Nr. 81 für die B_k.

83. $\int \operatorname{Ar} \begin{matrix}\sinh\\ \cosh\end{matrix} \frac{x}{a} \, dx = x \operatorname{Ar} \begin{matrix}\sinh\\ \cosh\end{matrix} \frac{x}{a} - \sqrt{x^2 \pm a^2} \quad (a > 0)$

84. $\int x \operatorname{Ar} \begin{matrix}\sinh\\ \cosh\end{matrix} \frac{x}{a} \, dx = \frac{2x^2 \pm a^2}{4} \operatorname{Ar} \begin{matrix}\sinh\\ \cosh\end{matrix} \frac{x}{a} - \frac{x}{4}\sqrt{x^2 \pm a^2} \quad (a > 0)$

85. $\int x^n \operatorname{Ar} \begin{matrix}\sinh\\ \cosh\end{matrix} \frac{x}{a} \, dx = \frac{x^{n+1}}{n+1} \operatorname{Ar} \begin{matrix}\sinh\\ \cosh\end{matrix} \frac{x}{a} - \frac{1}{n+1} \int \frac{x^{n+1}}{\sqrt{x^2 \pm a^2}} \, dx \quad (n \neq -1, a > 0)$

s. nun Formel Nr. 11.

86. $\int \operatorname{Ar} \begin{matrix}\tanh\\ \coth\end{matrix} \frac{x}{a} \, dx = x \operatorname{Ar} \begin{matrix}\tanh\\ \coth\end{matrix} \frac{x}{a} + \frac{a}{2} \ln \begin{matrix}(a^2 - x^2)\\ (x^2 - a^2)\end{matrix} \quad (a > 0)$

87. $\int x \operatorname{Ar} \begin{matrix}\tanh\\ \coth\end{matrix} \frac{x}{a} \, dx = \frac{x^2 - a^2}{2} \operatorname{Ar} \begin{matrix}\tanh\\ \coth\end{matrix} \frac{x}{a} + \frac{a}{2} x \quad (a > 0)$

88. $\int x^n \operatorname{Ar} \begin{matrix}\tanh\\ \coth\end{matrix} \frac{x}{a} \, dx = \frac{x^{n+1}}{n+1} \operatorname{Ar} \begin{matrix}\tanh\\ \coth\end{matrix} \frac{x}{a} + \frac{a}{n+1} \int \frac{x^{n+1}}{x^2 - a^2} \, dx \quad (n \neq -1, a > 0)$

Anhang 2: Tabelle zur Laplacetransformation

Eine sehr viel umfangreichere Tabelle findet der Leser in Erdélyi-Magnus-Oberhettinger-Tricomi (1954), S. 129–301.

Nr.	$F(s) := \mathscr{L}\{f(t)\}$	$f(t)$
1	$\frac{1}{s}$	1 oder also $H(t)$ $(t \geqslant 0)$
2	$\frac{1}{s+\alpha}$	$e^{-\alpha t}$
3	$\frac{1}{s^2}$	t
4	$\frac{1}{(s+\alpha)^2}$	$t\,e^{-\alpha t}$
5	$\frac{1}{s(s+\alpha)}$ $(\alpha \neq 0)$	$\frac{1}{\alpha}(1-e^{-\alpha t})$
6	$\frac{1}{(s+\alpha)(s+\beta)}$ $(\alpha \neq \beta)$	$-\frac{e^{-\alpha t}-e^{-\beta t}}{\alpha-\beta}$
7	$\frac{\omega}{s^2+\omega^2}$	$\sin \omega t$
8	$\frac{\omega}{s^2-\omega^2}$	$\sinh \omega t$
9	$\frac{1}{s^2+2\varrho s+\omega_0^2}$, $\begin{cases} \omega_0^2-\varrho^2>0 \\ \omega_0^2-\varrho^2<0 \\ \omega_0^2-\varrho^2=0 \end{cases}$	$\begin{cases} \frac{1}{\omega_1} e^{-\varrho t} \sin \omega_1 t, \quad \omega_1 := \sqrt{\omega_0^2-\varrho^2} \\ \frac{1}{\omega_2} e^{-\varrho t} \sinh \omega_2 t, \quad \omega_2 := \sqrt{\varrho^2-\omega_0^2} \\ t\,e^{-\varrho t} \end{cases}$
10	$\frac{s}{(s+\alpha)^2}$	$(1-\alpha t)e^{-\alpha t}$
11	$\frac{s}{(s+\alpha)(s+\beta)}$ $(\alpha \neq \beta)$	$\frac{\alpha e^{-\alpha t}-\beta e^{-\beta t}}{\alpha-\beta}$
12	$\frac{As+B}{(s+\alpha)(s+\beta)}$ $(\alpha \neq \beta)$	$\frac{(\alpha A-B)e^{-\alpha t}-(\beta A-B)e^{-\beta t}}{\alpha-\beta}$
13	$\frac{s}{s^2+\omega^2}$	$\cos \omega t$

Nr.	$F(s) := \mathscr{L}\{f(t)\}$	$f(t)$
14	$\dfrac{s}{s^2-\omega^2}$	$\cosh\omega t$
15	$\dfrac{s+\varrho}{(s+\varrho)^2+\omega^2}$	$e^{-\varrho t}\cos\omega t$
16	$\dfrac{s+\varrho}{(s+\varrho)^2-\omega^2}$	$e^{-\varrho t}\cosh\omega t$
17	$\dfrac{as+b}{s^2+2\varrho s+\omega_0^2}, \quad \omega_0^2-\varrho^2>0$	$e^{-\varrho t}\left(a\cos\omega_1 t+\dfrac{b-\varrho a}{\omega_1}\sin\omega_1 t\right), \quad \omega_1 := \sqrt{\omega_0^2-\varrho^2}$
18	$\dfrac{s\sin\beta+\alpha\cos\beta}{s^2+\alpha^2}$	$\sin(\alpha t+\beta)$
19	$\dfrac{s\cos\beta-\alpha\sin\beta}{s^2+\alpha^2}$	$\cos(\alpha t+\beta)$
20	$\dfrac{\omega^2}{s(s^2+\omega^2)}$	$1-\cos\omega t$
21	$\dfrac{\omega^2}{s(s^2-\omega^2)}$	$\cosh\omega t-1$
22	$\dfrac{2\omega^2}{s(s^2+4\omega^2)}$	$\sin^2\omega t$
23	$\dfrac{\omega_0^2}{s(s^2+2\varrho s+\omega_0^2)}, \quad \begin{cases} \omega_0^2-\varrho^2>0 \\ \omega_0^2-\varrho^2<0 \\ \omega_0^2-\varrho^2=0 \end{cases}$	$\begin{cases} 1-\dfrac{e^{-\varrho t}}{\omega_1}[\varrho\sin\omega_1 t+\omega_1\cos\omega_1 t], \quad \omega_1 := \sqrt{\omega_0^2-\varrho^2} \\ 1-\dfrac{e^{-\varrho t}}{\omega_2}[\varrho\sinh\omega_2 t+\omega_2\cosh\omega_2 t], \quad \omega_2 := \sqrt{\varrho^2-\omega_0^2} \\ 1-e^{-\varrho t}-\varrho t e^{-\varrho t} \end{cases}$
24	$\dfrac{1}{(s-\alpha)(s-\beta)(s-\gamma)}$	$\dfrac{e^{\alpha t}}{(\alpha-\beta)(\alpha-\gamma)}+\dfrac{e^{\beta t}}{(\beta-\alpha)(\beta-\gamma)}+\dfrac{e^{\gamma t}}{(\gamma-\alpha)(\gamma-\beta)}$
25	$\dfrac{s}{(s-\alpha)(s-\beta)(s-\gamma)}$	$\dfrac{\alpha e^{\alpha t}}{(\alpha-\beta)(\alpha-\gamma)}+\dfrac{\beta e^{\beta t}}{(\beta-\alpha)(\beta-\gamma)}+\dfrac{\gamma e^{\gamma t}}{(\gamma-\alpha)(\gamma-\beta)}$
26	$\dfrac{s^2}{(s-\alpha)(s-\beta)(s-\gamma)}$	$\dfrac{\alpha^2 e^{\alpha t}}{(\alpha-\beta)(\alpha-\gamma)}+\dfrac{\beta^2 e^{\beta t}}{(\beta-\alpha)(\beta-\gamma)}+\dfrac{\gamma^2 e^{\gamma t}}{(\gamma-\alpha)(\gamma-\beta)}$
27	$\dfrac{s^2+2\omega^2}{s(s^2+4\omega^2)}$	$\cos^2\omega t$
28	$\dfrac{4\omega^3}{s^4+4\omega^4}$	$\sin\omega t\cosh\omega t-\cos\omega t\sinh\omega t$
29	$\dfrac{\omega^3}{s^2(s^2+\omega^2)}$	$\omega t-\sin\omega t$

Nr.	$F(s):=\mathscr{L}\{f(t)\}$	$f(t)$
30	$\dfrac{2\omega^3}{(s^2+\omega^2)^2}$	$\sin\omega t-\omega t\cos\omega t$
31	$\dfrac{2\omega^3}{(s^2-\omega^2)^2}$	$\omega t\cosh\omega t-\sinh\omega t$
32	$\dfrac{2\omega^3}{s^4-\omega^4}$	$\sinh\omega t-\sin\omega t$
33	$\dfrac{1}{(s^2+\alpha^2)(s^2+\beta^2)} \quad (\alpha^2\neq\beta^2)$	$\dfrac{\alpha\sin\beta t-\beta\sin\alpha t}{\alpha\beta(\alpha^2-\beta^2)}$
34	$\dfrac{2\omega s}{(s^2+\omega^2)^2}$	$t\sin\omega t$
35	$\dfrac{2\omega s}{(s^2-\omega^2)^2}$	$t\sinh\omega t$
36	$\dfrac{2\omega^2 s}{s^4-\omega^4}$	$\cosh\omega t-\cos\omega t$
37	$\dfrac{s}{(s^2+\alpha^2)(s^2+\beta^2)} \quad (\alpha^2\neq\beta^2)$	$-\dfrac{\cos\alpha t-\cos\beta t}{\alpha^2-\beta^2}$
38	$\dfrac{2\omega^2 s}{s^4+4\omega^4}$	$\sin\omega t\sinh\omega t$
39	$\dfrac{2\omega s^2}{(s^2+\omega^2)^2}$	$\sin\omega t+\omega t\cos\omega t$
40	$\dfrac{2\omega s^2}{(s^2-\omega^2)^2}$	$\sinh\omega t+\omega t\cosh\omega t$
41	$\dfrac{s^2+\omega^2}{(s^2-\omega^2)^2}$	$t\cosh\omega t$
42	$\dfrac{s^3}{(s^2+\omega^2)^2}$	$\cos\omega t-\dfrac{1}{2}\omega t\sin\omega t$
43	$\dfrac{s^3}{(s^2-\omega^2)^2}$	$\cosh\omega t+\dfrac{1}{2}\omega t\sinh\omega t$
44	$\dfrac{n!}{s^{n+1}}$	$t^n, \quad n\in\mathbf{N}_0$
45	$\dfrac{n!}{(s+\varrho)^{n+1}}$	$t^n e^{-\varrho t}, \quad n\in\mathbf{N}_0$
46	$\dfrac{n!s^{n+1}}{(s^2+\omega^2)^{n+1}}\sum\limits_{0\leq 2m\leq n}(-1)^m\dbinom{n+1}{2m+1}\left(\dfrac{\omega}{s}\right)^{2m+1}$	$t^n\sin\omega t, \quad n\in\mathbf{N}_0$
47	$\dfrac{n!s^{n+1}}{(s^2+\omega^2)^{n+1}}\sum\limits_{0\leq 2m\leq n+1}(-1)^m\dbinom{n+1}{2m}\left(\dfrac{\omega}{s}\right)^{2m}$	$t^n\cos\omega t, \quad n\in\mathbf{N}_0$

Nr.	$F(s) := \mathscr{L}\{f(t)\}$	$f(t)$
48	$\dfrac{n!(s+\varrho)^{n+1}}{[(s+\varrho)^2+\omega^2]^{n+1}} \sum\limits_{0 \leq 2m \leq n} (-1)^m \dbinom{n+1}{2m+1} \left(\dfrac{\omega}{s+\varrho}\right)^{2m+1}$	$t^n \mathrm{e}^{-\varrho t} \sin \omega t, \quad n \in \mathbf{N}_0$
49	$\dfrac{n!(s+\varrho)^{n+1}}{[(s+\varrho)^2+\omega^2]^{n+1}} \sum\limits_{0 \leq 2m \leq n+1} (-1)^m \dbinom{n+1}{2m} \left(\dfrac{\omega}{s+\varrho}\right)^{2m}$	$t^n \mathrm{e}^{-\varrho t} \cos \omega t, \quad n \in \mathbf{N}_0$
50	$\dfrac{1}{\sqrt{s}}$	$\dfrac{1}{\sqrt{\pi t}}$
51	$\dfrac{1}{\sqrt{s+\varrho}}$	$\dfrac{1}{\sqrt{\pi t}} \mathrm{e}^{-\varrho t}$
52	$\dfrac{1}{s^{n+1/2}}$	$\dfrac{4^n n!}{(2n)! \sqrt{\pi}} t^{n-\frac{1}{2}}, \quad n \in \mathbf{N}_0$
53	$\dfrac{1}{s^r}$	$\dfrac{1}{\Gamma(r)} t^{r-1}, \quad r > 0$ beliebig.
54	$\sqrt{s-\alpha} - \sqrt{s-\beta}$	$-\dfrac{\mathrm{e}^{\alpha t} - \mathrm{e}^{\beta t}}{2t\sqrt{\pi t}}$
55	$\dfrac{\mathrm{e}^{-\alpha/s}}{\sqrt{s}}$	$\dfrac{1}{\sqrt{\pi t}} \cos 2\sqrt{\alpha t}, \quad \alpha > 0$
56	$\dfrac{\mathrm{e}^{\alpha/s}}{\sqrt{s}}$	$\dfrac{1}{\sqrt{\pi t}} \cosh \sqrt{\alpha t}, \quad \alpha > 0$
57	$\mathrm{e}^{-\alpha\sqrt{s}}, \quad \alpha > 0$	$\dfrac{\alpha}{2t\sqrt{\pi t}} \mathrm{e}^{-\frac{\alpha^2}{4t}}$
58	$\dfrac{\mathrm{e}^{-\alpha\sqrt{s}}}{\sqrt{s}}, \quad \alpha \geqslant 0$	$\dfrac{1}{\sqrt{\pi t}} \mathrm{e}^{-\frac{\alpha^2}{4t}}$
59	$\dfrac{\mathrm{e}^{-\alpha\sqrt{s}}}{s}, \quad \alpha \geqslant 0$	$1 - \dfrac{2}{\sqrt{\pi}} \int\limits_0^{\alpha/2\sqrt{t}} \mathrm{e}^{-\tau^2} \mathrm{d}\tau = 1 - \operatorname{erf} \dfrac{\alpha}{2\sqrt{t}}$
60	$\dfrac{\ln s}{s}$	$-\ln t - C$, $C = 0{,}57721\ldots$ (Euler-Mascheronische Konstante)
61	$\dfrac{\ln s}{s^{n+1}}$	$\left(1 + \dfrac{1}{2} + \cdots + \dfrac{1}{n} - \ln t - C\right) \dfrac{t^n}{n!}$
62	$\ln \dfrac{s-\alpha}{s-\beta}$	$-\dfrac{\mathrm{e}^{\alpha t} - \mathrm{e}^{\beta t}}{t}$
63	$\ln \sqrt{\dfrac{s+\alpha}{s-\alpha}}$	$\dfrac{\sinh \alpha t}{t}$

Nr.	$F(s) := \mathscr{L}\{f(t)\}$	$f(t)$
64	$\ln\sqrt{\dfrac{s^2+\alpha^2}{s^2+\beta^2}}$	$-\dfrac{\cos\alpha t-\cos\beta t}{t}$
65	$s\ln\sqrt{\dfrac{s^2+\alpha^2}{s^2+\beta^2}}$	$\dfrac{\cos\alpha t-\cos\beta t+\alpha t\sin\alpha t-\beta t\sin\beta t}{t^2}$
66	$\arctan\dfrac{\omega}{s}$	$\dfrac{\sin\omega t}{t}$
67	$\dfrac{1}{s}\arctan\dfrac{\omega}{s}$	$\displaystyle\int_0^{\omega t}\frac{\sin\tau}{\tau}\,d\tau =: \mathrm{Si}\,\omega t$
68	$\dfrac{1}{s}\arctan s$	$\displaystyle\int_t^{\infty}\frac{\sin\tau}{\tau}\,d\tau = \frac{\pi}{2}-\int_0^{t}\frac{\sin\tau}{\tau}\,d\tau =: \frac{\pi}{2}-\mathrm{Si}\,t$

Lösungen ausgewählter Aufgaben

Aufgaben zu Nr. 1

1. $\delta \approx 20$ Minuten. 4162322. **2.** Etwa 130 Minuten. **3.** Etwa 3,3 Stunden.

4. Im Jahre 2010. **5.** Doppelwertszeit 45 Jahre. Vollnutzung im Jahre 2019.

7. 100. Bei 518 Fruchtfliegen und am dreiundzwanzigsten Tag.

8. Etwa 82%. Man vergesse jedoch nicht, daß das Richardson-Modell sehr grob ist.

11. $\lambda \approx 0{,}023/\text{Jahr}$, $\tau \approx 30$ Jahre.

12. a) 57,3%. b) Nach 0,92 Stunden.

13. a) 372 Jahre. b) 21546 Jahre. c) 323988 Jahre.

14. 186 Jahre. **15.** Etwa 4257 Jahre. **17.** Nein.

18. $\lambda = 1{,}4\ \text{m}^{-1}$: 25%; 6%; 1,5%; 0,4%; Halbwertslänge $\approx 0{,}5$ m.
$\lambda = 2\ \text{m}^{-1}$: 14%; 1,8%; 0,2%; 0,03%; Halbwertslänge $\approx 0{,}35$ m.

19. $50\,e^{-t/500}$ kg.

20. a) $S(t) = S_0 e^{-\frac{1{,}6}{V}t}$. b) Etwa 1,9%; 20,6%. c) Nach 4,15 (6,20; 8,25) Stunden.

22. Etwa 12 Stunden. **23.** a) $r(t) = r_0 - \lambda t$. b) Nach etwa 262 Tagen.

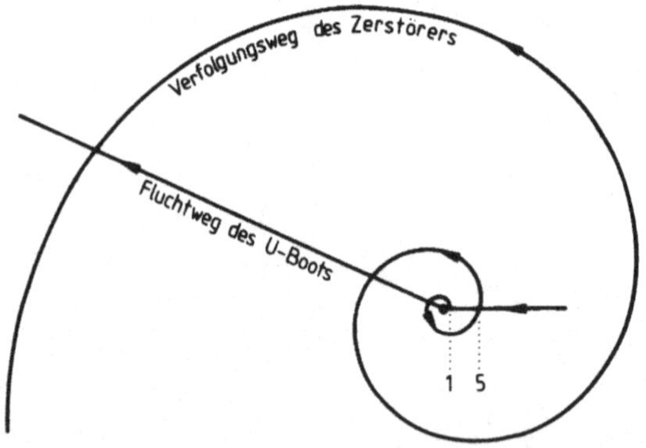

Fig. 1.8

26. Benutze $e^{-\frac{\varrho}{m}t} = 1 - \frac{\varrho}{m}t + \frac{1}{2!}\frac{\varrho^2}{m^2}t^2 - + \cdots$.

27. $\dot{x} = \alpha x$ ($\alpha > 0$ konstant), also $x(t) = Ce^{\alpha t}$. Wegen $x(0) = 0$ ist $C = 0$ und somit $x(t) \equiv 0$: der Körper fällt überhaupt nicht.

28. $H = R\left(\frac{2gR}{2gR - v_0^2} - 1\right)$ (R der Erdradius, g die Erdbeschleunigung).

29. Im Kreuzungspunkt gilt die Weglängengleichung $4[r(\varphi) - 1] = \int_0^{\varphi} \sqrt{r^2 + \left(\frac{dr}{d\tau}\right)^2}\, d\tau$ (beachte, daß sich das U-Boot zu Beginn der eigentlichen Verfolgung bereits 1 Seemeile vom Tauchpunkt entfernt hatte). Differentiation nach φ liefert $dr/d\varphi = r/\sqrt{15}$. Mit der Anfangsbedingung $r(0) = 1$ ergibt sich nun die Spirale $r = e^{\varphi/\sqrt{15}}$ als Verfolgungsweg (Fig. 1.8).

30. Die cartesische Transformation führt auf $\frac{dv}{du} = -\frac{1}{\sqrt{2}a}v$. Die gesuchten Kurven werden durch $y = x - a + Ce^{-x/a}$ gegeben.

Aufgaben zu Nr. 2

13. Zur Abkürzung sei $Ly := a_n(x)y^{(n)} + \cdots + a_0(x)y$. Dann ist

$$L(C_1y_1 + C_2y_2) = C_1Ly_1 + C_2Ly_2 = C_1 \cdot 0 + C_2 \cdot 0 = 0.$$

Die Differentialgleichungen in den Aufgaben 2, 7, 8, 9, 10 haben die Form (2.4).

14. $e^{-x^2}\left(\frac{1}{2}x^2 + C\right)$. 15. $-2\cos^2 x + C\cos x$. 16. $\tan(x + C) - x$.

17. $\ln(1 + Ce^{-e^x})$. 18. $\arctan\frac{y}{x} - \ln x = C$. 19. $\frac{1}{y} = x + C\sqrt{|x^2 - 1|}$.

Aufgaben zu Nr. 3

7. $E(1) = 2{,}77$; Fehler 12%. 10. $y_1 = 1{,}1108$; $y_2 = 1{,}2470$.

11. $y_1 = 1{,}2530$; $y_2 = 1{,}6959$; $y_3 = 2{,}6421$; $y_4 = 5{,}7855$.

Aufgaben zu Nr. 4

1. $Cx^4 + x^5$. 2. $\frac{C}{\cos x} + \cos x$. 3. $Ce^{1/x} + 1$. 4. $\frac{C}{x} + \frac{e^x}{x}$.

5. $\frac{C + 2x - \sin 2x}{4\sin^2 x}$. 6. $Ce^{-2x} - \frac{1}{4} + \frac{1}{2}x + \frac{2}{5}\sin x - \frac{1}{5}\cos x$. 7. $Ce^{-x} + \frac{x^2}{2}e^{-x} + 1$.

8. $Ce^{2x}+\dfrac{x^3}{3}e^{2x}$. **9.** $Ce^{3x}-\dfrac{1}{5}(\cos x+2\sin x)e^x$. **10.** $(C+\cos x+x\sin x)e^x$.

11. $-\dfrac{1}{2}+\dfrac{3}{2}e^{x^2}$. **12.** $\dfrac{1}{3}(x-1)^2-\dfrac{1}{3}\dfrac{1}{x-1},\quad x>1$. **13.** $\dfrac{3e^{-x}+\sin x-\cos x}{x+1},\quad x>-1$.

14. $\dfrac{x^4+2x^2+13}{4(1+x^2)^2}$. **15.** $x^2+x^4,\quad x>0$. **16.** $\dfrac{1+x^2+2x^3/3}{(1+x)^2},\quad x>-1$.

17. $\dfrac{x^3}{2}+\dfrac{x}{2},\quad x>0$. **18.** 0 (trivial wegen Eindeutigkeit).

19. $\dfrac{\sin x-x\cos x-1}{x\sin x},\quad 0<x<\pi$. **20.** $3-3x-\dfrac{1}{2}x^2+\dfrac{1}{2}x^3,\quad x<1$.

21. $\dfrac{1}{x}\int_\pi^x\dfrac{\cos t}{t^2}\,dt,\quad x>0$. **22.** $\left(\int_0^x\exp(-t^2)\,dt\right)\exp(x^2)$.

23. $y(x)=e^{-x}\int_0^x\dfrac{e^t}{1+t^2}\,dt$ für alle $x\in\mathbf{R}$,

$$y(x)=e^{-x}\left[\sum_{k=0}^{\infty}\frac{(-1)^k}{2k+1}\left(1-\frac{1}{2!}+-\cdots+(-1)^k\frac{1}{(2k)!}\right)x^{2k+1}\right.$$
$$\left.+\sum_{k=0}^{\infty}\frac{(-1)^k}{2k+2}\left(1-\frac{1}{3!}+-\cdots+(-1)^k\frac{1}{(2k+1)!}\right)x^{2k+2}\right]$$

für $|x|<1$. Die Integraldarstellung gilt für alle x, die Reihendarstellung nur für $|x|<1$; insofern ist erstere vorteilhafter als letztere. Die Reihendarstellung ist aber für rechnerische Zwecke handlicher (solange nur $|x|<1$ bleibt).

x	$e^{-x}\int_0^x\frac{e^t}{1+t^2}\,dt$	x	$e^{-x}\left(x+\frac{x^2}{2}-\frac{x^3}{6}+\cdots\right)$	Differenz
0,0	0	0,0	0	0
0,2	0,179	0,2	0,179	0
0,4	0,312	0,4	0,315	0,003
0,6	0,4	0,6	0,408	0,008
0,8	0,449	0,8	0,465	0,016
Berechnung mit Keplerscher Faßregel		Berechnung unter Vernachlässigung der Glieder mit höherer als dritter Potenz		

24. $\left(C+\ln x+\sum_{k=1}^{\infty}\dfrac{x^k}{k\cdot k!}\right)e^{-x}$.

25. Sei $y_0(x)$ eine partikuläre Lösung von (4.4) und $A(x):=\int\alpha(x)\,dx$. Dann ist $y_k(x)=y_0(x)+C_ke^{A(x)}$ für $k=1,2,3$ und somit

$$\frac{y_3(x)-y_2(x)}{y_2(x)-y_1(x)}=\frac{C_3-C_2}{C_2-C_1}=\text{const},\quad\text{also}\quad\frac{y_3(\xi)-y_2(\xi)}{y_2(\xi)-y_1(\xi)}=\frac{\eta_3-\eta_2}{\eta_2-\eta_1}.$$

26. Sei $y(x)$ eine Lösung von (4.33) auf einem x_0 enthaltenden Teilintervall I_0 von I. $y(x)$ ist auf I_0 positiv, weil andernfalls $y(x)^\varrho$ nicht definiert wäre. Setze $z(x) := y(x)^{1-\varrho}$ für alle $x \in I_0$. Dann ist $z'(x) = (1-\varrho)y(x)^{-\varrho}y'(x)$, also

$$z'(x) = (1-\varrho)\alpha(x)z(x) + (1-\varrho)\beta(x)\,; \quad \text{trivialerweise gilt außerdem} \quad z(x_0) = y_0^{1-\varrho}.$$

$z(x)$ ist also die eindeutig bestimmte Lösung des Anfangswertproblems

$$z' = (1-\varrho)\alpha(x)z + (1-\varrho)\beta(x), \quad z(x_0) = y_0^{1-\varrho} \tag{*}$$

auf I_0 (s. Satz 4.5). Infolgedessen liegt auch $y(x) = z^{1/(1-\varrho)}$ eindeutig fest. (4.33) besitzt also höchstens *eine* Lösung.

Nun sei $z(x)$ die nach Satz 4.5 auf I vorhandene Lösung des Anfangswertproblems (*). $z(x_0) = y_0^{1-\varrho}$ ist positiv, also gibt es ein größtes, x_0 enthaltendes Teilintervall I_0 von I, auf dem $z(x)$ durchweg >0 ist. Setze $y(x) := z(x)^{1/(1-\varrho)}$ für alle $x \in I_0$. Dann ist $y(x)$ eine Lösung von (4.33).

28. $P(t) = \left[\dfrac{\gamma}{\tau + \left(\dfrac{\gamma}{P_0^2} - \tau\right)e^{-2\gamma t}}\right]^{1/2}$; $\quad P(t) \to \sqrt{\dfrac{\gamma}{\tau}}$ für $t \to \infty$.

29. $P(t) = \left[\left(-\dfrac{\gamma}{\tau} + \sqrt{P_0}\right)e^{-\frac{\tau}{2}t} + \dfrac{\gamma}{\tau}\right]^2$; $\quad P(t) \to \left(\dfrac{\gamma}{\tau}\right)^2$ für $t \to \infty$.

30. $u(t) = (2e^{-t^2/2} - 1)^{-1}$ für $|t| < \sqrt{\ln 4} = 1{,}177\ldots$.

31. $y(x) = \sqrt{e - 2\ln x}\, x e^{-x^2/2}$ für $0 < x < \sqrt{e^e} = 3{,}892\ldots$.

32. $y(x) = \left(\dfrac{2}{5}x^{-3} + \dfrac{3}{5}x^2\right)^{1/3}$ für $x > 0$.

34. $y_p(x) = 1$; $\quad y(x) = 1 + \dfrac{1}{x - 2 + Ce^{-x}}$.

35. $y_p(x) = x$; $\quad y(x) = x + \dfrac{1}{1 + Ce^x}$.

36. $y_p(x) = e^x$; $\quad y(x) = e^x + \dfrac{2}{Ce^{-3x} - e^{-x}}$.

37. $y_p(x) = x$; $\quad y(x) = x + \dfrac{2x}{C\exp\left(-\dfrac{2}{5}x^5\right) - 1}$.

Aufgaben zu Nr. 5

1. $\dot{p} = -\lambda(p - b)$, $\quad p(0) = 100$ ($\lambda > 0$ fest). $\quad p(t) = b + (100 - b)e^{\lambda t}$.

2. $\dot{b} = \alpha(1 - b)$, $\quad b(0) = 0$ ($\alpha > 0$ fest). $\quad b(t) = 1 - e^{-\alpha t}$.

3. $dI/dt = \alpha(N - I)$, $\quad I(0) = 0$ ($\alpha > 0$ fest). $\quad I(t) = N(1 - e^{-\alpha t})$.
   $db/dt = \alpha(1 - b)$, $\quad b(0) = 0$. $\quad b(t) = 1 - e^{-\alpha t}$.

$I(t) \to N$ für $t \to +\infty$: nach hinreichend langer Zeit ist praktisch jeder informiert.

5. $\vartheta(t + \tau) = \dfrac{1}{2}(\vartheta_a + \vartheta(t))$.

6. Ja; denn aus den Messungen ergibt sich $k = 0{,}012$/Minute.

7. a) $\vartheta(t)=\frac{7}{12\cdot 0{,}73}(1-e^{-0{,}73t})+5-\frac{7}{12}t$ bis zur Erreichung des Gefrierpunktes (t in Stunden). c) Etwa 0,8 °C.

8. $r(x)=r_0 e^{\pi\sigma r_0^2 x/2G_0}$.

9. $s(t)=\bar{s}+\frac{SJ}{\sigma}(1-e^{-\sigma t})$, $h(t)=\bar{h}+\frac{HJ}{\eta}(1-e^{-\eta t})$.

$\lim\limits_{t\to\infty}\frac{s(t)}{h(t)}=\frac{\eta}{\sigma}\cdot\frac{\bar{s}\sigma+SJ}{\bar{h}\eta+HJ}$; dies ist $>\varrho$, wenn $\frac{\bar{s}\sigma+SJ}{\bar{h}\eta+HJ}>\frac{\sigma}{\eta}\varrho$ ist. Dann ist $\frac{s(t)}{h(t)}\geqslant\varrho$ für hinreichend großes t (Fall der Reizung).

10. $\tau=\tau(t)=\frac{1}{\mu}\ln\left(1+\frac{\mu\ln 2}{\lambda}e^{-\mu t}\right)$.

11. $\dot{u}=-0{,}8u+7$; $u(t)\to 7/0{,}8$ für $t\to+\infty$.

12. a) $K(t)=0{,}4e^{-t/5}+0{,}05\ \mathrm{m}^3$. b) Auf etwa ein Zehntel.

13. Etwa 3154 m^3/Minute.

14. a) $S(t)=\left[\left(1-\frac{k}{1{,}6+k}\right)e^{-\frac{1{,}6+k}{40000}t}+\frac{k}{1{,}6+k}\right]\cdot 0{,}21\cdot 40000$ Liter.

b) Etwa 20,60% bzw. 20,62% bzw. 20,77%.

15. a) $c(t)=0{,}04\left(1-e^{-\frac{Z}{V}t}\right)$. b) $T=-\frac{V}{Z}\ln 0{,}997$.

c) $V=30\ \mathrm{m}^3$

Z Liter/Minute	T Minuten
1/2	180
1	90
2	45
3	30

$V=40\ \mathrm{m}^3$

Z Liter/Minute	T Minuten
1/2	240
1	120
2	60
3	40

16. a) $c(t)=\left(c_0-k-\frac{s}{r}\right)e^{-\frac{r}{V}t}+k+\frac{s}{r}\ \mathrm{kg/m}^3$. b) $k+\frac{s}{r}\ \mathrm{kg/m}^3$.

c) Nach $\frac{V}{r}\ln 2$ bzw. $\frac{V}{r}\ln 10$ Jahren.

d)

	Hälfte	Zehntel	
Chiemsee	0,96	3,19	Jahre
Bodensee	2,81	9,32	Jahre

17. Es ist $du = k(c_s - c(t))dt - 20\frac{u(t)}{100}dt$, also $\dot{u} = -\left(\frac{k}{100} + 0{,}2\right)u + \frac{2}{10}k$. Mit $u(0)=0$, $\dot{u}(0)=1$ folgt daraus $k=5$. Damit hat man nun das Anfangswertproblem $\dot{u} = -\frac{1}{4}u + 1$, $u(0)=0$, dessen Lösung $u(t) = 4(1-e^{-t/4})$ ist. Es strebt $u(t) \to 4$ kg.

18. a) $W \approx 17{,}67$ mg. $W_{10} \approx 17{,}21$ mg. Nach 5,9 bzw. 12,8 Tagen.

b) $u(t) = \frac{250}{24 \cdot \ln 2} + \left(5 - \frac{250}{24 \cdot \ln 2}\right) e^{-\frac{\ln 2}{50}t}$. $U \approx 15{,}03$ mg.

c)

n	W_n	u_n	$\frac{W_n - u_n}{W_n}$ 100%
1	8,585	7,838	8,70
2	11,155	9,873	11,49
3	12,998	11,332	12,81
4	14,319	12,378	13,56
5	15,267	13,128	14,01
6	15,946	13,666	14,30
7	16,433	14,051	14,50
8	16,782	14,328	14,62
9	17,032	14,526	14,71
10	17,212	14,668	14,78
∞	17,67	15,03	14,94

d) $W \approx 16{,}31$ mg, Fehler $\approx 7{,}85\%$ bzw. $W \approx 15{,}66$, Fehler $\approx 4{,}02\%$.

e) $W \approx 32{,}63$ mg, $U \approx 30{,}06$ mg, Fehler $\approx 7{,}88\%$.

19. 6,6 Halbwertszeiten.

20. a) $T = \frac{m}{\varrho}\ln\left(1 + \frac{\varrho}{mg}v_0 \sin\varphi\right)$. b) $H = \frac{m}{\varrho}v_0\sin\varphi - \left(\frac{m}{\varrho}\right)^2 g \ln\left(1 + \frac{\varrho}{mg}v_0\sin\varphi\right)$.

c) $T(\varrho) \to \frac{v_0 \sin\varphi}{g}$, $H(\varrho) \to \frac{v_0^2 \sin^2\varphi}{2g}$ für $\varrho \to 0$; benutze hierzu die logarithmische Reihe $\ln(1+x) = x - \frac{x^2}{2} + \frac{x^3}{3} - + \cdots$ $(|x| < 1)$.

21. a) $\frac{2gr^2(\delta_K - \delta_F)}{9\eta}$. b) $x(t) = \frac{2gr^2(\delta_K - \delta_F)}{9\eta}\left[t - \frac{2r^2\delta_K}{9\eta}\left(1 - e^{-\frac{9\eta}{2r^2\delta_K}t}\right)\right]$

c)

r	Stahl	Blei
1 cm	95,1 cm/s	146,7 cm/s
2 cm	380,4 cm/s	587,0 cm/s

d) Nach 0,53 s bzw. 0,77 s.

22. a) $\pi/4$; 14 km. b) 3,5 km; 53 s. Die Angaben sind gerundet.

24. $$J(t)=\begin{cases}\dfrac{50}{8}(1-e^{-t/5}) & \text{für } 0\leqslant t\leqslant 5,\\ \dfrac{50}{8}(e^{-(t-5)/5}-e^{-t/5}) & \text{für } t>5.\end{cases}$$

25. $J(t)\approx 0{,}14\,e^{-2t}+0{,}14\sin(100\pi t-1{,}564)$ Ampere.

26. $r=C\sin^2\varphi$.

27. $\dot{A}=-\lambda A+a+b\cos\frac{\pi}{12}(t-8)$.

$$\begin{aligned}A(t)&=C\,e^{-\lambda t}+\frac{a}{\lambda}+\frac{b}{\lambda^2+(\pi/12)^2}\left[\lambda\cos\frac{\pi}{12}(t-8)+\frac{\pi}{12}\sin\frac{\pi}{12}(t-8)\right]\\&=C\,e^{-\lambda t}+\frac{a}{\lambda}+\frac{b}{\sqrt{\lambda^2+(\pi/12)^2}}\sin\left(\varphi+\frac{\pi}{12}(t-8)\right)\\&\approx\frac{a}{\lambda}+\frac{b}{\sqrt{\lambda^2+(\pi/12)^2}}\sin\left(\varphi+\frac{\pi}{12}(t-8)\right)\end{aligned}$$

mit einer Phasenverschiebung $\varphi:=\arctan\dfrac{12\lambda}{\pi}$.

28. $v(p)=C/p^\lambda$ mit $C>0$. Hier strebt (unrealistischerweise) $v(p)\to\infty$ für $p\to 0$.
Die zweite Differentialgleichung hat die allgemeine Lösung $v(p)=C/(p+\gamma)^\lambda$ mit $C>0$. Hier strebt (realistischerweise) $v(p)\to C/\gamma^\lambda$ für $p\to 0$.

29. $y(x)=Cx^k$ $(C>0, x>0)$.

30.

x	$y(x)=0{,}2311x^{3/2}$	Proz. Fehler
40,9	60,4	0
43,9	67,2	1,2
46	72,1	1,3
47,3	75,2	0
48	76,9	−2

31.

x	$y(x)=5{,}4716x^{0{,}62}$	Proz. Fehler
55	65,6	0,6
60	69,3	−1,0
66,4	73,8	−0,1
72,4	77,8	0,8
79,8	82,7	−0,2

32. $$S(t)=\frac{M}{1+\dfrac{\lambda M}{rA}}\left[1-e^{-\left(\frac{rA}{M}+\lambda\right)t}\right]+S_0\,e^{-\left(\frac{rA}{M}+\lambda\right)t}.$$

Aufgaben zu Nr. 6

1. Nicht exakt.

2. Exakt auf $\mathbf{R}^2$. $y(x)=-\dfrac{x}{1+x^3}\pm\sqrt{\dfrac{1+x}{1+x^3}+\dfrac{x^2}{(1+x^3)^2}}$ für $x>-1$.

3. Exakt auf $R_1:=\{(x,y): x>0, y>0\}$ und auf $R_2:=\{(x,y): x>0, y<0\}$. $\frac{\ln x}{y}+x^2+\frac{y^3}{3}=C$.

4. Nicht exakt. Die Gleichung läßt sich jedoch als lineare Dgl. $y'=\frac{1}{x}y+x$ schreiben, und dann sieht man, daß sie auf ganz $\mathbf{R}$ durch $y(x):=Cx+x^2$ gelöst wird.

5. Exakt auf $R:=\left\{(x,y): x>0,\ -\frac{\pi}{2}<y<\frac{\pi}{2}\right\}$ (aber auch auf anderen Rechtecken).

$$\frac{\tan y}{x}+x^2y+\frac{x^3}{3}+\frac{y^3}{3}=\frac{5}{3}+\tan 1.$$

6. Exakt auf $R:=\mathbf{R}^2$. $x\cos y+x^2y-\frac{y^2}{2}=-1$. Auflösung nach y ist nicht in geschlossener Form durchführbar. Auflösung nach x:

$$x(y)=\frac{1}{2y}(\cos y-\sqrt{2y^3-4y+\cos^2 y})\quad\text{mindestens für}\quad y\geqslant\sqrt{2}.$$

7. Nicht exakt.

8. Exakt auf $R:=\mathbf{R}^2$. $x\mathrm{e}^y+\sin xy=C$.

9. Exakt auf $R_1:=\{(x,y): -1<x<1,\ -1<y<0\}$ und auf $R_2:=\{(x,y): -1<x<1,\ 0<y<1\}$. $x(y)=\sin(y(C-\sqrt{1-y^2}))$.

10. Exakt auf $R_1:=\{(x,y): -\infty<x<+\infty,\ y<0\}$ und auf $R_2:=\{(x,y): -\infty<x<+\infty,\ y>0\}$. $x\cosh y+\frac{1}{y}\sinh x=C$.

Aufgaben zu Nr. 7

1. $F(x,y):=-y\exp(-\int\alpha(x)\,\mathrm{d}x)$ ist Stammfunktion der Differentialgleichung

$$\alpha(x)y\exp(-\int\alpha(x)\,\mathrm{d}x)\,\mathrm{d}x-\exp(-\int\alpha(x)\,\mathrm{d}x)\,\mathrm{d}y=0$$

auf $I\times\mathbf{R}$. Die allgemeine Lösung in impliziter Form ist also $y\exp(-\int\alpha(x)\mathrm{d}x)=C$, woraus $y(x)=C\exp(\int\alpha(x)\,\mathrm{d}x)$ folgt.

2. Es ist $\frac{\partial}{\partial x}(\mathrm{e}^{\int f\mathrm{d}x}Q)=\mathrm{e}^{\int f\mathrm{d}x}(Q_x+fQ)=\mathrm{e}^{\int f\mathrm{d}x}\left(Q_x+\frac{P_y-Q_x}{Q}Q\right)=\mathrm{e}^{\int f\mathrm{d}x}P_y=\frac{\partial}{\partial y}(\mathrm{e}^{\int f\mathrm{d}x}P)$, also ist die Differentialgleichung

$$\mathrm{e}^{\int f(x)\mathrm{d}x}P(x,y)\,\mathrm{d}x+\mathrm{e}^{\int f(x)\mathrm{d}x}Q(x,y)\,\mathrm{d}y=0$$

exakt.

3. Ganz entsprechend wie Aufgabe 2.

4. Sei $H(t):=\int h(t)\,\mathrm{d}t$. Dann ist

$$\frac{\partial}{\partial y}(\mathrm{e}^{-H(xy)}P(x,y))=\mathrm{e}^{-H(xy)}(P_y(x,y)-h(xy)x\,P(x,y)),$$
$$\frac{\partial}{\partial x}(\mathrm{e}^{-H(xy)}Q(x,y))=\mathrm{e}^{-H(xy)}(Q_x(x,y)-h(xy)y\,Q(x,y)).$$

Die Differenz der beiden linksstehenden Ableitungen ist also

$$\mathrm{e}^{-H(xy)}[P_y(x,y)-Q_x(x,y)-h(xy)(x\,P(x,y)-y\,Q(x,y))]=0,$$

und somit ist die Differentialgleichung $\mathrm{e}^{-H(xy)}P(x,y)\,\mathrm{d}x+\mathrm{e}^{-H(xy)}Q(x,y)\,\mathrm{d}y=0$ exakt.

5. Hängt die Funktion $k:=\dfrac{P_y-Q_x}{P-Q}$ nur von $x+y$ ab, so ist $M(x+y):=\exp(-\int k(t)\,\mathrm{d}t)_{t=x+y}$ ein (nur von $x+y$ abhängender) integrierender Faktor.

9. $M(y):=1/y^4$; $\quad Cy^3+y^2-x^2=0$, außerdem $y(x)\equiv 0$.

10. $M(x):=1/x^2$; $\quad y(x):=x+\sqrt[3]{C+\dfrac{\sin x}{x}}$.

11. $M(x,y):=xy$; $\quad x^3y^2+x^4y^3=C$.

12. $M(xy):=\dfrac{1}{xy}$; $\quad \ln|x|+\dfrac{x}{y}=C$. **13.** $M(y):=\mathrm{e}^y$; $\quad \mathrm{e}^y\sin x+2y^2=C$.

Aufgaben zu Nr. 8

1. $y(x)=\sqrt[4]{1-4x^3/3}$ bzw. $y(x)=-\sqrt[4]{1-4x^3/3}$. **2.** $u(t)=-\ln\cos t$.

3. $\mathrm{e}^{-x}(1+x)=\dfrac{1}{t}+C$, also $t(x)=\dfrac{1}{\mathrm{e}^{-x}(1+x)-C}$. **4.** $u(t)=\sin(C-\arcsin t)$.

5. $y(x)=(1+x)\exp\left(\dfrac{x^2}{2}-x\right)$. **6.** $y(x)=\tan(C-\arctan x)$. **7.** $y^2+1+\dfrac{C}{x^2+1}=0$.

8. $(1-x)^2=C(1-y^2)$ oder also $\dfrac{(x-1)^2}{C}+y^2=1$ (Ellipsen für $C>0$, Hyperbeln für $C<0$).

9. $x(t)=\arccos\dfrac{1}{1+t^2}$. **10.** $y\sqrt{y^2-1}+x\sqrt{x^2-1}+\ln\dfrac{x+\sqrt{x^2-1}}{y+\sqrt{y^2-1}}=4\sqrt{3}$.

11. $\dfrac{\mathrm{d}z}{\mathrm{d}x}=a+bf(z)$. **12.** $y(x):=\tan(x+C)-x$. **13.** $y(x):=x-\tanh(x+C)$.

14. $P(t)=\dfrac{1}{\left(\dfrac{1}{P_0^{\beta-1}}-\alpha(\beta-1)t\right)^{1/(\beta-1)}}$ für $0\leqslant t<T:=\dfrac{1}{\alpha(\beta-1)P_0^{\beta-1}}$.

15. $\frac{\mathrm{d}W}{\mathrm{d}x} = \frac{A}{S}\left(\frac{W}{x}\right)^2$.

17. I) $4ac - b^2 > 0$: $y(x) = \frac{1}{2a}\left[-b + \sqrt{4ac-b^2}\tan\left(\frac{\sqrt{4ac-b^2}}{2}x + C\right)\right]$.

II) $4ac - b^2 = 0$: $y(x) = \alpha - \frac{1}{ax + C}$.

III) $4ac - b^2 < 0$: $y(x) = \frac{\alpha - \beta C e^{a(\alpha-\beta)x}}{1 - C e^{a(\alpha-\beta)x}}$.

19. $t = \ln(K c^{k_2/k_1} e^{c/k_1})$.

Aufgaben zu Nr. 9

1. $(x+y) = (x-y)^3$. **2.** $x^4 + 2x^2y^2 = C$.

3. $x e^{\frac{1}{x}\sqrt{x^2+y^2}} = e^{\sqrt{2}}$. **4.** $y = (x^2-1)/2$.

5. $y^2 = C^2 - 2Cx$. **6.** $2(1+\sqrt{x+y+1}) - 2\ln(1+\sqrt{x+y+1}) - x = C$.

7. $\frac{\sin(x+y)-1}{\cos(x+y)} - x = C$. **8.** $2x^3 + 3x^2y + 3xy^2 = C$.

9. $x - y + \ln(x-2y+1)^2 = 0$. **10.** $(3x-6y+1)^2 e^{3(4x-2y)} = C$.

11. $x + y = (x-y)^3$. **12.** $2x - y + 2\ln(x-y+1) = 1$.

13. $2x^2 + 3xy + y^2 + x + y = C$.

Aufgaben zu Nr. 10

1. $V(t) = \frac{1}{\alpha P^\beta}\left(\sqrt{2\alpha P^{\beta+1}t + R^2} - R\right)$. **2.** $\left(\frac{a}{a-x}\right)^{1-k} - (1-k)\frac{x-y}{a-x} = 1$.

3. a) $u(t)$ ist Lösung der Anfangswertaufgabe

$$\frac{\mathrm{d}u}{\mathrm{d}t} = k(10-u)\left(\frac{1}{4} - \frac{u}{100}\right) = \frac{k}{100}(10-u)(25-u), \quad u(0) = 0.$$

Nach (10.4), (10.5) ist also

$$u(t) = 10\left(1 + \frac{3}{2 - 5e^{0,15kt}}\right).$$

b) $k = \frac{2}{3}\ln\frac{8}{5} \approx 0{,}3133$, wenn t in Minuten gemessen wird.

c) Nach etwa 26 Minuten.

4. $x(t)$ ist Lösung der Anfangswertaufgabe

$$\frac{dx}{dt} = a^2 - b^2x^2 = (a-bx)(a+bx) = -b^2\left(\frac{a}{b} - x\right)\left(-\frac{a}{b} - x\right), \quad x(0)=0.$$

Nach (10.4), (10.5) ist also

$$x(t) = \frac{a}{b}\left(1 - \frac{2}{1+e^{2abt}}\right) \quad \text{und somit} \quad \lim_{t\to\infty} x(t) = \frac{a}{b}.$$

5. $h(t)$ ist Lösung der Anfangswertaufgabe $\frac{dh}{dt} = k\frac{h}{t^3}$, $h(1)=1$ (k eine positive Konstante), also ist $h(t) = e^{\frac{k}{2}\left(1-\frac{1}{t^2}\right)}$.

6. $u(t) = \dfrac{a + b\dfrac{u_0 - a}{u_0 + b}e^{-k(a+b)t}}{1 - \dfrac{u_0 - a}{u_0 + b}e^{-k(a+b)t}}$. **7.** $u(t) = ak_1\dfrac{1 - e^{2a\sqrt{k_1k_2}\,t}}{k_1 - \sqrt{k_1k_2} - (k_1 + \sqrt{k_1k_2})e^{2a\sqrt{k_1k_2}\,t}}$.

9. $y = ax$. **10.** $y = ax^2$. **11.** $e^{-x} - e^y = a$.

12. $x^2 + (y-a)^2 = a^2$. **13.** $2x^2 + y^2 = a^2$. **14.** $x^2 + 3y^2 = a^2$.

15. $2x^2 + 3y^2 = a^2$. **16.** $x^2y + y^3 = a$. **17.** $r = a\cos\varphi$.

18. $r^2 = a(1+\cos^2\varphi)$. **19.** $\dfrac{d\varphi}{dr} = \dfrac{d\psi}{dr} = \dfrac{\sin\psi\cdot(1-\cos\psi)}{r(1-\cos^2\psi)} = \dfrac{1-\cos\psi}{r\sin\psi} = -\dfrac{1+\cos\varphi}{r\sin\varphi}$.

20. Mit $C := \arctan\left(\sqrt{\frac{r}{mg}}\,v_0\sin\varphi\right)$ und $T := \sqrt{\frac{m}{rg}}\,C$ ist

$$x(t) = \frac{m}{r}\ln\left(\frac{rv_0\cos\varphi}{m}t + 1\right),$$

$$y(t) = \begin{cases} \dfrac{m}{r}\left[\ln\cos\left(\sqrt{\dfrac{rg}{m}}\,t - C\right) - \ln\cos C\right] & \text{für } 0 \leq t \leq T, \\ \dfrac{m}{r}\left[-\ln\cosh\left(\sqrt{\dfrac{rg}{m}}\,t - C\right) - \ln\cos C\right] & \text{für } T < t \leq \text{Aufschlagzeit}. \end{cases}$$

Aufgaben zu Nr. 12

1. a) $\varphi_1(x) = \dfrac{x^3}{3}$, $\varphi_2(x) = \dfrac{x^3}{3} + \dfrac{x^8}{8\cdot 9}$, $\varphi_3(x) = \dfrac{x^3}{3} + \dfrac{x^8}{8\cdot 9} + \dfrac{x^{13}}{3\cdot 4\cdot 9\cdot 13} + \dfrac{x^{18}}{18\cdot 64\cdot 81}$.

b) $f(x,y) := x^2 + xy^2$ ist auf $R := \{(x,y): |x| \leq 1, |y| \leq 1\}$ stetig und genügt dort einer Lipschitzbedingung; außerdem ist $|f(x,y)| \leq 2$ auf R. Die Behauptung ergibt sich nun aus dem Satz von Picard-Lindelöf.

2. $y(x) = e^{x^2/2}$.

Aufgaben zu Nr. 14

1. $C_1 e^{-5t} + C_2 e^{-8t}$. 2. $(C_1 + C_2 t)e^{6t}$.

3. $e^{-3t}(C_1 \cos 5t + C_2 \sin 5t)$. 4. $C_1 \cos t + C_2 \sin t$.

5. $C_1 e^{2t} + C_2 e^{-5t}$. 6. $(C_1 + C_2 t)e^{-2t}$.

7. $(2 - 5t)e^{3t}$. 8. $\frac{1}{3}\sin 3t$.

9. e^t. 10. $e^{-2t}(\cos t + 2\sin t)$.

11. $3 + 2e^t - e^{2t}$.

12. $-\frac{1}{10}(2\cos 2t + \sin 2t) + \frac{6}{5}e^{-t}(\cos t + 2\sin t)$.

13. $-2t\cos t + \cos t + 2\sin t$. 14. $te^{2t} + C_1 e^t + C_2 e^{2t}$.

15. $\frac{1}{2}t + \frac{3}{4} + C_1 e^t + C_2 e^{2t}$. 16. $\left(\frac{1}{2}t^2 + C_1 t + C_2\right)e^t$.

17. $\frac{1}{65}(7\cos 2t - 4\sin 2t) + \frac{e^{3t}}{65}\left(-7\cos 4t + \frac{29}{4}\sin 4t\right)$.

Aufgaben zu Nr. 15

1. $C_1 + C_2 \cos 2t + C_3 \sin 2t$. 2. $C_1 e^t + C_2 e^{2t} + C_3 e^{3t}$.

3. $C_1 e^{-t} + C_2 t e^{-t} + C_3 t^2 e^{-t}$.

4. $C_1 + C_2 e^t + C_3 \cos t + C_4 \sin t$.

5. $C_1 e^t + C_2 t e^t + C_3 e^t \cos 3t + C_4 e^t \sin 3t$.

6. $e^{t/\sqrt{2}}\left(C_1 \cos\frac{t}{\sqrt{2}} + C_2 \sin\frac{t}{\sqrt{2}}\right) + e^{-t/\sqrt{2}}\left(C_3 \cos\frac{t}{\sqrt{2}} + C_4 \sin\frac{t}{\sqrt{2}}\right)$.

7. $C_1 + C_2 \cos t + C_3 t\cos t + C_4 \sin t + C_5 t\sin t$. 8. $\frac{1}{4}(1 - \cos 2t)$.

9. $\frac{1}{9}(32e^{-t} - 23e^{2t} + 6te^{2t})$. 10. $2e^{2t} + (3t - 2)e^{-t}$.

11. $\frac{4}{9} - \left(\frac{4}{9} + \frac{2}{3}t\right)e^{-\frac{3}{2}t}$. 12. $\frac{1}{4}e^{-t} + \frac{2t-1}{4}e^t$.

Aufgaben zu Nr. 16

1. $\frac{1}{5}\cos t+\frac{2}{5}\sin t+e^{-t}(C_1\cos t+C_2\sin t)$; $\frac{1}{5}\cos t+\frac{2}{5}\sin t+e^{-t}\sin t$.

2. $\frac{1}{2}e^t(\cos t-\sin t)+C_1 e^t+C_2 e^{2t}$.

3. $\frac{1}{2}x^2 e^x+C_1 e^x+C_2 x e^x$; $\frac{1}{2}x^2 e^x+2e^x+xe^x$.

4. $\frac{1}{2}e^{2x}+C_1+C_2 e^x+C_3 e^{-x}$; $\frac{1}{2}e^{2x}-\frac{5}{2}+e^x+e^{-x}$.

5. $-\frac{1}{2}e^{-x}+C_1 e^x+C_2\cos x+C_3\sin x$.

6. $xe^x+C_1 e^x+C_2\cos x+C_3\sin x$.

7. $-\frac{3}{2}+t+C_1 e^{-t}+C_2 e^{2t}+C_3 e^{-2t}$; $-\frac{3}{2}+t+\frac{8}{3}e^{-t}+\frac{1}{12}e^{2t}-\frac{3}{4}e^{-2t}$.

8. $t\cos t-\sin t\ln|\cos t|+C_1\cos t+C_2\sin t$.

9. $\frac{1}{8}-\frac{x}{8}\sin 2x+C_1\cos 2x+C_2\sin 2x$; $\frac{1}{8}-\frac{x}{8}\sin 2x+\frac{\pi}{8}(\cos 2x+\sin 2x)$.

10. $(e^t+e^{2t})\ln(1+e^{-t})+C_1 e^t+C_2 e^{2t}$.

11. $-\frac{1}{2}e^{-x}+xe^x+C_1 e^x+C_2\cos x+C_3\sin x$.

12. $\cos t+C_1 e^t+C_2 e^{3t}$.

13. $\left[\ln\left|\frac{1-\tan(x/2)}{1+\tan(x/2)}\right|+1\right]\cos x+2\sin x$, $-\frac{\pi}{2}<x<\frac{\pi}{2}$.

Aufgaben zu Nr. 17

1. $\frac{s}{1+s^2}e^{-\frac{\pi}{2}s}$. 2. $\frac{1}{1+s^2}\left(1-se^{-\frac{\pi}{2}s}\right)$.

3. $\frac{\omega}{s^2+4\omega^2}$. 4. $\frac{1}{1+s^2}\coth\frac{\pi}{2}s$.

5. $\frac{\omega}{s^2+\omega^2}\coth\frac{\pi}{2\omega}s$. 6. $\frac{2\omega^2}{s(s^2-4\omega^2)}$.

7. $\frac{2\omega s}{(s^2-\omega^2)^2}$. 8. $\frac{1}{s^2}\tanh\frac{a}{2}s$.

9. $\frac{1}{2}\frac{s-\alpha}{(s-\alpha)^2-\beta^2}+\frac{1}{2}\frac{s+\alpha}{(s+\alpha)^2-\beta^2}=\frac{s(s^2-\alpha^2-\beta^2)}{[s^2-(\alpha+\beta)^2][s^2-(\alpha-\beta)^2]}$.

10. $\frac{2\alpha\beta s}{(s^2+\alpha^2+\beta^2)^2-4\beta^2 s^2}$. 11. $\frac{2}{\alpha}(1-\mathrm{e}^{-\alpha t})-t$.

12. $t-(t-3)H(t-3)=\begin{cases} t & \text{für } 0\leqslant t<3, \\ 3 & \text{für } t\geqslant 3. \end{cases}$ 13. $\frac{1}{\sqrt{8}}\mathrm{e}^t \sin\sqrt{8}\,t$. 14. $\frac{1}{24}t^4\mathrm{e}^{3t}$.

15. $\mathrm{e}^{2(t-1)}\cos(t-1)H(t-1)=\begin{cases} 0 & \text{für } 0\leqslant t<1, \\ \mathrm{e}^{2(t-1)}\cos(t-1) & \text{für } t\geqslant 1. \end{cases}$ 16. $\left(\frac{3}{2}t^2-\frac{1}{3}t^3\right)\mathrm{e}^{-t}$.

17. e^t-t-1. 18. $4+2H(t-2)-H(t-3)=\begin{cases} 4 & \text{für } 0\leqslant t<2, \\ 6 & \text{für } 2\leqslant t<3, \\ 5 & \text{für } t\geqslant 3. \end{cases}$

19. $(-7\cos 3t-4\sin 3t)H(t-\pi)=\begin{cases} 0 & \text{für } 0\leqslant t<\pi, \\ -7\cos 3t-4\sin 3t & \text{für } t\geqslant \pi. \end{cases}$

20. $\frac{1}{3}-\frac{1}{2}\mathrm{e}^t+\frac{1}{6}\mathrm{e}^{3t}$.

21. $\frac{1}{60}\left(31\,\mathrm{e}^{3t}+29\,\mathrm{e}^{-3t}\right)-\frac{1}{10}\sin t$. 22. $\frac{11}{20}(\mathrm{e}^{3t}+\mathrm{e}^{-3t})-\frac{1}{10}\cos t=\frac{11}{10}\cosh 3t-\frac{1}{10}\cos t$.

23. $\frac{7}{12}\mathrm{e}^{3t}+\frac{13}{24}\mathrm{e}^{-3t}-\frac{1}{8}\mathrm{e}^t$. 24. $\left(1+t+\frac{1}{6}t^3\right)\mathrm{e}^{-t}$.

25. $4+5\,\mathrm{e}^{-t}-2\,\mathrm{e}^{-3t}$. 26. $2\sin t-\cos t-\mathrm{e}^{-2t}+2\,\mathrm{e}^{-t}-2t\,\mathrm{e}^{-t}$.

27. $\frac{1}{2}\mathrm{e}^{-t}+\frac{3}{2}\mathrm{e}^t-t\,\mathrm{e}^t$. 28. $\frac{1}{2}t^2\mathrm{e}^t+\frac{1}{6}t^3\mathrm{e}^t$.

29. $\cosh t$. 30. $\frac{1}{2}\sin t-\frac{1}{2\sqrt{3}}\sin\sqrt{3}\,t$.

33. $u(t)=\begin{cases} \cos 2t & \text{für } 0\leqslant t<\pi, \\ 1 & \text{für } \pi\leqslant t<2\pi, \\ \cos 2t & \text{für } t\geqslant 2\pi. \end{cases}$

Das Anfangswertproblem beschreibt einen harmonischen Oszillator. Im Zeitintervall $[\pi, 2\pi)$ wird der rücktreibenden Federkraft durch die Störkraft genau die Waage gehalten.

Aufgaben zu Nr. 18

1. $x(t)=x_0\cos\sqrt{\frac{k}{m}}\,t+\dot{x}_0\sqrt{\frac{m}{k}}\sin\sqrt{\frac{k}{m}}\,t$.

2. a) $k=5\,\mathrm{N}\cdot\mathrm{m}^{-1}$. b) $\omega_0=\sqrt{20}\approx 4{,}472\,\mathrm{s}^{-1}$, $\nu\approx 0{,}712\,\mathrm{s}^{-1}$, $T\approx 1{,}405\,\mathrm{s}$. c) $x(t)=5\cos\sqrt{20}\,t\,\mathrm{cm}$.

3. b) $\omega_0=\sqrt{5}\approx 2{,}236\,\mathrm{s}^{-1}$, $\nu\approx 0{,}356\,\mathrm{s}^{-1}$, $T=2{,}81\,\mathrm{s}$. c) $x(t)=5\cos\sqrt{5}\,t\,\mathrm{cm}$.

4. $k\approx 8{,}773\,\mathrm{N}\cdot\mathrm{m}^{-1}$.

6. a) $A=4$ cm, $\nu\approx 0{,}5\,\mathrm{s}^{-1}$. b) $y(t)=-4\cos\sqrt{10}\,t$ cm.

c) $\dfrac{\pi}{3\sqrt{10}}, \dfrac{5\pi}{3\sqrt{10}}, \dfrac{7\pi}{3\sqrt{10}}, \dfrac{11\pi}{3\sqrt{10}}, \ldots$ s; $\pm 2\sqrt{30}$ cm$\cdot$s^{-1}.

7. a) $T\approx 0{,}634$ s, $\omega_0\approx 9{,}905\,\mathrm{s}^{-1}$. b) $y(t)\approx 4\cos 9{,}905\,t-0{,}303\sin 9{,}905\,t$ cm. c) $A\approx 4{,}012$ cm.

9. a) $y(t)\approx -0{,}03\,\mathrm{e}^{-2{,}5t}\sin 10{,}79\,t$ m. b) Nach etwa 2,28 s.

10. a) $y(t)=\mathrm{e}^{-10t}\left(2\cos\sqrt{96{,}2}\,t+\dfrac{20}{\sqrt{96{,}2}}\sin\sqrt{96{,}2}\,t\right)$ cm $\approx \mathrm{e}^{-10t}(2\cos 9{,}81\,t+2{,}04\sin 9{,}81\,t)$ cm.

b) Ausschläge $\leqslant \mathrm{e}^{-10t}\sqrt{2^2+\left(\dfrac{20}{\sqrt{96{,}2}}\right)^2}$ cm $<0{,}01$ cm $\Rightarrow t>0{,}565\ldots$ s.

12. a) $k=1602{,}589\ldots\,\mathrm{g}\cdot\mathrm{s}^{-2}$. Weiterhin wird mit $k=1603\,\mathrm{g}\cdot\mathrm{s}^{-2}$ gerechnet.

b) $\eta=14{,}99<\dfrac{2}{3\sqrt{3\pi}}\sqrt{kR\delta}=24{,}28\ldots$; nach Aufgabe 13b führt also K eine gedämpfte Schwingung aus. Ihr Weg-Zeitgesetz ist

$$x(t)\approx \mathrm{e}^{-4{,}324t}(4\cos 5{,}511\,t+3{,}139\sin 5{,}511\,t)\ \mathrm{cm}.$$

c) $T\approx 1{,}14$ s. d) Nein.

13. b) $x(t)\approx \mathrm{e}^{-2{,}972t}(4\cos 4{,}989\,t+2{,}383\sin 4{,}989\,t)$ cm. c) $T\approx 1{,}26$ s. d) Ja.

15. a) $y(t)=\mathrm{e}^{-2t}\left(-\dfrac{1}{2}\cos 4t-\dfrac{3}{8}\sin 4t\right)+\dfrac{1}{2}\cos 2t+\dfrac{1}{4}\sin 2t$ m. Der eingeschwungene Zustand wird durch $y_p(t)=\dfrac{1}{2}\cos 2t+\dfrac{1}{4}\sin 2t$ m beschrieben. Es ist $A=\sqrt{5}/4=0{,}559\ldots$ m.

b) Nach etwa 4,6 s.

16. Wegen $\varrho=2<\omega_0/\sqrt{2}=\sqrt{10}$ ist Resonanz möglich. Es ist $\omega_R=\sqrt{12}=3{,}46\ldots\,\mathrm{s}^{-1}$ und $A_{\max}=10/16=0{,}625$ m.

17. b) $R=1$ cm: Resonanz tritt ein bei $\omega=\omega_R\approx 3{,}42\,\mathrm{s}^{-1}$. $R=0{,}5$ cm: keine Resonanz möglich.

18. $$y(t)=\begin{cases}\dfrac{2}{9}t-\dfrac{2}{27}\sin 3t\ \mathrm{m} & \text{für}\quad 0\leqslant t\leqslant 1,\\[2mm] \dfrac{2}{9}\cos 3(t-1)+\dfrac{2}{27}\sin 3(t-1)-\dfrac{2}{27}\sin 3t\ \mathrm{m} & \text{für}\quad t>1.\end{cases}$$

25. a) $\dfrac{1}{4}\ddot{Q}+40\dot{Q}+\dfrac{1}{4}10^4Q=50,\quad Q(0)=0,\ \dot{Q}(0)=J(0)=0,\quad$ oder also

$$\ddot{Q}+2\varrho\dot{Q}+\omega_0^2Q=200,\quad Q(0)=\dot{Q}(0)=0\quad \text{mit}\quad \varrho=80,\ \omega_0=100.$$

Mit $\omega_1=\sqrt{\omega_0^2-\varrho^2}=\sqrt{3600}=60$ ist also nach (18.13)

$$\mathrm{e}^{-\varrho t}(C_1\cos\omega_1 t+C_2\sin\omega_1 t)=\mathrm{e}^{-80t}(C_1\cos 60t+C_2\sin 60t)$$

die allgemeine Lösung der homogenen Gleichung $\ddot{Q}+160\dot{Q}+10^4Q=0$.

$Q_p(t) := \frac{200}{10^4} = \frac{1}{50}$ ist eine partikuläre Lösung der inhomogenen Gleichung. Deren allgemeine Lösung ist also

$$Q(t) = \frac{1}{50} + e^{-80t}(C_1 \cos 60t + C_2 \sin 60t).$$

Anpassung an die Anfangsbedingungen ergibt

$$Q(t) = \frac{1}{50} - \frac{e^{-80t}}{50}\left(\cos 60t + \frac{4}{3}\sin 60t\right) \text{ Coulomb}.$$

Daraus folgt

$$J(t) = \dot{Q}(t) = \frac{10}{3} e^{-80t} \sin 60t \text{ Ampere}.$$

Der stationäre Ladungs- bzw. Stromzustand ist 1/50 Coulomb bzw. 0 Ampere.
Hinweis: Die Aufgabe läßt sich auch leicht mit Hilfe der Laplacetransformation lösen.
b) $J(t) \approx 1{,}46 \sin 300t - 2{,}43 \cos 300t + e^{-80t}(-170{,}71 \sin 60t - 2{,}43 \cos 60t)$ Ampere.
Stationärer Zustand: $1{,}46 \sin 300t - 2{,}43 \cos 300t$ Ampere.
c) $-31{,}25 \cos 100t$ Volt.

27.

n cm Tiefe	1	10	20	25
Dämpfungsfaktor	0,874	0,26	0,067	0,034

Aufgaben zu Nr. 20

1. $C_1 x + C_2 x \ln x$. **2.** $C_1 x + C_2/x$.

3. $C_1 x \cos(\ln x) + C_2 x \sin(\ln x)$. **4.** $C_1 + C_2/x$.

5. $\frac{1}{x^2}[C_1 \cos(\ln x) + C_2 \sin(\ln x)]$. **6.** $C_1 x + C_2 x^2 + C_3 x^3$.

7. $x(C_1 + C_2 \ln x) + C_3/x$. **8.** $C_1 x + C_2 x^2 + C_3 x^4$.

9. $C_1 x^2 + C_2 x^2 \ln x + C_3 x \cos(\ln x) + C_4 x \sin(\ln x)$. **10.** $x(C_1 + C_2 \ln x + C_3 \ln^2 x) + C_4/x^2$.

11. $\frac{1}{4}(1 + \ln x) + x^2(C_1 + C_2 \ln x)$. **12.** $\frac{1}{16}x^2 + 4\ln^2 x - 8\ln x + 6 + \frac{1}{x^2}(C_1 + C_2 \ln x)$.

Aufgaben zu Nr. 21

2. $\sinh(t-\tau)$.

3. Es ist $u(t)=t+\int_0^t (t-\tau)v(\tau)\,d\tau$, wobei v die Lösung der Integralgleichung

$$v(t)-\int_0^t (t-\tau)v(\tau)\,d\tau=t$$

ist. Mit Hilfe der Aufgabe 2 erhält man $v(t)=t+\int_0^t \sinh(t-\tau)\cdot\tau\,d\tau=\sinh t$ und nun schließlich $u(t)=\sinh t$.

Aufgaben zu Nr. 23

1. $C_1 t+C_2 t\ln t$. 2. $C_1(1+x^2)+C_2[x+(1+x^2)\arctan x]$.

3. $C_1 e^x+C_2 x^2 e^x$. 4. $C_1 t+C_2 e^t$.

5. $C_1 t+C_2(t^2-1)$. 6. $C_1(1+x)+C_2 e^x$.

7. $C_1 e^{2x}+C_2(1+3x)e^{-x}$. 8. $C_1 e^{x^2}+C_2 e^{x^2}\int_0^x e^{-t^2}\,dt$.

9. $C_1 t+C_2\left(1-\frac{t}{2}\ln\left|\frac{1+t}{1-t}\right|\right)$ auf $(-\infty,-1), (-1,1), (1,\infty)$.

11. $v''+(\lambda+1-x^2)v=0$. 12. $v''+\left(1+\frac{1-4\nu^2}{4x^2}\right)v=0$.

Aufgaben zu Nr. 24

1. $C_1 t+C_2(t^2+1)+3t^2-t^4$. $u_p(t)=1+4t^2-t^4$.

2. $C_1 x+C_2 e^x+\left(\frac{1}{2}-x\right)e^{-x}$. 3. $C_1 e^x+C_2 x^2 e^{-x}-x$.

4. $C_1\frac{1}{t^2}+C_2\frac{(t-1)^3}{3t^2}+\frac{1}{2t^2}+\frac{7}{6t}+\frac{2}{3}+\frac{t}{9}-\frac{(t-1)^3}{3t^2}\ln|t-1|$ auf $(-\infty,0), (0,1), (1,+\infty)$.

5. $C_1 t^2+C_2 e^t+1+t+t^2\ln|t|$ für $t\neq 0$. 6. $C_1 x^2+C_2 x^3-x^2\sin x$.

7. $C_1 x+C_2 x^2-(x+x^2)\int\frac{e^{-x}}{x}\,dx-xe^{-x}$ für $x\neq 0$. 8. $C_1 e^{x^2}+C_2 e^{-x^2}-\frac{1}{4}$.

Aufgaben zu Nr. 26

1. $c_0\left(1+\sum_{k=1}^{\infty}\frac{(-1)^k t^{2k}}{2\cdot 4\cdots(2k)}\right)=c_0\sum_{k=0}^{\infty}\frac{(-t^2/2)^k}{k!}=c_0 e^{-t^2/2}$ für alle $t\in\mathbf{R}$.

2. $\underbrace{c_0\left(1+\sum_{k=1}^{\infty}\frac{t^{2k}}{2\cdot 4\cdots(2k)}\right)}_{=c_0\exp(t^2/2)}+\left(t+\frac{t^2}{2}+\frac{t^3}{3}+\frac{t^4}{2\cdot 4}+\frac{t^5}{3\cdot 5}+\frac{t^6}{2\cdot 4\cdot 6}+\frac{t^7}{3\cdot 5\cdot 7}+\cdots\right)$ für alle $t\in\mathbf{R}$.

3. $\underbrace{c_0\left(1+\sum_{k=1}^{\infty}\frac{(-1)^k t^{2k}}{2\cdot 4\cdots(2k)}\right)}_{=c_0\exp(-t^2/2)}+c_1\left(t+\sum_{k=1}^{\infty}\frac{(-1)^k t^{2k+1}}{3\cdot 5\cdots(2k+1)}\right)$ für alle $t\in\mathbf{R}$.

4. $c_0\left(1+\sum_{k=2}^{\infty}\frac{t^{4k}}{3\cdot 4\cdot 7\cdot 8\cdots(4k-5)(4k-4)(4k-1)(4k)}\right)+$

$c_1\left(t+\sum_{k=2}^{\infty}\frac{t^{4k+1}}{4\cdot 5\cdot 8\cdot 9\cdots(4k-4)(4k-3)(4k)(4k+1)}\right)$ für alle $t\in\mathbf{R}$.

5. $c_0(1-t^2)+c_1\left(t-\frac{t^3}{3!}-\sum_{k=2}^{\infty}\frac{1\cdot 3\cdot 5\cdots(2k-3)}{(2k+1)!}t^{2k+1}\right)$ für alle $t\in\mathbf{R}$.

6. $c_0\left(1+\sum_{k=0}^{\infty}(-1)^k\frac{x^{2k+2}}{2k+1}\right)+c_1x=c_0(1+x\arctan x)+c_1x$. In der Potenzreihenform gilt die Lösung nur für $|x|<1$, in der geschlossenen Form für *alle* $x\in\mathbf{R}$.

7. $c_0\sum_{k=0}^{\infty}\frac{(-1)^k x^{2k}}{(2k-3)(2k-1)}+c_1(x+x^3)$ für $|x|<1$.

8. $c_0\left(1-\sum_{k=1}^{\infty}\frac{3\cdot 5\cdots(2k+1)}{(18)^k k!(2k-1)}x^{2k}\right)+c_1x$ für $|x|<3$.

9. $c_0\left(1+\sum_{k=1}^{\infty}\frac{1\cdot 10\cdots(9k-8)}{(3k)!}x^{3k}\right)+c_1\left(x+\sum_{k=1}^{\infty}\frac{4\cdot 13\cdots(9k-5)}{(3k+1)!}x^{3k+1}\right)$

$+c_2\left(\frac{1}{2}x^2+\sum_{k=1}^{\infty}\frac{7\cdot 16\cdots(9k-2)}{(3k+2)!}x^{3k+2}\right)$ für alle $x\in\mathbf{R}$.

10. $c_0\left(1-\frac{t^2}{2}-\frac{t^3}{2}-\frac{11}{24}t^4-\cdots\right)+c_1\left(t+t^2+\frac{5}{6}t^3+\frac{3}{4}t^4+\cdots\right)$ für $|t|<1$.

11. $c_0\left(1-\frac{t^3}{6}+\frac{t^6}{180}-\cdots\right)+c_1\left(t-\frac{t^4}{12}+\frac{t^7}{504}-\cdots\right)+\left(\frac{t^3}{6}-\frac{t^5}{120}-\frac{t^6}{180}+\cdots\right)$ für alle $t\in\mathbf{R}$.

12. $c_0\left(1-\frac{x^3}{3!}+\frac{x^5}{5!}+\frac{x^6}{2\cdot 3\cdot 5\cdot 6}+\cdots\right)+c_1\left(x-\frac{x^4}{3\cdot 4}+\frac{x^6}{2\cdot 3\cdot 5\cdot 6}+\cdots\right)$ für alle $x\in\mathbf{R}$.

13. $(\arcsin x)^2=x^2+2\sum_{k=2}^{\infty}\frac{2^2\cdot 4^2\cdots(2k-2)^2}{(2k)!}x^{2k}$ für $|x|<1$.

Aufgaben zu Nr. 27

1. $y_1(x):=1+\frac{3}{1!\cdot 3}x+\frac{3^2}{2!\cdot 3\cdot 7}x^2+\frac{3^3}{3!\cdot 3\cdot 7\cdot 11}x^3+\cdots,$

$y_2(x):=x^{1/4}\left[1+\frac{3}{1!\cdot 5}x+\frac{3^2}{2!\cdot 5\cdot 9}x^2+\frac{3^3}{3!\cdot 5\cdot 9\cdot 13}x^3+\cdots\right],\quad x>0.$

2. $y_1(x) := \cos\sqrt{x},\ y_2(x) := \sin\sqrt{x},\quad x>0.$

3. $y_1(x) := \frac{1}{x}\sin x,\ y_2(x) := \frac{1}{x}\cos x,\quad x>0.$

4. $y_1(x) := 1+3\sum_{n=1}^{\infty}\frac{(-5)^n}{n!(2n+1)(2n+3)}x^n,\quad y_2(x) := x^{-3/2}(1-10x),\quad x>0.$

5. $y_1(x) := x^{2/3}\left[1-\frac{1}{3\cdot 4}x+\frac{1}{3\cdot 4\cdot 6\cdot 7}x^2-\frac{1}{3\cdot 4\cdot 6\cdot 7\cdot 9\cdot 10}x^3+-\cdots\right],$

$y_2(x) := x^{1/3}\left[1-\frac{1}{2\cdot 3}x+\frac{1}{2\cdot 3\cdot 5\cdot 6}x^2-\frac{1}{2\cdot 3\cdot 5\cdot 6\cdot 8\cdot 9}x^3+-\cdots\right],\quad x>0.$

6. $y_1(x) := \cosh\sqrt{x},\quad y_2(x) := \sinh\sqrt{x},\quad x>0.$

7. $y_1(x) := \sqrt{x}\cosh x,\quad y_2(x) := \sqrt{x}\sinh x,\quad x>0.$

8. $y_1(x) := \frac{1}{x}\sum_{n=0}^{\infty}\frac{(-1)^n}{(n!)^2}x^{2n},\quad y_2(x) := y_1(x)\ln x-\frac{1}{x}\sum_{n=1}^{\infty}\frac{(-1)^n h_n}{(n!)^2}x^{2n},\quad x>0.$

9. $y_1(x) := \sqrt{x}\,e^x,\quad y_2(x) := \sqrt{x}\,e^x\ln x,\quad x>0.$

10. $y_1(x) := x^{5/2}\left\{1+\sum_{n=1}^{\infty}\frac{x^{2n}}{[2\cdot 4\cdots(2n)][5\cdot 7\cdots(2n+3)]}\right\},$

$y_2(x) := \frac{1}{\sqrt{x}}\left\{1-\frac{x^2}{2}-\sum_{n=2}^{\infty}\frac{x^{2n}}{[2\cdot 4\cdots(2n)][1\cdot 3\cdots(2n-3)]}\right\},\quad x>0.$

11. $y_1(x) := \frac{1}{x}-\frac{1}{2},\quad y_2(x) := \sum_{n=3}^{\infty}\frac{(-1)^{n+1}(n-2)}{n!}x^{n-1},\quad x>0.$

12. $y_1(x) := -2+2x,\quad y_2(x) := y_1(x)\ln x+\frac{1}{x}+1-5x+\sum_{n=3}^{\infty}\frac{2}{(n-1)(n-2)}x^{n-1},\quad 0<x<1.$

13. $y_1(x) := \sin x^2,\quad y_2(x) := \cos x^2.$

14. $y_1(x) := \sum_{n=0}^{\infty}\frac{1}{1\cdot 3\cdot 5\cdots(2n+1)}x^n,\quad y_2(x) := \sqrt{\frac{e^x}{x}},\quad x>0.$

15. $y_1(x) := 1+x+\frac{3}{10}x^2+\cdots,\quad y_2(x) := \sqrt[3]{x}\left(1+\frac{7}{12}x+\frac{5}{36}x^2+\cdots\right).$

Aufgaben zu Nr. 28

4. $J_5(x) = \left(\frac{384}{x^4}-\frac{72}{x^2}+1\right)J_1(x)-\left(\frac{192}{x^3}-\frac{12}{x}\right)J_0(x).$

5. $J_{3/2}(x) = \frac{1}{x}J_{1/2}(x)-J_{-1/2}(x) = \sqrt{\frac{2}{\pi x}}\left(\frac{\sin x}{x}-\cos x\right).$

6. $J_{-5/2}(x) = -\frac{3}{x} J_{-3/2}(x) - J_{-1/2}(x) = \sqrt{\frac{2}{\pi x}} \left(\frac{3\cos x}{x^2} + \frac{3\sin x}{x} - \cos x \right)$.

21. $\frac{1}{x} Z_2(4\sqrt{x})$. 22. $e^{-x} Z_0(2x)$.

23. $\frac{1}{x} Z_{\frac{1}{2}}\left(\frac{x^2}{2}\right)$. 24. $\sqrt{x}\, Z_{\frac{1}{6}}\left(\frac{2}{3} x^3\right)$.

25. $Z_0\left(2\sqrt{7}\, e^{-\frac{x}{2}}\right)$. 26. $x Z_0(3x)$.

Aufgaben zu Nr. 30

1. $\boldsymbol{y} := \begin{pmatrix} y_1 \\ y_2 \end{pmatrix}$, $\boldsymbol{z} := \begin{pmatrix} z_1 \\ z_2 \end{pmatrix}$ seien zwei Integralbasen von (30.3); wie in (30.5) sei

$$\boldsymbol{y}(x+\omega) = \boldsymbol{A}\boldsymbol{y}(x) \quad \text{und entsprechend} \quad \boldsymbol{z}(x+\omega) = \boldsymbol{B}\boldsymbol{z}(x).$$

Es gibt eine nichtsinguläre Matrix $\boldsymbol{C}$, so daß $\boldsymbol{z} = \boldsymbol{C}\boldsymbol{y}$ ist. Mit ihr haben wir

$$\boldsymbol{z}(x+\omega) = \boldsymbol{C}\boldsymbol{y}(x+\omega) = \boldsymbol{C}\boldsymbol{A}\boldsymbol{y}(x) = \boldsymbol{C}\boldsymbol{A}\boldsymbol{C}^{-1}\boldsymbol{z}(x),$$

also ist $\boldsymbol{B} = \boldsymbol{C}\boldsymbol{A}\boldsymbol{C}^{-1}$ und somit

$$\begin{aligned} \det(\boldsymbol{B} - s\boldsymbol{I}) &= \det(\boldsymbol{C}\boldsymbol{A}\boldsymbol{C}^{-1} - s\boldsymbol{I}) = \det \boldsymbol{C}(\boldsymbol{A} - s\boldsymbol{I})\boldsymbol{C}^{-1} \\ &= \det \boldsymbol{C} \cdot \det(\boldsymbol{A} - s\boldsymbol{I}) \cdot (\det \boldsymbol{C})^{-1} = \det(\boldsymbol{A} - s\boldsymbol{I}). \end{aligned}$$

Die Fundamentalgleichungen bez. der beiden Integralbasen stimmen also überein - und das ist sogar noch etwas mehr, als behauptet wurde.

Aufgaben zu Nr. 33

3. $$A\left(1 - \frac{\beta}{24}x^4 + \frac{\alpha\beta}{15}x^5 + \cdots\right) + B\left(x - \frac{\beta}{120}x^5 + \frac{\alpha\beta}{72}x^6 + \cdots\right)$$
$$+ C\left(x^2 - \frac{1}{2}\alpha^2 x^4 + \frac{4}{5}\alpha^3 x^5 + \cdots\right) + D\left(x^3 - \frac{3}{2}\alpha x^4 + \frac{9}{5}\alpha^2 x^5 + \cdots\right).$$

Aufgaben zu Nr. 34

2. $\lambda_n = \frac{n^2\pi^2}{L^2}$, $v_n(x) = \sin\frac{n\pi x}{L}$.

3. a) $\sum_{n=1}^{\infty} \frac{4}{\pi} \frac{1}{2n-1} \sin(2n-1)x$. b) $\sum_{n=1}^{\infty} (-1)^{n+1} \frac{2}{n} \sin nx$.

c) $\sum_{n=1}^{\infty} \frac{2}{\pi} (-1)^{n+1} \frac{n}{\left(n^2 - \frac{1}{4}\right)^2} \sin nx$.

Aufgaben zu Nr. 35

2. $u(x) = \cos x + C \sin x$.

3. $u(x) = \frac{1}{e^2 - 1}[(2e-1)e^x + e(e-2)e^{-x}]$.

4. $u(x) = \frac{x}{12}(1 - x^3)$. **5.** $u(x) = \frac{x}{3}\left(1 - \frac{x^3}{4}\right)$.

6. $u(x) = \frac{1}{3}(e^{2x} - e^{3-x})$.

7. $u(x) = 2e^x - \left(\frac{1}{e} + 1\right)xe^x$.

Aufgaben zu Nr. 36

2. $G(x,t) = \begin{cases} x(t-1) & \text{für } 0 \leqslant x \leqslant t \leqslant 1, \\ t(x-1) & \text{für } 0 \leqslant t \leqslant x \leqslant 1. \end{cases}$

3. $G(x,t) = \begin{cases} -x & \text{für } 0 \leqslant x \leqslant t \leqslant 1, \\ -t & \text{für } 0 \leqslant t \leqslant x \leqslant 1. \end{cases}$

4. $G(x,t) = \begin{cases} \frac{\sigma}{1+\sigma} xt - x & \text{für } 0 \leqslant x \leqslant t \leqslant 1, \\ \frac{\sigma}{1+\sigma} tx - t & \text{für } 0 \leqslant t \leqslant x \leqslant 1. \end{cases}$

5. $G(x,t) = \begin{cases} \frac{(\alpha_1 x - \alpha_1 a - \alpha_2)(\beta_1 t - \beta_1 b - \beta_2)}{(b-a)\alpha_1\beta_1 + \alpha_1\beta_2 - \beta_1\alpha_2} & \text{für } a \leqslant x \leqslant t \leqslant b, \\ \frac{(\alpha_1 t - \alpha_1 a - \alpha_2)(\beta_1 x - \beta_1 b - \beta_2)}{(b-a)\alpha_1\beta_1 + \alpha_1\beta_2 - \beta_1\alpha_2} & \text{für } a \leqslant t \leqslant x \leqslant b. \end{cases}$

6. $G(x,t) = \begin{cases} -\ln x(1 - \ln t) & \text{für } 1 \leqslant x \leqslant t \leqslant e, \\ -\ln t(1 - \ln x) & \text{für } 1 \leqslant t \leqslant x \leqslant e. \end{cases}$

7. $u(x) = \frac{1}{6}(x^3 - x)$.

10. a) $\left(\frac{1}{x^2}u'\right)' + \frac{1}{x^4}u = 0$ auf 0 nicht enthaltenden Intervallen.

b) $(\cos x \cdot u')' + 2\cos x \cdot u = 0$ auf Intervallen, die keine der Zahlen $(2k+1)\frac{\pi}{2}$ $(k \in \mathbf{Z})$ enthalten.

Aufgaben zu Nr. 37

1. $\lambda_n=(2n+1)^2\frac{\pi^2}{4}$, $u_n(x)=c_n\sin(2n+1)\frac{\pi}{2}x$ mit $c_n\neq 0$ $(n=0,1,2,\ldots)$.

2. $\lambda_n=n^2\pi^2$, $u_n(x)=c_n\cos n\pi x$ mit $c_n\neq 0$ $(n=0,1,2,\ldots)$.

3. $\lambda_0=-1$, $u_0(x)=c_0e^x$ mit $c_0\neq 0$,
   $\lambda_n=n^2$, $u_n(x)=c_n(n\cos nx+\sin nx)$ mit $c_n\neq 0$ $(n=1,2,\ldots)$.

4. $\lambda_n=n^2\pi^2$, $u_n(x)=c_n\sin(n\pi\ln x)$ mit $c_n\neq 0$ $(n=1,2,\ldots)$.

5. $\lambda_n=\frac{n^2}{4}$, $u_n(x)=c_n\cos\frac{n\ln x}{2}$ mit $c_n\neq 0$ $(n=0,1,2,\ldots)$.

6. $\lambda_n=n^2\pi^2$, $u_n(x)=c_n\sin\frac{n\pi}{x}$ mit $c_n\neq 0$ $(n=1,2,\ldots)$.

7. $\lambda_n=4n^2\pi^2$, $u_n(x)=c_nx\sin\frac{2n\pi}{x}$ mit $c_n\neq 0$ $(n=1,2,\ldots)$.

8. Es handelt sich hier um die Eigenwertaufgabe

$$\ddot{x}+\lambda x=0,\quad x(0)=x(1)=0 \quad\text{mit}\quad \lambda:=\frac{k}{m}.$$

Die Eigenwerte sind $\lambda_n=n^2\pi^2$, die zugehörigen Eigenfunktionen sind $x_n(t)=c_n\sin n\pi t$ mit $c_n\neq 0$ $(n=1,2,\ldots)$. Die Masse genügt immer dann der „1-Sekunde-Forderung", wenn $k/m=n^2\pi^2$ $(n=1,2,\ldots)$ ist. In diesem Falle wird das Bewegungsgesetz gegeben durch $x_n(t)=\frac{v_0}{n\pi}\sin n\pi t$.

11. a) $v_n=\frac{\alpha n}{2l}$.

b) $v_n=\frac{\alpha\sqrt{\lambda_n}}{2\pi}$ (λ_n:= n-te positive Lösung der Gleichung $\tan\sqrt{\lambda}\,l=-\sqrt{\lambda}/k$).

c) $v_n=\frac{\alpha(2n-1)}{4l}$.

In allen drei Fällen soll n die natürlichen Zahlen durchlaufen.

Aufgaben zu Nr. 38

2. $|f+g|^2=(f+g\,|\,f+g)=(f\,|\,f)+2(f\,|\,g)+(g\,|\,g)$,
   $|f-g|^2=(f-g\,|\,f-g)=(f\,|\,f)-2(f\,|\,g)+(g\,|\,g)$;

Addition ergibt $|f+g|^2+|f-g|^2=2(f\,|\,f)+2(g\,|\,g)=2|f|^2+2|g|^2$.

3. $\left|\sum_{k=1}^n v_k\right|^2=\left(\sum_{k=1}^n v_k\,\middle|\,\sum_{j=1}^n v_j\right)=\sum_{j,k=1}^n (v_k\,|\,v_j)=\sum_{k=1}^n (v_k\,|\,v_k)=\sum_{k=1}^n |v_k|^2$.

Aufgaben zu Nr. 39

1. $$\left\|u-\sum_{k=1}^{n}(u|u_k)u_k\right\|^2=\left(u-\sum_{k=1}^{n}(u|u_k)u_k\,\middle|\,u-\sum_{j=1}^{n}(u|u_j)u_j\right)$$

$$=(u|u)-2\sum_{j=1}^{n}(u|u_j)(u|u_j)+\sum_{j,k=1}^{n}(u|u_k)(u|u_j)(u_k|u_j)$$

$$=\|u\|^2-2\sum_{j=1}^{n}(u|u_j)^2+\sum_{j=1}^{n}(u|u_j)^2=\|u\|^2-\sum_{j=1}^{n}(u|u_j)^2.$$

Damit ist die Besselsche Gleichung (39.28) bewiesen. Da ihre linke Seite $\geqslant 0$ ist, folgt nun die Besselsche Ungleichung (39.29) und dann auch die verallgemeinerte Besselsche Ungleichung (39.30) in trivialer Weise.

2. $\alpha_1 u_1+\cdots+\alpha_n u_n=0 \Rightarrow \alpha_k=(\alpha_1 u_1+\cdots+\alpha_n u_n|u_k)=(0|u_k)=0 \Rightarrow$ die $u_1,\ldots,u_n$ sind linear unabhängig. - In $C(J)$ gibt es mehr als n linear unabhängige Funktionen, z. B. die auf J eingeschränkten Polynome $1, x, \ldots, x^n$. Infolgedessen muß ein v der angegebenen Art vorhanden sein.

7. $\lambda_n=4n^2\pi^2$ $(n=0,1,2,\ldots)$, $u_0(x)=A\neq 0$, $u_n(x)=A_n\cos 2n\pi x+B_n\sin 2n\pi x$ mit $A_n^2+B_n^2\neq 0$ $(n=1,2,\ldots)$. Zu $\lambda_n>0$ gibt es also *zwei* linear unabhängige Eigenfunktionen.

Aufgaben zu Nr. 40

4. $\pi x-x^2=\dfrac{8}{\pi}\displaystyle\sum_{n=1}^{\infty}\frac{\sin(2n-1)x}{(2n-1)^3}$ $(0\leqslant x\leqslant\pi)$ im Sinne gleichmäßiger Konvergenz.

6. $x=2\displaystyle\sum_{n=1}^{\infty}\frac{(-1)^{n+1}}{n}\sin nx$ $(0\leqslant x\leqslant\pi)$ im Sinne der Norm. Eine tiefergehende Analyse zeigt, daß diese Entwicklung für alle $x\in[0,\pi)$ auch im Sinne der punktweisen Konvergenz gilt (s. Heuser II, Gl. (138.1)). Für $x=\pi$ bricht sie jedoch offensichtlich zusammen.

7. $\ln x=\dfrac{2}{\pi}\displaystyle\sum_{n=1}^{\infty}\frac{(-1)^{n+1}}{n}\sin(n\pi\ln x)$ $(1\leqslant x\leqslant e)$ im Sinne der Norm.

Aufgaben zu Nr. 41

3. $$G(x,t)=\begin{cases}-\ln x(1-\ln t) & \text{für } 1\leqslant x\leqslant t\leqslant e,\\ -\ln t(1-\ln x) & \text{für } 1\leqslant t\leqslant x\leqslant e\end{cases}$$

$$=\sum_{n=1}^{\infty}\frac{2\sin(n\pi\ln x)\sin(n\pi\ln t)}{\pi^2 n^2}.$$

Aufgaben zu Nr. 42

2. Ist $\omega_0 \neq n\pi$ für alle $n \in \mathbf{N}$, so besitzt (42.16) bei jedem ω die eindeutig bestimmte Lösung

$$x(t) = \begin{cases} \dfrac{2a\pi\sin\omega}{m} \displaystyle\sum_{n=1}^{\infty} \dfrac{(-1)^n n}{(\omega_0^2 - n^2\pi^2)(\omega^2 - n^2\pi^2)} \sin n\pi t, & \text{falls} \quad \omega \neq \pi, 2\pi, \ldots, \\ \dfrac{a}{m} \dfrac{1}{\omega_0^2 - p^2\pi^2} \sin p\pi t, \quad \text{falls} \quad \omega = p\pi \quad \text{für ein} \quad p \in \mathbf{N}. \end{cases}$$

Ist jedoch $\omega_0 = s\pi$ für ein $s \in \mathbf{N}$, so besitzt (42.16) nur im Falle $\omega = p\pi$ mit einem natürlichen $p \neq s$ Lösungen, und sie alle werden gegeben durch

$$x(t) = C\sin s\pi t + \frac{a}{m} \frac{1}{\omega_0^2 - p^2\pi^2} \sin p\pi t \quad \text{mit willkürlichem} \quad C \in \mathbf{R}.$$

3. $u(x) = \displaystyle\sum_{n=1}^{\infty} \frac{4}{(2n-1)\pi[1-(2n-1)^2\pi^2]} \sin[(2n-1)\pi\ln x].$

4. $u(x) = 1 + C\cos\ln x$ mit willkürlichem $C \in \mathbf{R}$.

5. $u(x) = \dfrac{4}{\pi} \displaystyle\sum_{n=1}^{\infty} \frac{1}{(2n-1)[1-16(2n-1)^2]} \sin[4(2n-1)\arctan x].$

6. $u(x) = \dfrac{2}{\pi^2} \displaystyle\sum_{n=1}^{\infty} \frac{(-1)^n}{(2n-1)^2\left[(2n-1)^2 \dfrac{\pi^2}{16} - 1\right]} \sin(2n-1)\frac{\pi}{2}x.$

7. $u(x) = \dfrac{8}{\pi^3} \displaystyle\sum_{n=1}^{\infty} \frac{1+(-1)^n(2n-1)\dfrac{\pi}{2}}{(2n-1)^3\left[(2n-1)^2 \dfrac{\pi^2}{16} - 1\right]} \sin(2n-1)\frac{\pi}{2}x.$

Aufgaben zu Nr. 43

2. $(Kw)(x) = -\dfrac{1}{12}(x - 2x^3 + x^4), \quad (K^2w)(x) = -\dfrac{1}{120}(x - 1{,}666x^3 + x^5 - 0{,}333x^6).$

Aufgaben zu Nr. 47

1. $u(t) = \cosh\sqrt{2}t + \dfrac{1}{\sqrt{2}}\sinh\sqrt{2}t, \quad v(t) = \dfrac{1}{\sqrt{2}}\sinh\sqrt{2}t.$

2. $u(t) = -e^{-3t} + e^{2t}, \quad v(t) = 4e^{-3t} + e^{2t}.$

3. $u(t) = (3+2t)e^t, \quad v(t) = (1+t)e^t.$

4. $u(t) = 2e^{2t} - e^{-2t}, \quad v(t) = 2e^{2t} + 3e^{-2t}.$

5. $u(t) = 2e^{3t} - 2e^{-t}, \quad v(t) = 4e^{3t} + 4e^{-t}.$

6. $u(t)=2e^{2t}(\cos 3t+\sin 3t)$, $v(t)=2e^{2t}(\cos 3t-2\sin 3t)$.

7. $u(t)=e^t(C_1\cos 3t+C_2\sin 3t)$, $v(t)=e^t(C_1\sin 3t-C_2\cos 3t)$.

8. $u(t)=e^{2t}(C_1\cos t+C_2\sin t)$, $v(t)=e^{2t}[(C_1+C_2)\cos t-(C_1-C_2)\sin t]$.

9. $u(t)=C_1e^{\lambda_1 t}+C_2e^{\lambda_2 t}$, $v(t)=C_1\dfrac{\lambda_1-2}{3}e^{\lambda_1 t}+C_2\dfrac{\lambda_2-2}{3}e^{\lambda_2 t}$ mit $\lambda_{1,2}:=\dfrac{1}{2}(1\pm\sqrt{21})$.

10. $u(t)=e^t[C_1\cos 3t+C_2\sin 3t]$, $v(t)=e^t[(2C_1+C_2)\cos 3t+(2C_2-C_1)\sin 3t]$.

11. $u(t)=\dfrac{1}{8}(-9-18t-2t^2+9e^{2t})$, $v(t)=\dfrac{1}{8}(3+14t+2t^2-3e^{2t})$.

12. $u(t)=4e^t-3te^t-4$, $v(t)=\dfrac{1}{4}(5e^t-6te^t-4-e^{3t})$.

13. $x(t)=6t-1-e^t+C_1e^{3t}+C_2e^{2t}$, $y(t)=12t+10+3e^t-C_1e^{3t}-2C_2e^{2t}$.

14. $x(t)=5t+3+C_1\cos\dfrac{t}{\sqrt{3}}+C_2\sin\dfrac{t}{\sqrt{3}}$, $y(t)=-4t+6+\dfrac{\sqrt{3}C_2-C_1}{2}\cos\dfrac{t}{\sqrt{3}}-\dfrac{\sqrt{3}C_1+C_2}{2}\sin\dfrac{t}{\sqrt{3}}$.

15. $x(t)=C_1e^{3t}+C_2e^{-t}$, $y(t)=-C_1e^{3t}+(C_2+2C_3)e^{-t}$, $z(t)=-3C_1e^{3t}+C_3e^{-t}$.

16. $x(t)=C_1e^{-t}+C_3e^{3t}$, $y(t)=2C_1e^{-t}+C_2e^{3t}$, $z(t)=-2C_1e^{-t}-C_3e^{3t}$.

Aufgaben zu Nr. 48

6. a) Die *Notwendigkeit* der Bedingung kann man an der Gleichung

$$e^{tA}=I+tA+\frac{t^2}{2!}A^2+\cdots=\begin{pmatrix}1+ta_{11} & ta_{12} & \ldots & ta_{1n}\\ ta_{21} & 1+ta_{22} & \ldots & ta_{2n}\\ \vdots & & & \\ ta_{n1} & ta_{n2} & \ldots & 1+ta_{nn}\end{pmatrix}+\frac{t^2}{2!}A^2+\cdots$$

ablesen (man fasse *kleine* t ins Auge).

b) *Hinlänglichkeit:* Wähle $\alpha\in\mathbf{R}$ so groß, daß die Elemente von $A+\alpha I$ alle $\geqslant 0$ bleiben. Dann fallen für $t\geqslant 0$ trivialerweise auch die Elemente von $e^{(A+\alpha I)t}$ alle $\geqslant 0$ aus. Und da - wiederum trivialerweise - die Elemente von $e^{-t\alpha I}$ durchweg $\geqslant 0$ sind (vgl. Aufgabe 4), folgt die Behauptung nun aus der Gleichung $e^{tA}=e^{t(A+\alpha I)}e^{-t\alpha I}$.

Aufgaben zu Nr. 49

3. $u_1(t)=e^{2t}+te^{2t}$, $u_2(t)=e^{2t}$. 4. $u_1(t)=u_2(t)=\cosh t+\sinh t$.

Aufgaben zu Nr. 51

2. $x(t)=C_1e^{2t}+C_2e^{3t}+C_3e^{-2t}$, $y(t)=-C_2e^{3t}-C_3e^{-2t}$, $z(t)=-C_1e^{2t}-C_2e^{3t}+4C_3e^{-2t}$.

3. $x(t)=(C_2+C_3t)e^{-t}$, $y(t)=2C_1e^t-(2C_2+C_3+2C_3t)e^{-t}$, $z(t)=C_1e^t-(C_2+C_3+C_3t)e^{-t}$.

4. $x(t)=C_1e^t+(C_2+C_3)e^{2t}$, $y(t)=C_1e^t-C_2e^{2t}$, $z(t)=3C_1e^t+C_3e^{2t}$.

5. $x(t)=2C_1e^{2t}+2C_2te^{2t}+C_3(t^2+1)e^{2t}$, $y(t)=-C_1e^{2t}-C_2te^{2t}-\frac{1}{2}C_3t^2e^{2t}$,
$z(t)=-C_2e^{2t}-C_3(t-3)e^{2t}$.

6. $x(t)=C_1e^t+C_2\sin 2t+C_3\cos 2t$, $y(t)=C_1e^t+2C_2\cos 2t-2C_3\sin 2t$,
$z(t)=C_1e^t-4C_2\sin 2t-4C_3\cos 2t$.

7. $x(t)=2C_1e^t$, $y(t)=-3C_1e^t+C_2e^t\cos 2t+C_3e^t\sin 2t$,
$z(t)=2C_1e^t+C_2e^t\sin 2t-C_3e^t\cos 2t$.

8. $u_1(t)=(C_1t+C_2)\cos t+(C_3t+C_4)\sin t$, $u_2(t)=(C_3t+C_1+C_4)\cos t+(-C_1t+C_3-C_2)\sin t$,
$u_3(t)=(-C_1t+2C_3-C_2)\cos t+(-C_3t-2C_1-C_4)\sin t$,
$u_4(t)=(-C_3t-3C_1-C_4)\cos t+(C_1t-3C_3+C_2)\sin t$.

9. $u_1(t)=C_1e^t+C_2te^t+C_3\cos t+C_4\sin t$, $u_2(t)=-C_1e^t+C_2(1-t)e^t+C_4\cos t-C_3\sin t$,
$u_3(t)=-C_1e^t-C_2te^t-(C_3+2C_4)\cos t+(2C_3-C_4)\sin t$,
$u_4(t)=C_1e^t+C_2(1+t)e^t+C_4\cos t-C_3\sin t$.

Aufgaben zu Nr. 52

1. $u(t)=3t+2+C_1e^{-3t}+C_2e^{2t}$, $v(t)=2t-1-4C_1e^{-3t}+C_2e^{2t}$.

2. $u(t)=e^{2t}\left(\frac{t}{4}+C_1\cos 2t+C_2\sin 2t\right)$, $v(t)=e^{2t}\left(-\frac{11}{4}+2C_2\cos 2t-2C_1\sin 2t\right)$.

Aufgaben zu Nr. 53

2. $u(t)=-t+2\sinh t+C_1\cosh t+C_2\sinh t$, $v(t)=-2+2\cosh t+C_2\cosh t+C_1\sinh t$.

3. $u(t)=-e^t\sin 3t$, $v(t)=e^t\cos 3t$.

4. $u(t)=e^{2t}(\cos t-\sin t)$, $v(t)=-2e^{2t}\sin t$.

5. $u(t)=\frac{3}{2}\cos t+\frac{1}{2}\sin t+\frac{7}{2}e^t-5e^{-t}-4t, \quad v(t)=\cos t+\frac{7}{2}e^t-\frac{5}{2}e^{-t}-1-3t.$

6. $u(t)=-2e^t+5e^{4t}, \quad v(t)=-4e^t+4e^{4t}.$

Aufgaben zu Nr. 54

1. $u(t)=3a_1e^t+a_2e^{-t}, \quad v(t)=a_1e^t+a_2e^{-t}.$

2. $u(t)=(a_1+a_2t)e^t+a_3e^{-t}, \quad v(t)=-(2a_1+a_2+2a_2t)e^t-4a_3e^{-t}.$

3. $u(t)=\frac{3}{5}e^t-\frac{1}{3}t^2+\frac{2}{9}t+\frac{2}{27}+a_1\cos 3t+a_2\sin 3t,$

$v(t)=-\frac{1}{5}e^t-\frac{2}{9}t+\frac{1}{2}(a_2-a_1)\cos 3t-\frac{1}{2}(a_1+a_2)\sin 3t.$

4. $u(t)=-\frac{1}{2}t+a_1e^t, \quad v(t)=\frac{1}{2}t.$

5. $u(t)=-\frac{1}{3}t-\frac{11}{36}+a_1e^t+a_2e^{-3t}, \quad v(t)=\frac{1}{8}t+\frac{5}{12}-\frac{1}{2}a_1e^t+\frac{3}{2}a_2e^{-3t}.$

6. $u(t)=\frac{1}{2}e^t+\frac{1}{8}t^2-\frac{1}{2}t-\frac{1}{2}+(2+t)a_1+a_2, \quad v(t)=\frac{1}{8}t^2+a_1t+a_2.$

7. $x(t)=-e^{-t}+a_1e^{-\frac{4}{5}t}, \quad y(t)=\frac{1}{2}e^t-te^{-t}+4a_1e^{-\frac{4}{5}t}+a_2e^{-t},$

$z(t)=-\frac{1}{3}e^t+e^{-t}-\frac{2}{3}a_1e^{-\frac{4}{5}t}.$

8. $x(t)=$ *beliebige* viermal stetig differenzierbare Funktion, $y(t)=-\ddot{x}(t), \quad z(t)=2t-x(t)+\ddot{x}(t).$

9. $u(t)=-\frac{1}{2}+3e^t-\frac{3}{2}e^{4t}, \quad v(t)=-2e^t+2e^{4t}.$

10. $u(t)=-3t-5\sin t+4\sin 2t, \quad v(t)=3+2\cos t-2\cos 2t.$

Aufgaben zu Nr. 55

1. $m_1(t)=2{,}5+2{,}5e^{-\frac{2}{15}t}$ kg, $m_2(t)=7{,}5-2{,}5e^{-\frac{2}{15}t}$ kg.
Stabilisierungsniveaus: 2,5 kg in K_1, 7,5 kg in K_2.

2. $$\begin{aligned} m_1(t) &= -\frac{4\sqrt{2}+5}{2}e^{\lambda_1 t}+\frac{4\sqrt{2}-5}{2}e^{\lambda_2 t}+10 \\ m_2(t) &= -\frac{4\sqrt{2}+5}{\sqrt{2}}e^{\lambda_1 t}-\frac{4\sqrt{2}-5}{\sqrt{2}}e^{\lambda_2 t}+10 \end{aligned}; \quad \lambda_{1,2}:=\frac{-2\pm\sqrt{2}}{100}.$$

5. $u(x)=\frac{\sin p(L-x)}{\cos pL}, \quad v(x)=\frac{\cos p(L-x)}{\cos pL}.$

6. $\dot{u}_1=-0{,}134u_1+0{,}02u_2, \quad \dot{u}_2=0{,}036u_1-0{,}02u_2.$
$u_1(t)=10C_1\mathrm{e}^{-0{,}14t}+C_2\mathrm{e}^{-0{,}014t}, \quad u_2(t)=-3C_1\mathrm{e}^{-0{,}14t}+6C_2\mathrm{e}^{-0{,}014t}.$

7. a) $\dot{m}_1=-k_1m_1+\varepsilon$
$\dot{m}_2=k_1m_1-(k_2+k_4)m_2+k_3m_3$
$\dot{m}_3=k_2m_2-k_3m_3.$

b) $\lambda_1=-k_1, \quad \lambda_{2,3}=-\frac{k_2+k_3+k_4}{2}\pm\frac{1}{2}\sqrt{k_2^2+(k_3-k_4)^2+2k_2k_3+2k_2k_4}.$

c) $m_3(\infty)=\frac{k_2}{k_3k_4}\varepsilon.$

d) $m_3(t)=A\mathrm{e}^{\lambda_2t}+B\mathrm{e}^{\lambda_3t}-\frac{k_2\varepsilon}{N}\mathrm{e}^{-k_1t}+\frac{k_2}{k_3k_4}\varepsilon$ mit den unter b) angegebenen Wurzeln λ_2, λ_3 und den Größen

$$N:=k_1^2-(k_2+k_3+k_4)k_1+k_3k_4,$$
$$A:=\frac{k_2\varepsilon}{\lambda_3-\lambda_2}\left[\frac{\lambda_3+k_1}{N}-\frac{\lambda_3}{k_3k_4}\right],$$
$$B:=\frac{k_2\varepsilon}{\lambda_2-\lambda_3}\left[\frac{\lambda_2+k_1}{N}-\frac{\lambda_2}{k_3k_4}\right].$$

8. Mit $s_{1,2}:=100(-3\pm\sqrt{5})$ ist

$$J_1(t)=\frac{1}{\sqrt{5}}\left(\frac{1-\sqrt{5}}{4}\mathrm{e}^{s_1t}-\frac{1+\sqrt{5}}{4}\mathrm{e}^{s_2t}\right)+\frac{1}{2}\text{ Ampere},$$
$$J_3(t)=\frac{1}{2\sqrt{5}}(\mathrm{e}^{s_1t}-\mathrm{e}^{s_2t})\text{ Ampere}.$$

Stationärer Zustand: $J_1=\frac{1}{2}, \ J_3=0$ Ampere.

9. $J_1(t)=-\frac{1}{4}\mathrm{e}^{-t}-\frac{3}{20}\mathrm{e}^{-3t}+\frac{1}{20}(8\cos t+6\sin t)$ Ampere,

$J_3(t)=-\frac{1}{4}\mathrm{e}^{-t}+\frac{3}{20}\mathrm{e}^{-3t}+\frac{1}{20}(2\cos t+4\sin t)$ Ampere.

10. $J_1(t)=\frac{5}{12}\mathrm{e}^{-80t}-\frac{2}{3}\mathrm{e}^{-200t}+\frac{1}{4}$ Ampere, $J_3(t)=\frac{1}{3}\mathrm{e}^{-80t}-\frac{1}{3}\mathrm{e}^{-200t}$ Ampere.

11. Die Bewegung der Massen genügt dem Differentialgleichungssystem

$$\ddot{x}_1=-700x_1+400x_2+200\sin 4t$$
$$\ddot{x}_2=300x_1-300x_2.$$

Seine Lösung unter den gegebenen Bedingungen (verschwindende Anfangsauslenkungen und Anfangsgeschwindigkeiten) ist

$$x_1(t) = -\frac{1105}{4641}\sin 10t - \frac{105}{4641}\sin 30t + \frac{3550}{4641}\sin 4t,$$

$$x_2(t) = -\frac{3315}{9282}\sin 10t + \frac{105}{9282}\sin 30t + \frac{1250}{1547}\sin 4t.$$

Aufgaben zu Nr. 57

1. $\begin{pmatrix}\cos t^2\\ -2t\sin t^2\end{pmatrix}, \begin{pmatrix}\sin t^2\\ 2t\cos t^2\end{pmatrix}.$ 2. $\begin{pmatrix}-2t\\ t^2\end{pmatrix}, \begin{pmatrix}1/t^2\\ 1/t\end{pmatrix}.$

3. $\begin{pmatrix}t^3\\ t^3\end{pmatrix}, \begin{pmatrix}3t^4\\ 2t^4\end{pmatrix}.$ 4. $\begin{pmatrix}1\\ t\end{pmatrix}, \begin{pmatrix}1/t\\ -1\end{pmatrix}.$

5. $\begin{pmatrix}t^2\\ 1/t-1\end{pmatrix}, \begin{pmatrix}0\\ e^{-t}/t\end{pmatrix}.$ 12. $\begin{pmatrix}t-1\\ -t\end{pmatrix}, \begin{pmatrix}(t-1)e^{2t}\\ (t-2)e^{2t}\end{pmatrix}.$

13. S. Lösung der Aufgabe 4.

Aufgaben zu Nr. 58

1. $u(t) = 1 + \frac{3}{4}t^2 - 2c_1 t + \frac{c_2}{t^2}, \quad v(t) = -\frac{1}{4}t^3 + c_1 t^2 + \frac{c_2}{t}.$

2. $u(t) = \frac{2}{3}\left(e^t - \ln t + \frac{1}{3}\right)t + \left(\frac{1}{3}t - 1 + \frac{2}{t} - \frac{2}{t^2}\right)e^t - 2c_1 t + \frac{c_2}{t^2},$

$$v(t) = -\frac{1}{3}\left(e^t - \ln t - \frac{2}{3}\right)t^2 + \left(\frac{1}{3}t^2 - t + 2 - \frac{2}{t}\right)e^t + c_1 t^2 + \frac{c_2}{t}.$$

3. $u(t) = -\frac{2}{3}t + c_1 t^2 + \frac{c_2}{t^2}, \quad v(t) = -\frac{1}{3}t + \frac{c_1}{3}t^2 - \frac{c_2}{t^2}.$

4. $u(t) = \sin t - \frac{\cos t}{t} + c_1 + \frac{c_2}{t}, \quad v(t) = \frac{\cos t}{t} - \frac{c_1}{2} - \frac{c_2}{t}.$

Aufgaben zu Nr. 60

4. Für $j = 2l$ bzw. $j = 2l - 1$ $(l = 1, 2, \ldots)$ ist

$$\boldsymbol{\varphi}_j(x) = \begin{pmatrix} \sum_{k=1}^{j/2} (-1)^{k-1} \frac{(x^2)^{2k-1}}{(2k-1)!} \\ \sum_{k=1}^{j/2} (-1)^{k-1} \frac{(x^2)^{2k-2}}{(2k-2)!} \\ 2x \end{pmatrix} \quad \text{bzw.} \quad = \begin{pmatrix} \sum_{k=1}^{(j-1)/2} (-1)^{k-1} \frac{(x^2)^{2k-1}}{(2k-1)!} \\ \sum_{k=1}^{(j+1)/2} (-1)^{k-1} \frac{(x^2)^{2k-2}}{(2k-2)!} \\ 2x \end{pmatrix}$$

also $y_1(x) = \sin(x^2), \quad y_2(x) = \cos(x^2), \quad y_3(x) = 2x.$

Aufgaben zu Nr. 62

1. $y(x) = \frac{x^4}{12} + x + 1$. **2.** $y(x) = x \operatorname{Arsinh} x - \sqrt{1+x^2} + 2$.

3. $y(x) = \sqrt{2x-1}$. **4.** $y(x) = 2\arctan(e^{2x})$.

5. $y(x) = x^2 + C_1 \ln x + C_2$. Die Differentialgleichung kann auch als eine *Eulersche* behandelt werden.

6. $y(x) = e^{3x}$. **7.** $27(7y+1)^2 = 8(7x+6)^3$.

12. $y'' = \frac{k}{x}\sqrt{1+y'^2}$ mit $k := \frac{v}{w} < 1$.

$y(x) = \frac{h}{2}\left[\frac{1}{1+k}\left(\frac{x}{h}\right)^{1+k} - \frac{1}{1-k}\left(\frac{x}{h}\right)^{1-k}\right] + \frac{hk}{1-k^2}$. Der Treffpunkt ist $\left(0, \frac{hk}{1-k^2}\right)$.

Aufgaben zu Nr. 65

1. $(0,0)$. **2.** $(x, -x)$, $-\infty < x < \infty$. **3.** $(0,0)$, $(1,1)$.

4. Die Trajektorien sind alle degeneriert, das Phasenporträt besteht aus den sämtlichen Punkten der xy-Ebene.

5. Die Trajektorien sind die Geraden $y = x + c$ $(-\infty < c < +\infty)$, in Richtung wachsender x-Werte orientiert.

6. Einziger Gleichgewichtspunkt ist $(0,0)$. Die nichtdegenerierten Trajektorien sind die vom Nullpunkt weglaufenden Halbgeraden (ohne den Nullpunkt selbst).

7. Menge der Gleichgewichtspunkte = y-Achse. Die nichtdegenerierten Trajektorien sind die auf die y-Achse zulaufenden Halbparabeln $y = \frac{1}{2}x^2 + C$, $x \gtrless 0$.

8. Einziger Gleichgewichtspunkt ist $(0,0)$. Die nichtdegenerierten Trajektorien sind (in Polarkoordinaten) die Exponentialspiralen $r = ce^{-\varphi}$; sie laufen auf den Ursprung zu.

Aufgaben zu Nr. 66

1. Instabil; Knotenpunkt. **2.** Asymptotisch stabil; Knotenpunkt.

3. Instabil; Sattelpunkt. **4.** Asymptotisch stabil; Strudelpunkt.

5. Instabil; Strudelpunkt. **6.** Stabil, aber nicht asymptotisch stabil; Wirbelpunkt.

Aufgaben zu Nr. 67

4. Instabil. **5.** Asymptotisch stabil. **6.** Asymptotisch stabil.

7. Asymptotisch stabil. **8.** Asymptotisch stabil. **9.** Stabil.

15. Asymptotisch stabil. **16.** Stabil. **17.** Instabil.

18. Asymptotisch stabil. **19.** Instabil. **20.** Asymptotisch stabil.

21. $(1, 1)$: asymptotisch stabil; $(-1, -1)$: instabil.

Literaturverzeichnis

Lehrbücher der Differentialgleichungen sind mit einem Stern versehen.

Achieser, N. I.; Glasmann, I. M.: Theorie der linearen Operatoren im Hilbert-Raum. Berlin 1954

*Amann, H.: Gewöhnliche Differentialgleichungen. Berlin-New York 1983

*Arnold, V. I.: Gewöhnliche Differentialgleichungen. Berlin-Heidelberg-New York 1980

*Arnold, V. I.: Geometrical Methods in the Theory of Ordinary Differential Equations. New York-Heidelberg-Berlin 1983

Bailey, N. T.: The Mathematical Theory of Infectious Diseases and its Applications. 2nd ed. London-High Wycombe 1975

Bellman, R.: Stability Theory of Differential Equations. New York 1953

*Birkhoff, G.; Rota, G.-C.: Ordinary Differential Equations. 3rd ed. New York-Santa Barbara-Chichester-Brisbane-Toronto 1978

*Boyce, W. E.; DiPrima, R. C.: Elementary Differential Equations and Boundary Value Problems. 4th ed. New York-Chichester-Brisbane-Toronto-Singapore 1986

*Braun, M.: Differential Equations and Their Applications. 2nd ed. New York-Heidelberg-Berlin 1978

*Burg, K.; Haf, H.; Wille, F.: Höhere Mathematik für Ingenieure III (Gewöhnliche Differentialgleichungen, Integraltransformationen, Distributionen). Stuttgart 1985

Cesari, L.: Asymptotic Behaviour and Stability Problems in Ordinary Differential Equations. 2nd ed. New York 1963

*Coddington, E. A.; Levinson, N.: Theory of Ordinary Differential Equations. New York-Toronto-London 1955

Collatz, L.: Eigenwertprobleme und ihre numerische Behandlung, Leipzig 1945

Collatz, L.: The numerical treatment of differential equations, 3rd ed. Berlin-Heidelberg-New York 1966

*Collatz, L.: Differentialgleichungen. 6. Aufl. Stuttgart 1981

Doetsch, G.: Einführung in Theorie und Anwendung der Laplace-Transformation. 3. Aufl. Basel 1976

Doetsch, G.: Anleitung zum praktischen Gebrauch der Laplace-Transformation. 5. Aufl. München 1985

Erdélyi, A.; Magnus, W.; Oberhettinger, F.; Tricomi, F. G.: Tables of Integral Transforms, Vol. I. New York-Toronto-London 1954

Föllinger, O.: Laplace- und Fourier-Transformation. 3. Aufl. Frankfurt 1982

*Franklin, P.: Differential Equations for Engineers. New York 1960

Gause, G. F.: The Struggle for Existence. Baltimore 1934. Nachdruck: New York-London 1964

Gröbner, W.; Hofreiter, N.: Integraltafel. Erster Teil: Unbestimmte Integrale, 5. Aufl. Wien-New York 1975. Zweiter Teil: Bestimmte Integrale. Wien-Innsbruck 1950

Hahn, W.: Stability of Motion. Berlin-Heidelberg-New York 1967

Hairer, E.; Nørsett, S. P.; Wanner, G.: Solving Ordinary Differential Equations I. Berlin-Heidelberg-New York-London-Paris-Tokyo 1987

Hale, J. K.: Oscillations in Nonlinear Systems. New York 1963

Hallam, Th. G.; Levin, S. A. (Ed.): Mathematical Ecology. Berlin-Heidelberg-New York-London-Paris-Tokyo 1986

Heuser, H.: Funktionalanalysis. 3. Aufl. Stuttgart 1991

Heuser, H.: Lehrbuch der Analysis, Teil 1. 8. Aufl. Stuttgart 1991

Heuser, H.: Lehrbuch der Analysis, Teil 2. 6. Aufl. Stuttgart 1991

*Hille, E.: Lectures on Ordinary Differential Equations. Reading-Menlo Park-London-Don Mills 1969

*Horn, J.; Wittich, H.: Gewöhnliche Differentialgleichungen. 6. Aufl. Berlin 1960

Hort, W.; Thoma, A.: Die Differentialgleichungen der Technik und Physik. 4. Aufl. Leipzig 1944

Hutchinson, G. E.: An Introduction to Population Ecology. New Haven-London 1978

*Ince, E. L.: Ordinary Differential Equations. London 1927. Nachdruck: New York 1956

Jahnke, E.; Emde, F.; Lösch, F.: Tafeln höherer Funktionen. 7. Aufl. Stuttgart 1966

*Kamke, E.: Differentialgleichungen reeller Funktionen. 2. Aufl. Leipzig 1950

*Kamke, E.: Differentialgleichungen I. 5. Aufl. Leipzig 1964

Kamke, E.: Differentialgleichungen. Lösungsmethoden und Lösungen I. 10. Aufl. Stuttgart 1983 (Unveränd. Nachdruck der 8. Aufl. Leipzig 1967)

Kaplan, W.: Operational methods for linear systems. Reading-Palo Alto-London 1962

*Knobloch, H. W.; Kappel, F.: Gewöhnliche Differentialgleichungen. Stuttgart 1974

Knopp, K.: Theorie und Anwendung der unendlichen Reihen. 5. Aufl. Berlin-Göttingen-Heidelberg-New York 1964

Knopp, K.: Funktionentheorie I. 13. Aufl. Berlin-New York 1976

Lebedew, N. N.: Spezielle Funktionen und ihre Anwendungen. Mannheim-Wien-Zürich 1973

*Lefschetz, S.: Differential Equations, Geometric Theory, 2nd ed. New York 1963

Lense, J.: Kugelfunktionen. 2. Aufl. Leipzig 1954

Lotka, A. J.: Elements of Physical Biology. Baltimore 1925. Nachdruck unter dem Titel „Elements of Mathematical Biology“. New York 1956

Marchuk, G. I.: Mathematical Models in Immunology. New York 1983

McLachlan, N. W.: Theory and Application of Mathieu Functions. Oxford 1947

McLachlan, N. W.: Bessel Functions for Engineers. Oxford 1955

Meixner, J.; Schäfke, F.: Mathieusche Funktionen und Sphäroidfunktionen. Berlin-Göttingen-Heidelberg 1954

Meixner, J.; Schäfke, F.; Wolf, G.: Mathieu Functions and Spheroidal Functions and Their Mathematical Foundations. Further Studies. Berlin-Göttingen-Heidelberg-New York 1980

Mertins, U.: Zur Herleitung von Einschließungssätzen für Eigenwerte. In: Numerical Treatment of Eigenvalue Problems, Vol. 4. Basel-Boston 1987, S. 159-173

Peschel, M.; Mende, W.: The Predator-Prey Model. Wien-New York 1986

Pestel, E.; Wittenburg, J.: Technische Mechanik II. 2. Aufl. Mannheim-Wien-Zürich 1986

*Reissig, R.; Sansone, G.; Conti, R.: Qualitative Theorie nichtlinearer Differentialgleichungen. Rom 1963

Ritt, J. F.: On the differentiability of the solution of a differential equation with respect to a parameter. Ann. Math. **20** (1918/19) 289-291

*Sansone, G.; Conti, R.: Equazioni differenziali non lineari. Roma 1956

Stoer, J.: Einführung in die Numerische Mathematik I. 5. Aufl. Berlin-Heidelberg-New York 1989

Stoer, J.; Bulirsch, R.: Einführung in die Numerische Mathematik II. 2. Aufl. Berlin-Heidelberg-New York 1978

Stoker, J. J.: Nonlinear Vibrations in Mechanical and Electrical Systems. New York 1950

Szabó, I.: Höhere Technische Mechanik. 2. Aufl. Berlin-Göttingen-Heidelberg 1958

*Tricomi, F. G.: Differential Equations. Glasgow 1961

Voigt, A.: Viètes Tangentenkonstruktion und eine Klasse ebener Kurven. Elemente der Mathematik **41/6** (1986) 155-162

Voigt, A.: Alle Kurven, für die Viètes Tangentenkonstruktion exakt ist. Math. Semesterberichte **36/1** (1989) 119-124

Volterra, V.: Leçons sur la théorie mathématique de la lutte pour la vie. Paris 1931

Walter, J.: On elementary proofs of Peano's existence theorems. Amer. Math. Monthly **80**, no. 3 (1973) 282-286

*Walter, W.: Gewöhnliche Differentialgleichungen. 5. Aufl. Berlin-Heidelberg-New York-Tokyo 1993

Watson, G. N.: A Treatise on the Theory of Bessel Functions. 3rd ed. Cambridge 1958

Weissinger, J.: Zur Theorie und Anwendung des Iterationsverfahrens. Math. Nachr. **8** (1952) 193-212

*Werner, H.; Arndt, H.: Gewöhnliche Differentialgleichungen. Berlin-Heidelberg-New York-London-Paris-Tokyo 1986

Willers, F. A.: Methoden der praktischen Analysis. 4. Aufl. Berlin-New York 1971

Zurmühl, R.: Praktische Mathematik für Ingenieure und Physiker. 5. Aufl. Berlin-Göttingen-Heidelberg 1965

Symbolverzeichnis

Namen- und Sachverzeichnis

Kursiv gedruckte Zahlen geben die Seiten an, auf denen die Lebensdaten der aufgeführten Personen zu finden sind.